경비지도사

종합본

www.goseowon.co.kr

PREFACE

경비업의 건전한 육성과 발전을 위해 1997년부터 시행되고 있는 경비지도사는 경비원을 지도 · 감독 · 교육하는 업무를 담당하고 있다. 단계적으로 청원경찰제도를 폐지하고 그 부족분을 민간경비업체가 맡게 됨으로써 경비지도사의 진출 분야가 더욱 넓어졌으며 또한 경찰공무원 시험에서 가산점을 부여하여 경비지도사 자격증의 수요가 큰 폭으로 상승하였다.

본서는 최근의 수험 흐름을 반영하여 다음과 같은 특징으로 구성하였다.

① 최근 기출문제를 분석하여 출제가 예상되는 핵심적인 문제만을 발췌, 출제예상문제를 구성하였다.
② 기존의 이론서와는 다른 차별화된 내용과 보다 실무적인 부분을 반영하였다.
③ 수험생의 욕구를 파악하여 방대한 이론을 효율적으로 정리하여 한 권으로 시험 대비가 가능하도록 하였다.

본서를 통해 각자가 궁극적으로 목표하는 것은 비록 다를지라도 반드시 거쳐야 하는 시험의 합격은 충분히 가능할 것이다. 수험생의 건투를 빈다.

INFORMATION

수행직무

① 일반경비지도사 : 시설경비, 호송경비, 신변보호, 특수경비원을 지도 감독, 교육하는 일을 담당

② 기계경비지도사 : 각종 방범용 감지기 등 전자회로와 컴퓨터를 이용한 무인경비 기계를 설치하는 요원(및 경비원)을 지도, 감독, 교육하는 일을 담당

취득방법

① 시행기관 : 한국산업인력공단

② 응시자격 : 제한 없음(단, 결격사유자 제외)

③ 시험방법 : 제1차 시험과 제2차 시험으로 구분하되 동일한 날짜에 실시하며, 모두 객관식 4지 선택형으로 시행한다.

합격기준

① 제1차 시험 : 과목당 100점 만점으로 매과목 40점 이상 전과목 평균 60점 이상 득점한 자

② 제2차 시험 : 선발예정인원의 범위 안에서 60점 이상을 득점한 자 중 고득점 순으로 합격자를 결정하고, 동점자 모두 합격자로 결정

※ 1차 시험 불합격자는 2차 시험을 무효로 한다.

시험과목

구분	제1차 시험(필수)	제2차 시험
일반경비지도사	법학개론 민간경비론	• 필수 : 경비업법(청원경찰법 포함) • 선택 : 소방학, 범죄학, 경호학 중 택1
기계경비지도사	법학개론 민간경비론	• 필수 : 경비업법(청원경찰법 포함) • 선택 : 기계경비개론, 기계경비기획 및 설계 중 택1

시험시간

구분	시험과목	입실시간	시험시간
제1차 시험	1. 법학개론 2. 민간경비론	09:00	09:30~10:50 (80분)
제2차 시험	1. 경비업법(청원경찰법 포함) 2. 선택과목	11:00	11:30~12:50 (80분)

자격증 교부

시험에 합격한 자는 경찰청장이 정하는 기준에 따라 전문기관 또는 단체에서 실시하는 44시간의 기본교육 이수자에 한하여 경찰청장 명의로 자격증을 교부한다.

제1차 시험 면제 대상자

① 경찰공무원법에 따른 경찰공무원으로 7년 이상 재직한 사람
② 대통령 등의 경호에 관한 법률에 따른 경호공무원 또는 별정직공무원으로 7년 이상 재직한 사람
③ 군인사법에 따른 각 군 전투병과 또는 헌병병과 부사관 이상 간부로 7년 이상 재직한 사람
④ 경비업법에 따른 경비업무에 7년 이상(특수경비업무의 경우 3년 이상) 종사하고 다음 교육과정을 이수한 사람
  ㉠ 고등교육법에 의한 전문대학 이상의 교육기관(경비지도사의 시험과목 3가지 이상이 개설된 교육기관에 한함)에서 1년 이상의 경비업무관련 과정을 마친 사람
  ㉡ 경찰청장이 지정하는 기관 또는 단체에서 실시하는 64시간 이상의 경비지도사 양성과정을 마치고 수료시험에 합격한 사람
⑤ 고등교육법에 따른 대학 이상의 학교를 졸업한 사람으로서 재학 중 경비지도사 시험과목을 3과목 이상 이수하고 졸업한 후 경비업무에 종사한 경력이 3년 이상인 사람
⑥ 고등교육법에 따른 전문대학을 졸업한 사람으로서 재학 중 경비지도사 시험과목을 3과목 이상 이수하고 졸업한 후 경비업무에 종사한 경력이 5년 이상인 사람
⑦ 일반경비지도사의 자격을 취득한 후 기계경비지도사의 시험에 응시하는 사람 또는 기계경비지도사의 자격을 취득한 후 일반경비지도사의 시험에 응시하는 사람
⑧ 행정직군 교정직렬 공무원으로 7년 이상 재직한 사람

시험일정 및 응시자 유의사항

① 매년 하반기 실시
② 원서접수
  ㉠ 인터넷 접수(www.Q-net.or.kr)만 가능
  ㉡ 원서접수 마감은 접수마감일 18시
  ㉢ 최종합격자 신원조회와 교육이수 안내에 필요하므로 정확한 주민등록지 주소와 휴대전화번호 입력
③ 접수 취소 및 환불신청도 인터넷으로만 가능
④ 결격사유 심사기준일은 응시접수 마감일

STRUCTURE

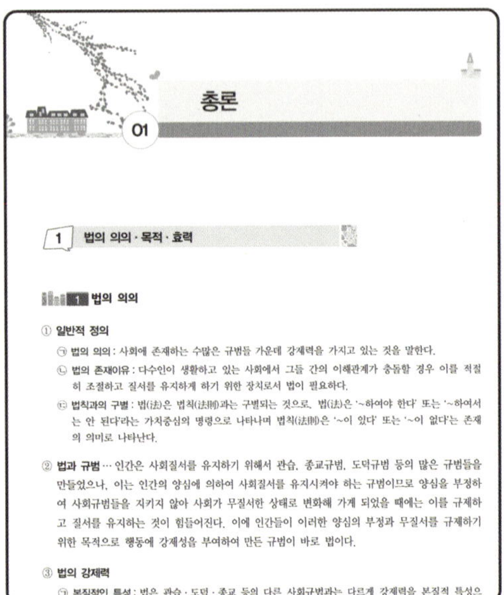

01 총론

1 법의 의의 · 목적 · 효력

1 법의 의의

① 일반적 정의

㉠ 법의 의의 : 사회에 존재하는 수많은 규범들 가운데 강제력을 가지고 있는 것을 말한다.

㉡ 법의 존재이유 : 다수인이 생활하고 있는 사회에서 그들 간의 이해관계가 충돌할 경우 이를 적절히 조절하고 질서를 유지하게 하기 위한 장치로서 법이 필요하다.

㉢ 법칙과의 구별 : 법(法)은 법칙(法則)과는 구별되는 것으로, 법(法)은 '~하여야 한다' 또는 '~하여서는 안 된다'라는 가치중심의 명령으로 나타나며 법칙(法則)은 '~이 있다' 또는 '~이 없다'는 존재의 의미로 나타난다.

② 법과 규범 … 인간은 사회질서를 유지하기 위해서 관습, 종교규범, 도덕규범 등의 많은 규범들을 만들었으나, 이는 인간의 양심에 의하여 사회질서를 유지시켜야 하는 규범이므로 양심을 부정하여 사회규범들을 지키지 않아 사회가 무질서한 상태로 변화해 가게 되었을 때에는 이를 규제하고 질서를 유지하는 것이 힘들어진다. 이에 인간들이 이러한 양심의 부정과 무질서를 규제하기 위한 목적으로 행동에 강제성을 부여하여 만든 규범이 바로 법이다.

③ 법의 강제력

㉠ 본질적인 특성 : 법은 관습 · 도덕 · 종교 등의 다른 사회규범과는 다르게 강제력을 본질적 특성으

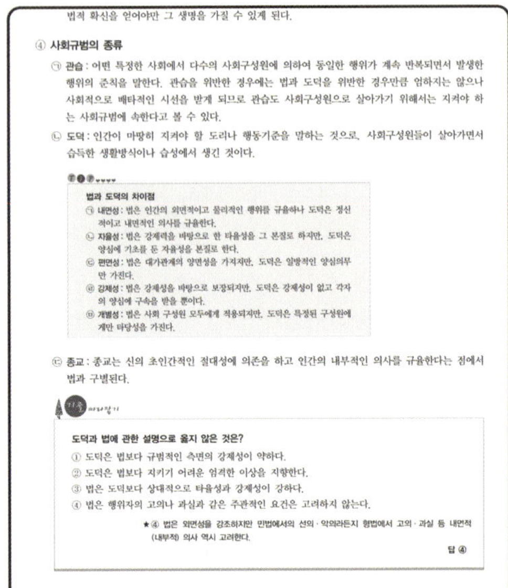

법적 확신을 얻어야만 그 생명을 가질 수 있게 된다.

④ 사회규범의 종류

㉠ 관습 : 어떤 특정한 사회에서 다수의 사회구성원에 의하여 동일한 행위가 계속 반복되면서 발생한 행위의 준칙을 말한다. 관습을 위반한 경우에는 법과 도덕을 위반한 경우만큼 엄하지는 않으나 사회적으로 배타적인 시선을 받게 되므로 관습도 사회구성원으로 살아가기 위해서는 지켜야 하는 사회규범에 속한다고 볼 수 있다.

㉡ 도덕 : 인간이 마땅히 지켜야 할 도리나 행동기준을 말하는 것으로, 사회구성원들이 살아가면서 습득한 생활방식이나 습성에서 생긴 것이다.

법과 도덕의 차이점

㉠ 내면성 : 법은 인간의 외면적이고 물리적인 행위를 규율하나 도덕은 정신적이고 내면적인 의사를 규율한다.
㉡ 자율성 : 법은 강제력을 바탕으로 한 타율성을 그 본질로 하지만, 도덕은 양심에 기초를 둔 자율성을 본질로 한다.
㉢ 편면성 : 법은 대가관계의 양면성을 가지지만, 도덕은 일방적인 양심의무만 가진다.
㉣ 강제성 : 법은 강제성을 바탕으로 보장되지만, 도덕은 강제성이 없고 각자의 양심에 구속을 받을 뿐이다.
㉤ 개별성 : 법은 사회 구성원 모두에게 적용되지만, 도덕은 특정된 구성원에게만 타당성을 가진다.

㉢ 종교 : 종교는 신의 초인간적인 절대성에 의존을 하고 인간의 내부적인 의사를 규율한다는 점에서 법과 구별된다.

기출 따라잡기

도덕과 법에 관한 설명으로 옳지 않은 것은?

① 도덕은 법보다 규범적인 측면의 강제성이 약하다.
② 도덕은 법보다 지키기 어려운 엄격한 이상을 지향한다.
③ 법은 도덕보다 상대적으로 타율성과 강제성이 강하다.
④ 법은 행위자의 고의나 과실과 같은 주관적인 요건은 고려하지 않는다.

★ ④ 법은 외면성을 강조하지만 민법에서의 선의 · 악의라든지 형법에서 고의 · 과실 등 내면적(내부적) 의사 역시 고려한다.

답 ④

핵심이론정리

최근 개정된 법률을 완벽 반영하고 실무적인 핵심이론을 수록하였다.

기출 따라잡기

이론과 관련된 기출유형문제를 수록하여 이론이 실제로 출제되는 방향을 스스로 점검할 수 있다.

STRUCTURE

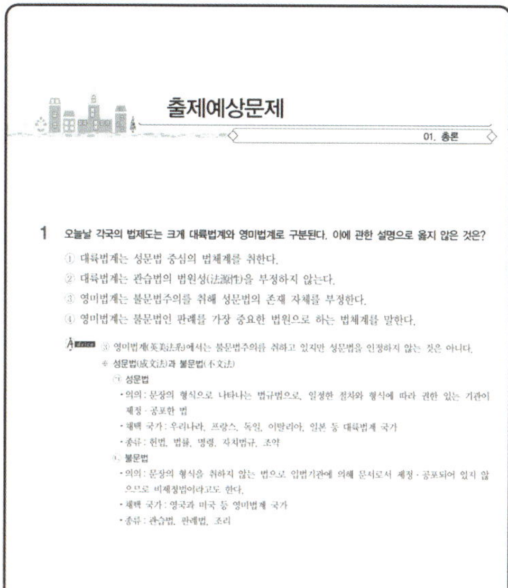

출제예상문제

01. 총론

1 오늘날 각국의 법제도는 크게 대륙법계와 영미법계로 구분된다. 이에 관한 설명으로 옳지 않은 것은?

① 대륙법계는 성문법 중심의 법체계를 취한다.
② 대륙법계는 관습법의 법원성(法源性)을 부정하지 않는다.
③ 영미법계는 불문법주의를 취해 성문법의 존재 자체를 부정한다.
④ 영미법계는 불문법인 판례를 가장 중요한 법원으로 하는 법체계를 말한다.

③ 영미법계(英美法系)에서는 불문법주의를 취하고 있지만 성문법을 인정하지 않는 것은 아니다.
※ 성문법(成文法)과 불문법(不文法)
㉠ 성문법
- 의의 : 문장의 형식으로 나타나는 법규범으로, 일정한 절차와 형식에 따라 권한 있는 기관이 제정·공포한 법
- 채택 국가 : 우리나라, 프랑스, 독일, 이탈리아, 일본 등 대륙법계 국가
- 종류 : 헌법, 법률, 명령, 자치법규, 조약
㉡ 불문법
- 의의 : 문장의 형식을 취하지 않는 법으로 입법기관에 의해 문서로서 제정·공포되어 있지 않으므로 비제정법이라고도 한다.
- 채택 국가 : 영국과 미국 등 영미법계 국가
- 종류 : 관습법, 판례법, 조리

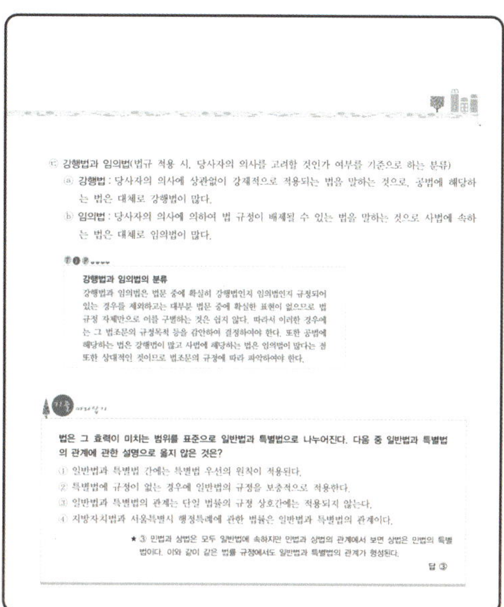

㉢ 강행법과 임의법(법규 적용 시, 당사자의 의사를 고려할 것인가 여부를 기준으로 하는 분류)
ⓐ 강행법 : 당사자의 의사에 상관없이 강제적으로 적용되는 법을 말하는 것으로, 공법에 해당하는 법은 대체로 강행법이 많다.
ⓑ 임의법 : 당사자의 의사에 의하여 법 규정이 배제될 수 있는 법을 말하는 것으로 사법에 속하는 법은 대체로 임의법이 많다.

강행법과 임의법의 분류
강행법과 임의법은 법문 중에 확실히 강행법인지 임의법인지 규정되어 있는 경우를 제외하고는 대부분 법문 중에 확실한 표현이 없으므로 법 규정 자체만으로 이를 구별하는 것은 쉽지 않다. 따라서 이러한 경우에는 그 법조문의 규정목적 등을 감안하여 결정하여야 한다. 또한 공법에 해당하는 법은 강행법이 많고 사법에 해당하는 법은 임의법이 많다는 점 또한 상대적인 것이므로 법조문의 규정에 따라 파악하여야 한다.

법은 그 효력이 미치는 범위를 표준으로 일반법과 특별법으로 나누어진다. 다음 중 일반법과 특별법의 관계에 관한 설명으로 옳지 않은 것은?
① 일반법과 특별법 간에는 특별법 우선의 원칙이 적용된다.
② 특별법에 규정이 없는 경우에 일반법의 규정을 보충적으로 적용한다.
③ 일반법과 특별법의 관계는 단일 법률의 규정 상호간에는 적용되지 않는다.
④ 지방자치법과 서울특별시 행정특례에 관한 법률은 일반법과 특별법의 관계이다.

★ ③ 민법과 상법은 모두 일반법에 속하지만 민법과 상법의 관계에서 보면 상법은 민법의 특별법이다. 이와 같이 같은 법률 규정에서도 일반법과 특별법의 관계가 형성된다.

답 ③

출제예상문제

기출문제를 분석하여 실제 출제유형과 가장 유사한 예상문제들만 엄선하여 수록하였다.

TIP

추가적으로 알아두어야 하는 내용들을 보기 쉽게 별도의 요소로 구성하여 학습의 효율성을 높였다.

COTNENTS

제1과목 법학개론

제2과목 민간경비론

COTNENTS

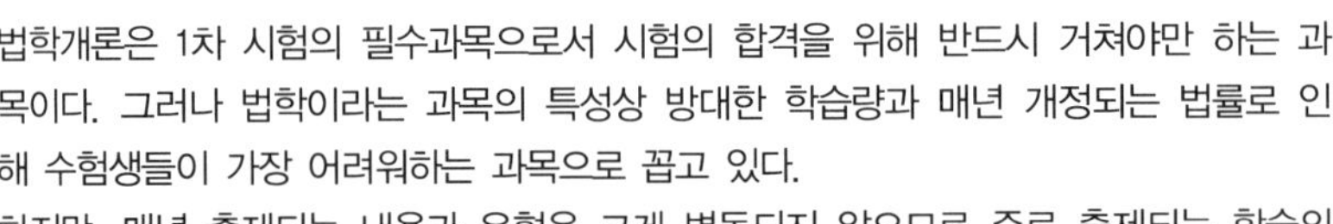

법학개론은 1차 시험의 필수과목으로서 시험의 합격을 위해 반드시 거쳐야만 하는 과목이다. 그러나 법학이라는 과목의 특성상 방대한 학습량과 매년 개정되는 법률로 인해 수험생들이 가장 어려워하는 과목으로 꼽고 있다.

하지만, 매년 출제되는 내용과 유형은 크게 변동되지 않으므로 주로 출제되는 학습의 포인트를 기억하고 이를 집중적으로 학습한다면 고득점에 이를 수 있다.

제1과목

01. 총론
02. 헌법
03. 민사법
04. 형사법
05. 상법 일반
06. 사회법 일반
07. 행정법 일반

01 총론

1 법의 의의 · 목적 · 효력

1 법의 의의

① **일반적 정의**

㉠ 법의 의의 : 사회에 존재하는 수많은 규범들 가운데 강제력을 가지고 있는 것을 말한다.

㉡ 법의 존재이유 : 다수인이 생활하고 있는 사회에서 그들 간의 이해관계가 충돌할 경우 이를 적절히 조절하고 질서를 유지하게 하기 위한 장치로서 법이 필요하다.

㉢ 법칙과의 구별 : 법(法)은 법칙(法則)과는 구별되는 것으로, 법(法)은 '~하여야 한다' 또는 '~하여서는 안 된다'라는 가치중심의 명령으로 나타나며 법칙(法則)은 '~이 있다' 또는 '~이 없다'는 존재의 의미로 나타난다.

② **법과 규범** … 인간은 사회질서를 유지하기 위해서 관습, 종교규범, 도덕규범 등의 많은 규범들을 만들었으나, 이는 인간의 양심에 의하여 사회질서를 유지시켜야 하는 규범이므로 양심을 부정하여 사회규범들을 지키지 않아 사회가 무질서한 상태로 변화해 가게 되었을 때에는 이를 규제하고 질서를 유지하는 것이 힘들어진다. 이에 인간들이 이러한 양심의 부정과 무질서를 규제하기 위한 목적으로 행동에 강제성을 부여하여 만든 규범이 바로 법이다.

③ **법의 강제력**

㉠ 본질적인 특성 : 법은 관습 · 도덕 · 종교 등의 다른 사회규범과는 다르게 강제력을 본질적 특성으로 한다. '강제를 수반하지 않는 법은 타지 않는 불처럼 그 자체에 모순을 가지고 있다'는 예링(Jhering)의 말처럼 법은 사회에 있어 조직적이고 권력적인 강제력과 결합되어 있다.

㉡ 방식

ⓐ 법적 강제의 대표적인 방식은 형법에서의 형벌(사형 · 징역 · 금고 · 자격상실 · 자격정지 · 벌금 · 구류 · 과료 · 몰수)이다.

ⓑ 경찰관의 제지 · 경고 : 범죄를 방지하기 위해서 행하는 일정한 심리적 · 물리적 강제에 속한다.

ⓒ 사법상 강제집행 · 손해배상, 무효 · 취소, 명예훼손에 대한 간접강제의 경우에도 법적 강제에 속한다.

㉢ **강제력의 부인** : 법의 강제력만으로 법의 준수를 기대하는 것은 불가능하므로 법 중에 사람들이 스스로 법을 준수하겠다는 의식을 가질 수 있게 만들어 주는 것이 있어야 한다. 예를 들어 미국의 금주법의 경우에는 사람들에게 금주를 강제하는 것이었지만 사회구성원들이 그 법을 의무로 받아들이지 않았기 때문에 끝내 폐지될 수밖에 없었다. 따라서 법은 당시 사회에서 구성원들의 법적 확신을 얻어야만 그 생명을 가질 수 있게 된다.

④ 사회규범의 종류

㉠ **관습** : 어떤 특정한 사회에서 다수의 사회구성원에 의하여 동일한 행위가 계속 반복되면서 발생한 행위의 준칙을 말한다. 관습을 위반한 경우에는 법과 도덕을 위반한 경우만큼 엄하지는 않으나 사회적으로 배타적인 시선을 받게 되므로 관습도 사회구성원으로 살아가기 위해서는 지켜야 하는 사회규범에 속한다고 볼 수 있다.

㉡ **도덕** : 인간이 마땅히 지켜야 할 도리나 행동기준을 말하는 것으로, 사회구성원들이 살아가면서 습득한 생활방식이나 습성에서 생긴 것이다.

TiP

법과 도덕의 차이점

㉠ **내면성** : 법은 인간의 외면적이고 물리적인 행위를 규율하나 도덕은 정신적이고 내면적인 의사를 규율한다.
㉡ **자율성** : 법은 강제력을 바탕으로 한 타율성을 그 본질로 하지만, 도덕은 양심에 기초를 둔 자율성을 본질로 한다.
㉢ **편면성** : 법은 대가관계의 양면성을 가지지만, 도덕은 일방적인 양심의무만 가진다.
㉣ **강제성** : 법은 강제성을 바탕으로 보장되지만, 도덕은 강제성이 없고 각자의 양심에 구속을 받을 뿐이다.
㉤ **개별성** : 법은 사회 구성원 모두에게 적용되지만, 도덕은 특정된 구성원에게만 타당성을 가진다.

㉢ **종교** : 종교는 신의 초인간적인 절대성에 의존을 하고 인간의 내부적인 의사를 규율한다는 점에서 법과 구별된다.

도덕과 법에 관한 설명으로 옳지 않은 것은?

① 도덕은 법보다 규범적인 측면의 강제성이 약하다.
② 도덕은 법보다 지키기 어려운 엄격한 이상을 지향한다.
③ 법은 도덕보다 상대적으로 타율성과 강제성이 강하다.
④ 법은 행위자의 고의나 과실과 같은 주관적인 요건은 고려하지 않는다.

★④ 법은 외면성을 강조하지만 민법에서의 선의·악의라든지 형법에서 고의·과실 등 내면적(내부적) 의사 역시 고려한다.

답 ④

⑤ **법의 정당성**

㉠ **실질적인 기준** : 어떠한 법규범이 강제력에 의하여 뒷받침된다고 하더라도 이를 인정하고 지키려는 사람들이 없는 경우에는 그 법을 계속 강행하는 것은 무리가 있다. 따라서 법규범을 강제적으로 시행하는 것만으로는 실질적으로 문제를 해결하는 데에 도움이 되지 않으므로, 법의 시행에 있어서 강제력을 인정할 수 있는지에 관한 실질적인 기준이 마련되어 있어야 한다.

㉡ **실효성의 근거** : 법규범이 실효성을 가지는 것은 공권력에 의한 강제력 때문만이 아니고, 사회구성원들이 법규범을 자신들이 따라야 할 정당성 있는 의무로 승인하였기 때문이다.

2 법의 이념

① **정의** … 인간과 사회와의 관계에서 인간이 추구하여야 할 올바른 도리와 가치기준을 말하는 것으로, 사회의 모든 제도에 대한 정당성을 판단하는 실질적인 가치기준이 된다.

㉠ **평균적 정의** : 모든 인간에 대한 절대적인 평등을 인정하는 것으로, 각자의 개성이나 능력의 차이를 인정하지 않고 모든 것을 균등하게 조화시키려는 정의를 의미한다.

㉡ **배분적 정의** : 인간의 능력과 개성에 따라 재화를 분배하고 명예를 얻을 수 있도록 하는 것을 의미하는 것으로, 모든 사람에게 발전의 기회를 평등하게 부여한다는 점에서 법의 이념에 가장 적합하다고 할 수 있다.

② **합목적성**

㉠ 의의 : 법의 목적을 실현하는 데에 적합한 성질 또는 어떤 사물이 일정한 목적에 적합한 방식으로 존재하는 법의 이념을 합목적성이라고 한다.

㉡ 합목적성의 유형

ⓐ 개인주의 : 권력의 분립 · 견제 · 균형을 중시함으로써 개인의 자유를 최대한 보장하여야 하는 것이 법의 목적이다.

ⓑ 단체주의(초개인주의) : 단체주의는 국가를 최고의 가치로 여기며 국가의 권력을 강화시키고 안전을 보장하며 질서를 유지하는 것에 중점을 둔다. 단체주의는 개인이 단체를 구성하는 일부분일 뿐이고 단체의 가치를 실현하는 범위 내에서만 인정된다고 보기 때문에 초개인주의라고도 불린다.

ⓒ 문화주의(초인격주의) : 문화주의는 개인주의와 단체주의의 중간적 형태로 개인이 단체 내에서 창조한 문화 또는 작품을 가치의 기준으로 생각하며 이러한 문화적인 업적에 따라서 개인을 차별하는 것을 인정한다. 문화주의는 개인의 인격이 국가가 문화적 업적을 이뤄내는 데에 대한 부차적인 것이라고 보기 때문에 초인격주의라고도 불린다.

③ 법적 안정성

㉠ 의의 : 법적 안정성은 법의 이념이며, 법의 명확성 또는 부동성을 의미하고 이는 사회의 질서로 나타난다. 법적 안정성이 보장된다는 것은 현재 시행되고 있는 법이 안정되어 있어서 사회의 구성원들이 법의 규정을 믿고 행동할 수 있다는 것을 말한다. 정의와 법적 안정성은 항상 대립하면서도 항상 같이 작용하며, 어느 하나가 절대적으로 우월한 개념이 되는 것이 아니라 서로 의존하게 된다.

㉡ 법적 안정성의 요소

ⓐ 법은 쉽게 변경되어서는 안 된다.

ⓑ 법은 실제로 실행 가능한 것이어야 한다.

ⓒ 법은 사회구성원들의 법의식에 합치되어야 한다.

ⓓ 법은 사회구성원들이 쉽게 예측할 수 있어야 한다.

3 법의 효력

① 법의 타당성과 실효성

㉠ 타당성 : 법의 타당성이란, 사회의 구성원들이 자발적으로 법을 따르도록 해야 한다는 것을 말한다.

㉡ 실효성 : 법이 실제로 효력이 있기 위해서는 사회 질서를 움직이고 그 내용을 실현시킬 수 있는 힘이 부여되어 있어야 하는데, 이러한 법질서에 대한 위법한 상태가 발생할 경우 국가의 강제력으로 법의 효력을 보장해야 한다는 강행성의 요구를 법의 실효성이라고 한다.

㉢ 타당성과 실효성의 관계 : 타당성과 실효성은 서로 긴밀한 관계에 있으면서도 괴리가 생길 수 있다. 예를 들어 타당성은 있으나 위반행위에 의하여 무너지는 경우, 법에 규정되어 있지만 실행되지 못하는 경우 등이 이에 해당한다.

② 법의 효력

㉠ 때에 관한 효력 : 법의 때에 관한 효력은 법의 시간적 범위를 의미한다. 법의 시행기간은 법의 시행일부터 폐지일까지이며 법의 시행기간에 발생한 사건만 그 법의 적용을 받게 된다.

ⓐ 법의 시행 : 법은 공포에 의해 실제로 시행되는데, 공포와 동시에 시행되는 경우도 있지만 특별한 규정이 없는 한 공포 후 20일을 경과함으로써 효력이 발생한다.

ⓑ 법의 폐지 : 법은 폐지에 의하여 효력을 상실한다.

- 명시적 폐지 : 법의 시행기간이 있는 법률이 그 기간이 지남으로써 폐지되는 경우 또는 신법에 구법의 전부 또는 일부를 폐지한다는 명시적 규정이 있는 경우에 그 구법의 전부 또는 일부가 폐지되는 것을 말한다.
- 묵시적 폐지 : 동일한 사항에 대하여 새로 제정된 법이 기존의 법과 저촉되거나 모순될 때에는 신법우선의 원칙에 의하여 그 저촉의 한도 내에서 구법이 묵시적으로 폐지되는 것을 말한다.

㉡ 사람에 관한 효력

ⓐ **속지주의** : 한 국가의 법은 국가 영역 내에서만 적용되며, 영역 내에 있으면 내국인과 외국인을 가리지 않고 모두에게 적용된다는 원칙이다.

ⓑ **속인주의** : 한 국가의 법은 그 국민이 있는 곳이 국내인지 국외인지를 불문하고 국민 모두에게 일률적으로 적용된다는 원칙이다.

ⓒ **보호주의** : 범인이 외국인이고 범죄지가 외국일지라도, 자국 또는 자국민의 법익을 침해하는 모든 범죄에 자국의 형법을 적용한다는 원칙이다.

㉢ **장소에 관한 효력** : 법의 장소에 관한 효력은 법이 적용되는 지역적 범위에 대한 문제이다. 법은 원칙적으로 국가의 전 영역(영토 · 영공 · 영해)에 걸쳐서 적용되며, 영역 내에 있는 내 · 외국인에게 모두 적용된다.

TIP

장소에 관한 효력의 예외

㉠ 외국에 있는 자국민 : 병역의무나 참정권 등은 자국법이 적용된다.

㉡ 치외법권을 가진 자가 외국에 있는 경우 : 자국법이 적용된다.

㉢ 지방자치단체가 제정한 조례 · 규칙 : 조례와 규칙을 제정한 지방자치단체에만 적용된다.

2 법원

1 성문법

① **의의** … 성문법이란 법이 문서의 형식을 갖추고 일정한 형식과 절차에 의하여 공포된 법을 의미한다.

② **성문헌법** … 헌법이 단일헌법전의 형식으로 존재하는 경우를 말한다. 성문헌법은 헌법을 성문화하였기 때문에 헌법내용의 존재를 다툴 필요가 없는 장점이 있다. 성문헌법국가라도 헌법적 관행의 존재가 허용되지만, 성문헌법은 대체로 경성헌법이다.

③ **법률** … 실질적으로는 모든 법규범을 말하지만 형식적 의미에서는 국회의 의결을 거쳐서 제정되어 시행되는 성문법을 말한다. 법률은 헌법의 하위법규이며 명령 · 규칙보다는 상위법규이므로 법률의 내용은 헌법규정에 위배되어서는 안 되고 법률의 내용이 헌법에 위배되는 경우 위헌법률심사의 대상이 된다.

④ **명령** … 의결 없이 행정기관이 단독으로 정하는 성문법을 말하는 것으로 법률보다 하위의 법규이다.

㉠ 내용에 따른 분류

ⓐ **법규명령** : 국가와 국민 모두에게 구속력을 가지는 명령으로, 일반 국민의 권리와 의무에 관한 사항을 규율한다.

ⓑ **행정명령** : 행정조직 내부에서만 구속력을 가지는 명령이다.

㉡ 근거에 따른 분류

ⓐ **위임명령** : 상위법령에 의하여 위임을 받은 사항에 따라 입법사항을 정하는 명령이다.

ⓑ **집행명령** : 법률을 집행하기 위한 구체적 · 세부적 내용을 직권으로 발동하는 명령이다.

㉢ 발령권자에 따른 분류

ⓐ **대통령령** : 대통령이 발하는 명령이다.

ⓑ **총리령** : 국무총리가 법률, 대통령령의 위임 또는 직권으로 발하는 명령이다.

ⓒ **부령** : 행정각부의 장이 법률, 대통령령의 위임 또는 직권으로 발하는 명령이다.

TIP

성문법주의의 장점과 단점

㉠ 장점 : 법체계의 통일, 법의 존재 파악의 용이, 법적 안정성 유지

㉡ 단점 : 법의 고착화

⑤ **자치법규** … 지방자치단체가 법률에 의해 인정되는 자치권의 범위 안에서 제정하는 성문법으로 조례와 규칙이 이에 해당한다.

㉠ **조례** : 지방의회의 의결을 요한다.

㉡ **규칙** : 지방자치단체의 장이 위임범위 내에서 제정한다.

2 불문법

① **의의** … 불문법이란 제정절차를 거치지 않고 또한 문서의 형식을 갖추지도 않은 채 존재하는 법으로, 관습법 · 조리 · 판례법 등이 이에 해당한다.

② **관습법**

㉠ 의의 : 사회에서 발생하여 반복적으로 나타나는 행동양식인 관습이 사회의 법적 확신을 얻어 구성원들에 의하여 법적 규범으로 승인된 것을 말한다. 관습법은 법적 확신의 존재를 증명하기 어려우므로 법원의 판결에 의하여 확인되고, 확인된 관습법은 이후 재판에서 당사자들이 주장하지 않아도 법원이 직권으로 심리한다.

㉡ 민법상의 관습법

ⓐ 민사에 관하여 법률에 규정이 없는 경우에는 관습법에 의하므로 관습법은 법률에 대하여 보충적인 효력을 갖지만, 상사에 관하여는 상관습법이 민법에 우선하여 적용될 수 있다는 규정이 있다.

ⓑ **종류** : 명인방법, 양도담보, 분묘기지권, 법정지상권, 사실혼 등

③ **판례법** … 일반적으로 법원에서는 판결이 있게 되면 유사한 사건을 다루는 그 후의 재판은 먼저 내려진 판결에 구속되게 되는데 이처럼 법원의 재판에 의하여 동일한 취지의 판결이 반복적으로 되풀이됨으로써 형성되는 불문법을 판례법이라고 한다.

④ **조리**

㉠ 의의 : 조리란 사물의 본질적인 법칙 또는 이치를 의미하는 것으로 많은 일반인들이 승인하는 객관적인 원리 또는 법칙을 의미하며, 사회통념, 경험칙, 정의, 선량한 풍속, 기타 사회질서, 신의성실, 형평 등으로 표현되기도 한다.

㉡ 민법상의 조리 : 민법 제1조의 "민사에 관하여 법률에 규정이 없으면 관습법에 의하고 관습법이 없으면 조리에 의한다."는 규정과 같이 조리는 성문법과 관습법이 모두 없는 경우에 재판의 준거가 되는 것이므로 법률과 관습법에 대하여 보충적 효력을 갖는다.

3 법의 구조와 분류

1 법의 구조

① **강제규범** … 강제규범이란 반드시 행위규범을 전제로 하며 어떠한 범죄나 불법적인 행위에 대하여 형벌이나 강제집행 등의 강제효과를 귀속시키는 것으로, 행위규범 위반행위에 제재를 가하여 사회의 질서를 유지하려는 규범을 말한다. 다수인의 이해관계를 조절하기 위해서는 법에 강제력이 부여되어 존재하여야 하는데, 법에 강제력이 부여되어 있는 것은 법의 본질적인 속성이며 이로써 도덕이나 관습 등과 구별된다.

② **행위규범** … 행위규범이란 인간이 자신의 의사를 행위로 나타낼 경우에 그 행위의 판단기초가 되는 것으로, 어떠한 행위를 하라 또는 하지 말라는 명령 또는 금지를 하는 규범이다. 행위규범은 도덕이나 관습 등 다른 사회규범들과 같이 강제성이 없지만 강제규범의 적용 전에 1차적으로 개인들의 행위를 규율한다는 면에서 법의 1차적 규범이라고 볼 수 있다.

③ **조직규범** … 조직규범이란 국가나 지방자치단체 등의 조직이나 제도 및 권한에 관한 사항을 규정하는 규범을 말하는 것으로, 헌법 · 법원조직법 · 국가공무원법 · 정부조직법 · 국회법 등이 이에 속한다. 조직규범은 사회구성원의 행위를 규율하지 않는다는 점에서 행위규범과 다르다.

2 법의 분류

① 전통적인 분류방법

㉠ 자연법과 실정법(법의 성립절차 및 형식에 의한 분류)

ⓐ **자연법** : 자연법은 시간과 공간을 초월하여 영구불변의 보편타당성을 지니며 불문법의 형태를 가진다.

ⓑ **실정법** : 국가기관이 제정하여 시행됨으로써 현실적인 사회규범으로서의 효력을 가지는 법으로, 성문법 · 관습법 · 판례법 등이 이에 속한다. 실정법은 민족이나 사회에 따라서 내용이 달라지며 대체로 경험적 사실에 의거하여 형성된다.

㉡ 국내법과 국제법(법의 내용에 의한 분류)

ⓐ **국내법** : 국가 내부에서 성립한 법으로 그 국가 내에서만 적용된다.

ⓑ **국제법** : 국제사회에서 성립한 법으로 국제공법이라고도 하며 국제사회 국가 간에 명시적 또는 묵시적인 합의를 기초로 형성되어 그 국제사회에 속하는 모든 국가에 적용되는 법이다.

TIP

국제사법
국제법과는 다르게 계약 · 국적 · 혼인 등의 섭외적 사법관계에 관하여 자국법과 외국법 중 어느 것이 적용되어야 하는지를 정하는 법으로, 국내법의 일종이다.

㉢ 실체법과 절차법(법 규정의 성질에 의한 분류)

ⓐ **실체법** : 법률관계의 실체(권리와 의무의 발생 · 변경 · 소멸 등)를 규정하는 법으로, 헌법 · 민법 · 상법 · 형법 등이 이에 해당하며 여기서 법률관계의 실체란 권리 · 의무의 내용 · 범위 · 귀속자 등을 말한다.

ⓑ **절차법** : 실체적인 권리의 내용을 구체적으로 실현하기 위하여 그 절차와 방법 등을 규정하는 법으로, 민사소송법 · 가사소송법 · 형사소송법 · 행정소송법 등이 이에 해당한다.

ⓒ **실체법과 절차법의 관계** : 실체법과 절차법은 모두 재판규범의 성질을 가진다. 그리고 만약 절차법이 없는 경우 실체법의 내용을 실현할 수 없을 뿐만 아니라 절차를 임의로 마련하여 재판을 할 수 없는 데 비하여 실체법이 없는 경우에는 실체법이 없음을 이유로 재판관이 재판을 거부할 수는 없기 때문에 이 경우 법의 흠결을 보충하여 재판을 하여야 한다는 점에서 실체법은 절차법으로 인하여 실효성이 생긴다고 볼 수 있다. 또한 실체법과 절차법이 충돌하게 되는 경우에는 절차법보다 실체법이 우선하게 된다.

㉣ **공법과 사법** : 공법과 사법의 구별기준에 관하여는 이익설 · 주체설 · 생활관계설, 권력설(성질설) 등으로 나뉘어져 있고 아직 확정된 견해는 없다.

ⓐ **공법** : 헌법 · 형법 · 소송법 · 행정법 · 국제법 등이 공법에 해당된다.

ⓑ **사법** : 민법(일반사법) · 주택임대차보호법 · 공탁법 · 상법(특별사법) · 어음법 · 수표법 등이 사법에 해당된다.

ⓒ **사회법** : 우리나라에서는 사회법을 공법과 사법의 중간영역으로 보고 있다.

㉤ **고유법과 계수법**(법의 성립근거에 의한 분류)

ⓐ **고유법** : 한 국가에서 고유한 생활 · 전통 등의 사회적 기반에 근거하여 시원적으로 발생 · 발달한 사회규범을 말하는 것으로 이에는 그 나라의 독특한 민족성 또는 관습이 포함된다.

ⓑ **계수법** : 다른 나라에서 성립하여 발달한 법이 계수되어 그 법을 근거로 성립한 법을 말하는 것으로 이미 발달한 법을 계수하였기 때문에 합리적이고 보편적 성격을 가지지만 계수된 국가의 국민에게는 생소한 법이 될 수 있다는 단점이 있다.

㉥ **속인법과 속지법**(준거법에 의한 분류)

ⓐ **속인법** : 현재 있는 장소를 불문하고 사람의 국적 · 주소 등에 따른 준거법을 적용하는 법을 말한다.

ⓑ **속지법** : 국적 · 주소를 불문하고 한 국가의 영토 내에 거주하고 있는 모든 사람에게 적용하는 법을 말한다.

② 내용에 의한 분류

㉠ **일반법과 특별법**(효력범위에 따른 분류)

ⓐ **일반법** : 특정한 사람 · 장소 · 사항에 제한이 없이 일반적으로 넓게 적용되는 법을 말하는 것으로 헌법 · 민법 · 형법 · 상법이 이에 해당한다. 하지만 이러한 구별은 절대적인 것은 아닌데, 예를 들면 민법과 상법은 모두 일반법에 속하지만 민법과 상법의 관계에서 보면 상법은 민법의 특별법 관계에 있고, 상법과 신탁법 · 보험업법 등과의 관계에서 보면 다시 상법이 다른 법률들에 대한 일반법 관계에 있는 것이 그것이다.

ⓑ **특별법** : 특정한 사람 · 장소 · 사항에 국한하여 일반법보다 특수하고 좁게 적용되는 법을 말하는 것으로 국가공무원법 · 지방자치법 등이 이에 해당한다. 특별법은 일반법에 해당하는 사항 중 특수한 사항을 특별히 취급하자는 취지에서 나온 것이므로 원칙적으로 일반법에 우선하며, 일반법은 특별법에 규정이 없는 경우에 보충적으로 적용된다.

㉡ **원칙법과 예외법**(특성한 사항에 관한 원칙과 예외의 기준에 따른 분류)

ⓐ **원칙법** : 어떤 사항에 관해서 원칙적으로 적용되는 법을 말한다.

ⓑ **예외법** : 어떤 사항에 관해서 원칙법으로부터 제외되는 경우를 정한 법을 말하는 것으로 법문 중 단서 규정은 대체로 예외법에 해당한다.

㉢ 강행법과 임의법(법규 적용 시, 당사자의 의사를 고려할 것인가 여부를 기준으로 하는 분류)

ⓐ 강행법 : 당사자의 의사에 상관없이 강제적으로 적용되는 법을 말하는 것으로, 공법에 해당하는 법은 대체로 강행법이 많다.

ⓑ 임의법 : 당사자의 의사에 의하여 법 규정이 배제될 수 있는 법을 말하는 것으로 사법에 속하는 법은 대체로 임의법이 많다.

강행법과 임의법의 분류

강행법과 임의법은 법문 중에 확실히 강행법인지 임의법인지 규정되어 있는 경우를 제외하고는 대부분 법문 중에 확실한 표현이 없으므로 법 규정 자체만으로 이를 구별하는 것은 쉽지 않다. 따라서 이러한 경우에는 그 법조문의 규정목적 등을 감안하여 결정하여야 한다. 또한 공법에 해당하는 법은 강행법이 많고 사법에 해당하는 법은 임의법이 많다는 점 또한 상대적인 것이므로 법조문의 규정에 따라 파악하여야 한다.

기출 따라잡기

법은 그 효력이 미치는 범위를 표준으로 일반법과 특별법으로 나누어진다. 다음 중 일반법과 특별법의 관계에 관한 설명으로 옳지 않은 것은?

① 일반법과 특별법 간에는 특별법 우선의 원칙이 적용된다.

② 특별법에 규정이 없는 경우에 일반법의 규정을 보충적으로 적용한다.

③ 일반법과 특별법의 관계는 단일 법률의 규정 상호간에는 적용되지 않는다.

④ 지방자치법과 서울특별시 행정특례에 관한 법률은 일반법과 특별법의 관계이다.

★③ 민법과 상법은 모두 일반법에 속하지만 민법과 상법의 관계에서 보면 상법은 민법의 특별법이다. 이와 같이 같은 법률 규정에서도 일반법과 특별법의 관계가 형성된다.

답 ③

4 법의 적용과 해석

1 법의 적용

일반적이고 추상적인 법을 구체적인 사회현실에 실현되도록 하는 것을 말한다. 법의 적용을 위해서는 법이 적용되어야 하는 사실을 확정한 후 그 사실에 적용할 법을 발견하고 해석하는 과정이 필요하다.

2 사실의 확정

① **의의** … 수많은 과거의 객관적 사실 중에서 법적 가치가 있는 사실을 증거에 기초하여 인식하고 확정하는 것을 말한다.

② **사실확정의 중요성** … 어떠한 사건에서 일어난 여러 가지 사실 중에서 어떤 것을 사실로 인정하고 확정하는가에 따라서 적용하는 법률이 상이해질 수 있으며 같은 법률을 사용한다고 하더라도 인정된 사실에 따라서 다르게 판결이 날 수도 있기 때문에 사실의 확정은 법의 해석과 적용 못지않게 중요하다고 볼 수 있다.

③ **증거 · 입증**

㉠ **증거** : 증거는 사실확정의 근거가 되는 자료로, 법관의 가치판단을 위한 중요한 요소이다. 증거는 인적 증거 · 물적 증거 · 서증 · 전문증거 · 직접증거 · 간접증거 등으로 구분할 수 있다.

ⓐ **인적 증거** : 사람의 진술내용을 증거로 하는 것으로 증인의 증언, 감정인의 감정, 당사자 본인의 진술 내용 등이 있다.

ⓑ **물적 증거** : 물건의 존재나 상태가 범죄의 증거가 되는 것으로 범행에 사용한 흉기, 절도 시 훔친 물건 등이 있다.

ⓒ **전문증거** : 사실인정의 기초가 되는 경험적 사실을 경험자가 직접 공판정에서 진술하지 않고 간접적으로 법원에 보고하는 증거를 말한다.

ⓓ **직접증거 · 간접증거** : 직접증거란 구성요건적 사실을 직접적으로 증명하기 위한 증거이고, 간접증거란 범죄사실에 대한 간접사실을 증명하는 증거이다.

㉡ **입증** : 입증이란 사실의 확정을 위하여 객관적 자료를 제출하는 것을 말하는 것으로 논증(論證)이라고도 한다. 입증은 사실을 확정하기 위한 요소로서 사실을 주장하는 자가 내세워야 하는 것인데 이것을 입증책임이라고 하고 사실의 주장자에게만 입증책임을 지게 하는 것이 불합리한 경우에는 입증책임의 전환도 일어날 수 있다.

④ **추정과 간주** … 입증책임을 지는 자가 입증하는 것이 불가능한 경우에는 입증 이외에 추정 또는 간주의 방법으로서 사실을 확정할 수 있다.

㉠ **추정** : 입증의 곤란을 피하기 위해 사실을 일단 확정한 후 법적 효과를 부여하는 것을 말한다. 따라서 추정을 한 경우에는 사실이 확정되지 않았기 때문에 추정된 사실과 다른 사실을 주장하는 자는 반증을 들어 언제나 추정을 번복시킬 수 있다. 예를 들어 민법 제30조 동시사망의 추정에 관한 조항에서는 "2인 이상이 동일한 위난으로 사망한 경우에는 동시에 사망한 것으로 추정한다." 라고 규정되어 있는데 이는 상속문제에서의 순위를 파악할 때 매우 중요한 증거인 사망의 시간의 선 · 후를 확정하기 위한 것으로서 동일한 사건에 의하여 2인 이상이 동시에 사망한 경우 그 입증을 하는 것이 곤란하므로 일단 동시에 사망한 것으로 하여 상속순위를 정한 뒤 후에 동시에 사망하지 않았다는 반증이 있는 경우 추정의 효과를 번복시킬 수 있다는 의미이다.

㉡ **간주** : 간주는 추정과는 다르게 분쟁의 방지와 법률적용의 명확성을 위해 일정한 법률관계에 대하여 법령으로 '~한 것으로 본다'라고 의제(擬制)하는 것을 말한다. 추정이 반증에 의하여 번복될 수 있는 것에 비하여 간주의 경우에는 법령에 의하여 의제 되는 것이므로 반증에 의하여서도 번복될 수 없다. 예를 들어 민법 제28조에서 "실종선고를 받은 자는 전조의 기간이 만료한 때에 사망한 것으로 본다."라는 사망의 간주규정에서, 실종선고를 받은 경우 실종기간이 끝날 때까지 실종자가 돌아오지 않는 경우에는 실종자에 관한 법률관계(상속관계 등)를 처리하기 위해 실종선고기간의 도과를 사망과 동일시한다는 것이고 일단 실종자를 사망자로 처리한 후에는 그 자에 대한 수많은 이해관계 및 법률관계가 정리되어 끝나게 되므로 반증만으로는 그 효과를 뒤집을 수 없고, 실종선고 자체를 취소하는 것만이 사망간주의 효과를 소멸시킬 수 있는 방법이 된다.

3 법의 해석

① **의의** … 법은 모든 상황에 바로 적용될 만큼 자세하고 구체적이지 않다. 따라서 어떤 구체적 사실에 대하여 법을 적용하기 위해서는 사실관계를 명확히 한 후 그 사실관계에 법률을 어떻게 적용할 것인지 합리적이고 과학적인 해석 과정을 통해 그 의미와 내용을 명확히 하는 과정이 필요한데 이러한 과정을 법의 해석이라고 한다.

② **해석 방법**

㉠ 유권해석

ⓐ **입법해석** : 입법의 형식으로 일정한 개념이나 규정을 해석하거나 이에 대한 정의를 내리는 것으로, 민법 제98조에서는 "본법에서 물건이라 함은 유체물 및 전기 기타 관리할 수 있는 자연력을 말한다."고 규정함으로써 물건에 대한 정의를 내리고 있다.

ⓑ **행정해석** : 행정기관에 의하여 이루어지는 법의 해석방법으로, 행정기관의 법 집행과정에서 그 집행권에 근거하여 해석을 하거나 훈령이나 질의 회답 등의 형식으로 법의 의미 또는 내용을 명백히 밝히는 것을 말한다.

ⓒ **사법해석** : 법원에 의하여 이루어지는 법의 해석방법으로, 판결의 형식으로 내려지는 해석을 말한다. 판결의 경우는 당해 사건에서만 최종적인 구속력을 가지는 것이고 다른 해석을 하는 판결이 나올 수 있음은 물론 하급판결의 경우 상급판결에 의하여 깨어질 수도 있는 것이기 때문에 언제든지 그 해석이 바뀔 수 있는 여지가 있다.

㉡ 학리해석

ⓐ **문리해석** : 법률의 문자와 문장의 의미, 문장의 문법적인 사항에 중점을 두고 그 내용을 파악하는 해석이다.

ⓑ **논리해석** : 법률의 문자와 문장의 의미에 중점을 두고 내용을 파악하는 것이 아니고, 법문의 논리적인 의미를 중점으로 하여 해석하는 것이다.

법은 모든 상황에 바로 적용될 만큼 자세하고 구체적이지 않기 때문에 법의 해석 과정이 필요하다. 다음 중 법의 해석 방법에 관한 설명으로 옳지 않은 것은?

① 유권해석이란 권한을 가진 국가기관에 의하여 행하여지는 해석을 의미한다.
② 논리해석이란 법문을 형성하는 용어, 문장을 기초로 하여 그 문자가 가지는 의미에 따라서 법규 전체의 의미를 해석하는 것을 말한다.
③ 입법해석이란 법률 자체에 법의 해석규정을 두는 것을 말한다.
④ 유추해석이란 어떤 사항을 직접적으로 규정하는 법규가 없는 경우, 이와 유사한 사항을 규정한 법규를 적용하는 것을 말한다.

★② 논리해석 : 법률의 문자와 문장의 의미에 중점을 두고 내용을 파악하는 것이 아니고 법문의 논리적인 의미를 중점으로 하여 해석하는 것이다.

답 ②

5 권리와 의무

1 법률관계

인간이 살아가고 있는 사회에서는 그 구성원들의 생활관계를 규율하기 위해 법 · 도덕 · 관습 · 종교 등의 여러 가지 규범들이 있다. 이러한 규범들 중에서 강제력을 수반하는 법에 의하여 규율되는 생활관계를 '법률관계'라고 한다. 법은 강제력을 가진다는 점에서 다른 사회규범들과 구별되며, 사회가 점점 발전함에 따라 그 구성원들 간의 복잡한 생활관계를 명확히 하기 위하여 양심의 규율을 받는 규범에 비해 법규범의 비중이 점차 커지고 있다.

2 권리

① **권리의 개념** … 법에 의하여 누릴 수 있는 특별한 법률상의 힘을 말하는 것으로, 각자의 특정하고 구체적인 생활이익에 대하여 법의 보호를 받는 것을 의미한다. 권리는 법에 의하여 인정되는 것이므로 법을 떠나서는 존재할 수 없다.

② 권리와 구분하여야 할 개념

㉠ 권한 : 다른 사람을 위하여 그 사람에 대한 어떠한 법률효과를 발생하게 하는 법률상의 자격으로 대리권 · 대표권 등이 이에 해당한다.

㉡ 권능 : 권리의 내용을 이루는 각각의 법률상의 힘을 말하는 것으로 소유권의 내용을 이루는 사용 · 수익 · 처분권 등이 이에 해당한다.

㉢ 권원 : 법률상 또는 사실상의 행위에 대한 정당성을 부여해 주는 근거를 말하며 토지를 사용하는 경우 그 사용을 할 수 있는 근거인 지상권 · 임차권 등이 이에 해당한다.

㉣ 반사적 이익 : 반사적 이익이란 특정인 또는 일반인에 대하여 법률이 일정한 행위를 강제함으로써 다른 특정인 또는 일반인이 반사적으로 이익을 얻게 되는 것을 말하는 것으로 예를 들어 강제적으로 예방주사를 맞도록 하는 법률에 의해 다른 사람들이 전염병을 예방할 수 있는 것, 교통법규가 있음으로 해서 다른 사람들이 안전할 수 있는 것 등이 이에 해당한다.

③ 권리의 종류

㉠ 권리의 내용에 의한 분류

ⓐ 재산권 : 경제적으로 가치가 있는 이익을 누릴 수 있는 권리를 말한다.

- 물권 : 권리자가 물건을 직접 지배하여 이익을 얻는 배타적인 권리를 말하며 민법상 소유권 · 점유권 · 지상권 · 지역권 · 전세권 · 유치권 · 질권 · 저당권이 물권편에 규정되어 있다.
- 채권 : 특정인인 채권자가 다른 특정인인 채무자에게 일정한 급부를 청구하는 권리를 말하며, 채권관계는 계약 · 사무관리 · 부당이득 · 불법행위의 규정에 의하여 발생한다.
- 무체재산권 : 저작 · 발명 등의 정신적 창조물을 독점적으로 이용할 수 있는 권리를 말한다

ⓑ 인격권 : 권리의 주체와 분리할 수 없는 인격적 이익에 관한 권리를 의미하며 생명 · 신체 · 명예 등의 보호를 목적으로 한다.

ⓒ 신분권(가족권) : 상속권 · 친족권과 같은 가족 간의 신분적 생활관계의 이익에 관한 권리를 말한다.

ⓓ 사원권 : 사원이 사단법인의 구성원으로서의 지위에 따라 그 사단에 대하여 가지는 포괄적인 권리 · 의무를 말하는 것으로 공익권(소수사원권, 의결권, 결의취소권 등)과 자익권(이익배당청구권 · 잔여재산분배청구권 등)으로 나누어진다.

㉡ 권리의 작용에 의한 분류

ⓐ 지배권 : 권리의 객체를 직접적으로 지배하고 그에 대한 이익을 누릴 수 있는 권리로서 물권이 가장 대표적인 지배권이다.

ⓑ 청구권 : 상대방에 대하여 작위 · 부작위 등의 일정한 행위를 요구할 수 있는 권리로 채권 · 물권적 청구권 · 부부 간의 동거청구권이 이에 해당한다.

ⓒ 형성권 : 권리자의 일방적 의사표시에 의하여 권리의 변동(발생 · 변경 · 소멸 등)을 일으키는 권리를 말한다.

- 의사표시만으로 효과를 발생하는 것 : 동의권 · 해지권 및 해제권 · 취소권 · 추인권 · 일방예약완결권 · 상속포기권 · 약혼해제권 등

- 재판에 의한 판결로 효과를 발생하는 것 : 채권자취소권 · 혼인취소권 · 친생부인권 · 입양취소권 · 재판상파양권 · 재판상이혼권 등

ⓓ **항변권** : 청구권의 행사에 대하여 그 급부를 거부할 수 있는 권리를 말하며 동시이행의 항변권과 최고 · 검색의 항변권이 이에 해당한다.

㉢ 기타의 분류

ⓐ **절대권과 상대권**

- 절대권 : 모든 불특정 다수인에게 주장할 수 있는 권리로 물권 등의 지배권이 이에 해당한다.
- 상대권 : 특정인에 대해서만 주장할 수 있는 권리로서 채권 등의 청구권이 이에 해당한다.

ⓑ **일신전속권과 비전속권**

- 일신전속권 : 권리가 어느 특정인에게만 귀속되는 귀속상의 일신전속권과 권리를 행사하는 경우 대리인 등이 행사하지 못하고 반드시 본인이 행사하여야 하는 행사상의 일신전속권이 있다.
  - 귀속상 일신전속권 : 가족권 · 인격권 · 부양청구권 등
  - 행사상 일신전속권 : 가족권
- 비전속권 : 권리가 어느 특정인에게만 귀속되지 않고 양도 및 상속이 가능한 권리로 대부분의 재산권이 이에 속한다.

3 의무

① **의무의 개념** … 사회의 질서를 유지하기 위하여 개인의 의사와는 관계없이 반드시 따라야 할 사회적 · 정신적 · 물리적인 구속을 의미한다.

② **의무의 분류**

㉠ 공의무와 사의무

ⓐ **공의무** : 공법상으로 강제되는 의무로, 공공관계에서 존재한다.

ⓑ **사의무** : 사법상으로 강제되는 의무를 말하는 것으로 원칙적으로 당사자의 의사에 따라서 설정된다.

㉡ 적극적 의무와 소극적 의무

ⓐ **적극적 의무(작위의무)** : 의무자가 어떠한 행동을 할 것(작위)을 목적으로 하는 의무를 말하는 것으로 의무자의 적극적 행위를 필요로 한다.

ⓑ **소극적 의무(부작위의무)** : 의무자가 어떠한 행동을 하지 않을 것(부작위)을 목적으로 하는 의무를 말하는 것으로 다른 사람의 행위를 참고 받아들여야 할 수인(受忍)의무도 이에 해당한다.

㉢ **간접의무(책무)** : 민법 제528조의 '승낙기간을 정한 계약의 청약'에 관한 규정에서 청약자의 연착통지의무를 간접의무 또는 책무라고 말한다. 즉 상대방이 청약자에게 적극적으로 연착통지를 청구할 수 있는 것은 아니지만 청약자가 그 통지를 하지 않을 경우 그 계약이 성립된 것으로 간주된다.

출제예상문제

1 **오늘날 각국의 법제도는 크게 대륙법계와 영미법계로 구분된다. 이에 관한 설명으로 옳지 않은 것은?**

① 대륙법계는 성문법 중심의 법체계를 취한다.

② 대륙법계는 관습법의 법원성(法源性)을 부정하지 않는다.

③ 영미법계는 불문법주의를 취해 성문법의 존재 자체를 부정한다.

④ 영미법계는 불문법인 판례를 가장 중요한 법원으로 하는 법체계를 말한다.

Advice ③ 영미법계(英美法系)에서는 불문법주의를 취하고 있지만 성문법을 인정하지 않는 것은 아니다.

※ 성문법(成文法)과 불문법(不文法)

㉠ 성문법

- 의의 : 문장의 형식으로 나타나는 법규범으로, 일정한 절차와 형식에 따라 권한 있는 기관이 제정 · 공포한 법
- 채택 국가 : 우리나라, 프랑스, 독일, 이탈리아, 일본 등 대륙법계 국가
- 종류 : 헌법, 법률, 명령, 자치법규, 조약

㉡ 불문법

- 의의 : 문장의 형식을 취하지 않는 법으로 입법기관에 의해 문서로서 제정 · 공포되어 있지 않으므로 비제정법이라고도 한다.
- 채택 국가 : 영국과 미국 등 영미법계 국가
- 종류 : 관습법, 판례법, 조리

 1.③

2 다음 설명에 가장 적합한 고대 바빌로니아의 법전은?

> • '눈에는 눈, 이에는 이, 손에는 손'과 같이 죄에 상응하는 처벌을 받도록 함
> • 특히 절도나 상해죄를 엄하게 다스림

① 마누법전 ② 함무라비법전
③ 마그나 카르타 ④ 권리장전

Advice ① 고대 인도의 종교성전
③ 1215년에 영국의 존 왕이 귀족들의 압력에 굴복하여 칙허(勅許)한 63개조의 법
④ 1689년 12월에 제정된 영국 헌정사상 중요한 의미를 가지는 의회제정법

3 다음과 관련된 용어로 옳은 것은?

> • 사실의 확정과 관련된 용어
> • 어떤 사실의 입증이 불명확한 경우 사실의 존부(存否)를 일단 가정하고 이에 상당하는 법률효과를 부여하는 것

① 추정 ② 준용
③ 입증 ④ 간주

Advice 추정(推定) … 편의상 사실을 가정하는 것으로, 일단 가정하고 법률효과를 발생 시킨 이후에 반증이 있으면 이를 번복할 수 있다.
② 준용(準用) : 어떤 사항을 규율하기 위하여 만들어진 법규를 그것과 유사하나 성질이 다른 사항에 대하여 필요한 약간의 수정을 가하여 적용시키는 일을 말한다.
③ 입증(立證) : 법률관계 또는 사실관계의 존부를 판단하는 데 필요한 증거자료를 제시하는 것을 말한다.
④ 간주(看做) : 일정한 사실을 확정하는 것으로, 한 번 사실이 확정되면 반증이 있더라도 번복할 수 없다.

Answer 2.② 3.①

4 다음은 법의 개념에 대한 학자들의 견해이다. 학자의 연결이 바르게 된 것은?

> ㉠ 법은 도덕의 '최대한'이다.
> ㉡ 법은 법이념에 봉사한다는 의미를 지니는 현실이다.
> ㉢ 법은 도덕의 '최소한'이다.
> ㉣ 법은 사회적 조직체의 공동정신이다.

① ㉠ : 슈몰러(Schmoller)
② ㉡ : 라렌츠(Larenz)
③ ㉢ : 라드부르흐(Radbruch)
④ ㉣ : 키케로(Cicero)

Advice ② 라드브루흐(Radbruch)
③ 옐리네크(Jellinek)
④ 라렌츠(Larenz)

5 특별법에 관한 설명으로 틀린 것은?

① 군형법은 군인 및 군무원 등에게 적용된다는 점에서 형법의 특별법이다.
② 상법은 기업의 생활관계를 다룬다는 점에서 민법의 특별법이다.
③ 국가보안법은 국가보안이라는 특수적 사항에 적용된다는 점에서 형법의 특별법이다.
④ 헌법은 모든 국내법 중에서 최고규범이라는 점에서 민법의 특별법이다.

Advice 특별법은 일반법과 달리 미치는 효력이 특정대상으로 한정된 법을 말한다. 반면에 헌법은 모든 국내법의 최고규범으로 모두에 그 효력이 미친다.

6 다음 중 법과 도덕의 구별로써 옳지 않은 것은?

① 법 – 자율성, 도덕 – 타율성
② 법 – 양면성, 도덕 – 편면성
③ 법 – 강제성, 도덕 – 비강제성
④ 법 – 외면성, 도덕 – 내면성

Advice 법은 타율적이고 도덕은 자율적이다.

Answer 4.① 5.④ 6.①

7 법원(法源)으로서 조례(條例)에 관한 설명으로 옳은 것은?

① 조례는 규칙의 하위규범이다.
② 국제법상의 기관들은 자체적으로 조례를 제정할 수 있다.
③ 시의회가 법률의 위임 범위 안에서 제정한 규범은 조례에 해당한다.
④ 재판의 근거로 사용된 조리(條理)는 조례가 될 수 있다.

Advice 조례는 지방자치단체가 법령의 범위 안에서 그 사무에 관하여 제정하는 것으로 주민의 권리제한 또는 의무 부과에 관한 사항이나, 벌칙을 정할 때에는 법률의 위임이 있어야 한다. 지방자치단체의 장은 법령 또는 조례가 위임한 범위 안에서 그 권한에 속하는 사무에 관해 규칙을 제정할 수 있다.

8 법의 본질에 관한 설명으로 틀린 것은?

① 행위규범, 재판규범, 조직규범의 통일체이다.
② 근거가 정당하여야 한다.
③ 존재의 법칙을 바탕으로 한다.
④ 사회 공통의 선을 목적으로 하는 사회규범이다.

Advice 존재의 법칙이 아닌 당위의 법칙을 바탕으로 한다. 법은 일정한 가치적 목적에 도달하기 위하여 따르지 않으면 안 되는 의사와 행위의 절차 내지 규칙으로, 사회적인 공동목적을 달성하기 위하여 인간이 마땅히 해야 할 것을 정하는 당위의 법칙이다.

9 법과 종교의 관계에 관한 설명으로 틀린 것은?

① 법은 사회생활의 질서유지를 위한 규범이지만, 종교는 절대자에 귀의하기 위한 규범이다.
② 법은 의사중심의 내면성을 가지지만, 종교는 행위중심의 외면성을 가진다.
③ 법은 국가에 의해 강제되지만, 종교는 초인격적인 신을 대상으로 한다.
④ 법에는 신앙의 요소가 없지만, 종교에는 신앙의 요소가 있다.

Advice 법은 원칙적으로 외면성을 중시하며, 종교규범이나 도덕규범은 의사중심의 내면성을 가진다. 하지만 법에 있어서도 고의, 과실 등 내면성을 가지는 면이 있음을 간과해서는 안 된다.

Answer 7.③ 8.③ 9.②

10 성문법과 불문법에 관한 설명 중 맞는 것은?

① 불문법은 입법기간이 짧으며, 입법정책을 통하여 발전적 방향으로 사회제도를 개혁할 수 있는 장점이 있다.

② 불문법은 법의 존재와 그 의미가 명확하므로 법적 행동을 하는 데 편리하다.

③ 성문법은 법규의 내용을 일반국민에게 알리기에 적합하다는 장점이 있다.

④ 성문법은 전통적으로 영미법계 국가에서 취하는 입법태도이다.

Advice ① 불문법은 입법기간이 길다.
② 불문법은 법의 존재와 그 의미가 명확하지 않다.
④ 성문법은 대륙법계 국가에서 취하는 입법태도이다.

11 다음 ( ) 안의 ㉠, ㉡에 들어갈 용어가 바르게 연결된 것은?

> (㉠) – 지방의회가 법령의 범위 내에서 제정하는 자치법규
> (㉡) – 지방자치단체의 장이 법령과 조례의 범위 내에서 그 권한에 속하는 사무에 관하여 단독으로 제정하는 자치법규

	㉠	㉡
①	준칙	위임명령
②	조리	조례
③	조례	규칙
④	조리	사무지침

Advice ㉠ 조례는 지방의회가 법령의 범위 안에서 제정하는 자치법규를 말한다.
㉡ 규칙은 지방자치단체 장의 법령과 조례의 범위 내에서 그 권한에 속하는 사무에 관하여 단독으로 제정하는 자치법규이다.

Answer 10.③ 11.③

12 국제사회의 법의 대인적 효력에 관한 입장으로 옳은 것은?

① 속지주의를 원칙적으로 채택하고 속인주의를 보충적으로 적용
② 속인주의를 원칙적으로 채택하고 속지주의를 보충적으로 적용
③ 보호주의를 원칙적으로 채택하고 피해자주의를 보충적으로 적용
④ 피해자주의를 원칙적으로 채택하고 보호주의를 보충적으로 적용

Advice 법의 대인적 효력은 속지주의를 원칙적으로 채택하고 부수적으로 속인주의를 적용한다.

13 법 규정의 결과로 각 사람이 저절로 받는 이익으로서 적극적으로 어떤 힘이 부여되어 있는 것이 아니기 때문에 타인이 그 이익의 향유를 방해하더라도, 그것의 보호를 청구하지 못하는 것은?

① 권능
② 권한
③ 반사적 이익
④ 권리

Advice 반사적 이익이란 사회 일반을 대상으로 정한 법 규정의 결과로 반사적 효과로서 받는 간접적인 이익을 말한다.

14 법의 이념 중에서 "법은 함부로 변경되어서는 안 된다."는 명제와 직접적으로 관련된 것은?

① 정의
② 형평성
③ 합목적성
④ 법적 안정성

Advice 법적 안정성은 법의 이념이며, 사회생활의 안정성을 확보해 주는 법의 명확성 또는 부동성을 의미하고 이는 사회의 질서로 나타난다. 법적 안정성이 보장된다는 것은 현재 시행되고 있는 법이 안정되어 있어서 사회의 구성원들이 법의 규정을 믿고 행동할 수 있다는 것을 말한다. 일정한 질서를 갖추고 있지 않은 법은 아무런 의미가 없으므로 법적 안정성은 법의 가장 기본적 조건이 된다. 정의와 법적 안정성은 항상 대립하면서도 같이 작용하며, 어느 하나가 절대적으로 우월한 개념이 되는 것이 아니라 서로 의존하게 된다.

Answer 12.① 13.③ 14.④

15 권리와 의무에 관한 설명으로 옳지 않은 것은?

① 일정한 물건을 직접 배타적으로 지배하여 재산적 이익을 향수하는 권리를 물권이라 한다.
② 권리는 일정한 이익을 누리는 법적인 힘 혹은 자격이라고 정의되므로 일정한 이익을 누릴 수 있도록 법의 보호를 받는 지위가 바로 권리이다.
③ 공법관계에 의하여 발생하는 권리를 공권, 사법관계에 의해서 발생하는 권리를 사권이라 한다.
④ 의무는 책임을 수반하는 것이므로 의무 없이는 책임이 없고, 책임 없이는 의무도 없다.

Advice 보험계약에서의 고지의무와 같이 의무는 있지만 그 의무에 따르는 법률상의 제재 등의 책임이 따르지 않는 간접의무도 인정된다.

16 법 해석방법 중 가장 우선적이고 기본적인 것은?

① 논리해석 ② 문리해석
③ 행정해석 ④ 사법해석

Advice 문리해석은 법률의 문자와 문장의 의미, 문장의 문법적인 사항에 중점을 두고 그 내용을 파악하는 해석으로서 법 해석방법 중 가장 우선적이고 기본적이다.

17 다음 중 서로 대비되는 법의 유형끼리 짝지어진 것이 아닌 것은?

① 고유법 – 계수법 ② 공법 – 사법
③ 자연법 – 관습법 ④ 강행법 – 임의법

Advice 자연법과 관습법은 비슷한 의미로 쓰이며 서로 대비되는 유형은 아니다.

Answer 15.④ 16.② 17.③

18 다음 중 관습법의 성립요건이 아닌 것은?

① 일정한 반복적 관행이 존재해야 한다.
② 선량한 풍속 등 사회질서에 반하지 않아야 한다.
③ 관보에 게재하여 공포해야 한다.
④ 법규범으로서의 준수해야 한다는 의식이 존재해야 한다.

Advice 관보에 게재하여 공포하는 것은 성문법의 성립요건이다.

19 추정과 간주에 관한 설명 중 맞는 것은?

① 간주는 편의상 잠정적으로 사실의 존부를 인정하는 것이므로, 간주된 사실과 다른 사실을 주장하는 자가 반증을 들면 간주의 효과는 발생하지 않는다.
② 우리 민법에서 '~한 것으로 본다'라고 규정하고 있으면 이는 추정규정이다.
③ 우리 민법 제28조에서는 "실종선고를 받은 자는 전조의 규정이 만료한 때에 사망한 것으로 추정한다."라고 규정하고 있다.
④ 사실의 확정에 있어서 추정보다는 간주의 효력이 훨씬 강하다.

Advice ① 추정이 반증에 의하여 번복될 수 있는 것에 비하여 간주의 경우에는 법령에 의하여 의제 되는 것이므로 반증에 의하여서도 번복될 수 없다.
② 간주는 추정과는 다르게 분쟁의 방지와 법률적용의 명확성을 위해 일정한 법률관계에 대하여 법령으로 '~한 것으로 본다'라고 의제(擬制)하는 것을 말한다.
③ 실종선고를 받은 자는 전조의 기간이 만료한 때에 사망한 것으로 본다〈민법 제28조〉.

20 다음 중 유권해석에 해당하지 않는 것은?

① 사법해석　　② 입법해석
③ 논리해석　　④ 행정해석

Advice 유권해석은 국가기관에 의해 법률이 해석되는 것을 말하며 입법해석, 행정해석, 사법해석이 이에 해당한다. 논리해석은 법문의 문자에 구애되지 않고 논리적 체계에 따른 조작에 의하여 법문의 의미를 밝히는 방법으로 학리해석에 해당한다.

Answer 18.③ 19.④ 20.③

21 법에 대한 설명으로 옳지 않은 것은?

① 당사자의 의사에 의해 그 적용을 배제할 수 있는 법이 임의법이다.

② 민법은 실체법이고 민사소송법은 절차법이다.

③ 법은 강제규범이라는 점에서 도덕과 구별된다.

④ 법령에 규정이 없는 경우 법 해석에 의해 성질이 비슷한 다른 법령의 규정을 적용하는 것을 준용이라 한다.

Advice 법령에 규정이 없는 경우 법 해석에 의해 성질이 비슷한 다른 법령의 규정을 적용하는 것은 유추해석이다. 준용이란 법령에 규정이 있는 경우 어떠한 성질이 다른 사항에 대하여 수정을 가하여 적용하는 것을 말한다.

22 관습법의 성립요건이 아닌 것은?

① 일정한 관행이 존재하여야 한다.

② 입법기관인 국회의 의결을 거쳐야 한다.

③ 선량한 풍속 기타 사회질서에 반하지 않아야 한다.

④ 국민 일반이 법규범으로서의 의식을 가지고 지켜야 한다.

Advice 관습법은 사회에서 발생하여 반복적으로 나타나는 행동양식인 관습이 사회의 법적 확신을 얻어 구성원들에 의하여 법적 규범으로 승인된 것을 말하는 것으로, 국회의 의결을 거칠 필요는 없다.

23 다음 중 라드부르흐(G. Radbruch)가 제시한 법의 이념에 속하지 않는 것은?

① 정의 ② 법적 안정성

③ 법 집행과정의 투명성 ④ 합목적성

Advice 라드부르흐가 제시한 법의 이념은 정의, 법적 안정성, 합목적성이다.

21.④ 22.② 23.③

24 권리에 대한 설명으로 옳지 않은 것은?

① 권리의 본질에 관해 오늘날의 통설은 권리법력설이다.
② 고대에 있어서의 법률관계는 의무의 측면에서 규율되었다.
③ 현대 법학에서의 법률관계는 권리본위의 측면에서 규율한다.
④ 이익설은 예링이 이익법학과 목적법학의 이론에 입각하여 주장한 학설이다.

Advice 법의 발전과정에서는 역사적으로 의무본위에서 권리본위로 발전하였으나 현대사회에서는 개인주의 및 자유주의에 대한 반성이 제기되면서 사회본위제도로의 측면으로 변화하였다.

※ 권리의 본질에 대한 학설

㉠ 의사설 : 권리는 법에 주어진 의사의 힘이라고 보는 견해로 헤겔 등에 의하여 주장되었다.
㉡ 이익설 : 권리는 법에 의하여 보호되는 이익이라고 보는 견해로 예링 등에 의하여 주장되었다.
㉢ 권리법력설 : 권리는 일정한 이익을 누릴 수 있도록 법이 인정하는 힘이라고 보는 견해로 현재의 통설이며, 에넥케루스에 의하여 주장되었다.

25 다음 중 법의 규범성에 관한 설명으로 맞는 것은?

① 법은 개인의 행위규범일 뿐 사회규범은 아니다.
② 법은 작위나 부작위를 지시하거나 금지하는 행위규범이다.
③ 법을 위반하면 강제력이 동원되며 양심 등 인간내면을 직접 강제할 수 있다.
④ 법의 이념 중 정의와 법적 안정성이 충돌될 때에는 항상 법적 안정성이 우선되어야 한다.

Advice ① 법은 개인의 행위규범뿐만 아니라 사회규범도 될 수 있다.
③ 양심 등 인간의 내면을 강제할 수 있는 것은 관습이나 도덕, 종교 등이며, 법의 강제력으로 인간의 내면을 직접 강제할 수는 없다.
④ 정의와 법적 안정성은 항상 대립하면서도 항상 같이 작용하며, 어느 하나가 절대적으로 우월한 개념이 되는 것이 아니라 서로 의존하게 된다.

Answer 24.③ 25.②

26 아래의 기술 가운데 가장 부적당한 것은?

① 법원은 법의 연원이라고도 하며 법에 대한 인식 수단 내지는 존재형식을 가리킨다.
② 성문법이라 함은 그 제정의 주체가 반드시 의회인 경우로 국한된다.
③ 법의 이념 내지 속성에 있어서 법적 안정성도 그 한 요소를 이룬다.
④ 정의는 법이 추구하는 이념에 있어 그 출발점인 동시에 궁극적인 목적이다.

Advice 성문법이란 법이 문서의 형식을 갖추고 일정한 형식과 절차에 의하여 공포된 법을 의미하는 것으로, 헌법 · 법률 · 명령이 이에 해당한다. 명령의 경우에는 국회의 의결 없이 행정기관이 단독으로 정하는 성문법이다.

27 다음 중 법규의 적용 시에 당사자의 의사를 고려할 것인가 여부를 표준으로 하는 법의 분류방식에 해당하는 것은?

① 원칙법과 예외법
② 강행법과 임의법
③ 실체법과 절차법
④ 일반법과 특별법

Advice 강행법과 임의법
㉠ 강행법 : 당사자의 의사에 상관없이 강제적으로 적용되는 법을 말하는 것으로, 공법에 해당하는 법은 대체로 강행법이 많다.
㉡ 임의법 : 당사자의 의사에 의하여 법 규정이 배제될 수 있는 법을 말하는 것으로 사법에 속하는 법은 대체로 임의법이 많다.

28 다음 중 가장 구속력이 강한 법해석에 속하는 것은?

① 논리해석
② 물론해석
③ 입법해석
④ 유추해석

Advice 입법해석 … 입법의 형식으로 일정한 개념이나 규정을 해석하거나 이에 대한 정의를 내리는 것을 말하는 것으로 가장 구속력이 강한 해석방법이다.

Answer 26.② 27.② 28.③

29 다음 중 일반법과 특별법의 관계를 올바르게 짝지은 것은?

① 민법 – 민사소송법

② 형법 – 형사소송법

③ 정부조직법 – 지방자치법

④ 민법 – 상법

Advice 민법과 상법은 모두 일반법에 속하지만 민법과 상법의 관계에서 보면 상법은 민법의 규정 중 상사에 관한 규정에 대한 특별법의 위치에 있다.

30 다음 중 원칙적으로 유추해석을 허용하지 않는 것은?

① 행정법 ② 상법

③ 민법 ④ 형법

Advice 형법은 국민의 자유와 권리의 보장을 위하여 범죄와 형벌을 미리 법률에 규정하는 죄형법정주의를 취하고 있는데, 이에 대한 파생원칙으로는 유추해석금지, 관습형법금지, 소급효금지, 부정기형금지의 원칙이 있다.

31 법의 체계에 대한 다음 설명 중 타당하지 않은 것은?

① 민법은 사법에 속하고 실체법이다.

② 경제법은 사회법에 속하고 경제관계에 관한 실체법이다.

③ 형법은 공법에 속하고 실체법이다.

④ 민사소송법은 사법에 속하고 절차법이다.

Advice 민사소송법은 국가의 재판권 행사에 관한 법이므로 공법에 속하는 절차법이다.

Answer 29.④ 30.④ 31.④

32 관습법의 성립요건으로 볼 수 없는 것은?

① 관습이 오랫동안 관행으로 존재할 것
② 관행이 법적 가치를 가진다는 법적 확신이 있을 것
③ 관행이 선량한 풍속 기타 사회질서에 반하지 않을 것
④ 관행이 법원의 판결에 의해 인정될 것

Advice 관습법은 사회에서 발생하여 반복적으로 나타나는 행동양식인 관습이 사회의 법적 확신을 얻어 구성원들에 의하여 법적 규범으로 승인된 것을 말하는 것으로 구성원들의 법적 확신에 의하여 승인이 되면 성립하고 법원의 판결에 의한 인정을 받을 것까지는 요하지 않는다.

33 법이 변경된 경우에 어떠한 사실이 신법의 적용을 받는가 구법의 적용을 받는가에 대하여 설정해 두는 규정을 무엇이라 하는가?

① 원칙규정 ② 임의규정
③ 경과규정 ④ 단속규정

Advice 법의 변경이 있는 경우, 종전의 규정에서 새로운 규정으로 이행하는 데 따르는 여러 가지 조치의 규정을 경과규정이라고 한다.
① 어떤 특정한 사항에 관해서 원칙적으로 적용되는 규정을 말한다.
② 당사자의 의사에 의하여 배제될 수 있는 규정을 말한다.
④ 행정적인 목적을 위해 어떠한 행위를 금지하는 등의 조건을 정해 놓은 규정을 말한다.

34 권리자의 일방적 의사표시로 권리의 발생·변경·소멸 등의 법률효과를 발생 시키는 권리에 해당하지 않는 것은?

① 취소권 ② 추인권
③ 항변권 ④ 해제권

Advice 권리자의 일방적 의사표시에 의하여 권리의 변동(발생·변경·소멸 등)을 일으키는 권리를 형성권이라고 하며, 동의권·해지권·해제권·취소권·추인권·일방예약완결권·상속포기권·약혼해제권 등이 이에 해당된다. 항변권은 상대방의 권리를 부인하거나 변경·소멸시키는 것이 아니라, 상대방의 권리는 승인하면서 그 권리의 작용을 저지하는 특수한 형성권이다.

Answer 32.④ 33.③ 34.③

35 권리와 의무에 관한 다음 설명 중 옳은 것은?

① 권리에는 항상 의무가 따른다.
② 권리의 내용을 이루는 개개의 법률상의 힘을 권한이라 한다.
③ 권리행사를 할 수 없다고 하더라도 원칙적으로 사력구제는 허용되지 않는다.
④ 다른 사람을 위하여 법률행위를 할 수 있는 법률상의 자격을 권능이라 한다.

Advice ① 권리에는 항상 의무가 따르는 것이 아니며 권리만이 존재하는 경우도, 의무만이 존재하는 경우도 있다.
② 권리의 내용을 이루는 개개의 법률상의 힘은 권능이라고 한다.
④ 다른 사람을 위하여 그 사람에 대한 어떠한 법률효과를 발생하게 하는 법률상의 자격은 권한이라고 한다.

36 다음 중 공법과 사법의 구별 기준에 관한 학설의 내용으로서 거리가 먼 것은?

① 공익을 위한 것인가 사익을 위한 것인가에 따라 구별한다.
② 권력적인 것인가의 여부에 따라 구별한다.
③ 권리의무의 주체에 따라 구별한다.
④ 법규의 명칭에 따라 구별한다.

Advice 공법과 사법의 구별기준에 대한 학설은 법의 목적에 의해 구분하고자 하는 이익설, 법의 규율을 받는 주체의 성격에 의하여 구분하고자 하는 주체설, 법률관계가 권력적인 것인가에 따라 분류하는 권력설 등이 있고, 그 구별을 하는 데 법규의 명칭으로 구별을 하고자 하는 학설은 존재하지 않는다.
① 이익설 ② 권력설 ③ 주체설

37 다음 중 소송으로 구제를 받을 수 없는 것은?

① 지상권 ② 임차권
③ 소유권 ④ 반사적 이익

Advice 반사적 이익이란 특정인 또는 일반인에 대하여 법률이 일정한 행위를 강제함으로써 다른 특정인 또는 일반인이 반사적으로 이익을 얻게 되는 것을 말하는 것이므로 소송으로 적극적인 구제를 청구할 수는 없다.

Answer 35.③ 36.④ 37.④

38 다음 중 권리에 대한 설명으로 타당하지 않은 것은?

① 재산적 이익을 내용으로 하는 권리를 재산권이라고 한다.

② 권리는 타인을 위하여 그 자에 대하여 일정한 법률효과를 발생하게 하는 행위를 할 수 있는 법률상의 자격이다.

③ 권리는 일정한 이익을 향수하게 하기 위하여 법이 부여한 힘이다.

④ 형성권이란 권리자의 일방적 의사표시에 의하여 법률관계를 변동시킬 수 있는 권리이다.

Advice 대리권, 대표권과 같이 다른 사람을 위하여 그 사람에 대한 어떠한 법률효과를 발생하게 하는 법률상의 자격은 권리가 아니라 권한이다.

39 법원에 대한 다음 설명 중 옳은 것은?

① 판례법은 법적 안정성 및 예측가능성 확보에 유리하다.

② 우리 민법 제1조는 조리의 법원성을 인정하고 있다.

③ 불문법은 시대의 변화에 즉각적으로 대처하지 못한다.

④ 관습법은 권력남용이나 독단적인 권력행사를 막는 장점이 있다.

Advice ① 판례는 언제든지 변할 수 있으므로 법적 안정성과 예측가능성 확보에 불리하다.
② 우리 민법 제1조에서 법원성을 인정하는 것은 법률·관습법·조리이다.
③ 불문법은 성문화되어 있지 않으므로 개정절차 등이 필요하지 않아 시대의 변화에 빠르게 대처할 수 있다.
④ 권력남용이나 독단적인 권력행사를 막을 수 없다는 것이 관습법의 단점이다.

40 법의 해석에 있어서 "악법도 법이다."라는 말이 있는데, 이는 다음의 어느 것을 나타낸 것인가?

① 법의 윤리성　　② 법의 강제성

③ 법의 타당성　　④ 법의 규범성

Advice 소크라테스의 "악법도 법이다."라는 말은 법의 강제성, 법적 안정성, 준법의식을 강조한 말이다.

Answer 38.② 39.② 40.②

02 헌법

1 헌법 총설

1 헌법의 의의

① 헌법의 개념

㉠ 다의성 : 헌법은 시대적 · 역사적 제약 아래 헌법관에 따라 다양하게 규정되는 다의적 개념이다.

㉡ 헌법개념의 이중성 : 헌법이 가지는 정치적 사실성과 법규범성을 헌법의 이중성 또는 양면성이라고 한다. 이러한 헌법의 이중성 때문에 헌법개념도 사실적(사회학적) 헌법개념과 규범적(법학적) 헌법개념으로 나뉜다.

㉢ 실질적 의미의 헌법과 형식적 의미의 헌법

ⓐ 실질적 의미의 헌법 : 국가 최고기관의 조직과 권한, 국가 최고기관 상호 간의 관계 그리고 국가와 그 구성원인 국민과의 관계에 관한 헌법사항을 정하는 법규범의 총체를 의미한다.

ⓑ 형식적 의미의 헌법 : 법의 형식적 특징을 기준으로 하여 헌법전의 형식으로 존재하는 최고의 형식적 효력을 의미한다. "영국에는 헌법이 없다."고 할 때에는 형식적 의미의 헌법이 없다는 뜻이다.

ⓒ 실질적 의미의 헌법과 형식적 의미의 헌법과의 관계 : 형식적 의미의 헌법은 실질적 의미의 헌법을 거의 내포하고 있으나, 양자가 반드시 일치하지는 않는다. 일치하지 않는 이유는 입법기술상 · 편의상 · 헌법정책상 · 헌법사항의 가변성 등 때문이다.

② 헌법의 분류

㉠ 성문헌법과 불문헌법(존재형식에 따른 분류) : 성문헌법은 헌법이 단일헌법진의 형식으로 존재하는 경우를 말하고 불문헌법은 오랜 시일에 걸쳐 확립된 국가적 관행이 헌법사항으로 굳어진 헌법적 법률 또는 관습헌법의 형식으로 존재하는 경우를 말한다. 여기서 성문헌법은 대체로 경성헌법이고, 불문헌법은 반드시 연성헌법이다.

㉡ **경성헌법과 연성헌법**(개정의 난이도에 따른 분류) : 경성헌법이란 헌법의 개정절차가 일반법률의 개정절차보다 더 엄격한 절차를 요하는 헌법을 말하는 것이고, 연성헌법이란 헌법개정절차에 있어서 특별한 절차가 요구되지 않기 때문에 헌법개정절차를 일반법률 개정절차와 동일하게 하는 경우를 말한다. 여기서 주의할 것은 불문헌법은 전부 연성헌법에 속하나, 연성헌법이 모두 불문헌법은 아니라는 것이다.

㉢ K. Löewtenstein의 분류

ⓐ **독창적 헌법** : 기존의 다른 헌법을 모방하지 아니한 독창적인 내용을 가진 헌법을 말한다.

ⓑ **모방적 헌법** : 외국의 기존헌법을 그 정치적 현실에 적합하도록 재구성한 헌법을 말한다.

ⓒ **규범적 헌법** : 헌법규정과 현실이 일치하는 헌법을 말한다.

ⓓ **명목적 헌법** : 헌법현실이 헌법의 이상을 따르지 못하는 헌법을 말한다.

ⓔ **장식적 헌법** : 현실과 유리된 과시헌법으로, 권력자의 지배를 안정시키고 영구화의 수단으로 이용되는 헌법을 말한다.

③ **헌법의 특성** … 헌법은 사실성과 규범성이라는 이중성을 가지기 때문에 헌법이 갖는 특성도 사실적 측면과 규범적 측면으로 나눌 수 있다. '사실적 측면의 특성'으로는 이념성 · 역사성 · 정치성을 들 수 있고, '규범적 측면의 특성'으로는 최고규범성 · 기본권보장규범성 · 조직규범성 · 수권규범성 · 권력제한규범성 등을 들 수 있다.

2 헌법의 제정 · 개정과 변동

① **헌법제정권력** … 헌법을 시원적으로 창조하는 힘을 말하는 것으로 민주국가에서 헌법제정권력은 오로지 국민에게만 존재하는 불가양성을 갖는다.

TIP

헌법제정권력의 본질

시원성, 독립성, 자율성, 최고성, 단일성, 실정법초월성, 불가분성, 항구성, 불가양성

② **헌법의 개정**

㉠ 개념 : 헌법에 규정된 개정절차에 따라 헌법의 기본적 동일성을 유지하면서 헌법전의 개개의 조항을 의식적으로 수정 또는 삭제하거나 새로운 조항을 추가함으로써 헌법의 형식이나 내용에 변경을 가하는 것을 말하는 것으로 헌법의 제정, 헌법의 파괴, 혁명, 쿠데타, 헌법의 정지 등과는 구별된다.

㉡ 절차 : 제안 → 공고 → 의결 → 확정 → 공포 → 효력발생

③ 헌법의 변동

㉠ 헌법의 변동 : 헌법에 규정된 개정절차에 따르지 아니하고 헌법이 변경된 경우이거나 헌법개정절차에 따랐을지라도 헌법의 기본적 동일성이 파괴된 경우 등을 말한다. 이는 헌법의 변화라고도 하며, 헌법의 파괴 · 폐지 · 정지 · 침해 · 변천 등으로 분류된다.

㉡ 헌법의 변천 : 특정의 헌법조항이 헌법에 규정된 개정절차에 따라 정식으로 변경되는 것이 아니고 당해 조문은 원상태로 존속하면서 그 의미와 내용만이 실질적으로 변화하는 경우를 말한다. 헌법변천의 유형으로는 의회 · 정부 · 법원의 해석에 의한 변천, 정치상의 필요에 의한 변천, 국권의 불행사에 의한 변천, 헌법의 관행에 의한 변천 등이 있다.

3 헌법의 보장

① **서설** … 국가의 근본법인 헌법의 규범력과 기능이 헌법의 침해나 파괴로 말미암아 변질 또는 상실되지 아니하도록 위헌적 행위를 사전에 방지하거나 사후에 배제함으로써 헌법의 법규범성과 실효성을 확보하려는 제도이다.

② 헌법보장의 유형

㉠ 사전예방적 보장 : 국군의 정치적 중립성 준수, 공무원의 정치적 중립성 보장, 방어적 민주주의의 채택, 권력분립, 헌법수호의무의 선서 등

㉡ 사후교정적 보장 : 공무원의 책임제도, 국회의 국정감사 · 조사제도, 국무총리 · 국무위원 해임건의제도, 탄핵제도, 국회의 긴급명령과 긴급재정 · 경제처분 및 그 명령승인제도, 국회의 계엄해제요구제도, 위헌법령 · 처분심사제, 위헌정당해산제도, 헌법소원제도 등

③ **헌법보장의 한계** … 헌법보장은 국가의 헌법적 가치질서를 지키려는 것이므로, 헌법적 침해의 방지를 구실로 헌법상 보장된 기본권이 제한당하지 않도록 주의해야 한다. 특히 언론출판의 자유, 집회 · 결사 · 시위의 자유, 정당설립의 자유 등 정치적 기본권은 그 행사가 민주적 헌법질서를 실현하는 수단으로서 그 자체가 헌법보장기능을 수행하므로 이들 자유를 부당하게 제한하는 수단으로 헌법보장제도가 남용되어서는 안 된다.

2 대한민국 헌법

1 헌법 전문

① **의의** … 헌법 전문은 헌법의 본문 앞에 쓰여진 문장으로서 헌법전의 일부를 구성하는 헌법의 서문을 말하는 것으로 대부분의 국가는 헌법 전문을 갖는다.

② **법적 성격** … 헌법 전문의 규범적 효력을 인정할 것인지에 대하여 학설의 대립이 있으나 헌법재판소는 헌법 전문의 법적 효력을 긍정하고 재판규범성도 긍정하고 있다.

③ **법적 효력** … 헌법 전문은 단순한 공포문과는 달리 헌법전의 일부를 구성하고, 모든 법령의 내용을 한정하고 그것의 타당성 근거가 되며 개개의 헌법규정에 대한 궁극적인 해석의 기준이 된다.

④ **내용**

㉠ 국민주권주의 : 헌법의 제정과 개정의 주체가 모두 국민임을 명백히 하고 있다.

㉡ 헌법의 최고규범성 : 헌법 전문은 국내 법질서에 있어서 최고규범성을 가지며 본문을 포함한 모든 법령에 우월하고 내용을 한정하며 타당성의 근거가 된다.

㉢ 평화통일의 지향과 자유민주주의적 원리 : 평화통일을 지향하는 새로운 민주공화국으로서의 대한민국의 기본질서는 자유민주주의적 질서라야 한다는 것과 대한민국의 국가적 이념은 이를 더욱 확고히 하는 데 있다고 선언한다.

㉣ 기본권존중 : 정치 · 경제 · 사회 · 문화의 모든 영역에 있어서 국민생활의 균등한 향상을 기하고 우리들의 자손의 안전과 자유와 행복을 영원히 확보할 것을 규정함으로써 실질적 평등의 보장과 자유 · 안전 · 행복을 추구할 것을 선언하고 있다.

㉤ 국제평화주의 : 조국의 평화적 통일을 역사적 사명으로 자각하고 있음을 명백히 하고 국제평화주의에 대한 적극적 의지를 보여주고 있다.

㉥ 임시정부의 법통과 4 · 19 민주이념의 계승 : 대한민국 임시정부의 법통 및 4 · 19 민주이념의 계승과 민주개혁의 사명을 명시함으로써 역사적 정통성을 선언하고 민주화에 대한 강한 의지를 표명하고 있다.

2 대한민국의 국가형태와 구성요소

① 국가형태

㉠ 의의 : 국가의 전체적 성격 내지 그 기본질서가 어떤 것인지를 기준으로 한 국가의 유형을 말한다.

TIP

국가분류의 기본개념
㉠ 군주국 : 군주제도를 가진 국가
㉡ 공화국 : 군주제도가 없는 국가
㉢ 단일국 : 통치권한을 배분함에 있어서 통치권을 중앙에 집중통일시키는 집권주의에 입각한 국가
㉣ 연방국 : 통치권한을 각 지방에 분산시키는 분권주의에 입각하고 그 분산된 각 지방이 결합하여 하나의 국가적 결합체를 만드는 국가

㉡ 대한민국의 국가형태 : 대한민국은 민주공화국이다. 여기서 민주공화국이라 함은 대한민국의 국가적 질서가 전제주의, 독재주의, 전체주의, 인민공화국 등을 부정하는 공화국임을 뜻한다. 여기서 국가형태에 관한 규정은 헌법제정권자의 근본결단에 의한 것이므로 헌법개정절차에 의해서도 개정할 수 없다.

TIP

민주공화국의 특징
국민주권의 원리, 자유민주주의의 원리, 권력분립주의, 상대주의적 세계관, 국가와 사회의 이원주의에 입각한 국가관

② 대한민국의 구성요소

㉠ 국가권력(주권) : 국가의사를 결정하는 최고의 권력을 의미한다.

㉡ 국민 : 국가에 소속하는 개개의 자연인을 의미한다. 국민은 생물학적 · 인류학적 의미인 인종 내지 종족과 다르고 사회학적 개념인 민족과도 구별되며 사회학적 개념으로 사회의 구성원을 의미하는 인민과도 구별된다.

ⓐ 국적의 취득 · 상실 : 국적은 국적법에 따라 선천적 또는 후천적으로 취득할 수 있고 규정에 따라 상실할 수도 있다.

ⓑ 국민의 헌법상 지위
- 수권자
- 최고국가기관
- 기본권의 주체
- 통치대상

㉢ 국가의 영역 : 한 국가의 법적 효력이 미치는 공간적 범위(영토 · 영해 · 영공)를 의미하고 다른 측면에서는 통치권의 물적 대상을 의미한다.

3 대한민국헌법의 기본원리

① **국민주권주의** … 헌법의 제정과 개정의 주체는 국민이다.

② **자유민주주의** … 자유민주적 기본질서를 더욱 확고히 하고, 자유민주적 기본질서에 입각한 평화적 통일정책을 수립하고 이를 추진한다.

③ **기본권존중주의** … 인간의 존엄과 가치, 행복추구권에서 기본권의 제한근거를 엄격하게 규정하고 있다.

④ **국제평화주의** … 헌법 전문은 '밖으로는 항구적인 세계평화와 인류공영에 이바지함으로써'라고 하여 국제평화주의를 선언하고 있다.

⑤ **문화국가주의** … 헌법 전문은 '문화의 영역에서 각인의 기회를 균등히 하고'라고 하여 문화국가주의를 선언하고 있다.

⑥ **복지국가주의** … 헌법 전문의 "각인의 기회를 균등히 하고~국민생활의 균등한 향상을 선언하고 있다."는 규정, 제10조의 행복추구권, 제34조 제1항의 인간다운 생활을 할 권리, 제34조 제2항의 사회보장, 제35조의 환경권 등에서 복지국가형성을 위한 규정을 두고 있다.

4 대한민국헌법의 기본질서

① 민주적 기본질서

㉠ 의의 : '민주적 기본질서'란 '자유민주주의적 기본질서'를 의미한다. 헌법재판소는 자유민주적 기본질서를 '모든 폭력적 지배와 자의적 지배를 배제하고 다수의 의사에 의한 국민의 자치 · 자유 · 평등의 기본원칙에 의한 법치주의적 통치질서'라고 하였다.

㉡ 법적 성격 : 헌법 개정의 한계요인이 되고 모든 법규범의 해석기준이 되며 모든 국가작용을 구속하고 모든 권력발동의 척도가 된다. 또한 민주적 기본질서의 보장을 위한 국민의 기본권 제한도 가능하다.

㉢ 내용 : 국민주권, 기본권 존중, 권력분립, 정부의 책임성 확립, 법치주의, 사법권의 독립, 표현의 자유와 정치적 활동의 자유, 복수정당제, 선거제도, 사회적 시장경제주의, 국제평화주의

② 사회적 시장경제질서

㉠ 기본성격 : 현행 헌법상 경제질서의 기본성격은 사회적 시장경제질서이다.

㉡ 현행 헌법상 경제질서의 기본원칙 : 사유재산제의 보장과 한계, 경제적 자유와 통제, 사회정의의 지향, 경제에 관한 국가적 개입의 한계문제, 사회적 시장경제의 반영 등

③ 국제질서

㉠ 헌법의 규정 : 국제평화주의에 관한 최초의 헌법적 규정은 1791년의 프랑스 헌법이고, 현재 대다수 국가의 헌법은 평화적 국제질서에 관한 규정을 두고 있는데 우리 헌법도 분단국으로서의 특성을 반영하여 통일에 관한 조항과 함께 이를 규정하고 있다.

㉡ 기본원리

ⓐ 평화주의 : 침략적 전쟁의 부인, 자위전쟁의 허용, 평화통일규정

ⓑ 국제법 존중주의 : 헌법은 제6조 제1항에서 "헌법에 의하여 체결 · 공포된 조약과 일반적으로 승인된 국제법규는 국내법과 같은 효력을 가진다."라고 규정하여 국제질서존중주의 의사를 명시하고 있다.

TIP

일반적으로 승인된 국제법규

국제사회의 일반적 · 보편적 규범으로서 세계 대다수 국가가 승인하고 있는 법규를 의미한다. 이 범주에는 성문의 국제법규 이외에 국제관습법과 국제사회에서 일반적으로 규범력이 인정되는 조약도 포함된다. 일반적으로 승인된 국제법규는 국내법적 절차를 거칠 필요가 없이 국내법과 같은 효력을 갖는다.

5 대한민국헌법의 기본제도

① 정당제도

㉠ 서설 : 헌법상 정당은 국민과 국가기관을 매개하는 역할을 담당하는 단체로, 선거에 참여하거나 의정활동을 통하여 국민의 정치적 의사형성에 참여하는 것을 목적으로 하는 자발적인 정치적 결사이다.

㉡ 개념 및 특징

ⓐ 개념 : 정당은 국민의 이익을 위하여 책임 있는 정치적 주장이나 정책을 추진하고 공직선거에 후보자를 추천 또는 지지함으로써 국민의 정치적 의사형성에 참여함을 목적으로 하는 국민의 자발적 조직을 의미한다.

ⓑ 특징 : 국가와 자유민주주의 긍정, 선거 참여, 공익실현의 노력, 정당정책의 소유, 정치적 의사형성의 영향력행사, 계속성 · 항구성 등이다.

㉢ 권리와 의무

ⓐ 권리

- 설립 · 활동 · 존립상의 특권 : 헌법과 법률에 의하여 활동의 자유를 가지며, 헌법재판소의 심판에 의한 해산을 제외하고는 강제해산 되지 않는다.
- 정치적 특권 : 정당은 국민의 정치적 의사형성에 참여하는 등의 정치적 특권을 가지며, 각종 공직선거에 있어서 후보자를 추천 또는 지지하고 그들의 당선을 위한 선거운동에 관한 특권을 보장받고 있다.

- 재정상의 특권 : 정당은 법률이 정하는 바에 의하여 정당의 운영에 필요한 자금을 국가로부터 보조받을 수 있다.
- 국가의 보호 : 정당은 법률이 정하는 바에 의하여 국가의 보호를 받는데, 정당법, 공직선거법, 국회법, 세법 등에 이에 관한 규정이 있다.

ⓑ 의무 : 정당은 그 목적 · 조직과 활동이 민주적이어야 하며, 국민의 정치적 의사형성에 참여하는 데 필요한 조직을 가져야 하고 그 목적이나 활동이 민주적 기본질서에 위배되거나 국가의 존립에 위해가 되어서는 안 된다.

② 선거제도

㉠ 선거의 의의 : 선거란 다수의 선거인에 의한 공무원의 선임행위를 말한다.

㉡ 법적 성질 : 유권자의 집합체인 선거인단이 국가기관의 구성원을 선임하는 합성행위이다.

㉢ 기능 : 선거를 통해 행정부와 사법부를 쇄신할 수 있고 민의를 반영시킬 수 있으며, 민의에 반하는 지배의 장기화를 방지하여 폭력혁명을 예방할 수 있다.

㉣ 기본원칙

ⓐ 보통선거 : 제한선거에 대한 개념으로, 모든 성년자에게 원칙적으로 선거권을 인정하는 제도이다.

ⓑ 평등선거 : 차등선거 내지 불평등선거에 대한 개념으로, 선거인의 투표가치가 평등하게 취급되는 선거를 의미한다.

ⓒ 직접선거 : 간접선거에 대한 개념으로, 유권자에 의해 직접 행해지는 선거를 말한다.

ⓓ 비밀선거 : 공개선거에 대한 개념으로, 이는 선거인이 누구에게 선거하였는지를 알 수 없는 상태로 투표하는 것을 말한다.

㉤ 대표제의 종류 : 총유효투표의 다수표를 얻은 자를 당선자로 결정하는 다수대표제, 한 선거구에서 2인 이상의 대표를 선출하는 제도인 소수대표제, 각 정당에게 그 득표수에 비례하여 의석을 배분하는 비례대표제, 선거인단을 각 직능별로 나누어 그 직능단위로 선출하게 하는 직능대표제가 있다.

㉥ 선거구제도

ⓐ 대선거구제 : 1선거구에서 다수인을 선출하는 제도로, 사표방지, 부정투표제거, 전국적 인물의 선출 등의 장점을 갖는다.

ⓑ 소선거구제 : 1선거구에서 1인의 의원만 선출하는 제도로, 양당제도의 확립과 정국의 안정을 기할 수 있고 선거비용 등을 절약할 수 있다는 장점을 갖는다.

ⓒ 중선거구제 : 1선거구에서 3인 내지 5인을 선출하는 제도로, 이름 그대로 소선거구제와 대선거구제의 중간적 형태이다.

③ 공무원제도

㉠ 헌법의 규정 : 헌법은 "공무원은 국민 전체에 대한 봉사자이며 국민에 대하여 책임을 진다.", "공무원의 신분과 정치적 중립성은 법률이 정하는 바에 의하여 보장된다."고 규정하고 있고 그 외에 공무원의 불법행위에 대한 국가배상책임, 공무원의 근로3권의 제한, 고급공무원에 대한 탄핵소추 등에 관해 규정하고 있다.

㉡ 공무원의 헌법상 지위

ⓐ **국민 전체의 봉사자로서의 지위** : 공무원은 국민 전체의 봉사자이며, 국민에 대하여 책임을 진다. 여기서 '공무원'은 최광의의 공무원을 의미하며, 국가의 공무에 종사하는 일체의 사람은 국민 전체의 이익을 위하여 봉사하여야 한다.

ⓑ **공무원의 신분 보장** : 공무원의 신분 보장은 공무원이 정권교체에 영향을 받지 않고 동일한 정권하에서도 정당한 이유 없이 해임당하지 않는 것을 말한다. 여기서의 '공무원'은 협의의 공무원을 의미하며 공무원법에서 그 신분이 보장되고 있다.

ⓒ **정치적 중립성의 보장** : 공무원은 다른 공무원에게 금지사항에 위배되는 행위를 하도록 요구하거나 정치적 행위에 대한 보상 또는 보복으로서 이익 또는 불이익을 약속할 수 없고 공직선거에 입후보하거나 선거에 의하여 취임하는 공직을 겸할 수 없다.

ⓓ **공무원의 임면** : 대통령은 헌법과 법률이 정하는 바에 의하여 공무원을 임면한다. 이에는 임용과 면직은 물론 보직, 전직, 휴직, 징계처분 등도 포함된다.

㉢ **공무원의 기본권 제한** : 헌법은 공무원이 국민 전체에 대한 봉사자라는 지위를 확보하고 그 직무의 공정한 수행과 정치적 중립성을 보장하기 위하여 일반국민에게 인정되지 아니한 기본권의 제한을 규정하고 있다. 즉, 정당가입의 제한, 정치활동의 제한, 근로3권의 제한이 그것이다.

④ 지방자치제도

㉠ **지방자치의 개념** : 일정한 지역을 기초로 하는 단체나 일정한 지역의 주민이 그 지방적 사무를 자신의 책임 하에서 자신이 선출한 기관을 통하여 처리하는 제도를 말한다.

㉡ **지방자치의 법적 성격** : 지방자치제도는 역사적 · 전통적으로 형성된 일종의 헌법상의 제도로서 그 본질적 내용을 입법에 의하여 폐지하거나 유명무실하게 하여서는 안 되는 제도적 보장이라는 것이 통설이다.

㉢ **지방자치단체의 권능** : 지방자치단체는 주민의 복리에 관한 사무를 처리하고 재산을 관리하며, 법령의 범위 안에서 자치에 관한 규정을 제정할 수 있는데 이러한 지방자치단체의 권능은 자치입법권, 자치행정권, 자주재정권으로 나뉜다.

ⓐ **자치입법권** : 지방자치단체가 법령의 범위 내에서 자치에 관한 조례와 규칙을 제정할 수 있다.

ⓑ **자치행정권** : 지방자치단체가 주민의 복리에 관한 사무를 처리한다는 것은 그 고유사무를 자기의 권한과 책임 하에서 자치적으로 처리하는 것을 의미한다. 자치단체의 사무에는 고유사무, 단체위임사무, 기관위임사무가 있다.

ⓒ **자주재정권** : 지방자치단체는 그 재산을 관리하며, 재정을 형성하고 유지할 권한을 가진다. 지방자치단체는 수지균형의 원칙에 따라 재정을 건전하게 운영하여야 한다.

ⓓ **주민투표권** : 지방자치단체의 장은 지방자치단체의 폐치 · 분합 또는 주민에게 과도한 부담을 주거나 중대한 영향을 미치는 지방자치단체의 주요 결정사항 등을 주민투표에 부칠 수 있다.

⑤ 교육제도 및 대학자치제도

㉠ 교육제도

ⓐ 의의 : 교육에 관한 법적 제도를 의미하는 것으로, 이는 교육의 이념과 기본방향, 교육담당기관, 교육내용, 교육관리, 행정기구 등에 관한 법체계를 그 내용으로 한다. 헌법은 교육에 관한 기본조항인 제31조에서 교육을 받을 권리와 더불어 교육의 기본원칙과 대학자치제를 핵심으로 하는 교육제도를 보장하고 있다.

ⓑ 교육에 관한 기본원칙

- 교육의 자주성 : 교육내용과 교육기구가 교육자에 의하여 자주적으로 결정되고 행정권력에 의한 교육통제가 배제되어야 한다.
- 교육의 정치적 중립성 : 교육의 본질적 내용에 대해서는 정치적 · 사회적 · 종교적 세력에 의한 영향을 배제한다는 의미이다.
- 교육제도의 법정주의 : 학교교육 및 평생교육을 포함한 교육제도와 그 운영, 교육재정 및 교원의 지위에 관한 기본적인 사항은 법률로 정한다.

㉡ 대학자치제도

ⓐ 의의 : 연구와 교육이라는 대학 본연의 임무와 기능을 달성하는 데 필요한 사항은 자치적 기능을 인정하여야 하는 것을 의미한다. 헌법재판소는 대학의 자율성은 대학에서 부여된 헌법상의 기본권이라고 하였다.

ⓑ 대학자치의 주체 : 대학자치에 관한 내용을 실질적으로 결정할 수 있는 자가 대학자치의 주체이다.

ⓒ 대학자치의 내용 : 인사에 관한 자주결정권, 대학의 관리 및 운영에 관한 자주결정권, 학사관리에 관한 자주결정권

⑥ 가족제도

㉠ 헌법규정 : 혼인과 가족생활은 개인의 존엄과 양성의 평등을 기초로 성립되고 유지되어야 하며, 국가는 이를 보장한다.

㉡ 성질 : 가족제도는 민주적인 혼인제도와 가족제도를 보장하는 원칙규범인 동시에 제도적 보장에 관한 규정이며, 구체적인 입법이나 행정처분을 필요로 하지 아니하고 그 자체로써 모든 국가기관을 직접 구속하는 효력을 가지는 직접적 효력규정이다.

㉢ 혼인 및 가족제도의 효력

ⓐ 적용범위 : 가족제도에 관한 헌법적 보장을 받을 수 있는 자는 대한민국 국민에 국한되고 외국인에게는 적용되지 않는다.

ⓑ 효력 : 혼인과 가족생활에 관한 규정은 모든 국가권력을 직접 구속한다. 따라서 이 조항에 위반되는 법률은 무효가 된다.

3 기본권 총론

1 서설

① **기본권의 의의** … 기본권은 헌법이 보장하는 국민의 기본적 권리를 의미하는 것으로, 인권과 동일한 의미로 보고 구별하지 않고 쓰는 경우가 일반적이다.

> TIP
>
> **기본권의 헌법적 규정**
> 인권의 관념은 사회계약론자와 계몽주의적 자연법론자에 의해서 주장·형성된 개념으로 이에 관한 헌법적 규정은 버지니아 권리장전과 프랑스 인권선언에서이다. 근대 입헌주의헌법은 기본권보장을 그 본질적 요소로 하여 이를 국가기관에 관한 규정 앞에 두고 있다.

② **기본권의 특징**

㉠ **보편성**: 기본권은 보편성을 지니고 있으므로 인종, 성별, 사회적 신분 등에 제약받지 않고 모든 인간에게 보편적으로 적용된다.

㉡ **고유성**: 기본권은 국가나 사회의 창조물이 아니고 인간이 인간으로서 생존하기 위하여 당연히 누려야 할 인간의 고유한 권리이다.

㉢ **항구성**: 기본권은 인간에게 계속적으로 보장되는 항구적인 권리이다.

㉣ **불가침성**: 기본권은 인간이 가지는 불가침의 권리로서 이의 본질적 내용은 집행권과 사법권은 물론 입법권에 의해서도 침해될 수 없다.

③ **기본권의 분류**

㉠ 주체에 의한 분류

ⓐ **인간의 권리와 국민의 권리**: 인간의 권리는 모든 인간에게 귀속되는 자연법상의 권리이고, 국민의 권리는 한 국가의 국민만이 누릴 수 있는 권리이다.

ⓑ **자연인의 권리와 법인의 권리**: 원칙적으로는 자연인이 기본권의 주체이지만, 법인의 경우에도 재산권, 직업선택의 자유, 표현의 자유, 거주·이전의 자유 등의 기본권 주체가 될 수 있다.

㉡ 성질에 의한 분류

ⓐ **초국가적 기본권과 국법상의 기본권**: 초국가적 기본권은 자연법상의 기본권으로 국가에 의하여 제한 또는 박탈될 수 없는 모든 인간에게 귀속되는 권리이며, 국법상의 기본권은 국가에 의하여 창설된 권리로서 그 내용이 국법에 의하여 확정되고 입법자에 의하여 제한될 수 있는 권리이다.

ⓑ **절대적 기본권과 상대적 기본권** : 절대적 기본권은 어떠한 경우에도 제한할 수 없는 기본권이고, 상대적 기본권은 국가의 질서유지나 공공복리를 위해서 제한이 가능한 기본권이다.

ⓒ **진정한 기본권과 부진정한 기본권** : 진정한 기본권은 개개인을 위한 실질적인 권리로서 국가의 부작위나 국가적 급부의 청구를 내용으로 하는 주관적 공권이며, 부진정한 기본권은 헌법이 규정한 여러 가지 제도로 인하여 반사적으로 누리게 되는 기본권을 의미한다.

㉢ **대국가적 기본권과 제3자적 기본권** : 대국가적 기본권은 국가에 대해서만 효력을 가지는 기본권을 말하며, 제3자적 기본권은 국가는 물론 제3자에 대해서도 구속력을 가지는 기본권을 말한다.

법학개론

2 기본권의 주체와 효력

① 기본권의 주체

㉠ 의의 : 기본권의 주체라 함은 기본권의 향유자 또는 향유대상자를 의미하는데 기본권의 주체가 원칙적으로 국민임에는 이론이 없으나, 국민의 범위를 둘러싸고 문제가 된다.

㉡ 국민

ⓐ **일반국민** : 기본권의 주체로서의 국민은 개개인으로서의 국민이기 때문에 미성년자나 정신병자, 수형자 등도 포함된다.

ⓑ **특별권력관계에 있는 국민** : 특별권력관계란 특정한 행정목적을 달성하기 위하여 포괄적인 지배권을 설정하고 이에 복종할 의무를 지는 공법상의 특별한 법률관계를 의미하는데 현재 법치주의의 관계가 이에도 적용되어 헌법·법률의 근거를 요함은 물론 근거가 있어도 합리적으로 필요한 범위 내에서만 이를 제한할 수 있다.

㉢ 외국인

ⓐ 의의 : 우리나라 국적을 가지지 아니하는 자를 말하며 무국적자를 포함한다.

ⓑ 외국인이 주체가 될 수 있는 기본권 : 인간으로서의 존엄과 가치 및 행복추구권, 평등권, 자유권(거주이전의 자유, 언론·출판·집회·결사의 자유, 재산권의 경우에는 성질상의 제한이 가능), 제한된 범위 내에서의 환경권·보건권

㉣ 법인

ⓐ 의의 : 자연인 이외의 것으로서 권리와 의무의 주체가 되는 것을 의미한다.

ⓑ 기본권 주체성

- 공법상의 법인 : 원칙적으로 기본권의 주체가 될 수 없으나, 예외적으로 대학교나 언론기관의 경우에는 학문의 자유 등을 누릴 수 있다.
- 외국법인 : 외국법인도 법인에 준한 기본권 주체성의 법리가 적용된다.
- 정당 : 선거에 있어서의 평등이나 언론·출판·집회·결사의 자유, 재판청구권 등을 향유할 수 있고, 헌법재판소도 정당의 기본권 주체성을 인정하고 있다.

TIP

헌법재판소가 법인의 기본권 주체성을 인정한 경우

㉠ 사죄광고의 위헌 여부에 관한 헌법소원사건에서 법인에 대하여 법인격을 인정하였다.

㉡ 영화 상영전에 공연윤리위원회의 심의를 받도록 규정한 영화법(현 영화 및 비디오물의 진흥에 관한 법률) 제12조 등에 대한 헌법소원사건에서 언론 · 출판에 대한 사전검열을 금지한 헌법에 위배된다며 위헌 결정을 내려 단체 자체의 기본권 주체성을 인정하였다.

㉢ 정당의 기본권 주체성을 인정하였다.

② 기본권의 효력

㉠ 대국가적 효력

ⓐ **국가권력 일반에 대한 효력** : 기본권은 모든 국가권력을 구속하고, 헌법개정권력도 구속한다.

ⓑ **관리행위와 국고행위에 대한 효력** : 다수설에 의하면, 관리행위와 국고행위에도 기본권규정이 적용된다.

ⓒ **특별권력관계에 있어서의 기본권의 효력** : 절대적 기본권에 대해서는 어떠한 경우에도 기본권의 제한이 불가능하지만 상대적 기본권은 특별권력관계를 설정한 목적에 비추어 합리적이라고 판단되는 범위 내에서는 제한될 수 있다.

㉡ 제3자적 효력

ⓐ **사인 간에도 직접적으로 효력이 미치는 기본권** : 근로3권, 표현의 자유, 여자와 소년의 근로보호, 인간의 존엄과 가치, 행복추구권

ⓑ **사인 간에 간접적으로 효력이 미치는 기본권** : 평등권, 사생활의 비밀, 양심 · 신앙 · 표현의 자유 등

ⓒ **대사인적 효력이 전혀 인정될 수 없는 기본권** : 형벌불소급의 원칙과 죄형법정주의, 국가배상청구권, 형사보상청구권, 고문을 받지 아니할 권리, 변호인의 조력을 받을 권리 등

㉢ **기본권의 갈등** : 기본권 상호 간의 마찰과 모순으로부터 야기되는 제반문제를 기본권의 갈등이라고 한다. 기본권의 갈등은 기본권의 경합과 충돌을 포괄하는 개념이다.

ⓐ **기본권의 경합** : 동일한 기본권주체가 자기의 일정한 행위를 보호받기 위해서 동시에 여러 기본권을 주장하는 경우를 말한다.

ⓑ **기본권의 충돌** : 서로 다른 기본권주체가 상충하는 이해관계로 말미암아 각각 상이한 기본권의 효력을 주장하는 경우를 말한다.

3 기본권의 제한

① 서설

㉠ 기본권 제한의 필요성 : 기본권은 절대적인 것은 아니고 여러 가지 면에서 제한되고 있다. 오늘날의 기본권의 제한은 기본권 상호 간의 모순 · 충돌을 조정하여 기본권을 최대한으로 보장하기 위해 인정된다.

㉡ 기본권 제한의 유형 : 명시적 제약과 묵시적 제약, 헌법유보와 법률유보로 대별될 수 있다.

ⓐ **명시적 제약** : 헌법이 명문을 가지고 기본권에 대하여 가하는 제약이다.

ⓑ **묵시적 제약** : 기본권 자체에 내재하는 한계성을 묵시적 제약이라고 한다.

TIP

기본권의 묵시적 한계

기본권도 국가적 · 사회적 공동생활의 테두리 안에서 타인의 권리, 공중도덕, 사회윤리, 공공복리 등의 존중에 의한 내재적 한계가 있는 것이며, 따라서 절대적으로 보장되는 것은 아니다.

ⓒ **헌법유보** : 헌법이 명문으로 기본권의 제약을 직접 규정하는 경우를 말한다.

② 현행 헌법에 있어서의 기본권의 제한

㉠ 헌법유보에 의한 제한

ⓐ **일반적 헌법유보** : 현행 헌법에는 일반적 헌법유보에 해당하는 직접적 규정은 없으나 타인의 권리, 도덕률, 헌법질서 등의 존중이 내재적 한계요인이 된다.

ⓑ **개별적 헌법유보** : 민주적 기본질서에 위배되지 않는 정당의 목적과 활동, 타인의 명예나 권리 또는 공중도덕이나 사회윤리를 침해하지 않는 언론 · 출판의 자유, 공공복리에 적합한 재산권 행사 등이 이에 해당한다.

㉡ 법률유보에 의한 제한

ⓐ **법률** : 기본권은 원칙적으로 법률에 의해서만 제한할 수 있다. 여기서의 법률은 형식적인 법률을 의미하며 관습법에 의한 제한은 불가하다.

ⓑ **제한의 대상** : 국민의 모든 자유와 권리가 그 대상이 되나 실제로는 성질상 제한이 가능한 기본권에 한한다.

ⓒ **제한의 목적** : 국가안전보장, 질서유지, 공공복리

TIP

국가안전보장 · 질서유지 · 공공복리

㉠ 국가안전보장 : 국가의 독립, 영토의 보전, 헌법과 법률의 기능, 헌법에 의하여 설치된 국가기관의 유지 등과 같은 국가적 안전의 유지를 의미하며, 이를 위하여 기본권을 제한하는 경우에도 그 제한은 필요 · 최소한에 그쳐야 한다.

㉡ 질서유지 : 자유민주적 기본질서를 포함하는 헌법적 질서는 물론 그 밖의 사회적 안녕질서를 의미한다.

㉢ 공공복리 : 사회구성원 전체를 위한 공공적 이익, 즉 국민공동의 이익을 의미한다.

㉢ 기본권 제한의 형식

ⓐ 기본권은 법률, 명령, 조약과 국제법규에 의하여 제한할 수 있다.

ⓑ 기본권은 제한이 불가피한 경우에 행해져야 하고 그 제한은 최소한에 그쳐야 한다.

ⓒ 기본권을 제한하는 경우에도 자유와 권리의 본질적인 내용은 침해할 수 없다.

㉣ 기본권의 예외적 제한 : 기본권은 평상시에도 제한될 수 있으나, 국가긴급 시나 특별권력관계 설정자의 경우에도 제한되는 경우가 있다.

ⓐ 긴급명령, 긴급재정 · 경제명령 : 대통령은 국가의 안위에 관계되는 중대한 교전상태에 있어서 국가를 보위하기 위하여 긴급한 조치를 할 필요가 있을 경우에는 긴급명령을 발할 수 있다.

ⓑ 비상계엄 : 대통령은 전시 · 사변 또는 이에 준하는 국가비상사태에 있어서 병력으로서 군사상의 필요에 응하거나 공공의 안녕질서를 유지할 필요가 있을 때에는 법률이 정하는 바에 따라 계엄을 선포할 수 있다.

4 기본권의 침해와 구제

① **의의** … 기본권의 보장이 완전하게 되려면 기본권이 침해되지 않도록 사전에 예방적 조치를 강구해야 하며, 현실적으로 기본권이 침해된 경우 침해의 배제와 아울러 사후의 구제절차가 완비되어야 한다.

② **침해의 형태 및 구제방법**

㉠ 입법기관에 의한 침해 및 구제

ⓐ 침해 : 기본권을 침해하는 입법이 행해지면 법률에 근거하여 행하여진 행정처분에 대하여 행정소송을 제기하면서 근거법률의 위헌심사를 구하거나 법률에 대한 헌법소원을 제기함으로써 침해를 구제받을 수 있다.

ⓑ 입법부작위에 의한 침해와 구제 : 국가의 적극적인 입법이 필요한 기본권에 있어서는 입법부작위가 곧 기본권을 침해하는 것이 될 수 있는데, 정치적 기본권, 청구권적 기본권, 사회적 기본권 등이 이에 해당하며 청원 및 선거가 입법부작위에 대한 구제수단이 된다.

ⓛ 행정기관에 의한 침해 및 구제

ⓐ 침해 : 기본권 침해를 내용으로 하는 법률을 적용하는 경우, 법률을 해석과 적용을 잘못하는 경우, 법을 위반하는 경우, 행정기관의 부작위에 의한 침해가 발생하는 경우 등이 있다.

ⓑ 구제

- 행정기관에 의한 구제 : 청원, 행정심판, 손해배상, 행정절차, 손실보상제도, 행정기관 내부의 감독청에 의한 직권취소나 정지, 공무원의 징계책임의 추궁 등
- 사법기관에 의한 구제 : 행정소송, 명령 · 규칙 심사제도, 형사보상제도, 기타 당해 공무원에 대한 민 · 형사책임의 추궁 등
- 헌법재판소에 의한 구제 : 헌법소원심판

ⓒ 사법기관에 의한 침해 및 구제

ⓐ 침해 : 위헌법률의 적용, 판단의 잘못, 사실인정에서의 오인 등으로 인한 오판, 재판의 지연 등이 있다.

ⓑ 구제 : 사법기관에 의한 기본권 침해의 경우 상소, 재심, 비상상고, 형사보상에 의한 구제가 있다.

ⓡ 사인에 의한 침해 및 구제

ⓐ 침해 : 사인 간에 불법행위에 의한 것, 합의나 협정 또는 자율적 규제의 이름 아래 당사자나 제3자의 기본권을 침해하는 일이 일어난다.

ⓑ 구제 : 범죄로서 형사상의 제재를 가하거나, 민사상의 손해배상, 위자료 혹은 사죄광고 등의 책임을 추궁하거나 기본권의 침해가 합의나 협정 등의 방법으로 행해질 경우에는 기본권의 대사인적 효력에 따라 해결하면 되고, 타인의 범죄행위로 인하여 생명, 신체에 대한 피해를 입는 경우에는 그 피해자는 법률이 정하는 바에 의하여 국가로부터 구조를 받을 수 있다.

4 기본권 각론

1 포괄적 기본권

① 인간의 존엄과 가치

ⓖ 의의 : 헌법상 인간의 존엄과 가치는 일반에게 고유한 가치로 간주되는 존귀함 즉, 인격성 내지 인격주체성을 의미한다.

ⓛ 법적 성격

ⓐ 최고의 헌법적 원리 : 모든 기본권의 이념적 전제이자 모든 기본권 보장의 목적이 된다.

ⓑ 근본규범성 : 모든 기본권 규정을 해석하는 가치기준이며 기본권 제한 및 헌법개정의 한계가 된다.

㉢ 보장수단 및 적용범위

ⓐ **보장수단** : 헌법에 규정된 것 외에 생명권, 일반적 행동의 자유, 평화적 생존권 등 헌법에 열거되지 않은 자유와 권리도 포함된다.

ⓑ **적용범위** : 모든 국민은 인간으로서의 존엄과 가치를 가지므로 외국인, 태아, 정신병자, 유아, 범죄인 등도 포함되나, 법인 등에는 적용되지 않는다.

ⓒ **한계** : 인간의 존엄과 가치도 제37조 제2항에 의하여 법률로 제한할 수 있으나, 그 본질적 부분은 침해할 수 없다. 인간으로서의 존엄과 가치를 침해하는 기본권 제한은 그것이 아무리 법률에 의해서 행해진다 하더라도 결코 용납되지 않는다.

㉣ 법적 효력

ⓐ **대국가적 효력** : 인간의 존엄과 가치는 대한민국의 모든 법질서를 지배하는 법 원리이고 국가권력에 대해서는 실천기준이 되며, 국민에 대해서는 행동규범이 되는 대국가적 효력을 갖는다.

ⓑ **대사인적 효력** : 공서양속 등의 사법의 일반규정을 통해 대사인 간에도 간접적으로 적용된다.

② 행복추구권

㉠ **헌법의 규정** : 헌법은 인간의 존엄과 가치존중에 관한 규정에서 행복추구권을 함께 보장하고 있다.

㉡ **성질** : 행복추구권은 신체의 자유, 양심의 자유와 같은 의미 내용을 갖는 소극적 · 방어적 성질을 갖는 권리인 동시에 청구권적 기본권, 정치적 기본권과 같은 의미내용을 갖는 적극적 · 능동적 성질의 권리이기도 하다.

㉢ **주체** : 인간의 권리이므로 국민뿐만 아니라 외국인도 향유할 수 있는 권리이나 법인은 그 주체가 될 수 없다.

㉣ **내용** : 일반적으로 생명권, 신체를 훼손당하지 아니할 권리, 자유로운 활동과 인격발전에 관한 권리, 평화적 생존권, 휴식권, 수면권, 소비자의 권리, 일조권 등을 들 수 있다.

㉤ **제한** : 행복추구권도 반사회적 행위를 수반하는 경우에는 제한될 수 있으나, 본질적 내용은 침해될 수 없다.

③ 평등권

㉠ **의의** : 국가로부터 차별대우를 받지 아니하고 또 국가에 대하여 평등한 대우를 요구할 수 있는 국민의 주관적 공권을 의미하며 '법 앞의 평등'에서 '법 앞의'에 관해서는 입법자도 이에 구속된다.

㉡ **성질** : 평등권은 객관적 법질서인 동시에 주관적 공권을 가지는 것으로서, 불평등한 입법에 대해서는 위헌심사를 요청하고 불평등한 행정처분이나 재판에 대해서는 행정소송 또는 상소를 제기할 수 있다.

㉢ **주체** : 평등권의 향유주체는 개인뿐 아니라 법인, 권리능력 없는 사단이나 재단도 포함된다. 이는 인간의 권리이므로 외국인도 포함되나 외국인에 대해서는 국제법규와 상호주의에 따라 다소의 제한이 따른다.

㉣ **차별금지사유** : 종교, 성별, 사회적 신분에 의한 차별이 금지된다.

㉤ **차별금지영역** : 정치 · 경제 · 사회 · 문화의 영역에서 차별이 금지된다.

2 자유권적 기본권

① 서설

㉠ **자유권의 개념 :** 국민이 그의 자유영역에 대해 국가권력으로부터 침해를 받지 않을 소극적 · 방어적 권리를 말한다.

㉡ **자유권의 향유주체 :** 자유권은 인류보편의 '인간의 권리'를 의미하므로 그 주체는 외국인을 포함한 모든 인간이다. 자연인의 내심의 작용이나 인신을 대상으로 하는 자유권을 제외하고 법인도 그 주체가 될 수 있다.

㉢ 자유권의 내용

ⓐ **인신과 사생활의 자유권 :** 신체의 자유, 주거의 불가침, 거주 · 이전의 자유, 사생활의 비밀과 자유의 불가침

ⓑ **정신적 활동에 관한 자유권 :** 종교의 자유, 양심의 자유, 통신의 불가침, 언론 · 출판 · 집회 · 결사의 자유, 학문과 예술의 자유

ⓒ **경제생활에 관한 자유권 :** 직업선택의 자유, 재산권의 보장

㉣ **자유권의 제한 :** 자유권은 절대적 · 무제약적인 것은 아니므로 기본권 제약의 일반원리에 따라서 내재적 제약을 받음은 물론 헌법유보 및 법률유보에 의한 명시적 제약을 받는다. 따라서 제37조 제2항의 일반적 법률유보의 적용을 받아 자유권은 국가안전보장, 질서유지 또는 공공복리를 위하여 필요한 경우에는 최소한의 범위 내에서 법률의 형식으로 제한할 수 있다.

② 신체의 자유

㉠ **의의 :** 법률과 적법절차에 의하지 아니하고는 신체의 안전성과 자율성을 제한 또는 침해당하지 아니하는 자유를 말한다.

㉡ 내용

ⓐ **실체적 보장 :** 죄형법정주의, 일사부재리의 원칙, 연좌제의 금지

ⓑ **절차적 보장 :** 적법절차의 보장, 무죄추정의 원칙,

ⓒ 불법한 체포 · 구속으로부터의 자유, 불법한 압수 · 수색으로부터의 자유, 불법한 심문으로부터의 자유, 불법한 처벌로부터의 자유, 불법한 보안처분으로부터의 자유, 불법한 강제노역의 금지

㉢ 영장주의

ⓐ **의의 :** 인신을 체포 · 구속하는 데에는 원칙적으로 법관이 발부한 영장을 제시하도록 하는 것을 말한다.

ⓑ **예외 :** (준)현행범의 경우, 긴급체포 · 구속의 경우, 비상계엄의 경우

㉣ **구속적부심사제도 :** 피구속자 또는 관계인의 청구가 있으면 법관이 즉시 본인과 변호인이 출석한 공개법정에서 구속의 이유를 밝히도록 하고 구속의 이유가 부당하거나 적법한 것이 아닐 때에는 법관이 직권으로 피구속자를 석방하게 하는 제도를 말한다.

ⓜ **구속이유 등의 고지 :** 누구든지 체포 또는 구속의 이유와 변호인의 조력을 받을 권리가 있음을 고지 받지 아니하고는 체포 또는 구속을 받지 아니한다. 체포 또는 구속을 당한 자의 가족 등 법률이 정하는 자에게는 그 이유와 일시, 장소가 지체 없이 통지되어야 한다.

ⓑ **고문을 받지 아니할 권리 :** 헌법은 '모든 국민은 고문을 받지 아니하며'라고 고문에 관한 규정을 두고 있으며, 이는 절대적 금지에 해당한다.

ⓢ **형사보상청구권 :** 헌법은 형사피고인 또는 형사피의자로서 구금되었던 자가 법률이 정하는 불기소처분을 받거나 무죄판결을 받은 때에는 법률이 정하는 바에 의하여 국가에 대하여 정당한 보상을 청구할 권리를 규정하고 있다.

ⓞ **변호인의 조력을 받을 권리 :** 체포 · 구금을 받은 때에는 즉시 변호인의 조력을 받을 권리가 있으며, 법률이 정하는 경우에 형사피고인이 스스로 변호인을 구할 수 없을 때에는 국가가 변호인을 붙인다.

ⓙ **자백의 증거능력 및 증명력 제한의 원칙 :** 제12조 제7항은 고문, 기타 임의성 없는 자백의 증거능력을 제한하고 피고인의 자백이 불리한 유일한 증거일 경우 이를 유죄의 증거로 삼거나 이를 이유로 처벌할 수 없다고 명시하고 있다.

ⓒ 신체 자유의 한계 · 제한의 한계

ⓐ **한계 :** 신체의 자유도 절대적 · 무제약적으로 보장되지는 않는다(상대적 권리). 그러므로 타인의 권리를 침해하거나 도덕률에 위반하거나 헌법질서에 위배될 수 없다. 헌법유보 및 법률유보에 의한 제한도 가능하다.

ⓑ **제한의 한계 :** 국가안전보장, 질서유지, 공공복리를 위하여 필요한 경우에는 법률에 따라 제한할 수 있다. 제약하는 경우에도 신체 자유의 본질적 내용은 침해할 수 없다. 즉, 기본권 제한의 일반원칙인 보충성의 원칙, 최소한 제한의 원칙, 비례의 원칙 등은 준수되어야 한다.

ⓚ **신체 자유의 침해와 구제 :** 신체의 자유가 국가권력에 의해 침해된 경우에 피해자에게는 형사보상청구권, 국가배상청구권, 재판청구권에 의한 구제수단이 인정되고, 신체의 자유가 사인에 의해 침해된 경우에도 국가권력에 의한 구제를 요구할 수 있다.

③ 사생활에 관한 자유권

ⓖ 사생활의 비밀과 자유

ⓐ **주체 :** 사생활 비밀의 자유는 인간의 자유를 의미하므로 내 · 외국인을 불문하며 사자(死者)는 주체가 될 수 없다. 다만, 역사적 존재로서의 사자(死者)의 인격적 가치는 보호되며 법인 등 단체의 경우에도 주체가 될 수 없다.

ⓑ **내용 :** 사생활의 비밀은 사생활을 공개하지 아니할 권리로서 비밀영역 또는 인격적 영역의 불가침을 그 내용으로 한다.

ⓒ 한계와 제한

- 한계 : 타인의 권리를 침해해서는 안 되며, 사회질서나 헌법질서에 위배되어서도 안 된다.
- 제한 : 제37조 제2항에 따라 필요한 경우 법률로써 제한할 수 있다.

㉡ 주거의 자유와 거주 · 이전의 자유

ⓐ **헌법규정** : 헌법은 "모든 국민은 주거의 자유를 침해받지 아니한다. 주거에 대한 압수나 수색을 할 때에는 검사의 신청에 의하여 법관이 발부한 영장을 제시하여야 한다."고 규정하고 있다.

ⓑ **내용** : 개인의 주거를 공권력에 의한 자의적인 침해로부터 보호하는 것을 내용으로 한다.

ⓒ 거주 · 이전의 자유

- 의의 : 인간존재의 본질적 자유로서 정신적 · 경제적 자유권과 밀접한 관련을 가지고 있다. 거주 · 이전의 자유라 함은 자기가 희망하는 곳에 주소 또는 거소를 정하고 또는 그곳으로부터 이전할 자유 및 자기의 뜻에 반하여 거주지를 옮기지 아니할 자유를 말한다.
- 주체 : 거주 · 이전의 자유의 주체는 국민과 법인이므로 외국인에 대해서는 원칙적으로 보장되지 않는다.
- 내용 : 거주 · 이전의 자유에는 국내거주 · 이전의 자유, 국외이주의 자유, 해외여행의 자유, 귀국의 자유, 국적이탈의 자유가 포함되나, 무국적의 자유까지 보장하는 것은 아니다.
- 제한 : 국가안전보장, 질서유지 또는 공공복리를 위하여 법률에 의한 제한을 할 수 있다.

㉢ **통신의 자유** : 통신의 자유는 통신, 전화, 전신 등의 수단에 의하여 의사나 정보를 전달 또는 교환하는 경우에 그 내용이 공권력에 의하여 침해당하지 아니하는 자유로, 자연인은 물론 법인과 외국인도 그 주체가 되며, 국가안전보장, 질서유지, 공공복리를 위해 필요한 때에는 법률로 제한할 수 있다

④ 정신적 자유권

㉠ 정신적 · 사회적 활동의 자유

ⓐ **의의** : 정신적 자유는 사상의 형성과 그 전달, 양심과 신앙의 유지, 학문의 연구 등 그 성격상 인간존엄의 유지 및 민주주의 체제의 존립을 위한 기본요건으로, 그 주체는 자연인과 법인이다.

ⓑ **내용** : 양심의 자유, 종교의 자유, 언론 · 출판의 자유와 집회 · 결사의 자유, 학문과 예술의 자유 등이 포함된다.

㉡ 종교의 자유

ⓐ **의의** : 종교의 자유라 함은 자기가 원하는 종교를 선택하고, 자기가 원하는 방법에 의하여 종교활동을 할 수 있는 자유를 의미하는 것으로, 자연인(외국인 포함)만이 그 주체가 된다.

ⓑ **성격** : 종교의 자유는 인간의 정신적 자유의 일종으로서 다른 경제적 자유에 비해 고도의 보장을 받는다.

ⓒ **내용** : 신앙의 자유, 종교적 행위의 자유, 종교적 집회 · 결사의 자유

ⓓ 한계와 제한

- 한계 : 내심의 작용을 의미하는 절대적 자유권인 신앙의 자유를 제외하고 종교적 행사의 자유, 종교적 집회 · 결사의 자유, 선교의 자유 등은 외부에 나타나는 상대적 자유권이므로 헌법유보나 법률유보에 의해서 제한할 수 있다.
- 제한 : 종교의 자유를 제한하더라도 그 본질적 내용은 침해할 수 없고 이익형량을 하여야 하며, 과잉금지의 원칙에 반해서는 안 된다.

㉢ 언론 · 출판의 자유

ⓐ **의의** : 언론 · 출판의 자유라 함은 사상 또는 의견을 언어, 도형, 문자 등으로 불특정 다수인에게 발표하는 자유를 말하는 것으로 이는 자연인의 권리이므로 개인뿐만 아니라 법인에게도 보장되며 인간의 권리이기 때문에 외국인에게도 보장된다.

ⓑ **내용**

- 의사 · 의견의 표명과 전파의 자유 : 사상이나 의견을 외부에 표현하는 자유로서 보도의 자유를 포함한다.
- 알 권리 : 일반대중이 각종 정보수집의 수단을 통하여 표현된 의사나 사상을 받아들이는 자유이다.
- 액세스권(Access Right) : 일반국민이 자신의 사상이나 의견을 발표하기 위하여 언론매체에 자유로이 접근하여 그것을 이용할 수 있는 권리이다.
- 반론권 : 신문, 방송 등 매스미디어의 기사에 의해 비판, 공격 기타 피해를 받은 자가 이에 대한 반론을 게재 또는 방송하도록 당해 언론사에 요구할 수 있는 권리이다.

㉣ 집회 · 결사의 자유

ⓐ **의의** : 다수인이 공동의 목적을 가지고 회합 또는 결합하는 자유를 말한다.

ⓑ **언론 · 출판의 자유와의 관계** : 양자 공통으로 표현의 자유의 범주에 해당하나, 언론 · 출판의 자유는 개인적 성격을 가진 데 비하여 집회 · 결사의 자유는 집단적 성격을 가진다. 또한 집회 · 결사의 자유는 언론 · 출판의 자유를 보충해주는 성질도 갖는다.

ⓒ **집회의 자유** : '집회'는 다수인이 공동의 목적을 가지고 일정장소에서 일시에 집합하는 행위를 말한다. 집회의 자유는 자연인과 법인이 모두 그 주체가 될 수 있으며 외국인의 경우는 제한될 수도 있다. 또한 집회의 자유에 대한 사전허가제는 원칙적으로 허용되지 않는다.

ⓓ **결사의 자유** : 공통의 목적을 가진 다수인이 자발적으로 계속적인 단체를 조직할 수 있는 자유를 말하며 민주적 기본질서의 본질적 요소인 여론형성의 기본적 전제가 되는 권리이다. 결사의 자유의 주체는 모든 인간이므로 법인도 주체성을 가지나 외국인은 제한되며, 결사의 자유에 대한 허가제는 금지되고 그 본질적 내용은 어떠한 경우에도 제한할 수 없다.

㉤ 학문과 예술의 자유

ⓐ **학문의 자유** : 학문의 자유는 학문적 활동에 관하여 간섭이나 방해를 받지 아니하는 자유를 말하는 것으로, 모든 국민에게 보장되는 기본적 인권이므로 외국인도 학문의 주체가 될 수 있으며, 대학이나 단체도 주체가 될 수 있다. 학문의 자유 중 학문연구의 자유는 절대적으로 보장되나, 연구결과를 발표하고 교수하고 연구발표를 위한 집회 · 결사의 경우에는 질서유지 또는 공공복리를 위하여 법률로써 제한이 가능하며, 제한하는 경우에도 본질적 내용을 침해하여서는 안 된다.

ⓑ **예술의 자유** : 예술의 자유는 인간의 미적인 감각세계 내지는 창조적인 경험세계의 표현 형태에 관한 기본권으로, 예술단체와 같은 법인도 그 주체가 될 수 있다. 예술의 자유에 대한 제한과 한계는 본질적으로 학문의 자유에 대한 것과 비슷하나 대중성, 오락성 때문에 그 제한이 강해질 수도 있다.

⑤ **경제적 자유권**

㉠ 서설

ⓐ **헌법의 규정** : 우리 헌법에서는 인간의 존엄과 가치를 경제생활영역에서 실현시키고 경제적으로도 인간다운 생활을 영위하고 국민경제활동을 보호하기 위하여 거주 · 이전의 자유, 직업선택의 자유, 재산권 보장 등의 기본권을 규정하고 있다.

ⓑ **재산권의 보장** : 재산권의 주체는 모든 국민이며, 자연인은 물론 법인도 그 주체가 되나 외국인은 많은 제한이 따른다. 재산권의 경우 국가안전보장, 질서유지, 공공복리, 공공필요에 의하여 제한될 수 있으며, 공공필요에 의하여 수용 · 사용 · 제한을 받은 경우에는 손실보상을 청구할 수 있다.

㉡ **직업선택의 자유** : 직업선택의 자유는 자신의 원하는 직업을 자유로이 선택하고 자기가 선택한 직업에 종사하여 이를 영위하고 언제든지 임의로 그것을 전환할 수 있는 자유를 말하며 직업결정의 자유, 직업종사의 자유, 직업이탈의 자유, 전직의 자유 등이 이에 포함된다.

㉢ 소비자의 권리

ⓐ **의의** : 소비자가 그들의 인간다운 생활을 영위하기 위하여 공정한 가격으로 양질의 상품 또는 용역을 적절한 유통구조를 통하여 구입 · 사용할 수 있는 권리를 말하는 것으로 상품 또는 서비스를 최종적으로 구입 · 사용하는 모든 소비자가 그 주체가 되며 외국인과 법인도 포함된다.

ⓑ **내용** : 안전할 권리, 알권리 , 자유롭게 선택할 권리, 의견을 반영시킬 권리, 신속하고 정확하게 보상을 받을 권리, 소비자교육을 받을 권리, 소비자운동을 할 권리, 안전하고 쾌적한 소비생활환경에서 소비할 권리 등이 이에 해당된다.

3 정치적 기본권

① **의의**

㉠ **개념** : 좁은 의미의 정치적 기본권은 전통적인 참정권만을 의미하는 것으로 국민이 국가기관의 구성원으로서 국정에 참여하는 권리를 말하며 넓은 의미의 정치적 기본권은 참정권뿐만 아니라 국민이 정치적인 사상 또는 의견을 자유로이 표명하고 국가의 의사형성에 협력하는 권리를 포괄하는 의미이다.

㉡ **내용 및 제한** : 이 자유의 주체는 내국인에 한하며 이에는 투표의 자유, 공직선거입후보의 자유, 선거운동의 자유와 선거불참운동의 자유 및 국민투표에 대한 찬성, 반대 또는 불참의 자유가 포함된다. 정치적 기본권은 제37조 제2항에 의해 법률로 제한할 수 있으나 그 본질적 내용은 제한할 수 없고 과잉금지의 원칙에 반해서는 안 된다.

② **참정권**

㉠ **의의** : 국민이 국가기관의 구성원으로서 공무에 참여하는 민주정치에 필수불가결한 민주적 · 정치적 권리로, 현대민주정치에서 중요한 존재이유를 갖는다.

㉡ **주체** : 참정권은 국가 내적인 실정법상의 권리이므로 국민만이 그 주체가 되며 외국인은 제외된다.

㉢ **내용**

ⓐ **직접참정권** : 국민이 국가의 의사형성에 직접 참여할 수 있는 권리로, 국민발언권, 국민표결권, 국민해임권이 이에 해당한다.

ⓑ **간접참정권** : 국민이 국가기관의 구성에 참여하거나 국가기관의 구성원으로 선임될 수 있는 권리로, 선거권과 공무담임권이 이에 해당한다.

4 청구권적 기본권

① **의의 및 성질** … 국가에 대하여 일정한 행위를 적극적으로 청구할 수 있는 국민의 주관적 공권을 말하는 것으로, 국가에 대하여 요구하는 적극적 성질의 기본권으로서 국가적 행위나 급부를 청구함을 내용으로 한다.

② **청원권**

㉠ **의의** : 국가기관에 대하여 일정한 사항에 관한 의견개진권을 청원권이라고 하며, 국가는 청원에 대하여 심사할 의무를 진다〈헌법 제26조 제2항〉. 청원권은 국가기관에 대하여 일정한 행위를 요구할 수 있는 주관적 공권으로서, 청구권적 기본권의 하나이다.

㉡ **주체** : 헌법은 청원권의 주체에 대해 국민이라고 하고 있으나 외국인에게도 인정되고 자연인뿐만 아니라 법인에게도 인정된다.

㉢ **내용** : 국민의 공권력과의 관계에서 일어나는 여러 가지 이해관계 또는 국정에 관하여 국가기관에 문서로써 의견이나 희망을 진술할 수 있는 권리를 그 내용으로 하며, 같은 내용의 청원을 같은 기관에 되풀이하는 것은 허용되지 않는다. 또한 청원권을 제한하는 경우, 그 제한은 합당한 사유와 적당한 방법 그리고 최소한도로 이루어져야 한다.

㉣ **방법** : 문서주의가 적용되며, 국회나 지방의회에 제출할 때에는 의원의 소개를 얻어서 청원서를 제출하여야 한다〈국회법 제123조〉.

TIP

청원사항

청원은 다음의 어느 하나에 해당하는 경우에 한하여 할 수 있다.

㉠ 피해의 구제
㉡ 공무원의 위법 · 부당한 행위에 대한 시정이나 징계의 요구
㉢ 법률 · 명령 · 조례 · 규칙 등의 제정 · 개정 또는 폐지
㉣ 공공의 제도 또는 시설의 운영
㉤ 그 밖에 국가기관 등의 권한에 속하는 사항

③ **재판청구권과 형사보상청구권**

㉠ **재판청구권** : 독립된 법원에 의한 적정 · 공평 · 신속 · 경제적인 재판을 청구할 수 있는 권리를 말하는 것으로, 자유와 권리의 주체가 될 수 있는 한 누구나 재판을 받을 권리의 주체가 된다.

㉡ **형사보상청구권** : 형사피의자 또는 형사피고인으로서 구금되었던 자가 법률에 정한 불기소처분을 받거나 공판결과 확정판결에 의하여 무죄를 선고받은 경우에 그가 입은 물질상 · 정신상의 손실에 대하여 정당한 보상을 청구할 수 있는 권리이다.

④ **국가배상청구권과 범죄피해자구조청구권**

㉠ **국가배상청구권** : 국가배상청구권은 공무원의 직무상 불법행위로 손해를 입은 자가 국가 또는 공공단체에 대하여 배상을 청구할 수 있는 권리로, 국가 내적 기본권으로서 내국인(자연인 및 법인)만이 주체가 된다.

㉡ **범죄피해자구조청구권** : 타인의 범죄행위로 말미암아 생명 · 신체에 피해를 입은 국민이 국가에 대하여 유족구조 또는 장해구조를 청구할 수 있는 권리를 말한다.

5 생존권적 기본권

① **서설**

㉠ **의의** : 생활에 필요한 제반조건을 국가권력이 적극적으로 관여하여 확보해 줄 것을 요청할 수 있는 권리를 말하며 생존권, 사회권, 사회권적 기본권으로 불리기도 한다.

㉡ **구성** : 생존권적 기본권은 인간다운 생활을 할 권리를 목적조항으로 하고 그 밖의 사회보장수급권, 교육을 받을 권리, 근로의 권리, 근로3권, 환경권, 보건권 등을 그 수단조항으로 하고 있다.

② **인간다운 생활을 할 권리와 교육을 받을 권리**

㉠ 인간다운 생활을 할 권리

ⓐ **의의** : 인간다운 생활을 할 권리는 인간의 존엄성에 상응하는 건강하고 문화적인 생활을 할 권리로서, 바이마르헌법에서 최초로 규정되었다.

ⓑ **주체** : 국민만이 주체가 되고, 외국인과 법인에게는 보장되지 않는다.

㉡ 교육을 받을 권리

ⓐ **의의** : 좁은 의미의 교육을 받을 권리는 교육을 받는 것을 국가로부터 방해받지 아니하고 교육을 받을 수 있도록 국가가 적극적으로 배려하여 주도록 요구하는 권리이고, 넓은 의미의 교육을 받을 권리는 개개인이 능력에 따라 균등하게 교육을 받을 수 있는 수학권뿐만 아니라 학부모가 그 보호 하에 있는 자녀에게 적절한 교육의 기회를 제공하여 주도록 요구할 수 있는 교육기회 제공 청구권까지 포괄하는 개념이다.

ⓑ **주체** : 국민만이 주체가 되고 외국인 · 법인에게는 보장되지 아니한다.

ⓒ **내용** : 능력에 따라 교육을 받을 권리, 균등하게 교육을 받을 권리 등

③ 근로의 권리와 근로3권

㉠ 근로의 권리

ⓐ **의의** : 근로자가 자신의 의사·능력에 따라 근로의 종류, 내용 등을 선택하고 가장 유리한 조건으로 노동력을 제공함으로써 얻는 대가로 생존을 유지하며 타인의 방해를 받지 않고 이러한 고용관계를 계속할 권리를 말한다.

ⓑ **주체** : 근로의 권리는 국민의 권리이므로 외국인과 법인의 경우에는 주체성이 인정되지 아니한다.

ⓒ **효력 및 제한**

- 효력 : 근로의 권리는 대국가적 효력뿐만 아니라 대사인 간에도 적용된다. 국가는 사회적·경제적 방법으로 근로자의 고용증진과 적정임금의 보장에 노력하여야 하며, 법률이 정하는 바에 의하여 최저임금제를 시행하여야 한다. 국가는 사회보장적인 실업보험제도, 연금제도를 위한 법률을 제정하지 않으면 안 된다.
- 제한 : 근로의 권리가 법률에 의하여 현실적인 권리가 되면 그때부터 국가안전보장·질서유지·공공복리를 위하여 법률로써 제한할 수 있다.

㉡ 근로3권

ⓐ **의의** : 근로자들이 그들의 인간다운 생활을 확보하기 위한 구체적인 방법으로 근로조건의 향상을 위하여 자유로이 단결하고 단체의 이름으로 교섭하며, 그 교섭이 원만하게 이루어지지 아니할 경우에 단체행동을 할 수 있는 권리를 말한다.

ⓑ **주체** : 근로3권은 사용자를 제외한 근로자가 그 주체이고, '근로자'는 직업의 종류를 불문하고 임금, 급료 기타 이에 준하는 수입에 의하여 생활하는 자이다. 현행 공무원 관계법률은 공무원에 대하여 원칙적으로 노동운동을 위한 집단행위를 금지하고 있으나 권리의 성질상 단순한 노무를 제공하는 공무원인 근로자에게만 근로3권을 인정한다.

ⓒ **내용**

- 단결권 : 근로조건의 유지·개선을 목적으로 사용자와 대등한 교섭력을 가지기 위하여 단체를 결성할 권리이다.
- 단체교섭권 : 근로자가 단결권을 행사하여 사용자와 노동조건 등에 관하여 자주적으로 교섭하는 권리이다.
- 단체행동권 : 노동쟁의가 발생한 경우에 쟁의행위를 할 수 있는 권리이다.

ⓓ **제한 및 한계** : 근로3권의 제한으로는 공무원인 근로자의 근로3권의 제한, 방위산업체 등에 종사하는 근로자의 단체행동권의 제한, 국가긴급재정명령·처분 및 긴급명령이나 비상계엄 등에 의한 예외적인 근로3권의 제한이 있다. 제한을 하는 경우에는 노동기본권의 제한은 최소한도에 그쳐야 하며 국가나 공공단체, 사기업에서는 근로3권을 부인하거나 근로3권의 본질적 내용을 침해해서는 안 된다.

④ 환경권과 보건권 및 모성보호권

㉠ 환경권 : 깨끗한 환경에서 쾌적하고 건강한 생활을 누릴 수 있는 권리를 말한다. 좁은 의미에서는 건강을 훼손당하거나 훼손당할 위험에 있는 자가 책임있는 제3자나 공권력에 대하여 그 원인을 예방 또는 제거하여 주도록 요구할 수 있는 권리를 말하며, 넓은 의미에서는 협의의 환경권은 물론이고 청정한 환경에서 건강하고 쾌적한 생활을 누릴 수 있는 권리까지도 그 내용으로 한다. 자연인만이 주체가 되고 법인은 포함되지 않는다.

㉡ 보건권 : 국민의 건강유지를 위하여 필요한 국가적 급부와 배려를 요구할 수 있는 권리를 의미하는 것으로, 자연인인 국민만이 그 주체가 되고 법인은 제외된다. 보건의 대상은 모든 국민이며 구체적으로 국가가 국민의 건강을 침해하여서는 안된다는 소극적인 의미뿐만 아니라 적극적으로 국민보건을 위하여 필요한 정책을 시행하여야 할 의무도 포함한다.

㉢ 모성보호권 : 헌법 제36조 제2항은 "국가는 모성의 보호를 위하여 노력해야 한다."고 규정하고 있는데 이는 직접적으로는 모성보호를 위한 국가의 노력의무를 규정한 것이고 이에 상응하여 국민은 모성을 보호받을 권리를 가지게 된다. 또한 모성보호는 단지 모성의 건강뿐만 아니라 모성이 제2세 국민을 생산 · 양육하기에 필요한 사회적 · 경제적 여건의 조성을 그 내용으로 하며 구체적으로는 모성의 건강에 대한 특별한 보호, 모성으로 인한 불이익의 금지 등이 있다.

6 국민의 의무

① 서설

㉠ 개념 : 국민의 통치대상으로서의 지위에서 부담하는 여러 가지 의무 중에서 특히 헌법이 규정하고 있는 기본적인 의무를 의미한다.

㉡ 헌법의 규정 : 헌법은 고전적 기본의무로 납세의무, 국방의무 외에 20세기적 의무인 재산권제도의 공공복리적합의무, 교육의 의무, 근로의 의무, 환경보존의 의무 등을 규정하고 있다.

② 고전적 의무

㉠ 납세의 의무 : 국가의 통치활동에 필요한 경비를 충당하기 위하여 국민이 조세를 납부하는 의무를 말하는 것으로, 조세는 명칭 여하를 불문하고 국가 또는 지방자치단체가 재력의 취득을 위해 과세권에 의하여 일반국민에게 강제부과 · 징수하는 금전부담을 말한다. 조세의 주체는 자연인과 법인을 포함한 국민이며 외국인의 경우에는 국내에 재산을 가지고 있거나 조세대상행위를 하는 경우에 납세의무가 부과된다.

㉡ 국방의 의무 : 외국 또는 외적의 침입으로부터 국가의 독립을 유지하고 영토를 보전하기 위한 국토방위의 의무를 말하는 것으로 헌법에서 국방법률주의, 병역의무, 불이익처우금지에 관하여 규정하고 있으며, 대한민국 국민만이 그 주체가 될 수 있고 다만, 연령에 따라 그 범위가 제한된다.

③ **현대적 의무**

㉠ 교육을 받게 할 의무

ⓐ 친권자 또는 후견인이 자녀로 하여금 초등교육과 법률이 정하는 교육을 받도록 할 의무, 이른바 취학시킬 의무를 말하는 것으로 우리나라 국민으로 교육을 받아야 할 자녀, 즉 학령아동을 가진 친권자 또는 후견인이 그 주체이다.

ⓑ 의무교육의 대상은 교육기본법에 따라 현재 6년의 초등교육과 3년의 중등교육을 규정하고 있다.

㉡ 근로의 의무 : 국민이 노동함으로써 국가의 이익을 증대시키는 데 이바지하여야 할 의무를 말하는 것으로, '근로'란 육체적 노동이나 정신적 노동을 포함한다.

㉢ 환경보전의 의무 : 헌법은 "국민은 환경보전을 위하여 노력하여야 한다."라고 하여 환경보전의무를 규정하고 있는데, 환경보전의 의무는 인류의 의무이기 때문에 내 · 외국인, 법인 모두가 그 주체가 되고 환경을 오염시키지 않을 의무, 공해방지시설을 할 의무 등이 이에 해당한다.

㉣ 재산권 행사의 공공복리 적합의무 : 헌법은 "재산권의 행사는 공공복리에 적합하게 행사하여야 한다."라고 규정하고 있는데, 이는 재산권의 사회적 의무성을 규정한 것으로 단체주의적 내지 사회적 법치국가상이 헌법에 반영된 것이다.

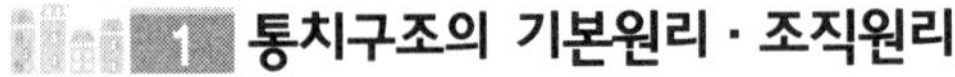

5 통치구조의 원리와 형태

1 통치구조의 기본원리 · 조직원리

① **국민주권주의**

㉠ 의의 : 국가의사를 최종적 · 전반적으로 결정할 수 있는 최고 권력의 담당자가 국민이라고 하는 주권재민의 원칙을 말한다.

㉡ 국민의 범위와 성질

ⓐ 범위 : 국민주권이라 할 때의 국민은 비유권자를 포함한 한국 국적을 가진 모든 국민의 정치적 · 이념적 통일체를 의미한다.

ⓑ 법적 성격 : 국민주권주의는 자유민주주의를 표방하는 우리 헌법의 최고규범 중 하나이며, 통치작용의 정당성을 국민에게 두고 국민이 통치작용에 참여하여야 한다는 내용으로서 헌법질서의 출발점이 되는 원리이므로 단순한 정치적인 선언의 수준이 아니고 법규범성을 지닌다.

ⓒ 헌법의 규정 : 헌법은 제1조 제2항에서 "대한민국의 주권은 국민에게 있고, 모든 권력은 국민으로부터 나온다."라고 하여 주권이 이념적 통일체로서의 국민전체에게 귀속된다는 국민주권의 원리를 선언하고 있다.

② **대의제와 권력분립주의 및 법치주의**

㉠ **대의제** : 주권자인 국민이 그들의 대표자를 선출하여 국민을 대신하여 국가의사를 결정하게 하는 제도를 말한다. 대의제의 내용은 정부형태에 따라 차이가 있지만 국민에 의하여 선출된 국민의 대표기관인 의회가 국가의사의 결정에 있어 중추적인 역할을 담당하는 의회주의를 핵심내용으로 한다.

㉡ **직접민주제** : 국민주권의 원리를 완벽하게 실현하기 위하여 국민이 직접 통치하는 방식을 의미한다. 현대형 대의제는 고전적인 정태적 형태가 아닌 직접민주제적인 요소가 가미된 형태이다.

TIP

직접민주제의 구현

국민투표, 국민발안, 국민소환제도가 있으나 현행 헌법은 국민발안제와 국민소환제를 인정하지 않고 있다.

㉠ **국민투표** : 중요한 법안이나 정책을 국민투표로서 결정하는 방식이다.

㉡ **국민발안** : 일정수의 국민이 법안이나 그 밖의 의안을 제안할 수 있는 제도이다.

㉢ **국민소환** : 국민의 의사로서 임기 전의 공직자를 파면시키는 제도이다.

㉢ 권력분립주의

ⓐ **의의** : 국가의 통치권을 입법 · 행정 · 사법이라는 작용으로 구분하고 그 작용을 각각 입법부 · 사법부 · 행정부로 나누어 담당하게 하여 상호 견제하게 함으로써 국민의 자유와 권리를 보장하려는 자유주의적 정치조직원리를 말한다.

ⓑ **권력분립제의 위기** : 20세기에 들어오자, 권력분립의 배경이 된 개인주의와 자유주의사조가 퇴조하기 시작하였고 이에 따라 입헌주의와 의회민주주의가 위기에 처하게 되었다. 그 결과 권력분립의 원리가 동요하게 되었는데, 위기의 원인으로는 보통 다음과 같은 이유를 들고 있다.

- 국민주권에 대한 도전
- 정당국가에서의 문제, 즉 정당정치에 의한 권력의 통합
- 복지국가의 등장
- 위헌법률심사제로 인한 사법국가화
- 행정입법의 증대와 처분적 법률의 출현
- 사회적 이익단체의 출현과 그 영향력의 증가

㉣ 법치주의

ⓐ **의의** : 모든 국가기관은 국민의 자유와 권리를 제한하거나 국민에게 새로운 의무를 부과하려 할 때에는 반드시 의회가 제정한 법률에 의하거나 그에 근거가 있어야 한다는 원리를 말한다.

ⓑ **기능** : 법치주의는 적극적으로 국가권력발동의 근거로서의 기능을 하며, 소극적으로는 국가권력을 제한 · 통제하는 기능을 한다.

ⓒ **법치주의의 구성요소** : 법치주의의 최소한의 구성요소로서 성문헌법주의, 기본권과 적법절차의 보장, 권력분립주의, 행정부에 대한 포괄적 위임입법의 금지, 행정의 합법률성과 행정의 사법적 통제, 위헌법률심사제의 채택, 국가권력행사의 예측가능성 보장, 신뢰보호의 원칙 등을 들 수 있다.

ⓓ 현대의 법치주의와 우리 헌법

- 현대의 법치주의 : 현대의 사회적 법치국가에서는 분배의 원리와 사회복지, 사회보장의 원리에 입각하여 국가가 적극적으로 개입하게 되었다.
- 우리 헌법상의 법치주의 : 우리나라는 통치의 단순한 형식적 합법성은 물론 통치의 내용과 목적의 정당성까지 요구하는 실질적 법치주의 및 사회정의와 국민복지실천을 위한 복지국가원리를 흡수한 사회적 법치주의를 채택하고 있다.

ⓔ 법치주의의 예외 : 긴급재정 · 경제명령, 처분권 및 긴급명령권, 계엄의 선포, 특별권력관계

2 정부의 형태

① 정부형태 일반

㉠ 의의 : 정부형태란 국가권력과 국가기능이 입법부 · 집행부 · 사법부에 어떻게 배분되고, 입법부 · 집행부 · 사법부는 배분된 국가권력과 국가기능을 어떻게 행사하며, 이들 기관의 상호관계는 어떠한가 하는 것을 의미한다.

㉡ 정부형태의 기본적 유형

ⓐ 권력분산형 : 대통령제, 의원내각제(입헌주의적 정부형태)

ⓑ 권력통합형 : 의회정부제(인민회의제), 독재제, 전체주의적 정부형태, 권위주의제, 절대군주제, 권위주의적(전제주의적 정부형) 신대통령제

② 의원내각제와 대통령제

㉠ 의원내각제

ⓐ 의의 : 행정부가 대통령과 국무총리로 구성되며, 행정부와 입법부가 공화 · 협력관계를 유지하여 행정부를 민주적으로 통제할 수 있는 정부형태를 말한다.

ⓑ 의원내각제의 장점

- 입법부와 행정부의 협조에 의해 신속한 국정처리가 가능하다.
- 능률적이고 적극적인 국정수행이 가능하다.
- 행정부가 입법부에 책임을 지기 때문에 책임정치가 가능하다.
- 유능한 인재기용이 가능하다.
- 입법부와 행정부의 협조로 2위 1체가 되어 강력한 정치가 가능하다.

ⓒ 의원내각제의 단점

- 정당독점정치 우려가 있다.
- 군소정당의 난립으로 정국불안정의 우려가 있다.
- 입법부가 정권획득을 위한 장소가 될 우려가 있다.
- 내각이 연명을 위하여 의회의사에 구애받지 아니하는 강력한 정치를 추진할 수 없다.

ⓓ 의원내각제의 기본원리

- 집행부의 이원적 구조 : 집행부는 대통령과 내각으로 구성되며, 대통령은 명목상의 원수이고 집행실권은 수상이 가진다.

- 내각불신임권과 의회해산권에 의한 권력의 균형 : 의회와 정부는 법적으로 분리 · 독립되어 있으나, 정부는 의회에 대해 연대책임을 지게 되고, 동시에 의회해산권을 가지고 의회의 불신임권에 대항하여 의회를 견제할 수 있다.
- 입법부와 집행부 간의 공화와 협조 : 정부는 의회의 다수당에 의해 구성되고 정부가 의회에 의해 성립되는 결과로서 그 존속까지도 의회에 의존한다.

㉡ 대통령제

ⓐ 의의 : 권력분립이 엄격히 행해지고 권력기관 상호 간의 독립이 보장되어 대통령이 독립하여 행정권을 행사하는 정부형태를 말한다.

ⓑ 특징

- 행정부의 독립 : 행정부수반인 대통령이 민선되고 의회에 대해 정치적 책임을 지지 아니하며, 의회도 행정부 불신임권을 가지지 못한다.
- 행정부의 일원화 : 행정부가 일원화되어 있고 국가원수로서의 지위와 행정부수반으로서의 지위가 대통령 1인에게 통합되어 있다.
- 겸직의 금지(기능상의 독립) : 엄격한 권력분립주의이기 때문에 대통령과 각부 장관은 의원을 겸직할 수 없음이 원칙이다.
- 견제와 균형 : 의회는 조약의 비준과 고급공무원 임명에 대한 동의권, 예산심의의결권, 탄핵소추권(하원), 탄핵심판권(상원) 등을 가지고 대통령을 견제하며, 대통령은 법률안거부권, 법률공포권, 예산안제출권 등을 가지고 의회를 견제한다.

ⓒ 대통령제의 장점과 단점

- 장점 : 정국의 안정, 국회의 졸속 입법방지, 다수당의 압제 방지, 소수자의 이익 보호
- 단점 : 독재화, 통일적 국정수행 방해, 행정부와 의회의 대립시 쿠데타 유발 우려, 국민의 정치적 훈련기회가 의원내각제보다 적다.

TIP

대통령제와 의원내각제의 비교

㉠ 공통점 : 양자는 동일한 역사적 배경, 동일한 이론적 기반, 동일한 헌법적 조건 등을 갖는 점에서 공통적이다.

㉡ 차이점

- 의원내각제는 권력분립이 완화되어 입법부와 집행부가 공화적 · 협동적이다.
- 집행부의 구조가 상이하다. 의원내각제는 대통령과 내각의 이원적 구성이다.
- 입법부와 행정부의 기본관계가 다르다. 대통령제는 상호독립의 원리가 지배하나, 의원내각제는 상호의존의 원리가 지배한다.
- 정치적 책임추궁이 상이하다. 대통령제에서는 정치적 책임추궁이 곤란하나, 의원내각제에서는 행정권이 분산되어 있기 때문에 수상에 대한 정치적 책임추궁이 용이하다.
- 본질적 차이는 대통령제는 의회가 내각을 불신임할 수 없으며, 행정부가 의회를 해산시킬 수 없다는 점이다.

③ 이원정부제

㉠ 의의 : 위기에 있어서는 대통령이 행정권을 전적으로 행사하나, 평상시에 있어서는 내각 수상이 행정권을 행사하는 의원내각제와 대통령제를 결합한 제도를 말한다.

㉡ 특색

ⓐ **대통령의 지위** : 대통령은 의회에서 독립하여 있고 국민에게서 직접 선거되며, 의회에 대하여 책임을 지지 않는다.

ⓑ **내각의 지위** : 내각은 의회에 대하여 책임을 지고, 의회는 내각에 대해 불신임권을 가진다.

ⓒ **대통령 · 수상의 지위** : 대통령은 국가긴급 시에 수상과 국무위원의 부서가 없어도 행정권을 행사할 수 있고 수상을 해임할 수 있으며 국무회의를 주재한다.

㉢ 이원정부제의 장점 및 단점

ⓐ 장점

- 평상시에는 입법부와 행정부의 대립에서 오는 마찰을 피할 수 있다.
- 국가위기 시에는 신속하고 안정된 통치를 할 수 있다.

ⓑ 단점

- 대통령이 국가긴급권을 가지고 있으나, 내각과 의회의 이에 대한 견제권이 약하기 때문에 대통령의 독재화의 우려가 있다.
- 국민주권주의에 충실하지 못할 우려가 있고 국민여론을 외면한 행정이 되기 쉽다.

④ 현행 헌법의 특징

㉠ 대통령제적 요소

ⓐ 대통령은 국가의 원수인 동시에 행정부의 수반이다〈제66조〉.

ⓑ 국민이 직접선출한다〈제67조 제1항〉.

ⓒ 임기는 5년〈제70조〉이고, 탄핵결정에 의하지 아니하고는 면직되지 아니한다〈제65조〉.

ⓓ 국회에 대하여 책임을 지지 아니한다.

ⓔ 법률안거부권을 가지며, 대법원장, 대법관의 임명권을 가진다.

㉡ 의원내각제적 요소

ⓐ 국무총리제 및 국무총리 임명에 국회의 동의를 요한다〈제86조 제1항〉.

ⓑ 국무총리에게 행정 각부 통할권이 인정되며〈제86조 제2항〉, 국무위원의 임명을 대통령에게 제청 · 해임건의할 수 있다〈제87조 제1항, 제3항〉.

ⓒ 국무총리와 관계 국무위원의 부서가 있어야 한다〈제82조〉.

ⓓ 정부의 법률안제출권이 인정된다〈제52조〉.

ⓔ 국무총리, 국무위원, 정부위원의 국회출석 · 발언권이 인정되어 있다〈제62조 제1항, 제2항〉.

ⓕ 국회의원과 국무위원은 겸직이 허용된다〈국회법 제29조〉.

6 통치구조

1 국가기관으로서의 국민

① 헌법상 지위

㉠ 개념 : 선거권자, 투표권자의 전체로서 구성되는 유권자집단을 의미하는데, 유권자집단은 선거권자 또는 투표권자의 전체로써 구성되는 조직체를 말한다.

㉡ 범위 : 국가기관으로서의 국민은 선거권과 투표권을 가진 자연인, 즉 국민의 총체이다.

㉢ 법적 성질

ⓐ 국가기관으로서의 국민은 선거권자의 총체로서 합성기관을 구성하고, 그 기관성은 선거인단 또는 투표인단으로서의 성격을 가지며, 개개의 국민은 그 부분기관을 구성한다.

ⓑ 특별한 행위 없이 법률의 규정에 의해 당연히 국가기관으로서의 지위를 가진다.

ⓒ 자기를 위해 직접 행동하는 1차 기관에 해당한다.

② 지위의 인정 여부와 구성

㉠ 국가기관으로서의 국민의 지위인정 여부

ⓐ 부정설 : 참정권에서 유래한다고 보고 국가기관으로서의 국민의 지위를 부정한다.

ⓑ 긍정설(통설) : 참정권이 오히려 국가기관으로서의 국민의 지위에서 유래한다하여 이 지위를 인정한다.

㉡ 구성 : 국가기관으로서의 국민은 헌법과 법률이 정한 바에 따라 선거권을 가진 자연인인 국민의 집단을 말하며, 법인 · 외국인은 제외된다.

2 입법부

① **의회제도** … 의회제도란 국민에 의하여 선출되는 의원들로 구성되는 합의체의 국가기관을 말하고, 의회를 중심으로 하여 국정이 운영되는 정치방식을 의회주의 또는 의회정치라 한다.

② 국회의 헌법상 지위

㉠ 국민대표기관으로서의 지위

ⓐ 국회의 국민대표성 : 국회의 국민대표성에 대해서는 법적 위임설, 법정대표설, 정치적 대표설, 사회적 대표설, 헌법적 대표설, 대표부인설 등이 있다. 이들 중 정치적 대표설이 다수설이다.

ⓑ 국민대표기관으로서의 지위 변천 : 국민대표기관으로서의 지위는 정당정치가 발전함에 따라 정당의 대표기관으로 전락하고 있다. 특히 정당국가화의 경향에 따라 국회가 당리당략의 입법에만 급급하기 때문에 국민의 국회에 대한 불신은 높아가고 있다. 이에 따라 국회입법에 대한 위헌심사제, 국회의원에 대한 국민소환제와 국민투표제에 의한 직접민주제의 채택이 행해지고 있다.

㉡ 입법기관으로서의 지위

ⓐ **국회의 입법기관성** : 국회의 가장 본질적이고 역사적인 권한이다.

ⓑ **입법권의 예외** : 국회가 입법권을 독점하는 것은 아니고 헌법 자체가 예외를 규정하는 경우도 있다.

ⓒ **입법권으로서의 국회지위의 저하** : 국회의 통법부화 현상이 나타났다.

㉢ 정책통제기관으로서의 지위

ⓐ **지위의 중요성** : 국민대표기관, 입법기관으로서의 지위는 약화되고 있으나 국정통제기관으로서의 지위는 상대적으로 강화되고 있다.

ⓑ **우리 국회의 정부통제권** : 대통령제를 취하고 있으므로 의원내각제에서처럼 강력한 견제권은 없다.

㉣ **국가의 최고기관으로서의 국회** : 국회는 국민의 의사를 대표하여 국가의 최고정책을 결정하는 최고기관의 지위를 갖는다.

③ 국회의 조직

㉠ **국회의 조직** : 국회는 의장 1인과 부의장 2인을 두며, 의장의 지휘 · 감독하에 국회의 사무를 처리하기 위하여 국회사무처를 설치하고 사무총장 1인과 기타 필요한 공무원을 둔다.

㉡ **국회의 위원회** : 국회의 위원회는 의원의 일부로서 구성되는 회의체이며, 그 임무는 본회의에 회부되는 안건을 예비심사하는 데 있다.

㉢ 교섭단체

ⓐ **의의** : 교섭단체는 동일정당소속의 의원들로 구성되는 원내정파를 의미한다. 국회에 20인 이상의 소속의원을 가진 정당은 하나의 교섭단체가 되는데, 다른 교섭단체에 속하지 않는 20인 이상의 의원으로 따로 교섭단체를 구성할 수 있다.

ⓑ **기능** : 교섭단체는 정당국가에서 의원의 정당기속의 강화와 원내 행동통일을 기할 수 있으나, 의원의 자유위임적 원내활동과 갈등을 가져오기도 한다.

④ 국회의 구성

㉠ **양원제** : 의회가 두 합의체로서 구성되고 각 합의체가 각각 독립하여 결정한 의사가 일치하는 경우에 그것을 의회의 의사로 간주하는 제도이다.

㉡ **단원제** : 민선의원으로 조직되는 단일의 합일체로 의회가 구성되는 제도이다. 한국을 비롯해 독일 · 뉴질랜드 · 대만 등 세계 30여 개국에서 채택하고 있으며 우리나라는 제2공화국 때 잠시 양원제를 채택한 적이 있으나, 제헌헌법과 제3공화국 이후의 헌법은 단원제를 채택해왔다.

㉢ 양원제와 단원제의 장 · 단점 비교

구성 특징	양원제	단원제
장점	- 의안심의의 신중을 기하게 되므로 졸속과 경솔 방지 - 의회 다수파의 횡포 견제 - 상원의 급진적인 개혁 방지 - 하원의 경솔한 의결이나 성급한 과오의 시정 - 상원이 하원과 정부 간의 충돌을 완화시킴	- 신속한 국정처리 - 국회의 책임이 명백 - 국회의 지위가 강력함 - 국민 의사의 직접적 반영 - 국가재정경비의 절약
단점	- 국회의결의 지연 - 국비의 낭비 - 양원의 의견이 일치될 경우 상원의 불필요, 불일치될 경우 국정의 혼란 야기 - 의회의 책임소재가 불분명	- 국정심의가 경솔해 질 수 있음 - 정부와 국회의 의견 충돌시 조정 곤란 - 의회 다수파의 횡포 견제 불가능 - 특수이익을 간과할 수 있음 - 양원제보다 국민의 의사가 덜 반영될 우려가 있음

⑤ 국회의 운영과 의사절차

㉠ **국회의 운영** : 국회의 운영에 관해서는 헌법과 국회법에서 규정하고 있으며, 별도의 규정이 없는 사항에 대해서는 국회자율권에 의한다.

ⓐ **입법기(의회기)** : 임기개시일부터 임기만료의 도래나 국회가 해산되기까지의 기간을 의미한다.

ⓑ **회기** : 입법기 내에서 국회가 실제로 활용능력을 가지는 일정한 기간을 말한다. 회기는 집회당일부터 기산하며, 폐회일까지이다.

ⓒ **정기회 · 임시회** : 매년 1회 정기적으로 소집되는 회의가 정기회이고, 임시집회의 필요가 있을 때 집회하는 회의가 임시회이다.

㉡ **국회의 의사절차** : 국회의 의사절차는 민주적이고 능률적이어야 한다. 의사절차에 관한 의사공개의 원칙, 회기계속의 원칙, 일사부재의의 원칙, 다수결의 원칙 등은 이러한 민주성과 능률성을 확보하기 위한 원칙들이다.

ⓐ **의사절차에 관한 기본원칙**

- 의사공개의 원칙 : 방청의 자유, 국회의사록의 공표, 보도의 자유를 그 내용으로 하며, 의회주의의 핵심적인 기본원리일 뿐만 아니라 대의제의 이념에 따라 국민이 의정활동을 감시 · 비판함으로써 책임정치를 구현할 수 있는 불가결한 전제조건이기도 하다.
- 회기계속의 원칙 : 회기 중에 의결되지 못한 의안도 폐기되지 아니하고 다음 회기에 계속하여 심의할 수 있다는 원칙을 말한다.
- 일사부재의의 원칙 : 국회에서 일단 부결된 의안은 동일회기 중에는 다시 발의하거나 심의하지 못한다는 원칙을 말한다. 이는 의사활동의 원활화를 도모하고 소수파에 의한 의사방해를 배제하려는 데 그 주안점이 있다.

ⓑ 정족수 : 다수인으로 구성되는 회의체에서 회의를 진행하고 의사를 결정하는 데에 소요되는 출석자의 수를 말하는 것으로, 의사정족수(의안을 심의하는 데 필요한 출석자의 법정수)와 의결정족수(의결을 하는 데 필요한 출석자의 법정수)가 있다.

TIP

의결정족수

구분		내용
일반의결정족수		재적의원 과반수 출석, 출석의원 과반 찬성
특별의결정족수	재적의원 3분의 2 찬성	• 헌법개정안 의결 • 의원제명 • 의원자격심사 • 대통령에 대한 탄핵소추 의결
	재적의원 과반수 찬성	• 헌법개정안 발의 • 국무총리 · 국무위원의 해임건의 • 대통령 탄핵소추 발의 • 대통령 이외 탄핵소추 의결 • 국회의장 선출 • 계엄해제요구
	재적의원 3분의 1 이상 찬성	• 대통령 이외의 자에 대한 탄핵소추 발의 • 국무총리 등 해임건의 발의
	재적의원 과반수 출석과 출석의원 3분의 2 이상 찬성	법률안 재의결
	국회 재적의원 4분의 1 이상 찬성	임시국회 소집요구

⑥ 국회의 권한

㉠ 입법에 관한 권한

ⓐ **국회입법의 원칙** : 실질적인 입법권은 국회에 속한다.

ⓑ **헌법개정에 관한 권한** : 국회는 헌법개정에 관한 발의권과 심의 · 의결권을 가진다.

ⓒ **법률제정에 관한 권한** : 국회는 법률제정에 관한 권한을 갖는다. 이때 '법률'은 형식적 의미의 법률이며 원칙적으로 일반적 · 구체적 법률이어야 한다.

ⓓ **조약의 체결과 비준에 관한 동의권** : 상호원조 또는 안전보장에 관한 조약, 중요한 국제조직에 관한 조약, 우호통상항해조약, 주권의 제약에 관한 조약, 강화조약, 국가나 국민에게 중대한 재정적 부담을 지우는 조약 또는 입법사항에 관한 조약에 대해서는 대통령의 비준 전에 국회의 동의를 요한다.

ⓔ **국회규칙의 제정에 관한 권한** : 국회는 법률에 저촉되지 아니하는 범위 안에서 의사와 내부규율에 관한 규칙을 제정할 수 있다.

ⓛ **재정에 관한 권한** : 헌법은 납세의무를 비롯하여 조세법률주의, 국회의 예산안 심의 · 확정권, 계속비, 예비비 및 추가경정예산, 그리고 국채의 모집과 예산 외의 국가부담이 될 계약체결에 대한 의결권을 규정하고 있다.

ⓐ **조세법률주의** : 조세, 기타 공과금의 부과 · 징수는 반드시 법률로써 하여야 한다는 원칙이다. 이는 조세를 의회의 법률로 규정하게 함으로써 국민의 재산권을 보장하고 그 법적 생활의 안정을 도모하며, 공평한 납세의무를 과하려는 데 있다. 조세법률주의는 과세요건법정주의, 과세요건명확주의, 소급과세금지의 원칙을 핵심내용으로 한다.

ⓑ **공정과세의 원칙** : 납세의 의무는 개인의 담세력에 따라서 공정하고 평등한 과세를 그 내용으로 하여야 한다.

헌법상 탄핵소추의 대상이 될 수 있는 자는?

① 감사위원 ② 서울특별시장

③ 국회의원 ④ 인천광역시장

★탄핵은 행정부의 고위공무원이나 신분이 보장된 공무원인 법관, 선거관리위원회 위원 등이 직무상 중대한 비리를 범한 경우 국회가 소추하고 헌법재판소가 심판하여 처벌 또는 파면하는 제도이다.

대통령 · 국무총리 · 국무위원 · 행정각부의 장 · 헌법재판소 재판관 · 법관 · 중앙선거관리위원회 위원 · 감사원장 · 감사위원 · 기타 법률이 정한 공무원이 그 직무 집행에 있어서 헌법이나 법률을 위배한 때에는 국회는 탄핵의 소추를 의결할 수 있다〈헌법 제65조 제1항〉.

답 ①

ⓒ **예산의 심의 · 확정권** : 국회는 예산안을 심의 · 확정한다.

TIP

예산과 법률의 비교

구분	예산	법률
형식	법률과 별개의 국법형식	입법의 형식
제안	정부	국회의원과 정부
시간적 효력	당해 회계연도에만	폐지시까지
구속력	국가기관만 구속	국민과 국가기관을 구속
수정	삭감은 할 수 있으나 증액 · 신설은 불가	자유롭다.
제출시한	회계연도개시 90일 전까지	제한없다.
거부권	없다.	있다.
공포	효력발생요건이 아니다.	효력발생요건이다.

Ⓒ **헌법기관구성에 관한 권한** : 국회가 다른 통치기관의 구성에 관여하여 민주적 정당성을 확보하려는 권한으로, 대통령선출권, 헌법기관 구성원의 선출권, 헌법기관 구성원 임명에 대한 동의권 등이 이에 해당한다.

㉣ **국정통제에 관한 권한** : 국회의 국정통제권은 국회가 자신 이외의 국가기관들을 감시 · 비판 · 견제 · 책임추궁을 할 수 있는 권한을 말하는데, 헌법상 주요한 국정통제수단에는 탄핵소추권, 국정조사 · 감사권, 긴급명령과 긴급재정 · 경제처분 및 그 명령승인권, 계엄해제요구권, 국방 및 외교정책 등에 대한 동의권, 일반사면에 대한 동의권, 국무총리 · 국무위원에 대한 해임건의권, 국무총리 · 국무위원 등 출석요구 및 질문권 등이 있다.

㉤ **국회의 자율권** : 의회가 다른 국가기관의 간섭을 받지 아니하고 헌법, 법률, 의회규칙 등에 따라 그 의사와 내부사항에 관하여 독자적인 결정을 할 수 있는 권한을 말한다.

⑦ 국회의원의 지위

㉠ 헌법상 지위

ⓐ **국회구성원으로서의 지위** : 국회는 국민의 보통 · 평등 · 직접 · 비밀선거에 의해 선출된 의원으로 구성된다.

ⓑ **국민의 대표자로서의 지위** : 국회의원은 국민 전체의 이익을 위하여 활동하여야 하고 국민은 국회의원에 대하여 선거나 여론 등의 방법으로 정치적 책임을 추궁할 수 있다.

ⓒ **정당대표자로서의 지위** : 국회의원은 전체국민의 대표자로서의 지위와 정당의 대표자로서의 지위를 가지고 있다.

㉡ 신분상 지위

ⓐ **국회의원자격의 발생** : 국회의원의 지위는 임기개시와 동시에 발생한다.

ⓑ **국회의원자격의 소멸원인** : 임기만료, 자격심사에 의한 무자격자 결정, 사직, 퇴직, 선거소송에 의한 선거무효 또는 당선무효의 확정 등

ⓒ **국회의원의 권리** : 상임위원회 소속활동, 본회의에서의 발언 · 동의권, 질문권, 질의권, 토론권, 표결권 등

ⓓ **국회의원의 의무** : 국가이익우선의무, 청렴의무, 이권 불개입의 의무, 본회의와 위원회에 출석할 의무, 의사에 관한 법령 및 국회규칙의 준수의무 등

㉢ 국회의원의 특권

ⓐ **면책특권** : 의원은 국회에서 직무상 행한 발언과 표결에 관하여 국회 외에서 책임을 지지 않는다.

ⓑ **불체포특권** : 국회의원은 현행범인인 경우를 제외하고는 회기 중 국회의 동의 없이 체포 또는 구금되지 아니하고, 국회의원이 회기 전에 체포 또는 구금된 때에는 현행범인이 아닌 한 국회의 요구가 있으면 회기 중 석방된다.

3 대통령

① 우리나라 대통령의 지위

㉠ **국가원수로서의 지위** : 제66조 제1항은 대통령을 국가의 원수로 규정하고 대외적으로 국가를 대표하도록 하고 있다. 그리고 대통령은 국민에 의하여 직접 선출되고 국회와 함께 국민의 대표기관으로서 역할을 한다.

ⓐ **대외적으로 국가를 대표할 지위** : 대통령은 외국에 대하여 국가를 대표하며, 이 지위에서 조약체결 · 비준권, 선전포고, 강화권 등을 가진다.

ⓑ **국가와 헌법의 수호자로서의 지위** : 대통령은 국가의 독립, 영토의 보전, 국가의 계속성과 헌법을 수호할 책무를 진다.

ⓒ **헌법기관 구성자로서의 지위** : 대통령은 국회의 동의를 얻어 대법원장을 임명하고 대법원장의 제청으로 국회의 동의를 얻어 대법관을 임명할 권한, 헌법재판소 재판관의 임명권, 중앙선거관리위원회 위원의 임명권, 감사원장의 제청에 의한 감사위원의 임명권을 갖는다.

ⓓ **국민대표기관으로서의 지위** : 대의제 민주주의에 있어서는 대통령은 의회와 더불어 국민을 대표하는 기관으로 간주된다.

㉡ **행정부수반으로서의 지위** : 행정권은 대통령을 수반으로 하는 행정부에 속하고, 대통령은 정부를 조직하고 지위 · 통솔하는 행정부수반의 지위를 가진다.

ⓐ **행정조직권자로서의 지위** : 대통령은 국무총리 · 국무위원 · 행정각부장관 · 감사원장 · 감사위원 등을 임명하며, 행정부를 구성한다.

ⓑ **국무회의 의장으로서의 지위** : 대통령은 정책심의기관인 국무회의의 의장이 된다.

ⓒ **행정권의 제1인자로서의 지위** : 대통령은 그 권한과 책임하에서 집행에 관한 최종적인 결정을 하고 집행부의 모든 구성원에 대하여 최고의 지휘 · 감독권을 행사한다.

㉢ **대통령의 특권** : 대통령은 내란 또는 외환의 죄를 범한 경우를 제외하고는 재직 중 형사상의 소추를 받지 아니한다.

㉣ **대통령의 의무**

ⓐ **직무에 관한 의무** : 헌법을 준수하고 국가를 보위하며 조국의 평화적 통일과 국민의 자유와 복리의 증진 및 민족문화의 창달에 노력하여 대통령으로서의 직책을 성실히 수행하여야 한다.

ⓑ **겸직금지의무** : 대통령은 원칙적으로 국무총리 · 국무위원 · 행정각부의 장 기타 법률이 정하는 공사의 직을 겸할 수 없다.

② **대통령의 권한**

㉠ 비상적 권한 : 긴급명령권, 긴급재정 · 경제처분 및 명령권, 계엄선포 및 해제권, 국민투표부의권

TIP

계엄

㉠ 비상계엄
- 의의 : 전시, 사변 또는 이에 준하는 국가비상사태에 있어서 적과 교전상태에 있거나 사회질서가 극도로 교란되어 행정기능과 사법기능의 수행이 현저히 곤란한 경우에 군사상의 필요에 따르거나 공공의 안녕질서를 유지하기 위하여 선포하는 계엄이다.
- 효력 : 법률이 정하는 바에 의하여 정부와 법원의 권한에 속하는 특별한 조치를 취할 수 있다. 이는 정부나 법원의 권한이 군대의 관할하에 들게 됨을 의미한다. 또한 비상계엄의 경우에는 법률이 정하는 바에 의하여 영장제도, 언론 · 출판의 자유, 집회 · 결사의 자유에 관해 특별한 조치를 할 수 있다.

㉡ 경비계엄
- 의의 : 전시, 사변 또는 이에 준하는 국가비상사태에 있어서 사회질서가 교란되어 일반 행정기관만으로는 치안을 확보할 수 없는 경우에 공공의 안녕질서를 유지하기 위하여 선포하는 계엄이다.
- 효력 : 계엄사령관은 계엄지역 내의 군사에 관한 행정사무와 사법사무를 관장한다. 그러나 헌법과 법률에 의하지 아니한 특별조치로서 국민의 자유와 권리를 제한할 수는 없다.

㉡ 행정에 관한 권한 : 법률집행권, 행정에 관한 최고결정 · 지휘권, 국가의 대표 및 외교에 관한 권한, 정부구성권 · 공무원임명권, 국군통수권, 영전수여권

㉢ 국회와 입법에 관한 권한 : 법률안제출권, 법률안거부권, 법률공포권, 명령제정권, 국회임시회소집요구권, 국회출석발언권

㉣ 사법에 관한 권한 : 위헌정당해산제소권, 사면 · 감형 · 복권 명령권

4 행정부

① **국무총리**

㉠ 의의 : 대통령을 보좌하는 정부의 제2인자로서 대통령의 명을 받아 행정 각부를 통할하는 자이며, 유고시 대통령 권한대행 제1순위자이다. 국무총리는 의원내각제의 본질적 요소이고, 대통령제에서는 국무총리를 두지 않음이 원칙이다.

㉡ 지위

ⓐ 헌법상 지위 : 대통령의 권한대행, 대통령의 보좌기관, 행정부의 제2인자, 국무회의의 부의장, 대통령 다음의 상급행정관청으로서의 지위

ⓑ 신분상의 지위 : 국무총리는 국회의 동의를 얻어 대통령이 임명하고 군인은 현역을 면한 후가 아니면 국무총리로 임명될 수 없다.

㉢ **권한** : 대통령권한대행권, 국무위원 · 행정각부 장의 임면관여권, 국무회의에 있어서의 심의 · 의결권, 행정각부의 통할 · 감독권, 총리령발포권, 국회에의 출석 · 발언권

㉣ 책무

ⓐ **대통령에 대한 책무** : 국무총리는 대통령의 보좌기관으로서 행정에 관하여 대통령의 명령을 받아 행정각부를 통할할 의무와 책임이 있고, 국무회의의 부의장으로서 국무회의의 구성과 운영에 관하여 대통령을 보좌할 의무와 책임이 있으며, 부서할 의무와 책임도 있다.

ⓑ **국회에 대한 책무** : 국회의 해임건의와 국회의 요구에 대한 출석 · 답변을 하여야 하고, 국회의 탄핵소추의 대상이 된다.

② 국무위원

㉠ **의의** : 국무회의의 구성원으로서, 국정에 관하여 대통령을 보좌하고 국정을 심의한다.

㉡ 지위

ⓐ **헌법상의 지위** : 대통령을 보좌하고 독주를 견제하며, 국무회의의 구성원으로서 행정부의 권한에 속하는 중요정책을 심의할 권한과 책임이 있다.

ⓑ **신분상 지위** : 국무위원은 국무총리의 제청으로 대통령이 임명한다. 군인의 경우에는 현역을 면한 후가 아니면 임명할 수 없고 해임은 대통령이 자유로이 할 수 있으며 국무총리의 해임건의는 법적 구속력이 없다.

㉢ **권한** : 대통령 권한대행권, 국무회의에서의 심의 · 의결권, 부서할 권한, 국회에서의 출석 · 발언권 등

㉣ **책무** : 출석 · 답변할 책무, 부서하여야 할 책무 등

③ 국무회의

㉠ **우리헌법상 국무회의의 지위** : 헌법상 필수기관, 필수적 심의기관, 대통령이 주재하는 기관, 독립된 합의제기관

㉡ **구성** : 대통령, 국무총리와 15인 이상 30인 이하의 국무위원으로 구성된다. 대통령이 의장이 되고 국무총리가 부의장이 된다. 국무위원은 국정에 관하여 대통령을 보좌하며, 국무회의 구성원으로서 국정을 심의한다.

④ **대통령의 자문기관** … 헌법은 대통령의 권력집중을 억제하고 원로와 전문가의 식견을 참조하여 국정운영의 합리화와 효율화를 기하기 위하여 각종의 대통령자문기구를 두고 있다. 국가원로자문회의, 국가안전보장회의, 민주평화통일자문회의, 국민경제자문회의 등이 그것이다.

⑤ 행정각부

㉠ **의의** : 대통령 또는 국무총리의 지휘 또는 통할하에 법률이 정하는 소관사무를 담당하는 중앙행정기관이다.

㉡ **지위** : 행정각부는 대통령이나 국무총리의 단순한 보조기관이 아니라 정부의 구성단위로서 대통령이나 국무총리의 하위에 있는 행정관청이다.

㉢ 행정각부의 장

ⓐ **임명** : 국무위원 중에 대통령이 임명하고 국무위원이 아닌 자는 행정각부의 장이 될 수 없다.

ⓑ **해임** : 대통령이 자유로이 할 수 있다.

ⓒ **권한** : 행정각부의 장은 독임제 행정관청으로서 그 소관사무를 통할하고 소속직원을 지휘 · 감독하며, 소관사무에 관하여 부령발포권을 가진다.

⑥ 감사원

㉠ **의의** : 감사원은 국가의 세입 · 세출의 결산, 국가 및 법률이 정한 단체의 회계검사와 행정기관 및 공무원의 직무에 관한 감찰을 하기 위하여 대통령소속하에 설치한 기관이다.

㉡ **헌법상 지위** : 헌법상 필수기관, 대통령 소속기관, 독립된 기관, 합의제 기관

㉢ **구성** : 헌법 제98조 제1항에서는 원장을 포함한 5인 이상 11인 이하의 감사위원으로 구성한다고 규정하였고, 감사원법에는 감사원장 포함 7인으로 구성된다고 규정되어 있다. 감사원장은 대통령이 국회의 동의를 얻어 임명하며 감사위원은 감사원장의 제청으로 대통령이 임명하고 임기는 4년이다.

㉣ **권한** : 세입 · 세출 · 결산의 검사와 보고, 직무감찰권, 감사원규칙제정권, 감사결과와 관련된 권한

⑦ 중앙선거관리위원회

㉠ **의의** : 선거와 국민투표의 공정한 관리, 정당에 관한 사무를 처리하는 헌법상의 필수기관을 의미한다. 정당, 선거, 국민투표관리를 일반행정기관이 아닌 별도의 독립된 기관이 처리해야 할 필요성 때문에 제2공화국 헌법에서부터 선거관리위원회를 헌법상 규정하고 있다.

㉡ **지위** : 헌법상의 필수적 기관, 독립된 기관, 회의기관

㉢ **구성** : 중앙선거관리위원회는 9인으로 구성되며, 위원장은 위원 중에서 호선한다. 위원의 임기는 6년이고, 연임에 관해서는 제한이 없다. 중앙선거관리위원회에 사무처를 두며, 사무처에 사무총장 1인과 사무차장 1인을 둔다.

㉣ **권한** : 선거와 국민투표의 관리, 정당사무관리권과 경비의 부담, 규칙제정권, 선거계몽의무

5 사법부

① 법원의 헌법상 지위

㉠ 사법기관

ⓐ **사법** : 구체적인 법적 분쟁이 발생한 경우에 당사자의 쟁송 제기를 기다려 무엇이 옳은가를 판단함으로써 법질서를 유지하기 위한 작용이다.

ⓑ **법원** : 법관으로 구성되고 소송절차에 따라 사법권의 행사를 본래의 직무로 하는 국가기관을 말하는 것으로, 사법에 관한 권한은 헌법에 특별한 규정이 없는 한 원칙적으로 법원이 행사한다.

㉡ **중립적 권력기관** : 법원 또는 사법부는 입법부와 행정부와 분리 · 독립된 중립적 권력이어야 한다.

㉢ **헌법의 수호자** : 법원은 명령 · 규칙 · 처분의 위헌 · 위법심사, 헌법재판소에의 위헌법률심사제청 그리고 선거소송심판을 통한 헌법수호기능을 한다.

㉣ **최고기관성 여부** : 중립적 권력으로서 입법부와 행정부로부터 독립을 유지하고 있을 뿐 국가의 최고기관이라고는 할 수 없다.

㉤ **기본권 보장자** : 군주의 행정권에 대한 투쟁과정에서 법원은 의회와 제휴하여 시민의 자유와 재산의 보장자로서 역할을 해왔는데, 우리 헌법에서도 국민의 자유와 재산의 최후보루는 법원의 몫으로 하고 있다.

② **사법권의 독립** … 사법권의 독립은 법원의 독립과 재판의 독립을 위한 법관의 독립을 그 내용으로 한다. 법원의 독립은 법원이 조직과 운영의 면에서 다른 권력으로부터 독립하는 것이고, 법관의 독립은 재판을 할 때 내외의 간섭을 받지 않는 것이다.

③ **법원의 조직** … 법원은 최고법원인 대법원과 각급 법원으로 조직된다. 대법원과 각급 법원의 조직은 법률로 정한다. 이에 관한 법률이 법원조직법이고 이에 의하면 법원은 대법원, 고등법원, 특허법원, 지방법원, 가정법원, 행정법원의 6종이 있다.

④ **법원의 권한**

㉠ **쟁송에 관한 권한** : 민사소송, 형사소송, 행정소송, 선거소송 등과 같은 법적 쟁송에 관하여 재판을 할 권한을 의미한다.

㉡ **명령 · 규칙 심사권** : 헌법은 "명령 · 규칙이 헌법이나 법률에 위반되는 여부가 재판의 전제가 된 경우에는 대법원은 이를 최종적으로 심사할 권한을 가진다."고 하여 법원의 명령 · 규칙심사권을 규정하고 있다.

㉢ **위헌법률심판제청권** : 법률의 위헌 여부가 재판의 전제가 될 때에는 당해 사건을 담당하는 법원이 직권 또는 당사자의 신청에 의한 결정으로 헌법재판소에 위헌 여부의 심판을 제청하는 권한을 말한다.

⑤ **사법절차**

㉠ 심급제

ⓐ 3심제 : 헌법은 법원을 최고법원인 대법원과 각급 법원으로 조직하게 하여 심급제를 규정하고, 법원조직법은 법원의 심판권과 관련하여 3심제를 규정하고 있다. 민사사건이나 형사사건은 '지방법원합의부 – 고등법원 – 대법원'의 3심제 원칙이고 소액사건에 있어서는 '지방법원 단독판사 – 지방법원합의부 – 대법원'의 3심제로 하고 있다.

ⓑ 2심제 : 특허소송과 지방의회의원 및 기초자치단체장 선거소송이 이에 해당한다(1심 : 특허법원, 2심 : 대법원).

ⓒ 단심제 : 대통령, 국회의원선거소송과 비상계엄하의 군사재판 중 특정한 범죄에 대해서는 단심제를 규정하고 있다.

ⓛ **공개제** : 소송의 심리와 판결을 공개함으로써 재판의 공정과 당사자의 인권을 존중하려는 제도를 말한다.

ⓒ **배심제** : 법률전문가가 아닌 국민 중에서 선출된 일정수의 배심원으로서 구성되는 배심이 심판을 하거나 기소하는 제도를 말한다.

6 헌법재판소

① 헌법재판제도

㉠ 개념

ⓐ **협의** : 헌법재판은 일반법원이나 헌법법원의 의회가 제정한 법률이 헌법에 위반되느냐의 여부를 심사하고, 헌법에 위반된다고 판단되는 경우에 그 법률의 효력을 상실하게 하든가 그 적용을 거부하는 제도를 말한다.

ⓑ **광의** : 헌법재판은 위헌법률심사 외에 탄핵심판, 위헌정당해산제, 권한쟁의심판, 헌법소원심판, 선거소송에 관한 심판 등을 총칭한다.

㉡ **이념적 기초** : 헌법재판은 헌법의 규범력을 전제로 성립하며, 성문의 경성헌법을 가진 나라에서 그 제도적 의의와 기능이 크다.

② 헌법재판소

㉠ **의의** : 헌법재판소는 법률의 위헌 여부, 탄핵, 정당의 해산, 권한쟁의와 헌법소원을 심판하는 권한을 가진 9인의 재판관으로 구성된 헌법기관이다.

㉡ **헌법재판소의 헌법상 지위** : 헌법보장기관, 주권행사기관, 헌법재판기관, 권력통제기관, 기본권보장기관, 정치적 평화보장기관

㉢ **구성** : 법관의 자격을 가진 9인의 재판관으로 구성되며, 재판관은 대통령이 임명한다. 헌법재판소의 장은 대통령이 국회의 동의를 얻어 임명한다.

㉣ **심리 및 결정** : 헌법재판소의 재판부는 재판관 7명 이상의 출석으로 사건을 심리하며, 심리를 마친 때에는 심판사건 접수일로부터 180일 이내에 종국결정을 한다.

TIP

결정정족수

법률의 위헌결정, 탄핵의 결정, 정당해산의 결정, 헌법소원의 인용결정을 하는 경우와 종전에 헌법재판소가 판시한 헌법 및 법률의 해석·적용에 관한 의견을 변경하는 경우에는 재판관 6인 이상의 찬성이 있어야 한다. 그 외의 결정은 종국심리에 관여한 재판관 과반수의 찬성으로 결정한다.

③ **헌법재판소의 권한**

㉠ **위헌법률심판권** : 법률의 위헌 여부를 심판하여 위헌법률의 효력을 상실시키거나 적용을 거부함으로써 헌법의 최고규범성을 지키는 권한이다.

㉡ **탄핵심판권** : 탄핵은 일반적인 사법절차나 징계절차에 따라서 소추하거나 징계하기 곤란한 행정부의 고위공무원이나 신분이 보장된 공무원인 법관, 선거관리위원회위원 등이 직무상 중대한 비위를 범한 경우 국회가 소추하고 헌법재판소가 심판하여 처벌 또는 파면하는 제도이다.

㉢ **정당해산심판권** : 정당의 목적이나 활동이 민주적 기본질서에 위배되는 때에는 정부는 헌법재판소에 그 해산을 제소할 수 있고, 정당은 헌법재판소의 심판에 의하여 해산된다.

㉣ **권한쟁의심판권** : 국가기관 또는 지방자치단체 간에 권한의 존부나 범위에 관하여 적극적 또는 소극적 분쟁이 발생한 경우에 독립적 지위를 가진 제3의 기관이 이를 명백히하여 분쟁을 해결하는 제도를 말한다.

㉤ **헌법소원심판권** : 헌법에 위반하는 법령이나 처분 등 공권력의 행사 또는 불행사로 인하여 자신의 헌법상 보장된 기본권이 직접적 그리고 현실적으로 침해당한 경우에 헌법재판소에 대하여 당해 공권력의 행사 또는 불행사의 위헌 여부를 심사해서 그 권리를 구제해 주도록 청구할 수 있는 제도를 말한다.

출제예상문제

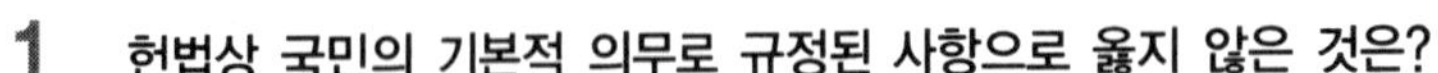

1 헌법상 국민의 기본적 의무로 규정된 사항으로 옳지 않은 것은?

① 납세의 의무　　② 환경보전의 의무
③ 부부 간의 의무　　④ 근로의 의무

Advice ③ 부부 간의 의무는 민법(가족법)상 의무에 해당한다.

※ 헌법상 국민의 기본적 의무

㉠ 고전적 의무

- 납세의 의무 : 모든 국민은 법률이 정하는 바에 의하여 납세의 의무를 진다〈헌법 제38조〉.
- 국방의 의무 : 모든 국민은 법률이 정하는 바에 의하여 국방의 의무를 진다〈헌법 제39조 제1항〉.

㉡ 현대적 의무

- 교육을 받게 할 의무 : 모든 국민은 그 보호하는 자녀에게 적어도 초등교육과 법률이 정하는 교육을 받게 할 의무를 진다〈헌법 제31조 제2항〉.
- 근로의 의무 : 모든 국민은 근로의 의무를 진다. 국가는 근로의 의무의 내용과 조건을 민주주의원칙에 따라 법률로 정한다〈헌법 제32조 제2항〉.
- 환경보전의 의무 : 모든 국민은 건강하고 쾌적한 환경에서 생활할 권리를 가지며, 국가와 국민은 환경보전을 위하여 노력하여야 한다〈헌법 제35조 제1항〉.
- 재산권행사의 공공복리적합의무 : 재산권의 행사는 공공복리에 적합하도록 하여야 한다〈헌법 제23조 제2항〉.

2 헌법상 조약과 국제법규에 관한 설명으로 옳지 않은 것은?

① 일반적으로 승인된 국제법규는 국내법과 동일한 효력을 가진다.
② 헌법에 의해 체결·공포되더라도 조약은 국내법의 법원(法源)은 될 수 없다.
③ 외국인은 국제법과 조약이 정하는 바에 의하여 그 지위가 보장된다.
④ 헌법에 의해 체결·공포된 조약은 국내법과 동일한 효력을 갖는다.

Advice ② 헌법에 의하여 체결·공포된 조약과 일반적으로 승인된 국제법규는 국내법과 같은 효력을 가진다.

Answer 1.③ 2.②

3 헌법기관의 구성원 중 임기가 가장 짧은 것은?

① 감사위원　② 헌법재판소 재판관
③ 중앙선거관리위원회 위원　④ 대법관

Advice ① 4년 ②③④ 6년

4 헌법에서 규정하고 있는 기본권에 대한 설명이 옳지 않은 것은?

① 모든 국민은 능력에 따라 균등하게 교육을 받을 권리를 가진다.
② 모든 국민은 근로의 권리를 가지며, 국가는 법률이 정하는 바에 의하여 최저임금제를 시행하여야 한다.
③ 국가유공자·상이군경 및 전몰군경의 유가족은 법률이 정하는 바에 의하여 우선적으로 근로의 기회를 부여받는다.
④ 법률이 정하는 주요방위산업체에 종사하는 근로자의 단결권·단체교섭권은 법률이 정하는 바에 의하여 이를 제한하거나 인정하지 아니할 수 있다.

Advice ④ 법률이 정하는 주요방위산업체에 종사하는 근로자의 단체행동권은 법률이 정하는 바에 의하여 이를 제한하거나 인정하지 아니할 수 있다〈헌법 제33조 제3항〉.

5 헌법상 근로자에게 한정하여 근로조건의 향상을 위하여 보장하는 기본권이 아닌 것은?

① 단결권　② 단체교섭권
③ 단체행동권　④ 단체청원권

Advice 헌법상 근로자에게 한정하여 보장하는 기본권은 근로의 권리, 노동3권(단결권, 단체교섭권, 단체행동권)이 있다.

※ 노동3권
㉠ 단결권 : 근로자가 근로조건의 향상을 위하여 자주적으로 노동조합 기타 단결체를 조직·가입하거나 그 단결체를 운영할 권리를 말한다.
㉡ 단체교섭권 : 근로조건의 유지·개선과 경제적·사회적 지위 향상을 위해서 사용자와 교섭하는 권리이다.
㉢ 단체행동권 : 쟁의권이라고도 하며 동맹파업·태업·직장폐쇄권 등이다.

Answer 3.① 4.④ 5.④

6 헌법상 대통령의 권한으로 틀린 것은?

① 사면(赦免)권
② 공무원임면(任免)권
③ 영전(榮典)수여권
④ 부서(副署)권

Advice 대통령의 권한

㉠ 국가원수로서의 권한
- 외교권(조약체결비준권, 외교사절 신임 등)
- 긴급 명령권, 긴급재정경제처분 명령권
- 헌법기관 구성원 임면권

㉡ 행정부 수반으로서의 권한
- 공무원임면권
- 법률안 제안권
- 국군통수권

㉢ 사법에 관한 권한
- 사면권
- 위헌정당해산제소권

7 현행 헌법소원제도에 관한 설명으로 맞는 것은?

① 국가 등이 공권력의 행사로 인한 경우뿐만 아니라 사인으로부터 받은 기본권 침해 행위로부터 구제 받기 위한 제도이다.
② 당해 법률의 위헌여부가 재판의 전제가 되는 경우에 만약 법원이 위헌심판제청을 받아주지 않는다면 헌법소원을 제기할 수 있다.
③ 법원에 계류 중인 사건에 대해서도 신속한 권리구제를 위하여 헌법소원을 제기할 수 있다.
④ 자기 아닌 제3자에 대한 기본권 침해행위에 대해서도 인도적 차원에서 헌법소원을 인정하고 있다.

Advice ① 국가의 공권력 행사로 한정되며 사인으로부터 받은 기본권 침해는 해당되지 않는다.
③ 법원에 계류 중인 사건에 대해서는 헌법소원을 제기할 수 없다.
④ 자기 아닌 기본권 침해행위에 대해서는 자기관련성을 충족시키지 못하므로 헌법소원이 인정되지 않는다.

Answer 6.④ 7.②

8 다음 중 기본권에 관한 주장으로 가장 타당한 것은?

① 갑 – 성범죄자에게 징역형 이외에 보호관찰처분을 하는 것은 이중처벌금지의 원칙에 위배되는 것이다.

② 을 – 18세 미만인 자에게 노래방 출입을 금하고 있는 것은 노래방 주인의 영업의 자유를 침해하는 것이다.

③ 병 – 판례에 따르면 사형제도는 인간의 존엄과 가치를 침해하는 제도로 위헌이다.

④ 정 – 확정된 자신의 형사사건 수사기록의 복사신청을 거절한 행위는 알권리를 침해한 것으로 위헌이다.

Advice ① 살인, 강도, 성폭력 등 강력범죄의 경우 보호관찰처분이 이중처벌금지의 원칙에 위배되지 않는다.
② 18세 미만인 자에게 노래방 출입을 금하고 있는 것은 노래방 주인의 영업의 자유를 침해하는 것이 아니다.
③ 사형제도는 합헌이다.

9 국회에 관한 설명으로 옳지 않은 것은?

① 국회는 헌법 또는 법률에 특별한 규정이 없는 한 재적의원 과반수의 출석과 출석의원 과반수의 찬성으로 의결하며, 가부동수인 경우 국회의장이 결정한다.

② 국회의원은 현행범인인 경우를 제외하고는 회기 중 국회의 동의 없이 체포 또는 구금되지 아니한다.

③ 국회의원을 제명하려면 국회재적의원 3분의 2 이상의 찬성이 있어야 한다.

④ 지역구 국회의원이 궐위되어 보궐선거로서 다시 의원을 선출하는 경우 당선된 의원의 임기는 잔여임기로 한다.

Advice 가부동수인 때에는 부결된 것으로 본다〈헌법 제49조〉.

8.④ 9.①

10 청원(請願)에 관한 다음 설명 중 옳지 않은 것은?

① 청원은 반드시 문서로 해야 한다.

② 법률의 제정은 청원할 수 있으나, 법률의 폐지는 청원이 불가능하다.

③ 국회에 청원하고자 할 때는 국회의원의 소개를 얻어야 한다.

④ 국가는 청원에 대하여 심사할 의무를 진다.

Advice 청원사항〈청원법 제4조〉 … 청원은 다음의 어느 하나에 해당하는 경우에 한하여 할 수 있다.

㉠ 피해의 구제
㉡ 공무원의 위법 · 부당한 행위에 대한 시정이나 징계의 요구
㉢ 법률 · 명령 · 조례 · 규칙 등의 제정 · 개정 또는 폐지
㉣ 공공의 제도 또는 시설의 운영
㉤ 그 밖에 국가기관 등의 권한에 속하는 사항

11 다음 중 국제법규에 관한 헌법상 기본원칙이 아닌 것은?

① 대한민국은 국제평화의 유지에 노력한다.

② 대한민국은 침략적 전쟁을 부인한다.

③ 헌법에 의하여 체결 · 공포된 조약과 일반적으로 승인된 국제법규는 국내법보다 하위의 효력을 가진다.

④ 외국인은 국제법과 조약이 정하는 바에 의하여 그 지위가 보장된다.

Advice 헌법에 의하여 체결 · 공포된 조약과 일반적으로 승인된 국제법규는 국내법과 같은 효력을 가진다〈헌법 제6조 제1항〉.

12 다음 기본권 중 그 기본적 성질이 다른 것은?

① 양심의 자유 ② 생존의 자유

③ 사생활의 자유 ④ 언론 · 출판의 자유

Advice ①③④ 자유권적 기본권 ② 생존권적 기본권

Answer 10.② 11.③ 12.②

13 우리나라 헌법의 전문(前文)에서 규정하고 있는 내용으로 옳지 않은 것은?

① 대한민국 임시정부 법통과 4 · 19 이념의 계승
② 각인의 기회균등
③ 권력의 분립
④ 조국의 평화적 통일

Advice 헌법 전문의 내용 … 국민주권주의, 헌법의 최고 규범성 평화통일의 지향과 자유민주주의적 원리, 기본권존중, 국제평화주의, 임시정부의 법통과 4 · 19 민주이념의 계승

14 다음 중 법치주의의 구현 내용이 아닌 것은?

① 포괄적 위임입법
② 법률에 의한 기본권의 보장
③ 국가권력의 분립
④ 위헌법률심사제

Advice 법치주의의 구성요소로는 성문헌법주의, 기본권과 적법절차의 보장, 권력분립주의, 행정부에 대한 포괄적 위임입법의 금지, 행정의 합법률성과 행정의 사법적 통제, 위헌법률심사제의 채택, 국가권력 행사의 예측가능성의 보장, 신뢰보호의 원칙, 권력분립 등을 들 수 있다.

15 헌법 제11조 제1항은 "모든 국민은 법 앞에 평등하다."라고 규정하고 있다. 여기서 법 앞에 평등이라 할 때의 법은?

① 헌법 · 법률 · 명령
② 일체의 성문법
③ 국회가 제정한 법률
④ 성문 · 불문을 포함한 일체의 법

Advice 법 앞의 평등이란 입법 · 행정 · 사법 등의 모든 분야에서 차별을 받지 않는 것을 의미하며 이때의 법은 성문법과 불문법을 모두 포함하는 실질적인 법을 의미한다.

 13.③ 14.① 15.④

16 **다음 중 신체의 자유에 대한 설명으로 잘못된 것은?**

① 신체의 자유는 인간의 모든 자유 중에서 가장 원시적인 자유이다.
② 범죄와 형벌은 법령 또는 관습법으로만 정한다.
③ 법률에 의하지 아니하고는 체포·구속·압수·수색 또는 심문을 받지 아니한다.
④ 법률과 적법한 절차에 의하지 아니하고는 처벌·보안처분 또는 강제노역을 받지 아니한다.

Advice 범죄와 형벌은 성문의 법률에 규정되어야 하고, 관습법에 의하여 가벌성을 인정하거나 형을 가중하여서는 안 된다.

17 **현행 헌법은 대통령제를 취하고 있지만, 엄밀히 말하면 의원내각제적 요소도 포함하고 있다. 다음 중 의원내각제적 요소로 볼 수 있는 것은?**

① 대통령은 국가원수이자 정부의 수반이다〈헌법 제66조〉.
② 대통령은 국민의 보통·평등·직접·비밀선거에 의해 선출된다〈헌법 제67조 제1항〉.
③ 대통령은 법률안거부권을 가진다〈헌법 제53조〉.
④ 정부는 법률안을 제출할 수 있다〈헌법 제52조〉.

Advice 우리 헌법의 의원내각제적 요소
㉠ 국무총리는 국회의 동의를 얻어 대통령이 임명한다〈헌법 제86조 제1항〉.
㉡ 국무총리의 행정각부 통할권〈헌법 제86조 제2항〉, 대통령이 국무총리의 제청으로 국무위원을 임명하며, 국무총리는 국무위원의 해임을 대통령에게 건의할 수 있다〈헌법 제87조 제1항, 제3항〉.
㉢ 국무총리와 관계 국무위원의 부서가 있어야 한다〈헌법 제82조〉.
㉣ 정부의 법률안제출권이 인정된다〈헌법 제52조〉.
㉤ 국무총리, 국무위원, 정부위원의 국회출석·발언권이 인정되어 있다〈헌법 제62조 제1항, 제2항〉.
㉥ 국회의원과 국무위원의 겸직이 허용된다〈국회법 제29조〉.

Answer 16.② 17.④

18 국내법과 헌법에 의하여 체결, 공포된 조약의 관계를 바르게 설명한 것은?

① 국내법과 조약은 동일한 효력을 갖는다.
② 조약은 국내법에 우선하여 적용된다.
③ 조약은 헌법과 동일한 효력을 갖는다.
④ 국내법은 조약에 우선하여 적용된다.

Advice 헌법에 의하여 체결 · 공포된 조약과 일반적으로 승인된 국제법규는 국내법과 같은 효력을 가진다〈헌법 제6조 제1항〉.

19 헌법상 기본권에 관한 다음 기술 중 옳게 설명한 것은?

① 사유재산제도를 인정하는 현행법상의 재산권의 보유 및 행사는 절대적으로 보장되고 있다.
② 주관적 공권이 아닌 전통적으로 형성된 기존제도를 헌법이 특히 보장하는 것을 기본권보장이라고 한다.
③ 기본권의 내용상 분류에 의하면 근로의 권리는 청구권적 기본권에 속한다.
④ 인간으로서의 존엄 · 가치와는 달리 행복추구권 · 평등권 · 참정권은 법률로써 제한할 수 있다.

Advice ① 재산권의 행사는 공공복리에 적합하도록 하여야 하고 공공의 필요가 있다면 법률로써 재산권을 제한할 수 있다.
② 기본권보장에 있어 주관적 공권을 떼어놓을 수는 없다.
③ 근로의 권리는 생존권적 기본권에 속한다.

20 헌법재판소의 권한에 해당하지 않는 것은?

① 탄핵심판
② 위헌법률심판
③ 법관탄핵소추권
④ 정당의 해산심판

Advice 헌법재판소는 위헌법률심판, 탄핵심판, 정당해산심판, 권한쟁의심판, 헌법소원심판의 권한을 가진다.

Answer 18.① 19.④ 20.③

21 헌법상 통치구조에 관한 다음 기술 중 옳지 않은 것은?

① 법원의 재판에 이의가 있는 자는 헌법재판소에 헌법소원심판을 청구할 수 있다.

② 헌법재판소는 지방자치단체 상호 간의 권한의 범위에 관한 분쟁에 대하여 심판한다.

③ 행정법원은 행정소송사건을 담당하기 위하여 설치된 것으로서 3심제로 운영된다.

④ 법원의 재판에서 판결선고는 항상 공개하여야 하지만 심리는 공개하지 않을 수 있다.

Advice 헌법소원제도는 헌법에 위반하는 법령이나 처분 등 공권력의 행사 또는 불행사로 인하여 자신의 헌법상 보장된 기본권이 직접적 그리고 현실적으로 침해당한 경우에 헌법재판소에 대하여 당해 공권력의 행사 또는 불행사의 위헌 여부를 심사하여 그 권리를 구제하여 주도록 청구할 수 있는 제도로, 재판에 대한 이의가 있다는 이유만으로는 헌법소원심판을 청구할 수 없다.

22 신체의 자유에 관한 설명으로 옳지 않은 것은?

① 누구든지 법률에 의하지 아니하고는 체포·구속·압수·수색 또는 심문을 받지 아니한다.

② 사법경찰관은 현행범을 발견하였을 경우 영장없이 체포를 할 수 있다.

③ 체포·구속·압수·수색에는 적법한 절차에 따라 법관의 신청에 의하여 검사가 발부한 영장을 제시하여야 한다.

④ 모든 국민은 고문을 받지 아니하며, 형사상 자기에게 불리한 진술을 강요당하지 아니한다.

Advice ③ 체포·구속·압수 또는 수색을 할 때에는 적법한 절차에 따라 검사의 신청에 의하여 법관이 발부한 영장을 제시하여야 한다〈헌법 제12조 제3항〉.
① 헌법 제12조 제1항
② 현행범인은 누구든지 영장없이 체포할 수 있다〈형사소송법 제212조〉.
④ 헌법 제12조 제2항

23 다음 중 민주공화국의 특징으로 볼 수 없는 것은?

① 국민주권의 원리　　② 자유민주주의

③ 국가와 사회 구별의 불분명　　④ 권력분립주의

Advice 민주공화국의 특징…국민주권의 원리, 자유민주주의의 원리, 권력분립주의, 상대주의적 세계관, 국가와 사회의 이원주의에 입각한 국가관

Answer 21.① 22.③ 23.③

24 우리나라 헌법에 관한 설명으로 옳지 않은 것은?

① 대통령의 계엄선포권을 규정하고 있다.
② 국무총리의 긴급재정경제처분을 규정하고 있다.
③ 국가의 형태로서 민주공화국을 채택하고 있다.
④ 국제평화주의를 규정하고 있다.

Advice 긴급재정경제처분은 대통령의 권한으로 규정되어 있다.

25 다음 중 사전예방적 헌법보장제도인 것은?

① 권력분립제도
② 탄핵심판제도
③ 헌법소원제도
④ 정당해산제도

Advice 헌법수호제도

㉠ 사전예방적 헌법수호 : 헌법의 최고법규성의 간접적 선언, 헌법수호의무의 선서, 국가권력의 분립, 경성헌법성을 규정한 헌법개정조항, 방어적 민주주의 채택, 공무원 및 군의 정치적 중립성
㉡ 사후교정적 헌법수호 : 위헌법령심사제, 탄핵제도, 위헌정당해산제도, 각료의 해임건의제 등
㉢ 비상적 헌법수호 : 국가긴급권, 국민의 저항권행사

26 다음 중 우리 헌법의 기본원리와 그 구체적인 구현방식이 제대로 연결되지 않은 것은?

① 국민주권주의 – 의회제 실시
② 자유민주주의 – 권력분립의 유지
③ 사회국가의 원리 – 생활무능력자의 보호
④ 법치국가의 원리 – 국가긴급권의 행사

Advice 국가긴급권의 행사는 법치국가원리의 한계라 할 수 있다.

 24.② 25.① 26.④

27 교섭단체와 정당에 관한 설명으로 옳은 것은?

① 교섭단체는 반드시 동일정당이어야 한다.

② 국회의 위원회는 상임위원회만 존재한다.

③ 교섭단체의 대표의원은 소속정당의 변경이 있을 시 30일 이내에 의장에게 보고한다.

④ 정당의 설립은 자유이며 복수정당제는 보장된다.

Advice ① 국회에 20인 이상의 소속의원을 가진 정당은 하나의 교섭단체가 된다. 그러나 다른 교섭단체에 속하지 아니하는 20인 이상의 의원으로 따로 교섭단체를 구성할 수 있다〈국회법 제33조 제1항〉.
② 국회의 위원회는 상임위원회와 특별위원회의 2종으로 한다〈국회법 제35조〉.
③ 지체없이 보고하여야 한다〈국회법 제33조 제2항〉.

28 다음 중 현대국가에서의 사회국가원리의 실현수단으로 볼 수 없는 것은?

① 적정한 소득분배에 따른 경제민주화

② 재산권의 사회적 기능의 강조

③ 실질적 평등보장을 위한 자유의 희생

④ 경제질서에 대한 규제와 조정

Advice 사회국가의 원리가 자유민주주의를 부정하는 원리가 아니므로 자유보다 평등을 우선하지는 않는다.

29 현행 헌법상 정당해산의 제소권자는?

① 정부 ② 국회

③ 대법원 ④ 중앙선거관리위원회

Advice 정당의 목적이나 활동이 민주적 기본질서에 위배될 때에는 정부는 헌법재판소에 그 해산을 제소할 수 있고, 정당은 헌법재판소의 심판에 의하여 해산된다〈헌법 제8조 제4항〉.

Answer 27.④ 28.③ 29.①

30 다음 중 헌법에 명문으로 정당가입이나 정치활동이 제한되는 공무원은?

① 대법관, 헌법재판소 재판관

② 중앙선거관리위원회 위원, 헌법재판소 재판관

③ 헌법재판소 재판관, 감사위원

④ 대법관, 감사위원

Advice 중앙선거관리위원회 위원〈헌법 제114조 제4항〉과 헌법재판소 재판관〈헌법 제112조 제2항〉의 경우에는 헌법에 명문으로 정당가입과 정치관여를 금지하고 있다.

31 기본권에 관한 설명으로 옳지 않은 것은?

① 우리 헌법에는 일반적 헌법유보에 해당하는 규정은 없다.

② 헌법재판소는 기본권 행사에 있어 타인의 권리, 공중도덕, 사회윤리, 공공복리 등의 존중에 의한 내재적 한계가 있다고 하였다.

③ 재판을 받는 단계의 미결수용자에게 재소자용 의류를 입게 하는 것은 위헌이다.

④ 기본권의 제한에 있어 과잉금지의 원칙이란 목적의 정당성, 방법의 적정성, 피해의 최소성, 법익의 균형성의 원칙을 말하는 것으로, 이 중 어느 하나라도 충족시킨다면 합헌이다.

Advice ① 일반적 법률유보에 해당하는 조항은 있으나〈헌법 제37조〉, 일반적 헌법유보에 해당하는 조항은 없다.
② 헌법재판소는 기본권도 국가적, 사회적 공동생활의 테두리 안에서 타인의 권리, 공중도덕, 사회윤리, 공공복리 등의 존중에 의해 내재적 한계가 있는 것이라고 한다.
③ 미결수용자에게 재소자용 의류를 입게 하는 것은 무죄추정의 원칙에 반하고 인간으로서의 존엄과 가치에서 유래하는 인격권과 행복추구권, 공정한 재판을 받을 권리를 침해하는 것이다.
④ 목적의 정당성, 방법의 적정성, 피해의 최소성, 법익의 균형성 중 어느 하나라도 충족시키지 못하면 위헌이다.

32 "대한민국은 민주공화국이다."라는 헌법 제1조 제1항이 가장 기본적으로 요구하는 것은?

① 단일제 국가의 수립 ② 자유민주주의 국가

③ 국제평화주의 추구 ④ 군주제의 불채택

Advice 공화국은 비군주국, 반독재국가를 말한다.

Answer 30.② 31.④ 32.④

33 일반사면과 특별사면의 차이점은?

① 형벌의 경중에 따라 나누어진다.

② 어떤 특정한 날에 행해지는 것인지에 따라 나누어진다.

③ 해당범인에 대한 사면요구가 제기되었는지의 여부에 따라 나누어진다.

④ 어떤 범죄에 관한 일괄적인 사면인지 특정 범인에 대한 사면인지에 따라 나누어진다.

Advice 일반사면은 어떤 범죄에 관한 일괄적인 사면이고, 특별사면은 특정 범인에 대한 사면이다.

34 다음 중 기본권 간의 충돌 또는 상충의 가능성이 가장 적은 것은?

① 태아의 생명권과 임산부의 프라이버시권

② 연예인 사생활의 비밀과 보도의 자유

③ 국민의 알권리와 국가기밀보호권

④ 집회 및 시위의 자유와 보행자의 통행권

Advice 국가는 기본권의 주체가 아니므로 국민의 기본권과 충돌이 일어나지 않는다.

35 생존권을 기본권에 포함시킨 최초의 헌법은?

① 1919년 독일의 바이마르 헌법

② 프랑스 제4 · 5공화국 헌법

③ 미국 버지니아주 헌법

④ 이탈리아 헌법

Advice 바이마르 헌법은 자본주의사회에서 인간다운 생존을 최초로 규정한 복지국가 헌법의 효시이다.

Answer 33.④ 34.③ 35.①

36 다음 중 헌법에 의한 제한에 해당되지 않는 기본권은?

① 정당해산
② 언론 · 출판의 자유
③ 국가배상청구권
④ 근로의 의무

Advice 헌법으로 제한되는 기본권
㉠ 정당해산〈제8조 제4항〉
㉡ 언론 · 출판의 자유〈제21조 제4항〉
㉢ 재산권〈제23조 제2항〉
㉣ 국가배상청구권〈제29조 제2항〉
㉤ 노동3권〈제33조 제2항〉

37 국가권력이 관여하지 않음으로써 보장되는 자유의 권리가 아닌 것은?

① 신체의 자유
② 노동자의 단결권
③ 거주의 자유
④ 재산권의 보장

Advice 자유권적 기본권은 국가권력이 관여하지 않음으로써 보장되지만, 사회적 기본권은 국가권력이 적극적으로 간섭 · 개입함으로써 보장된다.

38 다음 중 최종적이고 가장 실효성 있는 기본권 보호제도는?

① 헌법소원
② 자구행위
③ 청원제도
④ 행정심판제도

Advice 헌법소원은 국가의 공권력의 행사 또는 불행사로 인하여 기본권을 침해당한 자가 헌법재판소에 대하여 그 구제를 청구할 수 있는 제도를 의미한다. 헌법소원은 개인의 주관적 권리의 보장을 통하여 객관적 헌법질서를 보장하려는 데 제도적 의의가 있으며 헌법재판소도 헌법소원의 두 기능을 모두 인정하고 있다.

Answer 36.④ 37.② 38.①

39 **다음 중 현행 헌법이 명문으로 열거하여 규정하고 있는 기본권이 아닌 것은?**

① 평화적 생존권
② 행복추구권
③ 쾌적한 환경에서 생활할 권리
④ 인간다운 생활을 할 권리

Advice 평화적 생존권은 행복추구권의 핵심적 내용 중 하나이다.

40 **다음 중 평등권에 관한 설명으로 옳지 않은 것은?**

① '법 앞의 평등'에서 '법 앞의'에 관해서 입법자는 구속하지 않는다는 학설이 통설이고 헌법재판소의 입장이다.
② 국민의 기본권 보장에 관한 헌법의 최고원리인 동시에 국민의 기본권 중의 기본권이다.
③ 정치적 영역에서는 절대적 평등이, 사회적 · 경제적 영역에서는 상대적 평등이 강조될 수 있다.
④ 외국인도 원칙적으로 평등권의 주체가 될 수 있다.

Advice 입법자도 구속한다는 것이 통설과 헌법재판소의 입장이다.

41 **다음 중 근로의 권리 · 의무에 관하여 현행 헌법이 규정하고 있는 것이 아닌 것은?**

① 장애자의 근로는 특별한 보호를 받는다.
② 연소자의 근로는 특별한 보호를 받는다.
③ 여자의 근로는 특별한 보호를 받으며, 고용 · 임금 및 근로조건에 있어서 부당한 차별을 받지 않는다.
④ 국가유공자 · 상이군경 · 전몰군경의 유가족은 법률이 정하는 바에 의하여 우선적으로 근로의 기회를 부여받는다.

Advice 장애자의 인간다운 생활을 할 권리에 한 보호규정은 있으나〈헌법 제34조 제5항〉, 근로에 관한 보호규정은 없다.
② 헌법 제32조 제5항 ③ 헌법 제32조 제4항 ④ 헌법 제32조 제6항

Answer 39.① 40.① 41.①

42 헌법상 헌법 개정에 관한 설명으로 옳은 것은?

① 헌법 개정은 국회 재적의원 과반수 또는 정부의 발의로 제안된다.
② 대통령의 임기연장 또는 중임변경에 관해서는 이를 개정할 수 없다.
③ 헌법 개정이 확정되면 대통령은 즉시 이를 공포하여야 한다.
④ 헌법개정안에 대한 국회의결은 출석의원 3분의 2 이상의 찬성을 얻어야 한다.

Advice ① 국회재적의원 과반수의 발의 또는 대통령이 국무회의 심의를 거쳐 헌법개정안을 발의할 수 있다〈헌법 제128조 제1항〉.
② 대통령의 임기연장 또는 중임변경에 관해서는 그 헌법 개정 제안 당시의 대통령에 대해서는 효력이 없다〈헌법 제128조 제2항〉.
④ 헌법개정안에 대한 국회의결은 재적의원 3분의 2 이상의 찬성을 얻어야 한다〈헌법 제130조〉.

43 헌법상 재산권의 보장과 제한에 관한 설명으로 틀린 것은?

① 모든 국민의 재산권은 보장되나 그 내용과 한계는 헌법으로 정한다.
② 재산권의 행사는 공공복리에 적합하도록 하여야 한다.
③ 공공필요에 의한 재산권의 수용·사용 또는 제한은 법률로 하여야 한다.
④ 공공필요에 의한 재산권의 침해는 법률에 따른 정당한 보상을 지급하여야 한다.

Advice 모든 국민의 재산권은 보장되며, 그 내용과 한계는 법률로 정한다〈헌법 제23조〉.

Answer 42.③ 43.①

03 민사법

1 민법

1 민법 일반

① 민법의 의의

㉠ 실질적 의미의 민법 : 절차법과 특별사법을 제외한 일반법을 의미한다.

㉡ 형식적 의미의 민법 : 형식과 절차를 갖추어 제정된 민법전을 말한다.

② 민법의 법원

㉠ 법률 : 실질적 의미의 민법을 의미한다. 따라서 명령, 규칙, 조례, 민사에 관한 대통령의 긴급명령, 민사에 관하여 체결된 조약도 법원이 될 수 있다.

㉡ 관습법

ⓐ 의의 : 사회에서 발생하여 반복적으로 나타나는 행동양식인 관습이 사회의 법적 확신을 얻어 구성원들에 의하여 법적 규범으로 승인된 것을 말한다.

ⓑ 쟁점

- 관습법의 성립시기는 법원의 판결 시가 아니고 법적 확신의 획득 시이다.
- 수범자의 법적 확신의 유무에 따라서 사실인 관습과 구별된다.

TIP

사실인 관습
사회의 법적 확신을 얻지 못하여 법령으로서의 효력이 없는 단순한 관행으로, 법률행위를 해석하는 기준이며 법률행위 당사자의 의사를 보충하는 기능을 한다.

㉢ 조리 : 사물의 본질적인 법칙 또는 이치를 의미하는 것으로 많은 일반인들이 승인한다고 생각되는 객관적인 원리 또는 법칙을 의미하며, 사회통념, 경험칙, 정의, 선량한 풍속, 기타 사회질서, 신의성실, 형평 등으로 표현되기도 한다. 조리는 민법 제1조에 비추어 성문법과 관습법이 모두 없는 경우에 재판의 준거가 되는 것이므로 법률과 관습법에 대하여 보충적 효력을 갖는다.

TIP

민법 제1조
민사에 관하여 법률에 규정이 없으면 관습법에 의하고 관습법이 없으면 조리에 의한다.

③ 근대민법의 3대 원리

㉠ 소유권절대의 원칙(사유재산제도)

ⓐ 내용 : 물권법정주의, 물권적 청구권, 채권에 대한 물권의 우선적 효력

ⓑ 수정원리 : 상린관계, 주택임대차보호법상의 임차권보호

㉡ 계약자유의 원칙(사적자치의 원칙)

내용	수정원리
계약체결의 자유	전화 · 가스 등의 공급계약의 강제, 지상물 · 부속물 매수청구권제도
상대방 선택의 자유	여성근로자의 보호 등
내용결정의 자유	보통거래약관과 약관규제법, 근로기준법 · 토지거래를 규율하기 위한 각종 특별법률 등
방식의 자유	유언이나 검인계약서 등의 요식행위

㉢ 과실책임주의

ⓐ 내용 : 계약책임 · 불법행위책임

ⓑ 수정 : 절대적 무과실책임이 적용되는 경우

- 공작물 소유자책임
- 하자담보책임
- 금전채무불이행의 특칙
- 무권대리인의 상대방에 대한 책임
- 위임인의 수임인에 대한 손해배상책임
- 임치인의 수치인에 대한 손해배상책임

2 권리의 주체

① 자연인

㉠ 권리능력 : 권리와 의무의 주체가 될 수 있는 자격을 말한다.

㉡ 의사능력 : 행위의 결과를 인식할 수 있는 정신적인 능력으로 말하며 법적으로 획일화되어 있다. 의사능력이 없으면 모든 법률행위를 무효화한다.

㉢ 책임능력 : 불법행위로 인한 손해배상의 책임능력을 의미하므로 불법책임능력이라고도 한다. 이는 구체적 · 개별적으로 판단하는 것이 원칙이며, 책임능력이 결여된 경우에는 불법행위를 했더라도 그 요건이 흠결된다.

㉣ 행위능력

ⓐ 의의 : 단독으로 법률행위를 할 수 있는 능력을 의미한다.

ⓑ 제한능력자

- 미성년자 : 민법상 만 19세로 성년이 되므로 만 19세 미만의 자가 미성년자이다. 미성년자의 법정대리인은 미성년자의 법률행위에 대한 대리권 · 동의권 · 취소권이 인정되나, 근로기준법상 근로계약체결의 경우에는 법정대리인의 동의가 불필요하다.
- 피한정후견인 : 가정법원은 질병, 장애, 노령, 그 밖의 사유로 인한 정신적 제약으로 사무를 처리할 능력이 부족한 사람에 대하여 본인, 배우자, 4촌 이내의 친족, 미성년후견인, 미성년후견감독인, 성년후견인, 성년후견감독인, 특정후견인, 특정후견감독인, 검사 또는 지방자치단체의 장의 청구에 의하여 한정후견개시의 심판을 한다.
- 피성년후견인 : 가정법원은 질병, 장애, 노령, 그 밖의 사유로 인한 정신적 제약으로 사무를 처리할 능력이 지속적으로 결여된 사람에 대하여 본인, 배우자, 4촌 이내의 친족, 미성년후견인, 미성년후견감독인, 한정후견인, 한정후견감독인, 특정후견인, 특정후견감독인, 검사 또는 지방자치단체의 장의 청구에 의하여 성년후견개시의 심판을 한다. 가정법원은 성년후견개시의 심판을 할 때 본인의 의사를 고려하여야 한다.
- 피특정후견인 : 가정법원은 질병, 장애, 노령, 그 밖의 사유로 인한 정신적 제약으로 일시적 후원 또는 특정한 사무에 관한 후원이 필요한 사람에 대하여 본인, 배우자, 4촌 이내의 친족, 미성년후견인, 미성년후견감독인, 검사 또는 지방자치단체의 장의 청구에 의하여 특정후견의 심판을 한다. 특정후견은 본인의 의사에 반하여 할 수 없다. 특정후견의 심판을 하는 경우에는 특정후견의 기간 또는 사무의 범위를 정하여야 한다.

ⓒ 제한능력자종료의 심판

- 한정후견개시의 원인이 소멸된 경우에는 가정법원은 본인, 배우자, 4촌 이내의 친족, 한정후견인, 한정후견감독인, 검사 또는 지방자치단체의 장의 청구에 의하여 한정후견종료의 심판을 한다.
- 성년후견개시의 원인이 소멸된 경우에는 가정법원은 본인, 배우자, 4촌 이내의 친족, 성년후견인, 성년후견감독인, 검사 또는 지방자치단체의 장의 청구에 의하여 성년후견종료의 심판을 한다.

ⓓ 제한능력자의 상대방보호제도

- 제한능력자의 상대방의 확답을 촉구할 권리
  - 제한능력자의 상대방은 제한능력자가 능력자가 된 후에 그에게 1개월 이상의 기간을 정하여 그 취소할 수 있는 행위를 추인할 것인지 여부의 확답을 촉구할 수 있다. 능력자로 된 사람이 그 기간 내에 확답을 발송하지 아니하면 그 행위를 추인한 것으로 본다.
  - 제한능력자가 아직 능력자가 되지 못한 경우에는 그의 법정대리인에게 촉구를 할 수 있고, 법정대리인이 그 정하여진 기간 내에 확답을 발송하지 아니한 경우에는 그 행위를 추인한 것으로 본다.
  - 특별한 절차가 필요한 행위는 그 정하여진 기간 내에 그 절차를 밟은 확답을 발송하지 아니하면 취소한 것으로 본다.
- 제한능력자의 상대방의 철회권과 거절권
  - 제한능력자가 맺은 계약은 추인이 있을 때까지 상대방이 그 의사표시를 철회할 수 있다. 다만, 상대방이 계약 당시에 제한능력자임을 알았을 경우에는 그러하지 아니하다.
  - 제한능력자의 단독행위는 추인이 있을 때까지 상대방이 거절할 수 있다.
  - 위의 철회나 거절의 의사표시는 제한능력자에게도 할 수 있다.
- 제한능력자의 속임수
  - 제한능력자가 속임수로써 자기를 능력자로 믿게 한 경우에는 그 행위를 취소할 수 없다.
  - 미성년자나 피한정후견인이 속임수로써 법정대리인의 동의가 있는 것으로 믿게 한 경우에도 같다.

ⓜ 주소

ⓐ 우리나라의 주소에 관한 입법주의 : 복수주의, 실질주의, 객관주의

ⓑ 거소 : 주소를 알 수 없으면 거소를 주소로 본다.

ⓑ 부재와 실종

ⓐ 부재자의 재산관리 : 종래의 주소나 거소를 떠난 자가 재산관리인을 정하지 아니한 때와 본인의 부재 중 재산관리인의 권한이 소멸한 때에는 법원은 이해관계인이나 검사의 청구에 의하여 재산관리에 관해 필요한 처분을 명하여야 한다.

ⓑ 실종의 선고

- 보통실종 : 부재자의 생사가 5년간 분명하지 아니한 때에는 법원은 이해관계인이나 검사의 청구에 의하여 실종선고를 하여야 한다.
- 특별실종 : 전지에 임한 자, 침몰한 선박 중에 있던 자, 추락한 항공기 중에 있던 자, 기타 사망의 원인이 될 위난을 당한 자의 생사가 전쟁종지 후 또는 선박의 침몰, 항공기의 추락, 기타 위난이 종료한 후 1년간 분명하지 아니한 경우에도 법원은 이해관계인이나 검사의 청구에 의하여 실종선고를 하여야 한다.

ⓒ 실종선고의 효과 : 실종선고를 받은 자는 실종선고의 기간이 만료한 때에 사망한 것으로 보며, 실종선고를 받은 경우 사법관계에만 법적 효력이 있고 공법관계에는 아무런 영향이 없다.

ⓓ 실종선고의 취소

- 실종자의 생존한 사실 또는 전조의 규정과 상이한 때에 사망한 사실의 증명이 있으면 법원은 본인, 이해관계인 또는 검사의 청구에 의하여 실종선고를 취소하여야 한다. 그러나 실종선고 후 그 취소 전에 선의로 한 행위의 효력에 영향을 미치지 아니한다.
- 실종선고의 취소가 있을 때에 실종의 선고를 직접원인으로 하여 재산을 취득한 자가 선의인 경우에는 그 받은 이익이 현존하는 한도에서 반환할 의무가 있고 악의인 경우에는 그 받은 이익에 이자를 붙여서 반환하고 손해가 있으면 이를 배상하여야 한다.

ⓔ **동시사망의 추정** : 2인 이상이 동일한 위난으로 사망한 경우에는 동시에 사망한 것으로 추정한다. 이 규정의 취지는 수인이 동시에 동일한 위난으로 사망한 경우에는 상속순위에서 가장 중요한 사망의 선후시점을 입증하기 어려우므로 이러한 입증을 완화하기 위하여 동시사망으로 추정함으로써 상속관계를 빠르고 합리적으로 처리하려는 것이다.

② 법인

㉠ 법인의 설립

ⓐ **허가주의** : 민법은 학술, 종교, 자선, 기예, 사교, 기타 영리 아닌 사업을 목적으로 하는 사단 또는 재단은 주무관청의 허가를 얻어 이를 법인으로 할 수 있다고 규정하고 있다.

ⓑ 비영리법인의 설립요건

- 정관작성 : 정관은 법인의 설립을 위하여 설립자가 법인의 조직과 활동에 관한 근본규칙을 정하여 이를 기재하고 기명날인한 것이다. 정관에서 필요적 기재사항을 하나라도 빠뜨리면 무효가 되며, 재단법인의 설립자가 명칭, 사무소 소재지 또는 이사임면의 방법을 정하지 아니하고 사망한 때에는 이해관계인 또는 검사의 청구에 의하여 법원이 이를 정하여야 한다.

TIP

정관의 필요적 기재사항

㉠ **사단법인** : 목적, 명칭, 사무소의 소재지, 자산에 관한 규정, 이사의 임면에 관한 규정, 사원자격의 득실에 관한 규정, 존립시기나 해산사유를 정하는 때에는 그 시기 또는 사유

㉡ **재단법인** : 목적, 명칭, 사무소의 소재지, 자산에 관한 규정, 이사의 임면에 관한 규정

- 주무관청의 허가 : 부정한 목적으로 사단법인을 설립하는 것을 방지하기 위하여 허가주의를 취하고 있다. 허가는 행정관청의 자유재량이므로 허가를 못 얻어도 행정소송의 대상이 되지는 않으며, 주무관청은 사후에 허가를 취소하여 법인을 소멸시킬 수도 있다.
- 설립등기 : 법인은 그 주된 사무소의 소재지에서 등기함으로써 성립하는데 이는 법인에서 인정되는 유일한 창설적 등기이다.
- 재단법인의 경우 재산출연

- 의의 : 사단법인설립행위가 합동행위 · 요식행위인 반면에 재단법인설립행위는 재산의 출연을 필요로 하는 단독행위이다. 재산출연행위는 무상이므로 증여 또는 유증과 유사하기 때문에 재단법인을 생전처분으로 설립하는 경우에는 증여에 관한 규정을, 유언으로 설립하는 경우에는 유증에 관한 규정을 준용한다.
- 출연재산의 귀속시기 : 생전처분으로 재단법인을 설립하는 때에는 출연재산은 법인이 성립된 때로부터 법인의 재산이 되고, 유언으로 재단법인을 설립하는 때에는 출연재산은 유언의 효력이 발생한 때로부터 법인에 귀속한 것으로 본다.

ⓒ **설립 중의 법인** : 정관이 작성되고 주무관청의 허가를 받았더라도 등기를 하지 않은 상태의 법인을 설립 중의 법인이라고 한다. 설립 중의 법인은 권리능력 없는 사단이며 그 목적범위 내에서 행위를 할 수 있다.

ㄴ **법인의 분류**

ⓐ **공법인과 사법인** : 특정한 공공목적을 위하여 특별한 법적 근거에 의해 설립되고, 그 목적 · 활동 · 조직 등이 법률로 정해지며, 국가의 감독을 받는 법인을 공법인이라고 하고, 개인에 의하여 자유로이 설립되고 설립이나 운영 등에 국가가 관여하지 않으며 사익을 추구하고 설립과 해산이 자유로운 법인을 사법인이라고 한다.

ⓑ **영리법인과 비영리법인** : 사단법인 중 영리를 목적으로 하여 설립된 법인을 영리법인이라고 하고, 공익 그 밖의 학술, 종교, 자선, 기예, 사교, 기타 영리 아닌 사업을 목적으로 하여 설립된 법인을 비영리법인이라고 한다.

ⓒ **사단법인과 재단법인** : 일정한 목적을 가지고 결합한 사람의 단체를 실체로 하는 법인을 사단법인이라고 하며, 일정한 목적에 바쳐진 재산을 실체로 하여 법인격이 부여된 것을 재단법인이라고 한다.

ⓓ **권리능력 없는 사단** : 사단으로서의 실체를 가지나 법인등기를 하지 않아 법인격을 갖추지 못한 사단을 권리능력 없는 사단 또는 비법인사단이라고 한다. 종중 · 교회 · 동 · 리가 권리능력 없는 사단에 속하며 권리능력 없는 사단의 재산에 대하여는 민법상 총유로 한다.

ㄷ **법인의 기관** : 사원은 법인의 구성원이나 기관은 될 수 없다.

ⓐ **이사** : 대외적으로는 회사를 대표하고 대내적으로는 업무를 집행하는 주식회사의 필요 · 상설기관을 말한다. 이사는 자연인에 한하며 임면은 정관에 의하고 성명과 주소는 등기사항이다. 이사의 수는 제한이 없으므로 임의로 정할 수 있고 이사가 다수인인 경우에는 법인의 사무집행은 과반수로 결정한다.

ⓑ **이사회** : 이사가 다수인인 경우, 법인의 사무집행은 이사의 과반수로써 결정하는데 이러한 이사들의 의결기관이 이사회이다. 민법상 법인에서는 이사회가 필수기관이 아니다.

ⓒ **임시이사** : 이사가 없거나 결원이 있는 경우에 이로 인하여 손해가 생길 염려 있는 때에는 법원은 이해관계인이나 검사의 청구에 의하여 임시이사를 선임하여야 한다.

ⓓ **특별대리인** : 법인과 이사의 이익이 상반하는 사항에서는 이사에게 대표권이 없으므로 특별대리인을 선임하여야 한다.

ⓔ **감사** : 법인은 정관 또는 총회의 결의로 감사를 둘 수 있으며 법인의 재산상황을 감사하는 일, 이사의 업무집행의 상황을 감사하는 일, 재산상황 또는 업무집행에 관하여 부정 · 불비한 것이 있음을 발견한 때에는 이를 총회 또는 주무관청에 보고하는 일, 주무관청에 보고를 하기 위하여 필요 있는 때 총회를 소집하는 일이 감사의 직무이다. 감사에게는 대표권이 없으나 선관주의의무는 부담한다.

ⓕ **사원총회**

- 총회의 권한 : 사단법인의 사무는 정관으로 이사 또는 기타 임원에게 위임한 사항 외에는 총회의 결의에 의하여야 한다.
- 총회의 시기
  - 통상총회 : 사단법인의 이사는 매년 1회 이상 통상총회를 소집하여야 한다.
  - 임시총회 : 사단법인의 이사는 필요하다고 인정한 때에는 임시총회를 소집할 수 있다. 총사원의 5분의 1 이상(정관으로 증감가능)으로부터 회의의 목적사항을 제시하여 청구한 때에는 이사는 임시총회를 소집하여야 한다. 총사원의 5분의 1 이상이 청구한 후 2주간내에 이사가 총회소집의 절차를 밟지 아니한 때에는 청구한 사원은 법원의 허가를 얻어 이를 소집할 수 있다.
- 총회의 소집 : 총회의 소집은 1주간 전에 그 회의의 목적사항을 기재한 통지를 발하고 기타 정관에 정한 방법에 의하여야 한다.
- 총회의 결의사항 : 총회는 소집통지에 기재된 사항에 관하여서만 결의할 수 있으나 정관에 다른 규정이 있는 때에는 그 규정에 의한다.
- 사원의 결의권 : 각 사원의 결의권은 평등으로 하고 사원은 서면이나 대리인으로 결의권을 행사할 수 있다.
- 사원에게 결의권이 없는 경우 : 사단법인과 어느 사원과의 관계사항을 의결하는 경우에는 그 사원은 결의권이 없다.
- 총회의 결의방법 : 총회의 결의는 본법 또는 정관에 다른 규정이 없으면 사원 과반수의 출석과 출석사원의 결의권의 과반수로써 한다.
- 총회의 의사록 : 총회의 의사에 관하여는 의사록을 작성하여야 하는데 의사록에는 의장 및 출석한 이사가 기명날인하여야 하고 이를 주된 사무소에 비치하여야 한다.

㉣ 법인의 능력

ⓐ **법인의 권리능력** : 법인은 법률의 규정에 좇아 정관으로 정한 목적의 범위 내에서 권리와 의무의 주체가 된다.

ⓑ **법인의 행위능력** : 명문의 규정은 없으나 법인의 권리능력의 범위 내에서 행위능력을 가진다고 하는 것이 통설의 견해이다.

ⓒ **법인의 불법행위능력** : 법인은 이사 기타 대표자가 그 직무에 관하여 타인에게 가한 손해를 배상할 책임이 있고, 이사 기타 대표자는 이로 인하여 자기의 손해배상책임을 면하지 못한다. 또한 법인의 목적범위 외의 행위로 인하여 타인에게 손해를 가한 때에는 그 사항의 의결에 찬성하거나 그 의결을 집행한 사원, 이사 및 기타 대표자가 연대하여 배상하여야 한다.

㉤ **정관의 변경** : 정관의 변경이란 법인의 동일성이 유지되면서 조직을 변경하는 것을 말한다. 사단법인은 사원총회의 결의에 의해서 그 변경이 가능하지만, 재단법인은 그 성질 때문에 예외적인 경우에만 가능하다.

ⓐ **사단법인의 정관변경** : 사단법인의 정관은 총 사원 3분의 2 이상의 동의가 있는 때에 한하여 이를 변경할 수 있고 정관의 변경은 주무관청의 허가를 얻지 않으면 효력이 없다. 정관의 변경은 등기를 하여야 제3자에게 대항할 수 있으며 법인의 동일성을 유지하는 범위 내에서는 목적의 변경도 가능하다(비영리에서 영리로의 변경은 허용되지 않는다).

ⓑ **재단법인의 정관변경** : 재단법인의 정관은 그 변경방법을 정관에 정한 때에 한하여 변경할 수 있으나, 재단법인의 목적달성 또는 그 재산의 보전을 위하여 적당하다고 인정되는 경우에는 명칭 또는 사무소의 소재지를 변경할 수 있다. 또한, 재단법인의 목적을 달성할 수 없는 때에는 설립자나 이사는 주무관청의 허가를 얻어 설립의 취지를 참작하여 그 목적 기타 정관의 규정을 변경하는 것도 가능하다.

㉥ 법인의 소멸

ⓐ **의의** : 법인이 권리능력을 상실하고 해산되는 것을 말한다. 법인이 해산되는 경우 재산관계의 정리를 위하여 해산과 청산의 절차를 밟게 된다.

TIP

해산과 청산

㉠ 해산 : 법인이 본래의 적극적 활동을 정지하고 청산에 들어가는 절차

㉡ 청산 : 해산한 법인의 재산관계를 정리하는 절차

ⓑ **해산사유** : 존립기간의 만료, 법인의 목적 달성 또는 달성의 불능, 기타 정관에 정한 해산사유의 발생, 파산 또는 설립허가의 취소, 사단법인은 사원이 없게 된 때, 총회의 해산 결의

ⓒ **청산절차**

- 청산법인 : 해산한 법인은 청산의 목적범위 내에서만 권리가 있고 의무를 부담하고 파산의 경우를 제하고는 이사가 청산인이 된다. 청산인이 될 자가 없거나 청산인의 결원으로 인하여 손해가 생길 염려가 있는 때에는 법원은 직권 또는 이해관계인이나 검사의 청구에 의하여 청산인을 선임할 수도 있다.
- 해산등기 : 청산인은 파산의 경우를 제하고는 그 취임 후 3주간 내에 해산의 사유 및 그 년·월·일, 청산인의 성명 및 주소와 청산인의 대표권을 제한한 때에는 그 제한을 주된 사무소 및 분사무소 소재지에서 등기하여야 한다.
- 해산신고 : 청산인은 파산의 경우를 제외하고는 그 취임 후 3주간 내에 등기한 사항을 주무관청에 신고하여야 하고 청산 중에 취임한 청산인은 그 성명 및 주소를 신고한다.
- 청산인의 직무 : 현존사무의 종결, 채권의 추심 및 채무의 변제, 잔여재산의 인도
- 청산종결의 등기와 신고 : 청산이 종결한 때에는 청산인은 3주간 내에 이를 등기하고 주무관청에 신고하여야 한다.

3 권리의 객체

① **의의** … 권리의 내용 또는 목적을 달성하는 데 필요한 대상으로 그 이익의 발생대상이 권리의 객체가 된다. 권리의 객체는 권리의 내용 · 목적 · 종류에 따라서 달라지게 되는데 예를 들면 물권의 객체는 물건, 채권의 객체는 채무자의 급부행위, 상속권의 객체는 상속재산 등이다.

② **물건**

㉠ 의의 : 민법상의 물건은 유체물 및 전기, 기타 관리할 수 있는 자연력을 말한다. 물건은 일반적으로 관리가능성 · 비인격성 · 독립성과 단일성을 요건으로 한다.

㉡ 물건의 성질

ⓐ **비인격성** : 인격을 가진 사람 및 인격의 일부에 대한 것은 물건이 될 수 없다. 예를 들어 부착되어 신체의 일부로 볼 수 있는 의치, 의족, 의수 등은 물건이 될 수 없으나 신체로부터 분리된 혈액, 장기, 치아, 모발 등의 경우에는 물건으로 인정된다.

ⓑ 물건의 독립성

- 물권이라는 권리의 객체가 되는 물건은 물권의 배타적 지배에 복종함을 요하므로 독립성이 있어야 하고 독립성의 유무는 사회의 통념에 따라 결정되는 것이 일반적이다.
- 물건의 일부 : 물건의 일부는 원칙적으로 권리의 객체가 될 수 없으나 예외적으로 부동산의 일부는 용익물권의 객체가 될 수 있고 구조상 · 기능상의 독립성이 있는 1동의 건물 일부는 구분소유권의 객체가 될 수 있다.

㉢ 물건의 분류

ⓐ **융통물과 불융통물** : 사법상 거래의 객체가 될 수 있는 것은 융통물이고 거래의 객체가 될 수 없는 것은 불융통물이다. 행정재산이나 금제품의 경우가 불융통물에 속하며 일반재산의 경우는 융통물에 속한다.

ⓑ **대체물과 부대체물** : 물건의 객관적 성질에 따라 판단하여 그 성질상 다른 물건으로 대체하여도 권리관계에 영향을 주지 않는 물건을 대체물, 성질상 다른 물건으로 대체할 수 없는 물건을 부대체물이라고 한다.

ⓒ **가분물과 불가분물** : 물건을 분할할 경우 성질이나 가격 등의 변화가 현저한 물건을 가분물, 물건을 분할할 경우 그 가치가 현저하게 손상되는 물건을 불가분물이라고 한다.

ⓓ **특정물과 불특정물** : 당사자가 물건의 거래시에 같은 종류의 다른 물건으로 바꾸는 것을 허용하는 물건을 불특정물, 다른 물건으로 바꿀 수 없는 물건을 특정물이라고 한다.

③ **부동산과 동산**

㉠ **부동산** : 토지 및 그 정착물

ⓐ **공시방법** : 등기

ⓑ **토지의 정착물** : 원칙적으로 토지에 부합하므로 별개의 물건으로 인정되지 않지만 예외적으로 건물의 경우에는 독립한 부동산으로 인정된다.

ⓒ 입목등기를 갖춘 입목 · 명인방법을 갖춘 수목의 집단 · 미분리의 과실, 농작물의 경우에는 토지에 부합하지 않는 독립한 부동산으로 본다.

ⓛ 동산 : 부동산 이외의 물건으로, 점유를 공시방법으로 한다.

4 권리의 변동

① 권리변동의 종류

㉠ 권리의 발생

ⓐ **원시취득** : 없었던 권리를 새롭게 취득하는 것으로, 선점 · 습득 · 발견 · 건물의 신축 · 선의취득 · 시효완성에 의한 취득 등이 있다.

ⓑ **승계취득** : 타인의 권리에 기초한 취득을 말한다. 승계를 받은 자는 전주의 권리의 범위 이상을 취득할 수 없으며 승계취득에는 이전적 승계 · 설정적 승계 · 포괄적 승계 · 특정적 승계로 나누어진다.

- 이전적 승계와 설정적 승계 : 전주가 권리를 잃으면서 그대로 취득자에게 이전되는 것으로 전주의 권리가 상대적으로 소멸하는 것을 이전적 승계, 전주의 권리 중 일부를 제한하여 취득자가 이용하고, 이용관계가 종료되면 전주가 다시 그 권리를 회복하는 것을 설정적 승계라 한다.
- 포괄적 승계와 특정적 승계 : 포괄적 승계란 권리와 의무가 일괄적으로 승계인에게 이전되는 것을 말하고, 특정적 승계란 권리와 의무 중 일부가 승계인에게 이전되는 것을 말한다.

㉡ **권리의 변경** : 권리에 대하여 주체의 변경 · 내용의 변경 · 작용(효력)의 변경이 있을 수 있다.

㉢ **권리의 소멸** : 권리 자체가 완전히 소멸하는 절대적 소멸, 권리의 주체가 변경될 때 전주의 권리와 같은 상대적 소멸이 있다.

② 법률행위

㉠ 법률행위의 종류

ⓐ **단독행위** : 의사표시가 하나로 이루어진 법률행위를 말한다. 동의 · 해제 · 추인 · 취소 등이 이에 해당한다.

ⓑ **계약** : 대립되는 의사표시(청약과 승낙)의 합치에 의하여 성립하는 법률행위를 말한다.

ⓒ **합동행위** : 같은 방향의 두 가지 의사표시가 합치됨으로써 성립하는 법률행위로, 사단법인 설립행위가 이에 해당한다.

ⓓ **요식행위** : 유언이나 법인의 설립행위 등처럼 일정한 형식을 필요로 하는 법률행위를 말한다.

ⓔ **물권행위** : 이행의 문제를 남기지 않으며 처분권이 필요하다.

ⓕ **채권행위** : 이행의 문제를 남기며 처분권이 꼭 필요한 것은 아니다.

㉡ **법률행위의 요건**

ⓐ **성립요건**: 법률행위가 성립하기 위한 요건을 말한다.

- 일반적 성립요건: 당사자 · 의사표시 · 목적의 존재
- 특별 성립요건: 유언의 경우 일정한 방식, 혼인 또는 입양에서의 신고, 법인설립의 경우 설립 등기, 현상광고의 경우 광고에서 정한 행위 등

ⓑ **효력요건**: 이미 성립한 법률행위가 효력을 발생하는 데 필요한 요건을 말한다.

- 일반적 효력요건
  - 당사자에게 권리능력 · 의사능력 · 행위능력이 존재할 것
  - 의사와 표시가 일치하고 하자가 없을 것
  - 법률행위의 목적이 확정성 · 가능성 · 적법성 · 사회적 타당성을 가질 것
- 특별 효력요건: 유언의 경우 유언자의 사망, 조건부 법률행위의 경우 조건의 성취, 기한부 법률행위의 경우 기한의 도래, 대리행위의 경우 대리권의 존재

㉢ **법률행위의 해석**: 법률행위에 대한 효력을 판단하기 위해 그 성립여부나 유효요건 등을 확정시키기 위하여 필요한 절차이다.

ⓐ **해석의 기준**: 당사자가 의도한 목적 · 사실인 관습 · 임의법규 · 신의성실의 원칙 등

ⓑ **해석방법**

- 자연적 해석: 표의자의 실제 내심의 의사를 중시하는 해석방법을 말한다.
- 규범적 해석: 내심의 의사와 표시행위가 일치하지 않는 경우, 표시행위에 따라서 법률행위의 성립을 인정하는 해석방법을 말한다.
- 보충적 해석: 자연적 해석이나 규범적 해석에 의하여 법률행위가 성립하였으나 당사자가 생각하지 못한 사정이 발생한 경우 당사자의 가상적 의사를 탐구하여 적용하는 해석방법을 말한다.

㉣ **반사회질서의 법률행위**: 선량한 풍속, 기타 사회질서에 위반한 사항을 내용으로 하는 법률행위는 무효로 한다.

㉤ **불공정한 법률행위**: 당사자의 궁박, 경솔 또는 무경험으로 인하여 현저하게 공정을 잃은 법률행위는 무효로 한다.

다음 (　) 안에 들어갈 용어로 옳은 것은?

민법상 선량한 풍속, 기타 사회질서에 위반한 사항을 내용으로 하는 법률행위는 (　)(으)로 한다.

① 취소　　② 무효
③ 추인　　④ 유효

★② 반사회질서의 법률행위는 무효에 해당된다.
※ 무효는 누구든지 주장할 수 있고, 취소는 특정인의 주장이 필요하다.

답 ②

③ **의사표시**

㉠ **공통적인 적용범위** : 의사표시규정은 신분행위와 공법상 · 소송상 행위에는 그 적용이 없다. 신분행위의 경우에는 언제나 진의가 우선시 되어야 하므로 의사표시의 하자에 관한 규정을 적용할 수 없고, 공법상 · 소송상 행위의 경우에는 언제나 표시된 대로 효과가 발생하기 때문에 적용할 수 없다.

㉡ 비진의 표시

ⓐ **요건** : 의사표시가 존재하고, 의사와 표시가 불일치해야 하며, 불일치를 표의자가 알고 있어야 한다.

ⓑ **효과** : 표시된 대로 효과가 발생하는 것이 원칙이나 상대방이 알았거나 알 수 있었을 경우에는 무효가 된다.

㉢ 통정허위표시

ⓐ **의의** : 진의 아닌 의사표시를 상대편과 짜고서 한 법률행위를 말한다.

ⓑ **효과** : 상대방과 통정한 허위의 의사표시는 무효로 하고 이러한 통정의사표시의 무효는 선의의 제3자에게 대항하지 못한다.

㉣ 착오

ⓐ **의의** : 표의자가 자기의 내심의사와 표시행위가 일치하지 않음을 모르는 것을 말한다.

ⓑ **요건** : 법률행위의 내용에 관하여 착오가 있어야 하고, 법률행위의 중요부분에 착오가 있어야 하며, 표의자에게 중대한 과실이 없어야 한다.

ⓒ **효과** : 착오로 인한 의사표시는 법률행위의 내용의 중요부분에 착오가 있는 때에는 취소할 수 있으나 그 착오가 표의자의 중대한 과실로 인한 때에는 취소하지 못하며 의사표시의 취소는 선의의 제3자에게 대항하지 못한다.

④ **대리**

㉠ **의의** : 대리인이 본인에게 법률효과를 발생 시킬 목적으로 법률행위를 하는 것을 말한다.

㉡ 기능

ⓐ **사적자치의 확장** : 대리의 가장 본질적인 기능이며, 임의대리의 경우에 강하게 나타난다.

ⓑ **사적자치의 보충** : 사적자치의 확장기능보다는 부차적인 기능으로, 법정대리의 경우가 이에 해당한다.

㉢ 법정대리와 임의대리

ⓐ **법정대리** : 친권자와 법정후견인 등이 이에 해당한다. 법정대리권은 원칙적으로 법률의 규정에 의하여 인정되는 대리를 의미하지만, 지정유언집행자와 같이 지정에 의할 수도 있고 부재자의 재산관리인과 같이 법원의 선임에 의할 수도 있다.

ⓑ **임의대리** : 대리권을 수여(수권행위)함으로써 인정되는 대리를 말한다.

㉣ **대리권의 범위** : 권한을 정하지 아니한 대리인은 본인을 위하여 보존행위, 대리의 목적인 물건이나 권리의 성질을 변하지 아니하는 범위에서의 관리(이용 · 개량)행위만을 할 수 있다.

㉤ **자기계약 · 쌍방대리의 금지** : 대리인은 본인의 허락이 없으면 본인을 위하여 자기와 법률행위를 하거나 동일한 법률행위에 관하여 당사자쌍방을 대리하지 못하나, 채무의 이행은 할 수 있다.

ⓗ **소멸원인** : 본인의 사망, 대리인의 사망, 성년후견의 개시 또는 파산

ⓢ **대리인의 능력** : 대리인은 권리의 귀속주체가 아니므로 행위능력자가 아니어도 관계없지만 의사능력은 있어야 한다. 따라서 대리인의 무능력을 이유로는 취소권을 행사하지 못한다.

ⓞ **복대리**

ⓐ **의의** : 복대리인은 대리인 자신의 이름으로 선임한 본인의 대리인이다.

ⓑ **성질**

- 복대리인은 언제나 임의대리인이며 기본대리권이 소멸하는 경우 복대리권도 소멸한다.
- 법정대리인의 경우에는 복대리인을 자유롭게 선임할 수 있으나 임의대리인의 경우에는 본인의 승낙 또는 부득이한 사유가 있는 경우에만 선임할 수 있다.

ⓙ **무권대리** : 대리권이 없는 자가 타인의 대리인으로 계약을 한 경우를 의미한다.

ⓐ **표현대리** : 본인이 제3자에게 대리권을 타인에게 수여하였다는 의사표시를 하였으나 실제로는 대리권을 수여하지 않은 경우, 그 제3자의 대리행위를 표현대리라고 한다. 이 경우 본인이 대리권 수여의 의사표시를 했다는 점에서 과실이 인정되므로 그 책임은 본인에게 있다.

ⓑ **협의의 무권대리** : 대리권이 없는 자의 대리행위로 표현대리에 해당하지 않는 경우를 말하며, 이 경우 본인이 추인하지 않는 한 그 책임은 무권대리인에게 있다.

ⓒ **상대방의 최고권** : 대리권이 없는 자가 타인의 대리인으로 계약을 한 경우에 상대방은 상당한 기간을 정하여 본인에게 그 추인 여부의 확답을 최고할 수 있다. 본인이 그 기간 내에 확답을 발하지 아니한 때에는 추인을 거절한 것으로 본다.

ⓓ **상대방의 철회권** : 대리권이 없는 자가 한 계약은 본인의 추인이 있을 때까지 상대방은 본인이나 그 대리인에 대하여 이를 철회할 수 있으나 계약당시에 상대방이 대리권 없음을 안 때에는 철회할 수 없다.

ⓔ **단독행위와 무권대리** : 단독행위에는 그 행위당시에 상대방이 대리인이라 칭하는 자의 대리권 없는 행위에 동의하거나 그 대리권을 다투지 아니한 때에 한하여 무권대리의 규정이 준용된다. 대리권이 없는 자에 대하여 그 동의를 얻어 단독행위를 한 때에도 같다.

⑤ 법률행위의 무효와 취소

ⓖ **무효** : 법률행위의 무효란 당사자가 의도한 법률효과가 당연히 법률행위의 성립 시부터 효력이 생기지 않는 것을 의미한다.

ⓐ **법률행위의 일부무효** : 법률행위의 일부분이 무효인 때에는 그 전부를 무효로 하는 것이 원칙이나, 그 무효부분이 없더라도 법률행위를 하였을 것이라고 인정될 때에는 나머지 부분은 유효하다.

ⓑ **무효행위의 전환** : 무효인 법률행위가 다른 법률행위의 요건을 구비하고 당사자가 그 무효를 알았더라면 다른 법률행위를 하는 것을 의욕하였으리라고 인정될 때에는 다른 법률행위로서 효력을 가진다.

ⓒ **무효행위의 추인** : 무효인 법률행위는 추인하여도 그 효력이 생기지 아니하나 당사자가 그 무효임을 알고 추인한 때에는 새로운 법률행위로 본다.

ⓛ **취소** : 법률행위의 취소란 법률행위가 일단 성립하였다가 취소가 있으면 소급하여 법률효과가 소멸되는 것을 말한다.

ⓐ **법률행위의 취소권자** : 취소할 수 있는 법률행위는 제한능력자, 착오로 인하거나 사기 · 강박에 의하여 의사표시를 한 자, 그 대리인 또는 승계인에 한하여 취소할 수 있다.

ⓑ **취소의 효과** : 취소한 법률행위는 처음부터 무효인 것으로 본다. 다만, 제한능력자는 그 행위로 인하여 받은 이익이 현존하는 한도에서 상환할 책임이 있다.

ⓒ 추인

- 방법 · 효과 : 취소할 수 있는 법률행위는 제한능력자, 착오로 인하거나 사기 · 강박에 의하여 의사표시를 한 자, 그 대리인 또는 승계인이 추인할 수 있고 추인 후에는 취소하지 못한다.
- 요건 : 추인은 법정대리인 또는 후견인이 추인하는 경우를 제외하고는 취소의 원인이 소멸된 후에 하지 아니하면 효력이 없다.
- 법정추인 : 취소할 수 있는 법률행위에 관하여 전조의 규정에 의하여 추인할 수 있는 후에 전부나 일부의 이행, 이행의 청구, 경개, 담보의 제공, 취소할 수 있는 행위로 취득한 권리의 전부나 일부의 양도, 강제집행의 사유가 있으면 추인한 것으로 본다.

ⓓ **취소권의 소멸** : 취소권은 추인할 수 있는 날로부터 3년 내, 법률행위를 한 날로부터 10년 내에 행사하여야 한다.

⑥ 조건과 기한

㉠ 조건

ⓐ 의의 : 법률행위의 효력발생이나 소멸을 좌우하는 장래의 불확실한 사실의 성부에 연결시키는 부관을 말한다.

ⓑ **조건성취의 효과** : 원칙적으로 정지조건이 있는 법률행위는 조건이 성취한 때로부터 그 효력이 생기고, 해제조건이 있는 법률행위는 조건이 성취한 때로부터 그 효력을 잃는다.

ⓒ 불법조건 · 기성조건 · 불능조건

- 불법조건 : 조건이 선량한 풍속, 기타 사회질서에 위반한 것인 때에는 그 법률행위는 무효로 한다.
- 기성조건 : 조건이 법률행위의 당시 이미 성취한 것인 경우에는 그 조건이 정지조건이면 조건 없는 법률행위로 하고, 해제조건이면 그 법률행위는 무효로 한다.
- 불능조건 : 조건이 법률행위의 당시에 이미 성취할 수 없는 것인 경우에는 그 조건이 해제조건이면 조건 없는 법률행위로 하고, 정지조건이면 그 법률행위는 무효로 한다.

㉡ 기한

ⓐ 의의 : 법률행위의 효력발생이나 소멸을 좌우하는 장래의 확실한 사실의 성부에 연결시키는 부관을 말한다.

ⓑ 기한도래의 효과 : 시기 있는 법률행위는 기한이 도래한 때로부터 효력이 생기고, 종기 있는 법률행위는 기한이 도래한 때로부터 효력을 잃는다.

ⓒ 기한의 이익과 그 포기 : 기한은 채무자의 이익을 위한 것으로 추정하고 기한으로 인한 이익은 포기할 수 있다. 그러나 상대방의 이익을 해하지 못한다.

⑦ 기간

㉠ 기간의 기산점

ⓐ 기간을 시, 분, 초로 정한 때에는 즉시로부터 기산한다.

ⓑ 기간을 일, 주, 월 또는 연으로 정한 때에는 기간의 초일을 불산입한다.

ⓒ 기간이 오전 영시로부터 시작하는 때에는 초일을 산입한다.

㉡ 연령의 기산점 : 연령계산에는 출생일을 산입한다.

㉢ 기간의 만료점

ⓐ 기간을 일, 주, 월 또는 연으로 정한 때에는 기간말일의 종료로 기간이 만료한다.

ⓑ 기간의 말일이 토요일 또는 공휴일에 해당한 때에는 기간은 그 익일로 만료한다.

㉣ 역법적 계산

ⓐ 기간을 주, 월 또는 연으로 정한 때에는 역(曆)에 의하여 계산한다.

ⓑ 주, 월 또는 연의 처음으로부터 기간을 기산하지 아니하는 때에는 최후의 주, 월 또는 연에서 그 기산일에 해당한 날의 전일로 기간이 만료한다.

ⓒ 월 또는 연으로 정한 경우에 최종의 월에 해당일이 없는 때에는 그 월의 말일로 기간이 만료한다.

⑧ 소멸시효

㉠ 의의 : 권리자가 오랫동안 권리를 행사하지 않을 경우 그 권리행사의 태만에 대한 제재와 채무자의 입증곤란의 구제를 위하여 일정기간이 지난 후 권리자의 권리를 소멸시키는 제도를 말한다.

㉡ 요건

ⓐ 권리가 소멸시효의 대상이 되는 것이어야 한다.

ⓑ 권리자가 권리를 행사할 수 있음에도 이를 불행사한 경우여야 한다.

ⓒ 권리를 행사하지 않는 기간이 일정기간 지속되어야 한다.

㉢ 소멸시효 기산점 : 소멸시효는 권리를 행사할 수 있는 때로부터 진행하고, 부작위를 목적으로 하는 채권의 소멸시효는 위반행위를 한 때로부터 진행한다.

㉣ 소멸시효 기간

ⓐ 20년 : 채권과 소유권을 제외한 기타의 재산권

ⓑ 10년 : 채권, 판결에 의하여 확정된 채권

ⓒ 3년의 단기소멸시효

- 이자, 부양료, 급료, 사용료, 기타 1년 내의 기간으로 정한 금전 또는 물건의 지급을 목적으로 한 채권
- 의사, 조산사, 간호사 및 약사의 치료, 근로 및 조제에 관한 채권
- 도급받은 자, 기사, 기타 공사의 설계 또는 감독에 종사하는 자의 공사에 관한 채권
- 변호사, 변리사, 공증인, 공인회계사 및 법무사에 대한 직무상 보관한 서류의 반환을 청구하는 채권

- 변호사, 변리사, 공증인, 공인회계사 및 법무사의 직무에 관한 채권
- 생산자 및 상인이 판매한 생산물 및 상품의 대가
- 수공업자 및 제조자의 업무에 관한 채권

ⓓ 1년의 단기소멸시효

- 여관, 음식점, 대석, 오락장의 숙박료, 음식료, 대석료, 입장료, 소비물의 대가 및 체당금의 채권
- 의복, 침구, 장구, 기타 동산의 사용료의 채권
- 노역인, 연예인의 임금 및 그에 공급한 물건의 대금채권
- 학생 및 수업자의 교육, 의식 및 유숙에 관한 교주, 숙주, 교사의 채권

㉤ 시효의 중단

ⓐ **중단사유** : 청구, 압류 또는 가압류 · 가처분, 승인

ⓑ **중단의 효력** : 시효의 중단은 당사자 및 그 승계인간에만 효력이 있다.

㉥ **시효의 이익의 포기** : 소멸시효의 이익은 미리 포기하지 못하고, 법률행위에 의하여 배제, 연장 또는 가중할 수 없으나 이를 단축 또는 경감할 수는 있다.

5 재산법

① **의의** … 재산법이란 신분적 생활관계를 규율하는 신분법과는 달리 재산적 생활관계를 규율하는 법률을 말하는 것으로 물권법 · 채권법 및 재산관계를 규율하는 민사특별법(방문판매 등에 관한 법률, 부동산등기법, 할부거래에 관한 법률, 주택임대차보호법 등)이 이에 해당된다.

② **물권법**

㉠ **물권법정주의** : 물권의 종류와 내용은 민법, 기타 법률 또는 관습법에 의하여 인정되며 당사자가 임의로 창설하지 못한다는 원칙이다.

㉡ 물권의 효력

ⓐ **물권상호 간의 효력** : 소유권의 경우 동일한 물건 위에 동시에 성립할 수 없지만, 제한물권의 경우에는 양립이 가능하므로 시간적으로 먼저 성립한 물권이 우선하게 된다.

ⓑ **물권과 채권 간의 효력** : 언제나 물권이 채권에 우선한다.

㉢ 부동산 물권의 변동

ⓐ 공시 · 공신의 원칙

- 공시의 원칙 : 물권의 변동을 외부에 표시하여야 한다는 원칙을 말하는 것으로, 현재의 물권의 공시제도로는 등기, 인도, 등록, 증권의 배서와 교부 등이 있다.
- 공신의 원칙 : 공시가 실체관계에 합치하지 않더라도 그 공시를 신뢰하여 법률행위를 한 자가 있는 경우에는 그 자의 신뢰를 보호하여 그 권리가 존재하는 것으로 의제하여 주는 제도를 말한다. 현행법상 공신의 원칙이 적용되는 제도로는 동산의 선의취득, 채권의 준점유자에 대한 변제, 표현대리, 영수증 소지자에 대한 변제 등을 들 수 있다.

ⓑ 부동산 등기

- 등기의 종류
  - 예비등기
  - 경정등기와 변경등기
  - 말소등기와 회복등기
- 등기의 절차 : 등기는 진정성의 보장을 위해서 공동신청이 원칙이나, 예외적으로 진정성이 보장되는 경우 또는 등기의무자가 없는 경우에는 단독신청이 가능하다.

㉣ 동산물권의 변동

ⓐ **선의취득** : 무권리자의 처분행위는 원칙적으로 무효이나, 예외적으로 동산의 공시방법인 점유를 신뢰하고 법률행위를 한 양수인이 소유권을 취득하도록 하여 거래의 안전을 보호하려는 제도를 선의취득이라고 한다.

ⓑ 도품 · 유실물의 특칙

- 선의취득을 한 경우라도 그 동산이 도품이나 유실물인 때에는 피해자 또는 유실자는 유실물이 도품이나 금전일 경우를 제외하고는 도난 또는 유실한 날로부터 2년 내에 그 물건의 반환을 청구할 수 있다.
- 양수인이 도품 · 유실물을 경매나 공개시장에서 또는 같은 종류의 물건을 판매하는 상인에게서 선의로 매수한 때에는 피해자 또는 유실자는 양수인이 지급한 대가를 변상하고 그 물건의 반환을 청구할 수 있다.

㉤ **물권의 소멸** : 목적물의 멸실 · 공용징수 · 소멸시효 · 물권의 혼동 · 물권의 포기 등

TIP

물권의 혼동
서로 대립하는 두 개의 물권이 동일인에게 귀속되는 것으로, 이는 두 개의 물권을 동시에 인정할만한 필요성이 없는 경우 하나의 물권이 다른 물권에 흡수되어 소멸하는 경우를 의미한다.

③ 물권의 종류

㉠ **점유권** : 물건을 사실상 지배하는 사람에게 권리를 부여하는 것으로 점유라는 사실 그 자체에 대하여서만 인정되므로 점유를 상실하면 점유권은 소멸하게 된다. 그러나 아래와 같은 규정에 의해 점유를 회수한 때에는 그러하지 아니하다.

ⓐ 점유자가 점유의 침탈을 당한 때에는 그 물건의 반환 및 손해의 배상을 청구 할 수 있다.

ⓑ ⓐ의 청구권은 침탈자의 특별승계인에 대하여는 행사하지 못한다. 그러나 승계인이 악의인 때는 그렇지 않다.

ⓒ ⓐ의 청구권은 침탈을 당한 날로부터 1년 내에 행사하여야 한다.

㉡ 소유권

ⓐ **의의** : 법률의 범위 내에서 그 소유물을 사용 · 수익 · 처분할 전면적 권리를 의미하고, 토지의 소유권은 정당한 이익이 있는 범위 내에서 토지의 상하에 미친다.

ⓑ 공동소유

내용 \ 종류	공유	합유	총유
지분의 처분	자유로움	전원의 동의 要	지분이 없음
목적물의 처분 · 변경	전원의 동의 要	전원의 동의 要	사원총회의 결의 要
사용 · 수익	전부를 지분비율에 의함	전원의 동의 또는 정관의 규정에 의함	정관, 기타의 규약에 의함
보존행위	각자가 할 수 있음	각자가 할 수 있음	정관, 기타의 규약에 의함
분할청구	자유로움	불가	불가

㉢ 용익물권

ⓐ **지상권** : 타인의 토지에 건물, 기타 공작물이나 수목을 소유하기 위하여 그 토지를 사용하는 권리를 말한다.

ⓑ **지역권** : 일정한 목적을 위하여 타인의 토지를 자기토지의 편익에 이용하는 권리를 말한다.

ⓒ **전세권** : 전세금을 지급하고 타인의 부동산을 점유하여 그 부동산의 용도에 좇아 사용 · 수익하며, 그 부동산 전부에 대하여 후순위권리자 기타 채권자보다 전세금의 우선변제를 받을 권리를 말한다(농경지는 전세권의 목적으로 하지 못한다).

㉣ 담보물권

ⓐ **유치권** : 타인의 물건 또는 유가증권을 점유한 자가 그 물건이나 유가증권에 관하여 생긴 채권이 변제기에 있는 경우 변제를 받을 때까지 그 물건 또는 유가증권을 유치할 수 있는 권리를 말한다(그 점유가 불법행위로 인한 경우에 적용하지 아니한다).

ⓑ **질권** : 동산에만 인정되는 권리로, 채권의 담보로 채무자 또는 제3자가 제공한 동산을 점유하고 그 동산에 대하여 다른 채권자보다 자기채권의 우선변제를 받을 권리를 말한다.

ⓒ **저당권** : 채무자 또는 제3자가 점유를 이전하지 아니하고 채무의 담보로 제공한 부동산에 대하여 다른 채권자보다 자기채권의 우선변제를 받을 권리를 말한다.

민법에서 인정되는 담보물권에 해당하지 않는 것은?

① 저당권 ② 질권
③ 지역권 ④ 유치권

★ 민법상 담보물권은 유치권, 질권, 저당권이다.

답 ③

④ **채권법 일반**

㉠ **계약자유의 원칙** : 채권법에서는 물권법의 물권법정주의와는 달리 법률관계의 형성이 1차적으로 당사자의 자유에 맡겨진다는 것을 말한다. 따라서 원칙적으로 채권법의 규정들은 당사자의 의사가 불명확하거나 결여된 경우에만 적용된다.

㉡ **채권의 목적** : 금전으로 가액을 산정할 수 없는 것이라도 채권의 목적으로 할 수 있다.

ⓐ **특정물채권** : 특정물의 인도가 채권의 목적인 때에는 채무자는 그 물건을 인도하기까지 선량한 관리자의 주의로 보존하여야 한다.

ⓑ **종류채권** : 채권의 목적을 종류로만 지정한 경우에 법률행위의 성질이나 당사자의 의사에 의하여 품질을 정할 수 없는 때에는 채무자는 중등품질의 물건으로 이행하여야 하며, 이 경우 채무자가 이행에 필요한 행위를 완료하거나 채권자의 동의를 얻어 이행할 물건을 지정한 때에는 그때로부터 그 물건을 채권의 목적물로 한다.

ⓒ **금전채권** : 채권의 목적이 어느 종류의 통화로 지급할 것인 경우에 그 통화가 변제기에 강제통용력을 잃은 때에는 채무자는 다른 통화로 변제하여야 한다.

ⓓ **선택채권** : 채권의 목적이 수개의 행위 중에서 선택에 좇아 확정될 경우에 다른 법률의 규정이나 당사자의 약정이 없으면 선택권은 채무자에게 있다.

ⓔ **외화채권**

- 채권의 목적이 다른 나라 통화로 지급할 것인 경우에는 채무자는 자기가 선택한 그 나라의 각 종류의 통화로 변제할 수 있다.
- 채권의 목적이 어느 종류의 다른 나라 통화로 지급할 것인 경우에 그 통화가 변제기에 강제통용력을 잃은 때에는 그 나라의 다른 통화로 변제하여야 한다.

㉢ **채권의 효력**

ⓐ **채무불이행과 손해배상** : 채무자가 채무의 내용에 좇은 이행을 하지 아니한 때에는 채무자의 고의나 과실 없이 이행할 수 없게 된 때를 제외하고, 채권자는 손해배상을 청구할 수 있다.

ⓑ **이행지체** : 채무이행의 확정기한이 있는 경우에는 채무자는 기한이 도래한 때로부터 지체책임이 있는데, 채무이행의 불확정한 기한이 있는 경우에는 채무자는 기한이 도래함을 안 때로부터 지체책임이 있고, 채무이행의 기한이 없는 경우에는 채무자는 이행청구를 받은 때로부터 지체책임이 있다.

ⓒ **이행불능**

- 당사자일방의 채무가 채권자의 책임 있는 사유로 이행할 수 없게 된 때와 채권자의 수령지체 중에 당사자 쌍방의 책임 없는 사유로 이행할 수 없게 된 때에는 채무자는 상대방의 이행을 청구할 수 있고 이때 채무자는 자기의 채무를 면함으로써 이익을 얻은 때에는 이를 채권자에게 상환하여야 한다.
- 채무자의 책임 있는 사유로 이행이 불능하게 된 때에는 채권자는 계약을 해제할 수 있다.

ⓓ **불완전이행** : 채무자가 채무의 이행이라는 적극적 이행행위를 하는 경우, 그 행위가 불완전하여 채권자에게 손해가 발생한 경우를 의미한다. 예를 들면 카펫을 사러갔다가 진열해 놓은 카펫들이 넘어져서 상해를 입은 경우, 상한 음식을 사먹고 배탈이 난 경우 등이 있다.

ⓔ **강제이행** : 채무자가 임의로 채무를 이행하지 아니하는 때에는 채권자는 채무의 성질이 강제이행을 하지 못하는 경우를 제외하고는 그 강제이행을 법원에 청구할 수 있다.

- 채무가 법률행위를 목적으로 한 때에는 채무자의 의사표시에 갈음할 재판을 청구할 수 있고 채무자의 일신에 전속하지 아니한 작위를 목적으로 한 때에는 채무자의 비용으로 제삼자에게 이를 하게 할 것을 법원에 청구할 수 있다.
- 채무가 부작위를 목적으로 한 경우에 채무자가 이에 위반한 때에는 채무자의 비용으로써 그 위반한 것을 제각하고 장래에 대한 적당한 처분을 법원에 청구할 수 있다.

ⓕ **채권자지체** : 채권자가 이행을 받을 수 없거나 고의로 받지 아니한 때에는 이행의 제공이 있는 때로부터 지체책임이 발생하며, 채권자지체 중 채무자에게 고의 또는 중대한 과실이 없으면 불이행으로 인한 모든 책임이 없다.

ⓖ **채권자대위권 · 채권자취소권**

- 채권자대위권 : 채권자는 일신전속권을 제외하고는 자기의 채권을 보전하기 위하여 채무자의 권리를 행사할 수 있고, 채권자는 보전행위를 제외하고는 그 채권의 기한이 도래하기 전 법원의 허가 없이 이를 행사하지 못한다.
- 채권자취소권 : 채무자가 채권자를 해함을 알고 재산권을 목적으로 한 법률행위를 한 때에는 그 법률행위로 인하여 이익을 받은 자나 전득한 자가 그 행위 또는 전득 당시에 채권자를 해함을 알지 못한 경우를 제외하고는 채권자는 그 취소 및 원상회복을 법원에 청구할 수 있다. 이때 채권자취소소송은 채권자가 취소원인을 안 날로부터 1년, 법률행위가 있은 날로부터 5년 내에 제기하여야 한다.

㉣ 채권의 소멸사유

ⓐ **변제 · 대물변제**

- 변제 : 채무자가 채무의 내용에 따르는 이행을 하면 채권은 소멸한다.
- 대물변제 : 채무자가 채권자의 승낙을 얻어 본래의 채무이행에 갈음하여 다른 급여를 한 때에는 변제와 같은 효력이 있다.

ⓑ **공탁** : 채권자가 변제를 받지 아니하거나 받을 수 없는 때, 변제자가 과실 없이 채권자를 알 수 없는 때에는 변제자는 채권자를 위하여 변제의 목적물을 공탁하여 그 채무를 면할 수 있다.

ⓒ **상계** : 쌍방이 서로 같은 종류를 목적으로 한 채무를 부담한 경우에 그 쌍방의 채무의 이행기가 도래한 때에는 채무의 성질이 상계를 허용하지 아니할 때를 제외하고는 각 채무자는 대등액에 관하여 상계할 수 있다.

ⓓ **경개** : 당사자가 채무의 중요한 부분을 변경하는 계약을 한 때에는 구채무는 경개로 인하여 소멸한다.

ⓔ **면제** : 채권자가 채무자에게 채무를 면제하는 의사를 표시한 때에는 채권은 소멸한다.

ⓕ **혼동** : 채권과 채무가 동일한 주체에 귀속한 때에는 채권은 소멸한다.

⑤ 채권각칙

㉠ **계약** : 청약과 승낙이라는 2개 이상의 반대방향의 의사의 합치에 의하여 성립하고, 제3자를 위한 계약도 가능하다.

ⓐ **계약의 성립**

- 청약의 구속력 : 계약의 청약은 이를 철회하지 못한다.
- 의사실현에 의한 계약 성립 : 청약자의 의사표시나 관습에 의하여 승낙의 통지가 필요하지 아니한 경우에는 계약은 승낙의 의사표시로 인정되는 사실이 있는 때에 성립한다.
- 교차청약 : 당사자 간에 동일한 내용의 청약이 상호교차 된 경우에는 양 청약이 상대방에게 도달한 때에 계약이 성립한다.
- 변경을 가한 승낙 : 승낙자가 청약에 대하여 조건을 붙이거나 변경을 가하여 승낙한 때에는 그 청약의 거절과 동시에 새로 청약한 것으로 본다.
- 계약체결상의 과실 : 목적이 불능한 계약을 체결할 때에 그 불능을 알았거나 알 수 있었을 자는 상대방이 그 계약의 유효를 믿었음으로 인하여 받은 손해를 배상하여야 한다. 그러나 그 배상액은 계약이 유효함으로 인하여 생길 이익액을 넘지 못한다.
- 계약의 성립시기 : 대화자 사이의 계약은 의사표시의 도달 시기 여부와 관계없이 청약과 승낙의 의사표시에 의해 성립되며, 격지자 간의 계약은 청약의 의사표시를 받고 승낙의 의사표시를 발송한 시점에 계약이 성립된다.

ⓑ **계약의 효력**

- 동시이행의 항변권 : 쌍무계약의 당사자일방은 상대방의 채무가 변제기에 있지 않은 경우를 제외하고는 상대방이 그 채무이행을 제공할 때까지 자기의 채무이행을 거절할 수 있다.
- 채무자위험부담주의 : 쌍무계약의 당사자일방의 채무가 당사자쌍방의 책임 없는 사유로 이행할 수 없게 된 때에는 채무자는 상대방의 이행을 청구하지 못한다.
- 제3자를 위한 계약 : 계약에 의하여 당사자 일방이 제3자에게 이행할 것을 약정한 때에는 그 제3자는 채무자에게 직접 그 이행을 청구할 수 있다.

ⓒ **계약의 해지 · 해제** : 계약 또는 법률의 규정에 의하여 당사자의 일방이나 쌍방이 해지 또는 해제의 권리가 있는 때에는 그 해지 또는 해제는 상대방에 대한 의사표시로 해야 하며, 이러한 해지 · 해제의 의사표시는 철회하지 못한다.

TIP

전형계약

법률에 일반적으로 행하여지는 계약의 전형으로서 특히 규정을 둔 계약이다. 유명계약이라고도 한다. 민법에서는 증여로부터 시작하여 매매 · 교환 · 소비대차(消費貸借) · 사용대차(使用貸借) · 임대차(賃貸借) · 고용(雇傭) · 도급(都給)여행계약 · 현상광고(懸賞廣告) · 위임(委任) · 임치(任置) · 조합(組合) · 종신정기금(終身定期金) · 화해(和解)에 이르기까지 도합 15종의 전형계약을 규정하고 있다. 이밖에 상법에서도 창고계약 · 운송계약 · 보험계약 등을 볼 수 있다.

민법상 전형계약에 속하지 않는 것은?

① 도급계약 ② 임치계약
③ 교환계약 ④ 중개계약

★ 민법상의 전형계약 15가지 : 증여, 매매, 교환, 소비대차, 사용대차, 임대차, 고용, 도급, 여행계약 현상광고, 위임, 임치, 조합, 종신정기금, 화해

답 ④

ⓛ **증여** : 증여는 당사자 일방이 무상으로 재산을 상대방에 수여하는 의사를 표시하고 상대방이 이를 승낙함으로써 그 효력이 생긴다.

ⓒ **매매** : 매매는 당사자 일방이 재산권을 상대방에게 이전할 것을 약정하고 상대방이 그 대금을 지급할 것을 약정함으로써 그 효력이 생긴다.

ⓡ **교환** : 교환은 당사자 쌍방이 금전 이외의 재산권을 상호 이전할 것을 약정함으로써 그 효력이 생긴다.

ⓜ **소비대차 · 사용대차 · 임대차**

ⓐ **소비대차** : 당사자 일방이 금전, 기타 대체물의 소유권을 상대방에게 이전할 것을 약정하고 상대방은 그와 같은 종류, 품질 및 수량으로 반환할 것을 약정함으로써 그 효력이 생긴다.

ⓑ **사용대차** : 당사자 일방이 상대방에게 무상으로 사용 · 수익하게 하기 위하여 목적물을 인도할 것을 약정하고 상대방은 이를 사용 · 수익한 후 그 물건을 반환할 것을 약정함으로써 그 효력이 생긴다.

ⓒ **임대차** : 당사자 일방이 상대방에게 목적물을 사용 · 수익하게 할 것을 약정하고 상대방이 이에 대하여 차임을 지급할 것을 약정함으로써 그 효력이 생긴다.

ⓑ **고용 · 도급**

ⓐ **고용** : 당사자 일방이 상대방에 대하여 노무를 제공할 것을 약정하고 상대방이 이에 대하여 보수를 지급할 것을 약정함으로써 그 효력이 생긴다.

ⓑ **도급** : 당사자 일방이 어느 일을 완성할 것을 약정하고 상대방이 그 일의 결과에 대하여 보수를 지급할 것을 약정함으로써 그 효력이 생긴다.

ⓢ **여행계약** : 여행계약은 당사자 한쪽이 상대방에게 운송 · 숙박 · 관광 또는 그 밖의 여행관련 용역을 결합하여 제공하기로 약정하고 상대방이 그 대금을 지급하기로 약정함으로써 효력이 생긴다.

ⓞ **현상광고** : 현상광고는 광고자가 어느 행위를 한 자에게 일정한 보수를 지급할 의사를 표시하고 이에 응한 자가 그 광고에 정한 행위를 완료함으로써 그 효력이 생긴다.

ⓙ **위임 · 임치**

ⓐ **위임** : 위임은 당사자 일방이 상대방에 대하여 사무의 처리를 위탁하고 상대방이 이를 승낙함으로써 그 효력이 생기는데, 수임인은 선량한 관리자의 주의로써 위임사무를 처리하여야 한다.

ⓑ 임치 : 임치는 당사자 일방이 상대방에 대하여 금전이나 유가증권, 기타 물건의 보관을 위탁하고 상대방이 이를 승낙함으로써 효력이 생긴다.

㉧ 조합 : 조합은 2인 이상이 상호 출자하여 공동사업을 경영할 것을 약정함으로써 그 효력이 생기는데, 이때 출자는 금전, 기타 재산 또는 노무로 할 수 있다.

㉨ 종신정기금 : 종신정기금계약은 당사자 일방이 자기, 상대방 또는 제3자의 종신까지 정기로 금전, 기타의 물건을 상대방 또는 제3자에게 지급할 것을 약정함으로써 그 효력이 생긴다.

㉩ 화해 : 화해는 당사자가 상호 양보하여 당사자 간의 분쟁을 종지할 것을 약정함으로써 그 효력이 생긴다.

㉪ 사무관리 : 의무 없이 타인을 위하여 사무를 관리하는 것을 말하며, 관리자는 그 사무의 성질에 좇아 가장 본인에게 이익이 되는 방법으로 이를 관리하여야 한다.

㉫ 부당이득 · 불법행위

ⓐ 부당이득 : 법률상 원인 없이 타인의 재산 또는 노무로 인하여 이익을 얻고 이로 인하여 타인에게 손해를 가한 자는 그 이익을 반환하여야 한다.

ⓑ 불법행위 : 고의 또는 과실로 인한 위법행위로 타인에게 손해를 가한 자는 그 손해를 배상할 책임이 있다.

6 가족법

① 가족법의 특징

㉠ 친족권의 성격 : 친족권은 일신전속적이고 배타적인 권리이므로 원칙적으로 양도 · 처분 · 대리가 허용되지 않고, 침해되더라도 방해배제 청구나 손해배상 청구가 가능하다.

㉡ 상속권의 성격 : 재산적 성격이 친족권에 비해 강하며 상속재산의 양도 또는 담보설정도 가능하다.

㉢ 요식성 : 혼인 · 입양 · 파양 · 인지 · 상속 등과 같이 당사자의 합의뿐만 아니라 일정한 형식을 요건으로 한다.

㉣ 일신전속성 : 가족법은 특정 주체만이 향유할 수 있는 권리이다.

② 친족법

㉠ 친족의 정의 : 배우자, 혈족 및 인척

ⓐ 혈족

- 직계혈족 : 자기의 직계존속과 직계비속
- 방계혈족 : 자기의 형제자매와 형제자매의 직계비속, 직계존속의 형제자매 및 그 형제자매의 직계비속
- 인척 : 혈족의 배우자, 배우자의 혈족, 배우자의 혈족의 배우자

ⓑ 혈족의 촌수의 계산

- 직계혈족 : 자기로부터 직계존속에 이르고 자기로부터 직계비속에 이르러 그 세수를 정한다.
- 방계혈족 : 자기로부터 동원의 직계존속에 이르는 세수와 그 동원의 직계존속으로부터 그 직계비속에 이르는 세수를 통산하여 그 촌수를 정한다.

ⓒ 인척의 촌수의 계산 : 인척은 배우자의 혈족에 대하여는 배우자의 그 혈족에 대한 촌수에 따르고, 혈족의 배우자에 대하여는 그 혈족에 대한 촌수에 따른다.

ⓓ 친족의 범위 : 8촌 이내의 혈족, 4촌 이내의 인척, 배우자

㉡ 혼인

ⓐ 약혼

- 약혼연령 : 18세가 된 사람은 부모나 미성년후견인의 동의를 받아 약혼할 수 있다.
- 약혼해제사유 : 약혼 후 자격정지 이상의 형을 선고받은 경우, 약혼 후 성년후견개시나 한정후견개시의 심판을 받은 경우, 성병, 불치의 정신병, 그 밖의 불치의 병질(病疾)이 있는 경우, 약혼 후 다른 사람과 약혼이나 혼인을 한 경우, 약혼 후 다른 사람과 간음(姦淫)한 경우, 약혼 후 1년 이상 생사(生死)가 불명한 경우, 정당한 이유 없이 혼인을 거절하거나 그 시기를 늦추는 경우, 그 밖에 중대한 사유가 있는 경우

ⓑ 혼인

- 혼인적령 : 만 18세에 달한 때에는 혼인할 수 있고, 미성년자가 혼인을 하는 경우에는 부모의 동의를 얻어야 하며, 부모 중 일방이 동의권을 행사할 수 없는 경우에는 다른 일방의 동의를 얻어야 하고, 부모가 모두 동의권을 행사할 수 없는 경우에는 미성년후견인의 동의를 얻어야 한다.
- 혼인의 성립 : 혼인은 가족관계의 등록 등에 관한 법률에 정한 바에 의하여 신고함으로써 그 효력이 생긴다.

ⓒ 혼인의 무효와 취소

- 혼인의 무효원인 : 당사자 간에 혼인의 합의가 없는 때, 8촌 이내의 혈족 사이에서 혼인한 경우, 당사자 간에 직계인척관계가 있거나 있었던 때, 당사자 간에 양부모계의 직계혈족관계가 있었던 때
- 혼인의 취소
  - 혼인적령에 미달하는 자의 혼인, 동의를 받지 않은 미성년자의 혼인, 근친혼에 해당되는 경우 또는 중혼인 경우
  - 혼인 당시 당사자 일방에 부부생활을 계속할 수 없는 악질, 기타 중대한 사유가 있음을 알지 못한 때
  - 사기 또는 강박으로 인하여 혼인의 의사표시를 한 때

ⓓ 혼인의 효력

- 부부 간의 의무 : 동거 · 부양 · 협조의무, 동거장소 협의의무
- 성년의제 : 미성년자가 혼인을 한 때에는 성년자로 보는데, 이때의 성년의제는 사법상의 권리와 의무에서만 적용되며 공법상으로까지 성년으로 의제되는 것은 아니다.
- 부부 간의 일상가사대리권의 발생
- 생활비용의 공동부담의무

- 가사로 인한 채무의 연대책임 : 부부의 일방이 일상의 가사에 관하여 제3자와 법률행위를 한 때에는 다른 일방은 이로 인한 채무에 대하여 연대책임이 있다.
- 특유재산 관리권 : 부부는 그 특유재산을 각자 관리 · 사용 · 수익한다.

㉢ 이혼

ⓐ **협의상 이혼** : 부부는 협의에 의하여 이혼할 수 있다.

- 이혼의 성립 : 협의상 이혼은 가정법원의 확인을 받아 가족관계의 등록 등에 관한 법률의 정한 바에 의하여 신고함으로써 그 효력이 생긴다.
- 재산분할청구권 : 협의상 이혼한 자의 일방은 다른 일방에 대하여 재산분할을 청구할 수 있다.

ⓑ **재판상 이혼의 원인** : 배우자에 부정한 행위가 있었을 때, 배우자가 악의로 다른 일방을 유기한 때, 배우자 또는 그 직계존속으로부터 심히 부당한 대우를 받았을 때, 자기의 직계존속이 배우자로부터 심히 부당한 대우를 받았을 때, 배우자의 생사가 3년 이상 분명하지 아니한 때, 기타 혼인을 계속하기 어려운 중대한 사유가 있을 때

재판상 이혼은 합의에 의한 것이 아니기 때문에 민법상 규정된 사유가 발생해야 신청이 가능하다. 다음 중 민법에서 규정하고 있는 재판상 이혼원인에 해당하지 않는 것은?

① 배우자의 생사가 1년간 분명하지 아니한 때
② 배우자가 악의로 다른 일방을 유기한 때
③ 배우자로부터 심히 부당한 대우를 받았을 때
④ 자기의 직계존속이 배우자로부터 심히 부당한 대우를 받았을 때

★① 배우자의 생사가 3년 이상 분명하지 아니한 때

답 ①

㉣ 부모와 자

ⓐ 친생자

- 부의 친생자의 추정
  - 처가 혼인 중에 포태한 자는 부의 자로 추정한다.
  - 혼인성립의 날로부터 2백일 후 또는 혼인관계 종료의 날로부터 3백일 내에 출생한 자는 혼인 중에 포태한 것으로 추정한다.

TIP

헌법재판소는 민법 제844조(부의 친생자 추정) 제3항 중 "혼인관계 종료의 날로부터 300일 내에 출생한 자"에 관한 부분은 헌법에 합치되지 아니한다고 판시하였다(헌재 2013헌마623, 2015.4.30). 이 법률조항 부분은 입법자가 개정할 때까지 계속 적용된다.

- 인지
  - 혼인 외의 출생자는 그 생부나 생모가 이를 인지할 수 있는데, 부모의 혼인이 무효인 때에는 출생자는 혼인 외의 출생자로 본다.
  - 혼인 외의 출생자는 그 부모가 혼인한 때에는 그때로부터 혼인 중의 출생자로 본다.

ⓑ 양자

- 입양을 할 능력 : 성년이 된 사람은 입양을 할 수 있다.
- 입양에 대한 부모의 동의
  - 미성년자 입양 : 양자가 될 미성년자는 부모의 동의를 받아야 한다. 다만, 부모가 입양의 의사표시에 따른 동의를 하거나 승낙을 한 경우, 부모가 친권상실의 선고를 받은 경우, 부모의 소재를 알 수 없는 등의 사유로 동의를 받을 수 없는 경우는 제외한다. 가정법원은 부모가 3년 이상 자녀에 대한 부양의무를 이행하지 않은 경우나 부모가 자녀를 학대 또는 유기하거나 그 밖에 자녀의 복리를 현저히 해친 경우는 부모가 동의를 거부하더라도 입양의 허가를 할 수 있으며 이 경우 가정법원은 부모를 심문하여야 한다.
  - 성년자 입양 : 양자가 될 사람이 성년인 경우에도 부모의 동의를 받아야 한다. 다만, 부모의 소재를 알 수 없는 등의 사유로 동의를 받을 수 없는 경우는 제외한다. 가정법원은 부모가 정당한 이유 없이 동의를 거부하는 경우 양부모가 될 사람이나 양자가 될 사람의 청구에 따라 부모의 동의를 갈음하는 심판을 할 수 있으며, 이 경우 가정법원은 부모를 심문하여야 한다.
- 부부의 공동 입양 : 배우자가 있는 사람은 배우자와 공동으로 입양하여야 하고, 배우자가 있는 사람은 그 배우자의 동의를 받아야만 양자가 될 수 있다.
- 입양의 금지 : 존속이나 연장자를 입양할 수 없다.
- 입양의 성립 : 입양은 가족관계의 등록 등에 관한 법률에서 정한 바에 따라 신고함으로써 그 효력이 생긴다.
- 입양 무효의 원인 : 당사자 사이에 입양의 합의가 없는 경우, 가정법원의 허가를 받지 않고 미성년자를 입양한 경우, 양자가 될 사람이 13세 미만인 경우 법정대리인의 갈음으로 입양 승낙을 받지 않은 경우, 존속이나 연장자를 입양한 경우
- 입양취소의 원인 : 성년에 달하지 않은 자가 입양을 한 경우, 양자가 될 사람이 13세 이상의 미성년자이나 법정대리인의 동의 승낙을 받지 않은 경우, 법정대리인의 소재를 알 수 없는 등의 사유로 동의 또는 승낙을 받을 수 없는 경우, 양자가 될 자가 부모의 동의를 받지 않은 경우, 피성년후견인이 성년후견인의 동의를 받지 않고 입양을 하거나 양자가 된 경우, 배우자가 있는 사람은 배우자와 공동으로 입양하지 않거나 그 배우자의 동의를 받지 않은 경우, 입양 당시 양부모와 양자 중 어느 한쪽에게 악질(惡疾)이나 그 밖에 중대한 사유가 있음을 알지 못한 경우, 사기 또는 강박으로 인하여 입양의 의사표시를 한 경우
- 파양(罷養)
  - 협의상 파양 : 양부모와 양자는 협의하여 파양할 수 있다. 양자가 미성년자 또는 피성년후견인인 경우는 제외하며, 피성년후견인인 양부모는 성년후견인의 동의를 받아 파양을 협의할 수 있다.
  - 재판상 파양의 원인 : 양부모가 양자를 학대 또는 유기하거나 그 밖에 양자의 복리를 현저히 해친 경우, 양부모가 양자로부터 심히 부당한 대우를 받은 경우, 양부모나 양자의 생사가 3년 이상 분명하지 않은 경우, 그 밖에 양친자관계를 계속하기 어려운 중대한 사유가 있는 경우

ⓒ **친양자** : 양아버지나 새 아버지의 성과 본을 따르는 양자를 친양자라고 하며 친양자는 부부의 혼인 중 출생자로 본다.

ⓓ 친권

- 친권자

- 부모는 미성년자인 자의 친권자가 되고 양자의 경우에는 양부모가 친권자가 된다.
- 친권은 부모가 혼인 중인 때에는 부모가 공동으로 이를 행사하나, 부모의 의견이 일치하지 아니하는 경우에는 당사자의 청구에 의하여 가정법원이 이를 정한다.
- 부모의 일방이 친권을 행사할 수 없을 때에는 다른 일방이 이를 행사한다.
- 혼인 외의 자가 인지된 경우와 부모가 이혼하는 경우에는 부모의 협의로 친권자를 정하여야 하고, 협의할 수 없거나 협의가 이루어지지 아니하는 경우에는 가정법원은 직권으로 또는 당사자의 청구에 따라 친권자를 지정하여야 한다. 다만, 부모의 협의가 자(子)의 복리에 반하는 경우에는 가정법원은 보정을 명하거나 직권으로 친권자를 정한다.
- 가정법원은 혼인의 취소, 재판상 이혼 또는 인지청구의 소의 경우에는 직권으로 친권자를 정한다.
- 가정법원은 자의 복리를 위하여 필요하다고 인정되는 경우에는 자의 4촌 이내의 친족의 청구에 의하여 정하여진 친권자를 다른 일방으로 변경할 수 있다.

- 친권의 효력 : 보호 · 교양의무, 자녀의 거소지정권, 징계권, 자의 특유재산관리권, 제3자가 무상으로 자에게 수여한 재산의 관리권, 자의 재산에 관한 대리권, 친권자와 그 자 간 또는 수인의 자 간의 이해상반행위가 있는 경우의 특별대리인 선임청구권 등이 발생한다.

㉤ 상속

ⓐ 상속의 개시

- 원인 : 상속은 사망으로 인하여 개시된다.
- 장소 : 상속은 피상속인의 주소지에서 개시한다.
- 상속비용 : 상속에 관한 비용은 상속재산 중에서 지급한다.

ⓑ 상속인

- 상속의 순위 : '피상속인의 직계비속 → 피상속인의 직계존속 → 피상속인의 형제자매 → 피상속인의 4촌 이내의 방계혈족'의 순서를 원칙으로 하며, 이 경우 동순위의 상속인이 수인인 때에는 최근친을 선순위로 하고 동친 등의 상속인이 수인인 때에는 공동상속인이 되며 태아는 상속순위에 관하여는 이미 출생한 것으로 본다.
- 대습상속 : 상속인이 될 직계비속 또는 형제자매가 상속개시 전에 사망하거나 결격자가 된 경우에 그 직계비속이 있는 때에는 그 직계비속이 사망하거나 결격된 자의 순위에 갈음하여 상속인이 된다.
- 배우자의 상속순위 : 피상속인의 배우자는 직계비속과 직계존속 중 상속인이 있는 경우에는 그 상속인과 동순위로 공동상속인이 되고 그 상속인이 없는 때에는 단독상속인이 된다. 상속개시 전에 사망 또는 결격된 자의 배우자는 동조의 규정에 의한 상속인과 동순위로 공동상속인이 되고 그 상속인이 없는 때에는 단독상속인이 된다.
- 상속인의 결격사유 : 고의로 직계존속, 피상속인, 그 배우자 또는 상속의 선순위나 동순위에 있는 자를 살해하거나 살해하려한 자, 고의로 직계존속, 피상속인과 그 배우자에게 상해를 가하여 사망에 이르게 한 자, 사기 또는 강박으로 피상속인의 상속에 관한 유언 또는 유언의 철회를 방해한 자, 사기 또는 강박으로 피상속인의 상속에 관한 유언을 하게 한 자, 피상속인의 상속에 관한 유언서를 위조 · 변조 · 파기 또는 은닉한 자

ⓒ **한정승인** : 상속인은 상속으로 인하여 취득할 재산의 한도에서 피상속인의 채무와 유증을 변제할 것을 조건으로 상속을 승인할 수 있다.

ⓑ 유언

ⓐ **유언의 요식성** : 유언은 일정한 방식에 의하지 아니하면 효력이 발생하지 아니한다.

ⓑ **유언적령** : 만 17세에 달하지 못한 자는 유언을 하지 못한다.

ⓒ **유언의 방식** : 자필증서 · 녹음 · 공정증서 · 비밀증서 · 구수증서의 5종으로 한다.

- 자필증서에 의한 유언 : 자필증서에 의한 유언은 유언자가 그 전문과 연월일, 주소, 성명을 자서하고 날인하여야 하고, 이 증서에 문자의 삽입, 삭제 또는 변경을 하는 경우에는 유언자가 이를 자서하고 날인하여야 한다.
- 녹음에 의한 유언 : 녹음에 의한 유언은 유언자가 유언의 취지, 그 성명과 연월일을 구술하고 이에 참여한 증인이 유언의 정확함과 그 성명을 구술하여야 한다.
- 공정증서에 의한 유언 : 공정증서에 의한 유언은 유언자가 증인 2인이 참여한 공증인의 면전에서 유언의 취지를 구수하고 공증인이 이를 필기낭독하여 유언자와 증인이 그 정확함을 승인한 후 각자 서명 또는 기명날인하여야 한다.
- 비밀증서에 의한 유언 : 비밀증서에 의한 유언은 유언자가 필자의 성명을 기입한 증서를 엄봉날인하고 이를 2인 이상의 증인의 면전에 제출하여 자기의 유언서임을 표시한 후 그 봉서표면에 제출 연월일을 기재하고 유언자와 증인이 각자 서명 또는 기명날인하여야 하며, 이 경우 유언봉서는 그 표면에 기재된 날로부터 5일 내에 공증인 또는 법원서기에게 제출하여 그 봉인상에 확정일자인을 받아야 한다.
- 구수증서에 의한 유언 : 구수증서에 의한 유언은 질병, 기타 급박한 사유로 인하여 자필 · 녹음 · 공정 · 비밀증서의 방식에 의할 수 없는 경우에 유언자가 2인 이상의 증인의 참여로 그 1인에게 유언의 취지를 구수하고 그 구수를 받은 자가 이를 필기낭독하여 유언자의 증인이 그 정확함을 승인한 후 각자 서명 또는 기명날인하여야 하며 이 경우 유언은 그 증인 또는 이해관계인이 급박한 사유의 종료한 날로부터 7일 내에 법원에 그 검인을 신청하여야 한다.

ⓓ **유언의 효력발생 시기** : 유언은 유언자가 사망한 때로부터 그 효력이 생기고, 유언에 정지조건이 있는 경우에 그 조건이 유언자의 사망 후에 성취한 때에는 그 조건성취한 때로부터 유언의 효력이 생긴다.

ⓔ **유류분** : 일정한 상속인을 위해 법률상 유보된 일정부분의 상속재산을 의미하며 피상속인의 직계비속은 그 법정상속분의 2분의 1, 피상속인의 배우자는 그 법정상속분의 2분의 1, 피상속인의 직계존속은 그 법정상속분의 3분의 1, 피상속인의 형제자매는 그 법정상속분의 3분의 1이 유류분으로 인정된다.

2 경비업무와 손해배상

1 개요

① **경비계약**

㉠ **의의** : 경비계약은 고객의 경비업무 요청에 따라 경비업자가 이에 대한 승낙을 함으로써 성립하며, 사전에 경비업자와 고객 간에 체결한 경비계약에 의하여 그 업무가 실시된다. 계약은 원칙적으로 구두로 하여도 무방하지만, 경비계약을 실행함에 있어서 문제가 발생할 수도 있으므로 경비의 내용이나 대상, 손해가 발생할 경우 그 손해배상의 방법 및 한도 등을 규정하여 문서로 체결하는 것이 일반적이다.

㉡ **경비계약의 성질** : 경비계약은 당사자 일방이 어느 일을 완성할 것을 약정하고 상대방이 그 일의 결과에 대하여 보수를 지급할 것을 약정함으로써 그 효력이 생기는 도급계약과 그 성질이 유사하다.

② **경비업자의 책임** … 경비업자에게 채무불이행이나 불법행위의 책임이 인정되는 경우에는 손해를 직접 발생 시킨 자 또는 경비업자(사용자)가 그 손해에 대한 배상책임을 지게 된다.

2 분쟁의 발생과 손해배상책임

① **분쟁의 발생**

㉠ **신의성실의 원칙** : 경비계약도 민법상 채권계약의 기본원칙에 따라야 하므로 그 채무이행에 관하여 신의성실의 원칙에 따라서 이행하여야 하는데, 만약 채무자가 이를 위반하는 경우에 분쟁이 발생할 수 있다.

㉡ **채무불이행** : 경비업자가 경비계약상의 의무를 불이행하여 도난이나 물건의 파손 등이 발생하는 경우 손해배상책임이 발생할 수 있다.

> TIP
>
> **채무불이행 관련 판례**
> 용역경비계약상 용역경비업자가 그 경비계획을 작성하고 가입자의 승인하에 이를 확정하기로 한 경우 가입자인 보석상점의 도난사고에 대하여 용역경비업자에게 전화선의 절단 등에 의한 도난사고의 방지에 보다 효과적인 주 신호송신기를 전용회선으로 연결하는 방법으로 경비계획을 세우지 아니한 과실이 있다 하여 손해배상책임을 인정하였다.

㉢ **불법행위** : 경비업자가 경비업무를 하는 중에 고의 또는 과실로 인한 위법행위로 타인에게 손해를 가한 경우에는 그 손해를 배상할 책임이 있다. 여기에서 타인이란 사용자와 실행행위자 이외의 자를 말하며, 경비업자에게 불법행위가 인정되는 경우에는 형사상 책임이 뒤따르는 경우가 많기 때문에 이중책임을 지는 경우도 생길 수 있다.

㉣ **분쟁의 유형** : 경비원이 근무를 태만히 하여 도난사건이 발생한 경우, 근무 중 알게 된 타인의 비밀을 누설한 경우, 근무 중 고객의 건물이나 시설물 등을 파손한 경우, 고객의 금고에서 현금을 절취한 경우, 근무 중 고의 또는 과실로 타인에게 상해를 입힌 경우 등

㉤ 제3자 · 고용경비원과의 관계

ⓐ **제3자와의 관계** : 경비원이 과실로 인하여 타인의 신체에 손상을 가하거나 타인의 기물을 파손시키는 등의 행위를 한 경우

ⓑ **고용경비원과의 관계** : 사용자(경비업자)의 안전배려의무의 결여로 인하여 경비원이 근무하는 도중에 사고가 발생한 경우

② 손해배상책임

㉠ **채무불이행에 대한 손해배상** : 채무자가 채무의 내용에 좇은 이행을 하지 아니한 때에는 채권자는 손해배상을 청구할 수 있다. 그러나 채무자의 고의나 과실 없이 이행할 수 없게 된 때에는 손해배상의 청구가 제한된다. 이러한 손해배상책임을 발생 시키는 채무불이행에는 이행지체 · 이행불능 · 불완전이행이 있고, 채무불이행의 경우에 고객은 강제이행과 손해배상, 계약의 해제를 청구할 수 있다.

ⓐ 채무불이행의 유형 및 손해배상

- 이행지체
- 의의 : 채무자(경비업자)가 채무를 이행해야 하는 기한이 정해져 있는 경우에는 그 기한이 도래한 때부터 지체책임이 발생하는데 이를 이행지체라고 한다.
- 요건 : 이행기가 도과하여야 하고, 이행이 가능해야 하며, 귀책사유가 있어야 하고, 위법성이 있어야 한다.
- 효과 : 이행지체의 경우 그 이행 자체가 불가능한 것은 아니기 때문에 강제이행과 지연배상을 청구하거나 본래급부에 지연배상만을 청구할 수도 있으며, 채무의 이행기가 지나면 그 이행을 하는 것이 의미가 없게 되는 경우에는 계약의 해제와 손해배상 또는 전보배상만을 청구할 수 있다.
- 경비계약에서의 적용 : 민간경비에서 경비원을 채용하였으나 그 수가 미달된 경우나 근무에 필요한 여러 장비들이 불충분하게 준비되어 있어서 근무개시시간에 경비를 개시하는 것이 불가능한 경우가 이에 해당될 수 있다.
- 이행불능
- 의의 : 채권의 성립 후에 당사자일방의 채무가 채권자의 책임 있는 사유로 이행할 수 없게 된 경우, 채무자는 상대방의 이행을 청구할 수 있다.
- 요건 : 채권이 성립한 후에 발생한 후발적인 불능일 것, 불능의 여부는 사회관념상 또는 거래관념상으로 판단할 것, 불능의 판단은 원칙적으로 이행기를 기준으로 할 것
- 효과 : 손해의 전부를 배상하는 것을 내용으로 하는 손해배상청구권이 발생할 수 있고, 법정해제권으로써 최고를 필요로 하지 않고 당연히 해제권이 발생한다.
- 경비계약에서의 적용 : 경비계약을 하고 난 후에 경비업체가 파산한 경우, 기계경비시스템을 차압당하여 사용하지 못하게 된 경우 등이 이에 해당될 수 있다.

- 불완전이행
  - 의의 : 채무자가 채무의 이행을 하였으나, 그 행위가 불완전하여 채권자에게 손해가 발생한 경우를 불완전이행이라고 한다.
  - 유형 : 급부의무의 불완전이행(하자 있는 급부를 이행함에 따라서 확대손해가 발생한 경우, 급부자체의 원시적인 하자), 부수적 주의의무의 불완전이행(사용방법을 잘못 지시하여 채권자에게 손해가 발생한 경우 등)
  - 효과 : 손해배상청구권, 계약해제권, 완전이행이 가능한 경우 완전이행청구권이 발생할 수 있다.
  - 경비계약에서의 적용 : 경비계약기간 중 사정에 의하여 근무하지 못하는 날이 생긴 경우, 기계경비시스템이 고장나서 사고를 방지하지 못한 경우, 운송경비 중 차량에서 떨어진 물건에 사람이 다친 경우 등이 이에 해당될 수 있다.

ⓑ 채무불이행에 대한 손해배상책임의 유형

- 강제이행 : 채무자가 임의로 채무를 이행하지 아니한 때에는 채무의 성질이 강제이행을 하지 못하는 경우를 제외하고는 채권자는 그 강제이행을 법원에 청구할 수 있다.
- 손해배상 : 채무자가 채무의 내용에 좇은 이행을 하지 아니한 때에는 채권자는 손해배상을 청구할 수 있다. 그러나 채무자의 고의나 과실 없이 이행할 수 없게 된 때에는 그러하지 아니하다.

TIP

과실상계
채무불이행이나 불법행위에 기한 손해배상책임의 범위를 정하는 데 있어서 채권자의 과실이 손해의 발생 또는 확대에 기여한 경우, 법원은 이를 참작하여야 하는데 이를 과실상계라고 한다.

㉡ **사용자로서의 책임** : 타인을 사용하여 어느 사무에 종사하게 한 자(경비업자)는 피용자(경비원)가 직무집행에 관하여 제3자에게 가한 손해를 배상할 책임이 있다. 그러나 사용자가 피용자의 선임 및 그 사무감독에 상당한 주의를 한 때 또는 상당한 주의를 하여도 손해가 있을 경우에는 그러하지 아니하다.

㉢ **도급인으로서의 책임** : 도급인은 수급인이 그 일에 관하여 제3자에게 가한 손해를 배상할 책임이 없다. 그러나 도급 또는 지시에 관하여 도급인에게 중대한 과실이 있는 때에는 그러하지 아니하다.

㉣ **공작물의 점유자 · 소유자책임** : 공작물의 설치 또는 보존의 하자로 인하여 타인에게 손해를 가한 때에는 공작물점유자가 손해를 배상할 책임이 있다. 그러나 점유자가 손해의 방지에 필요한 주의를 해태하지 아니한 때에는 그 소유자가 손해를 배상할 책임이 있다.

㉤ **자동차손해배상책임** : 자기를 위하여 자동차를 운행하는 자는 그 운행으로 인하여 다른 사람을 사망하게 하거나 부상하게 한 때에는 그 손해를 배상할 책임을 진다. 다만, 다음에 해당하는 때에는 손해배상책임을 지지 않으며, 이 자동차를 운행하는 자의 손해배상책임에 관하여 이 규정에 의한 경우 외에는 민법의 규정에 의한다〈자동차손해배상 보장법 제3조, 제4조〉.

ⓐ 승객이 아닌 자가 사망하거나 부상한 경우에 자기와 운전자가 자동차의 운행에 주의를 게을리 하지 아니하였고, 피해자 또는 자기 및 운전자 외의 제3자에게 고의 또는 과실이 있으며, 자동차의 구조상의 결함 또는 기능에 장해가 없었다는 것을 증명한 경우

ⓑ 승객이 고의나 자살행위로 사망하거나 부상한 경우

TIP

자동차손해배상책임 관련 판례

㉠ 회사의 경비원이 운전연습을 하려고 그 경비실에 있는 회사 열쇠보관함에서 승용차의 열쇠를 꺼내어 운전하던 중 사고를 내었고 피해자가 그러한 무단운전사실을 인식하지 못하였다면 회사의 위 승용차에 대한 운행지배 및 운행이익을 상실한 것으로 볼 수 없다(대판 1991.2.12, 90다13291).

㉡ 사고차량의 운전병도 아닌 경비사무에 종사하는 자가 그 직무인 경비사무에는 상관없고 또 국가의 직무와 아무런 관련 없이 자동차를 임의로 운행하다가 사고를 일으킨 경우에는 자동차손해배상 보장법 제3조에 이른바 자기를 위하여 자동차를 운행한 것이라고는 볼 수 없다 할 것이다(대판 1973.6.26, 73다69).

3 민사소송법 일반

1 민사소송제도

① 민사소송의 개념

㉠ 의의 : 개인들 간에 사법상의 권리 · 법률관계에 대한 다툼이 일어난 경우, 국가의 재판권에 의하여 법원이 법률적 · 강제적으로 해결하기 위한 절차를 의미한다.

㉡ 법원 : 재판권, 민사법원의 종류와 구성, 법관의 제척 · 기피 · 회피, 관할(전속관할, 사물관할, 토지관할, 합의관할, 변론관할)

ⓐ 민사법원의 재판권

- 인적 범위 : 치외법권자를 제외하고는 국적을 불문하고 국내에 있는 모든 사람들에게 미친다.

TIP

치외법권자

외교사절단의 구성원과 그 가족, 영사관원과 그 사무직원, 주한미군, 국제연합기구 및 산하 특별기구, 그 기구의 대표자 · 직원 등은 치외법권자로서 직무상 면제권을 향유한다.

- 물적 범위 : 섭외적 민사사건이 국내법원과 외국법원 중 어느 재판관할권에 속하며, 그 한계는 어디까지인지를 설정하는 문제로, 견해의 대립이 있다.
- 장소적 범위 : 민사재판권의 장소적 범위로서 우리 법원의 민사재판권은 우리나라 영토 내에만 미친다는 속지주의를 원칙으로 한다. 다만, 외국과의 사법공조에 관한 협정에 가입한 경우에는 예외이다.
- 재판권이 없을 때의 효과 : 재판권이 없는 소는 부적법하므로 판결로써 소를 각하하여야 한다.

ⓑ 민사법원의 종류와 구성

- 민사법원의 종류와 심급제도
  - 종류 : 통상재판기관(대법원 · 고등법원 · 특허법원 · 지방법원 · 가정법원 · 행정법원), 특별재판기관(헌법재판소 · 군사법원)
  - 심급제도 : 단독판사사건의 경우 지방법원단독판사(1심) → 지방법원 · 지원의 항소부 또는 고등법원(2심) → 대법원(3심)으로 이루어지고, 합의부사건은 지방법원합의부(1심) → 고등법원(2심) → 대법원(3심)으로 이루어진다.
- 민사법원의 구성
  - 법원의 의의 : 법원은 넓은 의미에서 재판기관 및 사법관서 등을 뜻하며, 좁은 의미에서는 재판사무를 처리하는 재판부를 뜻한다.
  - 좁은 의미에서의 재판기관 : 소송사건을 심리하고 판단하는 기능과 강제집행을 수행하는 기능을 한다.
  - 합의체 : 재판장과 합의부원으로 구성된다.
- 법관 : 법관에는 대법원장, 대법관, 판사, 시 · 군판사가 있고, 사법시험에 합격하여 2년간 사법연수생으로서 수습을 받고 예비판사로 2년간 근무를 한 자들도 원칙적으로 법관으로서의 임명자격을 취득한다. 법관은 법원사무관, 통역관, 감정인, 집행관 등과 함께 제척 · 기피 · 회피의 대상이 될 수 있다.
- 기타 민사법원의 구성기관 : 법원사무관 등, 사법보좌관, 집행관, 재판연구관, 변호사, 검사, 경찰공무원

② 민사소송제도의 이상과 신의성실의 원칙

㉠ 민사소송제도의 이상 : 법원은 소송절차가 공정하고 신속하며 경제적으로 진행되도록 노력하여야 한다는 민사소송법 제1조 제1항이 민사소송법의 적정, 공평, 신속, 경제의 이상을 나타낸다.

㉡ 신의성실의 원칙 : 당사자와 소송관계인은 신의에 따라 성실하게 소송을 수행하여야 한다.

2 민사소송절차

① 민사소송절차의 종류

㉠ 제소 전 절차 : 제소 전 화해, 조정, 중재, 독촉, 공시최고

㉡ 보통소송절차 : 판결, 강제집행

㉢ 부수적 절차 : 증거보전, 집행보전

㉣ 특별소송절차 : 배상명령, 소액사건 심판, 화의, 회사정리, 가사소송

② 민사소송의 종류

㉠ 이행의 소 : 피고에게 일정한 급부의 이행을 명하는 판결을 구하는 소송으로, 자신에게 이행청구권이 있음을 주장하는 자가 원고적격을 가지고, 이행의무자라고 주장되는 자가 피고적격을 가진다.

㉡ 형성의 소 : 기존 법률상태의 변경이나 새로운 권리관계의 발생을 위한 요건의 존재에 대한 판결을 목적으로 하는 소송을 말한다. 형성의 소에서는 원고와 피고가 법률에서 정해져 있는 경우가 많다.

㉢ 확인의 소 : 특정한 권리나 법률관계가 존재하는지 또는 부존재하는지를 확인하는 소송을 말한다. 이때 확인의 이익을 가지는 자를 원고로 하고, 원고의 이익과 대립되는 이익을 가지는 자를 피고로 한다.

③ **소송요건** … 민사소송에서 청구의 당부에 관한 판단을 받기 위한 전제조건이다. 따라서 소송요건이 구비되지 않았을 경우, 법원은 본안판결을 하지 않고 원칙적으로 소를 각하하여야 한다.

㉠ 적극적 소송요건 : 일정한 사항의 존재를 필요로 하는 소송요건으로, 재판권, 당사자적격, 소송물의 특정, 권리보호의 이익, 보충성 등이 이에 해당한다.

㉡ 소극적 소송요건 : 일정한 사항이 없을 것을 필요로 하는 소송요건이며, 이를 소송장애라고 한다.

④ 소의 이익

㉠ 의의 : 소송의 제기자가 소송을 함으로써 얻을 수 있는 실질적 이익을 소의 이익이라고 한다. 따라서 소송에서 청구는 소송으로 얻을 수 있는 구체적인 권리 또는 법률관계여야 하고, 법률상 또는 계약상 중복제소금지, 부제소특약 등의 제소금지사유가 없어야 한다.

㉡ 장래이행의 소의 경우 : 변론종결 시를 표준으로 하여 이행기가 장래에 도래하는 것을 말하는 것으로 미리 청구할 필요성이 있어야 한다.

㉢ 확인의 소 : 원칙적으로 현자의 권리 또는 법률관계여야 하며, 과거나 장래의 관리관계의 존부확인은 청구적격이 없다.

⑤ **소송물**(민사소송의 객체)

㉠ 소송물이 문제되는 경우로는 청구의 병합, 청구의 변경, 중복소송, 기판력의 범위 및 작용, 재소금지 해당여부, 처분권주의 위배여부, 시효중단의 범위, 청구의 특정이 있다.

㉡ 소송물은 원고에게 특정할 책임이 있는 것이며 피고의 경우에는 소송물 특정과 관련이 없다.

㉢ 원고가 일부청구임을 명시한 경우에는 독립의 소송물로 볼 것이나, 그렇지 않은 경우에는 전부를 소송물로 보아야 한다. 따라서 그 일부청구에 대한 기판력은 나머지 부분에 대하여도 미친다.

㉣ 불법행위의 피해자가 일부청구임을 명시하여 그 손해의 일부만을 청구하는 경우 그 일부청구에 대한 판결의 기판력은 청구의 이용 여부에 관계없이 청구의 범위에 한하여 미치는 것이고, 전부청구에는 미치지 아니하는 것이다.

⑥ 심리의 제원칙

㉠ **변론주의** : 재판의 기초가 되는 소송자료, 즉 사실과 증거의 수집과 제출의 책임을 당사자에게 맡기고, 당사자가 수집하여 변론에서 주장 · 제출한 소송자료만을 재판의 기초로 삼아야 하는 것을 말한다.

㉡ **당사자 처분권주의** : 절차의 개시와 심판의 대상 및 절차의 종결에 대하여 당사자에게 그 주도권을 맡기고, 법원으로서는 당사자의 처분에 따라 판단하여야 한다는 입장을 말하는 것으로 실체법상 사적자치와 대응되는 개념이다.

㉢ **구술심리주의** : 심리에서 변론과 증거조사를 구술로 행하여야 한다는 원칙을 구술심리주의라 한다.

㉣ **직접심리주의** : 판결을 하는 법관이 직접 변론을 듣고 증거조사를 행하는 원칙으로, 간접심리주의에 대응하는 개념이다.

㉤ **공개심리주의** : 소송의 심리와 재판을 공개하여 당사자 이외의 제3자의 방청을 허용하는 것을 말한다. 변론과 판결의 선고는 공개의 대상이므로 변론준비기일, 합의, 증거조사, 임의적 변론, 비송사건, 조정절차 등은 공개의 대상이 아니다. 다만 재판의 심리는 국가안전보장, 안녕질서, 선량한 풍속을 해할 염려가 있을 때에는 결정으로 공개하지 않을 수 있다.

㉥ **쌍방심리주의** : 소송의 심리에서 당사자 쌍방에게 공격과 방어의 기회를 동등하게 부여하여야 한다는 원칙이다.

㉦ **적시제출주의** : 공격 또는 방어의 방법은 소송의 정도에 따라 적절한 시기에 제출하여야 한다는 원칙이다.

⑦ 변론의 내용

㉠ **변론의 의의** : 수소법원에서 재판을 할 때 당사자 쌍방이 구술에 의해 판결의 기초가 되는 사실과 증거를 제출하는 방법으로 심리하는 절차를 말한다.

㉡ **변론의 종류**

ⓐ **필요적 변론** : 변론에서 구술로 행한 진술만이 재판의 자료로 참작되는 변론을 필요적 변론이라고 한다.

ⓑ **임의적 변론** : 변론을 열 것을 필요로 하지 않는 경우에 법관의 재량에 의하여 임의적으로 열 수 있는 변론을 임의적 변론이라고 한다.

㉢ **준비서면**: 당사자가 변론에서 진술하려고 하는 사항을 기일 전에 미리 예고적으로 기재하여 법원에 제출하는 서면으로, 준비서면만으로는 바로 소송자료가 될 수 없으며 변론에서 그 기재내용을 진술하여야 한다.

㉣ **변론준비절차**: 변론이 효율적으로 실시되도록 당사자의 주장 및 증거를 정리하여 소송관계를 명확하게 하는 절차를 말한다.

ⓐ 재판장은 변론 없이 판결하는 경우와 변론준비절차를 따로 거칠 필요가 없는 경우를 제외하고는 바로 사건을 변론준비절차에 부쳐야 한다.

ⓑ 변론준비절차를 따로 거칠 필요가 없는 경우 또는 변론준비절차가 끝난 경우에는 재판장은 바로 변론기일을 정하고 당사자에게 이를 통지하여야 한다.

⑧ 기일 · 기간 · 송달

㉠ 기일

ⓐ 직권으로 또는 당사자의 신청에 따라 재판장이 지정한다.

ⓑ 필요한 경우에만 공휴일로도 정할 수 있다.

ⓒ 사건과 당사자의 이름을 부름으로써 시작된다.

㉡ 기간

ⓐ **기간의 계산**: 기간의 계산은 민법에 따른다.

ⓑ **기간의 시작**: 기간을 정하는 재판에 시작되는 때를 정하지 아니한 경우에 그 기간은 재판의 효력이 생긴 때부터 진행한다.

ⓒ 기간의 신축, 부가기간

- 법원은 불변기간을 제외하고는 법정기간 또는 법원이 정한 기간을 늘이거나 줄일 수 있다.
- 법원은 불변기간에 대하여 주소 또는 거소가 멀리 떨어진 곳에 있는 사람을 위하여 부가기간을 정할 수 있다.

㉢ 송달

ⓐ **의의**: 당사자와 이해관계인에게 소송의 내용을 알려주기 위해 법정의 방식에 따라서 통지하는 것을 말하는 것으로 재판권의 작용 중 하나에 속한다.

ⓑ **직권송달의 원칙**: 송달은 특별한 규정이 없으면 법원이 직권으로 한다.

ⓒ **송달사무를 처리하는 사람**: 송달에 관한 사무는 원칙적으로 법원사무관 등이 처리하나, 법원사무관 등은 송달하는 곳의 지방법원에 속한 법원사무관 등 또는 집행관에게 송달사무를 촉탁할 수 있다.

ⓓ **교부송달의 원칙**: 송달은 특별한 규정이 없으면 송달 받을 사람에게 서류의 등본 또는 부본을 교부하여야 하고 송달할 서류의 제출에 갈음하여 조서, 그 밖의 서면을 작성한 때에는 그 등본이나 초본을 교부하여야 한다.

ⓔ **공시송달**: 당사자의 행방을 알 수 없는 경우에는 보통의 송달방법에 의하여서는 송달이 불가능하므로 이 경우에 법원게시판 게시, 관보 · 공보 또는 신문 게재, 전자통신매체를 이용하여 공시한다.

⑨ 증거

㉠ 증거방법과 증거자료

ⓐ **증거방법** : 법관이 그 오관(五官)의 작용에 의하여 조사할 수 있는 유형물로 증인, 감정인, 당사자 본인, 문서, 검증물, 그 밖의 증거 등이 있다.

ⓑ **증거자료** : 증거방법을 조사하여 얻은 내용으로 증언, 감정결과, 문서의 기재내용, 검증결과, 당사자 신문결과, 조사촉탁결과 등이 있다.

㉡ **자백** : 법원에서 당사자가 자백한 사실과 현저한 사실은 증명을 필요로 하지 아니한다. 다만, 진실에 어긋나는 자백은 그것이 착오로 말미암은 것임을 증명한 때에는 취소할 수 있다.

㉢ **자유심증주의** : 법원은 변론 전체의 취지와 증거조사의 결과를 참작하여 자유로운 심증으로 사회정의와 형평의 이념에 입각하여 논리와 경험의 법칙에 따라 사실주장이 진실한지 아닌지를 판단하는 원칙을 말한다.

㉣ 증인신문

ⓐ **증인의 의무** : 법원은 특별한 규정이 없으면 누구든지 증인으로 신문할 수 있다.

ⓑ **증언거부권**

- 증인은 그 증언이 자기나 증인의 친족 또는 이러한 관계에 있었던 사람이나 증인의 후견인 또는 증인의 후견을 받는 사람 중 어느 하나에 해당하는 사람이 공소가 제기되거나 유죄판결을 받을 염려가 있는 사항 또는 자신이나 그들에게 치욕이 될 사항에 관한 것인 때에는 이를 거부할 수 있다.
- 일정한 직책 · 직업을 가진 자가 신문을 받을 때 신문사항이 공무상 또는 직무상의 비밀에 관한 경우에는 증언을 거부할 수 있다.

ⓒ **선서의 의무** : 재판장은 증인에게 신문에 앞서 선서를 하게 하는 것이 원칙이나 특별한 사유가 있는 때에는 신문한 뒤에 선서를 하게 할 수 있다.

ⓓ **위증에 대한 벌의 경고** : 재판장은 선서에 앞서 증인에게 선서의 취지를 밝히고, 위증의 벌에 대하여 경고하여야 한다.

ⓔ **선서무능력자** : 16세 미만인 사람, 선서의 취지를 이해하지 못하는 사람

⑩ 소송의 종료

㉠ 당사자의 행위에 의한 소송의 종료

ⓐ **소의 취하** : 원고가 자신이 제기한 소의 전부 또는 일부를 철회하는 법원에 대한 단독적 소송행위

ⓑ **청구의 포기 · 인낙** : 소송물에 관한 자기의 주장이 이유 없음을 인정하는 관념의 표시

ⓒ **소송상 화해** : 소송계속 중 양쪽 당사자가 소송물인 권리관계의 주장을 서로 양보하여 소송을 종료시키기로 하는 합의

ⓓ **화해권고결정** : 법원 · 수명법관 또는 수탁판사는 소송에 계속 중인 사건에 대하여 직권으로 당사자의 이익, 그 밖의 모든 사정을 참작하여 청구의 취지에 어긋나지 아니하는 범위 안에서 사건의 공평한 해결을 위한 화해권고결정을 할 수 있다.

ⓔ **제소 전 화해 :** 일반민사분쟁의 소송예방을 위해 화해하고자 하는 당사자가 제소 전에 상대방의 보통재판적 소재지의 지방법원단독판사 앞에서 행하는 절차를 말한다.

㉡ 종국판결에 의한 소송의 종료

ⓐ 재판의 종류

- 중간재판 : 종국판결에 앞서 소송의 진행 중에 쟁점사항에 대한 판단을 미리 하여 종국판결을 준비하는 판결이다.
- 종국판결 : 소 또는 상소에 의하여 계속된 사건의 전부나 일부가 그 심급으로서 완결되는 판결을 의미한다.

ⓑ **판결의 성립 :** 판결의 확정, 판결서 작성, 판결 선고의 순서대로 판결이 성립된다.

ⓒ **판결의 형식적 확정력 :** 판결이 확정되어 취소가 불가능한 것을 형식적 확정력이라고 한다.

ⓓ **기판력의 시적 범위 :** 사실심의 변론종결 시가 기판력의 표준이 된다.

ⓔ 기판력의 객관적 범위

- 확정판결은 주문에 포함된 것에 한하여 기판력을 가진다.
- 상계를 주장한 청구가 성립되는지 아닌지의 판단은 상계하자고 대항한 액수에 한하여 기판력을 가진다.

ⓕ 기판력의 주관적 범위

- 확정판결은 당사자, 변론을 종결한 뒤의 승계인(변론 없이 한 판결의 경우에는 판결을 선고한 뒤의 승계인) 또는 그를 위하여 청구의 목적물을 소지한 사람에 대하여 효력이 미치고 이 경우, 당사자가 변론을 종결할 때(변론 없이 한 판결의 경우에는 판결을 선고할 때)까지 승계사실을 진술하지 아니한 때에는 변론을 종결한 뒤(변론 없이 한 판결의 경우에는 판결을 선고한 뒤)에 승계한 것으로 추정한다.
- 다른 사람을 위하여 원고나 피고가 된 사람에 대한 확정판결은 그 다른 사람에 대하여도 효력이 미친다.

㉢ 종국판결에 부수되는 재판

ⓐ **가집행의 선고 :** 항소법원은 제1심 판결 중에 불복신청이 없는 부분에 대하여는 당사자의 신청에 따라 결정으로 가집행의 선고를 할 수 있고, 이 신청을 기각한 결정에 대하여는 즉시항고를 할 수 있다.

ⓑ **소송비용재판 :** 소송비용의 부담을 정하는 재판에서 그 액수가 정하여지지 아니한 경우에 제1심 법원은 그 재판이 확정되거나, 소송비용부담의 재판이 집행력을 갖게 된 후에 당사자의 신청을 받아 결정으로 그 소송비용액을 확정한다.

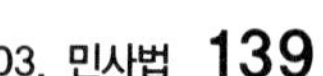

3 상소심절차

① **의의** … 상소심이란 재판이 확정되기 전에 당사자가 상급법원에 대해 그 취소 또는 변경을 구하는 것을 말하며 항소 · 상고 · 항고가 이에 해당된다.

② **항소**

㉠ 대상 : 종국판결 뒤에 양쪽 당사자가 상고할 권리를 유보하고 항소를 하지 아니하기로 합의한 경우를 제외하고는 제1심 법원이 선고한 종국판결에 대하여 할 수 있다.

㉡ 취하 : 항소심의 종국판결이 있기 전에 취하할 수 있다.

㉢ 항소권의 포기 : 항소권은 포기할 수 있다.

㉣ 항소기간 : 항소는 판결서가 송달된 날부터 2주(불변기간) 이내에 하여야 한다. 다만, 판결서 송달 전에도 할 수 있다.

③ **상고**

㉠ 대상 : 상고는 고등법원이 선고한 종국판결과 지방법원 합의부가 제2심으로서 선고한 종국판결에 대하여 할 수 있다.

㉡ 이유 : 상고는 판결에 영향을 미친 헌법 · 법률 · 명령 또는 규칙의 위반이 있다는 것을 이유로 드는 때에만 할 수 있다.

㉢ 절대적 상고이유

ⓐ 법률에 따라 판결법원을 구성하지 아니한 때

ⓑ 법률에 따라 판결에 관여할 수 없는 판사가 판결에 관여한 때

ⓒ 전속관할에 관한 규정에 어긋난 때

ⓓ 법정대리권 · 소송대리권 또는 대리인의 소송행위에 대한 특별한 권한의 수여에 흠이 있는 때

ⓔ 변론을 공개하는 규정에 어긋난 때

ⓕ 판결의 이유를 밝히지 아니하거나 이유에 모순이 있는 때

㉣ 상고심의 심리절차 : 상고법원은 상고장 · 상고이유서 · 답변서, 그 밖의 소송기록에 의하여 변론 없이 판결할 수 있고, 소송관계를 분명하게 하기 위하여 필요한 경우에는 특정한 사항에 관하여 변론을 열어 참고인의 진술을 들을 수 있다.

㉤ 심리의 범위 : 상고법원은 상고이유에 따라 불복신청의 한도 안에서 심리한다.

㉥ 가집행의 선고 : 상고법원은 원심판결 중 불복신청이 없는 부분에 대하여는 당사자의 신청에 따라 결정으로 가집행의 선고를 할 수 있다.

㉦ 파기환송 · 이송

ⓐ 상고법원은 상고에 정당한 이유가 있다고 인정할 때에는 원심판결을 파기하고 사건을 원심법원에 환송하거나, 동등한 다른 법원에 이송하여야 한다.

ⓑ 사건을 환송받거나 이송받은 법원은 다시 변론을 거쳐 재판하여야 하는데, 이 경우에는 상고법원이 파기의 이유로 삼은 사실상 및 법률상 판단에 기속되며, 원심판결에 관여한 판사는 재판에 관여하지 못한다.

ⓞ **파기자판** : 다음 중 어느 하나에 해당하면 상고법원은 사건에 대하여 종국판결을 하여야 한다.

ⓐ 확정된 사실에 대하여 법령적용이 어긋난다 하여 판결을 파기하는 경우에 사건이 그 사실을 바탕으로 재판하기 충분한 때

ⓑ 사건이 법원의 권한에 속하지 아니한다 하여 판결을 파기하는 때

ⓩ **소송기록의 송부** : 사건을 환송하거나 이송하는 판결이 내려졌을 때에는 법원사무관 등은 2주 이내에 그 판결의 정본을 소송기록에 붙여 사건을 환송받거나 이송받을 법원에 보내야 한다.

④ 항고

㉠ **대상** : 소송절차에 관한 신청을 기각한 결정이나 명령에 대하여 불복하면 항고할 수 있다.

㉡ **형식에 어긋나는 결정 · 명령에 대한 항고** : 결정이나 명령으로 재판할 수 없는 사항에 대하여 결정 또는 명령을 한 때에는 항고할 수 있다.

㉢ **준항고** : 수명법관이나 수탁판사의 재판에 대하여 불복하는 당사자는 그 재판이 수소법원의 재판인 경우로서 항고할 수 있는 것인 때에 한하여 수소법원에 이의를 신청할 수 있는데 이 경우 이의신청에 대한 재판에 대하여는 항고할 수 있다.

㉣ **재항고** : 항고법원 · 고등법원 또는 항소법원의 결정 및 명령에 대하여는 재판에 영향을 미친 헌법 · 법률 · 명령 또는 규칙의 위반을 이유로 드는 때에만 재항고할 수 있다.

㉤ **즉시항고의 효력** : 즉시항고는 재판이 고지된 날부터 1주 이내에 하여야 하며, 이는 집행을 정지시키는 효력을 가진다.

㉥ **특별항고** : 불복할 수 없는 결정이나 명령에 대하여는 재판에 영향을 미친 헌법위반이 있거나, 재판의 전제가 된 명령 · 규칙 · 처분의 헌법 또는 법률의 위반여부에 대한 판단이 부당하다는 것을 이유로 하는 때에만 대법원에 특별항고를 할 수 있는데 이 경우의 항고는 재판이 고지된 날부터 1주(불변기간) 이내에 하여야 한다.

출제예상문제

1 일정한 사실상태가 오랜 기간 계속된 경우에 그 상태가 진실한 권리관계에 합치되는가에 상관없이 그 사실상태를 존중하여 그에 따른 법률효과를 인정하는 민법상의 제도를 말하는 것은?

① 일사부재리　② 제척기간
③ 시효　④ 공소시효

Advice ① **일사부재리** : 동일한 범죄에 대하여 거듭 처벌받지 아니한다는 원칙으로 민사소송의 경우 일사부재리원칙이 적용되지 않는다.
② **제척기간** : 어떤 종류의 권리에 대하여 법률상으로 정하여진 존속기간을 말한다.
④ **공소시효** : 범죄행위가 종료한 후 그 범죄 혐의자의 도피 등으로 인하여 검사가 일정한 기간 동안 공소를 제기하지 않고 방치하는 경우에 국가의 소추권을 소멸시키는 제도이다.

2 민사소송에서 청구의 성질 · 내용에 따라 분류하는 소(訴)가 아닌 것은?

① 이행의 소　② 확인의 소
③ 책임의 소　④ 형성의 소

Advice 청구의 성질 · 내용에 따라 분류하는 소(訴)
㉠ **이행의 소** : 원고가 사법상 청구권의 존재에 의해 피고에게 일정한 이행의무를 이행하라는 명령을 선고함을 목적으로 하는 소송형태이다(우리나라 행정소송에는 이행의 소가 인정되지 않음).
㉡ **확인의 소** : 특정한 권리 또는 법률관계의 존재(적극적)나 부존재(소극적)의 확인을 요구하는 소를 말한다.
㉢ **형성의 소** : 소의 내용인 청구가 판결에 의한 기존의 법률상태의 변경 또는 새로운 권리관계가 발생의 요건 존재를 주장하는 소를 말한다.

Answer 1.③ 2.③

3 민법상 불법행위의 성립요건으로 옳은 것은?

① 법률상 원인 없이 타인의 재산이나 노무로 인하여 이익을 얻고 이로 인하여 타인에게 손해를 가하는 행위
② 의무 없이 타인을 위하여 그 사무를 관리하는 행위
③ 당사자가 상호 양보하여 당사자 간의 분쟁을 종지할 것을 약정하는 행위
④ 가해자의 고의 또는 과실로 인한 위법행위로 타인에게 손해를 가하는 행위

Advice ④ 고의 또는 과실로 인한 위법행위로 타인에게 손해를 가한 자는 그 손해를 배상할 책임이 있다〈민법 제750조〉.
① 부당이득
② 사무관리
③ 화해

4 민법상 법률행위의 부관에 관한 설명으로 옳지 않은 것은?

① 정지조건 있는 법률행위는 그 조건이 성취한 때로부터 그 효력이 생긴다.
② 조건 있는 법률행위의 당사자는 조건의 성부가 미정한 동안에 조건의 성취로 인하여 생길 상대방의 이익을 해하지 못한다.
③ 조건의 성취가 미정한 권리의무는 일반규정에 의하여 처분, 상속, 보존 또는 담보로 할 수 없다.
④ 기한의 이익은 포기할 수 있으나 상대방의 이익을 해하지 못한다.

Advice ③ 조건의 성취가 미정한 권리의무는 일반규정에 의하여 처분, 상속, 보존 또는 담보로 할 수 있다〈민법 제149조〉.

5 민법상 과실(果實)에 해당하지 않는 것은?

① 지상권의 지료　　② 임대차에서의 차임
③ 특허권의 사용료　　④ 젖소로부터 짜낸 우유

Advice 민법상의 과실(果實)은 물건의 과실만을 인정하고 주식의 배당금, 특허권의 사용료와 같은 권리의 과실은 인정하지 않는다.

Answer 3.④ 4.③ 5.③

6 민법상 권리능력에 관한 설명으로 옳은 것은?

① 권리능력에 관한 규정은 임의규정이다.
② 설립등기는 법인의 성립요건이다.
③ 실종선고는 실종자의 권리능력을 박탈하는 제도이다.
④ 태아는 채무불이행에 기한 손해배상청구권을 갖는다.

Advice ① 권리능력에 관한 규정은 강행규정이다.
③ 실종선고는 실종자의 권리능력을 박탈하는 제도가 아니며, 사망으로 인정되는 범위는 실종자의 종전의 주소 또는 거소(居所)를 중심으로 하는 사법적 법률관계에 한한다.
④ 원칙적으로 태아의 권리능력을 인정하지 않는다.

7 민법상 법인에 관한 설명으로 옳은 것은?

① 모든 사단법인과 재단법인에는 이사를 두어야 한다.
② 수인의 이사는 법인의 사무에 관하여 연대하여 법인을 대표한다.
③ 법인의 대표에 관하여는 대리에 관한 규정을 준용하지 않는다.
④ 정관에 기재되지 아니한 이사의 대표권 제한은 유효하다.

Advice ② 이사는 법인의 사무에 관하여 각자 법인을 대표한다〈민법 제59조 제1항〉.
③ 법인의 대표에 관하여는 대리에 관한 규정을 준용한다〈민법 제59조 제2항〉.
④ 이사의 대표권 제한은 이를 정관에 기재하지 아니하면 그 효력이 없다〈민법 제41조〉.

8 A가 B를 상대로 대여금반환청구의 소를 서울지방법원에 제기한 뒤 이 소송의 계속 중 동일한 소를 부산지방법원에 제기한 경우 저촉되는 민사소송법상의 원리는?

① 변론주의 ② 당사자주의
③ 재소의 금지 ④ 중복제소의 금지

Advice 중복된 소제기의 금지 … 법원에 계속되어 있는 사건에 대하여 당사자는 다시 소를 제기하지 못한다〈민사소송법 제259조〉.

Answer 6.② 7.① 8.④

9 민법상 착오에 의한 법률행위의 취소에 관한 설명으로 틀린 것은?

① 표의자에게 고의 또는 중대한 과실이 없어야 한다.
② 법률행위의 내용상 중요부분에 착오가 있는 때에는 취소할 수 있다.
③ 화해계약은 화해의 목적인 분쟁 이외의 사항에 착오가 있으면 취소할 수 없다.
④ 표의자의 고의 또는 중대한 과실에 대한 입증책임은 상대방에게 있다.

Advice 화해 당사자의 자격 또는 화해의 목적인 분쟁 이외의 사항에 착오가 있는 때에는 취소할 수 있다〈민법 제733조〉.

10 민법상 상속 및 유언에 관한 설명으로 틀린 것은?

① 계자는 계모의 재산을 상속할 수 없다.
② 상속개시 전에는 특별한 사유가 있으면 상속을 포기할 수 있다.
③ 자필증서, 녹음, 공정증서, 비밀증서, 구수증서에 의한 유언만 인정된다.
④ 상속채무의 초과사실을 몰라서 단순승인이 된 경우, 중과실이 없는 상속인은 그 사실을 안 날로부터 3월 안에 한정승인을 할 수 있다.

Advice 상속인은 상속개시 전에는 상속을 포기할 수 없다. 상속인은 상속개시 있음을 안 날로부터 3월 내에 단순승인이나 한정승인 또는 포기를 할 수 있다.

11 무효와 취소에 관한 설명 중 옳지 않은 것은?

① 일단 성립한 법률행위는 취소가 있기 전까지는 유효하다는 점에서 무효와 다르다.
② 취소의 의사표시는 취소권을 가진 자만이 행사할 수 있다는 점에서 무효와 다르다.
③ 취소를 하면 법률행위는 취소한 때로부터 효력을 상실한다.
④ 취소할 수 있는 법률행위를 추인하면 그 법률행위는 확정적으로 유효가 된다.

Advice 취소된 법률행위는 처음부터 무효인 것으로 본다. 그러나 제한능력자는 그 행위로 인하여 받은 이익이 현존하는 한도에서 상환할 책임이 있다〈민법 제141조〉.

Answer 9.③ 10.② 11.③

12 다음 사례에서 설명하는 권리는?

> 甲이 乙에게 10만 원을 빌리면서 금반지를 담보로 맡긴 경우, 乙은 빌려간 돈을 갚을 때까지 그 반지를 가지고 있을 수 있고, 만약 이 돈을 갚지 않을 경우 우선적으로 그 목적물을 처분하여 변제 받을 수 있다.

① 유치권
② 질권
③ 저당권
④ 지상권

Advice 질권 … 동산에만 인정되는 권리로, 채권의 담보로 채무자 또는 제3자가 제공한 동산을 점유하고 그 동산에 대하여 다른 채권자보다 자기채권의 우선변제를 받을 권리를 말한다. 권리 질권은 동산이 아닌 재산권(채권, 주식, 무체재산권 등)을 목적으로 하는 질권을 말한다.

13 권리 · 의무의 발생, 변경, 소멸을 무엇이라 하는가?

① 법률효과
② 법률관계
③ 법률요건
④ 법률사실

Advice 법률효과는 법률요건의 결과로서 생기는 법률관계의 변동, 즉 발생 · 변경 · 소멸 등을 말한다.

14 민법상 법인을 설립하는 경우 필요한 요건으로 옳지 않은 것은?

① 목적의 영리성
② 정관작성과 같은 설립행위
③ 주무관청의 허가
④ 설립등기

Advice ① 비영리법인의 설립과 허가〈민법 제32조〉: 학술, 종교, 자선, 기예, 사교, 기타 영리아닌 사업을 목적으로 하는 사단 또는 재단은 주무관청의 허가를 얻어 이를 법인으로 할 수 있다.
② 사단법인의 정관〈민법 제40조〉: 사단법인의 설립자는 일정 사항을 기재한 정관을 작성하여 기명날인 하여야 한다.
③ 법인은 설립 시 주무관청의 허가를 받아야 한다.
④ 법인설립의 등기〈민법 제33조〉: 법인은 그 주된 사무소의 소재지에서 설립등기를 함으로써 성립한다.

Answer 12.② 13.① 14.①

15 민사소송법상 인정되는 관할로서 옳지 않은 것은?

① 토지관할 ② 합의관할
③ 송무관할 ④ 사물관할

Advice 민사소송제도의 법원은 재판권, 민사법원의 종류와 구성, 법관의 제척 · 기피 · 회피, 관할(전속관할, 사물관할, 토지관할, 합의관할, 변론관할)이 있다.

16 다음 중 당사자 일방의 한 개의 의사표시로 성립하는 법률행위인 '단독행위'에 속하지 않는 것은?

① 재단법인의 설립행위 ② 유언
③ 상속의 포기 ④ 현상광고

Advice 의사표시에 따른 분류

㉠ 단독행위 : 재단법인 설립행위, 유언, 상속의 포기 등
㉡ 계약 : 임대차, 도급, 현상광고 등
㉢ 합동행위 : 사단법인 설립행위

17 조리(條理)의 다른 표현으로서 옳지 않은 것은?

① 경험법칙 ② 사회통념
③ 임의재량 ④ 공서양속

Advice 조리(條理)

㉠ 의의 : 조리란 사물의 본질적인 법칙 또는 이치를 의미하는 것으로 많은 일반인들이 승인한다고 생각되는 객관적인 원리 또는 법칙을 의미하며, 사회통념, 경험칙, 정의, 선량한 풍속, 기타 사회질서, 신의성실, 형평 등으로 표현되기도 한다.
㉡ 민법상의 조리 : 민법 제1조의 "민사에 관하여 법률에 규정이 없으면 관습법에 의하고 관습법이 없으면 조리에 의한다."는 규정과 같이 조리는 성문법과 관습법이 모두 없는 경우에 재판의 준거가 되는 것이므로 법률과 관습법에 대하여 보충적 효력을 갖는다.

Answer 15.③ 16.④ 17.③

18 다음 중 일방적 의사표시에 의하여 법률관계를 발생 시키는 권리는?

① 지배권 ② 청구권
③ 형성권 ④ 항변권

Advice 권리자의 일방적 의사표시에 의해 법률관계를 발생, 변경, 소멸시키는 작용을 하는 권리를 형성권이라고 한다.

19 법률상의 원인 없이 타인의 재산 또는 노무로 이익을 얻고 이로 인하여 타인에게 손해를 가하는 것을 무엇이라 하는가?

① 계약 ② 사무관리
③ 부당이득 ④ 불법행위

Advice 부당이득 … 법률상 원인 없이 타인의 재산 또는 노무로 인하여 이익을 얻고 이로 인하여 타인에게 손해를 가한 자는 그 이익을 반환하여야 한다〈민법 제741조〉.

20 경비지도사 甲은 야간경비를 서던 중 벤치에 앉아 있던 乙의 발을 실수로 밟아 乙의 발가락이 부러졌다. 이 사고로 乙은 전치 6주의 치료를 요하는 상처를 입게 되었다. 甲과 乙의 법률관계로 옳지 않은 것은?

① 甲은 乙에게 통상손해에 대해서만 배상해 주면 된다.
② 乙이 특별한 사정에 의한 손해배상을 요구할 경우 甲이 특별한 사정을 알았거나 알 수 있었을 경우에 한하여 배상책임을 진다.
③ 乙에게 과실이 있을 경우 이를 참작할 것인지에 대한 것은 법원의 재량에 달려있다.
④ 乙이 甲에게 손해배상 청구를 하는 경우, 원칙적으로 乙에게 과실에 대한 입증책임이 있다.

Advice 상해를 입은 乙(채권자)에게 과실이 있을 경우, 이를 경비지도사인 甲의 과실과 상계할 수 있는지의 여부는 과실상계의 문제로서 채권자(乙)에게 과실이 있는 경우에는 법원은 그 손해배상의 책임 및 그 금액을 정함에 이를 반드시 참작하여야 하는 것〈민법 제396조〉이지 법원이 재량으로 참작하는 것이 아니다.

Answer 18.③ 19.③ 20.③

21 A는 자신의 소유인 甲건물을 B에게 2억 원에 매도하는 계약을 체결하였다. 그런데 이웃 건물에 화재가 나서 甲건물이 전소(全燒)되었다. 다음 설명 중 옳은 것은?

① A는 전소된 甲건물을 인도하고, 매매대금 중 일부만을 청구할 수 있다.

② A는 甲건물을 인도할 의무는 없지만, B에게 손해배상을 해주어야 한다.

③ A는 甲건물을 인도할 의무가 없으며, B에게 매매대금을 청구할 수 없다.

④ A는 전소된 甲건물을 인도하고 B에게 매매대금 전액을 청구할 수 있다.

Advice 채무자 A의 과실 없이 쌍무계약의 당사자 일방의 채무가 당사자 쌍방의 책임없는 사유로 이행할 수 없게 된 경우에는 채무자는 상대방의 이행을 청구하지 못하는 것이므로〈민법 제537조〉 채무자 A는 전소된 甲건물의 인도의무를 지지 않으며, B에게 매매대금을 청구할 수도 없다.

22 다음 중 등기의 효력이 아닌 것은?

① 대항력 ② 권리변동력 효력

③ 순위확정적 효력 ④ 공신력

Advice ① 지상권 · 전세권 · 임차권 등은 일정한 사항으로 등기하면 제3자에게 대항할 수 있다.
② 물권적 합의에 부합하는 등기가 있으면 물권변동적 효력이 발생한다.
③ 법률에 다른 규정이 없다면 등기가 이루어진 순서에 따라서 권리의 순위가 확정된다.
④ 현행 민법은 등기의 공신력을 인정한 명문의 규정이 없으며, 통설과 판례도 등기의 공신력을 인정하지 않는다.

23 민법상 3년의 단기소멸시효에 걸리는 권리에 해당하지 않은 것은?

① 여관의 숙박료채권

② 생산자 및 상인이 판매한 생산물 상품의 대가

③ 의사, 조산사, 간호사 및 약사의 치료, 근로 및 조제에 관한 채권

④ 이자, 부양권, 급료, 사용료, 기타 1년 이내의 기간으로 정한 금전

Advice 여관, 음식점, 대석, 오락장의 숙박료, 음식료, 대석료, 입장료, 소비물의 대가 및 체당금의 채권은 1년의 단기소멸시효에 걸리는 권리이다〈민법 제164조 제1호〉.

Answer 21.③ 22.④ 23.①

24 **다음 중 매매계약상 매도인의 의무라고 할 수 없는 것은?**

① 매수인에게 매매의 목적이 된 권리를 이전할 의무
② 매수인에게 매매목적물을 인도할 의무
③ 특정물매매의 경우, 매매목적물을 매수인에게 인도하기까지 선량한 관리자의 주의로 보관할 의무
④ 계약금을 교부할 의무

Advice 계약금을 교부할 의무는 매수인의 의무이다.

25 **다음 중 민법상 기간에 관한 설명으로 옳지 않은 것은?**

① 연령계산에는 출생일을 산입한다.
② 기간을 시, 분, 초로 정한 때에는 즉시로부터 기산한다.
③ 기간을 일, 주, 월 또는 년으로 정한 때에는 기간의 초일은 산입하지 않는다.
④ 주, 월 또는 년의 처음으로부터 기간을 기산하지 않은 때에는 최후의 주, 월 또는 년에서 그 기산일에 해당한 날로 기간이 만료한다.

Advice 주, 월 또는 년의 처음으로부터 기간을 기산하지 않은 때에는 최후의 주, 월 또는 년에서 그 기산일에 해당한 날의 전일로 기간이 만료한다〈민법 제160조 제2항〉.

26 **자유심증주의에 대한 설명으로 옳은 것은?**

① 증거의 수집은 법관의 자유로운 판단에 의한다.
② 증거의 증거능력의 유무는 법관의 자유로운 판단에 의한다.
③ 증거의 증명력은 법관의 자유로운 판단에 의한다.
④ 공판정의 자백은 당연히 증거능력을 가진다.

Advice 자유심증주의…법원은 변론 전체의 취지와 증거조사의 결과를 참작하여 자유로운 심증으로 사회정의와 형평의 이념에 입각하여 논리와 경험의 법칙에 따라 사실주장이 진실한지 아닌지를 판단하는 원칙을 말한다.

Answer 24.④ 25.④ 26.③

27 다음 중 민법상 부당이득의 요건이 아닌 것은?

① 타인의 재산 또는 노무로 인하여 이익을 얻을 것
② 수익은 법률행위에 의하여 얻은 것일 것
③ 그 이익이 법률상의 원인이 없는 것일 것
④ 타인에게 손해를 가할 것

Advice 법률상 원인없이 타인의 재산 또는 노무로 인하여 이익을 얻고 이로 인하여 타인에게 손해를 가한 자는 그 이익을 반환하여야 한다〈민법 제741조〉.

28 갑이 전파상에 고장난 라디오를 수리의뢰한 경우, 전파상 주인이 수리대금을 받을 때까지 갑에게 라디오의 반환을 거부할 수 있는 권리는?

① 저당권
② 질권
③ 지역권
④ 유치권

Advice 유치권의 내용〈민법 제320조〉
㉠ 타인의 물건 또는 유가증권을 점유한 자는 그 물건이나 유가증권에 관하여 생긴 채권이 변제기에 있는 경우에는 변제를 받을 때까지 그 물건 또는 유가증권을 유치할 권리가 있다.
㉡ 유치권의 규정은 그 점유가 불법행위로 인한 경우에 적용하지 아니한다.

29 다음 중 혼인에 따르는 법률상의 효과가 아닌 것은?

① 정조의무
② 배우자 간의 재산의 공유의무
③ 동거 · 부양 · 협조의 의무
④ 일상가사채무의 연대책임의무

Advice 부부의 일방이 혼인 이전부터 소유한 재산은 각자의 특유재산이며, 혼인 중 자기명의로 취득한 재산은 역시 각자의 특유재산이 된다. 이를 부부별산제의 원칙이라고 한다.
※ 혼인에 따른 일반적 효과 … 친족관계의 발생, 동거 · 부양 · 협조의 의무, 정조의 의무, 성년의제, 부부 간의 가사대리권 등이 있다.

Answer 27.② 28.④ 29.②

30 소의 종류에 관한 설명 중 형성의 소에 관한 것은?

① 특정한 권리 또는 법률관계의 존재나 부존재의 확인을 요구하는 소

② 원고가 피고에 대하여 특정한 급부이행을 청구하는 소

③ 판결에 의하여 기존의 법률상태의 변경, 소명을 청구하는 소

④ 법률관계를 증명하는 서면의 진부확인을 요구하는 소

Advice 소의 종류

㉠ 이행의 소 : 피고에게 일정한 급부의 이행을 명하는 판결을 청구하는 소

㉡ 형성의 소 : 기존 법률상태의 변경이나 새로운 권리관계의 발생을 위한 요건의 존재에 대한 판결을 목적으로 하는 소

㉢ 확인의 소 : 특정한 권리나 법률관계가 존재하는지 또는 부존재하는지를 확인하는 소

31 다음 사례에서 손해배상책임에 관한 설명으로 옳지 않은 것은?

① 경비업체 직원인 갑이 순찰 중 을을 강도로 오인하고 구타하여 전치 6주의 상해를 입혔다면 갑은 불법행위에 따른 손해배상책임을 부담한다.

② 위 사례에서 A경비업체는 갑의 선임과 감독에 관하여 상당한 주의를 기울였거나 상당한 주의를 하여도 손해가 발생하였다는 사실을 입증하지 못하는 한 사용자책임에 따른 손해배상책임을 부담한다.

③ 우리 판례는 갑의 선임과 감독에 관하여 상당한 주의를 기울였다는 사실의 입증·증명책임을 A경비업체에 부담시키고 있으며, 이에 관한 사업자의 주장을 폭넓게 인정하고 있다.

④ 이 경우 피해자인 을은 A경비업체를 상대로 하거나, 경비원인 갑을 상대로 손해배상을 청구할 수 있으며, 만약 A경비업체로부터 손해배상을 받은 경우에는 갑을 상대로 손해배상 청구를 할 수 없게 된다.

Advice 사용자가 피용자의 선임 및 그 사무감독에 상당한 주의를 한 때, 또는 상당한 주의를 하여도 손해가 있을 경우에는 그 책임을 면한다〈민법 제756조 제1항〉. 그러나 사용자 책임은 사실상 무과실 책임에 가깝게 운영되고 있어서, 사업자의 주장을 폭 넓게 인정하고 있다고 볼 수 없다.

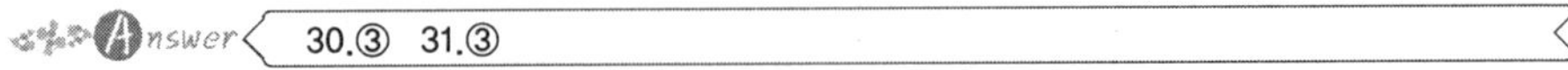

Answer 30.③ 31.③

32 다음 중 채권의 발생원인과 그 연결이 올바른 것은?

① 사용대차 – 당사자 일방이 재산권을 상대방에게 이전할 것을 약정하고 상대방이 그 대금을 지급할 것을 약정함으로써 효력 발생
② 소비대차 – 당사자 일방이 상대방에게 목적물을 사용, 수익하게 할 것을 약정하고 상대방이 이에 대하여 차임을 지급할 것을 약정함으로써 그 효력 발생
③ 도급 – 당사자 일방이 어느 일을 완성할 것을 약정하고 상대방이 그 일의 효과에 대하여 보수를 지급할 것을 약정함으로써 효력 발생
④ 고용 – 당사자 일방이 상대방에 대하여 금전이나 유가증권, 기타 물건의 보관을 위탁하고 상대방이 이를 승낙함으로써 그 효력 발생

Advice ① 사용대차는 당사자 일방이 상대방에게 무상으로 사용 · 수익하게 하기 위하여 목적물을 인도할 것을 약정하고 상대방은 이를 사용 · 수익한 후 그 물건을 반환할 것을 약정함으로써 그 효력이 생기는 계약이다.
② 소비대차는 당사자 일방이 금전, 기타 대체물의 소유권을 상대방에게 이전할 것을 약정하고 상대방은 그와 같은 종류, 품질 및 수량으로 반환할 것을 약정함으로써 그 효력이 생기는 계약이다.
④ 고용은 당사자 일방이 상대방에 대하여 노무를 제공할 것을 약정하고 상대방이 이에 대하여 보수를 지급할 것을 약정함으로써 그 효력이 생기는 계약을 말한다.

33 본인과 무권대리인 사이에 실제로는 대리권이 없음에도 불구하고 대리권의 존재를 추측할 수 있을만한 사정이 있는 경우에는 무권대리행위의 상대방이 기대하는 대로 대리의 효력을 발생하게 하는 제도는?

① 표현대리　　② 복대리
③ 쌍방대리　　④ 법정대리

Advice 본인이 제3자에게 대리권을 타인에게 수여하였다는 의사표시를 하였으나 실제로는 대리권을 수여하지 않은 경우, 그 제3자의 대리행위를 표현대리라고 하며 이 경우 본인이 대리권 수여의 의사표시를 했다는 점에서 과실이 인정되어 그 책임은 본인에게 있으므로 대리행위의 상대방이 기대하는 대로 대리의 효력이 발생한다.

Answer 32.③ 33.①

34 **민법상 동산에 인정되는 물권이 아닌 것은?**

① 소유권 ② 유치권
③ 점유권 ④ 저당권

Advice 민법상 동산에 관한 저당권은 인정되지 않는다.
※ 민법상 동산에 인정되는 물권 … 점유권, 소유권, 유치권, 질권

35 **소유권에 관한 다음 설명 중 옳은 것은?**

① 아파트를 분양받은 경우 분양대금을 다 납부하면 아파트의 소유권을 갖게 된다.
② 단독주택을 상속받은 경우 상속등기를 하지 않더라도 그 단독주택은 상속인들이 소유권을 갖게 된다.
③ 승용차를 구입하는 경우 자동차 대금을 다 납부하고 자동차 열쇠를 받으면 그 차의 소유권을 갖게 된다.
④ 토지를 인도해 달라는 재판에서 승소한 경우 패소한 사람으로부터 등기를 이전 받아야 소유권을 갖게 된다.

Advice ① 아파트를 분양받은 경우 잔금을 모두 청산하여야 아파트의 소유권을 갖게 된다.
③ 자동차의 경우 자동차등록부에 등록을 하여야 소유권을 갖게 된다.
④ 상속, 공용징수, 판결, 경매, 기타 법률의 규정에 의한 부동산에 관한 물권의 취득은 등기를 요하지 아니하나, 이를 처분하기 위해서는 반드시 등기를 하여야 한다〈민법 제187조〉.

36 **대리권이 존재하지만 그 범위를 정하지 않은 경우에 대리인이 할 수 없는 것은?**

① 보존행위 ② 이용행위
③ 개량행위 ④ 처분행위

Advice 권한을 정하지 아니한 대리인은 보존행위와 대리의 목적인 물건이나 권리의 성질을 변하지 아니하는 범위에서 그 이용 또는 개량하는 행위만을 할 수 있다〈민법 제118조〉.

Answer 34.④ 35.② 36.④

04 형사법

1 형법

1 서론

① **형법의 의의** … 형법이란 범죄와 범죄에 대한 법률효과인 형벌 또는 보안처분을 규정하는 법규범의 총체이다.

㉠ 협의의 형법(형식적 의미의 형법) : 형법이라는 명칭으로 제정 · 공포된 형법이다.

㉡ 광의의 형법(실질적 의미의 형법) : 협의의 형법에 특별형법과 행정형법을 포함하는 모든 형사처벌 규정을 말한다.

㉢ 질서위반법 : 구류, 과료와 같은 형벌 내지 단순한 행정법규 위반에 대한 과태료가 주로 과해지고 있는 형태를 규율하는 법체계이다.

㉣ 형사법 : 형사실체법(형법), 형사절차법(형사소송법), 형집행법(형의 집행 및 수용자의 처우에 관한 법률, 소년법) 등을 총칭한다.

② **형법의 성격**

㉠ 법체계적 지위 : 국가형벌권의 근거를 둔 법이라는 점에서 공법이고, 형사재판에 적용되는 법이라는 점에서 사법법이며, 범죄요건과 이에 대한 법률효과를 규정하는 법이라는 점에서 실체법이다.

㉡ 형법의 규범적 성격

ⓐ 가설적 규범 : 형법은 일정한 범죄행위를 조건으로 하여 이에 대한 법률효과를 규정하는 규범으로, '사람을 살해한 자는 ○○○에 처한다'라는 가설적 형식을 취한다.

ⓑ 행위규범과 재판규범

- 행위규범 : 형법은 일반국민에게 일정한 행위를 명령 · 금지함으로써 행위의 준칙이 된다.
- 재판규범 : 법관이 재판을 함에 있어서 규제의 기준이 되는 재판규범이 된다.

ⓒ 평가규범과 의사결정규범

- 평가규범 : 일정한 행위를 범죄로 하고 형벌을 부과하는데, 이때 '어떤 행위가 위법하다'라고 평가하는 것이 평가규범이다.
- 의사결정규범 : 일반국민에게 불법을 결의해서는 안 된다는 의무를 부과함으로써 의사결정기준을 제시하는 것을 말한다.

③ 형법의 기능

㉠ 보호적 기능 : 형법은 사회질서의 기본가치를 보호하는 기능을 한다.

㉡ 보장적 기능 : 국가의 형벌권의 한계를 명백히 하여 국가의 자의적인 형벌로부터 국민의 자유와 권리를 보장하는 기능으로 죄형법정주의가 근본원리이다.

㉢ 규범적 기능 : 형법의 행위규범 및 재판규범으로서의 기능이다.

㉣ 사회보호적 기능 : 형벌이라는 수단을 통해서 범죄에 대하여 사회질서를 유지하고 보호하는 기능이다.

④ 형법의 해석

㉠ 의의 : 포섭에 앞서 추상적인 법규의 내용을 분명히 하고 그 한계를 밝힘으로써 법규를 구체화하는 작업을 의미한다.

㉡ 해석기술

ⓐ 문리해석 : 법문의 가능한 문언의 의미 내에서 일상적인 언어관행에 따라 검토하는 해석방법이다.

ⓑ 역사적 해석 : 역사적인 입법자의 의사를 끌어들여 해석하는 방법이다.

ⓒ 체계적 해석 : 당해 규정의 법률 체계적 연관에 의해 논리적 의미를 분명히 밝혀주는 해석방법이다.

ⓓ 목적론적 해석 : 법규의 목적에 따라 규범의 의미를 밝히는 해석방법이다(확대 · 축소해석).

ⓔ 합헌해석 : 헌법의 규범의미에 합치되도록 해석하는 방법이다.

⑤ 죄형법정주의

㉠ 개념 : 국민의 자유와 권리의 보장을 위하여 어떤 행위가 범죄로 되고 그 범죄에 대하여 어떤 형벌을 과할 것인가를 미리 성문의 법률로 규정해 놓아야 한다는 원칙으로 형법의 최고원리이다.

㉡ 죄형법정주의의 파생적 원칙

ⓐ 관습법금지의 원칙 : 범죄와 형벌은 성문의 법률에 규정되어야 하고, 관습법에 의하여 가벌성을 인정하거나 형을 가중하여서는 안 된다는 원칙으로 관습법이 형법의 법원(法源)이 될 수 없음을 의미한다. 다만, 관습법을 통하여 형을 완화하거나 제거하는 것은 인정된다.

ⓑ 소급효금지의 원칙 : 형벌법규는 그 시행 이후에 이루어진 행위에 대하여만 적용되고, 시행 이전의 행위에까지 소급하여 적용될 수 없다는 원칙이다.

ⓒ 명확성의 원칙(절대적 부정기형 금지의 원칙) : 입법자는 무엇이 범죄이고 그에 대한 형벌은 어떤 것인가를 명확하게 규정해야 한다는 원칙이다.

ⓓ 유추해석금지의 원칙 : 법률에 규정이 없는 사항에 대하여 그것과 유사한 성질을 가지는 사항에 관한 법률을 적용하는 것을 금지하는 원칙이다.

ⓔ 적정성의 원칙 : 범죄와 형벌을 규정하는 법률의 내용은 기본적 인권을 실질적으로 보장할 수 있도록 적정해야 한다는 원칙이다.

㉢ 죄형법정주의의 현대적 의의 : 적극적 일반예방의 효과, 인권보장의 최후의 보루, 실질적 법치국가주의

⑥ 형법의 적용범위

㉠ 시간적 적용범위 : 형법이 어느 때에 행해진 범죄에 대해서 적용되는가의 문제를 말한다. 즉, 어떤 범죄행위가 있은 후에 형벌법규의 변경이 있는 경우 그 범죄행위에 대해서 행위 시의 법률을 적용할 것인가, 아니면 재판 시의 법률을 적용할 것인가의 문제를 말한다.

ⓐ 원칙 : 범죄의 성립과 처벌은 행위 시의 법률에 의한다는 것으로 구법의 추급효를 인정하는 것이다. 즉, 범죄의 행위가 있은 후에 제정된 법률로써 소급하여 그 행위를 처벌하여서는 안 된다는 원칙이다(행위 시법주의).

ⓑ 예외 : 신법은 구법보다 진보적이며, 형법은 재판규범이므로 개정된 신법을 적용해야 한다는 주의로 신법의 소급효를 인정하는 것이다(재판 시법주의).

- 범죄 후 재판확정 전에 법률의 변경이 있는 때 : "범죄 후 법률의 변경에 의하여 그 행위가 범죄를 구성하지 아니하거나 형이 구법보다 경한 때에는 신법에 의한다."는 예외적인 재판 시 법주의를 규정하고 있다.
- 재판확정 후에 법률의 변경이 있는 때 : "재판확정 후 법률의 변경에 의하여 그 행위가 범죄를 구성하지 아니하는 때에는 형의 집행을 면제한다."는 비범죄화의 경우로 범죄 그 자체는 성립하고 유죄로 되지만 형의 집행만 면제한다는 뜻이다.
- 형의 경중 : 신법의 형이 구법보다 '경'해야 한다. 여기서의 형은 법정형을 말하며, 가중 · 감경할 형이 있을 때에는 가중 · 감경할 형을 비교하고, 주형뿐만 아니라 부가형도 비교하여 경중을 판단한다.

TIP

한시법과 백지형법

㉠ 한시법 : 미리 유효기간을 예정하여 그 기간이 지나면 당연히 실효되도록 한 형벌을 말한다.

㉡ 백지형법 : 형벌의 전제가 되는 구성요건의 전부 또는 일부의 규정을 다른 법률이나 명령 또는 고시 등으로 보충해야 할 공백을 가진 형벌법규이다(형법상의 중립명령위반죄, 군형법상의 명령위반죄 등).

※ 모든 백지형법이 한시법인 것은 아니다.

㉡ 장소적 적용범위 : 어떤 장소에서 발생한 범죄에 대하여 형법을 적용할 것인가의 문제이다.

ⓐ 입법주의

- 속지주의 : 자국의 영역 내에서 발생한 모든 범죄에 대하여 범죄인의 국적을 불문하고 자국 형법을 적용한다는 원칙이다.
- 속인주의 : 국민의 범죄에 대하여는 범죄지의 여하를 불문하고 자국 형법을 적용한다는 원칙이다.
- 보호주의 : 자국 또는 자국민의 법익을 침해하는 모든 범죄에 대하여 국적과 범죄지 여하를 불문하고 자국 형법을 적용하는 원칙이다.
- 세계주의 : 범죄인의 국적, 범죄지, 자국 또는 자국민의 여부를 불문하고 문명국가에서 인정되는 공통된 법익을 침해하는 범죄에 대하여 자국 형법을 적용하는 원칙이다.

ⓑ 현행형법의 입장 : 현행형법은 속지주의를 원칙으로 하고 있으며, 속인주의와 보호주의를 보충으로 한다.

ⓒ **외국에서 받은 형 집행의 효력** : 범죄에 의하여 외국에서 형의 전부 또는 일부의 집행을 받은 자에 대하여는 형을 감경 또는 면제할 수 있다.

TIP

헌법재판소는 "범죄에 의하여 외국에서 형의 전부 또는 일부의 집행을 받은 자에 대하여는 형을 감경 또는 면제할 수 있다."는 형법 제7조가 헌법에 합치되지 아니한다고(헌법불합치) 판시하였다(헌재 2013헌바129, 2015.5.28). 법률조항은 2016. 12. 31을 시한으로 입법자가 개정할 때까지 계속 적용된다.

㉢ **인적 적용범위** : 형법이 어떤 사람에게 적용되는가의 인적 적용범위의 문제이다.

ⓐ **원칙** : 형법은 시간적 · 장소적 적용범위 내의 모든 사람에게 적용함을 원칙으로 한다.

ⓑ **예외**

- 국내법상의 예외 : 대통령, 국회의원, 군인
- 국제법상의 예외 : 치외법권자(치외법권을 가지는 외국의 원수 또는 외교관, 그 가족 및 내국인이 아닌 수행원), 외국군대

중국인이 호주 내 마켓에서 대한민국 국민을 성추행 하였다. 이때 중국인의 범죄에 대해 대한민국 형법을 적용할 수 있다면 그 근거는 무엇인가?

① 속인주의
② 속지주의
③ 보호주의
④ 기국주의

★③ 보호주의 : 자국 또는 자국민의 법익을 침해하는 모든 범죄에 대하여 국적과 범죄지 여하를 불문하고 자국 형법을 적용하는 원칙

답 ③

2 범죄론

① 범죄의 기본개념

㉠ 범죄의 의의

ⓐ **형식적 범죄개념** : 구성요건에 해당하고 위법하며 책임 있는 행위

ⓑ **실질적 범죄개념** : 형벌을 과할 필요가 있는 불법일 것을 요하며, 사회적 유해성 내지 법익을 침해하는 반사회적 행위

㉡ 범죄의 성립조건 · 처벌조건 · 소추조건

ⓐ **범죄의 성립조건** : 범죄가 성립하기 위해서는 구성요건해당성과 위법성 및 책임성이 있어야 하며, 이 가운데 어느 하나라도 갖추지 못한 때에는 범죄가 성립하지 않는다.

- 구성요건해당성 : 구체적인 사실이 범죄의 구성요건에 해당하는 성질로 형벌을 부과할 행위를 유형적 · 추상적으로 파악하여 법률에 기술한 것이다.
- 위법성 : 구성요건에 해당하는 행위가 법률상 허용되지 않는 성질을 말하며, 구성요건에 해당하는 성질은 원칙적으로 위법하다.
- 책임 : 위법행위를 한 행위자 개인에 대한 비난가능성이다.

ⓑ **범죄의 처벌조건** : 이미 성립된 범죄에 대하여 국가형벌권이 발동되기 위해서 필요한 조건을 말한다. 대부분의 범죄는 성립조건이 갖춰지면 곧바로 국가형벌권이 발동될 수 있지만, 어떤 범죄는 범죄가 성립한 후 처벌조건을 갖추어야 국가형벌권이 발동될 수 있다.

- 객관적 처벌조건 : 범죄의 성부와 관계없이 성립한 범죄에 대한 형벌권의 발생을 좌우하는 외부적 · 객관적 사유를 말하는 것으로, 파산범죄에 있어서 파산의 선고가 확정된 때, 또는 사전수뢰죄에 있어서 공무원 또는 중재인이 된 사실이 그 예이다.
- 인적 처벌조각사유 : 이미 성립한 범죄에 대하여 행위자의 특수한 신분관계로 인하여 형벌권이 발생하지 않는 경우로, 형을 면제하는 중지미수에 있어서 자의로 중지한 자, 친족상도례에 있어서 일정한 신분이 그 예이다.

ⓒ **범죄의 소추조건** : 범죄가 성립하고 형벌권이 발생했더라도 그 범죄를 소추하기 위한 소송법상의 필요한 조건을 말한다.

- 친고죄 : 공소제기를 하기 위해서는 피해자, 기타 고소권자의 고소가 있을 것을 요하는 범죄이다.
- 반의사불벌죄 : 피해자의 의사에 관계없이 공소를 제기할 수 있으나, 피해자의 명시한 의사에 반하여 공소를 제기할 수 없는 범죄이다.

ⓒ 범죄의 종류

ⓐ 결과범과 형식범

- 결과범(실질범) : 구성요건이 행위 이외의 일정한 결과의 발생도 구성요건 요소로 삼는 범죄로, 살인죄 · 상해죄 · 강도죄 · 손괴죄 등 대부분의 범죄가 이에 해당한다.
- 형식범(거동범) : 구성요건의 내용이 결과의 발생을 요하지 않고 법에 규정된 행위를 함으로써 충족되는 범죄로 주거침입죄 · 모욕죄 · 명예훼손죄 · 무고죄 · 위증죄 등이 이에 해당한다.

ⓑ 침해범과 위험범(위태범)

- 침해범 : 구성요건이 법익의 현실적 침해를 요하는 범죄로, 살인죄 · 상해죄 · 강도죄 · 절도죄 등이 이에 해당한다.
- 위험범 : 구성요건이 전제로 하는 보호법익에 대한 위험의 야기로 족한 범죄로, 유기죄 · 업무방해죄 · 방화죄 · 통화위조죄 등이 이에 해당한다.
  - 구체적 위험범 : 현실적 위험의 발생을 요건으로 하는 범죄로 자기소유일반건조물방화죄 · (과실)일수죄 · 실화죄, 일반물건방화죄 · 실화죄, 가스 · 전기 등 방류죄 · 공급방해죄, 폭발성물건파열죄, 사람의 생명에 대한 위험을 발생하게 한 중유기죄 등이 이에 해당한다.
  - 추상적 위험범 : 법익침해의 일반적 위험이 있으면 구성요건이 충족되는 범죄로, 현주건조물방화죄 · 일수죄 · 실화죄, 공용건조물방화죄 · 실화죄, 타인소유일반건조물방화죄, 유가증권위조죄, 업무방해죄, 명예훼손죄, 위증죄, 무고죄, 유기죄, 낙태죄 등이 이에 해당한다.

ⓒ 즉시범과 계속범 및 상태범

- 즉시범 : 구성요건적 행위의 결과 발생과 동시에 범죄가 기수에 해당하고 종료되는 범죄로 대부분의 범죄가 이에 해당한다.
- 계속범 : 구성요건적 행위가 위법상태의 야기뿐만 아니라 시간적 계속을 요하므로 행위의 계속과 위법상태의 계속이 일치하는 범죄로, 체포감금죄, 주거침입죄, 다중불해산죄 등이 이에 해당한다.
- 상태범 : 구성요건적 행위의 결과 발생과 동시에 범죄는 완성되지만 범죄의 종료 후에도 그 위법상태가 계속되는 범죄로, 살인죄 · 침해죄 · 강도죄 · 절도죄 · 횡령죄 등이 이에 해당한다.

ⓓ 일반범과 신분범 및 자수범

- 일반범 : 누구나 행위자가 될 수 있는 범죄로, 구성요건에 단순히 '○○○한 자'라고 규정되어 있는 범죄는 모두 일반범이다.
- 신분범 : 구성요건이 행위의 주체에 일정한 신분을 요하는 범죄이다. 여기서 신분이란 일정한 범죄행위에 관련된 인적 관계인 특수한 지위 · 상태를 말한다.
  - 진정신분범 : 일정한 신분 있는 자에 의하여만 범죄가 성립하는 범죄로, 위증죄 · 수뢰죄 · 횡령죄 · 배임죄 · 유기죄 등이 이에 해당한다.
  - 부진정신분범 : 일정한 신분 있는 자가 죄를 범한 때에 형이 가중되거나 감경되는 범죄로, 존속살해 · 상해 · 폭행 · 유기죄, 업무상 횡령죄 · 배임죄 · 과실치사죄, 영아살해죄 · 유기죄, 상습도박죄 등이 이에 해당한다.
- 자수범 : 행위자가 자신이 직접 실행해야 범할 수 있는 범죄로, 위증죄 · 수뢰죄 · 준강간죄 등이 이에 해당한다.

ⓔ 목적범과 경향범 및 표현범

- 목적범 : 구성요건상 고의 이외에 일정한 행위의 목적을 필요로 하는 범죄로 각종 위조의 '행사할 목적', 내란죄의 '국헌문란의 목적', 다중불해산죄의 '폭행, 협박 또는 손괴의 행위를 할 목적', 범죄단체조직죄의 '범죄를 목적' 등이 있다.
- 경향범 : 행위의 객관적인 측면이 행위자의 일정한 주관적 경향의 발현으로 행해졌을 때 구성요건이 충족되는 범죄로, 공연음란죄 · 학대죄 · 가혹행위죄 등이 이에 해당한다.
- 표현범 : 행위자의 내심적 상태가 행위로 표현되었을 때 성립하는 범죄로, 위증죄 등이 이에 해당한다.

ⓕ 망각범 : 과실에 의한 부진정부작위범, 즉 일정한 작위가 기대됨에도 불구하고 부주의로 그 작위의무를 인식하지 못하여 결과를 발생 시키는 범죄를 말한다.

㉣ 범죄의 주체와 객체

ⓐ 범죄의 주체

- 의의 : 누가 행위의 주체로 될 수 있는가의 문제로 형법에서 행위의 주체는 원칙적으로 자연인에 한하지만, 자연인 이외의 법인도 행위의 주체가 될 수 있는가의 문제이다.
- 법인의 범죄능력
  - 의의 : 대륙법계에서는 범죄의 주체를 윤리적 인격자로 파악하므로 법인의 범죄능력을 부정하지만, 영미법계에서는 법인단속의 사회적 필요성을 중시하므로 법인의 범죄능력을 긍정한다.
  - 법인처벌의 법적 성격 : 판례에 의하면 법인의 처벌규정은 범죄주체와 형벌주체의 동일을 요구하는 책임원칙의 예외로서 행정단속의 목적을 위하여 정책상 인정한 것으로 본다.

ⓑ 행위의 객체 : 구성요건적 행위수행의 구체적 대상, 즉 범죄행위의 물질적 · 외형적 대상이다. 살인죄에서의 사람의 육체, 절도죄에서의 타인의 재물 등이 이에 해당한다.

② 구성요건

㉠ 구성요건이론

ⓐ 의의 : 형벌을 과하는 근거가 되는 행위 유형을 추상적 · 기술적으로 기술한 것으로, 법률상의 추상적인 개념이다.

ⓑ 구성요건과 위법성의 차이점

- 구성요건은 형법상 불법유형인데 반하여, 위법성은 법 전체의 일체성이라는 관점에서 법질서 전체에 반한다.
- 구성요건은 잠정적인 가치판단인 반면에, 위법성은 확정적 가치판단이다.

㉡ 결과반가치와 행위반가치

ⓐ 결과반가치 : 행위에 의하여 야기된 법익의 침해 또는 그 침해의 위험이라는 사실적 측면에 대한 부정적 가치판단을 말한다.

ⓑ 행위반가치 : 행위에 의하여 야기된 법익침해적 사실보다는 행위의 태양, 의도, 목적 등 객관적 · 주관적 요소에 의하여 특징 지워지는 부정적 가치판단이다.

㉢ 부작위범

ⓐ 부작위의 의의 : 부작위란 아무것도 하지 않는 것이 아니라 '무엇인가를 하지 않는 것'을 의미한다.

ⓑ 부작위의 구조

- 진정부작위범 : 구성요건이 부작위에 의하여만 실현될 수 있는 부작위에 의한 부작위범을 말한다.
- 부진정부작위범 : 부작위에 의하여 작위범의 구성요건을 실현하는 부작위에 의한 작위범을 말하며, 어머니가 영아에게 젖을 주지 아니하여 아사시킨 것이 이에 해당한다.

ⓒ 부작위범의 처벌

- 진정부작위범 : 형법각칙에 각 죄별로 법정형이 규정되어 있다.
- 부진정부작위범 : 형법에는 아무런 규정이 없기 때문에 작위범과 동일한 법정형으로 처벌된다. 그러나 부작위가 작위와 같이 동가치성이 인정된다고 해도 그 불법의 내용은 작위범의 내용보다 가볍다고 볼 수 있으므로 입법론으로는 임의적 감경사유로 규정하는 것이 타당하다.

㉣ 인과관계와 객관적 귀속이론

ⓐ 어떤 행위라도 죄의 요소되는 위험발생에 연결되지 아니한 때에는 그 결과로 인하여 벌하지 아니한다.

ⓑ 인과관계 : 결과범에 있어서만 문제되고 거동범에서는 논의의 실익이 없다.

- 결과범(실질범) : 구성요건상의 행위만 있으면 바로 기수가 되므로 기수가 되기 위해서 인과관계가 필요 없다.
- 거동범(형식범) : 일정한 결과발생이 있어야 기수가 되므로 인과관계가 필요하다. 만일 결과범에서 인과관계가 없다면 미수범으로 처벌될 뿐이므로 인과관계는 결과범에 있어서 미수와 기수의 한계를 구별하는 기능을 한다.

ⓒ 객관적 귀속이론

- 의의 : 인과관계가 인정되는 결과를 행위자의 행위에 객관적으로 귀속시킬 수 있는가를 확정하는 것으로 행위와 결과 사이에 어떤 연관이 있어야 하는가에 대한 이론이다.
- 성격 : 객관적 귀속이란 그 결과가 정당한 처벌이라는 관점에서 행위자에게 객관적으로 귀속될 수 있느냐라는 법적 · 규범적 문제에 속한다. 실체적으로 객관적 귀속관계가 존재하는 경우에는 기수가 되며, 객관적 귀속관계가 부존재하는 경우에는 무죄 또는 미수가 된다.

ⓜ 구성요건적 고의

ⓐ 고의 : 구성요건에 해당하는 사실을 인식하고 그 내용을 실현하려는 의사를 말한다.

ⓑ 확정적 고의와 불확정적 고의

- 확정적 고의 : 구성요건적 결과에 대한 인식 · 인용이 확정적인 경우로, 목적과 직접고의를 말한다.
- 불확정적 고의 : 구성요건적 결과에 대한 인식 · 인용이 불명확한 경우로, 미필적 고의 · 택일적 고의 · 개괄적 고의 등이 해당한다.
  - 미필적 고의 : 행위자가 객관적 구성요건적 결과의 발생을 확실하게 인식한 것이 아니라 그 가능성을 예견하고 행위 한 경우로 고의의 지적 · 의지적 요소가 위축된 가장 약화된 형태의 고의이다.
  - 택일적 고의 : 고의의 대상에 따른 분류로 택일적 고의는 결과발생은 확정적이나 객체가 양자택일적이어서 둘 가운데 하나의 결과만 일어날 수 있는 경우의 고의이다.
  - 개괄적 고의 : 행위자가 첫 번째의 행위에 의하여 이미 결과가 발생했다고 믿었으나, 실제로는 두 번째의 행위에 의해서 결과가 야기된 경우로, 즉 제1의 행위와 제2의 행위의 인과관계와의 사이에 착오가 발생한 경우의 고의이다.

ⓗ 사실의 착오(구성요건적 착오)

ⓐ 개념 : 행위자가 주관적으로 인식 · 인용한 범죄사실과 현실적으로 발생한 객관적인 범죄사실이 일치하지 아니하는 경우를 말한다. 재물을 손괴하려고 하였으나 사람을 상해한 경우이다.

ⓑ 종류

- 구체적 사실의 착오 : 행위자가 인식한 사실과 발생한 사실의 내용이 구체적으로 일치하지 아니하지만 두 개의 사실이 동일한 구성요건에 해당하는 경우의 착오를 말한다.
- 추상적 사실의 착오 : 행위자가 인식한 사실과 발생한 사실의 내용이 상이한 구성요건에 해당하는 경우의 착오로 다른 가치의 객체 간의 착오를 말한다.

ⓒ 인과관계에 대한 착오 : 행위자가 인식한 범죄사실과 현실로 발생한 범죄사실은 법적으로 일치하지만, 그 결과에 이르는 인과과정이 행위자가 인식했던 인과과정과 다른 경우를 말한다(A는 B를 익사시키고자 하여 다리 밑으로 밀었으나 B는 교각에 머리를 부딪쳐 사망한 경우).

ⓢ 과실

ⓐ 의의 : 행위자가 구성요건의 실현가능성을 예견하거나 예견할 수 있었는데도 구체적인 상황에서 구성요건적 결과의 발생을 회피하기 위하여 사회생활상 요구되는 주의의무를 위반하는 것을 말한다.

ⓑ 종류

- 인식 있는 과실과 인식 없는 과실
  - 인식 있는 과실 : 행위자가 구성요건이 실현될 수 있음은 인식하였으나 주의의무에 위반하여 그것이 실현되지 않을 것으로 신뢰한 경우를 말한다.
  - 인식 없는 과실 : 행위자가 주의의무의 위반으로 인하여 구성요건이 실현될 수 있는 가능성을 인식하지 못한 경우를 말한다.
- 업무상 과실과 중과실
  - 업무상 과실 : 일정한 업무에 종사하는 자가 그 업무수행상 요구되는 주의의무에 위반한 경우를 말한다.
  - 중과실 : 극히 근소한 주의만 하였더라면 결과발생을 예견할 수 있음에도 불구하고 부주의로 이를 예견하지 못한 경우를 말한다.

ⓒ 과실범의 성립요건

- 주의의무 위반 : 구체적인 행위로부터 발생할 수 있는 보호법익에 대한 위험을 인식하고 구성요건적 결과의 발생을 방지하기 위하여 적절한 방어조치를 하지 않는 것을 말한다.
- 결과발생 : 과실범의 구성요건으로 법익의 침해 또는 위험이라는 구성요건적 결과를 필요로 한다.
- 인과관계와 객관적 귀속 : 과실범에 있어서도 결과와 행위자의 행위 사이에는 인과관계가 있어야 하는데, 과실범의 결과귀속을 위해서는 조건적 인과관계로 족하지 않고 결과를 행위자에게 객관적으로 귀속시킬 수 있는 것이어야 한다.

ⓞ 결과적 가중범

ⓐ 의의 : 고의에 기한 기본 범죄에 의하여 행위자가 예견하지 않았던 중한 결과가 발생한 때에 그 형이 가중되는 범죄로, 상해치사죄 · 폭행치사죄 · 유기치사상죄 · 강간치사상죄 · 강도치사상죄 · 교통방해치사상죄 등이 있다.

ⓑ 종류

- 진정결과적 가중범 : 고의에 의한 기본범죄에 기하여 과실로 중한 결과를 발생하게 한 경우로, 폭행치사죄 · 상해치사죄 등을 비롯하여 형법이 규정하고 있는 대부분의 결과적 가중범이 여기에 해당한다.
- 부진정결과적 가중범 : 중한 결과를 과실로 야기한 경우뿐만 아니라 고의, 특히 미필적 고의에 의하여 발생하게 한 경우로, 현주건조물방화치사상죄 · 교통방해치사상죄 · 강간치상죄 등이다.

③ 위법성

㉠ 위법성 일반

ⓐ **위법성과 불법의 관계** : 위법성은 구성요건에 해당하는 행위가 법질서 전체의 입장과 객관적으로 모순 · 충돌하는 것으로 행위가 법적 견지에서 허용되지 아니하는 성질을 말한다.

ⓑ **위법성과 구성요건해당성과의 관계** : 행위가 구성요건에 해당한다는 것은 그 행위가 원칙적으로 법률상 허용되지 않는다는 인식수단을 제공한다는 것이고, 그 행위가 바로 위법하다는 것을 의미하지는 않는다.

ⓒ **위법성과 책임과의 관계** : 위법성은 일반적인 당위규범에 대한 위반이고, 책임은 당위규범을 위반한 행위자에 대한 개인적인 비난 가능성이다.

ⓓ **위법성 조각사유**

- 의의 : 구성요건에 해당하는 행위에 대하여는 위법성을 배제하는 특별한 사유(정당화 사유)를 예외적으로 허용하는 것을 말한다.
- 종류
  - 형법상의 위법성 조각사유 : 정당행위, 정당방위, 긴급피난, 자구행위, 피해자의 승낙
  - 기타 : 단순도박죄에서 일시오락 정도, 명예훼손죄에서 사실의 증명 등
- 주관적 정당화 요소 : 구성요건에 해당하는 행위의 위법성을 조각시키기 위해 필요한 행위자의 주관적 · 정신적 측면을 말한다.

ⓛ **정당방위**

ⓐ **의의** : 자기 또는 타인의 법익에 대한 현재의 부당한 침해를 방위하기 위한 상당한 이유가 있는 행위를 말한다.

ⓑ **구별개념**

- 부정(不正) 대 정(正)의 관계라는 점에서 정(正) 대 정(正)의 관계인 긴급피난과 구별된다.
- 사전적 긴급행위라는 점에서 사후적 긴급행위인 자구행위와 구별된다.

ⓒ **성립요건**

- 자기 또는 타인의 법익 : 자기 이외에 타인의 법익에 대한 침해를 방위하기 위한 정당방위(긴급구조)도 가능하다. 타인에는 자기 이외의 자연인, 법인, 법인 이외의 단체 또는 사회도 포함된다.
- 현재의 부당한 침해
  - 현재의 침해 : 법익에 대한 침해가 급박한 상태에 있거나 바로 발생하였거나 아직 계속되고 있는 상태를 말한다. 따라서 과거의 침해나 장래에 예상되는 침해에 대하여는 정당방위가 부정된다.
  - 부당한 침해 : 객관적으로 법질서를 침해하는 모든 행위를 말한다.

TIP

싸움의 경우

㉠ **원칙** : 상호 간의 공격과 방어는 모두 위법한 침해로서 부정(不正) 대 정(正)의 관계가 아니기 때문에 정당방위는 인정되지 않는다(통설 · 판례).

㉡ **예외** : 당연히 예상할 수 있는 정도를 초과한 과격한 침해행위에 대한 반격은 정당방위로 인정된다.

- 방위행위 : 현재의 부당한 침해 그 자체를 배제하기 위한 반격행위를 말한다.
- 상당한 이유 : 침해에 대한 방위가 사회상규에 비추어 상당한 정도를 넘지 않아야 한다.

ⓓ **과잉방위와 오상방위**

- 과잉방위 : 현재의 부당한 침해에 대한 방위행위는 있었으나, 그 방위행위가 상당성의 정도를 넘는 경우를 말한다.

- 오상방위 : 객관적으로 정당방위의 요건이 구비되지 않았음에도 불구하고 이것이 있는 것으로 오인하고 방위행위를 하는 경우를 말한다.
- 오상과잉방위 : 현재의 부당한 침해가 없음에도 불구하고 이를 존재한다고 오인하고 상당성이 넘는 방위행위를 한 경우를 말한다.

㉢ 긴급피난

ⓐ 의의 : 자기 또는 타인의 법익에 대한 현재의 위난을 피하기 위한 상당한 이유가 있는 행위를 말한다. 위법하지 않은 침해에 대하여 일정한 한도에서 피난하는 것을 법이 허용하는 것이므로 정(正) 대 정(正)의 관계이며, 부정(不正) 대 정(正)의 관계인 정당방위와 다른 점이다.

ⓑ 성립요건

- 자기 또는 타인의 법익 : 법률에 의하여 보호되는 모든 이익에 대하여 긴급피난이 가능하다.
- 현재의 위난 : 법익침해가 즉시 또는 곧 발생할 것으로 예상되는 경우로서 일반적 생활경험과 행위자의 특수지식을 고려하여 객관적 · 개별적으로 판단한다.
- 피난행위 : 현재의 위난을 모면하기 위한 일체의 행위를 말한다. 따라서 행위자는 주관적 정당화요소로서 피난의사를 가지고 행동할 것을 요한다.
- 상당한 이유 : 위난을 피하기 위한 행위로서 사회상규상 당연하다고 인정되는 것을 의미한다.

ⓒ 효과

- 긴급피난행위는 구성요건에 해당하여도 위법성을 조각하여 범죄가 성립되지 않아 벌하지 아니한다.
- 긴급피난은 정당한 행위이므로 긴급피난에 대한 정당방위는 불가능하고 긴급피난만이 가능하다.
- 긴급피난에 가담한 자에게 피난의사가 있으면 위법성이 조각되고, 피난의사가 없으면 간접정범으로 처벌된다.
- 정당방위와는 달리 긴급피난으로 인한 민사상 손해배상책임이 인정되는 경우가 있다.

ⓓ 과잉피난과 오상피난

- 과잉피난 : 피난행위가 상당성을 초과한 경우를 말하며, 이는 위법성을 조각하지 않는다. 정황에 의하여 형을 감경 또는 면제할 수 있고 과잉피난행위가 야간, 기타 불안스러운 상태 하에서 공포 · 경악 · 당황 또는 흥분으로 인한 때에는 벌하지 아니한다.
- 오상피난 : 객관적으로 긴급피난의 상황이 존재하지 아니하는데도 불구하고 그것이 존재한다고 오인하고 피난행위를 한 경우를 말한다.

ⓔ 의무의 충돌

- 의의 : 둘 이상의 의무가 서로 충돌하여 행위자가 하나의 의무만을 이행할 수 있는 긴급 상태에서 다른 의무를 이행하지 않음으로써 구성요건을 실현하게 된 경우를 말하는 것으로, 아버지가 물에 빠진 두 명의 아들 중 한 아들을 구하다보니 다른 아들이 익사한 경우 등이 이에 해당한다.
- 요건
  - 둘 이상의 법적 의무가 충돌할 것
  - 행위자가 높은 가치 또는 동가치의 의무 중 어느 하나를 이행하였을 것
  - 주관적 정당화 사유가 있을 것
- 효과 : 의무의 충돌의 요건을 구비한 경우에는 부작위가 비록 범죄의 구성요건에는 해당하나 위법성이 조각되어 범죄가 불성립한다.

㉣ 자구행위

ⓐ 의의 : 법정절차에 의하여 청구권을 보전하기 불능한 경우에 그 청구권의 실행불능 또는 현저한 실행곤란을 피하기 위하여 공권력의 발동에 의하지 않고 자력에 의하여 그 권리를 구제·실현하는 행위로 상당한 이유가 있는 것을 말한다.

ⓑ 성립요건

- 법정절차에 의하여 청구권을 보전하는 것이 불가능한 경우일 것
- 청구권의 실행불능 또는 현저한 실행곤란을 피하기 위한 행위인 경우일 것
- 상당한 이유가 있을 것

ⓒ 효과 : 자구행위는 위법성을 조각하므로 구성요건에 해당하는 행위가 있더라도 범죄가 성립되지 않아 처벌되지 않는다. 그러므로 자구행위에 대한 정당방위는 허용되지 않는다.

ⓓ 과잉자구행위와 오상자구행위

- 과잉자구행위 : 자구행위가 그 정도를 초과한 경우로서 과잉자구행위는 정황에 의하여 형을 감경 또는 면제할 수 있다.
- 오상자구행위 : 자구행위의 구성요건이 존재하지 않음에도 불구하고 이를 존재한다고 오인하고 자구행위를 한 경우를 말한다. 이는 위법성 조각사유의 전제사실에 관한 착오의 문제이다.

㉤ 피해자의 승낙

ⓐ 의의 : 피해자의 승낙이란 법익의 주체가 타인에게 자기의 법익을 침해할 것을 허용한 경우 일정한 요건 하에서 구성요건해당행위의 위법성만 조각시키는 것을 말한다.

ⓑ 성립요건

- 법익을 처분할 수 있는 자의 유효한 승낙이 있어야 한다.
- 승낙에 의한 법익침해행위가 있어야 한다.
- 법률에 특별한 규정이 없어야 한다.

ⓒ 추정적 승낙 : 피해자의 현실적인 승낙은 없었으나 행위 당시의 객관적 사정에 비추어서 만일 피해자 내지 승낙권자가 그 사태를 인식하였더라면 당연히 승낙하였을 것으로 기대되는 경우를 말한다.

㉥ 정당행위

ⓐ 의의 : 사회상규에 위배되지 아니하여 국가적·사회적으로 정당시되는 행위로서 "법령에 의한 행위 또는 업무로 인한 행위, 기타 사회상규에 위배되지 아니하는 행위는 벌하지 아니한다." 고 하여 정당행위를 위법성 조각사유로 규정하고 있다.

ⓑ 종류

- 법령에 의한 행위
  - 공무원의 직무집행행위 : 법령에 의한 직무집행행위는 위법성이 조각되고, 적법하게 내려진 상관의 명령에 복종한 행위는 정당행위로서 위법성이 조각되지만, 상관의 위법한 명령에 복종한 경우에는 위법성이 조각되지 않는다.
  - 징계행위 : 법령상 허용된 징계권의 행사는 정당행위로서 위법성이 조각된다.
  - 현행범인의 체포 : 현행범인은 누구든지 영장 없이도 체포가 가능하므로 위법성이 조각된다.
  - 노동쟁의 행위 : 법률에 의해 허용된 쟁의행위의 경우만 위법성이 조각된다.

- 업무로 인한 행위
  - 의사의 치료행위 : 치료의 목적으로 수술 등 환자의 신체를 상하게 한 경우에는 정당행위로서 위법성이 조각된다.
  - 안락사 : 동기 · 목적 · 방법이 타당할 경우 사회상규에 위배되지 않는 정당행위로 위법성이 조각된다.
  - 변호사 또는 성직자의 업무행위 : 성직자가 고해성사를 통해 범인을 알았음에도 고발하지 않은 경우에는 위법성이 조각되나, 적극적으로 은신처를 마련해주고 도피자금을 제공하는 등의 행위는 정당한 직무의 범위를 넘는 것이므로 정당행위에 포함되지 않는다.
- 사회상규에 위배되지 않는 행위 : 사회상규란 법질서 전체의 정신이나 그 배후의 지배적인 사회윤리에 비추어 원칙적으로 용인될 수 있는 행위를 의미한다.

④ 책임론

㉠ 책임론 일반

ⓐ 의의 : 책임이란 규범이 요구하는 합법을 결의하고 이에 따라 행동할 수 있었음에도 불구하고, 불법을 결의하고 위법하게 행위 한 것에 대하여 행위자에게 가해지는 비난가능성을 말한다.

ⓑ 책임주의

- 의의 : "책임 없으면 형벌 없다."는 근대 형법의 기본원칙으로 책임이 전제되어야만 형벌을 과할 수 있고, 형벌의 종류와 정도는 책임에 상응해야 한다는 원칙이다.
- 한계
  - 객관적 처벌조건 : 객관적 처벌조건은 일단 성립한 범죄의 가벌성만을 좌우하는 외부적 · 객관적 사정을 말하므로 책임주의와 관계가 없다.
  - 결과적 가중범 : 결과적 가중범은 기본범죄에 대한 고의와 중한 결과에 대한 과실이 결합된 범죄인데, 이에 대하여 과해지는 형벌은 지나치게 무거우므로 책임원칙에 위배된다.
  - 동시범 : 독립행위가 경합하여 상해의 결과를 발생하게 한 경우 원인된 행위가 판명되지 아니한 때에는 공동정범의 예에 의하여 처벌을 받는데 이는 개인책임의 원리에 반하게 된다.
  - 원인에 있어서 자유로운 행위 : 원인에 있어서 자유로운 행위는 책임능력결함상태에서 한 실행행위에 대하여 처벌을 하는 경우이므로 책임주의의 한계로 논하여진다.
  - 보안처분 : 책임 없이 위험성만으로 처벌하므로 책임주의가 제한된다.

TIP

위법성과 책임

㉠ 위법성 : 법질서 전체의 입장에서 행위에 대한 부정적 가치판단으로 개인적 특수성을 고려하지 않는 객관적 판단을 한다.

㉡ 책임 : 행위자에 대한 비난가능성의 유무에 따라 내려지는 행위자에 대한 부정적 가치판단으로 개인적 특수성을 고려한 주관적 판단을 한다.

㉡ 책임능력

ⓐ **의의** : 행위자가 일반적으로 법규범의 의미내용을 인식하고 그 규범에 따라서 행동할 수 있는 정신능력을 말한다.

ⓑ **책임무능력자**

- 형사미성년자 : 14세가 되지 아니한 자의 행위는 벌하지 아니한다.
- 심신장애인 : 심신장애로 인하여(생물학적 방법) 사물을 변별할 능력 또는 의사를 결정할 능력이 없는 자(심리학적 방법)를 말하며, 심신장애인는 책임능력이 없으므로 책임이 인정되지 않는다. 위험발생을 예견하고 자의로 심신장애의 상태를 야기한 자의 행위는 책임이 인정되며, 이 경우 보안처분은 가능하다.
- 한정책임능력자
  - 심신미약자 : 심신장애로 인하여(생물학적 방법) 사물을 변별하거나 의사를 결정하는 능력이 미약한 자(심리학적 방법)로, 심신미약자의 행위는 형을 감경한다(필요적 감경). 다만, 위험발생을 예견하고 자의로 심신미약의 상태를 야기한 자는 그러하지 아니한다.
  - 농아자 : 청각과 발음기관에 장애가 있는 자, 즉 농자인 동시에 아자인 자를 말하며, 농아자의 행위는 형을 감경한다(필요적 감경).

ⓒ **원인에 있어서 자유로운 행위** : 행위자가 고의 또는 과실에 의하여 자기를 심신장애의 상태에 빠지게 한 후, 이러한 상태에서 범죄를 실행하는 것을 말한다. 그 예로 살인을 결심한 자가 용기를 얻기 위하여 음주 후 만취한 상태에서 범행을 하는 경우를 들 수 있다.

다음의 범죄 행위에 적용되는 것은?

> A씨는 범행을 계획한 후 실제 실행하기 전 떨리는 마음을 추스르기 위해 미리 술을 마셨다. 이후 취한 상태에서 계획한 범죄를 실행하였다.

① 추정적 승낙　　② 구성요건적 착오
③ 원인에 있어서 자유로운 행위　　④ 과잉방위

★③ 원인에 있어 자유로운 행위 : 행위자가 고의 또는 과실에 의하여 자기를 심신장애의 상태에 빠지게 한 후, 이러한 상태에서 범죄를 실행하는 것

답 ③

㉢ 위법성의 인식

ⓐ **의의** : 행위자의 행위가 공동사회의 질서에 반하고 법적으로 금지되어 있다는 것을 인식하는 것을 말한다. 따라서 가벌성의 인식이나 금지하고 있는 구체적인 법규정의 인식까지 요구하는 것은 아니다.

ⓑ **우리 형법의 입장** : 자기의 행위가 법령에 의하여 죄가 되지 아니한 것으로 오인한 행위는 그 오인에 정당한 이유가 있는 때에 한하여 벌하지 아니한다.

㉣ 법률의 착오(위법성의 착오, 금지의 착오)

ⓐ 의의 : 행위자가 구성요건 요소에 대한 인식은 있었으나 자기의 행위가 금지규범에 위반하여 위법함을 인식하지 못한 경우를 말한다. 즉, 행위자가 어떤 행위를 하는가는 알고 있었으나 착오로 그것이 금지되어 있음을 알지 못한 경우를 말한다.

ⓑ 유형

- 직접적 착오 : 행위자가 그 행위에 대하여 직접 적용되는 금지규범을 인식하지 못하여 그 행위가 허용된다고 오인한 경우를 말한다.
  - 법률의 부지 : 행위자가 금지규범인 법률 자체를 인식하지 못한 경우이다. 단순한 법률의 부지는 법률의 착오에 해당하지 않는다.
  - 효력의 착오 : 행위자가 일반적 구속력을 가지는 법규정을 잘못 판단하여 그 규정이 무효라고 오인한 경우이다.
  - 포섭의 착오 : 구성요건적 사실이 어떤 법률적 의미를 가지느냐에 대하여 착오를 일으킨 경우이다.
- 간접적 착오(위법성 조각사유의 착오) : 행위자가 금지된 것은 인식하였으나, 구체적인 경우에 위법성 조각사유의 법적 한계를 오해하였거나 위법성 조각사유가 존재하는 것으로 오인하여 위법성을 조각하는 반대규범이 존재하는 것으로 착오한 경우이다.
  - 위법성 조각사유의 존재에 대한 착오(허용규범의 착오) : 법이 인정하고 있지 아니한 위법성 조각사유를 존재하는 것으로 행위자가 오인한 경우로, 남편이 부인에 대한 징계권이 있는 줄 잘못 알고 부인에게 체벌을 가한 경우를 그 예로 들 수 있다.
  - 위법성 조각사유의 한계에 관한 착오(허용한계의 착오) : 행위자가 위법성을 조각하는 행위상황은 바로 알았으나 그에게 허용된 한계를 초과한 경우로, 사인이 현행범 체포를 위해 그를 살해해도 된다고 생각하고 살해한 경우를 예로 들 수 있다.
  - 위법성 조각사유의 전제사실에 대한 착오 : 위법성 조각사유의 전제사실이 존재하지 않음에도 불구하고 이를 존재한다고 오인함으로써 자기의 행위가 위법하지 않다고 오인한 경우이다.

㉤ 기대가능성

ⓐ 의의 : 행위 시의 구체적인 사정으로 보아 행위자가 범죄행위를 하지 않고 적법행위를 할 것을 기대할 수 있는 가능성을 말한다. 기대가능성이 없으면 행위자를 비난할 수 없으므로 책임이 조각된다.

ⓑ 기대가능성에 대한 착오 : 기대가능성의 기초가 되는 사정에 대한 착오가 있는 경우로 기대가능성의 유무는 법질서가 객관적으로 판단하므로 기대가능성의 존재 또는 한계에 관한 착오는 형법상 아무런 의미가 없다.

ⓒ 기대불가능성으로 인한 책임조각사유

- 형법상의 책임조각 · 감경사유
  - 기대불가능성을 이유로 한 책임조각사유 : 강요된 행위 · 과잉방위 · 과잉피난 · 친족 간의 범인은닉 및 증거인멸 등
  - 기대가능성의 감소를 이유로 책임이 감경되는 경우 : 과잉자구행위 · 단순도주죄 · 위조통화취득 후의 지정행사죄 등

- 초법규적 책임조각사유
- 위법한 명령에 따른 행위 : 상관의 명령이 위법인지 알면서도 이에 따른 행위는 책임이 조각되지 않으나, 절대적 구속력이 있는 경우에는 기대가능성이 없기 때문에 책임이 조각된다.
- 의무의 충돌 : 행위자가 충돌하는 의무의 가치판단에 있어서 착오가 있는 경우에는 금지의 착오에 해당하여 정당한 이유가 있는 한 책임이 조각되고, 행위자가 낮은 가치의 의무임은 알았으나 부득이한 사유로 인하여 낮은 가치의 의무를 이행할 수밖에 없었을 경우에는 기대가능성이 없기 때문에 책임이 조각되며, 객관적인 법질서나 사회윤리적 가치관의 관점에서 높은 가치의 의무를 이행하여야 하지만 행위자의 개인적인 종교 또는 윤리관으로 인해 낮은 가치의 의무를 이행한 확신범의 경우에는 위법성이나 책임이 조각되지 않는다.
- 생명 · 신체 이외의 법익에 대한 강요된 행위 : 형법 제12조는 저항할 수 없는 폭력이나 자기 또는 친족의 생명 · 신체에 대한 협박만을 규정하고 있기 때문에 생명 또는 신체 이외의 법익에 대한 협박에 의한 경우에는 초법규적 책임조각사유로 판단한다.

ⓗ 강요된 행위

ⓐ 의의 : 형법 제12조는 "저항할 수 없는 폭력이나 자기 또는 친족의 생명 · 신체에 대한 위해를 방어할 방법이 없는 협박에 의하여 강요된 행위는 벌하지 아니한다."고 하여 강요된 행위를 규정하였다.

ⓑ 요건

- 저항할 수 없는 폭력 : 피강요자가 강제에 대항할 수 없는 정도의 폭력을 말하는 것으로, 그 기준은 구체적인 사정을 기초로 피강요자의 능력을 고려하여 다른 방법을 취하는 것이 기대될 수 있는가를 기준으로 판단하며 절대적 폭력은 해당되지 않는다.
- 방어할 방법이 없는 협박 : 자기 또는 친족의 생명 · 신체에 대한 위해를 방어할 방법이 없는 협박이 있어야 한다. 협박이란 상대방을 외포시킬 만한 위해를 가할 것을 고지하는 것을 말한다.
- 자초한 강제상태 : 행위자가 강제상태를 자초한 때에는 강요된 행위가 성립되지 않는다.
- 강요된 행위 : 폭력이나 협박에 의하여 피강요자의 의사결정이나 활동의 자유가 침해되어 강요자가 요구하는 일정한 행위를 하는 것으로 강요된 행위 사이에는 인과관계가 필요하다.

ⓒ 효과

- 피강요자에 대한 효과 : 강요된 행위는 적법행위에 대한 기대가능성이 없으므로 책임이 조각되며 불처벌되지 않는다. 하지만 위법성이 조각되는 것은 아니므로 정당방위는 가능하다.
- 강요자에 대한 효과 : 강요자는 간접정범으로 처벌받는다.

⑤ 미수론

㉠ 미수범의 일반이론

ⓐ 의의 : 범죄의 실행에 착수하여 행위를 종료하지 못하였거나 결과가 발생하지 아니한 때에는 미수범으로 처벌한다. 미수범은 실행의 착수 이후에만 가능하다는 점에서 실행의 착수 이전 단계인 예비 · 음모와 구별되며 범죄가 완성되지 않은 점에서 기수와 구별된다.

ⓑ 처벌 : 형법상 기수의 처벌이 원칙이므로 미수는 예외적으로 처벌규정이 있는 범죄에 한해 처벌된다.

ⓛ 예비 · 음모죄

ⓐ 의의

- 예비 : 범죄실현을 위한 준비행위로서 아직 실행의 착수에 이르지 않은 일체의 행위를 말한다.
- 미수 : 미수는 실행의 착수를 요건으로 한다는 점에서 실행의 착수 이전의 준비단계를 의미하는 예비와 구별된다.
- 음모 : 2인 이상이 특정한 범죄를 실행할 목적으로 행하는 심리적 준비행위로서 예비에 선행하는 범죄발전의 한 단계이다.

ⓑ 성립요건

- 주관적 요건 : 예비의 고의, 기본범죄를 범할 목적
- 객관적 요건 : 외부적 예비행위일 것, 실행의 착수에 이르지 아니할 것

ⓒ 처벌

- 모든 범죄의 예비행위가 예비죄로 되는 것이 아니라, 법률에 특별한 규정이 있는 경우에 한하여 예비죄로 처벌된다.
- 각칙에 의해 처벌되는 경우에도 기본범죄의 법정형보다 감경되어 처벌되며, 내란 · 외환 · 방화 · 통화위조 등의 예비행위에 있어서는 실행의 착수 전에 자수하면 형을 감경 또는 면제한다.

ⓒ 장애미수

ⓐ 의의 : 행위자의 의사에 반하여 외부적 장애로 범죄를 완성하지 못한 경우, 즉 범죄의 실행에 착수하여 행위를 종료하지 못하였거나(착수미수) 실행행위는 종료되었지만 결과가 발생하지 아니한 경우(실행미수)를 말한다.

ⓑ 성립요건

- 주관적 요건 : 고의, 확정적 행위의사, 특수한 주관적 구성요건요소(불법영득의사, 목적범의 목적) 및 이에 대한 인식
- 객관적 요건
  - 실행의 착수 : 구성요건 실현을 직접적으로 개시하는 것을 말한다. 이것은 예비와 미수의 구별기준이 된다.
  - 범죄의 미완성 : 미수가 성립하려면 실행에 착수한 행위를 종료하지 못하였거나 행위는 종료하였으나 결과가 발생하지 않아야 한다. 즉, 구성요건적 결과가 발생하지 않아야 한다.

ⓒ 처벌

- 예외적 처벌 : 형법각칙에 특별한 규정이 있는 경우에만 처벌된다.
- 임의적 감경 : 미수범의 형은 기수범보다 감경할 수 있다. 다만, 주형에 대해서만 감경이 가능하고, 부가형 · 보안처분은 감경하지 못한다.

ⓔ 중지미수

ⓐ 의의 : 범죄의 실행에 착수한 자가 그 범죄가 완성되기 전에 자의로 이를 중지하거나 결과의 발생을 방지한 경우를 말한다.

ⓑ 성립요건 : 자의성(중지미수와 장애미수의 구별기준)이 있어야 하고, 실행이 중지되거나 결과가 방지(범죄의 미완성) 되어야 한다.

ⓒ 처벌 : 중지미수의 형은 감경 또는 면제한다(필요적 감면).

㉤ 불능미수

ⓐ 불능범과 불능미수

- 불능범 : 구성요건 실현의 가능성이 없어서 처벌되지 않는 경우를 말한다.
- 불능미수 : 실행의 수단 또는 대상의 착오로 인하여 결과발생이 불가능하더라도 위험성이 있기 때문에 미수범으로 처벌되는 경우를 말한다.

ⓑ 성립요건

- 실행의 착수 : 불능미수도 미수의 일종이므로 실행의 착수가 필요하다.
- 결과발생의 불가능 : 불능미수가 성립하기 위해서는 실행의 수단 또는 대상의 착오로 인하여 결과발생이 불가능하여야 한다.
- 위험성(불능범과 불능미수의 구별기준) : 평가상 결과발생가능성 또는 구성요건 실현가능성을 말한다.

ⓒ 처벌 : 결과의 발생이 불가능하고 위험성이 없는 불능범은 벌하지 않지만 불능미수는 임의적 감면사유에 의해 처벌된다.

⑥ 공범론

㉠ 공범의 일반이론

ⓐ 공범의 의의 : 2인 이상의 행위자가 참여하여 범죄의 구성요건을 실현하는 것을 말하는 것으로, 형법총칙에서 규정하는 공동정범 · 교사범 · 종범 및 간접정범이 광의의 공범에 속하며, 협의의 공범은 교사범과 종범만을 일컫는다.

ⓑ 공범의 유형

- 임의적 공범 : 1인에 의해서도 범할 수 있는 범죄를 2인 이상이 협력하여 범하는 경우의 공범형태를 말한다(공동정범 · 교사범 · 종범).
- 필요적 공범 : 구성요건의 실현에 반드시 2인 이상의 참가가 요구되는 범죄로 집합범(소요죄 · 내란죄 등)과 대향범(뇌물죄 · 도박죄 등)으로 구별된다.

㉡ 공동정범

ⓐ 의의 : 2인 이상의 자가 공동의 범행계획에 따라 각자의 실행의 단계에서 본질적인 기능을 분담하여 이행함으로써 성립하는 정범형태를 말한다.

ⓑ 성립요건

- 주관적 요건
  - 공동실행의 의사가 있어야 한다.
  - 승계적 공동정범의 경우 공동의 범행결의가 선행자의 실행행위의 일부 종료 후 그 기수 이전에 성립하여야 한다.
  - 과실범의 공동정범 : 2인 이상이 공동의 과실로 인하여 과실범의 구성요건적 결과를 발생하게 한 경우를 말한다.

- 객관적 요건
- 공동의 실행행위(공동가공의 사실) : 공동정범이 성립하기 위해서는 공동의 의사와 실행의 분담을 의미하는 공동의 실행행위가 필요하다. 실행의 분담이 있느냐의 여부는 전체계획에 의하여 결과를 실현하는 데 불가결한 요건이 되는 기능을 분담하였느냐가 기준이다.
- 공모공동정범 : 2인 이상의 자가 범죄를 공모한 후 그 공모자 가운데 일부만이 범죄의 실행에 나아간 경우에 실행행위를 담당하지 아니한 공모자에도 공동정범이 성립한다는 이론이다.

ⓒ 처벌

- 일부실행 · 전부책임의 원칙 : 구성요건 중 일부만을 실행한 자라도 공동의 범행결의하에 발생한 사실의 전부에 대하여 각자가 정범으로 책임을 져야 한다는 원칙이다.
- 독립성 : 공동정범 중 책임조각사유 · 가중감경사유 · 인적 처벌조각사유가 있는 자가 있는 경우에는 그 자에게만 처벌이 적용된다.
- 결과적 가중범의 공동정범 : 기본행위에 대한 공동이 있더라도 각자 가중된 결과에 대한 과실이 인정될 때에만 공동정범이 성립한다.

ⓓ 동시범

- 의의 : 2인 이상의 행위자가 의사의 연락 없이 동시 또는 이시에 동일한 객체에 대하여 구성요건적 결과를 실현한 경우를 말한다.
- 성립요건
- 2인 이상의 실행행위가 있어야 한다.
- 행위자 사이에는 의사의 연락이 없어야 한다.
- 행위객체는 동일해야 한다.
- 행위의 장소와 시간이 반드시 동일할 필요는 없다.
- 결과발생의 원인된 행위가 판명되지 않아야 한다.
- 동시범의 특례 : 독립행위가 경합하여 상해의 결과를 발생하게 한 경우에 있어서 원인된 행위가 판명되지 아니한 때에는 공동정범의 예에 의한다.

ⓔ 합동범

- 의의 : 2인 이상이 합동하여 죄를 범하도록 규정된 경우로서 현행법상 특수절도, 특수강도, 특수도주 등을 말한다. 여기서의 합동이란 시간적 · 장소적 협동을 의미한다고 보며 이는 공범의 개념보다 좁다.
- 성립요건
- 주관적 요건 : 공동의 범행계획
- 객관적 요건 : 범행현장에서의 기능적 역할분담

㉢ 간접정범

ⓐ 의의 : 생명 있는 타인을 도구로 이용하여 간접적으로 범죄를 실행하는 형태를 말하는 것으로, 정신이상자를 충동하여 방화하게 하거나, 내용을 모르는 간호사에게 독약을 주어 살해하는 경우를 그 예로 들 수 있다.

ⓑ 성립요건

- 피이용자의 범위 : 어느 행위로 인하여 처벌되지 아니하는 자 또는 과실범으로 처벌되는 자를 말한다.

- 이용행위 : 피이용자를 이용하여 구성요건을 실현하는 행위로 교사 · 방조하여 범죄행위의 결과를 발생하게 할 것을 필요로 한다.
- 범죄행위의 결과발생 : 구성요건에 해당하는 사실을 실현하는 것을 말하는 것으로 결과범에 있어서의 결과발생을 의미하는 것은 아니다. 따라서 범죄행위의 결과가 발생하지 않아도 실행의 착수가 있으면 간접정범의 미수로 처벌하며, 이용행위와 결과발생 사이에 인과관계가 없는 경우에도 간접정범의 미수가 된다.

ⓒ **처벌**

- 간접정범의 기수의 처벌 : 교사 또는 방조의 예에 의하여 처벌한다.
  - 교사(사주 · 지배 · 조종) : 교사의 예에 따라 정범과 동일한 형으로 처벌한다.
  - 방조(이용 · 원조) : 종범의 예에 따라 정범의 형보다 감경한다.
- 간접정범의 미수의 처벌 : 간접정범은 정범이고 그 실행의 착수는 이용자의 이용행위에 의해 개시되는 것이므로, 이용자는 이용행위를 마쳤으나 피이용자의 행위가 미수에 그친 간접정범의 미수는 예비 또는 교사에 의하여 처벌하는 것이 아니라 미수의 일반적 처벌의 예를 따라야 한다.

㉣ **교사범**

ⓐ **의의** : 타인을 교사하여 범죄 실행의 결의를 생기게 하고 범죄를 실행하게 하는 자를 말한다.

ⓑ **성립요건** : 교사자의 교사행위, 교사자의 고의, 피교사자의 실행행위가 있어야 성립된다.

ⓒ **처벌** : 교사범은 정범과 동일한 형으로 처벌한다. 다만, 자기의 지휘 · 감독을 받는 자를 교사한 경우에는 정범에 정한 형의 장기 또는 다액의 2분의 1까지 가중한다.

ⓓ **관련 문제**

- 교사의 교사
  - 간접교사 : 타인에게 제3자를 교사하여 범죄를 범하게 하도록 교사한 경우(간접교사)와 타인을 교사하였으나 타인이 제3자를 교사하여 범죄를 실행하게 한 경우를 말한다. 간접교사를 인정하는 것이 다수설 · 판례의 경향이다.
  - 연쇄교사 : 교사가 수인을 거쳐 계속되는 경우를 말한다.
- 교사의 미수 : 교사자가 교사행위에 실패한 경우로서, 교사행위에는 성공하였지만 피교사자가 실행에 착수하지 아니한 경우와 실행에 착수하였지만 미수에 그친 경우를 의미한다.
  - 실패한 교사 : 교사를 받은 자가 범죄의 실행을 승낙하지 아니한 경우로 교사자는 예비 · 음모에 준하여 처벌한다.
  - 효과없는 교사 : 교사를 받은 자가 범죄의 실행을 승낙하고 실행의 착수에 이르지 아니한 때에는 교사자와 피교사자를 음모 또는 예비에 준하여 처벌한다.

㉤ **종범**(방조범)

ⓐ **의의** : 타인의 범죄를 방조한 자를 말하며, 방조범이라고도 한다. 여기서 방조란 정범에 의한 구성요건의 실행을 가능하게 하거나 쉽게 하거나 또는 정범에 의한 법익침해를 강화하는 행위를 말한다.

ⓑ **성립요건**

- 종범의 방조행위, 종범의 고의가 있어야 한다.
- 피방조자는 고의범이어야 하고, 정범의 실행행위가 있어야 한다.

ⓒ **처벌** : 종범의 형은 정범의 형보다 감경한다.

ⓗ 공범과 신분

ⓐ 공범과 신분의 문제

- 의의 : 형법상 공범과 신분의 문제는 행위자의 신분이 범죄의 성립이나 형의 가감에 영향을 미치는 경우에 있어서 신분 있는 자와 신분 없는 자가 공범관계에 있을 때 이를 어떻게 취급해야 하는가의 문제이다.
- 공범의 종속성 : 형법 제33조는 "신분관계로 인하여 성립될 범죄에 가공한 행위는 신분관계가 없는 자에게도 전3조의 규정을 적용한다. 단, 신분관계로 인하여 형의 경중이 있는 경우에는 중한 형으로 벌하지 아니한다."고 규정하였다. 형법의 해석과 관련하여 본문은 공범의 종속성 내지 연대성을 인정하고, 단서는 공범의 독립성 또는 책임의 개별성을 규정한 것으로 설명된다.

ⓑ 신분의 의의

- 신분 : 성별 · 국적 · 친족관계 및 공무원의 자격 등 널리 일정한 범죄행위에 대한 범죄의 인적관계인 특수한 지위나 상태를 의미하는 것을 말한다.
- 신분범 : 신분이 범죄의 성립이나 형의 경중에 영향을 미치는 범죄를 말한다.

⑦ 죄수론

㉠ 죄수론의 의의

ⓐ 범죄의 수가 1개인가 또는 여러 개인가에 관한 이론으로 범죄론과 형벌론에 모두 관련되는 분야로서 중간에 위치하는 이론이다.

ⓑ 죄수론은 실체법상 형벌의 적용에 있어서 중대한 차이가 있고, 소송법상으로도 공소의 효력, 기판력의 범위를 결정하는 데 중요한 의미가 있다.

㉡ 일죄

ⓐ 의의 : 범죄의 수가 1개인 것으로, 범죄행위가 1개의 구성요건을 1회 충족시켰을 때를 말한다. 단순일죄, 본래의 일죄, 실질상 일죄, 이론상의 일죄라고도 한다.

ⓑ 유형

- 단순일죄 : 1개의 행위로 1개의 구성요건을 실현하는 경우이다.
- 법조경합 : 1개의 행위 또는 수개의 행위가 외관상 수개의 구성요건에 해당하는 것처럼 보이나 실질적으로 일죄만을 구성하는 경우이다.
- 포괄일죄 : 수개의 행위가 1개의 구성요건에 해당하여 일죄를 구성하는 경우이다.

ⓒ 법조경합

- 의의 : 1개 또는 수개의 행위가 외관상 수개의 구성요건에 해당하는 것 같이 보이나, 실제로는 1개의 구성요건이 다른 구성요건을 배척하여 일죄만 성립하는 경우를 말한다.
- 유형
  - 특별관계 : 어떤 구성요건이 다른 구성요건의 모든 요소를 포함하고 그 이외의 다른 요소를 구비해야 성립하는 경우를 말한다.
  - 보충관계 : 어떤 구성요건이 다른 구성요건의 적용이 없을 때에만 보충적으로 적용되는 경우를 말한다.
  - 흡수관계 : 어떤 구성요건의 불법과 책임내용이 다른 구성요건의 불법과 책임내용을 포함하지만 특별관계나 보충관계에 해당하지 않는 경우를 말한다.

- 택일관계 : 성질상 양립할 수 없는 2개의 구성요건에 어느 하나만 적용되는 경우로, 절도죄와 횡령죄, 강도죄와 공갈죄를 들 수 있다.
- 법조경합의 처리 : 배제된 법률은 적용되지 아니하여 행위자가 그 법률에 의하여 처벌되지 않는다. 다만, 배제되는 법률의 범죄에 대해서 제3자가 공범으로 가담하는 것은 가능하다.

㉢ 포괄일죄

ⓐ 의의 : 수개의 행위가 포괄적으로 1개의 구성요건에 해당하여 일죄를 구성하는 경우를 말한다.

ⓑ 유형

- 결합범 : 개별적으로 독립된 범죄의 구성요건에 해당하는 수개의 행위가 결합하여 1개의 범죄를 구성하는 경우로 강도죄(폭행죄 또는 협박죄와 절도죄), 강도강간죄(강도죄와 강간죄), 강도살인죄(강도죄와 살인죄) 등이 있다.
- 계속범 : 구성요건적 행위가 기수에 이름으로써 행위자는 위법한 상태를 야기하고 구성요건적 행위에 의하여 그 상태가 유지되는 범죄를 말한다. 감금죄와 주거침입죄 등이 이에 해당한다.
- 접속범 : 동일한 법익에 대하여 수개의 행위가 불가분적으로 접속하여 행하여지는 경우로, 절도범이 대문 앞에 대기시켜 놓은 자동차에 수차례 재물을 반출하여 실은 경우가 이에 해당한다.
- 연속범 : 연속한 수개의 행위가 동종의 범죄에 해당하는 경우로 절도범이 쌀창고에서 수일에 걸쳐 매일 밤 한 가마씩 훔치는 경우가 이에 해당한다(다수설 · 판례).
- 집합범 : 다수의 동종의 행위가 동일한 의사에 의해 반복되지만 일괄하여 일죄를 구성하는 경우를 말한다. 영업범(무면허의사의 진료), 상습범(상습도박죄), 직업범(범죄의 반복이 직업적 활동인 경우)이 해당한다.

㉣ 수죄

ⓐ 상상적 경합 : 1개의 행위가 수개의 죄에 해당하는 경우를 말하며, 관념적 경합이라고도 한다. 형법은 “가장 중한 죄에 정한 형으로 처벌한다.”고 규정하고 있다.

ⓑ 실체적 경합범(경합범) : 판결이 확정되지 아니한 수개의 죄(동시적 경합범) 또는 금고 이상의 형에 처한 판결이 확정된 죄와 그 판결 확정 전에 범한 죄(사후적 경합범)를 말한다.

3 형벌론

① 형벌의 일반이론

㉠ 형벌의 의의

ⓐ 국가가 범죄에 대한 법률상의 효과로서 범죄자에 대하여 그의 책임을 전제로 하여 과하는 법익의 박탈을 의미한다.

ⓑ 범죄를 원인으로 하는 법률적 효과이지만 범죄에 대하여 과하여지는 것이 아니라 원칙적으로 범죄의 주체인 범죄자에 대하여 과하여지는 것이다.

㉡ 형벌의 종류

ⓐ 사형(생명형) : 수형자의 생명을 박탈하여 사회로부터 영구히 제거시키는 형벌로, 형법에 규정된 형벌 중 가장 중한 형벌이다.

ⓑ **자유형** : 수형자의 신체적 자유를 박탈하는 것을 내용으로 하는 형벌로, 징역 · 금고 · 구류라는 3종을 인정하고 있다.

- 징역 : 수형자를 교도소 내에 구치하여 정역에 복무하게 하는 것을 내용으로 하는 형벌이다. 징역에는 유기와 무기의 2종이 있는데 유기징역은 1개월 이상 30년 이하이고 형을 가중하는 때에는 50년까지로 한다.
- 금고 : 수형자를 교도소 내에 구치하여 자유를 박탈하는 것을 내용으로 하는 형벌로, 정역에 복무하지 않는 점에서 징역과 다르다.
- 구류 : 수형자를 교도소 내에 구치하는 것을 내용으로 하는 형벌로 그 기간은 1일 이상 30일 미만이다.

ⓒ **재산형** : 범인으로부터 일정한 재산을 박탈하는 것을 내용으로 하는 형벌로서, 형법은 벌금 · 과료 · 몰수의 3종을 규정하고 있다.

- 벌금 : 범죄인에게 일정한 금액의 지불의무를 강제적으로 부담시키는 것을 내용으로 하는 형벌로 5만 원 이상으로 하며, 다만 감경하는 경우에는 5만 원 미만으로 할 수 있다.
- 과료 : 범죄인에게 일정한 금액의 지급의무를 강제적으로 부담시키는 것으로 2천 원 이상 5만 원 미만으로 한다.
- 몰수 : 범죄행위와 관련된 재산을 박탈하는 것을 내용으로 하는 재산형으로, 타형에 부가하여 과하는 것을 원칙으로 한다. 다만, 예외적으로 유죄의 재판을 아니할 때에도 몰수의 요건이 있는 때에는 몰수만을 선고할 수 있다.

ⓓ **명예형**(자격형) : 범인의 명예 또는 자격을 박탈하는 것을 내용으로 하는 형벌로, 자격상실과 자격정지가 있다.

② 형의 양정

㉠ 의의 : 형의 양정이란 일정한 범죄에 대하여 일정한 종류와 범위 내에서 법관이 구체적인 행위자에 대하여 선고할 형벌의 종류와 양을 정하는 것을 말한다. 양형은 법관의 재량에 속하지만 법적으로 기속된 재량이라는 견해와 법관의 자유재량이라는 견해가 대립한다.

㉡ 형의 양정의 단계

ⓐ **법정형** : 입법자가 각 구성요건의 전형적인 불법을 일반적으로 평가한 형벌의 범위로서 개개의 구성요건에 규정되어 있는 형벌이다.

ⓑ **처단형** : 법정형을 구체적 범죄사실에 적용함에 있어서 먼저 적용할 형종을 선택하고, 이 선택한 형에 다시 법률상 및 재판상의 가중 · 감경을 하여 처단범위가 구체화된 형벌을 말한다.

ⓒ **선고형** : 법원이 처단형의 범위 내에서 구체적으로 형을 양정하여 당해 피고인에게 선고하는 형벌이다.

㉢ 형의 가중 · 감경 · 면제

ⓐ **형의 가중** : 죄형법정주의 원칙상 법률상 가중만 인정되고 재판상 가중은 인정되지 않는다. 또한 필요적 가중만 인정되고, 임의적 가중은 인정되지 않는다.

ⓑ 형의 감경

- 법률상의 감경 : 법률의 규정에 의하여 형이 감경되는 경우를 말한다.
- 재판상의 감경(작량감경) : 법률상 전혀 특정한 감경사유가 없더라도 법원은 범죄의 정상에 참작할만한 사유가 있는 때에는 작량하여 그 형을 감경할 수 있다.

ⓒ 형의 면제 : 범죄는 성립되어 형벌권은 발생하였으나 재판확정 전의 사유로 인하여 형만을 과하지 않는 경우를 말한다.

ⓓ 자수와 자복

- 자수 : 범인이 자발적으로 수사기관에 자기의 범죄사실을 신고하여 소추를 구하는 의사표시를 말한다. 죄를 범한 후 수사책임이 있는 관서에 자수한 때에는 그 형을 감경 또는 면제할 수 있다.
- 자복 : 해제조건부 범죄에 있어서 범인이 피해자에게 자신의 범죄를 고백하는 것을 말한다. 피해자의 의사에 반하여 처벌할 수 없는 죄에 있어서 피해자에게 자복한 때에도 그 형을 감경 또는 면제할 수 있다.

㉣ 형의 가감례

ⓐ 의의 : 형을 가중 또는 감경할 경우에 정도 · 방법 및 순서에 관한 준칙을 말한다.

ⓑ 형의 가중 · 감경의 순서

- 형종의 선택 : 1개의 죄에 정한 형이 수종인 때에는 먼저 적용할 형을 정하고 그 형을 감경한다.
- 가중 · 감경사유가 경합하는 경우 : 형을 가중감경할 사유가 경합된 때에는 각칙 본조에 의한 가중, 제34조 제2항의 가중, 누범가중, 법률상 감경, 경합범가중, 작량감경의 순서에 의한다.

ⓒ 형의 가중 · 감경 정도와 방법

- 형의 가중 정도 : 유기징역이나 유기금고를 가중하는 경우에는 50년까지로 한다〈형법 제42조〉.
- 형의 감경 정도와 방법
  - 법률상의 감경 : 법률상 감경할 사유가 수개 있는 때에는 거듭 감경할 수 있다.
  - 재판상의 감경(작량감경) : 명문의 규정은 없으나 법률상의 감경례에 준해서 감경한다. 다만, 작량감경사유가 수개 있는 경우라도 거듭 감경할 수 없다.

TIP

법률상의 감경〈형법 제55조〉

㉠ 법률상의 감경은 다음과 같다.

- 사형을 감경할 때는 무기 또는 20년 이상 50년 이하의 징역 또는 금고로 한다.
- 무기징역 또는 무기금고를 감경할 때는 10년 이상 50년 이하의 징역 또는 금고로 한다.
- 유기징역 또는 유기금고를 감경할 때는 그 형기의 2분의 1로 한다.
- 자격상실을 감경할 때는 7년 이상의 자격정지로 한다.
- 자격정지를 감경할 때는 그 형기의 2분의 1로 한다.
- 벌금을 감경할 때는 그 다액의 2분의 1로 한다.
- 구류를 감경할 때는 그 장기의 2분의 1로 한다.
- 과료를 감경할 때는 그 다액의 2분의 1로 한다.

㉡ 법률상 감경할 사유가 수개 있는 때는 거듭 감경할 수 있다.

㉤ 양형

ⓐ 의의 : 법정형에 법률상의 가중 · 감경 또는 작량감경을 하여 처단형의 범위 내에서 구체적으로 선고할 형을 정하는 것으로 법관에게 광범위한 재량이 인정된다.

ⓑ 조건

- 양형판단의 자료 : 범인의 연령, 성행, 지능과 환경, 피해자에 대한 관계, 범행의 동기 · 수단과 결과, 범행 후의 정황
- 이중평가의 금지 : 구성요건의 불법과 책임을 근거지우거나 가중 · 감경의 사유가 된 상황은 다시 양형의 자료가 될 수 없다.

㉥ 판결선고 전 구금과 판결의 공시

ⓐ 판결선고 전 구금(미결구금)

- 의의 : 범죄의 혐의를 받고 있는 자를 재판이 확정될 때까지 구금하는 것을 말한다.
- 판결선고 전 구금일수의 통산
  - 판결선고 전 구금일수의 산입 : 판결선고 전 구금은 형은 아니나, 실질적으로 자유형의 집행과 동일하다. 판결선고 전 구금일수의 전부를 유기징역, 유기금고, 벌금이나 과료에 대한 유치 · 구류의 기간에 산입한다. 구금일수의 1일은 징역, 금고, 벌금이나 과료에 관한 유치 · 구류기간의 1일로 계산한다.
  - 산입방법 : 어느 정도 산입하느냐는 법원의 재량이다. 그러나 전혀 산입하지 않거나 구금일수보다 많은 일수를 산입하는 것은 위법이며, 무기형은 산입이 불가능하다.

ⓑ 판결의 공시 : 피해자의 이익을 위하여 필요하다고 인정할 때에는 피해자의 청구가 있는 경우에 한하여 판결공시의 취지를 선고할 수 있다. 피고사건에 대하여 무죄의 판결을 선고할 경우 무죄판결 공시의 취지를 선고하여야 하나, 피고인이 무죄판결공시 취지의 선고에 동의하지 않거나 동의를 받을 수 없는 경우는 그러지 아니한다. 피고사건에 대해 면소의 판결을 선고하는 경우에도 면소판결 공시의 취지를 선고할 수 있다.

③ 누범

㉠ 의의

ⓐ **광의** : 확정판결을 받은 범죄가 있는 경우 그 후에 다시 범한 범죄를 의미한다.

ⓑ **협의** : 형법상 금고 이상에 처하게 된 자가 그 집행이 종료하거나 면제를 받은 후 3년 이내에 다시 죄를 범하여 금고 이상의 형에 해당하는 죄를 범한 경우를 의미한다.

㉡ 누범가중의 요건

ⓐ 전범에 대한 요건

- 금고 이상의 형을 선고받아야 한다.
- 형의 집행을 종료하거나 또는 면제받아야 한다.

ⓑ 후범에 대한 요건

- 금고 이상에 해당하는 죄를 범해야 한다.
- 전범의 형집행종료 또는 면제 후 3년 이내에 범해야 한다.

㉢ 누범의 효과

ⓐ 누범의 형은 그 죄에 정한 형의 장기의 2배까지 가중하는데 장기는 50년을 초과할 수 없고, 단기는 가중하지 않는다.

ⓑ 누범에 대해서도 법률상 · 재판상 감경을 할 수 있고, 누범이 수죄인 경우에는 각 죄에 대하여 먼저 누범가중을 한 후에 경합범으로 처벌해야 하며, 누범이 상상적 경합범인 경우에도 먼저 각 죄에 대하여 누범가중을 한 후에 가장 중한 형으로 처벌한다.

④ 선고유예 · 집행유예 · 가석방

㉠ 선고유예

ⓐ 의의 : 범정이 경미한 범인에 대하여 일정한 기간 동안 형의 선고를 유예하고 그 유예기간을 특정한 사고 없이 경과한 때에는 면소된 것으로 간주하는 제도를 말한다.

ⓑ 요건

- 1년 이하의 징역이나 금고, 자격정지 또는 벌금의 형을 선고할 경우여야 한다.
- 개전의 정상이 현저해야 한다.
- 자격정지 이상의 형을 받은 전과가 없어야 한다.

ⓒ 효과 : 선고유예를 받은 날로부터 2년을 경과한 때에는 면소된 것으로 간주한다. 면소판결은 소송추행의 이익이 없음을 이유로 소송을 종결 시키는 형식판결의 일종이다.

ⓓ 실효 : 형의 선고유예를 받은 자가 유예기간 중 자격정지 이상의 형에 처한 판결이 확정되거나 자격정지 이상의 형에 처한 전과가 발견된 때에는 유예된 형을 선고한다. 또한, 보호관찰을 명한 선고유예를 받은 자가 보호관찰 기간 중에 준수사항을 위반하고 그 정도가 무거운 때에는 유예한 형을 선고할 수 있다.

㉡ 집행유예

ⓐ 의의 : 유죄의 판결을 선고하되 일정한 기간 동안 형의 집행을 유예하고 그 유예기간이 경과한 때에는 형의 선고의 효력을 상실하게 하는 제도를 말한다.

ⓑ 요건

- 3년 이하의 징역 또는 금고의 형 500만원 이하의 벌금의 형을 선고하는 경우이어야 한다.
- 정상에 참작할 만한 사유가 있어야 한다.
- 예외 : 금고 이상의 형을 선고한 판결이 확정된 때부터 그 집행을 종료하거나 면제된 후 3년까지의 기간에 범한 죄에 대하여 형을 선고하는 경우에는 예외로 한다.
- 집행유예기간 : 집행유예기간의 결정은 1년 이상 5년 이하의 범위 내에서 법원의 재량에 맡겨져 있다.

ⓒ 보호관찰, 사회봉사 · 수강명령

- 보호관찰 : 범죄인의 재범방지와 사회복귀를 촉진하기 위하여 교정시설에 수용되지 않는 자유상태에 있는 범죄인을 지도 · 감독하는 제도를 말한다.
- 사회봉사명령 : 유죄가 인정된 범죄자를 일정한 기간 내에 지정된 시간 동안 무보수로 근로에 종사하도록 하는 제도이다.
- 수강명령 : 일정한 시간 동안 지정된 장소에 출석하여 강의, 훈련 또는 상담 등을 받도록 하는 제도이다.

ⓓ 효과

- 집행유예의 선고를 받은 후 그 선고의 실효 또는 취소됨이 없이 유예기간을 경과한 때에는 형의 선고는 효력을 잃는다.
- 집행유예의 기간을 1년 이상 5년 이하로 하며, 형을 병과할 경우에는 그 형의 일부에 대하여 집행을 유예할 수 있다.
- 형의 집행이 면제될 뿐만 아니라 처음부터 형의 선고의 법률적 효과가 없어진다. 그러나 형의 선고가 있었다는 기왕의 사실까지 없어지는 것은 아니다.

㉢ 가석방

ⓐ 의의 : 징역 또는 금고의 집행 중에 있는 자가 그 행상이 양호하여 개전의 정이 현저하다고 인정되는 때에 형기만료 전에 조건부로 수형자를 석방하고 일정한 기간을 경과한 때에는 형의 집행을 종료한 것으로 간주하는 제도를 말한다.

ⓑ 요건

- 징역 또는 금고의 집행 중에 있는 자가 무기에 있어서는 20년, 유기에 있어서는 형기의 3분의 1을 경과한 후이어야 한다.
- 행상이 양호하여 개전의 정이 현저해야 한다.
- 벌금 또는 과료의 병과가 있는 때에는 그 금액을 완납해야 한다.
- 행정처분으로 해야 한다.

ⓒ 가석방의 기간과 보호관찰 : 가석방의 기간은 무기형에 있어서는 10년, 유기형에 있어서는 남은 형기로 하되 그 기간은 10년을 초과할 수 없고, 가석방된 자는 가석방을 허가한 행정관청이 필요가 없다고 인정한 때를 제외하고는 가석방기간 중 보호관찰을 받는다.

ⓓ 효과 : 가석방의 처분을 받은 후 처분의 실효 또는 취소됨이 없이 무기형에 있어서는 10년, 유기형에 있어서는 나머지의 형기를 경과한 때에는 형의 집행을 종료한 것으로 간주한다.

⑤ 형의 시효 · 소멸 · 기간

㉠ 형의 시효

ⓐ 의의 : 형의 선고를 받은 자가 재판이 확정된 후 그 형의 집행을 받지 않고 일정한 기간이 경과하면 집행이 면제되는 것을 말한다. 즉, 형의 시효는 일정한 기간이 지나면 확정된 형벌의 집행권을 소멸시키는 제도이다.

ⓑ 기간 : 형의 시효는 형을 선고하는 재판이 확정된 후 그 집행을 받음이 없이 다음의 기간을 경과함으로써 완성된다.

- 사형 : 30년
- 무기의 징역 또는 금고 : 20년
- 10년 이상의 징역 또는 금고 : 15년
- 3년 이상의 징역이나 금고 또는 10년 이상의 자격정지 : 10년
- 3년 미만의 징역이나 금고 또는 5년 이상의 자격정지 : 7년
- 5년 미만의 자격정지, 벌금, 몰수 또는 추징 : 5년
- 구류 또는 과료 : 1년

ⓒ **효과** : 형의 선고를 받은 자는 시효의 완성으로 인하여 그 집행이 면제되며, 당연히 집행면제의 효과가 발생하고, 별도의 재판은 필요로 하지 않는다.

ⓓ **정지와 중단**

- 시효의 정지 : 시효는 형의 집행의 유예나 정지 또는 가석방, 기타 집행할 수 없는 기간은 진행되지 않으며, 형이 확정된 후 그 형의 집행을 받지 아니한 자가 형의 집행을 면할 목적으로 국외에 있는 기간 동안은 진행되지 아니한다. 기타 집행할 수 없는 기간이란 천재지변, 기타 사변으로 인하여 형을 집행할 수 없는 기간을 말한다.
- 시효의 중단 : 시효는 사형 · 징역 · 금고 · 구류에 있어서는 수형자를 체포함으로, 벌금 · 과료 · 몰수 · 추징에 있어서는 강제처분을 개시함으로 인하여 중단된다. 시효가 중단된 때에는 중단사유가 소멸한 때로부터 다시 전 기간이 개시된다.

㉡ **형의 소멸 · 실효 · 복권**

ⓐ **형의 소멸** : 유죄판결의 확정에 의하여 발생한 형의 집행권을 소멸시키는 제도를 말한다.

ⓑ **형의 실효** : 징역 또는 금고의 집행을 종료하거나 집행이 면제된 자가 피해자의 손해를 보상하고 자격정지 이상의 형을 받음이 없이 7년을 경과한 때에는 본인 또는 검사의 신청에 의하여 그 재판의 실효를 선고할 수 있다.

ⓒ **복권** : 자격정지의 선고를 받은 자가 피해자의 손해를 보상하고 자격정지 이상의 형을 받음이 없이 정지기간의 2분의 1을 경과한 때에는 본인 또는 검사의 신청에 의하여 자격의 회복을 선고할 수 있다.

㉢ **형의 기간**

ⓐ **기간의 계산** : 연 또는 월로써 정한 기간은 역수에 따라 계산한다.

ⓑ **형기의 기산**

- 형기는 판결이 확정된 날로부터 기산한다.
- 징역, 금고, 구류와 유치에 있어서는 구속되지 아니한 일수는 형기에 산입하지 아니한다.
- 형의 집행과 시효기간의 초일은 시간을 계산함이 없이 1일을 산정한다.
- 석방은 형기 종료일에 하여야 한다.

⑥ **보안처분**

㉠ **의의** : 형벌로는 행위자의 사회복귀와 범죄의 예방이 불가능하거나 부적당한 경우에 형벌을 대체하거나 보완하기 위한 예방적 성질의 목적적 조치를 말한다.

㉡ **종류**

ⓐ **대인적 보안처분** : 사람에 의한 장래의 범죄행위를 방지하기 위하여 특정인에게 선고되는 보안처분을 말한다.

- 자유박탈적 보안처분 : 치료감호처분, 교정처분(금단시설수용처분), 노작처분(노동시설수용처분), 사회치료처분
- 자유제한적 보안처분 : 보호관찰, 선행보증, 직업금지, 국외추방, 음주점 출입금지, 운전면허박탈, 단종 · 거세

ⓑ **대물적 보안처분** : 대물적 보안처분이란 범죄와 법익침해의 방지를 목적으로 하는 물건에 대한 국가적 예방수단(물건의 몰수, 영업소의 폐쇄, 법인의 해산 등)을 말한다.

2 형사소송법

1 형사소송법 일반

① 의의와 성격

㉠ 의의 : 형사소송법이란 형사절차를 규율하는 국가의 법률체계, 즉 형법을 적용·실현하기 위한 절차를 규율하는 법률체계를 의미하는 것이고, 형사절차란 범죄에 대하여 국가의 형벌권을 실현하는 절차로서 범죄의 수사, 범인의 검거, 공소제기, 공판절차, 형의 선고와 형의 집행 등으로 구성된다.

㉡ 성격 : 공법 중에서도 법적 안정성의 유지를 주된 원리로 하는 사법법이며, 형사법·절차법적 성격을 가진다.

형사소송법에 관한 설명으로 옳지 않은 것은?

① 형사소송법은 공법·사법·절차법·형사법에 속한다.
② 적정절차의 원리는 형사소송의 지도이념에 해당된다.
③ 민사소송에서 추구하는 진실은 실체적 진실인 반면, 형사소송에서 추구하는 진실은 형식적 진실이다.
④ 형사소송법은 공판절차뿐만 아니라 수사절차, 형집행절차에 대해서도 규정하고 있다.

★③ 형식적 진실주의란 분쟁 당사자의 합의를 인정하는 것으로 민사소송법은 이를 추구하며, 형사소송법은 실체적 진실주의를 추구한다.

답 ③

② 법원과 적용범위

㉠ 법원

ⓐ 헌법 : 헌법에 규정된 형사절차에 관한 규정은 형사절차를 지배하는 최고법으로서 형사소송법의 법원이 된다.

ⓑ 형사소송법

- 형식적 의미의 형사소송법 : 형사소송법이라는 이름으로 공포·실시한 법전을 의미한다.
- 실질적 의미의 형사소송법 : 명칭 또는 형식을 불문하고 형사소송에 관한 절차를 규정한 법률을 의미한다.

ⓒ 대법원규칙 : 헌법 제108조에 "대법원은 법률에 저촉되지 아니하는 범위 안에서 소송에 관한 절차, 법원의 내부규율과 사무처리에 관한 규칙을 제정할 수 있다."고 규정하여 대법원규칙도 형사소송법의 법원이 된다.

㉡ 적용범위

ⓐ 장소적 적용범위

- 대한민국의 법원에서 심판되는 사건에 대하여만 적용된다. 또한 대한민국 영역 외일지라도 형사재판권이 미치는 지역에서는 적용된다. 피고인 또는 피의자의 국적을 불문하고 적용된다.
- 예외적으로 대한민국 영역 내라 할지라도 국제법상의 치외법권지역에서는 형사소송법이 적용되지 않는다.

ⓑ 인적 적용범위

- 대한민국 영역 내에 있는 모든 사람에게 미치므로 피의자나 피고인이 내국인이건 외국인이건 불문한다.
- 국내법상의 예외
  - 대통령 : 대통령은 내란 또는 외환의 죄를 범한 경우를 제외하고는 재직 중 형사상의 소추를 받지 아니한다.
  - 국회의원 : 국회의원은 국회에서 직무상 행한 발언과 표결에 관하여 국회 외에서 책임을 지지 아니하며, 현행범인 경우를 제외하고는 회기 중 국회의 동의 없이 체포 또는 구금되지 아니한다.

ⓒ 시간적 적용범위

- 형사소송법은 시행 시부터 폐지 시까지 효력을 가진다. 다만, 법률의 변경이 있는 경우에 그 소송절차에 어떤 법을 적용할 것인가가 문제된다.
- 형사소송법 부칙은 공소제기 시를 기준으로 하여 형사소송법 시행 전에 공소가 제기된 사건에 대하여는 구법을 적용하고, 시행 후에 공소가 제기된 사건에 대하여는 본법에 의하되 구법에 의하여 행한 소송행위의 효력에는 영향이 없는 것으로 규정하고 있다.

③ 형사소송의 기본구조

㉠ 규문주의와 탄핵주의

ⓐ **규문주의** : 법원이 스스로 절차를 개시하여 심리 · 재판하는 주의로, 심리개시와 재판의 권한이 법관에게 집중되어 있는 구조를 말한다.

ⓑ **탄핵주의** : 재판기관과 소추기관을 분리하여, 소추기관의 공소제기에 의하여 법원이 절차를 개시하는 주의를 말한다.

㉡ 당사자주의와 직권주의

ⓐ **당사자주의(변론주의)** : 소송의 당사자에 해당하는 검사와 피고인에게 소송의 주도적 지위를 인정하여 당사자 사이의 공격과 방어에 의하여 심리가 진행되고, 법원은 제3자의 입장에서 당사자의 주장과 입증을 판단하는 소송구조이다.

ⓑ **직권주의** : 소송의 주도적 지위를 법원에게 인정하는 소송구조로, 법원이 실체적 진실을 발견하기 위하여 검사나 피고인의 주장 또는 청구에 구속받지 않고 직권으로 증거를 수집 · 조사해야 하며(직권탐지주의), 소송물은 법원의 지배 아래 놓이게 되므로 법원이 직권으로 사건을 심리할 것이 요구된다(직권심리주의).

2 소송의 주체 · 소송행위 · 소송조건

① 소송의 주체

㉠ 의의 : 소송을 성립시키고 발전하게 하는 데 필요한 최소한의 주체로, 법원 · 검사 · 피고인이 있다. 법원과 검사는 모두 국가기관인 소송주체이나 법원이 재판권의 주체인 반면, 검사는 소송권의 주체인 점에서 구별된다.

㉡ 법원(法院) : 법률상의 쟁송에 관하여 심리 · 재판하는 권한과 이에 부수하는 권한인 사법권을 행사하는 국가기관을 말한다. 헌법 제101조 제1항은 "사법권은 법관으로 구성된 법원에 속한다."고 규정하고 있다.

㉢ 법원의 구성

ⓐ 단독제와 합의제

- 단독제 : 1인의 법관으로 구성되며, 소송절차를 신속하게 진행시킬 수 있고 법관의 책임감을 강하게 하는 장점이 있으나, 사건의 심리가 신중 · 공정하지 못할 우려가 있다.
- 합의제 : 2인 이상의 법관으로 구성되며, 사건 심리를 신중 · 공정하게 할 수는 있어도 소송절차의 진행이 지연되고 법관의 책임감이 약화될 우려가 있다.

ⓑ 재판장 · 수명법관 · 수탁판사 · 수임판사

- 재판장 : 법원이 합의체인 경우에는 그 구성원 중 1인이 재판장이 된다.
- 수명법관 : 합의체의 법원이 그 구성원인 법관에게 특정소송행위를 하도록 명하였을 때 그 명을 받은 법관을 말한다.
- 수탁판사 : 법원이 다른 법원의 법관에게 일정한 소송행위를 하도록 촉탁한 경우에 그 촉탁을 받은 법관을 말한다.
- 수임판사 : 수탁법원과는 독립하여 소송법상의 권한을 행사할 수 있는 개개의 법관을 말한다.

ⓒ 제척 · 기피 · 회피 : 공정한 재판을 위해서는 사법권의 독립이 보장되고 일정한 자격을 갖춘 법관으로 이루어진 법원의 구성을 전제로 하며, 이를 보장하기 위한 제도로 제척 · 기피 · 회피제도가 있다. 이 제도들은 구체적 사건에서 불공평한 재판을 할 염려가 있는 법관을 법원의 구성에서 배제하여 공정한 재판을 보장하는 데 목적이 있다.

- 제척 : 구체적인 사건의 심판에 있어 법관이 불공평한 재판을 할 우려가 현저한 것으로 법률에 규정되어 있는 사유에 해당하는 때에 해당 법관을 직무집행에서 배제시키는 제도를 말한다.

TOP

제척의 원인〈형사소송법 제17조〉

㉠ 법관이 피해자인 때
㉡ 법관이 피고인 또는 피해자의 친족 또는 친족관계가 있었던 자인 때
㉢ 법관이 피고인 또는 피해자의 법정대리인, 후견감독인인 때
㉣ 법관이 사건에 관하여 증인, 감정인, 피해자의 대리인으로 된 때
㉤ 법관이 사건에 관하여 피고인의 대리인, 변호인, 보조인으로 된 때
㉥ 법관이 사건에 관하여 검사 또는 사법경찰관의 직무를 행한 때
㉦ 법관이 사건에 관하여 전심재판 또는 그 기초되는 조사 · 심리에 관여한 때

- 기피 : 법관이 제척사유가 있음에도 불구하고 재판에 관여하거나 기타 불공평한 재판을 할 염려가 있는 때에 당사자의 신청에 의하여 그 법관을 직무집행에서 탈퇴하게 하는 제도이다.
- 회피 : 법관이 스스로 기피의 원인이 있다고 판단한 때에 자발적으로 직무집행에서 탈퇴하는 제도를 말한다. 법관의 회피신청은 직무상의 의무이다.
- 법원사무관 등에 대한 제척 · 기피 · 회피 : 법관의 제척 · 기피 · 회피에 관한 규정은 원칙적으로 법원서기관, 법원사무관, 법원주사 또는 법원주사보와 통역인에게 준용된다.

㉣ 검사

ⓐ 의의 : 검찰권을 행사하는 국가기관으로, 범죄수사로부터 재판의 집행에 이르기까지 형사절차의 모든 단계에 관하여 형사사법의 정의를 실현하는 데 기여하는 능동적이고 적극적인 국가기관을 말한다.

ⓑ 성격 : 준사법기관이고, 단독제의 관청이다.

ⓒ 검사의 소송법상의 지위

- 수사의 주체 : 검사는 수사권, 수사지휘권 및 수사종결권을 가지고 범죄를 수사하는 수사의 주체이다.
- 공소권의 주체 : 공소는 검사가 제기하며 검사는 소송당사자로서 공소를 수행할 권한 · 재판을 집행할 권한을 가진다.
- 인권옹호기관으로서의 지위 : 검사는 인권옹호에 관한 직무를 담당한다.

㉤ 피고인

ⓐ 의의

- 검사에 의하여 형사책임을 져야 할 자로 공소가 제기된 자 또는 공소가 제기된 자로 취급되어 있는 자를 말한다.
- 공소가 제기된 자를 의미한다는 점에서 공소제기 전에 수사기관에 의하여 수사의 대상으로 되어 있는 피의자와 구별되며, 유죄판결이 확정된 수형자와도 구별된다.

ⓑ 피고인의 소송법상의 지위

- 당사자로서의 지위
  - 수동적 당사자인 피고인 : 피고인은 검사의 공격에 대하여 자기를 방어하는 수동적 당사자로서의 지위를 가진다. 이를 위하여 당사자 평등의 보장이 요구되며, 이는 형식적인 권한의 평등이 아닌 실질적인 평등이 요청된다.
  - 방어권 : 피고인은 공소권의 주체인 검사에 대하여 자기의 정당한 이익을 방어할 권리를 가진다.
  - 소송절차참여권 : 피고인은 당사자로서 소송절차의 전반에 참여하여 소송절차를 형성할 권리를 가진다.
- 증거방법으로서의 지위
  - 인적 증거방법으로서의 지위 : 피고인은 공소사실에 대한 직접적 체험자이므로 피고인의 임의의 진술은 증거능력이 인정될 수 있다.
  - 물적 증거방법으로서의 지위 : 피고인은 물적 증거방법으로서 피고인의 신체가 검증의 대상이 될 수도 있다.

- 절차의 대상으로서의 지위 : 피고인이 강제처분 등의 대상이 되는 지위로, 피고인은 소환·구속·압수·수색 등의 강제처분의 객체가 되고, 적법한 소환·구속에 응하여야 한다는 것을 말한다.

ⓒ **당사자능력** : 소송법상 당사자가 될 수 있는 일반적인 능력을 말한다. 당사자에는 검사와 피고인이 있으나, 검사는 일정한 자격이 있는 자 중에서 임명된 국가기관이므로 당사자능력이 문제가 될 여지는 없다. 따라서 당사자능력은 피고인이 될 수 있는 능력의 문제이다.

ⓓ **소송능력** : 피고인으로서 유효하게 소송행위를 할 수 있는 의사능력으로 소송행위능력을 말한다. 따라서 소송능력은 피고인이 자기의 소송상의 지위와 이해관계를 이해하여 방어행위를 할 수 있는 의사능력을 의미한다.

다음 (　　) 안에 들어갈 말로 적절한 것은?

> (　　)(이)란 보통 검사에 의하여 공소가 제기된 자를 말하지만 좀 더 정확하게로는 형사책임을 져야 할 자로 공소가 제기된 자 또는 공소가 제기된 자로 취급되는 자를 가리킨다.

① 피해자　　② 가해자
③ 피의자　　④ 피고인

★④ 피고인 : 검사에 의하여 형사책임을 져야 할 자로 공소가 제기된 자 또는 공소가 제기된 자로 취급되어 있는 자를 말한다.

답 ④

ⓗ 변호인

ⓐ 의의 : 피고인 또는 피의자의 방어력을 보충하기 위하여 선임된 제3자로서 보조자를 말한다. 즉, 변호인은 소송의 주체가 아니며 소송의 주체인 피고인 또는 피의자의 보조자에 지나지 않는다.

ⓑ 국선변호인 : 법원에 의해 선정된 변호인을 말하며, 피고인이 사선변호인을 선임할 수 없을 때에 국가가 변호인을 선임하여 변호권을 실질적으로 보장해 줄 필요에 따라 인정된 제도로, 헌법상 보장하고 있다.

ⓒ 변호인의 권한

- 대리권 : 변호인은 피고인 또는 피의자가 할 수 있는 소송행위로서 성질상 대리가 허용될 수 있는 모든 소송행위에 대하여 포괄적 대리권을 가진다.
- 고유권 : 변호인의 권리로 특별히 규정된 것 중에서 성질상 대리권이라고 볼 수 없는 것을 말한다.
- 변호인의 접견교통권 : 변호사가 신체구속을 당한 피고인·피의자와 접견하고 서류 또는 물건을 수수할 수 있으며 의사로 하여금 진료하게 할 수 있는 권리를 말한다.

- 변호인의 기록열람 · 등사권 : 피고인과 변호인은 소송계속 중의 관계 서류 또는 증거물을 열람하거나 등사할 수 있다. 변호인은 소송서류나 증거물에 대한 기록열람 · 등사권을 통하여 피고인에 대한 혐의내용과 수사결과 및 증거를 파악하여 변호를 준비할 수 있으며, 이는 피고인에게도 인정되며, 변호인은 그 지위에서 가지는 고유권이다.

② **소송행위**

㉠ 의의 : 소송절차를 조성하는 행위로서 소송법상의 효과가 인정되는 것을 말한다. 따라서 법관의 임면이나 사법사무의 분배와 같이 소송에 관계있는 행위라 할지라도 소송절차 자체를 조성하는 행위가 아닌 것은 소송행위가 아니다.

㉡ 종류

ⓐ 주체에 의한 분류

- 법원의 소송행위 : 법원이 하는 소송행위로, 피고사건에 대한 심리와 재판은 물론, 강제처분과 증거조사도 여기에 포함되며 재판관 · 수명법관 · 수탁판사 · 법원사무관 등의 소송행위도 여기에 속한다.
- 당사자의 소송행위 : 검사와 피고인의 소송행위로, 신청 · 청구 · 입증 · 주장 · 진술이 이에 해당한다.
- 제3자의 소송행위 : 법원과 당사자 이외의 제3자가 행하는 소송행위로, 고소 · 고발 · 증언 · 감정 등이 이에 해당한다.

ⓑ 기능에 의한 분류

- 취효적 소송행위(효과요구 소송행위) : 그 자체로는 희망하는 소송법적 효과가 바로 발생하지 않고 다른 주체의 소송행위가 있을 때 효과가 있는 소송행위로 공소제기, 증거조사의 신청과 같은 재판의 청구 등이 있다.
- 여효적 소송행위(효과부여 소송행위) : 그 자체가 직접적으로 소송절차를 형성하는 소송행위로 상소취하, 정식재판청구의 취하 등이 있다.

ⓒ 성질에 의한 분류

- 법률행위적 소송행위 : 일정한 소송법적 효과를 지향하는 의사표시를 요소로 하고 그에 상응하는 효과가 인정되는 소송행위로 공소제기, 재판의 선고, 상소제기가 이에 해당한다.
- 사실행위적 소송행위 : 주체의 의사와 관계없이 일정한 소송법적 효과가 부여되는 소송행위이며, 표시행위와 순수한 사실행위로 나누어진다.
  - 표시행위 : 의사를 내용으로 하는 소송행위이지만 그에 상응하는 소송법적 효과가 인정되지 않는 것으로, 논고 · 구형 · 변론 · 증언 · 감정 등이 이에 해당한다.
  - 순수한 사실행위 : 구속 · 압수 · 수색 등의 영장의 집행을 말한다.

ⓓ 목적에 의한 분류

- 실체형성행위 : 실체면의 형성에 직접적인 역할을 담당하는 소송행위, 즉 법관의 심증형성을 위한 행위이며 증거조사, 피고인의 진술, 당사자의 변론, 증인의 증언 등이 있다.
- 절차형성행위 : 절차의 형식적 발전과 그 발전을 추구하는 절차면의 형성에 역할을 담당하는 행위이며 공소제기, 공판기일의 지정, 소송관계인의 소환, 증거조사의 신청, 상소의 제기 등이 있다.

3 수사

① 수사의 의의와 구조

㉠ 의의 : 범죄의 혐의 유무를 명백히 하여 공소의 제기와 유지 여부를 결정하기 위하여 범인을 발견 · 확보하고 증거를 수집 · 보전하는 수사기관의 활동을 말한다.

㉡ 수사구조 : 형사절차 중에서 수사과정이 어떤 의미를 가지며 수사절차에서 활동하는 주체간의 관계를 어떻게 정립시킬 것인가를 규명하기 위한 이론이다.

ⓐ 규문적 수사관

- 수사는 수사기관이 피의자를 조사하는 절차과정이기 때문에 피의자는 수사의 객체에 불과하다.
- 수사기관은 강제처분권한을 고유한 권능으로 갖게 되어 강제처분에 대한 영장은 허가장의 성질을 가지고 강제적 피의자신문이 허용된다.

ⓑ 탄핵적 수사관

- 수사를 수사기관이 행사하는 공판의 준비단계로 이해하므로 피의자도 독립하여 준비활동을 할 수 있다.
- 강제처분은 장래의 재판을 위하여 법원이 행하는 것이므로 영장은 명령장의 성질을 가지고, 피의자를 신문하기 위한 구인이 허용될 수 없다.

ⓒ 소송적 수사관

- 수사는 공판과는 별개의 절차로서 범죄혐의의 유무와 정상을 밝혀 기소 · 불기소의 결정을 목적으로 하는 절차이다.
- 수사는 판단자인 검사를 정점으로 하여 사법경찰관과 피의자를 대립당사자로 하는 소송적 구조이어야 하며, 피의자는 수사의 객체가 아니라 수사의 주체가 된다고 한다.

㉢ 수사기관

ⓐ 의의

- 법률에 의하여 수사의 권한이 인정되어 있는 국가기관을 말하며, 검사와 사법경찰관리가 있다.
- 검사는 수사를 주재하고 사법경찰관리는 검사의 지휘를 받아 수사를 행한다.

ⓑ 사법경찰관리

- 일반사법경찰관리 : 수사관, 경무관, 총경, 경정, 경감, 경위는 사법경찰관으로서 검사의 지휘를 받아 수사를 하여야 한다. 경사, 경장, 순경은 사법경찰관리로서 수사의 보조를 하여야 한다.
- 특별사법경찰관리 : 특수분야의 수사를 담당하는 사법경찰관리로, 삼림, 해사, 전매, 세무, 군수사기관, 기타 특별한 사항에 관하여 사법경찰관리의 직무를 행할 자와 그 직무의 범위는 법률로써 정한다.

ⓒ 검사와 사법경찰관리의 관계

- 상명하복의 관계 : 검사와 사법경찰관리는 상호협조의 관계가 아니라 상명하복의 관계로, 검사는 수사지휘권을 가지며 사법경찰관리는 소속검사의 직무상 발한 명령에 복종하여야 한다.
- 지휘감독권의 제도적 보장 : 검사장의 수사중지명령권과 체임요구권, 보고의무, 검사의 체포 · 구속장소감찰, 검사의 영장청구권, 긴급체포에 대한 사후승인권, 압수물처분에 대한 검사의 지휘

② 수사의 개시

㉠ 수사의 단서

ⓐ **의의** : 수사개시의 원인으로, 검사는 범죄의 혐의가 있다고 사료하는 때에는 범인, 범죄사실과 증거를 수사하여야 한다. 사법경찰관은 검사의 지휘를 받아 수사를 하여야 한다.

ⓑ **종류**

- 수사기관 자신의 체험에 의하는 경우 : 현행범인의 체포, 변사자의 검시, 불심검문, 다른 사건 수사 중의 범죄발견, 기사, 세평, 풍설 등
- 타인의 체험의 청취에 의한 경우 : 고소, 고발, 자수, 진정, 범죄신고 등

ⓒ **범죄의 인지** : 수사기관이 고소, 고발, 자수 이외의 수사단서가 있는 경우에 범죄의 혐의가 있다고 인정하여 수사를 개시하는 것을 말한다.

ⓓ **변사자의 검시** : 사람의 사망이 범죄로 인한 것인가의 여부를 판단하기 위하여 수사기관이 변사자의 상황을 조사하는 것을 말한다. 검시의 결과 범죄의 혐의가 인정될 때에는 수사가 개시된다.

ⓔ **불심검문**

- 의의 : 거동이 수상한 자를 발견할 때에 경찰관이 이를 정지시켜 질문하는 것을 말한다.
- 대상 : 수상한 행동이나 그 밖의 주위의 사정을 합리적으로 판단하여 볼 때 어떠한 죄를 범하였거나 범하려 하고 있다고 의심할 만한 상당한 이유가 있는 자 또는 이미 행하여진 범죄나 행하여지려고 하는 범죄행위에 관하여 그 사실을 안다고 인정되는 자가 된다. 이를 거동불심자라고 한다.
- 불심검문의 방법 : 정지 · 질문 · 동행요구 · 소지품검사
  - 정지 : 질문을 위한 선행수단으로서 거동불심자를 불러 세우는 것을 말한다.
  - 질문 : 거동불심자에게 행선지나 용건, 성명, 주소, 연령 등 불심검문의 목적을 달성하기 위해 필요한 사항에 대해 일반적인 문의를 하는 것을 말한다.
  - 동행요구 : 경찰관은 거동불심자를 발견한 현장에서 질문하는 것이 당해인에게 불리하거나 교통의 방해가 된다고 인정되는 때에 한하여 할 수 있으며, 당해인은 경찰관의 동행요구를 거절할 수 있다.
  - 소지품검사 : 불심검문에 수반하여 흉기, 기타 물건의 소지 여부를 밝히기 위하여 거동불심자의 착의 또는 휴대품을 조사하는 것을 말한다.

ⓕ **고소**

- 의의 : 범죄의 피해자 또는 그와 일정한 관계가 있는 고소권자가 수사기관에 대하여 범죄사실을 신고하여 범인의 처벌을 구하는 의사표시를 말한다.
- 고소권자
  - 고소는 고소권자에 의하여 행해져야 하는데, 고소권이 없는 자가 한 고소는 효력이 없다.
  - 형사소송법이 규정하고 있는 고소권자로는 피해자, 피해자의 법정대리인, 피해자의 배우자와 직계친족 또는 형제자매, 지정고소권자가 있으며, 친고죄의 경우 고소할 자가 없을 때에는 이해관계인의 신청으로 검사가 고소할 자를 지정한다.

- 방법
  - 방식 : 서면 또는 구술로써 검사 또는 사법경찰관에게 하여야 하고, 검사 또는 사법경찰관이 구술에 의한 고소를 받은 때에는 조서를 작성하여야 한다.
  - 대리 : 고소는 대리인으로 하여금 하게 할 수 있다.
- 제한
  - 직계존속에 대한 고소금지 : 자기 또는 배우자의 직계존속을 고소하지 못한다.
  - 고소를 취소한 자는 다시 고소하지 못한다.
- 고소불가분의 원칙 : 친고죄의 고소의 효력이 미치는 범위에 관한 것으로서 고소의 효력은 불가분이라는 원칙을 말한다.
  - 객관적 불가분의 원칙 : 한 개의 범죄사실의 일부에 대한 고소 또는 그 취소는 그 범죄사실 전부에 대하여 효력이 발생한다는 원칙을 말한다.
  - 주관적 불가분의 원칙 : 친고죄의 공범 중 그 1인 또는 수인에 대한 고소 또는 그 취소는 다른 공범자에 대하여도 효력이 있다는 원칙을 말한다.

ⓖ 고발

- 의의 : 고소권자와 범인 이외의 제3자가 수사기관에 범죄사실을 신고하여 범인의 소추를 구하는 의사표시를 말한다.
- 고발권자
  - 누구든지 범죄가 있다고 사료하는 때에는 고발할 수 있다.
  - 공무원은 그 직무를 행함에 있어 범죄가 있다고 사료하는 때에는 고발하여야 한다.
  - 자기 또는 배우자의 직계존속은 고발하지 못한다.

4 증거

① 증거의 의의와 종류

㉠ 의의 : 재판의 객관성과 합리성을 보장하기 위하여 사실인정의 근거가 되는 자료로서, 이는 증거방법과 증거자료의 두 가지 의미를 포함한다.

㉡ 증거방법과 증거자료

ⓐ **증거방법** : 사실인정의 자료가 되는 유형물 자체를 의미하며, 이에는 증인, 증거서류, 증거물이 해당한다.

ⓑ **증거자료** : 증거방법을 조사함으로써 알게 된 내용으로, 증인신문에 의하여 얻게 된 증언, 증거서류의 내용, 증거물조사에 의하여 알게 된 증거물의 성질이 이에 해당한다.

㉢ 종류

ⓐ 직접증거와 간접증거

- 직접증거 : 증명을 요하는 사실을 직접 증명하는 증거들로, 통화위조죄에 있어서 위조통화, 범인의 자백 또는 범행을 목격한 증인의 증언 등이 해당한다.
- 간접증거(정황증거) : 요증사실을 간접적으로 추인할 수 있게 하는 증거를 말하며, 범행현장에서 발견된 범인소유의 권총, 범인의 지문 등이 해당한다.

ⓑ 인적 증거 · 물적 증거 · 증거서류

- 인적 증거 : 사람의 진술내용이 증거가 되는 것을 말하며, 증인의 증언, 감정인의 감정, 피고인의 진술 등이 있다.
- 물적 증거 : 일정한 물건의 존재 또는 상태가 증거로 되는 것을 말하며, 범행에 사용된 흉기, 위조된 문서 등이 해당한다.
- 증거서류 : 서면의 의미내용이 증거로 되는 것으로, 증거서류와 증거물인 서면을 합하여 서증이라 한다. 이에는 공판조서와 검증조서가 있다.

ⓒ 본증과 반증

- 본증 : 거증책임을 부담하는 당사자가 그 사실의 증명을 위하여 제출하는 증거를 말하며, 이에는 검사가 제출한 증거가 있다.
- 반증 : 본증에 의하여 증명하려고 하는 사실을 부인하기 위하여 제출하는 증거를 말한다. 따라서 피고인이 제출하는 증거를 반증이라고 할 수 있으나, 피고인에게 거증책임이 있는 경우에는 피고인이 제출하는 증거는 본증에 속한다.

ⓓ 실질증거와 보조증거

- 실질증거 : 주요 사실의 존부를 직접적 또는 간접적으로 증명하는 증거로, 이는 증명력을 증강하기 위하여 사용되는 증거를 말한다.
- 보조증거 : 실질증거의 증명력을 다투는 데 사용되는 증거로, 이는 증명력을 감쇄하기 위한 증거를 말한다. 보강증거와 탄핵증거가 있다.

㉣ 증거능력과 증명력

ⓐ **증거능력** : 증거가 엄격한 증명의 자료로 사용될 수 있는 법률상의 자격을 말한다. 따라서 증거능력은 실제로 범죄사실의 증명, 즉 엄격한 증명에 대해서만 문제가 되고, 자유로운 증명의 자료가 되기 위하여는 증거능력을 요하지 않는다.

ⓑ **증명력** : 증거로서의 실질적 가치로서, 요증사실입증의 자료로서의 실질적 · 구체적 비중 내지 가치를 의미하며, 증거 자체에 신빙성의 정도와 요증사실과의 논리적 관련의 농도 등 요증사실증명상의 적합성 등 종합적 고려에 의하여 도달되는 구체적이고 포괄적인 가치판단이다.

② 증명의 기본원칙

㉠ **증거재판주의** : 공정한 재판을 실현하기 위해 증거에 의하여 사실을 인정하여야 한다는 증거법의 기본원칙으로, 형사소송법 제307조 제1항에서 "사실의 인정은 증거에 의하여야 한다."고 규정하여 증거재판주의를 선언하고 있다.

㉡ 거증책임

ⓐ **의의** : 증명을 필요로 하는 어떤 사실에 관하여 증명이 불충분한 경우에 불이익을 받을 당사자의 법적 지위로, 객관적 거증책임 또는 실질적 거증책임이라고 하며 우리 형사소송절차에서는 무죄추정의 원칙에 따라 거증책임을 원칙적으로 검사가 부담한다.

ⓑ 거증책임의 전환

- 의의 : 거증책임 배분의 원칙에 원래의 거증책임의 담당자로부터 거증책임이 명문에 의하여 예외적으로 그 반대당사자에게 전환되는 것을 말한다.
- 상해죄의 동시범 : 형법 제263조는 "독립행위가 경합하여 상해의 결과를 발생하게 한 경우에 있어서 원인된 행위가 판명되지 아니한 때는 공동정범의 예에 의한다."라고 규정한다.

ⓒ 입증의 부담과 증거제출책임

- 입증의 부담 : 소송의 발전과정에 따라 어느 사실이 증명되지 아니하면 자기에게 불이익한 판단을 받을 가능성이 있는 당사자가 불이익을 면하기 위하여 그 사실을 증명할 증거를 제출할 부담을 말한다.
- 증거제출책임 : 영미의 증거법상의 개념으로, 증거를 제출하여야 할 책임으로 유리한 사실을 주장하기 위해서 필요한 증거를 제출해야 할 의무를 말한다.

㉢ 자유심증주의

ⓐ 의의 : 증거의 증명력을 적극적 또는 소극적으로 법률로 규정하지 않고 법관의 자유로운 판단에 맡기는 주의를 말한다.

ⓑ 법정증거주의 : 일정한 증거가 있으면 반드시 유죄로 인정하여야 하고 일정한 증거가 없으면 유죄로 할 수 없도록 하여 증거에 대한 증명력의 평가에 법률적 제약을 가하는 것을 말하는 것으로 법관의 자의를 배제함으로써 법적 안정성을 보장하는 데 그 의의가 있다.

ⓒ 자유심증주의의 기능 : 증거의 증명력 평가를 법관의 자유판단에 맡겨 사실인정을 합리적으로 하게 함으로써 실체적 진실발견에 기여하도록 한다.

ⓓ 자유심증주의의 예외

- 자백의 증명력 제한 : 증거능력이 있는 자백에 의해서 법관이 유죄를 확신하는 경우에도 다른 보강증거가 없으면 유죄로 인정할 수 없다는 자백보강의 법칙은 자유심증주의에 대한 예외에 해당한다. 다만, 판례는 고의 · 과실 · 목적과 같은 주관적 구성요건요소나 전과사실에 대해서는 자백만으로 인정할 수 있다고 한다.
- 공판조서의 배타적 증명력 : 공판기일의 소송절차로서 공판조서에 기재된 것은 심증여하에 불구하고 그 조서만으로 증명하여야 하므로 자유심증주의에 대한 예외가 된다.
- 피고인의 진술거부권 : 형사소송법 제244조의3은 피고인에게 진술거부권을 보장하고 있는데, 피고인이 진술을 거부한 때에는 진술거부권의 행사를 피고인에게 불이익한 증거로 사용할 수 없으며, 법원이 진술거부권의 동기를 심리하는 것도 허용되지 않는다.
- 증인의 증언거부 : 증인의 정당한 증언거부가 정당한 이유가 있는 때에는 이를 피고인에게 불리하게 해석해서는 안 된다.

③ 자백배제법칙

㉠ 자백의 의의 : 피고인 또는 피의자가 범죄사실의 전부 또는 일부를 인정하는 것을 의미하는데, 영미법에서는 범죄사실의 전부 또는 일부에 대하여 자기의 형사책임을 인정하는 진술인 자백과 단지 자기에게 불이익한 사실을 인정하는 진술인 승인 내지 자인을 구별한다.

㉡ 자백의 범위

ⓐ **자백의 주체** : 피고인, 피의자, 증인, 참고인의 진술 모두가 자백에 해당한다.

ⓑ **자백의 방식** : 구두에 의한 진술, 자백의 내용을 서면에 기재한 경우, 공판정에서의 자백과 공판정 외에서의 자백도 포함하고, 진술의 상대방을 묻지 않으므로, 일기 등에 자기의 범죄사실을 기재하는 경우처럼 상대방이 없는 경우도 포함된다.

㉢ 자백배제법칙

ⓐ **의의** : 피고인의 자백에 대하여 그 임의성이 의심스러운 때에는 증거능력을 부정하는 원칙으로, 헌법 제12조 제7항의 규정을 근거로 형사소송법 제309조는 "피고인의 자백이 고문, 폭행, 협박, 신체구속의 부당한 장기화 또는 기망, 기타의 방법으로 임의로 진술한 것이 아니라고 의심할만한 이유가 있는 때에는 이를 유죄의 증거로 할 수 없다."라고 규정한다.

ⓑ 적용범위

- 고문 · 폭행 · 협박에 의한 자백 : 고문이나 폭행에 의한 자백은 당연히 증거능력이 없다.
- 신체구속의 부당한 장기화로 인한 자백 : 자백의 임의성을 문제삼지 않고 구속의 위법성으로 인하여 자백의 증거능력이 부정된다.
- 기망에 의한 자백 : 위계 · 사술 등을 사용하여 상대방을 착오에 빠뜨려 자백하게 한 경우로, 의식적으로 허위사실을 자백하는 것을 말한다. 따라서 공범자가 자백하였다고 거짓말을 하거나, 증거가 발견되었다고 속여 자백하게 하는 경우 증거능력이 없다.
- 기타 방법에 의한 자백 : 약속에 의한 자백, 위법한 신문방법에 의한 자백, 마취분석이나 거짓말탐지기에 의한 자백, 진술거부권을 고지하지 않은 자백, 변호인선임권 · 접견교통권의 침해에 의한 자백

④ 위법수집증거 배제법칙

㉠ **의의** : 위법한 절차에 의하여 수집한 증거의 증거능력을 부정하는 원칙으로, 형사소송법 제308조의 2에서 "적법한 절차에 따르지 아니하고 수집한 증거는 증거로 할 수 없다"고 하여 위법수집증거배제의 원칙을 선언하고 있다.

㉡ 위법수집근거의 유형

ⓐ **헌법정신에 반하여 수집한 증거** : 영장주의 위반, 적정절차의 위반

ⓑ **형사소송법의 효력규정을 위반하여 수집한 증거** : 거절권의 침해, 소환절차상의 잘못, 위증의 벌을 경고하지 않고 선서한 증인의 진술

⑤ 전문법칙

㉠ 전문증거와 전문법칙

ⓐ **전문증거** : 사실인정의 기초가 되는 경험적 사실을 경험자가 직접 공판정에서 진술하지 않고 간접적으로 법원에 보고하는 증거를 말한다.

ⓑ **전문법칙의 의의와 근거** : 전문증거는 증거능력이 인정되지 않는다는 원칙으로, 현행 형사소송법 제310조의2는 "법 제311조 내지 제316조에 규정한 것 이외에는 공판준비 또는 공판기일에서의 진술에 대신하여 진술을 기재한 서류나 공판준비 또는 공판기일 외에서의 타인의 진술을 내용으로 하는 진술은 이를 증거로 할 수 없다."고 규정하여 전문법칙을 명시하고 있다.

ⓒ **형사소송법상 전문법칙의 예외** : 법원 또는 법관의 면전조서, 피의자신문조서, 진술조서, 진술서, 검증조서, 감정서

⑥ 당사자의 동의와 증거능력

㉠ 증거동의의 의의

ⓐ 검사와 피고인이 증거로 할 수 있음을 동의한 서류 또는 물건은 진정한 것으로 인정한 때에 증거로 할 수 있다. 증거동의는 증거발생능력의 전제조건에 불과하고 법원의 진정성의 인정에 의하여 비로소 증거능력이 인정된다.

ⓑ 전문법칙에 의하여 증거능력이 없는 증거라도 당사자가 동의하면 재판의 신속과 소송경제에 기여한다.

㉡ 동의의 방법

ⓐ 동의의 주체

- 당사자인 검사와 피고인이다. 법원이 직권으로 수집한 증거에 대해서는 양 당사자의 동의가 있어야 하나, 당사자 일방이 제출한 증거에 대하여는 상대방의 동의가 있으면 족하다.
- 변호인은 포괄적 대리권이 있으므로 변호인은 피고인의 명시적인 의사에 반하지 않는 한 피고인을 대리하여 동의할 수 있다.

ⓑ **동의의 상대방** : 동의는 반대신문권을 포기하는 중요한 소송행위이므로 동의의 의사표시는 법원에 대하여 하여야 한다.

ⓒ **동의의 대상** : 서류 또는 진술, 증거능력이 없는 증거

ⓓ **동의의 방식** : 서면 또는 구술로 할 수 있으며, 명시적 의사표시가 있어야 한다.

⑦ 탄핵증거

㉠ 진술의 증명력을 다투기 위해 사용되는 증거를 말하며, 범죄사실을 인정하는 증거가 아니므로 소송법상의 엄격한 증거를 요하지 아니한다.

㉡ 형사소송법 제318조의2는 "법 제312조부터 제316조의 규정에 의하여 증거로 할 수 없는 서류나 진술이라도 공판준비 또는 공판기일에서의 피고인 또는 피고인이 아닌 자의 진술의 증명력을 다투기 위하여 증거로 할 수 있다."라고 규정한다.

⑧ 자백과 보강증거

㉠ **자백의 보강법칙** : 피고인이 임의로 한 자백이 증거능력과 신빙성이 있어서 법관이 유죄의 심증을 얻었다 하더라도 자백만 있고 다른 보강증거가 없는 경우에는 유죄로 인정할 수 없다는 원칙으로, 이는 자유심증주의의 예외이다.

㉡ **보강을 필요로 하는 자백** : 피고인의 자백, 증거능력 있는 자백, 공판정에서의 자백, 공범자의 자백

㉢ **보강증거의 성질**

ⓐ **독립증거** : 자백과는 독립된 독립증거이어야 한다.

ⓑ **정황증거** : 자백에 대한 보강증거는 피고인의 임의적인 자백사실이 가공적인 것이 아니고 진실하다고 인정될 정도의 증거이면 직접증거에 한하지 않고 간접증거로도 족하다.

ⓒ **공범자의 자백** : 공범자의 자백이 피고인의 자백에 포함되는가에 대하여는 견해가 대립되나, 피고인이 자백한 경우에 공범자의 자백이 보강증거가 될 수 있다는 데에 통설 · 판례는 대체로 일치한다.

⑨ **공판조서의 증명력** … 형사소송법 제56조는 "공판기일의 소송절차로서 공판조서에 기재된 것은 그 조서만으로써 증명한다."라고 규정하여 공판조서에 배타적 증명력을 인정하고 있다.

5 공소

① 공소의 의의

㉠ 법원에 대하여 특정한 형사사건의 심판을 요구하는 검사의 법률행위적 소송행위를 말한다.

㉡ 공소의 제기는 수사결과에 대한 검사의 판단에 의하여 결정되는데, 공소제기가 없는 때에는 법원은 그 사건에 대하여 심판을 할 수 없다(불고불리의 원칙).

② 공소제기의 기본원칙

㉠ 국가소추주의 · 기소독점주의

ⓐ **국가소추주의** : 공소제기의 권한을 국가기관에게 전담하게 하는 것을 국가소추주의라 하고, 사인의 공소제기를 인정하는 것을 사인소추주의라 한다. 국가소추주의 가운데 국가기관인 검사가 공소를 제기하는 것을 검사기소주의라고 한다.

ⓑ **기소독점주의** : 국가기관 중에서 검사만이 공소를 제기하고 수행할 권한을 갖는 것을 말한다.

- 장점 : 공소제기의 적정을 보장하고, 국가적 입장에서 공평하고 획일적인 소추를 할 수 있다.
- 단점 : 검사의 자의와 독선이 있을 수 있고, 공소권의 행사가 정치권력에 영향을 받게 될 수 있다.

㉡ 기소편의주의

ⓐ **의의** : 공소를 제기할 만한 충분한 범죄의 혐의가 있고 소송조건도 구비되어 있다 하더라도 검사는 양형의 조건〈형법 제51조〉을 참작하여 공소를 제기하지 아니할 수 있다.

ⓑ **기소편의주의의 장 · 단점**

- 장점
  - 법의 탄력적 운용으로 구체적인 정의실현에 기여한다.
  - 일반예방 · 특별예방에 기여한다.
  - 소송경제에 기여한다.

- 단점
  - 검사의 자의개입의 우려가 크다.
  - 정치적 영향의 가능성이 크다.
  - 법적 안정성에 위협을 초래할 수 있다.

③ 공소제기의 방식

㉠ 공소장의 제출

ⓐ **서면주의** : 공소를 제기함에는 공소장을 관할법원에 제출하여야 한다〈형사소송법 제254조 제1항〉. 공소제기는 반드시 서면에 의하여야 하고, 구두나 전보 또는 팩시밀리에 의한 공소제기는 허용되지 않는다.

ⓑ **첨부서류** : 공소장부본, 구속에 관한 서류, 변호인선임서 등

㉡ 공소장의 기재사항

ⓐ **필요적 기재사항** : 공소장에는 피고인의 성명, 기타 피고인을 특정할 수 있는 사항 · 죄명 · 공소사실 및 적용법조를 기재하여야 한다.

ⓑ **임의적 기재사항** : 공소장에는 수개의 범죄사실과 적용법조를 예비적 또는 택일적으로 기재할 수 있다.

㉢ **공소장일본주의** : 검사가 공소장을 법원에 제출할 때에는 공소장 하나만을 제출하여야 하고 사건에 관하여 법원에 예단이 생기게 할 수 있는 서류, 기타 물건을 첨부하거나 그 내용을 인용하여서는 안 된다는 원칙을 말한다.

ⓐ **내용** : 첨부와 인용의 금지, 여사기재의 금지

ⓑ **위반의 효과** : 공소제기방식에 관한 중대한 위반이므로 그 공소제기는 무효이며, 따라서 법원은 판결로 공소를 기각하여야 한다.

④ 공소제기의 효과

㉠ **소송계속** : 공소제기에 의하여 검사의 지배하에 있던 피의사건이 법원의 지배하로 옮겨지게 되어 특정한 법원의 심판대상으로 되어 있는 상태를 말한다.

㉡ **심판범위의 한정** : 심판의 효력과 인적 · 물적 범위를 확정함으로써 심판의 범위를 한정한다.

㉢ **공소시효의 정지** : 공소가 제기되면 공소시효의 진행은 정지되며, 공소기각 또는 관할위반의 재판이 확정된 때로부터 다시 진행한다. 공소제기가 소송조건을 구비하지 않는 경우에도 공소시효가 정지되며 공범의 1인에 대한 시효정지는 다른 공범자에게도 효력이 미친다.

⑤ 공소의 취소

㉠ **의의** : 검사가 공소제기를 철회하는 법률행위적 소송행위로, 공소사실의 동일성이 인정되지 않는 수개의 공소사실의 전부 또는 일부를 철회하는 것이라는 점에서 동일성이 인정되는 공소사실의 일부를 철회하는 데 그치는 공소사실의 철회와 구별된다.

㉡ 절차

ⓐ **주체** : 기소독점주의 따라 공소의 취소는 검사만이 할 수 있다.

ⓑ **방법** : 공소취소는 이유를 기재한 서면으로 하여야 하지만 공판정에서는 구술로써 할 수 있다.

ⓒ **시기** : 공소는 제1심 판결선고 전까지 취소할 수 있다. 제1심 판결선고 전까지 제한한 것은 검사의 처분에 의하여 재판이 좌우되어서는 안 되기 때문이다.

㉢ 효과

ⓐ **공소기각의 결정** : 공소가 취소되었을 때에는 결정으로 공소를 기각하여야 한다.

ⓑ **재기소의 제한** : 공소취소에 의한 공소기각의 결정이 확정된 때에는 공소취소 후 그 범죄사실에 대한 다른 중요한 증거를 발견한 경우에 한하여 다시 공소를 제기할 수 있다. 따라서 이 규정에 위반하여 공소가 제기되었을 때에는 판결로 공소기각의 선고를 하여야 한다.

⑥ 공소시효

㉠ **의의** : 특정한 범죄행위가 종료한 후 검사가 일정기간 동안 공소를 제기하지 않고 방치하면 그 기간의 경과에 의하여 국가의 소추권이 소멸되도록 하는 제도를 말한다.

㉡ **존재근거** : 시간의 경과에 따른 사실상의 상태를 존중하여 개인과 사회의 안정을 도모하고, 오랜 시간이 경과하여 증거수집이 곤란하고 가벌성이 감소되었다는 여러 요소가 복합적으로 고려된 것이다.

㉢ 공소시효의 기간

ⓐ 시효기간

- 사형에 해당하는 범죄에는 25년
- 무기징역 또는 무기금고에 해당하는 범죄에는 15년
- 장기 10년 이상의 징역 또는 금고에 해당하는 범죄에는 10년
- 장기 10년 미만의 징역 또는 금고에 해당하는 범죄에는 7년
- 장기 5년 미만의 징역 또는 금고, 장기 10년 이상의 자격정지 또는 벌금에 해당하는 범죄에는 5년
- 장기 5년 이상의 자격정지에 해당하는 범죄에는 3년
- 장기 5년 미만의 자격정지, 구류, 과료 또는 몰수에 해당하는 범죄에는 1년

TIP

공소가 제기된 범죄는 판결의 확정이 없이 공소를 제기한 때로부터 25년을 경과하면 공소시효가 완성한 것으로 간주한다〈형사소송법 제249조 제2항〉.

ⓑ 시효기간의 기준

- 법정형
- 2개 이상의 형 : 2개 이상의 형을 병과하거나, 2개 이상의 형에서 1개를 과할 범죄에는 중한 형이 기준이 된다. 2개 이상의 형을 병과할 때란 2개 이상의 주형을 병과할 경우를 말하고, 2개 이상의 형에서 1개를 과할 때란 수개의 형이 선택적으로 규정되어 있는 경우를 말한다.
- 형의 가중 · 감경 : 형법에 의하여 형을 가중 또는 감경할 경우에는 가중 또는 감경하지 아니한 형이 시효기간의 기준이 된다. 형법 이외의 법률에 의하여 가중 · 감경할 경우에는 이 규정이 적용되지 않으므로 특별법에 의하여 형이 가중 · 감경된 경우에는 그 법에 정한 법정형을 기준으로 시효기간을 결정해야 한다.
- 법정형의 기초인 범죄사실
- 공소장에 기재된 공소사실 : 법정형을 판단하는 기초가 되는 범죄사실은 공소장에 기재된 공소사실을 기준으로 한다.
- 공소사실의 예비적 · 택일적 기재 : 공소장에 수개의 공소사실이 예비적 · 택일적으로 기재된 경우에 공소시효는 가장 중한 죄에 정한 법정형을 기준으로 한다는 견해가 있으나, 각 범죄사실에 대하여 개별적으로 결정해야 할 것이다.
- 과형상 일죄 : 과형상 일죄인 상상적 경합의 경우에는 실질적으로 수죄이므로 각 범죄사실에 대하여 개별적으로 공소시효를 결정해야 한다.
- 공소장변경 : 공소제기 후에 공소장이 변경된 경우에 변경된 공소사실에 대한 공소시효는 공소제기 시를 기준으로 판단해야 한다.

ⓒ 공소시효의 기산점

- 범죄행위 종료시 : 공소시효는 범죄행위가 종료한 때로부터 진행한다.
- 결과범 : 결과의 발생을 요건으로 하는 결과범은 결과가 발생한 때로부터 공소시효가 진행된다.
- 거동범 · 미수범 : 결과발생을 요하지 않는 거동범이나 실행위만으로 가벌성이 인정되는 미수범의 경우에는 행위 시부터 공소시효가 진행된다.
- 계속범 : 법익침해가 종료된 때로부터 공소시효가 진행된다.
- 포괄일죄 : 최종범죄행위가 종료한 때에 공소시효가 진행된다.
- 과형상 일죄 : 실질적으로 수죄이므로 개별적으로 판단해야 한다.
- 결과적 가중범 : 중한 결과가 발생한 때에 공소시효가 진행된다.
- 신고기간이 정해져 있는 범죄 : 신고의무가 소멸한 때로부터 공소시효가 진행한다.
- 공범에 관한 특칙 : 공범은 최종행위가 종료한 때로부터 전공범에 대한 시효기간을 기산한다.

ⓓ 공소시효의 계산 : 시효기간의 계산에 있어서는 초일은 시간을 계산함이 없이 1일로 산정하고 기간의 말일이 공휴일이라도 기간에 산입한다.

㉣ 공소시효의 정지

ⓐ 의의 : 일정한 사유의 발생에 의하여 공소시효의 진행이 정지되는 것으로, 그 사유가 없어지면 나머지 기간이 다시 진행되는 것을 말한다.

ⓑ **정지사유** : 공소의 제기, 범인의 국외도피, 재정신청, 소년보호사건의 심리개시결정, 대통령이 범한 죄

TIP

재정신청 〈형사소송법 제260조, 제262조〉
고소권자는 검사로부터 공소를 제거하지 아니한다는 통지를 받은 때에는 그 검사 소속의 지방검찰청 소재지를 관할하는 고등법원에 그 당부에 관한 재정을 신청할 수 있다. 법원은 재정신청서를 송부 받은 날부터 10일 이내에 피의자에게 그 사실을 통지하여야 한다.

ⓜ **공소시효완성의 효과**

ⓐ **불기소처분** : 수사 중인 피의사건에 관하여 공소시효가 완성되면 공소제기의 유효요건이 결여되므로 검사는 공소권 없음의 불기소처분을 하여야 한다. 이 경우에 불기소처분을 하지 않고 공소를 제기하면 위법 · 무효가 된다.

ⓑ **면소판결** : 공소제기 후에 공소시효가 완성된 사실이 판명된 때에는 법원은 면소판결을 하여야 한다.

6 재판

① 재판의 기본개념

㉠ 재판의 의의 및 종류

ⓐ 의의 : 협의로는 피고사건의 실체에 관한 법원의 공권적 판단인 죄의 유무 여부의 실체적 종국재판을 의미하고, 소송법적 의미에서 재판이란 법원 또는 법관의 의사표시에 기한 법률행위적 소송행위를 총칭한다.

ⓑ 종류

- 기능에 의한 분류
  - 종국재판 : 피고사건에 대한 소송절차를 그 심급에서 종결 시키는 재판
  - 종국 전의 재판(중간재판) : 종국재판에 이르는 과정에서의 절차에 관한 재판
- 내용에 의한 분류
  - 실체재판(본안재판) : 유 · 무죄의 판결과 같이 사건의 실체적 법률관계에 관하여 판단하는 재판
  - 형식재판 : 피고사건의 실체적 법률관계 이외의 절차적 · 형식적 법률관계를 판단하는 재판
- 형식에 의한 분류 : 판결은 법원이 하는 종국재판의 원칙적인 형식이고, 결정은 법원이 하는 종국 전의 재판의 원칙적 형식이며, 명령은 법원이 아닌, 재판장 · 수명법관 · 수탁판사로서 법관이 하는 재판을 말한다.

㉡ 재판의 성립

ⓐ **내부적 성립** : 재판의 의사표시적 내용이 당해 사건심리에 관여한 재판기관의 내부에서 결정되는 것을 말한다.

ⓑ **외부적 성립** : 재판은 재판장의 선고 · 고지에 의하여 외부적으로 성립한다.

ⓒ 재판의 방식

- 재판서의 작성 : 재판은 법관이 작성한 재판서에 의하여야 하지만 결정 또는 명령을 고지하는 경우에는 재판서에 의하지 아니하고 조서의 기재만으로 할 수 있다.
- 재판서의 기재요건 : 법률에 다른 규정이 없으면 재판을 받는 자의 성명, 연령, 직업과 주거를 기재하여야 한다.
- 재판서의 송부 : 검사의 집행지휘를 요하는 재판은 재판서 또는 재판을 기재한 조서의 등본 또는 초본을 재판의 선고 또는 고지한 때로부터 10일 이내에 검사에게 송부하여야 하지만, 법률에 다른 규정이 있는 때에는 예외로 한다.
- 소송관계인의 재판서 등 · 초본의 청구 : 피고인, 기타 소송관계인은 비용을 납입하고 재판서 또는 재판을 기재한 조서의 등본 또는 초본의 교부를 청구할 수 있다.

② 재판의 확정과 효력

㉠ 재판의 확정 : 재판이 통상의 불복의 방법에 의해서는 다툴 수 없게 되어 그 내용을 변경할 수 없게 된 상태를 말한다.

㉡ 재판확정의 효력

ⓐ **형식적 확정력** : 재판이 보통의 상소방법에 의해서는 그 내용을 다툴 수 없는 상태를 말한다.

ⓑ **내용적 확정력** : 실체적 · 형식적 재판을 불문하고 발생하며, 그 중 실체재판의 내용적 확정력을 실체적 확정력이라고 한다.

ⓒ **대외적 효과** : 재판이 확정되면 그 재판이 확인한 내용이 확정되어 후소에 대하여 불가변적 효력이 발생한다. 이는 당해 사건에 대한 효력이 아니고 후소에 대한 효력이라는 의미에서 내용적 확정력의 대외적 효과 또는 내용적 구속력이라고 한다.

ⓓ **기판력**(일사부재리의 효력) : 유 · 무죄의 실체판결이나 면소판결이 확정되면 동일사건에 대하여 다시 심판하는 것이 허용되지 않는 효력을 말한다.

1 다음 괄호 안에 들어갈 알맞은 말은?

> 교사를 받은 자가 범죄의 실행을 승낙하고 실행의 착수에 이르지 아니한 때에는 교사자와 피교사자를 (　　)에 준하여 처벌한다.

① 음모 또는 예비　　② 교사 또는 방조의 예
③ 미수　　④ 긴급피난

Advice 교사범〈형법 제31조 제2항〉 … 교사를 받은 자가 범죄의 실행을 승낙하고 실행의 착수에 이르지 아니한 때에는 교사자와 피교사자를 음모 또는 예비에 준하여 처벌한다.

2 공소제기 후 피고인이 사망하였거나 피고인인 법인이 존속하지 아니하게 되었을 때, 법원이 행하는 재판의 종류는?

① 공소기각의 결정　　② 공소기각의 판결
③ 면소의 판결　　④ 무죄의 판결

Advice ① 형사소송에 있어서 공소가 제기된 경우, 형식적 소송조건의 흠결이 있을 때에 법원이 이를 이유로 하여 실체적 심리에 들어감이 없이 소송을 종결 시키는 형식적 재판을 말한다.

※ 공소기각의 결정〈형사소송법 제328조 제1항〉
㉠ 공소가 취소되었을 때
㉡ 피고인이 사망하거나 피고인인 법인이 존속하지 아니하게 되었을 때
㉢ 동일사건과 수개의 소송계속 또는 관할의 경합 규정에 의하여 재판할 수 없는 때
㉣ 공소장에 기재된 사실이 진실하다 하더라도 범죄가 될 만한 사실이 포함되지 아니하는 때

Answer 1.① 2.①

3 형법상 개인적 법익에 대한 죄에 해당하지 않는 것은?

① 범인은닉죄　　② 협박죄
③ 명예훼손죄　　④ 주거침입죄

Advice ① 개인적 법익은 개인의 자유와 평온을 침범하는 죄이다. 범인은닉죄는 국가적 법익에 해당한다.

4 형법상 형벌의 종류 중 재산형으로 구분하는 것을 모두 고른 것은?

㉠ 구류　　㉡ 벌금
㉢ 과료　　㉣ 몰수

① ㉠㉡　　② ㉡㉢
③ ㉡㉢㉣　　④ ㉠㉡㉢㉣

Advice ㉠ 구류는 재산형이 아닌 자유형에 속한다.

※ 형벌의 종류

구분	종류
생명형	사형 : 수형자의 생명을 박탈하는 형벌
자유형	• 징역 : 수형자의 신체를 구속하고 강제노역을 과함으로써 신체의 자유를 박탈하는 형벌 • 금고 : 징역과 동일하며 다만 강제노역이 없음 • 구류 : 1일 이상 30일 미만
재산형	• 벌금 : 수형자의 재산적 이익을 박탈하는 형벌(5만 원 이상, 감경 시 5만 원 미만) • 과료 : 2천 원 이상 5만 원 미만으로 함 • 몰수 : 원칙적으로 부가형임
명예형	• 자격상실 : 수형자의 일정한 자격을 박탈하는 형벌 • 자격정지 : 수형자의 일정한 자격을 일시 정지시키는 형벌

Answer 3.① 4.③

5 형사절차에 관한 설명으로 틀린 것은?

① 수사기관은 피의자가 출석요구에 응하지 않으면 체포영장을 청구할 수 있다.
② 수사기관은 피의자의 죄질이 무겁고 도주의 우려가 있는 경우 구속영장을 청구할 수 있다.
③ 현행범은 누구든지 영장 없이 체포할 수 있다.
④ 수사기관은 24시간 이내에 구속영장을 청구하지 않은 경우 피의자를 즉시 석방해야 한다.

Advice 체포한 피의자를 구속하고자 할 때에는 체포한 때부터 48시간 이내에 구속영장을 청구하여야 하고, 그 기간 내에 구속영장을 청구하지 아니하는 때에는 피의자를 즉시 석방하여야 한다〈형사소송법 제200조의2 제5항〉.

6 형법상 책임이 조각되는 사유가 아닌 것은?

① 심신장애인의 행위
② 14세 미만자의 행위
③ 피해자의 승낙에 의한 행위
④ 강요된 행위

Advice 책임성이란 위법행위를 한 자가 사회적으로 비난을 받을 만한 책임이 있어야 한다는 원칙이다. 행위의 책임을 지지 못하는 경우를 책임성 조각사유라 하고 형벌을 배제하거나 감경한다.

※ 책임성 조각 사유
㉠ 만 14세 미만의 미성년자의 행위
㉡ 저항할 수 없는 폭력에 의하여 강요된 경우
㉢ 심신장애인의 행위(심신장애인과 농아자에 대해서는 죄를 감경)

7 우리 형사소송법의 기본구조와 관련이 없는 것은?

① 불고불리의 원칙
② 규문주의
③ 구두변론주의
④ 당사자주의

Advice 규문주의는 법원이 스스로 절차를 개시하여 심리 · 재판하는 주의로, 심리개시와 재판의 권한이 법관에게 집중되어 있는 구조를 말하며, 형사소송법의 기본구조와는 관련이 없다.

Answer 5.④ 6.③ 7.②

8 고소에 관한 설명으로 틀린 것은?

① 범죄를 인지한 제3자가 하여야 한다.
② 수사 개시의 원인이 된다.
③ 원칙적으로 서면으로 하지만, 구두로 하여도 무방하다.
④ 제1심 판결 선고 전까지 취소할 수 있다.

Advice 범죄를 인지한 제3자가 하여야 한다는 것은 고발에 대한 내용이며, 범죄의 당사자가 하는 것이 고소이다.

9 법원이 직권으로 국선변호인을 선정하여야 하는 경우가 아닌 것은?

① 피고인이 미성년자인 때
② 피고인이 파산한 때
③ 피고인이 농아자인 때
④ 피고인이 심신장애의 의심이 있는 때

Advice 국선변호인〈형사소송법 제33조〉

㉠ 다음 어느 하나에 해당하는 경우에 변호인이 없는 때에는 법원은 직권으로 변호인을 선정하여야 한다.
- 피고인이 구속된 때
- 피고인이 미성년자인 때
- 피고인이 70세 이상인 때
- 피고인이 농아자인 때
- 피고인이 심신장애의 의심이 있는 때
- 피고인이 사형, 무기 또는 단기 3년 이상의 징역이나 금고에 해당하는 사건으로 기소된 때

㉡ 법원은 피고인이 빈곤 그 밖의 사유로 변호인을 선임할 수 없는 경우에 피고인의 청구가 있는 때에는 변호인을 선정하여야 한다.

㉢ 법원은 피고인의 연령 · 지능 및 교육 정도 등을 참작하여 권리보호를 위하여 필요하다고 인정하는 때에는 피고인의 명시적 의사에 반하지 아니하는 범위 안에서 변호인을 선정하여야 한다.

Answer 8.① 9.②

10 다음 형사법 문제에 관한 설명 중 옳지 않은 것은?

① 정신병자의 행위를 처벌할 수 없는 것은 그에게 적법한 행위를 기대할 수 없기 때문이다.
② 동일한 범죄는 두 번 처벌하지 않는다는 원칙을 일사부재리의 원칙이라 한다.
③ 죄형법정주의 원칙에 따를 때 피고인에게 유리한 경우에도 소급효는 금지된다.
④ 중지미수는 필요적 감면사유에 해당한다.

Advice 피고인에게 유리한 소급효는 인정되고 있다.

11 다음 중 범죄의 성립요건에 해당하지 않는 것은?

① 구성요건해당성 ② 집행가능성
③ 위법성 ④ 책임성

Advice 범죄의 성립조건
㉠ **구성요건해당성** : 구체적인 사실이 범죄의 구성요건에 해당하는 성질로 형벌을 부과할 행위를 유형적·추상적으로 파악하여 법률에 기술해 놓은 것이다.
㉡ **위법성** : 구성요건에 해당하는 행위가 법률상 허용되지 않는 성질을 말하며, 구성요건에 해당하는 성질은 원칙적으로 위법하다. 위법성의 경우에는 고의와 과실에 대한 판단이 가장 중요하게 작용된다.
㉢ **책임성** : 위법행위를 한 행위자 개인에 대한 비난가능성이다.

12 다음 중 반의사불벌죄인 것은?

① 강간죄 ② 명예훼손죄
③ 모욕죄 ④ 업무상 비밀누설죄

Advice 반의사불벌죄는 피해자의 의사에 관계없이 공소를 제기할 수 있으나, 피해자의 명시한 의사에 반하여 공소를 제기할 수 없는 범죄이다. 명예훼손죄는 반의사불벌죄에 해당한다.

Answer 10.③ 11.② 12.②

13 간접정범의 처벌방법으로 옳은 것은?

① 정범과 동일하게 처벌한다.
② 교사범으로 처벌한다.
③ 종범으로 처벌한다.
④ 교사 또는 방조의 예에 의하여 처벌한다.

Advice 어느 행위로 인하여 처벌되지 아니하는 자 또는 과실범으로 처벌되는 자를 교사 또는 방조하여 범죄행위의 결과를 발생하게 한 자는 교사 또는 방조의 예에 의하여 처벌한다〈형법 제34조 제1항〉.

14 건물에 폭발물을 설치한 다음 원격조종으로 폭발하게 하여 1인이 사망하고 다수인이 상해를 입었으며, 당해 건물이 전파한 경우는 다음 중 어느 것에 해당하는가?

① 법조경합
② 포괄적 일죄
③ 상상적 경합
④ 실체적 경합

Advice 상상적 경합 … 하나의 행위가 여러 가지 죄에 해당되는 경우를 말한다.

15 주거에 침입한 강도죄에 있어서 실행에 착수한 시기로 옳은 것은?

① 타인의 주거에 침입한 때
② 재물을 강취한 때
③ 폭행 · 협박을 가한 때
④ 도주한 때

Advice 강도죄가 성립하기 위한 실행의 착수시기는 폭행 · 협박의 개시이다.

Answer 13.④ 14.③ 15.③

16 다음 중 형법상 위법성 조각사유에 해당하지 않는 것은?

① 정당행위 ② 정당방위
③ 자력구제 ④ 긴급피난

Advice 위법성 조각사유
㉠ 의의 : 구성요건에 해당하는 행위에 대하여는 위법성을 배제하는 특별한 사유(정당화 사유)를 예외적으로 허용하는 것을 말한다.
㉡ 종류 : 정당행위, 정당방위, 긴급피난, 자구행위, 피해자의 승낙이 있다.

17 형법상 여럿이 함께 모여 거액의 도박을 한 경우는 다음 중 어디에 해당하는가?

① 공동정범 ② 간접정범
③ 공모공동정범 ④ 필요적 공범

Advice 도박죄는 필요적 공범 중 대향범에 해당한다.

18 범죄의 피해자가 수사기관에 범죄사실을 신고하여 그 소추를 촉구하는 의사표시는?

① 고소 ② 신고
③ 진정 ④ 고발

Advice 고소 … 범죄의 피해자 또는 그와 일정한 관계가 있는 고소권자가 수사기관에 대하여 범죄사실을 신고하여 범인의 처벌을 구하는 의사표시를 말한다.

19 다음 중 형법의 규범적 성격으로 타당하지 않은 것은?

① 재판규범 ② 위법규범
③ 평가규범 ④ 행위규범

Advice 형법은 가설적 규범, 행위규범, 재판규범, 평가규범, 의사결정규범으로서의 규범적 성격을 가진다.

Answer 16.③ 17.④ 18.① 19.②

20 다음 중 형사소송의 주체라고 보기 힘든 것은?

① 법원　　② 검사
③ 피고인　　④ 변호인

Advice 소송의 주체란 소송을 성립시키고 발전하게 하는 데 필요한 최소한의 주체로, 법원, 검사, 피고인이 있다.

21 친고죄에 관한 설명으로 옳은 것은?

① 피해자의 법정대리인은 고소할 수 있다.
② 고소는 구술로 할 수 없다.
③ 고소를 취소한 자도 다시 고소할 수 있다.
④ 친고죄에 대하여는 범인을 알게 된 날로부터 1년을 경과하면 고소하지 못한다.

Advice ② 고소는 서면 또는 구술로써 검사 또는 사법경찰관에게 하여야 한다〈형사소송법 제237조 제1항〉.
③ 고소를 취소한 자는 다시 고소하지 못한다〈형사소송법 제232조 제2항〉.
④ 친고죄에 대하여는 범인을 알게 된 날로부터 6월을 경과하면 고소하지 못한다〈형사소송법 제230조 제1항〉.

22 다음 (　　)안에 들어갈 말로 알맞은 것은?

> 형법상 법령에 의한 행위 또는 업무로 인한 행위, 기타 사회상규에 위배되지 아니하는 행위는 벌하지 아니한다. 여기서 법령에 의한 행위 또는 업무로 인한 행위, 기타 사회상규에 위배되지 아니하는 행위를 (　　)라 부른다.

① 정당행위　　② 정당방위행위
③ 긴급피난행위　　④ 자구행위

Advice 정당행위〈형법 제20조〉 … 법령에 의한 행위 또는 업무로 인한 행위, 기타 사회상규에 위배되지 아니하는 행위는 벌하지 아니한다.

Answer 20.④ 21.① 22.①

23 다음 중 죄형법정주의의 파생적 원칙이 아닌 것은?

① 관습형법금지의 원칙
② 부정기형의 원칙
③ 유추해석금지의 원칙
④ 효력불소급의 원칙

Advice 절대적 부정기형은 금지되지만 소년법 등에서의 상대적 부정기형은 허용될 수도 있다.

24 형의 선고유예를 받은 날로부터 2년이 경과한 때에는 어떠한 효과가 발생하는가?

① 무죄로 간주한다.
② 형집행이 완료된 것으로 간주한다.
③ 형의 선고는 효력을 잃는다.
④ 면소된 것으로 간주한다.

Advice 형의 선고유예를 받은 날로부터 2년을 경과한 때에는 면소된 것으로 간주한다〈형법 제60조〉.

25 다음 중 범죄의 분류상 성질이 다른 죄는?

① 협박죄
② 절도죄
③ 사기죄
④ 강도죄

Advice 절도죄, 사기죄, 강도죄는 재산에 대한 범죄에 속하고 협박죄는 자유에 대한 범죄에 속한다.

Answer 23.② 24.④ 25.①

26 사회적 법익에 관한 죄에 해당하는 것은?

① 사기죄　　② 실화죄
③ 절도죄　　④ 범인은닉죄

Advice 사기죄와 절도죄는 재산에 관한 죄에 해당하고 범인은닉죄는 국가적 법익에 관한 죄에 해당한다.
※ 사회적 법익에 관한 죄 … 범죄단체조직죄 · 다중불해산죄 · 공무원자격사칭죄 등과 같은 안전을 해하는 죄, 폭발물에 관한 죄, 방화와 실화에 관한 죄, 일수와 수리에 관한 죄, 교통방해의 죄, 통화 · 유가증권 · 인지 · 문서 · 인장에 관한 죄, 음용수 · 아편에 관한 죄 등과 같은 성풍속을 해하는 죄, 도박과 복표에 관한 죄, 신앙에 관한 죄가 이에 해당한다.

27 다음 중 인과관계를 거론할 필요가 없는 범죄는?

① 형식범　　② 결과적 가중범
③ 결과범　　④ 실질범

Advice 형식범은 구성결과의 발생을 요하지 않고 법에 규정된 행위를 함으로써 바로 성립하는 범죄이므로 인과관계를 거론할 필요가 없다.

28 수사상 신체구속에 관한 설명으로 옳지 않은 것은?

① 피고인 또는 피의자의 신체의 자유를 제한하는 대인적 강제처분이다.
② 체포영장에 의한 체포, 긴급체포, 현행범체포, 구속영장에 의한 구속이 있다.
③ 긴급체포한 피의자의 대해서는 검사가 72시간 이내에 판사에게 구속영장을 청구하면 된다.
④ 구속은 구인과 구금을 포함한다.

Advice 검사 또는 사법경찰관이 피의자를 체포한 경우 피의자를 구속하고자 할 때에는 지체없이 검사는 관할지방법원판사에게 구속영장을 청구하여야 하고, 사법경찰관은 검사에게 신청하여 검사의 청구로 관할지방법원판사에게 구속영장을 청구하여야 한다. 이 경우 구속영장은 피의자를 체포한 때부터 48시간 이내에 청구하여야 하며, 긴급체포서를 첨부하여야 한다〈형사소송법 제200조의4 제1항〉.

Answer 26.② 27.① 28.③

29 갑은 아버지의 돈을 몰래 훔쳐 유흥비로 소비하였다. 갑의 죄책에 대한 다음 설명 중 타당한 것은?

① 갑은 절도죄가 성립하지 않는다.
② 갑은 절도죄는 성립하지만 형이 면제된다.
③ 갑은 아버지의 고소가 있어야만 처벌된다.
④ 갑은 아버지의 불처벌의사가 명확하지 않는 경우에는 처벌될 수 있다.

Advice 갑의 행위는 친족 사이의 재산에 관련된 범죄에 대한 특례인 친족상도례에 해당하는 것으로서, 이 경우 직계혈족 간의 재산범죄이므로 형을 면제한다.

30 다음 중 신분범이 아닌 것은?

① 수뢰죄
② 위증죄
③ 횡령죄
④ 폭행죄

Advice 구성요건이 행위의 주체에 일정한 신분을 요하는 범죄이다. 여기서 신분이란 일정한 범죄행위에 관련된 인적 관계인 특수한 지위·상태를 말하는 것으로 수뢰죄는 공무원 또는 중재인, 위증죄는 증인, 횡령죄는 타인의 재물을 보관하는 자의 신분이 있어야 한다.

31 다음 기술 중 타당하지 않은 것은?

① 기소유예란 범죄는 성립되지만 검사의 재량으로 기소를 하지 않는 것이다.
② 형사소송법은 국가소추주의, 기소독점주의를 채택하고 있다.
③ 수사는 범죄의 혐의를 발견한 경우에 개시하며, 공소제기로 종결된다.
④ 고소 또는 고발 사건에 관하여 검사가 불기소처분을 한 경우에 고소 또는 고발인은 그 당부에 관한 재정을 고등법원에 신청할 수 있다.

Advice 수사절차는 범죄의 혐의가 있다고 사료하는 때(현행범인의 체포, 변사자의 검시, 불심검문, 다른 사건 수사 중의 범죄발견, 기사, 고소, 고발 자수, 범죄신고 등) 개시되며, 공소제기 여부를 판단할 수 있을 정도로 피의사건이 해명되었을 때(공소의 제기뿐만 아니라 불기소 처분, 기소유예 등도 해당) 종결된다.

Answer 29.② 30.④ 31.③

32 다음 중 형법상의 원칙으로 보기 어려운 것은?

① 죄형법정주의 ② 형벌소급의 원칙
③ 유추해석금지의 원칙 ④ 일사부재리의 원칙

Advice 형법 제1조 제1항에서는 범죄의 성립과 처벌은 행위 시의 법률에 의한다고 하여 형벌불소급의 원칙을 규정하고 있다.

33 범죄의 성립과 처벌에 관한 다음의 기술 중 옳지 않은 것은?

① 범죄 후라도 법률의 변경으로 인하여 그 행위가 범죄를 구성하지 아니하거나 형이 구법보다 가벼운 때에는 신법에 의한다.
② 재판 확정 후라도 법률의 변경에 의하여 그 행위가 범죄를 구성하지 아니하는 때에는 형의 집행을 면제한다.
③ 우리 형법은 행위 시법주의를 원칙으로 하고 있다.
④ 우리 형법은 범죄에 의하여 외국에서 형을 받는 자는 형을 면제하도록 하고 있다.

Advice 범죄에 의하여 외국에서 형의 전부 또는 일부의 집행을 받은 자에 대하여는 형을 임의적으로 감경 또는 면제할 수 있는 것이고〈형법 제7조〉, 무조건 형의 집행을 면제하는 것은 아니다.

※ 헌법재판소는 "범죄에 의하여 외국에서 형의 전부 또는 일부의 집행을 받은 자에 대하여는 형을 감경 또는 면제할 수 있다."는 형법 제7조가 헌법에 합치되지 아니한다고(헌법불합치) 판시하였다(헌재 2013 헌바129, 2015.5.28). 법률조항은 2016. 12. 31을 시한으로 입법자가 개정할 때까지 계속 적용된다.

34 공소의 제기에 관한 다음 설명 중 옳지 않은 것은?

① 공소제기가 없는 한 법원이 심판할 수 없다는 원칙을 불고불리의 원칙이라 한다.
② 범죄혐의가 있는 자라도 기소여부는 검사의 재량으로 결정할 수 있다는 원칙을 기소독점주의라 한다.
③ 범죄혐의가 없거나 혐의가 있더라도 처벌할 수 없는 경우에는 불기소처분을 한다.
④ 국가기관인 검사의 소추에 의하여 형사소송이 개시되는 원칙을 국가소추주의라 한다.

Advice 범죄혐의가 있는 자라도 기소의 여부는 검사의 재량으로 결정할 수 있다는 원칙은 기소편의주의이고, 기소독점주의는 국가기관 중에서 검사만이 공소를 제기하고 수행할 수 있는 권한을 갖는다는 원칙을 말한다.

 32.② 33.④ 34.②

35 **갑이 밤중에 집을 찾고 있는 나그네를 강도로 오인하고 자기방위의 목적으로 살해한 경우 해당하는 것은?**

① 긴급피난　　② 정당방위
③ 오상방위　　④ 과잉방위

Advice 객관적으로 정당방위의 요건이 구비되지 않았음에도 불구하고 이것이 있는 것으로 오인하고 방위행위를 하는 경우를 오상방위라고 한다.

36 **범죄의 성립요건에 관한 설명으로 옳지 않은 것은?**

① 당해 행위를 한 주체인 행위자에 대한 비난가능성이 있어야 한다.
② 행위자가 자신의 행위에 대한 과실이 있어야 한다.
③ 법률이 정하는 구성요건에 해당하는 행위를 하여야 한다.
④ 일개의 행위가 원칙적으로 법률이 규정한 수개의 죄에 해당하는 경우이어야 한다.

Advice 범죄가 성립하기 위해서는 구성요건에 해당하고 위법(고의 · 과실)하며 비난가능성(책임)이 있어야 한다.

37 **범죄의 형태에 관한 설명이다. 옳지 않은 것은?**

① 실행의 수단 또는 대상의 착오로 인하여 결과의 발생이 불가능하더라도 위험성이 있는 때에는 처벌한다.
② 두 사람 이상이 공동으로 범죄를 행하는 경우, 각자를 그 죄의 정범으로 처벌한다.
③ 미수범을 처벌하는 것이 원칙이다.
④ 장애미수범에 대하여는 기수범에 비하여 그 형을 감경할 수 있다.

Advice 형법상 기수의 처벌이 원칙이므로 미수는 예외적으로 처벌규정이 있는 범죄에 한해 처벌된다.

Answer 35.③ 36.④ 37.③

38 甲은 사제폭탄을 제조해서, 丁 소유의 가옥에 투척하여 乙을 살해하고 丙에게 상해를 입혔다. 그리고 丁 소유의 가옥은 파손되었다. 이러한 경우 살인죄, 상해죄, 손괴죄의 관계는?

① 누범
② 포괄적 일죄
③ 상상적 경합범
④ 경합범

Advice 1개의 행위가 수개의 죄에 해당하는 경우에는 상상적 경합관계에 있게 된다. 위 사례의 경우 폭탄을 투척하여 살인 · 상해 · 손괴의 죄가 발생하였으므로 상상적 경합범이 된다.

39 미국 항구에 정박 중이던 우리나라 선박에서 선적작업을 하던 일본인 선원이 미국인을 살해한 경우에 다음 중 맞는 것은?

① 세계주의 원칙에 따라 우리 형법으로 처벌이 가능하다.
② 일본인이 범한 범죄이므로 우리 형법으로 처벌이 불가능하다.
③ 속지주의 원칙에 따라 우리 형법으로 처벌이 가능하다.
④ 미국 내에서 범한 범죄이므로 미국형법으로만 처벌이 가능하다.

Advice 속지주의는 자국의 영역 안에서 발생한 범죄에 대하여 범죄인의 국적을 불문하고 자국형법을 적용한다는 원칙이다. 형법은 대한민국 영역 외에 있는 대한민국의 선박 또는 항공기 내에서 죄를 범한 외국인에게도 적용된다(기국주의, 제4조). 제4조의 기국주의도 속지주의의 일종이다.

40 형법상 공범에 관한 설명 중 옳지 않은 것은?

① 어느 행위로 인하여 처벌되지 아니하는 자를 교사하여 범죄행위의 결과를 발생하게 한 자도 처벌한다.
② 교사를 받은 자가 범죄의 실행을 승낙하고 실행의 착수에 이르지 아니한 때에는 교사자와 피교사자를 음모 또는 예비에 준하여 처벌한다.
③ 2인 이상이 공동으로 죄를 범한 때에는 각자를 그 죄의 정범으로 처벌한다.
④ 종범은 정범과 동일한 형으로 처벌한다.

Advice 종범의 형은 정범의 형보다 감경한다〈형법 제32조 제2항〉.

Answer 38.③ 39.③ 40.④

41 검찰의 소관 사항이 아닌 것은?

① 무혐의처분
② 약식기소
③ 즉결심판의 청구
④ 선도조건부 기소유예

Advice 즉결심판이란 20만 원 이하의 벌금, 구류, 과료에 처할 경미한 범죄에 대해 공판절차를 거치지 않고 신속하게 처리하는 심판절차를 말한다. 즉결심판청구권자는 경찰서장이다.

42 형법상 국가적 법익에 대한 죄가 아닌 것은?

① 위증죄
② 범인은닉죄
③ 무고죄
④ 통화위조죄

Advice 국가적 법익에 대한 죄 … 국가의 존립과 권위 또는 국가의 기능을 보호하기 위한 법이다.

㉠ 국가의 존립에 대한 죄
- 내란의 죄
- 외환의 죄
- 국기에 관한 죄
- 국교에 관한 죄

㉡ 국제관계에 대한 죄
- 국교에 관한 죄

㉢ 국가의 권위 및 기능에 대한 죄
- 국기에 관한 죄
- 공무원의 직무에 관한 죄
- 공무방해에 관한 죄
- 도주의 죄
- 범인은닉죄
- 위증죄
- 증거인멸의 죄
- 무고의 죄

Answer 41.③ 42.④

05 상법 일반

1 회사법

1 회사

① **회사의 개념**

㉠ 의의 : 상행위나 그 밖의 영리를 목적으로 하여 설립한 법인을 말한다.

㉡ 회사의 성격

ⓐ 영리성 : 회사가 사업으로 인한 이익의 귀속주체가 되고, 그 이익을 사원들에게 분배하여야 한다.

ⓑ 사단성 : 회사는 재산의 집단보다는 사원들의 집단을 기본으로 삼고 있다.

② **회사의 종류**

㉠ 합명회사 : 무한책임사원만으로 구성되는 회사이다.

㉡ 합자회사 : 무한책임사원과 유한책임사원으로 조직된 회사이다.

㉢ 주식회사 : 주주인 사원이 인수한 금액을 한도로만 회사에 대하여 책임을 지는 회사로, 소유와 경영이 분리된 형태를 가진다.

㉣ 유한회사 : 사원은 회사에 대하여 출자금액 내에서만 책임질 뿐이고 회사채권자에 대하여는 책임을 지지 않는 사원으로 구성된 회사이다.

㉤ 유한책임회사 : 회사의 주주들이 채권자에 대하여 자기의 투자액의 한도내에서 법적인 책임을 부담하는 회사이다.

상법에서 명시적으로 규정하는 회사가 아닌 것은?

① 유한회사 ② 주식회사
③ 다국적회사 ④ 합자회사

★ 상법이 명시적으로 규정하고 있는 회사…합명회사, 합자회사, 주식회사, 유한회사, 유한책임회사〈제170조〉

답 ③

③ 회사의 능력

㉠ 권리능력

ⓐ 성질에 의한 제한 : 회사는 자연인이 아니기 때문에 자연인만이 누릴 수 있는 상속권, 생명권 등을 향유할 수 없고 직접적인 노무를 제공해야 하는 상업사용인 등도 될 수 없다.

ⓑ 법률에 의한 제한 : 회사는 다른 회사의 무한책임사원이 되지 못하고 해산한 회사는 청산의 목적범위 내에서, 파산회사는 파산의 목적범위 내에서 존속한다.

㉡ 의사능력 · 행위능력 · 불법행위능력

ⓐ 의사능력 · 행위능력 : 회사의 행위능력은 기관을 통하여 갖게 되므로 기관의 행위와 회사의 행위가 동일시 된다.

ⓑ 불법행위능력 : 회사의 권리능력이 인정되므로 공법상의 능력이나 불법행위능력 또한 인정된다. 또한 회사를 대표하는 사원이 그 업무집행으로 인하여 타인에게 손해를 가한 때에는 회사는 그 사원과 연대하여 배상할 책임도 인정된다.

2 회사의 설립절차 및 하자

① 회사설립에 관한 입법주의

㉠ 자유설립주의 : 회사의 설립에 대한 어떠한 제한도 없이 그 실체가 형성되면 회사가 설립한 것으로 인정하는 입법주의이다.

㉡ 특허주의 : 국가의 개별적 특허를 통하여서만 회사의 설립이 인정된다는 입법주의이다.

㉢ 허가주의 : 일정한 면허나 허가가 있으면 회사의 설립을 인정한다는 입법주의이다.

㉣ 준칙주의 : 회사의 설립이 일정하게 요건을 정해놓은 준칙에 근거한 경우에는 회사의 설립을 인정하는 입법주의로 우리나라 상법은 준칙주의를 채택하고 있다.

② 회사의 설립절차

㉠ 정관작성 : 정관이란 회사의 규범을 기재한 서면으로 회사의 근본규칙을 말한다.

㉡ 사원확정 : 인적회사와 유한회사는 정관에 성명을 기재함으로써 사원으로 확정되고, 주식회사는 주주의 성명이 정관의 기재사항이 아니므로 주식인수절차를 거친 경우 사원으로 확정된다.

㉢ 출자이행 : 인적회사의 출자는 정관에 의해 확정되기 때문에 그 방법을 정관 등에 따라서 자유롭게 결정할 수 있고, 자본이 법인격을 취득하는 데 가장 중요한 요소인 물적회사에서는 그 회사의 성립 전에 반드시 출자이행절차를 거쳐야 한다.

㉣ 기관구성 : 인적회사에서는 정관에 의해 업무집행기관인 무한책임사원이 확정되므로 별도의 기관을 구성하는 절차가 필요없으나, 물적회사의 경우에는 소유와 경영이 분리되는 구조를 갖고 있으므로 별도의 기관구성절차가 반드시 필요하다.

③ 회사설립의 하자

㉠ 의의 : 회사설립의 하자란 회사가 설립절차를 거쳐 유효하게 설립되었으나 그 절차를 거치는 중 중대한 하자가 있었던 경우를 의미하는 것으로, 이는 회사설립의 무효와 취소의 원인이 된다.

㉡ 설립등기에 의한 치유 : 회사가 성립한 이후에는 주식을 인수한 자는 주식청약서의 요건의 흠결을 이유로 하여 그 인수의 무효를 주장하거나 사기, 강박 또는 착오를 이유로 하여 그 인수를 취소하지 못한다.

㉢ 하자의 경중에 따른 치유 : 회사설립절차에 하자가 있는 경우 그것이 경미한 하자인 경우에는 무효와 취소의 사유가 되지 않고, 중대한 사유가 있는 경우에만 일정기간 내에 소의 방법에 의하여 설립의 무효와 취소에 관한 소를 제기하여 이를 주장할 수 있다.

㉣ 사실상의 회사 : 회사의 설립절차에 하자가 있어 그 설립의 무효 · 취소에 관한 소가 제기되고 이에 대한 확정판결이 내려진 경우 그 판결의 효력은 장래에 관해서만 발생하기 때문에 회사설립 무효 · 취소의 판결이 확정되기 전까지 그 회사가 한 법률행위는 그대로 남아있어 이때의 회사를 사실상의 회사라고 하여 회사가 유효하게 성립한 경우와 동일하게 취급한다.

3 회사의 기구변경

① **조직변경** … 회사의 조직변경이란 회사가 그 법인격의 동일성을 유지하면서 다른 회사로 법률상의 조직을 변경하는 것을 말하는 것으로 동일성이 유지되지 않는 합병과 구별된다.

② 합병

㉠ 의의 : 상법의 규정에 의하여 2개 이상의 회사 중 일부 회사의 권리 · 의무가 청산절차를 거치지 않고 소멸하면서 존속하는 회사로 포괄적으로 이전하게 되는 것을 말한다. 합병의 경우, 소멸하는 회사의 권리 · 의무가 개별적으로 이전하는 것이 아니고 포괄적으로 이전한다는 것에 가장 큰 의의가 있다.

㉡ 종류

ⓐ 신설합병 : 합병하는 회사가 모두 소멸하고 새로운 회사가 신설되는 경우를 말한다.

ⓑ 흡수합병 : 여러 개의 회사 중 하나의 회사만 존속하고 나머지 회사는 모든 권리 · 의무를 존속회사에 포괄적으로 승계한 후 소멸하는 경우를 말한다.

ⓒ 간이합병 : 합병할 회사의 일방이 합병 또는 존속하는 경우에 합병으로 인하여 소멸하는 회사의 총주주의 동의가 있거나 그 회사의 발행주식총수의 100분의 90 이상을 합병 후 존속하는 회사가 소유하고 있는 때에는 합병으로 인하여 소멸하는 회사의 주주총회의 승인은 이를 이사회의 승인으로 갈음할 수 있는데 이를 간이합병이라고 한다.

ⓓ 소규모합병 : 합병 후 존속하는 회사가 합병으로 인하여 발행하는 신주 및 이전하는 자기주식의 총수가 그 회사의 발행주식총수의 100분의 10을 초과하지 아니하는 때에는 그 존속하는 회사의 주주총회의 승인은 이를 이사회의 승인으로 갈음할 수 있는데 이를 소규모합병이라고 한다.

③ 분할

㉠ 의의 : 1개의 회사가 2개 이상으로 나누어져 분할되는 회사의 권리와 의무가 분할 후의 회사에 포괄적으로 승계되는 것을 말한다.

㉡ 유형

ⓐ **단순분할** : 한 개의 회사가 단순히 분할되는 것을 말한다.

ⓑ **분할합병** : 한 개의 회사가 분할한 후 그 분할된 회사가 다른 회사와 합병하는 것을 말한다.

④ 주식의 포괄적 교환과 이전

㉠ **주식의 포괄적 교환** : 회사는 주식의 포괄적 교환에 의하여 다른 회사의 발행주식의 총수를 소유하는 완전모회사가 될 수 있는데, 주식의 포괄적 교환에 의하여 완전자회사가 되는 회사의 주주가 가지는 그 회사의 주식은 주식을 교환하는 날에 주식교환에 의하여 완전모회사가 되는 회사에 이전하고, 그 완전자회사가 되는 회사의 주주는 그 완전모회사가 되는 회사가 주식교환을 위하여 발행하는 신주의 배정을 받거나 그 회사 자기주식의 이전을 받음으로써 그 회사의 주주가 된다.

㉡ **주식의 포괄적 이전** : 회사는 주식의 포괄적 이전에 의하여 완전모회사를 설립하고 완전자회사가 될 수 있는데, 주식이전에 의하여 완전자회사가 되는 회사의 주주가 소유하는 그 회사의 주식은 주식이전에 의하여 설립하는 완전모회사에 이전하고, 그 완전자회사가 되는 회사의 주주는 그 완전모회사가 주식이전을 위하여 발행하는 주식의 배정을 받음으로써 그 완전모회사의 주주가 된다.

4 회사의 해산 등

① 해산

㉠ 의의 : 회사의 해산이란 회사의 법인격을 상실하게 하는 법률요건으로, 해산된 경우라도 청산의 목적범위 내에서는 그 권리능력이 소멸되지 않으며 모든 청산사무가 종결하는 때 회사는 회사로서의 법인격을 상실하게 된다.

㉡ 해산사유

ⓐ 존립기간의 만료, 기타 정관으로 정한 사유의 발생

ⓑ 총사원의 동의

ⓒ 사원이 1인으로 된 때

ⓓ 합병

ⓔ 파산

ⓕ 법원의 명령 또는 판결

② **청산**

㉠ 의의 : 회사가 해산된 이후에 재산관계와 회사의 법인격을 소멸시키는 절차를 말한다. 회사는 해산된 후에도 청산의 목적범위 내에서 존속하는 것이므로 그 목적범위 이외의 행위는 무효가 된다.

㉡ 청산인 : 청산인은 청산회사의 업무집행기관으로서, 회사가 해산된 때에는 총사원 과반수의 결의로 청산인을 선임하고, 청산인의 선임이 없는 때에는 업무집행사원이 청산인이 된다.

③ **휴면회사의 해산의제 · 청산의제**

㉠ 해산의제 : 법원행정처장이 최후의 등기 후 5년을 경과한 회사는 본점의 소재지를 관할하는 법원에 아직 영업을 폐지하지 아니하였다는 뜻의 신고를 할 것을 관보로써 공고한 경우에, 그 공고한 날에 이미 최후의 등기 후 5년을 경과한 회사로써 공고한 날로부터 2월 이내에 대통령령이 정하는 바에 의하여 신고를 하지 아니한 때에는 그 회사는 그 신고기간이 만료된 때에 해산한 것으로 본다.

㉡ 청산의제 : 휴면회사가 해산의제에 의하여 해산한 것으로 본 회사는 그 후 3년 이내에는 주주총회의 특별결의에 의하여 회사를 계속할 수 있고, 해산한 것으로 본 회사가 회사를 계속하지 아니한 경우에는 그 회사는 그 3년이 경과한 때에 청산이 종결된 것으로 본다.

④ **회사의 해산명령 및 해산판결**

㉠ 회사의 해산명령

ⓐ 법원은 다음의 사유가 있는 경우에는 이해관계인이나 검사의 청구에 의하여 또는 직권으로 회사의 해산을 명할 수 있다.

- 회사의 설립목적이 불법한 것인 때
- 회사가 정당한 사유 없이 설립 후 1년 내에 영업을 개시하지 아니하거나 1년 이상 영업을 휴지하는 때
- 이사 또는 회사의 업무를 집행하는 사원이 법령 또는 정관에 위반하여 회사의 존속을 허용할 수 없는 행위를 한 때

ⓑ 회사해산의 청구가 있는 때에는 법원은 해산을 명하기 전일지라도 이해관계인이나 검사의 청구에 의하여 또는 직권으로 관리인의 선임, 기타 회사재산의 보전에 필요한 처분을 할 수 있다.

ⓒ 이해관계인이 회사해산의 청구를 한 때에는 법원은 회사의 청구에 의하여 상당한 담보를 제공할 것을 명할 수 있는데, 회사가 담보제공을 청구하는 경우에는 이해관계인의 청구가 악의임을 소명하여야 한다.

㉡ 회사의 해산판결

ⓐ 다음의 경우에 부득이한 사유가 있는 때에는 발행주식의 총수의 100분의 10 이상에 해당하는 주식을 가진 주주는 회사의 해산을 법원에 청구할 수 있다.

- 회사의 업무가 현저한 정돈상태를 계속하여 회복할 수 없는 손해가 생긴 때 또는 생길 염려가 있는 때
- 회사재산의 관리 또는 처분의 현저한 실당으로 인하여 회사의 존립을 위태롭게 한 때

ⓑ 상법 제186조(전속관할)와 제191조(패소원고의 책임)의 규정은 해산의 청구에 준용한다.

⑤ **회사의 계속**

㉠ 의의 : 해산된 회사가 상법의 규정 등에 의하여 해산 전의 회사로 복귀하는 것을 말한다.

㉡ 회사계속의 사유

ⓐ 설립무효의 판결 또는 설립취소의 판결이 확정된 경우에 그 무효나 취소의 원인이 특정한 사원에 한한 것인 때에는 다른 사원 전원의 동의로써 회사를 계속할 수 있다.

ⓑ 존립기간의 만료, 기타 정관으로 정한 사유가 발생한 경우와 총사원의 동의가 있는 경우에는 사원의 전부 또는 일부의 동의로 회사를 계속할 수 있다.

ⓒ 회사가 존립기간의 만료, 기타 정관에 정한 사유의 발생 또는 주주총회의 결의에 의하여 해산한 경우에는 주주총회의 특별결의로 회사를 계속할 수 있다.

ⓓ 존립기간의 만료, 기타 정관으로 정한 사유의 발생 또는 사원총회의 결의로 인하여 회사가 해산한 경우에는 사원총회의 특별결의로써 회사를 계속할 수 있다.

5 합명회사와 합자회사

① **합명회사**

㉠ 의의 및 특징 : 합명회사는 2인 이상의 무한책임사원만으로 구성되며, 이들 무한책임사원은 업무집행을 담당하는 것은 물론이고 회사 채권자에 대하여 직접 · 연대 · 무한책임을 부담한다.

㉡ 설립 및 설립의 하자

ⓐ 설립 : 합명회사는 2인 이상의 무한책임사원이 정관을 공동으로 작성하고 본점소재지에서 설립함으로써 성립한다.

ⓑ 설립의 하자 : 회사의 설립의 무효는 그 사원에 한하여, 설립의 취소는 그 취소권 있는 자에 한하여 회사성립의 날로부터 2년 내에 소만으로 이를 주장할 수 있다.

② **합자회사**

㉠ 의의 및 특징 : 합자회사는 직접 · 연대 · 무한책임을 지는 무한책임사원과 자신의 출자가액의 범위에서만 회사에 대하여 책임을 지는 유한책임사원의 두 가지 종류의 사원으로 구성된다는 점이 특징이다. 합자회사는 합명회사의 조직에 유한책임사원을 추가한 것이므로 예외적인 규정이 없는 한 기본적으로 합명회사의 규정이 준용된다.

㉡ 설립 및 설립의 하자

ⓐ 설립 : 합자회사는 1인 이상의 유한책임사원과 1인 이상의 무한책임사원이 정관을 작성하고 등기를 함으로써 성립한다. 합자회사는 정관의 기재사항과 등기사항이 합명회사에 준용되나 각 사원이 무한책임사원인지 유한책임사원인지를 구별하여야 하는 점에 차이가 있다.

ⓑ 설립의 하자 : 설립의 하자의 경우에도 합명회사의 규정이 준용되므로 설립무효 · 취소의 소가 인정되며 회사의 계속 또한 인정된다.

6 주식회사의 설립

① **주식회사의 개념 및 특징** … 주식회사는 사원인 주주의 출자에 의하여 성립되며 주주들이 출자한 자본은 균일한 단위인 주식으로 분할된다. 주주는 자신이 인수한 주식의 인수가액 범위 내에서만 책임을 지고 그 외의 회사채무에 대하여는 아무런 책임도 지지 않는 유한책임을 부담하므로 주식회사의 특색은 자본·주식·주주의 유한책임이라고 할 수 있다.

② **설립방법** … 주식회사의 설립방법은 그 회사의 설립 시에 발행하는 주식인수방법에 따라서 발기설립과 모집설립으로 나뉘어진다.

㉠ 발기설립 : 발기설립은 발기인들만으로 주주를 구성하므로 발기인들이 주식인수와 대금납입을 하고 이사와 감사를 선임하며 선임된 이사와 감사는 발기인에게 설립경과를 조사한 것을 보고하고 설립등기를 함으로써 이루어진다.

㉡ 모집설립 : 모집설립은 주식의 일부는 발기인들이, 나머지는 주주를 모집하여 인수하게 되므로 주식이 모두 인수되면 주식의 대금을 납입하고 이들이 창립총회를 소집하여 이사와 감사를 선임한 후 선임된 이사와 감사가 창립총회에 설립경과를 조사한 것을 보고하고 설립등기를 함으로써 이루어진다.

③ **회사의 실체형성절차**

㉠ 정관작성

ⓐ 정관의 의의 : 정관이란 회사의 조직과 활동에 관하여 규정한 근본규칙을 말하는 것으로 발기인이 작성하고 이에 기명날인 또는 서명을 함으로써 완성된다.

ⓑ 정관의 절대적 기재사항 : 목적, 상호, 회사가 발행할 주식의 총수, 액면주식을 발생하는 경우 1주의 금액, 회사의 설립 시에 발행하는 주식의 총수, 본점의 소재지, 회사가 공고를 하는 방법, 발기인의 성명·주민등록번호 및 주소

㉡ 기관의 구성

ⓐ 발기설립 : 발기인의 의결권은 그 인수주식의 1주에 대하여 1개로 하는데, 출자이행 완료 후 발기인의 의결권의 과반수로써 이사와 감사가 선임되며 정관에 달리 정한 바가 없으면 선임된 이사와 감사들이 이사회를 열어 대표이사를 선임한다.

ⓑ 모집설립 : 출자이행 완료 후 발기인이 소집한 창립총회에서 이사와 감사를 선임하여야 하는데 창립총회의 결의는 출석한 주식인수인의 의결권의 3분의 2 이상이며 인수된 주식의 총수의 과반수에 해당하는 다수로 하여야 한다. 정관에 달리 정한 바가 없으면 창립총회에서 선임된 이사들도 이사회를 열어 대표이사를 선임하여야 한다.

④ 설립등기

㉠ **등기의 시기** : 주식회사의 설립등기는 발기인이 회사설립 시에 발행한 주식의 총수를 인수한 경우에는 검사인의 조사 · 보고와 법원의 변경처분절차가 종료한 날로부터, 발기인이 주주를 모집한 경우에는 창립총회가 종결한 날 또는 변태설립사항의 변경절차가 종료한 날로부터 2주간 내에 이를 하여야 한다.

㉡ **등기사항** : 설립등기에 있어서는 다음의 사항을 등기하여야 한다.

ⓐ 목적, 상호, 회사가 발행할 주식의 총수, 액면주식을 발행하는 경우 1주의 금액, 본점의 소재지, 회사가 공고를 하는 방법에 게기한 사항

ⓑ 자본금의 액

ⓒ 발행주식의 총수, 그 종류와 각종 주식의 내용과 수

ⓓ 주식의 양도에 관하여 이사회의 승인을 얻도록 정한 때에는 그 규정

ⓔ 주식매수선택권을 부여하도록 정한 때에는 그 규정

ⓕ 지점의 소재지

ⓖ 회사의 존립기간 또는 해산사유를 정한 때에는 그 기간 또는 사유

ⓗ 주주에게 배당할 이익으로 주식을 소각할 것을 정한 때에는 그 규정

ⓘ 전환주식을 발행하는 경우에는 주식을 다른 종류의 주식으로 전환할 수 있다는 뜻, 전환의 조건, 전환으로 인하여 발행할 주식의 내용, 전환을 청구할 수 있는 기간

ⓙ 사내이사, 사외이사, 그 밖에 상무에 종사하지 아니하는 이사, 감사 및 집행임원의 성명 및 주민등록번호

ⓚ 회사를 대표할 이사 또는 집행임원의 성명, 주민등록번호 및 주소

ⓛ 둘 이상의 대표이사 또는 대표집행임원이 공동으로 회사를 대표할 것을 정한 경우에는 그 규정

ⓜ 명의개서대리인을 둔 때에는 그 상호 및 본점소재지

ⓝ 감사위원회를 설치한 때에는 감사위원회 위원의 성명 및 주민등록번호

㉢ **등기의 효력** : 회사는 본점소재지에서 설립등기를 함으로써 회사로 성립하여 법인격을 취득하게 된다.

7 주주 및 주식

① 주주

㉠ **주주의 지위** : 주주의 지위는 법률상 지위이므로 법률에 유보조항이 없는 경우를 제외하고는 정관의 규정이나 기타 결의 등으로 제한할 수 없는 것이 원칙이다.

㉡ **주주의 권리**

ⓐ **자익권** : 주주가 회사로부터 이익배당청구, 주식의 양도, 명의개서의 청구 등의 경제적 이익이나 기타의 편익을 받는 것을 목적으로 하는 권리를 말한다.

ⓑ **공익권** : 공익권 중 주주가 보유하는 주식수에 관계없이 단독으로 행사할 수 있는 권리를 단독주주권이라고 하며, 주주가 회사의 발행주식총수의 일정한 비율 이상을 가지는 경우에만 행사할 수 있는 권리를 소수주주권이라고 한다.

㉢ 주주명부

ⓐ 의의 : 주주 및 주권에 관한 사항을 명확히 하기 위하여 상법 규정에 의하여 작성된 회사의 장부를 말한다.

ⓑ 주주명부의 기재사항 : 주주의 성명과 주소, 각 주주가 가진 주식의 종류와 그 수, 각 주주가 가진 주식의 주권을 발행한 때에는 그 주권의 번호, 각 주식의 취득년월일

② 주식

㉠ 의의 : 주식은 자본의 구성단위의 의미와 주주의 지위로서의 의미를 지닌다.

㉡ 주식양도

ⓐ 의의 : 주식의 양도란 법률행위에 의하여 주식을 이전하는 것을 말하며, 원칙적으로 주식은 타인에게 양도할 수 있으나, 주식을 양도하기 위해서는 정관이 정하는 바에 따라 이사회의 승인을 얻도록 할 수 있다. 이사회의 승인이 필요한 주식양도의 경우 승인을 받지 않고 주식을 양도하였다면 회사에 대하여 효력이 없다.

ⓑ 양도방법 : 주식의 양도에 있어서는 주권을 교부하여야 하며, 주권을 점유하고 있는 자는 적법한 소지인으로 추정된다. 다만 주권의 교부는 회사에 대한 대항요건이 아니므로 회사에 대항하기 위해서는 주주명부에 명의개서를 할 것이 요구된다.

ⓒ 주식매수선택권(stock option) : 회사는 정관이 정한 바에 따라 주주총회의 결의로 회사의 설립 · 경영과 기술혁신 등에 기여하거나 기여할 수 있는 회사의 이사, 잡행위원, 감사 또는 피용자에게 미리 정한 가액으로 신주를 인수하거나 자기의 주식을 매수할 수 있는 권리를 부여할 수 있다.

8 주식회사의 기관

① 주주총회

㉠ 의의 : 주주총회는 주주로 구성되며 회사의 기본적인 의사를 결정하는 필요상설기관이다.

㉡ 주주총회의 결의사항 : 이사 · 감사 · 청산인의 선임 및 해임, 검사인의 선임, 재무제표의 승인, 배당금 지급시기의 결정, 주식배당의 결정, 청산의 승인, 사후설립에 관한 결의, 발기인 · 이사 · 감사 · 청산인의 책임면제, 주주 이외의 자에 대한 전환사채 또는 신주인수권부사채의 발행, 정관변경 · 합병 · 분할 · 조직변경 · 자본의 감소 · 해산 등

㉢ 소집절차

ⓐ 소집권자 : 총회의 소집은 상법에 다른 규정이 있는 경우를 제외하고는 원칙적으로 이사회가 이를 결정한다. 다만 예외적으로 소수주주, 감사, 감사위원회, 법원의 명령에 의하여 소집되는 경우도 있다.

ⓑ 소집시기

- 정기총회는 매년 1회 일정한 시기에 이를 소집하여야 한다.
- 연 2회 이상의 결산기를 정한 회사는 매기에 총회를 소집하여야 한다.
- 임시총회는 필요 있는 경우에 수시 이를 소집한다.

ⓒ **소집지** : 총회는 정관에 다른 정함이 없으면 본점소재지 또는 이에 인접한 지에 소집하여야 한다.

ⓓ **소집의 통지 · 공고** : 주주총회를 소집할 때에는 주주총회일의 2주 전에 각 주주에게 서면으로 통지를 발송하거나 각 주주의 동의를 받아 전자문서로 통지를 발송하여야 한다. 다만, 그 통지가 주주명부상 주주의 주소에 계속 3년간 도달하지 아니한 경우에는 회사는 해당 주주에게 총회의 소집을 통지하지 아니할 수 있다. 이 경우 통지서에는 회의의 목적사항을 적어야 한다. 자본금 총액이 10억원 미만인 회사가 주주총회를 소집하는 경우에는 주주총회일의 10일 전에 각 주주에게 서면으로 통지를 발송하거나 각 주주의 동의를 받아 전자문서로 통지를 발송할 수 있다.

② 이사 · 이사회 · 대표이사

㉠ **이사** : 이사는 주식회사의 기관인 이사회의 구성원으로써 회사의 업무집행에 대한 의사를 결정하고 이사회를 통한 대표이사 등의 직무집행을 감독하는 권한을 가진다. 이사는 주주총회에서 선임되며 회사와 이사의 관계는 민법의 위임에 관한 규정이 준용된다.

㉡ **이사회**

ⓐ **의의** : 이사회는 회사의 업무집행에 관한 의사결정과 직무집행을 감독할 권한을 갖는 전체 이사로 구성되는 필요상설기관이다.

ⓑ **권한**

- 중요한 자산의 처분 및 양도, 대규모 재산의 차입, 지배인의 선임 또는 해임과 지점의 설치 · 이전 또는 폐지 등 회사의 업무집행은 이사회의 결의로 한다.
- 이사회는 이사의 직무의 집행을 감독한다.
- 이사는 대표이사로 하여금 다른 이사 또는 피용자의 업무에 관하여 이사회에 보고할 것을 요구할 수 있다.
- 이사는 3월에 1회 이상 업무의 집행상황을 이사회에 보고하여야 한다.

㉢ **대표이사** : 대표이사는 주주총회나 이사회에서 결의된 사항들을 집행하는 업무집행권과 대외적으로 회사를 대표하는 대표권을 가진다. 회사는 이사회의 결의로 회사를 대표할 이사를 선정하여야 하나 정관으로 주주총회에서 이를 선정할 것을 정할 수 있고, 수인의 대표이사가 공동으로 회사를 대표할 것을 정할 수도 있다.

TIP

집행임원제도

등기임원이 아니면서 이사회에서 결정한 사항을 실무에서 집행

③ 감사기관

㉠ **감사** : 감사는 주식회사의 내부에서 법인의 재산상태나 이사의 업무집행을 감사(監査)하는 필요상설의 기관으로 주주총회에서 선임한다. 감사의 임기는 취임 후 3년 내의 최종의 결산기에 관한 정기총회의 종결 시까지로 하며 업무와 회계감사권 및 이러한 감사권을 적절하게 행사할 수 있도록 하는 여러 가지 권한이 보충적으로 부여된다.

㉡ **감사위원회** : 회사는 정관이 정한 바에 따라 감사에 갈음하여 이사회 내 위원회로서 감사위원회를 설치할 수 있고, 감사위원회를 설치한 경우에는 감사를 둘 수 없다. 감사위원회는 3인 이상의 이사로 구성되며 그 권한은 감사의 권한과 같다.

상법상 상인에 관한 설명으로 옳지 않은 것은?

① 상인은 자기명의로 상행위를 하는 자를 말한다.
② 회사가 상행위를 영위하지 않는 경우 상인으로 보지 않는다.
③ 점포 기타 유사한 설비에 의하여 상인적 방법으로 영업을 하는 자는 상행위를 하지 아니하더라도 상인으로 본다.
④ 미성년자 또는 한정치산자가 법정대리인의 허락을 얻어 영업을 하는 때에는 등기를 하여야 한다.

★② 회사는 그 자체로 상인이다.
※ 상법상 상인이라고 하면, 자기명의로 상행위를 영업으로 하는 자(상법 제4조, 당연상인)이거나, 자기명의로 기타 유사한 설비에 의하여 상인적 방법으로 영업을 하는 자(제5조 제1항, 의제상인), 또는 회사(제5조 제2항)이어야 한다.

답 ②

2 보험법

1 보험의 개요

① 보험의 의의 및 종류

㉠ 의의 : 현실적으로 우연한 비슷한 종류의 사고를 당할 것을 대비하여 경제적인 위험성이 있는 다수의 사람들이 하나의 단체를 구성하여 미리 금전을 납부하고, 이렇게 형성된 공통준비재산에서 사고가 발생한 사람에게 일정 금액을 지급하는 방법으로 경제적 손실을 줄여주는 것을 목적으로 하는 제도를 말한다.

㉡ 종류
ⓐ 인보험 : 보험의 목적이 사람인 경우로 생명보험과 상해보험이 해당된다.
ⓑ 손해보험 : 보험의 목적이 물건인 경우로 화재보험, 운송보험, 책임보험, 해상보험 등이 해당된다.

② 보험계약

㉠ 의의 : 보험계약은 당사자 일방이 약정한 보험료를 지급하고 재산 또는 생명이나 신체에 불확정한 사고가 발생할 경우에 상대방이 일정한 보험금이나 그 밖의 급여를 지급할 것을 약정함으로써 효력이 생기는 계약을 말한다.

㉡ **보험계약의 성립** : 보험자가 보험계약자로부터 보험계약의 청약과 함께 보험료 상당액의 전부 또는 일부의 지급을 받은 때에는 다른 약정이 없으면 30일 내에 그 상대방에 대하여 낙부의 통지를 발송하여야 한다. 그러나 인보험계약의 피보험자가 신체검사를 받아야 하는 경우에는 그 기간은 신체검사를 받은 날부터 기산한다.

㉢ **보험계약의 특성** : 기술성 · 단체성 · 선의성 · 사회성 · 상대적 강행규정성

㉣ **보험계약의 관계자** : 보험계약의 관계자로는 보험자(또는 보험자의 보조자)와 보험계약자(또는 피보험자 및 보험수익자)가 있다.

ⓐ **보험자** : 보험계약의 당사자로서 보험사고의 발생 시 보험금을 지급할 의무가 있는 보험사업자를 말한다. 보험자는 영업상 보조자를 사용할 수 있으며 보험계약의 체결을 대리할 수 있는 체약대리권의 유무에 따라서 체약대리상과 중개대리상으로 구분된다.

ⓑ **보험계약자** : 보험계약을 체결하여 사고발생 시 보험금을 지급 받을 수 있는 보험가입자를 말한다. 보험계약자는 대리인을 통하여 계약을 체결할 수도 있으며 피보험이익의 주체로써 손해보험의 피보험자와 인보험의 보험수익자도 보험계약자 측의 관계자에 포함될 수 있다.

2 손해보험

① **개념** … 손해보험계약이란 보험자가 보험사고에 의하여 발생할 수 있는 피보험자의 재산상의 손해보상을 약정하고 보험계약자가 이에 대해 보험료를 지급할 것을 약정함으로써 효력이 생기는 보험계약이다.

② **목적** … 보험계약은 금전으로 산정할 수 있는 이익에 한하여 보험계약의 목적으로 할 수 있다.

③ **종류**

㉠ **화재보험** : 화재보험계약의 보험자는 화재로 인하여 생길 손해 및 화재의 소방 또는 손해의 감소에 필요한 조치로 인하여 생긴 손해를 보상할 책임이 있다.

ⓐ **화재보험증권 기재 사항**

- 건물을 보험의 목적으로 한 때에는 그 소재지, 구조와 용도
- 동산을 보험의 목적으로 한 때에는 그 존치한 장소의 상태와 용도
- 보험가액을 정한 때에는 그 가액

ⓑ **소방 등의 조치로 인한 손해의 보상** : 보험자는 화재의 소방 또는 손해의 감소에 필요한 조치로 인하여 생긴 손해를 보상할 책임이 있다.

㉡ **운송보험** : 운송보험계약의 보험자는 다른 약정이 없으면 운송인이 운송물을 수령한 때로부터 수하인에게 인도할 때까지 생길 손해를 보상할 책임이 있다.

㉢ **해상보험** : 해상보험계약의 보험자는 해상사업에 관한 사고로 인하여 생길 손해를 보상할 책임이 있다.

㉣ **책임보험** : 책임보험계약의 보험자는 피보험자가 보험기간 중의 사고로 인하여 제3자에게 배상할 책임을 진 경우에 이를 보상할 책임이 있다. 피보험자가 제3자의 청구를 방어하기 위하여 지출한 재판상 또는 재판외의 필요비용은 보험의 목적에 포함된 것으로 한다. 피보험자는 보험자에 대하여 그 비용의 선급을 청구할 수 있다.

㉤ **자동차보험** : 자동차보험계약의 보험자는 피보험자가 자동차를 소유, 사용 또는 관리하는 동안에 발생한 사고로 인하여 생긴 손해를 보상할 책임이 있다.

㉥ **보증보험** : 보증보험계약의 보험자는 보험계약자가 피보험자에게 계약상의 채무불이행 또는 법령상 의무불이행으로 입힌 손해를 보상할 책임이 있다.

3 인보험

① **개념** … 인보험계약이란 보험자가 보험사고에 의하여 발생할 수 있는 피보험자의 생명이나 신체에 관하여 보험금이나 그 밖의 급여를 지급할 것을 약정하고 보험계약자가 이에 대해 보험료를 지급할 것을 약정함으로써 효력이 생기는 보험계약이다.

② **목적** … 인보험의 목적은 사람의 생명이나 신체이다.

③ **종류**

㉠ **생명보험** : 생명보험계약의 보험자는 피보험자의 사망, 생존, 사망과 생존에 관한 보험사고가 발생할 경우에 약정한 보험금을 지급할 책임이 있다. 타인의 사망을 보험사고로 하는 보험계약에는 보험계약 체결 시 그 타인의 서면에 의한 동의를 얻어야 한다. 사망을 보험사고로 한 보험계약에는 사고가 보험계약자 또는 피보험자나 보험수익자의 중대한 과실로 인하여 발생한 경우에도 보험자는 보험금을 지급할 책임을 면하지 못한다.

㉡ **상해보험** : 상해보험계약의 보험자는 신체의 상해에 관한 보험사고가 생길 경우에 보험금이나 그 밖의 급여를 지급할 책임이 있다.

㉢ **질병보험** : 질병보험계약의 보험자는 피보험자의 질병에 관한 보험사고가 생길 경우에 보험금이나 그 밖의 급여를 지급할 책임이 있다.

④ **인보험증권 기재 사항**

㉠ 보험계약의 종류

㉡ 피보험자의 주소 · 성명 및 생년월일

㉢ 보험수익자를 정한 때에는 그 주소 · 성명 및 생년월일

출제예상문제

1 **다음은 상법 규정이다. 괄호 안에 들어갈 말로 옳은 것은?**

> 제87조(의의) 일정한 상인을 위하여 상업사용인이 아니면서 상시 그 영업부류에 속하는 거래의 대리 또는 중개를 영업으로 하는 자를 (　　)이라 한다.

① 운송인　　② 대리상
③ 중개인　　④ 운송주선인

Advice 상법상 상인의 분류

㉠ **익명조합**: 당사자의 일방이 상대방의 영업을 위하여 출자하고 상대방은 그 영업으로 인한 이익을 분배할 것을 약정함으로써 그 효력이 생김

㉡ **합자조합**: 조합의 업무집행자로서 조합의 채무에 대하여 무한책임을 지는 조합원과 출자가액을 한도로 하여 유한책임을 지는 조합원이 상호 출자하여 공동사업을 경영할 것을 약정함으로써 그 효력이 생김

㉢ **대리상**: 일정한 상인을 위하여 상업사용인이 아니면서 상시 그 영업부류에 속하는 거래의 대리 또는 중개를 영업으로 하는 자

㉣ **중개인**: 타인 간의 상행위의 중개를 영업으로 하는 자

㉤ **위탁매매인**: 자기명의로써 타인의 계산으로 물건 또는 유가증권의 매매를 영업으로 하는 자

㉥ **운송주선인**: 자기의 명의로 물건운송의 주선을 영업으로 하는 자

㉦ **운송인**: 육상 또는 호천, 항만에서 물건 또는 여객의 운송을 영업으로 하는 자

Answer 1.②

2 상법상 주식회사의 이사에 관한 설명으로 옳지 않은 것은?

① 이사는 주주총회에서 선임한다.

② 이사는 재무제표를 받은 날로부터 8주 내에 감사보고서를 감사에게 제출하여야 한다.

③ 이사는 법령과 정관의 규정에 따라 회사를 위하여 그 직무를 충실하게 수행하여야 한다.

④ 이사는 재임 중뿐만 아니라 퇴임 후에도 직무상 알게 된 회사의 영업상 비밀을 누설하여서는 아니 된다.

Advice 이사는 정기총회회일의 6주간 전에 재무제표 및 영업보고서 서류를 감사에게 제출하여야 한다〈상법 제447조의3〉. 감사는 재무제표 등의 서류를 받은 날부터 4주 내에 감사보고서를 이사에게 제출하여야 한다〈상법 제447조의4〉.

※ 상법상 이사의 의무

㉠ 이사의 충실의무 : 이사는 법령과 정관의 규정에 따라 회사를 위하여 그 직무를 충실하게 수행하여야 한다〈상법 제382조의3〉.

㉡ 이사의 비밀유지의무 : 이사는 재임 중 뿐만 아니라 퇴임 후에도 직무상 알게 된 회사의 영업상 비밀을 누설하여서는 아니 된다〈상법 제382조의4〉.

3 주식회사의 설립에 관한 설명으로 맞는 것은?

① 설립 시에는 발기인에 한해서 현물출자를 할 수 있다.

② 주식회사는 설립등기가 종료한 때에 법인격을 취득한다.

③ 발기인이 받은 특별이익은 양도에 관하여 주식과 분리하여 양도할 수 없다.

④ 모집설립 시에 발기인은 법원의 허가를 얻지 아니하고 납입은행을 변경할 수 있다.

Advice ① '현물출자는 발기인에 한하여 이를 할 수 있다'는 상법 제294조가 삭제되었다.

③ 특별이익은 잔여재산분배, 이익배당, 신주인수에 대한 우선권 등으로 주식과 분리하여 양도할 수 있다.

④ 발기인은 법원의 허가를 얻지 아니하고 납입은행을 변경할 수 없다.

Answer 2.② 3.②

4 다음 중 손해보험에 해당하지 않는 것은?

① 화재보험 ② 보증보험
③ 자동차보험 ④ 의료보험

Advice ① 화재로 인하여 생길 재산상의 손해를 보상하는 것을 목적으로 한다.
② 보험계약자가 계약상 채무불이행 또는 법령상 의무불이행으로 입힌 손해를 변상할 것을 목적으로 한다.
③ 자동차를 소유, 사용 또는 관리하는 동안에 발생한 사고로 인하여 생긴 손해를 보상하는 것을 목적으로 한다.
※ 손해보험의 종류 … 화재보험, 운송보험, 해상보험, 책임보험, 자동차보험, 보증보험

5 상법상 회사에 대한 설명으로 옳지 않은 것은?

① 주식회사에는 유한책임사원과 무한책임사원이 있다.
② 회사의 종류는 합명회사, 합자회사, 주식회사 및 유한회사, 유한책임회사가 있다.
③ 회사라 함은 상행위, 기타 영리를 목적으로 하여 설립한 사단법인을 의미한다.
④ 회사는 본점소재지에서 설립등기를 함으로써 성립한다.

Advice 유한책임사원과 무한책임사원으로 사원의 지위가 나뉘어져 있는 회사는 합자회사이다. 주식회사의 경우에는 주주인 사원이 인수한 금액을 한도로만 회사에 대하여 책임을 지는 유한책임사원으로만 구성되어 있다.

6 다음 중 보험계약자의 의무로 볼 수 있는 것은?

① 보험증권교부의무 ② 고지의무
③ 이익배당의무 ④ 보험료반환의무

Advice 고지의무는 보험계약자 또는 피보험자의 의무이고 보험증권교부의무와 보험료반환의무는 보험자의 의무이다.

Answer 4.④ 5.① 6.②

7 회사의 합병에 대한 설명으로 옳지 않은 것은?

① 회사는 합병을 할 수 있다.
② 합병을 하는 회사의 일방 또는 쌍방이 주식회사 또는 유한회사인 때에는 합병 후 존속하는 회사 또는 합병으로 인하여 설립되는 회사는 주식회사 또는 유한회사이어야 한다.
③ 해산후의 회사는 존립 중의 회사를 존속하는 회사로 하는 경우에 한하여 합병을 할 수 있다.
④ 합병의 종류에는 신설합병, 흡수합병, 간이합병이 있다.

Advice 합병의 종류 … 신설합병, 흡수합병, 간이합병, 소규모합병

8 회사설립에 관하여 우리나라가 채택하고 있는 입법주의는?

① 자유설립주의
② 준칙주의
③ 인가주의
④ 허가주의

Advice 준칙주의란 회사의 설립이 일정하게 요건을 정해놓은 준칙에 근거한 경우에는 회사의 설립을 인정하는 입법주의로 우리나라 상법은 준칙주의를 채택하고 있다.

9 주식회사에 관한 다음 설명 중 옳지 않은 것은?

① 상법상 주식은 원칙적으로 타인에게 이를 양도할 수 있다.
② 주주는 그가 가지는 주식의 수에 비례하여 회사에 대하여 평등한 권리 · 의무를 갖는다.
③ 주식은 자본의 균등한 구성단위로서의 뜻뿐만 아니라 사원으로서의 지위라는 뜻을 가지고 있다.
④ 회사는 자기의 계산으로 자기의 주식을 취득할 수 없다.

Advice 상법 제341조 … 회사는 다음의 방법에 따라 자기의 명의와 계산으로 자기의 주식을 취득할 수 있다. 다만, 그 취득가액의 총액은 직전 결산기의 대차대조표상의 순자산액에서 제462조 제1항 각 호의 금액을 뺀 금액을 초과하지 못한다.

㉠ 거래소에서 시세(時勢)가 있는 주식의 경우에는 거래소에서 취득하는 방법
㉡ 주식의 상환에 관한 종류주식의 경우 외에 각 주주가 가진 주식 수에 따라 균등한 조건으로 취득하는 것으로서 대통령령으로 정하는 방법

 7.④ 8.② 9.④

10 회사의 권리능력에 관한 설명으로 잘못된 것은?

① 회사는 유증을 받을 수 있다.
② 회사는 상표권을 취득할 수 있다.
③ 회사는 다른 회사의 무한책임사원이 될 수 있다.
④ 회사는 명예권과 같은 인격권의 주체가 될 수 있다.

Advice 회사는 다른 회사의 무한책임사원이 되지 못한다〈상법 제173조〉.

11 다음 중 주식회사에 관한 내용으로 옳지 않은 것은?

① 출자한도 내에서 책임을 진다.
② 주식보유수에 따라 평등한 대우를 한다.
③ 주식수에 따른 의결권 행사로 소주주 보호에 약점이 있다.
④ 필요적 기관에는 주주총회, 이사가 있다.

Advice 필요적 기관에는 주주총회, 이사, 이사회, 감사 등이 있다.

12 다음 중 합명회사에 관한 설명으로 옳지 않은 것은?

① 합명회사의 설립에는 2인 이상의 사원이 공동으로 정관을 작성하여야 한다.
② 합명회사는 무한책임사원과 유한책임사원으로 구성된다.
③ 정관의 절대적 기재사항 중에는 본점소재지가 있다.
④ 회사 설립의 무효는 그 사원에 한하여, 설립의 취소는 그 취소권 있는 자에 한하여 회사 성립의 날로부터 2년 내에 소만으로 이를 주장할 수 있다.

Advice 합명회사는 무한책임사원만으로 구성되며 무한책임사원과 유한책임사원으로 구성되는 회사는 합자회사이다.

Answer 10.③ 11.④ 12.②

13 다음 주식회사와 관련된 내용 중 옳지 않은 것은?

① 회사는 정관으로 정하는 바에 따라 발행된 무액면 주식을 액면주식으로 전환할 수 있다.
② 회사는 정관으로 정한 경우 주식을 전부 무액면주식으로 발행할 수 있다.
③ 주식의 금액은 균일하여야 한다.
④ 1주의 금액은 1,000원 이상으로 하여야 한다.

Advice 자본금의 구성〈상법 제329조〉
㉠ 회사는 정관으로 정한 경우에는 주식의 전부를 무액면주식으로 발행할 수 있다. 다만, 무액면주식을 발행하는 경우에는 액면주식을 발행할 수 없다.
㉡ 액면주식의 금액은 균일하여야 한다.
㉢ 액면주식 1주의 금액은 100원 이상으로 하여야 한다.
㉣ 회사는 정관으로 정하는 바에 따라 발행된 액면주식을 무액면주식으로 전환하거나 무액면주식을 액면주식으로 전환할 수 있다.

14 다음 중 법원이 이해관계인이나 검사의 청구에 의하여 또는 직권으로 회사의 해산을 명할 수 있는 경우가 아닌 것은?

① 회사의 설립목적이 불법한 것인 때
② 회사가 정당한 사유 없이 설립 후 1년 내에 영업을 개시하지 않은 때
③ 회사가 정당한 사유 없이 설립 후 6개월 이상 영업을 휴지하는 때
④ 이사 또는 회사의 업무를 집행하는 사원이 법령 또는 정관에 위반하여 회사의 존속을 허용할 수 없는 행위를 한 때

Advice 회사의 해산명령〈상법 제176조〉… 다음의 사유가 있는 경우에는 이해관계인이나 검사의 청구에 의하여 또는 직권으로 회사의 해산을 명할 수 있다.
㉠ 회사의 설립목적이 불법한 것인 때
㉡ 회사가 정당한 사유 없이 설립 후 1년 내에 영업을 개시하지 아니하거나 1년 이상 영업을 휴지하는 때
㉢ 이사 또는 회사의 업무를 집행하는 사원이 법령 또는 정관에 위반하여 회사의 존속을 허용할 수 없는 행위를 한 때

Answer 13.④ 14.③

15 주식회사의 기관에 관한 설명으로 옳지 않은 것은?

① 주식회사의 기관에는 주주총회, 이사, 감사기관 등이 있다.
② 이사회는 회사의 업무집행에 관한 의사결정과 직무집행을 감독할 권한을 갖는 전체 이사로 구성되는 필요상설기관이다.
③ 감사는 이사회에서 선임한다.
④ 주주총회의 소집은 상법에 다른 규정이 있는 경우를 제외하고는 원칙적으로 이사회가 이를 결정한다.

Advice 감사는 주주총회에서 선임한다〈상법 제409조〉

16 회사의 해산사유에 해당하지 않는 것은?

① 사원 과반수의 동의
② 사원이 1인으로 된 때
③ 합병
④ 파산

Advice 해산원인〈상법 제227조〉
㉠ 존립기간의 만료, 기타 정관으로 정한 사유의 발생
㉡ 총사원의 동의
㉢ 사원이 1인으로 된 때
㉣ 합병
㉤ 파산
㉥ 법원의 명령 또는 판결

17 상법에서 정하는 회사의 종류에 해당하지 않는 것은?

① 유한회사
② 합병회사
③ 주식회사
④ 합자회사

Advice 상법상 회사의 종류 … 합명회사, 합자회사, 주식회사, 유한회사, 유한책임회사

Answer 15.③ 16.① 17.②

06 사회법 일반

1 노동법

1 노동법의 개요

① **노동법의 의의**

㉠ 노동 없이는 생활을 영위하기 힘든 자본주의 경제질서하에서는 근로자가 생산에 필요한 노동력을 제공하고 사용자가 그 노동력에 대한 대가인 임금을 지급함으로써 경제활동이 이루어진다.

㉡ 사용자와 노동자와의 불평등한 관계 속에서 노동자의 권리와 의무 그리고 평등권과 생존권을 보장하기 위하여 생성·발전한 법 영역이다.

② **노동법의 특징** … 노동법은 민법·형법 등과 같은 성문법의 형식으로 되어 있는 것이 아니고, 행정법과 같은 다수의 성문법들이 모여져 있는 법률을 총칭한다.

③ **우리나라 노동법의 체계**

㉠ **근로기준법** : 헌법에 따라 근로조건의 기준을 정함으로써 근로자의 기본적 생활을 보장·향상시키며 균형 있는 국민경제의 발전을 꾀하는 것을 목적으로 한다.

㉡ **노동조합 및 노동관계조정법** : 헌법에 의한 근로자의 단결권·단체교섭권 및 단체행동권을 보장하여 근로조건의 유지·개선과 근로자의 경제적·사회적 지위의 향상을 도모하고, 노동관계를 공정하게 조정하여 노동쟁의를 예방·해결함으로써 산업평화의 유지와 국민경제의 발전에 이바지함을 목적으로 한다.

㉢ **노동위원회법** : 노동관계에 관한 판정 및 조정업무를 신속·공정하게 수행하기 위하여 노동위원회를 설치하고 그 운영에 관한 사항을 규정함으로써 노동관계의 안정과 발전에 이바지함을 목적으로 한다.

㉣ **근로자참여 및 협력증진에 관한 법률** : 근로자와 사용자 쌍방이 참여와 협력을 통하여 노사공동의 이익을 증진함으로써 산업평화를 도모하고 국민경제발전에 이바지함을 목적으로 한다.

㉤ **최저임금법** : 근로자에 대하여 임금의 최저수준을 보장하여 근로자의 생활안정과 노동력의 질적 향상을 기함으로써 국민경제의 건전한 발전에 이바지하는 것을 목적으로 한다.

ⓗ **산업안전보건법** : 산업안전 · 보건에 관한 기준을 확립하고 그 책임의 소재를 명확하게 하여 산업재해를 예방하고 쾌적한 작업환경을 조성함으로써 근로자의 안전과 보건을 유지 · 증진함을 목적으로 한다.

ⓢ **산업재해보상보험법** : 산업재해보상보험 사업을 시행하여 근로자의 업무상의 재해를 신속하고 공정하게 보상하며, 재해근로자의 재활 및 사회복귀를 촉진하기 위하여 이에 필요한 보험시설을 설치 · 운영하고, 재해예방과 그 밖에 근로자의 복지증진을 위한 사업을 시행하여 근로자 보호에 이바지하는 것을 목적으로 한다.

ⓞ **남녀고용평등과 일 · 가정 · 양립 지원에 관한 법률** : 헌법의 평등이념에 따라 고용에서 남녀의 평등한 기회와 대우를 보장하고 모성 보호와 여성 고용을 촉진하여 남녀고용평등을 실현함과 아울러 근로자의 일과 가정의 양립을 지원함으로써 모든 국민의 삶의 질 향상에 이바지하는 것을 목적으로 한다.

④ 근로3권

㉠ **의의** : 근로자들이 그들의 인간다운 생활을 확보하기 위한 구체적인 방법으로 근로조건의 향상을 위하여 자유로이 단결하고 단체의 이름으로 교섭하며, 그 교섭이 원만하게 이루어지지 아니할 경우에 단체행동을 할 수 있는 권리를 말한다.

㉡ 근로3권의 주체

ⓐ 근로3권의 주체는 사용자를 제외한 근로자로, '근로자'는 직업의 종류를 불문하고 임금, 급료, 기타 이에 준하는 수입에 의하여 생활하는 자이다. 따라서 육체근로자, 정신근로자 또는 민간근로자, 공공기업체의 직원, 공무원 등 자신의 노동력을 제공함으로써 얻는 대가인 임금 · 급료 등의 수입에 의하여 생활하는 모든 자가 포함된다.

ⓑ 현행 공무원 관계 법률은 공무원에 대하여 원칙적으로 노동운동을 위한 집단행위를 금지하고 있다. 다만, 권리의 성질상 단순한 노무를 제공하는 공무원인 근로자에게만 근로3권을 인정한다. 그리고 하위직 공무원에게 협의회제도는 허용하고 있다.

㉢ 근로3권의 내용

ⓐ 단결권

- 단결권은 근로조건의 유지 · 개선을 목적으로 사용자와 대등한 교섭력을 가지기 위하여 단체를 결성할 권리를 말한다.
- 근로자의 단결권은 근로자가 노동조합 및 쟁의단체를 조직할 수 있는 자유, 노동조합 및 쟁의단체에의 가입 · 탈퇴의 자유, 노동조합 및 쟁의단체와 무관할 수 있는 소극적인 단결권을 그 내용으로 한다.
- 근로자는 단체를 결성하거나 이에 가입함에 있어서 국가나 사용자의 부당한 개입이나 간섭을 받지 아니한다.
- 국가나 근로자의 단결권을 침해한 경우 불법행위로 인한 배상책임을 진다.

ⓑ 단체교섭권

- 근로자가 단결권을 행사하여 사용자와 노동조건 등에 관하여 자주적으로 교섭하는 권리이다. 근로자의 단결의 힘에 의하여 근로자의 입장은 사용자의 그것과 본질적으로 대등하게 된다. 단체교섭의 결과인 단체협약은 국가의 보호를 받는다.
- 사용자는 노동조합에 대하여 정당한 이유가 없는 한 교섭에 응할 의무가 있고 노동조합은 교섭에 응하라고 요구할 권리가 있다.
- 단체교섭에 있어서 근로자측의 주체는 노동조합이고 사용자측의 당사자는 사용자이다.

ⓒ 단체행동권

- 노동쟁의가 발생한 경우에 쟁의행위를 할 수 있는 권리이다. '노동쟁의'는 노동조합과 사용자 또는 사용자단체 간에 임금, 근로시간, 복지, 해고, 기타 대우 등 근로조건의 결정에 관한 주장의 불일치로 인한 분쟁상태를 말한다.
- 주체는 1차로는 근로자 개인과 노동조합 자체이다.
- 근로자측의 쟁의행위에는 파업(strike), 태업(sabotage), 불매운동(boycott), 감시행위(picketting), 생산관리 등이 있다. 사용자측의 쟁의행위에는 직장폐쇄(lock out)가 있다.
- 헌법상 단체행동권의 보장은 국가권력에 대한 관계에서 채무불이행 또는 불법행위를 이유로 민사상 책임을 발생 시키지 아니한다. 또한 단체행동에 참가하지 아니하였음을 이유로 근로자는 해고나 그 밖의 불리한 처우를 받지 아니한다.

㉣ **효력** : 근로3권이 제3자적 효력을 갖는가에 대해서 학설대립이 있으나, 다수설은 이는 사용자 대 근로자라고 하는 차원에서 사인 간에도 직접 적용되는 현실적 · 구체적인 권리라고 한다.

2 근로기준법

① 근로기준법의 기본원칙

㉠ **근로조건의 결정의 원칙** : 근로조건은 근로자와 사용자가 동등한 지위에서 자유의사에 따라 결정하여야 한다.

㉡ **근로조건의 준수의 원칙** : 근로자와 사용자는 각자가 단체협약, 취업규칙과 근로계약을 지키고 성실하게 이행할 의무가 있다.

㉢ **균등한 처우의 원칙** : 사용자는 근로자에 대하여 남녀의 성을 이유로 차별적 대우를 하지 못하고, 국적 · 신앙 또는 사회적 신분을 이유로 근로조건에 대한 차별적 처우를 하지 못한다.

㉣ **강제 근로의 금지원칙** : 사용자는 폭행, 협박, 감금, 그 밖에 정신상 또는 신체상의 자유를 부당하게 구속하는 수단으로써 근로자의 자유의사에 어긋나는 근로를 강요하지 못한다.

㉤ **폭행의 금지원칙** : 사용자는 사고의 발생이나 그 밖의 어떠한 이유로도 근로자에게 폭행을 하지 못한다.

㉥ **중간착취의 배제원칙** : 누구든지 법률에 따르지 아니하고는 영리로 다른 사람의 취업에 개입하거나 중간인으로서 이익을 취득하지 못한다.

㉦ **공민권 행사 보장의 원칙** : 사용자는 근로자가 근로시간 중에 선거권, 그 밖의 공민권 행사 또는 공공의 직무를 집행하기 위하여 필요한 시간을 청구하면 거부하지 못한다. 다만, 그 권리 행사나 공공의 직무를 수행하는 데에 지장이 없으면 청구한 시간을 변경할 수 있다.

② 용어의 정의

㉠ **근로자** : 직업의 종류와 관계없이 임금을 목적으로 사업이나 사업장에 근로를 제공하는 자를 말한다.

㉡ **사용자** : 사업주 또는 사업 경영 담당자, 그 밖에 근로자에 관한 사항에 대하여 사업주를 위하여 행위하는 자를 말한다.

㉢ **근로** : 정신노동과 육체노동을 말한다.

㉣ **근로계약** : 근로자가 사용자에게 근로를 제공하고 사용자는 이에 대하여 임금을 지급하는 것을 목적으로 체결된 계약을 말한다.

㉤ **임금** : 사용자가 근로의 대가로 근로자에게 임금, 봉급, 그 밖에 어떠한 명칭으로든지 지급하는 일체의 금품을 말한다.

㉥ **평균임금** : 이를 산정하여야 할 사유가 발생한 날 이전 3개월 동안에 그 근로자에게 지급된 임금의 총액을 그 기간의 총일수로 나눈 금액을 말한다. 근로자가 취업한 후 3개월 미만인 경우도 이에 준한다.

㉦ **소정근로시간** : 근로시간의 범위에서 근로자와 사용자 사이에 정한 근로시간을 말한다.

㉧ **단시간근로자** : 1주 동안의 소정근로시간이 그 사업장에서 같은 종류의 업무에 종사하는 통상 근로자의 1주 동안의 소정근로시간에 비하여 짧은 근로자를 말한다.

③ 근로기준법의 적용범위

㉠ 근로기준법은 상시 5명 이상의 근로자를 사용하는 모든 사업 또는 사업장에 적용한다.

㉡ 동거하는 친족만을 사용하는 사업 또는 사업장과 가사사용인에 대하여는 근로기준법을 적용하지 아니한다.

㉢ 상시 4명 이하의 근로자를 사용하는 사업 또는 사업장에 대하여는 대통령령으로 정하는 바에 따라 이 법의 일부 규정만을 적용할 수 있다.

㉣ 이 법을 적용하는 경우에 상시 사용하는 근로자 수를 산정하는 방법은 대통령령으로 정한다.

㉤ 근로기준법과 근로기준법 시행령은 국가, 특별시 · 광역시 · 도, 시 · 군 · 구, 읍 · 면 · 동, 그 밖에 이에 준하는 것에 대하여도 적용된다.

④ 근로계약

㉠ **근로기준법을 위반한 근로계약** : 이 법에서 정하는 기준에 미치지 못하는 근로조건을 정한 근로계약은 그 부분에 한하여 무효로 한다.

㉡ **근로조건의 명시**

ⓐ 사용자는 근로계약을 체결할 때에 근로자에게 다음의 사항을 명시하여야 한다. 근로계약체결 후 다음의 사항을 변경하는 경우에도 또한 같다.

- 임금
- 소정근로시간
- 휴일
- 연차 유급휴가
- 그 밖에 대통령령으로 정하는 근로조건

ⓑ 사용자는 임금과 관련한 임금의 구성항목 · 계산방법 · 지급방법 및 소정근로시간, 휴일, 연차 유급휴가까지의 사항이 명시된 서면을 근로자에게 교부하여야 한다. 다만, 본문에 따른 사항이 단체협약 또는 취업규칙의 변경 등 대통령령으로 정하는 사유로 인하여 변경되는 경우에는 근로자의 요구가 있으면 그 근로자에게 교부하여야 한다.

㉢ **단시간근로자의 근로조건** : 단시간근로자의 근로조건은 그 사업장의 같은 종류의 업무에 종사하는 통상 근로자의 근로시간을 기준으로 산정한 비율에 따라 결정되어야 한다.

㉣ **근로조건의 위반**

ⓐ 명시된 근로조건이 사실과 다를 경우에 근로자는 근로조건 위반을 이유로 손해의 배상을 청구할 수 있으며 즉시 근로계약을 해제할 수 있다.

ⓑ 근로자가 손해배상을 청구할 경우에는 노동위원회에 신청할 수 있으며, 근로계약이 해제되었을 경우에는 사용자는 취업을 목적으로 거주를 변경하는 근로자에게 귀향 여비를 지급하여야 한다.

㉤ **위약 예정의 금지** : 사용자는 근로계약 불이행에 대한 위약금 또는 손해배상액을 예정하는 계약을 체결하지 못한다.

㉥ **해고 등의 제한**

ⓐ 사용자는 근로자에게 정당한 이유 없이 해고, 휴직, 정직, 전직, 감봉, 그 밖의 징벌을 하지 못한다.

ⓑ 사용자는 근로자가 업무상 부상 또는 질병의 요양을 위하여 휴업한 기간과 그 후 30일 동안 또는 산전 · 산후의 여성이 근로기준법에 따라 휴업한 기간과 그 후 30일 동안은 해고하지 못한다. 다만, 사용자가 일시보상을 하였을 경우 또는 사업을 계속할 수 없게 된 경우는 제외한다.

㉦ **경영상 이유에 의한 해고의 제한**

ⓐ 사용자가 경영상 이유에 의하여 근로자를 해고하려면 긴박한 경영상의 필요가 있어야 한다. 이 경우 경영 악화를 방지하기 위한 사업의 양도 · 인수 · 합병은 긴박한 경영상의 필요가 있는 것으로 본다.

ⓑ 사용자는 해고를 피하기 위한 노력을 다하여야 하며, 합리적이고 공정한 해고의 기준을 정하고 이에 따라 그 대상자를 선정하여야 한다. 이 경우 남녀의 성을 이유로 차별하여서는 아니 된다.

ⓒ 사용자는 해고를 피하기 위한 방법과 해고의 기준 등에 관하여 그 사업 또는 사업장에 근로자의 과반수로 조직된 노동조합이 있는 경우에는 그 노동조합에 해고를 하려는 날의 50일 전까지 통보하고 성실하게 협의하여야 한다.

ⓓ 사용자는 대통령령으로 정하는 일정한 규모 이상의 해고하려면 대통령령으로 정하는 바에 따라 고용노동부장관에게 신고하여야 한다.

ⓞ **해고의 예고** : 사용자는 근로자를 해고(경영상 이유에 의한 해고를 포함)하려면 적어도 30일 전에 예고를 하여야 하고, 30일 전에 예고를 하지 아니하였을 때에는 30일분 이상의 통상임금을 지급하여야 한다. 다만, 천재·사변, 그 밖의 부득이한 사유로 사업을 계속하는 것이 불가능한 경우 또는 근로자가 고의로 사업에 막대한 지장을 초래하거나 재산상 손해를 끼친 경우로서 고용노동부령으로 정하는 사유에 해당하는 경우에는 그러하지 아니한다.

⑤ 근로시간과 휴식

㉠ **근로시간** : 1주간의 근로시간은 휴게시간을 제외하고 40시간을 초과할 수 없으며, 1일의 근로시간은 휴게시간을 제외하고 8시간을 초과할 수 없다.

㉡ **탄력적 근로시간제**

ⓐ 사용자는 취업규칙에서 정하는 바에 따라 2주 이내의 일정한 단위기간을 평균하여 1주간의 근로시간이 40시간을 초과하지 아니하는 범위에서 특정한 주에 40시간의 근로시간을, 특정한 날에 8시간의 근로시간을 초과하여 근로하게 할 수 있다. 다만, 특정한 주의 근로시간은 48시간을 초과할 수 없다.

ⓑ 사용자는 근로자대표와의 서면합의에 따라 다음의 사항을 정하면 3개월 이내의 단위기간을 평균하여 1주간의 근로시간이 40시간의 근로시간을 초과하지 아니하는 범위에서 특정한 주에 40시간의 근로시간을, 특정한 날에 8시간의 근로시간을 초과하여 근로하게 할 수 있다. 다만, 특정한 주의 근로시간은 52시간을, 특정한 날의 근로시간은 12시간을 초과할 수 없다.

- 대상 근로자의 범위
- 단위기간(3개월 이내의 일정한 기간으로 정하여야 함)
- 단위기간의 근로일과 그 근로일별 근로시간
- 그 밖에 대통령령으로 정하는 사항

ⓒ ⓐ와 ⓑ의 규정은 15세 이상 18세 미만의 근로자와 임신 중인 여성 근로자에 대하여는 적용하지 아니한다.

ⓓ 사용자는 ⓐ와 ⓑ에 따라 근로자를 근로시킬 경우에는 기존의 임금 수준이 낮아지지 않도록 임금보전방안을 강구하여야 한다.

㉢ **연장 근로의 제한**

ⓐ 당사자 간에 합의하면 1주간에 12시간을 한도로 근로시간을 연장할 수 있다.

ⓑ 당사자 간에 합의하면 1주간에 12시간을 한도로 탄력적 근로시간을 연장할 수 있고, 정산기간을 평균하여 1주간에 12시간을 초과하지 아니하는 범위에서 선택적 근로시간을 연장할 수 있다.

ⓒ 사용자는 특별한 사정이 있으면 고용노동부장관의 인가와 근로자의 동의를 받아 ⓐ와 ⓑ의 근로시간을 연장할 수 있다. 다만, 사태가 급박하여 고용노동부장관의 인가를 받을 시간이 없는 경우에는 사후에 지체 없이 승인을 받아야 한다.

ⓓ 고용노동부장관은 ⓒ에 따른 근로자의 연장이 부적당하다고 인정하면 그 후 연장 시간에 상당하는 휴게시간이나 휴일을 줄 것을 명할 수 있다.

⑥ 여성과 소년

㉠ 최저 연령

ⓐ 15세 미만인 자(초 · 중등교육법에 따른 중학교에 재학 중인 18세 미만인 자를 포함)는 근로자로 사용하지 못한다. 다만, 대통령령으로 정하는 기준에 따라 고용노동부장관이 발급한 취직인허증을 지닌 자는 근로자로 사용할 수 있다.

ⓑ ⓐ의 취직인허증은 본인의 신청에 따라 의무교육에 지장이 없는 경우에는 직종(職種)을 지정하여서만 발행할 수 있다.

ⓒ 고용노동부장관은 거짓이나 그 밖의 부정한 방법으로 ⓐ의 단서의 취직인허증을 발급 받은 자에게는 그 인허를 취소하여야 한다.

㉡ 사용 금지

ⓐ 사용자는 임신 중이거나 산후 1년이 지나지 아니한 여성과 18세 미만자를 도덕상 또는 보건상 유해 · 위험한 사업에 사용하지 못한다.

ⓑ 사용자는 임산부가 아닌 18세 이상의 여성을 보건상 유해 · 위험한 사업 중 임신 또는 출산에 관한 기능에 유해 · 위험한 사업에 사용하지 못한다.

㉢ 근로계약

ⓐ 친권자나 후견인은 미성년자의 근로계약을 대리할 수 없다.

ⓑ 친권자, 후견인 또는 고용노동부장관은 근로계약이 미성년자에게 불리하다고 인정하는 경우에는 이를 해지할 수 있다.

ⓒ 사용자는 18세 미만인 자와 근로계약을 체결하는 경우에는 근로조건을 서면으로 명시하여 교부하여야 한다.

㉣ 임금의 청구 : 미성년자는 독자적으로 임금을 청구할 수 있다.

㉤ 임산부의 보호

ⓐ 사용자는 임신 중의 여성에게 출산 전과 출산 후를 통하여 90일(한 번에 둘 이상 자녀를 임신한 경우 120일)의 출산전후 휴가를 주어야 한다. 이 경우 휴가 기간의 배정은 출산 후에 45일(한 번에 둘 이상 자녀를 임신한 경우 60일) 이상이 되어야 한다.

ⓑ 사용자는 임신 중인 여성 근로자가 유산의 경험 등 대통령령으로 정하는 사유로 휴가를 청구하는 경우 출산 전 어느 때라도 휴가를 나누어 사용할 수 있도록 하여야 한다. 이 경우 출산 후의 휴가 기간은 연속하여 45일(한 번에 둘 이상 자녀를 임신한 경우에는 60일) 이상이 되어야 한다.

ⓒ 사용자는 임신 중인 여성이 유산 또는 사산한 경우로서 그 근로자가 청구하면 대통령령으로 정하는 바에 따라 유산 · 사산 휴가를 주어야 한다. 다만, 인공 임신중절 수술(모자보건법 제14조 제1항에 따른 경우는 제외)에 따른 유산의 경우는 그러하지 아니하다.

TIP

인공임신중절수술의 허용한계〈모자보건법 제14조 제1항〉

의사는 다음의 어느 하나에 해당되는 경우에만 본인과 배우자의 동의를 받아 인공임신중절수술을 할 수 있다.

㉠ 본인 또는 배우자가 대통령령이 정하는 우생학적 또는 유전학적 정신장애나 신체질환이 있는 경우
㉡ 본인 또는 배우자가 대통령령이 정하는 전염성 질환이 있는 경우
㉢ 강간 또는 준강간에 의하여 임신된 경우
㉣ 법률상 혼인할 수 없는 혈족 또는 인척 간에 임신된 경우
㉤ 임신의 지속이 보건의학적 이유로 모체의 건강을 심각하게 해치고 있거나 해칠 우려가 있는 경우

ⓓ 사용자는 임신 중의 여성 근로자에게 시간 외 근로를 하게 하여서는 아니되며, 그 근로자의 요구가 있는 경우에는 쉬운 종류의 근로로 전환하여야 한다.

ⓔ 사업주는 출산전후휴가 종료 후에는 휴가 전과 동일한 업무 또는 동등한 수준의 임금을 지급하는 직무에 복귀시켜야 한다.

ⓕ **육아 시간** : 사용자는 임신 후 12주 이내 또는 36주 이후에 있는 여성 근로자가 1일 2시간의 근로시간 단축을 신청하는 경우 이를 허용하여야 하며, 이 경우 근로시간 단축을 이유로 해당 근로자의 임금을 삭감하여서는 아니 된다. 다만, 1일 근로시간이 8시간 미만인 근로자에 대하여는 1일 근로시간이 6시간이 되도록 근로시간 단축을 허용할 수 있다.

⑦ 재해보상

㉠ **요양보상** : 근로자가 업무상 부상 또는 질병에 걸리면 사용자는 그 비용으로 필요한 요양을 행하거나 필요한 요양비를 부담하여야 한다.

㉡ **휴업보상** : 사용자는 요양 중에 있는 근로자에게 그 근로자의 요양 중 평균임금의 100분의 60의 휴업보상을 하여야 한다.

㉢ **장해보상** : 근로자가 업무상 부상 또는 질병에 걸리고, 완치된 후 신체에 장해가 있으면 사용자는 그 장해 정도에 따라 평균임금에 특정 일수를 곱한 금액의 장해보상을 하여야 한다.

TIP

장해등급과 재해보상표〈근로기준법 제80조 관련〉

등급	재해보상	등급	재해보상
제1급	1,340일분	제8급	450일분
제2급	1,190일분	제9급	350일분
제3급	1,050일분	제10급	270일분
제4급	920일분	제11급	200일분
제5급	790일분	제12급	140일분
제6급	670일분	제13급	90일분
제7급	560일분	제14급	50일분

㉣ **유족보상** : 근로자가 업무상 사망한 경우에는 사용자는 근로자가 사망한 후 지체 없이 그 유족에게 평균임금 1,000일분의 유족보상을 하여야 한다.

㉤ **장의비** : 근로자가 업무상 사망한 경우에는 사용자는 근로자가 사망한 후 지체 없이 평균임금 90일분의 장의비를 지급하여야 한다.

㉥ **보상 청구권** : 보상을 받을 권리는 퇴직으로 인하여 변경되지 아니하고, 양도나 압류하지 못한다.

근로기준법에 관한 설명으로 옳지 않은 것은?

① 근로기준법에서 정하는 근로조건은 최저기준이므로 근로관계당사자는 이 기준을 이유로 근로조건을 낮출 수 없다.
② 친권자나 후견인은 미성년자의 근로계약을 대리할 수 있다.
③ 미성년자는 독자적으로 임금을 청구할 수 있다.
④ 근로조건은 근로자와 사용자가 동등한 지위에서 자유의사에 따라 결정해야 한다.

★② 친권자나 후견인은 미성년자의 근로계약을 대리할 수 없다.〈근로기준법 제67조 제1항〉

답 ②

3 노동조합 및 노동관계조정법

① 용어의 정의

㉠ **근로자** : 직업의 종류를 불문하고 임금 · 급료, 기타 이에 준하는 수입에 의하여 생활하는 자를 말한다.

㉡ **사용자** : 사업주, 사업의 경영담당자 또는 그 사업의 근로자에 관한 사항에 대하여 사업주를 위하여 행동하는 자를 말한다.

㉢ **사용자단체** : 노동관계에 관하여 그 구성원인 사용자에 대하여 조정 또는 규제할 수 있는 권한을 가진 사용자의 단체를 말한다.

㉣ **노동조합** : 근로자가 주체가 되어 자주적으로 단결하여 근로조건의 유지 · 개선, 기타 근로자의 경제적 · 사회적 지위의 향상을 도모함을 목적으로 조직하는 단체 또는 그 연합단체를 말한다. 다만, 다음에 해당하는 경우에는 노동조합으로 보지 아니한다.

ⓐ 사용자 또는 항상 그의 이익을 대표하여 행동하는 자의 참가를 허용하는 경우
ⓑ 경비의 주된 부분을 사용자로부터 원조 받는 경우
ⓒ 공제 · 수양, 기타 복리사업만을 목적으로 하는 경우
ⓓ 근로자가 아닌 자의 가입을 허용하는 경우. 다만, 해고된 자가 노동위원회에 부당노동행위의 구제신청을 한 경우에는 중앙노동위원회의 재심판정이 있을 때까지는 근로자가 아닌 자로 해석하여서는 안 된다.
ⓔ 주로 정치운동을 목적으로 하는 경우

ⓜ **노동쟁의** : 노동조합과 사용자 또는 사용자단체 간에 임금 · 근로시간 · 복지 · 해고, 기타 대우 등 근로조건의 결정에 관한 주장의 불일치로 인하여 발생한 분쟁상태를 말한다. 이 경우 주장의 불일치라 함은 당사자 간에 합의를 위한 노력을 계속하여도 더 이상 자주적 교섭에 의한 합의의 여지가 없는 경우를 말한다.

ⓑ **쟁의행위** : 파업 · 태업 · 직장폐쇄, 기타 노동관계 당사자가 그 주장을 관철할 목적으로 행하는 행위와 이에 대항하는 행위로서 업무의 정상적인 운영을 저해하는 행위를 말한다.

② 노동조합

㉠ **노동조합의 조직 · 가입** : 근로자는 자유로이 노동조합을 조직하거나 이에 가입할 수 있다(공무원과 교원은 따로 법률로 정함).

㉡ **법인격의 취득** : 노동조합은 그 규약이 정하는 바에 의하여 법인으로 할 수 있고, 법인으로 하고자 할 경우에는 대통령령이 정하는 바에 의하여 등기를 하여야 하며, 법인인 노동조합에 대하여는 노동조합 및 노동관계조정법에 규정된 것을 제외하고는 민법 중 사단법인에 관한 규정을 적용한다.

㉢ **노동조합의 보호요건** : 이 법에 의하여 설립된 노동조합이 아니면 노동위원회에 노동쟁의의 조정 및 부당노동행위의 구제를 신청할 수 없고, 노동조합이라는 명칭을 사용할 수 없다.

㉣ **조세의 면제** : 노동조합에 대하여는 그 사업체를 제외하고는 세법이 정하는 바에 따라 조세를 부과하지 아니한다.

㉤ **노동조합의 설립**

ⓐ **설립의 신고** : 노동조합을 설립하고자 하는 자는 다음의 사항을 기재한 신고서에 규약을 첨부하여 연합단체인 노동조합과 2 이상의 특별시 · 광역시 · 특별자치시 · 도 · 특별자치도에 걸치는 단위노동조합은 고용노동부장관에게, 2 이상의 시 · 군 · 구에 걸치는 단위노동조합은 특별시장 · 광역시장 · 도지사에게, 그 외의 노동조합은 특별자치시장 · 특별자치도지사 · 시장 · 군수 · 구청장에게 제출하여야 한다.

- 명칭
- 주된 사무소의 소재지
- 조합원수
- 임원의 성명과 주소
- 소속된 연합단체가 있는 경우에는 그 명칭
- 연합단체인 노동조합에 있어서는 그 구성노동단체의 명칭, 조합원수, 주된 사무소의 소재지 및 임원의 성명 · 주소

ⓑ **규약의 기재사항** : 명칭, 목적과 사업, 주된 사무소의 소재지, 조합원에 관한 사항(연합단체인 노동조합에 있어서는 그 구성단체에 관한 사항), 소속된 연합단체가 있는 경우에는 그 명칭, 대의원회를 두는 경우에는 대의원회에 관한 사항, 회의에 관한 사항, 대표자와 임원에 관한 사항, 조합비, 기타 회계에 관한 사항, 규약변경에 관한 사항, 해산에 관한 사항, 쟁의행위와 관련된 찬반투표 결과의 공개, 투표자 명부 및 투표용지 등의 보존 · 열람에 관한 사항, 대표자와 임원의 규약위반에 대한 탄핵에 관한 사항, 임원 및 대의원의 선거절차에 관한 사항, 규율과 통제에 관한 사항

ⓗ 노동조합의 관리

ⓐ 서류의 비치 : 노동조합은 조합설립일부터 30일 이내에 조합원 명부(연합단체인 노동조합에 있어서는 그 구성단체의 명칭), 규약, 임원의 성명·주소록, 회의록, 재정에 관한 장부와 서류를 작성하여 그 주된 사무소에 비치하여야 한다.

ⓑ 총회의 개최 : 노동조합은 매년 1회 이상 총회를 개최하여야 하며 노동조합의 대표자는 총회의 의장이 된다.

ⓒ 대의원회

- 노동조합은 규약으로 총회에 갈음할 대의원회를 둘 수 있다.
- 대의원은 조합원의 직접·비밀·무기명투표에 의하여 선출되어야 한다.
- 대의원의 임기는 규약으로 정하되 3년을 초과할 수 없다.
- 대의원회를 둔 때에는 총회에 관한 규정은 대의원회에 이를 준용한다.

ⓓ 조합원의 권리와 의무 : 노동조합의 조합원은 균등하게 그 노동조합의 모든 문제에 참여할 권리와 의무를 가진다. 다만, 노동조합은 그 규약으로 조합비를 납부하지 아니하는 조합원의 권리를 제한할 수 있다.

ⓢ 노동조합의 해산사유 : 규약에서 정한 해산사유가 발생한 경우, 합병 또는 분할로 소멸한 경우, 총회 또는 대의원회의 해산결의가 있는 경우, 노동조합의 임원이 없고 노동조합으로서의 활동을 1년 이상 하지 아니한 것으로 인정되는 경우로서 행정관청이 노동위원회의 의결을 얻은 경우에 노동조합은 해산한다.

③ 단체교섭 및 단체협약

㉠ 교섭 및 체결권한

ⓐ 노동조합의 대표자는 그 노동조합 또는 조합원을 위하여 사용자나 사용자단체와 교섭하고 단체협약을 채결할 권한을 가진다.

ⓑ 교섭창구 단일화 절차에 따라 결정된 교섭대표노동조합의 대표자는 교섭을 요구한 모든 노동조합 또는 조합원을 위하여 사용자와 교섭하고 단체협약을 체결할 권한을 가진다.

ⓒ 노동조합과 사용자 또는 사용자단체로부터 교섭 또는 단체협약의 체결에 관한 권한을 위임받은 자는 그 노동조합과 사용자 또는 사용자단체를 위하여 위임받은 범위안에서 그 권한을 행사할 수 있다.

ⓓ 노동조합과 사용자 또는 사용자단체는 교섭 또는 단체협약의 체결에 관한 권한을 위임한 때에는 그 사실을 상대방에게 통보하여야 한다.

㉡ 교섭 등의 원칙

ⓐ 노동조합과 사용자 또는 사용자단체는 신의에 따라 성실히 교섭하고 단체협약을 체결하여야 하며 그 권한을 남용하여서는 안 된다.

ⓑ 노동조합과 사용자 또는 사용자단체는 정당한 이유 없이 교섭 또는 단체협약의 체결을 거부하거나 해태하여서는 안 된다.

㉢ 단체협약의 작성 : 단체협약은 서면으로 작성하여 당사자 쌍방이 서명 또는 날인하여야 하며, 단체협약의 당사자는 단체협약의 체결일부터 15일 이내에 이를 행정관청에게 신고하여야 한다.

㉣ **기준의 효력** : 단체협약에 정한 근로조건, 기타 근로자의 대우에 관한 기준에 위반하는 취업규칙 또는 근로계약의 부분은 무효로 하며, 무효로 된 부분과 근로계약에 규정되지 아니한 사항은 단체협약에 정한 기준에 의한다.

㉤ **일반적 구속력** : 하나의 사업 또는 사업장에 상시 사용되는 동종의 근로자 반수 이상이 하나의 단체협약의 적용을 받게 된 때에는 당해 사업 또는 사업장에 사용되는 다른 동종의 근로자에 대하여도 당해 단체협약이 적용된다.

㉥ **지역적 구속력** : 하나의 지역에 있어서 종업하는 동종의 근로자 3분의 2 이상이 하나의 단체협약의 적용을 받게 된 때에는 행정관청은 당해 단체협약의 당사자의 쌍방 또는 일방의 신청에 의하거나 그 직권으로 노동위원회의 의결을 얻어 당해 지역에서 종업하는 다른 동종의 근로자와 그 사용자에 대하여도 당해 단체협약을 적용한다는 결정을 할 수 있다.

④ 쟁의행위

㉠ 쟁의행위의 기본원칙

ⓐ 쟁의행위는 그 목적 · 방법 및 절차에 있어서 법령, 기타 사회질서에 위반되어서는 안 된다.

ⓑ 조합원은 노동조합에 의하여 주도되지 아니한 쟁의행위를 하여서는 안 된다.

㉡ 노동조합의 지도와 책임

ⓐ 쟁의행위는 그 쟁의행위와 관계없는 자 또는 근로를 제공하고자 하는 자의 출입 · 조업, 기타 정상적인 업무를 방해하는 방법으로 행하여져서는 아니 되며 쟁의행위의 참가를 호소하거나 설득하는 행위로서 폭행 · 협박을 사용하여서는 안 된다.

ⓑ 작업시설의 손상이나 원료 · 제품의 변질 또는 부패를 방지하기 위한 작업은 쟁의행위 기간 중에도 정상적으로 수행되어야 한다.

ⓒ 노동조합은 쟁의행위가 적법하게 수행될 수 있도록 지도 · 관리 · 통제할 책임이 있다.

㉢ **근로자의 구속제한** : 근로자는 쟁의행위 기간 중에는 현행범 외에는 이 법 위반을 이유로 구속되지 아니한다.

㉣ **쟁의행위의 제한과 금지** : 노동조합의 쟁의행위는 그 조합원의 직접 · 비밀 · 무기명투표에 의한 조합원 과반수의 찬성으로 결정하지 아니하면 이를 행할 수 없다.

㉤ 필수유지업무

ⓐ **필수유지업무에 대한 쟁의행위의 제한** : 필수유지업무는 필수공익사업의 업무 중 그 업무가 정지되거나 폐지되는 경우 공중의 생명 · 건강 또는 신체의 안전이나 공중의 일상생활을 현저히 위태롭게 하는 업무로서 대통령령이 정하는 업무를 말하는 것으로, 필수유지업무의 정당한 유지 · 운영을 정지 · 폐지 또는 방해하는 행위는 쟁의행위로서 이를 행할 수 없다.

ⓑ **필수유지업무협정** : 노동관계 당사자는 쟁의행위기간 동안 필수유지업무의 정당한 유지 · 운영을 위하여 필수유지업무의 필요 최소한의 유지 · 운영 수준, 대상직무 및 필요인원 등을 정한 협정(필수유지업무협정)을 서면으로 체결하여야 한다. 이 경우 필수유지업무협정에는 노동관계 당사자 쌍방이 서명 또는 날인하여야 한다.

ⓒ 필수유지업무 유지 · 운영 수준 등의 결정

- 노동관계 당사자 쌍방 또는 일방은 필수유지업무협정이 체결되지 아니하는 때에는 노동위원회에 필수유지업무의 필요 최소한의 유지 · 운영 수준, 대상직무 및 필요인원 등의 결정을 신청하여야 한다.
- 신청을 받은 노동위원회는 사업 또는 사업장별 필수유지업무의 특성 및 내용 등을 고려하여 필수유지업무의 필요 최소한의 유지 · 운영 수준, 대상직무 및 필요인원 등을 결정할 수 있다.
- 노동위원회의 결정은 특별조정위원회가 담당한다.
- 노동위원회의 결정에 대한 해석 또는 이행방법에 관하여 관계당사자 간에 의견이 일치하지 아니하는 경우에는 특별조정위원회의 해석에 따른다. 이 경우 특별조정위원회의 해석은 노동위원회의 결정과 동일한 효력이 있다.

ⓓ 필수유지업무 근무 근로자의 지명 : 노동조합은 필수유지업무협정이 체결되거나 노동위원회의 결정이 있는 경우 사용자에게 필수유지업무에 근무하는 조합원 중 쟁의행위기간 동안 근무하여야 할 조합원을 통보하여야 하며, 사용자는 이에 따라 근로자를 지명하고 이를 노동조합과 그 근로자에게 통보하여야 한다. 다만, 노동조합이 쟁의행위 개시 전까지 이를 통보하지 아니한 경우에는 사용자가 필수유지업무에 근무하여야 할 근로자를 지명하고 이를 노동조합과 그 근로자에게 통보하여야 한다. 이에 따른 통보 · 지명 시 노동조합과 사용자는 필수유지업무에 종사하는 근로자가 소속된 노동조합이 2개 이상인 경우에는 각 노동조합의 해당 필수유지업무에 종사하는 조합원 비율을 고려해야 한다.

ⓑ 쟁의행위 기간 중의 임금지급 요구의 금지 : 사용자는 쟁의행위에 참가하여 근로를 제공하지 아니한 근로자에 대하여는 그 기간 중의 임금을 지급할 의무가 없고, 노동조합은 쟁의행위 기간에 대한 임금의 지급을 요구하여 이를 관철할 목적으로 쟁의행위를 하여서는 안 된다.

다음에서 설명하는 것은?

> • 사용자에게 경제적 타격을 한층 효과적으로 가하기 위한 것
> • 쟁의행위 참가자들이 파업 비참가자나 파업 파괴자들에게 업무수행을 하지 말 것을 평화적으로 설득하거나 권고하는 것

① 피켓팅(picketing)　　② 직장폐쇄
③ 직장점거　　④ 보이콧(boycott)

★① 효과적인 쟁의행위를 위해 사업장이나 공장 입구 등에서 플래카드를 들고 파업파괴자들이 공장에 출입하는 것을 막고 파업에 참여하지 않은 근로희망자에게 파업에 동조할 것을 요구하는 행위로 피케팅 행위만으로는 독립적인 쟁의행위로 인정되지 않으며 태업이나 보이콧에 부수적으로 행해지는 쟁의행위의 일종이다.

답 ①

⑤ 부당노동행위

㉠ **부당노동행위** : 사용자는 다음 내용 중 어느 하나에 해당하는 행위를 할 수 없다.

ⓐ 근로자가 노동조합에 가입 또는 가입하려고 하였거나 노동조합을 조직하려고 하였거나 기타 노동조합의 업무를 위한 정당한 행위를 한 것을 이유로 그 근로자를 해고하거나 그 근로자에게 불이익을 주는 행위

ⓑ 근로자가 어느 노동조합에 가입하지 아니할 것 또는 탈퇴할 것을 고용조건으로 하거나 특정한 노동조합의 조합원이 될 것을 고용조건으로 하는 행위. 다만, 노동조합이 당해 사업장에 종사하는 근로자의 3분의 2 이상을 대표하고 있을 때에는 근로자가 그 노동조합의 조합원이 될 것을 고용조건으로 하는 단체협약의 체결은 예외로 하며, 이 경우 사용자는 근로자가 당해 노동조합에서 제명된 것 또는 그 노동조합을 탈퇴하여 새로 노동조합을 조직하거나 다른 노동조합에 가입한 것을 이유로 신분상 불이익한 행위를 할 수 없다.

ⓒ 노동조합의 대표자 또는 노동조합으로부터 위임을 받은 자와의 단체협약체결, 기타의 단체교섭을 정당한 이유 없이 거부하거나 해태하는 행위

ⓓ 근로자가 노동조합을 조직 또는 운영하는 것을 지배하거나 이에 개입하는 행위와 노동조합의 전임자에게 급여를 지원하거나 노동조합의 운영비를 원조하는 행위. 다만, 근로자가 근로시간 중에 사용자와 협의 또는 교섭하는 것을 사용자가 허용함은 무방하며, 또한 근로자의 후생자금 또는 경제상의 불행, 기타 재액의 방지와 구제 등을 위한 기금의 기부와 최소한의 규모의 노동조합사무소의 제공은 예외로 한다.

ⓔ 근로자가 정당한 단체행위에 참가한 것을 이유로 하거나 또는 노동위원회에 대하여 사용자가 이 조의 규정에 위반한 것을 신고하거나 그에 관한 증언을 하거나, 기타 행정관청에 증거를 제출한 것을 이유로 그 근로자를 해고하거나 그 근로자에게 불이익을 주는 행위

㉡ **구제신청** : 사용자의 부당노동행위로 인하여 그 권리를 침해당한 근로자 또는 노동조합은 노동위원회에 그 구제를 신청할 수 있고, 구제의 신청은 부당노동행위가 있은 날부터 3월 이내에 이를 행하여야 한다.

2 사회보장법

1 사회보장의 개요

① 사회보장의 개념 및 기능

㉠ 사회보장의 개념

ⓐ 사회보장은 질병, 장애, 노령, 실업, 사망의 사회적 위험으로부터 국민을 보호하려는 적극적이고 현대적인 복지행정이다.

ⓑ ILO 기준에 따라 크게 사회보험, 공공부조, 공공서비스로 분류된다.

- 사회보험
  - 의료보장 : 건강보험, 산재보험
  - 소득보장 : 산재보험, 국민연금, 고용보험
- 공공부조
  - 의료보호 : 의료급여
  - 생활보호 : 기초생활보장제도
- 공공서비스
  - 보건복지서비스
  - 사회복지서비스

㉡ 사회보장의 기능 : 인간다운 생활의 기능, 국가책임의 기능, 사회통합의 기능, 최저생활 보장의 기능, 정치 · 경제 안정화의 기능

② 사회보장의 원칙과 유형

㉠ 사회보장의 원칙

ⓐ 국제노동기구(ILO)의 원칙 : 국가의 책임과 피보험자의 권리를 원칙으로 한다.

- 대상의 보편성 원칙 : 보편적 보호원칙(전체국민을 대상으로 함), 내 · 외국인 평등대우의 원칙(단, 우리나라는 상호주의의 입장에 있음) 등이다.
- 비용부담의 공평성 원칙
  - 공동부담의 원칙 : 보험료 · 세금을 재원으로 하며, 자산이 적은 자에게 과중한 부담이 되지 않도록 피보험자의 경제적 상태를 고려한다.
  - 피고용자 부담분의 전체 재원의 50% 초과금지 : 나머지는 사용자가 부담, 특별세 수입, 일반재정으로부터 보조금, 자본수입으로 충당한다.
  - 갹출금에 대한 불가침 원칙 : 직접 보호비용에만 충당한다(관리비 등 충당금지).
  - 궁극적 국가책임의 원칙

- 급여수준의 적절성 원칙 : 현금급여의 원칙과 정기적 급여의 원칙 등이다.
- 부양수준의 원칙(보험급여 + 자력 = 최저생활, 연동제)
- 균일급여의 원칙
- 비례급여의 원칙(개인별 급여제도) → 동일급여의 원칙(베버리지의 원칙)

ⓑ **세계노동조합(WFTU)의 원칙** : 노동자 무갹출, 의료의 사회화(전액 무료의료), 사회적 위험의 포괄, 적용대상의 포괄성, 무차별 적용

ⓒ **베버리지의 원칙**(영국) : 국민의 최저생활수준의 보장을 원칙으로 한다(평등주의).

TIP

베버리지 보고서

'요람에서 무덤까지'라는 말을 통해 최고의 사회보장 실현을 강조하였다.

㉠ 5가지 사회악(빈곤 · 질병 · 무지 · 불결 · 실업)의 퇴치를 주장하였다.

㉡ 빈곤의 원인으로 실업, 재해, 노령, 사망 등에 의한 능력의 상실 및 감소, 지출비의 증가를 들었다.

㉢ 빈곤대처에 필요한 것으로, 사회보험과 국민부조, 임의보험을 들었다.

㉣ 사회보장이 기능하기 위해서는 완전 고용의 유지, 포괄적인 보건의료제도의 유지, 아동수당제도의 확립 등이 필요함을 강조하였다.

㉤ 사회보험의 6가지 원칙 : 균일액의 최저 생활비의 급여, 균일액의 보험료 갹출, 행정책임의 통일, 적정한 급여액, 포괄성, 피보험자의 분류

㉡ 사회보장의 유형

ⓐ **유형의 변천** : 최초의 사회보장은 경제적(물질적)인 지원이 대부분이었으나 오늘날은 경제적인 것 이외에 점점 더 다양하게 변화되고 있다.

ⓑ **국제노동기구의 분류** : 국제노동기구는 사회보장을 사회보험, 공적부조, 공공서비스로 분류하고 있다.

2 사회보장의 내용

① 사회보험

㉠ **사회보험의 의의** : 사회보험은 사회보장과 사회복지의 가장 핵심적 방법이고, 국가의 부담이 거의 없이 국가의 강제력에 의해 사회보장(사회복지)을 증진시키는 가장 효율적인 방법이다.

㉡ 사회보험의 개념

ⓐ 노령, 질병, 장애, 실직, 사고, 사망 등의 사회적 위험으로 인하여 소득이 중단되거나 의료비용의 조달이 어려워지는 경우에 대비한 것이다.

ⓑ 국가가 법적 강제성을 갖고 보험원리에 의하여 국민의 소득이나 의료비용을 보장해 주는 제도이다.

㉢ 사회보험의 기능 : 경제적 문제의 완화, 소득재분배 기능, 빈곤의 예방과 노동력 회복, 재투자 재원, 인간의 가치와 존엄의 보장, 국민의 연대의식 강화

㉣ 사회보험의 체계

ⓐ 건강보험 : 의료, 출산, 장제에 관한 보험이다.

ⓑ 연금보험 : 노령, 유족(사망), 폐질 및 장애에 관한 보험이다.

ⓒ 고용보험 : 실업에 관한 보험이다.

ⓓ 산업재해보상보험 : 업무상 재해에 관한 보험이다.

㉤ 4대 사회보험의 종류별 특성

ⓐ 건강보험(의료보험)

- 국민의 생명유지 및 건강유지를 목적으로 한다.
- 질병과 장애의 진단과 치료, 출산, 요양, 장제 등에 대해 보험금을 지급한다.

ⓑ 국민연금

- 노령으로 인한 퇴직 후의 경제적 보장을 위한 목적의 사회보험이다.
- 노령, 폐질(장애), 유족(사망)에 대해 보험금을 지급한다.

ⓒ 고용보험

- 실업기간 중의 생활보장, 직업훈련 및 인력개발 등을 목적으로 보험금을 지급한다.
- 실업기간 중의 생활보장을 위해 대체로 6개월 이하의 기간인 경우가 일반적이다.

ⓓ 산업재해보상보험(산재보험)

- 피고용자의 업무수행과 관련한 재해에 대한 보상이 목적이다.
- 요양, 휴업, 유족(사망), 간병, 상병보상연금 등에 대해 보험금을 지급한다.

② 공공부조

㉠ 공공부조의 개요

ⓐ 의의 : 사회보장의 핵심적 방법의 하나로 사회보험방법에 의한 소득보장을 보완하는 제도로, 역사적으로 가장 먼저 발달한 사회보장의 방법이다.

ⓑ 개념

- 수입이 최저 생활수준 이하인 개인이나 가구에 대하여 국가가 무상으로 금품이나 서비스를 제공하는 것을 말한다.
- 다른 이름으로 공적부조, 국가부조, 사회부조라고도 한다.

㉡ 공공부조의 특성

ⓐ 국가의 공적인 최저 생활수준보장의 경제부조이다.

ⓑ 사회조직과 제도의 변천에 따른 국가책임에 의한 생활보호대책이다.

ⓒ 현대 산업사회의 경제적 불안에 대한 보완책이다.

ⓓ 민주주의 정신에 입각한 기본권 존중사상에 근거한다.

ⓔ 요보호자의 건전한 성장과 생활에 기여한다.

㉢ 우리나라의 공공부조 체계 : 의료보호, 국민기초생활보장

③ **사회서비스**

㉠ 사회서비스의 개념

ⓐ 사회서비스의 다른 명칭 : 사회적 서비스, 대인서비스, 사회복지 서비스 등이 있다.

ⓑ 사회서비스의 기능

- 당면문제 해결기능 : 개인의 심리적 및 사회적 적응상의 문제해결, 일상생활의 구체적 도움 제공 및 재활 기능
- 발달욕구 충족기능 : 개인의 사회화 및 발달욕구를 충족해 주기 위한 기능
- 서비스 접근 촉진기능 : 제반 사회복지 서비스에 대한 접근, 안내, 조언 등의 기능

㉡ 우리나라 사회서비스체계

ⓐ 서비스 대상 : 아동, 청소년, 장애인, 노인, 모자, 여성, 부랑인 등이다.

ⓑ 주요 서비스 대상 : 아동, 장애인 노인을 말한다.

3 사회보장기본법

① **목적 및 기본이념**

㉠ 목적 : 사회보장기본법은 사회보장에 관한 국민의 권리와 국가 및 지방자치단체의 책임을 정하고 사회보장정책의 수립 · 추진과 관련제도에 관한 기본적인 사항을 규정함으로써 국민의 복지증진에 기여함을 목적으로 한다.

㉡ 기본이념 : 사회보장은 모든 국민이 다양한 사회적 위험으로부터 벗어나 행복하고 인간다운 생활을 향유할 수 있도록 자립을 지원하며, 사회참여 · 자아실현에 필요한 제도와 여건을 조성하여 사회통합과 행복한 복지사회를 실현하는 것을 기본 이념으로 한다.

② **용어의 정의**

㉠ 사회보장 : 출산, 양육, 실업, 노령, 장애, 질병, 빈곤 및 사망 등의 사회적 위험으로부터 모든 국민을 보호하고 국민 삶의 질을 향상시키는 데 필요한 소득 · 서비스를 보장하는 사회보험, 공공부조, 사회서비스를 말한다.

㉡ 사회보험 : 국민에게 발생하는 사회적 위험을 보험의 방식으로 대처함으로써 국민의 건강과 소득을 보장하는 제도를 말한다.

㉢ 공공부조 : 국가와 지방자치단체의 책임 하에 생활 유지 능력이 없거나 생활이 어려운 국민의 최저생활을 보장하고 자립을 지원하는 제도를 말한다.

㉣ 사회서비스 : 국가 · 지방자치단체 및 민간부문의 도움이 필요한 모든 국민에게 복지, 보건의료, 교육, 고용, 주거, 문화, 환경 등의 분야에서 인간다운 생활을 보장하고 상담, 재활, 돌봄, 정보의 제공, 관련 시설의 이용, 역량 개발, 사회참여 지원 등을 통하여 국민의 삶의 질이 향상되도록 지원하는 제도를 말한다.

㉤ 평생사회안전망 : 생애주기에 걸쳐 보편적으로 충족되어야 하는 기본욕구와 특정한 사회위험에 의하여 발생하는 특수욕구를 동시에 고려하여 소득 · 서비스를 보장하는 맞춤형 사회보장제도를 말한다.

③ 주요 내용

㉠ 국가와 지방자치단체의 책임

ⓐ 국가와 지방자치단체는 모든 국민의 인간다운 생활을 유지 · 증진하는 책임을 가진다.

ⓑ 국가와 지방자치단체는 사회보장에 관한 책임과 역할을 합리적으로 분담하여야 한다.

ⓒ 국가와 지방자치단체는 국가 발전수준에 부응하고 사회환경의 변화에 선제적으로 대응하며 지속가능한 사회보장제도를 확립하고 매년 이에 필요한 재원을 조달하여야 한다.

ⓓ 국가는 사회보장제도의 안정적인 운영을 위하여 중장기 사회보장 재정추계를 격년으로 실시하고 이를 공표하여야 한다.

㉡ 국가 등과 가정

ⓐ 국가와 지방자치단체는 가정이 건전하게 유지되고 그 기능이 향상되도록 노력하여야 한다.

ⓑ 국가와 지방자치단체는 사회보장제도를 시행할 때에 가정과 지역공동체의 자발적 복지활동을 촉진하여야 한다.

㉢ 국민의 책임 : 모든 국민은 자신의 능력을 최대한 발휘하여 자립 · 자활할 수 있도록 노력하고 국가의 사회보장정책에 협력하여야 한다.

㉣ 사회보장을 받을 권리 : 모든 국민은 사회보장에 관한 관계법령이 정하는 바에 의하여 사회보장의 급여를 받을 권리를 가진다.

㉤ 사회보장수급권의 보호 : 사회보장수급권은 관계법령이 정하는 바에 따라 타인에게 양도하거나 담보로 제공할 수 없으며, 이를 압류할 수 없다.

㉥ 사회보장수급권의 제한 등

ⓐ 사회보장수급권은 제한되거나 정지될 수 없다. 다만, 관계법령이 따로 정하고 있는 경우에는 그러하지 아니하다.

ⓑ 사회보장수급권이 제한 또는 정지되는 경우에는 그 제한 또는 정지의 목적에 필요한 최소한에 그쳐야 한다.

㉦ 사회보장수급권의 포기

ⓐ 사회보장수급권은 정당한 권한이 있는 기관에 서면으로 통지하여 이를 포기할 수 있다.

ⓑ 사회보장수급권의 포기는 이를 취소할 수 있다.

ⓒ 사회보장수급권의 포기가 타인에게 피해를 주거나 사회보장에 관한 관계법령에 위반되는 경우에는 이를 포기할 수 없다.

출제예상문제

1 근로기준법에 관한 설명으로 옳지 않은 것은?

① 근로기준법에서 정하는 근로조건은 최저기준이다.
② 친권자나 후견인은 미성년자의 근로계약을 대리할 수 있다.
③ 사용자는 근로시간이 4시간인 경우에는 30분 이상, 8시간인 경우에는 1시간 이상의 휴게시간을 근로시간 도중에 주어야 한다.
④ 사용자는 계속하여 근로한 기간이 1년 미만인 근로자 또는 1년간 80퍼센트 미만 출근한 근로자에게 1개월 개근 시 1일의 유급휴가를 주어야 한다.

Advice 근로계약〈근로기준법 제67조〉
㉠ 친권자나 후견인은 미성년자의 근로계약을 대리할 수 없다.
㉡ 친권자, 후견인 또는 고용노동부장관은 근로계약이 미성년자에게 불리하다고 인정하는 경우에는 이를 해지할 수 있다.
㉢ 사용자는 18세 미만인 자와 근로계약을 체결하는 경우에는 근로기준법 제17조(근로조건의 명시)에 따른 근로조건을 서면으로 명시하여 교부하여야 한다.

2 다음 중 노동조합 및 노동관계조정법상 '노동조합'에 대한 정의로 맞는 것은?

① 근로자가 근로조건의 유지 · 개선, 기타 근로자의 경제적 · 사회적 지위의 향상을 도모할 목적으로 조직하는 단체
② 근로자가 주체가 되어 자주적으로 조직한 단체로서 경비의 주된 부분을 사용자로부터 원조받는 단체
③ 공제 · 수양, 기타 복리사업만을 목적으로 근로자가 자주적으로 조직한 단체
④ 근로자가 주체가 되는 주로 정치운동을 목적으로 하는 단체

Advice 노동조합이라 함은 근로자가 주체가 되어 자주적으로 단결하여 근로조건의 유지 · 개선, 기타 근로자의 경제적 · 사회적 지위의 향상을 도모함을 목적으로 조직하는 단체 또는 그 연합단체를 말한다〈노동조합 및 노동관계조정법 제2조 제4호〉.

Answer 1.② 2.①

3 다음 중 사용자의 부당노동행위가 아닌 것은?

① 노동조합의 조직행위를 이유로 근로자를 해고하는 행위
② 노동조합의 탈퇴를 고용조건으로 하는 행위
③ 노동조합 대표자에 대한 단체교섭 거부 행위
④ 쟁의기간 동안의 임금을 지급하지 않는 행위

Advice 사용자는 쟁의행위에 참가하여 근로를 제공하지 아니한 근로자에 대하여는 그 기간중의 임금을 지급할 의무가 없다〈노동조합 및 노동관계조정법 제44조 제1항〉.

4 노동조합 및 노동관계조정법에 관한 설명으로 옳지 않은 것은?

① 노동조합은 매년 1회 이상 총회를 개최하여야 한다.
② 노동조합에 대하여는 그 사업체를 제외하고는 세법이 정하는 바에 따라 조세를 부과하지 아니한다.
③ 사용자는 노동조합 및 노동관계조정법에 의한 단체교섭 또는 쟁의행위로 인하여 손해를 입은 경우에 노동조합 또는 근로자에 대하여 그 배상을 청구할 수 있다.
④ 노동조합의 조합원은 어떠한 경우에도 인종, 종교, 성별, 연령, 신체적 조건, 고용형태, 정당 또는 신분에 의하여 차별대우를 받지 아니한다.

Advice 손해배상 청구의 제한〈노동조합 및 노동관계조정법 제3조〉 … 사용자는 노동조합 및 노동관계조정법에 의한 단체교섭 또는 쟁의행위로 인하여 손해를 입은 경우에 노동조합 또는 근로자에 대하여 그 배상을 청구할 수 없다.

5 다음 중 노동쟁의의 수단에 속하지 않는 것은?

① 동맹파업
② 중재
③ 직장폐쇄
④ 태업

Advice 쟁의행위라 함은 파업 · 태업 · 직장폐쇄, 기타 노동관계 당사자가 그 주장을 관철할 목적으로 행하는 행위와 이에 대항하는 행위로서 업무의 정상적인 운영을 저해하는 행위를 말한다〈노동조합 및 노동관계조정법 제2조 제6호〉.

Answer 3.④ 4.③ 5.②

6 **근로기준법상 임금의 지급 방법과 관련하여 다음 기술 중 타당하지 않은 것은?**

① 근로자가 제3자에게 임금수령을 위임 또는 대리하게 하는 법률행위는 원칙적 무효이다.
② 임금의 일부공제는 법령 또는 단체협약에 특별한 규정이 있는 경우에 한하여 인정된다.
③ 임금은 매월 1회 이상 지급하면 되고 원칙적으로 일정한 기일을 지정하여 지급하지 않아도 무방하다.
④ 임금이 체불된 경우에는 별단의 합의가 없는 한 근로자는 법정 지연이자분의 지급을 요구할 수 있다.

Advice 임금은 매월 1회 이상 일정한 날짜를 정하여 지급하여야 한다〈근로기준법 제43조 제2항〉.

7 **근로기준법에 관한 설명으로 옳지 않은 것은?**

① 사용자는 중대한 사고발생을 방지하거나 국가안전보장을 위해 긴급한 필요가 있는 경우에 근로자를 폭행할 수 있다.
② 근로자와 사용자는 각자가 단체협약, 취업규칙과 근로계약을 지키고 성실하게 이행할 의무가 있다.
③ 근로조건은 근로자와 사용자가 동등한 지위에서 자유의사에 의하여 결정되어야 한다.
④ 사용자는 근로자가 근로시간 중에 선거권을 행사하기 위하여 필요한 시간을 청구하면 거부하지 못하지만 그 선거권을 행사하는 데에 지장이 없으면 청구한 시간을 변경할 수 있다.

Advice ① 사용자는 사고의 발생이나 그 밖의 어떠한 이유로도 근로자에게 폭행을 하지 못한다〈근로기준법 제8조〉.
② 근로기준법 제5조
③ 근로기준법 제4조
④ 근로기준법 제10조

Answer 6.③ 7.①

8 우리나라 4대 사회보험에 해당하지 않는 것은?

① 건강보험 ② 고용보험
③ 산재보험 ④ 종합보험

Advice 4대 사회보험에는 건강보험, 고용보험, 산재보험, 국민연금이 있다.

9 사용자가 근로자를 해고시키기 위해서는 '정당한 사유'가 있어야 하는 바, 다음 중 정리해고의 정당성을 위한 요건이 아닌 것은?

① 해고를 하지 않으면 기업경영이 위태로울 정도의 급박한 경영상의 필요성이 존재할 것(급박한 경영상의 필요성)
② 경영방침이나 작업방식의 합리화, 신규채용의 금지, 일시휴직 및 희망퇴직의 활용 등 해고회피를 위한 노력을 다하였어야 할 것(해고회피의 노력)
③ 합리적이고 공정한 기준을 설정하여 이에 따라 해고대상자를 선별할 것(해고대상자 선별의 합리성 · 공정성)
④ 해고대상자의 신속한 재취업 및 조속한 사회복귀와 정서적 불안감의 해소를 고려하여 해고사유를 알 수 있게 끔하고 당일 해고를 통보할 것(신속한 해고절차 유지)

Advice 해고의 정당성 요건

㉠ 사용자가 해고, 휴직, 정직, 전직, 감봉, 그 밖의 징벌을 하는 경우 정당한 이유가 있어야 한다.
㉡ 사용자는 근로자가 업무상 부상 또는 질병의 요양을 위하여 휴업한 기간과 그 후 30일 동안 또는 산전 · 산후의 여성이 근로기준법에 따라 휴업한 기간과 그 후 30일 동안은 해고하지 못한다.
㉢ 사용자가 경영상 이유에 의하여 근로자를 해고하려면 긴박한 경영상의 필요가 있어야 한다.
㉣ 사용자는 해고를 피하기 위한 노력을 다하여야 하며, 합리적이고 공정한 해고의 기준을 정하고 이에 따라 그 대상자를 선정하여야 한다.
㉤ 사용자는 해고를 피하기 위한 방법과 해고의 기준 등에 관하여 그 사업 또는 사업장에 근로자의 과반수로 조직된 노동조합이 있는 경우에는 그 노동조합에 해고를 하려는 날의 50일 전까지 통보하고 성실하게 협의하여야 한다.
㉥ 사용자가 근로자를 해고하려면 적어도 30일 전에 예고를 하여야 하고, 30일 전에 예고를 하지 않을 때에는 30일분 이상의 통상임금을 지급하여야 한다. 다만, 천재 · 사변, 그 밖의 부득이한 사유로 사업을 계속하는 것이 불가능한 경우 또는 근로자가 고의로 사업에 막대한 지장을 초래하거나 재산상 손해를 끼친 경우로써 고용노동부령으로 정하는 사유에 해당하는 경우에는 그러하지 아니하다.

8.④ 9.④

10 근로기준법상 근로조건에 관한 설명 중 옳지 않은 것은?

① 근로기준법에서 정하는 근로조건은 최저기준이므로 근로관계당사자는 이 기준을 이유로 근로조건을 저하시킬 수 없다.

② 근로조건은 근로자와 사용자가 동등한 지위에서 자유의사에 의하여 결정하여야 한다.

③ 사용자가 경영상 이유에 의하여 근로자를 해고하고자 하는 경우에는 긴박한 경영상의 필요가 있어야 하고, 경영악화를 방지하기 위한 사업의 양도 · 인수 · 합병은 긴박한 경영상의 필요에 해당하지 않는다.

④ 근로기준법에 정한 기준에 미치지 못하는 근로조건을 정한 근로계약은 그 부분에 한하여 무효로 하며, 무효로 된 부분은 근로기준법에 정한 기준에 의한다.

Advice 사용자가 경영상 이유에 의하여 근로자를 해고하려면 긴박한 경영상의 필요가 있어야 하며, 경영악화를 방지하기 위한 사업의 양도 · 인수 · 합병은 긴박한 경영상의 필요가 있는 것으로 본다〈근로기준법 제24조 제1항〉.

11 다음 용어의 정의로 옳지 않은 것은?

① 사회보장이란 출산, 양육, 실업, 노령, 장애, 질병, 빈곤 및 사망 등의 사회적 위험으로부터 모든 국민을 보호하고 국민 삶의 질을 향상시키는 데 필요한 소득 · 서비스를 보장하는 사회보험, 공공부조, 사회서비스를 말한다.

② 공공부조는 국민에게 발생하는 사회적 위험을 보험방식에 의하여 대처함으로써 국민건강과 소득을 보장하는 제도를 말한다.

③ 평생사회안전망이란 생애주기에 걸쳐 보편적으로 충족되어야 하는 기본욕구와 특정한 사회위험에 의하여 발생하는 특수욕구를 동시에 고려하여 소득 · 서비스를 보장하는 맞춤형 사회보장제도를 말한다.

④ 사회서비스란 국가 · 지방자치단체 및 민간부문의 도움이 필요한 모든 국민에게 복지, 보건의료, 교육, 고용, 주거, 문화, 환경 등의 분야에서 인간다운 생활을 보장하고 상담, 재활, 돌봄, 정보의 제공, 관련 시설의 이용, 역량 개발, 사회참여 지원 등을 통하여 국민의 삶의 질이 향상되도록 지원하는 제도를 말한다.

Advice 공공부조는 국가 및 지방자치단체의 책임하에 생활유지능력이 없거나 생활이 어려운 국민의 최저생활을 보장하고 자립을 지원하는 제도를 말한다〈사회보장기본법 제3조〉.

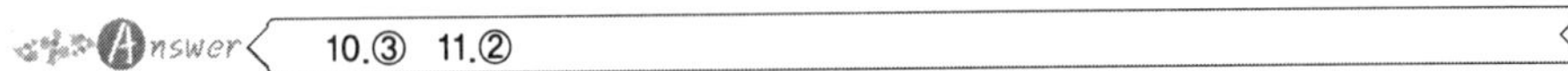
Answer 10.③ 11.②

12 **재해보상 중 휴업보상으로 사용자가 요양 중에 있는 근로자에게 근로자 요양 중 평균임금의 얼마를 보상하여야 하는가?**

① 100분의 50
② 100분의 60
③ 100분의 70
④ 100분의 80

Advice 휴업보상〈근로기준법 제79조 제1항〉… 사용자는 요양 중에 있는 근로자에게 그 근로자의 요양 중 평균임금의 100분의 60의 휴업보상을 하여야 한다.

13 **사회보험과 사보험의 비교에 대한 설명으로 옳지 않은 것은?**

① 사회보험의 목적은 최저생계 또는 의료보장이지만 사보험의 목적은 개인적 필요에 따른 보장이다.
② 사회보험의 보험가입은 강제이지만 사보험의 보험가입은 임의이다.
③ 사회보험의 재원부담은 능력비례부담이나 사보험은 개인의 선택이다.
④ 사회보험의 수급권은 계약적 수급권이나 사보험의 수급권은 법적 수급권이다.

Advice 사회보험과 사보험

구분	사회보험	사보험
제도의 목적	최저생계 또는 의료보장	개인적 필요에 따른 보장
보험가입	강제	임의
부양성	국가 또는 사회부양성	없음
수급권	법적 수급권	계약적 수급권
재원부담	능력비례부담	개인의 선택
보험자의 위험선택	불필요	필요
급여수준	균등급여	기여비례
성격	집단보험	개별보험

Answer 12.② 13.④

14 국민연금법상 급여의 종류가 아닌 것은?

① 노령연금　　② 사학연금
③ 장애연금　　④ 유족연금

Advice 급여의 종류〈국민연금법 제49조〉
㉠ 노령연금
㉡ 장애연금
㉢ 유족연금
㉣ 반환일시금

15 근로기준법상 근로조건에 관한 설명으로 틀린 것은?

① 근로기준법에 규정된 근로조건은 최저기준이다.
② 사용자는 근로자가 근무시간 중에 선거권행사를 위해 필요한 시간을 청구하면 이를 거부하거나 변경하지 못한다.
③ 사용자는 근로계약 불이행에 대한 위약금 또는 손해배상액을 예정하고 계약을 체결할 수 없다.
④ 사용자가 근로자의 위탁으로 근로자의 저축을 관리하는 경우라도 저축의 종류, 기간 및 금융기관은 근로자가 결정한다.

Advice 사용자는 근로자가 근로시간 중에 선거권, 그 밖의 공민권의 행사 또는 공의 직무를 집행하기 위해 필요한 시간을 청구하면 거부하지 못한다. 다만, 그 권리 행사 또는 공의 직무를 수행하는 데에 지장이 없으면 청구한 시간을 변경할 수 있다〈근로기준법 제10조〉.

Answer 14.② 15.②

07 행정법 일반

1 행정법 서론

1 행정법의 개요

① 정의

㉠ 행정(행정주체의 조직 · 작용 및 구제)에 관한 고유한 국내공법이다.

㉡ 행정에 관한 법(행정조직과 작용) : 행정법은 통치권 중 행정부분에 관한 법이라는 점에서 국가와 통치권 전반에 대한 근본조직과 근본작용에 관한 법인 헌법과 구별되고, 헌법이 행정조직에 관한 근거법이라는 점에서는 행정법의 법원이 되기도 한다.

㉢ 행정구제에 관한 법 : 행정소송법, 행정심판법

㉣ 국내공법 : 행정법은 외국에 대해서는 구속력을 가지지 않는 국내법으로, 국제법은 아니지만 행정과 관련된 국제조약이 헌법에 의하여 체결 · 비준 · 공포되면 행정법의 법원이 된다.

② 행정법의 특수성

㉠ 형식상의 특수성 : 타법(특히 민법)에 비하여 보다 강하게 나타난다(특성의 상대성).

ⓐ 성문법주의 : 행정법은 국민의 권리 · 의무에 관한 사항을 일방적으로 규율하기 때문에 예측가능성과 법적 생활의 안전성을 도모하기 위해 성문의 형식을 취하는 것이 원칙이다.

ⓑ 형식의 다양성과 행정입법의 우세 : 행정법을 구성하는 법의 존재형식에는 헌법과 법률 외에도 명령 · 조례 · 규칙 · 관습법 등에 의하기도 하고, 경우에 따라서 행정규칙이 행정법규의 기능을 하기도 한다. 행정은 법률에 의함이 원칙이나 많은 행정법규 중에서도 실제적으로는 행정입법이 실질적 기능을 수행하고 있다.

㉡ 성질상의 특수성

ⓐ 수단성과 기술성 : 행정법은 행정목적을 합목적적으로 실현하기 위한 수단과 절차를 정하는 기술적 절차법이다.

ⓑ 획일성과 강제성 : 다수의 국민을 대상으로 개개인의 의사 여하를 불문하고 획일적 · 강행적으로 규율한다.

ⓒ 명령규정성 : 강행규정은 명령규정이 많은 데 비해 사법상의 강행규정은 효력규정이 많다.

ⓓ 재량성 : 형법에 비해 재량이 많이 인정된다.

㉢ 내용상의 특수성

ⓐ **행정주체의 우월성** : 공익의 효과적 실현을 위해 행정주체가 일방적으로 명령 · 강제하며, 법률관계를 형성하는 지배권을 인정한다. 행정주체의 우위성은 법률에 근거하고 법률이 인정하는 범위 내에서 인정되는 것이므로 행정권의 고유한 성질은 아니며, 행정행위의 실효성을 위하여 실정법이 인정된 것에 불과하다.

ⓑ **공익성과 평등성** : 공공복리의 실현, 즉 공익목적의 달성을 위해 행정주체가 사인과 대등한 지위에서 활동하는 경우에도 사인 간의 법률관계는 다른 특별한 법적 규율을 하는 경우가 있다.

③ 행정법의 법원

㉠ **개념** : 행정법의 법원이란 행정법의 존재형식을 말하는 것으로 성문법원을 원칙으로 하지만 예외적 · 보충적으로 불문법원도 인정된다.

㉡ 성문법원

ⓐ **헌법** : 국가의 최고법이기 때문에 행정법의 최고법원이다. 헌법 중 행정조직과 행정작용에 관한 규정은 행정법의 인식근거로서 법원이 되므로 헌법은 행정법의 최고 성문법원이다.

ⓑ **법률** : 행정법의 원시적 법원으로서 전래적 법원인 명령, 규칙보다 우월한 형식을 갖는 가장 보편적이고 중심적인 법원이다.

ⓒ 명령

- 법규명령 : 행정기관이 헌법에 근거하여 국민의 권리, 의무에 관한 사항을 규정한 것으로, 대민적 구속력이 인정되므로 행정법의 법원으로 인정한다.
- 행정규칙 : 행정기관이 고유한 권한으로 일반 국민의 권리 · 의무와 직접 관계없는 비법규사항을 규정한 것으로, 대민적 구속력은 인정되지 않는다(다수설에 의해 행정법의 법원으로 인정).

ⓓ **자치법규**(조례 · 규칙) : 지방자치단체가 자치입법권에 근거하여 헌법과 법령의 범위 내에서 정립하는 법규를 말한다. 자치법규에는 조례와 규칙, 교육규칙이 있다.

ⓔ **조약 및 국제법규** : 조약이란 명칭에 관계없이 국가와 국가 사이 또는 국제기구 사이의 문서에 의한 합의를 말하며, 국제법규란 우리나라가 당사자가 아닌 조약이나 국제관습법을 말한다. 엄밀히 조약은 성문법원이지만, 일반적으로 승인된 국제법규 중 국제관습법은 불문법원이다. 승인된 국제법규나 조약은 국내법과 같은 효력을 가지므로 행정법의 법원이 된다.

㉢ 불문법원

ⓐ **관습법** : 행정의 영역에 있어서 오랜 관행이 일반 국민의 법적 확신을 얻어 국가에 의해 법적 규범으로서 승인받는 경우에 성립하는 법규범을 말한다.

ⓑ **판례법** : 행정사건에 대한 법원의 판결은 직접적으로는 당해 사건의 분쟁을 해결함을 목적으로 하고, 판결에 나타난 법의 해석기준은 그 판례가 가지는 합리성 때문에 동종의 사건에 대하여도 같은 취지의 판결이 내려질 것이라는 법적 확신을 갖게 한다.

ⓒ **조리** : 사물의 본질적 법칙 또는 일반사회의 정의감에 비추어 반드시 그리할 것으로 인정되는 것으로서, 법해석의 기본원리이며 최후의 보충적 법원이다.

④ 행정법의 효력

㉠ 시간적 효력

ⓐ **효력발생 시기** : 특별한 규정이 없으면 공포한 날부터 20일을 경과함으로 효력을 발생한다.

ⓑ **효력소멸 시기** : 당해 법령 또는 동위 · 상위 법령에 의한 명시적 개폐, 신법우선의 원칙에 의한 법률의 효력소멸, 한시법의 경우 기간의 도래

ⓒ **불소급의 원칙** : 행정법은 다른 법과 마찬가지로 종결된 사실에 관하여는 소급하지 않는다.

㉡ 지역적 효력

ⓐ **원칙** : 행정법은 그것을 제정한 관할 구역 내에서만 효력을 미친다.

ⓑ **예외**

- 국제법상 치외법권을 가진 외교사절 등이 사용하는 시설구역
- 일부 지역 내에서만 적용되는 법(자유무역지역의 지정 및 운영에 관한 법률, 지역균형개발 및 지방중소기업 육성에 관한 법률)
- 본래의 관할 구역을 넘어 행정법규가 적용되는 경우(공공시설에 관한 조례가 타지방자치단체의 구역에서 효력을 갖는 것)

㉢ 대인적 효력

ⓐ **원칙** : 속지주의(관할 구역 안에 있는 모든 사람에게 적용)

ⓑ **예외**

- 국제법상 치외법권을 가진 외국원수 또는 외교사절, 국내주둔 미합중국 군대원 등
- 외국인에게만 적용되는 경우 : 외국인토지법

⑤ 우리나라 행정법의 기본원리

㉠ 법의 지배의 원리

ⓐ **의의** : 우리나라 헌법은 실질적 의미의 법치주의와 사법국가주의의 양면을 지니는 법의 지배의 원리를 채택하고 있다.

ⓑ **내용**

- 개인의 기본권 보장을 위하여 입법의 내용상의 제약을 규정하고 있다.
- 헌법재판소의 위헌법률심사권을 규정하고 있다.
- 행정을 법률에 종속시킴과 동시에 행정소송의 관할권을 일반 법원에 부여하고 있다.

㉡ 민주행정주의

ⓐ **의의** : 우리나라의 행정작용 및 조직은 국민 전체의 이익을 위하는 민주주의적 요소에 의하여 지배된다.

ⓑ **내용**

- 국가행정조직의 민주성 : 행정조직에 관하여 법치주의를 취하여 행정기관의 설치와 권한의 획정에 국민의 대표기관인 국회가 직접 관여하도록 하였다.
- 직업공무원제 : 헌법은 "공무원은 국민 전체에 대한 봉사자이며 국민에 대하여 책임을 진다." 라고 규정함으로써 공무원제도의 민주성을 명시함과 동시에 공무원의 정치적 중립성을 보호함으로써 직업공무원제도를 채택하고 있다.

- 행정작용의 민주성 · 공정성 · 투명성 · 신뢰성
  - 모든 행정작용은 법의 지배의 원리가 요구하는 바에 따라 합법적이고 공익목적에 부합되도록 수행되어야 한다.
  - 행정의 합법성 및 합목적성을 확보하기 위하여 헌법은 국민의 대표기관인 국회의 국정조사, 국무총리 및 국무위원에 대한 국회의 출석요구와 질문, 대통령 · 국무총리 · 국무위원 · 기타 헌법이나 법률이 정하는 공무원에 대한 탄핵소추, 공무원의 처벌을 요구할 수 있는 청원 등을 규정하고 있다.
  - 기타 민주행정의 원칙 : 공정성, 투명성, 신뢰성 확보

㉢ **지방분권주의** : 헌법은 지방자치제를 규정함으로써 전국적인 이해관계에 직접 관계되지 않는 주민의 복리에 관한 의무는 당해 지방에서 스스로 처리할 수 있도록 지방분권주의를 채택하고 있다.

㉣ **복지행정주의** : 헌법은 "국가는 균형 있는 국민경제의 성장 및 안정과 적정한 소득의 분배를 유지하고, 시장의 지배와 경제력의 남용을 방지하며, 경제주체 간의 조화를 통한 경제의 민주화를 위하여 경제에 관한 규제와 조정을 할 수 있다."라고 규정함으로써 현대국가의 일반적인 경향으로 나타나고 있는 복지행정주의를 천명하고 있다.

2 행정법 관계

① 행정상 법률관계의 종류

㉠ **행정조직법적 관계** : 권리 · 의무의 관계가 아닌 직무와 권한에 대한 관계로 순수한 행정작용법적인 관계와 차이가 있다.

㉡ **행정작용법적 관계**

ⓐ **권력관계** : 행정주체가 우월적인 지위에서 국민에 대하여 일방적으로 명령 · 강제하는 관계로서 원칙적으로 사법이 적용되지 않고, 행정주체의 행위에 법률상 우월한 효력이 인정된다.

ⓑ **관리관계** : 행정주체가 재산 또는 사업상 관리주체의 지위에서 국민을 대하는 관계로, 사법관계와 본질적 차이가 없으나 공공복리의 실현한도 내에서 특별한 공법적 규율을 받는다.

ⓒ **국고관계** : 행정주체가 사법상 재산권의 주체로서 국민을 대하는 관계로, 원칙적으로 사법관계로 보아 사법이 적용된다.

ⓓ **행정사법** : 행정주체가 공행정 작용을 수행함에 있어 그 법적 형식의 선택가능성이 인정되는 경우, 당해 공행정 작용을 사법적 형식에 의하여 수행하는 경우에 있어 그를 규율하는 사법은 일정한 공법적 원리에 의하여 제한수정을 받게 되는데, 이러한 사법상태를 행정사법이라 한다.

② 행정법관계의 당사자

㉠ **행정주체** : 법적 효과가 궁극적으로 귀속되는 당사자를 행정주체 또는 행정권의 주체라고 한다. 국가 · 공공단체가 행정주체가 되는 것이 보통이고, 예외적으로 행정권한을 위임받은 사인은 그 범위 내에서 행정주체가 된다(국가, 지방자치단체, 공공조합, 영조물법인, 공재단, 공무수탁사인).

㉡ **행정객체** : 행정주체에 의한 공권력 행사의 상대방을 행정객체라 한다. 자연인과 사법인이 행정객체가 되는 것이 보통이며 공법인이 행정객체가 되는 경우도 있으나 국가는 행정객체가 되지 않는다.

③ **행정법관계의 특징**

㉠ **법률적합성** : 법치행정의 요청상 법에 적합하고 법에 기속되어야 하며, 법에 적합한 경우에 하자가 없는 것이 된다. 행정법관계의 법률적합성 · 기속성은 권력관계에 엄격히 적용되고, 급부행정 등의 단순교권관계인 관리관계에서는 자유재량이 인정되지만 오늘날은 법률의 유보를 확대하는 경향이 있다.

㉡ **구속력** : 일반권력관계에 있어서 행정주체의 공권력발동 중 법적 행위의 행정행위는 그 성립 · 발효 요건을 구비한 경우에 법률적 효과(권리 · 의무 · 책임 등)를 발생하고, 그 법률적 효과의 내용에 따라 당사자를 구속하는 힘을 가진다(구속력, 기속력).

㉢ **공정력** : 행정행위의 성립에 하자가 있는 경우에 하자가 중대 · 명백하여 당연무효가 되는 경우를 제외하고는 권한 있는 기관이 취소하기 전까지는 그 효력을 부인할 수 없다.

㉣ **구성요건적 효력** : 유효한 행정행위가 존재하는 이상 모든 국가적 기관은 그의 존재를 존중하며, 스스로의 판단의 기초 내지는 구성요건으로 삼아야 하는 구속력을 말한다.

㉤ 확정력

ⓐ 불가쟁력(형식적 확정력)

- 하자있는 행정행위일지라도 불복기간이 경과하거나 쟁송절차가 모두 종료된 경우에는 더 이상 그 효력을 다툴 수 없다(행정상 손해배상청구는 가능하다).
- 행정쟁송과 관련하여 쟁송수단이 인정되지 아니하는 경우와 쟁송기간이 인정되는 행정행위에도 출소기간 또는 상소기간을 경과하거나 행정쟁송의 모든 심급을 완료한 경우 불가쟁력이 발생한다.

ⓑ 불가변력(실질적 확정력)

- 행정심판의 재결행위와 국가시험 합격자의 결정 등 일정한 행위는 그 성질상 행정청도 이를 취소 또는 철회하지 못한다.
- 불가변력이 인정되는 행정행위 : 준사법적 행위, 법률에 규정이 있는 경우, 수익적 행정행위, 기속처분, 공공복리

㉥ 강제력

ⓐ 의의 : 사법상 자력구제금지의 원칙에 대해 행정상의 의무를 상대방이 이행하지 않은 경우 행정청이 직접 실력을 가하여 그 이행을 확보하거나, 일정한 제재를 가하여 그 의무이행을 확보할 수 있다.

ⓑ 종류

- 행정강제 : 행정행위에 의해 부과된 행정상 의무를 상대방이 이행하지 않은 경우 강제력을 발동한다.
- 행정벌 : 허가를 받지 않고 영업을 하거나 건축을 하는 등 행정행위에 의해 부과된 의무를 위반하는 경우 그 제재로서 행정형벌과 행정질서벌 같은 행정벌을 부과할 수 있다.

㉦ **권리와 의무의 특수성** : 행정법관계에서는 개인이 행정주체에 대하여 가지고 있는 권리 · 의무가 그 개인의 이익만을 위하여 인정된 것이 아니고, 국가적 · 공익적 견지에서 전체 이익과의 조화를 목적으로 하므로 권리가 동시에 의무라는 상대적 성질을 갖는다. 따라서 권리행사에 있어서 이전과 포기가 제한된다.

㉧ **권리구제의 특수성**

ⓐ **행정상 쟁송** : 행정사건의 특수성에 비추어 민사소송에 대한 여러 절차적 독자성을 인정한다(행정심판전치주의, 사정재결 · 판결, 쟁송제기기간의 제한, 집행부정지의 원칙 등).

ⓑ **행정상 손해전보제도** : 행정상 손해보상(공무원의 위법행위로 국민의 권리가 침해된 경우), 행정상 손실보상(공공필요상 적법행위로 국민의 권리가 침해된 경우)

3 행정법상 법률원인

① 의의와 종류

㉠ 의의

ⓐ **행정상 법률요건** : 행정상 법률관계의 발생 · 변경 · 소멸의 효과를 발생시키는 요건을 말한다.

ⓑ **행정상 법률사실** : 행정법상의 법률요건을 구성하는 개개의 사실을 말한다.

㉡ 종류

ⓐ **행정상의 사건** : 사람의 정신작용을 요소로 하지 않는 법률사실이다.

- 자연적 사실 : 사람의 생사, 일정연령에의 도달, 목적물의 멸실
- 사실행위 : 권력적 사실행위(행정상 강제집행 · 즉시강제, 권력적 행정조사), 비권력적 사실행위(비권력적 행정조사, 사인의 거주행위, 공법상 부당이득, 소유 · 점유)

ⓑ **행정상의 용태** : 사람의 정신작용을 요소로 하여 이루어지는 법률사실이다.

- 외부적 용태(작위 · 부작위) : 사람의 정신작용이 행동으로 이루어진 것
- 내부적 용태(내심적 의식) : 선의, 악의, 고의, 과실, 선량한 관리자로서의 주의

② 행정법상의 사건

㉠ 기간

ⓐ **개념** : 일정한 시점에서 다른 일정한 시점에 이르는 시간적 간격이다.

ⓑ **기간의 계산법** : 시 · 분 · 초(즉시 기산), 일 · 주 · 년 · 월(초일불산입의 원칙, 오전 0시로부터 기산할 경우 · 연령의 계산 · 국회의 회기 · 형기와 구속기간 등은 예외), 기간의 만료점(그 말일이 종료함으로써 만료, 말일이 공휴일일 때는 익일에 만료)

㉡ 시효

ⓐ **개념** : 일정기간 계속된 사실상태를 존중하여 이를 진실한 법률관계로 인정하여 법률생활의 안정을 기하려는 제도이다.

ⓑ 종류

- 취득시효 : 甲이 乙의 물건을 자신의 것인 양 소유의 의사로서 일정기간 동안 점유하면 甲이 그 물건의 소유권 등을 취득하게 되는 제도를 말한다.
- 소멸시효 : 甲이 국가에 대하여 또는 국가가 甲에 대하여 가지고 있는 권리를 일정기간 동안 행사하지 않으면 그 권리를 행사할 수 없도록 소멸시키는 제도를 말한다(공법상 금전채권의 소멸시효기간은 다른 법률에 특별한 규정이 없는 한 5년이다).

TIP

금전채권 소멸시효

사법상 금전채권의 소멸시효기간은 원칙적으로 10년이다.

법학개론

③ 공법행위

㉠ 개념 : 공법관계에서의 행위로서 공법적 효과를 발생 · 변경 · 소멸시키는 행위이다.

㉡ 종류

ⓐ 행정주체의 공법행위 · 사인의 공법행위

ⓑ 적법행위 · 위법행위 · 부당행위

ⓒ 권력행위 · 비권력행위

ⓓ 단독행위 · 쌍방행위

㉢ 사인의 공법행위

ⓐ 개념 : 사인의 행위 중 공법적 효과를 발생하는 행위이다.

ⓑ 종류

- 사인의 지위에 의한 분류
  - 행정주체의 기관으로서의 행위 : 공무수탁사인의 행위, 선거인단으로서의 투표행위 등
  - 행정주체의 상대방으로서의 행위 : 신고, 신청, 동의 등
- 단독행위와 쌍방행위
  - 단독행위 : 사인의 공법행위가 그 자체로서 법률효과를 완성시키는 행위(출생신고 · 혼인신고 등)
  - 쌍방행위 : 쌍방 당사자의 의사합치에 의하여 법률효과를 발생하는 행위
- 법률효과완성에 의한 분류
  - 자체완성적 공법행위 : 투표행위, 신고, 합동행위 등
  - 행정요건적 공법행위 : 신청, 출원, 동의, 승낙, 협의 등

ⓒ 사인의 공법행위의 하자와 효력

- 행정행위의 동기에 불과한 경우 : 행정행위의 효력에 영향을 미치지 않는다.
- 행정행위의 필요적 전제요건인 경우
  - 단순한 위법사유인 경우 : 행정행위 유효
  - 무효하자사유가 중대 · 명백하여 당연무효인 경우 : 행정행위도 무효

④ **기타**

㉠ **공법상 사무관리** : 법률상 의무 없이 타인의 사무를 관리하는 행위이다.

㉡ **공법상 부당이득** : 부당이득이란 법률상 원인 없이 타인의 재산 또는 노무로 인하여 이익을 얻고 그로 인해 타인에게 손해를 가하는 경우로, 그 자에 대하여 부당하게 취득한 이득을 반환할 의무를 과할 수 있다. 법령에 특별한 규정이 없는 경우 민법에 의한다.

2 행정조직법

1 행정조직

① **의의 및 특성**

㉠ **의의** : 행정주체의 활동의 전제가 되는 행정기관의 설치 · 구성 · 권한 및 행정기관 상호 간의 관계 등을 규정한 법을 행정조직법이라고 한다.

㉡ **특성**

ⓐ 헌법에서 정한 국가구조의 성격을 반영한다.

ⓑ 과거에는 법규성을 부인했으나 현재는 법규성을 인정한다.

ⓒ **행정조직법정주의** : 행정각부의 설치 · 조직과 직무범위는 법률로 정한다〈헌법 제96조〉.

㉢ **법원** : 헌법, 법률(정부조직법, 감사원법, 대통령 등의 경호에 관한 법률, 검찰청법, 지방자치법 등), 명령이 있다.

② **행정조직**

㉠ **유형**

ⓐ **집권형과 분권형** : 행정조직을 상 · 하 또는 중앙 · 지방 간의 권한분배를 기준으로 하여 분류한 것이다.

ⓑ **독임형과 합의제형** : 행정업무를 단독공무원의 책임하에 두게 하는가, 복수공무원의 합의에 의해 하도록 하는가에 의한 구별로 분류한 것이다.

ⓒ **국가행정형과 자치행정형** : 국가행정형은 국가가 그 자신의 기관으로 하여금 국가행정을 담당하게 하는 형태이고, 자치행정형은 국가 아래에 국가로부터 독립한 인격을 가진 자치단체를 설치하고, 그 독립된 단체로 하여금 자기 기관을 통하여 자치사무를 처리하게 하는 조직형태이다.

ⓓ **통합형과 독립형** : 통합형은 행정의 통일 · 신속 · 강력한 감독권을 통하여 통할 · 조정함으로써 행정조직의 질서있는 통일화를 이루는 조직형태이고, 독립형은 권력 상호 간의 견제와 균형을 도모하기 위하여 행정기관 내부에서 서로 대립하는 복수의 구성요소 또는 기관으로 분산시키고, 사무 사이의 독립성을 유지시키는 조직형태이다.

ⓔ **직접민주형과 간접민주형** : 행정의 운영을 직접 국민의 의사에 따라 행하는가 또는 간접적으로 국민의 대표자를 통하여 하는가에 의한 구별이다. 행정기능이 복잡한 오늘날에는 간접민주형을 채용하는 것이 보통이나, 직접민주형의 요소도 보충적으로 채용되고 있다.

㉡ **특색** : 행정조직의 방대화, 행정조직의 통일성 · 계급성 · 독임성, 독립합의제 행정조직의 증가, 행정조직의 민주화, 행정조직의 전문화

③ 우리나라 행정조직의 기본원리

㉠ **행정조직 법정주의** : 헌법은 행정각부의 설치 · 조직 · 직무범위, 감사원의 조직 · 직무범위, 지방자치단체의 종류 · 조직 · 운영 등에 관하여 헌법이 정한 것을 제외하고는 법률로 정한다고 함으로써 행정조직법정주의를 취하고 있다. 다만 특별지방행정기관, 보조기관, 부속기관(시험시설 · 연구시설 · 문화시설 · 공공시설 · 자문기관) 등은 대통령령으로 설치가 가능하다.

㉡ **행정조직의 민주성** : 행정조직은 대외적으로 국민의 민주적 통제하에 놓여 있어야 하며 또한 대내적 민주성도 보장되어야 한다.

㉢ **책임행정주의** : 책임행정은 민주국가의 기본적 원리로서, 국가기관은 그 행위에 대하여 국민에 대한 책임을 지도록 되어 있다. 행정조직은 책임의 명확성을 위하여 독임형이 원칙이다.

㉣ **행정조직의 분권성** : 행정권을 복수의 기관에 분산시키는 것은 조직편성의 원칙이다(행정의 민주화를 구현하기 위하여 지방자치제를 규정하고 있다).

㉤ **독임제원칙** : 행정책임을 단일의 공무원의 책임하에 두는 조직편성원칙으로 책임의 명확성과 신속 · 통일적 행정에 적합하다. 우리나라의 행정조직은 기관설정방법에 있어서 독임제를 원칙으로 하고, 예외적으로 행정의 민주화 · 전문화를 위해서 합의제를 가미하고 있다(교육위원회, 감사원, 공정거래위원회).

㉥ **직업공무원제도** : 행정의 계속성과 안정성을 위해 공무원이 전 생애를 걸쳐 공직에 근무하도록 하는 제도이다(공무원의 신분보장 · 정신적 중립성).

④ 행정기관

㉠ 개념

ⓐ **광의의 행정기관** : 국가 또는 공공단체의 행정사무를 담당하는 모든 기관을 말한다.

ⓑ **협의의 행정기관** : 국가 또는 공공단체 등 행정주체의 의사를 결정 · 표시하는 권한을 가진 기관(행정관청)을 말한다.

㉡ 종류

ⓐ **행정관청** : 행정주체의 의사를 결정하고 이것을 대외적으로 표시할 수 있는 권한을 가진 기관이다.

ⓑ **보조기관** : 행정관청에 소속되어 행정청의 권한행사를 보조하는 기관(차장, 실장, 국장, 과장 등)이다.

ⓒ **보좌기관** : 보조기관 중 정책의 기획, 연구, 조사 등 참모기능을 담당하는 기관(차관보, 담당관, 행정관리담당관)이다.

ⓓ **의결기관** : 행정주체의 의사를 결정할 수는 있으나 이를 대외적으로 표시할 권한은 없는 기관(행정심판위원회, 교육위원회 등)이다.

ⓔ **집행기관** : 행정관청의 의사를 사실상 집행하는 기관(경찰공무원, 세무공무원, 소방공무원 등)이다.

ⓕ **자문기관** : 행정관청의 자문에 응하거나 또는 자발적으로 의견, 건의 등을 제공하는 기관으로 자문기관의 의사는 법적 구속력이 없다는 차원에서 의결기관과 구별된다(국민경제자문회의, 국가안전보장회의).

ⓖ **감사기관** : 다른 행정기관의 사무처리를 감시 · 검사하는 권한을 가진 기관(보통 감사기관, 상급행정기관, 특별감사기관)이다.

ⓗ **공기업기관** : 국가기업의 경영을 임무로 하며 공공기관의 운영에 관한 법률의 적용을 받는 기관이다.

ⓘ **영조물기관** : 영조물의 설치와 관리를 임무로 하는 기관(국립대학, 국립도서관, 국립병원)이다.

ⓙ **부속기관** : 행정조직에 있어서 행정권의 직접적인 행사를 임무로 하는 기관에 부속하여 그 권한을 지원하는 기관(시험연구기관, 교육훈련기관, 문화기관, 의료기관, 제조기관, 자문기관 등)이다.

2 정부조직법

① 중앙행정조직

㉠ 대통령

ⓐ 지위

- 국가원수로서의 지위 : 사면권, 영전수여권, 대외적 대표권(국가승인 · 조약의 비준 등), 헌법기관구성권 등을 가진다.
- 행정부 수반으로서의 지위 : 국가기관구성자로서의 지위, 국무회의장으로서의 지위, 최고행정관청으로서의 지위를 가진다.

ⓑ 권한

- 국정최고책임자로서의 권한 : 국민투표부의권, 헌법개정제안권, 긴급명령권, 긴급재정 · 경제처분 · 명령권 등이 있다.
- 행정에 관한 권한 : 외교권, 국군통수권, 계엄선포권, 공무원 임명권 등이 있다.
- 입법에 관한 권한 : 법률안제출권 · 거부권, 긴급명령권 등이 있다.
- 사법에 관한 권한 : 대법원장 · 대법관 임명권, 사면권 등이 있다.

ⓒ 대통령직속기관

- 감사원 : 국가의 세입 · 세출의 결산, 국가 및 법률이 정한 단체의 회계검사와 행정기관 및 공무원의 직무에 관한 감찰을 하기 위해 대통령에 소속된 헌법기관으로 대통령에게 소속되어 있지만 직무상 독립성을 인정한다.

- 구성 : 감사원장을 포함한 7인의 감사위원으로 구성되며, 감사원장은 국회의 동의를 얻어 대통령이 임명한다.
- 권한 : 국가기관, 지방자치단체, 기타 감사원법에 규정된 단체에 대한 결산 등 회계감사권, 공무원의 직무감찰권, 감사결과에 따른 시정요구권, 변상판정권 등이 있다.

- 국가안보실 : 국가안보에 관한 대통령의 직무를 보좌하기 위한 대통령에 소속된 행정기관이다.
- 대통령비서실 : 대통령의 직무를 보좌하기 위하여 대통령비서실을 두며 대통령비서실에 실장 1인을 두되, 실장은 정무직으로 한다.
- 대통령경호실 : 대통령의 경호를 담당하기 위하여 대통령경호실을 둔다.
- 국가정보원 : 국가안전보장에 관련되는 정보 · 보안 및 범죄수사에 관한 사무를 담당하기 위하여 대통령 소속으로 국가정보원을 둔다.
- 자문기관 : 국가안전보장회의, 국가원로자문회의, 민주평화통일자문회의, 국민경제자문회의 등

㉡ 국무총리

ⓐ 대통령을 보좌하며, 각 중앙행정기관의 장을 지휘 · 감독한다.

ⓑ 대통령이 국회의 동의를 얻어 임명하며 국회의원직을 겸할 수 있다.

㉢ 부총리(정부조직법 제19조) : 국무총리가 특별히 위임하는 사무를 수행하기 위하여 부총리 2명을 둔다. 부총리는 기획재정부장관과 교육부장관이 각각 겸임하며, 이때 기획재정부장관은 경제정책에 관하여 국무총리의 명을 받아 관계 중앙행정기관을 총괄 · 조정한다.

㉣ 행정각부(정부조직법 제26조) : 기획재정부, 과학기술정보통신부, 교육부, 외교부, 통일부, 법무부, 국방부, 행정안전부, 문화체육관광부, 농림축산식품부, 산업통상자원부, 보건복지부, 환경부, 고용노동부, 여성가족부, 국토교통부, 해양수산부, 중소벤처기업부

② 지방행정조직

㉠ 보통지방행정기관 : 특정한 중앙행정기관에 소속되지 아니하고 그 관할 구역 내의 일반적인 국가행정사무를 수행하는 지방행정기관으로, 지방자치단체의 집행기관이 국가의 보통지방행정기관의 지위를 갖는다.

㉡ 특별지방행정기관 : 특정한 중앙행정기관에 소속되어 그의 소관업무만을 담당하는 지방행정기관을 말한다(지방국세청, 세무서, 세관, 출입국관리사무소 등).

3 지방자치법

① 목적

㉠ 지방자치단체의 종류와 조직 및 운영에 관한 사항을 정한다.

㉡ 국가와 지방자치단체 사이의 기본적인 관계를 정함으로써 지방자치행정을 민주적이고 능률적으로 수행한다.

㉢ 지방을 균형 있게 발전시키며, 대한민국을 민주적으로 발전시키려는 것을 목적으로 한다.

② **지방자치단체의 종류**

㉠ 특별시, 광역시, 특별자치시, 도, 특별자치도

㉡ 시, 군, 구

③ **지방자치단체의 기능과 사무**

㉠ 사무처리의 기본원칙

ⓐ 지방자치단체는 그 사무를 처리할 때 주민의 편의와 복리증진을 위하여 노력하여야 한다.

ⓑ 지방자치단체는 조직과 운영을 합리적으로 하고 그 규모를 적정하게 유지하여야 한다.

ⓒ 지방자치단체는 법령이나 상급 지방자치단체의 조례를 위반하여 그 사무를 처리할 수 없다.

㉡ 지방자치단체의 사무범위

ⓐ 지방자치단체의 구역, 조직, 행정관리 등에 관한 사무

- 관할 구역 안 행정구역의 명칭 · 위치 및 구역의 조정
- 조례 · 규칙의 제정 · 개정 · 폐지 및 그 운영 · 관리
- 산하(傘下) 행정기관의 조직관리
- 산하 행정기관 및 단체의 지도 · 감독
- 소속 공무원의 인사 · 후생복지 및 교육
- 지방세 및 지방세 외 수입의 부과 및 징수
- 예산의 편성 · 집행 및 회계감사와 재산관리
- 행정장비관리, 행정전산화 및 행정관리개선
- 공유재산관리
- 가족관계등록 및 주민등록 관리
- 지방자치단체에 필요한 각종 조사 및 통계의 작성

ⓑ 주민의 복지증진에 관한 사무

- 주민복지에 관한 사업
- 사회복지시설의 설치 · 운영 및 관리
- 생활이 곤궁(困窮)한 자의 보호 및 지원
- 노인 · 아동 · 심신장애인 · 청소년 및 여성의 보호와 복지증진
- 보건진료기관의 설치 · 운영
- 감염병과 그 밖의 질병의 예방과 방역
- 묘지 · 화장장 및 납골당의 운영 · 관리
- 공중접객업소의 위생을 개선하기 위한 지도
- 청소, 오물의 수거 및 처리
- 지방공기업의 설치 및 운영

ⓒ 농림 · 상공업 등 산업 진흥에 관한 사무

- 소류지 · 보 등 농업용수시설의 설치 및 관리
- 농산물 · 임산물 · 축산물 · 수산물의 생산 및 유통지원

- 농업자재의 관리
- 복합영농의 운영 · 지도
- 농업 외 소득사업의 육성 · 지도
- 농가 부업의 장려
- 공유림 관리
- 소규모 축산 개발사업 및 낙농 진흥사업
- 가축전염병 예방
- 지역산업의 육성 · 지원
- 소비자 보호 및 저축 장려
- 중소기업의 육성
- 지역특화산업의 개발과 육성 · 지원
- 우수토산품 개발과 관광민예품 개발

ⓓ 지역개발과 주민의 생활환경시설의 설치 · 관리에 관한 사무

- 지역개발사업
- 지방 토목 · 건설사업의 시행
- 도시계획사업의 시행
- 지방도(地方道), 시군도의 신설 · 개수(改修) 및 유지
- 주거생활환경 개선의 장려 및 지원
- 농촌주택 개량 및 취락구조 개선
- 자연보호활동
- 지방하천 및 소하천의 관리
- 상수도 · 하수도의 설치 및 관리
- 간이급수시설의 설치 및 관리
- 도립공원 · 군립공원 및 도시공원, 녹지 등 관광 · 휴양시설의 설치 및 관리
- 지방 궤도사업의 경영
- 주차장 · 교통표지 등 교통편의시설의 설치 및 관리
- 재해대책의 수립 및 집행
- 지역경제의 육성 및 지원

ⓔ 교육 · 체육 · 문화 · 예술의 진흥에 관한 사무

- 유아원 · 유치원 · 초등학교 · 중학교 · 고등학교 및 이에 준하는 각종 학교의 설치 · 운영 · 지도
- 도서관 · 운동장 · 광장 · 체육관 · 박물관 · 공연장 · 미술관 · 음악당 등 공공교육 · 체육 · 문화시설의 설치 및 관리
- 지방문화재의 지정 · 보존 및 관리
- 지방문화 · 예술의 진흥
- 지방문화 · 예술단체의 육성

ⓕ 지역민방위 및 소방에 관한 사무

- 지역 및 직장 민방위조직(의용소방대를 포함)의 편성과 운영 및 지도 · 감독
- 지역의 화재예방 · 경계 · 진압 · 조사 및 구조 · 구급

④ **기관**

㉠ 의결기관(지방의회) : 주민이 선출한 의원으로 구성되는 합의제 최고의결기관이다.

㉡ 집행기관

ⓐ 지방자치단체의 장 : 임기 4년의 전임직으로 주민의 투표로서 선출하며, 3기에 한하여 재임할 수 있고 통할대표권, 사무의 관리 · 집행권, 사무의 위임, 직원에 대한 임면권, 사무인계 등의 권한을 가진다.

ⓑ 보조기관 : 부지사 · 부시장 · 부군수 · 부구청장, 행정기구와 공무원

ⓒ 소속 행정기관 : 직속기관, 사업소, 출장소, 합의제행정기관, 자문기관 등

ⓓ 하부행정기관 : 하부행정기관의 장, 하부행정기구

ⓔ 교육 · 과학 및 체육에 관한 기관

4 국가공무원법

① **개설**

㉠ 공무원의 구분

ⓐ 경력직 공무원 : 일반직 공무원, 특정직 공무원

ⓑ 특수경력직 공무원 : 정무직 공무원, 별정직 공무원

㉡ 우리나라 공무원제도의 기본원리

ⓐ 민주적 공무원제도 : 국민전체에 대한 봉사자, 국민에 대한 책임, 공무담임권 보장, 공무담임의 기회균등

ⓑ 직업공무원제도 : 신분보장, 정치적 중립성, 능률성 보장

ⓒ 성적주의 : 임용시험제와 직위분류제의 채택(엽관제의 배제)

② **공무원관계의 발생 · 변경 · 소멸**

㉠ 공무원관계의 발생 : 공무원관계의 발생원인으로 임명, 선거, 법률규정에 의한 강제설정 등이 있다.

㉡ 공무원관계의 변경

ⓐ 전직 : 직렬을 달리하는 임명을 말한다.

ⓑ 전보 : 동일한 직급 내에서의 보직변경 또는 고위공무원단 직위 간의 보직변경을 말한다.

ⓒ 승진 : 동일 직렬 내의 상위직급에 임용되는 것을 말한다.

ⓓ 강임 : 동일 직렬 내의 하위직급으로 임용되거나 다른 직급의 하위직급에 임명되는 것을 말한다.

ⓔ 휴직 : 공무원 신분을 보유하면서 일정기간 직무담임을 해제하는 것을 말한다.

ⓕ 직위해제 : 다음에 해당하는 자에 대하여는 그 직위를 부여하지 아니할 수 있다.

- 직무수행능력이 부족하거나 근무성적이 극히 나쁜 자
- 파면 · 해임 · 강등 또는 정직에 해당하는 징계 의결이 요구 중인 자

- 형사사건으로 기소된 자(약식명령이 청구된 자는 제외)
- 근무성적평정에서 최하위 등급의 평정을 총 2년 이상 받은 때, 대통령령으로 정하는 정당한 사유 없이 직위를 부여받지 못한 기간이 총 1년에 이른 때, 근무성적평정에서 최하위 등급을 1년 이상 받은 사실이 있는 경우(고위공무원단에 속하는 일반직 공무원으로 임용되기 전에 고위공무원단에 속하는 별정직 공무원으로 재직한 경우에는 그 재직기간 중에 받은 최하위 등급을 포함), 정당한 사유 없이 6개월 이상 직위를 부여받지 못한 사실이 있는 경우, 조건부 적격자가 교육훈련을 이수하지 아니하거나 연구과제를 수행하지 않은 때의 사유로 적격심사를 요구받은 자
- 금품비위, 성범죄 등 대통령령으로 정하는 비위행위로 인하여 감사원 및 검찰·경찰 등 수사기관에서 조사나 수사 중인 자로서 비위의 정도가 중대하고 이로 인하여 정상적인 업무수행을 기대하기 현저히 어려운 자

㉢ 공무원관계의 소멸

ⓐ **퇴직** : 일정한 사유(결격사유의 발생, 정년, 사망, 임기만료, 국적상실 등)의 발생으로 당연히 공무원관계가 소멸되는 것을 말한다.

ⓑ **면직** : 특별한 행위(공무원 또는 국가의 의사표시)에 의하여 공무원관계가 소멸되는 것을 말한다.

③ 공무원의 권리

㉠ 신분상의 권리

ⓐ **신분 및 관직보유권** : 공무원은 신분의 보장과 아울러 관직을 보유하고, 이를 위법·부당하게 박탈당하지 아니한다.

ⓑ **직무집행권** : 공무원은 자기가 담당하는 직무집행에 관하여 방해당하지 아니하며, 이를 방해한 자는 공무집행방해죄를 구성한다.

ⓒ **직명사용권** : 공무원은 직명을 사용할 수 있다.

ⓓ **제복·제모착용권** : 특별한 사무를 담당하는 공무원의 경우 소정의 제복·제모가 있는 자는 이를 착용할 수 있는 권리를 가진다.

ⓔ **고충심사청구권** : 공무원은 근무조건 및 인사관리, 신상문제에 관하여 인사상담이나 고충의 심사를 청구할 수 있다.

ⓕ **행정쟁송권** : 위법·부당하게 신분보장이 침해된 경우 행정쟁송을 제기할 수 있다.

㉡ 재산상의 권리

ⓐ **보수청구권** : 봉급과 기타 각종 수당을 포함한 급여액을 청구할 권리를 가진다.

ⓑ **연금청구권** : 공무원이 일정한 연한을 근무한 후 퇴직·사망하였거나 공무로 인한 부상이나 질병으로 퇴직·사망한 경우에 급여를 청구할 권리를 가진다.

ⓒ **실비변상청구권** : 공무원은 그 직무수행을 위해 특허비용이 소요되는 경우에 그 실비를 변상받을 권리를 가진다.

ⓓ **노동법상 권리** : 공무원인 근로자는 사실상 노무에 종사하는 자에 한하여 근로3권을 가진다.

④ **공무원의 의무**

㉠ **성실의무**: 모든 공무원은 법령을 준수하며 성실히 직무를 수행하여야 한다.

㉡ **직무상 의무**: 법령준수의무, 복종의무, 영리업무 및 겸직금지의무, 비밀엄수의무, 친절·공정의무, 정치운동금지의무, 집단행위금지의무, 직장이탈금지의무, 종교중립의 의무

㉢ **신분상 의무**: 청렴의무, 품위유지의무

⑤ **공무원의 책임**

㉠ 의의

ⓐ **협의의 책임**: 공무원의 의무위반에 대한 공무원관계 내부에서 지는 책임을 말한다.

ⓑ **광의의 책임**: 형사상·민사상 책임을 포함한다.

㉡ 징계책임

ⓐ **의의**: 공무원의 의무위반 또는 비행에 대하여 공무원관계의 질서유지를 위해 과하는 제재이다.

ⓑ **종류**

- 파면: 공무원신분박탈, 퇴직급여제한지급, 5년간 공직취임금지
- 해임: 공무원신분박탈, 3년간 공직취임금지
- 강등: 1계급 아래로 직급을 내리고 공무원신분은 보유, 3개월간 직무에 종사하지 못함, 보수의 전액을 감액
- 정직: 1~3개월 직무정지(신분보유), 보수의 전액 감액
- 감봉: 1~3개월 보수의 3분의 1 감액
- 견책: 전과에 대한 훈계와 회개

㉢ **변상책임**: 공무원이 의무를 위반함으로써 국가에 대하여 재산상의 손해를 발생하게 한 경우에는 그 공무원은 국가에 대하여 변상책임을 진다.

㉣ 형사상 책임

ⓐ **협의의 형사책임**: 공무원이 형법상의 공무원 직무에 관한 죄를 범한 경우이다.

ⓑ **행정형벌책임**: 공무원의 행정법규위반에 대하여 형법이 벌칙을 규정한 경우이다.

㉤ **민사상 책임**: 공무원의 직무상 불법행위로 타인에게 손해를 발생하게 한 경우 고의 또는 중과실인 때에는 공무원 개인의 민사책임도 인정한다(다수설).

국가공무원법에서 공무원에 대한 징계로 규정하는 것이 아닌 것은?

① 직위해제 ② 감봉
③ 견책 ④ 강등

★국가공무원법상 공무원 징계의 종류: 파면, 해임, 강등, 정직, 감봉, 견책

답 ①

3 행정작용법

1 행정입법

① 의의와 필요성

㉠ 의의 : 행정주체가 법조의 형식에 의하여 일반 · 추상적인 규범을 정립하는 작용 또는 그에 따라 정립된 규범을 의미한다.

㉡ 종류

ⓐ 국가의 행정권에 의한 입법(법규성 여부) : 법규명령과 행정규칙으로 나누어진다.

ⓑ 지방자치단체에 의한 입법 : 제정주체에 따라 조례와 규칙으로 나누어진다.

㉢ 필요성

ⓐ 현대행정의 전문화 · 기술화로 인해 전문성을 갖춘 행정기관의 입법이 보다 능률적인 것이 되었다.

ⓑ 의회의 심의는 시간이 많이 소요되므로 행정대상의 급속한 변화에 신속히 대응하기 어렵다.

ⓒ 국제적 긴장의 만성화로 인해 행정부에의 광범한 수권이 불가피하게 되었다.

ⓓ 일정한 사항은 의회보다 행정기관이 정치적으로 중립을 지키기 용이하다.

ⓔ 일반적 규범인 법률에 비해 지방의 특수사정이 적절히 대응할 수 있다.

② 법규명령

㉠ 의의 : 행정권이 정립하는 일반적 · 추상적 규정으로서 법규의 성질을 가지는 것이다.

㉡ 종류

ⓐ 수권의 범위 및 근거에 의한 분류

- 비상명령 : 비상사태 수습을 위해 행정권이 발하는 헌법적 효력의 독자적 명령을 말하는 것으로 현행 헌법에는 없다.
- 법률대위명령 : 헌법적 근거에 의하여 행정권이 발하는 법률적 효력의 명령을 의미한다. 현행 헌법상 대통령의 긴급명령, 긴급재정 · 경제명령이 이에 해당한다. 법률대위명령은 헌법에서 직접 수권을 받아 발하는 독립명령이다.
- 법률종속명령
  - 위임명령(법률보충명령) : 법률 또는 상위명령에 의하여 위임된 사항을 규율하는 명령으로서 위임받은 범위 안에서 국민의 권리 · 의무사항을 새로이 정할 수 있다.
  - 집행명령 : 법률의 집행을 위하여 필요한 구체적 · 기술적 사항을 규율하는 명령으로서 법률의 명시적 근거가 없어도 발할 수 있으나 새로운 국민의 권리 · 의무에 관한 사항을 규율할 수는 없다.
  - 법형식에 의한 분류(헌법상 인정되고 있는 법규명령)

ⓑ **대통령의 긴급명령과 긴급재정 · 경제명령** : 헌법 제76조를 근거로 하며 법률적 효력을 가진다.

ⓒ **대통령령**(시행령) : 내용상 위임명령과 집행명령으로 나뉜다.

ⓓ **총리령 · 부령** : 보통 시행규칙 또는 시행세칙이라고 하며 양자 모두 위임명령과 집행명령을 포함한다.

ⓔ **중앙선거관리위원회규칙** : 헌법 제114조 제6항에 기하여 중앙선거관리위원회는 법령의 범위 안에서 선거관리, 국민투표관리, 정당사무 등에 관한 규칙을 제정할 수 있다.

ⓕ **국제조약** : 헌법에 의하여 체결 · 공포되는 국제조약 등이 있다.

ⓖ **감사원규칙** : 감사원법 제52조에 기하여 제정되는 감사원규칙은 헌법에는 근거가 없어 법규성 인정 여부에 대해 논란이 있으나 법규명령으로 보는 것이 다수설이다.

㉢ 성립과 효력요건

ⓐ 성립요건

- 주체 : 정당한 권한을 가진 기관이 그 범위 내에서 제정하여야 한다.
- 내용 : 상위법령에 저촉되지 않아야 하고 실현가능하며 명백한 내용이어야 한다.
- 절차 : 대통령령은 법제처의 심사와 국무회의의 심의를 거쳐야 하고, 총리령 · 부령은 법제처의 심사를 거쳐 제정한다.
- 형식 : 법조의 형식으로 하며 서명날인하여야 한다.
- 공포 : 공포를 통해 유효하게 성립한다.

ⓑ **효력요건** : 특별한 규정이 없으면 공포한 날로부터 20일을 경과함으로써 효력이 발생한다.

ⓒ **성립과 발효요건의 하자** : 법규명령으로 무효사유이다.

㉣ **소멸** : 폐지, 실효(간접적 폐지, 종기의 도래와 해제조건의 성취, 근거법령의 효력 상실, 국회의 불승인, 부관의 성취)

㉤ 한계

ⓐ **대통령의 긴급명령, 긴급재정 · 경제명령** : 헌법학의 영역이다.

ⓑ 위임명령의 한계

- 포괄적 위임금지원칙
- 국회의 전속적 입법사항 : 기본적인 사항은 반드시 법률로 규정한다.
- 처벌규정의 위임 : 처벌대상인 행위를 구체적으로 정하고 처벌의 종류 및 상한선을 규정하여 위임한다.

③ 행정규칙

㉠ **의의** : 행정기관이 독자적 권한으로 정립하는 일반 · 추상적인 규범으로서 법규의 성질을 가지지 않는 것을 말한다.

㉡ 성질

ⓐ **전통적 견해**(법규성 부정) : 행정조직 내부 또는 특별권력관계의 조직 · 작용을 규율하는 것으로 국민에 대한 구속력이 없고 법원의 재판규범성도 부인된다.

ⓑ **현재의 견해**(일정한 행정규칙에 대한 준법규성 인정) : 재량준칙은 행정규칙이지만 이에 따른 행정처분이 반복되면 평등원칙 및 자기구속의 원리에 따라 이에 구속되고 결과적으로 재량준칙은 평등원칙을 매개로 하여 간접적으로 대외적 구속력을 가지게 된다. 이러한 점에서 재량준칙의 준법규성이 인정될 수 있다(통설).

TIP

행정의 자기구속의 원리
행정의 자기구속의 원리는 행정규칙, 특히 재량준칙이 평등의 원칙을 매개로 하여 대외적 구속력을 갖는 규범으로 전환된다는 이론이다.

㉢ 종류
ⓐ **조직규칙** : 사무처리규정, 사무분장규정 등
ⓑ **근무규칙** : 훈령, 지시, 예규, 일일명령 등
ⓒ **영조물규칙** : 국립대학교학칙, 국립도서관규칙 등

㉣ **규범구체화 행정규칙** : 상급행정기관이 하급행정기관에 대하여 관계법률의 불완전한 구성요건을 보충하여 그것을 집행 가능하게 하기 위하여 발하는 것으로서, 대외적 구속력이 인정되는 일반적 · 추상적 규정이다. 상위규범(법률, 법규명령 등)을 구체화하는 내용의 이 행정규칙은 법원을 구속한다.

㉤ 근거와 한계
ⓐ **근거** : 법령의 수권이 불필요하다.
ⓑ **한계** : 상위법령 · 상위규칙에 위반이 불가하고 행정목적을 달성하는 데 필요한 한도 내에서 제정되어야 하며, 직접적으로 국민의 권리 · 의무에 관한 사항은 규정할 수 없다.

㉥ 성립과 발효요건
ⓐ **주체** : 권한 있는 기관이 권한의 범위 내에서 발하여야 한다.
ⓑ **내용** : 적법하고, 명확하며, 실현이 가능해야 한다.
ⓒ **절차** : 공포가 불필요하고, 하급기관에 도달 시 효력이 발생한다.
ⓓ **형식** : 문서와 구두로 가능하다.

2 행정행위

① 행정행위의 의의 및 특성

㉠ 의의
ⓐ **최광의설** : 행정주체가 행하는 모든 행위를 말한다.
ⓑ **광의설** : 행정주체에 의한 공법행위를 말한다.
ⓒ **협의설** : 행정주체가 법 아래서 구체적 사실에 대한 법집행으로 행하는 공법행위를 말한다.

ⓓ **최협의설**(통설 · 판례) : 행정주체가 법 아래서 구체적 사실에 대한 법집행으로 행하는 권력적 단독행위인 공법행위를 말한다.

㉡ 특성

ⓐ **법적합성** : 행정행위를 발할 때에는 반드시 법적인 근거가 있어야 하고 이에 적합하게 하여야 한다.

ⓑ **공정성** : 행정행위는 하자가 중대 · 명백하여 당연무효인 경우를 제외하고, 잠정적인 통용력이 인정되어 권한 있는 기관에 의해 취소되기 전까지 적법유효한 효력을 가진다.

ⓒ **확정성**

- 불가쟁력 : 행정행위에 흠이 있을지라도 중대 · 명백하여 당연무효인 경우를 제외하고는 일정 기간의 경과로 그 효력을 다툴 수 없다.
- 불가변력 : 확인 등 준사법적 성질의 행정행위 등에 있어서 행정청 스스로도 취소 · 변경할 수 없다.

ⓓ **실효성**(강제성) : 행정행위에 의해 부과된 의무를 이행시키기 위해 자력집행 및 행정상 제재를 가할 수 있다.

ⓔ **권리구제의 특수성** : 영 · 미식 사법국가주의를 채택하므로 행정사건도 일반 법원에서 관할하고 있으나 민사소송과 달리 행정상의 손해전보제도 또는 행정쟁송절차상의 여러 가지 특수성이 인정되고 있다.

② **행정행위의 종류**

㉠ 주체에 의한 분류

ⓐ 국가의 행정행위

ⓑ 지방자치단체의 행정행위 : 공공단체의 행정행위

ⓒ 공무수탁사인의 행정행위

㉡ 법에 대한 구속 정도에 의한 분류

ⓐ **재량행위** : 근거법이 행위의 내용과 요건에 있어서 행정청에게 일정한 독자적 판단권을 부여하고 있는 경우의 행정행위이다.

ⓑ **기속행위** : 근거법이 행위의 내용과 요건을 엄격하게 규정하여 행정청에 독자적 판단의 여지가 없는 경우의 행정행위이다.

㉢ 법률효과에 의한 분류

ⓐ **수익적 행정행위** : 국민에게 권리 · 이익을 부여하는 행정행위 또는 국민의 권리 · 이익과 관계 없는 행정행위이다.

ⓑ **침익적 행정행위** : 국민에게 새로운 의무를 부과하거나 권리 · 이익을 침해 · 제한하는 등의 행정행위이다.

ⓒ **복효적 행정행위**(이중효과적 행정행위) : 하나의 행위가 수익과 침익이라는 복수의 효과를 발생하는 행위이다.

㉣ 상대방의 협력의 필요성에 의한 분류

ⓐ 단독적 행정행위 : 상대방의 협력을 요하지 않는 행정행위(과세처분 등)이다.

ⓑ 쌍방적 행정행위 : 상대방의 협력, 즉 신청 또는 동의 등을 요건으로 하는 행정행위(허가, 공무원임명 등)이다.

㉤ 대상에 의한 분류

ⓐ 대인적 행정행위 : 개인의 능력 · 인격을 기준으로 행하여지는 행정행위(의사면허, 운전면허 등)이다.

ⓑ 대물적 행정행위 : 물건의 객관적 사정에 착안한 행정행위(건축물철거명령 등)이다.

ⓒ 혼합적 행정행위 : 인적 자격요건 외에 물적 요건도 아울러 고려하여 행해지는 행정행위(전당포 영업허가 등)이다.

ⓒ 구별실익 : 법률효과에 대한 이전성의 인정 여부

- 대인적 행정행위 : 이전이 불가하다(일신전속성).
- 대물적 행정행위 : 기초의 물적 상태의 변동이 없는 한 이전이 가능하다.

㉥ 성립형식에 의한 분류

ⓐ 불요식행위 : 일정한 형식을 요하지 않은 행정행위로서 원칙적인 형태이다.

ⓑ 요식행위 : 법령이 일정한 형식을 요하는 행정행위(납세고지서발부, 징집영장발부, 대집행계고, 대집행영장통지, 독촉)이다.

㉦ 법률상태의 변경 여부에 의한 분류

ⓐ 적극적 행정행위 : 현재의 법률상태의 변경을 가져오는 행위(하명 · 허가 · 특허 등)이다.

ⓑ 소극적 행정행위 : 현재의 법률상태의 변경을 가져오지 않는 행정행위(각종 거부처분 · 각하, 부작위)이다.

- 거부처분 : 의무이행심판, 취소소송
- 부작위 : 의무이행심판, 부작위위법확인소송

③ 행정행위의 내용

㉠ 법률행위적 행정행위 : 법적 효과가 행정청의 효과의사의 내용에 따라 발생하는 행위로, 하명 · 허가 · 면제 · 특허 · 인가 · 대리 등이 이에 해당한다.

ⓐ 명령적 행정행위

- 상대방에 대하여 일정한 의무를 과하거나 이미 과하여진 의무를 해제함을 내용으로 하는 행정행위를 말한다.
- 명령적 행정행위에 위반된 행위는 행정상의 강제집행이나 처벌의 대상은 될지라도 그 법률효과가 부인되지는 않는다.

ⓑ 형성적 행정행위 : 국민에게 새로운 권리, 능력, 기타 법적 지위를 발생 · 변경 · 소멸시키는 행정행위를 말한다.

㉡ **준법률행위적 행정행위** : 의사표시 이외의 행정청의 단순한 정신작용의 표현에 의하여 행해지고 그 효과는 법령의 규정에 따라 직접 부여되는 행위로, 확인 · 공증 · 통지 · 수리 등이 이에 해당한다.

ⓐ **확인** : 특정한 법률관계 또는 사실관계의 존부 또는 정부에 관하여 다툼이나 의문이 있는 경우 이를 공권적으로 판단하는 행위이다.

ⓑ **공증** : 특정한 사실관계 또는 법률관계의 존부를 공적 권위로서 증명하는 행위이다.

ⓒ **통지** : 특정한 사항을 특정인, 불특정 다수인에게 알리는 행위이다.

ⓓ **수리** : 행정청이 타인의 행위를 유효한 행위로 받아들이는 행위이다.

④ 행정행위의 부관

㉠ 의의 : 행정행위의 효력을 제한 · 보충하기 위하여 행정행위의 주된 내용에 부가되는 부대적 규율이다.

㉡ 종류

ⓐ **조건** : 행정행위의 효력의 발생이 불확실한 장래의 사실에 의존시키는 행정청의 의사표시로서, 조건의 성취로 효력이 발생하는 의사표시인 정지조건과 조건의 성취로 당연히 그 효력이 소멸되는 의사표시인 해제조건이 있다.

ⓑ **기한** : 행정행위의 효력의 발생 · 소멸이 확실한 장래의 사실에 의존시키는 행정청의 의사표시로서, 사실의 도래에 의하여 효력이 발생하는 시기와 사실의 도래에 의하여 효력이 소멸하는 종기가 있다.

ⓒ **부담** : 행정행위의 주된 내용에 부가하여 그 상대방에게 작위 · 부작위 · 수인 · 급부 의무 등을 명하는 행정청의 의사표시로서, 독립성을 가지는 행위이다.

ⓓ **철회권의 유보** : 일정한 경우에 행정청이 행정행위를 철회할 수 있는 권한을 유보하는 행정청의 의사표시로서, 철회권의 유보 시 행정행위를 철회하려면 행정행위의 철회에 관한 일반적 요건이 충족되어야 한다.

ⓔ **법률효과의 일부 배제** : 행정행위의 주된 의사표시에 부과하여, 법률에서 일반적으로 그 행위에 부여하고 있는 법률효과의 발생을 일부 배제하는 내용의 행정청의 의사표시이다.

㉢ **하자 있는 부관** : 부관이 무효인 경우 행정행위는 원칙적으로 부관 없는 단순한 행정행위로서 효력을 발생하지만, 부관이 행정행위의 본질적 요소를 이루는 것일 때에는 행정행위 자체도 무효가 된다(다수설 · 판례).

⑤ 행정행위의 성립요건과 효력발생요건

㉠ 성립요건

ⓐ 내부적 성립요건

- 주체에 관한 요건 : 적법하게 구성된 행정청이 그 권한의 범위 내에서 정상적인 의사에 의하여 행사하여야 한다.
- 내용에 관한 요건 : 실현가능 · 명확 · 적법 · 타당하여야 한다.
- 절차에 관한 요건 : 법률상 절차는 반드시 거쳐야 한다.
- 형식에 관한 요건 : 법령이 특별한 형식을 규정하고 있지 않는 한 형식의 제한을 받지 않는다(원칙적으로 불요식행위).

ⓑ 외부적 성립요건 : 행정행위는 외부에 표시되어야 비로소 성립한다.

㉡ 효력발생요건

ⓐ 원칙 : 성립요건을 갖추어 유효하게 성립된 행정행위는 그 행위가 외부에 표시되어야 효력이 발생한다.

ⓑ 예외 : 법규 또는 부관에 의한 제한, 상대방에 대한 통지를 요하는 행정행위는 고지(통지)에 의하여 상대방에게 도달됨으로써 비로소 효력이 발행한다(도달주의).

ⓒ 특별한 법정효력발생요건 : 귀화허가는 관보에 고시, 광업허가 · 어업면허는 광업원부 · 어업원부에 등록을 요건으로 각각 그 효력이 발생한다.

⑥ 행정행위의 효력

㉠ 구속력 : 행정행위의 내용에 따라 행정청과 상대방 또는 관계인을 구속하는 힘으로, 행정행위의 구속력은 다른 효력과는 달리 모든 행정행위에 당연히 인정되는 실체법적 효력이다.

㉡ 공정력 : 행정행위의 성립상 하자가 있는 경우에도 그 하자가 중대 · 명백하여 당연무효인 경우를 제외하고는 권한 있는 기관에 의해 취소되기 전까지는 적법유효하게 통용되는 효력이다.

⑦ 행정행위의 하자

㉠ 의의 : 행정행위가 그 성립요건과 발효요건을 결여하여 적법유효하게 성립하지 못한 경우를 하자 있는 행정행위라 한다.

㉡ 하자의 양태

ⓐ 무효원인인 하자 : 하자가 중대 · 명백한 경우에 행정행위가 처음부터 법적 효력을 발생하지 않으며, 다른 행정청이나 법원은 물론 사인도 독자적 판단과 책임하에서 무효임을 단정할 수 있다.

ⓑ 취소원인인 하자 : 일단 유효한 행위로 통용되어 직권 또는 행정쟁송에 의하여 취소됨으로써 비로소 효력을 상실한다.

㉢ 무효와 취소의 구별

구별실익	취소	무효
공정력	인정	부정
소송형태	취소소송	무효확인소송 · 무효선언취소소송
제소기간제한 및 불가쟁력 발생 여부	인정	부정
행정심판전치주의	인정	부정
사정판결	인정	부정
선결문제	민 · 형사법원은 선결적 판단을 할 수 없다(학설과 판례가 대립).	민 · 형사법원은 선결적 판단을 할 수 있다.
하자의 치유와 전환	하자의 치유는 원칙적으로 취소할 수 있는 행정행위에 인정된다.	하자의 전환은 무효인 행정행위에 인정된다.
하자의 승계	행정행위에 승계되지 않음이 원칙이다.	행정행위에 승계된다.
신뢰보호의 원칙	인정	부정

㉣ 하자의 승계

ⓐ **개념** : 둘 이상의 행정행위가 연속하여 행하여진 경우 선행정행위의 하자를 후행정행위의 위법사유로서 주장할 수 있는가의 문제이다.

ⓑ **통설적 견해** : 둘 이상의 행정행위가 서로 독립하여 별개의 효과를 목적으로 하는 경우에는 선행정행위가 당연무효가 아닌 한 하자의 승계가 인정되지 않으며, 선행정행위와 후행정행위가 결합하여 하나의 효과를 완성하는 경우에는 하자의 승계가 인정된다.

㉤ 하자의 치유와 전환

ⓐ **하자의 치유** : 행정행위의 성립 당시에는 하자 있는 행정행위가 사후적인 보완을 통하여 하자 없는 행정행위로 되는 것이다.

ⓑ **하자의 전환** : 원래의 행정행위로서는 무효이나, 이를 다른 행정행위로 보면 그 성립요건을 갖춘 경우에 다른 행정행위로서의 효력을 인정하는 것이다.

⑧ 행정행위의 무효

㉠ **의의** : 행정행위의 무효란 행정행위로서의 외형은 갖추고 있으나 중대하고 명백한 흠이 있어 처음부터 행정행위로서의 효력을 발생하지 못하는 것을 말한다. 외형은 존재한다는 점에서 외형도 존재하지 않는 부존재와 구별되며 처음부터 아무런 효력이 발생하지 않는다는 점에서 취소할 수 있는 행정행위와 구별된다.

㉡ **효과** : 행정청의 별도의 의사표시 없이 처음부터 아무런 효력도 발생하지 못한다.

⑨ 행정행위의 취소

㉠ 의의 : 행정행위의 취소란 성립에 흠이 있음에도 불구하고 일단 유효하게 성립한 행정행위를 권한 있는 기관이 그 효력의 전부 또는 일부를 원칙적으로 소급하여 상실시키는 별개의 독립된 행정행위를 말한다.

㉡ 효과

ⓐ 직권취소 : 성립 당시의 하자를 원인으로 하므로 소급하여 효력을 소멸하는 것이 원칙이다. 그러나 신뢰보호의 원칙상 상대방의 귀책사유 없이 수익적 행정행위를 취소할 경우에는 장래에 대하여 효력이 소멸한다. 또한 그로 인한 손실은 보상해야 한다.

ⓑ 쟁송취소 : 당사자의 권리구제가 목적이므로 역시 소급효가 원칙이다. 다만, 쟁송취소의 대상은 부담적 행정행위인 경우가 대부분이므로 직권취소에 비해 장래효가 인정되는 경우는 별로 없다.

⑩ 행정행위의 철회

㉠ 의의 : 행정행위의 철회란 하자 없이 적법하게 성립한 행정행위를 행정청이 새로운 사정의 발생으로 인해 장래를 향하여 그 효력을 상실시키는 독립된 행정행위를 말한다.

㉡ 효과

ⓐ 장래효 : 원칙적으로 장래에 대해서만 발생한다.

ⓑ 손실보상 : 상대방의 귀책사유 없이 철회되는 때에는 그에 따른 손실을 보상해야 한다.

ⓒ 하자 있는 철회의 취소 : 하자있는 철회를 취소하여 원행정행위를 소생시킬 수 있는가의 문제로서 이는 취소의 취소에 준한다.

TIP

취소와 철회

구분	취소	철회
행사권자	처분청, 감독청, 제3기관, 법원	처분청
원인	위법, 부당	행정행위 성립 후의 상황으로 효과를 지속시킬 수 없는 경우
효과	소급효, 장래효	장래효
손해전보	손해배상책임	손실보상책임
절차	직권취소는 특별한 절차 필요없음	특별한 절차 필요없음
공통점	실정법상 혼용, 유효한 행정행위의 효력상실, 형성행위, 조리상 제한, 취소가 인정	

⑪ **행정행위의 실효**

㉠ 의의 : 하자 없이 성립한 행정행위가 이후 일정한 객관적 사실의 발생으로 인하여 당연히 그 효력이 소멸되는 것이다.

㉡ 효과 : 실효사유가 있으면 당해 행정행위는 그 때부터 장래에 향하여 당연히 효력을 상실한다.

4 행정심판법

1 총칙

① **목적** : 행정심판 절차를 통하여 행정청의 위법 또는 부당한 처분(處分)이나 부작위(部作位)로 침해된 국민의 권리 또는 이익을 구제하고, 아울러 행정의 적정한 운영을 꾀함을 목적으로 한다.

② **용어**

㉠ 처분 : 행정청이 행하는 구체적 사실에 관한 법집행으로서의 공권력의 행사 또는 그 거부, 그 밖에 이에 준하는 행정작용을 말한다.

㉡ 부작위 : 행정청이 당사자의 신청에 대하여 상당한 기간 내에 일정한 처분을 하여야 할 법률상 의무가 있는데도 처분을 하지 아니하는 것을 말한다.

㉢ 재결 : 행정심판의 청구에 대하여 제6조에 따른 행정심판위원회가 행하는 판단을 말한다.

㉣ 행정청 : 행정에 관한 의사를 결정하여 표시하는 국가 또는 지방자치단체의 기관, 그 밖에 법령 또는 자치법규에 따라 행정권한을 가지고 있거나 위탁을 받은 공공단체나 그 기관 또는 사인을 말한다.

③ **행정심판의 종류**

㉠ 취소심판 : 행정청의 위법 또는 부당한 처분을 취소하거나 변경하는 행정심판

㉡ 무효 등 확인심판 : 행정청의 처분의 효력 유무 또는 존재 여부를 확인하는 행정심판

㉢ 의무이행심판 : 당사자의 신청에 대한 행정청의 위법 또는 부당한 거부처분이나 부작위에 대하여 일정한 처분을 하도록 하는 행정심판

2 심판기관

① **행정심판위원회의 구성** : 행정심판위원회(중앙행정심판위원회는 제외)는 위원장 1명을 포함한 50명 이내의 위원으로 구성한다.

② **중앙행정심판위원회의 구성**

㉠ 중앙행정심판위원회는 위원장 1명을 포함한 70명 이내의 위원으로 구성하되, 위원 중 상임위원은 4명 이내로 한다.

㉡ 중앙행정심판위원회의 위원장은 국민권익위원회의 부위원장 중 1명이 되며, 위원장이 없거나 부득이한 사유로 직무를 수행할 수 없거나 위원장이 필요하다고 인정하는 경우에는 상임위원(상임으로 재직한 기간이 긴 위원 순서로, 재직기간이 같은 경우에는 연장자 순서로 한다)이 위원장의 직무를 대행한다.

㉢ 중앙행정심판위원회의 회의는 위원장, 상임위원 및 위원장이 회의마다 지정하는 비상임위원을 포함하여 총 9명으로 구성한다.

출제예상문제

1 행정법상 법률행위적 행정행위로 보는 것은?

① 인가　　② 확인

③ 공증　　④ 통지

Advice ① 법률행위적 행정행위

②③④ 준법률행위적 행정행위

※ 행정행위의 분류

구분		내용
법률행위적 행정행위	명령적 행정행위	• 하명 : 국민에 대해 작위, 부작위, 급부, 수인 등의 의무를 명하는 행위 • 허가 : 일반적으로 금지된 행위를 특정 경우에 해제하여 적법하게 할 수 있도록 하는 행위 • 면제 : 법령에 의하여 일반적으로 부과되어 있는 의무를 특정한 경우에 해제하는 행위
	형성적 행정행위	• 특허 : 특정인의 이익을 위하여 일정한 권리, 능력을 설정하는 행위 • 인가 : 당사자의 법률적 행위를 국가가 동의하여 그 법률상 효력을 완성시켜주는 행위 • 공법상 대리행위 : 제삼자가 해야 할 행위를 행정주체가 대신 행함으로써 제삼자가 행한 것과 동일한 법적 효과를 발생 시키는 행위
준법률행위적 행정행위		• 확인 : 특정한 사실 또는 법률관계의 존부에 관하여 의문이 있거나 다툼이 있는 경우에 행정청이 이를 공적으로 판단하는 행위 • 공증 : 특정한 사실 또는 법률관계의 존재를 공적으로 증명하거나 증명서를 발급하는 행위 • 통지 : 특정인 또는 불특정 다수인에 대하여 일정한 사항을 알리는 행위 • 수리 : 타인의 행위를 유효한 행위로서 받아들이는 행위

Answer 1.①

2 다음 정부조직법에서의 행정각부가 잘못 표기된 것은?

① 기획재정부
② 문화체육관광부
③ 행정자치부
④ 산업통상자원부

Advice 정부조직법에서 명시하고 있는 행정각부는 기획재정부, 교육부, 과학기술정보통신부, 외교부, 통일부, 법무부, 국방부, 행정안전부, 문화체육관광부, 농림축산식품부, 산업통상자원부, 보건복지부, 환경부, 고용노동부, 국토교통부, 여성가족부, 해양수산부, 중소벤처기업부 등이 있다.

3 준법률행위적 행정행위가 아닌 것은?

① 특정인 또는 불특정 다수인에게 특정한 사실을 알리는 통지
② 특정한 사실이나 법률관계를 공적으로 증명하는 공증
③ 타인의 행위를 유효한 것으로 받아들이는 수리
④ 국민에게 권리를 설정해주는 특허

Advice 특허는 법률행위적 행정행위 중에 형성적 행정행위에 해당한다.

※ 준법률행위적 행정행위

㉠ 확인 : 특정한 법률관계 또는 사실관계의 존부 또는 정부에 관하여 다툼이나 의문이 있는 경우 이를 공권적으로 판단하는 행위이다.
㉡ 공증 : 특정한 사실관계 또는 법률관계의 존부를 공적 권위로써 증명하는 행위이다.
㉢ 통지 : 특정한 사항을 특정인, 불특정다수인에게 알리는 행위이다.
㉣ 수리 : 행정청이 타인의 행위를 유효한 행위로 받아들이는 행위이다.

Answer 2.③ 3.④

4 **국가공무원법에 명시된 공무원의 복무의무가 아닌 것은?**

① 비밀 엄수의 의무
② 친절 · 공정의 의무
③ 범죄 고발의 의무
④ 정치 운동의 금지

Advice 국가공무원법상의 복무의무 … 성실 의무, 복종의 의무, 직장 이탈 금지, 친절 · 공정의 의무, 종교중립의 의무, 비밀 엄수의 의무, 청렴의 의무, 외국 정부의 영예 등을 받을 경우 대통령의 허가를 받을 것, 품위 유지의 의무, 영리 업무 및 겸직 금지, 정치 운동의 금지, 집단 행위의 금지

5 **다음은 무엇에 관한 설명인가?**

> 행정법상의 의무자가 일정한 행위를 하여야 함에도 불구하고 그것을 이행하지 않고 있는 경우, 그 행위를 행정기관이 직접 또는 다른 사람을 시켜 대신 이행하게 하고, 그에 대한 비용을 본래의 의무자에게 부담시키는 것

① 대집행
② 집행법
③ 직접강제
④ 강제징수

Advice 대집행은 의무불이행의 확보수단으로 행정기관이 직접 혹은 제3자가 의무를 이행하고 그 비용을 본래 의무자에게 부담하게 하는 것을 말한다.

6 **행정법의 법원에 대한 다음의 설명 중에서 그 내용이 이질적인 것은?**

① 비례의 원칙
② 평등의 원칙
③ 행정선례법
④ 국제조약

Advice ①②③ 행정법의 불문법원
④ 행정법의 성문법원

Answer 4.③ 5.① 6.④

7 행정조직에 관한 설명으로 맞는 것은?

① 자문기관이 제공하는 의견은 행정관청을 구속한다.

② 지방자치단체의 권한에는 자치조직권, 자치입법권, 자치행정권, 자치사법권이 있다.

③ 특정 행정목적을 계속 수행하기 위해 인적·물적 시설의 종합체에 독립된 인격이 부여된 공공단체를 영조물법인이라 한다.

④ 서울특별시는 지방자치단체 중 특별지방자치단체에 해당한다.

Advice ① 자문기관의 의사는 법적 구속력이 없다.
② 지방자체단체의 권한에는 자치입법권, 자치조직권, 자치행정권, 자치재정권이 있다.
④ 광역지방자치단체는 보통지방자치단체에 속하는 것으로 특별시, 광역시, 도(정부의 직할), 특별자치도가 이에 해당되며, 특별지방자치단체는 특정한 목적의 수행을 위하여 설치되는 특수한 성격의 지방자치단체로 지방자치단체조합이 이에 해당한다.

8 행정행위(처분 등)의 효과를 제한하기 위하여 주된 행정행위에 부가된 종된 행정청의 의사표시는?

① 행정행위의 공정력 ② 행정행위의 불가쟁력

③ 행정행위의 부관 ④ 행정행위의 강제력

Advice 행정행위의 효과를 제한하기 위하여 주된 의사표시에 부가된 종(從)된 의사표시를 행정행위의 부관이라고 한다.

9 다음은 행정처분에 관한 설명이다. 타당하지 않은 것은?

① 행정처분은 행정청이 행하는 공권력 작용이다.

② 행정처분에는 조건을 부가할 수 없다.

③ 경미한 하자가 있는 행정처분에는 공정력이 인정된다.

④ 행정처분에 대해서만 항고소송을 제기할 수 있다.

Advice 행정처분도 행정행위에 해당하는 것이므로 부관(조건·부담·기한·철회권의 유보)을 붙일 수 있다.

Answer 7.③ 8.③ 9.②

10 다음 중 행정행위의 특징으로 볼 수 없는 것은?

① 다음 행정처분에 대한 내용적인 구속력인 기판력
② 일정기간이 지나면 그 효력을 다투지 못하는 불가쟁력
③ 당연무효를 제외하고는 일단 유효함을 인정받는 공정력
④ 법에 따라 적합하게 이루어져야 하는 법적합성

Advice 행정처분이나 행정심판 재결이 불복기간의 경과로 인하여 확정될 경우 그 확정력은 그 처분으로 인하여 법률상 이익을 침해받은 자가 당해 처분이나 재결의 효력을 더 이상 다툴 수 없다는 의미일 뿐, 더 나아가 판결에서 인정되는 기판력과 같은 효력이 인정되는 것은 아니어서 그 처분의 기초가 된 사실관계나 법률적 판단이 확정되고, 당사자들이나 법원이 이에 기속되어 모순되는 주장이나 판단을 할 수 없게 되는 것은 아니다(대판 1993.8.27, 93누5437).

11 법의 절차에 따라 행하여진 도시계획사업으로 개인의 사유재산에 손해를 입혔을 경우, 그 손해를 전보해 주는 행정구제제도는?

① 손해배상제도
② 행정소송제도
③ 손실보상제도
④ 행정심판제도

Advice 적법한 행정작용으로 인한 손해에 대하여 구제해 주는 제도가 손실보상제도이고, 손해배상제도는 위법한 행정행위에 의한 손해전보제도이다.

12 다음 중 행정법의 법원에 관한 설명으로 옳지 않은 것은?

① 헌법상 기본권 제한의 한계는 행정법의 해석에도 적용할 수 있다.
② 국세기본법은 세법의 해석과 국세행정에 있어서 행정선례법의 존재를 인정하고 있다.
③ 대법원의 판례가 법원이라는 규정은 없지만 판례의 법원성을 부정하기 어렵다.
④ 헌법재판소에 의한 법률의 위헌결정은 국가기관을 기속하지만, 지방자치단체를 기속하는 것은 아니다.

Advice 헌법재판소의 기속력 범위는 국가기관과 지방자치단체이며 다른 국가기관에 의한 동일 당사자에게의 동일 조치의 반복을 방지한다. 법률의 위헌결정의 경우 입법자로 하여금 동일 법률의 반복제정을 방지함과 아울러 법원과 행정청으로 하여금 위헌으로 결정된 법률 이상의 작용을 일반적으로 배제하는 효과를 가지게 된다.

Answer 10.① 11.③ 12.④

13 다음 중 부관에 관한 설명으로 옳지 않은 것은?

① 부담을 이행하지 않는다고 바로 행정행위의 효력이 실효되는 것은 아니다.

② 법률효과의 일부배제를 부관으로 한 행정행위는 행정행위로서는 완전히 효과가 발생하지만 그에 따르는 법률효과가 제한된다.

③ 행정행위의 효력의 발생을 장래의 불확실한 사실에 의존시키는 부관은 정지조건이다.

④ 철회권 유보의 경우 행정행위의 효력을 소멸시키기 위한 행정청의 별도의 의사표시가 필요없다.

Advice 철회권 유보의 경우 행정행위의 효력을 소멸시키기 위해서는 행정청 별도의 의사표시를 요한다.

14 행정행위의 효력에 관한 설명으로 옳지 않은 것은?

① 발령기관의 표시가 없는 행위는 내용적 구속력이 없다.

② 행정행위의 불가쟁력이 발생한 경우에도 국가배상소송은 가능하다.

③ 현행 행정소송법은 행정행위의 공정력을 명시적으로 인정하고 있다.

④ 불가쟁력이 있는 행정행위라도 하자를 발견한 처분청은 이를 취소할 수 있다.

Advice ① 이 경우 행정행위는 무효이다.

② 불가쟁력이 발생하였다 하더라도 행정행위의 위법성은 인정되는 것이고 국가배상소송의 소송물은 국가의 배상책임 여부로서 취소소송의 소송물과 다르므로, 불가쟁력의 발생이 국가배상소송을 막는 것은 아니다.

③ 현행법상 행정행위의 공정력을 명시적으로 인정하는 규정은 없지만, 행정행위의 직권취소를 규정하는 개별법적 규정들이나, 항고쟁송제도 및 그 제기기간규정 등을 간접적 근거로 볼 수 있다.

④ 불가쟁력은 행정행위의 대상자인 제3자에게 적용되는 것이므로 처분성의 직권취소 가능성과는 관계가 없다.

Answer 13.④ 14.③

15 다음 중 실질적 법치주의에 해당하는 것은?

① 행정소송의 개괄주의
② 행정에 대한 법률우위
③ 법률의 일면적 구속력
④ 광범위한 자유재량의 인정

Advice ② 법률에 대한 헌법의 우위
③ 법률의 양면적(행정주체와 국민 모두에 대한) 구속력
④ 재량의 일탈 · 남용에 대한 사법통제

16 우리나라 행정조직법의 특색으로 옳지 않은 것은?

① 책임행정의 원리
② 행정기관법정주의
③ 지방분권주의
④ 엽관제

Advice 정실인사, 낙하산인사인 엽관제를 지양하고 성적 · 실적주의를 지향하고 있다.

17 법치행정의 원리에 대한 다음 설명 중 가장 옳지 않은 것은?

① 대체로 법률의 법규창조력, 법률우위의 원칙 그리고 법률유보의 원칙을 그 내용으로 한다.
② 법률유보를 대체하는 행정유보는 일반적으로 인정되지 않는다.
③ 법률유보의 원칙에 의해서 요구되는 법규범은 본래 수권규범이다.
④ 법률의 근거 없이 제정된 법규명령에 의거하여 권리를 인정하는 것에 대한 비판은 법률우위의 원칙을 바탕으로 한다.

Advice 법률의 근거 없이 제정된 법규명령에 의거하여 권리를 인정하는 것에 대한 비판은 법률에 의해서만 권리를 인정하는 법규를 만들 수 있다는 사고를 근거로 하는 바, 법률의 법규창조력을 바탕으로 한다고 할 수 있다.

Answer 15.① 16.④ 17.④

18 행정행위를 철회할 수 있는 사유에 해당되지 않는 경우는?

① 유보된 철회사유의 발생

② 근거법령의 개정

③ 상대방의 부담 불이행

④ 해제조건의 성취

Advice 해제조건이 성취되면 행정행위의 효력은 당연히 상실되는 것일 뿐이고, 설혹 행정청이 철회를 하더라도 그 철회는 행정행위가 실효되었음을 다시 확인하는 행위에 불과하다.

※ 행정행위의 철회사유

㉠ 철회권의 유보
㉡ 부담의 불이행
㉢ 법령상의 의무 위반
㉣ 근거법령의 변경
㉤ 사정변경
㉥ 중대한 공익상 필요성

19 행정의 자기구속의 원칙은 어느 원칙에서 파생한 것인가?

① 부당결부금지의 원칙

② 법률적합성 원칙

③ 신뢰보호의 원칙

④ 평등의 원칙

Advice 행정기관이 재량준칙에 의하여 성립된 행정관행으로부터 합리적인 이유 없이 이를 벗어나는 처분을 하는 경우 사인은 평등원칙을 이유로 위법성을 주장할 수 있게 된다.

18.④ 19.④

민간경비론은 경비업무를 이해하는데 기본적인 내용들을 다루고 있다. 민간경비분야에서 학문적으로 발전되어 온 이론적인 내용들과 현장에서의 실무적인 내용들까지 포함하고 있기 때문에 경비업무의 실질적인 필수과목이라 할 수 있다. 경비와 시설보호의 기본원칙 및 컴퓨터 범죄 및 안전관리에서의 출제비중이 높은 편이므로 이들을 중점적으로 학습하도록 한다.

제2과목

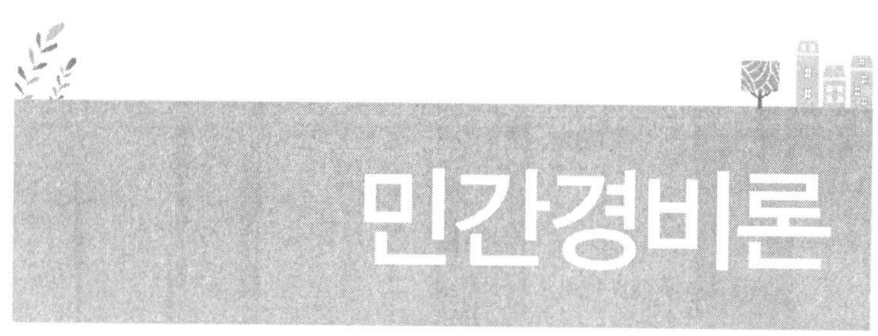

01. 민간경비 개설
02. 세계 각국의 민간경비 과정 및 현황
03. 민간경비의 환경
04. 민간경비의 조직 및 업무
05. 경비와 시설보호의 기본원칙
06. 컴퓨터 범죄와 안전관리
07. 민간경비산업의 과제와 전망

01 민간경비 개설

1 민간경비 · 공경비 개념

1 민간경비

① **민간경비의 정의**

㉠ 민간경비 : 여러 가지 위해로부터 개인의 생명, 재산을 보호하기 위해 경비 서비스를 의뢰 받은 특정 고객에게 이들로부터 받은 경제적 이득만큼 반대급부를 제공하는 개인이나 단체 · 영리기업을 의미한다.

㉡ 경호 : 신변을 보호하는 행위를 말한다.

㉢ 경비업법상 정의

ⓐ 경비업 : 시설경비업무, 호송경비업무, 신변보호업무, 기계경비업무, 특수경비업무의 전부 또는 일부를 도급받아 행하는 영업을 말한다.

ⓑ 경비는 경호의 의미인 신변보호업무를 포함하는 것으로 경호의 상위개념이다.

ⓒ 경비업의 정의〈경비업법 제2조〉

- 시설경비업무 : 경비를 필요로 하는 시설 및 장소에서의 도난 · 화재, 그 밖의 혼잡 등으로 인한 위험발생을 방지하는 업무를 말한다.
- 호송경비업무 : 운반 중에 있는 현금 · 유가증권 · 귀금속 · 상품, 그 밖의 물건에 대하여 도난 · 화재 등 위험발생을 방지하는 업무를 말한다.
- 신변보호업무 : 사람의 생명이나 신체에 대한 위해의 발생을 방지하고 그 신변을 보호하는 업무를 말한다.
- 기계경비업무 : 경비대상시설에 설치한 기기에 의하여 감지 · 송신된 정보를 그 경비대상시설 외의 장소에 설치한 관제시설의 기기로 수신하여 도난 · 화재 등 위험발생을 방지하는 업무를 말한다.
- 특수경비업무 : 공항(항공기를 포함한다) 등 대통령령이 정하는 국가중요시설의 경비 및 도난 · 화재, 그 밖의 위험발생을 방지하는 업무를 말한다.

– 대통령령이 정하는 국가중요시설 : 공항, 항만, 원자력발전소 등의 시설 중 국가정보원장이 지정하는 국가보안목표시설과 국방부 장관이 지정하는 국가중요시설물〈경비업법 시행령 제2조〉

㉣ 민간경비의 분류

ⓐ 주체에 따른 분류

- 인력경비 : 종의 위해(범죄행위, 화재, 재난 등) 등으로부터 인적 · 물적인 가치를 인력을 통해 보호하는 경비형태이다.
- 기계경비 : 인력경비와 대응되는 개념으로 각종의 위해(범죄행위, 화재, 재난 등) 등으로부터 인적 · 물적인 가치를 기계경비시스템을 통해 보호하는 경비형태이다.

ⓑ 목적에 따른 분류

- 시설경비 : 국가중요시설, 빌딩, 주택, 공장건물, 상가, 공공건물, 공항 등 경비대상 시설에 대한 각종의 위해(외부침입 · 내부절도, 사고의 발생 등)로부터 그 시설물의 인적 · 물적 가치를 보호하는 경비형태이다.
- 혼잡경비 : 기념행사, 각종경기, 제례행사 등으로 인해 모인 군중들에 의해 발생되는 혼란상태를 사전에 예방하거나 경계하고 사태가 발생할 경우 신속히 대처하여 확대되는 것을 방지하는 경비형태이다.
- 경호경비 : 의뢰자의 의뢰에 의거하여 각종의 위해로부터 대상자를 보호하는 신변보호활동이다.
- 호송경비 : 운송이 필요한 현금, 보석, 각종 귀종품을 강 · 절도로부터 보호하여 안전하게 이송시키는 경비활동을 말한다.

ⓒ 성격에 따른 분류

- 계약경비 : 일반적으로 경비상품을 갖춘 용역경비전문업체가 경비서비스를 원하는 용역의뢰자와의 일정한 계약행위를 통해 경비서비스를 제공하는 형태의 경비서비스를 말한다.
- 상주경비(자체경비) : 계약경비와 상대개념으로 당해 조직이 자체적으로 경비부서를 조직하고 경비활동을 실시하는 경비형태를 의미한다. 즉, 조직의 일부로서 경비조직을 운영하여 경비를 행하는 형태를 말한다.

② 민간경비의 등장 배경

㉠ 범죄의 증가

ⓐ 기존 범죄자가 재범죄를 일으킨다.

ⓑ 범죄인식 부족으로 초범자들이 양산되었다.

ⓒ 신종 전문범죄 증가 : 회사 기밀유출, 공금횡령 등

ⓓ 청소년 범죄가 증가하였다.

ⓔ 경제위기(97년 IMF사태)를 맞게 되었다.

㉡ 국가 경찰력의 한계

ⓐ 경찰 예산 및 인력이 부족하다.

ⓑ 소극적 공권력을 갖는다.

ⓒ 긴급연락 · 즉각 대응 시스템이 정착되지 않았다.

ⓓ 전문성이 부족하다.

㉢ 시민의 안전욕구 증대

ⓐ 삶의 질(Quality of Life)이 상승함에 따라 안전욕구가 증대되었다.

ⓑ 시민의식이 증대되었다.

㉣ 민간경비의 배경

ⓐ **영미법계** : 영미법계 민간경비원은 국가경찰과 동등한 위치에서 그 주체성을 인정받는 것이 일반적이다.

ⓑ **대륙법계** : 대륙법계의 민간경비원은 국가경찰의 보조적인 위치에서 그 주체성을 인정받는다.

민간경비의 개념을 정의한 것으로 옳지 않은 것은?

① 광의적 개념은 민간경비에 방범, 방재, 방화, 사이버보안, 민간조사 업무 등 모두를 포함한다.
② 실질적 개념은 공공의 안녕과 질서유지 등의 경찰활동과 본질적으로 차이가 있다.
③ 협의적 개념은 국민의 생명과 신체 그리고 재산보호, 질서유지 및 범죄예방활동을 의미한다.
④ 형식적 개념은 경비업법에 규정하는 업무를 수행하는 활동을 의미한다.

★② 민간경비는 국가 경찰력의 한계로 인하여 발생하였으므로 그 실질적 개념에 차이가 없다.

답 ②

2 공경비

① 공경비의 개념

㉠ 일반적으로 경찰이 수행하는 일을 의미하는데 개인의 생명 및 재산을 보호하고 공공의 질서를 유지하는 공공의 이익과 안전을 도모하는 일련의 업무를 말한다.

㉡ 공경비는 공권력을 바탕으로 법 집행을 하는 것이 주된 업무이다.

② 경찰의 개념

㉠ 등장 : 서구적인 의미의 경찰은 갑오개혁 이후에 도입되었다.

㉡ 경찰의 개념 구분

ⓐ 형식적 의미의 경찰

- 법규정상 경찰이 담당하도록 규정되어 있는 사항을 말한다.
- 직무의 범위〈경찰관 직무집행법 제2조〉
  - 국민의 생명 · 신체 및 재산의 보호
  - 범죄의 예방 · 진압 및 수사
  - 경비 · 주요인사 경호 및 대간첩 · 대테러 작전수행
  - 치안정보의 수집 · 작성 및 배포
  - 교통의 단속과 위해의 방지
  - 외국 정부기관 및 국제기구와의 국제협력
  - 그 밖에 공공의 안녕과 질서유지

ⓑ 실질적 의미의 경찰

- 권력적 작용으로 명령 · 강제하는 것을 말하며 비권력적 작용은 실질적 경찰이 아니다.
- 행정경찰, 예방경찰, 보안경찰, 도로경찰, 공물경찰 등이 있다.

㉢ 경찰의 종류

ⓐ 국가경찰과 자치경찰

구분	자치경찰	국가경찰
권한과 책임	지방자치단체	국가
조직	자치단체별 조직	관료적 조직, 중앙집권적 조직
업무	- 자치단체 이익증대, 질서유지 - 주민 개인의 권익보호	- 국가적 이익증대, 질서유지 - 국민 개인의 권익보호
장점	- 지방적 특색이 반영된 경찰행정 - 조직의 간소화 - 개혁추진이 용이함 - 주민의 인권보호	- 강력한 공권력 발휘 - 조직의 통일성 - 조직의 거대화 - 타 부문과의 협조 용이
단점	- 특정세력의 개입 우려 - 타 경찰과의 협조가 곤란 - 전국적 활동의 부적합성	- 주민의 인권보호 미흡 - 조직의 거대화로 개혁추진이 어려움 - 지방특색의 퇴색

ⓑ 행정경찰과 사법경찰

구분	사법경찰	행정경찰
조직	검찰총장 지휘	경찰청장 지휘
법적용	형사소송법	행정법규
업무	- 형식적 의미의 경찰 - 공공질서 유지 - 권력적 작용	- 실질적 의미의 경찰 - 범죄의 수사, 체포 - 통치권 작용

2 민간경비 · 공경비의 제관계

1 업무수행적 측면

구분＼종류	민간경비	공경비
비용부담자	의뢰자	국민
수혜자	비용을 부담한 자	국민
내용	- 부담한 비용만큼 서비스를 제공한다. - 경제적 손실방지에 주력한다. - 범죄 대응에 치중한다. - 이질의 서비스를 제공한다.	- 법집행 위주로 업무를 수행한다. - 범죄 예방과 억제에 주력한다. - 동질의 서비스를 제공한다.

민간경비와 공경비의 업무수행 관계

2 공권력 측면

① **공경비**(경찰)

㉠ 국가경찰의 경우 법에 정해진 내용의 비교적 강력한 공권력을 가진다.

㉡ 업무수행에 있어서 강제권을 포함한다.

② **민간경비**

㉠ 법에 정해진 내용의 미약한 권한을 가진다.

㉡ 업무수행에 있어서 강제권을 수반할 수 없다.

㉢ 업무의 범위는 국가경찰의 보조적인 역할로 한정된다.

공경비와 민간경비의 관계에 관한 설명으로 옳지 않은 것은?

① 우리나라는 넓게 공경비와 민간경비로 치안메카니즘이 구성된다.
② 공경비 분야에서 나타난 한계와 비생산성으로 민간경비가 등장하게 되었다.
③ 오늘날에는 공경비만으로 공동체의 안전과 질서를 유지하기 어렵다.
④ 민간경비서비스는 공경비서비스와 같이 소비자의 경제능력과 상관없이 이용이 가능하다.

★④ 경제적 이득을 제공하는 특정 고객만 민간경비서비스를 받을 수 있다.

답 ④

3 민간경비의 이론적 배경

1 공동화이론

① **전제**

㉠ 민간경비는 경찰력의 인적 · 물적 부족으로 인해 발생하였다.
㉡ 경찰력의 부족을 민간경비가 메워 주기 위해 출현하였다.

② **내용**

㉠ 사회의 발전과 인식의 변화로 인해 범죄가 증가한다.
㉡ 범죄의 증가 속도에 경찰력이 따라주지 못한다.
㉢ 민간경비의 출현으로 민간경비산업은 빠르게 성장하게 된다.
㉣ 민간경비와 경찰의 상호보완적 관계를 형성한다.

2 경제환원론

① **전제**

㉠ 경기 침체로 인한 실업의 증가를 가정한다.
㉡ 실업의 증가는 범죄의 증가를 초래한다.
㉢ 범죄의 증가는 민간경비시장의 성장으로 연결된다.

② **내용**

㉠ 미국이 경기침체를 보였던 1965~1972년에 민간경비시장의 성장이 다른 서비스업의 증가보다 두드러졌다는 단순하고 단기적인 경험적 관찰에 의한 내용이다(미국).

㉡ 현상 자체를 지나치게 경제적으로 풀어나가려고 한다.

㉢ 경기침체와 민간경비의 성장이 인과적 관계를 지닌다고 볼 수 없다.

㉣ 이론적인 설명이 취약하다.

3 수익자부담이론

① **전제**

㉠ 경찰의 기능에서 개인의 안전과 재산보호를 제외시킨다.

㉡ 경찰은 법집행기관의 일부이다.

㉢ 경찰의 주된 기능을 질서유지와 체제유지와 같은 거시적 기능에 한정한다.

㉣ 자본주의 사회에서 국가기구의 일부로서 경찰의 근본적 성격과 역할 · 기능에 의문을 제기한다.

② **내용**

㉠ 자본주의사회의 생리상 개인의 안전과 재산을 보호하기 위해서는 개인적 비용지출을 피할 수 없다.

㉡ 민간경비산업의 성장요건

ⓐ 국민 전체소득이 증가해야 한다.

ⓑ 전 사회 내에 범죄가 증가해야 한다.

ⓒ 경비에 대한 사회적 인식이 변화해야 한다.

4 이익집단이론

① **전제**

㉠ 이익집단은 자신들의 이익을 극대화시키기 위해 행위한다.

㉡ 민간경비 역시 하나의 이익집단으로 자신들의 이익을 극대화한다.

㉢ 그냥 두면 보호받지 못하게 될 재산을 민간경비가 보호한다는 시각에서 출발한 이론이다.

㉣ 경찰과 민간경비가 상호보완 관계를 갖는다는 공동화이론이나 경제환원론의 입장을 부정하면서 제기되었다.

② **내용**

㉠ 민간경비는 새로운 규율과 제도를 창출시키려고 노력한다.

㉡ 초기단계에 일어나는 현상이 민간경비의 양적 성장이다. 궁극적으로는 이익집단으로서의 내부적 결속과 제도화, 조직화의 결과 세력과 입지를 강화하게 된다고 주장한다.

5 공동생산이론

① 전제

㉠ 민간경비와 시민이 속한 민간부문을 치안의 보조자적 입장에서 주체자적 입장으로 전환된다고 본다.

㉡ 공공부문과 민간부문이 상호대립적 관계가 아닌 상호보완적 관계로 전환된다고 본다.

② 내용

㉠ 치안서비스의 공동생산을 상정한다.

㉡ 최근 선진국에서 나타나는 흐름으로 민간부문의 적극적 참여가 핵심이다.

다음 내용이 설명하고 있는 민간경비의 이론적 배경은?

> 경찰의 공권력 작용은 원칙적으로 거시적인 측면에서 체제수호 등과 같은 역할과 기능에 한정되고, 사회구성원 개개인 차원이나 집단과 조직의 안전과 보호는 결국 해당 개인이나 조직이 담당하여야 한다.

① 경제환원론　　② 공동화이론
③ 수익자부담이론　　④ 이익집단이론

★ ③ 수익자 부담이론은 공경찰의 임무와 역할은 국민의 생명과 재산을 보호하는 공적인 임무만 수행하고 개인적 편익을 위한 자기보호 사업은 사업주체자인 수익자가 부담해야 한다는 이론이다.

답 ③

출제예상문제

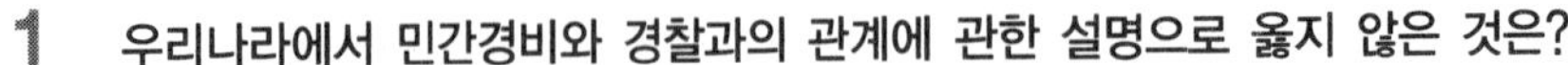

1 **우리나라에서 민간경비와 경찰과의 관계에 관한 설명으로 옳지 않은 것은?**

① 경비업법상 경찰청장 또는 지방경찰청장은 경비업무의 적정한 수행을 위하여 경비업자 및 경비지도사를 지도·감독하며, 필요한 명령을 할 수 있다.
② 경찰활동의 재원은 세금이지만 민간경비의 재원은 의뢰자가 지급하는 도급계약의 대가(代價) 라고 할 수 있다.
③ 경찰의 활동영역은 법령에 근거하며 민간경비의 활동영역은 경비계약에 근거한다.
④ 수익자부담이론은 개인이나 단체의 사유재산보호는 기본적으로 경찰의 역할이라고 간주한다.

Advice 수익자부담이론
㉠ 경찰은 거시적인 질서 유지 기능을 하고, 개인이 자신의 신체와 사유재산을 보호받기 위해서는 개인적 비용의 지출로 민간경비집단을 의존해야 한다는 이론
㉡ 경찰의 역할이 개개인의 안전과 사유재산을 보호 하는 것이라는 일반적 통념을 거부하는 것임
㉢ 자본주의 사회에서는 개인의 재산보호나 범죄에서 올 수 있는 신체적 피해로부터의 보호를 결국 개인적 비용에 의해 담보 받을 수밖에 없다는 입장

2 **민간경비원의 권한에 관한 설명으로 옳지 않은 것은?**

① 일반경비원은 사인(私人)적 지위와 특별한 권한을 갖는다.
② 일반경비원은 고용주의 관리권 범위 내에서 경비업무만을 수행할 수 있다.
③ 청원경찰은 경비구역 내에서 경비목적을 위해 필요한 경우 불심검문을 할 수 있다.
④ 특수경비원은 국가중요시설 등 경비구역 내에서 경비목적을 위해 필요한 경우 무기휴대 및 사용이 가능하다.

Advice ① 법에 정해진 내용의 미약한 권한을 가진다.

Answer 1.④ 2.①

3 우리나라의 민간경비와 청원경찰에 대한 설명으로 옳지 않은 것은?

① 협의의 민간경비는 특정한 의뢰자의 생명과 신체, 재산보호 및 질서유지를 위한 범죄예방 활동을 의미한다.

② 실질적 개념의 민간경비는 경비업법에서 규정하는 업무를 수행하는 활동을 의미하며 경비업법상 인정된 법인에 의해 수행되는 활동을 말한다.

③ 청원경찰은 무기를 사용할 수 있으며 청원경찰이 휴대할 무기를 대여 받으려는 경우에는 관할 경찰서장을 거쳐 지방경찰청장에게 무기대여를 신청하여야 한다.

④ 학교 등 육영시설과 언론, 통신, 방송 또는 인쇄를 업으로 하는 시설 또는 사업장에도 청원경찰을 배치할 수 있다.

Advice ② 형식적 개념의 민간경비에 대한 설명이다.

※ 민간경비의 개념

㉠ 협의(狹義)의 개념 : 고객(국민)의 생명 · 신체 · 재산보호, 질서유지를 위한 범죄예방활동

㉡ 광의(廣義)의 개념 : 경비의 3요소(방범, 방재, 방화) 모두를 포함하는 넓은 개념

㉢ 실질적 개념 : 국민의 생명과 신체, 재산보호, 사회적 손실 감소와 질서유지를 위한 일체의 활동

㉣ 형식적 개념 : 실정법인 경비업법에서 규정하는 업무를 수행하고, 동법에 의해 허가받은 법인에 의해 수행되는 활동

4 민간경비의 특징이 아닌 것은?

① 계약자 등 특정인이 수혜대상이다.

② 주요 임무로는 범죄예방기능을 들 수 있다.

③ 공경비와 상호관련성을 가지고 있다.

④ 공익성을 영리성보다 우선시한다.

Advice ④ 영리성이 우선한다.

Answer 3.② 4.④

5 **민간경비의 개념에 대한 설명으로 옳지 않은 것은?**

① 경찰은 일반통치권에 근거하는 활동을 한다.
② 민간경비와 공경비는 모두 범죄예방의 역할을 수행한다.
③ 현재 우리나라에는 경찰관신분을 가진 민간경비원이 부분적으로 존재한다.
④ 국가는 민간경비의 제공주체에 포함되지 않는다.

Advice 우리나라 민간경비원의 법적지위는 일반시민과 같기 때문에 어떠한 법적지위도 가질 수 없다.

6 **다음 중 민간경비와 공경비의 공통적인 역할이라고 할 수 없는 것은?**

① 범죄예방
② 범죄감소
③ 범죄수사
④ 질서유지

Advice 범죄수사는 공경비의 역할이므로 민간경비와 공경비의 공통적 역할이라고 할 수 없다.

7 **민간경비의 권한에 대한 설명으로 옳은 것은?**

① 일반적으로 영미법계 민간경비원은 대륙법계 민간경비원에 비해 그 권한이 많다고 볼 수 있다.
② 민간경비의 가장 중심적인 권한은 법집행권한이라 할 수 있다.
③ 우리나라의 경우에도 경찰관신분을 가진 민간경비원이 존재한다.
④ 민간경비원의 법적 지위와 관련하여 빌렉(Bilek)은 이를 4가지 유형으로 구분하였다.

Advice 영미법계의 민간경비원은 국가경찰과 동등한 위치에서 그 주체성을 인정받는 것이 일반적이나 대륙법계의 민간경비원은 국가경찰의 보조적인 위치에서 그 주체성을 인정받는다.

Answer 5.③ 6.③ 7.①

8 **민간경비와 공경비를 개인차원과 국가차원으로 분리하기 시작한 역사적 시기는?**

① 고대 원시 시대
② 함무라비 시대
③ 로마제국 말기
④ 영국왕조 시대

Advice 함무라비 시대부터 민간경비와 공경비를 개인차원과 국가차원으로 분리하기 시작하였다.

9 **민간경비의 가장 중요한 역할 가운데 하나라고 볼 수 있는 것은?**

① 범인체포
② 범죄수사
③ 범죄예방
④ 대민봉사

Advice ①②④ 경찰의 역할이다.
③ 민간경비는 경찰의 보조적인 역할을 수행하고 범죄예방이 가장 중요한 역할이다.

10 **현행 경비업법상 민간경비의 업무로 규정되지 않는 것은?**

① 신변보호업무
② 호송경비업무
③ 시설경비업무
④ 정보보호업무

Advice 경비업법상 정의된 경비란 시설경비업무, 호송경비업무, 신변보호업무, 기계경비업무, 특수경비업무의 전부 또는 일부를 도급받아 행하는 영업을 말한다.

Answer 8.② 9.③ 10.④

11 다음 중 민간경비에 대한 설명으로 옳지 않은 것은?

① 민간경비의 목적은 범죄예방에 있다.
② 민간경비업무로는 시설경비, 호송경비, 신변보호, 기계경비, 특수경비 등이 있다.
③ 민간경비의 수혜대상은 일반시민이다.
④ 우리나라에서는 경찰관이 부업으로 민간경비원의 업무를 수행할 수 없다.

Advice 민간경비의 수혜대상은 비용을 부담한 자이다. 일반시민은 공경비의 수혜대상이다.

12 민간경비 성장의 이론적 배경에 대한 설명으로 옳지 않은 것은?

① 경제환원론은 거시적 차원에서 범죄증가 원인을 실업의 증가에서 찾으려고 한다.
② 공동화이론은 공경비와 민간경비와의 관계는 경쟁과 협조·보완의 두 측면에서 이루어진다고 본다.
③ 수익자부담이론은 경찰의 공권력 작용은 질서유지, 체제수호와 같은 거시적 측면에서 이루어진다고 본다.
④ 수익자부담이론은 결국 개인의 안전과 보호는 해당개인이 책임져야 한다는 자본주의 체제하에서 주장되는 이론이다.

Advice 공동화이론은 경찰력의 부족을 민간경비가 메워 주기 위해 출현했으며 민간경비와 경찰이 상호보완적 관계를 형성한다고 주장한다.

13 민간경비와 공경비에 대한 설명으로 옳은 것은?

① 민간경비는 공경비와 절대적·대립적인 관계이다.
② 민간경비의 대상은 특정인과 일반시민들이다.
③ 민간경비에 비해 공경비는 강제력을 갖고 있다.
④ 민간경비의 주된 임무는 범죄예방과 범인구인이다.

Advice ① 민간경비와 공경비는 상호보완적 관계이다.
② 민간경비의 대상은 특정인 및 특정시설이다.
④ 공경비의 주된 임무이다.

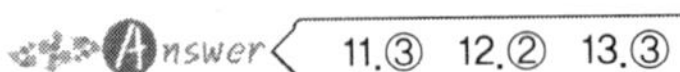
Answer 11.③ 12.② 13.③

14 민간경비의 이론적 배경 중 "그냥 내버려 두면 보호받지 못한 채로 방치될 재산을 민간경비가 보호한다."는 시각에서 출발한 이론은?

① 경제환원론　　② 공동생산이론
③ 이익집단이론　　④ 수익자부담이론

Advice 이익집단이론

㉠ 전제
- 이익집단은 자신들의 이익을 극대화시키기 위해 행위한다.
- 민간경비 역시 하나의 이익집단으로 자신들의 이익을 극대화한다.
- 그냥 두면 보호받지 못하게 될 재산을 민간경비가 보호한다는 시각에서 출발한 이론이다.

㉡ 내용
- 민간경비는 새로운 규율과 제도를 창출시키려고 노력한다.
- 초기단계에 일어나는 현상이 민간경비의 양적 성장이다.

15 민간경비의 이론적 배경에서 그 이론으로 옳지 않은 것은?

① 공동화이론　　② 경제환원론
③ 수익자부담론　　④ 집단이론

Advice 민간경비의 이론적 배경으로는 공동화이론, 경제환원론, 수익자부담이론, 이익집단이론, 공동생산이론 등이 있다.

Answer 14.③ 15.④

16 경찰업무의 민영화에 대한 설명으로 가장 옳은 것은?

① 비범죄적이고 경찰의 보조적 업무성격을 가지는 분야를 민간경비분야로 이관시키는 것이다.
② 주민들에게 강제적인 동원으로 방범순찰대를 형성하는 것이다.
③ 경찰관이 일과 후 경비회사에서 부업하는 것이다.
④ 범죄행위를 민간차원에서 수사하는 것이다.

Advice 경찰의 업무를 분리하여 경찰업무 특유의 공권력 강제수단이 필요하지 않은 부분과 보조적인 부분을 민간경비분야로 이관시켜야 한다.

17 민간경비에 관한 설명으로 옳지 않은 것은?

① 특정 분야에서는 공경비와 거의 유사한 활동을 하게 된다.
② 공경비에 비하여 한정된 권한과 각종의 제약을 받는다.
③ 특정한 의뢰자의 이익을 위하여 안전활동을 수행한다.
④ 공경비와는 완전히 다른 안전기법을 활용하여 업무를 수행한다.

Advice 공경비와 민간경비는 경비주체에 따른 분류로 공경비와 민간경비가 서로 다른 기법을 활용하여 업무를 수행하지는 않는다.

18 민간경비업의 개념에 관한 설명으로 옳지 않은 것은?

① 우리나라 경비업법상 경비업에는 시설경비, 호송경비, 신변보호, 기계경비, 특수경비, 민간정보조사업무가 있다.
② 민간경비라는 용어는 경찰조직에서의 경비와 그 의미에서 차이가 있다.
③ 민간경비업은 영리성을 그 특징으로 한다.
④ 민간경비 종사자는 사인신분으로 특정 고객에게 계약사항 내에서의 서비스를 제공한다.

Advice 경비업이란 시설경비업무, 호송경비업무, 신변보호업무, 기계경비업무, 특수경비업무의 전부 또는 일부를 도급받아 행하는 영업을 말한다.

Answer 16.① 17.④ 18.①

19 민간경비와 공경비의 공통적인 목적으로 맞는 것은?

① 공공기관 보호, 시민단체 옹호, 영리기업 보존
② 범죄예방, 범죄감소, 사회질서유지
③ 범죄대응, 체포와 구속, 초소근무 철저경비
④ 일반시민보호, 정책결정, 공사경비철저

Advice ①③④ 공경비의 목적이다.

20 다음 설명 중 옳지 않은 것은?

① 공경비란 일반적으로 경찰이 수행하는 일로 개인의 생명 및 재산을 보호하고 공공의 질서를 유지하는 공공의 이익과 안전을 도모하는 일련의 업무를 말한다.
② 경찰은 범죄의 예방 · 진압 및 수사 업무를 한다.
③ 경찰은 교통의 단속과 위해의 방지 업무를 한다.
④ 우리나라에는 자치경찰제도가 없다.

Advice 우리나라의 경우 제주도에 자치경찰제도가 시행되고 있다.

21 민간경비산업 성장의 이론적 배경으로 맞는 것은?

① 이익집단이론 – 실업의 증가가 범죄의 증가를 가져오고 그에 대한 대응으로 민간경비시장이 성장하였다.
② 공동화이론 – 경찰의 허술한 범죄대응능력을 보완하거나 대체하며 성장하는 것이 민간경비이다.
③ 수익자부담이론 – 그냥 내버려두면 보호받지 못하는 재산을 민간경비가 보호하는 것이다.
④ 경제환원론 – 경찰은 거시적인 질서유지기능을 하고 개인의 안전보호는 개인의 비용으로 부담해야 한다.

Advice ① 경제환원론에 관한 설명이다.
③ 이익집단이론에 관한 설명이다.
④ 수익자부담이론에 관한 설명이다.

Answer 19.② 20.④ 21.②

22 국가경찰과 자치경찰의 비교에 관한 설명이다. 옳지 않은 것은?

① 자치경찰은 주민의 인권을 보호하는 데 있어서 장점이 있다.

② 자치경찰은 강력한 공권력을 발휘하는 데 장점이 있다.

③ 국가경찰은 타 부문과의 협조가 용이하다.

④ 국가경찰은 조직의 거대화로 개혁추진이 어렵다.

Advice 국가경찰이 강력한 공권력을 발휘하고 자치경찰은 지방적 특색이 반영된 경찰행정을 한다.

23 민간경비와 공경비와의 비교 관계에 대한 설명이다. 옳은 것은?

① 민간경비는 범죄예방과 억제에 주력한다.

② 민간경비는 동질의 서비스를 제공한다.

③ 공경비는 범죄 대응에 치중한다.

④ 민간경비는 경제적 손실방지에 주력한다.

Advice ① 공경비가 범죄예방과 억제에 주력한다.
② 공경비가 동질의 서비스를 제공한다.
③ 민간경비가 범죄 대응에 치중한다.

24 법에서 규정되어 있는 경찰직무의 범위로 옳지 않은 것은?

① 교통의 단속과 위해의 방지
② 교통신호기의 수리 및 교체작업
③ 범죄의 예방 및 진압
④ 치안정보의 수집 및 작성

Advice 경찰의 직무의 범위〈경찰관 직무집행법 제2조〉
㉠ 국민의 생명 · 신체 및 재산의 보호
㉡ 범죄의 예방 · 진압 및 수사
㉢ 경비, 주요인사 경호 및 대간첩 · 대테러작전 수행
㉣ 치안정보의 수집 · 작성 및 배포
㉤ 교통의 단속과 위해의 방지
㉥ 외국 정부기관 및 국제기구와의 국제협력
㉦ 기타 공공의 안녕과 질서의 유지

Answer 22.② 23.④ 24.②

02 세계 각국의 민간경비 과정 및 현황

1 각국 민간경비의 역사적 발전

1 한국의 민간경비

① 조선시대 이전

㉠ 주로 권력가나 지방유지가 자신들의 생명과 재산을 보호하기 위해 사적으로 고용하였다.

㉡ 지나친 무사들의 사병화로 국가에서 견제를 받는 경우도 있었다.

② 현대적 민간경비

㉠ 1972년 청원경찰제도의 도입

ⓐ 1960년대 후반부터 급속한 산업화가 시작되었다.

ⓑ 1962년 청원경찰법의 제정, 1973년 청원경찰법 전면개정

ⓒ 국가중요시설과 방위산업체가 신설되었다(경비수요의 급작스런 확대).

ⓓ 경찰력이 수요에 비해 부족하였다.

㉡ 민간경비의 효시

ⓐ 1950년대 후반 부산의 범아실업에서 민간경비는 시작되었다.

ⓑ 특수한 형태로 1960년대 경원기업, 화영기업은 미군에 용역경비를 제공하였다.

㉢ 법률의 제정

ⓐ 1976년 용역경비업법이 제정되었다.

ⓑ 1999년 용역경비업법에서 경비업법으로 명칭을 변경하였다.

㉣ 민간경비산업의 성장

ⓐ 1986년 아시안 게임과 1988년 서울올림픽을 계기로 성장하였다.

ⓑ 급작스런 경비수요의 증가로 민간경비업체가 크게 늘어났다.

ⓒ 1993년 대전엑스포박람회에서 민간경비업체가 크게 활약하였다.

ⓓ 최근 국가치안영역도 맡으면서 그 역할이 점점 커지고 있다.

ⓔ 2001년 「경비업법」이 전면개정되면서 경비업무의 종류에 특수경비업무가 추가되었고, 기계경비산업이 급속히 발전하여 종전의 기계경비업무가 신고제에서 허가제로 변경되고, 특수경비원제도가 추가되어 청원경찰의 입지가 축소되었다.

민간경비론

한국의 민간경비 발전과정에 관한 설명으로 옳지 않은 것은?

① 한국의 민간경비는 미군에 대한 군납형태인 제한적인 형태의 용역경비로 시작되었다.
② 1976년 12월에 용역경비업법이 제정되어 본격적인 용역경비가 실시되었다.
③ 1960년대 이후 경제성장에 따른 산업시설의 증가와 더불어 영미법상의 제도인 청원경찰제도가 도입되었다.
④ 1980년대 중반부터 프로야구, 프로축구 등 대형 이벤트가 활성화되면서 민간경비가 경기장 경비 등의 업무를 담당하게 되었다.

★③ 우리나라에서는 1962년 청원경찰법이 제정되었지만, 1970년대 이후 본격적인 산업화와 함께 산업시설의 경비를 위하여 1973년에 청원경찰제를 실시하게 되었다. 이는 외국에서는 유래를 찾아보기 어려운 제도로서 경찰과 민간경비의 과도기에 만들어진 제도이다.

답 ③

2 일본의 민간경비

① 중세시대

㉠ 지역의 성주는 자신의 세력을 유지하기 위해 무사를 고용하였다.
㉡ 직업경비업자들이 생겨나 경비업무를 하고 용역공급을 하였다.
㉢ 점차적으로 귀중품 운반과 저택경비 등 그 업무가 전문화되었다.

② 현대적 민간경비

㉠ 제2차 세계대전의 패전 이후 현대적 민간경비업이 등장하였다.
㉡ 민간경비산업의 성장
ⓐ 1964년 동경올림픽을 계기로 성장하였다.
ⓑ 1970년 오사카에서 개최된 만국박람회로 민간경비업은 양적 · 질적으로 성장하였다.
ⓒ 1980년대 초 한국에 진출하였다.
- 일본 경비업계 1위인 SECOM이 한국에 진출하였다.
- 한국에 SECOM이 들어와서 지금의 S1(에스원)으로 영업하고 있다.
ⓓ 1988년에 중국에도 진출하였다.

3 미국의 민간경비

① 19세기 중엽

㉠ 서부개척시대에 금괴수송을 위해 민간경비가 시작되었다.

㉡ 철도경비의 시작으로 민간경비의 새로운 기회가 찾아오게 되었다. 금을 운반하기 위해 역마차, 철도 등이 부설되었고, 이 때문에 역마차회사, 철도회사는 자체의 경비조직을 갖지 않을 수 없게 되었으며 이와 같은 요청에 의해 생겨난 조직이 핀카톤 경비조직이다.

TIP

핀카톤 경비조직
앨른 핀카톤은 시카고 최초의 형사로 핀카톤 흥신소를 설립하여 50년에 걸쳐 미국 철도수송의 안전을 도모하는 경비회사가 조직되었다. 1883년에는 보석상연합회의의 위탁을 받아 도난보석이나 보석절도에 관한 정보를 집중관리하는 조사기관이 있었고, 20세기에 들어와서는 FBI 등 연방법 집행기관이 이러한 범죄자 정보를 수집, 관리하였기 때문에 핀카톤 회사는 민간대상의 정보에 한정되도록 되어 있다.

② 19세기 말

㉠ 불경기와 함께 강력한 노동운동이 벌어졌다.

㉡ 노동자들의 과격한 행동은 자본가들의 민간경비고용으로 이어졌다.

㉢ 당시 미국사회의 전반적인 불황으로 민간경비의 수요는 급증하였다.

③ 제1 · 2차 대전

㉠ 제1차 대전 직전에는 산업시설보호가 주 업무였다.

㉡ 제2차 대전 때에는 군 관련 업무가 민간에 맡겨지면서 민간경비의 업무가 확대되었다.

㉢ 양적인 확대뿐만 아니라 전쟁을 겪으면서 기술적 발전을 민간경비분야에 적용하게 되었다.

㉣ 국민들의 경비에 대한 인식도 변화하면서 민간경비의 황금기를 맞게 되었다.

4 영국의 민간경비

① 경찰의 역사

㉠ 5세기경부터 앵글로색슨족이 정착하면서 10인 조합(10가구씩 하나의 집단)을 구성하는 등 자치치안의 전통을 형성하기 시작하였다.

㉡ 10인 조합은 100인 조합을 형성하고 효율적인 관리를 위해 영주가 임명한 관리책임자(Constable)를 선출하였다.

㉢ 1285년 에드워드 1세는 중소도시의 경찰활동을 보장하기 위해 윈체스터법을 제정하였다.

㉣ 1749년 헨리필딩은 당시 영국 보우가의 행정장관으로 임명되어 타락한 보우가의 치안을 유지하기 위해 시민들 중 지원자에 의해서 범죄예방 조직을 만들고 이들에게 봉사에 대한 보수를 지급하였으며, 나중에 수도경찰에 흡수되었다.

㉤ 산업혁명 이후 1829년 내무부 장관 로버트 필 경(Sir Robert Peel)은 혁신적인 경찰개혁을 단행하였다.

㉥ 로버트 필 경은 수도 런던에는 런던경찰청의 설립을 제안하고, 주·야간 경비제도를 통합하여 수도경찰조직을 만들었다.

② 영국의 레지스 헨리시법

㉠ 민간차원의 경비개념을 공경비 차원의 경비개념으로 바꾸게 된 법이다. 헨리국왕 집권기간에 이루어졌다.

㉡ 범죄자에 대한 처벌은 국왕에 의해서 처벌되어야 한다는 내용이다.

③ 산업혁명시대

㉠ 공경비와 민간경비의 발달을 가져온 시기이다.

㉡ 급속한 산업화로 빈부의 격차가 커지면서 범죄가 크게 늘어났다.

범죄예방을 위해서는 시민 스스로가 단결해야 한다는 개념을 확립하고 보우가의 외근기동대를 창설하는데 공헌한 사람은?

① 리처드 메인　　② 앨런 핑커톤
③ 로버트 필　　④ 헨리필딩

★④ 신속한 범죄해결을 위해 최초의 형사기동대로 활동하였으며 1893년 수도경찰에 흡수되면서 영국경찰의 모델이 되었다.

답 ④

2 각국 민간경비산업 현황

1 한국의 민간경비산업 현황

① 연도별 민간경비원 및 민간경비업체 현황

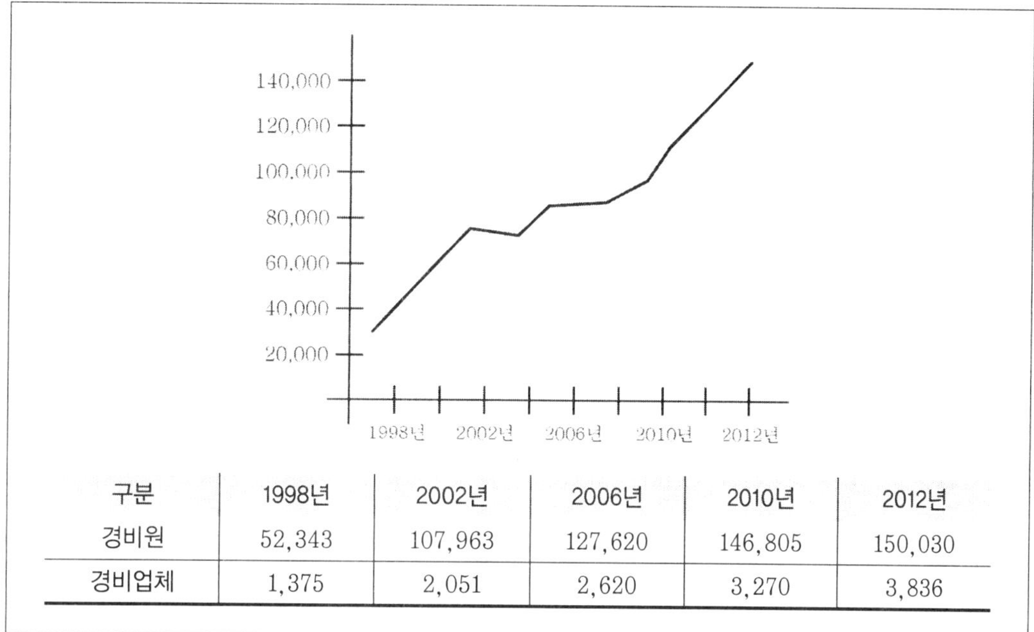

구분	1998년	2002년	2006년	2010년	2012년
경비원	52,343	107,963	127,620	146,805	150,030
경비업체	1,375	2,051	2,620	3,270	3,836

② 최근 5년간 경비지도사 합격자 현황

연도별		수험현황			
		대상자	응시자	합격자	합격률
2012 14회	1차	5,770	4,594	2,515	54.75
	2차	10,297	7,930	621	7.83
2013년 15회	1차	6,776	5,420	2,550	47.05
	2차	11,162	8,362	632	7.56
2014년 16회	1차	6,458	4,965	3,644	73.39
	2차	10,977	7,797	668	8.57
2015년 17회	1차	6,267	4,779	1,623	33.96
	2차	10,910	7,750	641	8.27
2016년 18회	1차	7,188	5.345	2,744	51.33
	2차	10,588	6,810	754	11.07

③ 경비지도사 제18회 합격자 분포

㉠ 성별(1차)

성별	수험장 현황(2016년 1차)				
	대상자	응시자	합격자	합격률	합격자 성별 비율
계	7,188	5,345	2,744	51.34%	100%
여성	786	606	272	44.88%	9.9%
남성	6,402	4,739	2,472	52.16%	90.1%

㉡ 성별(2차)

성별	수험장 현황(2016년 2차)				
	대상자	응시자	합격자	합격률	합격자 성별 비율
계	10,588	6,810	754	11.07%	100%
여성	939	496	30	6.05%	4%
남성	9,649	6,314	724	11.47%	96%

2 일본의 민간경비산업 현황

① 1972년 경비업법 시행 이후 최근까지 경비업체의 꾸준한 증가세를 보이고 있다.

② 1999년 일본 민간경비업체의 총매출은 동년도 경찰예산의 65%에 달한다.

③ 1972년 이래 일본 민간경비원의 수는 약 10배 증가, 1998년도에 이미 40만 명을 넘어섰다.

④ 2000년도 이후에는 그 경비업체의 수가 증감을 반복하고 있다.

⑤ 일본의 민간경비업체 중에 중견기업으로 자리를 잡은 기업들이 전체의 30% 이상을 차지하고 있다.

⑥ 일본의 민간경비업계는 경찰과의 안정적인 협조관계를 구축하고 있다.

3 미국의 민간경비산업 현황

① 주 마다 조금씩 다르지만 미국의 민간경비는 경찰과 그 직위나 신분상 보장이 비슷하여 경찰이 부업으로 민간경비를 하기도 한다.

② 민간경비와 경찰이 서로 협조적인 관계를 유지하여 범죄예방활동에 힘쓰고 있다.

③ 미국의 민간경비는 전반적으로 성장추세지만 그 성장률이 점차 낮아지는 추세이다.

3 각국 민간경비의 법적 관계(한국, 일본, 미국)

1 한국의 민간경비 법적 관계

① **민간경비업 관련법**

㉠ 경비업법

ⓐ 경비업은 법인이 아니면 할 수 없다.
ⓑ 경비업을 영위하고자 하는 법인은 지방경찰청장에 허가를 받아야 한다.
ⓒ 경비업의 업무에 따라 그 시설기준이 다르며 그 시설기준을 충족시켜야 한다.
ⓓ 경비업자는 행정적인 통제, 즉 행정처분, 감독 및 제재 등을 받는다.

ⓔ 경비원이 업무상 고의 또는 과실로 경비대상에 손해를 주었을 때는 경비업자가 이를 배상하도록 규정되어 있다.

㉡ 청원경찰법

ⓐ 청원경찰은 국가기관 또는 공공단체와 그 관리하에 있는 중요시설 또는 사업장, 국내주재 외국기관, 기타 중요시설 · 사업장 또는 장소에 해당하는 기관의 장 또는 시설 · 사업장 등의 경영자가 소요경비를 부담할 것을 조건으로 경찰의 배치를 신청하는 경우에 그 기관 · 시설 또는 사업장 등의 경비를 담당하게 하기 위하여 배치하는 경찰을 말한다.

ⓑ 민간인이 경찰관의 직무를 수행할 수 있도록 허가한 경찰제도이다.

ⓒ 경비구역 내에서는 경찰관 직무집행법에 의한 직무를 수행한다.

② **경비인력 전문화**

㉠ 경비업법에 경비지도사의 선발에 관한 규정을 두고 있다.

㉡ 민간경비원 전문화에 관련된 자격증에 대한 규정은 따로 없다.

㉢ 경비업법상의 경비지도사 또는 일반경비원이 될 수 없는 자〈제10조〉

ⓐ 만 18세 미만인 자, 피성년후견인, 피한정후견인

ⓑ 파산선고를 받고 복권되지 아니한 자

ⓒ 금고 이상의 실형의 선고를 받고 그 집행이 종료(집행이 종료된 것으로 보는 경우를 포함)되거나 집행이 면제된 날부터 5년이 지나지 아니한 자

ⓓ 금고이상의 형의 집행유예선고를 받고 그 유예기간 중에 있는 자

ⓔ 다음의 하나에 해당하는 죄를 범하여 벌금형을 선고받은 날부터 10년이 지나지 아니하거나 금고 이상의 형을 선고받고 그 집행이 종료된(종료된 것으로 보는 경우 포함) 날 또는 집행이 유예 · 면제된 날부터 10년이 지나지 아니한 자

- 형법 제114조(범죄단체 등의 조직)의 죄
- 폭력행위 등 처벌에 관한 법률 제4조(범죄를 목적으로 한 단체 또는 집단을 구성하거나 그러한 단체 또는 집단에 가입하거나 그 구성원으로 활동한 자)의 죄
- 형법 제297조(강간), 제297조의2(유사강간), 제298조(강제추행), 제299조(준강간, 준강제추행), 제300조(강간, 유사강간, 강제추행, 준강간, 준강제추행의 미수범) 제301조(강간 등 상해 · 치상), 제301조의2(강간 등 살인 · 치사), 제302조(미성년자 등에 대한 간음), 제303조(업무상위력 등에 의한 간음), 제305조(미성년자에 대한 간음, 추행), 제305조의2(강간, 유사강간, 강제추행, 준강간, 준강제추행, 미성년자에 대한 간음, 추행의 상습범)의 죄
- 성폭력범죄의 처벌 등에 관한 특례법 제3조(특수강도강간), 제4조(특수강간 등), 제5조(친족관계에 의한 강간 등), 제6조(장애인에 대한 강간 · 강제추행 등), 제7조(13세 미만의 미성년자에 대한 강간, 강제추행 등), 제8조(강간 등 상해 · 치상), 제9조(강간 등 살인 · 치사), 제10조(업무상 위력 등에 의한 추행), 제11조(공중 밀집 장소에서의 추행), 제15조(제3조부터 제9조까지의 미수범만 해당한다)의 죄

- 아동 · 청소년의 성보호에 관한 법률 제7조(아동 · 청소년에 대한 강간 · 강제추행 등) 및 제8조(장애인인 아동 · 청소년에 대한 간음 등)의 죄
- 위의 3~5번째 항목에 해당하는 죄로서 다른 법률에 따라 가중처벌되는 죄

ⓕ 다음의 하나에 해당하는 죄를 범하여 벌금형을 선고받은 날부터 5년이 지나지 아니하거나 금고 이상의 형을 선고받고 그 집행이 유예된 날부터 5년이 지나지 아니한 자

- 형법 제329조(절도), 제330조(야간절도), 제331조(특수절도), 제331조의2(자동차 등 불법사용) 및 제332조(상습범), 제333조(강도), 제334조(특수강도), 제335조(준강도), 제336조(인질강도), 제337조(강도상해, 치상), 제338조(강도살인 · 치사), 제339조(강도강간), 제340조(해상강도), 제341조(강도, 특수강도, 인질강도, 해상강도의 상습범), 제342조(제329조 내지 제341조의 미수범), 제343조(강도 예비, 음모)의 죄
- 위의 죄로서 다른 법률에 따라 가중처벌되는 죄

ⓖ ⓔ의 3~5번째 항목에 해당하는 죄를 범하여 치료감호를 선고받고 그 집행이 종료된 날 또는 집행이 면제된 날부터 5년이 지나지 아니한 자 또는 ⓕ의 어느 하나에 해당하는 죄를 범하여 치료감호를 선고받고 그 집행이 면제된 날부터 5년이 지나지 아니한 자

ⓗ 경비업법이나 경비업법에 따른 명령을 위반하여 벌금형을 선고받은 날부터 5년이 지나지 아니하거나 금고 이상의 형을 선고받고 그 집행이 유예된 날부터 5년이 지나지 아니한 자

㉣ 청원경찰법상의 청원경찰의 임용자격〈시행령 제3조〉

ⓐ 임용자격 : 18세 이상인 사람. 다만, 남자의 경우에는 군복무를 마쳤거나 면제된 자에 한한다.

ⓑ 신체조건

- 신체가 건강하고 팔다리가 완전해야 한다.
- 시력(교정시력 포함)은 양쪽 눈이 각각 0.8이상일 것

2 일본의 민간경비 법적 관계

① 일본의 민간경비업자와 경비원은 타인의 자유와 권리를 침해하지 못하도록 규정하고 있다.

② 일본의 민간경비원은 사인과 다른 특권을 부여하지 않고 있다.

③ 민간경비원은 민 · 형사상에 책임에 있어 사인과 같은 지위를 부여받고 있다.

3 미국의 민간경비 법적 관계

① 초기 공공경찰의 영역 침범을 우려하여 민간경비의 개입을 반대한다.

② 민간경비 질 향상 방안

㉠ 경비원의 질 향상

㉡ 전국적 법제를 통한 민간경비회사들 통제

㉢ 필수적인 교육훈련 요구 등

㉣ 민간영역에 몇 가지 경찰기능 적용

③ 미국인의 범죄에 대한 두려움으로 인해 민간경비지출 증가

㉠ 국가경찰의 예산감축으로 인해 보험대용으로 민간경비비의 증가

㉡ 전문화된 서비스 요구에 기업들의 계약경비사업 증가

㉢ 보험회사 자체에서 민간경비 사용을 요구

④ 민간경비원의 법적 지위는 재산을 보호하기 위해 고용한 소유자의 권한에 근거한다고 본다.

각국의 민간경비 발전과정에 관한 설명으로 옳지 않은 것은?

① 미국의 민간경비산업은 2001년 9·11테러 사건 이후 국토안보부의 신설 등 정부역할이 확대되면서 공항, 금융기관 등의 주요 시설에서의 매출과 인력이 축소되었다.

② 일본에서 현대 이전의 민간경비는 헤이안(平安)시대에 출현한 무사계급에서 그 뿌리를 찾을 수 있다.

③ 독일은 1990년 통일 후 민간경비가 구동독사회의 질서유지역할을 수행하여 시민의 지지를 얻게 되었다.

④ 우리나라는 주한미군 시설물에 대한 군납경비를 통해 민간경비산업이 처음 등장하게 되었다.

★① 범죄에 대한 두려움과 국가경찰의 예산감축으로 인해 보험대용으로 민간경비비가 증가하였다.

답 ①

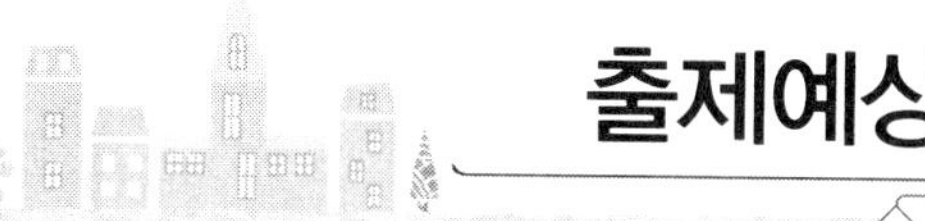

출제예상문제

1 **각국의 민간경비 발전과정에 관한 설명으로 옳지 않은 것은?**

① 일본의 민간경비는 1964년 동경올림픽을 계기로 획기적으로 발전하였다.
② 일본의 민간경비는 실질적인 지휘감독은 도 · 부 · 현에 설치된 각 공안위원회의 지휘를 받고 범죄예방 활동에 있어서는 경찰과 긴밀한 협력관계를 유지하고 있는 것이 특징이다.
③ 미국은 제2차 세계대전에서 군사, 산업시설의 안전보호와 군사물자, 장비 또는 기밀 등의 보호를 위한 임무가 민간경비에 부여되었다.
④ 미국은 서부지역에 치우쳐 있던 공권력이 동부지역에 미치지 못하여 민간경비의 정착이 20세기 이후에 이루어졌다.

Advice ④ 19세기 중엽의 미국은 골드러쉬로 불리는 서부개척시대로 금을 운반하기 위한 역마차나 철도가 부설되고 이를 보호하기 위한 경비조직을 필요로 했다. 이로 인해 핀카톤(Pinkerton) 경비조직이 생겼으며, 이것이 미국 민간경비 발달의 계기가 되었다.

2 **영국에서 민간경비 차원의 경비개념에서 공경비 차원의 경비개념으로 바뀌게 한 결과를 가져온 것은?**

① 규환제도(Hue and Cry)
② 상호보증제도(Frank Pledge System)
③ 윈체스터법(The Statute of Winchester)
④ 레지스 헨리시법(The Legis Henrici Law)

Advice ④ 헨리국왕 집권기간에 이루어졌고 범죄자에 대한 처벌은 국왕에 의해서 처벌되어야 한다는 내용이다.

Answer 1.④ 2.④

3 **우리나라 민간경비의 발전과정에 관한 설명으로 옳지 않은 것은?**

① 정부는 치안상황이 경찰력만으로는 부족하다는 정책적 판단 하에 1976년 용역경비업법을 제정하였다.

② 1960년대 경제성장에 따른 산업시설의 증가와 북한의 무장게릴라 침투에 따른 한정된 경찰인력을 보조하여 국가중요시설의 경비를 담당할 목적으로 청원경찰제를 창설하였다.

③ 1997년 제1회 경비지도사 자격시험을 실시하였다.

④ 2000년대 자본과 기술에서 어려움을 겪던 기존의 영세한 민간경비업체들이 대기업의 진출을 환영하였다.

Advice ④ 1986년 아시안게임과 1988년 올림픽을 거치면서 영세함에서 탈피하였다.

4 **우리나라 민간경비의 역사적 배경에 관한 설명으로 옳지 않은 것은?**

① 고대는 부족이나 촌락단위의 공동체 성격을 가진 자체경비조직을 활용하였다.

② 삼국시대는 지방의 실력자들이 해상을 중심으로 사적 경비조직을 활용하였다.

③ 고려시대는 지방호족이나 중앙의 세도가들이 무사를 고용하는 등 다양한 형태의 경비조직이 출현하였다.

④ 조선시대는 자신들의 생명과 재산을 보호하기 위한 목적의 권력자나 재력가들로 인해 민간경비조직이 활성화 되었다.

Advice ④ 지나친 무사들의 사병화로 국가에서 견제하였다.

5 **A. J. Bilek이 제시한 민간경비원의 일반적 지위에 포함되지 않는 것은?**

① 경찰관 신분의 경비원 ② 군인신분의 경비원

③ 민간인 신분의 경비원 ④ 특별한 권한을 보유한 경비원

Advice J. Bilek이 제시한 민간경비원의 일반적 지위

㉠ 민간인 신분의 경비원

㉡ 특별권한을 보유한 경비원

㉢ 경찰관 신분의 경비원

Answer 3.④ 4.④ 5.②

6 다음 중 영국에서 주야간 경비제도를 통합하여 수도경찰 조직을 만든 사람은?

① 로버트 필　　② 헨리 필딩
③ 조지 맥밀란　　④ 에드윈 홈즈

Advice 1829년 당시 내무부 장관 로버트 필(Robert Peel)은 혁신적인 경찰개혁을 단행한다. 종래 경비병에 지나지 않았던 비능률적 경찰제도를 폐지하고 근대적 경찰을 창설하였다.

7 각국의 민간경비에 대한 설명 중 틀린 것은?

① 미국의 민간경비산업은 1 · 2차 세계대전 이후 급속하게 발전하였다.
② 일본에는 교통유도경비제도가 있다.
③ 영국은 산업혁명 때 민간경비와 공경비의 발전을 이루었다.
④ 한국의 (용역)경비업법은 청원경찰법 이전에 제정되어 일찍부터 공경비인 경찰과 더불어 치안활동에 많은 기여를 해오고 있다.

Advice ④ 청원경찰법은 1973년에 제정되었으며, 용역경비업법은 1976년에 제정되었다. 1999년 용역경비업법이 경비업법으로 명칭이 변경되면서 공경비와 더불어 치안활동에 대한 기여정도가 점진적으로 커졌다.

8 한국에서 외국경비회사와의 기술제휴로 기계경비시대가 본격적으로 열린 시기는?

① 1940~1950년대　　② 1960년대 이후
③ 1970년대　　④ 1980년대

Advice 일본의 SECOM이 1980년대 초에 한국에 진출하였다. 그때 일본과 기술제휴를 하여 기계경비를 시작하게 되었다.

Answer 6.① 7.④ 8.④

9 **일본 민간경비에 대한 설명으로 옳은 것은?**

① 일본은 1970년대에 이르러 민간경비업무를 전문적 · 직업적으로 수행하는 민간경비회사가 등장하였다.

② 일본 민간경비는 기계경비보다는 인력경비를 중심으로 하여 새로운 시장을 개척하고 있다.

③ 일본 민간경비는 1980년대 초에 한국에 진출하고, 1980년도 후반에는 중국에까지 진출하는 등 성장을 계속하고 있다.

④ 일본 민간경비는 1964년 도쿄올림픽 선수촌 경비과정을 거치면서 침체기를 겪었다.

Advice 일본 민간경비산업의 성장

㉠ 1964년 동경올림픽을 계기로 성장하였다.

㉡ 1970년 오사카에서 개최된 만국박람회로 민간경비업은 양적 · 질적으로 성장하였다.

㉢ 80년대 초 한국에 진출하였다.

- 일본 경비업계 1위인 SECOM이 한국에 들어왔다.
- 한국에 SECOM이 들어와 지금의 S1(에스원)으로 영업하고 있다.

㉣ 1988년에는 중국에도 진출하였다.

10 **일본의 민간경비산업에 대한 설명으로 옳지 않은 것은?**

① 일본의 민간경비업체의 수는 1970년대 이후 꾸준히 증가하였다가 1990년대 중반 이후 그 증가세가 급격히 둔화되었다.

② 일본의 민간경비산업은 1964년 동경올림픽과 1970년 오사카 만국박람회를 계기로 급성장하였다.

③ 1999년 일본 민간경비업체의 총매출은 동년도 일본경찰 총예산의 65%에 달한다.

④ 1972년도에 경비업법이 제정된 이래 일본 민간경비원의 수는 약 10배 증가하여 1998년도에 이미 40만 명을 넘어섰다.

Advice 일본의 민간경비업체의 수는 1970년대 이후 꾸준히 증가세를 보이다 최근 2000년대에 그 수의 증감을 반복하고 있다.

Answer 9.③ 10.①

11 다음 중 영국에서 민간경비와 공경비의 발달을 가져온 시기는?

① 산업혁명시대
② 헨리국왕시대
③ 보우(Bow)가 주자시대
④ 주야감시시대

Advice 산업혁명시대
㉠ 공경비와 민간경비의 발달을 가져온 시기이다.
㉡ 급속한 산업화로 빈부의 격차가 커지면서 범죄가 크게 늘어났다.

12 미국의 민간경비 발전과정에 대한 설명으로 옳지 않은 것은?

① 민간경비 발전 초기 위조화폐 단속
② 제2차 세계대전으로 인한 군수산업의 발전
③ 권위주의적인 경찰통제
④ 18세기 금광개발로 인한 금괴수송을 위한 철도경비

Advice 경찰의 인력부족으로 경비수요를 충족하기 위해 발전하기 시작한 민간경비는 경찰과 상호보완적인 관계로 권위주의적 경찰통제는 민간경비의 발전과 직접적인 연관이 없다.

13 미국의 경비산업을 크게 발전시킨 이유로 볼 수 없는 것은?

① 캘리포니아에서 금광의 발견에 따른 역마차 및 철도 운송경비 수요의 증가
② 19세기 말부터 20세기 초에 걸친 대규모 산업 스트라이크
③ 1892년의 홈스티드의 파업사건
④ 제2차대전 후 산업경비의 필요성에 대한 인식 증대

Advice 1892년 펜실베니아주 홈스티드에 있는 카네기 제강소에서 벌어진 노동자 파업으로 이는 경비산업을 발전시킨 사건이 아니다.

Answer 11.① 12.③ 13.③

14 우리나라 민간경비업과 민간경비원의 법적 지위에 관한 설명으로 옳지 않은 것은?

① 민간경비원의 활동은 일반통치권에 의한 작용이므로 사인적 지위와는 다르다.
② 민간경비원의 범인체포 등의 행위는 형법상의 체포, 감금죄가 성립된다.
③ 경비업법은 민간경비원이 업무수행 중에 고의 또는 과실로 경비대상에 발생하는 손해를 방지하지 못할 때에 경비업자가 이를 배상하도록 규정하고 있다.
④ 경비업체는 법인으로 제한되어 있다.

Advice 일반통치권에 의한 경찰의 법적 지위에 관한 설명이다.

15 각국의 민간경비원의 법적 지위에 관한 설명으로 옳지 않은 것은?

① 일본의 민간경비원은 형사법상 문제발생 시 사인과 동일하게 취급한다.
② 미국의 민간경비원은 주의 위임입법이나 지방조례 등에서 예외적으로 특정 조건하에서 특별한 권한을 부여하고 있다.
③ 한국의 민간경비원은 업무수행 중 고의 또는 과실로 경비대상에 발생한 손해를 방지하지 못한 때에는 그 손해를 직접 배상해야 한다.
④ 한국의 민간경비원은 영장 없이 현행범을 체포할 수 있다.

Advice 손해배상〈경비업법 제26조〉
㉠ 경비업자는 경비원이 업무수행 중 고의 또는 과실로 경비대상에 손해가 발생하는 것을 방지하지 못한 때에는 그 손해를 배상해야 한다.
㉡ 경비업자는 경비원이 업무수행 중 고의 또는 과실로 제3자에게 손해를 입힌 경우에는 이를 배상해야 한다.

16 한국의 민간경비산업의 특징이 아닌 것은?

① 한국의 청원경찰제도는 외국에서는 볼 수 없는 특별한 제도이다.
② 1976년 용역경비업법이 제정되었고 1978년 사단법인 한국용역경비협회가 설립되었다.
③ 현대적 의미의 한국 민간경비제도는 1960년대부터이다.
④ 1993 대전엑스포박람회를 계기로 한국에 기계경비가 도입되었다.

Advice 1980년대 일본의 민간경비업체가 한국에 진출하면서부터 한국에 기계경비가 도입되기 시작했다.

Answer 14.① 15.③ 16.④

17 한국의 민간경비산업에 대한 설명 중 옳은 것은?

① 2001년 경비업법 개정은 시설경비업무를 더욱 강화했다.
② 경비회사의 수나 인원면에서 기계경비에의 의존도가 매우 높다.
③ 한국민간경비업계는 1986년 아시안 게임, 1988년 서울 올림픽, 1993년 대전엑스포를 계기로 급성장했다.
④ 일반 국민들이 기계경비의 필요성과 효율성을 인식하는 단계에까지는 아직 이르지 못했다.

Advice ① 경비업법 개정내용으로는 신변보호업무로 규정하여 해당관청에 허가를 얻어야 신변보호업무를 영위할 수 있고 신변보호업무는 사람의 생명이나 신체에 대한 위해발생을 방지하고 그 신변을 보호하는 업무로 정의하고 있으며 신변보호업무 법인이 아니면 이를 영위할 수 없다고 규정하고 있고 사설경호기관의 임직원에 대해서도 경비업법에 임용규정 자격취득의 규정 및 준수사항 등을 명시하고 있다. 2009년 법률 개정으로 외국의 경우처럼 특수경비를 목적으로 하는 사설경호기관 요원도 총기를 휴대하여 활동할 수 있게 되었다.
② 기계경비에 의존도는 높지 않다.
④ 필요성과 효율성을 인식하는 단계에는 이르렀다.

18 다음 중 우리나라 경비산업에 대한 설명으로 가장 올바르지 못한 것은?

① 경비업법은 경비업의 육성, 발전과 그 체계적 관리로 경비업의 건전한 운영에 이바지함을 목적으로 하고 있다.
② 기계경비산업이 점차 활성화되고 있다.
③ 국가중요시설의 효율성 제고 방안으로 특수경비업무가 신설되었다.
④ 민간경비산업이 공경비에 비하여 성장하지 못하고 있다.

Advice 민간경비산업은 경비업법이 제정되고 아시안게임과 올림픽 그리고 엑스포를 개최하면서 크게 성장한 산업 중에 하나이다. 그에 비해 공경비의 성장은 크게 이루어지지 않았다.

19 우리나라의 민간경비에 대한 설명으로 옳지 않은 것은?

① 1976년에 용역경비업법이 제정되었다.
② 2002년에 용역경비업법이 경비업법으로 명칭을 변경하였다.
③ 아시안게임과 올림픽을 계기로 크게 성장하였다.
④ 1972년에는 청원경찰제도가 도입되었다.

Advice ② 1999년에 용역경비업법이 경비업법으로 명칭을 변경하였다.

Answer 17.③ 18.④ 19.②

03 민간경비의 환경

1 국내 치안여건의 변화

1 정세변화

① IMF 이후 빈부의 격차가 심화되었다.

② **부동산 정책의 실패**

㉠ 집값이 상승하였다.

㉡ 세입자에 대한 정책이 적절히 존재하지 않았다.

③ **정책 실패**

㉠ 환율정책이 미흡하였다.

㉡ 지방 발전이 고르게 일어나지 않아 도시화가 과도하게 진행되었다.

㉢ 경찰인력이 부족하였다.

④ **국회불신**

㉠ 민생과 관련된 법안을 제정하는 데 지연하였다.

㉡ 세금을 비효율적으로 배정하였다.

2 범죄추세변화

① 범죄증가 원인

㉠ 인구증가

항목 \ 연도	1995년	2000년	2005년	2010년
인구수	4천4백만	4천6백만	4천7백만	5천만
인구증가율	1.01%	0.84%	0.21%	0.26%

㉡ 지나친 도시화

항목 \ 연도	1995년	2000년	2005년	2010년
도시화율	86.7%	88.3%	90.2%	90.5%

㉢ 경기가 불안정하고 빈부격차가 심화되었다.

㉣ 청소년기에 가정환경의 불안정이 증가하였다.

㉤ 가치관이 제대로 확립되지 못했다.

② 범죄발생 추이

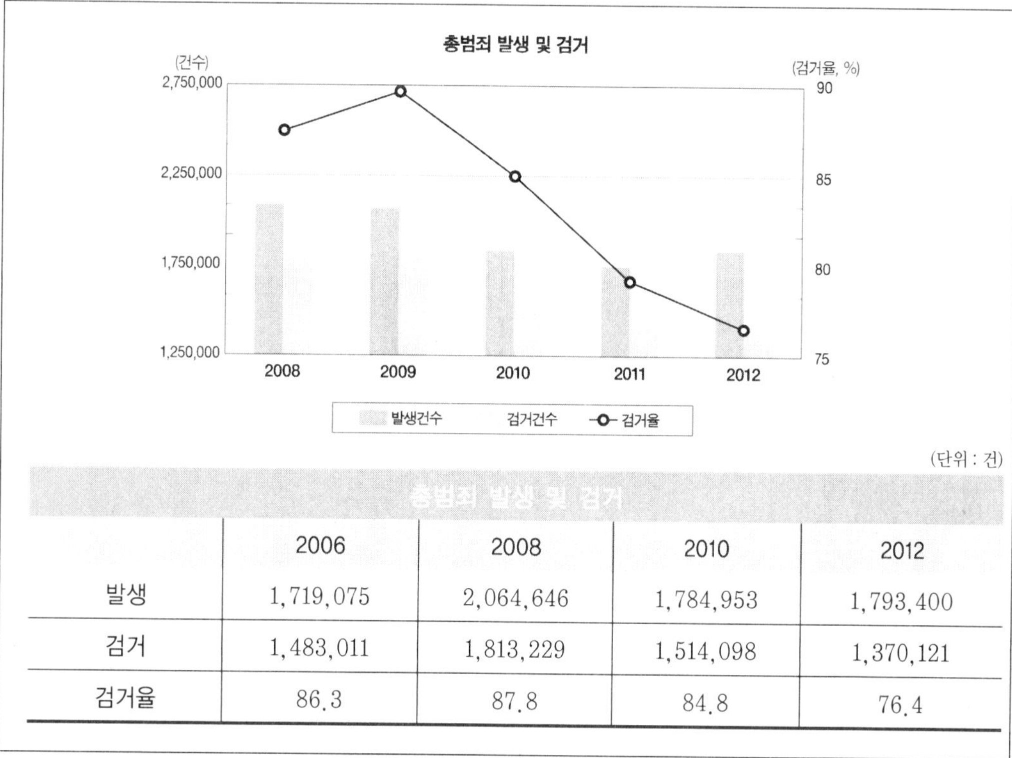

(단위 : 건)

총범죄 발생 및 검거

	2006	2008	2010	2012
발생	1,719,075	2,064,646	1,784,953	1,793,400
검거	1,483,011	1,813,229	1,514,098	1,370,121
검거율	86.3	87.8	84.8	76.4

- 총범죄 발생건수는 2008년 이후로 대폭 감소하였다.
- 범죄 검거율 측면에서 보면 인권존중, 수사절차 개선 등의 수사 환경 변화에도 불구하고 총 범죄 검거율은 87% 후반대 유지하고 있다.
- 총범죄 발생 추이는 증가세를 보이다 감소하고 있다.

③ 범죄의 특징

㉠ 경기불황으로 인한 지능형 범죄증가

ⓐ 신용카드 발급 남발로 인한 채무증가가 경제범죄 상승의 원인이다.

ⓑ 사기, 절도, 횡령 등의 전반적인 경제범죄가 상승하였다.

㉡ 사이버 환경의 변화

ⓐ 2012년 말 인터넷 사용인구는 전체 인구의 81.5%를 차지한다.

ⓑ 무선인터넷이 일상화되고 있다.

ⓒ 해킹 · 악성코드, 인터넷을 통한 마약거래 등의 범죄가 급증하고 있다.

ⓓ 유형별 사이버 범죄발생 · 검거현황

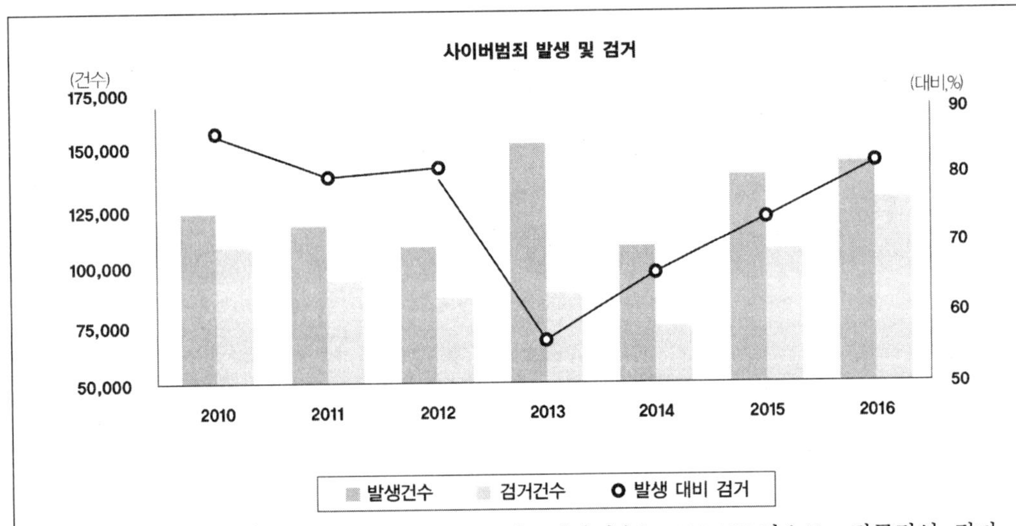

- 사이버범죄 발생건수는 '16년 총 153,075건, 검거건수는 127,758건으로, 적극적인 검거 노력과 전담 인력을 활용한 수사 활동을 통해 발생건수 대비 검거건수가 15년도 72.5%에서 16년도 83.5%로 증가하였다. (2015년 사이버범죄 발생건수 144,679건, 검거건수 104,888건)
- 사이버범죄는 랜섬 웨어 등 신종 범죄의 출현 속도가 빠르며, 토르(Tor) 및 가상화폐 이용 등 범죄수법이 점차 다양해지고 있다.

㉣ 소년사범

(단위 : 명)

연도			2007	2008	2009	2010	2011	2012	2013	2014	2015	2016
접수			116,136	133,072	134,155	105,033	104,108	119,122	100,891	90,082	90,802	87,403
처리	계		115,991	133,320	134,053	104,998	104,201	118,714	101,421	90,158	90,890	87,277
	기소	구공판	4,506	4,449	4,295	3,572	4,150	5,315	5,197	4,284	4,437	4,010
		구약식	9,349	6,783	3,641	3,283	3,112	3,160	2,889	2,480	2,181	2,228
	불기소		69,724	87,171	86,710	60,294	57,392	64,053	50,089	44,254	45,679	40,963
	소년보호 사건송치		26,950	29,561	33,871	32,227	33,186	37,193	29,937	25,191	24,999	25,159
	기타		5,462	5,356	5,536	5,622	6,361	8,993	13,309	13,949	13,594	14,917

- 소년사범 : 법률을 위반하여 수사기관에 입건된 만 14세 이상~19세 미만인 자
- 불기소 : 혐의 없음, 기소유예, 죄가 안 됨, 형사 미성년, 공소권 없음, 각하 등
- 기타 : 기소 중지, 참고인 중지, 가정보호사건 송치, 타관 이송, 성매매 보호사건 송치 등

㉤ 마약범죄 분석

ⓐ 마약사범, 밀수사범 단속 현황

(단위 : 건수)

		2005	2006	2007	2008	2009	2010	2011	2012
밀수	총계	23	50	169	281	134	20	9	–
	농수축산물	6	9	56	76	28	1	4	–
	약재	9	26	65	121	15	4	2	–
	선박	0	0	0	0	0	–	–	–
	시계, 보석류	1	3	1	16	0	1	–	–
	전자제품	0	0	0	0	0	–	–	–
	주류	1	4	24	22	36	3	1	–
	기타	6	8	23	46	55	11	2	–
마약류	계	30	171	300	148	235	74	82	114
	향정신성의약품	3	97	285	15	2	36	36	69
	마약	27	59	13	131	225	16	44	18
	대마류	0	15	2	2	8	22	2	27

출처 : 해양경찰청「해경청 및 해경서 검거실적」

ⓑ 최근 10년간 국내 마약류사범 추이

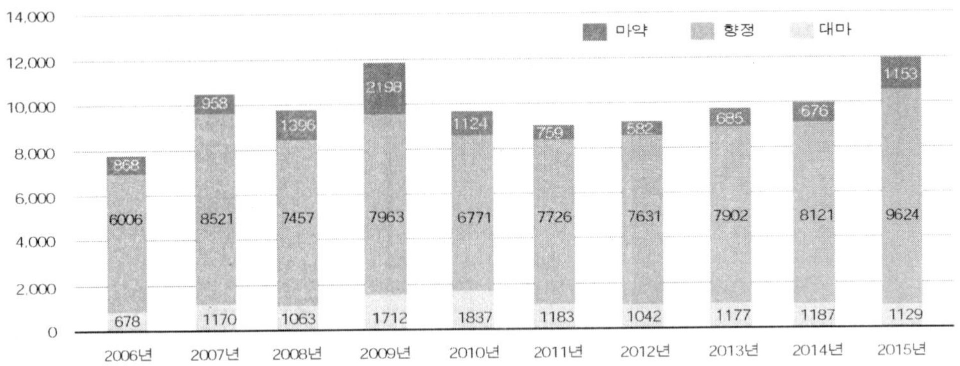

- 한국형사정책연구원 보고서에 따르면 유형별로는 투약 사범이 52.2%로 가장 많았고, 밀매(26.1%), 소지(5.7%), 밀경(5%), 밀수(4%) 순이었다. 밀조 사범은 한 건도 적발되지 않았다.
- 범죄 원인으로는 중독이 20%로 가장 높았으며, 유혹(17.6%), 호기심(12.7%), 영리(8.7%), 우연(4.1%) 순으로 나타나고 있다.

ⓒ 마약 및 밀수사범 검거현황

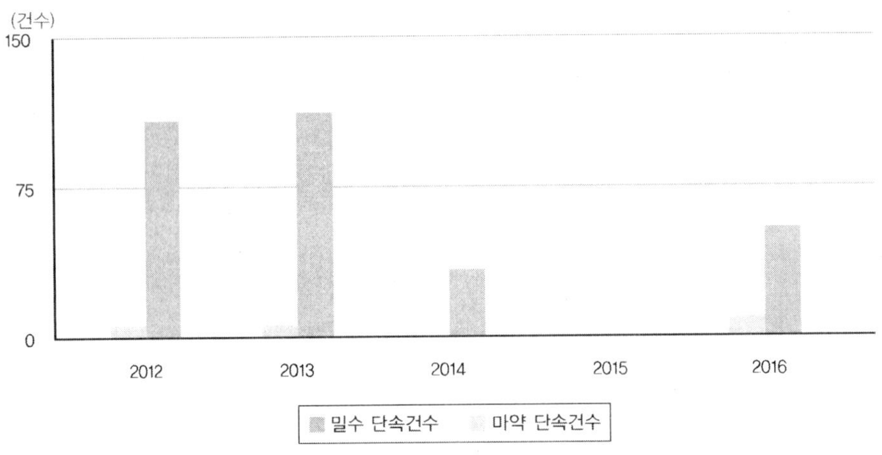

- 2007년에는 마약류에 대한 기획수사를 실시하여 마약류 사범 적발 건수가 큰 폭으로 증가하였으며, 2010년도는 양귀비 재배사범 입건 주수 상향(20주->50주)으로 마약류사범 검거 건수가 감소하였으나, 필로폰 등 향정신성의약품에 대한 단속건수는 증가하였다.
- 밀수의 경우 2010년 이후 보따리 상인들에 의한 소액 밀수 검거 지양으로 2009년 이후 큰 폭으로 검거건수가 감소하였다(2009년 134건, 2010년 20건, 2011년 9건으로 약 93% 감소, 2015년 0건).

3 치안

① **범죄예방은 민간부문이 담당**

㉠ 시민경찰학교를 운영하고 있다.

㉡ 자율방범대 활동을 내실있게 시행하고 있다.

㉢ 민간경비를 지도하고 육성한다(경비지도사).

② **범죄수사나 법집행은 국가경찰이 담당**

㉠ 범죄취약지에 방범시설물을 확충하고 있다.

㉡ 모바일 메시지 캅 시스템을 도입하였다.

ⓐ 휴대폰 문자메세지를 통한 종합방범체제이다.

ⓑ 기동성 범죄나 강력범죄 등이 발생했을 경우에 112지령실에서 범죄정보를 입력하여 이동통신사로 데이터를 전송하면 이동통신사에서는 다시 협력 전송대상자에게 SMS 문자메시지를 일제히 송신한다.

ⓒ 기계경비업체와 경비원, 자율방범대원, 택시운전사 등과 협력하는 구조를 띤다.

2 국내 경찰의 역할과 방범 실태

1 경찰의 역할

① **경찰의 기본임무**

㉠ 위험의 방지

ⓐ 공공의 안녕

ⓑ 공공의 질서

ⓒ 위험

㉡ 범죄의 수사

㉢ 대 국민 서비스 활동

② **경찰의 임무를 규정한 법**

㉠ 국가경찰의 임무〈경찰법 제3조〉

ⓐ 국민의 생명 · 신체 및 재산의 보호

ⓑ 범죄의 예방 · 진압 및 수사

ⓒ 경비 · 요인경호 및 대간첩 · 대테러 작전 수행

ⓓ 치안정보의 수집 · 작성 및 배포
ⓔ 교통의 단속과 위해의 방지
ⓕ 외국 정부기관 및 국제기구와의 국제협력
ⓖ 그 밖의 공공의 안녕과 질서유지

㉡ 경찰관 직무의 범위〈경찰관 직무집행법 제2조〉
ⓐ 국민의 생명 · 신체 및 재산의 보호
ⓑ 범죄의 예방 · 진압 및 수사
ⓒ 경비, 주요 인사 경호 및 대간첩 · 대테러 작전 수행
ⓓ 치안정보의 수집 · 작성 및 배포
ⓔ 교통 단속과 교통 위해의 방지
ⓕ 외국 정부기관 및 국제기구와의 국제협력
ⓖ 그 밖의 공공의 안녕과 질서유지

㉢ 성격
ⓐ 즉시강제에 대한 일반법 시행
ⓑ 긴급 구호 요청, 사실확인 및 출석요구
ⓒ 직무수행에 대한 근본
ⓓ 불심검문, 범죄예방과 제지, 보호조치, 위험방지

2 경찰의 방범 실태

① 고된 업무와 위험에 비하여 떨어지는 보수와 근무조건 등으로 지원자의 선호가 감소하여 경찰의 인력이 부족하다.

② 경찰장비가 노후되었다.

③ 경찰의 안전을 보장하는 장치가 충분하지 못하다.

④ 경찰의 민생안전 부서 근무의 기피현상이 있다.

⑤ 경찰의 주민들에 대한 고정관념으로 인한 이해부족 현상이 있다.

⑥ 일반인의 협조가 미비하다,

⑦ 고유 업무가 아닌 타부서 협조 업무가 많다.

경찰의 역할과 활동에 관한 설명으로 옳지 않은 것은?

① 범죄예방은 범죄가 발생하지 않도록 사전에 그 원인을 제거하는 활동이다.
② 일선경찰관들이 직접적으로 사용하는 개인장비의 표준화와 보급 및 관리는 지속적으로 개선되어야 한다.
③ 우리나라 경찰 1인당 담당하는 시민의 비율은 선진국에 비해 상당히 낮은 편이다.
④ 현재 경찰은 경찰의 이미지와 경찰활동에 대한 국민들의 인식을 높이고자 노력하고 있다.

★ ③ 주요 선진국과 비교 시 우리나라의 치안 인력은 여전히 부족한 실정이며, 일본과 비슷한 수준이다.
※ 주요 선진국 경찰관 1인당 담당인구 비교

	독일	프랑스	미국	영국	일본	우리나라
경찰관 1인당 담당인구	320명	347명	401명	403명	493명	498명

답 ③

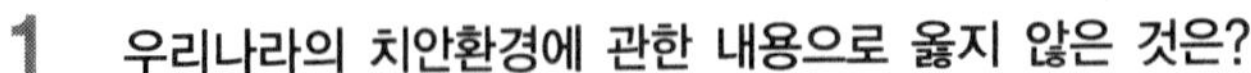

출제예상문제

1 우리나라의 치안환경에 관한 내용으로 옳지 않은 것은?

① 인구의 도시집중에 따른 개인주의적 경향으로 조직적인 범죄는 감소하고 있다.
② 고령화로 인해 노인범죄가 심각한 사회문제로 대두되고 있다.
③ 지능화, 전문화된 사이버범죄가 날로 증가하고 있다.
④ 빈부격차의 심화와 도시화로 다양한 유형의 범죄가 발생하고 있다.

Advice ① 인구집중에 따른 개인주의 성향과 조직범죄 감소 사이에 인과관계가 성립되지 않는다.

2 환경설계를 통한 범죄예방(Crime Prevention Through Environmental Design)에 관한 설명으로 옳지 않은 것은?

① 환경적인 요소가 인간의 행동 및 심리적 성향을 자극하여, 범죄를 예방한다는 환경행태학적 이론에 기초하고 있다.
② 전통적 CPTED는 범죄로부터 피해를 입을 가능성이 있는 잠재적 피해자들을 보호하기 위하여 공격자가 보호대상에 접근하지 못하도록 하는 방법을 주로 활용한다.
③ 현대적 CPTED는 궁극적인 삶의 질 향상은 고려하지 않는다.
④ CPTED의 기본전략은 자연적 감시와 접근통제, 영역성 강화, 활용성 증대, 유지관리에서 출발한다.

Advice ③ 전통적 CPTED는 공격자가 보호대상에 접근하지 못하도록 하는 방법을 주로 활용하였으나 현대적 CPTED는 시민들의 삶의 질 향상까지 고려하여 설계한다.

※ 환경설계를 통한 범죄예방(Crime Prevention Through Environmental Design)
㉠ 환경적인 요소가 인간의 행동 및 심리적 성향을 자극하여 범죄를 예방한다는 환경행태학적 이론에 기초함
㉡ 적절한 건축설계나 도시계획과 같은 범죄환경에 대한 방어적 디자인을 통해 범죄가 발생할 기회를 줄이고, 도시민들이 범죄에 대한 두려움을 덜 느끼고 안전감을 유지하도록 하여 궁극적으로 삶을 질을 향상시키는 종합적인 범죄예방전략
㉢ 개인의 본래 활동을 방해하지 않으면서 범죄예방효과를 극대화시키는 것이 목표임

Answer 1.① 2.③

3 민 · 경 협력 범죄예방에 관한 설명으로 옳지 않은 것은?

① 경찰과 지역주민이 함께 지역사회의 문제해결에 노력해야 한다는 것이 지역사회 경찰활동의 핵심이다.
② 자율방범대의 경우 자원봉사자인 지역주민이 지구대 등 경찰관서와 협력관계를 통해 범죄예방활동을 행한다.
③ 언론매체는 사적 치안유지기구에 해당하나 범죄예방활동에는 효과가 없다.
④ 경찰은 지역주민들의 자발적인 참여를 유도하기 위하여 지속적인 홍보활동을 해야 한다.

Advice ③ 언론매체는 치안유지기구 가운데 사적 치안유지기구에 해당하며, 범죄예방활동에 효과가 있다.

4 경찰의 범죄능력 한계가 발생하는 원인에 대한 설명으로 옳지 않은 것은?

① 경찰활동에 대한 주민들의 이해부족
② 경찰장비의 부족 및 노후화
③ 경찰과 민간경비의 과도한 치안공조
④ 타부처협조업무의 과중

Advice 경찰과 민간경비가 오히려 치안공조를 제대로 하고 있지 못하기 때문에 범죄능력의 한계가 생긴다고 볼 수 있다.

5 다음 설명으로 옳지 않은 것은?

① 국내 마약류 사범은 경찰의 강력한 단속에도 불구하고 검거가 감소하였다.
② 사이버 범죄의 경우 불법사이트 운영범죄가 가장 크게 증가했다.
③ 지능형 범죄가 증가하고 있는 추세이다.
④ 여성범죄의 경우 2004년에 급작스럽게 늘어났다.

Advice 선원 등 해양종사자를 상대로 필로폰 등 판매사범에 대한 단속을 2010년부터 강화한 결과, 마약류 사범 검거가 증가하였다.

Answer 3.③ 4.③ 5.①

6 경찰의 임무를 규정한 것 중에 경찰법에 규정되어 있지 않는 것은?

① 국민의 생명 · 신체 및 재산의 보호
② 범죄의 예방 · 진압 및 수사
③ 교통의 단속
④ 정보수집 및 분석

Advice 국가경찰의 임무〈경찰법 제3조〉
㉠ 국민의 생명 · 신체 및 재산의 보호
㉡ 범죄의 예방 · 진압 및 수사
㉢ 경비 · 요인경호 및 대간첩 · 대테러 작전 수행
㉣ 치안정보의 수집 · 작성 및 배포
㉤ 교통의 단속과 위해의 방지
㉥ 외국 정부기관 및 국제기구와의 국제협력
㉦ 그 밖의 공공의 안녕과 질서유지

7 범죄증가의 원인에 관한 내용이다. 옳지 않은 것은?

① 경제위기와 관련한 대규모 실업사태
② 지방의 고른 발전 부재로 과도한 도시화
③ 공무원의 공금횡령
④ 가치관의 미확립

Advice 범죄증가의 원인으로 인구증가와 과도한 도시화, 경제위기 등이 있으나 공무원의 공금횡령은 범죄의 일부이지 범죄증가의 원인이 될 수 없다.

Answer 6.④ 7.③

8 다음 설명 중 틀린 것은?

① 범죄예방이란 범죄를 미연에 방지하는 것으로 범죄가 발생하지 않도록 미리 그 원인을 제거하고 피해 확대를 방지하는 활동을 말한다.

② 최근 경찰은 지구대 도입을 통해 경찰의 인력 부족 문제를 해결하였다.

③ 방범경찰은 광의로는 공공의 안녕과 질서유지, 범죄예방 등 모든 경찰활동을 생활안전이라는 개념에 포함시킬 수 있다.

④ 방범리콜제도는 치안행정상 주민참여와 관련이 있다.

Advice 지구대는 파출소 3~4개를 묶어 운영하는 제도로 지구대 운영 이후 일부 농 · 어촌의 출동 시간이 늦어지고 순찰 빈도가 낮아 치안 사각지대가 늘어난 것을 이유로 기존의 지구대 운영제도를 파출소 운영제도로 다시 개편하고 있다.

9 최근 국내 치안여건의 변화에 대한 설명으로 옳지 않은 것은?

① 교통 · 통신시설의 급격한 발달로 범죄가 광역화 · 기동화 · 조직화되고 있다.

② 청소년 범죄가 늘고 있으며 범죄연령이 점점 낮아지고 있다.

③ 국내의 총범죄 발생건수는 시민 질서의식의 정착, 경찰의 적절한 방범대책 등으로 점차 줄어들고 있다.

④ 국제화 · 개방화에 따라 국내인의 해외범죄, 외국인의 국내범죄, 밀수, 테러 등의 국제범죄가 증가하고 있다.

Advice 국내 범죄 발생건수는 매년 증가추세를 보이고 있으며 경찰의 인력부족과 시설낙후로 방범대책수립은 점차 어려워지고 있다.

Answer 8.② 9.③

10 **다음 중 경찰의 방범능력한계에 해당되지 않는 것은?**

① 경찰인력의 부족
② 민생치안부서 근무기피 현상
③ 경찰에 대한 주민의 이해 부족
④ 경찰방범 장비 확충 및 현대화

Advice 경찰이 앞으로 더 좋은 경비서비스를 제공하기 위해 필요한 것에 대한 설명이다.

11 **다음 중 한국경찰의 범죄예방활동 수행에 있어서 한계 요인으로 옳지 않은 것은?**

① 경찰방범 장비의 부족 및 노후화
② 타 부처와의 업무협조 원활
③ 경찰활동에 대한 국민들의 이해부족
④ 치안수요 증가로 인한 경찰인력의 부족

Advice 타 부처와의 업무협조가 원활하면 범죄예방활동 수행이 수월해지므로 한계요인이라고 할 수 없다.

12 **우리나라의 경찰방범능력의 장애요인이 아닌 것은?**

① 주민자치에 의한 방범활동
② 경찰인력의 부족
③ 타 부처의 업무협조 증가
④ 방범장비의 부족 및 노후화

Advice 주민자치의 방범활동은 경찰방범능력을 부수적으로 도와주는 활동이다.

Answer 10.④ 11.② 12.①

13 우리나라 경찰방범능력의 한계로서 적절하지 않은 것은?

① 경찰인력 부족
② 경찰방범장비 부족 및 노후화
③ 타 부처 협조업무 증가
④ 경찰에 대한 주민들의 협조원활

Advice 경찰에 대한 주민들의 협조가 원활해지면 경찰방범능력이 확대된다.

14 우리나라 치안환경에 대한 설명으로 옳지 않은 것은?

① 국제화 · 개방화로 인한 외국인 범죄가 증가하는 추세이다.
② 고령화 추세로 인한 노인범죄가 사회문제로서 대두되고 있다.
③ 보이스 피싱 등 신종범죄가 대두되고 있다.
④ 청소년범죄가 증가하고 있으며 범죄연령이 높아지는 추세이다.

Advice ④ 범죄연령은 점차 낮아지는 추세이다.

Answer 13.④ 14.④

04 민간경비의 조직 및 업무

1 경비업무의 유형

1 경비업법상 유형(경비업법 제2조)

① **시설경비업무** … 경비를 필요로 하는 시설 및 장소에서의 도난 · 화재, 그 밖의 혼잡 등으로 인한 위험발생을 방지하는 업무를 말한다.

② **호송경비업무** … 운반 중에 있는 현금 · 유가증권 · 귀금속 · 상품, 그 밖의 물건에 대하여 도난 · 화재 등 위험발생을 방지하는 업무를 말한다.

③ **신변보호업무** … 사람의 생명이나 신체에 대한 위해의 발생을 방지하고 그 신변을 보호하는 업무를 말한다.

④ **기계경비업무** … 경비대상시설에 설치한 기기에 의하여 감지 · 송신된 정보를 그 경비대상시설 외의 장소에 설치한 관제시설의 기기로 수신하여 도난 · 화재 등 위험발생을 방지하는 업무를 말한다.

⑤ **특수경비업무** … 공항(항공기를 포함) 등 국가중요시설의 경비 및 도난 · 화재, 그 밖의 위험발생을 방지하는 업무를 말한다. 국가중요시설은 다음과 같다.

㉠ 공항 · 항만, 원자력 발전소 등의 시설 중 국가정보원장이 지정한 국가보안목표시설

㉡ 통합방위법 제21조 제4항의 규정에 의하여 국방부장관이 지정하는 국가중요시설

2 홈 시큐리티

① 홈 시큐리티 개요

㉠ 인터넷의 확산과 주거환경의 변화로 가정의 안전 및 경비를 담당하는 홈 시큐리티(Home Security)가 보편화되었다.

㉡ 현대인들이 보다 안전한 환경을 추구하면서 이에 따른 수요가 증가하고 있다.

㉢ 기존 경비방식에서 탈피하여 초고속 정보통신망을 기반으로 강력한 보안솔루션을 제공하고 차별화된 시스템으로 사고발생을 원천적으로 차단하며 삶의 질을 향상시키는 데 그 목적이 있다.

② 홈 시큐리티 기능

㉠ **도난경보** : 각종 감지기에서 발생하는 이상신호와 카메라에 포착되는 영상신호를 주장치를 통해서 관제실로 통보한다.

㉡ **화재 및 가스경보** : 화재발생 및 가스유출 시 경보 및 통보를 한다.

㉢ **원격 감시 제어 시스템** : 감시물에 대한 영상, 방범 · 방재, 출입통제센서 등의 감시정보를 실시간으로 네트워크나 인터넷망을 통해 사용자가 원하는 화면을 분할 형태로 동시에 모니터링하고 감시 제어 할 수 있는 보안 시스템이다.

㉣ **안전 확보** : CCTV 설치로 실시간 감시가 가능하다.

㉤ **공동현관 제어** : 세대 또는 관제실에서 출입자의 신원을 영상으로 확인하고 원격제어가 가능하다.

㉥ **음성인식 및 교신** : 긴급상황시 현장의 음성을 청취하고 회원과의 교신으로 관제실에서 상황을 직접 통제할 수 있다.

㉦ **동영상 통보 및 원격지 전송** : 인터넷망을 통하여 PDA나 휴대폰으로 현장상황을 실시간으로 확인할 수 있다.

㉧ **가전생활용품 원격제어** : 외부에서 PC나 휴대폰, PDA로 현장상황을 확인 후 원격제어가 가능하다.

③ 홈 시큐리티의 분류

㉠ **출동전문업체를 이용한 홈 시큐리티**

ⓐ 각종 센서와 ARS를 연결한 출동경비 서비스이다.

ⓑ 안전하고 빠른 시스템으로 설치 및 관리, 출동경비를 동시에 할 수 있다.

ⓒ 보험 가입 등 추가적인 안전장치 및 보상장치가 마련되고 있다.

㉡ **CCTV 카메라 설치를 통한 로컬 보안 시스템**

ⓐ CCTV 카메라 구매 및 공사를 수행해야 하는 것으로 일반적으로 대형 매장이나 건물관리에 유용하게 사용될 수 있다.

ⓑ 아날로그 카메라로 VCR 또는 TV에 연결되어 로컬상에서 저장하며 볼 수 있는 시스템이다.

ⓒ DVR 카드를 구매하여 기존 PC에 장착 후 저장 및 원격 모니터링을 수행하는 방법이 성행하고 있다.

㉢ **웹 카메라(USB 카메라)를 이용한 로컬 및 원격 보안 시스템**

ⓐ 인터넷이 되는 어떠한 곳이든 설치가 가능하며 기존 PC를 이용하여 감시카메라 역할을 수행하는 USB 카메라와 서버가 내장되어 있는 네트워크 카메라로 구분될 수 있다.

ⓑ 로컬 및 원격지에서 감시 및 저장할 수 있다.

ⓒ 움직임이 감지되면 통보해 주는 서비스, 핸드폰으로 모니터링할 수 있는 서비스 등 다양하다.

ⓓ 일부 서비스 업체는 움직임이 감지되면 핸드폰 또는 이메일로 통보하거나 스피커를 통하여 경보음을 발생 시킨다.

ⓔ 공사비가 없거나 적게 들고, 추가 관리비가 없다는 것이 장점이다.

㉣ **DVR 시스템을 이용한 보안 시스템**

ⓐ CCTV 카메라(아날로그 카메라)를 이용하고 전문 저장장치인 DVR 셋톱박스를 동시에 구매하여 설치하는 것으로 가장 전문적인 보안 감시 시스템이다.

ⓑ 가격이 고가이고 대형 매장이나 큰 규모의 관리가 필요한 곳에 적합하다.

ⓒ 기존 PC를 이용하여 DVR 캡쳐카드를 장착하면 DVR 셋톱박스의 기능을 한다.

3 요인경호

① 의의

㉠ 최근 국가 중요 인사들의 안전에 위기감이 고조되면서 요인경호에 대한 관심이 커지고 있다.

㉡ 요인경호는 요인을 암살이나 납치 등으로부터 보호하기 위한 것으로 주로 국가기관에서 행해지고 있다.

㉢ 국가기관의 경호인력이 부족하고 요인의 범위가 점차 확대되면서 민간부문이 요인경호를 하는 경우가 늘어나고 있다.

② 요인경호의 내용

㉠ 요인의 환경과 지역 구조에 관한 충분한 지식을 가지고 계획을 수립해야 한다.

㉡ 요인의 신분과 명성 등에 유의하여 가능한 위험을 예측하여 계획을 수립한다.

㉢ 경호 상세 내용

ⓐ 이동 중 경호

- 차량 운전기사에 관한 정보를 사전에 조사해 둔다.
- 이동 지점을 미리 조사하고 미리 요원을 배치해 둔다.
- 차량 내부를 점검한다.
- 경호원 간의 통신이 두절되지 않도록 하고 긴급히 연락할 수 있는 수단을 만들어 둔다.
- 거리이동 중 경호는 요인의 신분에 맞게 하며 지나치지 않도록 주의한다.
- 수상한 사람이 있는지 살피고 경계를 늦추지 않는다.

ⓑ 건물 조사

- 출입문 · 창문이 잘 잠기는지 조사한다.
- 경보시스템을 확인한다.
- 비상전원의 유무를 확인한다.
- 경보시 응답시간과 요원 도착시간을 체크한다.

ⓒ 기타 유의사항

- 요인의 주위사람들을 미리 조사한다.
- 예기치 않은 소포나 박스 포장물 등을 조심한다.
- 요인이 규칙적으로 출입하는 장소나 행동을 파악한다.
- 요인의 가족 신변을 확보한다.

4 시설경비

① 의의

㉠ 금융 · 소매 · 의료 등 다양한 시설이 증가하고 더 많은 범죄에 노출되므로 시설경비에 대한 수요가 증가하고 있다.

㉡ 다양한 시설이 존재하므로 시설의 용도에 따라 경비체계가 달라야 한다.

㉢ 시설에는 다양한 첨단장비들이 사용되므로 관련 기술력이 중요하다.

② 경비체계에 대한 계획수립

㉠ 건물구조(설계도)를 참고한다.

㉡ 경비설비 이상 유무를 점검하고 정비한다.

㉢ 직원들에 대한 경비시설 훈련과 기기사용 교육을 실시한다.

㉣ 개점 · 폐점 시간의 유의사항

ⓐ 시간대에 맞는 경비시스템을 수립한다.

ⓑ 개점 · 폐점 시간대 범죄 발생 빈도가 높으므로 적절한 대책을 수립한다.

㉤ 주위에 경찰관서가 있는지와 거리 등을 체크해 둔다.

㉥ 각 시설별 유의사항

ⓐ 금융시설의 경우 현금수송차량이나 ATM기 등의 경비도 포함되어야 한다.

ⓑ 숙박 · 의료 · 도서관 시설의 경우에는 특히 화재에 각별한 신경을 써야 한다.

ⓒ 대형 소매점의 경우

- 고객에 의한 외부 절도에 유의한다.
- 직원에 의한 내부 절도에 유의한다.
- 부주의에 의한 제품의 손상이나 손실에 유의한다.
- 사람들이 밀집하는 공간이므로 폭파 위협과 같은 긴급상황에도 대처하도록 한다.

> **TIP**
>
> **ATM 안전관리 대책**
> ㉠ ATM 설치장소에 CCTV를 설치한다.
> ㉡ ATM 설치장소에 적절한 경비조명시설을 설치한다.
> ㉢ ATM 설치장소에 주기적으로 경비순찰을 실시한다.
> ㉣ ATM 설치장소는 구조적으로 견고하게 설계한다.

③ **경비계획 절차** … 경비계획 수립 → 경비계획 집행 → 경비계획 측정 및 평가 → 경비계획에 대한 피드백

5 기계경비와 인력경비

① **기계경비의 의의**

㉠ 사람을 대신하여 첨단장비를 이용해 경비를 수행하는 것을 말한다.
㉡ 기계경비는 무인기계경비와 인력요소가 혼합된 기계경비가 있다.
㉢ 기계경비 시스템의 기본요소
ⓐ 불법침입에 대한 감지
ⓑ 침입정보의 전달
ⓒ 침입행위의 대응

② **기계경비의 장 · 단점**

㉠ 장점
ⓐ 인건비가 적게 든다.
ⓑ 광범위한 장소를 효율적으로 감시할 수 있다.
ⓒ 24시간 감시가 용이하다.
ⓓ 인명피해를 최소화할 수 있다.

㉡ 단점
ⓐ 최초의 설치비용이 많이 들며 유지보수 비용이 비싸다.
ⓑ 고장시 즉각적인 대응이 어렵다.
ⓒ 비상시 현장대응이 어렵다.
ⓓ 오경보 및 허위경보 등의 위험이 있다.

③ **인력경비의 의의** … 화재, 절도, 분실, 파괴 등 기타 범죄 내지 피해로부터 기업의 인적, 물적 안전을 확보하기 위해 경비원 등의 인력으로 경비하는 것을 말한다.

④ **인력경비의 장·단점**

㉠ 장점

ⓐ 인력이 상주함으로써 현장에서 상황이 발생하였을 경우 신속한 조치가 가능하다.

ⓑ 인력요소이기 때문에 경비업무를 전문화 할 수 있고 고용창출 효과와 고객의 접점 서비스 효과가 있다.

㉡ 단점

ⓐ 인건비의 부담으로 경비에 많은 비용이 드는 편이다.

ⓑ 사건발생이 인명피해의 가능성이 있다.

ⓒ 야간에는 경비활동의 제약을 받아 효율성이 감소된다.

기계경비에 대한 설명으로 옳지 않은 것은?

① 24시간 계속적인 감시가 가능하다.
② 감시지역이 광범위하기 때문에 정확성을 기할 수 없다.
③ 장기적으로 볼 때 경비 소요비용의 절감효과를 기대할 수 있다.
④ 화재예방과 같은 다른 시스템과 통합적으로 운용이 가능하다.

★② 광범위한 장소를 효율적으로 감시할 수 있다.

답 ②

6 혼잡행사경비

① **의의**

㉠ 최근 경찰은 혼잡행사 안전관리에 관한 경비활동을 줄여가고 있다.

㉡ 부족한 경찰인력을 혼잡경비에 투입하기보다 민생치안활동에 주력하기 위한 것이다.

㉢ 운동경기·공연 등 수익성 행사의 경비를 민간부문이 맡는 경우가 급증하고 있다.

② **혼잡행사 안전관리의 문제점**

㉠ 행사장소 자체가 협소하여 안전관리상 문제가 생길 수 있다.

㉡ 경찰인력의 지원이 부족하다.

㉢ 시민들에게 안전 불감증이 존재한다.

㉣ 안전요원에게 책임감이 결여되어 있다.

㉤ 행사장별 경험부족으로 인해 경비가 미흡하다.

③ **선진국의 혼잡경비**

㉠ 민간경비업체가 행사 안전관리를 담당한다.

㉡ 경찰과 연락체계를 갖추어 긴급사항 발생 시 경찰이 바로 출동할 수 있도록 되어 있다.

㉢ 행사장소 별로 다양한 안전모델이 확립되어 있다.

7 특수시설경비

① **민영교도소의 의의**

㉠ 교정시설의 부족과 운용경비의 증가로 정부에게 부담이 되고 있다.

㉡ 미국에서 최초로 민영교도소를 1983년에 설립했다.

㉢ 국내에서도 2000년에 민영교도소 등의 설치 · 운영에 관한 법률을 제정하였다.

② **민영교도소 등의 설치 · 운영에 관한 법률**

㉠ **목적** : 교도소 등의 설치 · 운영에 관한 업무의 일부를 민간에 위탁하는 데 필요한 사항을 정함으로써 교도소 등 운영의 효율성을 높이고 수용자의 처우 향상과 사회복귀를 촉진함을 목적으로 한다.

㉡ 정의〈제2조〉

ⓐ **교정업무** : 수용자의 수용 · 관리, 교정 · 교화, 직업교육, 교도작업, 분류 · 처우, 그 밖에 형의 집행 및 수용자의 처우에 관한 법률이 정하는 업무를 말한다.

ⓑ **수탁자** : 교정업무를 위탁받기로 선정된 자를 말한다.

ⓒ **교정법인** : 법무부장관으로부터 교정업무를 포괄적으로 위탁받아 교도소 · 소년교도소 또는 구치소 및 그 지소를 설치 · 운영하는 법인을 말한다.

ⓓ **민영교도소 등** : 교정법인이 운영하는 교도소 등을 말한다.

㉢ 교정업무의 민간위탁〈제3조〉

ⓐ 법무부장관은 필요하다고 인정하면 이 법에서 정하는 바에 따라 교정업무를 공공단체 외의 법인 · 단체 또는 그 기관이나 개인에게 위탁할 수 있다. 다만, 교정업무를 포괄적으로 위탁하여 1개 또는 여러 개의 교도소 등을 설치 · 운영하도록 하는 경우에는 법인에게만 위탁할 수 있다.

ⓑ 법무부장관은 교정업무의 수탁자를 선정하는 경우에는 수탁자의 인력 · 조직 · 시설 · 재정능력 · 공신력 등을 종합적으로 검토한 후 적정한 자를 선정하여야 한다.

ⓒ 수탁자의 선정방법, 선정절차, 그 밖에 수탁자의 선정에 관하여 필요한 사항은 법무부장관이 정한다.

㉣ 위탁계약의 체결〈제4조〉

ⓐ 법무부장관은 교정업무를 위탁하려면 수탁자와 위탁계약을 체결하여야 한다.

ⓑ 법무부장관은 필요하다고 인정하면 민영교도소 등의 직원이 담당할 업무와 민영교도소 등에 파견된 소속공무원이 담당할 업무를 구분하여 위탁계약을 체결할 수 있다.

ⓒ 법무부장관은 위탁계약을 체결하기 전에 계약내용을 기획재정부장관과 미리 협의하여야 한다.

ⓓ 위탁계약의 기간은 수탁자가 교도소 등의 설치비용을 부담하는 경우에는 10년 이상 20년 이하로 하고, 기타의 경우에는 1년 이상 5년 이하로 하되, 그 기간은 갱신할 수 있다.

㉤ 위탁계약의 내용〈제5조〉

ⓐ 위탁업무를 수행할 때 수탁자가 제공하여야 하는 시설 및 교정업무의 기준에 관한 사항

ⓑ 수탁자에게 지급하는 위탁의 대가와 그 금액의 조정 및 지급방법에 관한 사항

ⓒ 계약기간에 관한 사항과 계약기간의 수정 · 갱신 및 계약의 해지에 관한 사항

ⓓ 교도작업에서의 작업장려금 · 위로금 및 조위금의 지급에 관한 사항

ⓔ 위탁업무를 재위탁할 수 있는 범위에 관한 사항

ⓕ 위탁수용 대상자의 범위에 관한 사항

ⓖ 기타 법무부장관이 필요하다고 인정하는 사항

③ 민영교도소의 도입

㉠ 시설경비의 계획을 새롭게 수립하여야 한다.

㉡ 첨단장비와 시스템의 자동화가 필요하다.

㉢ 최소의 비용으로 최대의 효율을 얻을 수 있어야 한다.

㉣ 수용자의 처우 향상과 사회복귀를 촉진함을 목적으로 해야 한다.

2 경비원 교육

1 경비지도사의 교육

<table>
<tr><th colspan="4">경비지도사 교육의 과목 및 시간</th></tr>
<tr><th>구분(교육시간)</th><th colspan="2">과목</th><th>시간</th></tr>
<tr><td rowspan="10">공통교육
(28시간)</td><td colspan="2">경비업법</td><td>4</td></tr>
<tr><td colspan="2">경찰관직무집행법 및 청원경찰법</td><td>3</td></tr>
<tr><td colspan="2">테러 대응요령</td><td>3</td></tr>
<tr><td colspan="2">화재대처법</td><td>2</td></tr>
<tr><td colspan="2">응급처치법</td><td>3</td></tr>
<tr><td colspan="2">분사기 사용법</td><td>2</td></tr>
<tr><td colspan="2">교육기법</td><td>2</td></tr>
<tr><td colspan="2">예절 및 인권교육</td><td>2</td></tr>
<tr><td colspan="2">체포 · 호신술</td><td>3</td></tr>
<tr><td colspan="2">입교식 · 평가 · 수료식</td><td>4</td></tr>
<tr><td rowspan="10">자격의 종류별 교육
(16시간)</td><td rowspan="6">일반경비지도사</td><td>시설경비</td><td>2</td></tr>
<tr><td>호송경비</td><td>2</td></tr>
<tr><td>신변보호</td><td>2</td></tr>
<tr><td>특수경비</td><td>2</td></tr>
<tr><td>기계경비개론</td><td>3</td></tr>
<tr><td>일반경비 현장실습</td><td>5</td></tr>
<tr><td rowspan="4">기계경비지도사</td><td>기계경비 운용관리</td><td>4</td></tr>
<tr><td>기계경비 기획 및 설계</td><td>4</td></tr>
<tr><td>인력경비개론</td><td>3</td></tr>
<tr><td>기계경비 현장실습</td><td>5</td></tr>
<tr><td colspan="3">계</td><td>44</td></tr>
</table>

2 경비원의 교육

① 일반경비원에 대한 교육

㉠ 경비업자는 일반경비원을 채용한 경우 해당 일반경비원에게 경비업자의 부담으로 다음의 기관 또는 단체에서 실시하는 일반경비원 신임교육을 받도록 하여야 한다.

ⓐ 경비협회

ⓑ 경찰교육기관

ⓒ 경비업무 관련 학과가 개설된 대학 등 경비원에 대한 교육을 전문적으로 수행할 수 있는 인력과 시설을 갖춘 기관 또는 단체 중 경찰청장이 지정하여 고시하는 기관 또는 단체

㉡ 경비업자는 다음의 어느 하나에 해당하는 사람을 일반경비원으로 채용한 경우에는 해당 일반경비원을 일반경비원 신임교육 대상에서 제외할 수 있다.

ⓐ 일반경비원 신임교육을 받은 사람으로서 채용 전 3년 이내에 경비업무에 종사한 경력이 있는 사람

ⓑ 경찰공무원법에 따른 경찰공무원으로 근무한 경력이 있는 사람

ⓒ 대통령 등의 경호에 관한 법률에 따른 경호공무원 또는 별정직공무원으로 근무한 경력이 있는 사람

ⓓ 군인사법에 따른 부사관 이상으로 근무한 경력이 있는 사람

ⓔ 경비지도사 자격이 있는 사람

㉢ 경비업자는 소속 일반경비원에게 선임한 경비지도사가 수립한 교육계획에 따라 매월 행정안전부령으로 정하는 시간(4시간) 이상 직무교육을 받도록 하여야 한다. 일반경비원에 대한 직무교육의 과목은 일반경비원의 직무수행에 필요한 이론 · 실무과목, 그 밖에 정신교양 등으로 한다.

㉣ 일반경비원에 대한 신임교육의 실시 등

ⓐ 경찰청장은 일반경비원에 대한 신임교육의 실시를 위하여 연도별 교육계획을 수립하고, 일반경비원 신임교육 기관 또는 단체가 교육계획에 따라 교육을 실시하도록 하여야 한다.

ⓑ 일반경비원 신임교육 기관 또는 단체의 장은 일반경비원 신임교육과정을 마친 사람에게 신임교육이수증을 교부하고 그 사실을 신임교육이수증 교부대장에 기록하여야 한다.

ⓒ 경비업자는 일반경비원이 신임교육을 받은 때에는 경비원의 명부에 그 사실을 기재하여야 한다.

ⓔ 일반경비원의 신임교육의 과목 및 시간

구분(교육시간)	과목	시간
이론교육(4시간)	경비업법	2
	범죄예방론(신고 및 순찰요령을 포함한다)	2
실무교육(19시간)	시설경비실무(신고 및 순찰요령, 관찰·기록기법을 포함한다)	2
	호송경비실무	2
	신변보호실무	2
	기계경비실무	2
	사고예방대책(테러 대응요령, 화재대처법 및 응급처치법을 포함한다)	3
	체포·호신술(질문·검색요령을 포함한다)	3
	장비사용법	2
	직업윤리 및 서비스(예절 및 인권교육을 포함한다)	3
기타(1시간)	입교식, 평가 및 수료식	1
계		24

일반경비원의 교육에 관한 설명으로 옳지 않은 것은?

① 직무교육의 실시주체는 경비업자이다.
② 직무교육은 매월 4시간 이상 실시하여야 한다.
③ 신임교육은 이론교육 8시간과 실무교육 20시간으로 한다.
④ 경찰청장은 일반경비원에 대한 신임교육의 실시를 위하여 연도별 교육계획을 수립해야 한다.

★③ 이론교육 4시간, 실무교육 19시간, 기타 1시간

답 ③

② **특수경비원에 대한 교육**

㉠ 특수경비업자는 특수경비원을 채용한 경우 해당 특수경비원에게 특수경비업자의 부담으로 다음의 기관 또는 단체에서 실시하는 특수경비원 신임교육을 받도록 하여야 한다.

ⓐ 경찰교육기관

ⓑ 행정안전부령으로 정하는 기준에 적합한 기관 또는 단체 중 경찰청장이 지정하여 고시하는 기관 또는 단체

㉡ 특수경비업자는 채용 전 3년 이내에 특수경비업무에 종사하였던 경력이 있는 사람을 특수경비원으로 채용한 경우에는 해당 특수경비원을 특수경비원 신임교육 대상에서 제외할 수 있다.

㉢ 특수경비업자는 소속 특수경비원에게 선임한 경비지도사가 수립한 교육계획에 따라 매월 행정안전부령으로 정하는 시간(6시간) 이상 직무교육을 받도록 하여야 한다.

㉢ 특수경비원에 대한 신임교육의 실시

ⓐ 특수경비원 신임교육의 과정을 개설하고자 하는 기관 또는 단체는 규정에 의한 시설 등을 갖추고 경찰청장에게 지정을 요청하여야 한다.

ⓑ 경찰청장은 교육과정을 개설하고자 하는 기관 또는 단체가 규정에 의한 지정을 요청한 때에는 다음의 규정에 의한 기준에 적합한 지의 여부를 확인한 후 그 기준에 적합한 경우 이를 특수경비원 신임교육을 실시할 수 있는 기관 또는 단체로 지정할 수 있다.

특수경비원 교육기관 시설 및 강사의 기준

구분	기준
시설기준	- 100인 이상 수용이 가능한 165제곱미터 이상의 강의실 - 감지장치 · 수신장치 및 관제시설을 갖춘 132제곱미터 이상의 기계경비 실습실 - 100인 이상이 동시에 사용할 수 있는 330제곱미터 이상의 체육관 또는 운동장 - 소총에 의한 실탄사격이 가능하고 10개 사로 이상을 갖춘 사격장
강사기준	- 고등교육법에 의한 대학 이상의 교육기관에서 교육과목 관련 학과의 전임강사(전문대학의 경우에는 조교수) 이상의 직에 1년 이상 종사한 경력이 있는 사람 - 박사학위를 소지한 사람으로서 교육과목 관련 분야의 연구실적이 있는 사람 - 석사학위를 소지한 사람으로서 교육과목 관련 분야의 실무업무에 3년 이상 종사한 경력이 있는 사람 - 교육과목 관련 분야에서 공무원으로 5년 이상 근무한 경력이 있는 사람 - 교육과목 관련 분야의 실무업무에 10년 이상 종사한 경력이 있는 사람 - 체포 · 호신술 과목의 경우 무도사범의 자격이 있는 사람으로서 교육과목 관련 분야에서 2년 이상 실무경력이 있는 사람 - 폭발물 처리요령 및 예절교육 과목의 경우 교육과목 관련 분야에서 2년 이상 실무경력이 있는 사람
비고	- 교육시설이 교육기관의 소유가 아닌 경우에는 임대 등을 통하여 교육기간동안 이용할 수 있도록 하여야 한다.

ⓒ 지정을 받은 기관 또는 단체는 신임교육의 과정에서 필요한 경우에는 관할 경찰관서장에게 경찰관서 시설물의 이용이나 전문적인 소양을 갖춘 경찰관의 파견을 요청할 수 있다.

ⓓ 특수경비원 신임교육의 과목 및 시간은 다음과 같다.

특수경비원 신임교육의 과목 및 시간		
구분(교육시간)	과목	시간
이론교육 (15시간)	경비업법 · 경찰관직무집행법 및 청원경찰법	8
	헌법 및 형사법(인권, 경비관련 범죄 및 현행범 체포에 관한 규정을 포함)	4
	범죄예방론(신고요령을 포함)	3
실무교육 (69시간)	정신교육	2
	테러 대응요령	4
	폭발물 처리요령	6
	화재대처법	3
	응급처치법	3
	분사기 사용법	3
	출입통제 요령	3
	예절교육	2
	기계경비 실무	3
	정보보호 및 보안업무	6
	시설경비요령(야간경비요령을 포함)	4
	민방공(화생방 관련 사항을 포함)	6
	총기조작	3
	총검술	5
	사격	8
	체포 · 호신술	5
	관찰 · 기록기법	3
기타(4시간)	입교식 · 평가 · 수료식	4
계		88

ⓔ 특수경비원 신임교육 기관 또는 단체의 장은 특수경비원 신임교육과정을 마친 사람에게 신임교육이수증을 교부하고 그 사실을 신임교육이수증 교부대장에 기록하여야 한다.

ⓕ 경비업자는 특수경비원이 신임교육을 받은 때에는 경비원의 명부에 그 사실을 기재하여야 한다.

ⓖ 관할경찰서장 및 공항경찰대장 등 국가중요시설의 경비책임자는 필요하다고 인정하는 경우에는 특수경비원이 배치된 경비대상시설에 소속공무원을 파견하여 직무집행에 필요한 교육을 실시할 수 있다.

ⓗ 특수경비에 대한 직무교육 과목은 특수경비원의 직무수행에 필요한 이론·실무과목, 그 밖에 정신교양 등으로 한다.

3 청원경찰의 교육〈청원경찰법 시행령 제5조〉

① 청원주는 청원경찰에 임용된 사람으로 하여금 경비구역에 배치하기 전에 경찰교육기관에서 직무수행상 필요한 교육을 받게 해야 한다. 다만, 경찰교육기관의 교육계획상 부득이하다고 인정할 때에는 우선 배치하고 임용 후 1년 이내에 교육을 받게 할 수 있다.

② 경찰공무원(의무경찰을 포함) 또는 청원경찰에서 퇴직한 사람이 퇴직한 날부터 3년 이내에 청원경찰로 임용된 때에는 위의 교육을 면제할 수 있다.

③ 교육기관, 교육과목, 수업시간 및 그 밖의 교육의 시행에 필요한 사항은 행정안전부령으로 정한다.

④ 교육기간 및 직무교육 등

㉠ 교육기간은 2주간으로 한다.

㉡ 교육과목 및 수업시간

<table>
<tr><th>학과별</th><th colspan="2">과목</th><th>시간</th></tr>
<tr><td>정신교육</td><td colspan="2">정신교육</td><td>8</td></tr>
<tr><td rowspan="2">학술교육</td><td colspan="2">형사법</td><td>10</td></tr>
<tr><td colspan="2">청원경찰법</td><td>5</td></tr>
<tr><td rowspan="5">실무교육</td><td>경무</td><td>경찰관직무집행법</td><td>5</td></tr>
<tr><td rowspan="2">방범</td><td>방범업무</td><td>3</td></tr>
<tr><td>경범죄처벌법</td><td>2</td></tr>
<tr><td rowspan="2">경비</td><td>시설경비</td><td>6</td></tr>
<tr><td>소방</td><td>4</td></tr>
<tr><td rowspan="8"></td><td rowspan="2">정보</td><td>대공이론</td><td>2</td></tr>
<tr><td>불심검문</td><td>2</td></tr>
<tr><td rowspan="2">민방위</td><td>민방공</td><td>3</td></tr>
<tr><td>화생방</td><td>2</td></tr>
<tr><td colspan="2">기본훈련</td><td>5</td></tr>
<tr><td colspan="2">총기조작</td><td>2</td></tr>
<tr><td colspan="2">총검술</td><td>2</td></tr>
<tr><td colspan="2">사격</td><td>6</td></tr>
<tr><td>술과</td><td colspan="2">체포술 및 호신술</td><td>6</td></tr>
<tr><td>기타</td><td colspan="2">입교 · 수료 및 평가</td><td>3</td></tr>
</table>

㉢ 직무교육〈시행규칙 제13조〉

ⓐ 청원주는 소속 청원경찰에게 그 직무집행에 필요한 교육을 매월 4시간 이상 하여야 한다.

ⓑ 관할 경찰서장은 필요하다고 인정하는 경우에는 청원경찰이 배치된 사업장에 소속공무원을 파견하여 직무집행에 필요한 교육을 할 수 있다.

3 경비위해요소 분석과 조사업무

1 경비위해요소 분석

① 의의

㉠ 예측하지 못한 피해나 자연재해로부터 손실을 방지하기 위해 경비위해요소 분석을 시행하여야 한다.

㉡ 모든 경비가 같은 방식으로 이루어지지 않기 때문에 각각의 환경에 맞는 경비형태를 선택하여야 한다.

㉢ 경비형태를 결정짓기 이전에 경비위해요소 분석을 시행하여야 한다.

㉣ 경비시스템의 유형

ⓐ 1차원적 경비 : 경비원이 행하는 경비와 같이 단일예방체제에 의존하는 것을 말한다.

ⓑ 단편적 경비 : 포괄적이고 전체적인 계획 없이 필요에 의해 단편적으로 손실예방의 역할을 수행하기 위해 추가되는 경비형태를 말한다.

ⓒ 반응적 경비 : 특정 손실이 발생하는 사건에 한해서만 반응하는 경비형태를 말한다.

ⓓ 총체적 경비 : 위해요소와 관계없이 언제 어떤 형태로 발생할지 모르는 사항에 대비하여 인력경비와 기계경비를 혼합한 표준화된 경비형태를 말한다.

② 경비위해요소의 형태

㉠ 자연재해

ⓐ 시설경비에 있어서 화재나 지진, 홍수와 같은 사고를 들 수 있다.

ⓑ 요인경호에 있어서 호우나 폭설 등이 있다.

㉡ 인위적 위험

ⓐ 시설경비에 있어서 화재, 폭파위협, 부실공사에 의한 건물붕괴 등이 있다.

ⓑ 요인경호에 있어서 오물투척, 살인위협, 납치 등이 있다.

㉢ 특정적 위험

ⓐ 위험에 노출되는 정도가 시설물 또는 특정상황에 따라 다양하게 나타나는 위험을 말한다.

ⓑ 예를 들어 공장의 화재 폭발위험은 다른 곳에 비해 더 크게 나타날 수 있고, 강도나 절도는 소매점이나 백화점에서 더 크게 발생할 수 있다.

③ **경비위해요소의 분석**

㉠ 위해요소의 손실발생 정도

㉡ 위해요소의 손실발생 빈도

④ **비용편익분석**(CBA : Cost Benefit Analysis)

㉠ **의의** : 경비사업의 경제적 타당성을 알아보기 위한 기법으로 편익과 이에 필요한 비용을 계량적으로 비교 · 평가하여 합리적인 대안을 선택하는 기법이다.

㉡ **내용**

ⓐ **편익** : 금전적 편익이나 비용이 아닌 실질적 비용과 편익을 측정해야 한다.

ⓑ **비용** : 매몰비용은 무시하고 기회비용 개념을 사용한다. 기회비용이란 특정대안을 선택함으로써 포기하는 비용을 말한다.

㉢ **평가기준**

ⓐ **순현재가치**(NPV : Net Present Value)

- 편익 − 비용 > 0 : 대안 선택
- 편익 − 비용 < 0 : 대안 포기

ⓑ **편익비용비**(Benefit cost ratio)

- 편익/비용 > 1 : 대안 선택
- 편익/비용 < 1 : 대안 포기

⑤ **비용효과분석**(CEA : Cost Effectiveness Analysis)

㉠ **의의**

ⓐ 편익이 비금전적 단위로 측정되며 경쟁 대안들의 크기와 유형이 비교될 수 있다는 가정하에 이용되는 분석방법이다.

ⓑ KTX의 개통으로 비용효과분석은 10만 명을 더 운송할 수 있다고 보고 비용편익분석은 10만 명의 운송가치를 화폐로 분석해야 한다.

㉡ **비용편익분석과의 차이**

구분	비용편익분석	비용효과분석
편익	화폐가치로 표현	비화폐적 가치로 표현
합리성	경제적 합리성 강조	목표와 수단 간 합리성 강조
문제유형 분석	고정비용과 고정효과	가변비용과 가변효과

2 경비조사업무

① 조사업무의 의의

㉠ 경비의 취약점을 파악하고 부족한 부분을 피드백하여 보다 발전적인 경비 서비스를 제공하기 위한 업무이다.

㉡ 경비활동에 관한 전반적인 사항을 객관적으로 분석해야 한다.

② 조사업무의 요건

㉠ 충분한 예산을 확보해야 한다.

㉡ 외부의 전문 경비인력이 참여하면 좋다.

㉢ 최고경영자의 의지와 필요에 대한 인식이 있어야 한다.

③ 경비조사

㉠ 경비구역 경계조사

㉡ 인접건물조사

㉢ 경비보호대상에 대한 조사

ⓐ 금고 및 귀중품의 손상 여부

ⓑ 요인의 건강상태 조사 등

㉣ 경비 스케줄 및 방법 확인

㉤ 경보기 및 기기 확인

㉥ 주차장 조사

㉦ 화재관련 위험사항 조사

④ 기타 경비 외적 조사

㉠ 해고된 사원의 정보유출 가능성 여부

㉡ 건물 내 비상통로의 안전 여부, 경비대상과 접근 용이성 확인

㉢ 현금 및 귀중품 운반 시 이동경로나 이동방법 확인

㉣ 사내 직원이 외부자와의 연계 가능성 확인

㉤ 공금횡령 가능성에 대한 통제 절차 확인

4 민간경비의 조직

1 자체경비조직

① 자체경비조직의 의의

㉠ 기업에서 비용감소 및 기업 내 보안을 이유로 기업 자체에서 경비조직을 운영하는 것을 의미한다.

㉡ 기업체가 가지고 있는 특수한 사항을 외부경비조직의 표준화된 서비스가 아닌 그 기업에 맞는 서비스로 바꾸어 활용할 수 있게 된다.

㉢ 기업 자체에서 조직하는 경비는 외부경비업체에 비해 상대적으로 전문성이 떨어지고 조직의 효율적 구성이 어려울 수 있다.

② 권한

㉠ 자체경비는 외부경비보다 더 높은 권한을 가지게 되는 것이 일반적이다.

㉡ 권한의 정도는 각각의 회사 규율이나 방침에 따라 달라진다.

㉢ 자체경비의 경우 타 부서와의 충돌과 갈등이 깊어질 수 있다.

③ 경비책임자의 역할

㉠ 경영상의 역할

ⓐ 경비원을 채용하고 지도하며 조직화하는 업무를 처리한다.

ⓑ 경비업무를 기획하며 혁신적인 방향을 제시한다.

㉡ 관리상의 역할

ⓐ 재정상 감독과 예산 관련 업무, 사무행정, 경비원의 훈련개발, 경비교육 등의 업무를 처리한다.

ⓑ 다른 부서와의 긴밀한 의사소통을 연결하는 가교역할을 한다.

㉢ 예방상의 역할

ⓐ 경비원의 대한 감독, 안전점검, 규칙적인 감사 등의 업무를 처리한다.

ⓑ 경비기기 상태를 주기적으로 점검한다.

㉣ 조사활동

ⓐ 관련 규칙의 위반 여부 등의 감찰 업무를 수행한다.

ⓑ 경비부서 자체의 회계적인 부분 역시 조사의 대상이다.

④ 자체경비의 특징

㉠ 일반적 경비와 다르게 발생 후 대처가 아닌 발생 전 예방이 중요하다.

㉡ 조사활동을 통해 기업 특유의 경비 시스템을 구축해야 한다.

㉢ 타 부서와 긴밀하게 의사소통을 해야 한다.

㉣ 습득하게 된 기밀을 유지하며 경비직원의 보안교육을 철저히 해야 한다.

㉤ 타 부서에도 민감한 사항을 제외한 일정수준의 정보를 공개해 전체적인 협조체제를 구축해야 한다.

2 계약경비

① **계약경비의 의의**

㉠ 자체적으로 경비조직을 두지 않고 외부의 경비업체를 선정하여 경비업무를 시행하게 하는 것이다.

㉡ 경비업무를 조직적으로 운영하고 있고 전문성을 갖추고 있으므로 높은 경비서비스를 제공할 수 있다.

㉢ 기업 자체에서 운영하는 것보다 저렴한 비용으로 경비서비스를 받을 수 있다.

② **자체경비와 계약경비의 비교**

구분	자체경비	계약경비
비용	고가	저가
이용기간	장기간	단기간
인사상문제	복잡하다(해임 어려움).	단순하다(해임 간편함).
객관성	고용주 의식 有	고용주 의식 無
전문성	낮다.	높다.

3 민간경비의 조직운영원리

① **계층제의 원리** … 권한과 책임의 정도에 따라 직무를 등급화 함으로써 상하 계층 간에 직무상 지휘, 감독 관계에 서게 하는 것을 말한다.

② **통솔범위의 원리** … 한 사람의 상관이 효과적으로 감독할 수 있는 최대한의 부하의 수이다.

③ **명령통일의 원리** … 각 구성원들은 오직 한 사람의 감독자 또는 상관을 가지고 있고, 그 상관의 명령만을 따라야 한다는 원리이다.

④ **전문화의 원리** … 조직의 전체 기능을 성질별로 나누어 가급적 한 사람에게 동일한 업무를 분담시키는 것이다.

⑤ **조정 · 통합의 원리** … 공동의 목표를 달성하기 위하여 하위체제 간의 노력에 통일을 기하기 위한 과정을 말한다.

출제예상문제

1 경비형태에 관한 설명으로 옳지 않은 것은?

① 계약경비는 자체경비에 비해 비용이 저렴하다는 장점이 있다.
② 자체경비는 기업체 등이 조직 내에 자체적인 경비인력을 조직하여 운용하는 것을 말한다.
③ 계약경비는 결원 보충 및 추가 인력 배치가 용이하다는 장점이 있다.
④ 최근에는 자체경비가 계약경비보다 더 빠르게 증가하는 추세에 있다.

Advice ④ 최근에는 계약경비가 자체경비보다 더 빠르게 증가하고 있다.

2 경비업무의 유형에 관한 설명으로 옳지 않은 것은?

① 순찰경비는 도보나 차량을 이용하여 정해진 노선을 따라 시설물의 상태를 점검하는 것이다.
② 상주경비는 중요산업시설, 상가, 학교와 같은 시설에 근무하면서 경비를 실시하는 것이다.
③ 인력경비는 기계경비에 비해 사건 발생 시 현장에서 신속하게 대처하기가 곤란하다.
④ 기계경비는 경비대상시설에 설치한 기기에 의하여 감지·송신된 정보를 관제시설의 기기로 수신하여 도난·화재 등 인적·물적인 가치를 보호하는 것이다.

Advice ③ 사건 발생 시 인력경비는 기계경비에 비해 현장에서 신속하게 상황을 대처할 수 있다.
※ 인력경비와 기계경비
㉠ 인력경비 : 경비를 필요로 하는 시설 및 장소에 범죄 예방, 안전 등을 위해서 인력을 투입하여 경비를 제공하는 경비형태이다.
㉡ 기계경비 : 경비를 필요로 하는 경비 대상 시설에 첨단 과학 장비를 설치·제공하는 경비형태이다.

Answer 1.④ 2.③

3 **특정한 위험요소와 관계없이, 예측할 수 없는 사항에 대비하여 인력 · 기계경비를 종합한 표준화된 경비형태를 말하는 경비업무의 유형은?**

① 단편적 경비
② 총체적 경비
③ 반응적 경비
④ 1차원적 경비

Advice ① **단편적 경비** : 경비실시가 필요할 때마다 단편적으로 손실 예방 등의 역할을 수행하기 위해 경비조직을 추가해 나가는 경비형태이다.
③ **반응적 경비** : 단지 특정한 손실이 발생하는 사건에만 대응하는 경비형태이다.
④ **1차원적 경비** : 경비원과 같은 단일 예방 체제에 의존하는 가장 단순한 경비형태이다.

4 **민간경비에서 조직이 지향하는 공동의 목표를 달성하기 위하여 하위체제 간에 수행되고 있는 업무가 통일성 또는 조화를 이루도록 하는 조직운영원리는?**

① 계층제의 원리
② 명령통일의 원리
③ 전문화의 원리
④ 조정 · 통합의 원리

Advice ① 권한과 책임의 정도에 따라 직무를 등급화 함으로써 상하 계층 간에 직무상 지휘, 감독 관계에 서게 하는 것
② 각 구성원들은 오직 한 사람의 감독자 또는 상관을 가지고 있어야 하고, 어떤 조직 구조 속에서도 이런 명령통일의 원리를 준수해야 한다는 원리
③ 조직의 전체 기능을 성질별로 나누어 가급적 한 사람에게 동일한 업무를 분담시키는 것

5 **경비위해분석에 관한 내용으로 옳지 않은 것은?**

① 경비위해분석이란 경비활동의 대상이 되는 위험요소들을 대상별로 추출하여 성격을 파악하는 경비진단활동을 말한다.
② 비용효과분석이란 개인 및 시설물에 대한 범죄예방 또는 질서유지활동에 대한 경제적 가치에 대하여 경비에 투입된 비용과 산출된 효과를 수치로 분석하는 것을 말한다.
③ 위험요소분석에 있어 위험요소를 인지하는 것이 가장 선행되어야 한다.
④ 인식된 위험요소의 척도화는 인지된 사실들을 경비대상물이 갖고 있는 환경을 고려하여 무작위로 배열하는 것이다.

Advice ④ 경비위해요소의 형태와 손실발생 정도와 빈도, 비용편익분석 등의 분석 틀에 의하여 배열한다.

Answer 3.② 4.④ 5.④

6 민간경비의 조직운영원리와 관련하여 다음에 해당하는 것은?

> 민간경비부서에서 근무하는 경비원은 자신을 직접관리하고 있는 경비책임자로부터 지시를 받아야 하고, 항상 그 상관에게 보고해야 한다. 만약 관련 경비원이 계통이 다른 부서의 여러 관리자들로부터 지시를 받게된다면 업무수행에 차질이 생기고 결과적으로 상황을 악화시킬 가능성이 높게 될 것이다. 또한 지휘계통이 다원화되어 있다면 결과에 대한 책임소재가 불문명하게 될 것이다.

① 전문화의 원리
② 계층제의 원리
③ 명령통일의 원리
④ 통솔범위의 원리

Advice **명령통일의 원리** … 조직내 혼란을 방지, 신속성, 능률성 확보, 책임을 명확하게 하기 위해 중요한 것으로 누구나 한 사람의 상관에게 명령을 받고 보고해야 한다는 원리이다.

7 주거시설 경비에 대한 설명 중 틀린 것은?

① 최근에는 방범, 구급안전, 화재 등으로부터 보호하기 위한 주택용 방범기기의 수요가 급속히 증가하고 있다.
② 주거시설 경비는 점차 기계경비에서 인력경비로 변화하고 있다.
③ 주거침입의 예방대책은 건축 초기부터 설계되어야 한다.
④ 타운경비는 일반단독주택이나 개별빌딩 단위가 아닌 대규모 지역단위의 방범활동이다.

Advice 주거시설 경비는 점차 인력경비에서 기계경비로 변화하고 있다.

8 다음 중 우리나라 경비업법상 민간경비의 업무라고 볼 수 없는 것은?

① 정보보호업무
② 기계경비업무
③ 시설경비업무
④ 특수경비업무

Advice 경비업이란 시설경비업무, 호송경비업무, 신변보호업무, 기계정비업무, 특수경비업무의 전부 또는 일부를 도급받아 행하는 영업을 말하는 것이다〈경비업법 제2조〉.

Answer 6.③ 7.② 8.①

9 경비요소 조사에 대한 설명 중 틀린 것은?

① 내부적 담당자에 의한 조사는 조직 내 타부서와 경비부서의 협조체제가 용이하다.
② 경비전문가에 의한 조사는 현 상태에 대한 더욱 정확한 평가가 가능하다.
③ 경비요소 조사는 경비책임자가 우선적으로 고려해야 할 사항이다.
④ 내부적 담당자에 의한 조사는 평가기준이 더욱 객관적이다.

Advice 내부 담당자의 의한 조사는 평가기준이 주관적일 수 있으므로 객관적인 평가를 위해서는 외부에 인사를 통한 조사가 필요하다.

10 청원경찰의 신분이 공무원으로 인정되는 경우?

① 경비구역 내에서 경비근무를 실시하고 있는 경우
② 사업장 등의 경비구역을 관리하는 경우
③ 청원주에 의하여 배치된 기관에서 근무하는 경우
④ 형법, 기타 법령에 의한 벌칙이 적용되는 경우

Advice 형법 등 법령에 의한 벌칙이 적용되는 경우에 청원경찰이 공무원으로 인정된다.

11 아래 표에서 경비원의 질문검색과 경찰관의 불심검문의 특징이 잘못 배열되어 있는 것은?

	구분	경비원의 질문검색	경찰관의 불심검문
①	법적 근거	미비	경찰관직무집행법 등
②	목적	경비대상시설의 위험발생방지	범죄예방 및 진압
③	대상	출입자, 거동수상자 등	거동수상자 등
④	한계	타인의 권리침해 가능	타인의 권리침해 불가

Advice 경찰관의 불심검문은 타인의 권리침해가 가능하고 경비원의 질문검색은 타인의 권리침해가 불가능하다.

Answer 9.④ 10.④ 11.④

12 다음 중 특정한 손실이 발생하는 사건에만 대응하는 경비형태에 해당하는 것은?

① 반응적 경비　　② 총체적 경비
③ 단편적 경비　　④ 1차원적 경비

Advice 반응적 경비…특정 손실이 발생하는 사건에 한해서만 반응하는 경비형태를 말한다.

13 다음 경비부서 관리자의 관리상 역할에 해당되는 것은?

① 관련문서의 분류, 감시, 회계
② 화재와 경비원의 안전, 경비원에 대한 감독, 순찰
③ 조직화, 기획, 채용
④ 예산과 재정상의 감독, 사무행정

Advice 관리상의 역할
㉠ 재정상 감독과 예산 관련 업무, 사무행정, 경비원의 훈련개발, 경비교육 등의 업무를 처리한다.
㉡ 다른 부서와의 긴밀한 의사소통을 연결하는 가교역할을 한다.

14 다음 중 사기, 횡령, 절도 등과 관련있는 위해요소는?

① 인위적 위해　　② 자연적 위해
③ 특정한 위해　　④ 잠재적 위해

Advice 인위적 위해요소에 사기, 횡령, 절도 등이 포함된다.

15 인력경비의 단점에 관한 설명 중 잘못된 것은?

① 야간경비 활동의 제약　　② 인건비의 부담
③ 현장에서 신속한 조치가 불가능　　④ 사건의 신속한 전파의 장애

Advice 인력경비의 장점은 현장에서 문제가 발생했을 때 신속하게 대응·조치할 수 있다는 것이다.

Answer 12.① 13.④ 14.① 15.③

16 기계경비시스템의 기본요소에 해당되지 않는 것은?

① 불법침입에 대한 감지
② 침입정보의 전달
③ 침입행위의 대응
④ 침입자의 체포

Advice 기계경비
㉠ 사람을 대신하여 첨단장비를 이용해 경비를 수행하는 것을 말한다.
㉡ 기계경비는 무인기계경비와 인력요소가 혼합된 기계경비가 있다.
㉢ 기계경비시스템의 기본요소
- 불법침입에 대한 감지
- 침입정보의 전달
- 침입행위의 대응

17 경비계획과정의 연속성을 나타내는 모형으로 적합한 것은?

① 경비평가 → 경비계획 → 경비조직관리 및 실행 → 경비계획(피드백)
② 경비계획 → 경비조직관리 및 실행 → 경비계획(피드백) → 경비평가
③ 경비계획 → 경비평가 → 경비조직관리 및 실행 → 경비계획(피드백)
④ 경비계획 → 경비조직관리 및 실행 → 경비평가 → 경비계획(피드백)

Advice 경비계획과정은 경비계획을 세운 후 경비조직관리 및 실행 그리고 경비평가를 진행한 후에 피드백을 하는 것으로 끝이 난다.

18 경비위해요소에 대한 설명으로 옳지 않은 것은?

① 경비위해요소는 일반적으로 자연적 위해와 인위적 위해, 특정한 위해 등으로 구분할 수 있다.
② 경비위해요소의 분석에 있어서 첫번째 단계는 위해요소를 인지하는 것이다.
③ 경비위해요소의 평가 및 분석에 있어서 경비활동의 비용효과분석은 실시할 필요가 없다.
④ 경비위해요소는 경비대상의 안전성에 위험을 끼치는 제반요소를 의미한다.

Advice 경비위해요소의 평가 및 분석에 있어서 경비활동의 비용효과분석을 실시한다.

Answer 16.④ 17.④ 18.③

19 다음 중 우리나라의 인력경비와 기계경비의 실정에 대한 설명으로 옳지 않은 것은?

① 아직까지 많은 경비업체가 인력경비 위주의 영세성을 벗어나지 못하고 있는 부분도 있다.
② 인력경비 없이 기계경비 시스템만으로도 경비활동의 목표달성이 가능한 수준에 이르고 있다.
③ 이들 양자 가운데 어디에 비중을 둘 것인가 하는 문제는 경비대상의 특성과 관련된다.
④ 최근 선진국과의 기술제휴 등을 통한 첨단 기계경비 시스템의 개발뿐만 아니라 국내 자체적으로도 새로운 기술이 개발되고 있다.

Advice 우리나라 경비산업은 80년대 초에 기계경비를 일본과 기술제휴를 통해 도입했다. 그 후 기계경비가 크게 성장하였지만 아직 기계경비 시스템만으로 경비활동의 목표를 달성할 수 있는 수준에 이르지는 못했다.

20 일반경비원의 교육에 관한 설명으로 옳지 않은 것은?

① 직무교육의 실시 주체는 경비업자이다.
② 직무교육은 매월 4시간이상 실시해야 한다.
③ 신임교육은 이론교육 8시간과 실무교육 20시간으로 한다.
④ 직무교육의 과목은 직무수행에 필요한 이론과 실무과목, 그 밖의 정신교양 등으로 한다.

Advice 신임교육은 이론교육 4시간과 실무교육 19시간으로 나뉜다〈경비업법 시행규칙 별표2〉.

21 다음 중 청원경찰의 직무교육시간으로 올바른 것은?

① 매월 4시간
② 매월 4시간 이상
③ 매월 8시간
④ 매월 8시간 이상

Advice 직무교육 … 청원주는 소속 청원경찰에게 그 직무집행에 필요한 교육을 매월 4시간 이상 하여야 한다〈청원경찰법 시행규칙 제13조 제1항〉.

Answer 19.② 20.③ 21.②

22 경비조사업무에 있어 조사자들이 갖추어야 할 요건이 아닌 것은?

① 관련 분야의 높은 지식을 가지고 있을 것
② 조사대상 시설물과 집행절차를 숙지하고 있을 것
③ 조사진행의 각 단계에 대한 사전계획을 수립할 것
④ 조사대상 시설물에서 경비근무를 해본 경험이 있을 것

Advice 경비조사업무를 수행하는 조사자들이 경비근무를 해본 경험이 있을 필요는 없다.

23 자체경비와 계약경비의 선택기준 중 가장 중요한 것은?

① 경비에 사용되는 인력의 비교
② 경비에 사용되는 장비의 비교
③ 경비에 사용되는 경비(經費)의 비교
④ 경비가 요구되는 경비 특성의 검토

Advice 자체경비와 계약경비의 가장 중요한 차이는 경비에 요구되는 경비 특성으로 일반적으로 기업의 기밀 유출을 꺼리거나 보안의 철저함을 유지하기 위해서 자체경비를 조직하는 기업이 많다.

24 다음 중 경비형태에 대한 설명으로 옳은 것은?

① 오늘날은 계약경비 서비스가 점차 확대되고 있다.
② 자체경비 서비스란 한 경비회사가 모든 서비스를 제공함을 뜻한다.
③ 계약경비는 비용상승효과 유발로 비능률적이다.
④ 오늘날은 자체경비 서비스가 점차 확대되고 있다.

Advice ② 자체경비 서비스란 기업에서 자체적으로 경비조직을 만들어 서비스를 제공하는 것을 말한다.
③ 계약경비는 자체경비조직에 비해 전문화되어 있고 또한 비용면에서 보다 저렴하게 경비 서비스를 받을 수 있다.
④ 오늘날 계약경비 서비스의 확대로 민간경비산업이 점차 커지고 있는 실정이다.

Answer 22.④ 23.④ 24.①

25 현금자동인출기(ATM)에 대한 안전관리대책으로 옳지 않은 것은?

① ATM을 구조적으로 견고하게 설계한다.
② ATM에 경비순찰을 주기적으로 실시한다.
③ ATM에 적절한 경비조명시설을 갖춘다.
④ ATM을 가급적 보행자의 통행량이 적은 곳에 설치한다.

Advice 보행자의 통행량이 적은 곳에 설치해서는 안 된다.

26 기계경비 시스템의 기본요소가 아닌 것은?

① 불법침입에 대한 감지
② 침입정보의 전달
③ 적정수준의 인건비 지출
④ 침입행위의 대응

Advice 기계경비의 경우 첨단장비의 사용으로 인력경비와 다르게 인건비 지출이 거의 없다.

27 기계경비 시스템의 장점이 아닌 것은?

① 24시간 경비가 가능
② 소요비용의 절감효과
③ 경비에 효과적으로 감시할 수 있음
④ 사건발생 시 현장에서 신속대처 가능

Advice 기계경비는 비용대비 효과는 인상적이나 긴급하게 사건이 발생하게 되면 인력경비에 비해 신속한 대처효과가 떨어진다.

28 경비조직화시 한 사람의 상관이 효과적으로 감독할 수 있는 최대한의 부하직원 수를 의미하는 것은?

① 책임
② 통솔범위
③ 감독
④ 권한위임

Advice 통솔범위 … 한 사람의 상관이 효과적으로 감독할 수 있는 최대한의 부하 수를 말한다. 직무의 성질이 동질적·단순할수록, 시간적으로 신설된 조직보다 기존에 있던 조직일수록 통솔범위는 확대된다. 또한 참모기관과 정보관리체계가 발달할수록 통솔범위가 확대된다.

Answer 25.④ 26.③ 27.④ 28.②

29 기업에서 자체경비조직의 유지 및 기능 확장의 필요성을 평가할 때 고려할 사항이 아닌 것은?

① 경비안전의 긴급성
② 예상되는 경비활동
③ 회사성장의 잠재성
④ 경비회사와의 협력체제

Advice 자체경비의 경우 기업 내에 자체적으로 경비조직을 만드는 것으로 경찰과의 협력체계를 갖추는 것과는 다르게 경비회사와의 협력체제를 갖출 이유가 없다.

30 다음 설명 중 옳지 않은 것은?

① 계약경비는 자체경비에 비해서 운용경비가 절감된다.
② 계약경비는 자체경비보다 인력운용이 쉽고 고용주에 대한 충성심이 강하다.
③ 자체경비는 계약경비에 비해 이직률이 낮은 편이다.
④ 자체경비는 고용주의 요구에 신속하게 대처할 수 있다.

Advice 계약경비는 고용주에 대한 충성심이 자체경비에 비해 약하다. 자체경비는 고용주에게 직접 속하므로 그 충성심이 계약에 의해 성립된 계약경비에 비해 강하다.

31 다음 설명 중 타당하지 않은 것은?

① 1차원적 경비란 경비원과 같은 단일예방체제에 의존하는 것을 말한다.
② 단편적 경비란 포괄적이고 전체적인 계획하에 필요할 때마다 손실예방 등의 역할을 수행하는 것이다.
③ 반응적 경비란 단지 특정한 손실이 발생하는 사건에만 대응하는 것이다.
④ 총체적 경비란 특정의 위해요소와 관계없이 언제 발생할지도 모르는 사항에 대비하여 인적경비와 기계경비를 종합한 표준화된 경비 형태이다.

Advice 단편적 경비 … 포괄적이고 전체적인 계획 없이 필요에 의해 단편적으로 손실예방의 역할을 수행하기 위해 추가되는 경비 형태를 말한다.

Answer 29.④ 30.② 31.②

32 국가보안목표로 지정된 중요시설 경비의 일반적인 안전대책으로 옳지 않은 것은?

① 평상시 주요 취약지점에 경비인력을 중점 배치하여 시설 내외의 위험요소를 제거한다.
② 주요 방호지점 접근로에 제한지역, 제한구역, 통제구역 등을 설정하여 출입자를 통제하며 계속적인 순찰 및 경계를 실시한다.
③ 첨단기계경비를 설치하여 인력 소요를 줄이고 기계경비 위주로 관리한다.
④ 상황발생 시에는 즉시 인근 부대 및 경찰관서 등에 통보한다.

Advice 국가보안목표로 지정된 시설의 경비는 인력경비와 기계경비를 적절히 조합하여 관리한다.

33 다음 중 자체경비에서 경비책임자의 역할이 바르게 연결된 것은?

① 관리상 역할 – 기획, 조정, 채용, 지도, 감독
② 예방적 역할 – 순찰, 경비원의 안전, 경비활동에 대한 규칙적인 감사
③ 조사활동 – 경비원에 대한 감독, 순찰, 화재와 경비원의 안전
④ 경영상의 역할 – 예산과 재정상의 감독, 사무행정, 직원 교육훈련

Advice ① 경영상의 역할이다.
③ 예방상의 역할이다.
④ 관리상의 역할이다.

34 인력경비와 기계경비에 관한 설명 중 옳지 않은 것은?

① 인력경비는 현장에서 사건 발생 시 신속한 대응 조치가 가능하다.
② 기계경비는 방범관련 업무에만 가능하며 범죄자 등에게 역이용 당할 우려가 있다.
③ 인력경비는 야간의 경우 경비활동에 제약을 받는다.
④ 기계경비는 화재예방시스템 등과는 통합운용이 어렵다.

Advice 기계경비는 첨단장비를 이용하는 것으로 화재예방시스템과 통합하여 운용할 수 있다.

Answer 32.③ 33.② 34.④

35 경비원의 순찰업무에 대한 설명으로 옳지 않은 것은?

① 예비인력은 고정배치, 근무자나 순찰근무자의 경비수행업무상 필요한 지원사항들을 신속하게 처리하기 위해 확보해 둔다.
② 예비인력은 휴식시간에도 특별한 사항이 없으면 순찰자와 함께 주기적으로 순찰활동을 수행한다.
③ 도보나 차량을 이용하여 정해진 순찰노선을 따라 경비구역 및 시설물의 상태를 점검한다.
④ 경우에 따라서는 창고지역, 야외보관소 주변에 있는 울타리를 순찰한다.

Advice 예비인력은 휴식시간에는 충분한 휴식을 취하고 긴급한 일이 벌어지면 즉시 대응한다.

36 내부경비에 관한 설명으로 옳지 않은 것은?

① 출입문의 잠금관리는 출입자의 편리성 측면보다는 내부경비의 보안적 측면이 항상 우선적으로 고려되어야만 한다.
② 경비시스템 중 1차 보호시스템은 외부출입통제 시스템이고, 2차 보호시스템은 내부출입통제 시스템이다.
③ 창문경비에서는 방호창문과 함께 안전유리의 사용이 효율적이다.
④ 내부출입통제의 중요 목적은 시설물 내의 침입이나 절도, 도난 등을 막기 위한 것이다.

Advice 출입자의 편리성과 보안적 측면 모두를 같이 고려해야 한다.

37 민간경비를 활용한 국가중요시설경비의 효율화 방안으로 옳지 않은 것은?

① 경비전문화를 위한 교육훈련의 강화
② 경비원의 최저임금 보장
③ 인력경비의 확대 및 기계경비시스템의 최소화
④ 전문경비자격증 제도 도입

Advice 기계경비시스템의 확대와 첨단화, 인력경비의 축소를 통해 경비의 효율화를 도모할 수 있다.

Answer 35.② 36.① 37.③

05 경비와 시설보호의 기본원칙

1 경비계획의 수립

1 경비계획의 의의

① 효과적인 경비 서비스를 제공하기 위한 절차로 축적된 경험에 따라 조금씩 차이가 있다.

② 경비계획의 수립은 경비 서비스의 전반적인 계획이므로 특정 사항들이 누락되면 후에 수정비용이 더 많이 들 수 있다.

2 경비계획의 체계

① 외부출입자의 통제는 불필요한 의심의 요소를 줄이기 위해서이다.

② 내부출입자의 통제는 내부 절도나 유출 등을 막기 위해서이다.

③ 사전조사와 연구를 토대로 실제로 배치 · 실행해본다.

④ 실행된 원칙이 실제적인 효용성이 있는지 판단한다.

3 경비수준

① **최저수준 경비** … 보통의 가정집에서 이루어지는 경비수준을 의미한다.

② **하위수준 경비** … 창문에 창살이나 기본적인 경보 시스템을 갖춘 경비수준을 의미한다.

③ **중간수준 경비** … 추가적으로 통신장비를 갖춘 경비원들이 조직되어 있는 경비수준을 의미한다.

④ **상위수준 경비**

㉠ CCTV나 경계경보 시스템, 무장경호원 등이 갖추어진 경비수준을 의미한다.

㉡ 고도의 조명 시스템으로 관계기관과의 조정계획 등을 갖춘다.

㉢ 교도소시설, 제약회사, 전자회사 등에서 이루어진다.

⑤ **최고수준 경비**

㉠ 일정한 패턴이 전혀 없는 외부 및 내부의 행동을 발견, 억제하고 문제를 해결하기 위하여 최첨단의 경보 시스템과 현장에서 즉시 대응할 수 있는 24시간 무장체계를 갖추도록 요구되는 경비수준이다.

㉡ 군사시설이나 핵시설에서 이루어진다.

경비계획의 수립과정으로 알맞은 것은?

① 문제의 인지 → 목표의 설정 → 경비계획안 비교검토 → 전체계획 검토 → 경비위해요소 조사 · 분석 → 최선안 선택

② 문제의 인지 → 경비계획안 비교검토 → 경비위해요소 조사 · 분석 → 전체계획 검토 → 목표의 설정 → 최선안 선택

③ 문제의 인지 → 목표의 설정 → 경비위해요소 조사 · 분석 → 전체계획 검토 → 경비계획안 비교검토 → 최선안 선택

④ 문제의 인지 → 목표의 설정 → 전체계획 검토 → 경비위해요소 조사 · 분석 → 경비계획안 비교검토 → 최선안 선택

★ 경비계획 수립과정

ⓐ 문제의 인지 – 경비문제발생, 경비용역의뢰
ⓑ 목표의 설정 – 경비대상 목표설정
ⓒ 자료, 정보 수집분석 – 경비위해요소 조사 · 분석
ⓓ 전체계획검토 – 경비계획 고려사항, 통솔기준설정, 대상조직 현재상태
ⓔ 대안작성, 비교검토 – 경비실시안 작성, 비교검토
ⓕ 최선안 선택 – 경비실시안 선택
ⓖ 실시 – 경비조직구성, 경비의 실시

답 ③

4 경비계획의 수립과정과 기본 원칙

① 경비계획의 수립과정

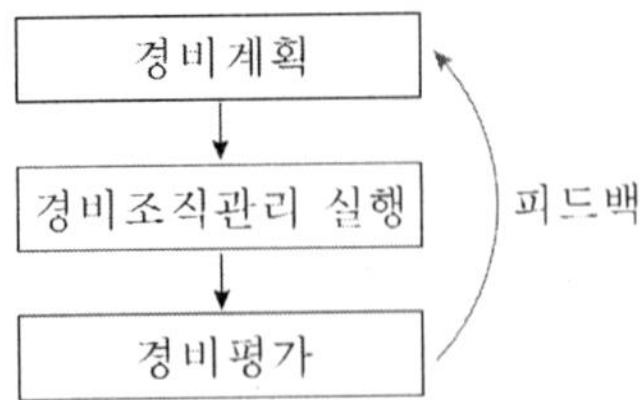

② 경비계획의 기본 원칙

㉠ 직원의 출입구는 주차장으로부터 가급적 멀리 떨어진 곳에 위치해야 한다.

㉡ 경비원의 대기실은 시설물의 출입구와 비상구에서 인접한 곳에서 위치해야 한다.

㉢ 경비관리실은 출입자 등의 통행이 많은 곳에서 설치해야 한다.

㉣ 경계구역과 건물의 출입구는 안전규칙의 범위 내에서 최소한으로 유지되어야 한다.

㉤ 경비원 1인이 경계해야 할 구역의 범위는 안전규칙상 적당해야 한다.

5 피드백의 중요성

① 피드백의 의의

㉠ 경비 서비스에 대한 정보가 공급자인 경비업체에게 되돌아오는 것을 의미한다.

㉡ 피드백이란 어떻게 행동해야 하는지 알 수 있도록 해주는 긍정적이고 부정적인 정보라고 정의한다.

㉢ 피드백을 받음으로써 제공하고 있는 서비스의 질(Quality)이 어떤지, 어떤 영향을 주었는지 명확하게 이해할 수 있다.

② 피드백의 목적

㉠ 제공되는 서비스에서 기대되고 있는 바에 대해 알 수 있도록 해준다.

㉡ 추구하고 있는 목표와 변화를 가속화시키고, 서비스의 신뢰를 고취시키며, 지속하게끔 고무시킨다.

㉢ 기존의 서비스에서 새로운 기술을 학습할 것인지에 대한 정보를 준다.

㉣ 서비스의 허점과 장애요인에 대한 가치 있는 정보를 제공해준다.

③ 피드백의 원칙

㉠ 피드백을 자주 주고받는다.

㉡ 적시에 피드백한다.

㉢ 피드백은 지속적으로 이루어질 때 가장 효과적이다.

㉣ 일상적이고 사소한 것에 대한 피드백이 중요하다.

㉤ 개발을 목적으로 피드백한다.
㉥ 성과문제를 해결하기 위해 피드백한다

2 외곽경비

1 외벽

① 자연적 외벽

㉠ 지역의 지형지물이나 자연적으로 생성된 특성을 이용하는 것을 말한다.
㉡ 강, 도랑, 절벽, 계곡 등 침입하기 곤란한 지역을 의미한다.

② 인공적 외벽

㉠ 인위적 구조물에 대한 것으로 일시적 · 상설적인 것을 의미한다.
㉡ 벽, 담, 울타리, 문, 철조망 등과 같이 침입을 막기 위해 설치한 방어시설을 말한다.

2 울타리

① 철조망

㉠ 지상에 철주(鐵柱)나 나무 말뚝을 박고, 철선을 종횡으로 얽어서 만드는 것이 일반적이다.
㉡ 철조망은 그 자체만으로도 외부인의 접근을 제한하는 효과가 있다.
㉢ 비교적 철거를 하기 쉬워서 전류를 흐르게 하는 경우도 있다.

② 철사

㉠ 가시철사
ⓐ 꼬인 두 가닥의 철사로 일정한 간격(4인치)에 수직방향으로 감긴 날카로운 짧은 철사로 되어 있다.
ⓑ 비용대비 효과가 비교적 큰 것으로 널리 쓰이고 있다.

㉡ 콘서티나 철사
ⓐ 윤형철조망이라고도 부르는데 실린더 모양으로 만들어져서 강철 면도날 철사와 함께 철해져서 감아놓은 것이다.
ⓑ 콘서티나 철사는 신속하게 장벽을 설치하기 위해 군대에서 처음 개발되었다.

③ **담장**

㉠ 목책이나 가시철망울타리 등과 같이 경미한 재료로 만들어진 것보다 튼튼하게 만들어진 것을 담장이라고 한다.

㉡ 담장을 축조하는 재료에 따라 구분하면 토담 · 돌담 · 벽돌담 · 블록담 · 콘크리트담 등이 있다.

㉢ 담장의 목적

ⓐ 소유권 표시로서의 대지경계선을 확정한다.

ⓑ 사람이나 동물의 침입을 방지한다.

ⓒ 외부의 시선을 차단한다.

3 출입문

① 출입경비는 출입구가 많을수록 경비가 어렵고 비용이 많이 든다.

② 업무시간과 업무 외 시간을 구분하여 출입문 경비를 한다.

③ 출입구의 용도에 따라 경비 방식은 달라져야 한다.

㉠ 개방된 출입구

ⓐ 직원 전용 출입구의 경우 직원 이외의 출입자를 확인한다.

ⓑ 직원과 고객이 함께 출입하는 경우 거동이 수상한 자를 확인하거나 용무를 확인한다.

ⓒ 차량의 진입 통제에서 염두에 두어야 할 것은 차량의 원활한 소통이다.

ⓓ 가능한한 출입차량에 방해를 주지 말아야 하며 공간은 충분히 넓어야 한다.

ⓔ 비상시 대처나 그 밖의 경우에 대비하여 평상시에는 양방통행을 유지하며 긴급한 사정 발생 시에 한해 일방통행을 실시한다.

㉡ 폐쇄된 출입구

ⓐ 폐쇄된 출입구는 긴급한 경우 사용이 가능하도록 평소에 주기적으로 점검한다.

ⓑ 사용하지 않는 경우에는 잠금장치를 해둔다.

4 시설물

① **창문**

㉠ 창문은 외부의 침입과 공격에 취약한 부분 중의 하나이다.

㉡ 지상에서 가까운 층의 창문은 외부 침입의 원인이 될 수 있으므로 필수적으로 외부 보호시설(철망, 창살)을 설치하여야 한다.

㉢ 지상에서 가까운 층이 아니더라도 평소에 수시로 잠금장치가 되어 있는지 확인해야 한다.

② 비상출구

㉠ 비상구의 경우 평상시 원격통제가 필요하나 자동, 수동 모두 가능하도록 설치하여야 한다.

㉡ 사람의 왕래가 적은 지역이므로 특별히 경보장치를 설치하는 것이 좋다.

③ 지붕

㉠ 취약지구 중 하나로서 감시장치 등이 필요하다.

㉡ 타 건물과 인접하여 건물을 넘어서 침입할 수 있으므로 사용하지 않는 경우 잠가둔다.

5 보호조명

① 백열전구

㉠ 가장 보편적으로 사용되는 조명이다.

㉡ 텅스텐 필라멘트에 전류를 흘려 열 방사에 의해 광을 얻지만 에너지 대부분이 열로 방출되어 효율이 낮다.

② 형광등

㉠ 발광효율이 좋고 가격이 경제적이다.

㉡ 일반 사무실과 가정, 학교에 많이 사용된다.

③ 석영수은등

㉠ 유리 대신에 투명한 석영 용기를 사용한 수은등으로 석영 자체가 내열이 강하여 높은 전류를 보낼 수가 있다.

㉡ 자외선을 투과시키는 장점이 있다.

㉢ 높은 조명을 요하는 곳에 쓰이며 주로 경계구역, 사고다발지역에 설치한다.

④ 가스방전등

㉠ 설치비용이 많이 든다.

㉡ 수명이 긴 편이나 자주 껐다 켰다하는 공간에는 적당하지 않다.

㉢ 경비조명으로서 가스방전등은 제 밝기를 내기 위해서 일정시간이 필요하므로 적합하지 않다.

⑤ 나트륨등

㉠ 방광관에 특수한 세라믹관을 사용하고 내부에 나트륨 외에 크세논가스를 봉입한 고순도 방전등이다.

㉡ 장점

ⓐ 점등방향이 자유롭다.

ⓑ 점등시간이 빠르다.

ⓒ 미관을 이용할 수 있어 좋다.

ⓓ 광속이 높고 광속 감퇴가 매우 좋다.

ⓔ 투과력이 높아 안개지역이나 해안지역에 적합하다.

ⓕ 수명이 길다.

ⓖ 소전력으로 밝은 광원을 얻을 수 있어 절전효과를 최대한으로 줄일 수 있다.

㉢ 단점

ⓐ 색상이 적황색이라 좋지 않다.

ⓑ 시력에 장애와 피로감을 주어 인체에 해롭다.

ⓒ 수은등, 백열등보다 고가이다.

ⓓ 작업능률을 저하시키는 요소가 된다.

ⓔ 인구가 많은 지역에 설치가 불가하다.

㉣ 용도

ⓐ 안개지역, 공항, 해안지역, 보안지역, 교량, 터미널 등에 사용된다.

ⓑ 인적이 드문 지역에 설치가 용이하다.

6 조명장비의 형태

① 탐조등

㉠ **광원** : 직류전기로 탄소봉(炭素棒)을 태워서 백색의 불꽃을 내게 하는 탄소아크등을 사용한다.

㉡ 흔히 서치라이트라고도 하는데 반사거울을 갖추고 있으며, 직류전기를 공급하는 발전기가 부수되어 있다.

㉢ 빛의 확산을 방지하고 원거리 표적을 유효하게 조명하기 위해서는 반사거울의 초점에 아크등의 불꽃을 고정시켜야 한다.

㉣ 탐조등은 예전에는 주로 야간에 적의 항공기 탐색용으로 사용되었으며 최근에는 주로 전장(戰場) 조명이나 해안경계용으로 쓰이고 있다.

② 투광조명

㉠ 건축물 외부나 경기장 등을 돋보이도록 하기 위한 조명이다.

㉡ 상당히 밝은 빛을 만들어 낸다.

③ 프레이넬등

㉠ 경계구역에 접근을 방지하기 위한 조명이다.

㉡ 빛을 길고 수평하게 확장하는 데 사용한다.

㉢ 광선의 크기가 수평으로 180° 정도, 수직으로 15°에서 30° 정도의 폭이 좁고 기다랗게 비춰지는 조명등이다.

TIP

가시지대
감시할 수 있는 경비구역을 의미하는 것으로 가능한 가시지대를 넓히는 것이 경비하는 데 유리하다.

③ **가로등**

㉠ **대칭적 가로등** : 빛을 골고루 발산하며 높은 지점의 조명을 필요로 하지 않는 넓은 지역에서 사용된다.

㉡ **비대칭적 가로등** : 조명이 필요한 곳에서 다소 떨어진 곳에서 사용된다.

3 내부경비

1 의의

① 외각경비 이후의 단계로 내부 출입 통제에 관한 경비이다.

② 시설물 내부침입이나 절도 등을 막기 위한 경비이다.

③ 시설물의 용도와 구조에 따라 경비방법이 달라진다.

2 출입문경비

① **자물쇠**

㉠ **돌기 자물쇠** : 일반적으로 사용되는 자물쇠로 안전도가 상당히 낮다.

㉡ **판날름쇠 자물쇠** : 열쇠의 한쪽 면에만 홈이 있는 것으로 돌기 자물쇠보다 상대적으로 안전도가 높지만 크게 안전하다고 볼 수 없다.

㉢ **핀날름 자물쇠** : 열쇠 양쪽에 불규칙적으로 홈이 파인 형태로 판날름쇠 자물쇠 보다 안전도가 높다.

㉣ **숫자맞춤 자물쇠** : 자물쇠에 있는 숫자조합을 맞춰서 잠금장치를 해체하는 것으로 안전도가 높다.

㉤ **암호사용식 자물쇠** : 전자자판에 암호를 입력하는 형식의 자물쇠로 암호를 잘못 입력하면 경보가 울리며 특별한 경비가 필요한 장소에 사용된다.

㉥ **카드작동식 자물쇠** : 카드를 꽂아 잠금을 해체하는 형식의 자물쇠이다.

② **패드록**

㉠ 자물쇠의 단점을 보완하기 위해 고안된 장치이다.

㉡ 문의 중간에 일체식으로 설치된 것으로 키를 삽입하면 열리는 형식의 잠금장치이다.

㉢ 패드록의 종류

ⓐ **일체식 잠금장치**: 문 하나가 잠기면 전체 출입문이 잠기는 것으로 교도소 같은 수감시설에서 사용되는 잠금장치이다.

ⓑ **전기식 잠금장치**: 전기신호에 의해 열리고 닫히는 잠금장치로 일반적으로 원거리에서 제어할 수 있는 장점이 있다.

ⓒ **기억식 잠금장치**: 특정시간에만 문이 열리고 닫히는 잠금장치를 말하는 것으로 은행이나 박물관 등의 출입문에 사용하면 적당하다.

특정시간에만 문이 열리고 닫히는 잠금장치로 은행이나 박물관 출입문에 적당한 잠금장치는?

① 패드록 ② 기억식 잠금장치

③ 전기식 잠금장치 ④ 일체식 잠금장치

★① 자물쇠의 단점을 보완하기 위해 고안된 장치이다.

② 특정시간에만 문이 열리고 닫히는 잠금장치를 말하는 것으로 은행이나 박물관 등의 출입문에 사용하면 적당하다.

③ 전기신호에 의해 열리고 닫히는 잠금장치로 일반적으로 원거리에서 제어할 수 있는 장점이 있다.

④ 문 하나가 잠기면 전체 출입문이 잠기는 것으로 교도소 같은 수감시설에서 사용되는 잠금장치이다.

답 ②

3 창문경비

① 외부의 침입을 막기 위해 강화유리를 사용한다.

② 시설밖에서는 창을 분리할 수 없어야 하며 시설 내부에서는 쉽게 분리할 수 있어야 한다.

③ **강화유리**

㉠ 강화유리는 판유리를 고온의 열처리를 한 후에 급냉시켜 생산되는 것으로 보통의 판유리와 투사성은 같으나 강도와 내열성이 매우 증가된 안전한 유리이다.

㉡ 한계가 넘는 충격으로 파손되더라도 유리 끝이 날카롭지 않은 작은 입자로 부서져 사람에게 손상을 주지 않는다.

㉢ 강한 내열성을 갖는다.

TIP

파손 가능한 온도변화
보통의 판유리 60℃, 강화유리 200℃

ⓡ 열처리의 정도에 따른 구분

ⓐ 강화유리

- 보통의 판유리와 비교했을 때 다섯 배의 내충격 강도를 가진다.
- 보통의 판유리와 비교했을 때 무게를 견디는 힘이 세 배 이상이다.

ⓑ 배강도유리

- 고층건물의 외벽에 주로 사용한다.
- 보통의 판유리와 비교했을 때 파손상태는 비슷하나 두 배 정도의 내충격 강도를 가진다.

ⓜ 강화유리의 종류

ⓐ 접합유리 : 접합유리는 최소 두 장의 판유리 사이에 투명하고 내열성이 강한 폴리비닐부티랄 필름(Polyvinyl Butyral Film)을 삽입하고 진공상태에서 판유리 사이에 있는 공기를 완전하게 제거한 후에 온도와 압력을 높여 완벽하게 밀착시켜 생산한다.

- 충격물이 반대편으로 관통되지 않아 안전하며 도난을 방지한다.
- 대형규격 생산이 가능하고 방음 성능이 우수하다.
- 충격흡수력이 매우 우수하여 쉽게 파손되지 않는다.
- 충격을 받아 파손되더라도 필름이 유리파편의 비산을 방지한다.

ⓑ 복층유리 : 복층유리는 판유리의 기능을 극대화시킨 알루미늄 스페이서 안에 공기건조제를 넣고 1차 접착한 뒤에 스페이서를 사이에 두고 판유리를 맞대어 붙인 후 2차 접착하여 생산된다.

- 유리면에 이슬 맺힘 현상을 방지하고 소음차단 성능이 뛰어나다.
- 에너지 절약형 제품이다.
- 최소한 두 장 이상의 판유리로도 생산이 가능하다.

④ 도둑이 침입할 때 시간을 지연시키게 하는 효과가 있다.

⑤ 대처할 시간이 생기게 되어 건축물 내부에 있는 사람과 재산을 보호할 수 있다.

4 감시 시스템

① 순찰

㉠ 순찰은 정기적으로 이루어져야 한다.

㉡ 순찰 중에 긴급상황 발생 시 대처할 계획을 수립해둔다.

㉢ 순찰 패턴을 유지하고 담당자들 간의 의견교환 기회를 부여한다.

② **경보 시스템**

㉠ 방범 시스템

ⓐ 도난방지 시스템

ⓑ 침입방지 시스템

㉡ 화재경보 시스템

㉢ 자연재해경보 시스템

ⓐ 홍수경보 시스템

ⓑ 낙뢰경보 시스템 등

㉣ 경보센서

ⓐ **초음파탐지기** : 기계 간의 진동파를 탐지하는 것으로 오보율이 높다.

ⓑ **광전자식 센서** : 레이저가 중간에 끊기면 시상신호로 바뀌면서 작동하는 센서이다.

ⓒ **콘덴서 경보 시스템** : 전류의 흐름으로 외부침입을 파악하는 것으로 전류의 흐름을 방해하는 것으로 감지한다.

ⓓ **자력선식 센서** : 자력선을 건드리면 작동하는 것으로 천장이나 담 등에 설치한다.

ⓔ **전자기계식 센서** : 접지극을 설치하여 접촉유무로 작동하고 감지한다.

ⓕ **전자파 울타리** : 레이저로 전자벽을 형성하여 작동하는 것으로 오보율이 높은 것이 단점이다.

ⓖ **무선주파수 장치** : 열감지 등으로 전파가 이동하는데 방해 시 감지한다.

ⓗ **진동탐지기** : 보호대상 물건에 직접 센서를 부착하여 물건의 진동을 탐지하는 센서이다.

ⓘ **압력반응식 센서** : 직 · 간접적 압력에 따라 반응하는 센서이다.

㉤ 경보체계의 종류

ⓐ **중앙관제시스템** : CCTV를 활용하는 일반적 경보체계이다.

ⓑ **다이얼 경보시스템** : 비상사태 발생 시 사전의 지정된 긴급연락을 한다.

ⓒ **상주경보시스템** : 주요지점마다 경비원을 배치하는 방식이다.

ⓓ **제한적 경보시스템** : 화재예방시설에 주로 쓰이는 사이렌이나 종, 비상등과 같은 제한된 경보장치를 설치한다.

ⓔ **국부적 경보시스템** : 일정 지역에 국한해 1~2개의 경보장치를 설치하는 방식이다.

ⓕ **로컬경비시스템** : 경비원들이 이상이 발생하면 사고발생현장으로 출동한다.

ⓖ **외래지원정보시스템** : 전용전화회선을 통하여 비상감지 시에 각 관계기관에 자동으로 연락이 취해지는 방식이다.

③ **CCTV**

㉠ 경비원이 감시할 수 있는 시간은 제한적이고 비효율적이다.

㉡ 장점

ⓐ 특정 중요 장소에 설치하여 사후에 침입자를 검거할 때 유용하다.

ⓑ 적은 수의 인원으로 여러 지점을 감시 할 수 있으므로 효율적이다.

㉢ 단점

ⓐ 특정 지점만 감시할 수 있으며 각도가 비교적 제한적이다.

ⓑ 특정 지점에 침입자를 감지할 때 즉각적인 반응을 할 수 없다.

④ IP CAM

㉠ 장비비용 및 유지비용이 저렴하다.

㉡ 설치가 비교적 쉽다.

㉢ HDD급 디지털 영상을 초당 15~30프레임으로 녹화할 수 있으며 최대 화면 16분할이 가능하다.

㉣ 원격지에서 화면 출력 및 전송은 물론 HDD/웹서버에 영상저장이 가능하다.

㉤ 최대 9대까지 카메라 모니터링이 가능하며 유동/고정 IP 인터넷 사용이 가능하다.

㉥ 자동으로 영상을 PC에 저장하거나 침입자의 움직임을 녹화해 이메일 등으로 자동 전송할 수 있다.

⑤ 비교

구분	IP CAM	DVR	CCTV
인터넷 접속	기본적 기능	불가능 (추가장비구매 시 가능)	불가능
영상화질	고화질	고화질	저화질
녹화화면	동영상	동영상	정지화면
응급상황	원격대처가능	불가능	불가능
유지비	없음	거의 없음	TAPE 구입비
자료보관	HDD/웹서버	HDD	VIDEO TAPE

5 화재예방

① 화재의 의의

㉠ 화재의 종류별 급수를 정한다.

급수	A급	B급	C급	D급	E급
화재의 종류	일반화재	유류화재	전기화재	금속화재	가스화재
색상	백색	황색	청색	무색	황색

㉡ 국내에서는 가스화재(E급)를 유류화재에 포함시켜 B급으로 취급한다.

㉢ 화재발생의 3요소 : 열, 재료, 산소

㉣ 화재발생 단계

ⓐ **초기 단계** : 연기와 불꽃이 보이지 않고 감지만 하는 단계

ⓑ **그을린 단계** : 연기는 보이지만 불꽃이 보이지 않는 단계

ⓒ **불꽃발화 단계** : 실제로 불꽃과 연기가 보이는 단계

ⓓ **열 단계** : 고온의 열이 감지되며 불이 외부로 확장되는 단계

② 전기화재

㉠ 주요 원인

ⓐ 낡은 전기기구나 부실공사로 인해 발생한다.

ⓑ 전기화재의 가장 큰 원인은 전기용품에 대한 지식이나 상식부족 또는 사용하는 사람의 부주의나 방심으로 인해 전기기구의 과열 및 탄화상태를 가져와서 발생한다.

㉡ 발화의 종류

ⓐ 전선의 합선에 의한 발화

ⓑ 누전에 의한 발화

ⓒ 과전류(과부하)에 의한 발화

ⓓ **기타 원인에 의한 발화** : 규격미달의 전선 또는 전기기계기구 등의 과열, 배선 및 전기기계기구 등의 절연불량 상태, 또는 정전기로부터의 불꽃으로 인한 발화를 말한다.

㉢ 예방요령

ⓐ 전기기구를 사용하지 않을 때에는 스위치를 끄고 플러그를 뽑아 둔다.

ⓑ 플러그를 뽑을 때에는 선을 잡아당기지 말고 플러그 몸체를 잡고 뽑도록 한다.

ⓒ 개폐기(두꺼비집)는 과전류 차단장치를 설치하고 습기나 먼지가 없는, 사용하기 쉬운 위치에 부착한다.

ⓓ 개폐기에 사용하는 퓨즈는 규격퓨즈를 사용하고 퓨즈가 자주 끊어질 경우 근본적으로 그 원인이 무엇인가를 규명 · 개선한다.

ⓔ 각종 전기공사 및 전기시설 설치 시 전문 면허업체에 의뢰하여 정확하게 규정에 의한 시공을 하도록 한다.

ⓕ 누전으로 인한 화재를 예방하기 위해서 누전차단기를 설치하고 한 달에 1~2회 작동유무를 확인한다.

ⓖ 한 개의 콘센트나 소켓에서 여러 선을 끌어 쓰거나 한꺼번에 여러 가지 전기기구를 꽂는 문어발식 사용을 하지 않는다.

③ **방화(放火)**

㉠ 강력범죄인 방화(放火)는 최근 들어 계속적으로 증가하고 있는 실정이다.

㉡ 방화에 의한 화재는 의도적으로 발생하기 때문에 초기진압이 어려워 많은 재산과 인명피해를 가져온다.

㉢ 예방요령

ⓐ 건물의 화재예방을 위해 시건장치 후 외출한다.

ⓑ 실내청소 후 내다버린 쓰레기 중 타기 쉬운 물건을 방치하지 않도록 하며 항상 깨끗이 정리정돈한다.

④ **유류화재**

㉠ 의의

ⓐ 유류화재는 상온에서 액체 상태로 존재하는 액체 가연물질인 제4류 위험물의 취급 사용시 부주의에 의해서 발생한다.

ⓑ 유류화재의 경우 화재의 진행속도가 빠른 편이다.

㉡ 유류화재의 발생원인

ⓐ 유류표면에서 발생된 증기가 공기와 적당히 혼합되어 연소 범위 내에 있는 상태에서 열에 접촉되었을 때 발생한다.

ⓑ 유류를 취급하는 기기 등에 주유하던 중 조작하는 사람의 부주의로 인해 흘러나온 유류에 화기가 열에 접촉되었을 때 발생한다.

ⓒ 유류기구를 장시간 과열시켜 놓고 자리를 비우거나 관리가 소홀하여 부근의 가연물질에 인화하였을 때 발생한다.

ⓓ 난방기구의 전도(顚倒), 가연물질의 낙하 등에 의해 발화될 때 발생한다.

㉢ 유류화재의 예방대책

ⓐ 열기구는 본래의 사용목적 이외의 용도로 사용하지 않는다.

ⓑ 열이 잘 전달되는 금속제를 피하고 석면과 같이 차열성능이 있는 불연재료의 받침을 사용한다.

ⓒ 유류기구를 점화시킨 후 장시간 자리를 비우는 일이 없도록 한다.

ⓓ 유류 이외의 다른 물질과 함께 저장하지 않도록 한다.

ⓔ 유류저장소는 환기가 잘 되도록 하고 가솔린 등 인화물질은 용도에 맞게 사용한다.

ⓕ 급유 중 흘린 기름은 반드시 닦아 내고 난로 주변에는 소화기나 모래 등을 준비해 둔다.

ⓖ 석유난로, 버너 등은 사용 도중 넘어지지 않도록 고정시켜 둔다.

ⓗ 실내에 페인트, 신나 등으로 도색작업을 할 경우에는 창문을 완전히 열어 충분한 환기를 시켜준다.

ⓘ 산소공급을 중단시키는 것이 가장 효과적인 화재 진압방법이다.

⑤ 가스화재

㉠ 의의

ⓐ 가스화재는 B급 화재(5단계 분류 시는 E급)로서 에너지의 원천이 되는 연료용 가스에 의해 주로 발생한다.

ⓑ 폭발을 동반하므로 많은 사상자가 발생한다.

ⓒ 국내에서는 화재의 진행 특성이 유사한 유류화재에 포함시켜 B급 화재로 취급하고 있다.

㉡ 가스화재의 발생원인

ⓐ 가스는 열량이 높고 사용이 편리하여 많이 사용하는데 점화에너지의 값이 작아 화재가 빈번히 발생한다.

ⓑ 가스 사용자가 부주의하게 취급해서 발생한다.

ⓒ 안전관리 기술 부족으로 관리가 소홀해서 발생한다.

ⓓ 가스용기 운전 중 용기 취급자의 안전관리가 부족해서 발생한다.

㉢ 가스화재의 예방대책

ⓐ 사용시설의 통풍을 양호하게 한다.

ⓑ 기기에 적합한 연료만을 사용한다.

ⓒ 가스 누출 시 창문을 열고 실내의 가스를 밖으로 내보낸다.

⑥ 고층건물 화재

㉠ 고층건물에는 화재에 대한 신속한 감지를 위하여 건물 전체에 자동 화재탐지설비를 설치하여 집중적인 감시를 한다.

㉡ 화재발생 가능성이나 발화 시 유독가스로 인한 인명피해를 최소화하기 위하여 건물내장재를 불연화하고 연소가 용이한 수납물을 적재하지 않는다.

㉢ 화재 시 계단 및 기타 수직개구부는 연소확대의 통로가 될 뿐만 아니라 연소를 돕는 작용을 하므로 모든 계단은 층별 발화구획이 되도록 피난계단 또는 특별피난계단 구조로 하고 냉난방닥트 등에는 방화댐퍼와 같은 유효한 방화설비를 설치한다.

㉣ 화재의 성장을 한정된 범위로 억제하기 위하여 층별, 면적별 방화구획을 설정하고 또한 방연구획도 병행하도록 한다.

㉤ 고층건물이나 백화점 등의 대규모 건축물을 계획할 경우에는 반드시 구조계획서 및 방재계획서를 작성 · 비치하도록 한다.

㉥ 화기를 사용하는 기구나 시설에 대해서는 사용상의 안전수칙을 철저하게 주지시켜야 한다.

4 재해예방과 비상계획

1 자연재해예방

① 일상적인 생활수칙

㉠ 자신이 살고 있는 지역에서 일어날 가능성이 있는 재해를 확인한다.

㉡ 재해가 발생했을 때 지역사회에서 사용하는 경보 사이렌 소리를 알아둔다.

㉢ 재난 후 걸어야 할 응급전화번호를 확인한다.

㉣ 응급처치법과 심폐소생술에 관한 기본 지식을 알아둔다.

㉤ 위험할 때 이용할 수 있는 비상출구를 확인해 둔다.

② 필수적인 준비물품

㉠ 만일 치료받는 사람이 있다면 가정 상비약품과 함께 사용약품을 미리 챙겨야 한다.

㉡ 한 사람 당 바꿔 입을 옷 한 벌, 양말, 담요 한 장이 있어야 한다.

㉢ 중요한 서류는 반드시 방수가 되는 비닐 봉투에 넣어 따로 보관한다.

㉣ 적어도 3일 동안 사용할 물품을 확보하고 있어야 한다.

③ 홍수피해 예방과 대처

㉠ 물이 급속히 불어나고 있으면 우선 그 장소를 빠져 나와 고지대로 대피한다.

㉡ 차를 타고 있다면 빨리 차에서 나와 고지대로 올라간다.

㉢ 비가 심하게 올 때 강가나 물 근처에서 노는 것을 피한다.

④ 천둥번개에 대한 안전

㉠ 천둥이 친다는 방송을 들으면 즉시 안전한 건물 속이나 차안으로 들어간다.

㉡ 건물 속으로 들어 갈 수 없으면 즉시 낮은 빈 공간으로 가서 머리를 가슴에 붙이고 양손으로 무릎을 잡고 웅크리고 앉는다.

㉢ 나무, 탑, 담장, 전화선, 전기선 같이 높은 물건은 번개를 잡아 당길 수 있으므로 이것에서 피한다.

㉣ 번개가 칠 수 있는 금속성의 물건, 우산, 야구 방망이, 낚시대, 캠핑 도구 등을 들고 있는 것을 피한다.

㉤ 천둥, 번개가 발생할 때는 에어콘, TV 등을 끄고 전화도 끊는다.

2 인위적 재해대처

① 폭발물 발견 시

㉠ 경찰에 연락하고 폭발물에 손을 대거나 이동시키지 않는다.

㉡ 최단 시간내 대피하고 주위사람들에게 대피를 유도한다.

㉢ 대피시 휴대전화나 라디오를 작동할 경우 전자파가 폭발물의 기폭장치를 작동시킬 수 있으므로 사용을 자제한다.

㉣ 폭탄이 설치된 반대방향으로 피신하되 엘리베이터를 이용하지 말고 비상계단을 이용하여 탈출한다.

② 건물 붕괴 시

㉠ 건물 잔해에 깔렸을 경우, 불필요한 행동으로 먼지를 일으키지 않도록 하고 천으로 코와 입을 막아 먼지를 마시지 않도록 주의한다.

㉡ 가능하면 손전등을 사용하거나 배관 등을 두드려 외부에 갇혀 있다는 사실을 알린다.

③ 납치 시

㉠ 자제력을 잃지 않도록 맘을 가다듬고 희망을 잃지 않도록 한다.

㉡ 억류범이나 납치범을 자극하는 언행을 삼간다.

㉢ 납치범과 가능하면 대화를 계속하고 우호적인 관계를 유지하도록 한다.

㉣ 납치범들의 복장 · 인상착의 · 버릇 등을 기억하되 납치범들에게 관심이 있다는 것을 드러내서는 안 된다.

TIP

국가중요시설의 분류기준

급수	시설
가급	국방 · 국가기간산업 등 국가의 안전보장에 고도의 영향을 미치는 행정시설, 청와대, 국회의사당 등
나급	국가보안상 국가경제 · 사회생활에 중대한 영향을 끼치는 산업시설, 한국산업은행본점 등
다급	국가보안상 국가경제 · 사회생활에 중요하다고 인정되는 행정 및 산업시설, 한국은행 각 지역본부 등
기타급	중앙부처장 또는 시 · 도지사가 필요하다고 지정한 행정 및 산업시설

출제예상문제

민간경비론

1 잠금장치에 관한 설명으로 옳지 않은 것은?

① 핀날름쇠 자물쇠는 열쇠의 양쪽에 홈이 파여져 있는 형태로서 한쪽에만 홈이 파여져 있는 판날름쇠 자물쇠보다 안전하다.

② 카드식 잠금장치는 전기나 전자기방식으로 암호가 입력된 카드를 인식시킴으로써 출입문이 열리도록 한 장치이다.

③ 열쇠가 분실되는 경우에 대비하여 잠금장치의 문틀과 문 사이에는 적당한 틈을 유지하는 것이 필요하다.

④ 일체식 잠금장치는 원격조정에 의해 하나의 출입문이 개폐될 경우 전체의 출입문이 동시에 개폐되는 방식의 장치를 말한다.

Advice ③ 문틀과 문 사이에 틈이 있을 경우 지렛대 등이 들어갈 수 있으므로 문틈을 없애는 것이 중요하다. 또한 문틀을 내구성이 강한 재질로 사용하고 나사보다는 용접의 방법을 이용하는 것이 좋다.

2 화재대책에 관한 설명으로 옳지 않은 것은?

① 목재류보다 화학제품에서 많은 연기와 유독가스가 발생한다.

② 화재는 열, 가연물, 산소 3가지 요소의 결합에 의해 발생한다.

③ 화재발생 시 화염보다 연기와 유독가스에 의해 사망하는 경우가 많다.

④ 정비소, 보일러실과 같은 시설은 컴퓨터실보다 민감한 화재감지시스템을 설치하는 것이 바람직하다.

Advice ④ 컴퓨터실은 화재 초기에 감지하여 진화해야 데이터의 손실을 막을 수 있으므로 정비소, 보일러실 같은 시설보다 더욱 민감한 화재감지시스템을 설치해야 한다. 또한 스프링클러나 물을 이용할 경우 컴퓨터에 손상을 줄 수 있으므로 이산화탄소나 할론가스를 이용한 소화 장비를 설치하는 것이 좋다.

Answer 1.③ 2.④

3 **경비위해요인의 분석단계와 그에 대한 설명으로 옳은 것은?**

① 인지 단계 – 개인 및 기업의 보호영역에서 손실을 일으키기 쉬운 취약 부분을 확인하는 단계이다.

② 평가 단계 – 경비보호대상의 보호가치에 따른 손실발생 가능성을 예측하는 단계이다.

③ 비용효과분석 단계 – 특정한 손실이 발생하였다면 얼마나 심각한 영향을 미쳤는가를 고려하는 단계이다.

④ 손실발생가능성 예측 단계 – 범죄피해로 인한 인적 · 물적 피해의 정도, 고객의 정신적 안정성, 개인 및 기업체의 비용부담정도 등을 고려하는 단계이다.

Advice 경비위해요인의 분석단계

㉠ **인지 단계** : 개인 또는 기업의 보호 영역에서 손실을 일으키기 쉬운 취약 부분을 확인하는 단계이다.
㉡ **손실발생가능성 예측 단계** : 경비보호대상의 보호가치에 따른 손실발생 가능성을 예측하는 단계이다.
㉢ **평가 단계** : 특정한 손실이 발생 시 얼마나 심각한 영향을 미쳤는가를 고려하는 단계이다.
㉣ **비용효과분석 단계** : 범죄피해로 인한 인적 · 물적 피해의 정도, 고객의 정신적 안정성, 개인 및 기업체의 비용부담정도 등을 고려하는 단계이다.

4 **다음과 같은 특징을 갖는 자물쇠의 형태는?**

- 열쇠의 홈이 한쪽 면에만 있음
- 주로 책상이나 서류함에 사용

① 돌기 자물쇠
② 판날름쇠 자물쇠
③ 핀날름쇠 자물쇠
④ 숫자맞춤식 자물쇠

Advice ① 일반적으로 사용되는 자물쇠로 안전도가 상당히 낮다.
③ 열쇠 양쪽에 불규칙적으로 홈이 파인 형태로 판날름쇠 자물쇠보다 안전도가 높다.
④ 자물쇠에 있는 숫자조합을 맞춰서 잠금장치를 해체하는 것으로 안전도가 높다.

Answer 3.① 4.②

5 조명등에 관한 설명으로 옳지 않은 것은?

① 석영등은 매우 밝은 하얀 빛을 발하며 빛의 발산이 빠르다.
② 나트륨등은 노란색을 띠고 있으며 안개가 발생하는 지역에 사용된다.
③ 프레이넬등은 특정지역에 빛을 집중시키거나 직접적으로 비추는 형태로, 경계지역 및 건물주변지역 등에 사용된다.
④ 투광조명은 건축물 외부나 경기장 등을 돋보이도록 하기 위한 조명이다.

Advice ③ 프레이넬등은 경계구역에 접근을 방지하기 위한 조명이다. 빛을 길고 수평하게 확장하는 데 사용한다.

6 백열등과 마찬가지로 매우 밝은 하얀 빛을 발하며, 빨리 빛을 발산하고 매우 높은 빛을 내기 때문에 경계구역과 사고발생지역에 사용하기에 매우 유용하지만, 가격이 비싸다는 단점을 갖고 있는 조명은?

① 가스방전등 ② 석영등
③ 투광조명등 ④ 프레이넬등

Advice 석영수은등
㉠ 유리 대신에 투명한 석영 용기를 사용한 수은등으로 석영 자체가 내열이 강하여 높은 전류를 보낼 수가 있다.
㉡ 석영수은등은 자외선을 투과시키는 장점이 있다.
㉢ 높은 조명을 요하는 곳에 쓰이며 주로 경계구역, 사고다발지역에 설치한다.

7 다음 중 각 주요 지점에 일일이 경비원을 배치하여 비상시에 대응하는 경보시스템은?

① 상주경보시스템 ② 중앙모니터시스템
③ 제한경보시스템 ④ 외래지원경보시스템

Advice 상주경보시스템은 주요 지점에 경비원이 상시대기하는 것으로 비상시 대응이 빠르다는 장점이 있다.

Answer 5.③ 6.② 7.①

8 **경비실시의 형태 중 포괄적이고 전체적인 계획 없이 필요할 때마다 손실 및 예방 등의 역할을 수행하기 위해 추가되는 경비형태는?**

① 단편적 경비　　② 1차원적 경비
③ 반응적 경비　　④ 총체적 경비

Advice 경비시스템의 유형
㉠ 1차원적 경비 : 경비원이 행하는 경비와 같이 단일 예방체제에 의존하는 것을 말한다.
㉡ 단편적 경비 : 포괄적이고 전체적인 계획 없이 필요에 의해 단편적으로 손실예방의 역할을 수행하기 위해 추가되는 경비형태를 말한다.
㉢ 반응적 경비 : 특정 손실이 발생하는 사건에 한해서만 반응하는 경비형태를 말한다.
㉣ 총체적 경비 : 위해요소와 관계없이 언제, 어떤 형태로 발생할지 모르는 사항에 대비하여 인력경비와 기계경비를 혼합한 표준화된 경비형태를 말한다.

9 **시설물의 외곽경비에 대한 설명 중 틀린 것은?**

① 외곽경비의 1차적인 경계지역은 건물 주변이다.
② 강, 절벽 등 자연적인 장벽만으로는 외부침입을 방지하는 데 문제점이 있을 경우, 인위적인 구조물을 설치하여야 한다.
③ 울타리 중 철조망은 내부에서 외부침입자를 쉽게 적발할 수 있으나, 설치비용이 많이 든다.
④ 담장은 외부에서 내부관찰이 불가능하도록 하기 위해 주로 사용된다.

Advice 철조망
㉠ 지상에 철주(鐵柱)나 나무 말뚝을 박고, 철선을 종횡으로 얽어서 만드는 것이 일반적이다.
㉡ 철조망은 그 자체만으로도 외부인의 접근을 제한하는 효과가 있다.
㉢ 비교적 설치와 철거가 간편하며 비용도 저렴하다.

10 **다음 중 시설물 경비에 있어서 1차적인 방어수단이 아닌 것은?**

① 외곽 방호시설물　　② 울타리
③ 경보장치　　④ 담장

Advice ①②④ 외곽경비에 속하는 것으로 1차적인 방어수단에 해당한다.
③ 2차적인 방어수단에 해당한다.

Answer 8.① 9.③ 10.③

11 다음 국가중요시설의 분류기준에 대한 설명으로 맞는 것은?

① 가급 – 중앙부처장 또는 시 · 도시사가 필요하다고 지정한 행정 및 산업시설
② 나급 – 국가보안상 국가경제 · 사회생활에 중대한 영향을 끼치는 산업시설
③ 다급 – 국방 · 국가기간산업 등 국가의 안전보장에 고도의 영향을 미치는 행정시설
④ 라급 – 국가보안상 국가경제 · 사회생활에 중요하다고 인정되는 행정 및 산업시설

Advice ① 가급 – 국방 · 국가기간산업 등 국가의 안전보장에 고도의 영향을 미치는 행정시설
③ 다급 – 국가보안상 국가경제 · 사회생활에 중요하다고 인정되는 행정 및 산업시설
④ 라급 – 중앙부처장 또는 시 · 도지사가 필요하다고 지정한 행정 및 산업시설

12 다음에 설명하는 경비수준으로 옳은 것은?

> 이 수준의 경비는 불법적인 외부침입과 일부 내부침입을 방해, 탐지, 사정할 수 있도록 계획되어진 경비시스템으로, 보다 발전된 원거리 경보시스템, 경계지역의 보다 높은 수준의 물리적 장벽, 기본적인 의사소통 장비를 갖춘 경비원 등이 조직되는 수준이다. 여기에는 큰 물품창고, 제조공장, 대형 소매점 등이 해당된다.

① 최저수준 경비(Level : Minimum Security)
② 중간수준 경비(Level : Medium Security)
③ 상위수준 경비(Level : High-Level Security)
④ 하위수준 경비(Level : Low-Level Security)

Advice 중간수준 경비는 추가적으로 통신장비를 갖춘 경비원들이 조직되어 있는 경비수준을 의미한다.

13 다음 중 경보시스템의 종류에 해당되지 않는 것은?

① 침입경보시스템
② 화재경보시스템
③ 상주경보시스템
④ 특수경보시스템

Advice 경보시스템의 종류 … 침입경보시스템, 화재경보시스템, 특수경보시스템

Answer 11.② 12.② 13.③

14 자물쇠와 패드록(Pad-Lock)에 대한 설명 중 옳지 않은 것은?

① 핀날름 자물쇠(Pin Tumbler Locks)는 열쇠의 홈이 한쪽 면에만 있으며, 홈에 맞는 열쇠를 꽂지 않으면 자물쇠가 열리지 않는다.
② 판날름 자물쇠(Disc Tumbler Locks)는 돌기 자물쇠보다 발달된 자물쇠로 책상, 서류함, 패드록 등에 보편적으로 사용되고 있다.
③ 돌기 자물쇠(Warded Locks)는 단순 철판에 홈도 거의 없는 것이 대부분이며 예방기능이 가장 취약하다.
④ 암호 사용식 자물쇠(Code Operated Locks)는 숫자 맞춤식 자물쇠보다 발전시킨 것으로 일반적으로 전문적이고 특수한 경비 필요시 사용한다.

Advice 열쇠의 홈이 한쪽 면에만 있으며, 홈에 맞는 열쇠를 꽂지 않으면 자물쇠가 열리지 않는 것은 판날름 자물쇠이다.

15 다음 중 잠재적으로 사고가 발생할만한 지역을 정확하게 관찰하기 위해 사용되며, 외딴 산간지역이나 작은 배로 쉽게 시설물에 접근할 수 있는 위치에 설치하는 조명은?

① 탐조등
② 가로등
③ 투광조명등
④ 프레이넬등

Advice 탐조등

㉠ 직류전기로 탄소봉(炭素棒)을 태워서 백색의 불꽃을 내게 하는 탄소아크등을 광원으로 사용하고, 반사거울을 갖추고 있으며, 직류전기를 공급하는 발전기가 부수되어 있다. 흔히 서치라이트라고도 한다.
㉡ 빛의 확산을 방지하고 원거리 표적을 유효하게 조명하기 위해서는 반사거울의 초점에 아크등의 불꽃을 고정시켜야 한다.
㉢ 탐조등은 예전에는 주로 야간에 적의 항공기 탐색용으로 사용되었으며 최근에는 주로 전장(戰場) 조명이나 해안경계용으로 쓰이고 있다.

Answer 14.① 15.①

16 첨단식 Pad Locks 전기식 잠금장치에 대한 설명으로 옳지 않은 것은?

① 출입문의 개폐가 전기신호에 의해 이루어지는 장치이다.
② 주로 은행금고 등에 많이 활용되고 있다.
③ 원거리에서 문의 개폐를 제어할 수 있는 장점이 있다.
④ 가정집 내부에서 스위치를 눌러 외부의 문이 열리도록 하는 방식이다.

Advice 전기식 잠금장치는 전기신호에 의해 열리고 닫히는 잠금장치로 일반적으로 원거리에서 제어할 수 있는 장점이 있다. 은행의 금고 등과 같이 보안이 철저히 요구되는 시설에서 사용되기에는 적합하지 않다.

17 경비시설물의 출입문에 설치되는 안전장치는 어떤 기준에 따라 달라지는가?

① 건물위치
② 건물의 높이
③ 경비구역의 중요성
④ 화재위험도

Advice 경비구역의 중요도에 따라 출입문에 설치되는 안전장치는 달라진다.

18 경비업의 개선방안에 관한 내용으로 해당되지 않는 것은?

① 경비원 교육훈련의 내실화
② 대응체제의 제도적 보완
③ 청원경찰의 점진적 확대
④ 특수경비원 쟁의행위금지 문제의 보완

Advice 청원경찰과 민간경비제도는 청원경찰법과 경비업법으로 법제가 이원화되어 있는데 이것을 양 제도의 형평성과 통일성을 기하기 위해 일원화하여야 한다.

Answer 16.② 17.③ 18.③

19 경비조명 설치 시 유의사항으로 옳지 않은 것은?

① 보호조명은 경계구역 내의 지역과 건물에 적합하도록 설계되어야 한다.

② 경비조명은 침입자의 탐지 외에 경비원의 시야를 확보하는 기능이 있으므로 경비원의 감시활동, 확인점검활동을 방해하는 강한 조명이나 각도, 색깔 등을 고려해야 한다.

③ 인근지역을 너무 밝게 하거나 영향을 미침으로써 타인의 사생활을 침해하지 않도록 해야 한다.

④ 도로, 고속도로, 항해수로 등에 인접한 시설물의 조명장치는 통행에 영향을 미치더라도 모든 부분을 구석구석 비출 수 있도록 설치되어야 한다.

Advice 도로와 항해수로 등에 인접한 시설물의 조명장치는 통행에 영향을 미치지 않도록 주의해야 한다. 조명장치로 인해 교통사고나 선박사고로 이어질 수 있기 때문이다.

20 하나의 문이 작동할 경우 전체 문이 작동하는 보안잠금장치는?

① 전기식 잠금장치 ② 일체식 잠금장치

③ 기억식 잠금장치 ④ 패드록

Advice 일체식 잠금장치는 문 하나가 잠기면 전체 출입문이 잠기는 것으로 교도소 같은 수감시설에서 사용되는 잠금장치이다.

21 고도의 조명 시스템으로 관계기관과의 조정계획 등을 갖춘 제조공장이나 대형상점에서 필요로 하는 경비수준은?

① 최저수준 경비 ② 중간수준 경비

③ 상위수준 경비 ④ 최고수준 경비

Advice 상위수준 경비

㉠ CCTV나 경계경보 시스템, 무장경호원 등이 갖추어진 경비수준을 의미한다.

㉡ 고도의 조명 시스템으로 관계기관과의 조정계획 등을 갖춘다.

㉢ 교도소시설, 대형할인점, 제조공장 등에서 이루어진다.

Answer 19.④ 20.② 21.③

22 조명장비에 관한 설명이다. 그 연결이 올바른 것은?

㉠ 프레이넬등	㉡ 투광조명	㉢ 탐조등

ⓐ 빛의 확산을 방지하고 원거리 표적을 유효하게 조명하기 위해서는 반사거울의 초점에 아크등의 불꽃을 고정시켜야 한다.
ⓑ 건축물 외부나 경기장 등을 돋보이도록 하기 위한 조명이다.
ⓒ 광선의 크기가 수평으로 180° 정도, 수직으로 15°~30° 정도의 폭이 좁고 기다랗게 비춰지는 조명등이다.

① ㉠ – ⓑ
② ㉡ – ⓐ
③ ㉢ – ⓐ
④ ㉢ – ⓒ

Advice ㉠ 프레이넬등 – ⓒ
㉡ 투광조명 – ⓑ
㉢ 탐조등 – ⓐ

23 다음 자물쇠 종류 중 안전도가 가장 낮은 것은?

① 카드작동식 자물쇠(Card Operated Locks)
② 돌기 자물쇠(Warded Locks)
③ 핀날름쇠 자물쇠(Pin Tumbler Locks)
④ 숫자맞춤식 자물쇠(Combination Locks)

Advice 일반적으로 사용되는 자물쇠 중에서 가장 안전도가 낮은 자물쇠는 돌기자물쇠이다.

24 다음 중 산소공급의 중단을 포함해 이산화탄소 같은 불연성의 무해한 기체를 살포하여 화재를 진압하는 것이 매우 효과적인 화재의 종류는?

① 유류화재
② 가스화재
③ 금속화재
④ 전기화재

Advice 유류화재에 관한 설명으로 가장 효과적인 화재진압방법은 산소공급의 차단이다.

Answer 22.③ 23.② 24.①

25 **다음은 어떤 경비조명에 대한 설명인가?**

- 넓은 폭의 빛을 내는 조명으로 경계구역에의 접근을 방지하기 위해 길고 수평하게 빛을 확장하는 데 유용하게 사용된다.
- 수평으로 약 180° 정도, 수직으로 15°~30° 정도의 폭이 좁고 긴 광선을 투사한다.

① 가로등
② 투광조명등
③ 탐조등
④ 프레이넬등

Advice ① 가로등은 대칭적으로 설치하는 것과 비대칭적으로 설치하는 것이 있는데, 대칭적인 가로등은 빛을 골고루 발산하여 특별히 높은 지점의 조명을 필요로 하지 않는 넓은 지역에서 사용되며 비대칭적 가로등은 밝은 조명이 요구되지 않는 경비구역에서 다소 떨어진 장소에 사용된다.
② 건축물 외부나 경기장 등을 돋보이도록 하기 위한 조명이다.
③ 야간에 적의 항공기 탐색시에 사용하거나 전장 조명·해안경계용으로 쓰인다.

26 **빠른 설치의 필요성 때문에 주로 군부대에서 많이 사용하는 6각형 모양의 가시철선은?**

① 가시철사
② 콘서티나 철사
③ 철조망
④ 구리철사

Advice 콘서티나 철사
㉠ 윤형철조망이라고도 부르는데 실린더 모양으로 만들어져서 강철 면도날 철사와 함께 철해져서 감아놓은 것이다.
㉡ 콘서티나 철사는 신속하게 장벽을 설치하기 위해 군대에서 처음 개발됐다.

27 **다음 중 비상계획수립 시 고려할 사항이 아닌 것은?**

① 비상위원회 구성에 있어 경비 감독관은 반드시 포함되어야 한다.
② 초기에 사태대응을 보다 신속하게 할 수 있도록 체계가 잘 갖추어 있어야 한다.
③ 비상사태에 책임을 지고 있는 자에게는 그 책임관계를 명확히 규정하여야 한다.
④ 비상업무를 수행하면서 대중 및 언론에게 정보를 제공하는 것은 최대한 은폐하여야 한다.

Advice 비상업무 수행 시 대중이 이에 대한 대처를 할 수 있도록 필요한 정보를 언론에 제공해야 한다.

Answer 25.④ 26.② 27.④

28 금융시설경비에 대한 설명으로 옳지 않은 것은?

① 경비원은 경계를 가능한 2인 이상이 하는 것으로 하여야 하며 점포내 순찰, 출입자 감시 등 구체적인 근무요령에 의해 실시한다.

② ATM의 증가는 범죄자들의 범행욕구를 충분히 유발시킬 수 있으므로 지속적인 경비순찰을 실시하고 경비조명뿐만 아니라 CCTV를 설치하는 등 안전대책을 수립하여야 한다.

③ 경비책임자는 경찰과의 연락 및 방범정보의 교환과 같은 사항이 지속적으로 이루어지도록 점검하여야 한다.

④ 현금수송은 원칙적으로 금융기관 자체에서 실시하되 특별한 경우에는 현금수송 전문경비회사에 의뢰할 수 있다.

Advice 현금수송은 원칙적으로 전문경비회사에 의뢰한다.

29 화재유형별 소화기 표시색이 잘못 분류된 것은?

① 일반화재 – 백색 ② 전기화재 – 청색
③ 유류화재 – 적색 ④ 금속화재 – 무색

Advice 화재의 종류별 급수

급수	A급	B급	C급	D급	E급
화재의 종류	일반화재	유류화재	전기화재	금속화재	가스화재
색상	백색	황색	청색	무색	황색

30 일정한 패턴이 전혀 없는 외부 및 내부의 행동을 발견, 억제하고 문제를 해결하기 위하여 최첨단의 경보 시스템과 현장에서 즉시 대응할 수 있는 24시간 무장체계를 갖추도록 요구되는 경비수준은?

① 최저수준 경비 ② 하위수준 경비
③ 최고수준 경비 ④ 중간수준 경비

Advice 최고수준 경비에 대한 설명으로 핵시설이나 군사시설에서 이루어질 수 있다.

Answer 28.④ 29.③ 30.③

31 시설물에 대한 경비계획수립 시 고려해야 할 기본원칙이 아닌 것은?

① 경비원 1인이 경계해야 할 구역의 범위는 안전규칙상 적당해야 한다.
② 천장, 하수도관, 맨홀 등 외부로부터의 접근 또는 탈출이 가능한 지점 및 경계구역도 포함해야 한다.
③ 잠금장치는 비교적 정교하고 파손이 곤란하도록 제작해야 한다.
④ 경비원의 대기실은 시설물의 출입구와 비상구에서 멀리 떨어진 곳에 위치해야 한다.

Advice 경비원의 대기실은 비상시에 신속한 이동성을 확보하기 위해 가능한 출입구와 비상구에서 가까운 곳에 위치해야 한다.

32 다음 중 경비계획수립의 순서가 옳은 것은?

① 경비목표의 설정 – 경비문제의 발생 및 인지 – 경비요소 및 위해 – 경비의 실시 및 평가 – 경비대안의 비교검토 및 최종안 선택
② 경비요소 및 위해분석 – 경비문제의 발생 및 인지 – 경비목표의 설정 – 경비의 실시 및 평가 – 경비대안의 비교검토 및 최종안 선택
③ 경비문제의 발생 및 인지 – 경비목표의 설정 – 경비요소 및 위해분석 – 경비대안의 비교검토 및 최종안 선택 – 경비의 실시 및 평가
④ 경비문제의 발생 및 인지 – 경비요소 및 위해분석 – 경비목표의 설정 – 경비대안의 비교검토 및 최종안 선택 – 경비의 실시 및 평가

Advice 경비문제의 인지를 시작으로 경비목표를 설정해야 한다. 경비위해분석을 한 후 경비대안을 비교검토하여 최종안을 선택한다. 마지막으로 경비의 실시 및 평가를 한다.

33 외곽시설물 경비에서 경계구역 감시에 해당되는 것은?

① 철조망
② 폐쇄된 출입구 통제
③ 가시지대
④ 옥상, 일반외벽

Advice 가시지대는 감시할 수 있는 경비구역을 의미하는 것으로 가능한 가시지대를 넓히는 것이 경비하는데 유리하다.

Answer 31.④ 32.③ 33.③

34 내부경비에 관한 설명으로 옳지 않은 것은?

① 안전유리의 궁극적인 목적은 침입을 시도하는 강도가 창문을 깨는데 걸리는 시간을 지연시키는 데에 있다.

② 화물통제에 있어서는 화물이나 짐이 외부로 반출되는 경우에 한해서만 철저한 조사가 필요하다.

③ 카드작동식 자물쇠는 종업원들의 출입이 빈번하지 않은 제한구역에서 주로 사용된다.

④ 외부 침입자들 대부분은 창문을 통해 내부로 들어온다.

Advice 화물통제의 경우 화물이나 짐이 내부로 유입되는 경우와 반출되는 경우 모두를 철저히 조사해야 한다.

35 경보체제에 대한 설명 중 옳지 않은 것은?

① 제한적 경보시스템은 사람이 없어도 효과가 높다.

② 각 주요 지점에 일일이 경비원을 배치하고 비상시 대처하는 방식은 상주경보시스템이다.

③ 외래지원 경보시스템은 전화선 등을 이용해서 비상 시 외부에 연락을 취하는 것이다.

④ 중앙모니터시스템은 가장 일반적으로 널리 활용되는 것이다.

Advice 사람이 없는 제한적 경보시스템은 그 효과에 한계가 있다.

36 경비시설물에 대해 민간경비 조사업무를 실시하는 근본 목적이 아닌 것은?

① 정보수집으로 범죄자를 조기에 색출한다.

② 경비시설물에 대한 경비의 취약점을 도출한다.

③ 조사업무를 통해 조직 내의 구성원들과 경비와 관련하여 협력을 구한다.

④ 조사업무를 통해 종합적인 경비계획을 수립한다.

Advice 민간경비 조사업무를 실시하는 목적은 경비 취약점을 발견하고 경비계획을 수립하는 것으로 범죄자의 조기색출은 그 목적에 해당하지 않는다.

Answer 34.② 35.① 36.①

37 첨단식 패드록 잠금장치의 종류가 아닌 것은?

① 기억식 잠금장치
② 일체식 잠금장치
③ 이중식 잠금장치
④ 전기식 잠금장치

Advice 패드록의 종류
㉠ 일체식 잠금장치
㉡ 전기식 잠금장치
㉢ 기억식 잠금장치

38 다음 중 방호유리의 궁극적인 목적은?

① 경비원이나 경찰출동의 시간적 여유 제공
② 경비원의 순찰활동 강화
③ 완전한 외부침입의 차단효과
④ 비용절감 및 화재예방 효과

Advice 방호유리는 경찰이나 경비원들이 출동하여 그 지점에 도착할 때까지의 시간을 벌어주는 것이 주 목적이다.

39 경비계획수립의 기본원칙에 관한 설명으로 옳은 것은?

① 경비관리실은 출입자 등의 통행이 많은 곳에 설치하고 직원의 출입구는 주차장으로부터 가급적 멀리 떨어진 곳에 위치해야 한다.
② 경계구역과 건물 출입구 수는 안전규칙 범위와 상관없이 최대한으로 유지되어야 한다.
③ 경비원 대기실은 시설물 출입구와 비상구에서 멀리 떨어져 있는 것이 효과적이다.
④ 비상시에만 사용하는 외부 출입구에는 경보장치를 설치할 필요가 없다.

Advice ② 경계구역과 건물 출입구의 수는 적정한 수를 유지해야 한다.
③ 경비원 대기실은 시설물 출입구와 비상구에서 가까운 곳에 위치해야 한다.
④ 비상시에 이용하는 외부 출입구에도 경보장치를 설치해야 한다.

Answer 37.③ 38.① 39.①

06 컴퓨터 범죄와 안전관리

1 컴퓨터 관리 및 안전대책

1 안전관리

① 컴퓨터의 의존성 증가로 자료를 보관하는 컴퓨터의 안전관리가 중요하다.

② 안전관리는 소프트웨어적 관리와 하드웨어적 관리로 나뉜다.

③ **컴퓨터 안전관리상의 관리적 대책**

㉠ 근무자들에 대하여 정기적으로 배경조사를 실시한다.
㉡ 회사 내부의 컴퓨터 기술자, 사용자, 프로그래머의 기능을 각각 분리한다.
㉢ 회의를 통하여 컴퓨터 안전관리의 중요성을 인식시킨다.
㉣ 엑세스 제도를 도입한다.
㉤ 레이블링을 관리한다.
㉥ 스케줄러를 점검한다.
㉦ 감시증거기록 삭제를 방지한다.

컴퓨터 시스템의 물리적 안전대책에 관한 설명으로 옳지 않은 것은?

① 컴퓨터실은 벽면이나 바닥을 강화콘크리트 등으로 보호하고, 화재에 대비하여 불연재를 사용하여야 한다.
② 컴퓨터실은 출입자를 기록하도록 하며, 지정된 비밀번호는 장기간 사용하여 기억의 오류를 방지하는 게 좋다.
③ 불의의 사고에 대비해 시스템백업은 물론 프로그램백업도 이루어져야 한다.
④ 권한이 없는 자가 출입하는 것을 엄격하게 통제해야 한다.

★② 비밀번호는 정기적으로 바꿔준다.

답 ②

2 소프트웨어적 보안

① **보안의 정의** … 보안(Security)이란 각종 정보 및 자원을 고의 또는 실수로 불법적인 노출, 변조, 파괴하는 것으로부터 보호하는 것을 의미한다. 보안의 특성으로 비밀성, 가용성, 무결성이 있다.

㉠ **비밀성** : 비인가된 사용자는 정보를 확인할 수 없는 것을 말한다.

㉡ **가용성** : 자원을 계속해서 사용할 수 있는 특성을 말한다.

㉢ **무결성** : 의도하지 않은 방법으로 정보가 변형 · 파괴되지 않는 것을 말한다.

② **보안기술의 분류**

구분	목적	보안 기술
데이터 보안	컴퓨터 시스템 속에 있는 정보를 보호하는 것이다.	암호화 기술
시스템 보안	컴퓨터 시스템의 운용체계, 서버 등의 허점을 통해 해커들이 침입하는 것을 방지하는 것이다.	침입차단기술 침입탐지기술
네트워크 보안	네트워크에서 정보를 전달할 때 중간에 가로채거나, 수정하는 등의 해킹 위험으로부터 정보를 보호하는 것이다.	웹 보안기술 암호화 기술 침입탐지기술

㉠ 암호화 기술

ⓐ 데이터에 암호화 알고리즘을 섞어 그 알고리즘이 없이는 암호를 해독할 수 없도록 하는 기술이다.

ⓑ 보통의 메시지를 그냥 보아서는 이해할 수 없는 암호문으로 변환시키는 조작을 암호화라고 한다.

㉡ 웹 보안기술

ⓐ 웹 보안에 있어서 클라이언트 인증, 웹 서버 인증, 웹 서버에 있는 문서정보에 대한 접근제어, 서버와 클라이언트 사이에 일어나는 Transaction 데이터의 인증, 무결성, 기밀성 등이 요구된다.

ⓑ 웹 보안기술에는 Kerberos, PGP(Pretty Good Privacy), SSL 등이 있다.

- Kerberos : DES 같은 암호화 기법을 기반으로 해서 보안 정도가 높다.
- PGP : 전자우편 보안으로 광범위하게 사용되는 비밀보장 프로그램이다.
- SSL : 넷스케이프사에서 개발한 것으로 HTTP뿐만 아니라 다른 틀에도 적용될 수 있는 장점이 있지만 디지털 서명 기능을 제공하지 못하는 단점도 있다.

㉢ 침입차단기술

ⓐ 방화벽이라고도 불리는데 네트워크 사이에 접근을 제어하는 시스템이나 그 집합을 말한다.

ⓑ 침입차단기술에서 방화벽을 구축하는 데 사용되는 접근법으로 패킷 필터링과 프락시 서비스 두 가지가 있다.

㉣ 침입탐지기술

ⓐ 무결성, 가용성, 비밀성을 저해하는 행위를 실시간으로 탐지하는 시스템이다.

ⓑ 침입탐지 시스템은 모니터링 대상에 따라 호스트 기반과 네트워크 기반으로 나뉜다.

3 하드웨어적 보안

① 전산실에 보안장치를 설치한다.

㉠ 출입이 가능한 직원을 한정한다.

㉡ 전산실 내에 CCTV나 전자장비를 설치하여 24시간 관리한다.

㉢ 전산실에 출입하는 직원 외의 자는 신원을 확인하고 관리한다.

② **건물 자체의 보호조치**

㉠ 홍수나 방화에 견딜 수 있는 건물이어야 한다.

㉡ 전력공급이 원활한 건물이어야 하고 비상시 전력이 확보되어야 한다.

㉢ 건물의 출입하는 출입자를 관리할 수 있도록 적당한 출입구를 갖추어야 한다.

③ 타 건물의 화재나 위험이 전이되지 않도록 적당한 거리를 유지하는 것이 좋다.

④ 전산실 내의 환경, 즉 공기조절이나 습도 등이 중요하다.

2 컴퓨터와 보호대책

1 컴퓨터 바이러스 전염 경로

① E-mail의 첨부파일

② 네트워크 공유

③ 인터넷 서핑

④ 디스크/CD의 복사

⑤ 프로그램의 다운

2 보호대책

① 정품 소프트웨어 사용을 생활화한다.

② 무료 프로그램의 경우에도 신뢰할 수 있는 사이트에서 다운받도록 한다.

③ 출처가 불분명한 e-mail과 첨부파일은 열어보지 않는다.

④ 데이터를 정기적으로 백업한다.

⑤ 백신 프로그램은 항상 최신판으로 업데이트하고 보안패치에도 신경쓴다.

⑥ 의심되는 파일은 미리 차단해야 한다.

⑦ 다양한 감염경로를 막기 위해 백신과 방화벽을 동시에 사용한다.

3 컴퓨터 범죄 및 예방대책

1 사이버 범죄의 의의

① 경찰청에서는 사이버 범죄를 크게 사이버테러형 범죄와 일반사이버 범죄로 구분하고 있다.

② 사이버테러형 범죄는 해킹, 바이러스 유포와 같이 고도의 기술적인 요소가 포함되어 정보통신망 자체에 대한 공격행위를 통해 이루어지는 것을 말한다.

③ 일반사이버 범죄는 전자상거래 사기, 프로그램 불법복제, 불법사이트 운영, 개인정보 침해, 사이버 스토킹, 사이버 성폭력, 협박·공갈 등과 같이 사이버 공간이 범죄의 수단으로 사용된 유형을 말한다.

2 사이버테러형 범죄

① 해킹

㉠ 해킹(Hacking)은 일반적으로 다른 사람의 컴퓨터 시스템에 무단 침입하여 정보를 빼내거나 프로그램을 파괴하는 전자적 침해행위를 의미한다.

㉡ 해킹은 사용하는 기술과 방법 및 침해의 정도에 따라서 다양하게 구분된다.

㉢ 경찰청에서는 해킹에 사용된 기술과 방법, 침해의 정도에 따라서 단순침입, 사용자도용, 파일 등 삭제변경, 자료유출, 폭탄스팸메일, 서비스 거부공격으로 구분하고 있다.

ⓐ **단순침입** : 정당한 접근권한 없이 또는 허용된 접근권한을 초과하여 정보통신망에 침입하는 것을 말한다.

- 접근권한 : 행위자가 해당 정보통신망의 자원을 임의로 사용할 수 있도록 하는 권한을 말한다.
- 정보통신망에의 침입 : 행위자가 해당 정보통신망의 자원을 사용하기 위해서 거쳐야 하는 인증절차를 거치지 않거나 비정상적인 방법을 사용해 해당 정보통신망의 접근권한을 획득하는 것으로, 즉 정보통신망의 자원을 임의대로 사용할 수 있는 상태가 되었을 때 침입이 이루어진 것이라고 할 수 있다.

ⓑ **사용자 도용** : 정보통신망에 침입하기 위해서 타인에게 부여된 사용자계정과 비밀번호를 권한자의 동의 없이 사용하는 것을 말한다.

ⓒ **파일 등 삭제와 자료유출** : 정보통신망에 침입한 자가 행한 2차적 행위의 결과로, 일반적으로 정보통신망에 대한 침입행위가 이루어진 뒤에 가능하다.

ⓓ **폭탄메일** : 메일서버가 감당할 수 있는 한계를 넘는 많은 양의 메일을 일시에 보내 장애가 발생하게 하거나 메일 내부에 메일 수신자의 컴퓨터에 과부하를 일으킬 수 있는 실행코드 등을 넣어 보내는 것은 서비스 거부공격의 한 유형이다.

ⓔ **스팸메일** : 상업적인 내용의 메일을 불특정 다수에게 보내는 것으로 이메일이 광고의 주요한 수단으로 부상하면서 이메일을 이용한 상업적인 목적의 광고가 많이 늘어나고 있으며 특히 기업광고, 특정인 비방, 음란물 및 성인사이트 광고, 컴퓨터 바이러스 등을 담은 이메일을 대량으로 발송하여 사회적인 문제를 일으키고 있다.

② 악성프로그램

㉠ 악성프로그램이란 일반적으로 컴퓨터 바이러스 또는 인터넷 웜을 의미하며 '정보시스템의 정상적인 작동을 방해하기 위하여 고의로 제작·유포되는 모든 실행 가능한 컴퓨터 프로그램'이다.

㉡ 리소스의 감염여부, 전파력 및 기능적인 특징에 따라 컴퓨터 바이러스, 인터넷 웜, 스파이웨어 등으로 구분하고 있으며 법에서 '정보통신 시스템, 데이터 또는 프로그램 등을 훼손, 멸실, 변경, 위조 또는 그 운용을 방해할 수 있는 프로그램'을 악성프로그램으로 규정하고 이를 유포하는 행위를 처벌하고 있다. 악성프로그램에 감염된 컴퓨터는 처리속도가 현저하게 감소하거나 평소에 나타나지 않던 오류메시지 등이 표시 되면서 비정상적으로 작동하고 또는 지정된 일시에 특정한 작동을 하기도 한다.

ⓐ **트로이목마** : 프로그램에 미리 입력된 기능을 능동적으로 수행하여 시스템 외부의 해커에게 정보를 유출하거나 원격제어 기능을 수행하여 트로이목마처럼 유용한 유틸리티로 위장하여 확산되기 때문에 감염 사실을 알아채기 어렵다.

ⓑ **인터넷 웜** : 시스템 과부하를 목적으로 이메일의 첨부파일 등 인터넷을 이용하여 확산된다. 확산 시 정상적인 파일이 이메일에 첨부되기도 하기 때문에 개인정보 유출의 위험을 내포하고 있다.

ⓒ **스파이웨어** : 공개프로그램, 쉐어웨어, 평가판 등의 무료 프로그램에 탑재되어 정보를 유출 시키는 기능이 있는 모든 종류의 프로그램을 말한다. 스파이(Spy)와 소프트웨어의 합성어로 대개 인터넷이나 PC통신 등에서 무료로 공개되는 소프트웨어를 다운받을 때 함께 설치된다. 트로이목마나 백도어와 달리, 치명적인 피해를 주지 않더라도 악의적인 목적으로 사용될 수 있기 때문에 주기적으로 탐지 프로그램을 사용하여 제거하는 것이 바람직하다.

ⓓ **논리 폭탄**(logic bomb) : 프로그램에 어떤 조건이 주어져 숨어 있던 논리에 만족되는 순간 폭탄처럼 자료나 소프트웨어를 파괴하여, 자동으로 잘못된 결과가 나타나게 한다.

3 일반형 범죄

① 사기

② 불법복제

③ 불법 · 유해 사이트

④ 사이버 명예훼손

⑤ 개인정보침해

⑥ 사이버 스토킹

4 컴퓨터 관련 경제범죄

① 컴퓨터 관련 범죄 유형

㉠ 컴퓨터 부정조작

㉡ 컴퓨터 파괴

㉢ 컴퓨터 스파이

㉣ 컴퓨터 무단사용

㉤ 컴퓨터 부정사용

② **컴퓨터 부정조작**

㉠ 컴퓨터의 처리결과를 변경시키거나 자료처리 과정에 간섭하는 것을 말한다.

㉡ 처벌규정

ⓐ **공전자기록 위작 · 변작**〈형법 제227조의2〉 : 사무처리를 그르치게 할 목적으로 공무원 또는 공문서의 전자기록 등 특수매체기록을 위작 또는 변작한 자는 10년 이하의 징역에 처한다.

ⓑ **공정증서원본 등의 부실기재**〈형법 제228조〉

- 공무원에 대하여 허위신고를 하여 공정증서원본 또는 이와 동일한 전자기록 등 특수매체기록에 부실의 사실을 기재 또는 기록하게 한 자는 5년 이하의 징역 또는 1천만 원 이하의 벌금에 처한다.
- 공무원에 대하여 허위신고를 하여 면허증, 허가증, 등록증 또는 여권에 부실의 사실을 기재하게 한 자는 3년 이하의 징역 또는 700만 원 이하의 벌금에 처한다.

ⓒ **컴퓨터 등 사용사기**〈형법 제347조의2〉 : 컴퓨터 등 정보처리장치에 허위의 정보 또는 부정한 명령을 입력하거나 권한 없이 정보를 입력 · 변경하여 정보처리를 하게 함으로써 재산상의 이익을 취득하거나 제3자로 하여금 취득하게 한 자는 10년 이하의 징역 또는 2천만 원 이하의 벌금에 처한다.

㉢ 부정조작의 유형

ⓐ **투입조작** : 일부 자료를 은닉 · 변경된 자료나 허구의 자료 등을 입력 · 잘못된 산출을 초래하게 하는 방법을 말한다.

ⓑ **프로그램조작** : 기존 프로그램을 변경하거나 기본 프로그램과 전혀 다른 새로운 프로그램을 작성 · 투입하는 방법을 말한다.

ⓒ **콘솔조작** : 컴퓨터의 체계의 시동, 정지, 운영상태 감시 정보처리 내용과 방법의 변경 및 수정에 사용되는 것을 부당하게 조작, 기억정보 등을 변경하는 것을 말한다.

ⓓ **산출물조작** : 정당하게 처리 산출된 결과물의 변경을 의미한다.

③ **컴퓨터 파괴**

㉠ 컴퓨터의 정상적인 기능을 곤란하게 하거나 또는 불가능하게 만드는 것을 말한다.

㉡ 처벌규정

ⓐ **공용서류 등의 무효, 공용물의 파괴**〈형법 제141조〉 : 공무소에서 사용하는 서류, 기타 물건 또는 전자기록 등 특수매체기록을 손상 또는 은닉하거나 기타 방법으로 그 효용을 해한 자는 7년 이하의 징역 또는 1천만 원 이하의 벌금에 처한다.

ⓐ **업무방해**〈형법 제314조〉 : 컴퓨터 등 정보처리장치 또는 전자기록 등 특수매체기록을 손괴하거나 정보처리장치에 허위의 정보 또는 부정한 명령을 입력하거나 기타 방법으로 정보처리에 장애를 발생하게 하여 사람의 업무를 방해한 자는 5년 이하의 징역 또는 1천500만 원 이하의 벌금에 처한다.

④ **컴퓨터 스파이**

㉠ 타인 컴퓨터에 침입하여 프로그램, 자료 등의 정보를 탐지 또는 획득하여 타인에게 재산적 손해를 야기시키는 행위를 하며, 자료와 프로그램의 불법획득과 이용이라는 2개의 행위로 이루어진다.

㉡ 처벌규정

ⓐ 통신비밀보호법(전기통신감청죄)

ⓑ 정보통신망 이용촉진 및 정보보호 등에 관한 법률(전산망비밀침해죄)

⑤ **컴퓨터 무단사용**

㉠ 권한없는 자가 타인의 컴퓨터를 무단으로 사용하여 특정 일을 처리하는 것을 말한다.

㉡ 제한적으로 업무방해죄 적용이 가능하다는 견해가 있다.

⑥ **컴퓨터 부정사용** … 컴퓨터를 이용할 권한이 없는 자가 특정행위를 함에 컴퓨터를 이용함으로써 컴퓨터 소유자에게 재산상 손해를 입히는 것을 말한다.

⑦ **기타 관련 범죄**

㉠ 크래커 : 경제적 이익을 위해 컴퓨터에 무단침입하여 정보를 유출하고 경쟁사에 피해를 주는 것을 말한다.

㉡ 쌀라미 기법(Salami Techniques) : 정상작업을 수행하면서 관심 밖의 작은 이익을 긁어 모으는 수법으로 금융기관의 이자와 같은 적은 금액을 모으는 기법이다.

㉢ 논리폭탄(Logic Bomb) : 특정조건에 반응하여 시스템이나 프로그램을 파괴하는 것을 말한다.

㉣ 허프건(Hert Gun) : 고출력 전자기장을 발생 시켜 정보를 파괴하는 것을 말한다.

㉤ 함정문(Trap Door) : OS나 대형프로그램 개발 중 Debugging을 핑계로 자료를 유출하는 것을 말한다.

㉥ 슈퍼재핑(Super Zapping) : 컴퓨터 고장시 비상용으로 쓰는 프로그램으로 관리 · 권한 정보를 유출하여 이용하는 것을 말한다.

㉦ 와이어탭핑(Wiretapping) : 도청, 몰래 카메라 등 모든 도청을 말한다.

㉧ 스카벤징(Scavenging) : 작업수행이 완료된 후에 이전 사용자의 흔적, 즉 메모리나 쿠키에서 자료를 얻는 것을 말한다.

㉨ ZP스프핑 : 인터넷 프로토콜인 TCP/IP의 구조적 결함, 즉 TCP시퀀스번호, 소스라우팅, 소스주소를 이용한 방법으로써 인증기능을 가지고 있는 시스템에 침입하기 위해 침입자가 사용하는 시스템을 원래의 호스트로 위장하는 방법이다.

5 적용법규

① 해킹

㉠ 정보통신기반 보호법

ⓐ 주요 정보통신기반시설 침해행위 등의 금지〈제12조 제1호〉 : 접근권한을 가지지 아니하는 자가 주요 정보통신기반시설에 접근하거나 접근권한을 가진 자가 그 권한을 초과하여 저장된 데이터를 조작 · 파괴 · 은닉 또는 유출하는 행위를 하여서는 안 된다.

ⓑ 벌칙〈제28조〉

- 주요 정보통신기반시설을 교란 · 마비 또는 파괴한 자는 10년 이하의 징역 또는 1억 원 이하의 벌금에 처한다.
- 위의 미수범은 처벌한다.

㉡ 정보통신망 이용촉진 및 정보보호 등에 관한 법률

ⓐ 정보통신망 침해행위 등의 금지〈제48조 제1항〉 : 누구든지 정당한 접근권한 없이 또는 허용된 접근권한을 넘어 정보통신망에 침입하여서는 안 된다.

ⓑ 벌칙〈제72조 제1항〉 : 정보통신망에 침입한 자는 3년 이하의 징역 또는 3천만 원 이하의 벌금에 처한다.

㉢ 물류정책기본법

ⓐ 전자문서 및 물류정보의 보안〈제33조〉

- 누구든지 국가물류통합정보센터 또는 단위물류정보망에서 처리 · 보관 또는 전송되는 물류정보를 훼손하거나 그 비밀을 침해 · 도용 또는 누설하여서는 안 된다〈제2항〉.
- 누구든지 불법 또는 부당한 방법으로 보호조치를 침해하거나 훼손하여서는 안 된다〈제5항〉.

ⓑ 벌칙〈제71조〉

- 국가물류통합정보센터 또는 단위물류정보망에 의하여 처리 · 보관 또는 전송되는 물류정보를 훼손하거나 그 비밀을 침해 · 도용 또는 누설한 자는 5년 이하의 징역 또는 5천만 원 이하의 벌금에 처한다〈제2항〉.
- 국가물류통합정보센터 또는 단위물류정보망의 보호조치를 침해하거나 훼손한 자는 3년 이하의 징역 또는 3천만 원 이하의 벌금에 처한다〈제3항〉.

② 바이러스

㉠ 주요 정보통신기반시설에 대하여 데이터를 파괴하거나 주요 정보통신기반시설의 운영을 방해할 목적으로 컴퓨터바이러스 · 논리폭탄 등의 프로그램을 투입하는 행위를 하여서는 안 된다〈정보통신기반 보호법 제12조 제2호2항〉.

㉡ 벌칙〈정보통신기반 보호법 제28조 제1항〉 : 주요 정보통신기반시설을 교란 · 마비 또는 파괴한 자는 10년 이하의 징역 또는 1억 원 이하의 벌금에 처한다.

③ 저작권 침해

㉠ 저작권법

ⓐ **저작권의 등록**〈제53조〉

- 저작자는 다음의 사항을 등록할 수 있다.
  - 저작자의 실명 · 이명(공표 당시에 이명을 사용한 경우에 한함) · 국적 · 주소 또는 거소
  - 저작물의 제호 · 종류 · 창작연월일
  - 공표의 여부 및 맨 처음 공표된 국가 · 공표연월일
  - 그 밖에 대통령령으로 정하는 사항
- 저작자가 사망한 경우 저작자의 특별한 의사표시가 없는 때에는 그의 유언으로 지정한 자 또는 상속인이 위의 규정에 따른 등록을 할 수 있다.
- 저작자로 실명이 등록된 자는 그 등록저작물의 저작자로, 창작연월일 또는 맨 처음의 공표연월일이 등록된 저작물은 등록된 연월일에 창작 또는 맨 처음 공표된 것으로 추정한다. 다만, 저작물을 창작한 때부터 1년이 경과한 후에 창작연월일을 등록한 경우에는 등록된 연월일에 창작된 것으로 추정하지 아니한다.

ⓑ **권리변동 등의 등록 · 효력**〈제54조〉 : 다음의 사항은 이를 등록할 수 있으며, 등록하지 아니하면 제3자에게 대항할 수 없다.

- 저작재산권의 양도 또는 처분제한
- 배타적발행권 또는 출판권의 설정 · 이전 · 변경 · 소멸 또는 처분제한
- 저작재산권, 배타적발행권 및 출판권을 목적으로 하는 질권의 설정 · 이전 · 변경 · 소멸 또는 처분제한

ⓒ **권리의 침해죄**〈제136조〉

- 저작재산권, 그 밖에 이 법에 따라 보호되는 재산적 권리(데이터베이스제작자의 권리를 제외)를 복제 · 공연 · 공중송신 · 전시 · 배포 · 대여 · 2차적 저작물 작성의 방법으로 침해한 자는 5년 이하의 징역 또는 5천만 원 이하의 벌금에 처하거나 이를 병과할 수 있다〈제1항〉.
- 다음의 어느 하나에 해당하는 자는 3년 이하의 징역 또는 3천만 원 이하의 벌금에 처하거나 이를 병과할 수 있다〈제2항 제1호, 제2호〉.
  - 저작인격권 또는 실연자의 인격권을 침해하여 저작자 또는 실연자의 명예를 훼손한 자
  - 저작권, 권리변동 등의 등록을 거짓으로 한 자

㉡ 콘텐츠산업진흥법

ⓐ **금지행위 등**〈제37조〉

- 누구든지 정당한 권한 없이 콘텐츠제작자가 상당한 노력으로 제작하여 대통령령으로 정하는 방법에 따라 콘텐츠 또는 그 포장에 제작연월일, 제작자명 및 이 법에 따라 보호받는다는 사실을 표시한 콘텐츠의 전부 또는 상당한 부분을 복제 · 배포 · 방송 또는 전송함으로써 콘텐츠제작자의 영업에 관한 이익을 침해하여서는 아니 된다. 다만, 콘테츠를 최초로 제작한날부터 5년이 지났을 때에는 그러하지 아니한다.
- 누구든지 정당한 권한 없이 콘텐츠제작자나 그로부터 허락을 받은 자가 ⓐ의 첫 번째 규정의 본문의 침해행위를 효과적으로 방지하기 위하여 콘텐츠에 적용한 기술적 보호조치를 회피 · 제거 또는 변경(무력화)하는 것을 주된 목적으로 하는 기술 · 서비스 · 장치 또는 그 주요 부품을 제공 · 수입 · 제조 · 양도 · 대여 또는 전송하거나 이를 양도 · 대여하기 위하여 전시하는 행위를

하여서는 아닌 된다. 다만, 기술적보호조치의 연구 · 개발을 위하여 기술적보호조치를 무력화하는 장치 또는 부품을 제조하는 경우에는 그러하지 아니한다.

- 콘텐츠제작자가 ⓐ의 첫 번째 규정의 표시사항을 거짓으로 표시하거나 변경하여 복제 · 배포 · 방송 또는 전송한 경우에는 처음부터 표시가 없었던 것으로 본다.

ⓑ 벌칙〈제40조〉

- 다음의 어느 하나에 해당하는 자는 2년 이하의 징역 또는 2천만 원 이하의 벌금에 처한다.
  - 콘텐츠제작자의 영업에 관한 이익을 침해한 자
  - 정당한 권한 없이 기술적보호조치의 무력화를 목적으로 하는 기술 · 서비스 · 장치 또는 그 주요 부품을 제공 · 수입 · 제조 · 양도 · 대여 또는 전송하거나 이를 양도 · 대여하기 위하여 전시하는 행위를 한 자
- ⓑ의 규정의 죄는 고소가 있어야 공소를 제기할 수 있다.

④ 스팸메일

㉠ 정보통신망 침해행위 등의 금지 규정을 위반하여 정보통신망에 장애를 발생하게 한 자는 5년 이하의 징역 또는 5천만 원 이하의 벌금에 처한다〈정보통신망 이용촉진 및 정보보호 등에 관한 법률 제71조 제10호〉.

㉡ 청소년 유해매체물의 광고금지 규정을 위반하여 청소년 유해매체물을 광고하는 내용의 정보를 청소년에게 전송하거나 청소년 접근을 제한하는 조치 없이 공개적으로 전시한 자는 2년 이하의 징역 또는 2천만 원 이하의 벌금에 처한다〈정보통신망 이용촉진 및 정보보호 등에 관한 법률 제73조 제3호〉.

㉢ 전자적 전송매체를 이용하여 영리목적의 광고성 정보를 전송하는 자는 다음의 어느 하나에 해당하는 조치를 하여서는 아니 된다〈정보통신망 이용촉진 및 정보보호 등에 관한 법률 제50조 제5항〉. 이를 위반하여 조치를 한 자는 1년 이하의 징역 또는 1천만 원 이하의 벌금에 처한다〈동법 제74조 제1항 제4호〉.

ⓐ 광고성 정보 수신자의 수신거부 또는 수신동의의 철회를 회피 · 방해하는 조치

ⓑ 숫자 · 부호 또는 문자를 조합하여 전화번호 · 전자우편주소 등 수신자의 연락처를 자동으로 만들어 내는 조치

ⓒ 영리목적의 광고성 정보를 전송할 목적으로 전화번호 또는 전자우편주소를 자동으로 등록하는 조치

ⓓ 광고성 정보 전송자의 신원이나 광고 전송 출처를 감추기 위한 각종 조치

ⓔ 영리목적의 광고성 정보를 전송할 목적으로 수신자를 기망하여 회신을 유도하는 각종 조치

컴퓨터 범죄의 특징으로 알맞지 않은 것은?

① 행위자의 대부분은 재범자이다.
② 일반적으로 죄의식이 희박하다.
③ 컴퓨터 지식을 갖춘 비교적 젊은 층이 다수이다.
④ 주로 내부인의 소행이며, 범죄입증의 곤란성을 지닌다.

★① 초범인 경우가 많다.

답 ①

⑤ **개인정보 침해**

㉠ **주민등록법 제37조** : 다음의 어느 하나에 해당하는 자는 3년 이하의 징역 또는 3천만 원 이하의 벌금에 처한다.

ⓐ 주민등록번호 부여방법으로 거짓의 주민등록번호를 만들어 자기 또는 다른 사람의 재물이나 재산상의 이익을 위하여 사용한 자

ⓑ 주민등록증을 채무이행의 확보 등의 수단으로 제공한 자 또는 그 제공을 받은 자

ⓒ 신고사항을 위반한 자나 주민등록 또는 주민등록증에 관하여 거짓의 사실을 신고 또는 신청한 자

ⓓ 거짓의 주민등록번호를 만드는 프로그램을 다른 사람에게 전달하거나 유포한 자

ⓔ 거짓이나 그 밖의 부정한 방법으로 다른 사람의 주민등록표를 열람하거나 그 등본 또는 초본을 교부받은 자

ⓕ 전산자료를 이용 · 활용하는 자가 본래의 목적 외의 용도로 이용 · 활용한 경우

ⓖ 주민등록표의 관리자가 주민등록법의 규정에 따른 보유 또는 이용목적 외의 목적을 위하여 주민등록표를 이용한 전산처리를 한 경우 또는 주민등록업무에 종사하거나 종사하였던 자 또는 그 밖의 자로서 직무상 주민등록사항을 알게 된 자가 다른 사람에게 이를 누설한 경우

ⓗ 다른 사람의 주민등록증을 부정하게 사용한 자

ⓘ 법률에 따르지 아니하고 영리의 목적으로 다른 사람의 주민등록번호에 관한 정보를 알려주는 자

ⓙ 다른 사람의 주민등록번호를 부정하게 사용한 자(단, 직계혈족 · 배우자 · 동거친족 또는 그 배우자 간에는 피해자가 명시한 의사에 반하여 공소를 제기할 수 없음)

㉡ **위치정보의 보호 및 이용 등에 관한 법률 제39조** : 다음에 해당하는 자는 5년 이하의 징역 또는 5천만 원 이하의 벌금에 처한다.

ⓐ 허가를 받지 아니하고 위치정보사업을 하는 자 또는 속임수 그 밖의 부정한 방법으로 허가를 받은 자

ⓑ 개인위치정보를 누설 · 변조 · 훼손 또는 공개한 자

ⓒ 개인위치정보주체의 동의를 얻지 아니하거나 동의의 범위를 넘어 개인위치정보를 수집 · 이용 또는 제공한 자 및 그 정을 알고 영리 또는 부정한 목적으로 개인위치정보를 제공받은 자

ⓓ 이용약관에 명시하거나 고지한 범위를 넘어 개인위치정보를 이용하거나 제3자에게 제공한 자

ⓔ 개인위치정보를 긴급구조 외의 목적에 사용한 자

ⓕ 개인위치정보주체의 동의를 받지 아니하거나 긴급구조 외의 목적으로 개인위치정보를 제공하거나 제공받은 자

출제예상문제

1 **다음과 같은 컴퓨터 범죄의 유형은?**

> 금융기관의 이자에서 단수로 처리되는 소액을 자동으로 한 개의 계좌에 이체되도록 함

① 슈퍼재핑　　② 살라미수법
③ 논리폭탄　　④ 트랩도어

Advice 살라미수법(Salami techniques) … 딱딱한 이탈리아식 소시지 살라미(Salami)를 잘게 썰어 먹는 데서 유래된 용어로 금융기관의 컴퓨터시스템에서 이자 계산 시 단수 이하의 적은 금액을 특정 계좌에 모이게 함으로써 이익을 취하는 수법이다.

① 슈퍼재핑(Super Zapping) : 컴퓨터 고장 시 비상용으로 쓰는 프로그램으로 권리권한 정보를 유출 · 이용함
③ 논리폭탄(Logic Bomb) : 해커나 크래커가 프로그램 코드의 일부를 조작해 이것이 소프트웨어의 어떤 부위에 숨어 있다가 특정 조건에 달했을 경우 실행되도록 하는 것
④ 트랩도어(Trap Door) : 시스템 보안이 제거된 비밀 통로로, 시스템 설계자가 고의로 만들어 놓은 시스템의 보안 구멍

2 **컴퓨터시스템의 암호화에 관한 설명으로 옳지 않은 것은?**

① 암호는 특정시스템에 대한 접근권을 가진 이용자들을 식별장치로 작용할 수 있다.
② 허가받지 않은 사용자의 접근을 차단하여 정보의 보안성을 확보하기 위한 방법이다.
③ 암호가 자주 변경되면 유지 및 보안관리가 어렵기 때문에 가능한 한 암호수명(password age)은 오래도록 유지하는 것이 좋다.
④ 암호설정은 단순 숫자조합보다는 특수문자 등을 사용하여 조합하는 것이 보안에 더욱 효과적이다.

Advice ③ 보안을 유지하기 위해서는 가능한 한 암호수명(password age)을 짧게 하고, 패스워드를 자주 변경하는 것이 좋다.

Answer 1.② 2.③

3 다음과 같은 컴퓨터 범죄의 유형은?

> 행위자가 컴퓨터의 처리결과나 출력인쇄를 변경시켜 타인에게 손해를 끼쳐 자신이나 제3자의 재산적 이익을 얻도록 컴퓨터 시스템 자료처리 영역의 정상적인 운영을 방해하는 행위

① 컴퓨터 스파이　　② 컴퓨터 부정조작
③ 컴퓨터 부정사용　　④ 컴퓨터를 이용한 파괴 및 태업

Advice ① 타인 컴퓨터에 침입하여 프로그램, 자료 등의 정보를 탐지 또는 획득하여 타인에게 재산적 손해를 야기하는 행위

4 컴퓨터 범죄의 수법과 설명이 바르게 연결되지 않은 것은?

① 함정문(Trap Door) – 컴퓨터 시험가동을 이용한 정상작업을 가장하면서 실제로는 컴퓨터를 범행도구로 이용하는 수법
② 트로이목마(Trojan Horse) – 프로그램 속에 범죄자만 아는 명령문을 삽입하여 이용하는 수법
③ 쓰레기 줍기(Scavenging) – 전 사용자의 내용을 메모리에서 꺼내 보는 것
④ 논리폭탄(Logic Bomb) – 컴퓨터의 일정한 사항이 작동시마다 부정행위가 일어날 수 있도록 프로그램을 조작하는 수법

Advice ① 함정문(Trap Door) : OS나 대형프로그램 개발 중 Debugging을 핑계로 자료를 유출하는 것을 말한다.

5 컴퓨터범죄 중 은행시스템에서 이자계산 시 떼어버리는 단수를 1개의 계좌에 자동적으로 입금되도록 프로그램을 조작하는 수법은?

① 부분잠식수법　　② 운영자 가장수법
③ 자료의 부정변개　　④ 시험가동, 모델로 위장수법

Advice 부분잠식수법(Salami Techniques) … 은행시스템에서 이자 계산 시 떼어버리는 단수를 1개의 계좌에 자동적으로 입금되도록 프로그램을 조작하는 방법으로서 피해자가 알지 못하는 사이에 범죄가 이루어진다.

Answer 3.① 4.① 5.①

6 컴퓨터 시스템 안전대책 중 관리적 대책이 아닌 것은?

① 패스워드의 철저한 관리
② 직무권한의 명확화
③ 프로그램개발통제
④ 데이터의 암호화

Advice 컴퓨터 안전관리상의 관리적 대책
㉠ 근무자들에 대하여 정기적으로 배경조사를 실시한다.
㉡ 회사 내부의 컴퓨터 기술자, 사용자, 프로그래머의 기능을 각각 분리한다.
㉢ 회의를 통하여 컴퓨터 안전관리의 중요성을 인식시킨다.
㉣ 엑세스제도를 도입한다.
㉤ 레이블링을 관리한다.
㉥ 스케줄러를 점검한다.
㉦ 감시증거기록 삭제를 방지한다.

7 데이터의 기밀을 유지하기 위하여 파일이나 컴퓨터기기에 대한 접근권을 가진 이용자를 식별하는 일종의 암호장치는?

① 패스워드(Password)
② 백업(Back-up)
③ 엑세스(Access)
④ 하드웨어(Hardware)

Advice 패스워드는 컴퓨터시스템에 접속을 요구하는 사용자가 실제 사용허가를 받은 본인인지의 여부를 확인하기 위해 사용되는 일련의 문자열이다.

8 컴퓨터 데이터를 입력 또는 변환하는 시점에서 최종적인 입력순간에 자료를 절취 또는 변경, 추가하는 행위를 무엇이라고 하는가?

① 트로이의 목마
② 데이터 디들링
③ 살라미 테크니퀴스
④ 슈퍼잽핑

Advice 데이터 디들링(Data Diddling) … 자료의 부정변개라고도 불리며 원시서류 자체를 변조·위조해 끼워 넣거나 바꿔치기 하는 것으로 자기 테이프나 디스크 속에 엑스트라 바이트를 만들어 두었다가 데이터를 추가하는 수법이다.

Answer 6.④ 7.① 8.②

9 **컴퓨터 관련 범죄 중 컴퓨터 부정조작에 관한 설명이다. 옳지 않은 것은?**

① 컴퓨터 부정조작은 컴퓨터의 처리결과를 변경시키거나 자료처리과정에 간섭하는 것을 말한다.

② 투입조작은 컴퓨터의 체계의 시동, 정지, 운영상태 감시 정보처리 내용과 방법의 변경 및 수정에 사용되는 것을 부당하게 조작, 기억정보 등을 변경하는 것을 말한다.

③ 프로그램 조작은 기존 프로그램을 변경하거나 기본 프로그램과 전혀 다른 새로운 프로그램을 작성 · 투입하는 방법을 말한다.

④ 산출물조작은 정당하게 처리 · 산출된 결과물의 변경을 의미한다.

Advice 투입조작 … 일부 자료를 은닉, 변경된 자료나 허구의 자료 등을 입력, 잘못된 산출을 초래하게 하는 방법을 말한다.

10 **컴퓨터 부정조작의 종류에 대한 설명 중 옳지 않은 것은?**

① 불법적인 목적을 달성하기 위해 입력될 자료를 조작하여 컴퓨터로 하여금 거짓처럼 결과를 만들어내게 하는 행위를 입력조작이라 한다.

② 컴퓨터의 시동 · 정지, 운전상태 감시, 정보처리 내용과 방법의 변경 · 수정의 경우에 사용되는 콘솔을 거짓으로 조작하여 컴퓨터의 자료처리 과정에서 프로그램의 지시나 처리될 기억정보를 변경시키는 행위를 프로그램 조작이라고 한다.

③ 입력조작은 천공카드, 천공테이프, 마그네틱 테이프, 디스크 등의 입력매체를 이용한 입력장치나 입력 타자기에 의하여 행하여진다.

④ 출력조작은 특별한 컴퓨터 지식 없이도 할 수 있는 방법이다.

Advice 프로그램 조작은 기존 프로그램을 변경하거나 기본 프로그램과 전혀 다른 새로운 프로그램을 작성 · 투입하는 방법을 말한다.

Answer 9.② 10.②

11 사이버테러형 범죄에 관한 설명으로 옳지 않은 것은?

① 해킹(Hacking)은 일반적으로 다른 사람의 컴퓨터 시스템에 무단침입하여 정보를 빼내거나 프로그램을 파괴하는 전자적 침해행위를 의미한다.

② 해킹은 해킹에 사용된 기술과 방법에 따라서 단순침입, 사용자도용, 파일 등 삭제변경, 자료유출, 폭탄스팸메일, 서비스 거부공격으로 구분하고 있다.

③ 폭탄스팸메일은 정보통신망에 일정한 시간 동안 대량의 데이터를 전송시키거나 처리하게 하여 과부하를 야기시켜 정상적인 서비스가 불가능한 상태로 만드는 일체의 행위를 말한다.

④ 파일 등 삭제와 자료유출은 정보통신망에 침입하기 위해서 타인에게 부여된 사용자계정과 비밀번호를 권한자의 동의 없이 사용하는 것을 말한다.

Advice ④ 사용자 도용은 정당한 접근권한 없이 또는 허용된 접근권한을 초과하여 정보통신망에 침입하는 것을 말한다.

민간경비론

12 컴퓨터 관련 범죄에 관한 설명으로 옳지 않은 것은?

① 컴퓨터 파괴는 컴퓨터의 정상적인 기능을 곤란하게 하거나 또는 불가능하게 만드는 것을 말한다.

② 컴퓨터 무단사용은 타인이 컴퓨터에 침입하여 프로그램, 자료 등의 정보를 탐지 또는 획득하는 것을 말한다.

③ 컴퓨터 부정사용은 컴퓨터를 이용할 권한이 없는 자가 특정행위를 함에 타인의 컴퓨터를 이용함으로써 컴퓨터 소유자에게 재산상 손해를 입히는 것을 말한다.

④ 크래커는 경제적 이익을 위해 컴퓨터에 무단침입하여 정보를 유출하고 경쟁사에 피해를 주는 것을 말한다.

Advice 컴퓨터 무단사용

㉠ 권한 없는 자가 타인의 컴퓨터를 무단으로 사용하여 특정일을 처리하는 것을 말한다.

㉡ 제한적으로 업무방해죄 적용이 가능하다는 견해가 있다.

Answer 11.④ 12.②

13 다음 중 컴퓨터 범죄의 예방대책으로 옳지 않은 것은?

① 컴퓨터 범죄를 처벌하기 위한 관계법령의 개정 및 제정
② 프로그래머(Programmer)와 오퍼레이터(Operator)의 상호 업무분리 원칙 준수
③ 컴퓨터 범죄 전담수사관의 수사능력 배양
④ 컴퓨터 취급능력 향상을 위한 전체 구성원들의 접근허용

Advice 전체 구성원들의 접근을 허용한다면 컴퓨터 범죄에 대해 노출되어 범죄자의 접근이 용이하여 범죄를 증가시킬 수 있으므로 예방대책으로는 옳지 않다.

14 컴퓨터범죄의 예방대책 중 관리적 대책에 해당되지 않는 것은?

① 컴퓨터기기 및 프로그램 백업
② 프로그램 개발통제
③ 기록문서화 철저
④ 액세스(Access)제도 도입

Advice 컴퓨터 안전관리상의 관리적 대책
㉠ 근무자들에 대하여 정기적으로 배경조사를 실시한다.
㉡ 회사 내부의 컴퓨터 기술자, 사용자, 프로그래머의 기능을 각각 분리한다.
㉢ 회의를 통하여 컴퓨터 안전관리의 중요성을 인식시킨다.
㉣ 엑세스제도를 도입한다.
㉤ 레이블링을 관리한다.
㉥ 스케줄러를 점검한다.
㉦ 감시증거기록 삭제를 방지한다.

15 다음 중 컴퓨터 범죄 유형의 설명으로 옳지 않은 것은?

① 컴퓨터 부정조작 – 컴퓨터 시스템 자료처리 영역 내에서의 정상적인 운영을 방해하는 행위
② 컴퓨터 파괴 – 컴퓨터 자체, 프로그램, 컴퓨터 내부와 외부에 기억되어 있는 자료를 개체로 하는 파괴행위
③ 컴퓨터 스파이 – 자료를 권한 없이 획득하거나 불법이용 또는 누설하여 타인에게 재산적 손해를 야기시키는 행위
④ 컴퓨터 부정사용 – 자신의 컴퓨터로 불법적인 스팸메일 등을 보내는 행위

Advice 컴퓨터 부정사용은 컴퓨터를 이용할 권한이 없는 자가 특정행위를 함에 있어 컴퓨터를 이용해서 컴퓨터 소유자에게 재산상 손해를 입히는 것을 말한다.

정답 Answer 13.④ 14.① 15.④

16 컴퓨터 범죄의 유형과 그 설명으로 옳은 것은?

① 투입조작 – 올바르게 출력된 출력인쇄를 사후에 변조하는 것이다.
② 프로그램조작 – 프로그램을 구성하는 개개의 명령물 변경, 혹은 삭제하거나 새로운 명령을 삽입하여 기존의 프로그램을 변경하는 것이다.
③ 산출물조작 – 컴퓨터 시스템의 자료를 권한 없이 획득, 이용, 누설하여 타인에게 재산적 손해를 야기시키는 것이다.
④ 콘솔조작 – 입력될 자료를 조작하여 컴퓨터로 하여금 거짓처리 결과를 만들어 내게 하는 것이다.

Advice ① 투입조작은 일부 자료를 은닉, 변경된 자료나 허구의 자료 등을 입력, 잘못된 산출을 초래하게 하는 방법을 말한다.
③ 산출물조작은 정당하게 처리 산출된 결과물의 변경을 의미한다.
④ 콘솔조작은 컴퓨터 체계의 시동, 정지, 운영상태 감시 정보처리 내용과 방법의 변경 및 수정에 사용되는 것을 부당하게 조작, 기억정보 등을 변경하는 것을 말한다.

17 사이버테러 중 고출력 전자기장을 발생 시켜 컴퓨터 정보를 파괴시키는 사이버테러용 무기는?

① 허프건(Herf Gun)
② 스팸(Spam)
③ 프레임(Flame)
④ 크래커(Cracker)

Advice 허프건은 고출력 전자기장을 발생 시켜 정보를 파괴하는 것을 말한다.

18 다음 중 컴퓨터 범죄의 특징이 아닌 것은?

① 컴퓨터 범죄 행위자는 대부분 상습범이거나 누범자이다.
② 일반 형사법에 비해 죄의식이 희박하다.
③ 범죄의 영향이 광범위하게 미치는 경우가 많다.
④ 컴퓨터 범죄는 사기, 횡령 등 금융에 관한 부분이 많다.

Advice 컴퓨터 범죄의 행위자는 대부분 초범자이며 자신의 행위가 범죄행위인지 알지 못하는 경우가 대부분이다.

Answer 16.② 17.① 18.①

19 **컴퓨터의 안전관리에 대한 설명으로 옳지 않은 것은?**

① 컴퓨터 경비 시스템의 경보 시스템은 컴퓨터가 24시간 가동되는 경우에만 설치해야 한다.
② 컴퓨터의 안전관리는 크게 하드웨어(H/W)와 소프트웨어(S/W) 안전관리로 나누어 진다.
③ 컴퓨터 무단사용방지 대책으로는 Password 부여, 암호화, 권한 등급별 접근 허용 등이 있다.
④ 컴퓨터 에러방지 대책으로는 시스템 작동 재검토, 전문요원의 활용, 시스템 재검토 등이 있다.

Advice ① 컴퓨터가 24시간 가동되지 않아도 경보 시스템을 설치한다.

20 **컴퓨터 범죄의 유형 중 컴퓨터 부정조작의 종류가 아닌 것은?**

① 프로그램조작 ② 콘솔조작
③ 입출력조작 ④ 데이터파괴조작

Advice 부정조작의 유형
㉠ **투입조작**: 일부 자료를 은닉, 변경된 자료나 허구의 자료 등을 입력, 잘못된 산출을 초래하게 하는 방법을 말한다.
㉡ **프로그램조작**: 기존 프로그램을 변경하거나 기본 프로그램과 전혀 다른 새로운 프로그램을 작성·투입하는 방법을 말한다.
㉢ **콘솔조작**: 컴퓨터 체계의 시동, 정지, 운영상태 감시 정보처리 내용과 방법의 변경 및 수정에 사용되는 것을 부당하게 조작, 기억정보 등을 변경하는 것을 말한다.
㉣ **산출물조작**: 정당하게 처리 산출된 결과물의 변경을 의미한다.

21 **프로그램 내에 범죄자만 아는 명령문을 삽입하여 범죄에 이용하는 것으로 프로그램 본래의 목적을 실행하면서도 일부에서는 부정한 결과가 나오도록 은밀히 프로그램을 조작하는 방법은?**

① 논리폭탄(Logic Bomb) ② 자료의 부정변개(Data Diddiing)
③ 함정문수법(Trap Doors) ④ 트로이의 목마(Troian Horse)

Advice 트로이 목마는 프로그램에 미리 입력된 기능을 능동적으로 수행하여 시스템 외부의 해커에게 정보를 유출하거나 원격제어기능을 수행하여 트로이 목마처럼 유용한 유틸리티로 위장하여 확산되기 때문에 감염 사실을 알아채기 어렵다.

Answer 19.① 20.④ 21.④

22 컴퓨터의 안전관리에 대한 설명으로 옳지 않은 것은?

① 컴퓨터의 안전관리는 크게 하드웨어와 소프트웨어 안전관리로 나누어진다.
② 컴퓨터의 무단사용 방지의 조치로는 패스워드 부여 권한등급별 접근허용 등이 있다.
③ 컴퓨터가 24시간 가동되는 경우에는 중앙경보 시스템이 필수적이다.
④ 컴퓨터 에러 방지대책으로는 시스템 작동, 재검토 전문요원의 활용, 시스템의 재검토 등이 있다.

Advice 컴퓨터가 24시간 가동되는 경우 반드시 중앙경보 시스템이 필수적인 것은 아니다.

23 다음은 컴퓨터 안전대책 중 어떤 관리적 대책에 대한 설명인가?

> 콘솔시트에는 컴퓨터 시스템의 사용일자와 취급자의 성명, 프로그램 명칭 등이 기록되므로 임의로 파괴해 버릴 수 없는 체제를 도입함으로써, 부당 사용 후 흔적을 없애는 사태를 방지한다.

① 엑세스 제도 도입　　② 레이블링 관리
③ 스케줄러 점검　　④ 감시증거기록 삭제 방지

Advice 지문은 감시증거기록 삭제 방지에 대한 설명이다.

※ 컴퓨터 안전관리상의 관리적 대책
㉠ 근무자들에 대하여 정기적으로 배경조사를 실시한다.
㉡ 회사 내부의 컴퓨터 기술자, 사용자, 프로그래머의 기능을 각각 분리한다.
㉢ 회의를 통하여 컴퓨터 안전관리의 중요성을 인식시킨다.
㉣ 엑세스 제도를 도입한다.
㉤ 레이블링을 관리한다.
㉥ 스케줄러를 점검한다.
㉦ 감시증거기록 삭제를 방지한다.

Answer 22.③ 23.④

24 컴퓨터 범죄에 대한 설명 중 옳지 않은 것은?

① 자신의 실력을 과시하기 위하여 개인이 중소기업체의 시스템으로 들어가 데이터를 보는 것은 컴퓨터 범죄로 볼 수 있다.
② 컴퓨터 범죄자들은 일반적으로 죄의식이 희박하고 컴퓨터 범죄자의 연령층이 비교적 젊은 것이 특징이다.
③ 컴퓨터 범죄의 동기는 주로 원한이나 불만, 정치적 목적, 상업경쟁 혹은 지적 모험심 등에 의해서 발생한다.
④ 컴퓨터 범죄는 단독범행이 쉽고, 완전범죄의 가능성이 있으며, 범행 후 도주할 수 있는 시간적 여유가 충분하다.

Advice 시스템에 들어가 데이터를 보는 행위 자체가 범죄가 되지는 않는다.

25 보안의 특성요소로 옳지 않은 것은?

① 비밀성 ② 무결성
③ 외부성 ④ 가용성

Advice 보안의 특성요소는 비밀성, 가용성, 무결성이다.

26 보안기술의 분류에 관한 내용이다. 그 분류가 옳지 않은 것은?

① 네트워크 보안은 네트워크에서 정보를 전달할 때 중간에 가로채거나, 수정하는 등의 해킹 위험으로부터 정보를 보호하는 것이다.
② 시스템 보안은 침입차단 기술이다.
③ 시스템 보안은 컴퓨터 시스템 속에 있는 정보를 보호하는 것이다.
④ 네트워크 보안은 웹 보안 기술이다.

Advice 데이터 보안이 컴퓨터 시스템 속에 있는 정보를 보호하는 것이다.

Answer 24.① 25.③ 26.③

27 바이러스에 관한 설명이다. 옳지 않은 것은?

① 트로이 목마는 프로그램에 미리 입력된 기능을 능동적으로 수행하여 시스템 외부의 해커에게 정보를 유출하거나 원격제어 기능을 수행한다.

② 인터넷 웜은 시스템 과부하를 목적으로 이메일의 첨부파일 등 인터넷를 이용하여 확산된다.

③ 스파이웨어는 공개프로그램, 쉐어웨어, 평가판 등의 무료 프로그램에 탑재되어 정보를 유출 시키는 기능이 있는 모든 종류의 프로그램을 말한다.

④ 악성코드란 정보 시스템의 정상적인 작동을 방해하기 위하여 고의로 제작·유포되는 모든 실행 가능한 컴퓨터 프로그램을 말한다.

Advice 바이러스(악성 프로그램)에 대한 설명으로 일반적으로 컴퓨터 바이러스 또는 인터넷 웜을 의미하며 정보 시스템의 정상적인 작동을 방해하기 위하여 고의로 제작·유포되는 모든 실행 가능한 컴퓨터 프로그램을 말한다.

28 컴퓨터 범죄의 범행상 특성 중 틀린 것은?

① 범행의 연속성

② 범행의 광역성

③ 죄의식의 희박성

④ 범행증명의 용이성

Advice 컴퓨터 범죄의 경우 일반범죄와는 달리 범행증명이 상대적으로 용이하지 않다. 컴퓨터 범죄의 경우 범행을 저지른 범인이 일반 범죄와는 달리 연령이 낮은 경우가 많으며 상대적으로 죄의식이 희박하다.

Answer 27.④ 28.④

29 **컴퓨터를 운영하기 위해 필요한 운영프로그램이 저장되어 있는 자료들을 불이나 물 그리고 물리적 공격, 자석 등을 이용하여 지워버리거나 작동하지 못하게 하는 행위는?**

① 하드웨어 파괴

② 소프트웨어 파괴

③ 전자기 폭탄

④ 사이버 갱

Advice 운영프로그램을 물리적인 공격으로 작동 못하게 하는 행위를 소프트웨어 파괴라고 한다.

30 **불의의 사고로 인하여 컴퓨터 시스템이 파괴되거나 손상이 될 것에 대비하여 실시되는 안전대책은?**

① 시스템 백업

② 방화벽

③ 침입차단 시스템

④ 시스템 복구

Advice 시스템 백업은 데이터를 미리 복사해두어 문제가 발생할 경우를 대비하는 것으로 임시보관이라고도 불리며 일반적으로 데이터 백업이라고 한다.

Answer 29.② 30.①

07 민간경비산업의 과제와 전망

1 한국 민간경비업의 문제점

1 경비업법과 청원경찰법의 단일화 논의

① 경비업법과 청원경찰법의 차이

구분		청원경찰법	경비업법
업무		• 국민의 생명 · 신체 및 재산의 보호 • 범죄의 예방 · 진압 및 수사 • 경비 · 주요 인사 경호 및 대간첩 · 대테러 작전 수행 • 치안정보의 수집 · 작성 및 배포 • 교통의 단속과 교통 위해의 방지 • 외국 정부기관 및 국제기구와의 국제협력 • 기타 공공의 안녕과 질서유지	• 시설경비 • 호송경비 • 신변보호 • 기계경비 • 특수경비
경비주체		청원주	경비업의 허가를 받은 법인
업무배치		지방경찰청장에게 배치 요청	사업장
경비원	임용	경찰관서의 승인 필요	승인 불필요
	무기사용	총기휴대 가능	특수경비원을 제외한 일반경비원 총기휴대 불가능

TIP

청원경찰 임용의 결격사유

㉠ 피성년후견인(금치산자) 또는 피한정후견인(피한정후견인)
㉡ 파산선고를 받고 복권되지 아니한 자
㉢ 금고 이상의 실형을 선고받고 그 집행이 종료되거나 집행을 받지 아니하기로 확정된 후 5년이 지나지 아니한 자
㉣ 금고 이상의 형을 선고받고 그 집행유예 기간이 끝난 날부터 2년이 지나지 아니한 자
㉤ 금고 이상의 형의 선고유예를 받은 경우에 그 선고유예 기간 중에 있는 자
㉥ 법원의 판결 또는 다른 법률에 따라 자격이 상실되거나 정지된 자
㉦ 재직기간 중 직무와 관련하여 형법 제355조(횡령, 배임) 및 제356조(업무상의 횡령과 배임)에 규정된 죄를 범한 자로서 300만 원 이상의 벌금형을 선고받고 그 형이 확정된 후 2년이 지나지 아니한 자
㉧ 형법 제303조(업무상위력 등에 의한 간음) 또는 성폭력범죄의 처벌 등에 관한 특례법 제10조(업무상 위력 등에 의한 추행)에 규정된 죄를 범한 사람으로서 300만원 이상의 벌금형을 선고받고 그 형이 확정된 후 2년이 지나지 아니한 자
㉨ 징계로 파면처분을 받은 때부터 5년이 지나지 아니한 자
㉩ 징계로 해임처분을 받은 때부터 3년이 지나지 아니한 자

② 법률제정

㉠ 1973년에 청원경찰법이 제정되었다.
㉡ 1976년에 경비업법이 제정되었다.

③ 법적 이원화에 따른 문제점

㉠ 일관된 지휘체계가 성립되기 불가능하다.
㉡ 청원경찰의 총기휴대로 인한 형평성 문제가 발생한다.
㉢ 법제에 따라 보수에 차이가 생긴다.

2 경비업자 겸업금지규정

① 2001년 4월 전문 개정된 경비업법에 의해 경비업자는 경비업 외의 영업을 해서는 안 되도록 규정되었다.

② 2002년 4월 25일 헌법재판소에서 전원일치로 위헌결정되었다.

③ 직업의 자유를 침해하는 조항으로 겸업금지로 보호하려는 공익보다 기본권 침해의 강도가 크므로 과잉금지의 원칙에 위배된다.

④ 경비업 이외의 모든 영업을 금지시키는 것은 지나치게 막연하고 포괄적이다.

우리나라 민간경비의 문제점으로 옳지 않은 것은?

① 경비업체는 대체로 영세한 편이다.
② 기계경비에 의존하는 형태이다.
③ 경비분야 연구 인력이 부족하다.
④ 학문적 · 이론적 연구가 미비하다.

★② 인력경비에 의존하고 있다. 기계경비는 초기투자비용이 많이 발생하나 부가적인 투자가 없다.

답 ②

2 국내 민간경비업법의 개선방안

1 경비전문화의 필요

① 전문 경비자격증을 도입해야 한다.

② 기존의 자격증은 경비지도사에 한정된다.

③ 일반경비원의 전문화를 위해서도 경비자격증이 필요하다.

④ 미국과 일본의 경우 전문자격증 제도가 확립되어 있는 실정이다.

2 경찰과 협력방안모색

① 법적 · 제도적 방안을 확립한다.

② 원활한 커뮤니케이션이 가능하도록 통로를 개설한다.

3 민간경비산업의 전망

1 민간경비산업의 양적 증가

① 1976년 이후 지속적으로 경비업체와 경비원의 수가 증가하고 있다.

② 경찰의 인력과 예산은 크게 증가하지 않았다.

③ 앞으로 민간경비의 업무 범위가 확대될 것으로 여겨진다.

2 기계경비의 발전

① 선진국의 경비 시스템의 도입과 첨단기기의 기술제휴가 증가하고 있다.

② 경비산업 자체에서 기계경비가 차지하는 비중이 점차 증가하고 있다.

3 경비수요의 증가

① 경찰력의 한계와 안전수요의 증가로 경비수요는 지속적으로 증가할 것으로 예상된다.

② 기존의 비효율적 인력경비의 측면은 감소되고 첨단기계경비는 증가할 것으로 예상된다.

우리나라 민간경비산업의 전망에 관한 설명으로 옳은 것은?

① 긴급통보 시큐리티시스템이 구축됨으로써 노인인구와 관련된 경비서비스는 점점 사라질 것이다.
② 안전관리서비스를 제공하는 경비서비스는 컴퓨터 시스템이 광범위한 보급으로 감소할 것이다.
③ 민간경비는 건축물이 인텔리전트화되면서 예방적인 시큐리티시스템의 운용을 추구할 것이다.
④ 정보통신기술의 발달로 토탈시큐리티보다는 인력경비시스템 중심으로 발달할 것이다.

★① 노인인구가 증가함에 따라 늘어날 것이다.
② 컴퓨터 시스템을 이용하는 것도 경비서비스에 포함된다.
④ 토탈시큐리티 방향으로 발전해 간다.

답 ③

출제예상문제

1 **우리나라의 민간경비산업 현황과 발전방안에 관한 설명으로 옳은 것은?**

① 민간경비의 수요와 시장규모가 일부 지역에 편중된 경향이 있다.
② 최근에는 기계경비를 배제하고, 인력경비를 중심으로 변화하면서 민간경비의 질적 향상이 도모되고 있다.
③ 청원경찰과 민간경비의 일원적 운용으로 인해 다양한 문제점들이 발생되고 있다.
④ 민간경비업 감소의 한 요인으로 경찰 및 교정업무의 민영화 추세를 들 수 있다.

Advice ② 최근에 인력경비를 줄이고, 기계경비를 중심으로 변화하면서 민간경비의 질적 향상이 도모되고 있다.
③ 청원경찰과 민간경비의 이원적 운용으로 인해 여러 문제점들이 발생하고 있다.
④ 경찰 및 교정업무의 민영화 추세는 민간경비업 증가의 한 요인이 된다.

2 **민간경비와 시민의 관계를 개선하기 위한 방안으로 옳지 않은 것은?**

① 민간경비원은 정당한 권한 없이 시민의 권리와 자유를 침해하거나 제한해서는 안 된다.
② 민간경비원은 고객이 아닌 일반시민과 상호작용하는 것은 바람직하지 않다.
③ 민간경비가 일반시민들로부터 긍정적 인식을 얻는 것은 국가 내지 사회전체적인 안전확보에도 기여한다.
④ 경비업체의 영세성과 지역편중으로 인하여 지역사회와 상호협력을 구축하는 것이 필요하다.

Advice ② 민간경비가 일반시민들로부터 긍정적 인식을 얻는 것은 국가 내지 사회전체적인 안전확보에도 기여한다.

Answer 1.① 2.②

3 **우리나라의 민간경비와 경찰의 상호협력, 관계개선 방안으로 틀린 것은?**

① 경찰조직 내에 일정규모 이상의 민간경비 전담부서 설치
② 민간경비업체와 경찰책임자와의 정기적인 회의 개최
③ 민간경비원의 복장을 경찰과 유사하게 하여 치안활동의 가시성을 높이도록 하는 방안
④ 경찰과 민간경비원의 합동순찰제도

Advice 민간경비와 경찰의 협력 및 관계개선 방안에 있어 경비원의 복장은 직접적인 연관성이 없다.

4 **민간경비제도의 단일화 방안이 제기되는 이유로 틀린 것은?**

① 외국 경비업체의 국내 진출로 인한 갈등
② 지휘체계 이원화에서 파생되는 갈등
③ 신분차이에서 오는 갈등
④ 보수의 차이에서 오는 갈등

Advice 외국 경비업체의 국내 진출은 외국 경비업체의 높은 기술력으로 인한 경쟁 심화, 그로 인한 경쟁력 개선 및 기술력 습득 등의 장점을 가지지만 민간경비제도의 단일화와는 직접적인 관련이 없다.

5 **한국 민간경비의 문제점으로 적절하지 않은 것은?**

① 인력경비에 치중되어 있다.
② 민간경비와 경찰은 업무에 대한 상호이해가 잘 되어 있어 협조체제가 잘 구축되어 있다.
③ 일부 경비업체 외에는 영세한 업체가 대다수이다.
④ 청원경찰법과 경비업법과의 단일화가 아직 안 되어 있다.

Advice 민간경비와 경찰 간의 협조체제가 잘 구축되어 있는 것은 민간경비의 문제점이 아닌 장점이다.

Answer 3.③ 4.① 5.②

6 민간경비산업의 전망에 대한 설명 중 옳지 않은 것은?

① 지역특성에 맞는 민간경비상품의 개발이 요구될 것이다.
② 향후 인력경비와 기계경비는 동일한 성장속도로 발전할 것이다.
③ 경찰력의 인원, 장비의 부족, 업무 과다로 인해 민간경비업은 급속히 발전할 것이다.
④ 민간경비업의 홍보활동이 적극적으로 전개될 것이다.

Advice 향후 기계경비는 성장속도가 더욱 가속화 될 것이고 인력경비는 그 성장이 둔화 또는 퇴화될 것이다.

7 경비업의 개선방안에 관한 내용으로 해당되지 않는 것은?

① 경비원 교육훈련의 내실화
② 대응체제의 제도적 보완
③ 청원경찰의 점진적 확대
④ 특수경비원 쟁의행위금지 문제의 보완

Advice 청원경찰과 민간경비제도는 청원경찰법과 경비업법으로 법제가 이원화되어 있는데 이것을 양 제도의 형평성과 통일성을 기하기 위해 일원화하여야 한다.

8 국내 민간경비산업의 발전방안에 관한 설명 중 옳지 않은 것은?

① 경비관련 자격증 제도의 전문화
② 첨단장비의 개발
③ 경찰조직과의 협조체제 구축
④ 경비원에 대한 사법경찰권 부여

Advice 민간경비의 발전방안은 자격증 제도를 전문화하고 경찰조직과 협조체계를 구축하며 법제를 일원화하는 것으로 경비원에게 사법경찰권을 부여한다는 내용은 관련이 없다.

Answer 6.② 7.③ 8.④

9 민간경비산업의 발전방안으로 옳지 않은 것은?

① 방범장비산업을 적극 육성한다.
② 경비인력을 전문화한다.
③ 방범장비에 대한 오경보로 인한 인력의 소모와 방범상의 허점을 개선하여야 한다.
④ 청원경찰과 민간경비제도를 현재와 같이 계속 이원화하여야 한다.

Advice 청원경찰과 민간경비제도는 청원경찰법과 경비업법으로 법제가 이원화되어 있는데 이것을 양 제도의 형평성과 통일성을 기하기 위해 일원화하여야 한다.

10 다음 중 한국의 민간경비업에 관한 설명으로 옳지 않은 것은?

① 개정된 경비업법 상의 경비업무는 시설경비업무, 호송경비업무, 신변보호업무, 기계경비업무, 특수경비업무 등 5종이다.
② 인력경비보다 기계경비의 비중이 크다.
③ 민간경비원의 법적 지위는 일반 시민과 같다.
④ 1986년 아시안게임, 1988년 올림픽을 치른 이후로 민간경비업이 날로 발전하고 있다.

Advice 기계경비의 비중보다 인력경비의 비중이 크다. 최근 기계경비의 비중이 전체 민간경비산업에서 차지하는 비중이 예전에 비해 증가하기는 했으나 여전히 인력경비가 차지하는 비중이 크다.

11 청원경찰과 민간경비에 대한 설명 중 옳지 않은 것은?

① 민간경비는 준경찰관의 신분으로 경찰관직무집행법에 따라 경찰관의 직무를 수행할 수 있다.
② 민간경비는 고객과 도급계약을 맺고 사적인 범죄예방활동을 한다.
③ 청원경찰은 기관장이나 청원주의 요청에 의해 근무활동이 이루어진다.
④ 청원경찰과 민간경비의 주요 임무는 범죄예방활동이다.

Advice 청원경찰법에 의한 청원경찰에 관한 설명이다.

Answer 9.④ 10.② 11.①

12 **한국의 민간경비와 청원경찰제도의 단일화 문제에 관한 설명으로 옳지 않은 것은?**

① 전체적으로 통일된 민간경비산업의 육성이 가능하게 되어 경비업무의 능률을 전반적으로 제고시킬 수 있다.
② 민간경비의 전문성을 확보하게 되어 치안수요에 대한 경찰력의 한계를 극복해 나갈 수 있다.
③ 현행 청원경찰법과 경비업법은 모두 폐지하고 새로운 단일 법안을 제정하는 것이 유일한 단일화 방안이다.
④ 경비시장이 확대되어 경비원의 보수수준이 향상된다.

Advice 청원경찰법과 경비업법을 모두 폐지하고 단일법을 제정하는 것이 유일한 방안은 아니며 한쪽 법으로 통합하거나 기존 법제의 개정을 통해서도 단일화가 가능하다.

13 **다음 중 민간경비업의 개선방안으로 옳지 않은 것은?**

① 청원경찰제도와의 단일화
② 근로자파견업 및 공동주택관리업에 있어 경비업무규정 명확화
③ 특수경비업 및 기계경비업의 요건 완화
④ 경비원의 자격요건 및 교육의 강화

Advice 특수경비업의 경우 일반경비업과 다르게 무기휴대가 가능하므로 그 요건이 보다 엄격해야 할 것이다. 기계경비업 역시 일반인력경비와 다르게 첨단장비를 갖추어야 하는 업무이기 때문에 요건 완화가 민간경비의 개선방안이라고 할 수 없다.

14 **다음 중 국내 민간경비 시장의 전망으로 옳지 않은 것은?**

① 경찰력의 인원, 장비, 업무의 과다로 민간경비원은 급속히 발전할 것이다.
② 지역 특성에 맞는 민간경비 상품의 개발이 요구될 것이다.
③ 민간경비업의 홍보활동이 적극적으로 전개될 것이다.
④ 21세기에는 기계경비보다 인력경비업의 성장속도가 훨씬 빠를 것이다.

Advice 21세기에는 첨단장비의 발전으로 인력경비업보다 기계경비업이 성장속도가 훨씬 빠를 것이다.

Answer 12.③ 13.③ 14.④

15 경비인력 전문화에 관한 설명이다. 옳지 않은 것은?

① 경비업법에 경비지도사를 선발하는 규정을 두고 있다.
② 경비업자는 경비업 이외의 모든 영업을 금지한다.
③ 청원경찰법은 민간인이 경찰관의 직무를 수행할 수 있도록 허가된 준경찰제도이다.
④ 경비구역 내에서는 경찰관직무집행법에 의한 직무를 수행한다.

Advice 경비업자 겸업금지 규정
㉠ 2001년 4월 전문 개정된 경비업법에 의해 경비업자는 경비업 외의 영업을 해서는 안 되도록 규정되었다.
㉡ 2002년 4월 25일 헌법재판소에서 전원일치로 위헌결정되었다.
㉢ 직업의 자유를 침해하는 조항으로 겸업금지로 보호하려는 공익보다 기본권 침해의 강도가 크므로 과잉금지의 원칙에 위배된다.
㉣ 경비업 이외의 모든 영업을 금지시키는 것은 지나치게 막연하고 포괄적이다.

16 경비업법과 청원경찰법의 비교에 관한 설명이다. 옳지 않은 것은?

① 경비업법의 경비 주체는 경비업을 허가 받은 법인이다.
② 청원경찰법의 업무배치는 사업장에서 한다.
③ 경비업법에서 경비원의 임용은 타 기관의 승인이 불필요하다.
④ 청원경찰은 총기휴대가 가능하다.

Advice 청원경찰법의 업무배치는 지방경찰청장에게 배치를 요청해야 한다.

17 경비업법과 청원경찰법의 법적 이원화에 따른 문제점으로 옳지 않은 것은?

① 법제에 따른 보수의 차이가 있다.
② 청원경찰의 총기휴대로 인한 형평성 문제가 있다.
③ 일관된 지휘체계 성립이 불가능하다.
④ 경비원에 대한 전문자격증 제도의 차이에 문제가 있다.

Advice 경비업법에는 경비지도사에 관한 자격증만이 있으며 경비원에 대한 전문자격증 제도는 경비업법과 청원경찰법 모두에 존재하지 않는다.

Answer 15.② 16.② 17.④

18 국내 민간경비업법의 개선방안으로 옳지 않은 것은?

① 경비원의 전문 경비자격증을 도입해야 한다.
② 경비지도사자격증을 도입해야 한다.
③ 경찰과의 협력방안을 모색해야 한다.
④ 미국과 일본의 경우 경비원에 대한 전문자격증 제도가 확립되어 있다.

Advice 우리나라의 경우에도 경비지도사자격증 제도는 이미 도입되어 있다.

19 국내 민간경비산업의 앞으로 나아갈 방향으로 옳지 않은 것은?

① 민간경비원의 경찰권 부여
② 경찰과의 협조체제 구축
③ 첨단기계장비 개발
④ 민간경비원자격증의 전문화

Advice 민간경비원에게 경찰권을 부여하는 것은 공경찰의 권한을 민간경비원에게 부여하는 것으로 옳지 않으며 기존의 방향을 유지하되 공공부문과 민간부문의 협조체제를 강화해야 한다.

Answer 18.② 19.①

2011년 제13회부터 관계법령(경찰관집무집행법 등)이 삭제되어 상대적으로 학습에 대한 부담은 줄어들었지만, 경비업법과 청원경찰법에 대한 비중이 높아져 세부적인 학습이 요구된다. 최근 개정된 내용들은 반드시 확인하여 점검하도록 하고, 출제되는 방향이 크게 변동되지 않기 때문에 기출문제와 예상문제를 통해 이론을 점검하는 것도 효과적인 학습전략이 될 수 있다.

제3과목

경비업법

01 경비업법

1 경찰의 역사와 제도

1 한국경찰

① **갑오개혁 이후의 경찰행정**

㉠ 문관경찰제의 도입으로 수도경찰기관으로 경무청이 생겼다.

㉡ 법규로는 행정경찰장정을 만들어 시행하였다.

② **일제강점기의 경찰**

㉠ 총독부가 설치되고 기존의 경찰관서는 조선총독부 경찰관서로 개편되었다.

㉡ 헌병과 경찰이 통합된 헌병경찰 통합제도가 무단통치시대에 존재하였다.

③ **해방 후 경찰**

㉠ 1945년 10월 21일 군정청에 경찰국을 창설하였다.

㉡ 1967년 1월 7일 경찰공무원법을 공포하였다.

㉢ 1973년에 청원경찰제도를 실시하였다.

2 일본의 민간경비산업

① 도쿄올림픽을 계기로 민간경비산업이 크게 발전하게 되었다.

② 일본 경비업법에도 민간경비업자에 대한 자격증 제도가 있다.

③ 일본의 경비업 현황은 지속적으로 업체수가 증가하여 현재는 경비산업 자체가 성숙기에 이르렀다.

④ 국민들에게 경비업은 익숙한 것이 되었으며 첨단기기의 발달로 그 규모는 점점 커지고 있다.

3 미국의 경비산업

① **경비회사의 설립 배경**

㉠ 19세기 미국의 경찰력은 절대적으로 부족했다.

㉡ 골드 러쉬 시대 이후에 금의 수송과 안전을 유지하기 위해 경비산업이 성장하였다.

㉢ 19세기 후반에 철도경찰법을 제정하여 민간철도회사의 경비조직 설치를 인정하였다.

② **경비산업의 발전**

㉠ 서부개척시대 이후로 사경비조직이 증가하기 시작했다.

㉡ 대규모 산업 파업은 경비산업에 또 다른 성장을 가져왔다.

㉢ 제2차 세계대전 이후 기술의 발전은 경비산업 발전에 긍정적인 영향을 끼쳤으며 경비산업의 성장을 가속화하는 데 크게 일조하였다.

2 경비업의 정의

1 경비업

① **경비업의 의의** … 시설경비업무, 호송경비업무, 신변보호업무, 기계경비업무, 특수경비업무의 전부 또는 일부를 도급받아 행하는 영업을 말하는 것이다.

② 경비업은 법인이 아니면 이를 영위할 수 없다.

③ **경비업의 종류**

㉠ **시설경비업무** : 경비를 필요로 하는 시설 및 장소에서의 도난 · 화재, 그 밖의 혼잡 등으로 인한 위험발생을 방지하는 업무를 말한다.

㉡ **호송경비업무** : 운반 중에 있는 현금 · 유가증권 · 귀금속 · 상품, 그 밖의 물건에 대하여 도난 · 화재 등 위험발생을 방지하는 업무를 말한다.

㉢ **신변보호업무** : 사람의 생명이나 신체에 대한 위해의 발생을 방지하고 그 신변을 보호하는 업무를 말한다.

㉣ **기계경비업무** : 경비대상시설에 설치한 기기에 의하여 감지 · 송신된 정보를 그 경비대상시설 외의 장소에 설치한 관제시설의 기기로 수신하여 도난 · 화재 등 위험발생을 방지하는 업무를 말한다.

㉤ **특수경비업무** : 공항(항공기를 포함) 등 국가중요시설의 경비 및 도난 · 화재, 그 밖의 위험발생을 방지하는 업무를 말한다. 국가중요시설로는 공항, 항만, 원자력발전소 등이 있다.

2 경비지도사와 경비원

① **경비지도사**… 경비원을 지도 · 감독 및 교육하는 자를 말하며 일반경비지도사와 기계경비지도사로 구분한다.

경비업법령상 일반경비지도사의 지도 및 감독을 받는 경비원의 업무로 규정하고 있지 않은 것은?

① 시설경비업무　　② 호송경비업무
③ 기계경비업무　　④ 신변보호업무

★③ 기계경비지도사의 지도 및 감독을 받는 경비원의 업무에 해당한다.
①②④ 일반경비지도사의 지도 및 감독을 받는 경비원의 업무에 해당한다.
※ 일반경비지도사〈경비업법 시행령 제10조〉… 시설경비업무 · 호송경비업무 · 신변보호업무 · 특수경비업무의 경비업무에 종사하는 경비원을 지도 · 감독 및 교육하는 경비지도사

답 ③

② **경비원**… 경비업의 허가를 받은 법인이 채용한 고용인으로서 일반경비원과 특수경비원에 해당하는 자를 말한다.

㉠ **일반경비원**: 시설경비업무, 호송경비업무, 신변보호업무, 기계경비업무를 수행하는 자
㉡ **특수경비원**: 특수경비업무를 수행하는 자

3 무기

인명 또는 신체에 위해를 가할 수 있도록 제작된 권총 · 소총 등을 말한다.

3 경비업의 허가 등

1 경비업의 허가〈법 제4조〉

① 경비업을 영위하고자 하는 법인은 도급받아 행하고자 하는 경비업무를 특정하여 그 법인의 주사무소의 소재지를 관할하는 지방경찰청장의 허가를 받아야 한다. 도급받아 행하고자 하는 경비업무를 변경하는 경우에도 또한 같다.

② **경비업의 허가를 받은 법인이 지방경찰청장에게 신고하는 상황**

㉠ 영업을 폐업하거나 휴업한 때

㉡ 법인의 명칭이나 대표자 · 임원을 변경한 때

㉢ 법인의 주사무소나 출장소를 신설 · 이전 또는 폐지한 때

㉣ 기계경비업무의 수행을 위한 관제시설을 신설 · 이전 또는 폐지한 때

㉤ 특수경비업무를 개시하거나 종료한 때

㉥ 그 밖에 대통령이 정하는 중요사항(정관의 목적)을 변경한 때

2 허가신청〈영 제3조〉

① **서류제출** … 허가를 받으려는 경우에는 허가신청서에, 경비업의 허가를 받은 법인이 허가를 받은 경비업무를 변경하거나 새로운 경비업무를 추가하려는 경우에는 변경허가신청서에 다음의 서류를 첨부하여 법인의 주사무소를 관할하는 지방경찰청장 또는 해당 지방경찰청 소속의 경찰서장에게 제출하여야 한다. 이 경우 신청서를 제출받은 경찰서장은 지체 없이 관할 지방경찰청장에게 보내야 한다.

㉠ 법인의 정관 1부

㉡ 법인 임원의 이력서 1부

㉢ 경비인력 · 시설 및 장비의 확보계획서 1부(경비업 허가의 신청시 이를 갖출 수 없는 경우에 한한다)

② 허가 또는 변경허가 신청서를 제출하는 법인은 경비업의 시설 규정에 의한 경비인력 · 자본금 · 시설 및 장비를 갖추어야 한다. 다만, 경비업의 허가 또는 변경허가를 신청하는 때에 경비업 시설 규정에 의한 시설 등을 갖출 수 없는 경우에는 허가 또는 변경허가의 신청 시 시설 등의 확보계획서를 제출한 후 허가 또는 변경허가를 받은 날부터 1월 이내에 경비업 시설 규정에 의한 시설 등을 갖추고 지방경찰청장의 확인을 받아야 한다.

경비업의 시설 등의 기준				
업무별 시설기준	경비인력	자본금	시설	장비 등
시설경비 업무	- 일반경비원 20명 이상 - 경비지도사 1명 이상	1억 원 이상	기준 경비인력 수 이상을 동시에 교육할 수 있는 교육장	기준 경비인력 수 이상의 경비원 복장 및 경적, 단봉, 분사기
호송경비 업무	- 무술유단자인 일반경비원 5명 이상 - 경비지도사 1명 이상	1억 원 이상	기준 경비인력 수 이상을 동시에 교육할 수 있는 교육장	- 호송용 차량 1대 이상 - 현금호송백 1개 이상 - 기준 경비인력 수 이상의 경비원 복장 및 경적, 단봉, 분사기
신변보호 업무	- 무술유단자인 일반경비원 5명 이상 - 경비지도사 1명 이상	1억 원 이상	기준 경비인력 수 이상을 동시에 교육할 수 있는 교육장	- 기준 경비인력 수 이상의 무전기 등 통신장비 - 기준 경비인력 수 이상의 경적, 단봉, 분사기
기계경비 업무	- 전자·통신 분야 기술자 격증소지자 5명을 포함한 일반경비원 10명 이상 - 경비지도사 1명 이상	1억 원 이상	- 기준 경비인력 수 이상을 동시에 교육할 수 있는 교육장 - 관제시설	- 감지장치·송신장치 및 수신장치 - 출장소별로 출동차량 2대 이상 - 기준 경비인력 수 이상의 경비원 복장 및 경적, 단봉, 분사기
특수경비 업무	- 특수경비원 20명 이상 - 경비지도사 1명 이상	3억 원 이상	기준 경비인력 수 이상을 동시에 교육할 수 있는 교육장	기준 경비인력 수 이상의 경비원 복장 및 경적, 단봉, 분사기

3 임의의 결격사유〈법 제5조〉

다음에 해당하는 자는 경비업을 영위하는 법인의 임원이 될 수 없다.

① 피성년후견인 또는 피한정후견인

② 파산선고를 받고 복권되지 아니한 자

③ 금고 이상의 형의 선고를 받고 그 형이 실효되지 아니한 자

④ 경비업법 또는 대통령 등의 경호에 관한 법률에 위반하여 벌금형의 선고를 받고 3년이 지나지 아니한 자

⑤ 경비업법 또는 경비업법에 의한 명령에 위반하여 허가가 취소된 법인의 허가취소 당시의 임원이었던 자로서 그 취소 후 3년이 지나지 아니한 자

⑥ 허가받은 경비업무외의 업무에 경비원을 종사하게 하거나, 소속 경비원으로 하여금 경비업무의 범위를 벗어난 행위를 하게 한 사유로 허가가 취소된 법인의 허가취소 당시의 임원이었던 자로서 허가가 취소된 날부터 5년이 지나지 아니한 자

4 허가증의 발급 및 재발급〈영 제4조〉

① **허가증의 발급** … 지방경찰청장은 검토를 한 후 경비업을 허가 또는 변경허가를 한 경우에는 해당 법인의 주사무소를 관할하는 경찰서장을 거쳐 신청인에게 허가증을 발급해야 한다.

② **허가증의 재발급** … 경비업자는 경비업 허가증을 잃어버리거나 경비업 허가증이 못쓰게 된 경우에는 허가증 재교부신청서에 다음 구분에 따른 서류를 첨부하여 법인의 주사무소를 관할하는 지방경찰청장 또는 해당 지방경찰청 소속의 경찰서장에게 허가증의 재발급을 신청해야 하고, 신청서를 제출받은 경찰서장은 지체없이 관할 지방경찰청장에게 보내야 한다.

㉠ 허가증을 잃어버린 경우에는 그 사유서

㉡ 허가증이 못쓰게 된 경우에는 그 허가증

5 유효기간〈법 제6조〉

① 경비업 허가의 유효기간은 허가받은 날부터 5년으로 한다.

② 경비업의 갱신허가를 받고자 하는 자는 허가의 유효기간 만료일 30일 전까지 경비업갱신허가신청서(전자문서로 된 신청서를 포함)에 허가증 원본 및 정관(변경사항이 있는 경우에 한함)을 첨부하여 법인의 주사무소를 관할하는 지방경찰청장 또는 해당 지방경찰청 소속의 경찰서장에게 제출하여야 한다.

③ 신청서를 제출받은 지방경찰청장은 전자정부법에 따른 행정정보의 공동이용을 통하여 법인의 등기사항증명서를 확인하여야 한다.

④ 지방경찰청장은 규정에 의하여 갱신허가를 하는 때에는 유효기간이 만료되는 허가증을 회수한 후 허가증을 교부하여야 한다.

6 경비업자의 의무〈법 제7조〉

① 경비업자는 경비대상시설의 소유자 또는 관리자(이하 시설주)의 관리권의 범위 안에서 경비업무를 수행해야 하며, 다른 사람의 자유와 권리를 침해하거나 그의 정당한 활동에 간섭하여서는 안 된다.

② 경비업자는 경비업무를 성실하게 수행해야 하고, 도급을 의뢰받은 경비업무가 위법 또는 부당한 것일 때에는 이를 거부해야 한다.

③ 경비업자는 불공정한 계약으로 경비원의 권익을 침해하거나 경비업의 건전한 육성과 발전을 해치는 행위를 하여서는 안 된다.

④ 경비업자의 임 · 직원이거나 임 · 직원이었던 자는 다른 법률에 특별한 규정이 있는 경우를 제외하고는 그 직무상 알게 된 비밀을 누설하거나 다른 사람에게 제공하여 이용하도록 하는 등 부당한 목적을 위하여 사용하여서는 안 된다.

⑤ 경비업자는 허가받은 경비업무 외의 업무에 경비원을 종사하게 하여서는 안 된다.

⑥ 경비업자는 집단민원현장에 경비원을 배치하는 때에는 경비지도사를 선임하고 그 장소에 배치하여 행정안전부령으로 정하는 바에 따라 경비원을 지도 · 감독하게 하여야 한다.

⑦ 특수경비업무를 수행하는 경비업자(이하 특수경비업자)는 특수경비업무의 개시신고를 하는 때에는 국가중요시설에 대한 특수경비업무의 수행이 중단되는 경우 시설주의 동의를 얻어 다른 특수경비업자 중에서 경비업무를 대행할 자(이하 경비대행업자)를 지정하여 허가관청에 신고해야 한다. 경비대행업자의 지정을 변경하는 경우에도 또한 같다.

⑧ 특수경비업자는 국가중요시설에 대한 특수경비업무를 중단하게 되는 경우에는 미리 이를 경비대행업자에게 통보해야 하며, 경비대행업자는 통보받은 즉시 그 경비업무를 인수해야 한다.

⑨ 특수경비업자는 경비업법에 의한 경비업과 경비장비의 제조 · 설비 · 판매업, 네트워크를 활용한 정보산업, 시설물 유지관리업 및 경비원 교육업 등 아래 표에서 정하는 경비관련업 외의 영업을 하여서는 안 된다.

특수경비업자가 할 수 있는 영업

분야	해당 영업
금속가공제품 제조업(기계 및 가구 제외)	·일반철물 제조업(자물쇠제조 등 경비 관련 제조업에 한정한다) ·금고 제조업
그 밖의 기계 및 장비제조업	·분사기 및 소화기 제조업
전기장비 제조업	·전기경보 및 신호장치 제조업
전자부품, 컴퓨터, 영상, 음향 및 통신장비 제조업	·전자카드 제조업 ·통신 및 방송 장비 제조업 ·영상 및 음향기기 제조업
전문직별 공사업	·소방시설 공사업 ·배관 및 냉·난방 공사업(소방시설 공사 등 방재 관련 공사에 한정한다) ·내부 전기배선 공사업 ·내부 통신배선 공사업
도매 및 상품중개업	·통신장비 및 부품 도매업
통신업	·전기통신업
부동산업	·부동산 관리업
컴퓨터 프로그래밍, 시스템 통합 및 관리업	·컴퓨터 프로그래밍 서비스업 ·컴퓨터시스템 통합 자문, 구축 및 관리업
건축기술, 엔지니어링 및 관련기술 서비스업	·건축설계 및 관련 서비스업(소방시설 설계 등 방재 관련 건축설계에 한정한다) ·건물 및 토목엔지니어링 서비스업(소방공사 감리 등 방재 관련 서비스업에 한정한다)
사업시설 관리 및 조경 서비스업	·사업시설 유지관리 서비스업 ·건물 산업설비 청소 및 방제 서비스업
사업지원 서비스업	·인력공급 및 고용알선업 ·경비, 경호 및 탐정업
교육서비스업	·직원훈련기관 ·그 밖의 기술 및 직업훈련학원(경비 관련 교육에 한정한다)
수리업	·일반 기계 수리업 ·전기, 전자, 통신 및 정밀기기 수리업
창고 및 운송 관련 서비스업	·주차장 운영업

7 경비업무 도급인 등의 의무〈법 제7조의 2〉

① 누구든지 허가를 받지 아니한 자에게 경비업무를 도급하여서는 아니 된다.

② 누구든지 집단민원현장에 경비인력을 20명 이상 배치하려고 할 때에는 그 경비인력을 직접 고용하여서는 아니 되고, 경비업자에게 경비업무를 도급하여야 한다. 다만, 시설주 등이 집단민원현장 발생 3개월 전까지 직접 고용하여 경비업무를 수행하는 피고용인의 경우에는 그러하지 아니하다.

③ 경비업무를 도급하는 자는 그 경비업무를 수급한 경비업자의 경비원 채용 시 무자격자나 부적격자 등을 채용하도록 관여하거나 영향력을 행사해서는 아니 된다.

④ 무자격자 및 부적격자의 구체적인 범위 등은 대통령령으로 정한다.

4 기계경비업무

1 대응체제〈법 제8조〉

기계경비업무를 수행하는 경비업자는 경비대상시설에 관한 경보를 수신한 때에는 신속하게 그 사실을 확인하는 등 필요한 대응조치를 취해야 하며 이를 위한 대응체제를 갖추어야 한다.

2 오경보의 방지 등〈법 제9조〉

① 기계경비업자는 경비계약을 체결하는 때에는 오경보를 막기 위하여 계약상대방에게 기기사용요령 및 기계경비운영체계 등에 관하여 설명해야 하며, 각종 기기가 오작동되지 아니하도록 관리해야 한다.

㉠ 기계경비업자가 계약상대방에게 해야 하는 설명은 다음의 사항을 기재한 서면 또는 전자문서(전자문서는 계약상대방이 원하는 경우에 한함)를 교부하는 방법에 의한다.

ⓐ 당해 기계경비업무와 관련된 관제시설 및 출장소의 명칭 · 소재지

ⓑ 기계경비업자가 경비대상시설에서 발생한 경보를 수신한 경우에 취하는 조치

ⓒ 기계경비업무용 기기의 설치장소 및 종류와 그 밖의 기계장치의 개요

ⓓ 오경보의 발생원인과 송신기기의 유지 · 관리방법

㉡ 기계경비업자는 서면 등과 함께 손해배상의 범위와 손해배상액에 관한 사항을 기재한 서면 등을 계약상대방에게 교부해야 한다.

② 기계경비업자는 대응조치 등 업무의 원활한 운영과 개선을 위하여 출장소별로 다음의 사항을 기재한 서류를 갖추어 두어야 한다.

㉠ 경비대상시설의 명칭 · 소재지 및 경비계약기간

㉡ 기계경비지도사의 명단 · 배치일자 · 배치장소와 출동차량의 대수

㉢ 경보의 수신 및 현장도착 일시와 조치의 결과

㉣ 오경보인 경우 오경보가 발생한 경비대상시설 및 그 오경보에 대한 조치의 결과

③ 규정에 의한 사항을 기재한 서류는 당해 경보를 수신한 날부터 1년간 이를 보관해야 한다.

경비업법에서 다음과 같이 규정하고 있는 경비업무는?

> 경비대상시설에 설치한 기기에 의하며 감지 · 송신된 정보를 그 경비대상시설외의 장소에 설치한 관제시설의 기기로 수신하여 도난 · 화재 등 위험발생을 방지하는 업무

① 시설경비업무　　② 호송경비업무
③ 기계경비업무　　④ 신변보호업무

★① 경비를 필요로 하는 시설 및 장소에서의 도난 · 화재 그 밖의 혼잡 등으로 인한 위험발생을 방지하는 업무
② 운반중에 있는 현금 · 유가증권 · 귀금속 · 상품 그 밖의 물건에 대하여 도난 · 화재 등 위험발생을 방지하는 업무
④ 사람의 생명이나 신체에 대한 위해의 발생을 방지하고 그 신변을 보호하는 업무

답 ③

5 경비지도사 및 경비원

1 경비지도사 및 경비원의 결격사유〈법 제10조〉

① **경비지도사 또는 일반경비원이 될 수 없는 자**

㉠ 만 18세 미만인 자, 피성년후견인, 피한정후견인

㉡ 파산선고를 받고 복권되지 아니한 자

㉢ 금고 이상의 실형의 선고를 받고 그 집행이 종료(집행이 종료된 것으로 보는 경우를 포함)되거나 집행이 면제된 날부터 5년이 지나지 아니한 자

㉣ 금고 이상의 형의 집행유예선고를 받고 그 유예기간 중에 있는 자

㉤ 다음의 하나에 해당하는 죄를 범하여 벌금형을 선고받은 날부터 10년이 지나지 아니하거나 금고 이상의 형을 선고받고 그 집행이 종료된(종료된 것으로 보는 경우 포함) 날 또는 집행이 유예·면제된 날부터 10년이 지나지 아니한 자

ⓐ 범죄단체 등의 조직의 죄

ⓑ 폭력행위 등 처벌에 관한 법률 제4조(범죄를 목적으로 한 단체 또는 집단을 구성하거나 그러한 단체 또는 집단에 가입하거나 그 구성원으로 활동한 자)의 죄

ⓒ 강간, 유사강간, 강제추행, 준강간, 준강제추행, 강간 등 상해·치상, 강간 등 살인치사, 미성년자에 대한 간음, 업무상위력 등에 의한 간음, 미성년자에 대한 간음·추행의 죄

ⓓ ⓒ의 죄로서 상습범

ⓔ 특수강도강간 등, 특수강간 등, 친족관계에 의한 강간 등, 장애인에 대한 강간·강제추행 등, 13세 미만의 미성년자에 대한 강간·강제추행 등, 강간 등 상해·치상, 강간 등 살인·치사, 업무상 위력 등에 의한 추행, 공중 밀집 장소에서의 추행의 죄 등

ⓕ 아동·청소년에 대한 강간·강제추행 등 장애인인 아동·청소년에 대한 간음 등의 죄

ⓖ ⓒ~ⓕ의 죄로서 다른 법률에 따라 가중처벌되는 죄

㉥ 다음의 하나에 해당하는 죄를 범하여 벌금형을 선고받은 날부터 5년이 지나지 아니하거나 금고 이상의 형을 선고받고 그 집행이 유예된 날부터 5년이 지나지 아니한 자

ⓐ 절도, 야간주거침입절도·특수절도, 자동차 등 불법사용, 강도·특수강도, 준강도·인질강도, 강도상해·치상, 강도살인·치사, 강도강간, 해상강도

ⓑ 위의 죄로서 다른 법률에 따라 가중처벌되는 죄

㉦ ㉤의 ⓒ~ⓖ에 해당하는 죄를 범하여 치료감호를 선고받고 그 집행이 종료된 날 또는 집행이 면제된 날부터 10년이 지나지 아니한 자 또는 ㉥의 어느 하나에 해당하는 죄를 범하여 치료감호를 선고받고 그 집행이 면제된 날부터 5년이 지나지 아니한 자

㉧ 경비업법이나 경비업법에 따른 명령을 위반하여 벌금형을 선고받은 날부터 5년이 지나지 아니하거나 금고 이상의 형을 선고받고 그 집행이 유예된 날부터 5년이 지나지 아니한 자

② **특수경비원이 될 수 없는 자**

㉠ 만 18세 미만 또는 만 60세 이상인 자, 피성년후견인, 피한정후견인

㉡ ①의 ㉡~㉧까지의 어느 하나에 해당하는 자

㉢ 금고 이상의 형의 선고유예를 받고 그 유예기간 중에 있는 자

㉣ 팔과 다리가 완전하고 두 눈의 맨눈시력 각각 0.2 이상 또는 교정시력 각각 0.8 이상의 신체조건에 미달되는 자

2 경비지도사의 시험〈법 제11조〉

① 경비지도사는 결격사유에 해당하지 아니하는 자로서 경찰청장이 시행하는 경비지도사 시험에 합격하고 일정 교육을 받은 자이어야 한다.

TIP

경비지도사 교육의 과목 및 시간

구분(교육시간)	과목		시간
공통교육 (28시간)	경비업법		4
	경찰관직무집행법 및 청원경찰법		3
	테러 대응요령		3
	화재대처법		2
	응급처치법		3
	분사기 사용법		2
	교육기법		2
	예절 및 인권교육		2
	체포 · 호신술		3
	입교식 · 평가 · 수료식		4
자격의 종류별 교육 (16시간)	일반경비지도사	시설경비	2
		호송경비	2
		신변보호	2
		특수경비	2
		기계경비개론	3
		일반경비 현장실습	5
	기계경비지도사	기계경비운용관리	4
		기계경비기획 및 설계	4
		인력경비개론	3
		기계경비 현장실습	5
계			44

② 경찰청장은 규정에 의한 교육을 받은 자에게 경비지도사자격증을 교부해야 한다.

③ 경비지도사 시험의 시행 및 공고

㉠ 경찰청장은 경비지도사의 수급상황을 조사하여 경비지도사를 새로이 선발할 필요가 있다고 인정되는 때에는 경비지도사 시험의 실시계획을 수립하여야 한다.

㉡ 경찰청장은 시험의 실시계획에 따라 시험을 실시하고자 하는 때에는 응시자격 · 시험과목 · 시험일시 · 시험장소 및 선발예정인원 등을 시험시행일 90일 전까지 공고하여야 한다.

㉢ 공고는 관보게재와 각 지방경찰청 게시판 및 인터넷 홈페이지에 게시하는 방법에 의한다.

④ 시험의 방법 및 과목 등

㉠ 시험은 필기시험의 방법에 의하되, 제1차 시험과 제2차 시험으로 구분하여 실시한다. 이 경우 경찰청장이 필요하다고 인정하는 때에는 제1차 시험과 제2차 시험을 병합하여 실시할 수 있다.

㉡ 제1차 시험 및 제2차 시험은 각각 선택형으로 하되, 제2차 시험에 있어서는 선택형 외에 단답형을 추가할 수 있다.

㉢ 제1차 시험 및 제2차 시험의 과목

구분	1차 시험(선택형)	2차 시험(선택형 또는 단답형)
일반경비지도사	- 법학개론 - 민간경비론	- 경비업법(청원경찰법을 포함) - 소방학 · 범죄학 또는 경호학 중 1과목
기계경비지도사		- 경비업법(청원경찰법을 포함) - 기계경비개론 또는 기계경비기획 및 설계 중 1과목

㉣ 제2차 시험은 제1차 시험에 합격한 자에 대하여 실시한다. 다만, 제1차 시험과 제2차 시험을 병합하여 실시하는 경우에는 그러하지 아니하다.

㉤ 제1차 시험과 제2차 시험을 병합하여 실시하는 경우에는 제1차 시험에 불합격한 자가 치른 제2차 시험은 이를 무효로 한다.

㉥ 제1차 시험에 합격한 자에 대하여는 다음 회의 시험에 한하여 제1차 시험을 면제한다.

⑤ 시험의 일부면제

㉠ 다음 어느 하나에 해당하는 사람은 경비지도사 제1차 시험을 면제한다.

ⓐ 경찰공무원법에 의한 경찰공무원으로 7년 이상 재직한 자

ⓑ 대통령 등의 경호에 관한 법률에 의한 경호공무원 또는 별정직 공무원으로 7년 이상 재직한 자

ⓒ 군인사법에 의한 각 군 전투병과 또는 헌병병과 부사관 이상 간부로 7년 이상 재직한 자

ⓓ 경비업법에 의한 경비업무에 7년 이상(특수경비업무의 경우에는 3년 이상) 종사하고 행정안전부령이 정하는 교육과정을 이수한 자

ⓔ 고등교육법에 의한 대학 이상의 학교를 졸업한 자로서 재학 중 경비지도사 시험과목을 3과목 이상 이수하고 졸업한 후 경비업무에 종사한 경력이 3년 이상인 자

ⓕ 고등교육법에 의한 전문대학을 졸업한 자로서 재학 중 경비지도사 시험과목을 3과목 이상 이수하고 졸업한 후 경비업무에 종사한 경력이 5년 이상인 자

ⓖ 일반경비지도사의 자격을 취득한 후 기계경비지도사의 시험에 응시하는 자 또는 기계경비지도사의 자격을 취득한 후 일반경비지도사의 시험에 응시하는 자

ⓗ 공무원임용령에 따른 행정직군 교정직렬 공무원으로 7년 이상 재직한 사람

⑥ 시험합격자의 결정

㉠ 제1차 시험의 합격결정에 있어서는 매 과목 100점을 만점으로 하며, 매 과목 40점 이상, 전과목 평균 60점 이상 득점한 자를 합격자로 결정한다.

㉡ 제2차 시험의 합격결정에 있어서는 선발예정인원의 범위 안에서 60점 이상을 득점한 자 중에서 고득점 순으로 합격자를 결정한다. 이 경우 동점자로 인하여 선발예정인원이 초과되는 때에는 동점자 모두를 합격자로 한다.

㉢ 경찰청장은 제2차 시험에 합격한 자에 대하여 합격공고를 하고, 합격 및 교육소집 통지서를 교부하여야 한다.

⑦ 시험출제위원의 임명 · 위촉 등

㉠ 경찰청장은 시험문제의 출제를 위하여 다음에 해당하는 자 중에서 시험출제위원을 임명 또는 위촉한다.

ⓐ 고등교육법에 의한 전문대학 이상의 교육기관에서 경찰행정학과 등 경비업무 관련학과 및 법학과의 부교수(전문대학의 경우에는 교수) 이상으로 재직하고 있는 자

ⓑ 석사 이상의 학위소지자로 경찰청장이 정하는 바에 의하여 경비업무에 관한 연구실적이나 전문경력이 인정되는 자

ⓒ 방범 · 경비업무를 3년 이상 담당한 경감 이상 경찰공무원의 경력이 있는 자

㉡ 시험출제위원의 수는 시험과목별로 2인 이상으로 한다.

㉢ 시험출제위원으로 임명 또는 위촉된 자는 경찰청장이 정하는 준수사항을 성실히 이행하여야 한다.

㉣ 시험출제위원과 시험관리업무에 종사하는 자에 대하여는 예산의 범위안에서 수당과 여비를 지급할 수 있다. 다만, 공무원인 위원이 그 소관업무와 직접적으로 관련하여 시험관리업무에 종사하는 경우에는 그러하지 아니하다.

3 경비지도사의 선임〈법 제12조〉

① 경비업자의 경우 경비지도사 선임

㉠ 일반경비지도사(시설경비업 · 호송경비업 · 신변보호업 및 특수경비업에 한하여 선임 · 배치)

ⓐ 경비원을 배치하여 영업활동을 하고 있는 지역을 관할하는 지방경찰청의 관할구역별로 경비원 200인까지는 일반경비지도사 1인씩 선임 · 배치하되, 200인을 초과하는 100인까지 마다 1인씩 추가로 선임 · 배치하도록 한다. 다만, 특수경비업의 경우는 특수경비원 교육을 이수한 일반경비지도사를 선임 · 배치하도록 한다.

ⓑ 시설경비업 · 호송경비업 · 신변보호업 및 특수경비업 가운데 2 이상의 경비업을 하는 경우 경비지도사의 배치는 각 경비업에 종사하는 경비원의 수를 합산한 인원을 기준으로 하도록 한다.

㉡ 기계경비지도사
ⓐ 기계경비업에 한하여 선임 · 배치하도록 한다.
ⓑ 선임 · 배치기준은 일반경비지도사의 선임 · 배치 기준과 동일하게 하도록 한다.

㉢ 경비지도사가 선임 · 배치된 지방경찰청의 관할구역에 인접하는 지방경찰청의 관할구역에 배치되는 경비원이 30인 이하인 경우에는 경비지도사를 따로 선임 · 배치하지 아니할 수 있다(이 경우 인천지방경찰청은 서울지방경찰청과 인접한 것으로 본다).

㉣ 경비업자는 선임 · 배치된 경비지도사에 결원이 있거나 자격정지 등의 사유로 그 직무를 수행할 수 없는 때에는 15일 이내에 경비지도사를 새로이 충원하여야 한다.

경비업법령상 ( ) 안에 들어갈 숫자로 알맞은 것은?

- 경비업자는 선임 · 배치된 경비지도사에 결원이 있거나 자격정지 등의 사유로 그 직무를 수행할 수 없는 때에는 (㉠)일 이내에 경비지도사를 새로이 충원하여야 한다.

	㉠		㉠
①	10	②	15
③	20	④	25

★② 경비업자는 선임 · 배치된 경비지도사에 결원이 있거나 자격정지 등의 사유로 그 직무를 수행할 수 없는 때에는 15일 이내에 경비지도사를 새로이 충원하여야 한다.

답 ②

② 경비지도사의 직무

㉠ 경비원의 지도 · 감독 · 교육에 관한 계획의 수립 · 실시 및 그 기록의 유지(경비원 직무교육 실시 대장에 그 내용을 기록하여 2년간 보존)
㉡ 경비현장에 배치된 경비원에 대한 순회점검 및 감독
㉢ 경찰기관 및 소방기관과의 연락방법에 대한 지도
㉣ 집단민원현장에 배치된 경비원에 대한 지도 및 감독
㉤ 기계경비업무를 위한 기계장치의 운용 및 감독(기계경비지도사의 경우에 한함)
㉥ 오경보방지 등을 위한 기기관리의 감독(기계경비지도사의 경우에 한함)

4 경비원의 교육〈법 제13조〉

① 일반경비원에 대한 교육

㉠ 경비업자는 일반경비원을 채용한 경우 해당 일반경비원에게 경비업자의 부담으로 다음의 기관 또는 단체에서 실시하는 일반경비원 신임교육을 받도록 하여야 한다.

ⓐ 경비협회

ⓑ 경찰교육기관

ⓒ 경비업무 관련 학과가 개설된 대학 등 경비원에 대한 교육을 전문적으로 수행할 수 있는 인력과 시설을 갖춘 기관 또는 단체 중 경찰청장이 지정하여 고시하는 기관 또는 단체

㉡ 경비업자는 다음의 어느 하나에 해당하는 사람을 일반경비원으로 채용한 경우에는 해당 일반경비원을 일반경비원 신임교육 대상에서 제외할 수 있다.

ⓐ 일반경비원 신임교육을 받은 사람으로서 채용 전 3년 이내에 경비업무에 종사한 경력이 있는 사람

ⓑ 경찰공무원법에 따른 경찰공무원으로 근무한 경력이 있는 사람

ⓒ 대통령 등의 경호에 관한 법률에 따른 경호공무원 또는 별정직공무원으로 근무한 경력이 있는 사람

ⓓ 군인사법에 따른 부사관 이상으로 근무한 경력이 있는 사람

ⓔ 경비지도사 자격이 있는 사람

ⓕ 채용 당시 일반경비원 신임교육을 받은지 3년이 지나지 아니한 사람

㉢ 경비업자는 소속 일반경비원에게 선임한 경비지도사가 수립한 교육계획에 따라 매월 행정안전부령으로 정하는 시간(4시간) 이상 직무교육을 받도록 하여야 한다. 일반경비원에 대한 직무교육의 과목은 일반경비원의 직무수행에 필요한 이론 · 실무과목, 그 밖에 정신교양 등으로 한다.

㉣ 일반경비원에 대한 신임교육의 실시 등

ⓐ 경찰청장은 일반경비원에 대한 신임교육의 실시를 위하여 연도별 교육계획을 수립하고, 일반경비원 신임교육 기관 또는 단체가 교육계획에 따라 교육을 실시하도록 하여야 한다.

ⓑ 일반경비원 신임교육 기관 또는 단체의 장은 일반경비원 신임교육과정을 마친 사람에게 신임교육이수증을 교부하고 그 사실을 신임교육이수증 교부대장에 기록하여야 한다.

ⓒ 경비업자는 일반경비원이 신임교육을 받은 때에는 경비원의 명부에 그 사실을 기재하여야 한다.

ⓜ 일반경비원 신임교육의 과목 및 시간

구분(교육시간)	과목	시간
이론교육(4시간)	경비업법	2
	범죄예방론(신고 및 순찰요령을 포함한다)	2
실무교육(19시간)	시설경비실무(신고 및 순찰요령, 관찰 · 기록기법을 포함한다)	2
	호송경비실무	2
	신변보호실무	2
	기계경비실무	2
	사고예방대책(테러 대응요령, 화재대처법 및 응급처치법을 포함한다)	3
	체포 · 호신술(질문 · 검색요령을 포함한다)	3
	장비사용법	2
	직업윤리 및 서비스(예절 및 인권교육을 포함한다)	3
기타(1시간)	입교식, 평가 및 수료식	1
계		24

경비업법령상 다음 중 일반경비원으로 채용된 사람 중 신임교육 대상에서 제외될 수 있는 자를 모두 고른 것은?

> ㉠ 소방공무원법에 의한 소방공무원 경력을 가진 사람
> ㉡ 군인사법에 의한 부사관 이상의 경력을 가진 사람
> ㉢ 경찰공무원법에 의한 경찰공무원 경력을 가진 사람
> ㉣ 대통령 등의 경호에 관한 법률에 의한 경호공무원 경력을 가진 사람

① ㉠㉡　　② ㉠㉡㉢

③ ㉡㉢　　④ ㉡㉢㉣

★㉠ 소방공무원법에 의한 소방공무원 경력을 가진 사람은 신임교육을 받아야 한다.

답 ④

② **특수경비원에 대한 교육**

㉠ 특수경비업자는 특수경비원을 채용한 경우 해당 특수경비원에게 특수경비업자의 부담으로 다음의 기관 또는 단체에서 실시하는 특수경비원 신임교육을 받도록 하여야 한다.

ⓐ 경찰교육기관

ⓑ 행정안전부령으로 정하는 기준에 적합한 기관 또는 단체 중 경찰청장이 지정하여 고시하는 기관 또는 단체

㉡ 특수경비업자는 채용 전 3년 이내에 특수경비업무에 종사하였던 경력이 있는 사람을 특수경비원으로 채용한 경우에는 해당 특수경비원을 특수경비원 신임교육 대상에서 제외할 수 있다.

㉢ 특수경비업자는 소속 특수경비원에게 선임한 경비지도사가 수립한 교육계획에 따라 매월 행정안전부령으로 정하는 시간(6시간) 이상 직무교육을 받도록 하여야 한다.

㉣ 특수경비원에 대한 신임교육의 실시

ⓐ 특수경비원 신임교육의 과정을 개설하고자 하는 기관 또는 단체는 다음의 규정에 의한 시설 등을 갖추고 경찰청장에게 지정을 요청하여야 한다.

ⓑ 경찰청장은 교육과정을 개설하고자 하는 기관 또는 단체가 규정에 의한 지정을 요청한 때에는 다음 규정에 의한 기준에 적합한지의 여부를 확인한 후 그 기준에 적합한 경우 이를 특수경비원 신임교육을 실시할 수 있는 기관 또는 단체로 지정할 수 있다.

특수경비원 교육기관 시설 및 강사의 기준

구분	기준
시설 기준	- 100인 이상 수용이 가능한 165제곱미터 이상의 강의실 - 감지장치 · 수신장치 및 관제시설을 갖춘 132제곱미터 이상의 기계경비실습실 - 100인 이상이 동시에 사용할 수 있는 330제곱미터 이상의 체육관 또는 운동장 - 소총에 의한 실탄사격이 가능하고 10개 사로 이상을 갖춘 사격장
강사 기준	- 고등교육법에 의한 대학 이상의 교육기관에서 교육과목 관련 학과의 전임강사(전문대학의 경우에는 조교수) 이상의 직에 1년 이상 종사한 경력이 있는 사람 - 박사학위를 소지한 사람으로서 교육과목 관련 분야의 연구실적이 있는 사람 - 석사학위를 소지한 사람으로서 교육과목 관련 분야의 실무업무에 3년 이상 종사한 경력이 있는 사람 - 교육과목 관련 분야에서 공무원으로 5년 이상 근무한 경력이 있는 사람 - 교육과목 관련 분야의 실무업무에 10년 이상 종사한 경력이 있는 사람 - 체포 · 호신술 과목의 경우 무도사범의 자격이 있는 사람으로서 교육과목 관련 분야에서 2년 이상 실무경력이 있는 사람 - 폭발물 처리요령 및 예절교육 과목의 경우 교육과목 관련 분야에서 2년 이상 실무경력이 있는 사람

ⓒ 지정을 받은 기관 또는 단체는 신임교육의 과정에서 필요한 경우에는 관할 경찰관서장에게 경찰관서 시설물의 이용이나 전문적인 소양을 갖춘 경찰관의 파견을 요청할 수 있다.

ⓓ 특수경비원 신임교육의 과목 및 시간은 다음과 같다.

특수경비원 신임교육의 과목 및 시간		
구분	과목	시간
이론교육(15시간)	경비업법, 경찰관직무집행법 및 청원경찰법	8
	헌법 및 형사법(인권, 경비관련 범죄 및 현행범체포에 관한 규정을 포함)	4
	범죄예방론(신고요령을 포함)	3
실무교육(69시간)	정신교육	2
	테러 대응요령	4
	폭발물 처리요령	6
	화재대처법	3
	응급처치법	3
	분사기 사용법	3
	출입통제 요령	3
	예절교육	2
	기계경비 실무	3
	정보보호 및 보안업무	6
	시설경비요령(야간경비요령을 포함)	4
	민방공(화생방 관련 사항을 포함)	6
	총기조작	3
	총검술	5
	사격	8
	체포 · 호신술	5
	관찰 · 기록기법	3
기타(4시간)	입교식 · 평가 · 수료식	4
계		88

ⓔ 특수경비원 신임교육 기관 또는 단체의 장은 특수경비원 신임교육과정을 마친 사람에게 신임교육이수증을 교부하고 그 사실을 신임교육이수증 교부대장에 기록하여야 한다.

ⓕ 경비업자는 특수경비원이 신임교육을 받은 때에는 경비원의 명부에 그 사실을 기재하여야 한다.

⑧ 관할 경찰서장 및 공항경찰대장 등 국가중요시설의 경비책임자는 필요하다고 인정하는 경우에는 특수경비원이 배치된 경비대상시설에 소속공무원을 파견하여 직무집행에 필요한 교육을 실시할 수 있다.

5 특수경비원의 직무 및 무기사용〈법 제14조〉

① 특수경비업자는 특수경비원으로 하여금 배치된 경비구역 안에서 관할 경찰서장 및 공항경찰대장 등 국가중요시설의 경비책임자(관할 경찰관서장)와 국가중요시설의 시설주의 감독을 받아 시설을 경비하고 도난·화재, 그 밖의 위험의 발생을 방지하는 업무를 수행하게 해야 한다.

② 특수경비원은 국가중요시설에 대한 경비업무 수행 중 국가중요시설의 정상적인 운영을 해치는 장해를 일으켜서는 안 된다.

③ 지방경찰청장은 국가중요시설에 대한 경비업무의 수행을 위하여 필요하다고 인정하는 때에는 시설주의 신청에 의하여 무기를 구입한다. 이 경우 시설주는 그 무기의 구입대금을 지불하고, 구입한 무기를 국가에 기부채납해야 한다.

④ 지방경찰청장은 국가중요시설에 대한 경비업무의 수행을 위하여 필요하다고 인정하는 때에는 관할 경찰관서장으로 하여금 시설주의 신청에 의하여 시설주로부터 국가에 기부채납된 무기를 대여하게 하고, 시설주는 이를 특수경비원으로 하여금 휴대하게 할 수 있다. 이 경우 특수경비원은 정당한 사유 없이 무기를 소지하고 배치된 경비구역을 벗어나서는 안 된다.

⑤ 시설주가 규정에 의하여 대여 받은 무기에 대하여 시설주 및 관할경찰서장은 무기의 관리책임을 지고, 관할 경찰관서장은 시설주 및 특수경비원의 무기관리상황을 대통령령이 정하는 바에 따라 지도·감독해야 한다.

⑥ 관할 경찰관서장은 무기의 적정한 관리를 위하여 무기를 대여받은 시설주에 대하여 필요한 명령을 발할 수 있다.

⑦ 시설주로부터 무기의 관리를 위하여 지정받은 책임자(이하 관리책임자)는 다음에 의하여 이를 관리해야 한다.

㉠ 무기출납부 및 무기장비운영카드를 비치·기록해야 한다.

㉡ 무기는 관리책임자가 직접 지급·회수해야 한다.

⑧ 특수경비원은 국가중요시설의 경비를 위하여 무기를 사용하지 아니하고는 다른 수단이 없다고 인정되는 때에는 필요한 한도 안에서 무기를 사용할 수 있다. 다만, 다음에 해당하는 때를 제외하고는 사람에게 위해를 끼쳐서는 안 된다.

㉠ 무기 또는 폭발물을 소지하고 국가중요시설에 침입한 자가 특수경비원으로부터 3회 이상 투기(投棄) 또는 투항(投降)을 요구받고도 이에 불응하면서 계속 항거하는 경우 이를 억제하기 위하여 무기를 사용하지 아니하고는 다른 수단이 없다고 인정되는 때

㉡ 국가중요시설에 침입한 무장간첩이 특수경비원으로부터 투항(投降)을 요구받고도 이에 불응한 때

⑨ 특수경비원 무기휴대의 절차 등

㉠ 시설주는 특수경비원이 휴대할 무기를 대여받고자 하는 때에는 무기대여신청서를 관할 경찰서장 및 공항경찰대장 등 국가중요시설의 경비책임자(관할 경찰관서장)를 거쳐 지방경찰청장에게 제출해야 한다.

㉡ 시설주는 관할 경찰관서장으로부터 대여받은 무기를 특수경비원에게 휴대하게 하는 경우에는 관할 경찰관서장의 사전승인을 얻어야 한다.

㉢ 사전승인을 함에 있어서 관할 경찰관서장은 국가중요시설에 총기 또는 폭발물의 소지자나 무장간첩 침입의 우려가 있는지의 여부 등을 고려하는 등 특수경비원에게 무기를 지급해야 할 필요성이 있는지의 여부에 관하여 판단해야 한다.

㉣ 시설주는 무기지급의 필요성이 해소되었다고 인정되는 때에는 특수경비원으로부터 즉시 무기를 회수해야 한다.

㉤ 특수경비원이 휴대할 수 있는 무기종류는 권총 및 소총으로 한다.

㉥ 위해성 경찰장비의 사용기준 등에 관한 규정에서 위해성 경찰장비의 안전검사기준에 관한 규정은 특수경비원의 무기 안전검사의 기준에 관하여 이를 준용한다.

㉦ 시설주, 특수경비원의 직무 및 무기사용에서 관리책임자의 규정에 의한 관리책임자와 특수경비원은 행정안전부령이 정하는 무기관리수칙을 준수하여야 한다.

위해성 경찰장비의 안전검사기준

경찰장비 \ 안전검사기준		검사내용	검사빈도
경찰 장구	수갑	• 해제하는 경우 톱날의 회전이 자유로운지 여부 및 과도한 힘을 요하는지 여부 • 물리적 손상에 의하여 모서리 등에 날카로운 부분이 있는지 여부	연간 1회
	포승 · 호송용 포승	면사 · 나이론사 이외의 재질이 사용되었는지 여부	연간 1회
	경찰봉 · 호신용 경봉	• 물리적 손상 등으로 날카로운 부분이 있는지 여부 • 호신용 경봉은 폈을 때 봉의 말단이 부착되어 있는지 여부 및 접혀짐 · 펴짐이 자유로운지 여부	반기 1회
	전자충격기	• 작동순간 전압 60,000볼트, 실효전류 0.05암페어, 1회 작동시간 30초를 초과하는지 여부 • 자체결함 · 기능손상 · 균열 등으로 인한 누전현상 유무	반기 1회
	방패	균열 등으로 모서리, 기타 표면에 날카로운 부분이 있는지 여부	반기 1회
	전자방패	• 균열 등으로 모서리, 기타 표면에 날카로운 부분이 있는지 여부 • 작동순간 전압 50,000볼트, 실효전류 0.0039암페어를 초과하는지 여부 • 자체결함 · 기능손상 · 균열 등으로 인한 누전현상 유무	반기 1회
무기	권총 · 소총 · 기관총 · 산탄총 · 유탄발사기	• 총열의 균열 유무 • 방아쇠를 당길 수 있는 힘이 1킬로그램 이상인지 여부 • 안전장치의 작동 여부	연간 1회
	박격포 · 3인치 포 · 함포	포열의 균열 유무	연간 1회
	크레모아 · 수류탄 · 폭약류	• 신관부 및 탄체의 부식 또는 충전물 누출 여부 • 안전장치의 이상 유무	연간 1회
	도검	대검멈치쇠의 고장 유무	연간 1회
분사기 · 최루탄 등	근접분사기	• 안전핀의 부식 여부 • 용기의 균열 유무	반기 1회
	가스분사기	• 안전장치의 결함 유무 • 약제통의 균열 유무	반기 1회

분사기 · 최루탄 등	가스발사총 · 최루탄 발사장치	▪구경의 임의개조 여부 ▪방아쇠를 당길 수 있는 힘이 1킬로그램 이상인지의 여부	반기 1회
	최루탄 (발사장치를 제외한 것을 말함)	물 또는 습기에 젖어 있는지 여부	반기 1회
기타 장비	가스차 · 살수차 · 특수진압차	최루탄 발사대의 각도가 15도 이상인지 여부	반기 1회
	물포	곧은 물줄기의 압력이 제곱센티미터당 15킬로그램의 압력 이하인지 여부	반기 1회
	석궁	방아쇠를 당길 수 있는 힘이 1킬로그램 이상인지 여부	반기 1회
	다목적 발사기	▪안전장치의 작동 여부 ▪방아쇠를 당길 수 있는 힘이 1킬로그램 이상인지의 여부	연간 1회
	도주차량 차단장비	원격조정버튼 미조작시 차단핀이 완전히 눕혀지는지 여부	분기 1회

⑩ 갖추어 두어야 하는 장부 또는 서류

㉠ 특수경비원을 배치한 시설주는 다음의 장부 및 서류를 갖추어 두어야 한다.

ⓐ 근무일지

ⓑ 근무상황카드

ⓒ 경비구역배치도

ⓓ 순찰표철

ⓔ 무기탄약출납부

ⓕ 무기장비운영카드

㉡ 특수경비원을 배치한 국가중요시설의 관할 경찰관서장은 다음의 장부 및 서류를 갖추어 두어야 한다.

ⓐ 감독순시부

ⓑ 특수경비원 전 · 출입 관계철

ⓒ 특수경비원 교육훈련실시부

ⓓ 무기 · 탄약 대여대장

ⓔ 그 밖에 특수경비원의 관리 등을 위하여 필요한 장부 또는 서류

6 특수경비원의 의무〈법 제15조〉

① 직무를 수행함에 있어 시설주·관할 경찰관서장 및 소속상사의 직무상 명령에 복종해야 한다.

② 소속상사의 허가 또는 정당한 사유 없이 경비구역을 벗어나서는 안 된다.

③ 파업·태업, 그 밖에 경비업무의 정상적인 운영을 저해하는 일체의 쟁의행위를 하여서는 안 된다.

④ 무기를 휴대하고 경비업무를 수행하는 때에는 무기의 안전사용수칙을 지켜야 한다.

㉠ 사람을 향하여 권총 또는 소총을 발사하고자 하는 때에는 미리 구두 또는 공포탄에 의한 사격으로 상대방에게 경고해야 한다. 다만, 다음에 해당하는 경우로서 부득이한 때에는 경고하지 아니할 수 있다.

ⓐ 특수경비원을 급습하거나 타인의 생명·신체에 대한 중대한 위험을 야기하는 범행이 목전에 실행되고 있는 등 상황이 급박하여 경고할 시간적 여유가 없는 경우

ⓑ 인질·간첩 또는 테러사건에 있어서 은밀히 작전을 수행하는 경우

㉡ 무기를 사용하는 경우에 있어서 범죄와 무관한 다중의 생명·신체에 위해를 가할 우려가 있는 때에는 이를 사용하여서는 안 된다. 다만, 무기를 사용하지 아니하고는 타인 또는 특수경비원의 생명·신체에 대한 중대한 위협을 방지할 수 없다고 인정되는 때에는 필요한 최소한의 범위 안에서 이를 사용할 수 있다.

㉢ 특수경비원은 총기 또는 폭발물을 가지고 대항하는 경우를 제외하고는 14세 미만의 자 또는 임산부에 대하여는 권총 또는 소총을 발사하여서는 안 된다.

⑤ **경비원 등의 의무**

㉠ 타인에게 위력을 과시하거나 물리력을 행사하는 등 경비업무의 범위를 벗어난 행위를 하여서는 안 된다.

㉡ 누구든지 경비원으로 하여금 경비업무의 범위를 벗어난 행위를 하게 하여서는 안 된다.

7 경비원의 명부와 배치허가〈법 제18조〉

① 경비업자는 행정안전부령이 정하는 바에 따라 경비원의 명부를 작성·비치하여야 한다. 다만, 집단민원현장에 배치되는 일반경비원의 명부는 그 경비원이 배치되는 장소에도 작성·비치하여야 한다. 경비원의 명부를 주된 사무소 및 출장소, 집단민원현장에 갖추어 두고 이를 항상 정리하여야 한다.

② 경비업자가 경비원을 배치하거나 배치를 폐지한 경우에는 행정안전부령이 정하는 바에 따라 관할 경찰관서장에게 신고하여야 한다.

㉠ **시설경비업무 또는 신변보호업무 중 집단민원현장에 배치된 일반경비원** : 경비원을 배치하기 48시간 전까지 행정안전부령으로 정하는 바에 따라 배치허가를 신청하고, 관할 경찰관서장의 배치허가를 받은 후에 경비원을 배치하여야 한다. 이 경우 관할 경찰관서 장은 배치허가를 함에 있어 필요한 조건을 붙일 수 있다.

㉡ **집단민원현장이 아닌 곳에서 신변보호업무를 수행하는 일반경비원, 특수경비원** : 경비원을 배치하기 전까지 신고하여야 한다.

③ 관할 경찰관서장은 배치허가 신청을 받은 경우 다음의 사유에 해당하는 때에는 배치허가를 하여서는 아니 된다. 이 경우 관할 경찰관서장은 사유를 확인하기 위하여 소속 경찰관으로 하여금 그 배치장소를 방문하여 조사하게 할 수 있다.

㉠ 경비업무의 범위를 벗어난 행위를 할 우려가 있는 경우

㉡ 경비원 중 결격자나 신임교육을 받지 아니한 사람이 대통령령으로 정하는 기준 이상으로 포함되어 있는 경우

㉢ 경비원의 복장 · 장비 등에 대하여 내려진 필요한 명령을 이행하지 아니하는 경우

④ 배치허가 신청을 받은 관할 경찰관서장은 배치되는 경비원 중 결격자가 있는 경우에는 그 사람을 제외하고 배치허가를 하여야 한다.

⑤ 경비업자는 경비원을 배치하여 경비업무를 수행하게 하는 때에는 행정안전부령으로 정하는 바에 따라 배치된 경비원의 인적사항과 배치일시 · 배치장소 등 근무상황을 기록하여 보관하여야 한다.

⑥ 경비업자는 다음의 하나에 해당하는 죄를 범하여 벌금형을 선고받고 5년이 지나지 아니하거나 금고 이상의 형을 선고받고 그 집행이 유예된 날부터 5년이 지나지 아니한 자를 집단민원현장에 일반경비원으로 배치하여서는 아니 된다.

㉠ 형법상 상해, 존속상해, 중상해, 존속중상해, 상해치사, 폭행, 존속폭행, 특수폭행, 폭행치사상, 체포, 감금, 존속체포, 존속감금, 중체포, 중감금, 존속중체포, 존속중감금, 특수체포, 특수감금, 체포 · 감금등의 치사상, 특수협박, 특수주거침입, 강요, 특수공갈, 특수손괴 등의 죄

㉡ 폭력행위 등 처벌에 관한 법률 폭행 또는 집단적 폭행의 죄

⑦ 경비업자는 경비원 명부에 없는 자를 경비업무에 종사하게 하여서는 아니 되고, 경비원을 배치하는 경우에는 신임교육을 이수한 자를 배치하여야 한다.

⑧ 관할 경찰관서장은 경비업자가 다음의 어느 하나에 해당하는 때에는 배치폐지를 명할 수 있다.

㉠ 배치허가를 받지 아니하고 경비원을 배치하거나 경비원 명단 및 배치일시 · 배치장소 등 배치허가 신청의 내용을 거짓으로 한 때
㉡ ⑥의 결격사유에 해당하는 자를 집단민원현장에 일반경비원으로 배치한 때
㉢ 신임교육을 이수하지 아니한 자를 ②의 경비원으로 배치한 때
㉣ 경비업자 또는 경비원이 위력이나 흉기 또는 그 밖의 위험한 물건을 사용하여 집단적 폭력사태를 일으킨 때
㉤ 경비업자가 신고하지 아니하고 일반경비원을 배치한 때

6 행정처분 등

1 경비업 허가의 취소〈법 제19조〉

① **허가관청의 허가취소사유**

㉠ 허위, 그 밖의 부정한 방법으로 허가를 받은 때
㉡ 허가받은 경비업무 외의 업무에 경비원을 종사하게 한 때
㉢ 경비업 및 경비관련업 외의 영업을 한 때
㉣ 정당한 사유없이 허가를 받은 날부터 2년 이내에 경비 도급실적이 없거나 계속하여 1년 이상 휴업한 때
㉤ 정당한 사유없이 최종 도급계약 종료일의 다음 날부터 2년 이내에 경비 도급실적이 없을 때
㉥ 영업정지처분을 받고 계속하여 영업을 한 때
㉦ 소속 경비원으로 하여금 경비업무의 범위를 벗어난 행위를 하게 한 때
㉧ 관할 경찰관서장의 배치폐지 명령에 따르지 아니한 때

② 허가관청이 허가를 취소하거나 6개월 이내의 기간을 정하여 영업의 전부 또는 일부에 대하여 영업정지를 명할 수 있는 사유

㉠ 지방경찰청장의 허가 없이 경비업무를 변경한 때
㉡ 도급을 의뢰받은 경비업무가 위법한 것임에도 이를 거부하지 아니한 때
㉢ 경비지도사를 집단민원현장에 선임 · 배치하지 아니한 때
㉣ 경비대상 시설에 관한 경보 대응체제를 갖추지 아니한 때
㉤ 관련 서류를 작성 · 비치하지 아니한 때
㉥ 결격사유에 해당하는 경비원을 배치하거나 결격사유에 해당하는 경비지도사를 선임 · 배치한 때
㉦ 경비지도사의 선임 규정을 위반하여 경비지도사를 선임한 때

ⓞ 경비원으로 하여금 교육을 받게 하지 아니한 때
ⓩ 경비원의 복장 등에 관한 규정을 위반한 때
ⓒ 경비원의 장비 등에 관한 규정을 위반한 때
ⓚ 경비원의 출동차량 등에 관한 규정을 위반한 때
ⓣ 집단민원현장에 일반경비원 명부를 작성 · 비치하지 아니한 때
ⓟ 배치허가를 받지 아니하고 경비원을 배치하거나 경비원 명단 및 배치일시 · 배치장소 등 배치허가 신청의 내용을 거짓으로 한 때
ⓗ 결격사유에 해당하는 일반경비원을 집단민원현장에 배치한 때
㉮ 감독상 명령에 따르지 아니한 때
㉯ 손해를 배상하지 아니한 때

③ 허가관청이 규정에 의하여 허가취소 또는 영업정지처분을 하는 때에는 경비업자가 허가받은 경비업무 중 허가취소 또는 영업정지사유에 해당되는 경비업무에 한하여 처분을 해야 한다. 다만, 규정에 위반하여 허가받은 경비업무 외의 업무에 경비원을 종사하게 한 때에 해당하거나 소속 경비원으로 하여금 경비업무의 범위를 벗어난 행위를 하게 하여 허가취소를 하는 때에는 그러하지 아니하다.

2 경비지도사 자격의 취소〈법 제20조〉

① 경찰청장은 경비지도사가 다음에 해당하는 때에는 그 자격을 취소해야 한다.

㉠ 경비지도사 및 경비원 결격사유에 해당하게 된 때
㉡ 허위, 그 밖의 부정한 방법으로 경비지도사자격증을 교부받은 때
㉢ 경비지도사자격증을 다른 사람에게 빌려주거나 양도한 때
㉣ 자격정지 기간 중에 경비지도사로 선임되어 활동한 때

② 경찰청장은 경비지도사가 다음에 해당하는 때에는 1년의 범위 내에서 그 자격을 정지시킬 수 있다.

경비지도사 자격정지처분 기준

위반행위	행정처분기준		
	1차	2차	3차
규정에 위반하여 직무를 성실하게 수행하지 아니한 때	자격정지 3월	자격정지 6월	자격정지 12월
규정에 의한 경찰청장 · 지방경찰청장의 명령을 위반한 때	자격정지 1월	자격정지 6월	자격정지 9월

③ 경찰청장은 규정에 의하여 경비지도사의 자격을 취소한 때에는 경비지도사자격증을 회수해야 하고, 규정에 의하여 경비지도사의 자격을 정지한 때에는 그 정지기간 동안 경비지도사자격증을 회수하여 보관해야 한다.

경비업법에서 규정하는 경비지도사 자격의 취소와 정지에 관한 설명으로 옳은 것은?

① 경비지도사가 경비지도사자격증을 다른 사람에게 빌려주거나 양도한 경우 경찰청장은 그 경비지도사의 자격을 취소하여야 한다.

② 경찰기관 및 소방기관과의 연락방법에 대한 지도 등의 직무를 성실하게 수행하지 아니한 때에는 3년의 범위 내에서 그 자격을 정지시킬 수 있다.

③ 경찰청장은 경비지도사가 벌금형이나 금고 이상의 형을 선고받은 때에는 그 자격을 취소하여야 한다.

④ 경찰청장은 경비지도사의 자격을 정지한 때에는 자격증을 회수하지 않지만, 경비지도사의 자격을 취소한 때에는 경비지도사자격증을 회수하여야 한다.

★② 경찰기관 및 소방기관과의 연락방법에 대한 지도 등의 직무를 성실하게 수행하지 아니한 때에는 1년의 범위 내에서 그 자격을 정지시킬 수 있다〈경비업법 제20조 제2항〉.

③ 금고 이상의 형에 한하므로 벌금형은 결격사유와 무관하다.

④ 경찰청장은 경비지도사의 자격을 취소한 때에는 경비지도사자격증을 회수하여야 하고, 경비지도사의 자격을 정지한 때에는 그 정지기간 동안 경비지도사자격증을 회수하여 보관하여야 한다〈경비업법 제20조 제3항〉.

답 ①

3 청문〈법 제21조〉

경찰청장 또는 지방경찰청장은 다음에 해당하는 처분을 하고자 하는 경우에는 청문을 실시해야 한다.

① 규정에 의한 경비업 허가의 취소 또는 영업정지

② 규정에 의한 경비지도사 자격의 취소 또는 정지

7 경비협회

1 경비협회〈법 제22조〉

① 경비협회의 설립

㉠ 경비업자는 경비업무의 건전한 발전과 경비원의 자질향상 및 교육훈련 등을 위하여 경비협회를 설립할 수 있다. 이 경우에는 정관을 작성하여야 한다.

㉡ 경비협회는 정관이 정하는 바에 의하여 회원으로부터 회비를 징수할 수 있다.

② 경비협회는 법인으로 한다.

③ 경비협회의 업무

㉠ 경비업무의 연구

㉡ 경비원 교육 · 훈련 및 그 연구

㉢ 경비원의 후생 · 복지에 관한 사항

㉣ 경비진단에 관한 사항

㉤ 그 밖에 경비업무의 건전한 운영과 육성에 관하여 필요한 사항

기출 따라잡기

경비업법상 경비협회의 업무에 해당되지 않는 것은?

① 경비업무의 연구
② 경비원 교육 · 훈련 및 그 연구
③ 경비원의 후생 · 복지에 관한 사항
④ 경비지도사 및 경비원의 신분증명서의 발급

★ 경비협회의 업무
ⓐ 경비업무의 연구
ⓑ 경비원 교육 · 훈련 및 그 연구
ⓒ 경비원의 후생 · 복지에 관한 사항
ⓓ 경비진단에 관한 사항
ⓔ 그 밖에 경비업무의 건전한 운영과 육성에 관하여 필요한 사항

답 ④

2 공제사업〈법 제23조〉

① 경비협회는 다음의 공제사업을 할 수 있다.
㉠ 경비업자의 손해배상책임을 보장하기 위한 사업
㉡ 경비업자가 경비업을 운영할 때 필요한 입찰보증, 계약보증(이행보증을 포함한다), 하도급보증을 위한 사업
㉢ 경비원의 복지향상과 업무상 재해로 인한 손실을 보상하는 사업
㉣ 경비업무와 관련한 연구 및 경비원 교육 · 훈련에 관한 사업

② 경비협회는 공제사업을 하고자 하는 때에는 공제규정을 제정하여야 한다.

③ 공제규정에는 공제사업의 범위, 공제계약의 내용, 공제금, 공제료 및 공제금에 충당하기 위한 책임준비금 등 공제사업의 운영에 관하여 필요한 사항을 정하여야 한다.

④ 경찰청장은 공제사업의 건전한 육성과 가입자의 보호를 위하여 공제사업의 감독에 관한 기준을 정할 수 있다.

⑤ 경찰청장은 공제규정을 승인하거나 공제사업의 감독에 관한 기준을 정하는 경우에는 미리 금융위원회와 협의하여야 한다.

⑥ 경찰청장은 공제사업에 대하여 「금융위원회의 설치 등에 관한 법률」에 따른 금융감독원의 원장에게 검사를 요청할 수 있다.

8 보칙 및 벌칙

1 감독〈법 제24조〉

① 경찰청장 또는 지방경찰청장은 경비업무의 적정한 수행을 위하여 경비업자 및 경비지도사를 지도·감독하며 필요한 명령을 할 수 있다.

② 지방경찰청장 또는 관할 경찰관서장은 소속 경찰공무원으로 하여금 관할구역 안에 있는 경비업자의 주사무소 및 출장소와 경비원 배치장소에 출입하여 근무상황 및 교육훈련상황 등을 감독하며 필요한 명령을 하게 할 수 있다. 이 경우 출입하는 경찰공무원은 그 권한을 표시하는 증표를 관계인에게 내보여야 한다.

③ 지방경찰청장 또는 관할 경찰관서장은 경비업자 또는 배치된 경비원이 경비업법이나 경비업법에 따른 명령, 폭력행위 등 처벌에 관한 법률을 위반하는 행위를 하는 경우 그 위반행위의 중지를 명할 수 있다.

④ 지방경찰청장 또는 관할 경찰관서장은 경비업무 장소가 집단민원현장으로 판단되는 경우에는 그 때부터 48시간 이내에 경비업자에게 경비원 배치 허가를 받을 것을 고지하여야 한다.

⑤ **행정처분기준(시행령 제24조 관련)**

㉠ 일반기준

ⓐ 행정처분이 영업정지인 경우에는 위반행위의 동기, 내용 및 위반의 정도 등을 고려하여 가중하거나 감경할 수 있다.

ⓑ 위반행위가 2 이상인 경우로서 그에 해당하는 각각의 처분기준이 다른 경우에는 그 중 중한 처분기준에 따르며, 2 이상의 처분기준이 동일한 영업정지인 경우에는 중한 처분기준의 2분의 1까지 가중할 수 있다. 다만, 가중하는 경우에도 각 처분기준을 합산한 기간을 초과할 수 없다.

ⓒ 위반행위의 횟수에 따른 행정처분 기준은 최근 2년간 같은 위반행위로 행정처분을 받은 경우에 적용한다. 이 경우 기준 적용일은 위반행위에 대한 행정처분일과 그 처분 후의 위반행위가 다시 적발된 날을 기준으로 한다.

ⓓ 영업정지처분에 해당하는 위반행위가 적발된 날 이전 최근 2년간 같은 위반행위로 2회 영업정지처분을 받은 경우에는 그 위반행위에 대한 행정처분기준은 허가취소로 한다.

㉡ 개별기준

위반행위	행정처분 기준		
	1차 위반	2차 위반	3차 이상 위반
지방경찰청장의 허가 없이 경비업무를 변경한 경우	경고	영업정지 6개월	허가취소
경비업자가 도급을 의뢰받은 경비업무가 위법한 것임에도 이를 거부하지 않은 경우	영업정지 1개월	영업정지 3개월	허가취소
경비업자가 경비지도사를 집단민원현장에 선임·배치하지 않은 경우	영업정지 1개월	영업정지 3개월	허가취소
기계경비업자가 경비대상 시설에 관한 경보 대응체제를 갖추지 아니하거나 대응조치와 관련 서류를 작성·비치하지 않은 경우	경고	경고	영업정지 1개월
경비업자가 결격사유에 해당하는 경비원 또는 경비지도사를 선임·배치하거나, 기준에 위반하여 경비지도사를 선임한 경우	영업정지 1개월	영업정지 3개월	허가취소
경비업자가 경비원으로 하여금 규정에 의한 교육을 받게 하지 않은 경우	경고	경고	영업정지 1개월
경비원의 복장·장비·출동차량 등에 관한 규정을 위반한 경우	경고	영업정지 1개월	영업정지 3개월
경비업자가 집단민원현장에 일반경비원 명부를 작성·비치하지 아니하거나, 배치허가를 받지 아니하고 경비원을 배치하거나 경비원 명단 및 배치일시·배치장소 등 배치허가 신청의 내용을 거짓으로 하거나, 결격사유에 해당하는 일반경비원을 집단민원현장에 배치한 경우	영업정지 1개월	영업정지 3개월	허가취소
경비업자 및 경비지도사가 경찰청장 또는 지방경찰청장, 관할 경찰관서장의 감독상 명령에 따르지 않은 경우	경고	영업정지 3개월	허가취소
경비업자가 경비원이 업무수행 중 고의 또는 과실로 발생한 손해를 배상하지 않은 경우	경고	영업정지 3개월	영업정지 6개월

2 보안지도 · 점검〈법 제25조〉

① 지방경찰청장은 특수경비업자에 대하여 보안지도 · 점검을 실시해야 하고, 필요한 경우 관계기관에 보안측정을 요청해야 한다.

② 지방경찰청장은 특수경비업자에 대하여 연 2회 이상의 보안지도 · 점검을 실시하여야 한다.

3 손해배상〈법 제26조〉

① 경비업자는 경비원이 업무수행 중 고의 또는 과실로 경비대상에 손해가 발생하는 것을 방지하지 못한 때에는 그 손해를 배상해야 한다.

② 경비업자는 경비원이 업무수행 중 고의 또는 과실로 제3자에게 손해를 입힌 경우에는 이를 배상해야 한다.

4 벌칙〈법 제28조〉

① **5년 이하의 징역 또는 5천만 원 이하의 벌금**… 국가중요시설의 정상적인 운영을 해치는 장해를 일으킨 특수경비원

② **3년 이하의 징역 또는 3천만 원 이하의 벌금**

㉠ 허가를 받지 아니하고 경비업을 영위한 자

㉡ 직무상 알게 된 비밀을 누설하거나 부당한 목적을 위하여 사용한 자

㉢ 경비업무의 중단을 통보하지 아니하거나 경비업무를 즉시 인수하지 아니한 특수경비업자 또는 경비대행업자

㉣ 집단민원현장에 경비원을 배치하면서 규정에 따른 허가를 받지 아니한 자에게 경비업무를 도급한 자

㉤ 집단민원현장에 20명 이상의 경비인력을 배치하면서 그 경비인력을 직접 고용한 자

㉥ 경비업자의 경비원 채용 시 무자격자나 부적격자 등을 채용하도록 관여하거나 영향력을 행사한 도급인

㉦ 과실로 인하여 국가중요시설의 정상적인 운영을 해치는 장해를 일으킨 특수경비원

㉧ 특수경비원으로서 경비구역 안에서 시설물의 절도, 손괴, 위험물의 폭발 등의 사유로 인한 위급사태가 발생한 때에 직무를 수행함에 있어 시설주·관할 경찰관서장 및 소속 상사의 직무상 명령에 복종하여야 한다는 규정 또는 소속 상사의 허가 또는 정당한 사유 없이 경비구역을 벗어나서는 아니 된다는 규정을 위반한 자

㉨ 경비원에게 경비업무의 범위를 벗어난 행위를 하게 한 자

③ **2년 이하의 징역 또는 2천만 원 이하의 벌금**… 정당한 사유없이 무기를 소지하고 배치된 경비구역을 벗어난 특수경비원

④ **1년 이하의 징역 또는 1천만 원 이하의 벌금**

㉠ 시설주의 무기관리 규정에 위반한 관리책임자

㉡ 특수경비원의 파업·태업 등 쟁의행위 금지 규정에 위반하여 쟁의행위를 한 특수경비원

㉢ 경비업무의 범위를 벗어난 행위를 한 경비원

㉣ 경비원이 휴대할 수 있는 장비 외에 흉기 또는 그 밖의 위험한 물건을 휴대하고 경비업무를 수행한 경비원 또는 경비원에게 이를 휴대하고 경비업무를 수행하게 한 자

㉤ 경찰관서장의 배치폐지 명령을 따르지 아니한 자

㉥ 지방경찰청장 또는 관할 경찰관서장의 중지명령에 따르지 아니한 자

5 과태료〈법 제31조〉

① 다음을 위반한 경비업자에는 3천만 원 이하의 과태료를 부과한다.

㉠ 경비원의 복장에 관한 신고를 하지 아니하고 집단민원현장에 경비원을 배치한 자

㉡ 이름표를 부착하게 하지 아니하거나, 신고된 동일 복장을 착용하게 하지 아니하고 집단민원현장에 경비원을 배치한 자

㉢ 집단민원현장에 일반경비원을 배치하면서 경비원의 명부를 배치장소에 작성 · 비치하지 아니한 자

㉣ 배치허가를 받지 아니하고 경비원을 배치하거나 경비원 명단 및 배치일시 · 배치장소 등 배치허가 신청의 내용을 거짓으로 한 자

㉤ 신임교육을 이수하지 아니한 자를 경비원으로 배치한 자

② 다음에 해당하는 경비업자 또는 시설주에게는 500만 원 이하의 과태료를 부과한다.

㉠ 허가를 받은 법인의 신고 규정 또는 경비원 배치 또는 배치 폐지시 신고 규정을 위반하여 신고를 하지 아니한 자

㉡ 특수경비업자의 경비대행업자 지정 허가 신고 규정을 위반하여 경비대행업자 지정신고를 하지 아니한 자

㉢ 오경보 방지규정을 위반하여 설명의무를 이행하지 아니한 자

㉣ 경비지도사 선임규정을 위반하여 경비지도사를 선임하지 아니한 자

㉤ 무기의 적정한 관리규정에 의한 감독상 필요한 명령을 정당한 이유 없이 이행하지 아니한 자

㉥ 결격사유에 해당하는 경비원을 배치하거나 결격사유에 해당하는 경비지도사를 선임 · 배치한 자

㉦ 복장 등에 관한 신고규정을 위반하여 신고를 하지 아니한 자

㉧ 이름표를 부착하게 하지 아니하거나, 신고된 동일 복장을 착용하게 하지 아니하고 경비원을 경비업무에 배치한 자

㉨ 경비원의 명부와 배치규정을 위반하여 명부를 작성 · 비치하지 아니한 자

㉩ 경비원의 근무상황을 기록하여 보관하지 아니한 자

③ 과태료는 지방경찰청장 또는 경찰관서장이 부과 · 징수한다.

경비업법령상 경비업자 또는 시설주에 대한 과태료의 금액이 다른 하나는?

① 기계경비업자가 경비계약을 체결하는 때에 오경보를 막기 위하여 계약상대방에게 기기사용요령 및 기계경비운영체계 등에 관하여 설명하지 않은 경우
② 특수경비업자가 국가중요시설에 대한 특수경비업무의 수행이 중단되는 경우 다른 경비대행업자를 지정하여 허가관청에 신고하지 않은 경우
③ 경비업의 허가를 받은 법인이 기계경비업무의 수행을 위한 관제시설을 신설한 때 지방경찰청장에게 신고하지 않은 경우
④ 신임교육을 이수하지 아니한 자를 경비원으로 배치한 경우

★④ 3천만 원 이하의 과태료를 부과한다.
①②③ 500만 원 이하의 과태료를 부과한다.

답 ④

출제예상문제

1 **다음의 경비업법 규정을 적용할 수 없는 것은?**

> 제29조(형의 가중처벌) 특수경비원이 무기를 휴대하고 경비업무를 수행 중에 경비업법 규정에 의한 무기의 안전수칙을 위반하여 죄를 범한 때에는 그 죄에 정한 형의 2분의 1까지 가중처벌한다.

① 형법 제262조(폭행치사상죄)
② 형법 제266조(과실치상죄)
③ 형법 제324조(강요죄)
④ 형법 제350조(공갈죄)

Advice ② 특수상해, 상해치사, 폭행, 존속폭행, 폭행치사상, 업무상과실, 중과실치사상, 체포, 감금, 존속체포, 존속감금, 중체포, 중감금, 존속중체포, 존속중감금, 체포·감금 등의 치사상, 협박, 존속협박, 강요, 특수공갈, 재물손괴 등의 경우 가중처벌한다.

2 **경비업법에서 규정하는 무기의 휴대 및 사용에 관한 설명으로 옳은 것은?**

① 일반경비원과 특수경비원은 정당한 사유가 있는 경우 권총을 휴대할 수 있다.
② 시설주는 관할경찰관서장으로부터 대여받은 무기를 특수경비원에게 휴대하게 하는 경우 관할경찰관서장의 사후승인을 얻어야 한다.
③ 지방경찰청장은 국가중요시설에 대한 경비업무의 수행을 위하여 필요하다고 인정하는 때에는 시설주의 신청에 의하여 무기를 구입하고, 그 구입대금은 시설주가 지불한다.
④ 관할경찰관서장은 시설주 및 특수경비원의 무기관리상황을 매년 1회 이상 점검하여야 한다.

Advice ① 일반경비원은 권총을 휴대할 수 없다.
② 사전승인을 얻어야 한다.
④ 매월 1회 이상 점검해야 한다.

Answer 1.② 2.③

3 **경비업법령상 일반경비지도사 자격증을 취득하기 위하여 받아야 할 교육의 과목에 해당하지 않는 것은?**

① 예절 및 인권교육

② 호송경비

③ 경찰관직무집행법 및 청원경찰법

④ 인력경비개론

Advice 경비지도사 교육의 과목〈경비업법 시행규칙 별표1〉

㉠ 공통교육(28시간) : 경비업법, 경찰관 직무집행법 및 청원경찰법, 테러 대응요령, 화재대처법, 응급처치법, 분사기 사용법, 교육기법, 예절 및 인권교육, 체포 · 호신술, 입교식 · 평가 · 수료식

㉡ 자격의 종류별 교육

- 일반경비지도사 : 시설경비, 호송경비, 신변보호, 특수경비, 기계경비개론, 일반경비현장실습
- 기계경비지도사 : 기계경비운용관리, 기계경비 기획 및 설계, 인력경비개론, 기계경비현장실습

4 **경비업법령상 (　) 안에 들어 갈 숫자가 바르게 연결된 것은?**

> - 경비업법에 위반하여 벌금형의 선고를 받고 (　)년이 지나지 아니한 자는 특수경비업무를 수행하는 법인의 임원이 될 수 없다.
> - 경비업 허가의 유효기간은 허가받은 날로부터 (　)년으로 한다.
> - 고등교육법에 따른 전문대학을 졸업한 사람으로서 재학 중 경비지도사 시험과목을 3과목 이상 이수하고 졸업한 후 경비업무에 종사한 경력이 (　)년 이상인 사람은 경비지도사 제1차 시험을 면제한다.

① 1 − 3 − 5　　② 1 − 5 − 3

③ 3 − 3 − 3　　④ 3 − 5 − 5

- 경비업법에 위반하여 벌금형의 선고를 받고 (3)년이 지나지 아니한 자는 특수경비업무를 수행하는 법인의 임원이 될 수 없다〈경비업법 제5조〉.
- 경비업 허가의 유효기간은 허가받은 날로부터 (5)년으로 한다〈경비업법 제6조 제1항〉.
- 고등교육법에 따른 전문대학을 졸업한 사람으로서 재학 중 경비지도사 시험과목을 3과목 이상 이수하고 졸업한 후 경비업무에 종사한 경력이 (5)년 이상인 사람은 경비지도사 제1차 시험을 면제한다〈경비업법 시행령 제13조 제6호〉.

Answer 3.④ 4.④

5 경비업법령상 특수경비원의 무기사용과 무기관리수칙에 관한 설명으로 옳은 것은?

① 지방경찰청장은 시설주 및 특수경비원의 무기관리상황을 매년 4회 이상 점검하여야 한다.

② 무기를 대여 받은 국가중요시설의 시설주는 무기를 수송하는 경우 출발 전 지방경찰청장에게 그 사실을 통보하여야 한다.

③ 무기를 대여 받은 국가중요시설의 시설주는 자체계획을 수립하여 보관하고 있는 무기를 매주 1회 이상 손질할 수 있게 하여야 한다.

④ 무기를 대여 받은 국가중요시설의 시설주는 무기의 관리를 위한 책임자를 지정하고 지방경찰청장에게 이를 통보하여야 한다.

Advice ① 관할 경찰관서장은 시설주 및 특수경비원의 무기관리상황을 매월 1회 이상 점검하여야 한다〈경비업법 시행령 제21조〉.

② 시설주는 무기를 수송하는 때에는 출발하기 전에 관할경찰서장에게 그 사실을 통보하여야 하며, 통보를 받은 관할경찰서장은 1인 이상의 무장경찰관을 무기를 수송하는 자동차 등에 함께 타도록 하여야 한다〈경비업법 시행규칙 제18조 제6항〉.

④ 무기를 대여 받은 국가중요시설의 시설주는 무기의 관리를 위한 책임자를 지정하고 관할 경찰관서장에게 이를 통보하여야 한다〈경비업법 시행규칙 제18조 제1항 제1호〉.

6 경비업법령상 가장 엄하게 처벌되는 경우는?

① 허가를 받지 아니하고 경비업을 영위한 자

② 국가중요시설의 정상적인 운영을 해치는 장해를 일으킨 특수경비원

③ 직무상 알게 된 비밀을 누설하거나 부당한 목적을 위하여 사용한 자

④ 정당한 사유없이 무기를 소지하고 배치된 경비구역을 벗어난 특수경비원

Advice ② 7년 이하의 징역 또는 5천만 원 이하의 벌금〈경비업법 제28조 제1항〉

①③ 3년 이하의 징역 또는 3천만 원 이하의 벌금〈경비업법 제28조 제2항〉

④ 2년 이하의 징역 또는 2천만 원 이하의 벌금〈경비업법 제28조 제3항〉

Answer 5.③ 6.②

7 甲은 특수경비원으로서 신임교육을 받고 2008년 5월 1일부터 2008년 7월 31일까지 3개월간 A경비업체에서 근무하였다. 경비업법령상 甲이 3개월간 받았을 직무교육시간은 모두 몇 시간 이어야 하는가? (단, 신임교육시간은 제외한다)

① 12시간　② 15시간
③ 16시간　④ 18시간

Advice 특수경비원에 대한 교육〈경비업법 시행령 제19조 제3항〉… 특수경비업자는 소속 특수경비원에게 매월 행정안전부령으로 정하는 시간 이상의 직무교육을 받도록 하여야 한다.
※ 특수경비원의 직무교육의 시간〈경비업법 시행규칙 제16조〉…'행정안전부령이 정하는 시간'이라 함은 6시간을 말한다.

8 경비업법상 공제사업을 할 수 있는 사업이 아닌 것은?

① 경비업자의 손해배상책임을 보장하기 위한 사업
② 경비원의 복지향상을 위한 사업
③ 경비진단에 관한 사업
④ 경비업무와 관련한 연구에 관한 사업

Advice 공제사업〈경비업법 제23조 제1항〉… 경비협회는 다음의 공제사업을 할 수 있다.
㉠ 경비업자의 손해배상책임을 보장하기 위한 사업
㉡ 경비업자가 경비업을 운영할 때 필요한 입찰보증, 계약보증(이행보증을 포함한다), 하도급보증을 위한 사업
㉢ 경비원의 복지향상과 업무상 재해로 인한 손실을 보상하는 사업
㉣ 경비업무와 관련한 연구 및 경비원 교육 · 훈련에 관한 사업

9 경비업법령상 경비업의 허가권자는?

① 경찰청장　② 지방경찰청장
③ 행정안전부장관　④ 관할 시장, 군수, 구청장

Advice 경비업의 허가〈경비업법 제4조〉… 경비업을 영위하고자 하는 법인은 도급받아 행하고자 하는 경비업무를 특정하여 그 법인의 주사무소의 소재지를 관할하는 지방경찰청장의 허가를 받아야 한다. 도급받아 행하고자 하는 경비업무를 변경하는 경우에도 또한 같다.

Answer 7.④ 8.③ 9.②

10 경비업법령상 경비원의 자격 등에 관한 설명으로 틀린 것은?

① 현재 만 60세인 자는 특수경비원이 될 수는 없지만, 경비지도사는 될 수 있다.
② 벌금 이상의 형의 선고유예를 받고 그 유예기간 중에 있는 자는 특수경비원이 될 수 없다.
③ 특수경비원이 되고자 하는 사람은 팔과 다리가 완전하고 두 눈의 맨눈시력이 각각 0.2 이상 또는 교정시력이 각각 0.8이 되어야 한다.
④ 경비업자는 허가받은 경비업무 외의 업무에 경비원을 종사하게 하여서는 아니된다.

Advice ② 금고 이상의 형의 선고유예를 받고 그 유예기간 중에 있는 자는 특수경비원이 될 수 없다.

11 경비업법령상 지도, 감독 등에 관한 설명으로 틀린 것은?

① 경찰청장 또는 지방경찰청장은 경비업무의 적정한 수행을 위하여 경비업자 및 경비지도사를 지도·감독하며 필요한 명령을 할 수 있다.
② 지방경찰청장은 대통령령이 정하는 바에 따라 특수경비업자에 대하여 보안지도, 점검을 실시하여야 한다.
③ 지방경찰청장은 특수경비업자에 대하여 연 2회 이상의 보안지도, 점검을 실시하여야 한다.
④ 이 법에 의한 경찰청장의 권한은 경찰청장의 재량으로 그 일부를 지방경찰청장에게 위임할 수 있다.

Advice 경찰청장의 권한은 대통령이 정하는 바에 따라 그 일부를 지방경찰청장에게 위임할 수 있다〈경비업법 제27조〉.

12 경비업법령상 일반경비원과 특수경비원 사이에 차이점이 없는 것은?

① 직무교육시간
② 경비원이 될 수 있는 신체조건
③ 파업 또는 태업을 할 수 있는 점
④ 피성년후견인이 경비원으로 될 수 없는 점

Advice 피성년후견인은 경비지도사 또는 일반경비원이 될 수 없다〈경비업법 제10조 제1항 제1호〉. 만 18세 미만 또는 만 60세 이상인 자, 피성년후견인, 피한정후견인은 특수경비원이 될 수 없다〈경비업법 제10조 제2항 제1호〉.

Answer 10.② 11.④ 12.④

13 경비업법령상 경비지도사 및 일반경비원의 결격사유에 해당하지 않는 것은?

① 만 20세 미만인 자

② 파산선고를 받고 복권되지 아니한 자

③ 금고 이상의 실형의 선고를 받고 그 집행이 종료(집행이 종료된 것으로 보는 경우를 포함) 되거나 집행이 면제된 날부터 5년이 지나지 아니한 자

④ 금고 이상의 형의 집행유예선고를 받고 그 유예기간 중에 있는 자

Advice ① 만 18세 미만인 자는 경비지도사 또는 일반경비원이 될 수 없다.

14 경비업법령상 특수경비원을 배치한 시설주가 갖추어 두어야 할 장부 또는 서류가 아닌 것은?

① 근무일지

② 감독순시부

③ 순찰 표철

④ 경비구역배치도

Advice 갖추어 두어야 하는 장부 또는 서류〈경비업법 시행규칙 제26조〉

㉠ 특수경비원을 배치한 시설주
- 근무일지
- 근무상황카드
- 경비구역배치도
- 순찰표철
- 무기탄약출납부
- 무기장비운영카드

㉡ 특수경비원을 배치한 국가중요시설의 관할경찰관서장
- 감독순시부
- 특수경비원 전 · 출입관계철
- 특수경비원 교육훈련실시부
- 무기 · 탄약대여대장
- 그 밖에 특수경비원의 관리 등을 위하여 필요한 장부 또는 서류

Answer 13.① 14.②

15 경비업법령에 관한 설명으로 틀린 것은?

① 경비업의 허가를 받고자 하는 법인은 대통령령이 정하는 경비인력, 자본금, 시설 및 장비를 갖추어야 한다.

② 특수경비원은 어떠한 경우라도 14세 미만의 자나 임산부에 대하여 무기를 사용할 수 없다.

③ 경찰청장의 권한 중 지방경찰청장에게 위임할 수 있는 권한에 경비지도사의 시험의 관리와 교육에 관한 권한은 해당하지 않는다.

④ 경비업자는 신변보호업무를 수행하는 경비원을 배치하기 전까지 관할 경찰관서장에게 신고하여야 한다.

Advice 특수경비원은 총기 또는 폭발물을 가지고 대항하는 경우를 제외하고는 14세 미만의 자 또는 임산부에 대하여는 권총 또는 소총을 발사하여서는 안 된다〈경비업법 제15조 제4항 제3호〉.

16 A는 특수경비업무를 수행하는 00경비법인의 임원으로 2007년 3월 5일부터 현재까지 근무하고 있다. 경비업법령상 다음 설명 중 틀린 것은?

① A는 피성년후견인이 아니다.

② A는 피한정후견인이 아니다.

③ A는 2006년 10월 5일 파산선고를 받고 2007년 7월 20일 복권되었다.

④ A는 2007년 6월 7일 도로교통법 위반으로 벌금형을 선고받고 벌금을 납부하였다.

Advice 임원의 결격사유〈경비업법 제5조〉 … 다음에 해당하는 자는 경비업을 영위하는 법인의 임원이 될 수 없다.

㉠ 피성년후견인 또는 피한정후견인
㉡ 파산선고를 받고 복권되지 아니한 자
㉢ 금고 이상의 형의 선고를 받고 그 형이 실효되지 아니한 자
㉣ 경비업법 또는 대통령 등의 경호에 관한 법률에 위반하여 벌금형의 선고를 받고 3년이 지나지 아니한 자
㉤ 경비업법 또는 경비업법에 의한 명령에 위반하여 허가가 취소된 법인의 허가취소 당시의 임원이었던 자로서 그 취소 후 3년이 지나지 아니한 자
㉥ 허가받은 경비업무외의 업무에 경비원을 종사하게 한 때 또는 소속 경비원으로 하여금 경비업무의 범위를 벗어난 행위를 하게 한 때의 사유로 허가가 취소된 법인의 허가취소 당시의 임원이었던 자로서 허가가 취소된 날부터 5년이 지나지 아니한 자

Answer 15.② 16.③

17 경비업법령상 경비업 허가취소 또는 영업정지 사유에 해당하지 않는 것은?

① 정당한 사유없이 허가를 받은 날로부터 6개월 이내에 경비도급실적이 없을 때

② 허위 그 밖의 부정한 방법으로 허가를 받은 때

③ 정당한 사유없이 최종 도급계약 종료일의 다음날부터 2년 이내에 경비도급 실적이 없을 때

④ 영업정지처분을 받고 계속하여 영업을 한때

Advice 허가관청의 허가취소사유〈경비업법 제19조〉

㉠ 허위, 그 밖의 부정한 방법으로 허가를 받은 때

㉡ 허가받은 경비업무 외의 업무에 경비원을 종사하게 한 때

㉢ 경비업 및 경비관련업 외의 영업을 한 때

㉣ 정당한 사유없이 허가를 받은 날부터 2년 이내에 경비도급실적이 없거나 계속하여 1년 이상 휴업한 때

㉤ 정당한 사유없이 최종 도급계약 종료일의 다음 날부터 2년 이내에 경비도급실적이 없을 때

㉥ 영업정지처분을 받고 계속하여 영업을 한 때

㉦ 소속 경비원으로 하여금 경비업무의 범위를 벗어난 행위를 하게 한 때

㉧ 관할 경찰관서장의 배치폐지 명령에 따르지 아니한 때

18 경비업법령상 경찰청장 또는 지방경찰청장이 청문을 실시해야 하는 경우에 해당하지 않는 것은?

① 경비업 영업정지

② 경비지도사자격의 정지

③ 경비업 법인의 임원선임 취소

④ 경비업 허가의 취소

Advice 경비업법 제21조(청문) … 경찰청장 또는 지방경찰청장은 다음의 어느 하나에 해당하는 처분을 하고자 하는 경우에는 청문을 실시하여야 한다.

㉠ 경비업 허가의 취소 또는 영업정지

㉡ 경비지도사자격의 취소 또는 정지

Answer 17.① 18.③

19 경비업법령상 경비업 허가에 관한 설명으로 옳은 것은?

① 경비업 허가의 유효기간은 허가받은 날로부터 5년이다.

② 정관을 변경하지 아니한 경비업체가 갱신허가를 받고자하는 경우에는 유효기간 만료일 30일 전까지 경비업 갱신허가신청서에 허가증 원본과 정관을 첨부하여 경찰청장에게 제출하여야 한다.

③ 경비업 갱신허가신청서를 제출받은 담당공무원은 경비업법상 행정정보의 공동이용을 통하여 법인등기부등본을 확인하여야 한다.

④ 경찰청장은 경비업의 갱신허가를 하는 때에는 유효기간이 만료되는 허가증을 회수하여야 한다.

Advice 허가갱신〈경비업법 시행규칙 제6조〉

㉠ 경비업의 갱신허가를 받고자 하는 자는 유효기간 만료일 30일 전까지 경비업 갱신허가신청서에 허가증 원본 및 정관(변경이 있는 경우만)을 첨부하여 법인의 주사무소를 관할하는 지방경찰청장 또는 해당 지방경찰청 소속의 경찰서장에게 제출하여야 한다.

㉡ 신청서를 제출받은 지방경찰청장은 전자정부법에 따른 행정정보의 공동이용을 통하여 법인의 등기사항증명서를 확인하여야 한다.

㉢ 지방경찰청청장은 갱신허가를 하는 때에는 유효기간이 만료되는 허가증을 회수한 후 허가증을 교부하여야 한다.

20 경비업법령상 경비협회에 대한 설명으로 틀린 것은?

① 경비협회는 경비업무의 연구와 경비원 교육, 훈련을 업무로 한다.

② 경비협회는 경비원의 후생, 복지에 관한 사항을 업무로 한다.

③ 경비협회는 법인으로 한다.

④ 경비협회에 관하여 이 법에 특별한 규정이 있는 것을 제외하고는 민법 중 재단법인에 관한 규정을 준용한다.

Advice 경비협회〈경비업법 제22조 제4항〉 … 경비협회에 관하여 이 법에 특별한 규정이 있는 것을 제외하고는 민법 중 사단법인에 관한 규정을 준용한다.

Answer 19.① 20.④

21 경비업법령상 경비업의 허가를 받은 법인이 지방경찰청장에게 신고하여야 하는 경우가 아닌 것은?

① 영업을 폐업하거나 휴업한 때

② 법인의 직원을 채용할 때

③ 법인의 주 사무소나 출장소를 신설 · 이전 또는 폐지한 때

④ 기계경비업무의 수행을 위한 관제시설을 신설 · 이전 또는 폐지한 때

Advice 경비업의 허가를 받은 법인이 지방경찰청장에게 신고하여야 하는 경우〈경비업법 제4조 제3항〉

㉠ 영업을 폐업하거나 휴업한 때
㉡ 법인의 명칭이나 대표자 · 임원을 변경한 때
㉢ 법인의 주사무소나 출장소를 신설 · 이전 또는 폐지한 때
㉣ 기계경비업무의 수행을 위한 관제시설을 신설 · 이전 또는 폐지한 때
㉤ 특수경비업무를 개시하거나 종료한 때
㉥ 정관의 목적을 변경한 때

22 다음 중 경비업법령상 처벌기준이 다른 것은?

① 경비대행업자 지정신고를 하지 아니한 자

② 설명의무를 이행하지 아니한 자

③ 경비지도사를 선임하지 아니한 자

④ 경찰관서장의 배치 · 폐지명령을 따르지 아니한 자

Advice ①②③ 500만 원 이하의 과태료에 처한다.
④ 1년 이하의 징역 또는 1천만 원 이하의 벌금에 처한다.

Answer 21.② 22.④

23 경비업법령상 경비지도사의 직무에 대한 설명으로 옳지 않은 것은?

① 경비원의 지도 · 감독 · 교육에 관한 계획의 수립 · 실시 및 그 기록의 유지를 직무내용으로 한다.

② 경비현장에 배치된 경비원에 대한 순회점검 및 감독을 직무내용으로 한다.

③ 경찰기관 및 소방기관과의 연락방법에 대한 지도를 직무내용으로 한다.

④ 선임 · 배치된 경비지도사의 결원 및 자격정지 등의 사유로 그 직무를 수행할 수 없는 때에는 30일 이내에 새로이 충원하여야 한다.

Advice 경비업자는 선임 · 배치된 경비지도사에 결원이 있거나 자격정지 등의 사유로 그 직무를 수행할 수 없는 때에는 15일 이내에 경비지도사를 새로이 충원하여야 한다〈경비업법 시행령 제16조 제2항〉.

24 경비업법령상 집단민원현장에 배치된 일반경비원에 관한 설명으로 옳지 않은 것은?

① 경비업자는 경비원을 배치하기 48시간 전까지 배치허가를 신청하고, 관할 경찰관서장의 배치허가를 받은 후에 경비원을 배치해야 한다.

② 집단민원현장에 배치되는 일반경비원의 명부는 그 경비원이 배치되는 장소에도 작성 · 비치해야 한다.

③ 관할 경찰관서장은 배치허가 신청을 받은 경우, 불허가사유에 해당하는 때에는 이를 확인하기 위하여 소속 경찰관으로 하여금 그 배치장소를 방문하여 조사하게 할 수 있다.

④ 관할 경찰관서장은 배치허가를 함에 있어 필요한 조건을 붙일 수 없다.

Advice ④ 관할 경찰관서장은 배치허가를 함에 있어 필요한 조건을 붙일 수 있다〈경비업법 제18조 제2항〉.
① 경비업법 제18조 제2항
② 경비업법 제18조 제1항
③ 경비업법 제18조 제3항

Answer 23.④ 24.④

25 경비업법령상 특수경비원의 직무 및 무기사용에 대한 설명 중 옳지 않은 것은?

① 시설주가 대여받은 무기에 대하여 시설주 및 관할 경찰관서장은 무기의 관리책임을 지고, 관할 경찰관서장은 시설주 및 특수경비원의 무기관리상황을 대통령령이 정하는 바에 따라 지도 · 감독하여야 한다.

② 관할 경찰관서장은 무기의 적정한 관리를 위하여 규정에 의하여 무기를 대여받은 시설주에 대하여 필요한 명령을 발할 수 있다.

③ 시설주로부터 무기의 관리를 위하여 지정받은 책임자는 무기출납부 및 무기장비운영카드를 비치 · 기록하여야 한다.

④ 시설주로부터 무기의 관리를 위하여 지정받은 관리책임자가 무기를 직접 지급 · 회수하여서는 안 된다.

Advice 시설주로부터 무기의 관리를 위하여 지정받은 책임자(관리책임자)는 다음에 의하여 이를 관리해야 한다〈경비업법 제14조 제7항〉.
㉠ 무기출납부 및 무기장비운영카드를 비치 · 기록해야 한다.
㉡ 무기는 관리책임자가 직접 지급 · 회수해야 한다.

26 경비업법령상 허가신청 등에 관한 내용이다. ( )안에 들어갈 내용을 순서대로 나열한 것은?

> 경비업의 허가신청서를 제출하는 법인이 시행령 별표1의 규정에 의한 시설 등(자본금을 제외한다. 이하 같음)을 갖출 수 없는 경우에는 허가신청시 시설 등의 확보계획서를 제출한 경우 허가를 받은 날부터 ( ) 이내에 시설 등을 갖추고 법인의 주사무소 관할 ( )의 확인을 받아야 한다.

① 15일, 경찰서장
② 15일, 지방경찰청장
③ 1월, 경찰서장
④ 1월, 지방경찰청장

Advice 경비업법 시행령 제3조 제2항 … 허가 또는 변경허가 신청서를 제출하는 법인은 별표 1의 규정에 의한 경비인력 · 자본금 · 시설 및 장비를 갖추어야 한다. 다만, 경비업의 허가 또는 변경허가를 신청하는 때에 별표 1의 규정에 의한 시설 등(자본금을 제외한다. 이하 이 항에서 같다)을 갖출 수 없는 경우에는 허가 또는 변경허가의 신청시 시설 등의 확보계획서를 제출한 후 허가 또는 변경허가를 받은 날부터 (1월) 이내에 별표 1의 규정에 의한 시설 등을 갖추고 (지방경찰청장)의 확인을 받아야 한다.

Answer 25.④ 26.④

27 경비업법령상 경비업자의 의무에 관한 설명으로 올바른 것은?

① 도급을 의뢰받은 경비업무가 위법하거나 부당한 것이라도 이를 거부할 수는 없다.
② 허가받은 경비업무 외의 업무에 대해서도 경비원을 종사하게 할 수 있다.
③ 경비업자가 시설주의 관리권의 범위 내에서 경비업무를 수행하는 한 다른 사람의 자유와 권리를 침해할 수 있다.
④ 특수경비업자는 첫 업무개시 신고 전에 지방경찰청장의 비밀취급인가를 받아야 한다.

Advice 특수경비업자의 업무개시전의 조치〈경비업법 시행령 제6조〉
㉠ 특수경비업무를 수행하는 경비업자는 첫 업무개시의 신고를 하기 전에 지방경찰청장의 비밀취급인가를 받아야 한다.
㉡ 지방경찰청장은 특수경비업자에게 비밀취급인가를 하고자 하는 때에는 특수경비업자로 하여금 경찰청장을 거쳐 국가정보원장에게 보안측정을 요청하도록 하여야 한다.

28 경비업법령상 경비지도사 자격시험의 1차 시험이 면제되는 자에 해당되지 않는 것은?

① 경찰공무원법에 의한 경찰공무원으로 7년 이상 재직한 자
② 소방공무원법에 의한 소방공무원으로 7년 이상 재직한 자
③ 군인사법에 의한 각 군의 전투병과 또는 헌병병과 부사관 이상 간부로 7년 이상 재직한 자
④ 대통령 등의 경호에 관한 법률에 의한 경호공무원 또는 별정직공무원으로 7년 이상 재직한 자

Advice 경비지도사 제1차 시험 면제자〈경비업법 시행령 제13조〉
㉠ 경찰공무원법에 의한 경찰공무원으로 7년 이상 재직한 자
㉡ 대통령 등의 경호에 관한 법률에 의한 경호공무원 또는 별정직공무원으로 7년 이상 재직한 자
㉢ 군인사법에 의한 각 군 전투병과 또는 헌병병과 부사관 이상 간부로 7년 이상 재직한 자
㉣ 경비업법에 의한 경비업무에 7년 이상(특수경비업무의 경우에는 3년 이상) 종사하고 행정안전부령이 정하는 교육과정을 이수한 자
㉤ 고등교육법에 의한 대학 이상의 학교를 졸업한 자로서 재학 중 경비지도사 시험과목을 3과목 이상 이수하고 졸업한 후 경비업무에 종사한 경력이 3년 이상인 자
㉥ 고등교육법에 의한 전문대학을 졸업한 자로서 재학 중 경비지도사 시험과목을 3과목 이상 이수하고 졸업한 후 경비업무에 종사한 경력이 5년 이상인 자
㉦ 일반경비지도사의 자격을 취득한 후 기계경비지도사의 시험에 응시하는 자 또는 기계경비지도사의 자격을 취득한 후 일반경비지도사의 시험에 응시하는 자
㉧ 공무원임용령에 따른 행정직군 교정직렬 공무원으로 7년 이상 재직한 사람

27.④ 28.②

29 경비업법령상 특수경비원의 의무에 관한 설명으로 옳지 않은 것은?

① 직무 수행상 관할 경찰관서장의 직무상 명령에 복종해야 한다.

② 직무 중 소속상사의 허가 없이는 어떠한 경우에도 경비구역을 벗어날 수 없다.

③ 파업 · 태업 등 경비업무의 정상적인 운영을 저해하는 일체의 쟁의행위를 할 수 없다.

④ 권총 · 소총 등 무기를 휴대하고 경비업무를 수행할 수 있다.

Advice 특수경비원의 의무〈경비업법 제15조〉

㉠ 특수경비원은 직무를 수행함에 있어 시설주 · 관할 경찰관서장 및 소속상사의 직무상 명령에 복종하여야 한다.

㉡ 특수경비원은 소속상사의 허가 또는 정당한 사유 없이 경비구역을 벗어나서는 안 된다.

㉢ 특수경비원은 파업 · 태업, 그밖에 경비업무의 정상적인 운영을 저해하는 일체의 쟁의행위를 하여서는 안 된다.

30 경비업법령상 기계경비업자의 기계경비업무에 관한 설명으로 옳은 것은?

① 경비계약을 체결하는 때에는 계약상대방의 요청이 없는 한 손해배상에 관한 사항을 기재한 서면을 교부할 의무는 없다.

② 경비계약을 체결하는 때에는 오경보를 막기 위하여 계약상대방에게 기기사용요령 및 기계경비운영체계 등에 관하여 구두 또는 서면에 의하여 설명해야 한다.

③ 경보의 수신 및 현장도착 일시와 조치의 결과 사항을 기재한 서류는 당해 경보를 수신한 날부터 1년간 이를 보관해야 한다.

④ 업무의 원활한 운영과 개선을 위하여 경비대상시설의 명칭 · 소재지 및 경비계약 기간에 관한 서류를 주사무소에 비치한 경우, 이를 출장소에 비치할 필요는 없다.

Advice ③ 경비업법 시행령 제9조 제2항

① 손해배상의 범위와 손해배상액에 관한 사항을 기재한 서면 등을 계약상대방에게 교부하여야 한다〈경비업법 시행령 제8조 제2항〉.

② 기계경비업자가 계약상대방에게 하여야 하는 설명은 서면 또는 전자문서(전자문서는 계약상대방이 원하는 경우에 한한다)를 교부하는 방법에 의한다〈경비업법 시행령 제8조 제1항〉.

④ 경비대상시설의 명칭 · 소재지 및 경비계약기간에 관한 서류를 출장소별로 갖추어 두어야 한다〈경비업법 시행령 제9조 제1항〉.

Answer 29.② 30.③

31 경비업법령상 경비원의 장비 및 출동차량 등에 관한 설명으로 옳은 것은?

① 경비원이 휴대할 수 있는 장비는 근무 외에도 휴대할 수 있다.

② 경비원은 지방경찰청장의 허가를 받아 장비를 임의로 개조하여 통상의 용법과 달리 사용할 수 있다.

③ 지방경찰청장은 경비업자로부터 제출받은 출동차량 등의 사진을 검토한 후 경비업자에게 그 도색 및 표지 변경 등에 대한 시정명령을 할 수 있다.

④ 경비원이 사용하는 방검복의 경우는 경찰공무원이 사용하는 방검복과 그 디자인이 구분될 필요가 없다.

Advice ③ 경비업법 제16조의3 제3항

① 경비원이 휴대할 수 있는 장비의 종류는 경적 · 단봉 · 분사기 등 행정안전부령으로 정하되, 근무 중에만 이를 휴대할 수 있다〈경비업법 제16조의2 제1항〉.

② 누구든지 장비를 임의로 개조하여 통상의 용법과 달리 사용함으로써 다른 사람의 생명 · 신체에 위해를 가하여서는 아니 된다〈경비업법 제16조의2 제3항〉.

④ 경찰공무원이 사용하는 방검복과 색상 및 디자인이 명확히 구분되어야 한다〈경비업법 시행규칙 별표5〉.

32 다음 (　) 안에 알맞은 것은?

> 경비업법령상 기계경비업자가 경비 대상시설에 관한 경보를 수신한 때에는 경보를 수신한 때부터 늦어도 (　) 이내에 도착시킬 수 있는 대응체제를 갖추어야 한다.

① 15분　　② 25분

③ 30분　　④ 40분

Advice 기계경비업자의 대응체제〈경비업법 시행령 제7조〉… 기계경비업무를 수행하는 경비업자는 관제시설 등에서 경보를 수신한 때에는 경보를 수신한 때부터 늦어도 25분 이내에는 도착시킬 수 있는 대응체제를 갖추어야 한다.

Answer 31.③ 32.②

33 경비업법령상 기계경비업자가 출장소별로 갖추어야 할 서류에 기재하여야 할 사항이 아닌 것은?

① 경보의 수신 및 현장도착 일시와 조치의 결과
② 손해배상의 범위와 손해배상액에 관한 사항
③ 경비대상시설의 명칭 · 소재지 및 경비계약기간
④ 기계경비지도사의 명단 · 배치일자 · 배치장소와 출동차량의 대수

Advice 기계경비업자의 관리 서류〈경비업법 시행령 제9조〉
㉠ 기계경비업자는 출장소별로 다음의 사항을 기재한 서류를 갖추어 두어야 한다.
- 경비대상시설의 명칭 · 소재지 및 경비계약기간
- 기계경비지도사의 명단 · 배치일자 · 배치장소와 출동차량의 대수
- 경보의 수신 및 현장도착 일시와 조치의 결과
- 오경보인 경우 오경보가 발생한 경비대상시설 및 그 오경보에 대한 조치의 결과
㉡ 기재한 서류는 당해 경보를 수신한 날부터 1년간 이를 보관하여야 한다.

34 경비업법령상 일반경비지도사는 다음의 경비업무에 종사하는 경비원을 지도 · 감독 및 교육하는데, 이러한 경비업무에 해당하지 않는 것은?

① 시설경비업무　② 호송경비업무
③ 특수경비업무　④ 기계경비업무

Advice 경비지도사는 경비원을 지도 · 감독 및 교육하는 자를 말하며 일반경비지도사와 기계경비지도사로 구분한다.
㉠ 일반경비지도사 : 시설경비업무, 호송경비업무, 신변보호업무, 특수경비업무
㉡ 기계경비지도사 : 기계경비업무

35 경비업법령상 경비협회에 대한 설명으로 옳지 않은 것은?

① 경비업자 2인 이상이 발기인이 되어 경비협회를 설립할 수 있다.
② 경비협회는 정관이 정하는 바에 의하여 회비를 징수할 수 있다.
③ 경비협회는 경비업자의 손해배상책임을 보장하기 위하여 공제사업을 할 수 있다.
④ 경비협회에 관하여 이 법에 특별한 규정이 있는 것을 제외하고는 민법 중 사단법인에 관한 규정을 준용한다.

Advice 경비업자가 경비협회를 설립하려는 경우에는 정관을 작성하여야 한다〈경비업법 시행령 제26조 제1항〉. 경비협회를 설립할 때 발기인과 관련된 근거 규정은 2014.12.30 법개정으로 인해 정관 작성 규정으로 변경되었다.

Answer 33.② 34.④ 35.①

36 **경비업법령상 특수경비원이 사람을 향하여 권총을 발사하고자 하는 때에 미리 구두 또는 공포탄에 의한 사격으로 상대방에게 경고해야 하나, 부득이하게 경고하지 아니할 수 있는 경우에 해당하지 않는 것은?**

① 특수경비원을 급습하는 경우

② 민간시설에 침입하는 경우

③ 인질 · 간첩 또는 테러사건에 있어서 은밀히 수행하는 경우

④ 타인의 생명 · 신체에 대한 중대한 위험을 야기하는 범행이 목전에서 실행되고 있는 경우

Advice 특수경비원이 무기를 휴대하고 경비업무를 수행하는 때에는 다음에 정하는 무기의 안전사용수칙을 지켜야 한다〈경비업법 제15조 제4항〉.

㉠ 특수경비원은 사람을 향하여 권총 또는 소총을 발사하고자 하는 때에는 미리 구두 또는 공포탄에 의한 사격으로 상대방에게 경고하여야 한다. 다만, 다음에 해당하는 경우로서 부득이한 때에는 경고하지 아니할 수 있다.

- 특수경비원을 급습하거나 타인의 생명 · 신체에 대한 중대한 위험을 야기하는 범행이 목전에 실행되고 있는 등 상황이 급박하여 경고할 시간적 여유가 없는 경우
- 인질 · 간첩 또는 테러사건에 있어서 은밀히 작전을 수행하는 경우

㉡ 특수경비원은 무기를 사용하는 경우에 있어서 범죄와 무관한 다중의 생명 · 신체에 위해를 가할 우려가 있는 때에는 이를 사용하여서는 안 된다. 다만, 무기를 사용하지 아니하고는 타인 또는 특수경비원의 생명 · 신체에 대한 중대한 위협을 방지할 수 없다고 인정되는 때에는 필요한 최소한의 범위 안에서 이를 사용할 수 있다.

㉢ 특수경비원은 총기 또는 폭발물을 가지고 대항하는 경우를 제외하고는 14세 미만의 자 또는 임산부에 대하여는 권총 또는 소총을 발사하여서는 안 된다.

37 **경비업법령상 경찰청장 또는 지방경찰청장이 처분을 하고자 하는 경우에 청문을 실시하여야만 하는 경우가 아닌 것은?**

① 경비업허가의 취소　　② 경비업의 영업정지

③ 경비업의 영업허가　　④ 경비지도사 자격의 취소

Advice 청문〈경비업법 제21조〉 … 경찰청장 또는 지방경찰청장은 다음에 해당하는 처분을 하고자 하는 경우에는 청문을 실시하여야 한다.

㉠ 경비업 허가의 취소 또는 영업정지

㉡ 경비지도사 자격의 취소 또는 정지

 Answer 36.② 37.③

38 **다음 중 경비업을 영위하는 법인의 임원의 결격사유가 아닌 것은?**

① 피성년후견인 또는 피한정후견인
② 파산선고를 받고 복권되지 아니한 자
③ 금고 이상의 형의 선고를 받고 그 형이 실효되지 아니한 자
④ 경비업법 또는 대통령 등의 경호에 관한 법률에 위반하여 벌금형의 선고를 받고 5년이 지나지 아니한 자

Advice 임원의 결격사유〈경비업법 제5조〉
㉠ 피성년후견인 또는 피한정후견인
㉡ 파산선고를 받고 복권되지 아니한 자
㉢ 금고 이상의 형의 선고를 받고 그 형이 실효되지 아니한 자
㉣ 경비업법 또는 대통령 등의 경호에 관한 법률에 위반하여 벌금형의 선고를 받고 3년이 지나지 아니한 자
㉤ 경비업법 또는 이 법에 의한 명령에 위반하여 허가가 취소된 법인의 허가취소 당시의 임원이었던 자로서 그 취소 후 3년이 지나지 아니한 자
㉥ 허가받은 경비업무외의 업무에 경비원을 종사하게 한 때 또는 소속경비원으로 하여금 경비업무의 범위를 벗어난 행위를 하게 한 때의 사유로 허가가 취소된 법인의 허가취소 당시의 임원이었던 자로서 허가가 취소된 날부터 5년이 지나지 아니한 자

39 **경비업법령상 경비지도사의 선임 및 배치기준에 관한 설명으로 옳지 않은 것은?**

① 일반경비지도사는 지방경찰청 관할구역별로 경비원 200인까지는 1인씩 선임·배치하되, 200인을 초과하는 100인까지 마다 1인씩을 추가로 배치한다.
② 시설경비업, 호송경비업, 신변보호업 및 특수경비업 가운데 2 이상의 경비업을 하는 경우 경비지도사의 배치는 각 경비업에 종사하는 경비원의 수를 합산한 인원을 기준으로 한다.
③ 특수경비업의 경우는 특수경비원 교육을 이수한 일반경비지도사를 선임·배치한다.
④ 경비지도사가 선임·배치된 지방경찰청의 관할구역에 인접하는 지방경찰청의 관할구역에 배치되는 경비원이 50인 이하인 경우에는 경비지도사를 따로 선임배치하지 아니할 수 있다.

Advice 경비지도사가 선임·배치된 지방경찰청의 관할구역에 인접하는 지방경찰청의 관할구역에 배치되는 경비원이 30인 이하인 경우에는 경비지도사를 따로 선임·배치하지 아니할 수 있다〈경비업법 시행령 별표3〉.

Answer 38.④ 39.④

40 경비업법령상 경비지도사의 교육시간, 일반경비원의 신임교육시간, 특수경비원의 신임교육시간의 연결이 올바른 것은?

① 44시간 – 38시간 – 88시간
② 44시간 – 24시간 – 88시간
③ 44시간 – 48시간 – 68시간
④ 44시간 – 58시간 – 68시간

Advice 경비지도사 교육시간은 44시간, 일반경비원의 신임교육시간은 24시간, 특수경비원의 신임교육시간은 88시간이다.

41 경비업법령상 사용하는 용어를 정의한 것으로 옳지 않은 것은?

① 시설경비업무란 경비를 필요로 하는 시설 및 장소에서의 도난, 화재, 그 밖의 혼잡 등으로 인한 위험발생을 방지하는 업무를 말한다.
② 경비지도사란 경비원을 지도 · 감독 · 교육하는 자를 말하며 일반경비지도사와 특수경비지도사가 있다.
③ 경비원이라 함은 경비업의 허가를 받은 법인이 채용한 고용인으로서 일반경비원과 특수경비원이 있다.
④ 무기라 함은 인명 또는 신체에 위해를 가할 수 있도록 제작된 권총 · 소총을 말한다.

Advice ② 경비지도사란 경비원을 지도 · 감독 및 교육하는 자를 말하며 일반경비지도사와 기계경비지도사로 구분한다〈경비업법 제2조 제2호〉.

42 경비업법령에 특수경비업의 허가를 받고자 하는 법인이 갖추어야 하는 특수경비인력과 자본금으로 맞는 것은?

① 특수경비원 20인 이상 – 자본금 1억 원 이상
② 특수경비원 20인 이상 – 자본금 3억 원 이상
③ 특수경비원 5인 이상 – 자본금 1억 원 이상
④ 특수경비원 5인 이상 – 자본금 5억 원 이상

Advice 특수경비업무의 시설 등의 기준〈경비업법 시행령 별표1〉

㉠ 경비인력 : 특수경비원 20인 이상, 경비지도사 1인 이상
㉡ 자본금 : 3억 원 이상
㉢ 시설 : 기준경비인력수 이상의 사람을 동시에 교육할 수 있는 교육장
㉣ 장비 등 : 기준 경비인력 수 이상의 경비원 복장 및 경적, 단봉, 분사기

Answer 40.② 41.② 42.②

경비업법

43 경비업법령상 (　　) 안에 들어갈 내용으로 옳은 것은?

> 경비업의 허가를 받은 법인은 법인의 주사무소나 출장소를 신설 · 이전 또는 폐지한 때에는 그 사유가 발생한 날부터 (　)일 이내에 신고하여야 한다.

① 7　　② 10
③ 15　　④ 30

Advice 경비업의 허가를 받은 법인은 법인의 명칭이나 대표자 · 임원을 변경한 때, 법인의 주사무소나 출장소를 신설 · 이전 또는 폐지한 때, 기계경비업무의 수행을 위한 관제시설을 신설 · 이전 또는 폐지한 때, 특수경비업무를 개시하거나 종료한 때, 그 밖에 대통령령이 정하는 중요사항을 변경하는 경우에 따른 신고는 그 사유가 발생한 날부터 30일 이내에 하여야 한다〈경비업법 시행령 제5조 제5항〉.

44 경비업법령상 경비지도사가 경찰청장 · 지방경찰청장의 명령을 위반한 때에 부과되는 1차 자격정지 행정처분기준은 몇 월인가?

① 1월　　② 2월
③ 3월　　④ 6월

Advice 경비지도사 자격정지처분 기준

위반행위	행정처분기준		
	1차	2차	3차 이상
규정에 위반하여 직무를 성실하게 수행하지 아니한 때	자격정지 3월	자격정지 6월	자격정지 12월
규정에 의한 경찰청장 · 지방경찰청장의 명령을 위반한 때	자격정지 1월	자격정지 6월	자격정지 9월

Answer 43.④ 44.①

45 경비업법령상 기계경비업자의 계약상대방에 대한 설명의무에 대한 설명으로 옳지 않은 것은?

① 기계경비업자가 계약상대방에게 하여야 하는 설명은 구두로 하는 것이 원칙이다.

② 기계경비업자가 경비대상시설에서 발생한 경보를 수신한 경우에 취하는 조치를 설명한다.

③ 기계경비업무용 기기의 설치장소 및 종류와 그 밖의 기계장치의 개요를 설명한다.

④ 오경보의 발생원인과 송신기기의 유지 · 관리방법을 설명한다.

Advice 기계경비업자가 계약상대방에게 해야 하는 설명은 다음의 사항을 기재한 서면 또는 전자문서(전자문서는 계약상대방이 원하는 경우에 한함)를 교부하는 방법에 의한다〈경비업법 시행령 제8조 제1항〉.

㉠ 당해 기계경비업무와 관련된 관제시설 및 출장소의 명칭 · 소재지

㉡ 기계경비업자가 경비대상시설에서 발생한 경보를 수신한 경우에 취하는 조치

㉢ 기계경비업무용 기기의 설치장소 및 종류와 그 밖의 기계장치의 개요

㉣ 오경보의 발생원인과 송신기기의 유지 · 관리방법

46 경비업법상 벌칙에 대한 설명 중 옳지 않은 것은?

① 국가중요시설의 정상적인 운영을 해치는 장해를 일으킨 특수경비원은 3년 이하의 징역 또는 3천만 원 이하의 벌금에 처한다.

② 허가를 받지 아니하고 경비업을 영위한 자는 3년 이하의 징역 또는 3천만 원 이하의 벌금에 처한다.

③ 직무상 알게 된 비밀을 누설하거나 부당한 목적을 위하여 사용한 자는 3년 이하의 징역 또는 3천만 원 이하의 벌금에 처한다.

④ 경비업무의 중단을 통보하지 아니하거나 경비업무를 즉시 인수하지 아니한 특수경비업자 또는 경비대행업자는 3년 이하의 징역 또는 3천만 원 이하의 벌금에 처한다.

Advice 국가중요시설의 정상적인 운영을 해치는 장해를 일으킨 특수경비원은 5년 이하의 징역 또는 5천만 원 이하의 벌금에 처한다〈경비업법 제28조 제1항〉.

Answer 45.① 46.①

47 **경비업법상 특수경비원의 직무 및 무기사용에 대한 설명으로 옳지 않은 것은?**

① 특수경비업자는 특수경비원으로 하여금 배치된 경비구역 안에서 관할 경찰서장 및 공항경찰대장 등 국가중요시설의 경비책임자와 국가중요시설의 시설주의 감독을 받아 시설을 경비하고 도난·화재, 그 밖의 위험의 발생을 방지하는 업무를 수행하게 해야 한다.

② 특수경비원은 국가중요시설에 대한 경비업무수행 중 국가중요시설의 정상적인 운영을 해치는 장해를 일으켜서는 안 된다.

③ 관할 경찰서장은 국가중요시설에 대한 경비업무의 수행을 위하여 필요하다고 인정하는 때에는 특수경비원의 신청에 의하여 무기를 구입한다.

④ 지방경찰청장은 국가중요시설에 대한 경비업무의 수행을 위하여 필요하다고 인정하는 때에는 관할 경찰서장으로 하여금 시설주의 신청에 의하여 시설주로부터 국가에 기부채납된 무기를 대여하게 하고, 시설주는 이를 특수경비원으로 하여금 휴대하게 할 수 있다.

Advice 지방경찰청장은 국가중요시설에 대한 경비업무의 수행을 위하여 필요하다고 인정하는 때에는 시설주의 신청에 의하여 무기를 구입한다. 이 경우 시설주는 그 무기의 구입대금을 지불하고, 구입한 무기를 국가에 기부채납해야 한다〈경비업법 제14조 제3항〉.

48 **경비업 갱신허가 관련, 2000년 2월 1일 시설경비업 허가를 취득하고, 2001년 1월 1일 기계경비업 허가를 취득하였다면 이후 허가갱신 만료일은?**

① 2004년 1월 1일

② 2004년 12월 31일

③ 2005년 1월 1일

④ 2005년 12월 31일

Advice 경비업 허가의 유효기간은 허가받은 날부터 5년으로 하며, 경비업의 갱신허가를 받고자 하는 자는 유효기간만료일 30일 전까지 경비업 갱신허가신청서에 허가증 원본 및 정관(변경사항이 있는 경우만 해당)을 첨부하여 법인의 주사무소를 관할하는 지방경찰청장 또는 해당 지방경찰청 소속의 경찰서장에게 제출하여야 한다.

Answer 47.③ 48.④

49 경비업법에 의하여 형사처벌을 받게 되는 자는?

① 경비대행업자 지정신고를 아니한 자
② 무기대여를 받고 시설주가 경찰서장의 감독상 명령을 정당한 이유 없이 이행하지 아니한 시설주
③ 시설주로부터 무기관리책임자로 지정받고 무기장비운영카드를 비치하지 않은 관리책임자
④ 경비지도사를 선임하지 않은 경비업자

Advice 시설주의 무기관리 규정에 위반한 관리책임자는 1년 이하의 징역 또는 1천만 원 이하의 벌금에 처한다.
①②④ 500만 원 이하의 과태료에 처한다.

50 경비업법령상 법인이나 개인에게도 벌금형을 과하는 양벌규정이 적용되는 행위자가 될 수 없는 자는?

① 법인의 대표자
② 법인의 대리인
③ 개인의 직계비속
④ 개인의 대리인

Advice 양벌규정〈경비업법 제30조〉…법인의 대표자나 법인 또는 개인의 대리인, 사용인, 그 밖의 종업원이 그 법인 또는 개인의 업무에 관하여 위반행위를 하면 그 행위자를 벌하는 외에 그 법인 또는 개인에게도 해당 조문의 벌금형을 과한다. 다만, 법인 또는 개인이 그 위반행위를 방지하기 위하여 해당 업무에 관하여 상당한 주의와 감독을 게을리하지 아니한 경우에는 그러하지 아니하다.

51 다음 중 특수경비원의 결격사유가 아닌 것은?

① 금고 이상의 형의 선고유예를 받고 그 유예기간 중에 있는 자
② 피한정후견인
③ 만 55세인 자
④ 파산선고를 받고 복권되지 않은 자

Advice ③ 만 18세 미만 또는 만 60세 이상인 자는 특수경비원이 될 수 없다.

Answer 49.③ 50.③ 51.③

경비업법

52 **경비업법상 행사장에서 경비업무를 수행하는 일반경비원을 배치할 때, 일반경비업자는 언제까지 배치신고를 해야 하는가?**

① 신고의무 없음
② 배치하기 전
③ 배치한 후 24시간 이내
④ 배치한 후 3일 이내

Advice 경비업자가 경비원을 배치하거나 배치를 폐지한 경우에는 행정안전부령이 정하는 바에 따라 관할 경찰관서장에게 신고하여야 한다〈경비업법 제18조 제2항〉.

㉠ 시설경비업무 또는 신변보호업무 중 집단민원현장에 배치된 일반경비원 : 경비원을 배치하기 48시간 전까지 행정안전부령으로 정하는 바에 따라 배치허가를 신청하고, 관할 경찰관서장의 배치허가를 받은 후에 경비원을 배치하여야 한다. 이 경우 관할 경찰관서장은 배치허가를 함에 있어 필요한 조건을 붙일 수 있다.

㉡ 집단민원현장이 아닌 곳에서 신변보호업무를 수행하는 일반경비원, 특수경비원 : 경비원을 배치하기 전까지 신고하여야 한다.

53 **다음 중 경비업법상 시설경비업무의 대상이 아닌 것은?**

① 호텔
② 산업시설
③ 아파트단지
④ 운반 중에 있는 상품

Advice 운반 중에 있는 상품은 호송경비업무의 대상이다.

54 **기계경비업자가 관제시설 등에서 경보를 수신한 때에는 경보를 수신한 때로부터 늦어도 몇 분 이내에 도착시킬 수 있는 대응체제를 갖추어야 하는가?**

① 5분
② 15분
③ 25분
④ 30분

Advice 관제시설 등에서 경보를 수신한 때에는 경보를 수신한 때부터 늦어도 25분 이내에는 도착시킬 수 있는 대응체제를 갖추어야 한다〈경비업법 시행령 제7조〉.

Answer 52.② 53.④ 54.③

55 경비업 허가요건 중 자본금 기준이 3억 원 이상인 업종은?

① 시설경비
② 호송경비
③ 기계경비
④ 특수경비

Advice 특수경비업무의 시설 등의 기준〈경비업법 시행령 별표1〉
㉠ 경비인력 : 특수경비원 20인 이상, 경비지도사 1인 이상
㉡ 자본금 : 3억 원 이상
㉢ 시설 : 기준경비인력수 이상의 사람을 동시에 교육할 수 있는 교육장
㉣ 장비 등 : 기준경비인력수 이상의 경비원 복장 및 경적, 단봉, 분사기

56 경비업법상의 경비업의 허가를 받은 법인이 지방경찰청장에게 신고를 해야 할 경우가 아닌 것은?

① 영업을 폐업하거나 휴업한 때
② 법인의 명칭이나 대표자 · 임원을 변경한 때
③ 법인의 주사무소나 출장소를 신설 · 이전 또는 폐지한 때
④ 시설경비업무의 수행을 위한 관제시설을 신설 · 이전 또는 폐지한 때

Advice 경비업의 허가를 받은 법인이 지방경찰청장에게 신고하여야 하는 경우〈경비업법 제4조 제3항〉
㉠ 영업을 폐업하거나 휴업한 때
㉡ 법인의 명칭이나 대표자 · 임원을 변경한 때
㉢ 법인의 주사무소나 출장소를 신설 · 이전 또는 폐지한 때
㉣ 기계경비업무의 수행을 위한 관제시설을 신설 · 이전 또는 폐지한 때
㉤ 특수경비업무를 개시하거나 종료한 때
㉥ 정관의 목적을 변경한 때

Answer 55.④ 56.④

57 다음 (　　) 안에 들어갈 말로 알맞은 것은?

> 경비업법상의 경비업은 시설경비업무, 호송경비업무, (　　　　), 기계경비업무, (　　　　)의 전부 또는 일부를 (　　)받아 행하는 영업을 말한다.

① 신변보호업무, 특수경비업무, 도급
② 신변보호업무, 특수경비업무, 위탁
③ 요인경비업무, 특수경비업무, 임대
④ 요인경비업무, 특수경비업무, 위임

Advice 경비업이란 시설경비업무, 호송경비업무, 신변보호업무, 기계경비업무, 특수경비업무의 전부 또는 일부를 도급받아 행하는 영업을 말한다〈경비업법 제2조 제1호〉.

58 경비업법상의 경비업무의 개념에 대한 설명으로 옳지 않은 것은?

① 시설경비업무 – 경비를 필요로 하는 시설 및 장소에서의 도난·화재, 그 밖의 혼잡 등으로 인한 위험발생을 방지하는 업무
② 호송경비업무 – 운반 중에 있는 현금·유가증권·귀금속·상품, 그 밖의 물건에 대하여 도난·화재 등 위험발생을 방지하는 업무
③ 신변보호업무 – 사람의 생명이나 신체에 대한 위해의 발생을 방지하고 그 신변을 보호하는 업무
④ 특수경비업무 – 경비대상시설에 설치한 기기에 의하여 감지·송신된 정보를 그 경비대상시설 외의 장소에 설치한 관제시설의 기기로 수신하여 도난·화재 등 위험발생을 방지하는 업무

Advice 기계경비업무란 경비대상시설에 설치한 기기에 의하여 감지·송신된 정보를 그 경비대상시설 외의 장소에 설치한 관제시설의 기기로 수신하여 도난·화재 등 위험발생을 방지하는 업무를 말한다〈경비업법 제2조 제1호〉.

Answer 57.① 58.④

59 경비협회의 업무가 아닌 것은?

① 경비업무의 건전한 운영과 육성에 관하여 필요한 사항
② 경비원의 교육, 훈련 및 그 연구
③ 경비업 허가에 관한 사항
④ 경비원의 후생, 복지에 관한 사항

Advice 경비협회의 업무〈경비업법 제22조 제3항〉
㉠ 경비업무의 연구
㉡ 경비원 교육 · 훈련 및 그 연구
㉢ 경비원의 후생 · 복지에 관한 사항
㉣ 경비진단에 관한 사항
㉤ 경비업무의 건전한 운영과 육성에 관하여 필요한 사항

60 특수경비원의 무기사용 등에 관한 설명 중 옳지 않은 것은?

① 지방경찰청장은 국가중요시설에 대한 경비업무의 수행을 위하여 필요하다고 인정하는 때에는 시설주의 신청에 의하여 시설주의 부담으로 무기를 구입한다.
② 지방경찰청장은 국가중요시설에 대한 경비업무의 수행을 위하여 필요하다고 인정하는 때에는 관할 경찰관서장으로 하여금 시설주의 신청에 의하여 시설주로부터 국가에 기부채납된 무기를 대여하게 하고 시설주는 이를 특수경비원으로 하여금 휴대하게 할 수 있다.
③ 특수경비원은 소속 상사의 허가 또는 정당한 사유 없이 배치된 경비구역을 벗어나서는 안 된다.
④ 특수경비원은 국가중요시설의 경비를 위하여 우선적으로 무기를 사용해야 한다.

Advice 특수경비원은 국가중요시설의 경비를 위하여 무기를 사용하지 아니하고는 다른 수단이 없다고 인정되는 때에는 필요한 한도 안에서 무기를 사용할 수 있다〈경비업법 제14조 제8항〉.

Answer 59.③ 60.④

61 다음 중 경찰청장이 지방경찰청장에게 위임할 수 없는 권한은?

① 경비지도사 자격의 취소에 관한 권한
② 경비지도사 자격의 정지에 관한 권한
③ 경비지도사 자격의 정지에 관한 청문의 권한
④ 경비지도사 자격증 교부에 관한 권한

Advice 경찰청장이 지방경찰청장에게 위임할 수 있는 사항〈경비업법 제27조, 시행령 제31조〉
㉠ 경비지도사의 자격의 취소 및 정지에 관한 권한
㉡ 경비지도사 자격의 취소 및 정지에 관한 청문의 권한

62 다음 설명 중 옳지 않은 것은?

① 기계경비업자는 출동차량의 도색 및 표지를 경찰차량 및 군차량과 명확히 구별될 수 있게 하여야 한다.
② 기계경비업자는 관제시설 등에서 경보를 수신할 때에는 경보를 수신한 때부터 늦어도 15분 이내에는 도착시킬 수 있는 대응체제를 갖추어야 한다.
③ 경비업자는 폐업을 한 때에는 폐업한 날부터 7일 이내에 폐업신고서에 허가증을 첨부하여 법인의 주사무소를 관할하는 지방경찰청장 또는 해당 지방경찰청장 소속의 경찰서장에게 제출하여야 한다.
④ 경비지도사는 경비원의 지도, 감독, 교육의 직무를 적어도 월 1회 이상 수행하여야 한다.

Advice 관제시설 등에서 경보를 수신한 때에는 경보를 수신한 때부터 늦어도 25분 이내에는 도착시킬 수 있는 대응체제를 갖추어야 한다〈경비업법 시행령 제7조〉.

63 다음 중 일반경비지도사의 역할이라고 보기 어려운 것은?

① 기계경비업무에 종사하는 경비원의 지도, 감독 및 교육
② 시설경비업무에 종사하는 경비원의 지도, 감독 및 교육
③ 호송경비업무에 종사하는 경비원의 지도, 감독 및 교육
④ 특수경비업무에 종사하는 경비원의 지도, 감독 및 교육

Advice 기계경비업무는 기계경비지도사의 역할에 포함된다.

Answer 61.④ 62.② 63.①

02 청원경찰법

1 청원경찰법의 제정 및 배경

1 제정

① 청원경찰제도는 1962년에 법제화되었다.

② 1973년에 청원경찰법을 근거로 제도적 정착이 이루어졌다.

③ 타법개정을 제외하고 11차례의 개정을 거쳐 현재의 법제를 구축하게 되었다.

2 배경

① 늘어난 경비수요에 비해 부족한 경찰인력으로 인해 청원경찰제도를 도입하게 되었다.

② 1978년 이후로 꾸준히 증가되고 있는 추세이다.

③ 2001년 특수경비제도가 도입되면서 청원경찰의 수가 줄어들고 있는 추세이다.

2 청원경찰법의 해석

1 청원경찰의 정의〈법 제2조〉

① 청원경찰은 다음에 해당하는 기관의 장 또는 시설·사업장 등의 경영자가 경비를 부담할 것을 조건으로 경찰의 배치를 신청하는 경우에 그 기관·시설 또는 사업장 등의 경비를 담당하게 하기 위하여 배치하는 경찰을 말한다.

㉠ 국가기관 또는 공공단체와 그 관리하에 있는 중요시설 또는 사업장
㉡ 국내 주재 외국기관
㉢ 선박 · 항공기 등 수송시설
㉣ 금융 또는 보험을 업으로 하는 시설 또는 사업장
㉤ 언론 · 통신 · 방송 또는 인쇄를 업으로 하는 시설 또는 사업장
㉥ 학교 등 육영시설
㉦ 의료법에 따른 의료기관
㉧ 그 밖에 공공의 안녕질서 유지와 국민경제를 위하여 고도의 경비가 필요한 중요시설 · 사업체 또는 장소

② 민간인이 경찰관의 직무를 수행할 수 있도록 허가해 준 경찰제도이다.

2 청원경찰의 직무〈법 제3조〉

청원경찰은 청원경찰의 배치결정을 받은 자와 배치된 기관 · 시설 또는 사업장 등의 구역을 관할하는 경찰서장의 감독을 받아 그 경비구역만의 경비를 목적으로 필요한 범위 안에서 경찰관 직무집행법에 따른 다음 경찰관의 직무를 행한다.

① 국민의 생명 · 신체 및 재산의 보호

② 범죄의 예방 · 진압 및 수사

③ 경비 · 주요 인사 경호 및 대간첩 · 대테러 작전 수행

④ 치안정보의 수집 · 작성 및 배포

⑤ 교통 단속과 교통 위해의 방지

⑥ 외국 정부기관 및 국제기구와의 국제협력

⑦ 그 밖에 공공의 안녕과 질서유지

청원경찰법령상 청원경찰의 직무에 관한 설명으로 옳지 않은 것은?

① 청원경찰은 청원주와 관할 경찰서장의 감독을 받아 그 경비구역만의 경비를 목적으로 필요한 범위에서 경찰관직무집행법에 따른 경찰관의 직무를 수행한다.

② 청원경찰은 자신이 배치된 기관의 경비 뿐 아니라 그 구역을 관할하는 경찰서장의 명에 따라 관할 경찰서의 경비업무를 보조하여야 한다.

③ 복무에 관하여 청원경찰은 해당 사업장의 취업규칙에 따른다.

④ 청원경찰은 청원주의 신청에 따라 배치되며, 청원주의 감독을 받는다.

★② 청원경찰은 청원주와 배치된 기관, 시설 또는 사업장 등의 구역을 관할하는 경찰서장의 감독을 받아 경비구역 내에서 경찰관직무집행법에 의한 경찰관의 직무를 행한다.

답 ②

3 청원경찰의 배치〈법 제4조〉

① 청원경찰을 배치받으려는 자는 청원경찰배치신청서에 경비구역 평면도 1부, 배치계획서 1부의 서류를 첨부하여 기관·시설·사업장 또는 장소의 소재지를 관할하는 경찰서장을 거쳐 지방경찰청장에게 제출하여야 한다. 배치장소가 2이상의 도인 때에는 주된 사업장의 관할 경찰서장을 거쳐 지방경찰청장에게 한꺼번에 신청할 수 있다.

② 지방경찰청장은 청원경찰의 배치 신청을 받은 때에는 지체없이 그 배치여부를 결정하여 신청인에게 알려야 한다.

③ 지방경찰청장은 청원경찰의 배치가 필요하다고 인정되는 기관의 장 또는 시설·사업장의 경영자에게 청원경찰을 배치할 것을 요청할 수 있다.

4 청원경찰의 임용 등〈법 제5조〉

① 청원경찰은 청원주가 임용하되, 그 임용에 있어서는 미리 지방경찰청장의 승인을 얻어야 한다.

② **청원경찰 임용의 결격사유**

㉠ 피성년후견인 또는 피한정후견인

㉡ 파산선고를 받고 복권되지 아니한 자

㉢ 금고 이상의 실형을 선고받고 그 집행이 종료되거나 집행을 받지 아니하기로 확정된 후 5년이 지나지 아니한 자

㉣ 금고 이상의 형을 선고받고 그 집행유예의 기간이 끝난 날부터 2년이 지나지 아니한 자

㉤ 금고 이상의 형의 선고유예를 받은 경우에 그 선고유예 기간 중에 있는 자

㉥ 법원의 판결 또는 다른 법률에 따라 자격이 상실 또는 정지된 자

㉦ 재직기간 중 직무와 관련하여 형법 제355조(횡령, 배임) 및 제356조(업무상의 횡령과 배임)에 규정된 죄를 범한 자로서 300만원 이상의 벌금형을 선고받고 그 형이 확정된 후 2년이 지나지 아니한 자

㉧ 형법 제303조(업무상위력 등에 의한 간음) 또는 성폭력범죄의 처벌 등에 관한 특례법 제10조(업무상 위력 등에 의한 추행)에 규정된 죄를 범한 사람으로서 300만원 이상의 벌금형을 선고받고 그 형이 확정된 후 2년이 지나지 아니한 자

㉨ 징계로 파면의 처분을 받은 때부터 5년이 지나지 아니한 자

㉩ 징계로 해임의 처분을 받은 때부터 3년이 지나지 아니한 자

③ 청원경찰의 임용자격

㉠ **임용자격** : 18세 이상인 사람. 다만, 남자의 경우에는 군복무를 마쳤거나 군복무가 면제된 사람으로 한정한다.

㉡ **신체조건**

ⓐ 신체가 건강하고 팔다리가 완전해야 한다.

ⓑ 시력(교정시력 포함)은 양쪽 눈이 각각 0.8 이상이어야 한다.

④ 임용

㉠ 청원경찰의 배치결정을 받은 자는 그 배치결정통지를 받은 날부터 30일 이내에 배치결정된 인원수의 임용예정자에 대하여 청원경찰 임용승인을 지방경찰청장에게 신청해야 한다.

㉡ 청원주가 청원경찰을 임용한 때에는 임용한 날부터 10일 이내에 그 임용사항을 관할 경찰서장을 거쳐 지방경찰청장에게 보고해야 한다. 청원경찰이 퇴직한 때에도 또한 같다.

청원경찰법령상 청원경찰 임용 조건에 부합하지 않는 것은?

① 체중이 남자는 50kg 이상, 여자는 40kg 이상일 것

② 신체가 건강하고 팔다리가 완전할 것

③ 교정시력을 포함한 시력은 양쪽 눈이 각각 0.8 이상일 것

④ 18세 이상인 사람으로 군복무를 마친 사람

★① 체중에 관한 규정은 없다.

답 ①

⑤ **교육**

㉠ 청원주는 청원경찰에 임용된 사람으로 하여금 경비구역에 배치하기 전에 경찰교육기관에서 직무수행에 필요한 교육을 받게 해야 한다. 다만, 경찰교육기관의 교육계획상 부득이하다고 인정할 때에는 우선 배치하고 임용 후 1년 이내에 교육을 받게 할 수 있다.

㉡ 경찰공무원(의무경찰순경을 포함) 또는 청원경찰에서 퇴직한 자가 퇴직한 날부터 3년 이내에 청원경찰로 임용된 때에는 교육을 면제할 수 있다.

㉢ 교육기간 및 직무교육 등

ⓐ 교육기간은 2주간으로 한다.

ⓑ 교육과목 및 수업시간

학과별	과목		시간
정신교육	정신교육		8
학술교육	형사법		10
	청원경찰법		5
실무교육	경무	경찰관직무집행법	5
	방범	방범업무	3
		경범죄처벌법	2
	경비	시설경비	6
		소방	4
	정보	대공이론	2
		불심검문	2
	민방위	민방공	3
		화생방	2
	기본훈련		5
	총기조작		2
	총검술		2
	사격		6
술과	체포술 및 호신술		6
기타	입교 · 수료 및 평가		3

ⓒ 직무교육

- 청원주는 소속 청원경찰에 대하여 그 직무집행에 관하여 필요한 교육을 매월 4시간 이상 하여야 한다.
- 청원경찰이 배치된 사업장의 소재지를 관할하는 경찰서장은 필요하다고 인정하는 경우에는 그 사업장에 소속공무원을 파견하여 직무집행에 필요한 교육을 할 수 있다.

㉣ 보수

ⓐ 국가기관 또는 지방자치단체에 근무하는 청원경찰의 각종 수당은 공무원수당 등에 관한 규정에 따른 수당 중 가계보전수당, 실비변상 등으로 하며, 그 세부항목은 경찰청장이 정하여 고시한다.

ⓑ 국가기관 또는 지방자치단체에 근무하는 청원경찰 외의 청원경찰의 봉급 및 각종 수당은 경찰청장이 고시한 최저부담기준액 이상을 지급해야 한다. 다만, 고시된 최저부담기준액이 배치된 사업장에서 같은 종류의 직무나 유사직무 근로자에게 지급하는 임금보다 적을 때에는 그 사업장에서 같은 종류의 직무나 유사직무 근로자에게 지급하는 임금에 상당한 금액을 지급해야 한다.

ⓒ 청원경찰의 보수산정에 관하여 그 배치된 사업장의 취업규칙에 특별한 규정이 없는 경우에는 다음의 경력을 봉급 산정의 기준이 되는 경력에 산입해야 한다.

- 청원경찰로 근무한 경력
- 군 또는 의무경찰에 복무한 경력
- 수위 · 경비원 · 감시원, 그 밖에 청원경찰과 비슷한 직무에 종사하던 자가 그 사업장의 청원주에 의하여 청원경찰로 임용된 경우에는 그 직무에 종사한 경력
- 국가기관 또는 지방자치단체에서 근무하는 청원경찰에 대하여는 국가기관 또는 지방자치단체에서 상근으로 근무한 경력

ⓓ 국가기관 또는 지방자치단체에 근무하는 청원경찰 보수의 호봉 간 승급기간은 경찰공무원의 승급기간에 관한 규정을 준용한다.

ⓔ 국가기관 또는 지방자치단체에 근무하는 청원경찰 외의 청원경찰 보수의 호봉 간 승급기간 및 승급액은 그 배치된 사업장의 취업규칙에 따르며, 이에 관한 취업규칙이 없을 때에는 순경의 승급에 관한 규정을 준용한다.

㉤ 징계

ⓐ 청원주는 청원경찰이 다음의 어느 하나에 해당한 때 징계절차를 거쳐 징계처분을 하여야 한다.

- 직무상의 의무를 위반하거나 직무를 태만히 한 때
- 품위를 손상하는 행위를 한 때

ⓑ 청원경찰에 대한 징계의 종류는 파면, 해임, 정직, 감봉 및 견책으로 구분한다.

- 정직(停職)은 1개월 이상 3개월 이하로 하고, 그 기간에 청원경찰의 신분은 보유하나 직무에 종사하지 못하며, 보수의 3분의 2를 줄인다.
- 감봉은 1개월 이상 3개월 이하로 하고, 그 기간에 보수의 3분의 1을 줄인다.
- 견책(譴責)은 전과(前過)에 대하여 훈계하고 회개하게 한다.

ⓒ 청원주는 청원경찰의 배치결정통지를 받은 때에는 그 날로부터 15일 이내에 청원경찰에 대한 징계규정을 제정하여 관할 지방경찰청장에게 신고하여야 한다. 징계규정을 변경할 때에도 또한 같다.

ⓓ 지방경찰청장은 징계규정의 보완을 필요하다고 인정할 때에는 청원주에게 그 보완을 요구할 수 있다.

청원경찰법령상 청원경찰의 징계에 관한 내용으로 옳지 않은 것은?

① 청원경찰이 품위를 손상하는 행위를 한 경우 청원주는 징계절차에 따라 징계처분을 하여야 한다.

② 관할 경찰서장은 청원경찰이 직무상 의무 위반에 해당한다고 인정되면 청원주에게 해당 청원경찰에 대하여 징계처분을 하도록 요청할 수 있다.

③ 정직은 1개월 이상 3개월 이하로 하고, 그 기간에 청원경찰의 신분은 보유하나 직무에 종사하지 못하며, 보수의 2분의 1을 줄인다.

④ 감봉은 1개월 이상 3개월 이하로 하고, 그 기간에 보수의 3분의 1을 줄인다.

★③ 보수의 2분의 1을 줄인다. → 보수의 3분의 2를 줄인다.

답 ③

5 청원경찰경비, 감독

① 청원경찰경비〈법 제6조〉

㉠ 청원주가 부담하는 청원경찰경비

ⓐ 청원경찰에게 지급할 봉급 및 각종 수당

ⓑ 청원경찰의 피복비

ⓒ 청원경찰의 교육비

ⓓ 보상금 및 퇴직금

㉡ 국가기관 또는 지방자치단체에 근무하는 청원경찰의 보수는 다음의 구분에 따라 같은 재직기간에 해당하는 경찰공무원의 보수를 감안하여 대통령령으로 정한다.

ⓐ 재직기간 15년 미만 : 순경

ⓑ 재직기간 15년 이상 23년 미만 : 경장

ⓒ 재직기간 23년 이상 30년 미만 : 경사

ⓓ 재직기간 30년 이상 : 경위

㉢ 청원주의 봉급 · 수당의 최저부담기준액과 부담기준액은 경찰청장이 정하여 고시(告示)한다.

② 보상금 및 퇴직금

㉠ 보상금〈법 제7조〉 : 청원주는 청원경찰이 다음의 어느 하나에 해당하게 된 때에는 청원경찰 본인 또는 그 유족에게 보상금을 지급해야 한다.

ⓐ 직무수행으로 인하여 부상을 입거나, 질병에 걸리거나 또는 사망한 때

ⓑ 직무상의 부상 · 질병으로 인하여 퇴직하거나, 퇴직 후 2년 이내에 사망한 때

ⓛ **퇴직금**〈법 제7조2〉 : 청원주는 청원경찰이 퇴직한 때에는 근로자퇴직급여 보장법의 규정에 의한 퇴직금을 지급해야 한다. 다만, 국가기관이나 지방자치단체에 근무하는 청원경찰의 퇴직금에 관하여는 따로 대통령령으로 정한다.

③ **제복착용과 무기휴대**〈법 제8조〉

㉠ 청원경찰은 근무 중 제복을 착용하여야 한다.

ⓛ 지방경찰청장은 청원경찰이 직무수행을 위하여 필요하다고 인정하면 청원주의 신청을 받아 관할 경찰서장으로 하여금 청원경찰에게 무기를 대여하여 지니게 할 수 있다.

㉢ 청원경찰의 복제는 제복 · 장구 및 부속물로 구분한다.

㉣ 청원경찰의 제복 · 장구 및 부속물의 종류와 그 제식 및 재질은 다음과 같다.

ⓐ 제복은 정모 · 기동모 · 근무복(하복, 동복) · 성하복 · 기동복 · 점퍼 · 비옷 · 방한복 · 외투 · 단화 · 기동화 및 방한화로 구분하고, 장구는 허리띠 · 경찰봉 · 호루라기 및 포승으로 구분하며, 부속물은 모자표장 · 가슴표장 · 휘장 · 계급장 · 넥타이핀 · 단추 및 장갑으로 구분한다.

ⓑ 제복의 제식 및 재질은 청원주가 결정하되, 경찰공무원 또는 군인제복의 색상과 명확하게 구별될 수 있어야 하며, 사업장별로 통일하여야 한다. 다만, 기동모 · 기동복의 색상은 진한 청색으로 한다.

ⓒ 장구의 제식 및 재질은 경찰장구와 같다.

ⓓ 부속물 중 모자표장의 제식 및 재질은 금색 금속지로 하되, 기동모의 표장은 정모 표장의 2분의 1 크기로 한다. 가슴표장과 계급장의 색상 및 재질은 금색 금속지로 하고, 넥타이핀과 단추의 색상 및 재질은 은색 금속지로 한다.

㉤ 청원경찰은 평상근무 중에는 정모 · 근무복 · 단화 · 호루라기 · 경찰봉 및 포승을 착용 또는 휴대하여야 하고, 총기를 휴대하지 아니하는 때에는 분사기를 휴대하여야 하며, 교육훈련이나 그밖의 특수근무 중에는 기동모 · 기동복 · 기동화 및 휘장을 착용 또는 부착하되, 허리띠와 경찰봉은 착용 또는 휴대하지 아니할 수 있다.

④ **감독**〈법 제9조3〉

㉠ 청원주는 항상 소속 청원경찰의 근무 상황을 감독하고 근무 수행에 필요한 교육을 실시해야 한다.

ⓛ 지방경찰청장은 청원경찰의 효율적인 운영을 위하여 청원주를 지도하며 감독상 필요한 명령을 할 수 있다.

㉢ 관할 경찰서장은 매달 1회 이상 청원경찰을 배치한 경비구역에 대하여 다음 사항을 감독하여야 한다.

ⓐ 복무규율과 근무 상황

ⓑ 무기의 관리 및 취급 사항

⑤ **직권남용 금지 등**〈법 제10조〉

㉠ 청원경찰이 직무를 수행할 때 직권을 남용하여 국민에게 해를 끼친 경우에는 6개월 이하의 징역이나 금고에 처한다.

ⓛ 청원경찰 업무에 종사하는 자는 형법, 그 밖의 법령에 따른 벌칙을 적용할 때에는 공무원으로 본다.

⑥ **의사에 반한 면직**〈법 제10조4〉

㉠ 청원경찰은 형의 선고·징계처분 또는 신체상·정신상의 이상으로 직무를 감당하지 못할 때를 제외하고는 그 의사에 반하여 면직되지 아니한다.

㉡ 청원주가 청원경찰을 면직시킨 때에는 그 사실을 관할 경찰서장을 거쳐 지방경찰청장에게 보고하여야 한다.

6 벌칙과 과태료

① **벌칙**〈법 제11조〉… 청원경찰로서 국가공무원법의 집단 행위의 금지규정을 위반한 자는 1년 이하의 징역 또는 200만 원 이하의 벌금에 처한다.

② **과태료**〈법 제12조〉

㉠ 500만 원 이하의 과태료

ⓐ 지방경찰청장의 배치결정을 받지 아니하고 청원경찰을 배치하거나 지방경찰청장의 승인을 얻지 아니하고 청원경찰을 임용한 자

ⓑ 정당한 사유없이 경찰청장이 고시한 최저부담기준액 이상의 보수를 지급하지 아니한 자

ⓒ 지방경찰청장은 청원경찰의 효율적인 운영을 위하여 청원주를 지도하며 감독상 필요한 명령을 할 수 있는데 이에 따른 감독상 필요한 명령을 정당한 사유없이 이행하지 아니한 자

청원경찰법에서 규정하는 위반행위에 따른 과태료 부과기준이다. 괄호 안에 들어갈 금액의 합은 얼마인가?

- 지방경찰청장의 감독상 필요한 총기·실탄 및 분사기에 관한 명령을 정당한 사유 없이 이행하지 않은 경우 (　　)의 과태료를 부과한다.
- 지방경찰청장의 승인을 받지 않고 국가공무원법상 임용결격사유에 해당하는 청원경찰을 임용한 경우 (　　)의 과태료를 부과한다.

① 7백만 원　　② 8백만 원
③ 9백만 원　　④ 1천만 원

★·지방경찰청장의 감독상 필요한 총기·실탄 및 분사기에 관한 명령을 정당한 사유 없이 이행하지 않은 경우 (500만 원)의 과태료를 부과한다.
·지방경찰청장의 승인을 받지 않고 국가공무원법상 임용결격사유에 해당하는 청원경찰을 임용한 경우 (500만 원)의 과태료를 부과한다.

답 ④

위반행위의 종류별 과태료의 부과기준

위반행위		과태료금액
지방경찰청장의 배치결정을 받지 아니하고 다음의 시설에 청원경찰을 배치한 경우	국가중요시설(국가정보원장이 지정하는 국가보안목표시설을 말함)인 경우	500만 원
	국가중요시설 외의 시설인 경우	400만 원
지방경찰청장의 승인을 받지 아니하고 다음의 청원경찰을 임용한 경우	임용결격사유에 해당하는 청원경찰	500만 원
	임용결격사유에 해당하지 아니하는 청원경찰	300만 원
정당한 사유 없이 경찰청장이 고시한 최저부담기준액 이상의 보수를 지급하지 아니한 경우		500만 원
지방경찰청장의 감독상 필요한 다음의 명령을 정당한 사유 없이 이행하지 아니한 경우	총기 · 실탄 및 분사기에 관한 명령	500만 원
	위 명령 외의 명령	300만 원

㉡ 과태료는 지방경찰청장이 부과 · 징수한다.

7 청원경찰의 무기관리, 경비비치부책

① 무기관리

㉠ 무기휴대〈영 제16조〉

ⓐ 청원주가 청원경찰이 휴대할 무기를 대여받으려는 경우에는 관할 경찰서장을 거쳐 지방경찰청장에게 무기대여를 신청해야 한다.

ⓑ 지방경찰청장이 무기를 대여하여 휴대하게 하려는 경우에는 청원주로부터 국가에 기부 채납된 무기에 한하여 관할 경찰서장으로 하여금 무기를 대여하여 휴대하게 할 수 있다.

ⓒ 무기를 대여한 때에는 관할 경찰서장은 청원경찰의 무기관리 상황을 수시로 점검해야 한다.

ⓓ 청원주 및 청원경찰은 행정안전부령으로 정하는 무기관리 수칙을 준수하여야 한다.

㉡ 청원경찰무기관리수칙

ⓐ 무기 및 탄약을 대여받은 청원주는 다음에 따라 이를 관리해야 한다.

- 청원주가 무기 및 탄약을 대여받았을 때에는 경찰청장이 정하는 무기 · 탄약출납부 및 무기장비 운영카드를 갖춰두고 기록해야 한다.
- 청원주는 무기 및 탄약의 관리를 위하여 관리책임자를 지정하고 관할 경찰서장에게 그 사실을 통보해야 한다.
- 무기고 및 탄약고는 단층에 설치하고 환기 · 방습 · 방화 및 총가(銃架) 등의 시설을 해야 한다.
- 탄약고는 무기고와 떨어진 곳에 설치하고, 그 위치는 사무실이나 그 밖에 여러 사람을 수용하거나 여러 사람이 오고 가는 시설로부터 격리되어야 한다.

- 무기고 및 탄약고에는 이중 잠금장치를 하고 열쇠는 관리책임자가 보관하되 근무시간 이후에는 숙직책임자에게 인계하여 보관시켜야 한다.
- 청원주는 경찰청장이 정하는 바에 따라 매월 무기 및 탄약의 관리 실태를 파악하여 다음달 3일까지 관할 경찰서장에게 통보해야 한다.
- 청원주는 대여받은 무기 및 탄약에 분실 · 도난 · 피탈 또는 훼손 등의 사고가 발생한 때에는 지체없이 그 사유를 관할 경찰서장에게 통보해야 한다.
- 청원주는 무기 및 탄약이 분실 · 도난 · 피탈 또는 훼손되었을 때에는 경찰청장이 정하는 바에 따라 그 전액을 배상해야 한다. 다만, 전시 · 사변 · 천재지변, 그 밖의 불가항력의 사유가 있다고 지방경찰청장이 인정한 때에는 그러하지 아니하다.

ⓑ 무기 및 탄약을 대여 받은 청원주가 청원경찰에게 무기 및 탄약을 출납하려는 경우에는 다음에 따라야 한다. 다만, 관할 경찰서장의 지시에 따라 탄약의 수를 늘리거나 줄일 수 있고, 무기와 탄약의 출납을 중지할 수 있으며 무기와 탄약을 회수하여 집중 관리할 수 있다.

- 무기 및 탄약을 출납하였을 때에는 무기 · 탄약 출납부에 그 출납사항을 기록하여야 한다.
- 소총의 탄약은 1정당 15발 이내, 권총의 탄약은 1정당 7발 이내로 출납해야 한다. 이 경우 생산된 후 오래된 탄약을 우선 출납해야 한다.
- 청원경찰에게 지급한 무기와 탄약은 매주 1회 이상 손질하게 하여야 한다.
- 수리가 필요한 무기가 있을 때에는 그 목록과 무기장비 운영카드를 첨부하여 관할 경찰서장에게 수리를 요청할 수 있다.

ⓒ 청원주로부터 무기 및 탄약을 지급받은 청원경찰은 다음 사항을 준수해야 한다.

- 무기를 지급받거나 반납할 때 또는 인계인수시에는 반드시 '앞에 총' 자세에서 '검사 총'을 해야 한다.
- 무기 및 탄약을 지급받았을 때에는 별도의 지시가 없으면 무기와 탄약을 분리하여 휴대해야 하며, 소총은 '우로 어깨 걸어 총', 권총은 '권총집에 넣어 총' 자세를 유지해야 한다.
- 지급받은 무기는 다른 사람에게 보관하거나 휴대시킬 수 없으며 손질을 의뢰할 수 없다.
- 무기를 손질 또는 조작할 때에는 반드시 총구를 공중으로 향하게 하여야 한다.
- 무기 및 탄약을 반납할 때에는 손질을 철저히 해야 한다.
- 근무시간 이후에는 무기 및 탄약을 청원주에게 반납하거나 교대근무자에게 인계해야 한다.

ⓓ 청원주는 다음에 해당하는 청원경찰에게 무기 및 탄약을 지급하여서는 아니 되며 지급된 무기 및 탄약은 회수해야 한다.

- 직무상 비위로 징계대상이 된 자
- 형사사건으로 인하여 조사대상이 된 자
- 사의를 밝힌 자
- 평소에 불평이 심하고 염세적인 자
- 주벽이 심한 자
- 변태적 성벽이 있는 자

청원경찰법령상 청원주가 청원경찰에 대하여 무기 및 탄약을 지급하여서는 아니 되며, 지급된 경우 회수하여야 하는 경우를 모두 고른 것은?

> ㉠ 변태적 성벽(性癖)이 있는 사람
> ㉡ 주벽(酒癖)이 심한 사람
> ㉢ 직무상 비위(非違)로 징계 대상이 된 사람
> ㉣ 형사사건으로 조사 대상이 된 사람

① ㉠㉡ ② ㉠㉢
③ ㉡㉢㉣ ④ ㉠㉡㉢㉣

★ 청원주가 청원경찰에 대하여 무기 및 탄약을 지급하여서는 아니 되며 지급된 무기 및 탄약은 회수해야 하는 대상
ⓐ 직무상 비위 징계대상
ⓑ 형사사건 조사대상
ⓒ 사의 표명자
ⓓ 심한 불평이 있는 자와 염세 비관론자
ⓔ 주벽이 심한 자
ⓕ 변태적 성벽이 있는 자

답 ④

② **배치의 폐지**〈법 제10조의 5〉

㉠ 청원주는 청원경찰이 배치된 시설이 폐쇄 또는 축소되어 청원경찰의 배치를 폐지하거나 배치인원을 감축할 필요가 있다고 인정하면 청원경찰의 배치를 폐지하거나 배치인원을 감축할 수 있다. 다만, 청원주는 다음의 어느 하나에 해당하는 경우에는 청원경찰의 배치를 폐지하거나 배치인원을 감축할 수 없다.
ⓐ 청원경찰을 대체할 목적으로 경비업법에 따른 특수경비원을 배치하는 경우
ⓑ 청원경찰이 배치된 기관·시설 또는 사업장 등이 배치인원의 변동사유 없이 다른 곳으로 이전하는 경우

㉡ 청원주가 청원경찰을 폐지 또는 감축한 때에는 청원경찰의 배치결정을 한 경찰관서의 장에게 알려야 하며, 그 사업장이 지방경찰청장이 청원경찰의 배치를 요청한 사업장인 때에는 그 폐지 또는 감축사유를 구체적으로 밝혀야 한다.

㉢ 청원경찰의 배치를 폐지하거나 배치인원을 감축하는 경우 해당 청원주는 배치폐지나 배치인원 감축으로 과원(過員)이 되는 청원경찰 인원을 그 기관 · 시설 또는 사업장 내의 유사 업무에 종사하게 하거나 다른 시설 · 사업장 등에 재배치하는 등 청원경찰의 고용이 보장될 수 있도록 노력해야 한다.

③ **당연퇴직**〈법 제10조의6〉

㉠ 임용결격사유에 해당될 때

㉡ 청원경찰의 배치가 폐지되었을 때

㉢ 나이가 60세가 되었을 때(다만, 그 날이 1월부터 6월 사이에 있으면 6월 30일에, 7월부터 12월 사이에 있으면 12월 31일에 각각 당연 퇴직된다)

1 청원경찰법령상의 내용으로 옳은 것은?

① 청원경찰의 경비는 지방경찰청에서 부담한다.
② 경비업법의 결격사유의 어느 하나에 해당하는 사람은 청원경찰로 임용될 수 없다.
③ 법원의 판결 또는 다른 법률에 따라 자격이 정지된 자는 청원경찰로 임용될 수 없다.
④ 청원주는 청원경찰 배치가 필요하다고 인정하는 기관의 장 또는 시설·사업장의 경영자에게 청원경찰을 배치할 것을 요청할 수 있다.

Advice ① 청원경찰에게 지급할 봉급과 각종 수당, 청원경찰의 피복비, 청원경찰의 교육비, 보상금 및 퇴직금의 청원경찰경비는 청원주가 부담하여야 한다〈청원경찰법 제6조 제1항〉.
② 국가공무원법 제33조 각 호의 어느 하나의 결격사유에 해당하는 사람은 청원경찰로 임용될 수 없다〈청원경찰법 제5조 제2항〉.
④ 지방경찰청장은 청원경찰 배치가 필요하다고 인정하는 기관의 장 또는 시설·사업장의 경영자에게 청원경찰을 배치할 것을 요청할 수 있다〈청원경찰법 제4조 제3항〉.

2 청원경찰법령상 분사기 및 무기의 휴대에 관한 내용으로 옳은 것은?

① 청원경찰은 근무 중 제복을 착용하여야 하며 청원경찰의 복제(服制)와 무기 휴대에 필요한 사항은 대통령령으로 정한다.
② 청원경찰로 하여금 분사기를 휴대하여 직무를 수행하게 하고자 하는 경우 청원주는 총포·도검·화약류 등 단속법에 따라 관할 경찰서장에게 소지신고를 하여야 한다.
③ 관할 경찰서장이 대여할 수 있는 무기는 청원주가 국가에 기부채납한 무기에 한하지 않는다.
④ 청원주가 무기와 탄약을 출납하려는 경우 청원주는 청원경찰에게 지급한 무기와 탄약을 월 2회 손질하게 하여야 한다.

Advice ② 청원주는 총포·도검·화약류 등의 안전관리에 관한 법률에 따른 분사기의 소지허가를 받아 청원경찰로 하여금 그 분사기를 휴대하여 직무를 수행하게 할 수 있다〈청원경찰법 시행령 제15조〉.
③ 지방경찰청장이 무기를 대여하여 휴대하게 하려는 경우에는 청원주로부터 국가에 기부채납된 무기에 한정하여 관할 경찰서장으로 하여금 무기를 대여하여 휴대하게 할 수 있다〈청원경찰법 시행령 제16조 제2항〉.
④ 무기와 탄약을 대여받은 청원주가 청원경찰에게 무기와 탄약을 출납하려는 경우에는 청원경찰에게 지급한 무기와 탄약은 매주 1회 이상 손질하게 하여야 한다〈청원경찰법 시행규칙 제16조 제2항 제3호〉.

Answer 1.③ 2.①

3 청원경찰법령상 청원주가 비치해야 할 문서와 장부가 아닌 것은?

① 무기 · 탄약 대여대장

② 청원경찰 명부

③ 신분증명서 발급대장

④ 무기장비 운영카드

Advice 청원주가 구비하고 있어야 할 문서와 장부〈청원경찰법 시행규칙 제17조 제1항〉

ⓐ 청원경찰 명부
ⓑ 근무일지
ⓒ 근무 상황카드
ⓓ 경비구역 배치도
ⓔ 순찰표철
ⓕ 무기 · 탄약출납부
ⓖ 무기장비 운영카드
ⓗ 봉급지급 조서철
ⓘ 신분증명서 발급대장
ⓙ 징계 관계철
ⓚ 교육훈련 실시부
ⓛ 청원경찰 직무교육계획서
ⓜ 급여품 및 대여품 대장
ⓝ 그 밖에 청원경찰의 운영에 필요한 문서와 장부

4 청원경찰법령상 청원주는 소속 청원경찰에게 그 직무집행에 필요한 교육을 매월 몇 시간 이상 하여야 하는가?

① 3시간　　② 4시간

③ 5시간　　④ 6시간

Advice 직무교육〈청원경찰법 시행규칙 제13조 제1항〉… 청원주는 소속 청원경찰에게 그 직무집행에 필요한 교육을 매월 4시간 이상 하여야 한다.

Answer 3.① 4.②

5 **청원경찰법의 규정 내용에 대한 설명으로 옳은 것은?**

① 지방자치단체에 근무하는 청원경찰의 직무상 불법행위에 대한 배상책임에 관하여는 민법의 규정을 따르고, 이를 제외한 청원경찰의 직무상 불법행위에 대한 배상책임에 관하여는 국가배상법의 규정을 따른다.

② 청원경찰 업무에 종사하는 사람은 형법이나 그 밖의 법령에 따른 벌칙을 적용할 때에는 공무원으로 본다.

③ 청원경찰이 직무를 수행할 때 직권을 남용하여 국민에게 해를 끼친 경우에는 3년 이하의 징역이나 금고에 처한다.

④ 청원경찰은 불가피한 사정이 있는 경우 경찰관직무집행법에 따른 직무외의 수사 활동 등 사법경찰관리의 직무를 수행할 수 있다.

Advice ① 국가기관이나 지방자치단체에 근무하는 청원경찰의 직무상 불법행위에 대한 배상책임에 관하여는 국가배상법의 규정을 따르고, 이를 제외한 청원경찰의 직무상 불법행위에 대한 배상책임에 관하여는 민법의 규정을 따른다〈청원경찰법 제10조의2〉.

③ 청원경찰이 직무를 수행할 때 직권을 남용하여 국민에게 해를 끼친 경우에는 6개월 이하의 징역이나 금고에 처한다〈청원경찰법 제10조 제1항〉.

④ 청원경찰은 그 경비구역만의 경비를 목적으로 필요한 범위에서 경찰관직무집행법에 따른 경찰관의 직무를 수행하지만, 수사 활동 등 사법경찰관리의 직무를 수행할 수는 없다〈청원경찰법 제3조〉.

6 **청원경찰법령상 청원경찰의 제복착용과 무기휴대에 대한 설명으로 옳은 것은?**

① 청원경찰은 근무 중 제복을 착용하여야 한다.

② 청원경찰의 제복, 장구 및 부속물에 관하여 필요한 사항은 대통령령으로 정한다.

③ 경찰청장은 청원경찰이 직무수행을 위하여 필요하다고 인정할 때에는 관할 경찰서장의 신청에 의하여 지방경찰청으로 하여금 무기를 대여하여 휴대하게 할 수 있다.

④ 청원경찰의 복제와 무기휴대에 관하여 필요한 사항은 경찰청장령으로 정한다.

Advice ② 청원경찰의 제복·장구 및 부속물에 관하여 필요한 사항은 행정안전부령으로 정한다〈청원경찰법 시행령 제14조 제2항〉.

③ 지방경찰청장은 청원경찰이 직무수행을 위하여 필요하다고 인정하면 청원주의 신청을 받아 관할 경찰서장으로 하여금 청원경찰에게 무기를 대여하여 지니게 할 수 있다〈청원경찰법 제8조 제2항〉.

④ 청원경찰의 복제와 무기휴대에 관하여 필요한 사항은 대통령령으로 정한다〈청원경찰법 제8조 제3항〉.

Answer 5.② 6.①

7 A는 군복무를 필하고 청원경찰로 2년간 근무하다가 퇴직하였다. 그 후 다시 청원경찰로 임용되었다면 청원경찰법령상 봉급산정에 있어서 산입되는 경력은? (단, A가 배치된 사업자의 취업규칙에 특별한 규정이 없는 것을 전제로 한다)

① 군 복무경력과 청원경찰로 근무한 경력 중 어느 하나만 산입하여야 한다.

② 군 복무경력은 반드시 산입하여야 하고, 청원경찰 경력은 산입하지 않아도 된다.

③ 군 복무경력과 청원경찰의 경력을 모두 산입하여야 한다.

④ 군 복무경력은 산입하지 않아도 되고, 청원경찰경력은 산입하여야 한다.

Advice 보수 산정 시의 경력 인정〈청원경찰법 시행령 제11조〉 … 배치된 사업장의 취업규칙에 특별한 규정이 없는 경우에는 다음의 경력을 봉급산정의 기준이 되는 경력에 산입해야 한다.

㉠ 청원경찰로 근무한 경력

㉡ 군 또는 의무경찰에 복무한 경력

㉢ 수위 · 경비원 · 감시원, 그 밖에 청원경찰과 비슷한 직무에 종사하던 자가 해당 사업장의 청원주에 의하여 청원경찰로 임용된 경우에는 그 직무에 종사한 경력

㉣ 국가기관 또는 지방자치단체에서 근무하는 청원경찰에 대하여는 국가기관 또는 지방자치단체에서 상근으로 근무한 경력

8 청원경찰법령상 청원경찰의 배치에 관한 설명으로 틀린 것은?

① KBS와 같은 언론사는 청원경찰의 배치대상이 되는 시설에 해당된다.

② 청원경찰의 배치를 받고자 하는 자는 청원경찰배치신청서를 사업장 소재지 관할 경찰서장을 거쳐 지방경찰청장에게 제출하여야 한다.

③ 청원경찰의 배치장소가 2이상의 도인 때에는 주된 사업장의 관할 경찰서장을 거쳐 관할 지방경찰청장에게 한꺼번에 신청할 수 있다.

④ 청원경찰의 배치를 받고자 하는 자는 청원경찰배치신청서에 경비구역 평면도 1부 또는 배치계획서 1부를 첨부하여야 한다.

Advice 청원경찰의 배치신청〈청원경찰법 시행령 제2조〉 … 청원경찰의 배치를 받으려는 자는 청원경찰 배치 신청서에 다음 서류를 첨부하여 법이 정하는 기관 · 시설 · 사업장 또는 장소의 소재지를 관할하는 경찰서장을 거쳐 지방경찰청장에게 제출하여야 한다. 이 경우 배치장소가 둘 이상의 도(특별시, 광역시 및 특별자치도 포함)일 때에는 주된 사업장의 관할 경찰서장을 거쳐 지방경찰청장에게 한꺼번에 신청할 수 있다.

㉠ 경비구역 평면도 1부

㉡ 배치계획서 1부

7.③ 8.④

9 **청원경찰법령상 국가 또는 지방자치단체의 기관이 아닌 사업장의 청원주가 산업재해보상보험법에 의한 산업재해보상보험에 가입한 경우에 청원경찰이 직무수행 중의 부상으로 인하여 퇴직하였다면 다음 중 옳은 것은?**

① 청원주는 산업재해보상보험법에 의하여 보상금을 지급하여야 하고, 근로자퇴직급여 보장법의 규정에 의한 퇴직금을 지급하여야 한다.
② 청원주는 근로기준법의 규정에 의한 보상금과 국가공무원법에 의한 퇴직금을 지급하여야 한다.
③ 청원주는 근로기준법의 규정에 의한 퇴직금만 지급하면 된다.
④ 청원주는 근로기준법의 규정에 의한 보상금과 퇴직금을 지급하여야 한다.

Advice 보상금 … 청원주는 청원경찰이 다음의 어느 하나에 해당하게 되면 대통령령으로 정하는 바에 따라 청원경찰 본인 또는 그 유족에게 보상금을 지급하여야 한다〈청원경찰법 제7조〉.
㉠ 직무수행으로 인하여 부상을 입거나, 질병에 걸리거나 또는 사망한 경우
㉡ 직무상의 부상·질병으로 인하여 퇴직하거나, 퇴직 후 2년 이내에 사망한 경우
※ 퇴직금〈청원경찰법 제7조의2〉 … 청원주는 청원경찰이 퇴직할 때에는 근로자퇴직급여 보장법에 따른 퇴직금을 지급하여야 한다. 다만, 국가기관이나 지방자치단체에 근무하는 청원경찰의 퇴직금에 관하여는 따로 대통령령으로 정한다.

10 **청원경찰법령상 청원경찰의 임용권자와 임용승인권자가 순서대로 바르게 연결된 것은?**

① 청원주 – 지방경찰청장
② 청원주 – 경찰서장
③ 지방경찰청장 – 청원주
④ 경찰서장 – 청원주

Advice 청원경찰은 청원주가 임용하되, 임용을 할 때에는 미리 지방경찰청장의 승인을 받아야 한다〈청원경찰법 제5조 제1항〉.

11 **매월 1회 이상 청원경찰을 배치한 경비구역에 대하여 복무규율 및 근무사항, 무기관리 및 취급사항을 감독하여야 하는 자는?**

① 청원주
② 경비업자
③ 관할 지방경찰청장
④ 관할 경찰서장

Advice 감독〈청원경찰법 시행령 제17조〉 … 관할 경찰서장은 매달 1회 이상 청원경찰을 배치한 경비구역에 대하여 다음의 사항을 감독하여야 한다.
㉠ 복무규율과 근무 상황
㉡ 무기의 관리 및 취급 사항

Answer 9.① 10.① 11.④

12 청원경찰법령상 청원주와 관할 경찰서장이 공통적으로 비치해야 할 문서와 장부는?

① 청원경찰 명부
② 무기 · 탄약 출납부
③ 전출입 관계철
④ 징계 관계철

Advice 문서와 장부의 비치〈청원경찰법 시행규칙 제17조〉

㉠ 청원주는 다음의 문서와 장부를 갖춰 두어야 한다.
- 청원경찰 명부
- 근무일지
- 근무 상황카드
- 경비구역 배치도
- 순찰표철
- 무기 · 탄약 출납부
- 무기장비 운영카드
- 봉급지급 조서철
- 신분증명서 발급대장
- 징계 관계철
- 교육훈련 실시부
- 청원경찰 직무교육계획서
- 급여품 및 대여품 대장
- 그 밖에 청원경찰의 운영에 필요한 문서와 장부

㉡ 관할 경찰서장은 다음의 문서와 장부를 갖춰 두어야 한다.
- 청원경찰 명부
- 감독 순시부
- 전출입 관계철
- 교육훈련 실시부
- 무기 · 탄약 대여대장
- 징계요구서철
- 그 밖에 청원경찰의 운영에 필요한 문서와 장부

Answer 12.①

13 지방자치단체에 근무하는 청원경찰의 직무상 불법행위에 대한 배상책임의 근거법은?

① 국가배상법 ② 지방자치법
③ 청원경찰법 ④ 민법

Advice 국가기관이나 지방자치단체에 근무하는 청원경찰의 직무상 불법행위에 대한 배상책임은 국가배상법이 적용되며 그 외의 청원경찰에 대해서는 민법의 규정을 따른다.

※ **청원경찰법 제10조의2** … 청원경찰(국가기관이나 지방자치단체에 근무하는 청원경찰은 제외한다)의 직무상 불법행위에 대한 배상책임에 관하여는 「민법」의 규정을 따른다.

※ **국가배상법 제2조 제1항** … 국가나 지방자치단체는 공무원 또는 공무를 위탁받은 사인이 직무를 집행하면서 고의 또는 과실로 법령을 위반하여 타인에게 손해를 입히거나, 「자동차손해배상 보장법」에 따라 손해배상의 책임이 있을 때에는 이 법에 따라 그 손해를 배상하여야 한다. 다만, 군인 · 군무원 · 경찰공무원 또는 향토예비군대원이 전투 · 훈련 등 직무 집행과 관련하여 전사(戰死) · 순직(殉職)하거나 공상(公傷)을 입은 경우에 본인이나 그 유족이 다른 법령에 따라 재해보상금 · 유족연금 · 상이연금 등의 보상을 지급받을 수 있을 때에는 이 법 및 「민법」에 따른 손해배상을 청구할 수 없다.

14 청원경찰법령상의 무기 및 탄약을 지급받은 청원경찰이 준수해야 할 사항은?

① 별도의 지시가 없는 한 무기와 탄약을 분리하여 휴대한다.
② 무기를 타인에게 보관시킬 수 없으나, 손질은 의뢰할 수 있다.
③ 근무시간 이후에는 다음 근무시간까지 자신만이 아는 비밀스런 장소에 보관해 두어야 한다.
④ 무기를 손질하거나 조작할 때에는 반드시 총구가 지면을 향하도록 해야 한다.

Advice 청원주로부터 무기 및 탄약을 지급받은 청원경찰이 준수할 사항<청원경찰법 시행규칙 제16조 제3항>

㉠ 무기를 지급받거나 반납할 때 또는 인계인수시에는 반드시 '앞에 총' 자세에서 '검사 총'을 해야 한다.
㉡ 무기 및 탄약을 지급받았을 때에는 별도의 지시가 없으면 무기와 탄약은 분리하여 휴대해야 하며, 소총은 '우로 어깨 걸어 총', 권총은 '권총집에 넣어 총' 자세를 유지해야 한다.
㉢ 지급받은 무기는 다른 사람에게 보관 또는 휴대하게 할 수 없으며 손질을 의뢰할 수 없다.
㉣ 무기를 손질 또는 조작할 때에는 반드시 총구를 공중으로 향해야 한다.
㉤ 무기 및 탄약을 반납할 때에는 손질을 철저히 해야 한다.
㉥ 근무시간 이후에는 무기 및 탄약을 청원주에게 반납하거나 교대 근무자에게 인계해야 한다.

Answer 13.① 14.①

15 청원경찰법령상 500만 원 이하의 과태료 처분의 대상이 되는 자가 아닌 것은?

① 정당한 사유없이 경찰청장이 고시한 최저부담기준액 이상의 보수를 지급하지 아니한 자
② 지방경찰청장의 승인을 받지 않고 청원경찰을 임용한 자
③ 지방경찰청장의 청원주에 대한 지도·감독상 필요한 명령을 정당한 이유없이 이행하지 아니한 자
④ 지방경찰청장에게 신청을 하지 않고 무기대여를 받으려는 자

Advice 500만 원 이하의 과태료〈법 제12조〉
㉠ 지방경찰청장의 배치결정을 받지 아니하고 청원경찰을 배치하거나 지방경찰청장의 승인을 받지 아니하고 청원경찰을 임용한 자
㉡ 정당한 사유없이 경찰청장이 고시한 최저부담기준액 이상의 보수를 지급하지 아니한 자
㉢ 지방경찰청장이 청원경찰의 효율적인 운영을 위하여 청원주에게 발한 감독상 필요한 명령을 정당한 이유 없이 이행하지 아니한 자

16 청원경찰법령상 청원주가 무기 및 탄약을 지급해서는 안 되고 이미 지급된 무기 및 탄약도 회수해야 하는 대상이 되지 않는 청원경찰은?

① 직무상 비위로 징계대상이 된 자
② 이혼경력이 있는 자
③ 사의를 밝힌 자
④ 주벽이 심한 자

Advice 청원주가 무기 및 탄약을 지급하여서는 안 되며 지급된 무기 및 탄약은 회수해야 하는 청원경찰〈청원경찰법 시행규칙 제16조 제4항〉
㉠ 직무상 비위로 징계대상이 된 자
㉡ 형사사건으로 인하여 조사대상이 된 자
㉢ 사의를 밝힌 자
㉣ 평소에 불평이 심하고 염세적인 자
㉤ 주벽이 심한 자
㉥ 변태적 성벽이 있는 자

Answer 15.④ 16.②

17 청원경찰법령상 청원주가 부담해야 하는 청원경찰경비가 아닌 것은?

① 청원경찰에게 지급할 봉급 및 각종 수당

② 청원경찰의 피복비

③ 청원경찰의 교육비

④ 청원경찰의 의료비

Advice 청원주가 부담하는 청원경찰경비〈청원경찰법 제6조 제1항〉

㉠ 청원경찰에게 지급할 봉급 및 각종 수당

㉡ 청원경찰의 피복비

㉢ 청원경찰의 교육비

㉣ 보상금 및 퇴직금

18 청원경찰법령상 청원경찰의 교육에 관한 설명으로 옳지 않은 것은?

① 청원주는 청원경찰에 임용된 자에 대하여 경비구역에 배치하기 전에 경찰교육기관에서 직무상 필요한 교육을 받게 하여야 한다.

② 경찰공무원 또는 청원경찰에서 퇴직한 자가 퇴직한 날로부터 3년 이내에 청원경찰로 임용된 때에는 교육을 면제할 수 있다.

③ 청원경찰의 신임교육의 기간은 4주간으로 한다.

④ 청원주는 소속 청원경찰에게 그 직무집행에 필요한 교육을 매월 4시간 이상 하여야 한다.

Advice 청원경찰의 교육기간은 2주간으로 한다〈청원경찰법 시행규칙 제6조〉.

Answer 17.④ 18.③

19 **청원경찰법령상 청원경찰의 징계에 관한 설명으로 옳지 않은 것은?**

① 청원경찰의 징계권자는 청원주이다.

② 감봉은 1개월 이상 3개월 이하로 하고, 그 기간에 보수의 3분의 1를 줄인다.

③ 청원경찰에 대한 징계의 종류는 파면, 해임, 정직, 감봉, 견책이 있다.

④ 청원주는 청원경찰의 배치결정통지를 받은 때에는 그 날로부터 30일 이내에 청원경찰에 대한 징계규정을 제정하여 관할 지방경찰청장에게 신고하여야 한다.

Advice 청원주는 청원경찰의 배치결정통지를 받았을 때에는 그 날부터 15일 이내에 청원경찰에 대한 징계규정을 제정하여 관할 지방경찰청장에게 신고하여야 한다. 징계규정을 변경한 때에도 또한 같다〈청원경찰법 시행령 제8조 제5항〉.

20 **A광역시에 소재하고 있는 B은행 본점에는 20명의 청원경찰이 배치되어 있다. 이에 관한 설명으로 옳지 않은 것은?**

① 청원경찰에 대한 봉급 및 각종 수당은 B은행에서 지급한다.

② B은행은 B은행 직원의 봉급지급일에 청원경찰에 대한 봉급도 지급한다.

③ 청원경찰이 입을 피복은 B은행에서 직접 그 피복대금을 청원경찰에게 지급한다.

④ 청원경찰로 임용된 자는 원칙적으로 경비구역에 배치되기 전에 경찰교육기관에서 직무수행에 필요한 교육을 받아야 한다.

Advice 피복은 청원주가 제작하거나 구입하여 정기지급일 또는 신규 배치 시에 청원경찰에게 현품으로 지급한다〈청원경찰법 시행규칙 제8조 제2호〉.

Answer 19.④ 20.③

21 A기업체 청원경찰이 보수산정과 관련하여 가장 우선시 되는 기준은?

① 경찰관 순경의 보수에 준해 지급

② 국가기관, 지방자치단체 근무자에 준해 지급

③ 당해 사업체의 유사직종 근로자와 동일하게 지급

④ 당해 사업장의 취업규칙

Advice 보수 산정 시의 경력인정〈청원경찰법 시행령 제11조〉 … 청원경찰의 보수 산정에 관하여 배치된 사업장의 취업규칙에 특별한 규정이 없는 경우에는 다음의 경력을 봉급산정의 기준이 되는 경력에 산입해야 한다.

㉠ 청원경찰로 근무한 경력

㉡ 군 또는 의무경찰에 복무한 경력

㉢ 수위·경비원·감시원, 기타 청원경찰과 비슷한 직무에 종사하던 자가 그 사업장의 청원주에 의하여 청원경찰로 임용된 경우에는 그 직무에 종사한 경력

㉣ 국가기관 또는 지방자치단체에서 근무하는 청원경찰에 대하여는 국가기관 또는 지방자치단체에서 상근으로 근무한 경력

22 청원경찰의 신분보장에 관한 설명으로 옳지 않은 것은?

① 청원주가 청원경찰을 면직시킨 때에는 그 사실을 관할 경찰서장을 거쳐 지방경찰청장에게 보고하여야 한다.

② 청원경찰은 형의 선고·징계처분으로 직무를 감당하지 못할 때에는 그 의사에 반하여 면직될 수 있다.

③ 청원경찰은 신체상의 이상이 있는 경우에도 그 의사에 반하여 면직될 수는 없다.

④ 청원경찰은 원칙적으로 본인의 의사에 반하여 면직될 수 없다.

Advice 의사에 반한 면직〈청원경찰법 제10조4〉

㉠ 청원경찰은 형의 선고·징계처분 또는 신체상·정신상의 이상으로 직무를 감당하지 못할 때를 제외하고는 그 의사에 반하여 면직되지 아니한다.

㉡ 청원주가 청원경찰을 면직시킨 때에는 그 사실을 관할 경찰서장을 거쳐 지방경찰청장에게 보고하여야 한다.

Answer 21.④ 22.③

23 다음 중 청원경찰의 당연퇴직사유에 해당하는 것은?

① 청원경찰이 만 55세 달한 때
② 청원주가 청원경찰이 배치된 시설을 축소하여 청원경찰의 비치인원을 감축한 경우
③ 청원주가 청원경찰이 배치된 시설을 폐쇄하여 청원경찰의 배치를 폐지한 때
④ 청원경찰이 견책처분을 받은 때

Advice 당연퇴직〈청원경찰법 제10조의6〉
㉠ 임용결격사유에 해당되었을 때
㉡ 청원경찰의 배치가 폐지되었을 때
㉢ 나이가 60세가 되었을 때. 다만, 그 날이 1월부터 6월 사이에 있으면 6월 30일에, 7월부터 12월 사이에 있으면 12월 31일에 각각 당연 퇴직된다.

24 청원주가 부담하지 않아도 되는 경비는?

① 청원경찰의 봉급 및 각종 수당
② 청원경찰의 교육비
③ 청원경찰의 피복비
④ 직무상 부상으로 인하여 퇴직 후 2년 이후에 사망한 자에 대한 보상금

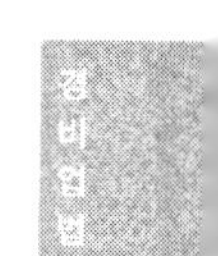

Advice 보상금〈청원경찰법 제7조〉… 청원주는 청원경찰이 다음의 어느 하나에 해당하게 되면 대통령령으로 정하는 바에 따라 청원경찰 본인 또는 그 유족에게 보상금을 지급하여야 한다.
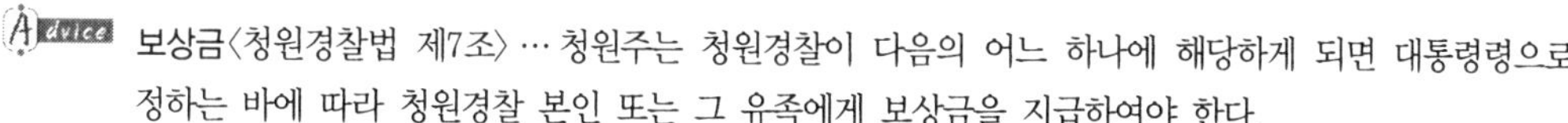
㉠ 직무수행으로 인하여 부상을 입거나, 질병에 걸리거나 또는 사망한 경우
㉡ 직무상의 부상·질병으로 인하여 퇴직하거나, 퇴직 후 2년 이내에 사망한 경우

25 다음 ( ) 안에 들어갈 알맞은 숫자는?

청원주가 청원경찰에게 무기 및 탄약을 출납할 때 소총은 1정당, (㉠)발 이내, 권총은 1정당 (㉡)발 이내로 하여야 한다.

① ㉠ – 10, ㉡ – 5
② ㉠ – 15, ㉡ – 7
③ ㉠ – 15, ㉡ – 5
④ ㉠ – 10, ㉡ – 7

Advice 소총의 탄약은 1정당 15발 이내, 권총의 탄약은 1정당 7발 이내로 출납하여야 한다. 이 경우 생산된 후 오래된 탄약을 우선하여 출납하여야 한다〈청원경찰법 시행규칙 제16조 제2항 제2호〉.

Answer 23.③ 24.④ 25.②

26 **청원경찰의 복제에 대한 설명 중 옳지 않은 것은?**

① 장구는 허리띠, 경찰봉, 호루라기 및 포승으로 구분한다.
② 기동모, 기동복의 색상은 검정색으로 한다.
③ 제복의 제식 및 재질은 청원주가 결정한다.
④ 장구의 제식 및 재질은 경찰장구와 같다.

Advice 기동모 · 기동복의 색상은 진한 청색으로 한다〈청원경찰법 시행규칙 제9조 제2항 제1호〉.

27 **청원경찰의 임용, 배치, 경비에 대한 설명으로 옳지 않은 것은?**

① 청원경찰의 임용자격은 18세 이상의 남자는 군복무를 미쳤거나 면제된 자에 한한다.
② 청원주가 청원경찰을 임용한 때에는 15일 이내에 그 임용사항을 관할 경찰청장에게 보고하여야 한다.
③ 청원주는 청원경찰을 신규로 배치한 때에는 배치지 관할 경찰서장에게 이를 통보하여야 한다.
④ 원칙적으로 청원경찰경비의 최저부담기준액 및 부담기준액은 순경의 것을 고려하여 다음 연도분을 매년 12월에 고시하여야 한다.

Advice 청원주가 청원경찰을 임용하였을 때에는 10일 이내에 그 임용사항을 관할 경찰서장을 거쳐 지방경찰청장에게 보고해야 한다〈청원경찰법 시행령 제4조 제2항〉.

28 **청원주가 부담해야 하는 청원경찰경비가 아닌 것은?**

① 청원경찰의 피복비
② 청원경찰의 교육비
③ 청원경찰의 의료비
④ 청원경찰에게 지급할 봉급 및 각종 수당

Advice 청원주가 부담하는 청원경찰경비〈청원경찰법 제6조 제1항〉
㉠ 청원경찰에게 지급할 봉급 및 각종 수당
㉡ 청원경찰의 피복비
㉢ 청원경찰의 교육비
㉣ 보상금 및 퇴직금

Answer 26.② 27.② 28.③

29 청원경찰의 무기휴대에 관한 사항 중 옳지 않은 것은?

① 청원주가 청원경찰이 휴대할 무기를 대여받고자 할 때에는 관할 경찰서장을 거쳐 지방경찰청장에게 무기대여의 신청을 하여야 한다.

② 청원경찰은 별도의 허가를 받지 아니하고도 분사기를 휴대할 수 있다.

③ 청원경찰에게 무기를 대여한 경우에 관할 경찰서장은 청원경찰의 무기관리상황을 수시 점검하여야 한다.

④ 청원주는 경찰청장이 청하는 바에 의하여 매월 무기 및 탄약의 관리실태를 파악하여 다음 달 3일까지 관할 경찰서장에게 통보하여야 한다.

Advice 청원주는 「총포 · 도검 · 화약류 등의 안전관리에 관한 법률」에 따른 분사기의 소지허가를 받아 청원경찰로 하여금 그 분사기를 휴대하여 직무를 수행하게 할 수 있다〈청원경찰법 시행령 제15조〉

30 청원경찰이 배치되는 시설이 아닌 것은?

① 선박, 항공기 등 수송시설

② 의료법에 의한 의료기관

③ 사회복지법에 의한 사회복지시설

④ 학교 등 육영시설

Advice 청원경찰이 배치되는 시설〈청원경찰법 제2조〉

㉠ 국가기관 또는 공공단체와 그 관리하에 있는 중요시설 또는 사업장
㉡ 국내 주재 외국기관
㉢ 선박 · 항공기 등 수송시설
㉣ 금융 또는 보험을 업으로 하는 시설 또는 사업장
㉤ 언론 · 통신 · 방송 또는 인쇄를 업으로 하는 시설 또는 사업장
㉥ 학교 등 육영시설
㉦ 의료법에 의한 의료기관
㉧ 그 밖에 공공의 안녕 질서 유지와 국민경제를 위하여 고도의 경비가 필요한 중요시설 · 사업체 또는 장소

Answer 29.② 30.③

31 **청원경찰에 대한 설명으로 옳지 않은 것은?**

① 형법적용에 있어서는 공무원으로 본다.

② 청원경찰에 임용된 자는 누구나 반드시 경비구역에 배치되기 전 교육을 받아야 한다.

③ 관할 경찰서장은 매월 1회 이상 복무규율 및 근무상황을 감독하여야 한다.

④ 청원주는 청원경찰을 이동배치한 때에는 배치지 관할 경찰서장에게 통보해야 한다.

Advice 교육〈청원경찰법 시행령 제5조〉

㉠ 청원주는 청원경찰에 임용된 사람으로 하여금 경비구역에 배치하기 전에 경찰교육기관에서 직무수행에 필요한 교육을 받게 해야 한다. 다만, 경찰교육기관의 교육계획상 부득이하다고 인정할 때에는 우선 배치하고 임용 후 1년 이내에 교육을 받게 할 수 있다.

㉡ 경찰공무원(의무경찰을 포함) 또는 청원경찰에서 퇴직한 자가 퇴직한 날부터 3년 이내에 청원경찰로 임용된 때에는 교육을 면제할 수 있다.

32 **청원경찰에 대한 징계처분과 관련된 내용 중 옳지 않은 것은?**

① 청원주는 청원경찰이 직무상의 의무를 위반하거나 직무를 태만히 하면 징계처분하여야 한다.

② 감봉은 1월 이상 6월 이하로 하여 봉급의 2분의 1을 감한다.

③ 징계의 종류는 파면, 해임, 정직, 감봉, 견책의 5종류가 있다.

④ 청원주는 청원경찰의 배치결정통지를 받은 후 15일 이내에 징계규정을 제정해야 한다.

Advice 징계

㉠ 청원주는 청원경찰이 다음에 해당하는 때에는 징계절차를 거쳐 징계처분을 하여야 한다.
- 직무상의 의무를 위반하거나 직무를 태만히 한 때
- 품위를 손상하는 행위를 한 때

㉡ 청원경찰에 대한 징계의 종류는 파면, 해임, 정직, 감봉, 견책으로 하며, 감봉은 1월 이상 3월 이하로 하되, 그 기간에 봉급의 3분의 1을 줄인다.

Answer 31.② 32.②

33 다음 설명 중 옳지 않은 것은?

① 청원경찰의 임용자격, 임용방법, 교육, 보수에 관하여는 대통령령으로 정한다.
② 청원경찰이 퇴직한 때에는 원칙적으로 근로자퇴직급여 보장법의 규정에 의한 퇴직금을 지급해야 한다.
③ 청원경찰경비의 봉급 등의 최저부담기준액이나 피복비, 교육비의 부담기준액은 행정안전부장관이 정하여 고시한다.
④ 지방경찰청장은 청원경찰의 배치신청을 받은 때에는 지체없이 그 배치여부를 결정하여 신청인에게 알려야 한다.

Advice 청원주의 봉급·수당의 최저부담기준액(국가기관 또는 지방자치단체에 근무하는 청원경찰의 봉급·수당은 제외한다)과 청원경찰의 피복비, 교육비 비용의 부담기준액은 경찰청장이 정하여 고시(告示)한다〈청원경찰법 제6조 제3항〉.

34 다음 중 경찰관의 경찰관직무집행법상의 직무가 아닌 것은?

① 경비 및 주요 인사 경호　② 치안정보의 수집
③ 공공복리의 증진　④ 대간첩·대테러작전의 수행

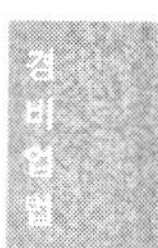

Advice 경찰관직무집행법상 경찰관의 직무〈제2조〉
㉠ 국민의 생명·신체 및 재산의 보호
㉡ 범죄의 예방·진압 및 수사
㉢ 경비·주요 인사 경호 및 대간첩·대테러 작전 수행
㉣ 치안정보의 수집·작성 및 배포
㉤ 교통 단속과 교통 위해의 방지
㉥ 외국의 정부기관 및 국제기구와 국제협력
㉦ 그 밖에 공공의 안녕과 질서 유지

35 청원경찰법령상 관할 경찰서장과 지방경찰청장이 공통으로 갖춰 두어야 할 문서나 장부에 해당하는 것은?

① 청원경찰 명부　② 전출입 관계철
③ 교육훈련 실시부　④ 배치 결정 관계철

Advice ㉠ 관할 경찰서장이 갖춰 두어야 하는 문서와 장부 … 청원경찰 명부, 감독 순시부, 전출입 관계철, 교육훈련 실시부, 무기·탄약 대여대장, 징계요구서철, 그 밖에 청원경찰의 운영에 필요한 문서와 장부
㉡ 지방경찰청장이 갖춰 두어야 하는 문서와 장부 … 배치 결정 관계철, 청원경찰 임용승인 관계철, 전출입 관계철, 그 밖에 청원경찰의 운영에 필요한 문서와 장부

Answer 33.③ 34.③ 35.②

36 **청원경찰의 배치 및 임용에 관한 다음 설명 중 옳은 것은?**

① 지방경찰청장은 청원경찰의 배치가 필요하다고 인정되는 기관의 장 또는 시설, 사업장의 경영자에게 청원경찰의 배치를 요청할 수 있다.

② 청원경찰의 배치를 받고자 하는 자는 관할 경찰관서장에게 문서 또는 구두로 신청해야 한다.

③ 청원경찰은 청원주가 관할 경찰관서장과 협의하여 임용하되, 그 임용에 있어서 미리 경찰청장의 승인을 얻어야 한다.

④ 청원주는 청원경찰비와 청원경찰 또는 그 유족에 대한 보상금 및 청원경찰의 퇴직금의 일부를 부담하여야 한다.

Advice ② 청원경찰의 배치를 받으려는 자는 청원경찰 배치신청서에 경비구역 평면도 1부와 배치계획서 1부를 첨부하여 사업장의 소재지를 관할하는 경찰서장을 거쳐 지방경찰청장에게 제출하여야 한다 〈청원경찰법 시행령 제2조〉.

③ 청원경찰은 청원주가 임용하되, 임용을 할 때에는 미리 지방경찰청장의 승인을 받아야 한다〈청원경찰법 제5조 제1항〉.

④ 청원주는 보상금 및 퇴직금의 전부를 부담하여야 한다〈청원경찰법 제6조 제1항 제4호〉.

37 **청원경찰법 제1조의 내용이다. (　　)안에 들어갈 용어로 옳은 것은?**

> 청원경찰법의 청원경찰의 직무 · 임용 · 배치 · 보수 · (　　) 및 그 밖에 필요한 사항을 규정함으로써 청원경찰의 원활한 운영을 목적으로 한다.

① 무기휴대　　② 신분보장

③ 사회보장　　④ 징계

Advice 청원경찰법 제1조(목적) … 이 법은 청원경찰의 직무 · 임용 · 배치 · 보수 · 사회보장 및 그 밖에 필요한 사항을 규정함으로써 청원경찰의 원활한 운영을 목적으로 한다.

Answer 36.① 37.③

38 청원경찰법령상 청원경찰의 신분 및 근무 등에 관한 설명으로 옳지 않은 것은?

① 청원경찰은 형법이나 그 밖의 법령에 따른 벌칙을 적용할 때에는 공무원으로 본다.

② 청원경찰은 형의 선고, 징계처분 또는 신체상·정신상의 이상으로 직무를 감당하지 못할 때를 제외하고는 그 의사에 반하여 면직되지 아니한다.

③ 청원경찰이 직무를 수행할 때 직권을 남용하여 국민에게 해를 끼친 경우에는 6개월 이하의 징역이나 금고에 처한다.

④ 국가기관에 근무하는 청원경찰의 직무상 불법행위에 대한 배상책임에 관하여는 민법의 규정을 적용해야 한다.

Advice ④ 청원경찰(국가기관이나 지방자치단체에 근무하는 청원경찰은 제외한다)의 직무상 불법행위에 대한 배상책임에 관하여는 「민법」의 규정을 따른다〈청원경찰법 제10조의2〉.
① 청원경찰법 제10조 제2항
② 청원경찰법 제10조의4 제1항
③ 청원경찰법 제10조 제1항

39 청원경찰법령상 국가기관이나 지방자치단체에 근무하는 청원경찰 본인의 의사에도 불구하고 휴직을 명하여야 하는 경우가 아닌 것은?

① 국외유학을 하게 된 때

② 신체·정신상의 장애로 장기 요양이 필요할 때

③ 천재지변 등의 사유로 소재가 불명확하게 된 때

④ 병역법에 따른 병역 복무를 마치기 위하여 소집된 때

Advice ① 국외유학을 하게 된 경우는 휴직을 원하면 휴직을 명할 수 있는 사유이지 휴직을 명하여야 하는 사유가 아니다.

※ **휴직 및 명예퇴직** … 국가기관이나 지방자치단체에 근무하는 청원경찰의 휴직 및 명예퇴직에 관하여는 국가공무원법을 준용하며 국가공무원법상 휴직을 명하여야 하는 경우는 다음과 같다〈청원경찰법 제10조의7〉.

㉠ 신체·정신상의 장애로 장기 요양이 필요할 때
㉡ 병역법에 따른 병역 복무를 마치기 위하여 징집 또는 소집된 때
㉢ 천재지변이나 전시·사변, 그 밖의 사유로 생사(生死) 또는 소재(所在)가 불명확하게 된 때
㉣ 그 밖에 법률의 규정에 따른 의무를 수행하기 위하여 직무를 이탈하게 된 때
㉤ 공무원의 노동조합 설립 및 운영 등에 관한 법률에 따라 노동조합 전임자로 종사하게 된 때

Answer 38.④ 39.①

40 **청원경찰법령상 청원경찰경비에 대한 설명으로 틀린 것은?**

① 청원주가 부담하는 청원경찰경비는 청원경찰에게 지급할 봉급 및 각종 수당, 청원경찰의 피복비 및 교육비, 청원경찰법의 규정에 의한 보상금 및 퇴직금이 있다.

② 청원경찰에게 지급할 봉급 및 각종 수당의 최저부담기준액과 청원경찰의 피복비 및 교육비의 부담기준액은 경찰청장이 고시한다.

③ 청원경찰에게 지급할 봉급 및 각종 수당의 최저 부담 기준액은 순경의 것을 고려하여 매년 12월에 다음 연도분을 고시하여야 하며, 어떠한 경우에도 수시 고시는 허용될 수 없다.

④ 청원경찰에 대한 봉급 및 각종 수당은 청원주가 당해 사업장의 직원에 대한 보수지급일에 청원경찰에게 직접 지급된다.

Advice ③ 청원경찰경비의 최저부담기준액 및 부담기준액은 경찰공무원 중 순경의 것을 고려하여 다음 연도분을 매년 12월에 고시하여야 한다. 다만 부득이한 사유가 있을 때에는 수시 고시할 수 있다<청원경찰법 시행령 제12조>.

※ 청원경찰비<청원경찰법 제6조>

㉠ 청원주는 다음 각 호의 청원경찰경비를 부담하여야 한다.
- 청원경찰에게 지급할 봉급과 각종 수당
- 청원경찰의 피복비
- 청원경찰의 교육비
- 보상금 및 퇴직금

㉡ 국가기관 또는 지방자치단체에 근무하는 청원경찰의 보수는 다음 각 호의 구분에 따라 같은 재직기간에 해당하는 경찰공무원의 보수를 감안하여 대통령령으로 정한다.
- 재직기간 15년 미만 : 순경
- 재직기간 15년 이상 23년 미만 : 경장
- 재직기간 23년 이상 30년 미만 : 경사
- 재직기간 30년 이상 : 경위

㉢ 청원경찰에게 지급할 봉급·수당의 최저부담기준액과 같은 청원경찰의 피복비 및 청원경찰의 교육비의 부담기준액은 경찰청장이 정하여 고시한다.

Answer 40.③

41 청원경찰이 직무를 수행함에 있어서 직권을 남용하여 국민에게 해를 끼친 경우의 처벌로 옳은 것은?

① 6월 이하의 징역이나 금고

② 2년 이하의 징역이나 금고

③ 1년 이하의 징역이나 금고

④ 3년 이하의 징역이나 금고

Advice 직권남용 금지 등〈청원경찰법 제10조〉

㉠ 청원경찰이 직무를 수행할 때 직권을 남용하여 국민에게 해를 끼친 경우에는 6개월 이하의 징역이나 금고에 처한다.

㉡ 청원경찰업무에 종사하는 자는 형법, 그 밖의 법령에 따른 벌칙을 적용할 때에는 공무원으로 본다.

Answer 41.①

경호학은 필수과목은 아니지만 수험생들이 많이 선택하는 선택과목이다. 가장 실무적인 내용들을 다루고 있는 만큼 시험의 합격뿐만 아니라 수험생 스스로의 직무역량 향상에도 많은 도움을 줄 수 있는 과목이므로 중요하게 학습해야 하는 과목이다. 범위가 방대하므로 주요 출제포인트를 점검하여 학습하도록 한다.

제4과목

경호학

01. 경호학과 경호
02. 경호의 조직
03. 경호업무 수행방법
04. 경호 복장과 장비
05. 경호의전과 구급법
06. 경호의 환경

01 경호학과 경호

1 경호의 정의

1 경호의 의미

① **실질적 의미의 경호**

㉠ 경호의 의미를 본질적 · 이론적 · 학문적으로 이해한 것으로 전체적인 경호의 개념 중 공통적으로 가지고 있는 특성을 말한다.

㉡ 경호는 경호의뢰인에게 직접적 · 간접적 또는 인위적 · 자연적으로 위협이 가해지는 경우, 이러한 위협으로부터 의뢰인의 신변을 보호하고 가해자를 제압하는 경호원의 호위활동으로, 경호의뢰인의 활동경로(숙박장소, 이용하는 교통수단 및 이동로 등)를 사전에 파악하고 호위활동이 필요한 장소 등의 경호구역에 대하여 모든 수단과 방법을 이용하여 경계하고 위해요인을 제거함으로써 의뢰인을 안전하게 보호하는 것을 목적으로 한다.

㉢ 실질적 의미의 경호는 실정법상의 제약이 없기 때문에 경호의 원칙적 의미와는 다르게 공권력을 위협할 수 있고, 권리의 남용을 초래할 수도 있으며, 실질적으로 경호활동을 할 수 있는 기준에 맞지 않는 경호업체들이 난립할 수 있다는 단점이 있으므로 현대 사회에서는 실질적 의미의 경호활동보다는 형식적 의미의 경호활동을 인정한다.

TIP

신변보호

㉠ 보호대상자의 생명 · 신체를 위해로부터 보호하는 것
㉡ 신체에 대한 직접적인 위해를 근접에서 제지하는 것
㉢ 생명 · 신체에 대한 위해의 발생을 방지하는 것

② 형식적 의미의 경호

㉠ 형식적 의미의 경호란 법이나 제도와 같은 실정법에 의하여 인정된 여러 가지 현실적인 경호기관에 의한 일체의 경호활동만을 경호로 인정하는 것을 말하며 현재 우리나라에서 시행되는 대통령 등의 경호에 관한 법률과 경찰관 직무집행법 등에 의한 경호활동이 그 예이다.

㉡ 대통령에 대한 경호를 효율적으로 수행하기 위하여 대통령경호실의 조직 · 직무범위 등을 규정한 대통령 등의 경호에 관한 법률에서는 '경호'를 경호대상자의 생명과 재산을 보호하기 위하여 신체에 가하여지는 위해를 방지 또는 제거하고, 특정한 지역을 경계 · 순찰 및 방비하는 등의 모든 안전활동을 말한다고 규정되어 있으며, 국민의 자유와 권리의 보호 및 사회공공의 질서유지를 위한 경찰관의 직무수행에 필요한 사항을 규정한 경찰관 직무집행법에서는 경비 · 요인경호 및 대간첩작전수행이 경찰관의 직무범위 중 하나로 규정되어 있다.

㉢ 경비업법에서는 '사람의 생명, 신체에 대한 위해의 발생을 방지하고 그 신변을 보호하는 업무'를 신변보호 업무로 명시함으로써 경호에 해당되는 용어로 사용하고 있다.

㉣ 전직대통령예우에 관한 법률에서는 '전직대통령 또는 그 유가족에게는 관계법령이 정하는 바에 따라 예의를 할 수 있다.'고 되어 있으며 필요한 기간의 경호 및 경비가 제6조 제4항 제1호에 명시되어 있다.

2 경호 · 경호학의 성질

① 경호의 성질

㉠ **합법성** : 경호는 원칙적으로 실정법에 규정된 범위의 내에서 이루어져야 하며 특별한 경우가 없으면 그 범위 내에서의 활동을 허가할 수 있다.

㉡ **보안성** : 경호는 의뢰인의 신변을 보호하기 위해서 은밀히 이루어져야 하므로 보안을 강화하고 정보를 잘 관리하는 것이 중요하다.

㉢ **협력성** : 경호는 실질적으로 단독적인 활동이 불가능하므로 여러 기관들이 협력을 함으로써 이루어진다.

㉣ **희생성** : 의뢰인을 위해서 자신을 희생할 수도 있다는 마음가짐이 필요하다.

㉤ **중립성** : 개인적인 감정을 억제하고 이해관계에 개입되는 것을 배제하기 위하여 정치적 · 이념적으로 중립을 지킬 것이 요구된다.

② 경호학의 성질

㉠ 경호학은 경호법에 대한 해석학적 연구방법을 기본으로 한다.

㉡ 경호학은 법학, 행정학, 경찰학, 사회학 등의 학문과 밀접한 관련성을 지니고 있다.

㉢ 경호학은 경호규범의 구현을 위해 경호대상, 경호기관 및 제도, 복잡 다양한 경호현상 등을 그 연구대상으로 한다.

2 경호 · 경비의 분류

1 경호의 분류

① 광의적 분류

㉠ 직접경호 : 실제 현장에서 하는 경호활동을 의미하는 것으로 근접경호나 행사장 요원 활동 등이 있다.

㉡ 간접경호 : 계획수립 및 준비활동에 관련된 지원과 현장 정보수집 등에 관한 일련의 활동을 말한다.

② 대상에 의한 분류

㉠ 갑호경호 : 대통령과 대통령의 가족, 외국의 원수, 국왕, 대통령 당선인과 그 가족, 전직대통령과 그 배우자 및 자녀(퇴임 후 10년 이내에서 5년 범위 내 연장가능)

㉡ 을호경호 : 수상, 국회의장, 헌법재판소장, 대법원장, 국무총리 및 이와 대등한 외국의 인사, 대통령 선거후보자, 전직대통령(퇴임 후 10년경과 시)

㉢ 병호경호 : 경찰청장, 국회의원, 정치인 및 경호기관장이 필요하다고 인정하는 인사

③ 장소에 의한 분류

㉠ 행사장경호

ⓐ 경호대상자가 행사에 참여하는 경우 그 행사의 진행에 따라 경호가 움직이는 경우를 의미한다.

ⓑ 행사장경호의 경우에는 경호대상자가 그 장소에 오랫동안 머물 수 있고 일반 군중들과의 거리도 좁아질 수 있으므로 경호에 완벽함을 기하여야 할 것이며 이 경우 직 · 간접경호에서의 혼합경호가 주로 쓰인다.

ⓒ 입장비표를 확인한 후 출입을 허용한다.

ⓓ 행사 진행 시 묵념을 할 때에도 군중경계를 계속한다.

ⓔ 행사장 주변 건물을 감시할 수 있는 위치를 선정하여 감시조를 운용한다.

㉡ 숙소경호

ⓐ 의의 : 경호대상자의 기존 숙소뿐만 아니라 외지에 나갈 경우의 임시숙소를 포함하므로 경호의 개념이 넓으며, 경호행차시 정복 · 사복의 근무자가 정문출입구 또는 그 주변에 잠복근무하는 형태로 이루어진다.

ⓑ 특징

- 숙소경호는 혼잡성, 고정성, 보완성 취약, 방어개념의 미흡 등의 특징이 있다.
- 동일한 장소에 경호대상자가 장시간 체류하게 되므로 고정성이 있다.
- 숙소의 종류 및 시설물들이 복잡하고 많은 위험요소가 내포되어 있어 취약성이 있다.
- 자택을 제외한 지방숙소, 호텔, 해외 행사 시 유숙지 등은 경호적 방어 환경이 좋지 못하다.

ⓒ 숙소경호 업무의 영역

- 순찰을 통한 시설물 안전 점검 및 각종 사고 예방
- 출입자 통제 및 방문자 처리
- 차량 출입 통제 및 반입 물품 검색

ⓓ 숙소경호의 방법

- 근무요령은 평시, 입출 시, 비상시로 구분하여 운용한다.
- 경비배치는 내부, 내곽, 외곽으로 실시하고 외곽은 1, 2, 3선으로 경계망을 구성한다.
- 수림지역 및 제반 감제고지 고층건물에 대한 접근로의 봉쇄 및 안전확보를 한다.
- 숙소 주변의 거주민 이외의 유동인원에 대한 검색을 강화한다.

㉢ 연도(노상 · 노변)경호 : 행사 전 · 후의 이동을 예로 들 수 있으며, 경호대상자와 일반 군중과의 접촉 등이 많아 위해요소가 가장 많은 경호이다.

④ 성격에 의한 분류

㉠ 공식경호(1호) : 관계자가 사전에 통보하고 이에 의하여 계획 · 준비되어 실시되는 경호를 말한다.

㉡ 비공식경호(2호) : 경호관계자와의 협의, 사전통보 등 절차 없이 이루어지고 일정한 방식에 의하지 않는 경호로서, 고도의 행사보안이 요구되는 비공식행사 시 실시되는 경호를 말한다.

㉢ 약식경호(3호) : 출 · 퇴근과 같이 시간이나 일정에 맞춰 실시되는 일상적인 경호를 말한다.

⑤ 직종에 의한 분류

㉠ 정치인 : 대통령이나 대통령후보, 국회의원, 정당인, 기타 유명정치인에 대한 경호를 말한다.

㉡ 경제인 : 기업의 회장 · 사장에 대한 경호를 말하는 것으로 경제인 경호의 경우에는 외국방문이 있을 수 있으므로 언어나 문화를 습득하는 등의 외국에 대한 지식을 익혀 둘 필요가 있다.

㉢ 연예인 : 배우나 가수 등의 연예인을 대상으로 하는 경호를 말하는 것으로 매니저의 역할까지 동시에 수행할 수 있는 능력을 요한다.

㉣ 종교인 : 종교지도자뿐만 아니라 그 가족, 수행요원, 주요 신도까지 보호하여야 하는 경호를 말한다.

㉤ 가족 : 가족구성원의 생명과 신체뿐만 아니라 가족의 재산 등을 그 위해로부터 보호하기 위한 경호를 말한다.

⑥ 이동수단에 의한 분류

㉠ 보행 : 경호대상자가 가까운 거리를 걸어서 이동할 때의 경호로, 보행 중에는 특별히 공격을 받을 위험이 커지기 때문에 경호상 각별한 주의가 필요하면 가까운 곳에 항시 차량을 배치 시켜놓는 것이 좋다.

㉡ 차량 : 경호대상자가 차량으로 이동을 하는 경우, 차량 안과 그 차량 주위에도 경호요원을 배치한다.

㉢ 열차 : 경호대상자가 열차로 이동을 하는 경우, 열차가 출발하는 역에서 도착하는 역까지 경호하는 것으로, 정차역에서 승 · 하차하는 승객들을 유심히 살피는 것이 중요하다.

㉣ **선박** : 여객선 내의 수색을 하고 경호대상자를 다른 승객보다 우선하여 승선시킨다.

㉤ **항공기** : 항공기로 이동을 하는 경우에는 다른 이동수단에 비해서 항공기 내부와 각각의 승객에 대해서 확실한 사전점검을 하여야 한다.

⑦ **경호수준에 의한 분류** … 행사의 성격과 경호대상자의 위험도 등에 따라서 경호의 강도를 분류하는 것을 말하는 것으로 1 · 2 · 3급으로 나뉘어진다.

㉠ **1급** : 미리 예정되어 있는 공식적인 행사, 국내외적으로 사회적 영향이 큰 행사 또는 폭력이나 협박 등으로 위험이 증가된 상황에서 1등급 경호대상(국왕 및 대통령급)을 경호하는 것을 말한다.

㉡ **2급** : 예정되어 있지 않고 갑자기 결정된 행사 또는 정치적 · 경제적 · 사회적인 경쟁구도로 인하여 위험이 언제든지 발생할 것이 예상되는 행사의 경우에 국빈(수상급)을 경호하는 것을 말한다.

㉢ **3급** : 준비가 되어 있지 않은 상태에서 갑자기 국빈(장관급) 또는 정치적 · 경제적 · 사회적인 경쟁관계에 있는 당사자의 주변인 · 가족을 보호하기 위한 경호를 말한다.

⑧ **형태에 따른 분류** … 경호요원의 노출 여부에 따른 경호를 말한다.

㉠ **노출경호** : 경호원이 자신을 노출시키고 공개적으로 경호하는 것을 말한다. 노출경호를 하게 되면 경호대상자를 공격하려는 자에게 부담을 느끼게 한다는 장점이 있다.

㉡ **비노출경호** : 경호대상자가 참여하는 행사의 성격상 경호원의 신분을 노출시키지 않는 것이 좋은 경우에 비노출경호방식으로 경호를 하여야 한다.

㉢ **혼합경호** : 노출경호와 비노출경호를 적절히 혼합하여 사용하는 경호로서 최근 가장 많이 사용되는 경호형태이다.

경호의 분류에 관한 설명으로 옳지 않은 것은?

① 현충일, 광복절 행사 등 국경일 행사에 참석하는 대통령에 대한 경호 수준은 1(A)급 경호에 해당한다.
② 약식경호는 출퇴근이나 일정에 맞춰 실시되는 일상적 경호를 말한다.
③ 행사장 주변에 경호장비 등을 배치하여 인적 · 물적 · 자연적 위해요소를 통제하는 활동은 간접경호에 해당된다.
④ 행사준비 등의 시간적 여유 없이 갑자기 결정된 상황하의 경호수준은 2(B)급 경호라고 할 수 있다.

★③ 직접경호에 해당하는 설명이다.

답 ③

2 경비의 분류

① 경비기관에 의한 분류

㉠ 공경비 : 국가기관(대통령경호실, 경찰 등)이 공공의 질서를 유지하고 개인의 생명 및 재산을 보호하며 범인의 체포 및 수사를 담당하는 것을 공경비라고 한다.

㉡ 사경비(민간경비) : 민간경비업체 또는 개인이 특정 고객의 경비 및 안전에 관련하여 경비서비스를 제공하는 것을 민간경비라고 한다.

② 경계개념에 의한 분류

㉠ 정비상 경계 : 국가적으로 중요행사를 전후하여 일정기간 비상사태의 발생징후가 예견되고 또한 고도의 징계가 요구되는 경우에 선포한다.

㉡ 준비상 경계 : 비상사태의 발생징후는 희박하나 불완전한 사태가 계속되고 비상사태가 발생할 것이 우려될 경우에 선포한다.

③ 경계대상에 의한 분류

㉠ 치안경비 : 공공의 안녕과 질서를 문란하게 하는 경비사태의 경우에 이를 예방 · 진압하는 경비부대의 활동을 말한다.

㉡ 재해경비 : 천재, 홍수, 태풍, 지진 등에 의한 돌발사태를 방지하는 경비를 말한다.

㉢ 혼잡경비 : 경기대회, 기념행사 등 조직 군중의 예측불가능한 사태를 방지하는 경비를 말한다.

㉣ 특수경비 : 총기류에 의한 인질, 살상 등 중요범죄에 의한 위해를 방지하는 경비를 말한다.

㉤ 중요시설경비 : 시설의 재산, 문서에 대한 비인가자의 접근을 방지하고 간첩, 태업, 절도, 기타 침해행위를 예방 · 경계 · 진압하는 경비를 말한다.

경계대상에 의한 경비의 분류에서 다음이 설명하는 경비에 해당하는 것은?

> 총포, 도검, 폭발물 등에 의한 인질 난동·살상 등 사회 이목을 집중시키는 중요 사건을 예방·경계·진압하는 경비 활동

① 재해경비 ② 특수경비
③ 혼잡경비 ④ 치안경비

★ 경계대상에 따른 경비의 분류

개인적·단체적 불법행위	•치안경비 : 공공의 안녕과 질서를 문란케 하는 경비사태에 대한 경비부대의 활동 •특수경비 : 총포, 도검, 폭발물 등에 의한 인질 난동·살상 등 사회 이목을 집중시키는 중요 사건을 예방·경계·진압하는 경비 활동 •경호경비 : 정부 요인을 암살하려는 행위를 미연에 방지하고 피경호자의 신변을 보호하려는 경비 활동 •중요시설 : 시설의 재산, 비인가자의 문서에 대한 접근을 방지하고 간첩, 태업, 절도, 기타 침해행위에 대한 예방·경계·진압하는 작용
인위적·자연적 혼잡재해	•혼잡경비 : 기념행사, 경기대회·경축제례 등에 수반하는 미조직군중에 의하여 발생하는 인위적 불예측 사태를 경계·예방·진압하는 활동 •재해경비 : 천재지변·화재 등의 자연적·인위적 돌발 사태로 인하여 인명 또는 피해가 야기될 경우 이를 예방·진압하는 활동

답 ②

3 경호의 법원

1 헌법

입법부·사법부·행정부의 중요한 경호대상자의 지위가 규정되어 있다.

① **대통령의 지위** … 국가원수, 국군통수, 행정부의 수반

② **국무총리의 지위** … 대통령 보좌, 행정각부의 통할

③ **전직대통령** … 신분과 예우에 관하여는 법률로 정하도록 규정(법 제85조)

④ **기타** … 입법·사법·행정부의 주요 경호대상의 법적지위를 규정

2 법률

① 대통령 등의 경호에 관한 법률

㉠ **제정목적** : 대통령 등의 경호에 관한 법률은 대통령에 대한 경호를 효율적으로 수행하기 위하여 대통령경호의 조직 · 직무범위와 그 밖에 필요한 사항을 규정함을 목적으로 제정되었다.

㉡ 용어의 정의

ⓐ **경호** : 경호대상자의 생명과 재산을 보호하기 위하여 신체에 가하여지는 위해를 방지 또는 제거하고, 특정한 지역을 경계 · 순찰 및 방비하는 등의 모든 안전활동을 말한다.

ⓑ **경호구역** : 소속공무원과 관계기관의 공무원으로서 경호업무를 지원하는 사람이 경호활동을 할 수 있는 구역을 말한다.

ⓒ **소속공무원** : 대통령경호실 직원과 경호실에 파견된 사람을 말한다.

ⓓ **관계기관** : 경호실이 경호업무를 수행함에 있어 필요한 지원과 협조를 요청하는 국가기관, 지방자치단체 등을 말한다.

㉢ **국가기관 등에 대한 협조요청권** : 실장은 직무상 필요하다고 인정할 때에는 국가기관, 지방자치단체, 그 밖의 공공단체의 장에게 그 공무원 또는 직원의 파견이나 그 밖에 필요한 협조를 요청할 수 있다.

㉣ **무기의 휴대 및 사용권** : 실장은 직무를 수행하기 위하여 필요하다고 인정할 때에는 소속공무원에게 무기를 휴대하게 할 수 있다. 무기를 휴대하는 사람은 그 직무를 수행할 때 필요하다고 인정하는 상당한 이유가 있을 경우 그 사태에 대응하여 부득이하다고 판단되는 한도 내에서 무기를 사용할 수 있다. 다만, 다음 어느 하나에 해당할 때를 제외하고는 사람에게 위해를 끼쳐서는 아니 된다.

ⓐ 정당방위와 긴급피난에 해당할 때

ⓑ 경호대상에 대한 경호업무 수행 중 인지한 그 소관에 속하는 범죄로 사형, 무기 또는 장기 3년 이상의 징역 또는 금고에 해당하는 죄를 범하거나 범하였다고 의심할 만한 충분한 이유가 있는 사람이 소속공무원의 직무집행에 대하여 항거하거나 도피하려고 할 때 또는 제3자가 그를 도피시키려고 소속공무원에게 항거할 때에 이를 방지하거나 체포하기 위하여 무기를 사용하지 아니하고는 다른 수단이 없다고 인정되는 상당한 이유가 있을 때

ⓒ 야간이나 집단을 이루거나 흉기나 그 밖의 위험한 물건을 휴대하여 경호업무를 방해하기 위하여 소속공무원에게 항거할 경우에 이를 방지하거나 체포하기 위하여 무기를 사용하지 아니하고는 다른 수단이 없다고 인정되는 상당한 이유가 있을 때

㉤ 경호실 소속공무원의 의무

ⓐ **비밀엄수의무** : 소속공무원은 직무상 알게 된 비밀을 누설하여서는 아니되며, 소속공무원이 경호실의 직무와 관련된 사항을 발간하거나 그 밖의 방법으로 공표하려면 미리 실장의 허가를 받아야 한다.

ⓑ **직권남용금지의무** : 소속공무원은 직권을 남용하여서는 아니되며, 경호실에 파견된 경찰공무원은 대통령 등의 경호에 관한 법률에 규정된 임무 외의 경찰공무원의 직무를 수행할 수 없다.

ⓗ 경호대상

ⓐ 대통령과 그 가족

ⓑ 대통령 당선인과 그 가족

ⓒ 본인의 의사에 반하지 아니하는 경우에 한정하여 퇴임 후 10년 이내의 전직 대통령과 그의 배우자 다만, 대통령이 임기 만료 전에 퇴임한 경우와 재직 중 사망한 경우의 경호 기간은 그로부터 5년으로 하고, 퇴임 후 사망한 경우의 경호 기간은 퇴임일부터 기산(起算)하여 10년을 넘지 아니하는 범위에서 사망 후 5년으로 한다.

ⓓ 대통령권한대행과 그 배우자

ⓔ 대한민국을 방문하는 외국의 국가 원수 또는 행정수반(行政首班)과 그 배우자

ⓕ 그 밖에 실장이 경호가 필요하다고 인정하는 국내외 요인(要人)

대통령 등의 경호에 관한 법률에서 규정하는 대통령경호실의 경호대상이 아닌 것은?

① 대통령과 그 가족
② 대통령권한대행과 그의 배우자 및 직계존비속
③ 본인의 의사에 반하지 아니하는 경우에 한정하여 퇴임 후 10년 이내의 전직 대통령과 그의 배우자
④ 대한민국을 방문하는 외국의 국가원수 또는 행정수반과 그 배우자

★② 대통령권한대행과 그의 배우자

답 ②

ⓢ 대통령경호실장 등

ⓐ 대통령경호실장은 대통령이 임명하고, 경호실의 업무를 총괄하며 소속공무원을 지휘 · 감독한다.

ⓑ 경호실에 차장 1명을 둔다.

ⓒ 차장은 정무직 · 1급 경호공무원 또는 고위공무원단에 속하는 별정직 국가공무원으로 보하며, 실장을 보좌한다.

ⓞ 직원

ⓐ 경호실에 특정직 국가공무원인 1급부터 9급까지의 경호공무원과 일반직 국가공무원을 둔다. 다만, 필요하다고 인정할 때에는 경호공무원의 정원 중 일부를 일반직 국가공무원 또는 별정직 국가공무원으로 보할 수 있다.

ⓑ 경호공무원 각 계급의 직무의 종류별 명칭은 대통령령으로 정한다.

ⓙ 임용권자

ⓐ 5급 이상 경호공무원과 5급 상당 이상 별정직 국가공무원은 실장의 제청으로 대통령이 임용한다. 다만, 전보 · 휴직 · 겸임 · 파견 · 직위해제 · 정직(停職) 및 복직에 관한 사항은 실장이 행한다.

ⓑ 실장은 경호공무원 및 별정직 국가공무원에 대하여 ⓐ 외의 모든 임용권을 가진다.

② 경찰관 직무집행법

㉠ 제정목적 : 경찰관 직무집행법은 국민의 자유와 권리를 보호하고 사회공공의 질서를 유지하기 위한 경찰관(국가경찰공무원에 한함)의 직무수행에 필요한 사항을 규정함을 목적으로 제정되었다.

㉡ 경찰관의 직무범위

ⓐ 국민의 생명 · 신체 및 재산의 보호

ⓑ 범죄의 예방 · 진압 및 수사

ⓒ 경비 · 주요인사 경호 및 대간첩 · 대테러 작전 수행

ⓓ 치안정보의 수집 · 작성 및 배포

ⓔ 교통의 단속과 교통 위해의 방지

ⓕ 외국 정부기관 및 국제기구와의 국제협력

ⓖ 그 밖에 공공의 안녕과 질서유지

③ 청원경찰법

㉠ 제정목적 : 청원경찰법은 청원경찰의 직무 · 임용 · 배치 · 보수 · 사회보장, 그 밖에 필요한 사항을 규정함으로써 청원경찰의 원활한 운영을 목적으로 제정되었다.

㉡ 청원경찰의 직무 : 청원경찰은 청원경찰의 배치결정을 받은 자(청원주)와 배치된 기관 · 시설 또는 사업장 등의 구역을 관할하는 경찰서장의 감독을 받아 그 경비구역만의 경비를 목적으로 필요한 범위 안에서 경찰관 직무집행법에 따른 경찰관의 직무를 수행한다.

④ 경비업법

㉠ 제정목적 : 경비업법은 경비업의 육성 및 발전과 그 체계적 관리에 관하여 필요한 사항을 정함으로써 경비업의 건전한 운영에 이바지함을 목적으로 제정되었다.

㉡ 용어의 정의

ⓐ 경비업 : 시설경비 · 호송경비 · 신변보호 · 기계경비 · 특수경비에 해당하는 업무의 전부 또는 일부를 도급받아 행하는 영업을 말한다.

TIP

경비업무

㉠ 시설경비업무 : 경비를 필요로 하는 시설 및 장소(경비대상시설)에서의 도난 · 화재, 그 밖의 혼잡 등으로 인한 위험발생을 방지하는 업무

㉡ 호송경비업무 : 운반 중에 있는 현금 · 유가증권 · 귀금속 · 상품, 그 밖의 물건에 대하여 도난 · 화재 등 위험발생을 방지하는 업무

㉢ 신변보호업무 : 사람의 생명이나 신체에 대한 위해의 발생을 방지하고 그 신변을 보호하는 업무

㉣ 기계경비업무 : 경비대상시설에 설치한 기기에 의하여 감지 · 송신된 정보를 그 경비대상시설 외의 장소에 설치한 관제시설의 기기로 수신하여 도난 · 화재 등 위험발생을 방지하는 업무

㉤ 특수경비업무 : 공항(항공기를 포함) 등 대통령령이 정하는 국가중요시설의 경비 및 도난 · 화재, 그 밖의 위험발생을 방지하는 업무

ⓑ **경비지도사** : 경비원을 지도 · 감독 및 교육하는 자를 말하며 일반경비지도사와 기계경비지도사로 구분한다.

ⓒ **경비원** : 경비업의 허가를 받은 법인(경비업자)이 채용한 고용인으로서 일반경비원 · 특수경비원에 해당하는 자를 말한다.

ⓓ **무기** : 인명 또는 신체에 위해를 가할 수 있도록 제작된 권총 · 소총 등을 말한다.

ⓔ **집단민원현장**

- 노동관계 당사자가 노동쟁의 조정신청을 한 사업장 또는 쟁의행위가 발생한 사업장
- 정비사업과 관련하여 이해대립이 있어 다툼이 있는 장소
- 특정 시설물의 설치와 관련하여 민원이 있는 장소
- 주주총회와 관련하여 이해대립이 있어 다툼이 있는 장소
- 건물 · 토지 등 부동산 및 동산에 대한 소유권 · 운영권 · 관리권 · 점유권 등 법적 권리에 대한 이해대립이 있어 다툼이 있는 장소
- 100명 이상의 사람이 모이는 국제 · 문화 · 예술 · 체육 행사장
- 행정대집행법에 따라 대집행을 하는 장소

3 명령

① 대통령 등의 경호에 관한 법률 시행령

㉠ **제정목적** : 이 영은 대통령 등의 경호에 관한 법률에서 위임된 사항과 그 시행에 필요한 사항을 규정함을 목적으로 한다.

㉡ **가족의 범위** : 대통령 등의 경호에 관한 법률상 '가족'이라 함은 대통령 및 대통령당선인의 배우자와 직계존비속으로 한다.

㉢ **전직대통령 등의 경호조치** : 전직대통령과 그의 배우자의 경호에는 다음의 조치가 포함된다.

ⓐ 경호안전상 별도 주거지 제공(별도주거지는 본인이 마련할 수 있음)

ⓑ 현 거주지 및 별도 주거지에 경호를 위한 인원의 배치, 필요한 경호의 담당

ⓒ 요청이 있는 경우 대통령전용기, 헬리콥터 및 차량 등 기동수단의 지원

ⓓ 그 밖에 대통령경호실장이 관계기관과 협의하여 정한 사항

② 대통령경호안전대책위원회규정

㉠ **제정목적** : 대통령 등의 경호에 관한 법률에 따른 대통령경호안전대책위원회의 구성 및 운영에 관하여 필요한 사항을 규정함을 목적으로 한다.

㉡ **구성** : 대통령경호안전대책위원회의 위원은 국가정보원 테러정보통합센터장, 외교부 재외동포영사국장, 법무부 출입국 · 외국인정책본부장, 국방부 조사본부장, 문화체육관광부 관광산업국장, 미래창조과학부 통신정책국장, 국토교통부 항공정책관, 식품의약품안전처 식품안전정책국장, 관세청 조사감시국장, 대검찰청 공안기획관, 경찰청 보안국장, 소방방재청 소방정책국장, 해양경찰청 경비안전국장, 합동참모본부 작전부 작전처장, 국군기무사령부 2부장, 수도방위사령부 참모장과 위원장이 임명 또는 위촉하는 자로 구성한다.

㉢ **대통령경호안전대책활동** : 대통령경호안전대책활동에 관하여는 위원회 구성원 전원과 그 구성원이 속하는 기관의 장이 공동으로 책임을 지며, 각 구성원은 위원회의 결정사항, 기타 안전대책활동을 위하여 부여된 임무에 관하여 상호 간 최대한의 협조를 하여야 한다.

ⓐ **대통령경호실장** : 안전대책활동에 관한 전반적인 업무를 총괄하며 필요한 안전대책활동지침을 수립하여 관계부서에 부여한다.

ⓑ **국가정보원 테러정보통합센터장**

- 입수된 경호 관련 첩보 및 정보의 신속한 전파 · 보고
- 위해요인의 제거
- 정보 및 보안대상기관에 대한 조정
- 행사참관 해외동포 입국자에 대한 동향파악 및 보안조치
- 그 밖에 국내 · 외 경호행사의 지원

ⓒ **외교부 재외동포영사국장**

- 입수된 경호 관련 첩보 및 정보의 신속한 전파 · 보고
- 사증발급지원
- 그 밖에 국내 · 외 경호행사의 지원

ⓓ **법무부 출입국 · 외국인정책본부장**

- 입수된 경호 관련 첩보 및 정보의 신속한 전파 · 보고
- 위해용의자에 대한 출입국 및 체류관련 동향의 즉각적인 전파 · 보고
- 그 밖에 국내 · 외 경호행사의 지원

ⓔ **국방부 조사본부장**

- 입수된 경호 관련 첩보 및 정보의 신속한 전파 · 보고
- 경호임무 수행을 위한 군 헌병업무 지원
- 군관련 사고 및 사건의 접수 · 처리 · 분석 및 대책의 수립
- 그 밖에 국내 · 외 경호행사의 지원

ⓕ **문화체육관광부 관광산업국장**

- 입수된 경호 관련 첩보 및 정보의 신속한 전파 · 보고
- 문화 · 체육 · 관광 시설 등에서의 경호와 관련된 협조
- 그 밖에 국내 · 외 경호행사의 지원

ⓖ **미래창조과학부 통신정책국장**

- 입수된 경호 관련 첩보 및 정보의 신속한 전파 · 보고
- 경호임무 수행을 위한 정보통신업무의 지원
- 정보통신망을 이용한 경호 관련 위해사항의 확인
- 그 밖에 국내 · 외 경호행사의 지원

ⓗ **국토교통부 항공정책관**

- 입수된 경호 관련 첩보 및 정보의 신속한 전파 · 보고
- 민간항공기의 행사장 상공비행에 대한 통제 및 협조
- 육로 및 철로와 공중기동수단에 대한 통제 및 협조
- 그 밖에 국내 · 외 경호행사의 지원

ⓘ 식품의약품안전처 식품안전정책국장

- 식품의약품 안전 관련 입수된 첩보 및 정보의 신속한 전파 · 보고
- 경호임무에 필요한 식음료 위생 및 안전관리 지원
- 식음료 관련 영업장 종사자에 대한 위생교육
- 식품의약품 안전검사 및 그 밖에 필요한 자료의 지원
- 그 밖에 국내 · 외 경호행사의 지원

ⓙ 관세청 조사감시국장

- 입수된 경호 관련 첩보 및 정보의 신속한 전파 · 보고
- 출입국자에 대한 검색 및 검사
- 휴대품 · 소포 · 화물에 대한 검색
- 그 밖에 국내 · 외 경호행사의 지원

ⓚ 대검찰청 공안기획관

- 입수된 경호 관련 첩보 및 정보의 신속한 전파 · 보고
- 위해음모 발견 시 수사지휘 총괄
- 위해가능인물의 관리 및 자료수집
- 국제테러범죄 조직과 연계된 위해사범의 방해책동 사전차단
- 그 밖에 국내 · 외 경호행사의 지원

ⓛ 경찰청 보안국장

- 입수된 경호 관련 첩보 및 정보의 신속한 전파 · 보고
- 위해가능인물에 대한 동향파악
- 행사참석자 및 종사자의 신원조사
- 입국체류자중 위해가능인물에 대한 동향 파악
- 행사장 · 기동로 주변 집회 및 시위관련 정보제공과 비상상황 방지대책의 수립
- 우범지대 및 취약지역에 대한 검문 · 검색
- 행사장 및 행차로 주변에 산재한 물적 취약요소에 대한 안전조치
- 행차로 요충지 등에 정보센터 설치 · 운영
- 총포 · 화약류의 영치관리와 봉인 등 안전관리
- 불법무기류의 색출 및 분실무기의 수사
- 그 밖에 국내 · 외 경호행사의 지원

ⓜ 해양경찰청 경비안전국장

- 입수된 경호 관련 첩보 및 정보의 신속한 전파 · 보고
- 해상에서의 경호 · 테러예방 및 안전조치
- 그 밖에 국내 · 외 경호행사의 지원

ⓝ 소방방재청 소방정책국장

- 입수된 경호 관련 첩보 및 정보의 신속한 전파 · 보고
- 경호임무 수행을 위한 소방방재업무 지원
- 그 밖에 국내외 경호행사의 지원

ⓞ 합동참모본부 작전부 작전처장
- 입수된 경호 관련 첩보 및 정보의 신속한 전파 · 보고
- 안전대책활동에 대한 육 · 해 · 공군업무의 총괄 및 협조
- 그 밖에 국내 · 외 경호행사의 지원

ⓟ 국군기무사령부 2부장
- 입수된 경호 관련 첩보 및 정보의 신속한 전파 · 보고
- 군내 행사장에 대한 안전활동
- 군내 위해가능인물에 대한 동향파악
- 행사참석자 및 종사자의 신원조사
- 군부대 동향 파악
- 행차로 주변 군시설물에 대한 안전조치
- 취약지에 대한 검문 · 검색
- 경호유관시설에 대한 보안지원 활동
- 그 밖에 국 · 외 경호행사의 지원

ⓠ 수도방위사령부 참모장
- 입수된 경호 관련 첩보 및 정보의 신속한 전파 · 보고
- 수도방위사령부 관할지역 내 진입로 및 취약지에 대한 검문 · 검색
- 수도방위사령부 관할지역의 경호구역 및 그 외곽지역 수색 · 경계 등 경호활동 지원
- 그 밖에 국내 · 외 경호행사의 지원

대통령경호안전대책위원회 위원 중 대검찰청 공안기획관의 임무가 아닌 것은?

① 입수된 경호 관련 첩보 및 정보의 신속한 전파 · 보고
② 국내 · 외 경호행사의 지원
③ 국제테러범죄 조직과 연계된 위해사범의 방해책동 사전 차단
④ 위해가능인물에 대한 동향파악

★ ④ 위해가능인물의 관리 및 자료수집

답 ④

③ **경호규정** … 대통령 등의 경호에 관한 법률 시행령의 시행에 관하여 필요한 사항은 실장이 정하도록 위임되어 있다〈대통령 등의 경호에 관한 법률 시행령 제36조〉.

4 대통령경호에 대한 합의각서

① **의의** … 한국 및 외국 국가원수 미군부대 방문 또는 인접지역 방문 시 경호관련 정보교환, 경호경비사령관 임명, 안전 및 보안조치 관련 협조 내용

② **내용**

㉠ **목적** : 본 합의 각서는 한·미간의 SOFA협정 제3조 및 제25조를 근거로 하여 대통령경호경비에 관한 협조절차를 규정하는 데 있다.

TIP

SOFA협정 제3조
미군 시설 안에서 건물신축 및 경호 관리에 필요한 사항의 통보 협조

㉡ **적용범위** : 본 합의각서는 한국 및 외국의 국가원수가 주한 미군부대나 한·미연합군부대 그리고 그 인근지역 및 부대를 방문 시 적용한다.

㉢ **협조체제**

ⓐ 대통령 경호경비에 관한 협조는 한국 대통령경호실 및 한국군 보안부대와 주한미군 부대 간에 실시한다.

ⓑ 대통령경호경비 업무를 효과적으로 수행하기 위하여 한·미 관계 간 회의를 통하여 정보를 상호교환하고 아래 세부사항에 관하여 긴밀히 협조한다.

- 경호경비 책임사령관의 임명
- 안전조치 문제
  - 총기, 탄약, 화약류에 대한 안전조치
  - 대공화기 및 비행통제 조치
  - 인원, 장비 및 시설에 관한 안전조치
- 보안활동 조치
- 필요에 따라 추가 협의가 요구되는 사항

㉣ **유효기간** : 본 합의각서는 한국 국방부와 주한미군사령부의 관계 승인자의 서명과 동시에 효력이 발생하고, 상호협의에 의해 폐기되지 않는 한 미합중국 군대가 한국 내 주둔 시 계속 유효하고 본각서의 수정은 양측의 상호합의에 의한다.

5 외교관 등 국제적 보호인물에 대한 범죄의 예방 및 처벌에 관한 협약

1973년 12월 14일에 국제연합 제28회 총회에서 채택, 1977년 2월 20일 발효되었다. 한국은 1983년 6월 24일 발효되었다. 당사국은 89개국이었다. 국제연합 국제법위원회가 작성한 초안을 기초로 하였으며, 전문 및 20개조로 이루어진다. 항공기 범죄에 관한 제 조약과 함께 국제 테러리즘 방지를 위해 체결된 제 조약의 하나이다.

외교관 등 국제적 보호인물에 대한 범죄의 예방 및 처벌에 관한 협약

본 협약의 당사국은 국제평화의 유지와 국가 간의 우호관계 및 협력의 증진에 관한 국제연합헌장의 제목적과 원칙을 유념하고 외교관 및 기타 국제적 보호인물에 대하여 그들의 안전을 위태롭게 하는 범죄가 국가 간의 협력에 필요한 정상적 국제관계의 유지에 심각한 위협을 야기함을 고려하고, 동 범죄의 범행이 국제사회에 대한 중대한 우려 사항임을 믿고, 동 범죄의 방지와 처벌을 위하여 적절하고 효과적인 조치를 취할 긴급한 필요성이 있음을 확신하여, 다음과 같이 합의하였다.

제1조

1. 본 협약의 목적상 '국제적 보호인물'은 다음을 의미한다.
   (가) 관계국의 헌법상 국가원수의 직능을 수행하는 집단의 구성원을 포함하는 국가원수, 정부수반 또는 외무부장관으로서 그들이 외국에 체류할 모든 경우 및 그들과 동행하는 가족의 구성원
   (나) 일국의 대표나 공무원 또는 정부간 성격을 지닌 국제기구의 직원 또는 기타 대리인으로서 범죄가 이들 본인, 그의 공관, 그의 사저, 또는 그의 교통수단에 대하여 행해진 시기와 장소에서 국제법에 따라 그의 신체, 자유 또는 존엄에 대한 공격으로부터 특별한 보호를 받을 자격이 있는 자 및 그의 세대의 일부를 구성하는 가족의 구성원
2. '피의자'란 제2조에 규정된 범죄 중의 하나 또는 그 이상을 범하였거나 이에 가담하였다고 일견 판단할 수 있는 충분한 증거가 있는 자를 의미한다.

제2조

1. 다음 범죄의 고의적 실행은 각 당사국에 의하여 국내법상의 범죄로 규정되어야 한다.
   (가) 국제적 보호인물의 살해, 납치 또는 그의 신체나 자유에 대한 기타 가해행위
   (나) 국제적 보호인물의 신체나 자유를 위태롭게 할 수 있는 그의 공관, 사저 또는 교통수단에 대한 폭력적 가해행위
   (다) 그러한 행위의 범행 위협
   (라) 동 가해행위의 미수
   (마) 동 가해행위에 공범으로서의 가담을 구성하는 행위
2. 각 당사국은 이들 범죄의 중대성을 감안하는 적절한 형벌로 동 범죄가 처벌되도록 하여야 한다.
3. 본조 제1항과 제2항은 국제적 보호인물의 신체, 자유 또는 존엄에 대한 기타의 가해행위를 방지하기 위하여 당사국이 모든 적절한 조치를 취할 국제법상 의무를 저해하지 아니한다.

제3조

1. 각 당사국은 다음 경우에 있어서 제2조에 규정된 범죄에 대한 관할권을 확립하기 위하여 필요한 제반 조치를 취하여야 한다.
   (가) 범죄가 자국의 영토 내에서 또는 자국에 등록된 선박이나 항공기 내에서 범하여지는 경우
   (나) 피의자가 자국민인 경우
   (다) 범죄가 자국을 대표하여 행사하는 직능에 의하여, 제1조에 정의된 국제적 보호인물로서의 지위를 여사히 향유하는 그러한 자에 대하여 범하여지는 경우
2. 각 당사국은 또한 피의자가 자국 영토 내에 있고, 동인을 제8조에 따라 본조 제1항에서 언급된 어느 국가로도 인도하지 않는 경우에 있어서, 이들 범죄에 대한 관할권을 확립하기 위하여 필요한 제반 조치를 취하여야 한다.
3. 본 협약은 국내법에 따라 행사되는 어떠한 형사 관할권도 배제하지 아니한다.

제4조

당사국은 제2조에 규정된 범죄의 방지에 특히 다음과 같이 협력하여야 한다.
(가) 자국영역 내 또는 영역 외에서 그와 같은 범죄를 범하기 위한 준비를 자국영역 내에서 할 경우 이를 방지하기 위한 모든 실제적 조치를 취함
(나) 정보의 교환 및 범행방지에 적합한 행정적 및 기타 제반조치의 조정

제5조

1. 제2조에 규정된 범죄가 자국 내에서 범하여진 당사국은, 피의자가 그 영역을 도주하였다고 믿을 만한 사유가 있는 경우, 직접으로 또는 국제연합 사무총장을 통하여 범행에 관한 모든 관련사실과 피의자의 신원에 관한 입수 가능한 모든 정보를 다른 모든 관련국에 통고하여야 한다.
2. 국제적 보호인물에 대하여 제2조에 규정된 어느 범죄가 범하여진 모든 경우, 피해자 및 범행상황에 관한 정보를 보유하고 있는 여하한 당사국도 국내법에 규정된 조건에 따라 완전하게 그리고 신속하게 동인이, 대표로서 직능을 수행하던 당사국에 이를 전달하도록 노력하여야 한다.

제6조

1. 사정이 그와 같이 허용한다고 인정되는 대로, 피의자 소재지국은 동인을 소추 또는 인도하기 위한 목적으로 동인의 소재를 확보할 수 있도록 국내법에 따른 적절한 조치를 취하여야 한다. 동 조치는 직접으로 또는 국제연합 사무총장을 통하여 지체 없이 다음에 통고되어야 한다.
   (가) 범행지국
   (나) 피의자의 국적국 또는 복수의 국적국 또는 무국적자일 경우 그의 상주 영역국
   (다) 관련 국제적 보호인물의 국적국 또는 복수의 국적국 또는 그가 대표로서 직능을 수행하던 국가 또는 복수의 국가

(라) 기타 모든 관계국
(마) 관련 국제적 보호인물이 직원 또는 대리인으로 있는 국제기구
2. 본조 제1항에 언급된 조치와 관련된 자는 다음과 같은 자격을 가진다.
(가) 피의자의 국적국 또는 그의 권리를 달리 보호하여 줄 자격을 가진 국가, 또는 그가 무국적자일 경우 그가 요청하고 그의 권리를 보호하여 줄 용의를 가진 국가에 소속한 최인접의 적절한 대표와 지체없이 교신함
(나) 동국 대표의 방문을 받음

제7조

그 영토 내에 피의자가 소재하고 있는 당사국은 동인을 인도하지 아니할 경우, 소추할 목적으로 예외 없이 그리고 부당한 지연 없이 동 국가의 법률에 따른 절차를 통하여 동건을 권한 있는 당국에 지출하여야 한다.

제8조

1. 당사국 간에 현존하는 범죄인 인도 조약상의 인도범죄로 등재되어 있지 아니한 범죄도 제2조에 규정되어 있는 한, 동 범죄는 인도범죄에 포함되는 것으로 간주된다. 당사국은 그러한 범죄를 그들 간에 체결된 장래의 모든 범죄인 인도조약에서의 인도범죄로 포함시키도록 한다.
2. 범죄인 인도에 있어 조약의 존재를 조건으로 하는 당사국이 범죄인 인도조약을 서로 체결치 아니한' 타방 당사국으로부터 범죄인 인도요청을 받은 경우에 동국이 인도하기로 결정한다면, 본 협약을 그러한 범죄에 관한 범죄인 인도의 법적 기초로 간주할 수 있다. 범죄인 인도는 피 요청국 법률의 소송조항 및 여타의 조건에 따라야 한다.
3. 범죄인 인도에 있어 조약의 존재를 조건으로 하지 아니하는 당사국은 그러한 범죄를 피 요청국 법률의 소송조항 및 여타 조건에 따른 상호 간 인도범죄로 인정하여야 한다.
4. 당사국 간의 범죄인 인도를 위하여 상기 각 범죄는 그것이 발생한 장소에서 뿐만 아니라 제3조 제1항에 따른 그 관할권확립의 의무를 지는 국가의 영역에서도 범하여진 것처럼 취급되어야 한다.

제9조

제2조에 규정된 어느 범죄와 관련하여 진행되고 있는 소송의 대상이 된 어떤 자에 대하여도 동 소송절차의 모든 과정에서 공정한 대우가 보장되어야 한다.

제10조

1. 당사국은 제2조에 규정된 범죄로 인한 형사소송과 관련하여 소송에 필요한 모든 이용 가능한 증거의 제공을 포함한 최대한의 지원을 상호 제공하여야 한다.
2. 본조 제1항의 규정은 여타조약에 규정된 사법공조에 관한 의무에 영향을 미치지 아니한다.

제11조
피의자를 소추한 당사국은 소송의 최종 결과를 국제연합 사무총장에게 통고하여야 하며 동인은 동 정보를 타 당사국에 전달하여야 한다.

제12조
본 협약의 제규정은, 본 협약의 채택일자에 유효한 비호에 관한 제조약의 당사국 간에는 동 조약의 적용에 영향을 미치지 아니한다. 그러나 본 협약의 당사국은 비호에 관한 제 조약의 당사국이 아닌 본 협약의 여타 당사국에 대하여 비호에 관한 제 조약을 원용할 수 없다.

제13조
1. 교섭으로 해결되지 않는 본 협약의 해석이나 적용에 관한 2개 당사국 혹은 그 이상 당사국 간의 어떠한 분쟁도 그들 중 어느 일방의 요구에 따라 중재에 회부되어야 한다. 중재요청 일자로부터 6월 이내에 당사국들이 중재기구에 관하여 합의할 수 없을 때는, 어느 당사국도 국제사법재판소 규정에 따른 요청에 의하여 동 분쟁을 동 재판소에 제기할 수 있다.
2. 각 당사국은 본 협약의 서명 또는 비준시나 또는 이의 가입시에 본조 제1항에 구속되지 않음을 선언할 수 있다. 타 당사국은 상기 유보를 한 어느 당사국에 대하여도 본조 제1항의 구속을 받지 아니한다.
3. 본조 제2항에 따라 유보를 행한 당사국은 국제연합 사무총장에 대한 통고로써 언제든지 그 유보를 철회할 수 있다.

제14조
본 협약은 만국의 서명을 위하여 뉴욕소재 국제연합 본부에서 1974년 12월 31일까지 개방된다.

제15조
본 협약은 비준되어야 한다. 비준서는 국제연합 사무총장에게 기탁되어야 한다.

제16조
본 협약은 어떠한 국가에 대하여도 가입을 위하여 개방된다. 가입서는 국제연합 사무총장에게 기탁하여야 한다.

제17조
1. 본 협약 22번째 비준서 또는 가입서가 국제연합 사무총장에게 기탁된 일자로부터 30일이 되는 날에 발효한다.
2. 22번째 비준서 또는 가입서의 기탁후에 협약을 비준하거나 가입하는 각국에 대하여 본 협약은 동 국가에 의한 비준서 또는 가입서의 기탁일자로부터 30일이 되는 날에 발효한다.

제18조

1. 어느 당사국도 국제연합사무총장에 대한 서면통고로써 본 협정을 폐기할 수 있다.
2. 폐기는 국제연합사무총장이 통고를 접수한 일자로부터 6개월 후 발효한다.

제19조

국제연합 사무총장은 모든 국가에 대하여 특히 다음 사항을 통보하여야 한다.

(가) 제14조, 제15조 및 제16조에 따른 본 협약에 대한 서명, 비준서 또는 가입서의 기탁 및 제18조에 따른 통고

(나) 제17조에 따라 본 협약이 발효하는 일자

제20조

중국어, 영어, 불어, 노어 및 서반아어본이 동등히 정본인 본 협약의 원본은 국제연합 사무총장에게 기탁되어야 하며, 국제연합 사무총장은 본 협약의 인증등본을 모든 국가에 송부하여야 한다.

이상의 증거로써 그들 각자의 정부에 의하여 정당히 권한을 위임받은 하기 서명자는 1973년 12월 14일 뉴욕에서 서명을 위하여 개방된 본 협약에 서명하였다.

4 경호의 이론적 배경

1 경제환원론적 이론

경기의 침체로 인한 실업 및 사회의 불안요소들이 증가하게 되면 이로 인해 범죄가 증가하게 되므로 민간경비시장도 성장하게 된다는 이론으로, 이론적 내용이 취약하며 현상 자체를 지나치게 경제적으로만 풀어가려고 하는 문제점이 있다. 또한 경기침체와 민간경비의 성장이 인과적인 관계를 지닌다고 볼 수도 없다.

2 수익자부담이론

국민 전체의 소득이 증가하고 사회의 범죄가 증가하며 경비에 대한 사회적 인식이 변화하게 되면 민간경비산업이 증가하게 되고, 자본주의 사회의 생리상 개인의 안전과 재산을 보호하기 위해서는 개인적인 비용지출을 피할 수 없다는 이론이다.

3 공동화현상이론

사회의 발전과 인식의 변화로 인하여 범죄는 증가 · 다양화되었으나 공경비(경찰력)의 인적 · 물적 부족으로 인하여 범죄의 증가속도에 따라주지 못하게 되었다. 따라서 공경비의 공백을 메워주기 위해 민간경비가 출현하여 빠르게 성장하게 되었고, 현재 민간경비와 경찰은 상호보완적 관계를 형성하고 있다.

4 이익집단이론

이익집단은 자신들의 이익을 극대화시키기 위해 행위하며 민간경비도 하나의 이익집단으로 자신들의 이익을 극대화한다는 것으로, 그냥 내버려두면 보호받지 못한 채 방치될 재산을 민간경비가 보호한다는 시각에서 출발한 이론이다.

5 공동화 생산이론

치안서비스 생산과정에서 경찰과 같은 공공부분의 역할수행과 민간부분의 공동참여를 통하여 민간경비가 성장했다는 이론으로 공경비만이 치안서비스에 참여하는 것이 아니라 이외에도 민간경비가 독립된 주체로 공동으로 참여한다는 것이다.

5 경호의 목적과 원칙

1 경호의 중요성

① 안전에 대한 관심이 커지고 있다.

② 공경비의 발전이 범죄의 증가율에 미치지 못하고 있다.

③ 과학기술의 발달에 맞추어 범죄의 기술도 발전되고 있다.

④ 사회의 조직이 거대화 · 세분화되고 인구가 증가함으로써 범죄가 증가되고 다양화되었다.

2 경호의 목적

① **경호의뢰인에 대한 신변 · 안전의 보호** … 경호대상의 생명 · 신체에 대한 안전을 보호하는 것이 경호의 가장 주된 목적이다.

② **질서유지 · 혼잡방지** … 경호대상이 여러 종류의 행사에 참여하는 경우에는 인파가 군집하게 되므로 경호대상이 참여하는 행사에서의 이동경로 및 시설 등에 대하여 사전에 충분히 검토하고 분석하여 행사가 혼잡해질 우려가 있을 때에는 분산을 유도하거나, 사전에 운집을 저지하는 등의 조치를 취하여 질서를 유지하는 등의 노력을 하여야 한다.

③ **권위유지** … 경호는 헌법, 법률 등 합법적 규정으로 정해진 기관장들의 권위와 체면을 유지시키는 역할을 하므로 사전에 정보수집과 철저한 준비가 이루어져야 한다.

④ **국위선양** … 외국의 인사가 방문한 경우 이들에 대한 완벽한 경호를 하는 것은 우리나라의 경호수준을 국내 · 외에 알릴 수 있는 계기가 되어 국위를 선양하는 계기가 될 수 있다.

⑤ **친화도모** … 경호는 경호대상자와 환영 · 환송자 사이의 친화를 도모하기 위해 친절하게 질서유지를 하여야 하며, 군중에 대한 언어나 행동을 조심하여야 한다.

TIP

안전대책원칙

안전점검 · 안전검사 · 안전유지에 입각하여 지형이나 사물 등을 이용한 범죄를 대비하고 위험을 배제하는 것을 의미한다.

㉠ **안전검측** : 폭발물, 기타 유해물 등을 탐지하고 이를 제거하는 것을 의미한다.

㉡ **안전검사** : 경호대상자가 이용하는 시설의 안전상태를 검사하는 것을 의미한다.

㉢ **안전유지** : 안전점검과 안전검사를 한 상태를 유지하기 위한 통제작용을 의미한다.

3 경호의 원칙

① 경호의 일반원칙

㉠ 3중경호의 원칙 : 경호대상자가 위치한 행사장이나 시설로부터 근접(내부), 내곽(중앙), 외곽(외부)으로 나누어 중첩된 형태로 전개되는 경호의 원칙을 말한다.

ⓐ 근접 : 권총 유효 사정거리 및 폭발물(수류탄 등) 투척거리를 고려하여 50m 반경을 맡는다.

경호학

ⓑ **내곽** : 경호대상자부터 50m에서부터 외곽경계 및 소화기 유효 사정거리를 고려한 600~1000m까지의 반경을 말한다. 사주경계 및 불심검문, 검색과 경호대상자에게로의 접근이 가능한 통로를 통제한다.

ⓒ **외곽** : 1000m 반경 이상 소구경 곡사화기 공격 대응을 맡는다. 행사에 영향을 주는 요소를 제거한다.

㉡ **두뇌경호의 원칙** : 우발상황이 발생하는 경우에 경호요원은 공격자에 대하여 무기를 사용하는 등의 공격을 하는 것보다는 경호대상자를 빠르게 대피 시킴으로써 방어하는 것이 가장 중요하며, 이러한 방어경호를 하는 것이 주변사람들에 대한 피해를 줄여주는 방법이기도 하다.

㉢ **은밀경호의 원칙** : 행사의 성격에 따라서 공개적으로 경호요원 자신을 노출시키는 경호를 할 수도 있지만 원칙적으로 경호는 타인의 눈에 띄지 않고 은밀하게 하는 것이 좋다. 은밀경호를 하는 경우에는 경호대상자가 활동을 함에 있어서 제약을 받지 않게 되고, 주변사람들에게 편한 이미지를 줌으로써 경호대상자의 권위유지에 도움을 준다는 장점이 있다.

3중 경호의 원칙에 관한 설명으로 옳지 않은 것은?

① 공경호는 일반적으로 3중 경호(3선 경호)를 기본으로 한다.

② 3중 경호의 구조는 경호대상자가 위치한 장소로부터 1선(근접경호), 2선(중앙경호), 3선(외부경호)로 구분하여 경호 행동반경을 거리개념의 논리로 전개한 것이다.

③ 1선은 안전구역으로 경호대상자에게 직접적인 위해를 가할 수 있는 위험지역으로서 소총의 유효사거리를 고려하여 설정된다.

④ 2선은 경비구역으로서 부분적 통제가 실시되나, 경호원의 확인을 거치지 않은 인원이나 물품도 감시의 영역을 벗어나서는 아니된다.

★③ 1선은 안전구역으로서 권총 및 수류탄 투척 거리를 고려하여 설정한다. 소총의 유효사거리는 2선에서 고려할 사항이다.

답 ③

② 공경호의 원칙

㉠ **담당구역 책임의 원칙** : 경호활동은 경호요원 혼자서 모든 것을 다 처리할 수 있는 활동이 아니므로 각자 자신의 담당구역을 지정하게 된다. 이때 경호요원은 어떤 상황이 발생하더라도 자신이 책임을 지고 있는 구역은 지켜내야 하며 이러한 자신의 구역을 기본적으로 지켜냄으로써 전체적인 경호활동이 이루어지게 된다. 따라서 경호요원은 다른 구역에서 사건이 발생하더라도 자신의 구역에서 이탈하여서는 안 된다.

㉡ **목표물 보존의 원칙** : 경호대상자(목표물)를 공격자로부터 멀리 떨어지게 함으로써 보호하여야 한다는 원칙을 말하는 것으로 목표물 보존의 원칙에 의하면 다음의 내용이 지켜져야 피경호인을 보호할 수 있게 된다.

ⓐ 행차코스는 원칙적으로 비공개하여야 한다.
ⓑ 대중에게 노출되는 보행행차는 가급적 제한되어야 한다.
ⓒ 동일한 장소에 수차 행차하였던 곳은 가급적 변경되어야 한다.
ⓓ 경호대상자가 행차하기로 예정된 장소는 일반대중에게 알려지지 않아야 한다.

㉢ **하나의 통제된 지점을 통한 접근의 원칙** : 경호대상자에게 접근할 수 있는 출입구나 통로가 여러 개 있는 경우에는 공격자가 경호대상자에게 접근하기가 훨씬 수월해질 수 있다. 따라서 경호대상자에게 접근할 수 있는 출입구나 통로를 하나만 두고 경호요원이 철저한 확인을 하여 사람들을 통과시키는 절차가 필요하다.

㉣ **자기희생의 원칙** : 위급한 상황에서 경호대상자를 보호하기 위해 자신을 희생할 수 있다는 의지를 가지고 있는 자만이 경호요원으로서의 자격이 있다고 할 수 있다.

③ **사경호의 원칙** … 사경호의 경우에는 공경호처럼 강제력을 사용할 수 없으며 그 활동범위가 제한적이고 신분상 제약도 있으므로 능력 있는 경호요원들이 조직적으로 경호활동을 하는 것이 중요하다.

㉠ **팀워크** : 완벽한 경호활동을 하기 위해서는 각각의 경호조직들이 서로 단결되어 정확하고 신속한 팀워크를 갖추어야 한다.

㉡ **순발력 · 민첩성** : 경호요원은 항상 준비된 마음가짐으로 훈련하여 어떤 상황에서든지 순간적인 방어행위를 할 수 있도록 하여야 한다.

㉢ **대처능력의 향상** : 경호요원은 경호대상자를 보호하고 상황에 대한 대처를 할 수 있는 방법과 기술들을 항상 반복적으로 연습하여 실제 상황에서의 대처능력을 향상시키기 위해 노력하여야 한다.

㉣ **준비성** : 사경호에서는 공경호와는 달리 그 활동범위가 제한적이어서 정보를 습득하고 이에 대처하기 위한 계획을 수립하는 데 어려움이 있으므로 사전에 미리미리 이에 대한 준비를 해두는 것이 필요하다.

경호의 원칙에 관한 설명으로 옳지 않은 것은?

① 하나의 통제된 지점을 통한 접근의 원칙이란 경호대상자에 접근할 수 있는 출입구나 통로는 하나만 필요하다고 여러 개의 출입구와 통로는 불필요하다는 원칙이다.
② 자기희생의 원칙이란 경호대상자는 어떠한 상황 하에서도 절대적으로 보호되어야 한다는 것으로 육탄방어의 정신으로 자신을 희생해서라도 경호대상자의 신변안전을 반드시 유지해야 한다는 원칙이다.
③ 자기담당구역 책임의 원칙은 경호원 자신의 담당구역 안에서 발생하는 사태에 대해서 자신이 책임을 지고 해결해야 한다는 원칙이다.
④ 은밀경호의 원칙은 경호장비나 경호원이 경호대상자의 눈에 띄지 않게 은밀하게 경호임무를 수행하는 것을 말한다.

★ ④ 경호대상자의 눈에 띄지 않는 것이 아니라 타인에게 띄지 않도록 하는 경호이다.

답 ④

6 경호의 발달과정과 배경

1 경호의 기원

① 경호는 원시시대부터 자신과 자신의 가족·부족 등을 지켜내기 위하여 자연 또는 타인들에 대하여 공격과 방어활동을 하던 것으로부터 시작되었다고 볼 수 있다.

② 경호의 기원에 대하여 역사적인 기록이 있는 것은 삼국시대로 볼 수 있는데 삼국시대에는 경호에 대하여 분리된 기록보다는 여러 가지 기능이 통합되어 있는 행위로서의 기록으로 남아있다.

③ 경호가 현재와 같은 의미로 사용되기 시작한 것은 대한민국 정부수립 이후에 대통령을 경호하기 위해서 경무대를 설치한 때로 볼 수 있다.

④ 민간경비는 1976년에 경비업법의 제정으로 인하여 법적으로 인정을 받게 되었다.

2 삼국시대의 경호제도

① **고구려**

㉠ **형률(刑律)** : 소수림왕 3년에 실시하였다고 중국의 문헌인 위지, 주서, 수서, 당서에 규정되어 있는 고구려의 형법을 말한다.

㉡ **대모달(大模達)** : 조의두대형 이상의 관직을 가진 사람이 오를 수 있는 고구려의 무관 중 최고지위를 말하는 것으로 왕권강화와 수도강화 그리고 중앙군 지휘의 필요로 인하여 생겨났다고 추정된다.

㉢ **말객(末客)** : 대모달 다음으로의 지위를 가지는 고구려의 무관직을 말한다.

② **백제의 위사평과 5방** … 백제의 경우에는 국민개병제를 취하였으며, 중앙의 5부와 지방의 5방을 두고 군대를 편성하여 치안을 유지하였다.

③ **신라** … 신라시대에는 군사조직과는 별도의 왕궁수비대인 시위부(侍衛府)를 두었는데 시위부가 점점 중요한 임무를 맡게 되고 조직이 커지면서 통일신라의 9서당으로 발전되었다.

④ **통일신라** … 통일신라시대에서는 신라의 삼국 통일 이후에 왕권을 뒷받침해 주는 군사조직이 필요했는데 이를 위해 통일신라에서 가장 중요하고 규모가 큰 중앙군단인 9서당을 조직하였다. 9서당은 핵심적인 중앙군사조직으로서 국왕에게 직속되어 있는 부대였으며 신라인뿐만 아니라 고구려인·백제인·말갈인 등에서 용감한 자를 뽑아서 만든 중앙군대였다. 9서당의 특징 중의 하나는 군복의 색에 따라서 부대의 명칭이 다르다는 것이었다.

3 고려시대의 경호제도

① 고려 전기 · 중기

㉠ 중앙군 : 초기에는 전문직업군인으로 군역을 세습하면서 군인전을 받았다. 중기에 이르러서는 각종 노역에 동원되면서 도망자가 속출하자 일반 농민으로 충원되면서 질적으로 저하되었다. 특수군인 별무반, 삼별초를 별도로 편성하기도 하였다.

㉡ 2군 6위 : 국왕의 친위부대인 2군과 수도경비와 국경방어를 담당하는 6위로 구성되었다.

ⓐ 2군 : 응양군과 용호군으로 구성되어 있었으며 황제의 친위대로서 근장이라고 불리기도 했으며 6위보다 우위에 있는 기관이었다.

ⓑ 6위 : 좌우위, 신호위, 흥위위, 금오위, 천우위, 감군위로 구성되어 있었는데 이 중 좌우위, 신호위, 흥위위는 개경의 경비와 국경의 방어를 담당하는 경군의 주력부대였다.

㉢ 금군(禁軍) : 왕궁의 수비와 왕의 호위경비를 담당하던 왕의 직속군대를 말하는 것으로 금려(禁旅) 또는 금병(禁兵)이라고도 하였다.

㉣ 내순검군 : 1167년(의종 21) 궁궐의 수비를 강화하기 위하여 부병(府兵) 가운데 용감하고 날랜 장정들을 뽑아 설치한 것으로 이전의 순검군을 강화한 것으로 예종 때 와서 내순검이라 하여 숙위를 더욱 강화하였다.

② 고려무신집권기

㉠ 교정도감(敎定都監) : 최충헌이 설치한 무신정권의 최고기관으로서 관리비위규찰, 인사행정을 담당하였으며, 세정담당장이며 무신정권의 최고집권자가 겸임을 하는 교정별감이 국정을 장악하였다.

㉡ 도방(都房) : 경대승이 자신의 신변보호를 위하여 자신의 집에서 결사대 수백 명이 같이 생활하였는데 이 사병들의 숙소가 도방의 시초이다. 그 이후 최충헌이 경대승의 도방보다 더욱 광범위하고 조직적인 사병집단을 이루어 무인정권의 군사적 배경이 되었다.

㉢ 내외도방(內外都房) : 최우가 도방을 강화 · 확장시킨 것을 내외도방이라고 한다.

㉣ 삼별초(三別抄) : 최우 집권 시 편성된 좌 · 우별초, 신의군이 포함되어 조직되었으며, 공적인 임무를 띤 군대로 최씨정권에 의하여 사병화되었고 개경환도 후 몽고에 항쟁하였다.

㉤ 마별초(馬別抄) : 최우가 몽고의 제도를 참고하여 설치한 최씨 무신정권의 기병대로서, 최씨정권에 대한 호위와 경호기능은 물론 의장대의 역할도 하였다.

③ 고려 후기

㉠ 순마소(巡馬所) : 충렬왕 초에 몽고의 제도를 모방하여 만든 기관으로, 개경의 야간경비를 담당하고 도적이나 난폭자를 체포하거나 다스렸으며 책임을 다하지 못하는 장신(將臣)을 다스리는 금군의 역할도 하였다.

㉡ 순군만호부(巡軍萬戶府) : 고려시대와 조선시대 전기에 절도나 풍기를 단속하던 치안기관으로 야간경비를 목적으로 설립되었다.

ⓒ 사평순위부(司平巡衛府) : 순마소(巡馬所)가 순군만호부(巡軍萬戶府)로 다시 사평순위부(司平巡衛府)로 명칭이 바뀌면서 도적을 체포하고 풍기를 다스리는 임무를 관장하였다.

ⓒ 성중애마 : 충렬왕 때 상류층 자제들로 하여금 왕을 숙위토록 하여 이들을 홀치라 하였다. 주축은 내시, 다방 등 근시의 임무를 띤 자들이 군사적 기능을 강화하여 이루어졌다.

4 조선시대의 경호제도

① 조선 전기

㉠ 갑사(甲士) : 양반자제들 중 무예가 월등한 자들을 일정한 평가에 의해 선발한 자들을 말한다.

㉡ 의흥친군위(義興親軍衛) : 조선 건국과 같이 설립된 10위의 중앙군 중 하나로 운성을 시위하고 왕의 행신에 시종하는 임무를 수행하였다.

㉢ 의흥삼군부(義興三軍府) : 조선 초기 군무를 통할하던 기관으로 좌 · 우 · 중 3군의 병력을 감독 · 지휘하는 최고의 군령기관이었다.

㉣ 10사(十司) : 1395년(태조 4년)에 10위(十衛)를 개편하여 만든 군대이다.

㉤ 별시위(別侍衛) : 1401년(태종 1년)에 성중애마(成衆愛馬)를 없앤 후 둔 부대이다.

㉥ 내금위(內禁衛) : 1407년(태종 7년)에 내상직을 개편하여 만든 왕의 측근에서 호위를 하던 군대이다.

㉦ 내시위(內侍衛) : 1409년(태종 9년)에 내금위(內禁衛)와 같은 목적으로 설치한 군대이다.

㉧ 겸사복(兼司僕) : 1409년(태종 9년)에 처음으로 만들어져 1464년(세조 10년)에 조직이 정비된 병역제도로, 왕궁호위와 병사양성 등의 임무를 맡은 친위병이다.

㉨ 의금부(義禁府) : 조선시대의 사법기관으로서 왕명에 의하여 죄인을 추궁하는 기관이다.

㉩ 충의위(忠義衛) : 조선시대에 공신의 자손들과 같은 특수층에 대한 우대기관으로 설치된 군대이다.

② 조선 후기

㉠ 호위청(扈衛廳) : 조선 후기 인조원년에 설립된 기관을 말한다.

㉡ 어영군(御營軍) : 인조 때의 군대 중 이귀가 장병을 모집하여 화포술을 가르치던 군대이다.

㉢ 금군(禁軍) : 왕궁의 수비와 왕의 호위경비를 담당하던 왕의 직속군대를 말한다.

㉣ 숙위소(宿衛所) : 금군(禁軍)이 대전(大殿)을 숙위하고 있었으나 이에 대한 실수가 있을 것이 염려되어 따로 임금을 호위하기 위해 마련한 호위소를 말한다.

㉤ 장용위(壯勇衛) : 천민들을 모집하여 만든 충무위(忠武衛)에 두었던 군대이다.

㉥ 수성금화사(修城禁火司) : 궁성 · 도성 · 도로를 만들고 각 지역의 경비를 맡아보던 관아이다.

고려시대의 경호조직이 아닌 것은?

① 내시위
② 순군만호부
③ 순마소
④ 사평순위부

★① 내시위는 조선 전기에 왕의 측근에서 호위하던 부대이다.

답 ①

5 구한말(갑오경장 이전)의 경호제도

① **무위소**(武衛所) … 고종 11년에 설치한 궁궐을 수호하기 위하여 설치한 관청으로 실질적인 치안을 담당하였다.

② **무위영**(武衛營) … 훈련도감 · 금위영 · 어영청 · 총융청에서 우수한 병사를 선발하고, 무위소와 훈련원을 통합하여 만든 관청이다.

③ **친군용호영**(親軍龍虎營) … 국왕의 호위대인 용호영은 어영청 · 금위영 · 총융청과 함께 해산되었으나 그 다음 해에 구제(舊制)로 복구되어 용호영이라는 명칭으로 왕의 호위를 맡았었으며, 그 이후에는 용호영 · 총어영 · 경리청을 모두 친군용호영으로 칭하였다.

④ **시위대**(侍衛隊) … 고종 32년에 궁중 내의 시위를 담당하기 위하여 편성된 군대를 말한다.

⑤ **훈련도감**(訓鍊都監) … 조선시대에 수도의 수비와 군사훈련을 맡았던 군영(軍營)으로 오군영(五軍營) 중 가장 먼저 설치되었다.

⑥ **금위영**(禁衛營) … 오군영(五軍營) 중 하나로 조선 후기에 서울 중앙의 호위를 맡았던 군영(軍營)이다.

⑦ **친위대**(親衛隊) … 국왕이나 국가의 원수 등의 신변을 보호하기 위하여 편성한 조선 후기의 중앙군대를 말하는 것으로, 고종 32년에 훈련대를 폐지하고 육군편제강령을 발표함으로써 중앙군을 친위대(親衛隊)로, 지방군을 진위대(鎭衛隊)로 편성하였다.

6 갑오경장 이후부터 정부수립 이전까지의 경호제도

① **경위원(警衛院)** … 갑오경장 이후에 궁전 안과 밖의 경비와 수위를 담당하였던 관청을 말한다.

② **경무청(警務廳)** … 갑오개혁에 의하여 설치되어 한성부(漢城府)의 경찰과 감옥의 일을 맡던 관청을 말하는 것으로 경무청의 장(長)을 경무사(警務使)라고 하였다.

7 대한민국 정부수립 이후의 경호제도

① **경무대경찰서**

㉠ 1940년 2월에 창덕궁경찰서가 폐지되면서 경무대경찰서가 신설되었다.

㉡ 대통령중심제에서 내각책임제로 변화되면서 대통령경호 및 관저경비를 담당하던 경무대경찰서가 폐지되고 서울시 경찰국 경비과에서 기존의 업무를 담당하게 되었다.

㉢ 1949년 내무부훈령으로 경호에 관한 규정이 제정됨으로써 경호라는 개념이 최초로 사용되게 되었다.

㉣ 경무대경찰서가 대통령경호실의 시초라고 볼 수 있다.

② **제1공화국**

㉠ **대통령 경호** : 경무대경찰서에서 담당하였다(1950년).

㉡ **편성**

ⓐ **경무계** : 경무, 통신, 경리업무

ⓑ **사찰계** : 사찰 형사업무

ⓒ **경비계** : 경비, 보안, 수행, 차량, 이화장 관리업무

㉢ 1953년에 중앙청 경비를 종로경찰서로 이관하였다.

㉣ 1960년에 청와대 경찰관파견대를 설치하였다.

③ **제2공화국**

㉠ 1960년 12월 30일에 경무대를 청와대로 개칭하였다.

㉡ **군사혁명 및 군정기**

ⓐ **경호담당** : 국가재건최고회의 의장 경호대

ⓑ **경비담당** : 서울시경 소속 청와대 경찰관파견대

㉢ **1961년 11월 18일 중앙정보부 경호대 발족**

ⓐ **편성** : 행정과, 사전기획과, 정보과, 경호과, 기동경호과

ⓑ **임무**

- 국가원수 · 최고회의 의장 · 부의장 · 내각수반 · 국빈의 신변보호
- 경호대장이 지명하는 인물의 신변확보 등

④ 제3공화국

㉠ 박정희 대통령 취임(1963년 12월 17일) : 대통령경호실 독립조직으로 정식 창설

ⓐ 대통령경호실 초대 경호처장으로 홍종철이 취임하였다.

ⓑ 편성 : 경호처장, 행정차장, 기획차장, 기획관리실 등

ⓒ 임무

- 대통령과 그 가족의 경호
- 대통령 당선 확정자와 그 가족의 경호
- 경호처장이 필요하다고 인정하는 국내·외 요인
- 대통령 관저 경비

㉡ 대통령경호실법 시행령 개정(1968년 3월 30일)

ⓐ 청와대 방어계획 및 보안활동 강화 등

ⓑ 편성 : 실장, 차장, 행정처, 보안처, 기획처, 경호처, 통신처

⑤ 제4공화국

시기(1972~1980)	내용
1972. 12. 27	제8대 박정희 대통령 취임(유신헌법 공포)
1974. 04. 27	청와대 폭파기도 미수사건(재일교포 2인 검거)
1974. 08. 15	박정희 대통령 시해미수사건(육영수 여사 저격사건)
1974. 08. 22	제3대 차지철 대통령경호처장 취임
1974. 09. 09	경호·경비 원칙 설정(범 국가적 경호개념 정립 및 실천을 위해 경호의 일반원칙 설정)
1974. 09. 11	대통령경호·경비안전대책위원회 설치(관계부서 책임을 명확히 하고, 관계부서 간 협조를 명확히 함)
1975. 08. 02	대통령경호·경비안전대책통제단 설치
1975. 11. 12	안전대책사범처리협의회규정 제정
1976. 09. 20	경회루 폭파기도(전남 거문도에서 간첩 자수)
1978. 12. 27	제9대 박정희 대통령 취임식
1979. 10. 26	박정희 대통령 서거(10.26사건)
1979. 12. 21	제10대 최규하 대통령 취임식
1979. 12. 27	대통령경호실법 시행령 개정
1979. 12. 28	제4대 대통령경호처장 정동호 취임

⑥ 제5공화국부터 참여정부

시기	내용
1980. 08. 26(제5공화국)	대통령경호실법 시행령 개정(전직 대통령과 그 가족에 대한 호위 제도화)
1989. 02. 01(제6공화국)	청남대 경비 전담부대 창설
2000. 01. 01(국민의 정부)	대통령경호실법 개정(별정직→특정직 전환)
2003. 04. 18(참여정부)	대통령휴양시설인 청남대를 국민에게 반환(충북도청으로 관리전환) - 국가중요시설에서 해제하여 국민들에게 개방 - 경비 전담부대 임무 해제
2004. 07. 24(참여정부)	- 대통령경호실법 시행령 개정(청와대종합상황실 명칭 변경과 계약직 공무원 운용근거 신설) - 대통령경호안전대책위원회규정 개정
2005. 03. 10(참여정부)	대통령경호실법 개정 - 경호구역 지정 및 경호안전활동 근거 신설 - 대통령경호안전대책위원회 법률기관화
2006. 01. 02(참여정부)	대통령경호실 본부 – 팀제 도입 조직개편
2008. 02. 29(이명박정부)	대통령경호실 폐지 – 대통령실 소속 경호처로 전환
2013. 03. 29(박근혜정부)	대통령실 소속 경호처 폐지 – 대통령 경호실로 전환

⑦ 대통령경호실

㉠ 제정 : 1963년 12월 14일에 법률 제1507호로 제정되었다.

㉡ 설치목적 : 대통령의 경호를 담당하게 하기 위하여 대통령경호실을 설치하였다.

⑧ 경호처

㉠ **구성** : 경호처는 기획실, 경호본부, 안전본부, 지원본부로 편성되며 경호전문교육기관을 위한 소속기관으로 경호안전교육원을 두고 있다.

㉡ **기획실** : 국회, 예산, 공보 등 대외업무, 인사, 조직, 정원관리, 행정법무 업무

㉢ **경호본부** : 대통령 및 가족에 대한 경호업무, 방한하는 외국정상 · 행정수반 및 전직대통령 등 요인에 대한 경호

㉣ **안전본부** : 국내 · 외 경호관련 정보의 수집 및 보안업무, 행사장 안전대책 강구 및 청와대 주변 대테러업무

㉤ **지원본부** : 행정업무, 시설관리, 경호차량운행 등 경호행사 지원업무, 국가지도통신망 운용 및 청와대 정보통신 업무

㉥ **경호안전교육원** : 경호안전관리와 관련되는 학술 연구 및 장비개발, 경호처 직원과 관련 공무원에 대한 경호안전 전문교육, 경호안전 관련 단체에 종사하는 자에 대한 수탁교육, 국가주요 행사 안전관리분야에 관한 연구 · 조사

⑨ 대통령경호실(박근혜정부)

㉠ 정부 조직개편에 따라 대통령실 소속 경호처에서 대통령경호실로 독립

㉡ 대통령 경호실장 장관급 승격

㉢ 대통령 등의 경호에 관한 법률 개정(제7차)

ⓐ 경호공무원 정년연장(55세 → 58세)

ⓑ 전직대통령과 그 배우자 경호기간 연장(10 → 15년)

우리나라에서 대한민국 정부수립 이후의 경호제도 변천과정 순서로 옳은 것은?

① 경무대 경찰서 → 국가재건최고회의 의장 경호대 → 청와대 경찰관파견대 → 대통령경호실
② 국가재건최고회의 의장 경호대 → 청와대 경찰관파견대 → 대통령경호실 → 경위원
③ 경위원 → 청와대 경찰관파견대 → 경무대경찰서 → 국가재건최고회의 의장 경호대
④ 경무대 경찰서 → 청와대 경찰관파견대 → 국가재건최고회의 의장 경호대 → 대통령경호실

★ 경무대 경찰서(1940년대), 청와대 경찰관파견대(1960, 1공화국), 국가재건최고회의 의장 경호대(2공화국), 대통령경호실(3공화국)

답 ④

출제예상문제

1 경호의 개념을 형식적 · 실질적 의미로 구분할 때 이에 관한 설명과 그 연결이 옳지 않은 것은?

① 형식적 의미 – 현실적인 경호기관을 기준으로 정립된 개념이다.
② 실질적 의미 – 경호작용 전체 중에서 가지는 공통적인 특성을 추상화한 것이다.
③ 형식적 의미 – 본질적이고 이론적인 입장에서 고찰된 개념이다.
④ 실질적 의미 – 경호주체가 국가, 민간을 구분하지 않고 경호대상자를 보호하는 모든 활동을 말한다.

Advice ③ 형식적 의미의 경호개념은 실정법 · 제도 · 조직 중심적인 입장에서 이해한 것이다.
※ 형식적 · 실질적 의미의 경호개념
㉠ 형식적 의미의 경호개념
- 현실적인 경호기관을 중심으로 정립된 개념
- 여러 경호기관에 의하여 행해지는 모든 작용
- 실정법상 일반경호기관의 권한에 속하는 일체의 경호작용
㉡ 실질적 의미의 경호개념
- 본질적이고 이론적인 입장에서 고찰된 개념
- 경호를 본질적, 이론적, 성질상으로 구분
- 경호대상자의 신변안전을 보호하기 위한 제반 작용
- 경호작용 전체 중에서 가지는 공통적인 특성을 추상화한 것

2 대통령경호안전대책위원회의 위원이 아닌 자는?

① 문화체육관광부 관광산업국장
② 수도방위사령부 참모장
③ 대검찰청 공안기획관
④ 경찰청 정보국장

Advice 대통령경호안전대책위원회 구성〈대통령경호안전대책위원회규정 제2조〉… 국가정보원 테러종합센터장, 외교부 재외동포영사국장, 법무부 출입국 · 외국인정책본부장, 국방부 조사본부장, 문화체육관광부 관광산업국장, 미래창조과학부 통신정책국장, 국토교통부 항공정책관, 식품의약품안전처 식품안전정책국장, 관세청 조사감시국장, 대검찰청 공안기획관, 경찰청 보안국장, 해양경찰청 경비안전국장, 소방방재청 소방정책국장, 합동참모본부 작전부 작전처장, 국군기무사령부 2부장, 수도방위사령부 참모장

Answer 1.③ 2.④

3 다음 중 구한말의 경호기관에 해당하는 것을 모두 고른 것은?

㉠ 무위소	㉡ 무위영
㉢ 내금위	㉣ 친위대

① ㉠㉡ ② ㉠㉢
③ ㉠㉡㉣ ④ ㉠㉡㉢㉣

Advice ㉠ 무위소(武衛所) : 구한말 전기(갑오경장 이전)인 1874년(고종 11) 궁궐 수비를 위해 설치한 관청으로 왕의 친위군이다.
㉡ 무위영(武衛營) : 구한말 전기(갑오경장 이전)인 1881년(고종 18) 11월 군제 개편에 따라 새로 설치된 군영이다. 무위소의 후신이라고 할 수 있으며, 왕궁을 지키는 임무를 담당하는 친위군이었다.
㉢ 내금위(內禁衛) : 조선 전기에 왕의 근시위(近時衛) 임무를 담당한 친위부대이다.
㉣ 친위대(親衛隊) : 구한말 전기(갑오경장 이전)에 시위대와 유사한 성격의 부대로 궁궐과 왕의 시위 임무를 띤 신식부대이다.

4 경호의 원칙에 관한 설명으로 옳지 않은 것은?

① 하나의 통제된 지점을 통한 접근의 원칙이란 경호대상자와 접근할 수 있는 출입구 또는 통로는 하나만 필요하고 여러 개의출입구와 통로는 불필요하다는 것이다.
② 3중경호의 원칙이란 경호대상자가 위치한 집무실이나 행사장으로부터 내부, 내곽, 외곽으로 구분하여 경호 행동반경을 거리개념으로 설명한 것이다.
③ 은밀경호의 원칙이란 경호대상자의 활동에 방해를 주지 않고 타인의 눈에 잘 띄지 않게 활동하여야 한다는 것이다.
④ 방어경호의 원칙이란 경호대상을 위협하는 단체 또는 개인의 불순분자들로부터 경호대상에 대한 일신상의 모든 정보를 비밀로 하는 것을 말한다.

Advice ④ 경호의 특별원칙 중 목표물보존의 원칙(경호대상자 분리의 원칙, 보안유지의 원칙, 상호격리의 원칙)에 대한 설명이다.

Answer 3.③ 4.④

5 **경호의 형식적 의미의 개념으로 옳은 것은?**

① 본질적 · 이론적인 입장에서 이해한 개념이다.
② 경호작용 전체 중에서 가지는 공통적인 특성을 추상한 개념이다.
③ 현실적인 경호기관을 기준으로 하여 정립된 개념이다.
④ 경호의 개념을 학문적 측면에서 고찰한 개념이다.

Advice 경호의 형식적 의미 개념은 경호의 본질적 · 이론적인 개념으로서가 아닌 보다 현실적인 경호기관을 기준으로 정립된 개념이다. 형식적 의미의 경호는 경호기관에 의해 행해지는 모든 작용을 말하는 것이다.

6 **경호공무원이 퇴임 후에도 준수해야 하는 의무는?**

① 명령복종의 의무
② 비밀엄수의 의무
③ 직권남용금지의 의무
④ 정치운동금지의 의무

Advice 비밀의 엄수〈대통령 등의 경호에 관한 법률 제9조〉
㉠ 소속공무원(퇴직한 사람과 원소속기관에 복귀한 사람을 포함)은 직무상 알게 된 비밀을 누설하여서는 아니된다.
㉡ 소속공무원이 경호실의 직무와 관련된 사항을 발간하거나 그 밖의 방법으로 공표하려면 미리 실장의 허가를 받아야 한다.

7 **대통령 등에 대한 경호를 효율적으로 수행하기 위하여 경호의 조직직무범위와 그 밖에 필요한 사항을 규정함을 목적으로 하는 법률은?**

① 대통령경호안전대책위원회규정
② 대통령 등의 경호에 관한 법률
③ 대통령실과 그 소속기관 직제
④ 전직 대통령 예우에 관한 법률

Advice 대통령 등의 경호에 관한 법률은 대통령 등에 대한 경호를 효율적으로 수행하기 위하여 경호의 조직 · 직무범위와 그 밖에 필요한 사항을 규정함을 목적으로 한다〈대통령 등의 경호에 관한 법률 제1조〉.

Answer 5.③ 6.② 7.②

8 한국 경호제도의 역사적 변천에 관한 설명으로 틀린 것은?

① 신라시대의 시위부는 궁성의 숙위와 왕 및 왕실세력 행차 시 호위하는 것이 주된 임무였으며, 시위부 소속의 금군은 모반 · 반란 등을 평정하고 진압하는 임무를 수행하였다.

② 고려시대의 마별초는 묘청의 난을 계기로 도성의 치안유지를 위하여 좌 · 우 순금사를 두었으며, 의종 때 내금검이라 하여 숙위를 더욱 강화하였다.

③ 조선시대의 호위청은 인조반정으로 집권한 서인들이 거사에 동원되었던 군사를 해체하지 않고 있다가 계속되는 역모사건을 계기로 왕의 동의를 얻어 설치하였다.

④ 정부수립 이후 경무대경찰서는 1949년 2월 23일 창덕궁 경찰서가 폐지되고 경무대경찰서가 신설되면서 종로경찰서 관할인 중앙청 및 경무대 구내가 경무대경찰서의 관할 구역이 되었다.

Advice ② 고려시대 내순검군(内巡檢軍)은 고려 인종(仁宗)때 묘청의 난이 일어나자 개경의 치안유지를 위하여 도성(都城)안을 좌 · 우로 나누고 각각 순금사(巡禁使)를 두었다.

9 경호의 분류에서 분야별 경호임무의 설명으로 틀린 것은?

① 열차경호는 경호대상자가 열차를 이용하는 경우 열차 내에서 이루어지는 경호를 말하며, 통상 열차 내에서의 경호책임은 출발지역으로부터 도착지역까지로 도착지역 관할 지방경찰청에서 담당한다.

② 숙소경호는 경호대상자가 평소 거처하는 관저나 임시로 머무는 장소로 체류기간이 장기화되고 야간 근무가 이루어진다는 점이 고려되어야 한다.

③ 선박경호 시 선박을 선택할 때에는 기후와 파도에 견딜 수 있는 형태와 크기를 갖춘 것이어야 하며, 선박 안에 인명구조 및 비상시설이 충분한지에 대한 확인과 여행 중 불편이 없도록 제반시설을 점검하여야 한다.

④ 동승차량 경호는 경호대상자의 자동차 등에 동승하여 차내 및 행선지에서의 보호임무를 수행하며, 경호대상자가 승 · 하차 시 경호원으로 하여금 방벽을 구축하여 근접경호를 한다.

Advice 열차경호는 경호대상자가 열차로 이동을 하는 경우, 열차가 출발하는 역에서 도착하는 역까지 경호하는 것으로, 경호책임은 출발지역 관할 지방경찰청에서 담당한다.

8.② 9.①

10 **대통령 등의 경호에 관한 법률의 내용으로 옳지 않은 것은?**

① 경호실에 특정직 국가공무원인 1급부터 9급까지의 경호공무원과 일반직 국가공무원을 둔다. 다만, 필요하다고 인정할 때에는 경호공무원의 정원 중 일부를 일반직 국가공무원 또는 별정직 국가공무원으로 보할 수 있다.

② 경호실에 파견된 경찰공무원은 이 법에 규정된 임무 외의 경찰공무원의 직무를 수행할 수 없다.

③ 경호실장은 경호업무에 필요하다고 판단되는 경우 경호목적 달성을 위해 필요한 최대한의 범위를 경호구역으로 지정할 수 있다.

④ 대한민국의 국적을 가지지 아니한 사람은 경호실 직원으로 임용될 수 없다.

Advice ③ 실장은 경호업무의 수행에 필요하다고 판단되는 경우 경호구역을 지정할 수 있다. 경호구역의 지정은 경호 목적 달성을 위한 최소한의 범위로 한정되어야 한다〈대통령 등의 경호에 관한 법률〉 제5조 제1항, 제2항〉.

① 대통령 등의 경호에 관한 법률 제6조 제1항

② 대통령 등의 경호에 관한 법률 제18조 제2항

④ 대한민국의 국적을 가지지 아니한 사람과 국가공무원법 결격사유에 해당하는 사람은 직원으로 임용될 수 없다〈대통령 등의 경호에 관한 법률 제8조 제2항〉.

11 **국무총리가 연말연시를 맞아 사전계획되었던 군부대 위문방문을 마치고 차량으로 귀경 도중 갑자기 예정되지 않았던 인근 고아원을 방문하기로 결정하였을 때의 경호분류로 맞는 것은?**

① 3급경호, 비공식경호, 간접경호

② 을호경호, 차량경호, 약식경호

③ 직접경호, 을호경호, 비공식경호

④ 1급경호, 공식경호, 행사장경호

Advice 경호분류

㉠ 직접경호 : 실제 현장에서 하는 경호활동을 의미하는 것으로 근접경호나 행사장 요원 활동 등이 있다.

㉡ 을호경호 : 수상, 국회의장, 헌법재판소장, 대법원장, 국무총리 및 이와 대등한 외국의 인사의 경호

㉢ 비공식경호(2호) : 경호관계자와의 협의, 사전통보 또는 절차가 없이 이루어지고 일정한 방식에 의하지 않는 경호로서, 고도의 행사보안이 요구되는 비공식행사 시 실시되는 경호를 말한다.

Answer 10.③ 11.③

12 다음 중 대통령 등의 경호에 관한 법률상 경호의 대상이 아닌 것은?

① 대통령당선자와 그 가족
② 대통령 후보
③ 대통령권한대행과 그 배우자
④ 방한하는 외국의 국가원수

Advice 경호실의 경호대상〈대통령 등의 경호에 관한 법률 제4조〉

㉠ 대통령과 그 가족
㉡ 대통령 당선인과 그 가족
㉢ 본인의 의사에 반하지 아니하는 경우에 한하여 퇴임 후 10년 이내의 전직 대통령과 그의 배우자 다만, 대통령이 임기만료 전에 퇴임한 경우와 재직 중 사망한 경우의 경호기간은 그로부터 5년으로 하되, 퇴임 후 사망한 경우의 경호기간은 퇴임일을 기산하여 10년을 넘기지 아니하는 범위에서 사망 후 5년으로 한다.
㉣ 대통령권한대행과 그 배우자
㉤ 대한민국을 방문하는 외국의 국가 원수 또는 행정수반과 그 배우자
㉥ 그 밖에 실장이 경호가 필요하다고 인정하는 국내외 요인

13 경호공무원의 사법경찰권에 관한 내용이다. 다음 ( )에 들어갈 내용이 옳게 짝지어진 것은?

> ( )의 제청으로 서울중앙지방검찰청 검사장이 지명한 경호공무원은 대통령 경호업무 수행 중 인지한 그 소관에 속하는 범죄에 대하여 직무상 또는 수사상 긴급을 요하는 한도 내에서 사법경찰관리의 직무를 수행할 수 있다. 여기서 ( ) 이상 경호공무원은 사법경찰관의 직무를 수행하고, ( ) 이하 경호공무원은 사법경찰리의 직무를 수행한다.

① 대통령경호실장, 5급, 6급
② 대통령경호실 차장, 5급, 6급
③ 대통령경호실장, 7급, 8급
④ 대통령경호실 차장, 7급, 8급

Advice 대통령 등의 경호에 관한 법률 제17조(경호공무원의 사법경찰권)

㉠ 경호공무원(실장의 제청으로 서울중앙지방검찰청 검사장이 지명한 경호공무원을 말한다.)은 경호실의 경호대상에 대한 경호업무 수행 중 인지한 그 소관에 속하는 범죄에 대하여 직무상 또는 수사상 긴급을 요하는 한도 내에서 사법경찰관리(司法警察官吏)의 직무를 수행할 수 있다.
㉡ ㉠의 경우 7급 이상 경호공무원은 사법경찰관의 직무를 수행하고, 8급 이하 경호공무원은 사법경찰리(司法警察吏)의 직무를 수행한다.

Answer 12.② 13.③

14 **경호의 원칙에 대한 설명으로 맞는 것은?**

① 경호원에 배치된 자가 담당구역 내에서 일어나는 사태에 대해서는 자신만이 책임을 지고 해결해야 한다는 원칙은 목표물 보존의 원칙이다.
② 방어경호의 원칙이란 중심부를 안전구역으로, 내곽구역을 경비구역으로, 외곽을 경계구역으로 설정하여 경호를 실시하는 원칙이다.
③ 경호대상자를 암살자 또는 위해를 가할 가능성이 있는 자로부터 떼어놓는 원칙은 자기희생의 원칙이다.
④ 경호임무 수행 중 긴급하고 위험한 상황이 발생하였을 때 고도의 예리하고 순간적인 판단력이 중요시되는 원칙은 두뇌경호의 원칙이다.

Advice 경호의 일반원칙

㉠ 3중경호의 원칙 : 경호대상자가 위치한 행사장이나 시설로부터 근접(내부), 내곽(중앙), 외곽(외부)으로 나누어 중첩된 형태로 전개되는 경호의 원칙을 말한다.
㉡ 두뇌경호의 원칙 : 경호를 실시함에 있어 사전에 치밀한 계획과 준비를 철저히 하고 위험요소를 제거하는 데 중점을 두어야 하지만, 긴급하고 위험한 상황이 발생하였을 때는 고도의 예리하고 순간적인 판단력이 요구된다는 경호의 원칙을 말한다.
㉢ 방어경호의 원칙 : 경호를 함에 있어서 공격이나 진압보다는 방어에 중점을 두는 경호를 말한다. 급박한 상황이 발생하는 경우에 경호요원은 공격자에 대하여 무기를 사용하는 등의 공격을 하는 것보다는 경호대상자를 빠르게 대피 시킴으로써 방어하는 것이 가장 중요하며, 이러한 방어경호를 하는 것이 주변사람들에 대한 피해를 줄여주는 방법이기도 하다.
㉣ 은밀경호의 원칙 : 행사의 성격에 따라서 공개적으로 경호요원 자신을 노출시키는 경호를 할 수도 있지만 원칙적으로 경호는 타인의 눈에 띄지 않고 은밀하게 하는 것이 좋다. 은밀경호를 하는 경우에는 경호대상자가 활동을 함에 있어서 제약을 받지 않게 되고, 주변사람들에게 편한 이미지를 줌으로써 경호대상자의 권위유지에 도움을 준다는 장점이 있다.

15 **대통령이 국경일 행사에 참석한 후 귀경길에 갑자기 사전에 예정되지 않았던 수해지역 방문을 지시하여 차량대형을 변경하여 수해지역을 방문하고 귀경하였다면 경호과정에 해당되는 경호분류 중 맞는 것은?**

① 약식경호, 비공식경호, 차량경호 ② 을(B)호경호, 행사장경호, 공식경호
③ 간접경호, 3(C)급경호, 비공식경호 ④ 공식경호, 2(B)급경호, 갑(A)호경호

Advice 수해지역 방문이므로 공식경호이며, 예정되어 있지 않고 갑자기 결정된 일정이므로 2급경호, 대통령이므로 갑호경호에 해당한다.

Answer 14.④ 15.④

16 다음 중 경호경비 관련 법적 근거에 관한 내용으로 적합한 것은?

① 대간첩 작전수행, 주요인사 경호 등의 규정으로 포괄적 임무를 근거한 것은 대통령 등의 경호에 관한 법률 시행령이다.

② 경호실 지침과 경호규칙이 상이할 경우는 대통령 등의 경호에 관한 법률이 우선한다고 규정한 것은 안전 대책법이다.

③ 대통령과 그 가족, 대통령으로 당선된 자와 그 가족에 대한 경호는 경호규칙에 근거한다.

④ 한국군과 주한 미군 간의 대통령경호에 대한 합의각서에 대한 법적 근거는 SOFA이다.

Advice 대통령 경호에 대한 합의각서

㉠ 의의 : 한국 및 외국 국가원수 미군부대 방문 또는 인접지역 방문 시 경호관련 정보교환, 경호경비사령관 임명, 안전 및 보안조치 관련 협조 내용

㉡ 목적 : 본 합의 각서는 한·미간의 SOFA협정 제3조 및 제25조를 근거로하여 대통령경호경비에 관한 협조절차를 규정하는 데 있다.

17 경호업무 수행에 있어서 기본적으로 고려할 사항에 대한 설명으로 맞는 것은?

① 경호에 있어서 중요한 것은 일관성이다. 따라서 경호업무는 사전에 신중하게 계획되어야 하며 가능한 한 변화가 없어야 한다.

② 경호원들은 각각의 임무 형태에 대한 책임이 부여되어야 하므로 둘 이상의 경호대상자가 동일한 행사에 참석하게 되면 서열에 관계없이 각각의 경호요구에 따라 경호업무가 수행되어야 한다.

③ 경호에 필요한 인적·물적 자원을 동원하기 위해서는 공식행사, 비공식행사 등 행사성격이 아닌 사전 획득한 내재적 위협 분석에 따라 자원 소요가 결정된다.

④ 민주사회에서 보다 많은 시민들로부터 경호협조를 얻기 위해서는 이동경로, 참석자 등 일부 경호상황을 시민들과 언론 등에도 전파하여야 한다.

Advice ① 경호에 있어서 중요한 것은 경호대상자의 보호로 상황에 따라 유동적이다.

② 경호대상자의 서열에 따라 경호업무를 수행해야 한다.

④ 경호대상자의 신변확보에 만전을 기하기 위해 되도록 이동경로 등에 관한 정보를 비밀로 유지해야 한다.

Answer 16.④ 17.③

18 대한민국 근대 이후 경호제도에 관한 설명으로 옳은 것은?

① 창덕궁경찰서가 폐지되고 경무대경찰서가 신설되면서 대통령과 가족, 대통령 당선이 확정된 자, 전직 대통령 및 가족의 호위를 담당하였다.

② 대통령중심제에서 내각책임제로 변화되면서 대통령경호 및 관저경비는 경무대경찰서가 담당하였다.

③ 대통령경호실이 출범되면서 최초로 경호라는 용어 사용과 경호업무의 체제가 정비되었다.

④ 군사혁명위원회가 국가재건최고회의로 발족되면서 국가재건최고회의의장 경호대가 임시로 편성된 후 중앙정보부로 예속되었다.

Advice ① 전직 대통령에 관한 호위의 제도화는 제5공화국시기의 일이다.
② 대통령중심제에서 내각책임제로 변화되면서 대통령경호 및 관저경비를 담당하던 경무대경찰서가 폐지되고 서울시 경찰국 경비과에서 기존의 업무를 담당하게 된다.
③ 1949년 내무부훈령으로 경호에 관한 규정이 제정됨으로써 경호라는 개념이 최초로 사용되게 되었다.

19 경호의 특별원칙인 목표물 보존의 원칙에 대한 설명으로 옳지 않은 것은?

① 행차하는 진로와 장소는 원칙적으로 비공개한다.

② 피경호인에게 접근하는 통로를 최소화 또는 단일화시킨다.

③ 대중에게 노출되는 보행행차는 가능한 지양하도록 한다.

④ 동일한 장소에 계속적인 행차는 가급적 절제되어야 한다.

Advice 목표물 보존의 원칙은 경호대상자(목표물)를 공격자로부터 멀리 떨어지게 함으로써 보호하여야 한다는 원칙을 말하는 것으로 목표물 보존의 원칙에 의하면 다음의 내용이 지켜져야 피경호인을 보호할 수 있게 된다.
㉠ 행차코스는 원칙적으로 비공개하여야 한다.
㉡ 대중에게 노출되는 보행행차는 가급적 제한되어야 한다.
㉢ 동일한 장소에 수차 행차하였던 곳은 가급적 변경되어야 한다.
㉣ 경호대상자가 행차하기로 예정된 장소는 일반대중에게 알려지지 않아야 한다.

Answer 18.④ 19.②

20 경호의 성격에 의한 분류로서 '2호경호'에 해당되는 것은?

① 경호관계자 간의 사전통보에 의해 계획 · 준비되는 공식행사 때 실시하는 경호
② 한국 경찰기관의 경호정의는 피경호인의 신변에 대하여 행사준비 등의 시간적 여유 없이 갑자기 결정된 각종 행사와 수상급 경호대상으로 결정된 국빈행사의 경호
③ 경호관계자 간의 사전통보나 협의절차 없이 이루어지는 비공식행사 때의 경호
④ 행사보안이 노출되어 경호 위해가 증대된 상황하의 국가 원수급 국빈행사의 경호

Advice 비공식경호(2호) … 경호관계자와의 협의, 사전통보 등 절차 없이 이루어지고 일정한 방식에 의하지 않는 경호로서, 고도의 행사보안이 요구되는 비공식행사 시 실시되는 경호를 말한다.

21 다음 중 경호의 분류에 대한 설명으로 맞는 것은?

① 행사장경호는 성격에 의한 분류이고, 차량경호는 이동수단에 의한 분류이다.
② 보행경호는 이동수단에 의한 분류이고, 공식경호는 대상에 의한 분류이다.
③ 선박경호는 장소에 의한 분류이고, 보행경호는 이동수단에 의한 분류이다.
④ 항공기경호는 이동수단에 의한 경호이고, 노상경호는 장소에 의한 분류이다.

Advice ① 행사장경호는 장소에 의한 분류, 차량경호는 이동수단에 의한 분류이다.
② 보행경호는 이동수단에 의한 분류, 공식경호는 성격에 의한 분류이다.
③ 선박경호와 보행경호는 이동수단에 의한 분류이다.

경호학

22 경비의 분류 중 경계대상에 의한 분류에서 시설의 재산, 문서에 대한 비인가자의 접근을 방지하고 간첩, 태업, 절도, 기타 침해행위에 대한 예방 · 경계 · 진압하는 경비는?

① 치안경비 ② 재해경비
③ 혼잡경비 ④ 중요시설경비

Advice 중요시설경비는 시설의 재산, 문서에 대한 비인가자의 접근을 방지하고 간첩, 태업, 절도, 기타 침해행위를 예방 · 경계 · 진압하는 경비를 말한다.

Answer 20.③ 21.④ 22.④

23 경호의 분류 중 공식경호, 비공식경호, 약식경호 등은 어떤 기준에 따른 분류인가?

① 대상에 의한 분류 ② 주체에 의한 분류
③ 방법에 의한 분류 ④ 성격에 의한 분류

Advice 성격에 의한 분류
㉠ 공식경호(1호)
㉡ 비공식경호(2호)
㉢ 약식경호(3호)

24 퇴임 후 9년이 된 전직 대통령의 경호에 대한 설명으로 맞는 것은?

① 경호대상이 아니다. ② 경찰책임의 갑호경호대상이다.
③ 경호실 책임의 경호대상이다. ④ 경찰책임의 경호대상이다.

Advice 대통령 등의 경호에 관한 법률에 따르면 퇴임 후 10년 이내의 전직 대통령과 그의 배우자는 경호실의 경호대상이다. 그러므로 퇴임 후 9년이 지난 전직 대통령의 경호는 경호실의 경호대상이다.

25 다음은 무엇에 관한 설명인가?

- 대통령경호에 필요한 안전대책업무, 경호 관련 첩보 및 정보의 신속한 전파·보고, 기타 경호상 필요하다고 인정되는 사항을 관장하도록 한 것
- 대통령경호안전대책활동에 관하여는 위원회 구성원 전원과 그 구성원이 속하는 기관장이 공동으로 책임지도록 하고, 각 구성원의 결정사항을 구체적으로 규정

① 경찰관 직무집행법 ② 대통령 등의 경호에 관한 법률
③ 대통령경호안전대책위원회규정 ④ 전직 대통령예우에 관한 법률

Advice 대통령경호안전대책위원회규정의 제정목적은 대통령 등의 경호에 관한 법률에 따른 대통령경호안전대책위원회의 구성 및 운영에 관하여 필요한 사항을 규정함에 있다.

Answer 23.④ 24.③ 25.③

26 다음 중 경계대상에 의한 경비분류로 옳게 연결된 것은?

① 치안경비 – 총기류에 의한 인질, 살상 등 중요범죄의 위해방지
② 혼잡경비 – 경기대회, 기념행사 등 조직 군중의 예측불가능한 사태를 방지
③ 특수경비 – 천재, 홍수, 태풍, 지진 등에 의한 돌발사태를 방지
④ 중요시설경비 – 공공의 안녕과 질서를 문란하게 하는 사태에 대한 경비

Advice ① 치안경비는 공공의 안녕과 질서를 문란하게 하는 경비사태의 경우에 이를 예방 · 진압하는 경비부대의 활동을 말한다.
③ 특수경비는 총기류에 의한 인질, 살상 등 중요범죄에 의한 위해를 방지하는 경비를 말한다.
④ 중요시설경비는 시설의 재산, 문서에 대한 비인가자의 접근을 방지하고 간첩, 태업, 절도, 기타 침해행위를 예방 · 경계 · 진압하는 경비를 말한다.

27 경호관계자 간의 사전통보나 협의절차 없이 이루어지는 행사 때의 경호는?

① 약식경호 ② 비공식경호
③ 공식경호 ④ 연도경호

Advice 비공식경호(2호)는 경호관계자와의 협의, 사전통보 또는 절차가 없이 이루어지고 일정한 방식에 의하지 않는 경호로서, 고도의 행사보안이 요구되는 비공식행사 시 실시되는 경호를 말한다.

28 경호의 특별원칙 중 경호대상자를 위해할 가능성이 있는 자들로부터 떼어놓는 원칙은?

① 목표물 보존의 원칙
② 자기담당구역의 원칙
③ 하나의 통제된 지점을 통한 접근의 원칙
④ 자기희생의 원칙

Advice 목표물 보존의 원칙은 경호대상자(목표물)를 공격자로부터 멀리 떨어지게 함으로써 보호하여야 한다는 원칙을 말하는 것이다.

Answer 26.② 27.② 28.①

29 **다음 중 형식적 의미의 경호개념은?**

① 이론적 입장에서 이해되는 개념이다.

② 경호대상자에 대한 모든 인위적 · 자연적 위해로부터 지키는 개념이다.

③ 실정법상 일반 경호기관의 권한에 속하는 일체의 경호작용을 말한다.

④ 경호의 주체에 대한 제약이 없다.

Advice 형식적 의미의 경호…법이나 제도와 같은 실정법에 의하여 인정된 여러 가지 현실적인 경호기관에 의한 일체의 경호활동만을 경호로 인정하는 것을 말하며 현재 우리나라에서 시행되는 대통령 등의 경호에 관한 법률과 경찰관 직무집행법 등에 의한 경호활동이 그 예이다.

30 **다음 중 수상, 국회의원, 대법원장, 헌법재판소장, 이와 대등한 지위에 있는 외국인사 등에 대한 경호방법은?**

① 갑호경호 ② 을호경호

③ 병호경호 ④ 정호경호

Advice 대상에 의한 분류

㉠ 갑호경호 : 대통령과 대통령의 가족, 외국의 원수, 국왕

㉡ 을호경호 : 수상, 국회의장, 헌법재판소장, 대법원장, 국무총리 및 이와 대등한 외국의 인사

㉢ 병호경호 : 경찰청장, 국회의원, 정치인 및 경호기관장이 필요하다고 인정하는 인사

31 **경호를 실시함에 있어 사전에 치밀한 계획과 준비를 철저히 하고 위험요소를 제거하는데 중점을 둔다. 그래도 긴급하고 위험한 상황이 발생하였을 때는 고도의 예리하고 순간적인 판단력이 요구된다는 경호의 원칙은?**

① 방어경호의 원칙 ② 은밀경호의 원칙

③ 근접경호의 원칙 ④ 두뇌경호의 원칙

Advice ① 방어경호의 원칙은 경호를 함에 있어서 공격이나 진압보다는 방어에 중점을 두는 경호를 말한다.

② 은밀경호의 원칙은 행사의 성격에 따라서 공개적으로 경호요원 자신을 노출시키는 경호를 할 수도 있지만 원칙적으로 경호는 타인의 눈에 띄지 않고 은밀하게 하는 것이 좋다.

③ 근접경호는 기동 간 및 행사장에서 경호대상자의 신변보호를 위해 실시하는 근접호위작용을 말한다.

Answer 29.③ 30.② 31.④

32 국가 보안목표시설의 분류기준에 대한 설명으로 옳지 않은 것은?

① 청와대, 국회의사당 등은 가급에 속한다.
② 경찰청, 대검찰청 등은 가급에 속한다.
③ 정부종합청사, 국방부 등은 가급에 속한다.
④ 국가중요산업시설로서 파괴시 대체가 불가능한 시설은 나급에 속한다.

Advice 경찰청, 대검찰청 등은 나급에 속한다.

33 공식적인 행사실시 때에 사전통보에 의해 실시하는 경호는 무엇인가?

① 사전경호
② 약식경호
③ 공식경호
④ 근접경호

Advice 공식경호는 관계자가 사전에 통보하고 이에 의하여 계획 · 준비되어 실시되는 경호를 말한다.

34 경호의 의의에 대한 설명으로 옳지 않은 것은?

① 국가원수에 대한 경호는 그 국가의 안전과 직결되는 중요한 문제이다.
② 경호란 호위와 경비가 총체적으로 이루어져야 한다.
③ 호위란 신체에 대해 직접적으로 가해지는 위해를 근접에서 방지 또는 제거하는 행위를 말한다.
④ 피경호자의 신변 감시에 중점을 두는 활동이다.

Advice 경호는 경호의뢰인에게 직접적 · 간접적 또는 인위적 · 자연적으로 위협이 가해지는 경우, 이러한 위협으로부터 의뢰인의 신변을 보호하고 가해자를 제압하는 경호원의 호위활동으로, 경호의뢰인의 활동경로(숙박장소, 이용하는 교통수단 및 이동로 등)를 사전에 파악하고 호위활동이 필요한 장소 등의 경호구역에 대하여 모든 수단과 방법을 이용하여 경계하고 위해요인을 제거함으로써 의뢰인을 안전하게 보호하는 것을 목적으로 한다.

Answer 32.② 33.③ 34.④

35 **다음 중 대통령 경호실의 연혁을 설명한 내용으로 옳지 않은 것은?**

① 박근혜 정부는 정부조직의 개편안에 따라 대통령실 경호처로 전환하고, 대통령경호실법을 개정하여 대통령 등의 경호에 관한 법률로 변경하였다.

② 이명박 정부는 대통령 등의 경호에 관한 법률을 개정(제4차)하여 전직 대통령(10년) 및 배우자(5년) 경호기간을 연장하였다.

③ 참여정부에서는 대통령경호실법 개정(제3차)에 따라 경호구역 지정 및 경호안전활동 근거를 신설하였다.

④ 박근혜 정부는 대통령 등의 경호에 관한 법률 개정(제 7차)에 따라서 경호공무원 정년연장(55세→58세)하고, 전직대통령과 그 배우자 경호기간(기존 10년)을 5년 범위내에서 연장 가능 조항을 신설하였다.

Advice ①의 내용은 이명박 정부시대의 정부조직 개편 내용이며 박근혜 정부는 대통령 경호처를 대통령실 소속 경호처에서 대통령경호실로 독립하였다.

Answer 35.①

02 경호의 조직

1 경호조직의 개설

1 경호조직의 의의

경호조직이란 자연재해 또는 인위적인 범죄로 인하여 경호대상자의 신변에 위험이 생길 수 있다고 예상되는 경우에 이를 예방하고 진압하기 위한 경호작용을 말한다.

2 경호조직의 특성

현대의 자본주의 · 자유민주주의 사회에서는 사회의 구성원들의 의식이 점차 개인적으로 변해 가기 때문에 개인 간 · 이익집단들 간의 충돌도 점차 많아지고 있으며 이를 한 집단 또는 개인에 대한 테러 등으로 표현하기도 한다. 따라서 경호조직은 기동성 · 통합성 · 계층성 · 폐쇄성 · 전문성 · 대규모성을 갖추어 이를 방지하여야 한다.

① **기동성** … 현대사회에서는 신변의 안전을 위협할 수 있는 장비와 기술이 전문적이고 광범위하다. 따라서 이에 따라 경호조직 또한 전문적이고 빠르게 위험요소를 파악하여 이에 대처하여야 하며, 위험이 발생한 경우에는 이를 신속하게 진압하여야 한다. 따라서 육 · 해 · 공을 불문하고 신속한 경호를 하기 위한 기동성 있는 장비의 확보와 정보에 의한 테러방지를 위한 빠른 컴퓨터 및 과학기술이 필요하다.

② **통합성** … 경호조직은 원칙적으로 그 목적의 달성을 위하여 각각의 경호요원에 전문화된 분야로 그 권한과 책임이 분화되어 있어야 한다. 하지만 이러한 전문화된 각각의 분야를 하나로 합체시켜 이 모두를 중앙에서 강력하게 조정하고 통제하는 중추적인 세력은 반드시 있어야 한다.

③ **계층성** … 경호조직은 군조직과 같이 명령체계의 하향성과 피라미드형의 조직구조로 이루어지며, 모든 경호활동이 이러한 계층을 이루어 지휘와 감독을 하며 경호목적을 달성한다.

④ **폐쇄성** … 경호조직은 테러 · 암살집단에게 알려지는 것을 방지하기 위해 그 조직과 기술 등에 대하여 공개하지 않고 보안성을 높이는 폐쇄적 조직구조로 구성한다.

⑤ **전문성** … 경호는 원칙적으로 사전에 예방을 하는 것이 중요하기 때문에 사전에 위험을 감지하고 파악하여 이에 대처하기 위해서는 경호조직이 전문화 · 과학화되어야 하며, 위해조직의 전문성은 경호조직의 전문화에 밀접한 영향을 미친다.

⑥ **대규모성** … 현대사회에서는 범죄의 규모가 점점 커지기 때문에 경호조직 또한 이에 맞추어 대규모화되고 있다.

경호조직의 특성과 원칙에 관한 설명으로 옳지 않은 것을 모두 고른 것은?

> ㉠ 하나의 경호조직은 한 사람만의 지휘를 받아야 하는 것이 아니라, 각 분화된 단위별로 여러 사람의 지휘를 받아야 한다.
> ㉡ 경호업무의 성격상 경호는 개인단위작용으로 이루어진다.
> ㉢ 경호조직은 조직의 비공개, 경호기법 비노출 등 폐쇄성을 가진다.
> ㉣ 경호조직은 명령(命令) 및 복종(服從)의 지위와 역할의 체계가 통일되어 있다.
> ㉤ 경호조직은 과거와 비교하여 소규모화되고 있다.

① ㉠㉣　　② ㉠㉡㉤
③ ㉠㉢㉣　　④ ㉠㉢㉤

★㉠ 분화되어 있지만 각각의 분야를 하나로 합체시키는 중추적인 세력이 필요하다.
㉡ 경호조직은 군조직과 같이 명령체계의 하향성과 피라미드형의 조직구조로 이루어진다.
㉤ 현대사회에서는 범죄의 규모가 커져서 경호조직 또한 대규모화 되고 있다.

답 ②

3 경호조직의 구성원칙

① **경호지휘체계의 단일성 원칙** … 경호활동을 함에 있어서 경호요원은 각자의 임무에 따라 업무가 분할되어 있지만 그 분할된 업무를 지휘하는 사람은 단 한 사람이어야 한다. 경호활동은 그 일의 성격상 위험상황이 발생할 경우 빠르고 신속하게 조치를 해야 하기 때문에 반드시 단일한 명령체계를 갖추어야 한다.

② **경호체계의 통일성 원칙** … 경호활동을 하기 위해서는 그 조직이 상 · 하로 일관적인 목적으로 가지고 있어야 한다. 같은 목적 아래 업무와 책임이 분담되어 있어야 조직적인 경호활동이 이루어질 수 있다.

③ **경호기관의 단위작용 원칙** … 경호는 그 성격상 개인적인 활동을 할 수 없으며 일원화된 체계를 기본으로 하는 기관단위작용으로 이루어진다. 따라서 경호기관은 지휘자의 지휘에 따라서 조직적으로 기관단위의 업무가 이루어지게 된다.

④ **경호의 협력성 원칙** … 경호기관이 아무리 전문화 · 조직화 · 대형화된다고 하더라도 경호기관 단독으로는 모든 위험을 인지하고 대처하기 힘들기 때문에 완벽한 경호활동을 위해서는 일반 국민과 국가기관과의 협력이 필요하다.

2 각국의 경호조직

1 한국

① **대통령 등의 경호에 관한 법률상의 조직**

㉠ 경호실장 및 차장

ⓐ 대통령경호실장은 대통령이 임명하고, 경호실의 업무를 총괄하며 소속공무원을 지휘 · 감독한다.

ⓑ 경호실에 차장 1명을 둔다.

ⓒ 차장은 정무직, 1급 경호공무원 또는 고위공무원단에 속하는 별정직 국가공무원으로 보한다.

ⓓ 차장은 실장을 보좌하며, 실장이 부득이한 사유로 직무를 수행할 수 없을 때에는 그 직무를 대행한다.

㉡ 소속기관

ⓐ 실장의 관장사무를 지원하기 위하여 실장 소속으로 경호안전교육원을 둔다.

ⓑ 경호안전교육원의 관장사항

- 경호안전관리와 관련되는 학술연구 및 장비개발
- 경호실 직원에 대한 교육
- 국가 경호안전 관련 분야에 종사하는 공무원에 대한 수탁교육
- 경호안전 관련 단체에 종사하는 자에 대한 수탁교육
- 대통령경호안전대책위원회 관련 기관 소속공무원 및 실장이 필요하다고 인정하는 자에 대한 수탁교육
- 그 밖에 국가 주요 행사 안전관리분야에 관한 연구 · 조사 및 관련기관에 대한 지원

ⓒ 경호안전교육원에 원장 1인을 두고, 원장은 실장의 명을 받아 소관사무를 총괄하며, 소속공무원을 지휘 · 감독한다.

ⓓ 경호안전교육원의 하부조직과 분장사무는 실장이 정한다.

㉢ 경호공무원의 계급별 직급 명칭

계급	직급의 명칭	계급	직급의 명칭
1급	관리관	6급	경호주사
2급	경호이사관	7급	경호주사보
3급	경호부이사관	8급	경호서기
4급	경호서기관	9급	경호서기보
5급	경호사무관		

㉣ 대통령경호실 공무원 정원표

구분	직급	정원수	계
정무직	대통령경호실장(장관급 또는 차관급)	1	2
	차장(차관급 · 관리관 또는 고위공무원단에 속하는 별정직)	1	
특정직	관리관 또는 경호이사관	3	393
	경호이사관	1	
	경호이사관 또는 경호부이사관	2	
	경호부이사관	15	
	경호부이사관 또는 고위공무원단에 속하는 별정직	3	
	경호부이사관 또는 경호서기관	7	
	경호서기관	45	
	경호서기관 또는 별정직 4급 상당	4	
	경호서기관 또는 경호사무관	13	
	경호사무관	123	
	경호사무관 또는 별정직 5급 상당	5	
	경호주사	79	
	경호주사 · 기록연구사 또는 별정직 6급 상당	7	
	경호주사보	34	
	경호서기 · 행정서기 · 공업서기 · 농업서기 · 임업서기 · 시설서기 · 전산서기 · 방송통신서기 · 운전서기 또는 위생서기	23	
	경호서기보 · 행정서기보 · 공업서기보 · 농업서기보 · 임업서기보 · 시설서기보 · 전산서기보 · 방송통신서기보 · 운전서기보 또는 위생서기보	29	
일반직	행정주사 · 공업주사 · 농업주사 · 임업주사 · 시설주사 · 전산주사 · 방송통신주사 · 운전주사 또는 위생주사	44	91
	행정주사보 · 공업주사보 · 농업주사보 · 임업주사보 · 시설주사보 · 전산주사보 · 방송통신주사보 · 운전주사보 또는 위생주사보	28	
	행정서기 · 공업서기 · 농업서기 · 임업서기 · 시설서기 · 전산서기 · 방송통신서기 · 운전서기 또는 위생서기	4	
	건축운영주사 · 전기운영주사 · 기계운영주사 · 열관리운영주사 · 농림운영주사 · 농림운영주사 또는 사무운영주사	5	
	건축운영주사보 · 전기운영주사보 · 기계운영주사보 · 열관리운영주사보 · 농림운영주사보 또는 사무운영주사보	6	
	전기운영서기 · 기계운영서기 · 열관리운영서기 또는 농림운영서기	3	
	사무운영서기보	1	

② **대통령경호실**

㉠ 조직도

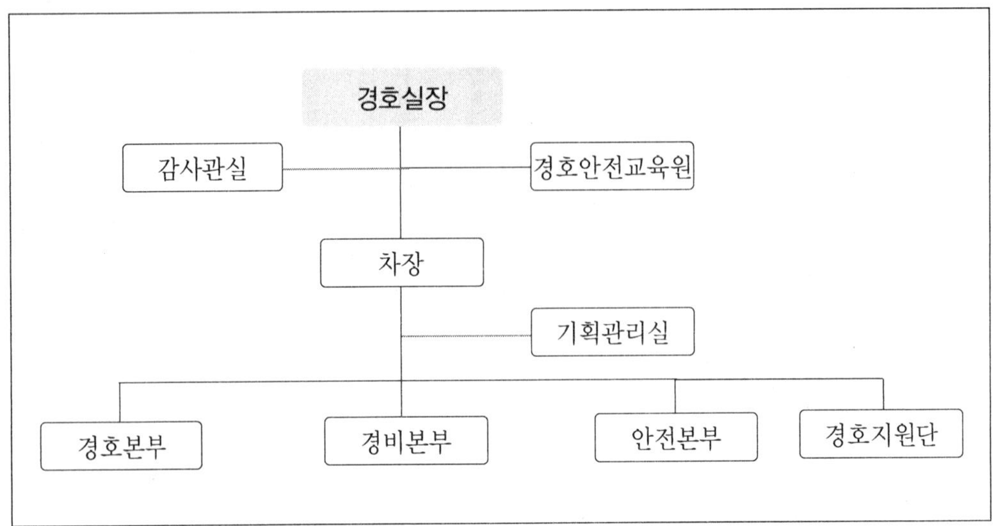

㉡ 하부조직

ⓐ 대통령경호실에 기획관리실 · 경호본부 · 경비본부 · 안전본부 및 경호지원단을 둔다.

ⓑ 경호본부장 · 경비본부장 및 안전본부장은 관리관 또는 경호이사관으로 보하고, 기획관리실장은 경호이사관으로 보하며, 경호지원단장은 경호이사관 또는 경호부이사관으로 보한다.

ⓒ 실장 밑에 감사관 1명을 둔다.

ⓓ 감사관은 경호부이사관으로 보한다.

ⓔ 기획관리실, 각 본부 및 경호지원단의 하부조직 및 그 분장사무와 감사관의 분장사무는 실장이 정한다.

③ **대통령경호안전대책위원회 위원**(대통령경호안전대책위원회규정) … 대통령경호안전대책위원회(이하 "위원회"라 한다)의 위원은 국가정보원 테러정보통합센터장, 외교부 재외동포영사국장, 법무부 출입국 · 외국인정책본부장, 국방부 조사본부장, 문화체육관광부 관광산업국장, 미래창조과학부 통신정책국장, 국토교통부 항공정책관, 식품의약품안전처 식품안전정책국장, 관세청 조사감시국장, 대검찰청 공안기획관, 경찰청 보안국장, 소방방재청 소방정책국장, 해양경찰청 경비안전국장, 합동참모본부 작전부 작전처장, 국군기무사령부 2부장, 수도방위사령부 참모장과 위원장이 임명 또는 위촉하는 자로 구성한다.

대통령경호안전대책위원회규정상 대통령경호안전대책위원회의 위원이 아닌 자는?

① 법무부 출입국 · 외국인정책본부장

② 경찰청 경비국장

③ 국토교통부 항공정책관

④ 국방부 조사본부장

★ 대통령경호안전대책위원회규정 제2조 … 대통령경호안전대책위원회의 위원은 국가정보원 테러정보통합센터장, 외교부 재외동포영사국장, 법무부 출입국 · 외국인정책본부장, 국방부 조사본부장, 문화체육관광부 관광산업국장, 미래창조과학부 통신정책국장, 국토교통부 항공정책관, 식품의약품안전처 식품안전정책국장, 관세청 조사감시국장, 대검찰청 공안기획관, 경찰청 보안국장, 소방방재청 소방정책국장, 해양경찰청 경비안전국장, 합동참모본부 작전부 작전처장, 국군기무사령부 2부장, 수도방위사령부 참모장과 위원장이 임명 또는 위촉하는 자로 구성한다.

답 ②

2 미국의 경호기관 SS(Secret Service)

① 1865년 재무부산하 위조지폐 방지 전담부서로 출발했다.

② 대통령 및 부통령, 그 가족 등을 경호하며 대선 120일 이내의 대통령 후보자 등도 경호한다.

③ **홈페이지** … http://www.secretservice.gov

④ **미국의 SECRET SERVICE 법령 개요**

㉠ 개요 : 미국의 법체계는 성문법 이외의 법원인 불문법을 모태로 하고 있다. 입법자가 예견하지 못한 상황이 발생할 경우 효과적으로 대응할 수 있다는 장점을 이유로 관습법, 판례법 등의 형태로 인정되고 있으며, 미국연방법전 50여 권에 분산되어 규정되어 있다.

㉡ 국토안보부(구 재무성) 산하 SECRET SERVICE 관련법

ⓐ 비밀경호대의 권한과 임무 : 국토안보부장관 책임하에 미국 비밀경호대는 다음과 같은 경호임무를 수행한다.

- 대통령, 부통령(혹은 대통령직 차기 승계 예정관료), 대통령 당선자 및 부통령 당선자
- 상기 피경호인의 직계 가족
- 전직 대통령 및 그들의 생존기간 동안의 배우자. 단, 배우자가 재혼한 경우 경호대상에서 제외되며, 1997년 1월 1일 이전 대통령으로 재직하지 않은 자의 경우 대통령의 임기가 종료된 이후 10년 이내의 기간 동안 전직 대통령과 배우자에 대한 경호를 제공한다.
  - 전직 대통령이 재혼, 이혼 혹은 사망할 경우 배우자에 대한 경호는 중단된다.

- 현직에 있는 동안 대통령이 사망하였거나 혹은 퇴임 후 1년 이내의 기간에 대통령이 사망한 경우 배우자는 사망시점으로부터 1년 동안 경호를 제공받을 수 있다. 만약 국토안보부나 혹은 SS지휘관이 위해정보 또는 주변상황을 고려하여 특별한 경호조치가 필요하다고 인정할 경우 국토안보부는 비밀경호대에 중요한 요인에 대한 한시적인 경호를 제공하도록 할 수 있다.
- 16세 미만의 전직 대통령의 자녀는 10년을 초과하지 않는 범위 내 또는 16세가 도달되기 전까지 경호를 제공받는다. 두 가지 요건 중 먼저 도달하는 한 가지를 우선하여 적용받게 된다.
- 미국을 방문하는 외국의 국가원수 또는 행정수반
- 기타 중요한 외국 국빈과 대통령이 경호를 제공하도록 지시하는 경우에 한하여 해외에서 특별한 임무를 수행하는 미국대표단
- 주요 대통령 및 부통령 후보자와 대통령선거 120일 이내의 기간 동안의 그들의 배우자

ⓑ 국토안보부장관 감독하에 비밀경호대는 다음과 같은 범죄를 저지르는 사람들에 대한 수사와 그들을 체포할 수 있는 권한을 가진다.

- 형법 및 연방저축보증협회, 연방부동산은행, 연방부동산은행연합회와 관련된 형법
- 미국과 외국정부의 화폐 및 채권, 그리고 유가증권과 관련된 미국 모든 법률위반 행위
- 전자금융거래사기죄, 상표위조, 증명서 및 문서위조, 연방정부가 보장하는 재무제도에 대한 위반 또는 불법적인 사기 등 범죄행위자. 단, 법무장관과 국토안보부장관이 협의한 대상 물품에 대한 수사권한은 제한받으며, 그러한 법률과 연계된 또 다른 연방 사법기관의 권한에 영향을 미칠 수 없다.

ⓒ 국토안보부장관 책임하에 비밀경호대의 공무원과 요원들은 다음과 같은 권한을 부여받는다.

- 미국 법률에 근거하여 발부된 구속영장을 집행한다.
- 무기를 휴대할 수 있다.
- 미국 법률을 위반하는 현행범을 구속영장 없이 체포할 수 있으며, 또한 현행범이 아니더라도 중범죄를 저지르거나 저질렀다고 믿을만한 상당한 사유가 있는 경우 영장 없이 체포할 수 있다.
- 비밀경호대가 권한을 부여받은 법규정을 위반한 범죄자 또는 미수범의 체포에 기여한 정보의 제공자에게는 포상금이나 기타 보상을 할 수 있다.
- 국토안보부장관의 책임하에 보안을 필요로 하는 예기치 않은 비상사태가 발생할 경우 그에 대한 소요경비를 지출할 수 있으며, 그러한 경비의 지출은 장관의 독단적인 판단으로 가능하다.
- 법률에 규정된 임무의 수행 또는 그와 관련된 기능의 수행 시 경비를 지급할 수 있다.
- 비밀경호대가 위조지폐의 구입에 사용할 수 있는 자금은 예산을 통해 지급될 수 있으며, 그 위조지폐에 대한 변상이 이루어질 경우 비밀경호대의 예산으로 충당한다.

ⓓ 경호와 관련한 법규정 또는 형법 제1752조에 의한 정당한 경호기능의 수행에 종사하고 있는 연방 사법요원에게 저항하거나 고의적으로 그들의 행위를 방해하거나 간섭하는 자는 1,000$ 이하의 벌금을 부과하거나 1년 이하의 징역에 처할 수 있다. 이는 병행하여 부과할 수 있다.

ⓔ 대통령의 지시가 있을 경우 국토안보부장관의 책임하에 비밀경호대는 국가적인 중요행사에 대한 경호안전활동을 위해 기획과 조정 및 그와 관련된 제반임무를 담당한다. 그러한 활동의 범위는 대통령이 결정한다.

ⓕ **제복경호대** : 제복경호대는 영구적 경찰조직을 위해 만들어지고 설립되어 졌다. 국토안보부 산하에 있는 미국제복경호대는 미국경호실의 경호책임 부서로서 다음과 같은 경호임무를 맡고 있다.

- 워싱턴 DC 백악관
- 대통령 사무실이 존재하는 모든 건물
- 국토안보부 건물, 부지
- 대통령과 그의 직계가족
- 워싱턴 DC에 위치하는 재외 공사 및 대사관
- 워싱턴 DC의 부통령 임시거주지와 부지
- 부통령과 그 직계가족
- 미국 수도권 일원(워싱턴 DC를 제외한)에 있는 재외국 대사관과 전권재외국외교관이 지휘하는 재외공관, 예외적으로 다음의 경우는 경호가 제공되어 진다.
  - 비상시 경호필요성에 기초한 임시장소
  - 이재지역의 요청 시
  - 예외적인 경호제공 필요시
- 미국 수도권에 위치한 외국 영사 그리고 재외 공관의 부지, 각 대사 관저, 소유물은 통제될 수 있다.
- 20개 혹은 그 이상이 운집되어 있는 재외공관 혹은 영사관이 위치한 수도권에 외국 정부 인사 방문 시 인가된 경호직원을 둘 수 있고 또한 모터게이트 제공과 미국정부와 관련된 어떠한 공식행사를 수행하는 데 필요한 경호 제공을 해 줄 수 있다.

미국 비밀경호국(USSS ; U.S. Secret Service)의 임무로 옳지 않은 것은?

① 부통령 당선자의 경호
② 백악관 및 외국대사관의 경비
③ 재무관련 범죄수사
④ 대통령 선거시 선거일 기준 150일 이내 주요 정당의 대통령 및 부통령 후보자의 경호

★ ④ 150일 이내 → 120일 이내

답 ④

3 영국

① 국왕 및 왕족의 경우는 버킹검궁에 왕실 경비대와 근위병이 경호를 담당한다.

② 중앙경찰은 런던 경시청이 있으며 요인경호임무와 함께 런던지역의 치안업무를 총괄한다.

③ **홈페이지** … http://www.met.police.uk

4 일본

① 경찰청 산하 황궁경찰본부는 황궁 내에 위치한다. 황족의 호위와 경비 등 경호업무를 담당하고 있다.

② 경찰청은 전반적인 경호업무를 관장하고 실질적인 경호업무는 각 지방경찰청에서 담당하고 있다.

③ 동경도 경시청에서는 정부요인이나 외국요인에 대한 신변보호업무를 담당하고 있다.

④ **홈페이지** … http://www.npa.go.jp

5 독일

① 연방 내무성 산하에 연방범죄수사청(BKA)에서 담당한다.

② 대통령 · 수상 · 외교사절 · 국빈 등 주요 인사의 경호를 담당한다.

③ 주요 연방기관 시설경비는 연방국경수비대(BGS)에서 담당한다.

④ **홈페이지** … http://www.bka.de

6 프랑스

① 경찰청 내 요인경호실(SPHP)에서 수상에 대한 근접수행경호를 담당하고 있다.

② 대통령 수행경호 및 수상경호는 내무부 산하 경찰에서 담당한다.

③ 대통령 숙소 등에 대한 경비는 국방부 산하 공화국경비대(헌병경찰)에서 담당한다.

④ **홈페이지** … http://www.interieur.gouv.fr

7 각국의 경호체계 정리

구분	경호객체	경호주체		유관기관
미국	전 · 현직 대통령과 그 가족경호	국토안보부산하의 비밀경호국	특별수사관	연방수사국(FBI) 중앙정보부(CIA) 이민국(INS) 안전국
	국무성의 장 · 차관, 외국대사, 기타요인,	국무성 요인경호과	경호요원	
	국내외의 외국정부관료	국방부육군성	미육군경호요원	
	민간인	경찰국, 사설경호업체	경찰관, 사설경호원	
영국	여왕과 왕실	왕실 및 외교관 경호대	경찰관	안전부 비밀경호부 통신정보부 국방정보부
	수상 및 각료	VIP경호대	경호요원	
독일	대통령, 장관, 외국의 원수, 국빈, 외교사절 등	연방범죄수사국 내의 경호안전과	경찰관	연방경찰청 연방정보부 연방헌법보호청 주립경찰, 지역경찰
프랑스	대통령, 각국의 장 · 차관급	경찰청경호국(V.O) 국방부산하의 공화국(GSPR)	별정직공부원 국무부산하의 공화국 경비대	대테러조정통제실 경찰특공대 내무성일반정보국 해외안전총국
일본	일본천왕	경시청직속 황궁경찰본부	경찰관	공안조사청 내각정보조사실 방위청방위국
	내각총리와 대신	경찰청경비국 공안 제2과	경호요원	
	민간인	경찰처, 사설경비업체	경찰청, 사설경비요원	

3 경호의 주체와 객체

1 경호의 주체

국가경찰뿐 아니라 경호실 및 지방경찰 등이 있으며 사적인 영역에서도 법률이 정하는 바에 따라 경호의 주체가 될 수 있다.

2 경호의 객체

① **경호실의 경호대상**

㉠ 대통령과 그 가족

㉡ 대통령당선인과 그 가족

TIP

'가족'이라 함은 대통령 및 대통령당선인의 배우자와 직계존비속을 말한다.

㉢ 본인의 의사에 반하지 아니하는 경우에 한하여 퇴임 후 10년 이내의 전직 대통령과 그의 배우자. 다만, 대통령이 임기만료전에 퇴임한 경우와 재직 중 사망한 경우의 경호기간은 그로부터 5년으로 하고, 퇴임 후 사망한 경우의 경호기간은 퇴임일부터 기산하여 10년을 넘지 아니하는 범위에서 사망 후 5년으로 한다.

㉣ 대통령권한대행과 그 배우자

㉤ 대한민국을 방문하는 외국의 국가원수 또는 행정수반과 그 배우자

㉥ 그 밖에 경호실장이 경호가 필요하다고 인정하는 국내외 요인

② **국무총리 경호기관**

㉠ 우리나라는 국가경찰제로 행정안전부장관이 경찰사무를 관장한다.

㉡ 제주특별자치도는 현재 자치경찰제를 도입하고 있다.

㉢ 국무총리 및 주요 요인 등의 경호는 경찰청 경비국에서 담당한다.

TIP

경비국에 두는 과〈경찰청과 그 소속기관 직제 시행규칙 제10조〉

㉠ 경비국에 경비과 · 위기관리센터 · 경호과 및 항공과를 둔다.
㉡ 각 과장 및 위기관리센터의 장은 총경으로 보한다.
㉢ 경비과장은 다음 사항을 분장한다.
- 경비에 관한 계획의 수립 및 지도
- 경찰기동대 운영의 지도 및 감독
- 의무경찰의 모집 · 선발
- 의무경찰의 교육훈련 · 인사관리 및 정원관리
- 의무경찰의 복무 및 기율단속
- 의무경찰의 사기 · 복지 등의 관리에 관한 사항
- 기타 국내 다른 과의 주관에 속하지 아니하는 사항

㉣ 경호과장은 다음 사항을 분장한다.
- 경호계획의 수립 및 지도
- 요인의 보호에 관한 사항

㉣ 교통과와 경비과를 두는 경찰서표〈경찰청과 그 소속기관 직제 시행규칙 별표4〉

지방경찰청명	경찰서명
서울특별시 지방경찰청	서울중부 · 서울종로 · 서울남대문 · 서울서대문 · 서울혜화 · 서울용산 · 서울성북 · 서울동대문 · 서울마포 · 서울영등포 · 서울성동 · 서울동작 · 서울강남 · 서울서초 · 서울송파 · 서울수서경찰서
부산광역시 지방경찰청	부산진 · 부산남부 · 부산해운대경찰서
대구광역시 지방경찰청	대구수성경찰서
광주광역시 지방경찰청	광주서부 · 광주북부경찰서
경기도남부 지방경찰청	수원남부 · 과천경찰서

③ 사설 경호기관

㉠ 청원경찰법과 경비업법을 법적 근거로 사설 경호기관은 운영된다.

㉡ 사설 경호기관은 정치인이나 기업인 등의 사인을 경호한다.

출제예상문제

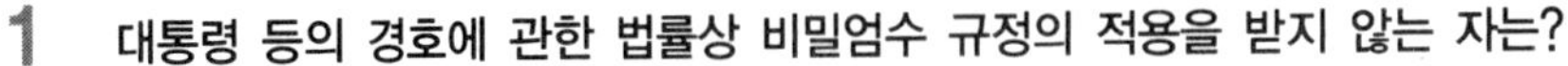

1 **대통령 등의 경호에 관한 법률상 비밀엄수 규정의 적용을 받지 않는 자는?**

① 대통령 경호업무에 동원된 영등포경찰서 소속 경찰관
② 경호실에 파견근무 중인 서울지방경찰청 소속 경찰관
③ 경호실에서 퇴직 후 3년이 지난 전직(前職) 경호공무원
④ 경호실 파견근무 후 원 소속으로 복귀한 국가정보원 직원

Advice ① 소속공무원(퇴직한 사람과 원(原) 소속 기관에 복귀한 사람을 포함)은 직무상 알게 된 비밀을 누설하여서는 아니 된다〈대통령 등의 경호에 관한 법률 제9조 제1항〉. 이때 '소속 공무원'이란 대통령 경호실 직원과 경호실에 파견된 사람을 말한다〈대통령 등의 경호에 관한 법률 제2조 제3호〉.

2 **대통령 등의 경호에 관한 법률의 규정에 대한 설명으로 옳지 않은 것은?**

① 실장은 6급 이하 경호공무원과 6급 상당 이하 별정직 국가공무원에 대하여 일체의 임용권을 가진다.
② 5급 이상 경호공무원의 전보 · 휴직 · 겸임 · 파견 · 직위해제 등에 관하여는 실장이 이를 행한다.
③ 소속공무원이 경호실의 직무와 관련된 사항을 발간하거나 공표하고자 하는 경우에는 실장의 허가를 반드시 필요로 하지 않는다.
④ 경호공무원 각 계급의 직무의 종류별 명칭은 대통령령으로 정한다.

Advice ③ 소속공무원은 경호실의 직무와 관련된 사항을 발간하거나 그 밖의 방법으로 공표하려면 미리 실장의 허가를 받아야 한다〈대통령 등의 경호에 관한 법률 제9조 제2항〉.

Answer 1.① 2.③

3 다음 내용 중 국가별 국가원수에 대한 경호담당기관이 잘못 연결된 것은?

① 독일 – 연방범죄수사국

② 영국 – 비밀정보부

③ 프랑스 – 경찰청경호국

④ 미국 – 재무성 산하 비밀경호국(SS)

Advice ② 국왕 및 왕족의 경우는 버킹검궁에 왕실 경비대와 근위병이 경호를 담당한다.

4 다음 중 각국의 경호기구에 해당하지 않는 것은?

① 프랑스의 SPHP
② 독일의 BKA
③ 미국의 SS
④ 한국의 NIS

Advice NIS는 국가정보원을 뜻하는 것으로 국외 정보 및 국내 보안정보 수집, 국가기밀에 관한 문서 보안 업무, 국가안보관련 범죄수사 등의 업무를 수행하는 곳이다.

5 다음 중 각 기관별 경호에 대한 정의로 옳지 않은 것은?

① 일본 요인경호부대의 경호의 정의는 신변에 위해가 있을 경우 국가 공공 안전질서에 영향을 줄 우려가 있는 자에 대해 신변안전확보를 위한 경찰활동이다.

② 미국 비밀경호국의 경호의 정의는 실제적이고 주도면밀한 범행의 성공기회를 완전 무력화하는 것이다.

③ 한국의 경호실 경호의 정의는 경호대상자의 생명과 재산을 보호하기 위하여 신체에 가하여지는 위해를 방지 또는 제거하고, 특정한 지역을 경계·순찰 및 방비하는 등의 모든 안전활동을 말한다.

④ 한국 경찰기관의 경호의 정의는 경호대상자의 신변에 대하여 직·간접적인 위해를 방지하여 그의 안전을 도모하는 경찰활동이다.

Advice 미국의 Secret Service 경호의 정의는 실제적이고 주도면밀한 범행의 성공기회를 최소화시키는 것이다.

Answer 3.② 4.④ 5.②

6 경호조직의 특성과 원칙에 대한 설명으로 옳지 않은 것은?

① 경호임무시는 경호조직의 비공개와 경호기법의 비노출 등 폐쇄성의 특성을 가지고 있다.
② 경호조직은 기구단위, 권한과 책임 등이 경호업무에 기여할 수 있도록 통합되어야 하지만, 권한의 계층을 통해 분화된 노력을 조정 · 통제하여 분화활동을 하여야 한다.
③ 경호업무가 긴급성을 요하고 모순, 중복, 혼란성을 피하기 위해 지휘 단일성이 요구된다.
④ 기관단위의 임무결정은 지휘자만이 할 수 있고, 경호의 성패는 지휘자만이 책임을 진다.

Advice ② 경호조직은 원칙적으로 그 목적의 달성을 위하여 각각의 경호요원에 전문화된 분야로 그 권한과 책임이 분화되어 있어야 한다. 하지만 이러한 전문화된 각각의 분야를 하나로 합체시켜 이 모두를 중앙에서 강력하게 조정하고 통제하는 중추적인 세력은 반드시 있어야 한다.

7 국가대테러활동지침상 테러정보통합센터 설치 및 구성에서 테러정보를 통합관리하는 기관은?

① 국가정보원
② 대통령경호실
③ 국방부
④ 경찰청

Advice 테러정보통합센터 설치 및 구성… 테러 관련 정보를 통합관리하기 위하여 국가정보원에 관계기관 합동으로 구성되는 테러정보통합센터를 둔다. 테러정보통합센터의 장을 포함한 테러정보통합센터의 구성과 참여기관의 범위 · 인원과 운영 등에 관한 세부사항은 국가정보원장이 정하되, 테러정보통합센터의 장은 국가정보원 직원 중 테러 업무에 관한 전문적 지식과 경험이 있는 자로 한다〈국가대테러활동지침 제11조 제1항 · 제2항〉.

8 다음 중 국가별 경호조직에 대한 연결이 옳지 않은 것은?

① 미국 대통령 경호업무 – 국토안보부 산하 비밀경호국
② 영국 왕실 경호업무 – 내무성 산하에 있는 수도경찰청 작전부 및 외교관경호대
③ 독일 대통령 경호업무 – 연방국경수비대(BGS)의 경호안전과
④ 일본 천황 경호업무 – 동경도경시청 황궁경찰본부

Advice 경찰청 산하 황궁경찰본부는 황궁 내에 위치한 다. 황족의 호위와 경비 등 경호업무를 담당하고 있다.

Answer 6.② 7.① 8.④

9 다음 중 경호조직의 특성이 아닌 것은?

① 기동성 ② 계층성
③ 대규모성 ④ 개방성

Advice 경호조직의 특성 … 기동성, 통합성, 계층성, 폐쇄성, 전문성, 대규모성

10 경호조직의 원칙과 그 설명으로 옳지 않은 것은?

① 경호의 협력성 원칙 – 경호업무는 국민과의 절대적인 협조가 필요하며 국민으로부터 존경받는 경호원이 되어야 한다.
② 경호체제의 통일성 원칙 – 조직계층상에서 책임과 업무의 분담이 이루어지고, 명령과 복종의 지휘와 역할의 체계가 통일적으로 이루어져야 한다.
③ 경호기관의 단위작용성 원칙 – 경호기관을 지휘하는 지휘자와 부하직원 간의 유기적인 협력체계가 구비되어야 한다.
④ 경호지휘의 다양성 원칙 – 경호기관은 다양한 지휘체계를 갖고 있으며 여러 사람들로부터 지휘를 받아야 한다.

Advice 경호조직의 구성원칙
㉠ 경호지휘체계의 단일성 원칙
㉡ 경호체계의 통일성 원칙
㉢ 경호기관의 단위작용 원칙
㉣ 경호의 협력성 원칙

11 다음 중 미국 대통령경호를 담당하는 기관은?

① 비밀정보부(Secret Intelligence) ② 구강정보부(Defence Intellgence Staff)
③ 비밀경호국(Secret Service) ④ 요인경호부대(Special Police)

Advice 미국의 경호기관 SS(Secret Service)
㉠ 1865년 재무부 산하 위조지폐 방지 전담부서로 출발했다.
㉡ 대통령 및 부통령, 그 가족 등을 경호하며 대선 120일 이내의 대통령 후보자 등도 경호한다.

Answer 9.④ 10.④ 11.③

12 다음은 경호조직의 원칙 중 무엇에 관한 설명인가?

> 지휘 및 통제의 이원화로 인해 파생되는 문제들을 보완하기 위해 명령과 지휘체계는 반드시 하나의 계통으로 구성해야 한다는 원칙

① 단위작용의 원칙
② 단일성의 원칙
③ 통일성의 원칙
④ 협력성의 원칙

Advice 경호활동을 함에 있어서 경호요원은 각자의 임무에 따라 업무가 분할되어 있지만 그 분할된 업무를 지휘하는 사람은 단 한 사람이어야 한다. 경호활동은 그 일의 성격상 위험상황이 발생할 경우 빠르고 신속하게 조치를 해야 하기 때문에 반드시 단일한 명령체계를 갖추어야 한다.

13 다음 중 경호조직의 특성에 관한 설명으로 옳지 않은 것은?

① 경호조직은 본질적으로 보안성을 높이는 폐쇄적 조직구조로 구성한다.
② 경호조직은 군조직과 같이 명령체계의 하향성과 피라미드형의 조직구조로 이루어진다.
③ 위해조직의 전문성은 경호조직의 전문화에 밀접한 영향을 미친다.
④ 경호조직은 그 활동상의 특징이 경호요원 개인적 활동을 기본으로 한다.

Advice 경호조직의 경우 원칙적으로 목적의 달성을 위하여 중앙에서 강력한 조정·통제의 역할을 담당하는 통일성의 원칙을 기본으로 한다.

14 경호조직의 구성원칙에 해당하지 않는 것은?

① 경호체계의 통일성 원칙
② 경호지휘체계의 단일성 원칙
③ 경호기관의 단위작용 원칙
④ 경호의 통합성 원칙

Advice 경호조직의 구성원칙
㉠ 경호지휘체계의 단일성 원칙
㉡ 경호체계의 통일성 원칙
㉢ 경호기관의 단위작용 원칙
㉣ 경호의 협력성 원칙

Answer 12.② 13.④ 14.④

15 경호조직의 특성에 해당하지 않는 것은?

① 계층성
② 전문성
③ 통합성
④ 개방성

Advice 경호조직은 개방성이 아니라 폐쇄성이 해당된다.

16 대통령 등의 경호에 관한 법률상의 경호조직에 관한 설명으로 옳지 않은 것은?

① 경호실에 차장 1명을 둔다.
② 실장은 국정원장이 임명한다.
③ 실장은 경호실의 업무를 총괄하며 소속공무원을 지휘 · 감독한다.
④ 차장은 정무직, 1급 경호공무원 또는 고위공무원단에 속하는 별정직 국가공무원으로 보한다.

Advice 대통령경호실장은 대통령이 임명한다〈대통령 등의 경호에 관한 법률 제3조 제1항〉.

17 경호실에 관한 설명이다. 옳지 않은 것은?

① 실장 소속으로 경호안전교육원을 둔다.
② 경호안전교육원에 원장 1인을 두고, 원장은 실장의 명을 받아 소관사무를 총괄한다.
③ 경호실에는 국제협력본부가 있다.
④ 감사관은 경호부이사관으로 보한다.

Advice 대통령경호실에 기획관리실 · 경호본부 · 경비본부 · 안전본부 및 경호지원단을 둔다〈대통령경호실과 그 소속기관 직제 제5조 제1항〉.

18 다음 설명 중 옳지 않은 것은?

① 우리나라는 국가경찰제로 행정안전부장관이 경찰사무를 관장한다.
② 제주특별자치도는 현재 자치경찰제를 도입하고 있다.
③ 국무총리 및 주요 요인 등에 경호는 경찰청 특수부에서 담당한다.
④ 국회 및 정부중앙청사의 경비는 서울특별시 지방경찰청에서 맡는다.

Advice ③ 경찰청 경비국에서 국무총리 및 주요 요인 등에 경호를 담당한다.

Answer 15.④ 16.② 17.③ 18.③

19 집회 및 시위에 관한 법률로 정한 장소(국회의사당, 대통령 관저, 국무총리 공관 등)의 경계지점으로부터 옥외집회의 시위를 할 수 없는 장소의 거리로 맞는 것은?

① 100m 이내
② 200m 이내
③ 150m 이내
④ 500m 이내

Advice 옥외집회와 시위금지의 장소<제11조> … 누구든지 다음의 어느 하나에 해당하는 청사 또는 저택의 경계 지점으로부터 100m 이내의 장소에서는 옥외집회 또는 시위를 하여서는 아니 된다.

㉠ 국회의사당, 각급 법원, 헌법재판소
㉡ 대통령 관저, 국회의장 공관, 대법원장 공관, 헌법재판소장 공관
㉢ 국무총리 공관. 다만, 행진의 경우에는 해당하지 아니한다.
㉣ 국내 주재 외국의 외교기관이나 외교사절의 숙소. 다만, 다음의 어느 하나에 해당하는 경우로서 외교기관 또는 외교사절 숙소의 기능이나 안녕을 침해할 우려가 없다고 인정되는 때에는 해당하지 아니한다.
- 해당 외교기관 또는 외교사절의 숙소를 대상으로 하지 아니하는 경우
- 대규모 집회 또는 시위로 확산될 우려가 없는 경우
- 외교기관의 업무가 없는 휴일에 개최하는 경우

20 다음에서 설명하는 경호조직의 특성으로 옳은 것은?

> 경호조직은 원칙적으로 그 목적의 달성을 위하여 각각의 경호요원에 전문화된 분야로 그 권한과 책임이 분화되어 있어야 한다. 하지만 이러한 전문화된 각각의 분야를 하나로 합체시켜 이 모두를 중앙에서 강력하게 조정하고 통제하는 중추적인 세력은 반드시 있어야 한다.

① 전문성
② 통합성
③ 대규모성
④ 중앙집권성

Advice ① 전문성은 경호조직이 전문화·과학화 되어야 한다는 내용이다.
③ 대규모성은 범죄규모가 커짐에 따라 경호조직 역시 커진다는 내용이다.
④ 경호조직의 특성에 중앙집권성은 없다.

Answer 19.① 20.②

21 각국의 국가원수 경호기관에 대한 설명으로 맞는 것은?

① 미국의 비밀경호대(Secret Service)는 1865년 위조지폐 단속을 주 목적으로 설립되었으며 이후 1906년 당시 여러 연방법집행기관 중 가장 능력을 인정받아 대통령경호를 담당하게 되었다.

② 프랑스는 장다르머리(Gendarmerie)라고 불리는 국가헌병경찰 산하 공화국경비대가 대통령 숙소경호를 담당하는데 이들은 군인신분으로 소속은 국방부이다.

③ 독일은 내무부장관의 직속하에 있는 수도경찰청 산하 특수작전국에서 대통령경호를 담당하는데 특수작전 VIP경호과에서 근접경호 및 숙소경호를 담당한다.

④ 일본의 경우 경찰청 경비국 예하 공안3과에서 경호계획 수립 및 근접경호를 담당하며 공안1과는 경호정보 수집, 분석, 평가를 담당한다.

Advice ① 여러 연방법집행기관 중 능력을 인정받은 것이 아닌 대통령 암살사건을 계기로 공식 대통령경호 업무를 시작하였다.
③ 연방범죄수사청(BKA)에서 경호업무를 담당하고 있다.
④ 동경도경시청에서 정부요인 및 국빈 등에 대한 신변보호업무를 담당한다

22 경호조직의 특성과 원칙에 대한 설명으로 옳지 않은 것은?

① 경호조직은 기구단위, 권한과 책임 등이 경호업무의 목적 달성에 기여할 수 있도록 통합되어야 한다.

② 경호장비의 과학화와 이를 지원하기 위한 행정업무의 자동화, 컴퓨터화 등 과학기술의 도움으로 기동성을 갖춘 경호조직을 요구한다.

③ 상하계급 간 일정한 관계가 이루어져 책임과 업무의 분담이 이루어지고 명령과 복종의 지휘와 역할의 체계가 통일되어야 한다.

④ 일반적으로 정부조직은 법령주의와 공개주의 원칙에 따르지만, 경호조직에서는 비밀문서로 관리하거나 배포의 일부제한으로 비공개로 할 수 있다.

Advice 경호조직은 기구단위, 권한과 책임 등이 경호업무의 목적 달성에 잘 기여할 수 있도록 분화되어야 한다. 그러나 조직 안에 있는 세력중추는 권한의 계층을 통해 분화된 노력을 조정·통제함으로써 경호에 만전을 기할 수 있도록 통합활동하여야 한다.

Answer 21.② 22.①

23 경호조직의 특성에 관한 설명으로 틀린 것은?

① 경호행사를 직접 담당하는 경호기관의 조직은 다른 조직에 비해 계층성이 강조되고 있다.

② 경호조직업무의 전문화와 과학적 관리를 필요로 하며, 경호조직 관리상 전문가의 채용 또는 양성을 필요로 한다.

③ 경호조직의 비공개와 경호기법의 비노출 등 폐쇄성의 특성을 갖는다.

④ 경호조직은 정치체제의 변화와 역사적 사건들로 인해 그 기구 및 인원 면에서 점차 소규모화 되어 가고 있다.

Advice 경호조직의 특성

㉠ **기동성**: 현대사회에서는 신변의 안전을 위협할 수 있는 장비와 기술의 발달이 전문적이고 광범위하다. 따라서 경호조직 또한 전문적이고 빠르게 위험요소를 파악하여 이에 대처하여야 하며, 위험이 발생한 경우에는 이를 신속하게 진압하여야 한다. 따라서 육·해·공을 불문하고 신속한 경호를 하기 위한 기동성 있는 장비의 확보와 정보에 의한 테러방지를 위한 빠른 컴퓨터 및 과학기술이 필요하다.

㉡ **통합성**: 경호조직은 원칙적으로 그 목적의 달성을 위하여 각각의 경호요원들이 전문화된 분야로 그 권한과 책임이 분화되어 있어야 한다. 하지만 이러한 전문화된 각각의 분야를 하나로 통일시켜 이 모두를 중앙에서 강력하게 조정하고 통제하는 중추적인 세력 역시 필요하다.

㉢ **계층성**: 경호조직은 군조직과 같이 명령체계의 하향성과 피라미드형의 조직구조로 이루어지며, 모든 경호활동이 이러한 계층을 이루어 지휘와 감독을 하며 경호목적을 달성한다.

㉣ **폐쇄성**: 경호조직은 테러·암살집단에게 알려지는 것을 방지하기 위해 그 조직과 기술 등에 대하여 공개하지 않고 보안성을 높이는 폐쇄적 조직구조이다.

㉤ **전문성**: 경호는 원칙적으로 예방을 하는 것이 중요하기 때문에 사전에 위험을 감지하고 파악해야 한다. 이에 대처하기 위해서는 경호조직이 전문화·과학화 되어야 한다.

㉥ **대규모성**: 현대사회에서는 범죄의 규모가 점점 커지기 때문에 경호조직 또한 이에 맞추어 대규모화되고 있다.

24 각 나라별 경호유관조직의 연결이 옳지 않은 것은?

① 영국 – 비밀정보부(SIS)
② 독일 – 해외안전총국(DGSE)
③ 미국 – 중앙정보부(CIA)
④ 일본 – 공안조사청

Advice 해외안전총국(DGSE)은 프랑스의 유관기관이며 독일의 유관기관은 연방경찰청, 연방정보부, 연방헌법보호청, 주립경찰, 지역경찰 등이 있다.

Answer 23.④ 24.②

03 경호업무 수행방법

1 경호임무 수행절차

1 경호작용

① **의의** … 경호활동을 하는 주체가 그 목적달성을 위해서 하는 모든 작용을 경호작용이라고 한다.

② **경호작용의 목표**

㉠ 위험으로부터 경호대상자를 보호하는 것이다.

㉡ 계획을 완벽하게 수립하여 범행을 저지하는 것이다.

③ **경호작용 기본요소의 구분**

㉠ 경호의 주체 : 국가기관에 의한 공경호와 민간경호 또는 경비업체 등에 의한 사경호로 나뉘어진다.

㉡ 경호의 목적

ⓐ **사전예방경호활동** : 안전을 저해하는 위해 요소를 사전수집, 분석, 예고함으로써 경호대상자의 신변을 보호하는 것을 목적으로 한다.

ⓑ **근접경호작용** : 기동 간 및 행사장에서 경호대상자의 신변보호를 목적으로 한다.

㉢ 경호의 절차 : 경호준비작용 → 안전대책작용 → 경호실시작용 → 사후평가작용

사전예방경호에 관한 설명으로 옳지 않은 것은?

① 경호대상자가 현장에 도착하기 전에 경호요원 중 선발대가 그 지역에 먼저 도착하여 안전을 저해하는 위해요소를 사전수집, 분석, 예고함으로써 경호대상자의 신변을 보호하는 활동이다.
② 내부근무자는 입장자의 비표를 확인하고 행사 진행 중 계획에 없는 움직임을 통제한다.
③ 외곽근무자는 돌발사태에 대비하여 예비대, 비상통로, 소방 · 구급차 및 운용요원을 확보하고 비상연락망을 유지한다.
④ 원활한 행사를 위하여 경호정보업무, 보안업무, 안전대책업무가 지원되어야 한다.

★ ③ 사전예방이 아니라 경호실시단계에 해당한다.

답 ③

2 경호임무 수행절차

① **통상임무 수행단계** … 경호대상자의 일정에 맞추어 통상적인 임무를 수행한다.

② **행사일정단계**

㉠ 사전예방경호작용이 가능하여야 하므로 충분한 정보가 제공되어야 한다.
㉡ 방문일정에 관한 정보는 경호대상자 관계기관이나 행사를 주관하는 기관으로부터 얻는다.
㉢ 출발과 도착일시 · 수행원 수 · 경호대상자의 신상정보 · 행사가 있는 지역에 대한 특성 · 기동방법 및 수단 등을 고려하여 행사일정을 계획한다.

③ **계획수립단계**

㉠ 경호행사 전반에 대한 상황을 판단한다.
㉡ 행사장에 대하여 인적 · 물적 · 지리적 정보수집과 분석을 한다.
㉢ 행사장의 사전 현장답사에 의한 안전을 확보한다.

TIP

경호계획수립 시 주의사항
㉠ 경호원의 수송, 급식 및 숙소에 관한 계획을 수립한다.
㉡ 사전에 현지답사 및 안전검측계획을 수립한다.
㉢ 상황에 따른 예행연습 실시계획을 세운다.
㉣ 경호요원 간의 임무 · 책임 · 책임구역에 대하여 명확하게 분배한다.

④ **연락 및 협조단계** … 완벽한 경호활동을 위하여 관계기관들에 연락하여 협조를 구한다.

⑤ **위해분석**(정보수집 및 단계)

㉠ 경호대상자가 참석하는 행사와 관련된 인적 · 물적 정보를 수집하고 이에 대한 위해를 분석한다.
㉡ 행사에 대한 세부적인 일정을 관계기관에 제공하여야 하며, 관계기관은 경호대상자에게 위험이 될 수 있는 요소를 확인하려는 노력을 하여야 한다.
㉢ 경호대상자의 안전을 위협할 수 있다고 인정되는 첩보를 상세히 분석하여 경호담당기관의 기획전담요원에게 분석내용을 통보한다.

⑥ **경호실시단계** … 행사 당일에 구체적인 경호 · 호위활동을 하는 것을 말한다.

⑦ **사후평가 및 행사결과보고서 작성단계** … 경호임무의 계획과 실행 간의 문제점을 분석하고 이에 대한 보고서를 육하원칙에 따라 상세히 작성하여 보고한다.

3 경호작용의 기본적인 고려사항

① **계획** … 전체 경호활동에 대한 방향과 성공의 여부를 결정하는 사항으로 사전계획의 1단계는 사전경호와 정보수집 및 분석단계이고, 2단계는 관계기관과의 협력체제를 구출하고 실제적인 계획을 수립하는 단계이다.

② **책임** … 경호요원 간의 책임분배 및 관계기관 간의 책임을 명확하게 분배하여야 한다.

③ **자원** … 경호작용에는 필요한 다양한 자원을 효과적으로 활용하여야 하며 이때의 자원은 확실하게 분석되어져 있는 자료를 토대로 하여야 한다.

④ **보안** … 경호활동에 대한 내용과 상황에 대한 보안을 유지하여야 한다.

⑤ **평가** … 경호활동에 대한 문제점을 분석하고 이를 보완·감소시키기 위해서는 평가활동이 반드시 있어야 한다.

2 경호활동의 수칙과 원칙

1 경호활동의 수칙

① **희생정신** … 경호원의 희생정신은 경호원이 자기가 희생함으로써 경호대상자의 생명과 재산을 지켜낸다는 경호원이 가져야 할 가장 기본적이고 중요한 정신이다.

② **팀워크** …경호활동은 개인적인 활동이 아니고 조직적인 팀으로 이루어지는 활동이기 때문에 팀워크가 무엇보다 중요하다고 할 수 있다.

③ **경호대상자에 대한 사생활보호** … 경호활동을 하기 위해서는 경호대상자에 대한 모든 정보를 알고 있어야 하는 경우가 많으므로 그 정보를 잘 보호하고 이에 피해를 주지 않도록 항상 노력하여야 한다.

④ **준비정신 · 자기개발** … 경호업무는 한번의 실수로 인해서 경호대상자가 사망하거나 다칠 수 있는 것이므로 항상 준비정신을 가지고 정보수집 · 계획수립을 하여야 하며, 과학적이고 조직적인 범죄에 대비하여 이에 따른 경호기술을 습득하는 등의 자기개발을 꾸준히 하여야 한다.

⑤ **중립적인 사상** … 경호요원은 사적인 사상이나 감정에 따라서 경호의 목적에 위배되는 행동을 하여서는 안 되며, 이를 예방하기 위하여 항상 중립적인 사상을 가지고 있어야 한다.

⑥ **비밀의 엄수** … 경호활동은 타인의 눈에 띄지 않고 은밀하게 하여야 하며 이에 대한 정보 또한 유출되지 않도록 각별한 관리를 하여야 한다. 따라서 경호요원은 경호대상자에 대한 사생활이나 행사에 대한 구체적인 내용 등에 관한 비밀을 반드시 엄수하여야 한다.

2 경호활동의 원칙

경호활동의 수칙과 원칙은 기본적으로는 같은 내용이지만 수칙은 행동이나 절차에 관하여 실질적으로 지켜야 하는 사항을 정한 행동규칙을 말하는 것이며, 원칙은 이러한 행동이나 절차에 관하여 이론적으로 접근한 행동규칙을 말한다.

① 경호의 일반적인 원칙

㉠ **3중경호의 원칙** : 경호대상자가 위치한 행사장이나 시설로부터 근접(내부), 내곽(중앙), 외곽(외부)으로 나누어 중첩된 형태로 전개되는 경호의 원칙을 말한다.

㉡ **두뇌경호의 원칙** : 경호를 실시함에 있어 사전에 치밀한 계획과 준비를 철저히 하고 위험요소를 제거하는 데 중점을 두어야 하지만, 긴급하고 위험한 상황이 발생하였을 때는 고도의 예리하고 순간적인 판단력이 요구된다는 경호의 원칙을 말한다.

㉢ **방어경호의 원칙** : 경호를 함에 있어서 공격이나 진압보다는 방어에 중점을 두는 경호의 원칙을 말한다.

㉣ **은밀경호의 원칙** : 행사의 성격에 따라서 공개적으로 경호요원 자신을 노출시키는 경호를 할 수도 있지만 원칙적으로 경호는 타인의 눈에 띄지 않고 은밀하게 하는 것이 좋다.

② 공경호의 원칙

㉠ **담당구역 책임의 원칙** : 경호요원은 어떤 상황이 발생하더라도 자신이 책임을 지고 있는 구역을 지켜내야 하며 이러한 자신의 구역을 기본적으로 지켜냄으로써 전제적인 경호활동이 이루어지게 된다.

㉡ **목표물 보존의 원칙** : 경호대상자를 공격자로부터 멀리 떨어지게 함으로써 보호하여야 한다는 원칙을 말한다.

㉢ **하나의 통제된 지점을 통한 접근의 원칙** : 경호대상자에게 접근할 수 있는 출입구나 통로가 여러 개 있는 경우에는 공격자가 경호대상자에게 접근하기가 훨씬 수월해질 수 있다. 따라서 경호대상자에게 접근할 수 있는 출입구나 통로를 하나만 두고 경호요원이 철저한 확인을 하여 사람들을 통과시키는 절차가 필요하다.

㉣ **자기희생의 원칙** : 위급한 상황에서 경호대상자를 보호하기 위해 자신을 희생할 수 있다는 의지를 가지고 있는 자만이 경호요원으로서의 자격이 있다.

③ **사경호의 원칙**…사경호의 경우에는 공경호처럼 강제력을 사용할 수 없으며 그 활동범위가 제한적이고 신분상 제약도 있으므로 능력 있는 경호요원들이 조직적으로 경호활동을 하는 것이 중요하다.

㉠ **팀워크**: 완벽한 경호활동을 하기 위해서는 각각의 경호조직들이 서로 단결되어 정확하고 신속한 팀워크를 갖추어야 한다.

㉡ **순발력 · 민첩성**: 경호요원은 항상 준비된 마음가짐으로 훈련하여 어떤 상황에서든지 순간적인 방어행위를 할 수 있도록 하여야 한다.

㉢ **대처능력의 향상**: 경호요원은 경호대상자를 보호하고 상황에 대한 대처를 할 수 있는 방법과 기술들을 항상 반복적으로 연습하여 실제 상황에서의 대처능력을 향상시키기 위해 노력하여야 한다.

㉣ **준비성**: 사경호에서는 공경호와는 달리 그 활동범위가 제한적이어서 정보를 습득하고 이에 대처하기 위한 계획을 수립하는 데 어려움이 있으므로 사전에 미리미리 이에 대한 준비를 해두는 것이 필요하다.

3 사전예방경호방법

1 사전예방경호의 의의 및 단계

① **사전예방경호의 의의**…경호대상자가 현장에 도착하기 전에 경호요원 중 선발대가 그 지역에 먼저 도착하여 안전을 저해하는 위해요소를 사전수집, 분석, 예고함으로써 경호대상자의 신변을 보호하는 활동을 말하는 것으로 인원, 문서, 자재, 지역, 통신 등 경호와 관련된 보안 활동이 포함되며, 인적 · 물적 · 지리적인 취약요소에 대한 안전대책 내용이 주로 이루어진다.

② **사전예방경호의 단계**

㉠ **준비단계**: 경호대상자가 참여하는 행사의 특성과 내용을 검토하여 위험성이 있는 요소를 제거 또는 정비하는 단계로 관계부서의 협조를 요청하고 작전에 대한 회의를 하는 등의 준비를 한다.

㉡ **현장답사**

ⓐ 행사장 및 주변환경에 대한 조사를 한다.

ⓑ 행사장까지의 기동수단과 시간을 선정한다.

ⓒ 진입로, 주통로, 주차장 등을 고려하여 승 · 하차 지점을 판단한다.

ⓓ 경호조치를 위한 취약요소를 분석하고 소요인원 운용규모를 판단한다.

㉢ **업무의 분담**: 모든 조사를 끝내고 상황을 정리한 후에는 각 경비요원을 안전대책 · 주차 및 차량담당 · 작전담당 · 행사장내부 또는 외부담당 등의 업무별로 분담한다.

③ **경호작전 시 위험분석**(Threat Assessment)**의 목적**

㉠ 합리적인 경호작전요소를 결정하기 위해서이다.

㉡ 행사성격에 맞는 경호수준을 결정하기 위해서이다.

㉢ 경제성을 도모하기 위해서이다.

④ **선발경호**(Advance Security)

㉠ 경호대상자 도착 전에 현장조사를 실시하고 효과적인 경호업무 수행을 위한 협조와 준비를 하는 것을 말한다.

㉡ 임시로 편성된 경호팀을 행사 지역에 사전에 파견하여 취약요소에 대한 안전조치를 강구하고 가용 가능한 경호요원을 운용하여 경호대상자의 신변안전을 도모하는 일련의 작용을 의미한다.

㉢ 선발경호는 예방적 경호요소를 포함하여 완벽한 근접경호를 위한 준비활동으로 볼 수 있다.

㉣ 선발경호는 각종 사고의 기능성을 최소화하는 노력을 의미한다.

㉤ 선발경호는 준비단계, 실시단계, 평가 및 자료 존안단계로 구분된다.

선발경호에서 작전담당이 수행하는 임무로 적절한 것은?

① 정보수집 및 분석, 인원 운용계획, 시간사용계획, 관계관 회의 시 주요 지침사항, 예상문제점, 참고사항 등 계획 및 임무별 진행사항을 점검, 통합 세부계획서 작성

② 구역별 비표구분, 시차별 입장계획, 주차장 운용계획, M.E, 비표설치장소, 중간집결지 운용

③ 안전구역확보계획 검토, 건물의 안전성여부, 상황별 비상대피로 구상, 행사장 취약시설물 파악, 최기병원 파악, 비상 및 일반예비대 운용방법 검토

④ 입장자 비표확인, 신원 · 불심자에 대한 검문검색, 행사 10분전부터 개별행동 통제, 군중 동향 감시, 경호대상자 동선 및 좌석 위치에 따른 비상대책 강구

★ 선발경호는 다음과 같이 분류된다.

ⓐ 작전담당
ⓑ 출입통제담당
ⓒ 안전대책담당
ⓓ 차량담당
ⓔ 장비담당
ⓕ 보도담당
ⓖ 행정담당

답 ①

⑤ **경호작전 지휘소**(Command Post ; CP)**의 설치 목적**

㉠ 경호통신 시스템의 관리 및 유지를 위하여 설치한다.

㉡ 경호작전요소의 통합지휘를 위하여 설치한다.

㉢ 경호정보의 수집과 배포를 위하여 설치한다.

2 사전예방경호활동의 작용요소

① **경호활동에 대한 협조** … 행사 전에 관련기관들에 협조를 구하고 위험요소에 대한 대비를 하여야 한다.

㉠ 국가기관 등에 대한 협조요청 : 경호실장은 직무상 필요하다고 인정할 때에는 국가기관·지방자치단체, 그 밖의 공공단체의 장에게 그 공무원 또는 직원의 파견, 그 밖에 필요한 협조를 요청할 수 있다〈대통령 등의 경호에 관한 법률 제15조〉.

㉡ 대통령경호안전대책활동에 관하여는 위원회 구성원 전원과 그 구성원이 속하는 기관의 장이 공동으로 책임을 지며, 각 구성원은 위원회의 결정사항, 기타 안전대책활동을 위하여 부여된 임무에 관하여 상호 간 최대한의 협조를 하여야 한다〈대통령경호안전대책위원회규정 제4조〉.

② **경호에 대한 안전작용**

㉠ 정보활동 : 행사장 안과 밖의 모든 위험요소들을 조사·분석한다.

㉡ 보안활동 : 경호대상자와 그 주변의 모든 상황에 대한 보안을 강화한다.

㉢ 안전대책 : 행사장 안과 밖의 여러 가지 요소들 중 위험요소나 취약요소에 대한 안전점검, 안전계획 확보계획 검토, 건물의 안전성 여부, 상황별 비상대피로 구상, 행사장 취약시설물, 직사건물, 공중감시 대책 등 사실적 관계를 확인하고 그 대책을 마련하여야 한다. 안전검측이나 검식활동 등의 사전예방경호활동의 경우에는 미리 실시하는 것이 옳으며 행사당일에 실시하는 것은 바람직하지 않다.

4 근접경호 수행방법

1 근접경호의 의의와 기본요소

① **의의** … 기동 간 및 행사장에서 경호대상자의 신변보호를 위해 실시하는 근접호위작용을 말한다.

② **기본요소** … 노출성, 방벽성, 기동성, 방어 및 대피성, 기만성

㉠ 노출성 : 기동수단 및 도보대형에 의한 시각적 노출과 각종 매스컴에 의해 행사내용이 알려지는 노출성이 있으므로 철저한 보안이 요구된다.

㉡ 방벽성 : 너무 강한 경호활동은 주위 사람들에게 좋지 않은 이미지를 심어줄 수 있으므로 지나치게 타인의 접근을 차단하거나 숨기는 것은 좋지 않으며, 인적방벽과 방탄복 및 기동수단에 의한 외부공격으로부터 방벽성이 요구된다.

㉢ 기동성 : 위험상황이 발생한 경우, 이에 대응하거나 제압하기보다는 상황에 맞추어 빠르게 경호대상자를 대피 시켜야 한다.

㉣ 방어 및 대피성 : 비상사태 시 범인을 대적하며 제압하는 것보다 제2공격으로부터의 보호를 위해 방어 및 대피성이 요구된다.

㉤ 기만성 : 경호대상자를 위협하는 자를 혼란에 빠뜨려 그 위협을 실패하도록 만드는 것을 의미한다.

ⓐ 범인의 심리적 상태를 이용한 기만으로 차량대형 기만과 기동시간 기만 등이 있다.

ⓑ 서로 다른 공식행사에서 사용해야 한다.

ⓒ 경호대상자와 유사하게 닮은 경호요원을 선발하여 근접경호요원으로 배치 시킨다.

2 근접경호방법

① 도보이동 간 근접경호

㉠ 가능하다면 사전 선정된 도보이동 시기 및 이동로는 변경되어야 한다.

㉡ 대부분의 경우 도보이동으로 군중 속을 통과할 때가 가장 취약하다고 할 수 있다.

㉢ 근접경호원은 경호대상자에게 이르는 모든 접근로를 차단하기 위하여 분산되어야 한다.

㉣ 이동 시에는 위험에 노출되는 정도를 최소화하기 위하여 단거리 직선통로를 이용해야 한다.

㉤ 도보대형 형성 시는 주변 감제건물의 취약도와 인적 · 물적 취약요소 등을 고려해야 한다.

㉥ 이동 전 피경호인에게 이동로, 경호대형 및 특이사항을 사전에 알려 주도록 한다.

㉦ 근접도보대형의 이동속도는 피경호인의 건강상태, 신장, 보폭 등을 고려하여 정한다.

㉧ 공격이 있을 경우 경호원은 공격자와 경호대상자의 밀착선상의 중간에 위치하도록 한다.

㉨ 도보이동 간 근접경호의 대형

ⓐ 다이아몬드 대형

- 경호대상자를 중간에 놓고 다이아몬드식으로 둘러싸는 경호대형이다.
- 혼잡한 복도, 군중이 밀집해 있는 통로 등에서 적합하다.
- 주로 범죄자를 호송하거나 요인을 경호하는 경우에 이용한다.
- 360° 경계를 할 수 있도록 각 경호원에게 책임구역이 정해진다.

ⓑ 쐐기형 대형

- 3명의 경호원 중 1명은 경호대상자의 앞에서, 나머지 2명은 대상자의 후방 좌 · 우에 위치하여 경계활동을 하는 경호대형이다.
- 군중이 많지 않은 장소를 통과할 때나 인도 또는 좁은 통로로 이동하는 경우에 사용한다.
- 한쪽에 인위적 · 자연적인 방벽이 있는 경우 또는 무장한 위해자와 직면했을 때 적합하다.
- 360° 지역 중 어느 한 부분에 해당하는 책임구역을 각 경호원에게 할당한다.

ⓒ 원형 대형

- 경호대상자를 가운데 놓고 5 ~ 6명의 경호요원이 원의 밖을 향하여 원의 형태로 만든 대형을 말한다.
- 마름모형 대형보다 경계상태가 좋으며 일정기간 동안 정지해 있는 경우에 사용한다.

ⓓ **사다리 대형** : 경호행사 시에 경호대상자의 진행방향을 중심으로 도로 양쪽에 운집한 경호에 적합한 경호대형이다.

ⓔ **삼각형 대형** : 3명의 경호요원이 삼각형 형태의 대형으로 경호활동을 하는 것으로, 여러 가지 여건에 따라서 길이나 폭을 조정할 수 있다.

ⓕ **악수할 때의 대형** : 경호대상자가 사람들과 악수를 하는 것은 가장 많은 위험에 노출되는 것이므로 경호원이 경계를 강화하고 밀착경호하여야 한다.

ⓖ **계단이동 시의 대형** : 복도, 도로, 계단 등을 이동할 때는 경호대상자를 중앙부에 위치시키는 대형을 선택한다.

ⓗ **엘리베이터 이용 시의 대형**

- 사전에 이동 층, 표시등, 문의 작동속도, 비상시의 작동버튼, 창문의 유무를 조사해 둔다.
- 엘리베이터를 탈 때는 내부에, 내릴 때는 외부의 안전을 확인한 후에 경호대상자를 이동 시킨다.
- 엘리베이터가 지정한 층에 도착하여 문이 열렸을 때는 외부인의 시야에 바로 노출되지 않도록 경호대상자를 내부의 안쪽 모서리 쪽에 탑승하도록 한다.

ⓘ **출입문 통과시의 대형**

- 경호대상자가 문을 통과하기 전 경호요원은 출입문의 안과 밖의 안전을 확인한 후에 경호대상자를 통과시킨다.
- 경호대상자가 출입문을 통과하기 전에 내부의 공간에 대한 위해자의 은닉여부 · 내부 참석인원 · 독극물의 냄새와 시설상의 문제점을 등을 확인한다.
- 출입문이 자동문인 경우에는 전방에 있는 경호원이 문이 정상적으로 작동하는지의 여부를 확인하고, 경호대상자가 통과할 때 문이 닫히지 않도록 주의한다.
- 출입문이 회전문인 경우 경호원과 경호대상자는 1칸에 한 명씩만 들어가서 이동한다.

근접경호원의 경호요령에 관한 설명으로 옳지 않은 것은?

① 도보대형을 장소와 상황에 따라 융통성 있게 변화시킨다.
② 도보이동 간 근접경호에서 이동 시에는 위험노출 정도의 최소화를 위해 단거리 직선통로를 이용해야 한다.
③ 옥외에서 도보이동 시 경호대상자 차량도 근접에서 주행해야 한다.
④ 선정된 근접경호원의 위치는 수시로 변화시키지 않고 고정하는 것이 좋다.

★ ④ 변화되는 상황에 따라 수시로 변화해야한다.

답 ④

② 기동 간 근접경호

㉠ 차량으로 이동하는 경우

ⓐ 보수적인 색상의 문이 4개 달린 차량을 선택한다.

ⓑ 수행원이 여러 명인 경우에는 대형 차량을 이용한다.

ⓒ 차량을 운행할 기사들에 대한 점검을 위해 시범운행을 한다.

ⓓ 수행원을 위한 차량의 수 · 크기 · 형식도 고려하여야 한다.

ⓔ 차량기사는 신뢰할 수 있는 자들로 선택하며 그 명단을 확보하고 있어야 한다.

ⓕ 행사를 개최하는 지역의 행사를 주관하는 부서에 협조를 부탁하여 수하물 취급차량 및 이에 필요한 인원을 준비한다.

ⓖ 경호대상자의 차량기사는 사전 신원이 확인된 자로서 사복의 무장경찰관이나 경호요원이 한다.

ⓗ 차량기동 간 근접경호활동 시 우선적인 고려사항

- 차량 대형 및 차종 선택
- 행 · 환차로의 파악
- 관계되는 모든 차량의 번호 숙지
- 기동 간 비상대피로 및 대피소 숙지

ⓘ 경호차량 주차 시 고려사항

- 출발전 수시로 차의 상태를 점검한다.
- 차의 정면이 출입로를 향하게 한다.
- 주차장소는 가능한 자주 변경한다.
- 밝은 곳에 주차하도록 한다.

㉡ 공중으로 이동하는 경우

ⓐ 사전에 비행스케줄을 파악하고 출발시간과 도착시간을 알아둔다.

ⓑ 주기장을 미리 결정한다.

ⓒ 경호대상자와 그 일행이 도착하기 전에 교통통제 · 통신설비마련 · 군중통제 · 안전검사 등을 실시하여야 한다.

㉢ 철로로 이동하는 경우

ⓐ 철도운행 스케줄을 미리 확인한다.

ⓑ 경호대상자가 탑승하는 열차의 승무원 명단을 미리 파악한다.

ⓒ 미리 승 · 하차지점 및 기타 편의시설 · 통신 시설에 관한 결정을 한다.

ⓓ 중간에 열차가 정차하는 경우 등에 일어날 수 있는 문제점을 미리 파악하고 이에 대비한다.

ⓔ 미리 근접경호요원의 좌석을 지정하고 제한구역을 설정하며 안전검사를 실시한다.

㉣ 해상으로 이동하는 경우

ⓐ 행사장으로의 접근이 편리하고 안전한 정박위치를 선정한다.

ⓑ 해안경비대 및 항만순찰대와의 협조로 항만 경계순찰을 한다.

ⓒ 통신수단과 정박시설을 미리 준비한다.

ⓓ 정박지역에 대하여 미리 합동검사를 실시한다.

㉤ 기동 간 경호기만

ⓐ 경호기만이란 위해를 가하려는 자의 계획을 포기하게 하거나 실패하도록 유도하는 경호기법을 말한다.

ⓑ 경호대상자가 도보 및 기타의 기동수단을 이용하여 이동할 때 실시하는 경호기만이다.

ⓒ 기동 간 경호기만의 방법

- 일반적인 방법 : 허위로 흔적을 남김, 모형 장애물이나 경비시설을 설치, 위해하려는 자가 생각하지 못할 방향으로 이동, 기동대형의 변경, 자연스러운 옷차림 · 행동, 소음과 광채의 사용
- 차량의 기만방법 : 경호대상자가 타고 있는 차량의 위치를 자주 변경, 다양한 경호대형의 변칙적인 사용, 경호대상자 차량의 위장, 대중의 시야를 벗어난 경우에 사용

ⓓ **복제경호요원 운용** : 복제경호요원 운용은 경호대상자의 얼굴을 닮은 사람을 경호요원 또는 비서관으로 임용하여 위해자를 기만하는 방법이다.

㉥ 육감경호

ⓐ 육감이란 위험을 예상하는 능력과 이 위험을 진압하기 위한 재빠른 조치를 취할 시점을 알아채는 능력을 말한다.

ⓑ 경호기법보다 더 중요한 것은 위험을 빠르게 파악하고 대처하는 경호요원의 육감이다.

ⓒ 육감경호에서 재빠른 조치란 무기로 위해자를 제압하는 것을 빠르게 하여야 한다는 것이 아니라 빠르게 경호대상자를 피신 · 보호시키는 것을 말한다.

차량경호기법에 관한 설명으로 옳지 않은 것은?

① 출발 전 수시로 차의 상태를 점검하며 차의 정면이 출입로를 향하게 한다.

② 경호대상자의 신속한 대피를 위해서는 주행 시 차문을 잠그지 않는 것이 좋다.

③ 하차지점에 도착하기 위한 접근로는 가능한 한 변경하는 것이 좋다.

④ 주차장소는 자주 변경하는 것이 좋으며, 밝은 곳에 주차하도록 한다.

★ 차량운용기법

㉠ 승차 시 : 차량은 안전점검 후 시동이 걸린 상태에서 경호대상자가 탈 수 있도록 한다(충분히 워밍업을 한다). 그리고 경호 대상자가 가장 쉽고 짧은 거리에서 차를 탈 수 있는 위치를 선정한다. 또한 경호대상자가 차량에 탑승할 때는 내릴 때보다 신속성이 요구된다.

㉡ 주행 중 : 경호대상자가 탑승하면 차문을 잠그고, 차량은 앞 차와 일정한 거리를 유지하고 다른 차량이 차량대형으로 끼어들지 못할 정도의 간격을 유지하며, 안전하고 빠르게 운행되어야 한다. 교통 상황 변화로 인해 차가 정지하더라고 언제라도 출발할 수 있도록 기어를 출발위치에 놓은 상태를 유지한다. 운전자는 후방거울을 잘 주시하여 후방상황을 잘 관찰할 수 있어야 하며 미행자가 확인될 경우 적절한 조치를 취하여야 한다. 한편, 경호대상자의 옆 좌석에 다른 경호원이 앉을 경우 좌측부분의 안전을 보강할 수 있다.

㉢ 하차지점 도착 시 : 하차지점에 도착하기 위한 접근로는 가능한 한 변경하는 것이 좋으며, 입구가 의심스럽거나 많은 교통량으로 진입에 방해받을 경우 장소를 빨리 이탈할 준비를 하고 정지하거나 기다리지 않는다. 그리고 정차 후 운전석 옆에 탑승한 경호원은 차문의 잠금장치를 풀고 차에서 내려, 경호대상자 탑승 문 뒤쪽을 보강한다. 경호팀장은 준비가 완료되면 경호대상자 차의 잠금장치를 풀고 경호대상자를 차에서 내리게 한 후 경호대상자가 신속하게 건물 안으로 이동할 수 있도록 한다. 운전자는 경호대상자가 건물 안으로 안전하게 도착할 때까지 운전석에 앉아 대기한다.

답 ②

5 출입자 통제대책

1 출입자 통제

① 정의

㉠ 예방경호를 하기 위하여는 안전구역 설정권 내에 출입하는 시차입장계획, 안내계획, 주차관리계획을 세우고 출입통로를 지정하여 실시해야 하는데, 이러한 제반요소에 대한 출입관리활동을 출입자 통제라고 한다.

㉡ 출입요소라 함은 행사의 참여자 및 행사관계자, 반입되는 물품이나 기동수단 등이 해당되며, 출입을 통제한다는 것은 비표관리, 출입을 하는 통로나 출입구 지정, 주차관리, 본인 여부의 확인, 검문 · 검색 등이 모두 해당된다고 볼 수 있다.

② **출입자 통제대책 방침**

㉠ 행사장 내 모든 출입자와 반입물품은 지정된 출입통로만을 사용하여야 하며, 기타 통로는 폐쇄한다.

㉡ 안전구역 설정권 내에 출입하는 시차입장계획, 안내계획, 주차관리계획을 세우고 출입통로를 지정하여 실시해야 한다.

㉢ 행사가 대규모일 때에는 참석대상이나 좌석별 출입통로를 선정하여 출입통제가 용이하도록 하여야 한다.

㉣ 행사장 출입관리는 면밀하게 실시하고, 안전검색을 철저히 하여야 할 뿐 아니라 기본예절도 지켜야 한다.

㉤ 행사장 내의 모든 출입요소에 대하여 인원 · 수량 · 인가여부 등을 확인하여야 한다.

㉥ 원칙적으로 모든 참가자는 행사 주최측과 협조하여 발급된 출입증을 패용하여야 하나, 일부 행사의 경우 그 성격에 따라서 출입증을 패용하지 아니할 수 있다.

출입자의 통제와 관리에 관한 설명으로 옳지 않은 것은?

① 행사장 안전확보와 참석인원 등에 대한 안전조치 수단으로서 중요한 것은 비표운용과 금속탐지기 또는 X-ray 검색기를 통한 검색활동이다.
② 비표는 식별이 용이하도록 선명하여야 하며, 위조 또는 복제를 고려하여 복잡하게 제작한다.
③ 출입통로는 사람들이 쉽게 찾을 수 있는 곳으로 한다.
④ 경호원은 최신 불법무기와 사제 폭발물 제작 및 유통정보에도 정통하여야 한다.

★② 비표는 관계자들이 쉽게 알아볼 수 있도록 선명하게 제작한다.

답 ②

2 행사장 경호

① **정의**

㉠ 경호대상자가 참석하는 각종 회의, 행사, 집회 등의 지역 주변의 취약지점에 경호요원을 배치하여 경계함으로써 행해지는 안전작용이다.

㉡ 집회 등에 있어 경호대상자와 일반인들과의 거리가 근접하게 되므로 행사장 경호는 치밀한 안전대책이 요구된다.

② **행사장 경호 시 내 · 외곽 경비**

㉠ **안전구역**(제1선 – 내부경비) : 행사장 내부로 입장 중인 자 및 입장자에게 비표 패용 등을 확인하고 계속적 경계를 유지한다. 행사진행 중에는 계획에 없는 움직임이 없도록 통제하고 근무자는 국민의례 등에 참여하지 않고 오직 군중경계에만 전념한다.

㉡ **경비구역**(제2선 – 내곽경비) : 제2선은 내곽경비로 돌발사태에 대비하여 비상구 · 응급요원 등을 확보하여 요원과 함께 대기한다. 행사장 부근 건물 등에 대한 안전을 유지하면서 참석자에 대한 철저한 감시를 통해 의심되는 자의 접근을 제지하고 위해요소를 적발하여야 한다.

㉢ **경계구역**(제3선 – 외곽경비) : 제3선은 외곽경비로 행사장 주변의 취약요소를 감시할 수 있는 위치를 선정하여 감시조를 운용하며, 순찰조를 운용하여 외부로부터 내부로의 불심자의 접근을 차단한다.

우발상황 대응기법에 관한 설명으로 옳지 않은 것은?

① 우발상황에 대한 대응은 공격의 인지 – 경고 – 방호 – 대피 – 대적의 순으로 이루어진다.
② 군중과의 거리가 멀수록 경호원의 대응효과가 유리하다.
③ 가장 먼저 공격을 인지한 경호원은 경고를 통해 주변 경호원의 신속한 상황대처를 도와야 한다.
④ 수류탄에 의한 공격을 받았을 경우 방어적 원형대형으로 경호대상자를 에워싸는 형태를 유지한다.

★④ 방어적 원형대형 → 함몰형 대형
※ 폭발성화기에 대한 공격을 받았을 때는 함몰적 대형을 취한다. 원형대형은 위해의 징후가 현저할 때 사용한다.

답 ④

③ **행사장 출입관리**

㉠ 행사장에 있는 모든 출입구에 대한 검색을 하여 수상한 자를 색출한다.
㉡ 출입자의 신체에 지닐 수 있는 휴대품에 대한 주의 깊은 관찰이 필요하다.
㉢ 불필요하게 점퍼나 외투의 길이가 길거나 부피가 큰 경우 또는 행사장의 목적에 맞지 않는 물건을 소지하고 온 경우에는 그 사람에 대한 검색을 반드시 실시하여야 한다.
㉣ 어린이가 들고 온 무기류와 비슷하게 생긴 장난감에 대한 검색도 소홀히 하면 안 된다.

3 출입자의 통제와 관리를 위한 담당 경호원의 임무수행절차

① **시차입장계획**

㉠ 모든 참석자는 행사 시작 15분 전까지 입장을 완료하도록 하며, 지연참석자의 경우에는 검색 후에 별도로 지정된 통로로 출입을 허용한다.
㉡ 참석자의 인원 · 연령 · 성향 · 기동수단 등을 파악하여 시차간격을 조정하여야 한다.
㉢ 입장 시 소요시간은 1분당 30 ~ 40명 정도로 하는 것이 좋으나, 행사의 성격이나 장소의 상황 등에 따라서 증감이 가능하다.

② **안내계획**

㉠ 행사 참석자가 소지한 위해물품 등을 물품보관소에 보관한다.

㉡ 안내요원은 원칙적으로 행사의 주최측 요원으로 한다.

㉢ 행사에 필요한 이동이나 화장실 이용 등의 통제는 지양한다.

㉣ 행사가 종료한 때에는 바로 해산안내를 하여야 한다.

③ **주차관리계획**

㉠ 입장차량과 승차자를 확인하고, 주차관리계획을 수립한다.

㉡ 행사의 성격에 따라 참석 대상에 따른 주차구역을 미리 계획하여야 하고 경호대상자가 주차하는 구역도 미리 확보하여야 한다.

㉢ 주차장을 선정하는 때에는 행사장과의 거리가 적당한지, 주차공간이 충분한지, 주차가 용이한 지역인지, 사람들과 차량들을 통제하기 용이한 지역인지를 고려하여야 한다.

㉣ 가능한 한 주차관리를 하는데 편리한 공공기관의 주차장을 선정하는 것이 좋다.

④ **출입통로지정**

㉠ 출입통로는 사람들이 쉽게 찾을 수 있는 곳으로 하여야 하며, 구석에 있는 출입구를 단일한 출입통로로 지정하지 않도록 한다.

㉡ 출입통로는 원칙적으로 가능한 단일하게 하는 것이 좋으나 행사의 성격이나 행사장의 구조 등에 따라서 수 개의 통로를 지정하는 것도 가능하다.

6 위기상황(우발상황) 대응방법

1 위기상황대응

① 우선적으로 육성이나 무전기로 경호요원에게 상황을 통보하여 경고한다.

② 근접경호요원은 자기희생의 원칙에 따라 경호대상자 주변에 방벽을 형성한다.

③ 돌발사태가 일어난 경우에는 경호대상자를 최우선으로 방호하여 대피 시키면서 범인을 제압한다.

④ 근접경호요원 이외의 경호요원들은 자기담당구역책임의 원칙에 따라 맡은 지역에서 계속 임무를 수행한다.

⑤ 위해상황 시 제2공격을 방지하기 위해 범인제압보다 방어와 대피를 우선한다.

TIP

경호임무수행 중 발생될 수 있는 우발상황의 특징
㉠ 혼란과 무질서가 발생한다.
㉡ 사전예측이 불가능하다.
㉢ 즉각적인 조치가 요구된다.
㉣ 자기보호본능이 생긴다.

2 돌발사태 대응 순서

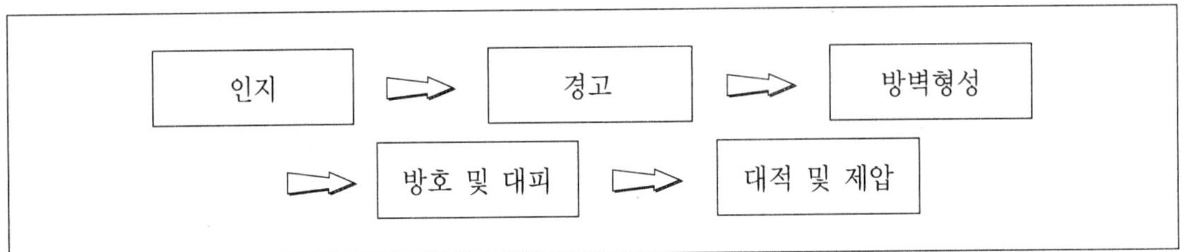

3 우발상황의 발생으로 인한 대피 시 유의사항

① 제2의 범인에 의한 양동작전에 대비하여야 한다.

② 대피로는 공격의 반대방향이나 비상구가 있는 쪽이 좋다.

③ 사전에 비상대치용 차량을 준비한다.

④ 경호대상자를 신속하게 안전지역으로 대피 시킨다.

4 우발상황 발생에 따른 범인대적과 제압 시의 주의사항

① 공격과 위해의 정도를 인지한다.

② 공격의 방향과 방법을 인지한다.

③ 범인과 무기제압으로 제2공격을 방지한다.

7 경호안전대책방법(안전검측)

1 의의

① **경호안전활동의 의미** … 경호 중 행사장이나 숙소 등 취약지의 위해요소를 제거하는 활동이다.

② **경호안전의 3대원칙**

㉠ 안전의 검사
㉡ 안전의 점검
㉢ 안전의 유지

2 유형별 안전검측

① 숙소는 극도로 보안을 유지하고 불필요한 인원을 통제하며 전기, 소방, 소음 등에서도 최적상태를 유지한다.

② 운동장은 사람이 모이므로 비상사태 시 대피로를 설치하고 행사장의 각종 부속물과 시설물에 대한 안전조치를 강구한다.

③ 기념식장의 출입구는 지정된 곳만을 사용하고, 다른 출입구는 폐쇄한다.

④ 차량검측은 경호차량뿐만 아니라 지원차량과 일반차종에 대한 출입통제와 안전점검을 운전사 입회하에 철저히 실시한다.

경호학

3 위해요소

① **인적 위해요소의 제거**

㉠ **신원조사**: 초대인사, 행사장 관리자, 행사와 관련된 종사자
㉡ **비표관리**
ⓐ 참석자 등에 비표를 발급하고 비표를 패용하지 않은 자나 비인가자는 접근을 금지시킨다.
ⓑ 비표 분실사고 발생 시 즉각 보고하고 전체 비표를 무효화하며 새로운 비표를 해당자 전원에게 지급한다.

② **물적 위해요소의 제거**

㉠ 경찰관이나 특수경비원의 무기 및 탄약관리 등을 철저히 한다. 특히 총기는 우발적인 상황 범죄 예방차원에서 보이지 않는 곳에 휴대한다.

㉡ 총포, 총기류 관리 및 화약류 관리를 위해서 행사장이나 숙소 등의 출입구에 금속탐지기를 설치한다.

4 안전검측

① 검측은 밖에서 안으로 가까운 곳에서 먼 곳으로 실시한다.

② 외부검측 시 침투가능한 창문, 출입구, 개구부 등에 안전조치를 실시한다.

③ 검측 시 장비에 전적으로 의존하기 보다는 경험이 풍부한 경호원의 오감도 최대한 활용한다.

④ 내부검측 시 아래층에서 위층으로 확산하여 실시한다.

기출 따라잡기

검측활동의 원칙과 방법에 관한 설명으로 옳지 않은 것은?

① 검측은 타 업무보다 우선하여 예외를 불허하고 선 선발개념으로 실시하며, 인원 및 장소를 최대한 지원받아 활용한다.

② 책임구역을 명확히 구분하고 아래에서 위로, 좌에서 우로, 가까운 곳에서 먼 곳으로 체계적인 안전점검을 실시한다.

③ 복잡하고 망가지기 쉬운 전자제품은 건드리지 않는다.

④ 검측활동 중 행사보안 및 통신보안과 함께 경호대상자에 관하여는 최고도의 보안을 유지한다.

★③ 전기선은 끝까지 추적하여 확인하고 전자제품은 분해해서 확인한다.

답 ③

출제예상문제

1 **근접경호에서 주위경계의 방법으로 옳지 않은 것은?**

① 주위경계는 경호대상자를 중심으로 360° 전 방향을 감시하면서 위해요인을 사전에 인지하기 위한 경계활동이다.
② 주위경계 시 가까운 곳에서 먼 곳으로 반복경계를 한다.
③ 따뜻한 날씨에 긴 코트를 입고 있는 등 주변 환경과 어울리지 않는 복장이상자를 특히 주의한다.
④ 경호대상자 주변에서 신분이 확실한 공무원, 수행원, 종업원 등을 제외한 모든 인원을 경계의 대상으로 한다.

Advice ④ 경호대상자 주변의 모든 인원이 주의경계 대상이 되며 신분이 확실한 수행원이나 보도요원들도 일단 경계의 대상이 된다.

2 **경호작용에서 고려되어야 할 기본적인 요소에 관한 설명으로 옳지 않은 것은?**

① 모든 경호임무는 예기치 않은 변화의 가능성을 포함하고 있으므로 신중한 사전계획보다 신속한 사후대응이 가장 중요하다.
② 경호대상자를 경호하는데 소요되는 자원은 행차의 지속시간과 첩보수집으로 획득된 내재적인 위협분석에 따라 결정된다.
③ 경호임무는 명확하게 부여되어야 하며, 경호원들에게는 각각의 임무형태에 대한 책임이 부과되어야 한다.
④ 경호대상자와 수행원, 행사 세부일정, 적용되고 있는 경호경비상황에 관한 보안의 유출은 엄격히 통제되어야 한다.

Advice ① 모든 경호임무는 예기치 않은 변화의 가능성을 내포하고 있으므로 신중한 사전계획이 가장 중요하다.
② 경호작용의 기본요소 중 자원배분에 관한 내용이다.
③ 경호작용의 기본요소 중 책임분배에 관한 내용이다.
④ 경호작용의 기본요소 중 보안유지에 관한 내용이다.

Answer 1.④ 2.①

3 경호활동을 '예방 – 대비 – 대응 – 평가'의 4단계로 분류할 경우 다음에 해당하는 단계는?

> • 행사장에 대한 안전검측과 안전 유지
> • 행사장 취약요소에 대한 안전조치와 협조
> • 행사보안유지와 지리적 취약요소에 대한 거부작전 실시

① 예방단계
② 대비단계
③ 대응단계
④ 평가단계

Advice 경호업무 수행절차

㉠ 예방단계(준비단계) : 예방단계에서는 법과 제도를 정비하여 우호적인 환경을 조성하고, 경호와 관련된 정보와 첩보를 수집하고 분석하여 경호위협을 평가하고, 이를 토대로 경호계획을 수립한다.

㉡ 대비단계 : 대비단계에서는 경호계획을 근거로 행사보안의 유지와 위해정보 수집을 위한 보안활동을 전개하며, 행사장의 취약요소에 대한 안전대책을 강구하고, 경호위기상황에 대비한 비상대책활동을 실시하며, 위험요소에 대한 거부작전을 실시한다.

㉢ 대응단계 : 대응단계에서는 잠재적인 위해기도자에게 공격기회를 주지 않기 위하여 경호인력을 배치하여 지속적인 경계활동을 실시하며, 경호위기상황에 즉각적으로 대응하고 조치하는 즉각조치활동을 실시한다.

㉣ 평가단계(학습단계) : 학습단계에서는 경호실시결과를 분석하고 평가하여 존안하며, 평가결과 대두된 문제점을 보완하기 위하여 교육과 훈련을 실시하고, 평가결과를 차기 행사에 반영하기 위한 적용을 실시한다.

4 사전예방경호에서 경호안전작용에 해당되는 사항이 아닌 것은?

① 호위작용
② 안전대책작용
③ 경호정보작용
④ 경호보안작용

Advice ① 근접경호 시에 요구되는 작용이다.

Answer 3.② 4.①

5 경호임무 수행절차에 관한 설명으로 틀린 것은?

① 경호대상자가 행사장에 도착한 후부터 행사 시작 전까지의 경호활동은 준비단계이다.
② 계획단계는 경호임무 수령 후부터 선발대가 행사장에 도착하기 전의 경호활동이다.
③ 경호행사 종료부터 철수 및 결과를 보고하는 단계는 평가단계이다.
④ 경호대상자가 집무실을 출발해서 행사장에 도착하여 행사를 진행한 후 출발지까지 복귀하는 단계는 행사실시단계이다.

Advice 사전예방경호의 단계

㉠ 준비단계 : 경호대상자가 참여하는 행사의 특성과 내용을 검토하여 위험성이 있는 요소를 제거 또는 정비하는 단계로 관계부서의 협조를 요청하고 작전에 대한 회의를 하는 등의 준비를 한다.

㉡ 현장답사
- 행사장 및 주변 환경에 대한 조사를 한다.
- 행사장까지의 기동수단과 시간을 선정한다.
- 진입로, 주통로, 주차장 등을 고려하여 승·하차 지점을 판단한다.
- 경호조치를 위한 취약요소를 분석하고 소요인원 운용규모를 판단한다.
- 모든 조사를 끝내고 상황을 정리한 후에는 각 경비요원을 안전대책·주차 및 차량담당·작전담당·행사장내부 또는 외부담당 등의 업무별로 분담한다.

6 경호임무수행 시 행사장 내부 안전구역에 관한 임무내용이 아닌 것은?

① 행사장 내 인적·물적 위해요인 접근통제 및 차단계획 수립
② 경호대상자의 휴게실 및 화장실의 위치 파악
③ 경호대상자의 동선 및 좌석 위치에 따른 비상대책 강구
④ 안전구역 내 단일 출입로 설정 및 비상차량 운용계획 수립

Advice 출입통로지정

㉠ 출입통로는 사람들이 쉽게 찾을 수 있는 곳으로 하여야 하며, 구석에 있는 출입구를 단일한 출입통로로 지정하지 않도록 한다.

㉡ 출입통로는 원칙적으로 가능한 단일하게 하는 것이 좋으나 행사의 성격이나 행사장의 구조 등에 따라서 수 개의 통로를 지정하는 것도 가능하다.

Answer 5.① 6.④

7 **우발상황 대응방법에 관한 설명으로 틀린 것은?**

① 경호대상자에게 접근하는 모든 사람, 사물, 위해기도자가 숨을만한 장소와 어울리지 않는 물건, 경호대상자와의 거리와 위치, 손의 움직임, 휴대하고 있는 물품에 대한 의문점을 제기한다.

② 위해기도자의 공격 시 최근접 경호원은 체위를 최대한으로 확장시켜 공격에 방패막을 최대화하여 물리적 방벽을 형성해야 한다.

③ 경호대상자를 위해기도자로부터 보호하기 위해 우선적으로 위해기도자와 대적하여 제압한 후 방어와 대피 시키도록 한다.

④ 대피 시에는 경호대상자를 신속하게 안전지대로 대피 시키기 위해 다소 예의를 무시하더라도 과감하게 행동을 하여야 한다.

Advice 우발상황 시 범인을 제압하는 것보다 경호대상자의 안전을 위해 방호 및 대피 시키는 것이 우선시 되어야 한다.

8 **근접경호원의 임무수행방법으로 틀린 것은?**

① 경호대상자의 건강상태, 주위 상황, 위험도 등에 따라 이동속도를 적절하게 조절하고, 이동전에 경호대상자에게 이동로, 이동 시간, 경호 대형 및 경호대상자의 위치 등은 보안을 위해 알려주지 않도록 한다.

② 경호대상자가 대중의 가운데 있을 때, 군중 속을 통과하여 걸을 때, 건물 내로 들어갈 때, 공공행사에 참석할 때, 승하차할 때 특히 위험하다는 것을 염두에 둔다.

③ 이동 중 경호원 상호 간에 적절한 수신호나 무선으로 주위 상황과 경호대상자의 상태 등을 연락할 수 있도록 한다.

④ 이동 중 무기 또는 위해기도자가 시야에 나타나면 위해요인과 경호대상자 사이로 움직여 시야를 차단하고 무기제압 시에는 총구의 방향에 주의하여 경호대상자 방향으로 향하지 않도록 한다.

Advice 기타 언론이나 외부인에게 이동경로 등을 알리지 말아야 하지만 경호대상자 자신에게는 이동경로나 특이사항을 알려주어야 한다.

Answer 7.③ 8.①

9 출입자 통제대책에 관한 설명으로 틀린 것은?

① 일반참석자는 행사 시작 전 미리 입장토록 하여 경호대상자의 입장 시간과 시차를 두며, 지연 참석자에 대해서는 검색 후 별도의 지정된 통로로 출입을 허용한다.
② 출입증 배부장소의 안내요원은 가능하면 참석자를 식별할 수 있는 각 부서별 실무자로 선발하고, 출입증은 전 참가자가 운용할 수 있도록 한다.
③ 주최측은 효율적인 주차관리를 위해 승차입장카드에 대상별 주차지역을 사전에 지정하여야 하며, 주차지역별로 안내요원을 배치한다.
④ 참석자 출입통로는 행사장 구조상의 모든 출입문을 이용하여 참석자 입장 시 불편요소를 최소화한다.

Advice ④ 경호대상자와 참석자는 가능한 다른 출입통로를 이용하도록 해야 하며, 모든 출입문을 이용하면 출입 · 통제의 관리가 어려워진다.

※ 출입자 통제대책 방침

㉠ 행사장 내 모든 출입자와 반입물품은 지정된 출입통로만을 사용하여야 하며, 기타 통로는 폐쇄한다.
㉡ 안전구역 설정권 내에 출입하는 시차입장계획, 안내계획, 주차관리계획을 세우고 출입통로를 지정하여 실시해야 한다.
㉢ 행사가 대규모일 때에는 참석대상이나 좌석별 출입통로를 선정하여 출입통제가 용이하도록 하여야 한다.
㉣ 행사장 출입관리는 면밀하게 실시하고, 안전검색을 철저히 하여야 할 뿐 아니라 기본예절도 지켜야 한다.
㉤ 행사장 내의 모든 출입요소에 대하여 인원 · 수량 · 인가여부 등을 확인하여야 한다.
㉥ 원칙적으로 모든 참가자는 행사 주최측과 협조하여 발급된 출입증을 패용하여야 하나, 일부 행사의 경우 그 성격에 따라서 출입증을 패용하지 아니할 수 있다.

10 1963년 11월 22일 미국의 케네디 대통령은 범인 오스왈드의 원거리 저격에 의해 암살되었다. 그 핵심원인은 대통령이 경호원에게 특정한 위치에 있지 말 것을 명령하였고, 당시 경호원은 그 명령을 받아들여 근무위치를 변경하였다. 이는 근접경호작전에서 어떤 원칙을 무시하였는가?

① 과학적인 두뇌작용의 원칙
② 지휘권 단일화 원칙
③ 고도의 집중력 유지의 원칙
④ 효과적인 지역방어의 원칙

Advice 암살 및 테러의 방지를 위해서 지휘자의 신속한 결단과 명령체계가 확립되어야 하기 때문에 지휘권의 단일화가 반드시 필요하다. 경호요원은 다수가 있어야 하지만 지휘자는 한 사람이어야 한다.

Answer 9.④ 10.②

11 안전검측에 관한 설명으로 틀린 것은?

① 기념식장은 많은 사람이 모이는 곳으로 비상사태 시 비상대피소를 설치하고, 식장의 각종 부착물과 시설물에 대한 안전검측을 실시한다.

② 숙소는 극도의 보안을 유지하고 불필요한 인원을 통제하며 전기, 소방, 냉·난방, 소음 등과 같은 위험물에 대한 안전대책을 강구한다.

③ 차량검측은 경호대상자의 차량뿐만 아니라 지원차량과 일반차량에 대한 출입통제조치와 차량 내·외부, 전기회로, 배터리 등에 대한 안전점검 시 운전사의 접근을 통제하고 철저히 검측하도록 한다.

④ 운동장은 구역을 세분화하여 책임구역을 설정하고, 외부, 내부, 소방, 직시고지 등에 대한 반복적인 검측과 출입자에 대한 통로를 단일화하여 반입물품에 대한 검색을 철저히 하도록 한다.

Advice 차량검측은 경호 차량뿐만 아니라 지원차량과 일반차종에 대한 출입통제와 안전점검을 운전사 입회하에 철저히 실시한다.

12 수행경호원의 도보 이동 간 및 정지 간 사주경계방법에 관한 설명으로 틀린 것은?

① 팀 단위 경호 시 개인의 책임감시구역을 중첩되게 설정한다.

② 적응 시와 이원 시의 원리를 고려하여, 먼 곳에서 가까운 곳으로 좌에서 우로 우에서 좌로 중첩 감시한다.

③ 경호원의 시선이 한 곳에 고정되면 좋지 않으므로 시선의 방향에 적절한 변화를 주는 것이 좋다.

④ 경호원은 잔상효과를 최대한 활용하며, 감시구역 내 인적취약요소의 행동변화를 기억하도록 집중력을 가져야 한다.

Advice 수행경호원의 도보 이동 간 및 정지 간 사주경계방법은 먼 곳에서 가까운 곳이 아닌 가까운 곳에서 먼 곳으로 한다.

Answer 11.③ 12.②

13 **경호작용의 기본 고려요소에 해당하지 않는 것은?**

① 계획수립 ② 책임분배
③ 보안유지 ④ 위해분석

Advice ④ 경호작용의 기본 고려요소로는 계획수립, 책임분배, 보안유지, 자원 등이 있다. 위해분석은 기본 고려요소에는 포함되지 않는다.

※ 위해분석(정보수집 및 분석)

㉠ 경호대상자가 참석하는 행사와 관련된 인적 · 물적 정보를 수집하고 이에 대한 위해를 분석한다.
㉡ 행사에 대한 세부적인 일정을 관계기관에 제공하여야 하며, 관계기관은 경호대상자에게 위험이 될 수 있는 요소를 확인하려는 노력을 하여야 한다.
㉢ 경호대상자의 안전을 위협할 수 있다고 인정되는 첩보를 상세히 분석하여 경호담당기관의 기획전담요원에게 분석내용을 통보한다.

14 **경호정보판단서 작성 시 판단요소에 관한 설명으로 틀린 것은?**

① 수집된 위해첩보의 분석과정에서 정보판단의 용이성을 고려하여 위해의 가설은 하나로 압축되어야 한다.
② 설정된 위해가설은 검증의 절차를 거치는 것이 좋으며, 그 방법으로는 답사와 동향감시, 면담 등이 있다.
③ 위해첩보의 과장된 평가 및 판단서의 작성은 경호비용을 증대시킬 우려가 있다.
④ 경호정보판단서는 정보 분석의 결론으로서 사건의 발생가능성을 유추하고, 경호대응 방안을 포함해야 한다.

Advice 정보판단의 용이성을 고려하여 위해가설을 하나로 압축할 경우 그 하나가 부결되면 다른 가설을 다시 찾는 번거로움이 존재하므로 수 개의 가설을 두세 개로 압축하는 것이 바람직하다.

Answer 13.④ 14.①

15 경호운전기법에 관한 설명으로 틀린 것은?

① 가능하면 이동로를 수시로 변경하고 빠른 속도로 운전한다.

② 가능하면 어두운 시간대에 운전한다.

③ 적색 신호등으로 차가 정지했을 경우 변속기를 출발상태에 위치시킨다.

④ 사고와 같은 비정상적인 상황을 피한다.

Advice 이동 시간대는 특별한 사정이 없는 경우 어두운 야간 시간대는 피하는 것이 좋다.

16 다음 중 선발경호업무의 범위가 아닌 것은?

① 행사장 안전점검 ② 행사장 비표운용
③ 차량점검 및 차량대형운영 ④ 출입자 통제

Advice ③ 차량점검 및 차량대형운영은 선발경호업무에 해당하지 않는다.

※ 선발경호업무

㉠ 경호대상자 도착 전에 현장조사를 실시하고 효과적인 경호업무 수행을 위한 협조와 준비를 하는 것을 말한다.

㉡ 임시로 편성된 경호팀을 행사 지역에 사전에 파견하여 취약요소에 대한 안전조치를 강구하고 가용 가능한 경호요원을 운용하여 경호대상자의 신변안전을 도모하는 일련의 작용을 의미한다.

17 다음 중 근접경호원의 임무가 아닌 것은?

① 경호원은 각자 책임구역을 명확히 하고, 행사장의 취약요소 및 위해물질을 탐지, 색출, 제거 및 안전조치를 취해야 한다.

② 경호원은 항상 경호대상자의 근접에서 경호활동을 해야 한다.

③ 경호원은 각자 책임구역에 대한 사주경계를 실시해야 한다.

④ 우발 상황발생 시 대적 및 제압보다는 경호대상자를 방호, 대피 시키는 것을 우선으로 한다.

Advice 근접경호원은 항상 경호대상자의 가까운 곳에서 경호하는 것으로 행사장 전체의 취약요소 및 위해물질의 탐지 등은 근접경호원의 임무가 아니다.

Answer 15.② 16.③ 17.①

18 **경호임무 수행 중 우발상황 발생 시 대응절차로 적절한 것은?**

㉠ 경고	㉡ 공격인지
㉢ 대피	㉣ 범인제압
㉤ 방어	

① ㉡㉠㉢㉣㉤　　② ㉠㉡㉤㉣㉢

③ ㉡㉠㉤㉢㉣　　④ ㉠㉡㉢㉤㉣

Advice 적의 공격을 인지하고 적에게 경고하며 방어를 하면서 대피한다. 근접경호원이 경호대상자를 데리고 대피하면 나머지 경호원들이 범인을 제압한다.

19 **우발상황 발생 시 방호 및 대피에 관한 설명으로 맞는 것은?**

① 함몰형 대형은 위해의 징후가 현저하거나 직접적인 위해가 가해졌을 때 형성하는 것이 좋다.

② 방어적 원형대형은 수류탄, 폭발물 등에 의한 공격을 받았을 때 사용되는 방호대형이다.

③ 대피 시 경호대상자의 대피도 중요하지만, 부상당한 동료의 처리와 도주범인 추적 및 체포로 제2범행을 방지한다.

④ 대피 시에는 경호대상자에게 신체적 무리가 뒤따르고 예의를 무시하더라도 신속하고 과감하게 행동해야 한다.

Advice ① 함몰형 대형은 폭발성 화기에 대한 공격을 받았을 때 사용되는 방호대형이다.
② 방어적 원형대형은 위해의 징후가 현저할 때 형성하는 방어대형이다.
③ 대피 시는 경호대상자의 대피를 최우선으로 한다.

Answer 18.③ 19.④

20 근접경호요원의 임무수행방법으로 적합한 내용은?

① 출입문을 통과할 때는 경호대상자의 안전을 위하여 경호원보다 우선하여 통과시킨다.
② 경호원은 경호대상자의 활동범위 보장을 위해 항상 원거리에서 이동해야 한다.
③ 위해상황 시 제2공격을 방지하기 위해 대피보다 범인제압을 우선한다.
④ 근접도보대형의 이동속도는 경호대상자의 건강상태, 신장, 보폭 등을 고려하여 정한다.

Advice ① 경호원이 먼저 출입문을 통과하여 안전을 확인한 후 경호대상자가 통과한다.
② 경호대상자의 안전을 위해 근거리에서 이동한다.
③ 범인의 제압보다 경호대상자의 대피가 우선하여야 한다.

21 경호임무 수행 시 출입자 통제 대책으로서 적절하지 못한 것은?

① 경호대상자와 참석자는 가능하면 동일 출입문 이용
② 확인이 곤란한 물품의 반입 차단
③ 불필요한 인원의 행사장 출입 통제
④ 출입문은 가능한 최소화

Advice 경호대상자와 참석자는 가능하면 다른 출입문을 이용하도록 한다.

22 다음 중 안전검측의 기본지침으로 적절하지 않은 것은?

① 검측활동 중 행사보안 및 통신보안과 함께 경호대상자에 관하여는 최고의 보안을 유지한다.
② 검측활동 시 인원 및 장소를 최대한 지원받아 활용한다.
③ 검측의 순서는 통로 · 현관 등 경호대상자가 움직이는 장소를 우선하고 회의실, 오찬장, 휴게실 등 경호대상자가 장시간 머물러 있는 곳은 나중에 실시한다.
④ 검측활동 중 원격조정장치에 의한 폭발물 등은 전자검측장비를 이용한다.

Advice 회의실, 휴게실 등 경호대상자가 장시간 머물러 있는 곳을 먼저 안전검측을 실시하고 그 다음으로 통로 · 현관 등 경호대상자가 움직이는 장소를 검측한다.

Answer 20.④ 21.① 22.③

23 다음 중 경호정보작용을 설명한 내용으로 적절한 것은?

① 경호와 관련된 인원, 문서, 시설, 지역, 자재 등에 대한 보호대책을 수립하여 보안을 유지해 나가는 작용이다.

② 경호작용의 원칙적인 사전 지식을 생산 및 제공하는 작용이다. 이러한 업무는 정확성, 적시성, 완전성의 요건을 구비해야 한다.

③ 경호대상지역 내·외부의 인적·물적·지리적 취약요소에 대한 안전대책강구 등의 안전작용을 말한다.

④ 경호행사 시 경호대상자에게 위해를 줄 수 있는 위해물질을 안전하게 관리하는 작용이다.

Advice 경호정보작용의 3대 요건 … 정확성, 완전성, 적시성

24 도보대형 형성 시 고려해야 할 사항 중 적절하지 않은 것은?

① 인적 취약요소와의 이격도
② 주변 감제건물의 안전성
③ 물적 취약요소의 위치
④ 행사장 참석자의 성향 및 인원 수

Advice 행사장 경호에 있어서 행사장 주변 건물을 감시할 수 있는 위치를 선정하여 감시조를 운용한다. 하지만 도보대형 형성 시 고려해야 할 요소로는 적절하지 않다.

25 경호행사 시 돌발사태에 대한 조치방법으로 옳지 않은 것은?

① 우선 육성이나 무전기로 전 경호요원에게 상황을 통보하여 경고한다.

② 근접경호요원은 자기희생의 원칙에 따라 경호대상자 주변에 방벽을 형성한다.

③ 근접경호요원은 최단시간 내에 가용한 무기를 동원하여 우선적으로 적을 제압하여 사태를 진정시킨다.

④ 근접경호요원 이외의 경호요원들은 자기담당구역 책임의 원칙에 따라 맡은 지역에서 계속 임무를 수행한다.

Advice 근접경호요원은 최단시간 내에 경호대상자를 대피 시키는 것이 우선이다. 적을 제압하는 것은 그 이후에 해야할 일이다.

23.② 24.② 25.③

26 경호인력 배치 시 고려할 사항 중 옳지 않은 것은?

① 주변 환경으로 보아 취약하다고 판단되는 곳은 인력을 중점적으로 배치한다.
② 특별히 통제해야 할 곳은 전체 구간이 통제되도록 배치하여야 한다.
③ 피경호자를 직시할 수 있는 고층 건물은 완전히 장악해야 한다.
④ 의심스럽거나 견제해야 할 요소가 많은 곳만 중점적으로 배치하여 취약성을 제거한다.

Advice 경호인력 배치는 취약 요소가 많은 곳만 배치하는 것이 아니라 전반적으로 두루배치하여 경호대상을 보호해야 한다.

27 승차와 하차의 경호방법으로 옳지 않은 것은?

① 하차지점의 상황을 경계하면서 서행으로 접근하도록 한다.
② 승차 시는 경계임무를 수행하면서 하차 시보다 좀 더 천천히 이동한다.
③ 하차 시 운전사는 시동을 건 상태에서 경호대상자가 건물 내로 들어갈 때까지 차내에서 대기한다.
④ 비상시 차량을 급히 출발시킬 수 있는 여유공간을 확보하고 정차한다.

Advice 승차 시는 경계임무를 수행하면서 하차 시보다 신속하게 경계지점을 벗어나도록 한다.

28 경호대상자가 숙소나 그 외 지역에서 유숙하기 위하여 머물고 있을 때 실시되는 숙소경호의 특징이 아닌 것은?

① 보안성이 취약하다.
② 동일한 장소에 경호대상자가 장시간 체류하게 되므로 고정성이 있다.
③ 숙소의 종류 및 시설물들이 복잡하고 많은 위험요소가 내포되어 있어 취약성이 있다.
④ 자택을 제외한 지방숙소, 호텔, 해외 행사 시 유숙지 등은 경호적 방어환경이 뛰어나다.

Advice 숙소의 종류 및 시설물들이 복잡하고 많은 위험요소가 내포되어 있어 취약성이 있으므로 자택을 제외한 지방숙소, 호텔, 해외 행사 시 유숙지 등은 경호적 방어환경이 좋지 못하다.

Answer 26.④ 27.② 28.④

29 사전예방 경호활동의 설명으로 옳지 않은 것은?

① 안전검측이나 검식활동은 반드시 행사 당일에 실시해야 한다.
② 안전을 저해하는 위해요소를 사전수집, 분석, 예고하는 활동이다.
③ 인원, 문서, 자재, 지역, 통신 등 경호와 관련된 보안활동이 포함된다.
④ 인적 · 물적 · 지리적인 취약요소에 대한 안전대책 내용이 주로 이루어진다.

Advice 안전검측이나 검식활동 등의 사전예방 경호활동을 행사 당일에 실시하는 것은 바람직하지 못하다.

30 다음 중 근접경호원에 대한 설명으로 옳지 않은 것은?

① 경호대상자와 근접경호원 사이에 위해자가 끼어들지 못하도록 근접해 있어야 한다.
② 근접경호원은 단정한 용모와 복장을 착용하고 임무를 수행해야 한다.
③ 근접경호원의 위치는 고정하여 경호대상자와 근접한 거리에 있어야 한다.
④ 근접경호원은 언론 등 대중과 불필요한 대화를 삼가야 한다.

Advice 근접경호원의 위치는 경호대상자와 근접한 거리를 유지하되 유동적이어야 한다.

31 경호임무 수행 시 적용되는 원칙에 관한 설명으로 옳지 않은 것은?

① 긴급상황 발생 시 무기사용 등의 공격적 행위보다는 방어위주의 엄호행동이 요구된다.
② 경호원은 경호대상자의 공적 · 사적 고유 업무수행에 방해를 받지 않도록 해야 한다.
③ 자기담당구역이 아닌 지역에서 위급한 상황이 발생해도 책임구역을 이탈해서는 안 된다.
④ 피경호인에게 접근하는 통로를 여러 개 두어 위해 요소가 분산이 되도록 한다.

Advice 접근하는 통로를 제한하여 효율적인 경호를 실시해야 한다.

Answer 29.① 30.③ 31.④

32 다음 중 숙소경호 업무의 영역이라고 볼 수 없는 것은?

① 교통상황 및 주차장 관리
② 순찰을 통한 시설물 안전점검 및 각종 사고예방
③ 출입자 통제 및 방문자 처리
④ 차량 출입 통제 및 반입 물품 검색

Advice 경호대상자의 기존 숙소뿐만 아니라 외지에 나갈 경우의 임시숙소를 포함하므로 경호의 개념이 넓으며, 경호행차시 정복·사복의 근무자가 정문출입구 또는 그 주변에 잠복근무하는 형태로 이루어진다. 교통상황 및 주차장 관리는 포함되지 않는다.

33 사전예방경호작용에서 경호안전작용의 기본내용으로 옳지 않은 것은?

① 경호보안작용
② 경호평가작용
③ 안전대책작용
④ 경호정보작용

Advice 사전예방경호작용
㉠ 정보활동
㉡ 보안활동
㉢ 안전대책

34 경호작전 지휘소(Command Post)운영에 대한 설명으로 옳지 않은 것은?

① 행사 간 경호정보의 터미널
② 행사 간 경호작전 요소의 통제
③ 행사 간 경호통신 시스템의 관리 및 유지
④ 행사 간 우발사태 발생 시 근접경호에 대한 즉각 대응체계 통합지휘

Advice 경호작전 지휘소(Command Post ; CP)의 설치 목적
㉠ 경호통신 시스템의 관리 및 유지를 위하여 설치한다.
㉡ 경호작전요소의 통합지휘를 위하여 설치한다.
㉢ 경호정보의 수집과 배포를 위하여 설치한다.

Answer 32.① 33.② 34.④

35 경호행사 시 경호근무자 비표의 운영에 관한 설명으로 맞는 것은?

① 비표 분실사고 발생 시 즉각 보고하고 전체 비표를 무효화하며 새로운 비표를 해당자 전원에게 지급한다.
② 비표의 종류는 다양할수록 좋으나 행사 시는 구분 없이 전체가 통일되어야 한다.
③ 비표는 근무관련 교양시작 전에 배부하고 경호 종료 후 상황을 보면서 반납한다.
④ 경호근무자의 경호안전활동 시는 비표 운영을 하지 않는 것이 바람직하다.

Advice 비표는 그 중요도에 따라 구분하는 것이 좋으며 비표 분실사고 발생 시 기존의 비표를 무효화하고 새로운 비표를 지급하는 것이 좋다.

36 우발상황 발생 시 근접경호원의 조치사항 중 옳지 않은 것은?

① 경호대상자를 안전하게 현장에서 이탈시킨다.
② 적을 발견하면 경고하고 대적한다.
③ 근접경호원은 경호대상자를 최우선으로 대피 시켜야 한다.
④ 대피는 적 공격의 반대 방향이나 비상구 쪽으로 대피한다.

Advice ② 적을 발견하면 1차적으로 경호대상자를 먼저 대피 시키는 것이 우선이다. 즉, 대피 시킨 이후에 적을 제압해야 한다.

37 근접 도보경호대형 형성에 따른 이동 시 경호원의 근무방법으로 옳지 않은 것은?

① 이동 전 피경호인에게 이동로, 경호대형 및 특이사항을 사전에 알려 주도록 한다.
② 복도, 도로, 계단 등을 이동할 때는 위해시 방어와 대피를 위한 여유공간 확보를 위해 통로의 측면으로 이동한다.
③ 이동 시 위험에 노출되는 정도를 최소화하기 위해 단거리 직선통로를 이용한다.
④ 이동에 따른 주통로, 예비통로와 비상 대피로를 적절히 선정해 두는 것이 좋다.

Advice 복도, 도로, 계단 등을 이동할 때는 경호대상자를 중앙부에 위치시키는 대형을 선택한다.

Answer 35.① 36.② 37.②

38 **근접경호작용에 대한 설명으로 맞는 것은?**

① 경호대상자의 차량기사는 사전 신원이 확인된 자로서 사복의 무장경찰관이나 경호요원이 한다.

② 도보이동 간 경호 시 가능하다면 최초 협정된 이동 시기 및 이동로를 고수한다.

③ 경호대상자가 이동 시에는 위험에 노출되는 정도를 최소화하기 위하여 지그재그식으로 이동, 적을 기만한다.

④ 경호대상자의 차량은 유사 시 신속한 식별을 위하여 가능하면 다른 차량과 구별되는 특이한 색상으로 한다.

Advice ② 도보이동 간 경호 시 가능하다면 최초 협정된 이동 시기 및 이동로를 변경하여야 한다.

③ 경호대상자가 이동 시에는 위험에 노출되는 정도를 최소화하기 위하여 단거리 직선통로를 이용하여야 한다.

④ 경호대상자의 차량으로는 보수적인 색상의 문이 4개인 것을 선택하는 것이 좋다.

39 **선발경호의 임무에 대한 설명으로 옳지 않은 것은?**

① 효과적인 경호협조 및 경호준비를 하는 것을 의미한다.

② 기동 간 및 행사장에서 이루어지는 호위활동이다.

③ 기동수단 및 승·하차 지점을 판단한다.

④ 행사장의 취약요소를 분석하고 안전대책 판단기준을 설정한다.

Advice 선발경호(Advance Security)는 경호대상자 도착 전에 현장조사를 실시하고 효과적인 경호업무 수행을 위한 협조와 준비를 하는 것을 말한다.

Answer 38.① 39.②

40 기만경호에 대한 설명으로 옳지 않은 것은?

① 범인의 심리적 상태를 이용하여 시간을 앞당긴 기동 및 도착이 효과적이다.
② 반드시 공식행사에서만 사용해야 한다.
③ 서로 다른 공식행사에서 사용해야 한다.
④ 경호대상자와 유사하게 닮은 경호요원을 선발하여 근접경호요원으로 배치 시킨다.

Advice 기만경호는 공식, 비공식, 약식경호 어떤 형식에서도 사용이 가능하다.

41 경호차량의 주차 시 경호차량 운전요원의 준수사항으로 옳지 않은 것은?

① 주차장소는 가능한 한 자주 변경하여 계획된 위해상황과 불심분자의 관찰로부터 벗어나게 한다.
② 야간 주차 시에는 어두운 곳에 주차하도록 한다.
③ 차의 정면이 출입로를 향하게 한다.
④ 출발전에 수시로 차의 상태를 점검한다.

Advice 차량은 밝은 곳에 주차하도록 한다.

42 공동장소 기자회견 시 경호방법에 대한 설명으로 옳지 않은 것은?

① 경호대상자는 안전을 위해 회견장에 제일 먼저 도착하고, 회견이 끝나면 제일 나중에 퇴장하도록 한다.
② 후면 등 연단 주변의 모든 방면을 경계한다.
③ 모든 출입구 밖에 대기하면서 지정 출입을 이용하지 않으면 절대 입장하지 못하도록 한다.
④ 회견장 주변과 각 출구에 배치되어 경계임무를 수행한다.

Advice 경호대상자가 먼저 도착할 필요는 없으며 일부 경호원이 회견장에 먼저 도착하고 회견이 끝나면 경호대상자와 같이 이동한다.

Answer 40.② 41.② 42.①

43 행사장 출입자 통제대책에 대한 설명으로 맞는 것은?

① 모든 참석자는 행사 시작 15분 전까지 입장을 완료하도록 하며 지연참석자는 출입을 허용하지 않는다.
② 모든 출입요소는 지정된 출입통로를 사용하여야 하며 기타 통로는 폐쇄한다.
③ 만년필, 책, 카메라, 우산은 행사장 반입을 금지한다.
④ 모든 출입요소는 지정된 출입통로를 사용하여야 하며, 기타 통로도 개방한다.

Advice ① 지연참석자라도 출입을 허용해야 한다.
③ 만년필과 책, 카메라 등 물적 위해요소에 해당하지 않는 경우는 반입을 허용한다.
④ 지정된 출입통로 이외의 통로는 폐쇄한다.

44 숙소경호에 대한 설명으로 옳지 않은 것은?

① 숙소의 시설물에 많은 위험요소가 내포되어 있으나 지역내 출입하는 인원의 통제는 용이하다.
② 근무요령은 평시, 입출시, 비상시로 구분하여 운용한다.
③ 경비배치는 내부, 내곽, 외곽으로 실시하고 외곽은 1, 2, 3선으로 경계망을 구성한다.
④ 제반 감제고지 고층건물에 대한 접근로 봉쇄 및 안전확보를 한다.

Advice 숙소경호의 특징
㉠ 숙소경호는 혼잡성, 고정성, 보완성 취약, 방어개념의 미흡 등의 특징이 있다.
㉡ 동일한 장소에 경호대상자가 장시간 체류하게 되므로 고정성이 있다.
㉢ 숙소의 종류 및 시설물들이 복잡하고 많은 위험요소가 내포되어 있어 취약성이 있다.
㉣ 자택을 제외한 지방숙소, 호텔, 해외 행사 시 유숙지 등은 경호적 방어 환경이 좋지 못하다.

45 경호활동 시 비표관리는 안전대책 중 어디에 해당하는가?

① 물적 취약요소의 배제
② 지리적 취약요소의 배제
③ 경호보안 유지
④ 인적 위해요소의 배제

Advice 비표관리는 출입자의 통제관리를 위한 경호활동이다.

Answer 43.② 44.① 45.④

46 우발상황 발생 시 비상대피소의 선정방법으로 옳지 않은 것은?

① 상황이 길어질 경우를 고려하여 잠시동안 머물러 있을 수 있는 장소를 선정해야 한다.
② 경호대상자의 노출을 최소화하고 30초 이내의 시간이 소요되는 장소를 선정해야 한다.
③ 불필요한 출입자를 통제하기 위해 용이한 장소를 사전에 확보해 두는 것이 좋다.
④ 경호대상자를 잠시 대피 시킬 수 있는 장소보다는 시간이 많이 소요되더라도 안전한 장소를 선정하는 것이 좋다.

Advice 우발상황이 발생한 상황에서 시간이 많이 소요되는 장소는 경호대상자의 신변을 위협할 수 있으므로 가능한 신속히 대피할 수 있는 장소로 한다.

47 검측의 원칙 및 방법에 관한 설명으로 맞는 것은?

① 내부검측 시 위층에서 아래층으로 확산하여 실시한다.
② 검측 시 경호요원의 오감은 무시하고 장비만 이용하도록 한다.
③ 검측은 먼 곳에서 가까운 곳으로 실시한다.
④ 외부검측 시 침투가능한 창문, 출입구, 개구부 등에 안전조치를 실시한다.

Advice ① 아래층에서 위층으로 확산하여 실시한다.
② 검측 시 장비에 전적으로 의존하기 보다는 경험이 풍부한 경호원의 오감도 최대한 활용한다.
③ 검측은 가까운 곳에서 먼 곳으로 실시한다.

경호학

48 도보이동 간 근접경호대형에 대한 설명으로 옳지 않은 것은?

① 도보대형 형성 시는 주변 감제건물의 취약도와 인적·물적 취약요소 등을 고려해야 한다.
② 다이아몬드 대형은 혼잡한 복도, 군중이 밀집해 있는 통로 등에서 적합하다.
③ 쐐기형 대형은 무장한 위해자와 직면했을 때 적당한 대형이다.
④ 기본 경호대형은 페어대형(5인), 웨즈대형(4인), 다이아몬드형(3인), 펜터건 대형(2인) 등으로 구분할 수 있다.

Advice 근접경호의 기본 대형은 다이아몬드형, 쐐기형, 원형, 사다리형이다.

Answer 46.④ 47.④ 48.④

49 **돌발사태에 대한 경호요원들의 올바른 대응순서는?**

① 경고 – 방벽형성 – 인지 – 방호 및 대피 – 대적 및 제압
② 경고 – 인지 – 방벽형성 – 방호 및 대피 – 대적 및 제압
③ 인지 – 경고 – 방벽형성 – 방호 및 대피 – 대적 및 제압
④ 인지 – 경고 – 방벽형성 – 대적 및 제압 – 방호 및 대피

Advice 우발 및 돌발사태에 대한 대응순서는 선 인지 후 경고, 그 다음으로 방벽형성과 대피로 이루어진다.

50 **경호상의 안전대책 중 인적 위해대상자의 배제와 관련이 적은 것은?**

① 요시찰인 및 우범자 동태 파악
② 참석예정자, 행사종사자 신원파악
③ 특별방범심방실시
④ 경호와 관련된 첩보, 정보수집의 강화

Advice 방범심방은 경찰이 수행하는 것으로 외근경찰관이 관내의 각 가정, 기타 시설을 방문하여 범죄예방, 안전사고방지 등의 계몽과 상담 및 연락 등을 행하고 주민의 협력을 얻어 예방경찰의 기초자료를 수집하는 활동을 말한다.

51 **차량기동 간 근접경호활동 시 우선적인 고려사항이 아닌 것은?**

① 차량 대형 및 차종선택
② 행·환차로의 선택
③ 수행원을 위한 차량의 수 및 의전절차
④ 기동 간 비상대피로 및 대피소

Advice 경호활동 시 경호 수행인원에 관한 사항을 우선적으로 고려하지는 않는다.

Answer 49.③ 50.③ 51.③

52 숙소경호에 대한 설명으로 옳지 않은 것은?

① 숙소경호의 특징은 혼잡성, 고정성, 보완성 취약, 방어개념의 미흡 등이 있다.
② 지리적 취약요소로 행사에 위협을 미치는데 이용될 수 있는 제반시설 및 물자를 의미한다.
③ 수림지역 및 제반 감제고지 고층건물에 대한 접근로 봉쇄 및 안전확보를 한다.
④ 숙소 주변의 거주민 이외에 유동인원에 대한 검색을 강화해야 한다.

Advice 숙소경호란 경호대상자의 기존 숙소뿐만 아니라 외지에 나갈 경우의 임시숙소를 포함하므로 경호의 개념이 넓으며, 경호행차시 정복·사복의 근무자가 정문출입구 또는 그 주변에 잠복근무하는 형태로 이루어진다.

53 행사장 내부담당 경호원의 임무내용이 아닌 것은?

① 행사장내 인·물적 접근 통제 계획을 수립한다.
② 행사장이 단일 출입 및 단상, 천장, 피경호인의 동선에 대한 안전도를 확인한다.
③ 경비 및 경계구역에 대한 안전조치를 강화한다.
④ 피경호인이 휴게실 및 화장실의 위치를 파악한다.

Advice 행사장 내부담당 요원은 행사장 외부의 경계구역 및 경비에 대한 임무를 수행하지 않는다.

54 경호작전 시 위험분석(Threat Assessment)을 하는 목적이 아닌 것은?

① 항상 가용한 최고의 경호수준을 유지하기 위해
② 경제성을 도모하기 위해
③ 행사성격에 맞는 경호수준을 결정하기 위해
④ 합리적인 경호작전요소를 결정하기 위해

Advice 가용한 최고 수준의 경호는 위험분석이 아닌 경호 시설 및 기관의 관리를 통해 이룰 수 있다.

Answer 52.② 53.③ 54.①

55 경호안전대책을 위한 분야별 안전검측 내용으로 적절하지 못한 것은?

① 숙소는 극도로 보안을 유지하고 불필요한 인원을 통제하며 전기, 소방, 소음 등에서도 최적상태를 유지한다.
② 운동장은 사람이 모이므로 비상사태 시 대피로를 설치하고 행사장의 각종 부착물과 시설물에 대한 안전조치를 강구한다.
③ 기념식장은 구역을 세분화하여 책임구역을 설정하고 출입자에 대해 가능하면 여러 통로로 출입시켜 혼잡을 피하도록 한다.
④ 차량검측은 경호차량뿐만 아니라 지원차량과 일반차종에 대한 출입통제와 안전점검을 운전사 입회하에 철저히 실시한다.

Advice 출입자에 대해 가능하면 일원화된 통로로 출입시켜 출입자 통제관리를 실시한다.

56 다음 중 경호정보작용의 3대 요건에 속하지 않는 것은?

① 정확성 ② 완전성
③ 적시성 ④ 적극성

Advice 경호정보작용의 3대 요건 … 정확성, 완전성, 적시성

57 선발경호(Advance Security)의 개념에 대한 설명으로 옳지 않은 것은?

① 선발경호는 예방적 작전요소만을 포함한다.
② 선발경호는 예방적 경호요소를 포함하여 완벽한 근접경호를 위한 준비활동으로 볼 수 있다.
③ 선발경호는 각종 사고의 기능성을 최소화하는 노력을 의미한다.
④ 선발경호는 준비단계, 실시단계, 평가 및 자료존안단계로 구분된다.

Advice 임시로 편성된 경호팀을 행사 지역에 사전에 파견하여 취약요소에 대한 안전조치를 강구하고 가용 가능한 경호요원을 운용하여 경호대상자의 신변안전을 도모하는 일련의 작용을 의미하는 것으로 예방적 작전요소만을 포함하는 것은 아니다.

Answer 55.③ 56.④ 57.①

04 경호 복장과 장비

1 경호원의 복장

1 경호원의 기본적 복장

경호원은 신분이 노출되지 않도록 복장에 유의하여야 한다.

① 밝고 화려한 색은 피하는 것이 좋다.

② 각각의 행사에 따른 환경과 조화를 이루도록 복장을 착용하는 것이 좋다.

③ **양복 · 코트** … 구김이 잘 가지 않는 검은색이나 감색 등의 색이 짙은 것, 그리고 장비휴대를 대비하여 사이즈가 약간 넉넉한 것이 좋다.

④ **와이셔츠** … 무늬가 없는 흰색 셔츠로 면 소재로 된 것이 좋다.

⑤ **신발** … 신발끈이 없는 것이 좋고 가죽 소재로 되어 있으면서 착용감이 좋은 신발이 좋다.

⑥ **방탄복** … 방탄능력과 착용감이 우수하고 가벼운 것이 좋다.

2 경호원 복장의 종류

① **일반적인 구분** … 평상복, 근무복(제복 · 특수복장)

② **구체적인 구분** … 예복 · 정복 · 외투 · 근무복 등

3 법제상 경호원 복장의 구분

① **대통령경호원**

㉠ 실장은 필요하다고 인정하는 경우 직원에게 제복을 지급할 수 있다.

㉡ 직원의 복제에 관하여 필요한 사항은 실장이 정한다.

② **청원경찰** … 대통령령으로 정하며 제복 · 장구 · 부속물에 관하여서는 행정안전부장관이 정하며 특수복장을 하는 경우에는 해당 지방경찰청장의 승인을 받아야 한다.

③ **민간경비원** … 경찰이나 군인과 구별하기 쉽도록 하여야 하며, 형식과 색상을 확인할 수 있는 사진을 지방경찰청장에게 신고하여야 한다. 민간경비원의 경우 경비업자의 권한으로 지역이나 활동내용에 따라 사복착용이 가능하다.

④ **군 · 경찰 · 헌병** … 법령으로 정해져 있는 경우에는 그에 따르고 규정이 없는 경우에는 평상복을 입는다.

2 경호원의 장비

1 경호장비의 개념

경호장비란 경호업무를 하는 데 필요한 검색장비, 통신장비, 호신장비, 기동장비, 방호장비, 감시장비 등을 말한다.

2 경호장비의 종류

① **검색장비**

㉠ 개념 : 검색장비는 행사장 등에서 경호활동을 할 때 폭발물이나 가스를 탐지하고 출입자에 대한 수색을 하기 위하여 필요한 장비를 말하는 것으로, 금속탐지기 · X-ray 검색기 · 가스탐지기 · 폭발물탐지기 등이 이에 해당한다.

㉡ 검색장비의 종류

ⓐ 휴대용 금속탐지기 : 출입자들의 소지품 등을 검색하는 데 쓰인다.

ⓑ 봉형 금속탐지기 : 맨홀 밑과 같이 지하에 있는 물건을 탐지하거나 출입자가 많지 않은 곳에서 사람의 신체를 검색하는 경우 또는 풀이 무성한 곳과 같이 탐색이 곤란한 경우에 쓰인다.

ⓒ 문형 금속탐지기

- 문(door)처럼 생긴 탐지기로 대형건물이나 공항 등과 같이 출입자가 많은 경우에 설치한다.
- 소형 총기류에 대한 탐지가 가능하며 검색강도에 따라 탐지 가능 정도가 다르다.
- C4를 비롯한 일부 폭발물에 대한 탐지는 어려운 것이 단점이다.

ⓓ X-ray 검색기 : 국제우편물을 검사하거나 공항에서의 소지품 속을 세밀하게 검사하기 위하여 설치한다.

경호장비의 유형별 관리에 관한 설명으로 옳지 않은 것은?

① 검색장비의 운용 시 입장객을 통과시킬 때에는 개인 간 간격을 최소 5m 이내로 밀착시켜 빠른 걸음으로 통과시켜야 행사가 원만하게 진행될 수 있다.
② 전자파, 초음파, 적외선 등의 광학을 이용한 기계장비는 인력부족으로 인한 경호 취약점을 보완하는 수단으로 활용한다.
③ X-Ray 검색기는 경호행사장 입구에 설치하여 입장자의 휴대품 속에 숨겨져 있는 무기류를 확인하는 장비이다.
④ 금속탐지기를 2대 이상 운용할 때에는 최소 3m 이상의 간격을 확보해야 한다.

★① 검색장비의 운용 시 입장객을 통과시킬 때에는 개인 간의 간격이 최소 1.5m 정도 떨어지게 하여 입장객이 검색장비를 보통걸음으로 통과토록 한다.

답 ①

② **검색장비를 이용한 검색요령**

㉠ 조립식 제품이 많으므로 무리하게 힘을 주거나 충격을 받지 않도록 주의하여야 한다.
㉡ 고압전류가 흐르거나 전압변동이 심한 곳을 피해서 설치하여야 한다.
㉢ 검색장비를 2대 이상 사용할 경우 최소 3m 이상의 간격을 유지하여야 한다.
㉣ 입장객에 대한 검색을 하는 경우에는 입장객 간의 간격을 1.5m 정도로 유지하여야 한다.
㉤ 검색을 받는 사람들의 소지품을 별도로 검색한다.
㉥ 무전기와 같은 통신장비는 전파의 영향을 받아 오작동 가능성이 있으므로 검색장비에서 최소 3m 이상의 거리를 두어야 한다.

③ **통신장비** … 경호장비 중 통신장비는 특별히 정확성 · 신뢰성 · 안전성이 필요하다.

㉠ 통신장비의 종류

ⓐ 유선통신장비 : 전화기, 직통전화망, 팩시밀리(모사전송 · FAX)망, 컴퓨터통신망, 텔레타이프(인쇄전신)망, CCTV(Closed-Circuit Television)망 등이 있다.
ⓑ 무선통신장비 : 휴대용 무전기, 차량용 무전기, 인공위성통신망, 무선전화기 등이 있다.

㉡ 통신장비의 사용 전 점검사항

ⓐ 통신장비의 배터리와 안테나를 점검한다.

ⓑ 송 · 수신의 감도가 좋은 곳으로 위치를 선정한다.

㉢ 통신장비 사용시 주의사항

ⓐ 전원이 켜져 있는 상태에서 배터리를 교환하거나 충전하지 않는다.

ⓑ 보안이 잘 되고 있는지 확인한다.

ⓒ 기밀사항에 해당하는 것은 팩스로 송 · 수신하지 않는다.

ⓓ 통신을 할 때에는 암호나 약어 등을 사용하여여야 하며 평상어를 사용하지 않는다.

ⓔ 무전기 사용시 배터리는 완전히 충전한 후 사용하여야 하고, 충전이 완료되면 배터리를 충전기에서 꺼내어 별도 관리하여야 하며 배터리를 충전기에 삽입한 상태로 방치하지 않는다.

㉣ 경찰 정보통신 운영규칙〈경찰청예규 제490호〉

ⓐ 주요 용어의 정의〈제3조〉

- 경찰 정보통신 : 경찰업무 수행을 위해 설비된 정보통신망을 이용하여 문자 · 음성 · 영상부호 및 데이터 등의 정보를 관리 또는 송수신하는 일련의 활동을 말한다.
- 정보통신망 : 「전기통신기본법」의 규정에 의한 전기통신설비를 활용하거나 전기통신설비와 컴퓨터 및 컴퓨터의 이용기술을 활용하여 정보를 수집 · 가공 · 저장 · 검색 · 송신 또는 수신 하는 정보통신체제를 말한다.
- 정보시스템 : PC · 서버 등 단말기, 보조기억매체, 전산 · 통신장치, 정보통신기기, 응용프로그램 등 정보의 수집, 가공, 저장, 검색, 송 · 수신에 필요한 하드웨어 및 소프트웨어 일체를 말한다.
- 통합포털시스템 : 기능별 분산된 정보시스템을 연계하고 내부직원 간 소통 및 정보공유를 지원하며, 공조수사 · 온라인조회 등을 통합한 정보시스템을 말한다.
- 공조수사시스템 : 우범자, 도난차량, CCTV현황 및 통합수사정보시스템 등 수사공조를 지원하는 시스템을 말한다.
- 온라인조회시스템 : 통합포털시스템을 통해 경찰 주전산기에 수록된 주민 등 전산자료를 입력, 조회, 수정할 수 있는 시스템을 말한다.
- 긴급전화 : 천재지변 · 비상사태 등 중요상황이 발생한 경우 신속하게 임시로 구성하여 운용하는 전화를 말한다.
- 측방통신망 : 경찰업무의 공조를 위해 인접한 지방경찰청 및 경찰서간 상호 업무연락을 할 수 있는 유선 · 무선 통신망을 말한다.
- 온라인조회단말기 : 온라인조회시스템을 이용하여 주민 등 전산자료를 조회할 수 있는 단말기를 말한다.
- 모바일단말기 : 경찰관이 외근현장에서 각종 조회 및 단속, 업무처리에 활용하는 스마트폰이나 태블릿PC 등을 말한다.
- 업무용휴대폰 : 경찰목적을 위하여 업무연락으로 사용하는 휴대용전화기를 말한다.
- 종합조회처리실 : 온라인조회시스템을 이용한 전산자료 조회 및 입력 등을 의뢰받아 종합적으로 처리하는 부서를 말한다.
- 전산자료 : 전산장비를 이용하여 입 · 출력되는 자료를 말하며, 그 자료가 수록되어 있는 자기테이프, 하드디스크, 디스켓, USB 등 보조기억매체를 포함한다.

- 정보통신장비실 : 서버 등 정보시스템과 교환기 등 통신시스템 및 전송장비가 설치 운용되는 장소를 말한다.
- 조회 : 정보시스템 및 단말기를 통하여 제공되는 각종 자료의 내역을 열람, 대조, 출력하는 일체의 행위를 말한다.
- 정보시스템 관리책임자 : 정보시스템을 실제 운용하는 부서의 장 또는 각종 자료의 입력, 조회여부를 최종 결정할 권한이 있는 자를 말한다.
- 단말기 사용자 : 단말기를 직접 조작하여 각종 자료의 입력, 조회를 수행하는 자를 말한다.
- 사용권한 : 온라인조회시스템에 접속하여 전산자료를 입력 · 수정 · 열람 · 삭제 및 활용할 수 있는 권한을 말한다.
- 시스템 관리자 : 행정업무의 원활한 수행을 위하여 정보시스템을 운영 · 관리하는 자를 말한다.

ⓑ 무선통신의 운용〈제17조〉

- 무선통신은 보안성이 가장 취약한 통신망이므로 긴급하거나 유선통신이 불가능할 경우 사용하여야 하고, 반드시 보안대책을 강구하여 사용하여야 한다.

TIP

경찰에서 운용하는 무선통신망의 분류

㉠ **전국 지휘무선망** : 전국 단위의 경찰 작전 및 경찰 업무를 위해 운용하는 지휘 무선 통신망
㉡ **지방경찰청 지휘무선망** : 지방경찰청 단위의 경찰 작전 및 경찰업무를 위해 운용하는 지휘 무선통신망
㉢ **경찰서 · 대 무선망** : 경찰서, 기동대 단위의 경찰 작전 및 경찰업무를 위해 운용하는 무선통신망
㉣ **고속도로 무선망** : 고속도로순찰대 본대 및 지구대 지령실에서 순찰차 · 고속도로 인접경찰서와 교신하는 무선통신망
㉤ **기능별 무선망** : 경비 · 경호 · 교통 · 수사 · 정보 · 보안 · 외사 · 112 등 각 기능별 업무수행을 위하여 운용되는 무선통신망
㉥ **비상통신망** : 유 · 무선통신망 두절 등 비상의 경우에 지휘망으로 운용하는 무선통신망
㉦ **측방무선망** : 지방경찰청 이하 인접 경찰관서간 업무공조를 위해 구성 · 운용하는 무선통신망
㉧ **군 · 경 합동무선망** : 군 · 경 합동작전을 위하여 합동통신 전자준칙 및 운용지시에 따라 운용하는 무선통신망
㉨ **관공선 무선망** : 해군 통신운용지시에 의거 관공선 통제소와 관공선 및 해안 무선국간에 교신하는 무선통신망

- 무선통신을 할 때에는 다음의 사항을 준수하여야 한다.
  - 무선통신은 최소한의 필요사항만을 교신하여야 한다.
  - 무전용어는 무선약호를 최대한 활용하여 간명하게 사용하여야 한다.
  - 무전기 운용자는 자국 및 상대국 호출부호를 명확히 사용하여야 한다.
- 측방무선망은 다음에 따라 관리한다.
  - 측방무선망을 설치한 경찰관서장은 측방무선망 운영 실태를 수시로 점검하여야 하며, 언제든지 사용할 수 있도록 유지 · 관리하여야 한다.

- 측방무선망을 운영하는 경찰관서장은 전 직원이 상대 관서의 채널번호 및 호출부호를 평상시 숙지할 수 있도록 조치하여야 한다.
- 기존 유 · 무선 통신망 두절에 대비한 비상통신망으로는 위성전화를 설치 · 운영하며, 운영부서에서는 소통상태를 수시로 점검하여 언제든지 사용할 수 있도록 유지 · 관리하여야 한다.

④ 호신장비

㉠ 의의 : 경호원이 자신의 신체를 보호하기 위하여 사용하는 장비로 단봉 · 분사기 · 충격기 · 가스총 등이 이에 해당한다.

㉡ 종류

ⓐ 단봉

- 경비원이 사용하는 단봉은 금속(합금 포함)이나 플라스틱 재질의 전장 700mm 이하의 호신용 봉이다.
- 단봉을 사용할 때에는 인명 또는 신체에 대한 위해를 최소화되도록 주의하여야 한다.
- 경비원이 휴대할 수 있는 장비의 종류는 경적 · 단봉 · 분사기 등 행정안전부령으로 정하되, 근무 중에만 이를 휴대할 수 있다. 경비원은 근무 중 경적, 단봉, 분사기, 안전방패, 무전기 및 그 밖에 경비 업무 수행에 필요한 것으로서 공격적인 용도로 제작되지 아니하는 장비를 휴대할 수 있으며, 안전모 및 방검복 등 안전장비를 착용할 수 있다.

ⓑ 분사기

- 가스분사기
  - 가스분사기 · 가스분사봉 · 가스총 등이 이에 해당하며, 총포 · 도검 · 화약류 등의 안전관리에 관한 법률에 의하여 사전에 소지허가를 받아야 한다.
  - 휴대용 가스분사기 사용상 유효사거리는 2~3m이다.
  - 휴대용 가스분사기는 공권력 행사나 정당방위, 화재 초기 진화 등에만 사용할 수 있다.
  - 취급자는 휴대용 가스분사기에 대한 안전수칙, 취급요령 등에 대한 지식을 습득한다.
  - 휴대용 가스분사기 구입시에는 분사기 구입신청서를 복사하여 관할 파출소에 신고하여야 한다.
- 경비업자가 경비원으로 하여금 분사기를 휴대하여 직무를 수행하게 하는 경우에는 총포 · 도검 · 화약류 등의 안전관리에 관한 법률에 의하여 미리 분사기의 소지허가를 받아야 한다〈경비업법 제16조의2 제2항〉.

TIP

가스발사총 등의 사용제한〈위해성 경찰장비의 사용기준 등에 관한 규정 제12조〉

㉠ 경찰관은 범인의 체포 또는 도주방지, 타인 또는 경찰관의 생명·신체에 대한 방호, 공무집행에 대한 항거의 억제를 위하여 필요한 때에는 최소한의 범위 안에서 가스발사총을 사용할 수 있다. 이 경우 경찰관은 1미터 이내의 거리에서 상대방의 얼굴을 향하여 이를 발사하여서는 안 된다.

㉡ 경찰관은 최루탄발사기로 최루탄을 발사하는 경우 30° 이상의 발사각을 유지하여야 하고, 가스차·살수차 또는 특수진압차의 최루탄발사대로 최루탄을 발사하는 경우에는 15° 이상의 발사각을 유지하여야 한다.

ⓒ **충격기** : 막대형과 3단 접이식 전자충격기가 있다.

TIP

전자충격기 사용시 주의사항

㉠ 어린이·노약자·임산부에게 사용하면 안 된다.

㉡ 전극침 발사장치가 있는 전자충격기를 상대방의 얼굴을 향하여 발사하지 않는다.

㉢ 물과의 접촉을 피하고 충격을 가하지 않는다.

⑤ 방호장비

㉠ 의의 : 공격자가 침입할 수 있다고 생각되는 경로를 미리 차단하기 위해 설치하는 방벽을 말한다.

㉡ 종류

ⓐ **자연적 방벽** : 산맥, 강 등 자연적 방벽에 외벽 등을 설치함으로써 적의 침입을 방어하는 것을 말한다.

ⓑ 물리적 방벽

- 시설방벽 : 담, 울타리 등
- 인간방벽 : 경비경찰, 군사시설의 경비, 청원경찰 등
- 동물방벽 : 경비견 등
- 전기방벽 : 전류방벽, 방호조명 등

⑥ 감시장비

㉠ 의의 : 감시장비란 초음파, 전자파 또는 적외선을 이용하여 침입자나 공격자를 사전에 감지하기 위한 장비이다.

㉡ 종류

ⓐ **감시장비** : 쌍안경, 망원경, 포대경 등

ⓑ **기계경보장치** : 음향·진동·초음파 탐지기, CCTV, 경보시스템 등

⑦ **총기**

㉠ 38구경(리벌버)

ⓐ **제조사** : 미국 Smith & Wesson

ⓑ **구경** : 9.06mm(0.38인치)

ⓒ **총열길이** : 2인치, 2.5인치, 4인치

ⓓ **강선** : 6조 좌선

ⓔ **유효사거리** : 약 50m

ⓕ **최대사거리** : 약 1,500m

㉡ 콜트

ⓐ **제조사** : 미국 Colt

ⓑ **구경** : 45구경

ⓒ **강선** : 6조 좌선

ⓓ **유효사거리** : 약 50m

ⓔ **최대사거리** : 약 1,400m

㉢ 22구경

ⓐ **제조사** : 대우정밀

ⓑ **구경** : 22구경

ⓒ **강선** : 6조 우선

ⓓ **유효사거리** : 50m

ⓔ **최대사거리** : 1,500m

⑧ **기동장비** … 차량, 무전기, 소화기, 반사경 등이 기동장비에 속한다.

출제예상문제

1 **경호공무원이 무기의 휴대 및 사용과 관련하여 사람에게 위해를 끼치지 않아야 하는 경우는?**

① 형법상 정당방위에 해당할 때

② 형법상 정당행위에 해당할 때

③ 형법상 긴급피난에 해당할 때

④ 야간이나 집단을 이루거나 흉기 등을 휴대하여 경호업무를 방해하기 위하여 경호공무원에게 항거할 때 이를 방지하거나 체포하기 위하여 다른 수단이 없다고 인정되는 상당한 이유가 있을 때

Advice 무기의 휴대 및 사용〈대통령 등의 경호에 관한 법률 제19조〉

㉠ 실장은 직무를 수행하기 위하여 필요하다고 인정할 때에는 소속공무원에게 무기를 휴대하게 할 수 있다.

㉡ 무기를 휴대하는 사람은 그 직무를 수행할 때 필요하다고 인정하는 상당한 이유가 있을 경우 그 사태에 대응하여 부득이하다고 판단되는 한도 내에서 무기를 사용할 수 있다. 다만, 다음의 어느 하나에 해당할 때를 제외하고는 사람에게 위해를 끼쳐서는 아니 된다.

- 정당방위와 긴급피난에 해당할 때
- 경호대상에 대한 경호업무 수행 중 인지한 그 소관에 속하는 범죄로 사형, 무기 또는 장기 3년 이상의 징역 또는 금고에 해당하는 죄를 범하거나 범하였다고 의심할 만한 충분한 이유가 있는 사람이 소속공무원의 직무집행에 대하여 항거하거나 도피하려고 할 때 또는 제3자가 그를 도피시키려고 소속공무원에게 항거할 때에 이를 방지하거나 체포하기 위하여 무기를 사용하지 아니하고는 다른 수단이 없다고 인정되는 상당한 이유가 있을 때
- 야간이나 집단을 이루거나 흉기나 그 밖의 위험한 물건을 휴대하여 경호업무를 방해하기 위하여 소속공무원에게 항거할 경우에 이를 방지하거나 체포하기 위하여 무기를 사용하지 아니하고는 다른 수단이 없다고 인정되는 상당한 이유가 있을 때

Answer 1.②

2 경호장비에 관한 설명으로 옳지 않은 것은?

① 호신장비에는 단봉, 분사기, 충격기, 가스총 등이 있다.
② 검색장비에는 금속탐지기, 가스탐지기 등이 있다.
③ 기동장비란 도보, 차량, 항공기, 선박 등을 말한다.
④ 통신장비는 정확성, 신뢰성, 안전성이 요구된다.

Advice ③ 차량, 무전기, 소화기, 반사경 등이 기동장비에 속한다.

3 근접경호원의 복장으로 적합한 것은?

① 행사의 성격과 관계없이 경호원의 품위가 느껴지는 검정색 계통의 정장
② 보호색원리에 의한 경호현장의 주변 환경과 조화되는 복장
③ 위해기도자에게 강렬한 인상을 줄 수 있는 색상과 장비착용에 편한 기능성 복장
④ 경호대상자와 구분되는 색상이나 스타일의 복장

Advice 경호원의 복장 … 경호원은 행사의 성격에 따라 주변 환경과 조화되도록 복장을 착용하여 신분이 노출되지 않아야 하며, 노출경호가 필요한 경우에는 지정된 복장을 착용한다.

4 경비원이 분사기를 휴대하기 위한 적법한 절차로 옳은 것은?

① 경비업자가 총포 · 도검 · 화약류 등의 안전관리에 관한 법률에 따라 미리 분사기의 소지허가를 받아야 한다.
② 경비업자가 분사기를 구입하여 관할 경찰서에 기부 후 필요시 경찰청장의 허가에 의해 대여하여 휴대할 수 있다.
③ 경비원이 개인 구입하여 관할 경찰서장의 허가를 받아 휴대할 수 있다.
④ 경비원 개인은 근무 목적상 본인이 구입하여 경비업자의 허가를 받아 휴대할 수 있다.

Advice 경비업자가 경비원으로 하여금 분사기를 휴대하여 직무를 수행하게 하는 경우에는 총포 · 도검 · 화약류 등의 안전관리에 관한 법률에 따라 미리 분사기의 소지허가를 받아야 한다〈경비업법 제16조의2 제2항〉.

Answer 2.③ 3.② 4.①

5 경호업무 수행 시 경비원이 휴대가 가능한 무기, 장비 등으로 적절하지 않은 것은?

① 특수경비원 – 권총, 소총, 경적, 단봉, 분사기
② 일반경비원 – 경적, 단봉, 분사기
③ 기계경비원 – 경적, 단봉, 출동차량, 분사기
④ 호송경비원 – 현금호송백, 권총, 경적, 단봉, 분사기

Advice 특수경비원을 제외한 일반경비원들은 권총을 휴대할 수 없다.

6 무기사용에 위해를 수반하는 경우의 한계원칙으로 옳은 것은?

① 필요성, 합리성의 원칙
② 합리성, 보충성의 원칙
③ 필요성, 보충성의 원칙
④ 합리성, 필요성, 보충성의 원칙

Advice 무기사용의 한계원칙으로 필요성, 합리성의 원칙 외에 보충성의 원칙이 필요하다.

7 다음 경호공무원, 경비원, 청원경찰의 복제내용으로 타당한 것은?

① 청원경찰은 통일된 제복을 착용하되 필요시 지방경찰청장의 승인을 얻어 특수복장을 착용할 수 있다.
② 경비원은 이름표를 부착하지 않아도 된다.
③ 대통령경호공무원은 제복을 지급받을 수 없다.
④ 관할 경찰서장은 경비원의 복장 사진을 검토한 후 경비업자에게 복장변경에 관한 시정명령을 할 수 있다.

Advice ② 경비원은 경비업무 수행 시 이름표를 경비원 복장의 상의 가슴 부위에 부착하여 경비원의 이름을 외부에서 알아볼 수 있도록 하여야 한다〈경비업법 시행규칙 제19조 제4항〉.
③ 실장은 필요하다고 인정하는 경우 직원에게 제복을 지급할 수 있다〈대통령 등의 경호에 관한 법률 제34조 제1항〉.
④ 지방경찰청장은 제출받은 복장 사진을 검토한 후 경비업자에게 복장 변경 등에 대한 시정명령을 할 수 있다〈경비업법 제16조 제3항〉.

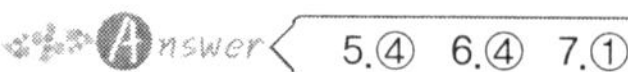 5.④ 6.④ 7.①

8 **휴대용 가스분사기(SS2형) 사용 및 취급에 관한 설명으로 옳지 않은 것은?**

① 휴대용 가스분사기 사용상 유효사거리 2~3m이다.
② 휴대용 가스분사기 구입시에는 분사기 구입신청서를 복사하여 관할 시 · 군 · 구에 신고하여야 한다.
③ 휴대용 가스분사기는 공권력 행사나 정당방위, 화재 초기 진화 등에만 사용할 수 있다.
④ 취급자는 휴대용 가스분사기에 대한 안전수칙, 취급요령 등에 대한 지식을 습득한다.

Advice 휴대용 가스분사기 구입시에는 분사기 구입신청서를 복사하여 관할 파출소에 신고하여야 한다.

9 **경비원이 근무 중 휴대할 수 있는 장비는?**

① 공기총
② 호신용 칼
③ 수갑
④ 단봉

Advice 경비원이 휴대하는 장비의 종류는 경적 · 단봉 및 분사기 등으로 하되, 근무 중에만 이를 휴대할 수 있다〈경비업법 제16조의2 제1항〉.

10 **경호원의 복장에 대한 설명으로 옳지 않은 것은?**

① 경호 행사의 성격, 장소, 시간 등에 따라 주위와 잘 어울리는 복장으로 한다.
② 개개인의 취향을 살려 각자에게 잘 어울리는 복장을 선택하는 것이 바람직하다.
③ 경호업무를 위해 특별히 제작된 옷은 없지만 대개는 정장 차림을 하는 것이 좋다.
④ 여자경호원의 경우 신발 뒷굽의 높이와 편의성을 고려하여 하이힐은 피하는 것이 좋다.

Advice 경호원의 기본적 복장
㉠ 경호원은 신분이 노출되지 않도록 복장에 유의하여야 한다.
㉡ 밝고 화려한 색은 피하는 것이 좋다.
㉢ 각각의 행사에 따른 환경과 조화를 이루도록 복장을 착용하는 것이 좋다.

Answer 8.② 9.④ 10.②

11 검색장비 설치 시 유의할 사항이 아닌 것은?

① 사흘전 반드시 전원을 확인한다.
② 조립식 제품으로 무리한 힘을 가하거나 충격을 주지 않는다.
③ 에어콘 등 전압변동이 심한 곳을 피하여 설치한다.
④ 금속탐지기를 2대 이상 운용 시 최소 10m 이상 유지한다.

Advice 검색장비를 2대 이상 사용할 경우 최소 3m 이상의 간격을 유지하여야 한다.

12 경호요원의 총기사용에 대한 설명 중 옳지 않은 것은?

① 안녕질서를 위해 최종적으로 사용한다.
② 총기는 권위를 표출하는 수단으로 범죄예방차원에서 잘 보이게 휴대한다.
③ 관계법상 인정되는 엄격한 요건과 관계 내에 사용한다.
④ 경호대상자나 경호원이 생명의 위협을 격퇴시키는 데 다른 수단이 없을 때 사용한다.

Advice 총기는 위화감을 조성할 수 있으며 또한 잘 보이게 될 경우 돌발상황으로 인한 도난의 우려가 있어 항시 보이지 않도록 휴대해야 한다.

13 경호장비 중 권총(38리벌버)의 제원으로 옳지 않은 것은?

① 구경 0.38인치
② 강선 6조 좌선
③ 총열길이 2인치, 2.5인치, 4인치
④ 최대사거리는 약 1km, 유효사거리 50m

Advice 38구경 리벌버의 최대사거리는 약 1,500m이다.

14 다음 경호장비 중에서 권총(38리벌버)의 격발방법으로 옳은 것은?

① 노출공이치기식
② 삽탄장전식
③ 회전노리쇠식
④ 탄대장전식

Advice 리벌버의 격발방법은 노출공이치기식이며 특징으로는 총미장전식, 분리복합 작용식, 파지식, 공랭식, 반자동식 등이 있다.

Answer 11.④ 12.② 13.④ 14.①

15 가스분사기 사용에 관한 설명 중 옳지 않은 것은?

① 소지 · 관리 등은 총기에 준하여 안전하게 관리한다.
② 정당방위 등에 사용하고 개인감정 · 시비목적으로는 사용을 금한다.
③ 도난 · 피탈시에는 경찰관서에 신고해야 한다.
④ 제압효과를 높이기 위해 분사 목적물에 5m 이상 이격하여 가스를 분사한다.

Advice 가스분사기의 사용시 유효거리는 2 ~ 3m가 적당하다.

16 다음 중 방호장비에 해당하지 않는 것은?

① 분사기
② 금속탐지기
③ 전류방벽
④ CCTV

Advice 전류방벽은 방호장벽에 해당한다. 나머지 분사기는 호신장비, CCTV는 감시장비, 금속탐지기는 검색장비에 해당한다.

17 다음 중 검색장비에 해당하지 않는 것은?

① 금속탐지기
② 폭발물 탐지기
③ 쌍안경
④ 차량검색 거울

Advice 쌍안경은 관측장비에 해당한다.

18 경호원의 복장으로 올바르지 않은 것은?

① 밝고 화려한 색은 피하는 것이 좋다.
② 각각의 행사에 따른 환경과 조화를 이루도록 복장을 착용하는 것이 좋다.
③ 패션도 전략이므로 몸에 딱맞는 수트를 입는다.
④ 방탄능력과 착용감이 우수하고 가벼운 것이 좋다.

Advice 장비휴대를 대비할 수 있도록 사이즈가 약간 넉넉한 것이 좋다.

Answer 15.④ 16.③ 17.③ 18.③

19 검색장비를 이용한 검색요령으로 옳지 않은 것은?

① 조립식 제품이 많으므로 무리하게 힘을 주거나 충격을 받지 않도록 주의하여야 한다.
② 고압전류가 흐르거나 전압변동이 심한 곳을 피해서 설치하여야 한다.
③ 검색장비를 2대 이상 사용할 경우 최소 3m 이상의 간격을 유지하여야 한다.
④ 통신장비는 전파의 영향을 받아 오작동 가능성이 있으므로 검색장비에서 최소 1m 이상의 거리를 두어야 한다.

Advice 통신장비와 검색장비는 최소 3m 이상의 거리를 두어야 한다.

20 다음은 무엇에 관한 설명인가?

- 제조사 : 미국 Smith & Wesson	- 구경 : 9.06mm(0.38인치)
- 총열길이 : 2인치, 2.5인치, 4인치	- 강선 : 6조 좌선
- 유효사거리 : 약 50m	- 최대사거리 : 약 1,500m

① 콜트 45구경
② 22구경
③ 38구경(리벌버)
④ M16

Advice ① 콜트는 미국 Colt에서 제작하였다.
② 22구경은 대우정밀에서 제작하였다.
④ M16은 권총이 아닌 소총으로 미국에서 만들어진 것이다.

21 가스분사기에 관한 설명으로 옳지 않은 것은?

① 가스총은 소지허가를 받아야 하나 가스분사기는 소지허가를 받을 필요없다.
② 휴대용 가스분사기 사용상 유효사거리는 2 ~ 3m이다.
③ 휴대용 가스분사기는 공권력 행사나 정당방위, 화재 초기 진화 등에만 사용할 수 있다.
④ 취급자는 휴대용 가스분사기에 대한 안전수칙, 취급요령 등에 대한 지식을 습득한다.

Advice ① 가스분사기 · 가스분사봉 · 가스총 등이 이에 해당하며, 총포 · 도검 · 화약류 등의 안전관리에 관한 법률에 의하여 사전에 소지허가를 받아야 한다.

Answer 19.④ 20.③ 21.①

22 무선통신 시 준수사항으로 옳지 않은 것은?

① 무선통신은 최소한의 필요사항만을 교신하여야 한다.
② 무전용어는 무선약호를 최대한 활용하여 간명하게 사용하여야 한다.
③ 무전기 운용자는 자국 및 상대국 호출부호를 명확히 사용하여야 한다.
④ 중요한 행사를 준비하기 위해서 수차례 시험전송을 실시한다.

Advice 과도한 시험전송은 통신에 방해가 될 수 있으므로 자제한다.

23 다음 중 총포·도검·화학류 등의 안전관리에 관한 법률에 의한 사전소지허가가 필요하지 않은 것은?

① 분사기
② 전자충격기
③ 석궁
④ 단봉

Advice 총포·도검·화약류·분사기·전자충격기·석궁을 소지하려는 경우에는 행정안전부령으로 정하는 바에 따라 허가를 받아야 한다〈총포·도검·화학류 등의 안전관리에 관한 법률 제12조 제1항〉.

24 맨홀 밑과 같이 지하에 있는 물건을 탐지하거나 풀이 무성한 곳과 같이 탐색이 곤란한 경우에 쓰이는 검색장비는 무엇인가?

① 고정형 금속탐지기
② 휴대용 금속탐지기
③ 봉형 금속탐지기
④ 문형 금속탐지기

Advice 봉형 금속탐지기는 맨홀 밑과 같이 지하에 있는 물건을 탐지하거나 출입자가 많지 않은 곳에서 사람의 신체를 검색하는 경우 또는 풀이 무성한 곳과 같이 탐색이 곤란한 경우에 쓰인다.

Answer 22.④ 23.④ 24.③

25 금속탐지기, X-Ray 수하물 검색기, 가스탐지기, 차량검색거울 등은 다음 중 어느 장비에 해당하는가?

① 호신장비 ② 기동장비
③ 통신장비 ④ 검색장비

Advice 검색장비는 행사장 등에서 경호활동을 할 때 폭발물이나 가스를 탐지하고 출입자에 대한 수색을 하기 위하여 필요한 장비를 말하는 것으로, 금속탐지기 · X-ray 검색기 · 가스탐지기 · 폭발물탐지기 등이 이에 해당한다.

26 경호장비의 종류에 관한 설명으로 옳은 것은?

① 경호업무에 있어서 인력부족으로 인한 경호취약점을 보완하는 수단으로써 침입행위를 사전에 알아내는 역할을 하는 장비를 호신장비라고 한다.
② 경호원이 자신의 생명 · 신체가 위험상태에 놓였을 때 스스로를 보호하는 장비를 방호장비라고 한다.
③ 경호위해요소에 대한 분석과 판단으로 적절한 조치를 강구하여 위해요소를 사전에 제거하는데 활용되는 장비를 검색장비라고 한다.
④ 방벽을 설치하여 침입하려는 적의 심리상태를 불안 · 좌절시키는 효과를 가진 장비를 감시장비라고 한다.

Advice ① 감시장비에 관한 설명이다.
② 호신장비에 관한 설명이다.
④ 방호장비에 관한 설명이다.

27 대통령경호원의 복제에 관한 설명으로 옳지 않은 것은?

① 행정안전부장관과 기획재정부장관 협의에 의하여 경호실장이 정한다.
② 실장은 필요하다고 인정하는 경우 직원에게 제복을 지급할 수 있다.
③ 직원의 복제에 관하여 필요한 사항은 실장이 정한다.
④ 대통령경호실에 근무하는 경찰공무원의 복식에 관하여는 대통령 등의 경호에 관한 법률에 따른다.

Advice 대통령 등의 경호에 관한 법률 시행령이 개정되면서 종전에 행정안전부장관과 기획재정부장관의 협의에 의해 실장이 정하던 것을 실장이 정하는 것으로 바뀌었다.

Answer 25.④ 26.③ 27.①

28 Smith & Wesson사에서 제작한 38구경(리벌버)에 대한 설명으로 옳지 않은 것은?

① 경찰총기 중 가장 보편적인 총기

② 파지식

③ 회전식 탄창장전

④ 6조 우선

Advice 38구경(리벌버)

㉠ 제조사 : 미국 Smith & Wesson

㉡ 구경 : 9.06mm(0.38인치)

㉢ 총열길이 : 2인치, 2.5인치, 4인치

㉣ 강선 : 6조 좌선

㉤ 유효사거리 : 약 50m

㉥ 최대사거리 : 약 1,500m

29 검색장비의 설치 및 검색요건으로 적절한 것은?

① 검색장비는 무리한 힘을 가하거나 충격을 주어도 무방하다.

② 고압전류가 고르게 흐르는 곳에 설치를 해야 효과적이다.

③ 금속탐지기는 통과입장객이 최소 1.5m 거리의 개인 간격을 유지하도록 하여야 한다.

④ 무전기와 같은 통신장비 등은 탐지기로부터 최소한 1m 이상 거리를 유지해야 한다.

Advice ① 검색장비는 대부분이 조립식이므로 무리한 힘을 가하거나 충격을 주어서는 안 된다.

② 고압전류가 흐르는 곳은 검색의 방해를 초래할 수 있으므로 거리를 두어야 한다.

④ 무전기와 같은 통신장비는 전파의 영향을 받아 오작동의 가능성이 있으므로 검색장비에서 최소 3m 이상의 거리를 두어야 한다.

Answer 28.④ 29.③

30 경호에 있어 통신보안에 가장 취약한 통신망은 무엇인가?

① 모사전송기 ② 무선통신

③ 텔레타이프 ④ 유선통신

Advice 무선통신은 통신유형 중에서 통신보안에 가장 취약한 통신망이다.

31 경호장비에 대한 설명으로 옳지 않은 것은?

① 호신장비에는 단봉, 분사기, 쌍안경이 있다.

② 분사기는 총기에 준하여 관리하여야 한다.

③ 기동장비에는 차량, 항공기, 선박 등이 있다.

④ 검색장비에는 금속탐지기, 가스탐지기 등이 있다.

Advice 쌍안경은 감시장비이다.

Answer 30.② 31.①

05 경호의전과 구급법

1 경호원의 의전과 예절

1 경호원의 의전

① **의전의 정의**…좁은 의미에서는 국가행사, 외교행사, 국가원수 및 고위급 인사의 방문과 영접에서 행해지는 국제적 예의(국가의전)를 의미하지만, 넓게는 사회구성원으로서 개개인이 지켜야 할 건전한 상식에 입각한 예의범절(사교의례)을 포함한다.

② **국가의전의 범위**

㉠ 국가행사 시 의전

㉡ 외교사절의 파견과 접수

㉢ 주권국가 간 외교행사에 있어 행해지는 의전

㉣ 국가원수 및 고위급 인사의 방문과 영접에 따른 의전

③ **국가의전의 외빈방한 영접**

㉠ 준비절차

ⓐ 외빈접수 기본계획 수립 : 연초에 대통령에게 보고한다.

ⓑ 방문의 격/예우 범위 결정 : 방한 희망국과 협의하고 영접기준을 결정한다.

ⓒ 방한일자 확정 구체 방한일정 수립 : 청와대 및 방한 희망국과 협의하고, 방한일자를 확정한다.

ⓓ 방문 희망국 답사단 접수 : 주한공관과 교섭해서, 일정(안)을 수립한다.

ⓔ 외빈 접수자료 입수 : 기본 영접계획 및 예우 등을 확인한다.

ⓕ 행사 관계기관 협조 요청 : 외빈/배우자 관련 자료, 수행원 명단 등을 입수한다.

ⓖ 행사별 우리측 참석자 확정 : 국방부, 법무부 등에 협조요청 공문을 시행한다.

ⓗ 외빈 영접행사 시행 : 청와대 등 관계기관과 협의한다.

㉡ 방문의 격

ⓐ 국빈방문(State Visit)

- 대통령의 임기 중 대통령 명의 공식초청에 의한 외국국가 원수의 방한을 말한다.

- 대통령 임기 중 국별로 1회에 한함을 원칙으로 하되, 해당 국가원수가 재선 또는 변경된 경우에는 예외로 재차 국빈방문이 가능하다.

ⓑ 공식방문(Official Visit)

- 대통령의 임기 중 대통령 명의 공식초청에 의한 외국의 행정수반인 총리(A급 총리) 및 이에 준하는 외빈의 방한을 말한다.
- 대통령 임기 중 국별로 1회에 한함을 원칙으로 하되, 해당 A급 총리가 재선 또는 변경된 경우에는 예외로 재차 공식방문이 가능하다.
- 국무총리 명의 등 우리 정부의 공식초청에 의한 외국의 행정수반이 아닌 총리(B급 총리), 부통령, 왕세자 및 이에 준하는 외빈의 방한을 말한다.

ⓒ 공식실무방문(Official Working Visit) : 국빈방문 및 공식방문에 해당하지 않으나, 우리 정부의 공식 초청에 의해 방한하는 B급 총리 이상 외빈의 방한을 말한다.

ⓓ 실무방문(Working Visit) : 공식 초청장을 발송하지 않으나, 공무 목적으로 방한하는 B급 총리 및 이에 준하는 외빈의 방한 체재 비용은 방한 외빈이 부담한다.

ⓔ 사적 방문(Private Visit) : 국제회의 참가 또는 사적 목적의 방한을 말한다.

㉢ 예우의 범위

ⓐ 영예수행

외빈	의전장실 담당		지역국 담당	
	국빈/공식방문	공식실무방문	실무방문	사적방문
국가원수	의전장 (의전심의관)	의전장 (의전심의관)	지역국 심의관	없음
A급 총리	의전장 (의전심의관)	의전장 (의전심의관)	지역국 심의관	
B급 총리	의전심의관	의전심의관	지역국 과장	

ⓑ 공항 출영송

외빈	의전장실 담당		지역국 담당	
	국빈/공식방문	공식실무방문	실무방문	사적방문
국가원수	외교부장관대리	외교부장관대리	외교부실장급	지역국장
A급 총리	외교부장관대리	외교부장관대리	외교부실장급	지역국장
B급 총리	외교부차관 외교부실장급	외교부실장급	지역국장	지역국 심의관

ⓒ 예포(공항행사)

외빈	의전장실 담당		지역국 담당	
	국빈/공식방문	공식실무방문	실무방문	사적방문
국가원수	21발	없음	없음	없음
A급 총리	19발			
B급 총리	없음			

ⓓ 도열병(공항행사)

외빈	의전장실 담당		지역국 담당	
	국빈/공식방문	공식실무방문	실무방문	사적방문
국가원수	1/20	1/20	없음	없음
A급 총리	1/18	1/18		
B급 총리	1/18	1/18		

ⓔ 공식환영식

외빈	의전장실 담당		지역국 담당	
	국빈/공식방문	공식실무방문	실무방문	사적방문
국가원수	있음(청와대)	없음	없음	없음
A급 총리	있음(청와대)			
B급 총리	없음			

ⓕ 기상영접 기내전송

외빈	의전장실 담당		지역국 담당	
	국빈/공식방문	공식실무방문	실무방문	사적방문
국가원수	의전장	의전장	없음	없음
A급 총리	의전장	의전장		
B급 총리	의전심의관	의전심의관		

ⓖ 공식연회

외빈	의전장실 담당		지역국 담당	
	국빈/공식방문	공식실무방문	실무방문	사적방문
국가원수	국빈(공식)만찬	대통령 오(만)찬	선택적	선택적
A급 총리	국빈(공식)만찬	대통령 오(만)찬		
B급 총리	대통령 오찬 및 총리 만찬	총리 오(만)찬		

ⓗ 공연(연회 시)

외빈	의전장실 담당		지역국 담당	
	국빈/공식방문	공식실무방문	실무방문	사적방문
국가원수	선택적	없음	없음	없음
A급 총리	선택적			
B급 총리	없음			

ⓘ 현충탑 헌화

외빈	의전장실 담당		지역국 담당	
	국빈/공식방문	공식실무방문	실무방문	사적방문
국가원수	있음	없음	없음	없음
A급 총리				
B급 총리				

ⓙ 체재비 부담

외빈	의전장실 담당		지역국 담당	
	국빈/공식방문	공식실무방문	실무방문	사적방문
국가원수	VIP+10	VIP+5	없음	없음
A급 총리	VIP+8	VIP+4		
B급 총리	VIP+4	VIP+2		

ⓚ 차량

외빈	의전장실 담당		지역국 담당	
	국빈/공식방문	공식실무방문	실무방문	사적방문
국가원수	VIP+5	VIP+3	없음	없음
A급 총리	VIP+5	VIP+3		
B급 총리	VIP+3	VIP+2		

㉣ 주요 일정

ⓐ **필수일정** : 우리 정부 주최 공식행사로서 국립현충탑 헌화, 공식환영식, 정상회담, 국빈 또는 공식 연회, 경제4단체장 주최 오찬이 있다.

- 경제4단체장 주최 오찬은 접수 대상국측의 요청에 따라 생략하기도 한다.
- 공식환영식, 국빈 연회, 국립현충탑 헌화는 국빈방한의 경우에 한한다.

ⓑ **선택일정** : 외빈 방한 시 접수 대상국의 주선 요청에 따라 선택적으로 방한 일정에 포함되는 행사는 다음과 같다.

- 공동기자회견
- 국회방문 및 연설
- 서울시청 방문
- 명예학위 수여식
- 주요 인사 접견
- 판문점 시찰
- 산업시설 또는 문화유적지 시찰 등

④ 오 · 만찬 및 좌석배치

㉠ 오 · 만찬 초청장의 적절한 발송 시기는 행사 2~3주 전이 좋다.

㉡ 서면 및 전화 초청도 초청으로 간주되나, 가능한 정식 초청장을 발송해야 하며, 전화 초청 시에는 반드시 별도 초청장을 발송해야 한다.

㉢ 부부동반 오 · 만찬 행사 시 플레이스 카드(Place Card) 작성

ⓐ 부인 자격으로 참석하는 경우 Mrs. 남편 성을 표기하는 것이 원칙이나, 본인 성명을 표기하기 원할 경우는 Mrs. 부인 성명을 표기해도 무방하다.

ⓑ 남성의 경우 호칭을 임의로 높여 붙여주는 것은 실례가 되므로, 사전에 파악하여 직책에 맞는 호칭을 표기하되 H.E. 호칭의 경우는 대부분 직책만을 표기하는 인사에 해당되는 경우가 많으며, Dr., Prof., Hon. 호칭의 경우는 그대로 표기한다.

ⓒ 군인의 경우 육, 해, 공, 해병의 호칭은 군 의전 표기를 따라야 한다.

- General의 경우 육군(GEN)
- 해군(ADML)
- 공군(Gen)
- 해병(Gen)

㉣ **장·차관 및 국회의원 등 동시 참석 오·만찬 좌석배치 시 서열** : 국회의원의 경우 원칙적으로 장관과 차관 사이에 배치하되 전직, 나이 및 행사 성격의 관련 여부 등을 고려하여 배치한다.

㉤ 주빈은 주최자 쪽에서 보아 오른쪽에 배치해야 한다.

㉥ **주최자 및 주빈의 플레이스카드 표기**

ⓐ **주최자** : Host

ⓑ **주빈** : Guest of Honour

㉦ **주한대사들 초청 시 서열** : 신임장 제정일 순서(나라의 크기 및 규모와 무관)로 한다.

㉧ **오·만찬장에서 주최자와 주빈의 좌석배치** : 주빈은 되도록 출입구에서 먼 쪽, 창이 있을 경우에는 창을 바라보도록 배치하되, 행사의 성격을 고려하여 예외적 배치가 가능하다.

㉨ 연회 시 국가 연주 순서는 상대방 국가, 우리나라 순으로 연주한다.

⑤ 의전경호

㉠ 방문객의 영접부터 환송까지의 모든 활동을 경호한다.

㉡ 입출국 관리

ⓐ 공항 영접 및 귀빈실 사용관리

ⓑ 공항과 도착지 및 출발지 간 거리, 소요시간, 이동 루트 사전 점검

ⓒ 환송 프로그램 준비

㉢ 차량관리

ⓐ 의전차량 섭외 및 확보

ⓑ 이동경로 사전점검

ⓒ 주차 및 차량관리

㉣ 숙소 및 시설 경호

ⓐ 숙소확인 및 점검

ⓑ 국가별 통역 담당관 선임 및 배치

ⓒ 개인의 취향 및 기호 파악

대통령의 외국 방문 시 각 기관별 업무분장에 대한 내용이 바르게 연결되지 않은 것은?

① 항공기 결정-외교부
② 연설문, 성명서 작성-청와대
③ 국내 공항 행사-국토교통부
④ 예산편성-외교부

★ 방문 준비업무와 관련 해당부처
- 일정확정-청와대, 외교부
- 항공기 결정-청와대, 외교부
- 공보활동 계획-문화체육관광부
- 연설문 성명서 작성-청와대, 외교부
- 방문국에 대한 의정설명-외교부
- 예산편성-외교부
- 선물 기념품 준비-청와대, 외교부
- 회담 및 교섭자료 작성-외교부, 관계부처
- 훈장준비-교환할 경우 외교부, 행정안전부
- 국내공항 행사-행정안전부

답 ③

2 의전예절

① 국기

㉠ 국기의 게양 위치

ⓐ **건물** : 정면에서 보아 중앙이나 왼쪽, 옥상의 중앙, 현관의 차양시설 위 중앙 또는 주된 출입구 위 벽면의 중앙에 국기를 게양한다.

ⓑ **건물 안의 강당 및 회의장** : 건물 안의 강당 등에서 국기를 깃대에 달아서 세워 놓을 때에는 그 내부의 전면을 마주보아 그 전면의 중앙 또는 왼쪽에 국기가 위치하도록 한다.

ⓒ **차량** : 차량에는 전면을 밖에서 보아 왼쪽(조수석)에 국기를 게양한다.

ⓓ **벽면에 부착할 경우** : 벽면에 국기를 부착할 경우에는 국기를 액자에 넣고 벽 중앙에 부착한다.

㉡ 국기와 외국기의 게양

ⓐ 외국기는 우리나라를 승인한 나라에 한하여 게양하여야 한다.

ⓑ 국기와 외국기는 가장 윗자리에 국기를 게양하고, 그 다음 위치부터 외국기를 게양하며 국기와 외국기는 그 크기 및 높이가 같도록 한다.

ⓒ 국기와 외국기를 교차시켜 게양하여야 할 경우에는 밖에서 보아 국기의 깃면이 왼쪽에 오도록 하고, 그 깃대는 외국기의 깃대 앞쪽에 오도록 한다.

ⓓ 국기와 국제연합기만 게양하는 경우 밖에서 봤을 때, 왼쪽에 국제연합기를 오른쪽에는 국기를 게양한다.

ⓔ 재외공관의 경우 국기의 게양 및 강하시각 등은 주재국의 관례에 따른다.

㉢ 금실의 부착

ⓐ 국가를 대표하는 사람의 승용차에 타는 경우

ⓑ 의전용으로 쓰이는 경우

ⓒ 실내에서 게양하는 경우

ⓓ 각종 국제회의시에 탁상용으로 쓰이는 경우

TIP

국기와 금실을 달지 않는 외국기를 함께 게양하거나 사용하는 경우에는 금실을 달 수 없다.

태극기 게양방법으로 옳지 않은 것은?

① 태극기 게양일은 5대 국경일과 국군의 날, 현충일, 국장기간, 국민장일, 정부지정일이다.

② 공항 · 호텔 등 국제적인 교류장소는 태극기를 되도록 연중 게양한다.

③ 차량에 태극기를 게양하는 경우 차량 운전석에서 볼 때 왼쪽에 게양하며, 외국기와 동시에 게양하여 총 2개의 국기를 게양할 경우에도 태극기를 왼쪽에 게양한다.

④ 국기와 외국기를 교차시켜 게양하여야 할 경우 밖에서 보아 국기의 깃면이 왼쪽에 오도록 하고 그 깃대는 외국기의 깃대 앞쪽에 오도록 한다.

★③ 차량에는 전면을 밖에서 보아 왼쪽(조수석)에 국기를 게양한다.

답 ③

② **사교의례**

㉠ 소개

ⓐ **방법** : 먼저 연로자나 상위자에 대해 그의 이름을 부른 후 연소자나 하위자를 소개한다.

ⓑ **소개의 순서** : 연소자나 하위자를 연로자나 상위자에게, 남자를 여자에게 소개한다.

㉡ 인사

	가벼운 인사	보통 인사	정중한 인사
방법	15°정도 상체를 숙인다.	30°정도 상체를 숙인다.	45°정도 상체를 숙인다.
상황	- 하루에 몇 번 이상 마주칠 경우 - 복도나 계단에서 만날 경우 - 엘리베이터 안에서 만날 경우	- 고객응대 할 경우 - 상사에게 지시를 받거나 보고를 할 경우	- 감사의 마음을 표현할 경우 - 사죄의 마음을 표현할 경우 - 고객 마중 할 경우

ⓒ 악수

ⓐ 방법

- 아랫사람이 먼저 악수를 청해서는 안 되며 윗사람이 먼저 손을 내밀었을 때만 악수를 한다.
- 남자가 여자에게 소개되었을 때는 여자가 먼저 악수를 청하지 않는 한 악수를 안 하는 것이 보통이다.
- 악수는 서양식 인사이므로 악수를 하면서 우리식으로 절까지 할 필요는 없다.
- 오른손으로 한다.
- 악수할 때는 손에 힘을 주지 않도록 한다.
- 악수를 하면서 왼손으로 상대의 손등을 덮어 쥐면 실례이다.
- 장갑낀 손, 땀에 젖은 손으로 악수해서는 안 된다.
- 상대의 얼굴을 주시하면서 웃는 얼굴로 악수한다.
- 계속 손을 잡은 채로 말을 해서는 안 되며, 인사만 끝나면 곧 손을 놓는다.

ⓑ 손에 입맞추기 및 포옹

- 신사가 숙녀의 손에 입술을 가볍게 대는 것을 Kissing hand라 하며, 이 경우 여자는 손가락을 밑으로 향하도록 손을 내민다.
- 유럽의 프랑스, 이태리 등 라틴계나 중동아지역 사람들의 친밀한 인사표시로 포옹을 하는 경우가 있는 바, 이 경우는 자연스럽게 응한다.

ⓓ 명함

ⓐ 체제

- 명함용지는 순백색이 일반 관례이며, 너무 얇거나 두꺼운 것은 피하는 것이 좋다. 인쇄방법은 양각이 원칙이다. 반드시 흑색 잉크를 사용하여야 하며 금색 둘레를 친다거나 기타 색체를 사용해서는 안 된다.
- 필기체를 사용하는 것이 일반 관례이다.

ⓑ 사용방법

- 명함은 원래 남의 집을 방문하였다가 주인을 만나지 못하였을 때에 자신이 다녀갔다는 증거로 남기고 오는 쪽지에서 유래되었다.
- 이 같은 습관은 현재 많이 변모하여, 선물이나 꽃을 보낼 때, 소개장, 조의나 축의 또는 사의를 표하는 메시지 카드로 널리 사용되고 있다.
- 그러나 우리나라에서처럼 상대방과 인사하면서 직접 명함을 내미는 관습은 서양에는 없으나 명함을 내밀 때는 같이 교환하는 것이 예의이다.

ⓒ 명함에 쓰이는 약자

- 명함 좌측 하단에 연필로 기입하여 봉투에 넣어 보냄으로써 인사 대신의 기능이 있다.
- 약자 예

약자	의미
p.r.(Pour remercier)	감사
p.f.(Pour feliciter)	축하
p.c.(Pour consoler)	조의
p.p(Pour presenter)	소개
p.p.(Pour prendre conge)	작별

③ 연회

㉠ 초청객 선정 : 주빈(Guest of Honor) 보다 직위가 높거나, 너무 낮은 인사는 피하되 좌석 배치의 편의상 상하계급을 적절히 배합할 수 있도록 초청객을 선정한다.

㉡ 초청장

ⓐ 초청장은 통상 행사 2～3주 전에 발송하는 것이 관례이며, 참석 여부를 통지하는 R.S.V.P.(Repondez, s'il vous plait)는 초청장 좌측 하단에 표시하며, 그 아래에 초청자의 연락처(주소 또는 전화번호)를 쓰게 된다.

ⓑ R.S.V.P를 요하는 경우, 꼭 참석 여부를 사전에 통지하여 주최자가 연회준비에 차질 없게 하는 것이 예의이다.

ⓒ 규모가 큰 리셉션처럼 모든 손님의 참석 여부를 정확하게 알 필요가 없을 때에는 'R.S.V.P.' 대신에 'Regret Only(초청을 수락하지 못할 때에만 회답 바랍니다)'라고 표시한다.

ⓓ 초청장은 각료급 이상의 인사에 대해서는 직책만 표기하고 기타 인사는 성명과 직책을 적절히 쓰되 부인 동반의 경우는 '동영부인'을 함께 표기한다.

ⓔ 단독으로 초청되었을 경우

- 국내인사 : 외교부장관, 대한상공회의소 김상하 회장 귀하
- 외국인사 : The Minister for Foreign Affairs of(Country), President full name

ⓕ 내외로 초청되었을 경우

- 국내인사 : 국무총리 귀하 대한상공회의소 김상하 회장귀하 동영부인 동영부인
- 외국인사 : The Minister for Foreign Affairs of(Country) and Mrs. 남편의 성 또는 남편의 full name Mr. and Mrs. 남편의 full name
- 초청장 봉투에는 성명과 직책을 모두 기입하며, 외국인사에 대해서는 적절한 호칭(The Honorable, His Excellency 등)도 표기한다.

㉢ 복장

ⓐ 초청장 우측 하단에 복장(dress)의 종류를 표시한다. 'Informal' 또는 'Lounge Suit'의 경우 남자는 평복, 여자는 칵테일 드레스 또는 롱 드레스를 의미하고, 'Black Tie'는 'Tuxedo'를 의미한다.

ⓑ 평복의 색깔은 진한 회색이나 감색이 적합하며, 저고리와 바지의 색깔이 다른 것을 입어서는 안 된다. 'Noble한(고상한) 옷은 좋으나 Novelty한(신기한) 옷은 바람직하지 못하다'라는 말이 있음을 참고한다.

ⓒ 한국인은 보통 흰 양말 착용을 선호하나 점잖은 신사는 금기사항이다.

ⓓ 단정한 머리와 입냄새를 조심(특히 마늘)한다.

ⓔ 블랙타이(Tuxedo, Smoking 또는 Dinner Jacket이라고도 함)는 야간 리셉션과 만찬 시 주로 착용하기 때문에 만찬복이라고 불리우며 흑색 상하의, 흑색 허리띠, 백색 셔츠(주름무늬), 흑색 양말, 흑색 구두가 1조를 이룬다. 고유의상이나 제복, 예복 착용도 가능하다.

ⓕ 여성의 경우, 한복 착용도 무난하다.

㉣ 메뉴

ⓐ 대규모의 공식 연회 시에는 메뉴를 인쇄하여야 하며 메뉴에는 누구를 위한 연회라는 것과 그 밑에 주최자, 일시, 장소를 기입하고 그 아래에 요리명을 기입한다.

ⓑ 기피음식을 파악(회교, 불교, 힌두교)해야 한다.

㉤ 좌석배치판

ⓐ 좌석배치를 하여야 할 연회의 경우에는 좌석순위에 따라 좌석배치판(Seating Chart)을 만들고 좌석명패(Place Card)를 각자의 식탁 위에 놓아둔다.

ⓑ 좌석명패의 설치 이유는 주위사람에게 소개한다는 의미도 있지만 자기자리를 쉽게 찾게한다는 원래 목적을 감안하여 남자의 경우 직책만, 부인의 경우 남자직책 부인(예 전국경제인 연합회 회장부인), Mrs. 남자이름(Mrs. Arthur Perror)으로 표기한다. 좌석배치판은 내빈이 식탁에 앉기 전에 자기좌석을 알 수 있도록 식당입구의 적당한 곳에 놓아둔다.

㉥ 좌석배열(Seating Arrangement)

ⓐ 좌석배열은 연회 준비사항 중 가장 세심한 주의를 기울여야하는 문제로서 참석자의 인원, 부부동반 여부, 주빈 유무, 장소의 규모 등 여러 가지 요소를 고려하여 결정해야 한다.

ⓑ 좌석배열 예시

- 주빈(Guest of Honor)이 입구에서 먼 쪽에 앉도록 하고 연회장에 좋은 전망(창문)이 있을 경우, 전망이 바로 보이는 좌석에 주빈이 앉도록 배치한다.
- 여성이 Table 끝에 앉지 않도록 하되 직책을 가지고 참석하는 여성의 경우에는 예외이다.
- 외교단은 반드시 신임장 제정일자 순으로 서열을 맞추어 좌석을 배치한다.
- 국내 각료급은 정부조직법상의 직제순으로 서열을 맞추어 좌석을 배치한다.
- Stag Party

\- Host와 주빈이 마주보고 앉을 경우

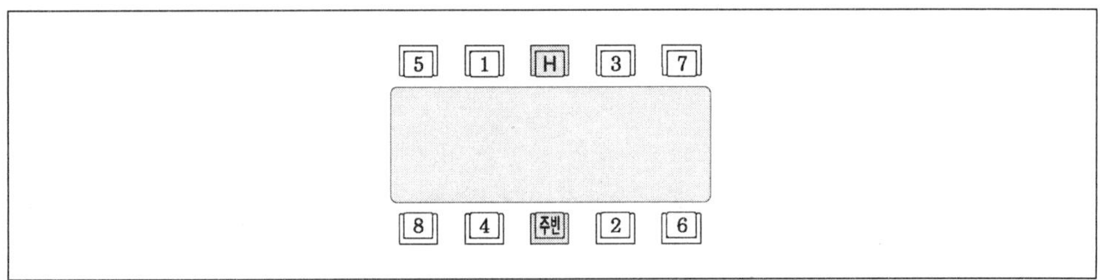

- Host와 주빈이 나란히 앉을 경우(입구 또는 창문)

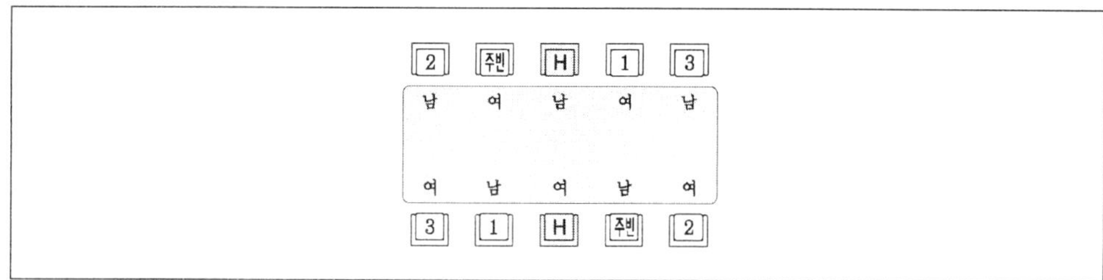

- Couple Party(보통의 경우)

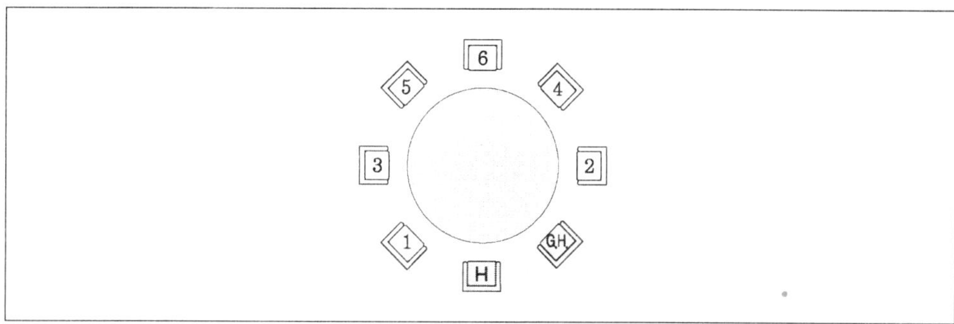

- 주빈이 Host보다 상위인 경우 : 주빈과 주빈부인을 상석에 마주 보게 앉도록 하고 Host와 Hostess를 각각 그 옆자리에 앉힌다.

④ **식탁 예절**(Table Manner)

㉠ 착석

ⓐ 남자 손님들은 자기 좌석의 의자 뒤에 서 있다가 자리 오른쪽 좌석에 부인이 앉도록 의자를 뒤로 빼내어서 도와주고, 모든 여자 손님이 다 앉은 다음에 착석한다.

ⓑ 손목을 식탁에 가볍게 놓은 것은 상관이 없으나, 팔꿈치를 식탁 위에 올려 놓아서는 안 된다.

ⓒ 팔짱을 끼거나 머리털을 만지는 것은 금기이다.

ⓓ 양다리는 되도록 붙이고 의자의 뒤로 깊숙이 앉는 것이 옳은 자세이다.

ⓔ 식탁 밑에서 다리를 앞으로 뻗거나 흔드는 것은 예의에 어긋나며, 특히 신발을 벗어 책상다리를 하고 앉는 것은 금기사항이다.

ⓕ 식탁에서 사람을 가리키면서 손가락질을 하거나 나이프나 포크를 들고 물건을 가리키는 것은 금물이다(포크나 나이프를 들고 흔들며 대화하는 것도 금물).

㉡ 대화

ⓐ 옆사람과 자연스럽게 대화

- 옆사람 너머로 멀리 있는 사람과 큰소리로 이야기하는 것은 금물이다.
- 너무 혼자서만 대화를 독점하는 것도 안 좋지만 반대로 침묵만을 지키는 것도 실례이다.

ⓑ 손가방(Handbag) 등

- 서양에서는 '손가방을 들지 않은 여성은 알몸의 여인과 같다'는 말이 있을 정도로 손가방은 서양여성의 필수품이다.

- 식사도중 손가방은 자신의 등 뒤에 놓는 것이 좋고 식탁 위에 놓지 않는다.
- 귀걸이나 목걸이가 없는 여성은 넥타이를 하지 않은 남성과 같다.

ⓒ 재채기와 하품 등

- 식탁에서 큰소리를 내거나 웃는 것은 금물이다.
- 실수해서 재채기나 하품을 했을 경우 옆사람에게 "excuse me"하고 사과를 한다.

ⓓ 이쑤시개와 화장

- 이쑤시개가 준비되어 있는 식탁에 앉아도 식탁에 앉아서는 쓰지 않는 것이 예의이다.
- 식후에 식탁에서 루즈를 고치거나 분화장하는 것은 교양이 없어 보이므로 화장실에 가서 하는 것이 좋다.

㉢ 냅킨 사용법

ⓐ 냅킨은 반을 접은 쪽이 자기 앞으로 오게 무릎 위에 반듯이 놓는다.

ⓑ 단추구멍이나 목에 끼는 것은 하지 않는 것이 바람직하다.

ⓒ 부득이 자리를 잠시 비워야 할 경우 냅킨은 의자 위에 놓아두어야 한다. 왜냐하면 식탁 위에 놓아두면 손님이 식사를 마치고 나가버린 것으로 오해받기 때문이다.

ⓓ 냅킨은 입술을 가볍게 닦는데 쓰며, 식기를 닦거나 타올처럼 땀을 닦는 것은 예의에 어긋난다.

ⓔ 식탁에 물 같은 것을 엎질렀을 경우, 냅킨을 쓰지 않고 Waiter를 불러 처리하도록 한다.

㉣ 포크와 나이프 사용법

ⓐ 준비된 포크와 나이프는 주 요리 접시를 중심으로 가장 바깥쪽부터 안쪽으로 하나씩 사용해 가는 것이 일반적이다.

ⓑ 가급적 포크는 언제나 왼손으로 잡는 것이 옳은 방법이나, 근래 미국에서처럼 음식을 자른 뒤 나이프는 접시 위에 놓고 왼손에 든 포크를 오른손으로 옮겨 잡고 음식을 먹을 수도 있다.

ⓒ 포크와 나이프를 접시 위에 여덟팔자(포크는 엎어놓고 나이프는 칼날이 안쪽으로)로 놓으면 식사 중임을 의미하며, 둘을 가지런히 접시 위 오른쪽에 엎어 놓으면 식사가 끝났음을 의미한다.

㉤ 빵 먹는법

ⓐ 빵접시는 본인의 왼쪽에 놓이며, 물컵은 오른쪽에 놓인다.

ⓑ 빵은 나이프를 쓰지 않고 한입에 먹을 만큼 손으로 떼어먹으며, 빵을 입으로 베어먹어서는 안 된다.

ⓒ 빵은 스프가 나온 후에 먹기 시작하고, 디저트가 나오기 전에 마쳐야 한다.

㉥ 스프 먹는법

ⓐ 왼손으로 국그릇(Soup Plate)을 잡고 바깥쪽으로 약간 숙인 다음에 오른손의 스푼으로 바깥쪽으로 떠서 먹는 것이 옛날 예법이며 요즈음은 그릇을 그대로 두고 먹어도 된다.

ⓑ '소리를 내는 것은 동물의 표시(to make a noise is to suggest an animal)'라는 말처럼, 절대 소리를 내서 먹어 서는 안 된다.

㉦ 손으로 먹는 경우

ⓐ 서양에서는 식탁에서 반드시 나이프와 포크를 써서 음식을 먹는 것이 원칙이며, 손으로 먹는 것은 엄하게 금지되어 있다.

ⓑ 새우나 게의 껍질을 벗길 때 손은 쓰나 이 경우 Finger bowl이 나오므로 손가락을 반드시 씻어야 한다.

ⓒ 생선의 작은 뼈를 입속에서 꺼낼 때는 이것을 포크로 받아서 접시 위에 놓는 것이 좋다.

㉧ 핑거볼(Finger Bowl) : 식사의 마지막 코스인 디저트를 마친 후 손가락을 씻도록 내오는 물로 손가락만 한손씩 씻는 것이지 손 전체를 집어넣거나 두 손을 넣는 것은 금기시 된다.

㉨ 먹고 마시는 양과 속도

ⓐ 먹고 마시는 것은 절도 있게 적당한 양으로 제한한다.

TIP

뷔페의 경우 너무 많이 먹는 것도 보기 안 좋다.

ⓑ 식사 중 속도는 좌우의 손님들과 보조를 맞추도록 한다.

㉩ Beef Steak 먹는 법

ⓐ Rare

ⓑ Medium Rare

ⓒ Medium

ⓓ Well-Done

㉪ 담배 : 식사 중에는 즉 샐러드 코스가 끝날 때까지는 담배를 피우지 않는 것이 예의이다.

⑦ 레이디 퍼스트

㉠ 레이디 퍼스트의 실례

ⓐ 서양에서는 방이나 사무실을 출입할 때 언제나 여성을 앞세우고, 길을 걸을 때나 자리에 앉을 때는 언제나 여성을 오른쪽에, 또 상석에 앉히는 것이 원칙이다.

ⓑ 문을 열고 닫을 때 뒤에 오는 사람을 위해 잠시 문을 잡아 주는 것은 여성에 대한 것뿐 아니라 일반적 예의이다.

ⓒ 승강기를 탈 때 남성은 아주 복잡하지 않는 한 여성이나 어린이 그리고 노인을 앞세운 후 타고 내리는 것이 예의이다.

ⓓ 식당이나 극장 · 오페라에서 안내인이 있을 때는 여성을 앞세우나, 안내인이 없을 때는 남성이 앞서고, 여성을 먼저 좌석에 안내한다.

ⓔ 길을 걸을 때나 앉을 때에 남성은 언제나 여성을 우측에 모시는 것이 에티켓이다.

ⓕ 차도가 있는 보도에서는 남성이 언제나 차도쪽으로 서며 이 원칙은 윗사람에게도 적용된다(즉 윗사람을 항상 오른쪽에, 앞뒤로 걸을 때는 앞에 모신다).

ⓖ 남성이 두 여성과 함께 길을 갈 때나 의자에 앉을 때 두 여성 사이에 끼지 않는 것이 예의이나, 길을 건널 때만은 재빨리 두 여성 사이에 끼어 걸으면서, 양쪽 여성을 다 같이 보호한다.

ⓗ 호텔에서 여자 혼자 남자 손님의 방문을 받았을 때는 로비(Loby)에서 만나는 것이 원칙이다.

ⓘ 겨울철에 여성이 외투를 입고 벗을 때 꼭 도와주어야 하며, 식당이나 극장에서 외투를 벗어 Clock room에 맡길 때나 찾을 때도 남성이 맡기고 찾는 것이 예의이다.

ⓙ 자동차 · 기차 · 버스 등을 탈 때는 일반적으로 여성이 먼저 타고, 내릴 때는 남성이 먼저 내려 필요하면 여성의 손을 잡아주는 것이 옛날 마차시대부터 내려오는 서양의 에티켓이다.

ⓚ 비행기는 언제나 여성이 먼저 타고 먼저 내린다.

ⓛ 여성은 자동차를 탈 때 안으로 먼저 몸을 굽혀 들어가는 것보다는 차 밖에서 차 좌석에 먼저 앉고, 다리를 모아서 차 속에 들여놓는 것이 보기 좋으며, 차에서 내릴 때는 반대로 차 좌석에 앉은채 먼저 다리를 차 밖으로 내놓고 나오도록 한다.

ⓜ 계단을 오를 때는 남자가 앞서고 내려올 때는 반대이다.

TIP

서양의 에티켓은 멀리 기독교 정신이나 중세의 기사도에 기원을 두고 'Lady First (숙녀존중)'의 개념을 바탕으로 형성되어 있다고 해도 과언이 아니다. 신사는 무엇보다도 먼저 이 'Lady First'의 몸가짐을 몸에 익히도록 하는 것이 중요하다.

ⓛ 레이디 퍼스트와 한국여성

ⓐ 서양 에티켓에서는 '숙녀는 결코 오만불손해서는 안 되며, 언제나 친절 · 선의 · 품위 · 총명 · 절도 · 예의 등을 갖고, 우아하고 아름답게 행동할 것'을 강조한다.

ⓑ 한국여성들 중에는 '레이디 퍼스트' 대접을 받을 때, 오랫동안의 습관탓으로 친절을 그대로 받아들이지 못하고 우물쭈물 눈치를 살피는 사람이 있는데, '레이디 퍼스트' 대접을 받으면 미소를 짓고 "Thank you!"하면서 가볍게 목례를 하고, 부담 없이 호의를 받는 것이 옳고 자연스럽다.

ⓒ 예약

ⓐ 구미 선진국에서는 모든 생활이 예약으로 시작해서 예약으로 끝난다고 해도 과언이 아니다.

ⓑ 호텔 · 이발소 · 미장원 · 식당은 말할 것도 없고, 병원에 입원하거나 자동차의 수선 · 정비를 하는 데에도 먼저 전화로 예약한다.

ⓒ 사람을 만날 때에도 '지나가다가 들렀다'는 우리식 방문은 대개의 경우 서로 불편하고 경우에 따라서는 환영을 받지 못한다.

ⓡ 자동차의 상석

ⓐ 운전사가 있는 경우 : 조수석 뒷자리가 상석이다.

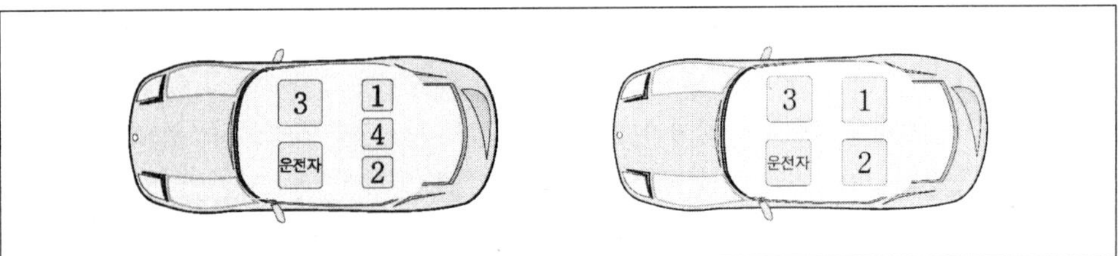

ⓑ **차주인이 직접 운전할 경우** : 서양에서는 대부분 주인이 직접 자동차를 운전하고 있으며, 이 경우 운전대 옆자리, 즉 주인의 옆자리가 상석이다.

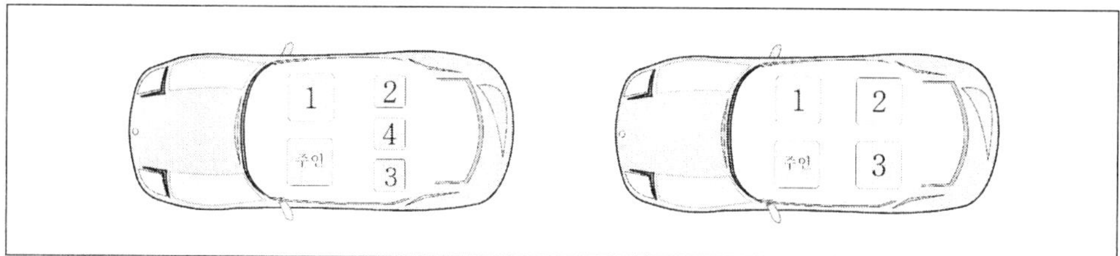

ⓒ 지프인 경우 운전자 옆자리가 언제나 상석이다.

ⓓ 승차 시는 상위자가 먼저, 하차 시는 반대로 하위자가 먼저하는 것이 관습이다.

ⓔ 여성과 동승 시 승차 시는 여성이 먼저 타고 하차 시에는 남성이 먼저 내려 문을 열어준다.

ⓜ 호칭

ⓐ 미국 사람들은 처음부터 '퍼스트 네임'을 부르지만, 영국 사람들은 어느정도 친해진 후 '퍼스트 네임'으로 부를 것을 제의하는 것이 일반적이다.

ⓑ Mr.는 성 앞에만 붙이고 '퍼스트 네임' 앞에는 절대로 붙여 쓰지 않는다.

ⓒ 기혼여성의 경우 Mrs. Peter Smith식으로 남편의 이름 앞에 Mrs.라는 존칭만을 붙여 쓰는 것이 오랜 관습이다.

ⓓ Mrs. Mary Smith식으로 자신의 '퍼스트 네임'을 쓰면, 영국에서는 이혼한 여성으로 간주한다. 그러나 미국에서는 직업부인들이 이혼하지 않고도 Mrs.를 붙여 자신의 '퍼스트 네임'을 붙여 쓰며, 또 이혼한 경우에는 아예 미혼 때의 이름으로 돌아가 Miss Mary Nixon식으로 호칭하는 사람들도 있다.

ⓗ 기차

ⓐ 두 사람이 나란히 앉은 좌석에서는 창가 쪽이 상석이다.

ⓑ 네 사람이 마주앉은 자리에서는 기차진행방향의 창가 좌석이 가장 상석이고 그 맞은편, 상석의 옆좌석, 그 앞좌석 순이다.

ⓒ 침대차에서는 아래쪽 침대가 상석이다.

ⓢ 비행기

ⓐ 비행기를 타고 내릴 때에는 상급자가 마지막으로 타고 먼저 내리는 것이 순서이다.

ⓑ 비행기에서는 창문가 좌석이 상석, 통로 쪽이 차석, 상석과 차석 사이가 말석이다.

ⓞ 선박

ⓐ 보통 상급자가 나중에 타고 먼저 내린다. 그러나 함정의 경우에는 상급자가 먼저 타고 먼저 내린다.

ⓑ 객실의 등급이 정해져 있다면 문제가 없으나 그렇지 않은 경우에는 선체의 중심부가 상석이 된다.

ⓩ 엘리베이터

ⓐ **안내하는 사람이 있을 때** : 상급자가 먼저 타고 먼저 내린다.

ⓑ 안내하는 사람이 없을 때 : 하급자가 먼저 타서 엘리베이터를 조작하고 내릴 때는 상급자가 먼저 내린다.

ⓩ 에스컬레이터 : 올라갈 때에는 상급자가 먼저 올라가고 내려올 때에는 하급자가 먼저 내려온다.

경호의전 상황에서 각종 탑승예절에 관한 설명으로 옳은 것은?

① 엘리베이터의 경우 안내자가 있을 때는 상급자가 나중에 타고 먼저 내린다.
② 비행기는 객석 양측 창가 좌석이 상석이고, 통로 쪽이 차석, 상석과 차석 사이의 좌석들이 하석이다.
③ 선박의 경우 객실등급이 정해져 있지 않을 경우 선체의 중심부가 상석이 되며, 일반선박은 상급자가 먼저 타고 나중에 내린다.
④ 운전사가 있는 자동차에 탑승할 경우 운전대 옆자리가 상석이다

★① 상급자가 먼저 타고 먼저 내린다.
③ 선체의 중심부가 상석이며 상급자가 나중에 타고 먼저 내린다.
④ 운전사가 있는 경우는 뒷자리 오른편이 상석이다.

답 ②

2 응급처치 및 구급법

1 응급처치

① 응급처치의 정의

㉠ 급성 질환자나 다친 사람의 생명을 구조하고 합병증이 발생하지 않도록 즉각적이며 임시적인 조치를 취하는 것을 말한다.

㉡ 생명의 구조나 상처부위의 손상 악화를 방지, 통증의 경감 등의 활동을 말한다.

② 응급처치의 중요성

㉠ 인간의 뇌는 4~6분의 산소공급 차단으로도 돌이킬 수 없는 영구적인 손상이 초래된다.

㉡ 119구급대나 의사가 도착하기 전에 환자의 의식을 회복시키거나 더 이상 상태가 나빠지지 않도록 응급처치를 한다면 귀중한 생명을 구할 수 있다.

③ 응급처치의 목적

㉠ 부상자의 생명을 구한다.

㉡ 상태 악화를 방지한다.

㉢ 고통의 경감 및 회복시킨다.

④ **응급처치의 범위와 준수사항**

㉠ 생사의 판정은 하지 않는다(생사판정은 의사가 한다).

㉡ 원칙적으로 의약품의 사용을 피한다.

㉢ 의사의 치료를 받기 전까지의 응급처치로 끝낸다.

㉣ 의사에게 응급처치 내용을 설명하고 인계한 후에는 모든 것을 의사의 지시에 따른다.

㉤ 동의를 구하여 실시한다.

ⓐ 성인이 의식이 있는 경우에는 본인에게, 의식이 없는 경우에는 보호자에게 동의를 구하고, 동시에 치료가 함께 이루어질 수 있도록 한다.

ⓑ 의식도 없고 보호자도 없는 경우에는 주변사람에게 알린 후(묵시적 동의로 인정) 도움을 받아 실시한다.

⑤ **응급처치의 활동원칙**

㉠ **침착한 행동** : 사고가 발생하였을 경우 환자나 발견자에게 가장 중요한 것은 두려워하거나 당황하지 말고 침착하게 행동하는 것이다.

㉡ **안전관리** : 환자에게 접근하기 전에 현장을 관찰하여 현장상황을 정확히 판단하고, 부상자뿐만 아니라 자신의 안전도 최대한 유지한다.

㉢ **연락** : 반드시 119나 의료기관에 연락하도록 한다. 이때에는 장소, 환자 수, 환자상태 및 부상 정도, 연락자 성명, 연락받을 전화번호 등을 알린다.

㉣ **긴급환자 우선처치** : 호흡정지환자, 대량출혈환자, 의식불명환자, 중독환자, 쇼크환자 등 긴급을 요하는 환자를 우선 처치한다.

㉤ **정확한 처치** : 불필요하거나 정확하지 않은 응급처치는 환자의 상태를 더욱 악화시킬 수 있으므로 환자에게 필요한 정확한 응급처치를 실시한다.

㉥ **협조자를 구함** : 응급처치, 연락, 환자운반, 군중정리 등 협조자를 구한다.

㉦ 구급대원이나 의료인이 도착하면 그동안의 상황을 상세히 설명하고 환자를 인계한다.

㉧ **증거물이나 소지품 보존** : 의사의 진단과 사건해결에 참고가 되는 환자배설물, 토한 것, 남은 음식물이나 약품 등 그리고 환자의 소지품을 보존한다.

⑥ **응급처치 종류**

㉠ 지혈법

㉡ 붕대법

㉢ 인공호흡법

㉣ 창상의 처치 등

⑦ 구명의 4대 요소

㉠ 기도유지

㉡ 지혈

ⓐ 출혈이 1/3 이상이면 위험하고 1/2 이상이면 사망한다.

ⓑ 출혈 시 가장 먼저 직접압박을 시행한다.

ⓒ 압박한 상처를 심장보다 높이 들어주는 방법을 거상법이라고 한다.

㉢ 쇼크예방

ⓐ 피부가 창백해지고 식은땀이 찬다.

ⓑ 체온을 유지하기 위해 담요를 이용한다.

㉣ 상처보호

ⓐ 상처가 깊지 않으면 깨끗한 물로 씻는다.

ⓑ 소독된 부위에 거즈를 대고 압박붕대로 감아준다.

심한 출혈 시 응급처치 요령으로 옳지 않은 것은?

① 소독된 거즈나 헝겊으로 세게 직접 압박한다.
② 감염에 주의하면서 출혈부위의 이물질을 물로 깨끗이 씻어낸다.
③ 출혈 부위를 심장부위보다 높게 하고 압박점을 강하게 압박한다.
④ 다른 방법으로 출혈을 막을 수 없다면 최후로 지혈대를 이용하여 지혈하도록 하며 일정 시간마다 풀어 괴사를 방지하도록 한다.

★② 출혈이 심할 때는 물로 씻지 않는다. 경미한 출혈에는 가능하다.

답 ②

⑧ 환자평가

㉠ 기본적인 평가(ABC 평가)

·Airway	— 기도	구조호흡	심폐소생
·Breathing	— 호흡		
·Circulation	— 순환(맥박)		

㉡ 환자의식 평가

ⓐ 환자의식 有 : 환자에게 이름, 연령 등을 직접 물어보고 말을 10분 간격으로 시킨다.

ⓑ 환자의식 無

- 외모에 나타난 증상으로 관찰(조사)한다.
- 한 손으로 경추를 보호하면서 다른 손으로 환자에게 자극을 주어 깨워본다.

㉢ 평가방법

ⓐ 전체적 상황판단

- 환자에게 접근하면서 전체적인 상황을 파악한다.
- 현장안전, 의식, 기도유지 및 호흡상태, 출혈, 외상, 피부색, 운동감각 기능 등을 확인한다.

ⓑ 의식유무 확인

- 환자에게 질문 또는 자극을 주어 의식을 확인한다.
- 질문에 대답하면 기도 및 의식수준이 비교적 양호한 상태라고 추측, 말을 못하거나 의식이 없으면 ABC평가를 한다.

ⓒ 기도유지 상태 확인

- 머리를 젖히고 턱을 위로 당기어 기도를 확보해 준다.
- 입을 벌려 기도가 막혔는지 확인하며, 이물질을 제거하거나 혀가 후방으로 말려 들어가기 않도록 기도유지기 삽입 또는 설압자 등을 이용한다.

TIP

이물질 제거
외상환자의 경우 경추나 척추 손상의 우려가 크므로 이물질 제거를 위해 함부로 목을 젖히거나, 환자의 몸을 돌리지 않도록 한다.

ⓓ 호흡 및 맥박확인

- 약 10초간 호흡을 확인한다(환자의 가슴을 보고, 숨소리를 듣고, 숨결을 느낀다).
- 성인인 경우 경동맥에서 촉지해 본다(5~10초).
- 유아인 경우 상완동맥에서 촉지한다.
- 호흡이 없으면 2회 인공호흡을 실시한 후 환자의 회복상태를 확인한다.
- 입과 입으로 인공호흡을 하는 것은 전염병에 쉽게 노출되므로 수건이나 휴지 등을 이용하여 인공호흡을 한다. 맥박도 없으면 즉시 심폐소생술을 실시한다.
- 맥박이 아주 느리거나(성인 60회/분 이하) 아주 빠르면(성인 100회/분 이상) 위험한 상태이다.

ⓔ 얼굴색, 피부색, 체온 등의 확인

- 청색 : 안색, 피부색 특히 입술과 손톱색이 청색이면 혈액 속에 산소가 부족한 것을 의미해 기도폐쇄 등에 해당한다.
- 창백 : 안색, 피부색이 창백하고 피부가 차갑고 건조하면 쇼크, 공포, 대출혈, 질식, 심장발작 등으로 혈압이 낮아지고 혈액순환이 악화된 증세이다.
- 붉은색 : 안색, 피부색이 붉으면 고혈압, 일산화탄소 중독, 일사병, 열사병, 고열 등에 해당한다.

ⓕ 동공확인(심장, 중추신경계의 상태를 나타냄)

- 동공확대 : 의식장애, 약물중독, 심정지
- 동공축소 : 중추신경계 장애, 마약중독, 약물중독
- 양쪽상이 : 뇌손상, 두부손상, 뇌경색, 뇌출혈
- 빛에 무반응 : 뇌손상, 뇌졸중, 시신경 손상

ⓖ 손 · 발의 움직임 확인

- 의식은 있는데 손발이 움직이지 않음 : 신경계통 손상
- 살을 꼬집어도 아픈 것을 느끼지 못함 : 척수 손상
- 하지를 움직이지 못함 : 요추신경손상
- 사지운동 제한 : 경추신경손상
- 몸 한쪽 마비 : 뇌손상

TIP

운반할 때에는 이에 대한 주의를 해야 한다. 골절인 경우에도 사지의 말단쪽이 움직이지 않을 때가 있다.

⑨ **쇼크**

㉠ 쇼크(Shock)의 의의

ⓐ **정의** : 응급처치에서 쇼크라 함은 순간적인 혈액순환의 감퇴로 말미암아 신체의 전 기능이 부진되거나 허탈된 상태를 말한다.

ⓑ **원인** : 혈액손실, 혈관확장, 심박동 이상, 호흡기능의 이상, 알레르기 반응 등이 쇼크를 일으키는 원인이 된다.

ⓒ 쇼크의 종류

- 과민성 쇼크 : 일종의 알레르기 면역반응의 한 증상으로 원인물질과 접촉 후 바로 또는 한참 후에 발생한다.
- 패혈성 쇼크 : 세균감염에 의한 독소가 신체 내부를 공격하여 발생하며 주로 장기간 입원환자나 수술 후 감염된 사람들에게 나타난다.
- 출혈성 쇼크 : 외상 후 출혈에 의한 혈액의 손실이 원인이 되어 나타난다.
- 저체액성 쇼크 : 구토, 설사 등의 탈진 상태가 지속되면 체액의 손실이 많기 때문에 혈압이 저하되는 경우에 나타난다.

㉡ 증상

ⓐ 불안감과 두려움

ⓑ 약하고 빠른 맥박

ⓒ 차가운 피부

ⓓ 축축한 피부(식은땀)

ⓔ 청색증

ⓕ 얕고 빠르며 불규칙한 호흡

ⓖ 동공반응 느려짐

ⓗ 오심과 구토, 갈증

ⓘ 혈압저하

ⓙ 의식소실

㉢ 쇼크처치

ⓐ 원칙

- 기도유지 및 척추고정(구토가 심한 경우 옆으로 누인다)
- 출혈부위 지혈(직접압박)
- 적정자세 유지 : 척추손상이 의심되는 환자는 긴 척추고정판에 고정 후 하지쪽의 척추고정판을 높인다. 그 외의 환자는 대부분 무릎을 곧게 유지하여 하지를 높인다(15~30cm).
- 골절부위 부목고정
- 환자안정
- 환자의 체온유지
- 병원이송

ⓑ 자세

- 머리나 척추에 부상이 없으면 하체를 25~30cm 정도 높여준다.
- 가슴에 부상을 당하여 호흡이 힘든 환자인 경우에는 부상자의 머리와 어깨를 높게하여 눕히거나 비슴듬히 앉힌다.
- 구토하는 환자는 위속에서 나온 이물질이 기도로 넘어가지 않게 얼굴을 옆으로 돌려준다.

–의식 有 : 질문 후 편안한 자세

–의식 無 : 안색이 창백 – 하체거양

ⓒ 보온(36.5°유지)

- 부상자의 몸이 식으면 쇼크상태가 악화된다.
- 담요, 상의, 신문지 등 얻을 수 있는 대용품을 사용한다.

ⓓ 음료

- 원칙적으로 주지 않는다.
- 갈증해소를 위하여 필요한 경우 깨끗한 수건 등으로 물을 적셔서 입술만 적셔준다.
- 두부, 복부, 흉부의 손상, 내출혈, 대출혈 환자 등은 음료를 절대 주지 않는다. 만약 주게 되면 수술을 할 수도 있다.
- 자극성 없는 미온수(물) 공급 가능한 경우(의식이 있는 경우) : 일사병, 설사에 의한 탈수, 화상, 약물중독, 뱀에 물린 경우 등이 있다.
- 환자가 의식이 있고, 마실 것을 줄 필요가 있을 때에는 따뜻한 물, 우유, 엽차 같은 것이 좋으며, 조금씩 마시게 된다.

⑩ 기도유지

㉠ 기도유지의 중요성 : 공기가 폐까지 잘 들어갈 수 있도록 기도를 열어주는 것은 가장 중요한 응급처치로, 의식이 없는 환자는 반드시 먼저 기도를 열어 주어야 한다.

ⓐ 의식이 없는 환자가 기도개방만으로 구조되는 사례가 많다.

ⓑ 기도가 폐쇄되어 있으면 어떠한 구조호흡을 실시하여도 효과가 없다.

㉡ 기도폐쇄의 원인

ⓐ 혀 : 의식이 없을 때의 가장 흔한 기도폐쇄의 원인이 된다.

ⓑ 이물질 : 구토물, 혈액, 음식물, 의치 등

ⓒ 부종 : 기도부위의 부종, 손상, 성대의 경련, 심한 알레르기 등

TIP

기도폐쇄는 미숙한 응급처치에 의해 가장 많이 일어나는 사망원인이다.

㉢ 기도폐쇄의 징후와 증상

ⓐ 부분적 기도폐쇄

- 말을 약간씩 하거나 기침을 할 수 있다.
- 완전 폐쇄로 진행되지 않도록 한다.
- 기침을 하도록 격려한다.
- 이물질이 더 깊이 들어가지 않도록 하며 손가락 사용시 주의한다.

ⓑ 완전 기도폐쇄

- 숨을 쉴 수 없고 말을 할 수 없다.
- 반사적으로 목을 움켜쥐는 동작을 한다.
- 청색증이 나타나거나, 애를 써 호흡을 하려한다.

㉣ 기도유지 방법

ⓐ 두부후굴법(머리를 뒤로 젖히고 턱을 위로 당기기)

- 가장 기본적인 기도유지 방법으로 의식이 있으며 경추손상이 없는 환자에게 적합하다.
- 환자의 옆에 앉아 한손으로 이마를 잡아 뒤로 민다.
- 이렇게 젖혀도 기도가 확보되지 않으면 이마에 대지 않은 한손으로 턱을 밀어 올려준다.

ⓑ 하악견인법(턱을 전방으로 밀어 올리기)

- 의식이 없거나 경추손상의 의심이 가는 환자에게 적합한 방법이다.
- 환자의 하악 밑으로 손가락을 놓고 턱을 전방에서 위로 들어 올린다.

㉤ 이물질 제거

ⓐ 하임리히법(손으로 복부밀쳐올리기)

- 환자의 뒤쪽에 위치하여 명치끝과 배꼽 중간을 잡아 위쪽으로 압박한다.
- 10세 미만의 소, 유아의 경우에는 실시하지 않는다.
- 임신말기 및 비만인에게는 흉부압박으로 한다.

ⓑ 손가락으로 이물질 꺼내기

- 부상자의 얼굴을 옆으로 하고 거즈, 손수건 등을 이용하여 손가락으로 이물질을 제거한다.
- 의식이 있는 환자의 경우 손가락이 물리지 않도록 주의한다.

ⓒ 등두드리기 : 상체를 숙인 후 등부위를 4~5회 두드린다.

ⓓ 영아의 경우 : 음식물, 사탕, 동전 등에 의해 기도가 막힌 경우 실시한다.

⑪ 구조호흡

㉠ **호흡확인** : 기도개방 후 호흡의 유무를 확인하여 호흡이 없는 경우 구조호흡을 실시한다. 호흡의 관찰은 기도를 확보한 상태에서 환자의 가슴, 코, 입 등을 통하여 보고, 듣고, 느낀다.

㉡ 실시방법

ⓐ **의식유무 확인** : 양쪽 어깨를 두드리며 "여보세요?", "괜찮아요?" 등의 말을 하여 확인한다.

ⓑ 기도를 유지한다.

ⓒ **호흡유무 관찰** : 약 10초간 보고, 듣고, 느낌으로써 관찰한다.

ⓓ 2회 불어넣기

- 호흡이 없으면 즉시 2번 불어넣기를 실시한다.
- 구강 대 구강, 구강 대 비강 구조호흡법을 실시한다.

ⓔ 맥박확인

- 2번 불어넣기를 한 후, 10초 이내로 맥박을 확인한다.
- 맥박 有, 호흡 無 : 구조호흡
- 맥박 無, 호흡 有 : 심폐소생

ⓕ 인공호흡 실시

- 5초에 1회씩 실시한다(1분에 12회).
- 불어넣기 실시 후에 호흡과 맥박을 확인한다.
- 호흡이 없으면 인공호흡을 실시하고, 맥박이 없으면 즉시 심폐소생술을 실시한다.

㉢ 주의사항

ⓐ 과호흡이 되지 않도록 한다.

ⓑ 규칙적으로 실시한다.

ⓒ 맥박이 있으면 심폐소생술을 하지 않는다.

ⓓ 쇼크처치를 실시한다.

㉣ 실시한계

ⓐ 자발적 호흡 시까지 실시한다.

ⓑ 의사에게 인계 시까지 실시한다.

ⓒ 다른 사람과 교대 시까지(의료인, 응급구조사 등) 실시한다.

⑫ 환자별 응급처치법

㉠ 화상

ⓐ 일반화상의 경우 피부에서 열을 없애는 것이 우선이므로 냉수를 사용한다.

ⓑ 약품화상의 경우 수돗물 등으로 약품을 씻어내는 것이 우선이다.

ⓒ 증상

- 1도 화상 : 표면층이 붉게 변하지만 수포는 형성되지 않는다.
- 2도 화상 : 진피의 일부가 손상되며 통증이 심하고 수포가 형성된다.
- 3도 화상 : 진피 전층과 피하지방 일부가 손상되고 피부가 가죽처럼 변하면서 색이 변한다.

ⓛ **감전** : 피부화상보다 조직의 손상이 더 심하다.

ⓒ **중독**

ⓐ **약물중독** : 구토, 경련, 의식불명의 증상을 보인다.

ⓑ 식중독

ⓒ **광견병** : 상처부위를 세척한 소독 및 후 지혈을 한다.

ⓓ **독사** : 상처부위를 심장보다 낮게 유지하고 30분 이내에 병원으로 이송한다.

ⓔ **벌에 쏘인 경우** : 암모니아수를 바르거나 수건을 찬물에 적셔 상처부위를 덮어준다.

ⓡ **창상**

ⓐ 창상의 경우 출혈과 감염에 유의해야 한다.

ⓑ **창상의 분류**

- 찰과상 : 긁힌 상태로 출혈이 적고 감염률이 높다.
- 절창 : 베인 상태로 출혈이 많고 감염률이 낮다.
- 자창 : 끊긴 상태로 출혈이 적고 감염률이 높다.
- 열창 : 뜯겨진 상태로 출혈이 적고 감염률이 높다.

ⓜ **두부손상**

ⓐ **정의** : 안면골절과 두개골로 인한 직접손상과 뇌진탕, 뇌출혈 등의 간접손상으로 나눌 수 있다.

ⓑ **증상**

- 뇌진탕 : 물리적인 손상은 없으나 일시적으로 의식을 잃는다.
- 뇌졸중
  - 뇌로 가는 혈류가 차단되어 뇌가 손상되는 것을 말한다.
  - 기억을 잃어버리거나 언어 · 시력장애가 나타난다.
- 뇌출혈
  - 뇌혈관의 출혈이 원인이 되는 질병이다.
  - 의식장애나 뇌졸중을 일으키는 대표적 질환이다.

2 구급법

① 인공호흡법

㉠ 인공호흡 필요 증상

ⓐ 기도를 확보해도 호흡을 하지 못하는 경우

ⓑ 의식장애상태이며 호흡이 약한 경우

ⓛ 인공호흡법의 종류

ⓐ 구강 대 구강법

ⓑ 구강 대 비강법

② 흉부압박법

㉠ 정의 : 심장이 정지되어 맥박이 없는 환자에게 혈액순환을 유지하기 위해 시행하는 응급처치법을 말한다.

㉡ 실시요령

ⓐ 주관절은 곧게 편다.

ⓑ 손바닥이 흉골에서 떨어지지 않도록 주의한다.

ⓒ 환자의 흉골과 응급처치요원의 팔이 직각이 되도록 유지한다.

ⓓ 이완과 압박의 주기를 1 : 1로 유지한다.

㉢ 주의사항

ⓐ 환자를 바닥이 평평하고 단단한 곳에 눕힌 후 압박을 실시한다.

ⓑ 흉부압박 시행 후 기도를 다시 확보한 후 인공호흡을 한다.

③ 심폐소생술 CPR

㉠ 정의 : 호흡이나 심장 정지시 영구적인 뇌손상이 오기 전에 중추신경계에 산소를 공급하는 응급처치이다.

㉡ 기도유지, 인공호흡, 흉부압박의 연속 행동으로 이루어진다.

㉢ 심폐소생술은 3분 이내에 실시하는 것이 좋으며 늦어도 4분 이내에는 실시해야 한다.

㉣ 심폐소생술을 15초 이상 중단하지 않도록 한다.

㉤ CPR 단계

ⓐ 의식을 확인한다.

ⓑ 기도의 개방 : 이물질을 제거한 후 두부후굴 하악거상법을 시행한다.

ⓒ 호흡을 확인한다.

ⓓ 인공호흡을 실시한다.

ⓔ 구강 대 구강법이 가장 효과적이다.

ⓕ 구강 대 비강법은 입을 벌리기 어려운 경우에 사용한다.

ⓖ 순환을 확인한다.

ⓗ 흉부를 압박한다.

3 환자다루기 유형

종류	자세	적용	효과
양와위 자세	환자를 우로 향하도록 눕혀야 무릎을 좀 벌리고 두부, 흉부, 사지가 수평이 되게 한다.	• 의식장애가 있을 때 • 몸에 상처가 있을 때 • 손과 발에 상처가 있을 때	골격과 근육에 긴장을 주지 않는다.
측와위 자세	환자를 옆으로 향하게 눕혀서 위쪽의 상체를 앞 방향으로 내어 팔꿈치를 구부리고 손등에 얼굴을 댄다.	• 의식장애가 있을 때 • 구토를 할 때 • 흉부손상이 있을 때	• 의식이 없는 경우와 구토시 혀의 이완방지, 분비물의 배출이 용이하고 질식방지에 유효하다. • 흉부손상 부위를 아래로 함으로써 흉부의 움직임 억제와 통증완화 및 이차손상을 방지한다.
복와위 자세	환자를 옆으로 눕혀서 얼굴을 옆으로 향하게 하여 한쪽 손가락 위에 얹는다.	• 의식장애, 구토, 등부위 손상이 있을 때	의식이 없거나 구토환자의 경우 질식방지에 유효하다
반자위 자세	환자의 상반신을 45도 일으키고 의자 등에 의해 자세를 확보한다.	• 심장질환, 천식에 의한 호흡곤란이 있을 때	흉곽을 넓혀 호흡을 편안하게 할 수 있다.

출제예상문제

1 정부행사 시 서열 관행상 좌석배치 순서가 바르게 된 것은?

① 대통령 − 국무총리 − 국회의장 − 대법원장
② 대통령 − 국회의장 − 국무총리 − 대법원장
③ 대통령 − 대법원장 − 헌법재판소장 − 국회의장
④ 대통령 − 국회의장 − 대법원장 − 국무총리

Advice ④ 정부 행사 시 서열 관행상 좌석배치 순서는 '대통령 − 국회의장 − 대법원장 − 국무총리'순이다.
※ 실무 처리상 기준으로 삼고 있는 비공식 서열
대통령 − 국회의장 − 대법원장 − 헌법재판소장 − 국무총리 − 국회 부의장 − 감사원장 − 정보원장 − 국무위원 − 청장 − 국회 상임위원장 − 대법관 − 3부 장관급 − 국회의원 − 검찰총장 − 참의장 − 3군 참모총장 − 차관 − 차관급

2 다음 중 응급처치를 실시하는 경비원이 지켜야 할 원칙이 아닌 것은?

① 환자나 부상자에 대한 생사의 판정은 하지 말아야 한다.
② 동원 가능한 의약품을 최대한 사용하여 신속히 조치한다.
③ 전문의료원이 도착하기 전까지의 응급처치만 하도록 한다.
④ 응급처치를 실시하는 경비원 자신의 안전을 확보하도록 한다.

Advice 응급처치의 범위와 준수사항
㉠ 생사의 판정은 하지 않는다(생사판정은 의사가 한다).
㉡ 원칙적으로 의약품의 사용을 피한다.
㉢ 의사의 치료를 받기 전까지의 응급처치로 끝난다.
㉣ 의사에게 응급처치 내용을 설명하고 인계한 후에는 모든 것을 의사의 지시에 따른다.
㉤ 동의를 구하여 실시한다.

Answer 1.④ 2.②

3 심폐소생술을 종료할 수 있는 경우가 아닌 것은?

① 구조자(경호원)가 육체적으로 탈진하여 지친 경우

② 다른 의료인과 교대한 경우

③ 환자의 맥박과 호흡이 회복된 경우

④ 15분간 심폐소생술에 반응이 없는 경우

Advice 심폐소생술이 시작된 후에는 특별한 사정이 있는 경우를 제외하고는 의사가 환자의 사망을 선언하기 전까지 계속되어야 한다. 심폐소생술이 시작되고 30분이 지나도록 혈액순환이 회복되지 않는 환자는 심정지의 원인, 대기의 온도와 같은 환경상황, 환자의 신체조건 등을 고려하여 결정하는 것이 좋다.

4 사고현장의 응급처치에 관한 설명으로 옳지 않은 것은?

① 긴급환자를 우선조치하고, 환자의 인계, 증거물이나 소지품을 보존한다.

② 엉키어 뭉친 핏덩어리라도 떼어내지 말아야 한다.

③ 출혈부위는 심장보다 높게 하며, 물을 충분하게 주어 갈증을 해소시켜야 한다.

④ 절단된 부위는 무균드레싱 후 비밀주머니에 넣어 물과 얼음이 담긴 용기에 넣어 운반한다.

Advice ③ 출혈이 멎기 전에는 음료를 주지 않도록 해야 한다.

※ 출혈환자의 응급처치

㉠ 출혈이 심하지 않은 경우
- 상처는 손이나 깨끗하지 않은 헝겊으로 함부로 건드리지 않음
- 엉키어 뭉친 핏덩어리를 떼어내지 말아야 함
- 흙이나 더러운 것이 묻었을 때는 깨끗한 물로 상처를 씻어 줌
- 소독한 거즈를 상처에 대고 드레싱을 하여야 함

㉡ 출혈이 심한 경우
- 즉시 지혈을 하고 출혈 부위를 높게 하여 안정되게 눕힘
- 직접압박, 지압점압박, 지혈대 사용 등으로 지혈함
- 출혈이 멎기 전에는 음료를 주지 않도록 하여야 함

Answer 3.④ 4.③

5 **피경호인이 만찬 중 구토와 함께 졸도하였을 때 경호원의 최초 행동으로 맞는 것은?**

① 의사를 부르고 기다린다.
② 정신을 차리도록 찬물을 끼얹는다.
③ 바로 인공호흡을 실시한다.
④ 입안의 오물을 제거한다.

Advice 구토를 했다면 입안에 남아있는 오물이 있는지 확인한 후 남은 오물을 제거하고 기도를 확보해야 한다.

6 **출혈이 심한 환자에 대한 응급처치방법이 아닌 것은?**

① 상처에 대한 지압점의 압박
② 상처의 드레싱
③ 출혈부위에 대한 직접압박
④ 지혈대의 사용

Advice ② 출혈의 심하지 않을 때 드레싱을 한다.
※ 드레싱의 목적
㉠ 감염, 오염방지
㉡ 지혈
㉢ 혈액과 상처부위의 분비물 흡수
㉣ 상처의 악화 방지

7 **국빈행사 시 의전에 관한 사항으로 적절하지 않은 것은?**

① 국가원수급 외빈의 공식방문 환영행사 시 예포는 21발을 발사한다.
② 국빈방문 시는 환영행사, 국가원수 내외분 예방, 국가원수 내외주최 리셉션 및 만찬, 환송행사 순에 의한다.
③ 외국방문 시 의전관행은 항상 방문하는 나라보다 자국의 관행이 우선한다.
④ 좌석 서열배치는 지위가 비슷한 경우 여자를 남자보다 우선한다.

Advice 자국의 관행보다 방문하는 나라의 관행이 우선한다.

Answer 5.④ 6.② 7.③

8 다음 중 경호활동 시 발생되는 두부손상에 대한 응급처치 요령으로 옳지 않은 것은?

① 두피 손상의 경우 손상입은 피부를 본래의 위치로 되돌려 놓고 거즈를 덮어 직접압박으로 지혈하고 붕대로 고정한다.

② 두개골 골절의 경우 귀나 코에서 흐르는 액체는 막지 않고 이송한다.

③ 두부외상 환자의 경우 두부에 박힌 이물질을 제거하고 보온 조치하여 체온을 유지한다.

④ 일반적으로 두부가 손상되었다고 확인되면, 기도확보, 경추, 척추고정, 산소공급, 기타 외상처치를 실시한다.

Advice 응급처치 시 이물질을 제거하면 출혈이 심해져 위험할 수 있으므로 병원에서 이물질을 제거하도록 한다.

9 경호임무 수행 중 발생한 사고에 대한 상해 진단 및 평가에 대한 내용으로 적절하지 못한 것은?

① 부상자가 의식이 없고 척추손상 상태라면 부상자를 반듯하게 눕히고 머리부위를 당기며 기도를 개방시킨다.

② 부상자가 호흡하지 않아 기도를 개방하고 인공호흡을 실시하였다면 경동맥을 짚어 맥박이 있는지 확인한다.

③ 심폐소생을 실시하는 가운데 출혈이 심하다면 심폐소생술 실시자 이외의 다른 보호자가 지혈을 실시한다.

④ 심폐소생술을 실시중이거나 과도한 열기에 노출되어 발생한 상해가 아닐 경우에는 쇼크를 방지하기 위해 부상자를 차갑게 보호해 주어야 한다.

Advice 심폐소생술을 실시할 때는 부상자를 따뜻하게 보호해 주어야 한다.

10 응급처치를 실시할 때 지켜야 할 원칙으로 옳지 않은 것은?

① 환자나 부상자의 상태조사 및 편안한 자세를 유지하도록 힘쓴다.

② 환자나 부상자에 대한 생사의 판정은 하지 않는다.

③ 동원 가능한 의약품을 최대한 동원하여 신속히 조치한다.

④ 병원에 이송되기 전까지 환자의 2차 쇼크를 방지하고 생명력을 유지하도록 한다.

Advice 의약품을 전부 동원하기보다는 필요한 의약품을 동원하여 필요한 곳에 조치한다.

Answer 8.③ 9.④ 10.③

11 화상 깊이에 따른 분류 중 피부와 진피 일부의 화상, 수포 형성 등 통증이 심한 것은?

① 1도 화상 ② 2도 화상
③ 3도 화상 ④ 4도 화상

Advice 2도 화상의 경우 통증이 심하며 진피가 일부 손상되고 수포가 형성된다.

12 경호의전작용 중 서열기준을 조정할 경우 이에 대한 원칙으로 맞는 것은?

① 외빈방문 시 같은 나라 주재 자국대사가 귀국하였을 때는 주재 외국대사 다음으로 할 수 있다.
② 국가원수를 대행하여 참석하는 정부 각료는 외국대사 다음으로 할 수 있다.
③ 우리가 주최하는 연회에서는 자국측 빈객은 동급의 외국측 빈객보다 상위에 둔다.
④ 대사가 여자일 경우 그의 남편은 최상위의 공사보다 우선한다.

Advice ② 외국대사는 국가원수를 대행하여 참석한 정부 각료 다음으로 한다.
③ 외국측 빈객을 자국측 빈객보다 상위에 둔다.
④ 대사가 여자일 경우에도 그의 남편은 최상위 공사보다 우선하지 않는다.

13 경호임무 수행 중 발생한 사고에 대한 상해진단 및 평가에 대한 설명으로 옳지 않은 것은?

① 부상자가 의식이 없고 척추손상 상태라면 부상자를 반듯하게 눕히고 머리부위를 당기며 기도를 개방시킨다.
② 부상자가 호흡을 하지 않아 기도를 개방하고 인공호흡을 실시하였다면 경동맥을 짚어 맥박이 있는지 확인한다.
③ 심폐소생술을 실시하던 중 출혈이 심하다면 심폐소생술 실시자 이외의 다른 보호자가 지혈을 실시한다.
④ 심폐소생술을 실시할 때는 쇼크를 방지하기 위해 부상자를 차갑게 보호해 주어야 한다.

Advice 심폐소생술을 실시할 때는 부상자를 따뜻하게 보호해 주어야 한다.

Answer 11.② 12.① 13.④

14 응급처치의 4대 요소에 해당되지 않는 것은?

① 전문 의료기관 연락
② 지혈
③ 기도유지
④ 쇼크방지 및 치료

Advice 구명의 4요소 … 기도유지, 지혈, 쇼크예방, 상처보호

15 경호임무 수행 중 타박상을 입었을 때의 조치사항으로 옳지 않은 것은?

① 출혈이 멈추고 부기가 가라앉으면 더운물 치료나 온찜질을 해준다.
② 8~10시간 동안 얼음찜질을 해준다.
③ 상처부위는 심장보다 낮게 해서 혈액순환이 잘되게 해준다.
④ 상처주위에 탄력붕대를 감아주어 출혈과 부종을 막는다.

Advice ③ 출혈을 줄이기 위해서는 상처부위는 심장보다 높게 해야 한다.

16 다음 중 질식된 듯한 모습을 보이며 화상을 동반하여 쇼크 증상을 보일 수 있는 것은?

① 감전
② 골절
③ 창상
④ 탈구

Advice 감전에 대한 설명으로 감전 시에는 피부화상보다는 조직손상이 더 심하다.

17 차량에 국기부착시 의전관례에 대한 설명으로 옳지 않은 것은?

① 우리나라 국기만 부착할 경우는 운전자 중심으로 우측(조수석 방향)에 한다.
② 양 국기를 부착할 경우 우리나라 국기를 운전자 중심으로 좌측(운전석 방향)에 부착한다.
③ 양 국기를 부착한 경우 우리나라 국기를 운전자 중심으로 우측(조수석 방향)에 부착한다.
④ 외국 국가만 부착할 경우 운전자 중심으로 우측(조수석 방향)에 한다.

Advice 차량 밖에서 차량을 정면으로 보았을 때 왼쪽(조수석 방향)에 부착한다.

Answer 14.① 15.③ 16.① 17.②

18 경호임무 수행 중 경호대상자와 대화할 때의 근무예절로 옳지 않은 것은?

① 질문에 답할 때 특정한 분야를 두둔하고 쟁점이 될만한 화제에 대해 자신의 주관적인 대답을 한다.

② 자신이 수행하고 있는 경호업무나 필요한 사항에 대해 설명하고 대화할 수 있는 능력을 보유할 수 있도록 한다.

③ 이야기할 때 관심과 반응을 보여주고 이야기 요지를 잘 파악하여 자신의 의사를 물을 때 간단히 대답할 수 있도록 한다.

④ 경호대상자의 관심분야나 직업에 관해 사전에 파악하고 대화에 필요한 상식을 미리 공부하는 자세가 필요하다.

Advice 특정분야를 두둔한다면 경호대상자에게 반감을 들게 할 수 있으므로 자제하는 것이 좋다.

19 다음 중 탑승예절로서 바르지 않은 것은?

① 비행기를 타고 내릴 때는 상급자가 먼저 타고 마지막에 내린다.

② 여객선에서는 상급자가 나중에 타고 하선할 때는 먼저 내린다.

③ 에스컬레이터 이용 시는 상급자가 먼저 올라가고 내려올 때는 하급자가 먼저 내려온다.

④ 승용차에 여성과 동승할 때 승차 시에는 여성이 먼저 타고, 하차 시에는 남성이 먼저 내려 차문을 열어준다.

Advice 비행기를 타고 내릴 때는 상급자가 마지막에 타고, 먼저 내리는 것이 일반적인 탑승예절이다.

20 경호원 甲이 의전을 수행 중에 경호대상이 악수를 청했다. 옳지 않은 것은?

① 정중히 오른손으로 한다.

② 악수할 때는 손에 힘을 주지 않도록 한다.

③ 감사의 뜻으로 악수를 하면서 왼손으로 상대의 손등을 덮어 쥔다.

④ 계속 손을 잡은 채로 말을 해서는 안 되며, 인사만 끝나면 곧 손을 놓는다.

Advice 악수를 하면서 왼손으로 상대의 손등을 덮어 쥐면 실례이다.

Answer 18.① 19.① 20.③

21 **좌석배치에 관한 설명으로 옳지 않은 것은?**

① 장 · 차관 및 국회의원 등 동시 참석 시 국회의원의 경우 원칙적으로 장관과 차관 사이에 배치한다.
② 주빈은 주최자 쪽에서 봤을 때 오른쪽에 배치해야 한다.
③ 주최자 및 주빈의 플레이스카드 표기시 주최자는 Host, 주빈은 Guest of Honour이다.
④ 주한대사들 초청 시 서열은 나라의 크기 및 규모에 비례하여 배치한다.

Advice 주한대사들 초청 시 서열은 신임장 제정일 순서(나라의 크기 및 규모와 무관)이다.

22 **의전 시 국기의 게양위치에 관한 설명이다. 옳지 않은 것은?**

① 건물에 게양 시 정면에서 보아 중앙이나 왼쪽, 옥상의 중앙, 현관의 차양시설 위 중앙 또는 주된 출입구 위 벽면의 중앙에 국기를 게양한다.
② 건물 안의 강당 및 회의장에 게양 시 건물 안의 강당 등에서 국기를 깃대에 달아서 세워 놓을 때에는 그 내부의 전면을 마주보아 그 전면의 중앙 또는 왼쪽에 국기가 위치하도록 한다.
③ 차량에는 전면을 밖에서 보아 왼쪽(조수석)에 국기를 게양한다.
④ 벽면에 국기를 부착할 경우에는 국기를 액자에 넣지 않고 벽 중앙에 부착한다.

Advice 벽면에 국기를 부착할 경우에 국기를 액자에 넣어서 벽 정중앙에 부착하도록 한다.

23 **국기와 외국기의 게양 시 옳지 않은 것은?**

① 외국기는 우리나라를 승인한 나라에 한하여 게양하여야 한다.
② 국기와 외국기는 가장 윗자리에 국기를 게양하고, 그 다음 위치부터 외국기를 게양한다.
③ 국기와 외국기는 그 크기 및 높이가 같도록 한다.
④ 국기와 외국기를 교차시켜 게양하여야 할 경우에는 밖에서 보아 국기의 깃면이 오른쪽에 오도록 한다.

Advice 국기의 깃면이 왼쪽에 오도록 하여야 한다. 그리고 그 깃대는 외국기의 깃대 앞쪽에 오도록 한다.

Answer 21.④ 22.④ 23.④

24 국기의 금실을 부착하는 경우로 옳지 않은 것은?

① 국가를 대표하는 사람의 승용차에 다는 경우
② 의전용으로 쓰이는 경우
③ 실내에서 게양하는 경우
④ 각종 국제회의시에 벽걸이용으로 쓰이는 경우

Advice 국제회의시에 탁상용으로 사용할 때 국기의 금실을 부착한다.

25 의전 시 명함과 관련한 예절로 옳지 않은 것은?

① 명함용지는 순백색이 일반 관례이며, 너무 얇거나 두꺼운 것은 피하는 것이 좋다.
② 필기체를 사용하는 것이 일반 관례이다.
③ 명함을 내밀 때 같이 교환하는 것이 예의이다.
④ 명함은 받는 즉시 양복 안 주머니에 보관한다.

Advice 명함을 받으면 확인을 하고 천천히 보관장소에 보관하는 것이 예의이며 확인도 하지 않고 즉시 보관하는 것은 상대방을 무시한다는 느낌을 줄 수 있다.

26 의전 시 연회의 좌석배치로 옳지 않은 것은?

① 주빈이 입구에서 먼 쪽에 앉도록 하고 연회장에 좋은 전망(창문)이 있을 경우 전망이 바로 보이는 좌석에 주빈이 앉도록 배치한다.
② 직책을 가지고 참석하는 여성의 경우 Table 끝에 앉지 않도록 한다.
③ 외교단은 반드시 신임장 제정일자 순으로 서열을 맞추어 좌석을 배치한다.
④ 국내 각료급은 정부조직법상의 직제순으로 서열을 맞추어 좌석을 배치한다.

Advice 여성이 Table 끝에 앉지 않도록 하되 직책을 가지고 참석하는 여성의 경우에는 예외이다.

Answer 24.④ 25.④ 26.②

27 **숙녀분과 함께 행동할 때 예절로 옳은 것은?**

① 방이나 사무실을 출입할 때 여성을 앞세운다.
② 승강기를 탈 때는 남성이 먼저 탑승한 후 여성이 탄다.
③ 식당이나 극장·오페라에서 안내인이 있을 때는 남성이 앞에 선다.
④ 자동차에서 내릴 때는 여성이 먼저 내리도록 한다.

Advice ② 승강기를 탈 때는 여성이 먼저 탑승한다.
③ 안내인이 있을 때는 여성이 앞에 선다.
④ 자동차에서 내릴 때는 남성이 먼저 내리도록 한다.

28 **경호 의전 시 자동차 안에서의 의전대상이 앉을 좌석은?(단, 승용차 운전기사가 있는 경우)**

① 운전자 옆자리로 한다.
② 운전자 조수석의 뒷자리로 한다.
③ 운전자 뒷자석으로 한다.
④ 뒷자석이면 어디든 관계없다.

Advice 그림의 ① 위치가 의전대상이 앉을 좌석이다.

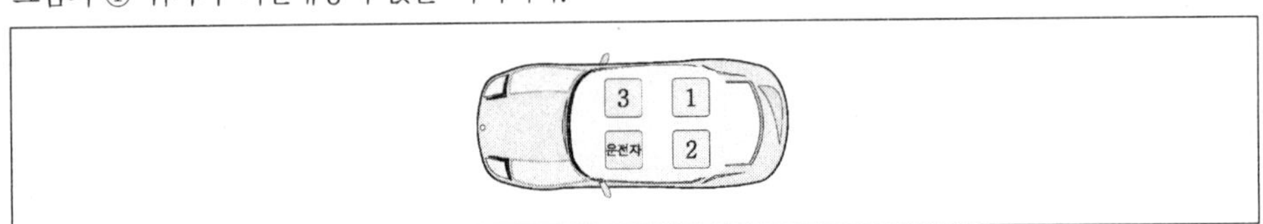

29 **응급처치의 목적으로 옳지 않은 것은?**

① 부상자의 생명을 구하기 위한 임시조치이다.
② 상태 악화를 방지한다.
③ 고통을 경감시키고 회복시킨다.
④ 부상자를 치료하기 위한 것이다.

Advice 응급처치는 장비나 의사가 없는 곳에서 임시적으로 부상자의 생명을 유지하기 위한 것으로 부상자를 치료하기 위한 것은 아니다.

Answer 27.① 28.② 29.④

30 응급처치의 범위와 준수사항으로 옳지 않은 것은?

① 임의로 생사의 판정은 하지 않는다.
② 가지고 있는 모든 의약품을 동원하여 사용한다.
③ 의사의 치료를 받기 전까지의 응급처치로 끝난다.
④ 의사에게 응급처치 내용을 설명하고 인계한 후에는 모든 것을 의사의 지시에 따른다.

Advice 응급처치 시에는 원칙적으로 의약품의 사용을 피한다.

31 응급처치의 활동원칙으로 옳지 않은 것은?

① 주의에 협조자를 구한다.
② 제일 먼저 부상자에게 집중한다.
③ 긴급환자를 우선적으로 처치한다.
④ 마음을 가다듬고 침착하게 행동한다.

Advice 응급처치의 활동원칙으로 안전관리는 환자에게 접근하기 전에 현장을 관찰하여 현장상황을 정확히 판단해 부상자뿐만 아니라 자신의 안전을 최대한 유지하는 것이다. 즉 우선적으로 안전관리를 실시한 후 부상자에게 집중해야 한다.

32 구명의 4대 요소에 해당하지 않는 것은?

① 기도유지
② 지혈
③ 쇼크예방
④ 환자평가

Advice 구명의 4대 요소
㉠ 기도유지
㉡ 지혈
㉢ 쇼크예방
㉣ 상처보호

Answer 30.② 31.② 32.④

33 **환자평가를 실시하는 데 있어서 옳지 않은 것은?**

① 환자의 의식을 확인하기 위해 환자에게 이름, 연령 등을 직접 물어보고 말을 10분 간격으로 물어본다.

② 환자의 의식이 없는 경우 한 손으로 경추를 보호하면서 다른 손으로 환자에게 자극을 주어 깨워본다.

③ 이물질 제거 시 외상환자의 경우 머리를 젖히고 턱을 위로 당기어 기도를 확보해 준다.

④ 질문에 대답하면 기도 및 의식수준이 비교적 양호한 상태라고 추측하고 말을 못하거나 의식이 없으면 ABC평가를 한다.

Advice 이물질 제거 시 외상환자의 경우 경추나 척추 손상의 우려가 크므로 이물질 제거를 위해 함부로 목을 젖히거나, 환자의 몸을 돌리지 않도록 한다.

34 **다음은 부상자의 외형변화에 관한 설명이다. 옳은 것은?**

① 얼굴색이 청색으로 변하면 고혈압, 일산화탄소 중독, 일사병, 열사병, 고열 등에 해당한다.

② 피부색이 창백하고 피부가 차갑고 건조하면 쇼크, 공포, 대출혈, 질식, 심장발작 등으로 혈압이 낮아지고 혈액순환이 악화된 증세이다.

③ 안색, 피부색이 붉으면 혈액속에 산소가 부족한 것을 의미하며 기도폐쇄 등에 해당한다.

④ 동공확대 증상은 중추신경계 장애, 마약중독, 약물중독 등에 해당된다.

Advice ① **청색**: 안색, 피부색 특히 입술과 손톱색이 청색이면 혈액속에 산소가 부족한 것을 의미로 기도폐쇄 등에 해당한다.
③ **붉은색**: 안색, 피부색이 붉으면 고혈압, 일산화탄소 중독, 일사병, 열사병, 고열 등에 해당한다.
④ **동공확대**: 의식장애, 약물중독, 심정지 등에 해당한다.

Answer 33.③ 34.②

35 호흡 및 맥박확인에 관한 설명으로 옳지 않은 것은?

① 약 1분간 환자의 가슴을 보고, 숨소리를 듣고, 숨결을 느끼며 호흡과 맥박을 확인한다.
② 호흡이 없으면 2회 인공호흡을 실시한 후 환자의 회복상태를 확인한다.
③ 입과 입으로 인공호흡을 하는 것은 전염병에 쉽게 노출되므로 수건이나 휴지 등을 이용하여 인공호흡을 한다.
④ 맥박이 아주 느리거나(성인 60회/분 이하) 아주 빠르면(성인 100회/분 이상) 위험한 상태이다.

Advice 호흡 및 맥박의 확인은 약 10초간 실시한다.

36 환자의 상태 판단으로 옳지 않은 것은?

① 의식은 있는데 손발이 움직이지 않는 경우 신경계통 손상을 의미한다.
② 살을 꼬집어도 아픈 것을 느끼지 못하는 경우 척수 손상을 의미한다.
③ 하지를 움직이지 못하는 경우 요추신경 손상을 의미한다.
④ 몸 한쪽 마비는 신경계 손상을 의미한다.

Advice 몸 한쪽 마비는 뇌손상을 의미한다.

37 경호대상자가 쇼크를 일으킬 때 처치원칙으로 올바르지 않은 것은?

① 구토가 심한 경우 옆으로 뉘여 기도를 유지한다.
② 척추손상이 의심되는 경우 긴 척추고정판에 고정 후 하지쪽의 척추고정판을 높인다.
③ 경호대상자의 체온을 유지한다.
④ 머리나 척추에 부상이 있으면 하체를 25~30cm 정도 높여준다.

Advice 머리나 척추의 부상이 없을 때 하체를 어느 정도 높여준다.

 35.① 36.④ 37.④

38 다음 설명으로 올바르지 않은 것은?

① 부상자가 음료를 원할 경우 입을 적실 정도만 준다.

② 갈증해소를 위하여 필요한 경우 깨끗한 수건 등으로 물을 적셔서 입술만 적셔준다.

③ 뱀에 물린 경우 자극성 없는 물을 공급할 수 있다.

④ 환자가 의식이 있고, 마실 것을 줄 필요가 있을 때에는 따뜻한 물을 주도록 한다.

Advice 부상자에게 음료는 원칙적으로 주지 않는다. 특히 두부, 복부, 흉부의 손상, 내출혈, 대출혈 환자 등은 음료를 절대 주지 않는다. 만약 주게 되면 수술을 할 수도 있다.

39 기도유지에 관한 설명으로 옳지 않은 것은?

① 기도가 폐쇄되어 있으면 어떠한 구조호흡을 실시하여도 효과가 없다.

② 말을 약간씩 하거나 기침을 할 수 있는 경우 부분적 기도폐쇄의 증상이다.

③ 부분적 기도폐쇄시 이물질이 더 깊이 들어가지 않도록 하며 손가락 사용시 주의한다.

④ 청색증이 나타나거나, 애를 써 호흡을 하려하는 경우 부분적 기도폐쇄 증상이다.

Advice 완전 기도폐쇄

㉠ 숨을 쉴 수 없고 말을 할 수 없다.

㉡ 반사적으로 목을 움켜쥐는 동작을 한다.

㉢ 청색증이 나타나거나, 애를 써 호흡을 하려 한다.

40 기도폐쇄의 원인으로 옳지 않은 것은?

① 혀

② 이물질

③ 부종

④ 호흡

Advice 기도폐쇄 원인

㉠ 혀 : 의식이 없을 때의 가장 흔한 기도폐쇄의 원인이다.

㉡ 이물질 : 구토물, 혈액, 음식물, 의치 등

㉢ 부종 : 기도부위의 부종, 손상, 성대의 경련, 심한 알레르기 등

Answer 38.① 39.④ 40.④

41 경호대상자의 응급상황으로 이물질제거 시 올바르지 않은 것은?

① 성인의 경우 뒤쪽에 위치하여 명치끝과 배꼽 중간을 잡아 위쪽으로 압박한다.
② 임신말기 및 비만인에게 복부 밀쳐올리기를 실시한다.
③ 부상자의 얼굴을 옆으로 하고 꺼즈, 손수건 등을 이용하여 손가락으로 이물을 제거한다.
④ 10세 미만의 유아의 경우 손으로 복부 밀쳐올리기, 즉 하임리히법을 사용하지 않는다.

Advice 하임리히법(손으로 복부 밀쳐올리기)
㉠ 환자의 뒤쪽에 위치하여 명치끝과 배꼽 중간을 잡아 위쪽으로 압박한다.
㉡ 10세 미만의 소, 유아의 경우에는 실시하지 않는다.
㉢ 임신말기 및 비만인에게는 흉부압박으로 한다.

42 구조호흡을 할 때 주의사항으로 옳지 않은 것은?

① 과호흡이 되지 않도록 한다.
② 규칙적으로 실시한다.
③ 맥박이 있으면 심폐소생술을 실시한다.
④ 쇼크처치를 실시한다.

Advice 맥박이 있으면 심폐소생술을 실시하지 않는다.

43 경호원의 자격과 윤리의 내용 중 옳은 것은?

① 복장의 착용은 화려한 색깔로 경호원의 권위와 신분을 과시할 수 있는 것으로 한다.
② 강한 책임감과 희생정신이 필요하다.
③ 질서유지를 위해서는 군중들에게 강압적으로 행동한다.
④ 휴대장비의 취급에 주의하고 작동은 누구나 할 수 있도록 한다.

Advice 경호원의 윤리
㉠ 자기희생의 정신
㉡ 비밀정보의 관리 및 유출방지
㉢ 이념이나 사상에 있어서 중립성 요구
㉣ 공익을 우선하는 마음가짐

Answer 41.② 42.③ 43.②

44 탑승예절에 관한 설명으로 옳은 것은?

① 승용차를 동승할 때에는 상급자가 먼저 타고, 내릴 때는 하급자가 먼저 내린다.
② 승용차 탑승 시 운전기사가 있을 경우 자동차 좌석의 서열은 뒷자석 왼쪽이 상석이며 그 다음이 오른쪽, 앞자리, 가운데 순이다.
③ 비행기를 타고 내릴 때는 상급자가 먼저 타고 먼저 내린다.
④ 비행기 탑승 시 창문가 좌석이 상석이며 통로쪽 좌석이 말석, 상석과 차석 사이가 차석이다.

Advice ① 승용차를 동승할 때에는 하급자가 먼저 타고, 내릴 때는 상급자가 먼저 내린다.
② 운전기사가 있는 승용차의 경우 자동차 뒷자석 오른쪽이 상석이다.
④ 비행기 탑승 시 좌석은 창가쪽이 상석, 통로쪽이 차석, 가운데가 말석이다.

45 경호임무수행 중 출혈이 심한 경우에 응급처치 방법으로 옳지 않은 것은?

① 출혈부위를 심장보다 높게 하여 안정되게 눕힌다.
② 출혈이 멎기 전에 음료를 주어 수분을 보충해준다.
③ 즉시 지혈한다.
④ 지혈방법은 직접 압박, 지압점 압박, 지혈대 사용 등의 방법이 있다.

Advice ② 출혈이 심한 경우에는 수술을 받을 수도 있으므로, 피가 멎기 전에 음료 등을 먹이지 말아야 한다.

Answer 44.③ 45.②

06 경호의 환경

1 경호의 환경요인

1 일반적 경호환경

① **경제발전**

㉠ 경제발전은 우리 사회를 물질주의 사회구조로 변화시키고 사람들의 가치기준 변화까지 초래하였다.

㉡ 급속한 경제발전 및 개혁에 따른 사회구조 변화 과정에서 불만저항세력과 사회에서 소외된 사람들이 증가하였고 불법체류 외국인 범죄조직, 폭력 및 마약 범죄단체와 연계할 가능성이 높아졌다.

㉢ 부의 재분배 과정에서 발생하는 빈부의 격차로 인한 지역 간 계층 간 갈등이 발생한다.

② **과학기술의 향상**

㉠ 과학기술의 향상으로 인해 인간생활은 편리해졌지만 반대로 과학기술이 범죄에 악용되는 경우가 많아졌다. 위해를 가하려는 자들의 첨단장비를 이용한 범죄가 증가하고, 성공가능성도 높아졌다.

㉡ 자동차 · 항공기의 발달과 전자 · 전기 · 통신 및 컴퓨터의 발달 등으로 생활규모가 변화되고 범죄양상이 광역화, 기동화 되었다.

③ **동력화의 진전**

㉠ 인구증가 · 경제성장 · 기업활동의 활발화 등은 다양한 교통수요를 가져오게 되고 대도시와 지방, 주거지역과 공업지역이 상호 연결되어 국제화의 경향이 뚜렷해졌다.

㉡ 각종 국제회의와 체육경기, 관광 등에 의한 외래문화의 교류와 이에 따른 문화와 가치의 변화가 일어난다.

④ **정보화**

㉠ TV, 인터넷 등으로 이어지게 된 매체 변화는 정보의 질적 · 양적 수준을 바꾸어 놓았다. 정보화 시대라는 말이 무색할 정도의 정보의 범람 그 자체 속에 살아가면서 이러한 '정보 과잉'이 '정보 과부하' 상태로 빠져들게 하여 정보 판단의 기준을 잡기가 어렵게 되었다.

㉡ 정보 남용 · 오용으로 인한 사회적 문제가 발생하고, 범죄가 광역화, 지능화 되어 발각의 가능성이 낮아져 위해의 가능성은 높아졌다.

㉢ 신속하고 정확한 정보입수를 하는 것에 사람들이 광분하게 되어 사회의 신용유지에 혼돈을 가져오게 한다.

⑤ **국민의식과 생활양식 변화**

㉠ 고도의 물질문명의 발달과 자유주의의 지나친 팽배는 개인주의 · 이기주의를 확산시킨다. 주민연대 의식의 결여, 익명성의 지향 등은 경호환경에 비협조적 경향으로 나타날 우려가 있다.

㉡ 전통적 도덕관념이나 윤리관에 대한 의식변화가 일어나고 전통적인 사회규범에서 벗어나거나 이에 반발 · 부정하는 형태로 흐르게 된다.

⑥ **범죄의 증가 및 다양화**

㉠ 노인범죄 · 청소년범죄 · 성범죄 · 사이버범죄 등 범죄 유형이 다양해지고 범죄 수도 증가했다. 그리고 이러한 각종 범죄들은 갈수록 흉악화 되고 있다.

㉡ 과학기술의 발달과 정보화 등은 범죄의 지능화와 조직화를 초래한다.

㉢ 개방화와 국제적 교류의 증대는 범죄 조직의 국제화, 범죄수법의 국제 교류활동을 높이고 경호통제를 어렵게 한다.

경호환경을 일반적 환경과 특수적 환경으로 구분할 경우, 특수적 환경에 해당하는 것은?

① 범죄의 다양화와 증가
② 경제발전과 과학기술의 향상
③ 생활양식 및 국민의식의 변화
④ 해외에서 우리 국민의 테러위협 증가

★ 경호의 환경요인

㉠ 일반적 환경요인 : 범죄의 다양화와 증가, 경제발전과 과학기술의 향상, 생활양식 및 국민의식 변화, 동력화의 진전

㉡ 특수적 환경요인 : 해외에서 우리 국민의 암살 · 테러위협의 증가

답 ④

2 특수적 경호환경

① **특수적 환경요인** … 암살 · 테러 등

② **특수적 환경요인에 영향을 끼치는 요소**

㉠ 경제전쟁 : 그동안 냉전시대의 이념적 갈등을 위주로 한 팽팽한 군사적 대립은 세계 각국의 경제적 대립으로 탈바꿈하여 지역이기주의와 경제우선주의가 자리 잡았다. 이에 각국의 경제적 패권다툼에서 소외된 각 지역의 소수민족과 소수테러단체들의 테러투쟁이 증가하였다.

ⓑ **국제적 지위향상** : 한 국가의 국제적 지위향상은 테러 · 암살 등의 위협을 증가시킬 수 있다. 우리나라도 국제적으로 지위가 향상되면서 아국인을 대상으로 한 납치 · 살해 · 테러위협 등이 증가하였다.

ⓒ **특정국의 위협** : 특정국가의 경제적 곤경과 정치적인 불안정은 테러 · 암살 등의 위협적인 요인이 된다. 우리나라의 경우 북한 내부의 정치적 · 경제적 위기, 북한 핵문제 등으로 인한 혼란이 위협요소가 되어 경호 환경에 큰 영향을 미치게 된다.

2 암살

1 개념

암살이란 정치적으로 영향력을 행사할 수 있는 지위에 있는 사람을 정치적 · 사상적 대립이 동기가 되어 비합법적으로 살해하는 행위를 뜻한다. 좌익 · 우익 · 피지배층 · 권력자 상호 간 등 여러 사람들이 암살을 행하고 있고, 개인적으로 암살을 행하는 경우도 있지만, 일반적으로는 조직이나 권력자와 관련되는 경우가 많다.

2 동기

① **정치적 동기** … 현재의 정권을 교체하거나 새로운 정부를 구성하고자 하는 욕망을 가진 개인 또는 집단이 정부의 수반을 제거하기 위해서 암살을 선택한다.

② **이념적 동기** … 암살이 이념적 갈등이나 차이로 발생한다. 자신이 중요하게 생각하는 이념이나 사상을 위태롭게 하고 있다고 생각되는 경우 암살대상자로 지정해 암살이 행하여진다.

③ **개인적 동기** … 암살자가 원한, 분노, 증오 등의 지극히 개인적인 동기로 암살을 선택한다.

④ **경제적 동기** … 자신의 가족, 집단, 민족에게 영향을 미칠 수 있는 경제적인 악조건을 타개하거나 금전적인 보상을 위해 누군가 희생이 되어야 한다는 신념에 의해 암살이라는 방법을 택한다.

⑤ **심리적 동기** … 정신분열증, 편집증, 조울증, 치매(노인성) 등을 가진 암살자의 심리적 동기에 의해 암살이 일어난다. 이러한 요소들은 한 가지 또는 복합적으로 작용하여 암살이 이루어진다.

⑥ **적대적 동기** … 적국의 지도자의 제거로 승리를 이끌 수 있는 적대관계에 놓여있거나 전쟁 중일 경우, 사회 혼란을 조성해야 하는 경우 등 전략적인 판단에 의해 암살이 이루어지기도 한다.

3 암살범의 특징

① **심리적 특징**

㉠ 무능력자이거나 스스로를 학대하는 사람

㉡ 인내심이 부족하거나 적개심이 많은 사람

㉢ 허황된 사고방식을 가졌거나 과대망상자

㉣ 지나친 종교적 · 정치적 몰입자

② **환경적 특징**

㉠ 생활이 불안정한 사람

㉡ 대게 미혼자이거나 가정적으로 불안정한 사람

③ **신체적 특징** … 의도적으로 평범하고 단정하게 연출을 하기 때문에 외모만으로는 암살범 식별이 어려움

4 실행단계

① **경호정보수집** … 암살대상의 주변을 맴돌거나 조사를 통한 치밀한 대상자 주변 정보 수집

② **무기 및 장비획득** … 훔치거나 주변에서 빌리거나 통신판매점 등을 통해 획득

③ **임무 부여** … 무기나 장비를 획득한 후 계획을 구상하여 다른 공모자들에게 임무를 부여한다. 전원이 범행에 참가하는 경우도 있고, 한 명만이 지명되는 경우도 있다.

④ **범행 실행**

㉠ 기습 원칙

㉡ 군중들의 살상과 재산피해에 죄의식이 없음

㉢ 원하는 목적을 이룰 때 까지 다양한 공격방법이 동시에 또는 계속적으로 일어날 수 있음

암살범의 일반적인 심리적 특성에 대한 설명이 옳지 않은 것은?

① 암살범은 자기 자신을 학대하는 경향이 있다.
② 암살범은 적개심과 과대망상적인 사고를 소유한 자들이 많다.
③ 암살범은 허황된 사고와 행동에 빠지기 쉬운 자들이 많다.
④ 암살범은 외모로 식별해내기 곤란할 정도로 단정하다.

★④ 암살범의 신체적 특성에 해당하는 내용이다.
※ 암살범의 특성
㉠ 자학자나 무능력자, 과대망상자, 인내심이 부족한 자, 생활불안전자, 외모가 평범한 자
㉡ 신앙에 맹신하거나 정치적으로 지나치게 몰입하는 자
㉢ 평범한 외모를 갖춘 엘리트가 군사적 충돌에 의해 암살을 하는 경우가 많아지는 추세임

답 ④

3 테러

1 개념

① **사전적 정의** … 정치 · 종교 · 사상적 목적을 위한 무차별 폭력행사와 위협

② **미 국무부의 정의** … 초 국가집단이나 어떤 국가의 비밀요원이 다수의 대중에게 영향력을 행사하기 위해 전투원 또는 비전투원을 대상으로 하는, 미리 계획된 정치적 폭력

③ **미 중앙정보국의 정의** … 개인 또는 단체가 기존의 정부에 대항하거나 대항하기 위해 직접적인 희생자들보다 더욱 광범위한 대중에게 폭력을 사용하여 심리적 충격을 주거나 협박을 함으로써 정치적 목적을 달성하는 것

④ **우리나라의 국가대테러활동지침상 테러의 정의**(제2조)

㉠ "테러"라 함은 국가안보 또는 공공의 안전을 위태롭게 할 목적으로 행하는 다음의 어느 하나에 해당하는 행위를 말한다.

ⓐ 국가 또는 국제기구를 대표하는 자 등의 살해 · 납치 등 「외교관 등 국제적 보호인물에 대한 범죄의 방지 및 처벌에 관한 협약」 제2조에 규정된 행위

ⓑ 국가 또는 국제기구 등에 대하여 작위 · 부작위를 강요할 목적의 인질억류 · 감금 등 「인질억류 방지에 관한 국제협약」 제1조에 규정된 행위

ⓒ 국가중요시설 또는 다중이 이용하는 시설 · 장비의 폭파 등 「폭탄테러행위의 억제를 위한 국제협약」 제2조에 규정된 행위

ⓓ 운항 중인 항공기의 납치 · 점거 등 「항공기의 불법납치 억제를 위한 협약」 제1조에 규정된 행위

ⓔ 운항 중인 항공기의 파괴, 운항 중인 항공기의 안전에 위해를 줄 수 있는 항공시설의 파괴 등 「민간항공의 안전에 대한 불법적 행위의 억제를 위한 협약」 제1조에 규정된 행위

ⓕ 국제민간항공에 사용되는 공항 내에서의 인명살상 또는 시설의 파괴 등 「1971년 9월 23일 몬트리올에서 채택된 민간항공의 안전에 대한 불법적 행위의 억제를 위한 협약을 보충하는 국제민간항공에 사용되는 공항에서의 불법적 폭력행위의 억제를 위한 의정서」 제2조에 규정된 행위

ⓖ 선박억류, 선박의 안전운항에 위해를 줄 수 있는 선박 또는 항해시설의 파괴 등 「항해의 안전에 대한 불법적 행위의 억제를 위한 협약」 제3조에 규정된 행위

ⓗ 해저에 고정된 플랫폼의 파괴 등 「대륙붕상에 소재한 고정플랫폼의 안전에 대한 불법적 행위의 억제를 위한 의정서」 제2조에 규정된 행위

ⓘ 핵물질을 이용한 인명살상 또는 핵물질의 절도 · 강탈 등 「핵물질의 방호에 관한 협약」 제7조에 규정된 행위

㉡ "테러자금"이라 함은 테러를 위하여 또는 테러에 이용된다는 정을 알면서 제공 · 모금된 것으로서 「테러자금 조달의 억제를 위한 국제협약」 제1조 제1호의 자금을 말한다.

㉢ "대테러활동"이라 함은 테러 관련 정보의 수집, 테러혐의자의 관리, 테러에 이용될 수 있는 위험물질 등 테러수단의 안전관리, 시설 · 장비의 보호, 국제행사의 안전확보, 테러위협에의 대응 및 무력 진압 등 테러예방 · 대비와 대응에 관한 제반활동을 말한다.

㉣ "관계기관"이라 함은 대테러활동을 담당하는 중앙행정기관 및 그 소속기관을 말한다.

㉤ "사건대응조직"이라 함은 테러사건이 발생하거나 발생이 예상되는 경우에 그 대응을 위하여 한시적으로 구성되는 테러사건대책본부 · 현장지휘본부 등을 말한다.

㉥ "테러경보"라 함은 테러의 위협 또는 위험수준에 따라 관심 · 주의 · 경계 · 심각의 4단계로 구분하여 발령하는 경보를 말한다.

2 특징

① 폭력적 행위

② 철저한 계획, 군사활동과 유사한 치밀함과 정확성

③ 강제력을 사용하여 타의 복종을 요구하는 행위

④ 인명 및 재산피해 발생

⑤ 공포감과 위협 발생

3 유형

① **페쳐**(Fetscher)**의 분류**

㉠ 소수인종에 의한 테러 : 핍박을 받아온 소수민족이 기존질서에 도전하기 위한 행위

㉡ 환경의 변화나 환경에 저항한 테러 : 이념으로 무장되어 있고 조직이 정예화 되어 있으며 재정적 풍족함도 있으나 국민의 광범위한 지지를 받지는 못한다.

② **정치적 신념에 따른 분류**

㉠ 민족주의나 종족주의 신념에 의한 테러

㉡ 이념을 기초로 하는 테러 : 마르크스, 파시스트, 나치주의, 무정부주의 등의 이념을 기초로 한다.

㉢ 허무주의에 입각한 테러 : 미래에 대한 분명한 비전과 생각이 없는 파괴주의자들에 의한 테러

㉣ 특정 정책의 쟁점을 위한 테러

③ **해커**(Hacker)**의 분류**

㉠ 광인형 : 즉흥적이고 병리적인 테러리스트

㉡ 범죄형 : 개인이득을 얻기 위한 범죄형적 테러리스트

㉢ 순교형 : 이상주의적인 십자군형 테러리스트

④ **미코러스**(Mickolus)**의 분류**

㉠ 영토복고주의자

㉡ 민족혁명가

㉢ 세계적 무정부주의자

㉣ 범죄 집단

㉤ 정신착란자

㉥ 장난꾼

㉦ 전위혁명을 갖는 집단

㉧ 질서유지를 위한 자원

4 공격방법

① 인적 목표에 의한 암살

② 비인간 목표 테러공격(항공기 · 은행 · 기업 등)

③ 항공기불법탈취(hijacking)

④ 유괴 및 납치

⑤ 매복 · 기습공격

⑥ 원거리 미사일 공격

⑦ 생 · 화학 공격

⑧ 사이버 공격

국가대테러활동지침상 테러에 관한 설명으로 옳지 않은 것은?

① 테러는 국가안보 또는 공공의 안전을 위태롭게 할 목적으로 행하는 행위를 말한다.
② 국가 대테러정책의 심의 · 결정 등을 위하여 대통령 소속하에 테러대책회의를 둔다.
③ 테러경보는 테러 발생 이전의 예방과 테러 발생 이후의 대응에 따라 2단계로 구분하여 발령한다.
④ 사건대응조직이란 테러사건이 발생하거나 발생이 예상되는 경우에 그 대응을 위하여 한시적으로 구성되는 테러사건대책본부 · 현장지휘본부 등을 말한다.

★ 테러경보라 함은 테러의 위협 또는 위험수준에 따라 관심 · 주의 · 경계 · 심각의 4단계로 구분하여 발령하는 경보를 말한다〈국가대테러활동지침 제2조 제8호〉.

답 ③

5 조직 형태

① **지도자조직** … 정신적 지주, 정책의 수립 · 계획 · 통제 · 집행

② **수동적 지원조직** … 정치적 전위 집단, 후원자

③ **적극적 지원조직** … 선전효과, 자금획득, 조직 확대에 기여

④ **전문적 조직** … 참고자료나 정보제공, 테러리스트의 법적인 비호, 은닉이나 알리바이 제공

⑤ **직접적 지원조직** … 테러대상에 대한 정보제공, 무기지원, 요원 훈련, 전술 및 작전지원

⑥ **행동조직** … 폭발물설치, 직접 테러행위 실행

테러조직의 유형 중 지도자 조직의 임무는?

① 지휘부의 정책수립
② 테러리스트의 비호 · 기만
③ 자금획득
④ 무기 · 탄약 지원

★② 전문적 지원조직 : 직접적인 정보 수집 및 정보와 자료를 제공, 테러리스트의 은닉, 의료지원을 하는 조직이다.
③ 적극적 지원조직 : 선전효과의 증대와 테러조직의 자금을 획득하고, 조직 확대에 기여하는 조직이다.
④ 직접적 지원조직 : 테러를 위하여 폭발물 설치, 전술 또는 작전을 지원하는 조직이다.

답 ①

6 수행단계

① **제1단계** … 정보수집대상에 대한 관찰을 실시하고 행동경로 · 습관 등의 관련정보를 수집한다.

② **제2단계** … 계획수립 어떻게 공격이 이루어질지 공격 계획을 수립하는 단계로 공격 시기 · 방법 · 장소 등을 결정하는 단계이다.

③ **제3단계** … 조직화 계획된 공격이 잘 이루어지도록 잘 훈련된 요원들을 나누어 공격 조를 편성하고 각 요원에게 임무를 주고 그에 맞는 무기와 장비를 정한다.

④ **제4단계** … 공격준비 공격지점 근처에 은거지역을 정하고 각종 장비를 확보한 후 공격을 준비한다. 공격이 잘 실행 될 수 있도록 조직화 단계에서 정한 내용들을 점검한다.

⑤ **제5단계** … 실행 앞의 단계들에서 계획된 공격방법에 의해 공격을 실시한 후 현장을 이탈한다.

7 사이버테러

① **개념** … 컴퓨터 통신망을 이용하여 데이터베이스화되어 있는 군사, 행정, 인적 자원 등 주요 기관의 정보시스템에 침입하여 중대한 장애를 발생 시키거나 파괴하여 국가 기능을 마비시키는 신종 테러를 말한다. 다수 피해자의 전산망에 사이버공격을 하였다 하더라도 테러의 결과라고 볼 수 있는 피해가 발생하지 않을 경우 이러한 공격행위를 사이버테러라고 보기 어렵다. 그러나 그것이 결과적으로 한 사회나 국가에 공포심과 불안감을 조성할 수 있는 정도에 이를 경우는 사이버테러라고 부를 수 있다. 정보화 사회에서 일어나는 부작용 중의 하나로 인터넷 사용이 늘어나면서 사이버 테러 행위도 급격히 증가하고 있으며 앞으로 이런 추세는 계속될 전망이다.

② **특징**

㉠ **저비용성** : 전통적인 테러에 비해 준비하고 실행하는 데 경제적 비용이 적게 든다.

㉡ **비정치성** : 사이버테러를 행하는 테러리스트들이 정치적인 의도나 추구하는 목표를 가지지 않고 행하는 경우가 많다.

㉢ **시스템의 취약성** : 행위자가 방법만 터득한다면 누구나 쉽게 인터넷망을 교란시키고 마비시킬 수 있다.

㉣ **비폭력성** : 실제로 물리적인 폭력이 수반되는 것이 아니라 가상공간에서 무형적인 폭력행위가 사용된다.

㉤ **범행의 용이성** : 자신의 희생이 불필요하고 일반 범죄에 비해 느끼는 죄의식이 적기 때문에 컴퓨터시스템이나 전문적 지식을 갖춘 사람이면 쉽게 범행을 저지를 수 있다.

㉥ **예비단계의 성격** : 전통적인 테러를 하기 전이나 전쟁을 선포하기 전에 예비단계로서 경고의 의미로 사이버 테러를 행할 수도 있다. 또는 강대국들을 상대하면서 화력에 의한 전면전은 승산이 없다고 판단하는 경우도 사이버테러를 동원할 가능성이 있다.

㉦ **익명성** : 테러를 행하는 경우, 당하는 경우 양측이 동일하게 익명적인 관점을 가질 수 있다.

③ **유형**

㉠ **해킹** : 컴퓨터를 이용하여 타인의 정보처리장치 또는 정보처리조직에 침입하여 그것이 수행하는 기능이나 전자기록에 부당하게 간섭하는 일체의 행위를 말한다. 전상망의 운영체제나 운영프로그램의 버그를 이용하는 방법과 해킹을 위하여 전문적으로 제작된 해킹프로그램을 사용하는 방법이 있다.

ⓐ **서비스 거부공격** : 정보통신망에 일정한 시간 동안 대량의 데이터를 전송시키거나 처리하게 하여 과부하를 야기한 후에 정상적인 서비스가 불가능한 상태를 만드는 것이다.

ⓑ **전자우편 폭탄** : 전자우편 폭탄은 목표로 하는 컴퓨터에 전자우편을 발송하여 이 우편을 받은 컴퓨터가 제 기능을 하지 못하도록 하는 것이다.

ⓒ **파일 삭제 자료유출** : 정보통신망에 침입하여 그 안의 중요한 파일들을 삭제하고 자료들을 빼가는 것이다.

㉡ **바이러스** : 유포 컴퓨터를 작동시키는 기본 소프트웨어에 들어가 시스템의 소스나 사용자의 작업 프로그램 또는 데이터 파일을 파괴하거나 컴퓨터 운영상의 기능을 일부 방해하는 프로그램을 말한다. 강한 전파성을 가진 것이 특징이다.

㉢ **논리폭탄** : 논리 폭탄은 일종의 컴퓨터 바이러스로, 해커나 크래커가 프로그램 코드의 일부를 조작해 이것이 소프트웨어의 어떤 부위에 숨어 있다가 특정 조건에 달했을 경우 기능을 마비시킨다. 즉, 프로그램에 어떤 조건이 주어져 숨어 있던 논리에 만족되면 폭탄처럼 자료나 소프트웨어를 파괴하여 자동으로 잘못된 결과가 나타나게 한다. 트로이 목마라는 컴퓨터 바이러스와 유사한 면을 가지고 있다.

㉣ **고출력 전자총** : 전자기장을 발생해 자기기록을 훼손하는 방법으로 전파체계를 교란시켜 사람에게는 피해를 주지 않으면서 국가기관의 전산망을 일시에 무력화시킨다. 컴퓨터가 전자회로로 이루어져 있기 때문에 고출력 전자파를 받으면 오작동하거나 정지한다는 점을 이용한 것이다.

㉤ **스누핑** : 인터넷에 떠도는 IP 정보를 몰래 가로채는 행위

㉥ **스푸핑** : 어떤 프로그램이 마치 정상적인 것처럼 유지되는 것처럼 믿도록 속이는 행위

㉦ **플레임** : 네티즌들이 공동의 관심사를 논의하기 위해 개설된 토론방에 고의로 가입하여 개인 등에 대한 악성 루머를 유포하는 행위

8 각국의 대테러조직

① **프랑스** … 프랑스 국가 헌병대(GIGN)의 주요임무는 인질 구출, 경호, 핵시설 경계와 극악범 호송 등이다. 선발은 헌병대, 외인부대, 공수부대 등에서 지휘관의 추천을 받은 사람들을 서류 심사로 뽑은 뒤 일주일 동안 체력, 담력, 사격, 레펠 등의 평가에서 합격한 사람을 8개월 동안 30가지의 재측정을 통해 최종 선발한다.

② **영국** … 현대 특수부대의 '원조'격으로, 미국의 델타포스조차도 일단 존경심부터 표하고 본다는 영국 육군의 특수부대가 공수특전단인 SAS(Special Air Service)다.

③ **독일** … GSG-9은 테러리즘 관련임무를 수행하며, 위기상황에서의 대통령과 국빈 등의 VIP호위, 테러리스트의 공격위험이 있는 재외 독일 대사관의 보호, 국가의 주요시설물 방어를 맡고 있다.

④ **미국**

㉠ **델타포스** : 미 육군 특수전 그룹 델타 분견대

㉡ **데브그루** : 미 해군 특수전단 네이비실 제6팀

㉢ 미 연방 수사국(FBI) 대테러부대 HRT 와 FBI-SWAT

9 한국의 대테러조직

① 707부대는 특전사 소속의 비밀 특수 부대다. 특전사 대원 중 정예요원만을 뽑아 지난 1981년 창설됐다. 국가차원에서 관리된다. 평상시에는 테러 진압을 주임무로 하고 있다.

각국의 대테러조직의 연결이 옳지 않은 것은?

① 영국의 대테러부대는 SAS이다.
② 미국의 대테러부대는 SWAT이다.
③ 프랑스의 대테러부대는 GSG-9이다.
④ 한국의 대테러부대는 KNP-868이다.

★ 프랑스의 대테러부대는 GIGN이고, GSG-9은 독일의 대테러부대이다.

답 ③

② **우리나라 대테러조직**(국가대테러활동지침)

㉠ 테러대책회의(제5~7조)

ⓐ 테러대책회의 설치 및 구성

- 국가 대테러정책의 심의 · 결정 등을 위하여 대통령 소속하에 테러대책회의를 둔다.
- 테러대책회의의 의장은 국무총리가 되며, 위원은 다음의 자가 된다.
  - 외교부장관 · 통일부장관 · 법무부장관 · 국방부장관 · 행정안전부장관 · 산업통상자원부장관 · 보건복지부장관 · 환경부장관 · 국토교통부장관 · 해양수산부장관 및 국민안전처장관
  - 국가정보원장
  - 국가안보실장 · 대통령경호실장 및 국무조정실장
  - 관세청장 · 경찰청장 및 원자력안전위원회위원장
  - 그 밖에 의장이 지명하는 자
- 테러대책회의의 사무를 처리하기 위하여 1인의 간사를 두되, 간사는 제11조의 규정에 의한 테러정보통합센터의 장으로 한다. 다만, 제20조의 규정에 의한 분야별 테러사건대책본부가 구성되는 때에는 해당 테러사건대책본부의 장을 포함하여 2인의 간사를 둘 수 있다.

ⓑ 임무 : 테러대책회의는 다음의 사항을 심의한다.

- 국가 대테러정책
- 그 밖에 테러대책회의의 의장이 부의하는 사항

ⓒ 운영 : 테러대책회의는 그 임무를 수행하기 위하여 의장이 필요하다고 인정하거나 위원이 회의소집을 요청하는 때에 의장이 이를 소집한다.

㉡ 테러대책상임위원회(제8~10조)

ⓐ 설치 및 구성

- 관계기관 간 대테러업무의 유기적인 협조 · 조정 및 테러사건에 대한 대응대책의 결정 등을 위하여 테러대책회의 밑에 테러대책상임위원회(이하 "상임위원회"라 한다)를 둔다.
- 상임위원회의 위원은 다음의 자가 되며, 위원장은 위원 중에서 대통령이 지명한다.
  - 외교부장관 · 통일부장관 · 국방부장관 및 국민안전처장관
  - 국가정보원장
  - 국가안보실장 및 국무조정실장
  - 경찰청장
  - 그 밖에 상임위원회의 위원장이 지명하는 자
- 임위원회의 사무를 처리하기 위하여 1인의 간사를 두되, 간사는 제11조의 규정에 의한 테러정보통합센터의 장으로 한다.

ⓑ 임무

- 테러사건의 사전예방 · 대응대책 및 사후처리 방안의 결정
- 국가 대테러업무의 수행실태 평가 및 관계기관의 협의 · 조정
- 대테러 관련 법령 및 지침의 제정 및 개정 관련 협의
- 그 밖에 테러대책회의에서 위임한 사항 및 심의 · 의결한 사항의 처리

ⓒ 운영

- 상임위원회의 회의는 정기회의와 임시회의로 구분하며, 위원장이 소집한다.
- 정기회의는 원칙적으로 반기 1회 개최한다.
- 임시회의는 위원장이 필요하다고 인정하거나 위원이 회의소집을 요청하는 때에 소집된다.
- 상임위원회의 위원장 · 위원 및 간사의 직무에 대하여는 제7조 제2항의 규정을 준용한다.
- 상임위원회의 운영을 효율적으로 지원하기 위하여 관계기관의 국장으로 구성되는 실무회의를 운영할 수 있으며, 간사가 이를 주재한다.

㉢ 테러정보종합센터(제11~13조)

ⓐ 설치 및 구성

- 테러 관련 정보를 통합관리하기 위하여 국가정보원에 관계기관 합동으로 구성되는 테러정보통합센터를 둔다.
- 테러정보통합센터의 장(이하 "센터장"이라 한다)을 포함한 테러정보통합센터의 구성과 참여기관의 범위 · 인원과 운영 등에 관한 세부사항은 국가정보원장이 정하되, 센터장은 국가정보원 직원 중 테러 업무에 관한 전문적 지식과 경험이 있는 자로 한다.
- 국가정보원장은 관계기관의 장에게 소속공무원의 파견을 요청할 수 있다.
- 테러정보통합센터의 조직 및 운영에 관한 사항은 공개하지 아니할 수 있다.

ⓑ 임무

- 국내외 테러 관련 정보의 통합관리 및 24시간 상황처리체제의 유지
- 국내외 테러 관련 정보의 수집 · 분석 · 작성 및 배포
- 테러대책회의 · 상임위원회의 운영에 대한 지원
- 테러 관련 위기평가 · 경보발령 및 대국민 홍보

경호학

- 테러혐의자 관련 첩보의 검증
- 상임위원회의 결정사항에 대한 이행점검
- 그 밖에 테러 관련 정보의 통합관리에 필요한 사항

ⓒ 운영

- 관계기관은 테러 관련 정보(징후 · 상황 · 첩보 등을 포함한다)를 인지한 경우에는 이를 지체 없이 센터장에게 통보하여야 한다.
- 센터장은 테러정보의 통합관리 등 업무수행에 필요하다고 인정하는 경우에는 관계기관의 장에게 필요한 협조를 요청할 수 있다.

㉣ **지역테러대책회의**(제14~16조)

ⓐ 설치 및 구성

- 지역의 관계기관 간 테러예방활동의 유기적인 협조 · 조정을 위하여 지역 테러대책협의회를 둔다.
- 지역 테러대책협의회의 의장은 국가정보원의 해당지역 관할지부의 장이 되며, 위원은 다음의 자가 된다.
  - 법무부 · 보건복지부 · 환경부 · 국토교통부 · 해양수산부 · 국민안전처 · 국가정보원의 지역기관, 식품의약품안전처, 관세청 · 대검찰청 · 경찰청 · 원자력안전위원회의 지역기관, 지방자치단체, 지역 군 · 기무부대의 대테러업무 담당 국 · 과장급 직위의 자
  - 그 밖에 지역 테러대책협의회의 의장이 지명하는 자

ⓑ 임무

- 테러대책회의 또는 상임위원회의 결정사항에 대한 시행방안의 협의
- 당해 지역의 관계기관 간 대테러업무의 협조 · 조정
- 당해 지역의 대테러업무 수행실태의 분석 · 평가 및 발전방안의 강구

ⓒ 운영

- 지역 테러대책협의회는 그 임무를 수행하기 위하여 의장이 필요하다고 인정하거나 위원이 회의소집을 요청하는 때에 의장이 이를 소집한다.
- 지역 테러대책협의회의 운영에 관한 세부사항은 제7조의 규정을 준용하여 각 지역 테러대책협의회에서 정한다.

㉤ **공항 · 항만테러 보안대책협의회**(제17~19조)

ⓐ 설치 및 구성

- 공항 또는 항만 내에서의 테러예방 및 저지활동을 원활히 수행하기 위하여 공항 · 항만별로 테러 · 보안대책협의회를 둔다.
- 테러 · 보안대책협의회의 의장은 당해 공항 · 항만의 국가정보원 보안실장(보안실장이 없는 곳은 관할지부의 관계과장)이 되며, 위원은 다음의 자가 된다.
  - 당해 공항 또는 항만에 근무하는 법무부 · 보건복지부 · 국토교통부 · 해양수산부 · 국민안전처 · 관세청 · 경찰청 · 국군기무사령부 등 관계기관의 직원 중 상위 직위자, 공항 · 항만의 시설관리 및 경비책임자, 그 밖에 테러 · 보안대책협의회의 의장이 지명하는 자

ⓑ 임무

- 테러혐의자의 잠입 및 테러물품의 밀반입에 대한 저지대책
- 공항 또는 항만 내의 시설 및 장비에 대한 보호대책
- 항공기 · 선박의 피랍 및 폭파 예방 · 저지를 위한 탑승자와 수하물의 검사대책
- 공항 또는 항만 내에서의 항공기 · 선박의 피랍 또는 폭파사건에 대한 초동(初動) 비상처리대책
- 주요인사의 출입국에 따른 공항 또는 항만 내의 경호 · 경비 대책
- 공항 또는 항만 관련 테러첩보의 입수 · 분석 · 전파 및 처리대책
- 그 밖에 공항 또는 항만 내의 대테러대책

ⓒ 운영

- 테러 · 보안대책협의회는 그 임무를 수행하기 위하여 의장이 필요하다고 인정하거나 위원이 회의소집을 요청하는 때에 의장이 이를 소집한다.
- 테러 · 보안대책협의회의 운영에 관한 세부사항은 공항 · 항만 별로 테러 · 보안대책협의회에서 정한다.

다음 중 괄호에 들어갈 단어를 옳게 나열한 것은?

- (　　)의 대테러업무를 효율적으로 수행하기 위해서는 범국가적인 종합대책을 수립하고 지휘 및 협조체제를 단일화한다.
- 테러경보란 테러의 위협 또는 위험수준에 따라 관심, 주의, 경계, (　　)의 4단계로 구분하여 발령하는 경보이다.
- 국가테러정책의 심의, 결정 등을 위하여 (　　) 소속하에 테러대책의회를 둔다.

① 국가 – 심각 – 대통령
② 국민 – 대응 – 국가정보원장
③ 국가 – 심각 – 국무총리
④ 국민 – 대응 – 대통령경호실장

★ ㉠ 국가대테러활동지침 제3조 제1호 : 국가의 대테러업무를 효율적으로 수행하기 위하여 범국가적인 종합대책을 수립하고 지휘 및 협조체제를 단일화한다.
㉡ 국가대테러활동지침 제2조 제8호 : 테러경보라 함은 테러의 위협 또는 위험수준에 따라 관심 · 주의 · 경계 · 심각의 4단계로 구분하여 발령하는 경보를 말한다.
㉢ 국가대테러활동지침 제5조 제1항 : 국가 대테러정책의 심의 · 결정 등을 위하여 대통령 소속하에 테러대책회의를 둔다.

답 ①

1 테러조직의 유형 중 수동적 지원조직에 대한 내용을 모두 고른 것은?

㉠ 정치적 전위집단	㉡ 후원자
㉢ 접적 정보 · 자료제공	㉣ 의료지원
㉤ 선전효과 증대	㉥ 자금획득
㉦ 폭발물 설치	㉧ 전술 및 작전 지원

① ㉠㉡
② ㉢㉣
③ ㉤㉥
④ ㉦㉧

Advice ② 직접적 지원조직
③ 적극적 지원조직
④ 행동조직

2 국가대테러활동지침상 관계기관별 임무로 옳지 않은 것은?

① 보건복지부-생물테러와 관련한 교육 · 훈련에 대한 지원
② 관세청-총기류 · 폭발물 등 테러물품의 반입에 대한 저지대책의 수립 · 시행
③ 산업통상자원부-테러에 이용될 수 있는 방사성물질의 대테러 · 안전관리
④ 금융위원회-테러자금의 차단을 위한 금융거래 감시활동

Advice 원자력안전위원회가 담당한다.

※ 관계기관별 임무

㉠ 산업통상자원부
- 기간산업시설에 대한 대테러 · 안전관리 및 방호대책의 수립 · 점검
- 테러사건의 발생시 사건대응조직에 대한 분야별 전문인력 · 장비 등의 지원

㉡ 원자력안전위원회
- 방사능테러 발생시 방사능테러사건대책본부의 설치 · 운영 및 관련 상황의 종합처리
- 방사능테러 관련 교육 · 훈련에 대한 지원
- 테러에 이용될 수 있는 방사성물질의 대테러 · 안전관리

Answer 1.① 2.③

3 테러에 관한 설명으로 옳지 않은 것은?

① 테러는 특정한 위협이나 공포로 인해 극도로 불안한 심리적 상태를 일컫는다.

② 국가대테러활동지침상 테러는 국가안보 또는 공공의 안전을 위태롭게 할 목적으로 행하는 행위라고 정의하고 있다.

③ 테러리즘의 발생이론 중 동일시 이론은 열망적 · 점감적 · 점진적 박탈감 등을 테러의 원인으로 설명하고 있다.

④ 국제테러란 타국과 연관되어 정치적 · 종교적 목적 달성을 위해 조직적 · 체계적 무력과 폭력적 수단을 행사하는 것이라고 할 수 있다.

Advice ③ 동일시 이론이 아닌 박탈감 이론에 관한 내용이다.

※ 테러리즘 … 개인 또는 특정 단체 혹은 특정 국가가 사회 · 종교 · 정치적 목표 달성을 위하여 조직적, 지속적으로 폭력을 행사하거나 폭력행사에 대한 협박을 통해서 광범위한 공포분위기를 조성함으로써 개인, 단체, 국가의 정치 · 심리적 인식 변화를 유도하는 행위를 의미함

4 테러의 수행단계가 순서대로 바르게 나열된 것은?

① 정보수집 및 관찰 → 공격계획 수립 → 공격조 편성 → 공격준비 → 공격실시

② 공격준비 → 공격계획 수립 → 공격조 편성 → 정보수집 및 관찰 → 공격실시

③ 공격계획 수립 → 공격조 편성 → 공격준비 → 정보수집 및 관찰 → 공격실시

④ 공격조 편성 → 공격준비 → 공격계획 수립 → 정보수집 및 관찰 → 공격실시

Advice 테러 수행단계

㉠ 정보수집단계(1단계) : 대상에 대한 세밀한 관찰과 조사, 관련된 정보 수집 및 분석

㉡ 계획수립단계(2단계) : 공격팀, 공격 장소, 일시, 방법 등에 대한 세부적인 테러계획 수립

㉢ 조직화단계(3단계) : 테러계획에 따라 공격팀의 구성, 훈련, 임무분배 등

㉣ 공격준비단계(4단계) : 무기 및 각종 장비 구입, 공격대상 주변에 은거지 마련 등

㉤ 실행단계(5단계) : 테러 실시, 테러 후 테러장소 이탈

Answer 3.③ 4.①

5 **다음 중 암살의 계획수립단계로서 맞는 것은?**

① 범행의 실행 – 경호정보의 수집 – 무기 및 장비획득 – 임무부여
② 경호정보의 수집 – 임무부여 – 무기 및 장비획득 – 범행의 실행
③ 경호정보의 수집 – 무기 및 장비획득 – 임무부여 – 범행의 실행
④ 임무부여 – 무기 및 장비획득 – 경호정보의 수집

Advice 암살의 단계
㉠ **경호정보수집** : 암살대상의 주변을 맴돌거나 조사를 통한 치밀한 대상자 주변 정보 수집
㉡ **무기 및 장비획득** : 훔치거나 주변에서 빌리거나 통신판매점 등을 통해 획득
㉢ **임무 부여** : 계획을 구상하여 다른 공모자들에게 임무 부여
㉣ **범행 실행** : 기습 원칙, 다양한 공격방법이 동시에 또는 계속적으로 일어날 수 있음

6 **암살범에게 공통적으로 나타나는 심리적 특성은?**

① 과대망상에 사로잡힌 자 ② 능력이 있는 자
③ 인내심이 강한 자 ④ 보신주의자

Advice 암살범의 심리적 특징
㉠ 무능력자이거나 스스로를 학대하는 사람
㉡ 인내심이 부족하거나 적개심이 많은 사람
㉢ 허황된 사고방식을 가졌거나 과대망상자
㉣ 지나친 종교적 · 정치적 몰입자

7 **다음 중 사이버테러리즘의 내용이 아닌 것은?**

① 범행을 사전에 파악 방지하기가 어렵다.
② 내부직원이 정보를 유출할 가능성이 적다.
③ 범행 후 그 흔적을 발견하기가 쉽다.
④ 범행기도자의 죄의식이 희박하다.

Advice 사이버테러는 범행 후에 흔적을 발견하는 것이 어렵다.

Answer 5.③ 6.① 7.③

8 다음 중 경호환경을 일반, 특수로 나눌 경우 일반적 환경에 속하지 않는 것은?

① 국제화 및 개방화
② 북한의 위협 및 경제전쟁
③ 경제발전 및 과학기술의 발전
④ 정보화 및 범죄의 광역화

Advice 북한의 위협 및 경제전쟁은 특수적 환경 요인이다.

※ 일반적 환경요인
㉠ 경제발전
㉡ 과학기술의 향상
㉢ 동력화의 진전
㉣ 정보화
㉤ 국민의식과 생활양식 변화
㉥ 범죄의 증가 및 다양화

9 경호의 일반적인 환경요인 중 가장 직접적으로 경호위해에 영향을 끼칠 수 있는 것은?

① 경제의 발전과 과학기술의 향상
② 정보의 팽창
③ 범죄의 증가 및 다양화
④ 생활양식 및 국민의식의 변화

Advice 경호의 일반적 환경요인 중 범죄의 증가 및 다양화는 가장 직접적으로 경호위해에 영향을 끼칠 수 있다.

10 테러범의 유형으로 가장 관련이 적은 것은?

① 순교형
② 종교형
③ 광인형
④ 전문적인 범죄형

Advice 해커(Hacker)의 분류
㉠ 광인형 : 즉흥적이고 병리적인 테러리스트
㉡ 범죄형 : 개인이득을 얻기 위한 범죄형적 테러리스트
㉢ 순교형 : 이상주의적인 십자군형 테러리스트

Answer 8.② 9.③ 10.②

11 **암살의 동기 중 개인적 동기의 내용이 아닌 것은?**

① 복수 ② 증오
③ 분노 ④ 치매

Advice 치매(노인성)는 심리적 동기이다.

12 **암살범의 심리적 특성이 아닌 것은?**

① 자기 자신을 학대하고 대게 무능력하다.
② 가정적으로 불안하여 진실한 여자 친구가 없는 경우가 많다.
③ 대개 인내심이 부족하다.
④ 적개심과 과대망상적인 사고를 소유한 자들이 많다.

Advice 가정적으로 불안하여 진실한 여자 친구가 없는 경우는 환경적 특징이다.

13 **암살에 대한 내용으로 틀린 것은?**

① 소수인원 · 특정인에 대한 공격행위
② 방어개념으로 소수 주요인사에 대한 공격행위
③ 암살자는 통계적으로 정상적인 생활자다.
④ 국가지도자 주요인사 등에 대한 공격행위

Advice 암살범은 허황된 사고방식을 가졌거나 과대망상자인 경우가 있다.

Answer 11.④ 12.② 13.③

14 기존의 전통적인 테러와 비교할 때 사이버 테러의 특징이 아닌 것은?

① 비용이 적게 든다.

② 사이버테러를 행하는 사람들은 정치적인 의도를 추구한다.

③ 일반 범죄에 비해 죄의식이 적다.

④ 시스템이 취약하다.

Advice 사이버테러를 행하는 테러리스트들은 정치적인 의도나 추구하는 목표를 가지지 않고 행하는 경우가 많다.

15 전자기장을 발생해 자기기록을 훼손하는 방법으로 전파체계를 교란시켜 국가기관의 전산망을 일시에 무력화시키는 것은 사이버 테러의 유형 중 무엇에 대한 설명인가?

① 서비스 거부 공격 ② 논리폭탄

③ 바이러스 ④ 고출력 전자총

Advice 고출력 전자총에 대한 설명으로 이것은 컴퓨터가 전자회로로 이루어져 있기 때문에 고출력 전자파를 받으면 오작동하거나 정지한다는 점을 이용한 것이다.

16 테러의 개념이 아닌 것은?

① 개인 또는 단체가 기존의 정부에 대항하거나 대항하기 위해 직접적인 희생자들보다 더욱 광범위한 대중에게 폭력을 사용하여 심리적 충격을 주거나 협박을 함으로써 정치적 목적을 달성하는 것

② 정치 · 종교 · 사상적 목적을 위한 무차별 폭력행사와 위협

③ 정치적으로 영향력을 행사할 수 있는 지위에 있는 사람을 정치적 · 사상적 대립이 동기가 되어 비합법적으로 살해하는 것으로 사람만을 대상으로 하는 폭력행위이다.

④ 초 국가집단이나 어떤 국가의 비밀요원이 다수의 대중에게 영향력을 행사하기 위해 전투원 또는 비전투원을 대상으로 하는, 미리 계획된 정치적 폭력

Advice ③ 암살의 개념이다.

Answer 14.② 15.④ 16.③

17 **다음 중 일반적 경호환경에 해당하지 않는 것은?**

① 과학기술의 향상
② 국민의식과 생활양식 변화
③ 범죄의 증가 및 다양화
④ 국제적 지위향상

Advice 경호의 환경을 일반적 경호환경과 특수적 경호환경으로 나눌 경우 국제적 지위향상은 특수적 경호환경에 해당하는 요인이다.

18 **암살의 실행단계에 대한 설명 중 옳지 않은 것은?**

① 가장 먼저 암살대상자를 조사하며 경호정보를 수집한다.
② 범행 실행에 실패할 경우 재공격을 하지 않고, 다시 경호정보수집단계로 돌아간다.
③ 암살자들은 범행을 실행할 때 군중들의 살상에 대한 죄의식이 없다.
④ 무기와 장비를 획득한 후 임무를 부여받을 때는 전원이 범행에 참가할 수도 있지만 한 명만이 지명되어 범행을 하는 경우도 있다.

Advice 원하는 목적을 이룰 때 까지 다양한 공격방법이 동시에 또는 계속적으로 일어날 수 있다.

19 **암살자들이 정치적 동기에 의해 암살을 행할 경우 추구하는 주된 목표는 무엇인가?**

① 정권교체
② 이념적 갈등
③ 원한 또는 분노
④ 금전적 보상

Advice 정치적 동기에 의한 암살은 현재의 정권을 교체하거나 새로운 정부를 구성하고자 할 때 정부의 수반을 제거하기 위해 행하는 것이다.

Answer 17.④ 18.② 19.①

20 암살범의 특징이 아닌 것은?

① 지나치게 종교적으로 몰입하는 자
② 생활이 불안정한 자
③ 인상이 험악하고 눈에 띄는 옷차림을 하고 다니는 자
④ 적개심이 많은 자

Advice 대개 범행을 앞두고 눈에 띄는 옷차림을 하기 보다는 의도적으로 단정하고 튀지 않는 외모를 연출하는 경우가 많다.

21 테러에 대한 유형 분류 중 해커(Hacker)의 분류가 아닌 것은?

① 병리적인 테러
② 범죄형적 테러
③ 영토복고주의 테러
④ 이상주의적 테러

Advice ③ 영토복고주의자는 미코러스(Mickolus)의 분류에 해당한다.
※ 해커(Hacker)의 분류
㉠ 광인형 : 즉흥적이고 병리적인 테러리스트
㉡ 범죄형 : 개인이득을 얻기 위한 범죄형적 테러리스트
㉢ 순교형 : 이상주의적인 십자군형 테러리스트

22 테러 조직 형태 중 테러대상에 대한 정보와 무기를 지원하고 전술 및 작전을 지원하는 것은 무엇인가?

① 지도자조직
② 직접적 지원조직
③ 적극적 지원조직
④ 전문적 조직

Advice 직접적 지원조직 … 테러대상에 대한 정보제공, 무기지원, 요원 훈련, 전술 및 작전지원
① 정신적 지주, 정책의 수립 · 계획 · 통제 · 집행
③ 선전효과, 자금획득, 조직 확대에 기여
④ 참고자료나 정보제공, 테러리스트의 법적인 비호, 은닉이나 알리바이 제공

Answer 20.③ 21.③ 22.②

23 정치적 전위 집단, 후원자에 해당하는 테러 조직을 무엇이라 하는가?

① 적극적 지원조직
② 지도자조직
③ 직접적 지원조직
④ 수동적 지원조직

Advice ④ 수동적 지원조직은 테러집단 생존기반에 해당하며 정치적 전위집단이나 후원자에 해당한다.

24 다음 중 테러조직이 경제인에 대하여 유괴 및 납치 등의 범죄행위를 행할 시의 동기와 가장 거리가 먼 것은?

① 개인적 동기
② 경제적 이익
③ 정치적 동기
④ 이념적 동기

Advice 경제적 이익과는 거리가 멀다.

25 사이버테러 중 해킹에 대한 설명으로 잘못된 것은?

① 프로그램에 숨어 있다가 특정 논리에 만족되면 기능을 마비시킨다.
② 전상망의 운영체제나 운영프로그램의 버그를 이용하여 해킹을 하기도 한다.
③ 정보통신망에 일정한 시간 동안 대량의 데이터를 전송시키거나 처리하게 하여 과부하를 야기한다.
④ 정보통신망에 침입하여 그 안의 중요한 파일들을 빼간다.

Advice ① 논리폭탄에 대한 설명이다.

26 테러 수행 단계 중 공격 지점 근처에 은거지역을 정하는 것은 어느 단계인가?

① 계획수립
② 조직화
③ 공격준비
④ 실행

Advice 공격준비 단계에서 은거지역을 정하고 각종 장비 확보한 후 공격 준비를 한다.

Answer 23.④ 24.② 25.① 26.③

27 테러의 유형 중 페쳐(Fetscher)교수의 분류에 해당하는 것은?

① 민족주의나 종족주의 신념에 의한 테러

② 소수인종에 의한 테러

③ 장난꾼

④ 세계적 무정부주의자

Advice 페쳐(Fetscher)교수는 핍박을 받아온 소수민족이 기존질서에 도전하기 위한 테러와 환경의 변화나 환경에 저항한 테러로 분류하였다.

① 정치적 신념에 따른 분류

③④ 미코러스(Mickolus)의 분류

28 사이버테러에 대한 설명으로 틀린 것은?

① 전쟁을 선포하기 전에 예비단계로서 경고의 의미로 사이버 테러를 행할 수도 있다

② 범죄자의 죄의식이 희박하다.

③ 인터넷 사용이 증가하면서 사이버 테러행위로 증가하고 있다.

④ 전산망에 사이버공격을 하였으나 피해가 발생하지 않았더라도 사이버테러라고 보아야 한다.

Advice 다수 피해자의 전산망에 사이버공격을 하였다 하더라도 테러의 결과라고 볼 수 있는 피해가 발생하지 않을 경우 이러한 공격행위를 사이버테러라고 보기 어렵다. 그러나 그것이 결과적으로 한 사회나 국가에 공포심과 불안감을 조성할 수 있는 정도에 이를 경우는 사이버테러라고 부를 수 있다.

Answer 27.② 28.④

29 **경호의 환경요인에 대한 설명으로 가장 옳지 않은 것은?**

① 자동차 · 항공기의 발달과 전자 · 전기 · 통신 및 컴퓨터의 발달로 범죄양상이 광역화, 기동화 되었다.
② 과학기술의 발달과 정보화 등은 범죄의 지능화와 조직화를 초래한다.
③ 현재 전 세계는 이념적 갈등을 위주로 한 군사적 대립이 증가하였다.
④ 개방화와 국제적 교류의 증대는 범죄 조직의 국제화, 범죄수법의 국제 교류활동을 높이고 경호 통제를 어렵게 한다.

Advice 그동안 냉전시대의 이념적 갈등을 위주로 한 팽팽한 군사적 대립은 세계 각국의 경제적 대립으로 탈바꿈하여 지역이기주의와 경제우선주의가 자리 잡았다. 이에 각국의 경제적 패권다툼에서 소외된 각 지역의 소수민족과 소수테러단체들의 테러투쟁이 증가하였다.

30 **암살의 동기와 그 내용이 가장 적절하게 연결된 것은?**

① 정치적 동기 – 전쟁 중, 적대관계
② 이념적 동기 – 사상의 괴리
③ 개인적 동기 – 정신분열증, 편집증, 조울증
④ 심리적 동기 – 금전적인 보상을 위해 누군가 희생이 되어야 한다는 신념

Advice 암살의 동기

㉠ 정치적 동기 : 정권 교체, 새로운 정부 구성을 위해 정부의 수반을 제거
㉡ 이념적 동기 : 이념적 갈등이나 사상의 괴리
㉢ 개인적 동기 : 원한, 분노, 증오 등의 지극히 개인적인 동기
㉣ 경제적 동기 : 경제적인 악조건을 타개하거나 금전적인 보상
㉤ 심리적 동기 : 정신분열증, 편집증, 조울증, 치매(노인성)
㉥ 적대적 동기 : 적대관계, 전쟁 중, 사회 혼란을 조성해야 하는 경우

Answer 29.③ 30.②

서원각

자격시험 대비서

임상심리사 2급

건강운동관리사

사회조사분석사 종합본

사회조사분석사 기출문제집

국어능력인증시험

청소년상담사 3급

관광통역안내사 종합본

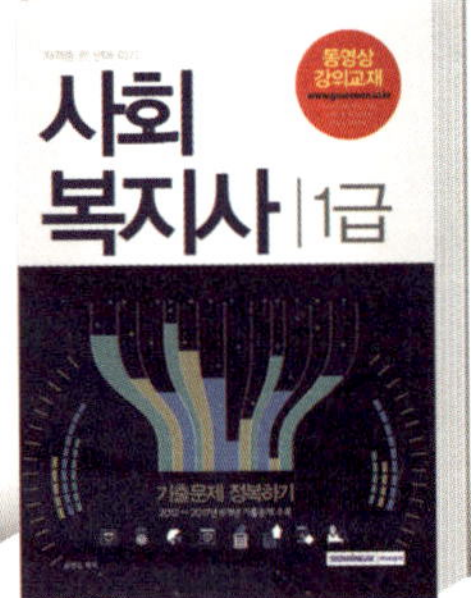

사회복지사 1급 기출문제 정복하기